Soziales-Netzwerk-Computing

Jiang Wu

Soziales-Netzwerk-Computing

 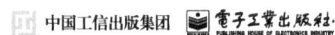

Jiang Wu
School of Information Management
Wuhan University
Wuhan, Hubei, China

ISBN 978-981-95-1128-0   ISBN 978-981-95-1129-7   (eBook)
https://doi.org/10.1007/978-981-95-1129-7

Ko-Publikation mit Publishing House of Electronics Industry
ISBN der Ausgabe des Ko-Publikation-Verlages: 9787121458101

Die Deutsche Nationalbibliothek verzeichnet diese Publikation in der DeutschenNationalbibliografie; detaillierte bibliografische Daten sind im Internet über https://portal.dnb.de abrufbar.

Übersetzung der englischen Ausgabe: „Social Network Computing" von Jiang Wu, © Publishing House of Electronics Industry 2025. Veröffentlicht durch Springer Nature Singapore. Alle Rechte vorbehalten.

Dieses Buch ist eine Übersetzung des Originals in Englisch „Social Network Computing" von Jiang Wu, publiziert durch Springer Nature Singapore Pte Ltd. im Jahr 2025. Die Übersetzung erfolgte mit Hilfe von künstlicher Intelligenz (maschinelle Übersetzung). Eine anschließende Überarbeitung im Satzbetrieb erfolgte vor allem in inhaltlicher Hinsicht, so dass sich das Buch stilistisch anders lesen wird als eine herkömmliche Übersetzung. Springer Nature arbeitet kontinuierlich an der Weiterentwicklung von Werkzeugen für die Produktion von Büchern und an den damit verbundenen Technologien zur Unterstützung der Autoren.

Springer Vieweg ist ein Imprint der eingetragenen Gesellschaft Springer Nature Singapore Pte Ltd. und ist ein Teil von Springer Nature.
Die Anschrift der Gesellschaft ist: 152 Beach Road, #21-01/04 Gateway East, Singapore 189721, Singapore

Wenn Sie dieses Produkt entsorgen, geben Sie das Papier bitte zum Recycling.

Geleitwort

Mit großer Freude präsentiere ich Ihnen *Social Network Computing*, ein außerordentlich aufschlussreiches Buch von Professor Jiang Wu von der Wuhan-Universität, Wuhan, China. Als jemand, der das Privileg hatte, Professor Wu beruflich sehr gut kennenzulernen, kann ich seine Fachkompetenz und sein Engagement im Bereich Social Network Computing sowie in der wissenschaftlichen Forschung im Allgemeinen bestätigen.

Professor Jiang Wu ist ein angesehener Wissenschaftler und engagierter Verfechter der Weiterentwicklung unseres Verständnisses von sozialen Netzwerken. Seine umfangreichen Forschungsbeiträge erstrecken sich über Netzwerkwissenschaft, Informetrie, E-Commerce, Business Analytics und soziale Simulation. Zahlreiche Forschende haben seine Arbeiten zitiert, und seine Erkenntnisse haben maßgeblich beeinflusst, wie wir komplexe und weniger komplexe Strukturen sozialer Netzwerke wahrnehmen und analysieren.

Daher ist Professor Wus Qualifikation hervorragend geeignet, um dieses Buch zu verfassen, da er über umfassende Erfahrung im Bereich Social Network Computing verfügt. Sein wissenschaftlicher Werdegang ist geprägt von rigoroser Forschung, innovativen Methoden und dem Bestreben, Theorie und Praxis miteinander zu verbinden. Sein multidisziplinärer Ansatz ermöglicht es ihm, komplexe Phänomene sozialer Netzwerke zu analysieren und verborgene Muster sowie Zusammenhänge aufzudecken, um tiefere Einblicke in die Strukturen sozialer Netzwerke zu gewinnen. Er besitzt die außergewöhnliche Fähigkeit, komplexe Konzepte in verständliche Sprache zu übersetzen, was ihn zu einem idealen Wegweiser für Leser macht, die Einblicke in die Feinheiten des Social Network Computing suchen.

In *Social Network Computing* trägt Professor Wu dazu bei, das Feld der sozialen Netzwerke zu entmystifizieren. Ob Sie ein erfahrener Wissenschaftler, eine neugierige Studentin oder ein Praktiker sind, der sich mit Social Network Computing beschäftigt – dieses Buch verspricht eine wertvolle Unterstützung zu sein. Das können Sie erwarten: Erstens legt Professor Wu im Abschnitt zu Grundlagen und Rahmenwerken das Fundament, indem er die grundlegenden Prinzipien des Social Network Computing erläutert und einen umfassenden Überblick bietet.

Zweitens werden im Bereich der praktischen Anwendungen anhand von Beispielen aus der realen Welt die Auswirkungen sozialer Netzwerke auf unseren Alltag beleuchtet, wobei Professor Wu die Leser durch praxisnahe Szenarien führt. Drittens widmet sich das Buch den aktuellen Entwicklungen: Social Network Computing hat sich rasant weiterentwickelt, und Professor Wu hält die Leser über die neuesten Fortschritte auf dem Laufenden.

Das sorgfältig ausgearbeitete Buch von Professor Jiang Wu verbindet Theorie mit Praxis, Neugier mit Verständnis und Individuen mit Netzwerken. Der enthaltene Stoff wird Leserinnen und Lesern vom Einsteiger bis zum Experten unterstützen und bereichern.

April 20, 2024   Jim Jansen
                                                    Qatar Computing Research Institute
                                                                                        Doha
                                                                                        Qatar

Vorwort

Mit dem Fortschritt der Industrialisierung, Urbanisierung und dem Aufkommen neuer Informations- und Kommunikationstechnologien wird die Gesellschaft zunehmend vernetzt. Wir befinden uns in einer hochgradig vernetzten Welt, in der digitale und reale Sphären miteinander verschmelzen und jeder Teil verschiedener sozialer Netzwerke ist, wie etwa Wirtschafts- und Handelsnetzwerke zwischen Ländern, soziale Netzwerke auf Basis sozialer Medien, wissenschaftliche Kooperationsnetzwerke zwischen Forschenden, Metaversum-Netzwerke mit virtueller und realer Integration und viele mehr. Soziale Netzwerke umfassen nicht nur vielfältige zwischenmenschliche Beziehungen, sondern auch verschiedene Netzwerke zwischen Akteuren auf unterschiedlichen gesellschaftlichen Ebenen. In den letzten Jahren haben sich mit der Weiterentwicklung der Rechenleistung soziale Netzwerke in vielen Bereichen weiterentwickelt, und zahlreiche neue Rechenmethoden und Anwendungsszenarien sind entstanden. Dieses Buch stellt die grundlegenden Theorien und Praktiken sozialer Netzwerke sowie deren innere Gesetzmäßigkeiten, Methoden und Anwendungen vor und fasst die einschlägigen Forschungsarbeiten unseres Teams im Bereich Social Network Computing zusammen.

Der Inhalt dieses Buches gliedert sich hauptsächlich in drei Teile: Der erste Teil umfasst die Kap. 1–6. Er beginnt mit einer grundlegenden Einführung in soziale Netzwerke, stellt die Grundkonzepte sozialer Netzwerke, die Visualisierung sozialer Netzwerke sowie den Berechnungsprozess der triadischen Schließung vor und behandelt zudem starke und schwache Beziehungen, Homogenität sowie positive und negative Balancen in sozialen Netzwerken. Der zweite Teil, bestehend aus den Kap. 7–12, stellt einige Prinzipien und Gesetzmäßigkeiten zur Entdeckung und Beobachtung sozialer Netzwerke vor und analysiert das Small-World-Phänomen, Community Detection, Diffusion, Spielverhalten und Netzwerke in sozialen Netzwerken. Der dritte Teil umfasst die Kap. 13–18. Ausgehend von der Analyse und dem Verständnis sozialer Netzwerke werden die in der Analyse sozialer Netzwerke eingesetzten Berechnungsmethoden vorgestellt, darunter Link Prediction, Einflussbewertung, dynamische Analyse, Zufallsexperimente, Modellierung und Simulation sowie Representation Learning.

Die spezifischen Inhalte des Buches sind wie folgt:

Kapitel 1 bietet eine Einführung in die Berechnung sozialer Netzwerke, stellt die grundlegendsten Kennzahlen sozialer Netzwerke vor und erläutert das Konzept des rechnerischen Denkens im Kontext sozialer Netzwerke.

Kapitel 2 behandelt die Visualisierung sozialer Netzwerke und führt in die Nutzung von Software zur Visualisierung sozialer Netzwerke wie Gephi ein.

Kapitel 3 behandelt das Prinzip des triadischen Schlusses in sozialen Netzwerken aus struktureller Perspektive und analysiert den triadischen Schluss in gerichteten Netzwerken am Beispiel von interpersonellen Netzwerken unter Studierenden. Darüber hinaus werden grundlegende Maße für den triadischen Schluss und strukturelle Löcher auf Basis von Gephi und igraph vorgestellt.

Kapitel 4 behandelt die starken und schwachen Beziehungen in sozialen Netzwerken aus der Perspektive der Beziehungsstärke und führt in die Analyse und Anwendung gewichteter Netzwerke am Beispiel von Co-Coding-Netzwerken und Teamnetzwerken ein.

Kapitel 5 behandelt die Rolle der Homogenität bei der Entwicklung sozialer Netzwerke. Es führt das Segregationsmodell mithilfe der NetLogo-Software ein und analysiert bimodale Netzwerke mit der UCINET-Software.

Kapitel 6 untersucht die Notation von Kanten in sozialen Netzwerken und erörtert die Analyse symbolischer Netzwerke sowie die Anwendung des Gleichgewichtssatzes. Zudem werden Suchalgorithmen und Algorithmen zur Gemeinschaftserkennung in sozialen Netzwerken auf Basis von igraph eingeführt.

Kapitel 7 führt das Small-World-Phänomen in sozialen Netzwerken ein und behandelt die Konstruktion sowie Validierung von Small-World-Modellen.

Kapitel 8 führt das Potenzgesetz-Phänomen in sozialen Netzwerken ein und behandelt sowohl die Konstruktion von Potenzgesetz-Modellen als auch die Anwendung der Long-Tail-Theorie im E-Commerce.

Kapitel 9 führt in Gemeinschaften in sozialen Netzwerken ein. Dieses Kapitel beginnt mit der systematischen Darstellung der Definition von Gemeinschaften und darauf aufbauend werden die Definition der Gemeinschaftserkennung, relevante Bewertungskennzahlen sowie Algorithmen zur Gemeinschaftserkennung ausführlich vorgestellt. Anschließend folgt eine vertiefte Diskussion zur Entwicklung von Gemeinschaften und zu Datensätzen für die Gemeinschaftsforschung.

Kapitel 10 führt in die Ausbreitung in sozialen Netzwerken ein. Dieses Kapitel gibt zunächst eine ausführliche Einführung in die Definition, Einflussfaktoren und Ausbreitungsmuster der Verbreitung in sozialen Netzwerken. Anschließend werden die Informationsverbreitung, Krankheitsausbreitung und Neuheitsverbreitung anhand praxisnaher Beispiele in den Abschn. 10.3–10.5 vorgestellt und analysiert.

Kapitel 11 behandelt Spiele in sozialen Netzwerken. Dieses Kapitel stellt zunächst die grundlegende Theorie der Spieltheorie vor, erläutert anschließend die Merkmale von Gruppenevolutionsspielen aus populationsbezogener Sicht und fasst schließlich den allgemeinen Ablauf von Netzwerkevolutionsspielen zusammen, bevor eine Fallstudie durchgeführt wird.

Kapitel 12 führt Netzwerke in sozialen Netzwerken ein. In diesem Kapitel werden Hypernetzwerke, Zwei-Modus-Netzwerke, Multi-Modus-Netzwerke, temporale Netzwerke sowie Synergien zwischen Multi-Modus-Netzwerken vorgestellt, um die Komplexität sozialer Netzwerke besser zu verstehen.

Kapitel 13 führt in die Link-Vorhersage in sozialen Netzwerken ein. Dieses Kapitel stellt nicht nur die grundlegenden Konzepte der Link-Vorhersage vor, sondern auch drei Methoden der Link-Vorhersage auf Basis von Ähnlichkeit, Wahrscheinlichkeitstheorie und Statistik sowie maschinellem Lernen, ebenso wie einige Anwendungsszenarien der Link-Vorhersage.

Kapitel 14 behandelt die Bewertung des Einflusses in sozialen Netzwerken. Dieses Kapitel stellt zunächst die Definition, den Umfang und die Ausprägungen des Einflusses sozialer Netzwerke vor. Anschließend werden die Messgrößen des Einflusses sowie der Vergleich entsprechender Indikatoren aus unterschiedlichen Perspektiven erläutert und das Problem der Einflussmaximierung sowie dessen Implementierungsalgorithmen vorgestellt. Abschließend werden die Bewertungsmodelle und Anwendungsgebiete des Einflusses beschrieben.

Kapitel 15 stellt fortschrittliche Methoden zur Analyse der Dynamik sozialer Netzwerke auf Basis des stochastischen Akteursmodells vor und untersucht die evolutionären Mechanismen von Interaktionsnetzwerken unter Studierenden mithilfe der Siena-Software.

Kapitel 16 führt die randomisierten experimentellen Methoden ein, die in der Forschung zu sozialen Netzwerken verwendet werden, und gibt einen Überblick über einschlägige Studien.

Kapitel 17 beschreibt die Modellierung und Simulation von sozialen Netzwerken. In diesem Kapitel werden die grundlegende Definition der sozialen Simulation, Forschungsparadigmen, die drei am häufigsten verwendeten Simulationsmethoden sowie konkrete Anwendungsbeispiele der sozialen Simulation vorgestellt.

Kapitel 18 führt in das Networked Representational Learning (NRL) ein. Es behandelt die grundlegenden Konzepte des Netzwerkrepräsentationslernens und dessen Entwicklung, stellt sowohl traditionelle als auch fortgeschrittene Methoden des Netzwerkrepräsentationslernens sowie Methoden für temporale Netzwerke vor und analysiert anhand von Fallstudien die Funktionsweise und Anwendungsszenarien dieser Methoden.

Zusätzlich werden am Ende jedes Kapitels Reflexionsfragen gestellt, um den Lesern das Lernen und Verstehen der Inhalte dieses Buches zu erleichtern. Diese Fragen sind darauf ausgelegt, den Lesern dabei zu helfen, die in jedem Kapitel dargestellten wichtigen Punkte im Rahmen des Reflexionsprozesses weiter zu erfassen und zu verinnerlichen.

Die Erstellung dieses Buches stützt sich auf die Forschungsergebnisse zahlreicher Wissenschaftler im Bereich sozialer Netzwerke. Wir haben relevante Anmerkungen und Erläuterungen im gesamten Buch aufgenommen. Für ihre Beiträge sprechen wir unseren aufrichtigen Dank aus. Sollten dennoch Lücken bestehen, bitten wir um Ihr Verständnis. Die Forschung und Veröffentlichung dieses Buches wurde maßgeblich durch die Unterstützung und Mitarbeit der folgenden Doktoranden gefördert: Lu Duqun, Lin Ping, Yu Yang, Zhou Jiale, Xu Yushu, Miao Jiarui, Ding Honghao, Chen Nan, Ou Guiyan, Li Qiubei, Zuo Renxian, Wang Kaili, Zou Liuxin, Xia Mengchen, Yi Mengxin, Zeng Xi und Liu Yiyuan. Ihnen gilt mein herzlicher Dank! Darüber hinaus wird dieses Buch durch das Schlüsselprojekt der Nationalen Stiftung für Naturwissenschaften „Forschung zur digitalen Intelligenzförderung des ländlichen industriellen Internets aus Netzwerksicht" (72232006) sowie durch das Großforschungsprojekt des Bildungsministeriums „Forschung zu neuen Antriebsmechanismen von Big Data im Netzwerkumfeld" (20JZD024) unterstützt. Das Forschungsfeld der sozialen Netzwerke befindet sich in ständiger Entwicklung, und wir beschäftigen uns fortlaufend mit neuen Methoden und Anwendungen. Aufgrund der bestehenden Rahmenbedingungen sind in diesem Buch unvermeidbare Unzulänglichkeiten möglich. Für Anregungen und Hinweise kontaktieren Sie uns bitte unter jiangw@whu.edu.cn. Vielen Dank.

Wuhan, Hubei, China   Jiang Wu
22. März 2024

Inhaltsverzeichnis

Teil I
Grundlagen des Verständnisses sozialer Netzwerke

Kapitel 1
Einführung in das soziale Netzwerk-Computing

Zusammenfassung Dieses Kapitel soll den Lesenden dabei helfen, soziale Netzwerke und deren Berechnungsmethoden anhand der fünf Schlüsselfragen des „4W1H"-Prinzips zu verstehen. Diese Fragen beziehen sich auf den Kontext sozialer Netzwerke, die Akteure sozialer Netzwerke, die Definition sozialer Netzwerke, die Typen sozialer Netzwerke sowie die Berechnung sozialer Netzwerke. Das Kapitel beginnt mit der Einführung des Konzepts und der grundlegenden Formen sozialer Netzwerke, wie etwa interindividuellen Netzwerken, organisationalen sozialen Netzwerken und Diffusionsnetzwerken (sowohl online als auch offline). Anschließend wird untersucht, wie soziale Netzwerke im Computer dargestellt werden, welche Berechnungsmethoden existieren und wie deren praktische Umsetzung erfolgt. Durch diese Ausführungen bietet das Kapitel einen theoretischen Rahmen zum Verständnis komplexer sozialer Phänomene im Internetzeitalter und legt die Grundlage für die Anwendung der sozialen Netzwerkanalyse in den folgenden Kapiteln.

Wenn wir viele komplexe soziale Phänomene im Internetzeitalter verstehen und sie im Sinne des Social Network Computing erklären wollen, müssen wir zunächst die fünf Fragen des „4W1H"-Prinzips verstehen: Where (Wo befinden wir uns)? Who (Wer sind wir)? What (Was ist das Netzwerk)? Which (Wie sieht das Netzwerk aus)? How (Wie betrachten wir das Netzwerk)? Diese fünf Fragen entsprechen dem Kontext sozialer Netzwerke, den Akteuren sozialer Netzwerke, der Definition sozialer Netzwerke, den Typen sozialer Netzwerke und der Berechnung sozialer Netzwerke.

Dieses Kapitel, das als Einführung in das Social Network Computing dient, behandelt die grundlegenden Inhalte des Social Network Computing anhand dieser fünf Fragen und strukturiert die folgenden Abschnitte des Buches entsprechend.

J. Wu, *Soziales-Netzwerk-Computing*,
https://doi.org/10.1007/978-981-95-1129-7_1

1.1 Kontext sozialer Netzwerke

Um zu verstehen, „wer wir sind", müssen wir zunächst verstehen, „wo wir sind". Wir befinden uns im Zeitalter der Vierten Industriellen Revolution, die sich von der Ersten Industriellen Revolution, geprägt durch die Dampfmaschinentechnologie, der darauf folgenden Zweiten Industriellen Revolution, gekennzeichnet durch die Elektrifizierung, und der Dritten Industriellen Revolution, die durch Computer und Informationstechnologie bestimmt war [1], unterscheidet. Die Vierte Industrielle Revolution ist geprägt durch das industrielle Internet, industrielle Intelligenz und industrielle Integration sowie eine völlig neue technologische Revolution, die von Künstlicher Intelligenz, Internet der Dinge (IoT), unbemannter Steuerungstechnologie, Quanteninformationstechnologie, Virtual-Reality-Technologie und Biotechnologie als Haupttreibern des Wandels dominiert wird [2]. Im Vergleich zur Vergangenheit ist das Internet allgegenwärtig geworden und die Netzwerkmobilität hat stark zugenommen; Sensoren sind kleiner, leistungsfähiger und kostengünstiger geworden; gleichzeitig setzen sich Künstliche Intelligenz und Maschinelles Lernen zunehmend durch. Neue Technologien der Vierten Industriellen Revolution wie Künstliche Intelligenz, Blockchain, Internet der Dinge, digitale Mobilität und Drohnen spielten eine entscheidende Rolle bei der Wiederherstellung der Produktion und dem wirtschaftlichen Wiederaufbau während COVID-19.

Wir befinden uns in den Anfängen der Vierten Industriellen Revolution, die die Grenzen zwischen Mathematik, Physik und Biologie durch die Integration von Digitaltechnologie, physikalischer Technologie und Biotechnologie zunehmend auflöst. Ein Merkmal der Vierten Industriellen Revolution ist, dass wir durch Data Mining ständig neue Informationen generieren und neues Wissen schaffen können. Beispielsweise ermöglicht die kontinuierliche Erfassung von Informationen über ein Auto, die Betriebsbedingungen des Fahrzeugs zu verstehen, einschließlich eines tieferen Verständnisses seiner Leistung in unterschiedlichen Umgebungen und Arbeitssituationen; die langfristige Aufzeichnung der Fahrtroute eines Autos erlaubt es zudem, das Lebensmuster des Fahrers zu analysieren. Ein weiteres Merkmal ist die Sharing Economy. Neue Modelle der Sharing Economy wie Uber und Didi für geteilte Mobilität, Airbnb für geteilte Unterkünfte und VaShare für geteilte Urlaube haben die traditionelle Dienstleistungsbranche grundlegend verändert.

Die Dritte Industrielle Revolution war geprägt von der Entwicklung digitaler Technologien wie Computer, Mobiltelefone und Internet. Im Unterschied dazu sind die digitalen Technologien der Vierten Industriellen Revolution deutlich ausgereifter und stärker integriert. Wie in Abb. 1.1 dargestellt, waren Computer in den 1960er Jahren so groß, dass sie mehrere Räume einnahmen und hauptsächlich für wissenschaftliche Berechnungen und Experimente genutzt wurden, nicht jedoch für den privaten Gebrauch. Mit dem Fortschritt der Halbleitertechnologie wurden Computer immer kleiner und damit zunehmend portabel. Wie in Abb. 1.1 [3] zu

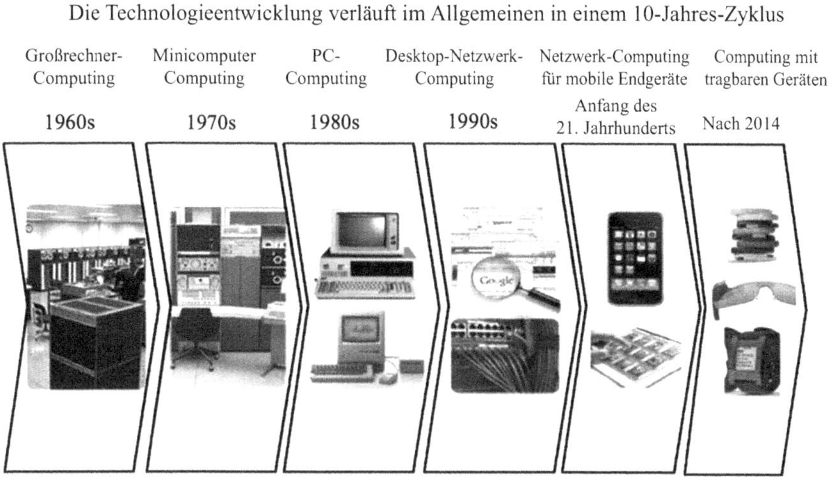

Die Technologieentwicklung verläuft im Allgemeinen in einem 10-Jahres-Zyklus

Großrechner-Computing	Minicomputer Computing	PC-Computing	Desktop-Netzwerk-Computing	Netzwerk-Computing für mobile Endgeräte	Computing mit tragbaren Geräten
1960s	1970s	1980s	1990s	Anfang des 21. Jahrhunderts	Nach 2014

Abb. 1.1 Die Entwicklung von Computern und Rechenmethoden in der menschlichen Gesellschaft [3]

sehen ist, kamen in den 1980er Jahren Personal Computer auf, im 21. Jahrhundert mobile Endgeräte, und heute sind Wearables wie die Apple Watch oder Googles KI-Brille allgegenwärtig. Das Rechnen ist nicht mehr auf einzelne Endgeräte beschränkt, sondern verlagert sich zunehmend in die Cloud. Computing ist eng mit Arbeit, Lernen und Alltag der Menschen verflochten; Cloud-Office, Cloud-Meetings und Cloud-Learning sind zu selbstverständlichen Bestandteilen des Lebens geworden. Netzwerk ist Realität, Realität ist Netzwerk – die Grenze zwischen beidem verschwimmt zunehmend, und Netzwerk und Realität werden sich in hohem Maße integrieren.

Die Entwicklung der Rechenmethoden hat viele Bereiche des gesellschaftlichen Lebens grundlegend verändert. Früher wurden bei Live-Veranstaltungen Leuchtstäbe geschwenkt und gemeinsam gejubelt. Heute halten wir Smartphones und Tablets in die Höhe und nutzen diese mobilen Endgeräte, um besondere Momente festzuhalten. Früher mussten Teilnehmende wissenschaftlicher Konferenzen zum Veranstaltungsort reisen, aufmerksam zuhören und sich Notizen machen; heute sind die räumlichen und zeitlichen Begrenzungen vollständig aufgehoben, und die Teilnahme an Online-Konferenzen ist mit Smartphone oder Computer möglich – für eine effizientere und bequemere Kommunikation.

Wir leben auch im Zeitalter des Mobile Commerce (M-Commerce). Ende 2020 nutzten in China 986 Millionen Menschen das Internet über Mobiltelefone, was zeigt, dass Mobile Commerce zu einer neuen treibenden Kraft der E-Commerce-Entwicklung geworden ist. Zudem entscheiden sich immer mehr Menschen für das Einkaufen über mobile Endgeräte, da Smartphones und Tablets bequemer sind als Desktop-Computer oder Laptops. Sie sind ortsunabhängig und ermöglichen

Einkaufen jederzeit und überall, wodurch die Entwicklung des Mobile Commerce den E-Commerce insgesamt stark vorantreibt.

Wir befinden uns zudem im Zeitalter der Location Based Services (LBS). Location Based Services, auch als Standortdienste bezeichnet, sind Mehrwertdienste, die durch die Kombination von Mobilfunknetzen und globalen Satellitennavigationssystemen bereitgestellt werden. LBS bedeutet, dass das mobile Endgerät den Standort des Nutzers bestimmt und darauf basierend die gewünschten Informationen bereitstellt. Beispielsweise nutzt eine Taxi-App LBS, um den Standort des Kunden zu ermitteln und eine Taxianfrage zu senden, während nahegelegene Fahrer den Standort sehen und entscheiden können, ob sie die Fahrt übernehmen. Auch Apps von Meituan, Nuomi und anderen Gruppenrabatt-Plattformen verfügen über LBS-Funktionen, mit denen Nutzer nach nahegelegenen Restaurants, Kinos, Hotels, Geldautomaten usw. suchen können. LBS erleichtert das Leben erheblich, und mobile Endgeräte erweitern die Reichweite und Anwendungsmöglichkeiten des sozialen Netzwerks, in dem wir leben, enorm.

Wir leben auch im Zeitalter des Social Commerce. Social Commerce, also die Förderung des E-Commerce durch soziale Interaktion, ist ein auf sozialen Medien basierendes Geschäftsmodell, das vor allem soziale Netzwerke und Web-2.0-Technologien für geschäftliche Aktivitäten nutzt [4, 5]. Dazu gehört die Nutzung von Plattformen wie Xiaohongshu, Sina-Weibo und anderen Kommunikationskanälen für soziale Interaktion, um Nutzern Inhalte und Möglichkeiten zur Produktbewerbung zu bieten. Berichten zufolge erreichte die Zahl der Social-Commerce-Konsumenten 2019 512 Millionen, das geschätzte Marktvolumen lag bei 2.060,58 Milliarden RMB. Social Commerce boomt, die Grenzen zwischen Realität und Internet verschwimmen zunehmend, und das Internet kann die Realität immer besser unterstützen.

Wir befinden uns weiterhin im Zeitalter des O2O-Modells (Online to Offline), dem nächsten Goldrausch des E-Commerce. Im Jahr 2012 etablierte sich das O2O-Modell als Brücke zwischen Online- (immateriell) und Offline-Angeboten (materiell). Das O2O-Modell wächst heute rasant und bringt allen Geschäftsarten höhere Erträge. Online- und Offline-Soziale Netzwerke sind ebenfalls eng miteinander verzahnt.

Wir stehen kurz vor dem Eintritt in das Zeitalter des Internet of Everything (IoE). Die rasante Entwicklung der Informationstechnologie, insbesondere der 5G-Technologie mit extrem hoher Geschwindigkeit und sehr niedriger Latenz, bringt neue Impulse für das Mobile Internet und fördert den Wandel vom „jeder ist vernetzt" zum „alles ist vernetzt". Das Internet der Dinge (IoT) verbindet Menschen und Dinge sowie Dinge untereinander bedarfsgerecht und ist zu einem wichtigen Motor der neuen wissenschaftlich-technologischen Revolution und industriellen Transformation geworden. Mit der Verbreitung und Entwicklung von intelligentem Leben, Smart Health, Smart Education usw. entwickelt sich unser Leben von der Informatisierung zur Smartifizierung, und die Verbindung zwischen Mensch und Maschine wird immer enger. Insbesondere der Ausbruch von COVID-19 im Jahr 2020 beschleunigte die Innovation im Bereich Internet der Dinge und förderte die

Entwicklung des Internet of Everything weiter; während der Pandemie hielten On-line-Office, Online-Bildung usw. verstärkt Einzug in den Alltag; die Echtzeitüberwachung und -analyse in intelligenten Quartieren und Smart Cities erleichterte die Prävention und Kontrolle von COVID-19 erheblich. Die Branche erwartet, dass das Internet-der-Dinge-Ökosystem im Zeitalter nach COVID-19 weiter an Fahrt gewinnt und die Entwicklung des Internet of Everything zum allgemeinen Trend wird. Im Zeitalter des Internet of Everything kann durch die Verbindung von Menschen, Prozessen, Daten und Dingen ein größeres, engeres und wertvolleres Netzwerk entstehen, das einen nie dagewesenen Mehrwert schafft.

Um das Internetzeitalter, in dem wir leben, zu verstehen, ist das sogenannte Internetdenken erforderlich, wie es viele Unternehmer betonen. Aus wissenschaftlicher Sicht ist eines der bekanntesten Merkmale des Internets das Long-Tail-Phänomen, auch als Potenzgesetzverteilung bekannt. Das Potenzgesetz steht im Zusammenhang mit der Ökonomie der Fülle. Obwohl wir in einem Zeitalter der Informationsüberflutung und des Überangebots leben, besteht ein Paradoxon der Informationsauswahl. Die Grenzkosten für Konsumenten, Waren auszuwählen, sind sehr gering, da es heute sehr einfach ist, Informationen im Internet zu erhalten. Zahlreiche Websites bieten eine große Auswahl an Produkten, und verschiedene Push-Benachrichtigungen liefern detaillierte Produktinformationen, sodass Konsumenten mühelos Informationen über Waren sammeln können – etwa beim Kauf eines Pullovers auf Tmall, auf JD.com, oder auch auf Dangdang, Yi Xun und anderen Plattformen. Dadurch sind die Wechselkosten für Konsumenteninformationen äußerst gering, was zu potenziellen Veränderungen von Nachfrage- und Angebotskurven in der traditionellen Ökonomie führen kann.

Long-Tail-Eigenschaften fördern die Entwicklung vieler Internetanwendungen. Unternehmer streben danach, das Long-Tail-Prinzip in ihren Geschäftsmodellen umzusetzen. Dafür ist es entscheidend, Kundenströme zu generieren, denn sie sind der Schlüssel zum Erfolg. Ein großer Zustrom von Kunden zieht weitere Konsumenten an, steigert die Popularität und führt zur Entstehung von Verkaufsschlagern – dem Kopf des Long Tails. Gleichzeitig bleibt das Internetzeitalter im Long Tail das Zeitalter der Personalisierung, denn im Long Tail gibt es viele Nischenprodukte, also Waren mit geringem Absatz oder wenig Informationszugang. Das bedeutet jedoch nicht, dass diese Informationen oder Produkte nutzlos oder nicht nachgefragt sind. Tatsächlich gibt es Konsumenten mit spezifischen Bedürfnissen, die gezielt nach solchen Informationen oder Produkten suchen, um ihre individuellen Anforderungen zu erfüllen. Dies erfordert Empfehlungssysteme im Netzwerk, damit diese Nutzergruppen gezielt und bequem die gewünschten Informationen erhalten und ihre personalisierten Bedürfnisse befriedigen können.

Im Internetzeitalter – vom Desktop-Internet über das Mobile Internet bis hin zum Internet of Everything – bleiben die grundlegenden Internetprinzipien weiterhin gültig. Die Logik des Internets basiert auf drei Hauptprinzipien: Erstens ermöglicht die Verknüpfung (Link-Connection) die Verbindung von Menschen über das Internet. Zweitens erlaubt die gegenseitige Interaktion (Mutual Interaction) die gleichzeitige Kommunikation mit einer Vielzahl von Menschen. Drittens ermöglicht die Vernetzung (Net-Networking) die Zusammenarbeit vieler Menschen zur Zielerreichung und schafft so neue Formen der Geschäftsorganisation. Das finale Netzwerk realisiert die Verbindung zwischen Information und Mensch, und der Informationsfluss wird durch die vielfältige Interaktion zwischen Menschen und zwischen Mensch und Information beschleunigt. E-Commerce ist ein Produkt dieser Internetlogik. So ergibt sich beispielsweise: traditioneller Basar + Internet = Taobao, traditionelles Kaufhaus + Internet = JD.com, traditionelle Bank + Internet = Alipay.

1.2   Subjekte sozialer Netzwerke

Wer sind wir? Wir sind „Netizens", die im Internetzeitalter leben, und wir sind ein kleiner Knotenpunkt im „Netzwerk". Im Internetzeitalter befinden sich die Informationen aller Menschen im Netzwerk, darunter Konsuminformationen, Nutzerinformationen, Surfverhalten und vieles mehr, die vom Internet aufgezeichnet werden. Das Netzwerk kann sogar Informationen erfassen, denen wir selbst keine Beachtung schenken, wie zum Beispiel unsere Vorlieben, wie viel Zeit wir täglich im Netz verbringen, welche Gewohnheiten wir haben und welche Produkte uns interessieren. Im Zeitalter des Internets können mithilfe von Big Data Antworten auf diese Fragen gefunden werden. Taobao kann uns auf Basis unserer Kauf- und Surfgewohnheiten gezielt Produktinformationen vorschlagen, und die vorgeschlagenen Produkte sind oft sehr präzise, häufig genau das, wonach wir suchen.

Wir befinden uns immer noch im „Zeitalter der Nacktheit". Es gibt ein Sprichwort: „Früher wusste im Internet niemand, dass du ein Hund bist, aber heute weiß jeder, dass du ein Hund bist – du kannst weglaufen, aber du hast keinen Ort, an den du fliehen kannst." Dieses Zitat verdeutlicht, dass das Internet unser Verhalten nachverfolgen kann und wir uns alle wie „Nackte" im Netz bewegen. Das Netzwerk kennt uns mitunter sogar besser als wir uns selbst; anhand unseres Verhaltens im Netz lassen sich unsere Verhaltensmuster, persönlichen Vorlieben und vieles mehr analysieren. Präzise gesagt, können wir das Netzwerk nutzen, um unsere Bedürfnisse und Verhaltensgewohnheiten genauer zu analysieren und dadurch passgenauere Dienstleistungen zu erhalten. Dies birgt jedoch auch das Risiko des Datenschutzverlusts. Wir sind somit die „Widersprüche" zwischen Chancen und Risiken im Netzwerk.

Heutzutage sind wir im Zeitalter der „Internet-Natives" angekommen, das heißt, ein großer Teil der Bevölkerung ist von Geburt an mit dem Internet aufgewachsen, hat es mühelos in den Alltag integriert und ist jederzeit untrennbar damit verbunden. Wir sind „komplexe Wesen", die in einem vielschichtigen und verflochtenen Netzwerk leben, in dem sich Virtuelles und Reales überlagern.

1.3 Definition sozialer Netzwerke

1.3.1 Das Wesen sozialer Netzwerke

Was ist ein Netzwerk? Im Geschäftsleben und im sozialen Alltag sind wir alle in ein unsichtbares Netz eingebunden, das uns miteinander verbindet; dieses Netz wird als soziales Netzwerk bezeichnet. Das soziale Netzwerk, in dem wir leben, ist sowohl durch Geschlossenheit als auch durch Offenheit gekennzeichnet. Das Wesen dieses Netzwerks besteht in den ineinandergreifenden Verbindungen zwischen verschiedenen Subjekten.

Schauen wir uns zunächst die Etymologie von „网" an. Die etymologische Entwicklung von „网" ist in Abb. 1.2 dargestellt.

Die früheste Orakelknochenschrift für „网" war komplex und ähnelte einem Netz zum Fangen von Fischen und Vögeln. Im Bronzeskript wurde das Zeichen „网" vereinfacht, es gab einige Punkte, die durch ineinandergreifende Linien verbunden wurden. Das Zeichen „网" in der kleinen Siegelschrift ähnelt der heutigen Regelschrift, da es einen Rahmen gibt, der die Knoten einschließt, und innerhalb des Rahmens sind einige Knoten miteinander verbunden – so wie auch wir in der Netzwerk-Welt miteinander verbunden sind.

Am Beispiel des Wortes „Netz" wird deutlich, dass das Wesen eines Netzwerks aus miteinander verbundenen, verflochtenen Knoten (Subjekten) besteht. Netzwerke können zwischen Menschen, zwischen Waren oder zwischen beliebigen Dingen entstehen und spiegeln das Konzept „Dinge + Verbindungen" wider. In diesem Wort stehen die „Dinge" für die Knoten, während die Verbindungen die verflochtenen Kanten bilden. Ein Netzwerk unterscheidet sich vom allgemeinen Internet; es handelt sich um einen übergeordneten Begriff, etwa für soziale Beziehungen zwischen Menschen, Konsumaufzeichnungen oder Kurswahlinformationen von Studierenden. Netzwerke existieren nicht nur im traditionellen Cyberspace, sondern auch im physischen Cyberspace. Die verflochtenen Verbindungen innerhalb und zwischen diesen drei Cyberspaces bilden eine komplexe und vielfältige Netzwerk-Welt.

Heutzutage verbinden verschiedenste soziale Medien zahlreiche Subjekte, vor allem Menschen. Es gibt unterschiedliche Medientypen in sozialen Medien für verschiedene Nutzergruppen, etwa Dating, Business-Social, Unternehmensnetzwerke,

Oracle-Knochenschrift   Bronze-Schrift   Kleine Siegelschrift   Reguläre Schrift

Abb. 1.2 Etymologische Entwicklung von „网" (Netz)

mobile soziale Netzwerke und so weiter. Zudem sind die meisten Social-Media-Produkte sowohl mobil als auch als Desktop-Anwendung verfügbar, sodass Verbindungen jederzeit und überall möglich sind.

1.3.2   Grundformen sozialer Netzwerke

Das einfachste soziale Netzwerk ist die Dyade [6], dargestellt in Abb. 1.3. Eine Dyade ist die kleinste Einheit eines Netzwerks, sie besteht aus nur zwei Knoten und einer Verbindungskante. Dyaden können sich durch Aggregation zu komplexeren Netzwerken zusammenschließen, und Dyaden sind auch in komplexen Netzwerken zu finden.

Soziale Netzwerke umfassen auch das Eimerkettensystem [6] (siehe Abb. 1.4), das durch lineare, bidirektionale Verbindungen gekennzeichnet ist; das Telefonbaum-Netzwerk [6] (siehe Abb. 1.5), das durch eine kaskadierende Informationsverbreitung mit wenigen Schritten gekennzeichnet ist; sowie das Netzwerk militärischer Einheiten [6] (siehe Abb. 1.6), bei dem die Teams intern stärker miteinander verbunden sind als nach außen.

Das Eimerkettensystem kann beispielsweise bei Rettungseinsätzen nach Katastrophen eingesetzt werden, etwa nach einem schweren Erdbeben, um Überlebende aus Trümmern zu retten. Die Helfer stellen sich in Reihen auf, um Verletzte effizient zu evakuieren oder Werkzeuge schnell weiterzureichen.

Telefonbaum-Netzwerke eignen sich für die Informationsweitergabe. Wenn man sich die Knoten als Personen vorstellt, gibt die zentrale Person die Informa-

Abb. 1.3 Dyade [6]

Abb. 1.4 Eimerkettensystem [6]

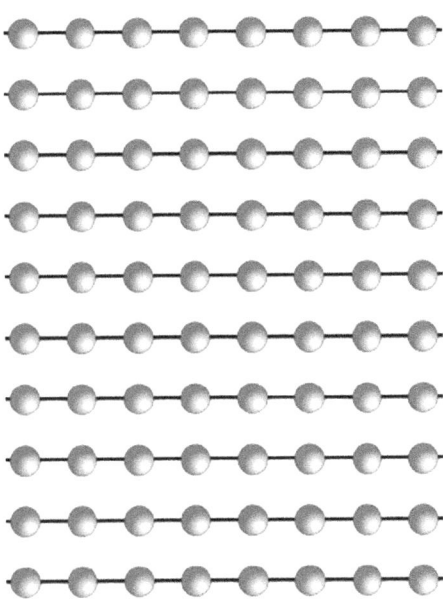

Abb. 1.5 Telefonbaum-Netzwerk [6]

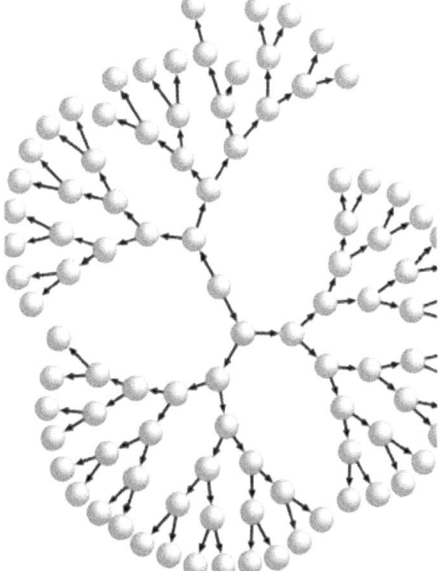

tion an zwei Personen weiter, die diese wiederum jeweils an zwei weitere Personen weitergeben. So verbreitet sich die Information in kurzer Zeit und mit minimalem Aufwand an viele Menschen.

Abb. 1.6 Netzwerk
militärischer Einheiten [6]

Die interne Verbindung im Netzwerk militärischer Einheiten ist sehr eng; die kleinste Einheit ist der Trupp, dessen Mitglieder untereinander besonders stark verbunden sind, während die Verbindung zu anderen Trupps vergleichsweise schwächer ist. Ein solches Netzwerk kleiner Einheiten als Kollektiv ermöglicht eine bessere Teamleistung, und die kleinen Kollektive können miteinander kooperieren und Synergien bilden.

Wie aus den obigen Abbildungen ersichtlich, bestehen Netzwerke aus Knoten und Verbindungskanten. Man kann auch sagen, dass Netzwerke aus Entitäten und deren Verbindungen bestehen.

1.3.3   Terminologie sozialer Netzwerke

Um soziale Netzwerke zu erforschen, muss man die in verschiedenen Disziplinen verwendete Terminologie verstehen. Die unterschiedlichen Fachbegriffe für die Forschung an sozialen Netzwerken sind in Tab. 1.1 dargestellt.

Tab. 1.1 Terminologie verschiedener Disziplinen in der Forschung zu sozialen Netzwerken

Knoten	Verbindende Kanten (Kanten)	Disziplinen
Ecken	Kanten, Bögen	Mathematik
Knoten	Links	Informatik
Stellen	Bindungen	Physik
Akteure	Beziehungen, Relationen	Soziologie

Die Punkte in einem Netzwerkgraphen werden als Knoten bezeichnet, und die Linien, die Knoten miteinander verbinden, werden als Kanten, Links oder Verbindungen bezeichnet. Verschiedene Disziplinen verwenden unterschiedliche Begriffe für Knoten und Kanten. Netzwerke in der Mathematik werden als Graphentheorie bezeichnet, Knoten heißen Ecken und Kanten werden als Kanten oder Bögen bezeichnet. In der Informatik spricht man von Knoten und Links. In der Physik werden Knoten als Stellen (Teilchen) bezeichnet, und die Kanten zwischen Teilchen heißen Bindungen. In der Soziologie werden Knoten als Akteure bezeichnet, und Kanten als Beziehungen oder Relationen. Im Bereich der Forschung zu sozialen Netzwerken kann jede soziale Einheit, jedes soziale Objekt oder jedes funktionale Individuum als Knoten oder Akteur betrachtet werden. Die von den verschiedenen Disziplinen verwendete Terminologie unterscheidet sich, aber die zugrunde liegenden Bedeutungen sind ähnlich. Die Erforschung sozialer Netzwerke ist von Natur aus interdisziplinär, daher ist es wichtig, die Terminologie der verschiedenen Fachrichtungen zu beherrschen, um die wissenschaftliche Kommunikation zu verbessern.

Ein weiterer wichtiger Begriff ist die Topologie. Vereinfacht gesagt beschreibt die Topologie die Struktur eines Netzwerks. Abb. 1.7 veranschaulicht die Topologie eines sozialen Netzwerks [6]. Ein Netzwerk ist ein System, das aus einer Vielzahl von Individuen und deren Interaktionen besteht. Die wichtigsten Aspekte für das Funktionieren eines Systems sind Interaktion und Struktur. Diese Gesetzmäßigkeiten lassen sich auch mit der physikalischen Welt vergleichen. So bestehen sowohl Diamant als auch Graphit aus Kohlenstoff, unterscheiden sich aber in ihrer Härte erheblich, was auf die unterschiedliche Anordnung ihrer Moleküle zurückzuführen ist.

Im Gegensatz zu geometrischen Strukturen, bei denen die durch Punkte und Linien gebildeten Formen und Größen im Vordergrund stehen, kommt es bei einer Netzwerktopologie darauf an, dass die Knoten und Kanten in der gleichen Weise miteinander verbunden sind – dann besitzen sie die gleiche Topologie. Wie in Abb. 1.8 zu sehen ist, haben diese beiden Graphen unterschiedliche Formen, aber die gleiche Topologie, da sie über die gleichen Knoten und Verbindungsbeziehungen verfügen.

Die topologische Eigenschaft eines Netzwerks ist ein Merkmal, das unabhängig von der konkreten Lage der Knoten und der spezifischen Form der Kanten besteht. Ob zwei Netzwerke die gleiche Topologie besitzen, hängt davon ab, ob sie gerichtet oder ungerichtet sind. Haben zwei Netzwerke die gleichen Knoten und Kanten, aber die Kanten verlaufen in unterschiedliche Richtungen, so spricht man auch von unterschiedlichen Topologien.

Wie in Abb. 1.9 gezeigt, gibt es in sozialen Netzwerken Topologien, bei denen Kanten mit Gewichten versehen sind, und Topologien mit unterschiedlichen Knotentypen, die dennoch gemeinsam ein Netzwerk bilden. Beispielsweise kann ein Netzwerk zwischen Kursen entstehen, aber auch zwischen Nutzern und Kursen. Die Knoten, die diesen Nutzern und Kursen entsprechen, sind unterschiedlich, können aber gemeinsam ein hybrides topologisches Netzwerk bilden.

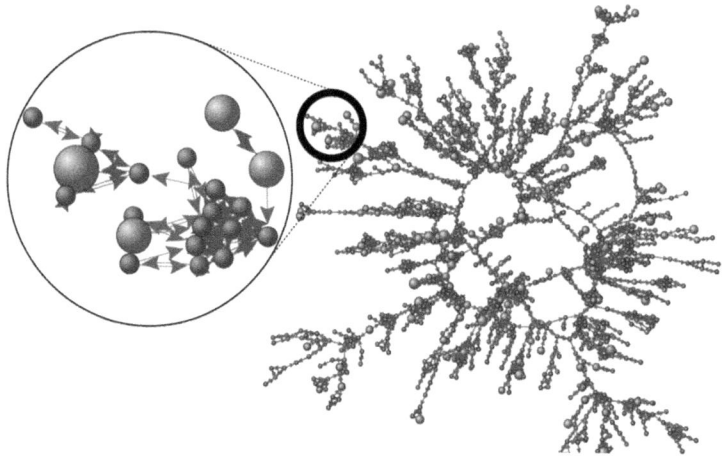

Abb. 1.7 Topologie sozialer Netzwerke [6]

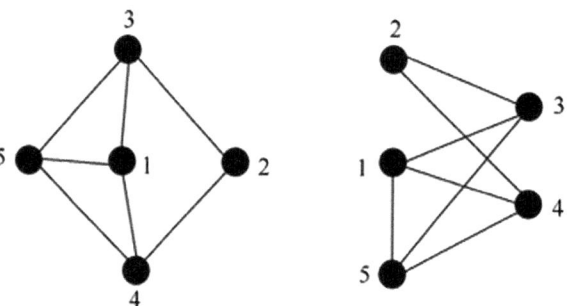

Abb. 1.8 Topologische Struktur mit unterschiedlichen geometrischen Formen, aber identischen Verbindungsbeziehungen

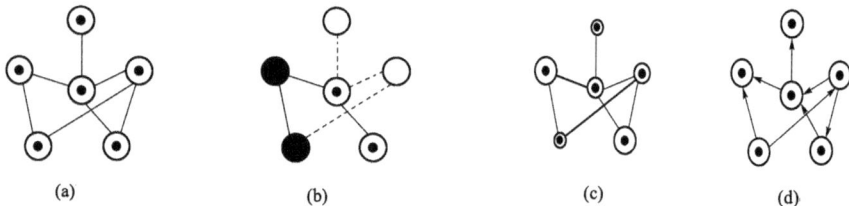

Abb. 1.9 Beispiele für verschiedene Netzwerktopologien (**a**) Ungerichtete Netzwerke mit nur einem Knoten- und Kantentyp. (**b**) Ungerichtete Netzwerke mit unterschiedlichen Knoten- und Kantentypen. (**c**) Ungerichtete Netzwerke mit variablen Knoten- und Kantengewichten. (**d**) Gerichtetes Netzwerk

1.4   Arten sozialer Netzwerke

Wie sieht ein Netzwerk aus? Netzwerke bestehen im Wesentlichen aus Objekten und deren Verbindungen. Ein Netzwerk wird betrachtet, indem man analysiert, was die Knoten und Kanten repräsentieren, ob die Kanten gerichtet oder ungerichtet sind, welche Gewichte die Kanten haben und wie die Topologie des Netzwerks – also die Gesamteigenschaften – beschaffen ist. Beispielsweise kann eine Kante Freundschaft oder Feindschaft darstellen, sie kann gerichtet sein, weil A B kennt, B aber nicht unbedingt A kennt; die Gewichte können den Wert von Gütern in einem Waren-Netzwerk oder die Anzahl der Käufe widerspiegeln. Dies sind grundlegende Überlegungen bei der Analyse eines Netzwerks. Ein ungerichtetes Netzwerk ist dadurch gekennzeichnet, dass zwei Knoten gegenseitig aufeinander verweisen können, d. h. A kann auf B zeigen und B auf A. In einem gerichteten Netzwerk hingegen zeigt A auf B, aber B nicht auf A.

Im Folgenden betrachten wir die Arten sozialer Netzwerke anhand einiger interessanter Netzwerkgraphen, darunter interindividuelle Netzwerke, organisationale soziale Netzwerke, Online-Diffusionsnetzwerke, Offline-Diffusionsnetzwerke und zweimodale Netzwerke zwischen Nutzern und Produkten.

1.4.1   Interindividuelles Netzwerk

Die zentralen Elemente, aus denen das Interaktionsnetzwerk zwischen Subjekten besteht, sind die Knoten und Kanten des Netzwerks. Die an der Synergie beteiligten Individuen werden als Knoten im Netzwerk betrachtet, die Verbindungsbeziehungen zwischen den Individuen stellen die Kanten dar, und der Grad der Nähe zwischen den Knoten im Netzwerkgraphen wird als Netzwerkdichte bezeichnet.

Abbildung 1.10 zeigt ein Netzwerk, das aus Nutzern demokratischer und republikanischer Blogs während der US-Präsidentschaftswahl 2004 besteht. Die Farben Blau und Rot stehen für die beiden Parteien, während der gelbe Bereich in der Mitte einen Teil der Bevölkerung markiert, dessen Meinungen schwanken und der häufig den Wahlausgang zugunsten einer Partei entscheidet [7]. Die Knoten im Graphen sind unterschiedlich groß; je größer der Knoten, desto mehr Verbindungen hat er zu anderen Knoten.

Abbildung 1.11 zeigt das E-Mail-Kommunikationsnetzwerk zwischen 436 Mitarbeitenden der Hewlett-Packard Labs [8]. Jeder Knoten steht für eine Person, die Kanten repräsentieren die E-Mail-Kommunikation zwischen den Mitarbeitenden. Die Dichte der Kanten, die mit den zentralen Knoten in der Abbildung verbunden sind, verdeutlicht, dass diese Knoten wichtiger sind und mehr mit anderen Mitarbeitenden kommunizieren als die außenliegenden Knoten.

Abbildung 1.12 zeigt das Interaktionsnetzwerk, das von Facebook-Nutzern (heute Meta) gebildet wird. Die Knoten stehen für Facebook-Nutzer, die Kanten

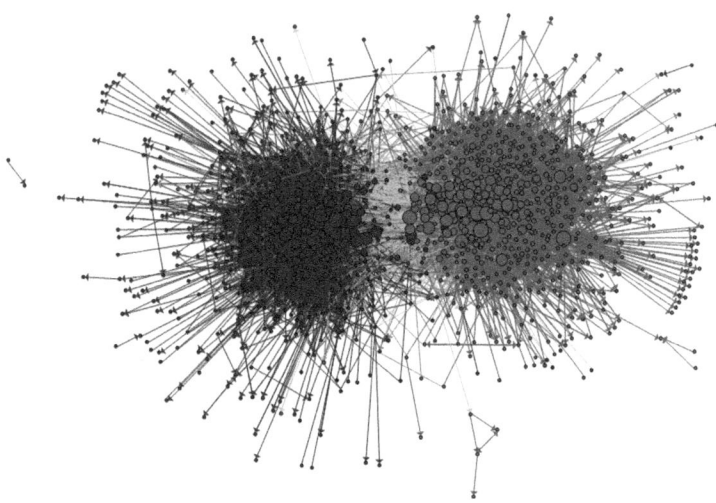

Abb. 1.10 Ein Netzwerk demokratischer und republikanischer Blogger zur Zeit der US-Präsidentschaftswahl 2004 [8]

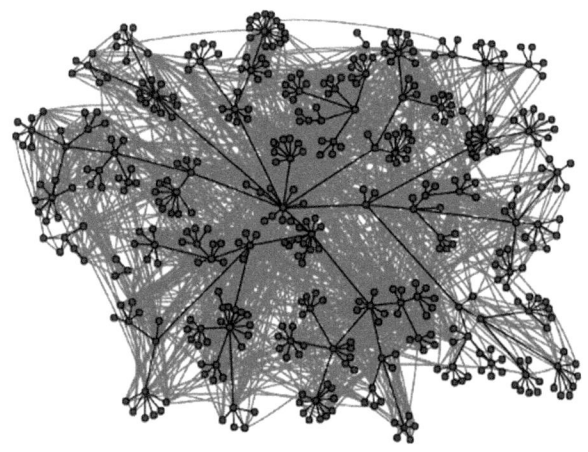

Abb. 1.11 E-Mail-Kommunikationsnetzwerk zwischen 436 Mitarbeitenden der Hewlett Packard Labs [8]

zeigen an, ob zwei Nutzer befreundet sind. In der Abbildung gibt es Fälle, in denen A mit B und B mit C verbunden ist, A jedoch nicht mit C. Das bedeutet, dass A und B sowie B und C jeweils befreundet sind, A und C jedoch (noch) nicht. Im Graphen finden sich zudem mehrere kleine Agglomerationsnetzwerke, deren Knoten einen Freundeskreis bilden, da sie eng miteinander verbunden sind. Die Situation, in der Freunde von Freunden ebenfalls befreundet sind, lässt sich durch triadische Schließungen und Clusterkoeffizienten darstellen und messen, die in Kap. 3 eingeführt werden.

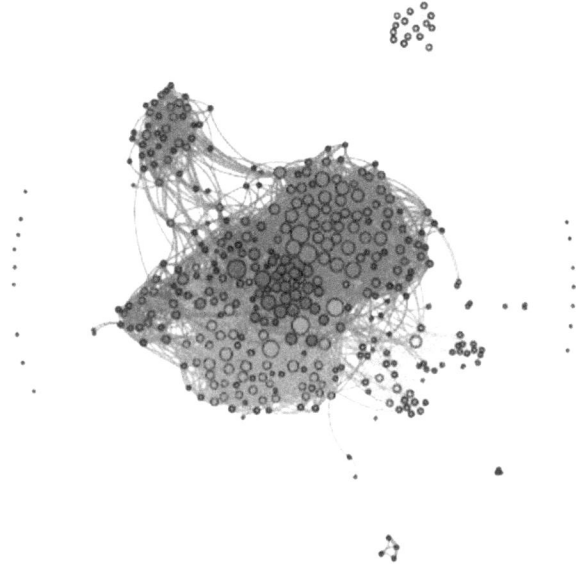

Abb. 1.12 Interaktives Netzwerk, gebildet von Facebook-Nutzern

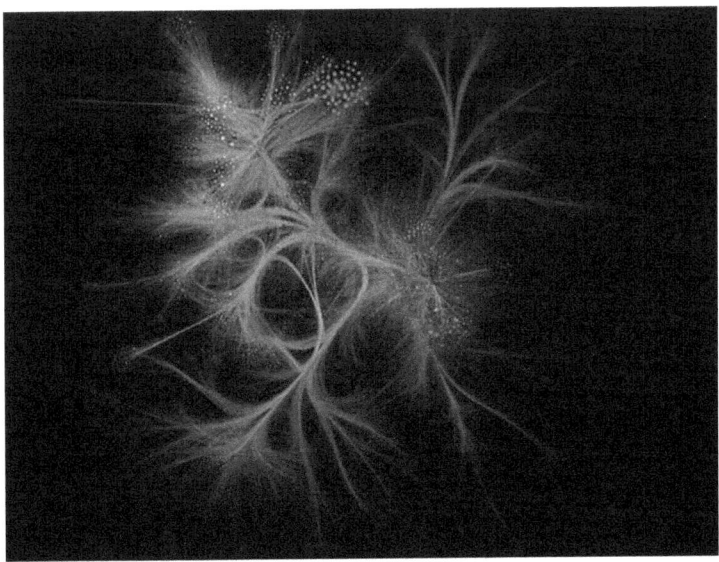

Abb. 1.13 Ko-Zitationsnetzwerk in *Nature* [9]

Abb. 1.13 zeigt das Ko-Zitationsnetzwerk der Zeitschrift *Nature*, die seit 1900 mehr als 88.000 Artikel veröffentlicht hat [9]. Die Knoten im Graphen stehen für wissenschaftliche Publikationen, die unterschiedlichen Farben der Knoten für verschiedene Disziplinen, und die Knotengröße gibt an, wie oft sie gemeinsam zitiert wurden. Wenn andere wissenschaftliche Arbeiten (die im *Web of Science* indexiert sind) einen Artikel ebenfalls zitieren, besteht eine Verbindung zwischen diesen Arbeiten.

1.4.2 Organisationales soziales Netzwerk

Die obere Ebene des interindividuellen Netzwerks bildet das organisationale soziale Netzwerk. Abb. 1.14 zeigt vier gängige Typen von Unternehmens- organisationsstrukturen. Die Matrixorganisation ist eine vertikale und horizontale Kombination aus einer dauerhaften Unternehmensstruktur und temporären Teams, die für Projektaufgaben gebildet werden. Die H-Organisation ist eine Mutter- Tochter-Struktur, die aus mehreren rechtlichen Einheiten besteht, wobei die Ver- bindung zwischen Mutter- und Tochtergesellschaft hauptsächlich über Eigentums- verhältnisse erfolgt. Die divisionalisierte Organisation ist eine vertikale Struktur, bei der der Vorstand die in verschiedene Produkte oder Vertriebsregionen unter- teilten Divisionen zusätzlich zu den Funktionsbereichen der Zentrale verbindet; die flache Organisation ist eine Form mit flexiblen Organisationsgrenzen, die sich am Kunden orientiert. Eine flache Organisation ist eine kundenorientierte Ver- bindung mit flexiblen Organisationsgrenzen und unterscheidet sich damit deutlich von den drei zuvor genannten, festgelegten Organisationsformen.

Neben dem internen Organisationsnetzwerk eines Unternehmens existiert auch ein externes Netzwerk, das zwischen verschiedenen Unternehmen gebildet wird, wie beispielsweise die Topologie des strategischen Allianzenetzwerks von in- ländischen Mobile-Commerce-Unternehmen in Abb. 1.15. Daraus wird ersichtlich, dass es strategische Kooperationen zwischen Unternehmen gibt, die jedoch gleich- zeitig von unterschiedlichen Formen des Wettbewerbs begleitet werden. Dieses strategische Allianzenetzwerk umfasst daher sowohl positive als auch negative Be- ziehungen. In Kap. 6 wird die Strukturbilanztheorie vorgestellt, mit der sich die Stabilität strategischer Allianzenetzwerke analysieren lässt.

1.4.3 Online-Diffusionsnetzwerk

Diffusionsverhalten ist das wichtigste Nutzerverhalten in sozialen Netzwerken. Abbildung 1.16 zeigt das Informationsdiffusionsnetzwerk von Twitter-Nutzern in zwei Ländern. Abbildung 1.16a zeigt das Netzwerk, das durch die Informations- verbreitung auf Twitter während des Erdbebens in Japan entstanden ist; Abb. 1.16b zeigt das Netzwerk, das durch die Verbreitung von Informationen über den Marsch der Jasminrevolution in Ägypten gebildet wurde, wobei die Informationen über den Marsch zunächst im Internet verbreitet wurden, bevor der Marsch organisiert wurde.

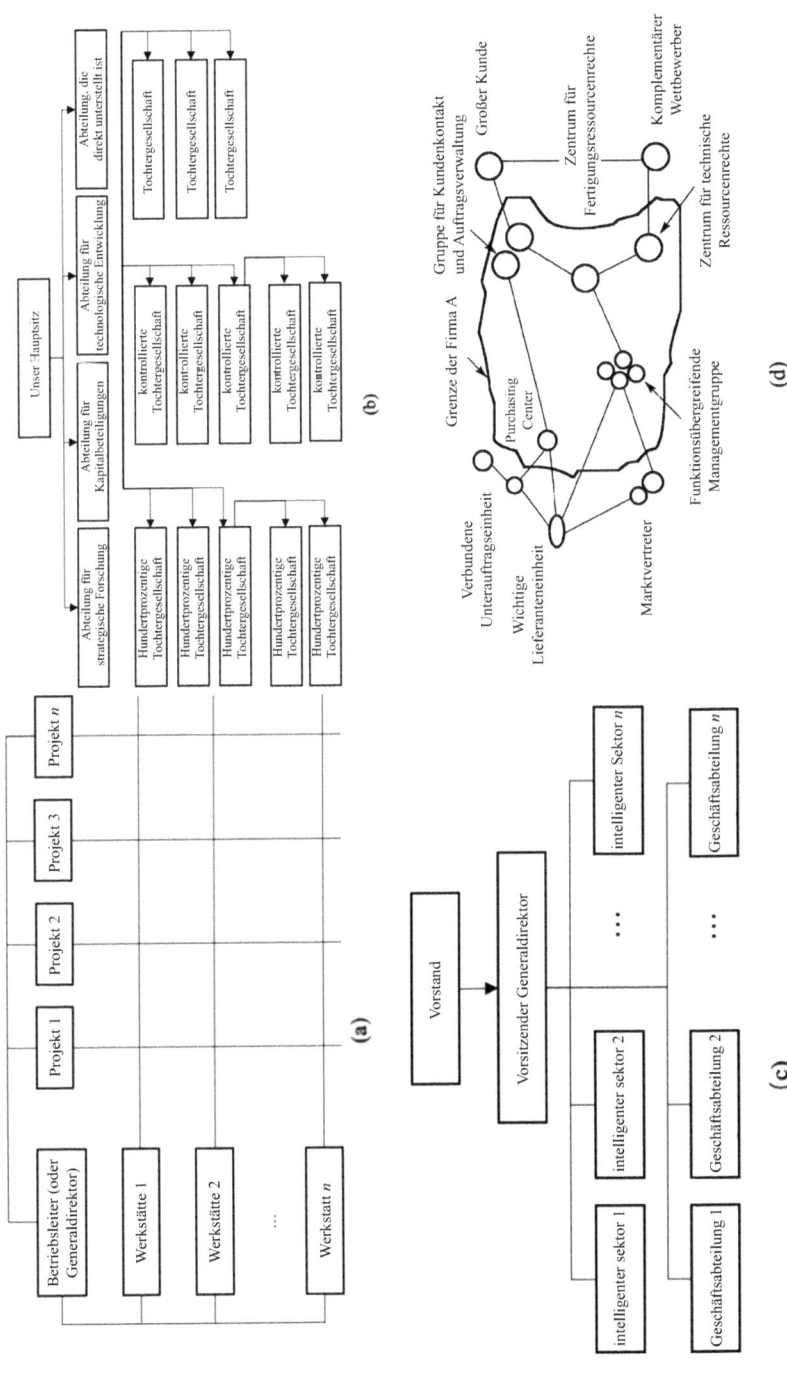

Abb. 1.14 Vier gängige Organisationsdiagramme von Unternehmen. (**a**) Matrixorganisation (**b**) H-Organisation. (**c**) Divisionale Organisation. (**d**) Flache Organisation

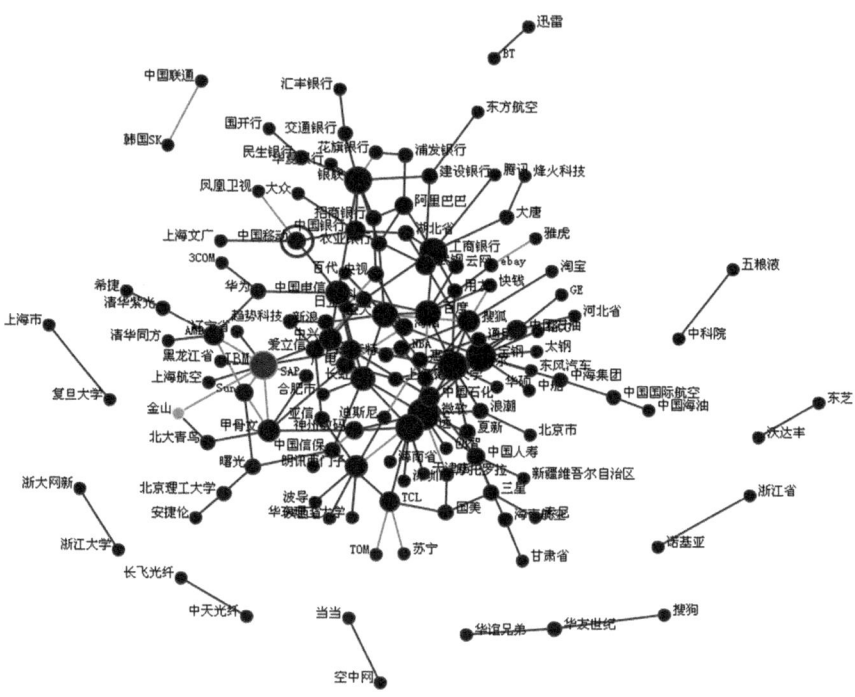

Abb. 1.15 Topologiegraph des strategischen Allianzenetzwerks inländischer Mobile-Commerce-Unternehmen

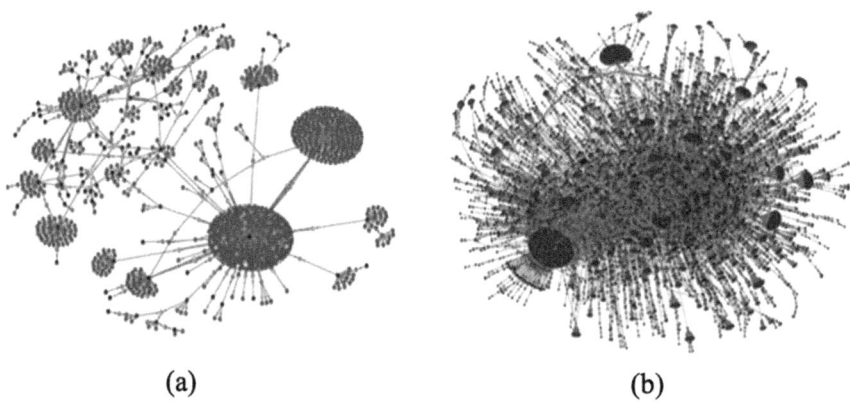

(a)   (b)

Abb. 1.16 Informationsdiffusionsnetzwerk von Twitter-Nutzern in zwei Ländern. (**a**) Japan (**b**) Ägypten

Betrachtet man die Pusteblumen-Diffusion bei Weibo, so ähnelt das durch die Diffusion von Weibo im Netzwerk gebildete Netzwerkdiagramm der Form einer Pusteblume, weshalb es als Pusteblumen-Diffusionsnetzwerk bezeichnet wird

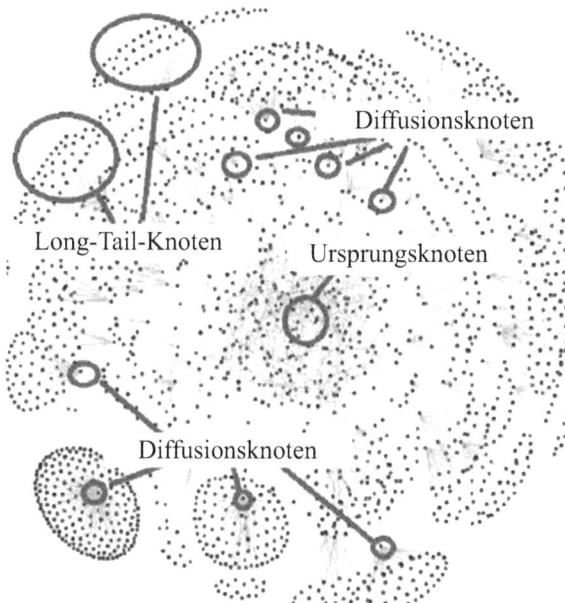

Abb. 1.17 Pusteblumen-Diffusionsnetzwerk

(siehe Abb. 1.17). Der zentrale Knoten im Diagramm stellt die Person dar, die das ursprüngliche Weibo verfasst hat, der angrenzende Diffusionsknoten steht für die Person, die den Microblog weiterverbreitet hat, und der periphere Long-Tail-Knoten repräsentiert die Person, die das Weibo nicht mehr weiterverbreitet. Da der Urheber eine große Anzahl von Followern hat, gibt es viele Diffusionsknoten, die ein Weibo nach dessen Veröffentlichung weiterverbreiten, und diese Diffusionsknoten spielen eine sehr wichtige Rolle bei der Verbreitung der Tweets. Einige Knoten haben nur sehr wenige Follower, sodass nach dem Weiterverbreiten eines Weibo durch diese Knoten deren Follower das Weibo nicht mehr weiterverbreiten; diese Personen werden zu Long-Tail-Knoten.

1.4.4 Offline-Diffusionsnetzwerk

Neben Online-Diffusionsnetzwerken, die soziale Medien zur Verbreitung nutzen, gibt es auch Offline-Diffusionsnetzwerke, die mit anderen Netzwerken verbunden sind und diese beeinflussen, d. h. Verhaltensweisen in einem Netzwerk wirken sich wahrscheinlich auf ein anderes aus. Im Folgenden sind einige weitere Beispiele für Netzwerk-„Ansteckung" aufgeführt.

Offline-Diffusionsnetzwerke sind untereinander „ansteckend". Zum Beispiel ähneln sich bei zwei guten Freunden viele Verhaltensweisen; dies ist eine Form

Abb. 1.18 Verbreitung von Freude in einer Menschenmenge [6]

gegenseitigen Einflusses. Humorvolle Menschen erzählen oft Witze, was wahrscheinlich dazu führt, dass auch ihre Freunde humorvoller werden. Wenn die
Mädchen im selben Wohnheim häufig die neuesten Modetrends austauschen, ist
es wahrscheinlich, dass alle ähnliche oder sogar die gleichen Kleidungsstücke kaufen. Auch Sprache ist ansteckend. Wenn eine Person in eine neue Stadt zieht, kann
sich ihre Sprache verändern, da sie mit neuen Freunden in Kontakt kommt, und sie
spricht möglicherweise mit einem leichten lokalen Akzent – all dies ist Teil des
Einflusses und der Verbreitung sozialer Netzwerke. Auch Stimmungen verbreiten
sich in sozialen Netzwerken. Abb. 1.18 zeigt ein Beispiel für die Verbreitung von
Freude in einer Menschenmenge [6], wobei die Punkte Frauen und die Quadrate
Männer darstellen; die Farben geben den Grad der Freude an, wobei Gelb für die
größte Freude, Blau für die geringste Freude steht und andere Farben, wie Grün,
einen mittleren Grad an Freude anzeigen.

Das Diffusionsnetzwerk der Finanzkrise ist in Abb. 1.19 dargestellt. Die
Finanzkrise wird ebenfalls von mehreren Netzwerken beeinflusst, wie dem
Aktiennetzwerk, dem Fondnetzwerk, dem Währungsnetzwerk, dem Offline-Trans-
portnetzwerk und dem Online-Word-of-Mouth-Netzwerk. Probleme in einem
dieser Netzwerke können eine Kettenreaktion auslösen, die schließlich zu einer
Finanzkrise führt, wie etwa die Finanzkrise 2008, die durch die Subprime-Krise
ausgelöst wurde und sich dann allmählich zu einer weltweiten Finanzkrise entwickelte.

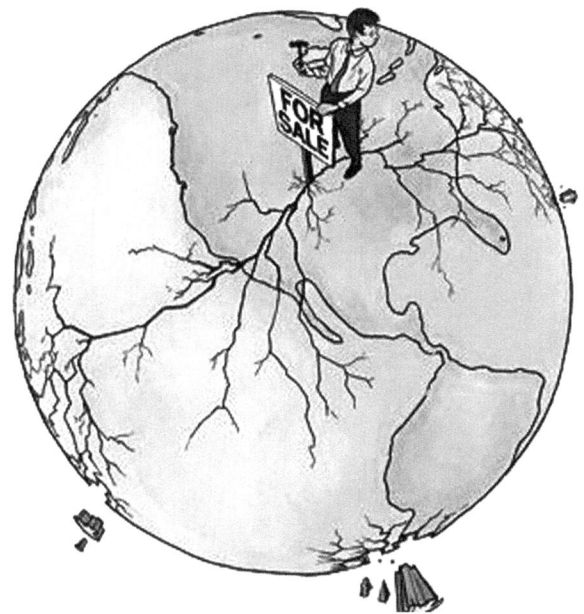

Abb. 1.19 Diffusionsnetzwerk der Finanzkrise

Abb. 1.20 zeigt ein Hefe-Protein-Protein-Interaktionsnetzwerk in einem biologischen Netzwerk [10]. Viren, die Krankheiten verursachen, können miteinander interagieren und virale Diffusionsnetzwerke bilden. Darüber hinaus
stehen transkriptionelle Regulationsnetzwerke, Stoffwechselnetzwerke und Hefe-
Protein-Protein-Interaktionsnetzwerke in biologischen Netzwerken miteinander in
Wechselwirkung.

1.4.5 Zwei-Modi-Netzwerk von Nutzern und Produkten

Die oben genannten Beispiele sind allesamt Ein-Modus-Soziale Netzwerke, d. h.
die Knoten im sozialen Netzwerk sind alle vom gleichen Typ. Neben Ein-Modus-
Netzwerken gibt es auch einige Mehrmodenetzwerke, die durch die Mischung verschiedener Knotentypen in der sozialwissenschaftlichen Netzwerkforschung entstehen. Im Social Commerce gibt es beispielsweise das „Zwei-Modi-Netzwerk
von Nutzern und Produkten", wie in Abb. 1.21 dargestellt. In diesem Netzwerk
gibt es zwei Arten von Knoten: Nutzer und Produkt. In einem Nutzernetzwerk
repräsentieren die Knoten die Nutzer und die Kanten die Beziehungen zwischen
den Nutzern; in einem Produktnetzwerk repräsentieren die Knoten die Produkte
und die Kanten die Beziehungen zwischen den Produkten. Kauft eine Person ein
Produkt, kann ihr bester Freund dies sehen und mit ihr kommunizieren; wenn

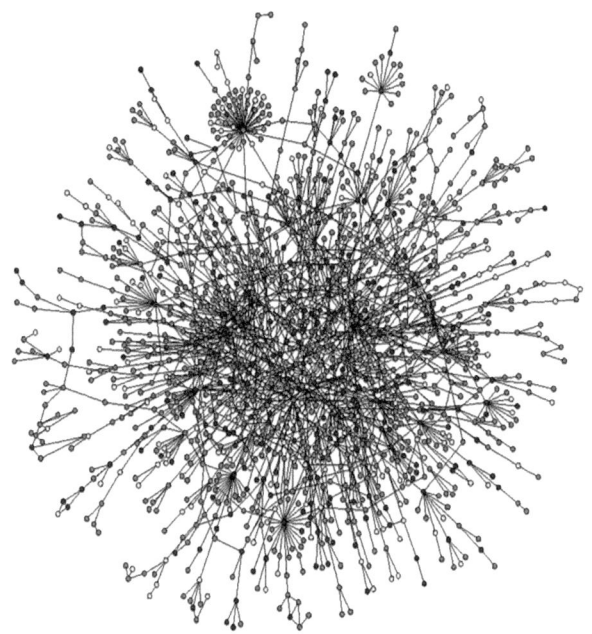

Abb. 1.20 Hefe-Protein-Protein-Interaktionsnetzwerk [10]

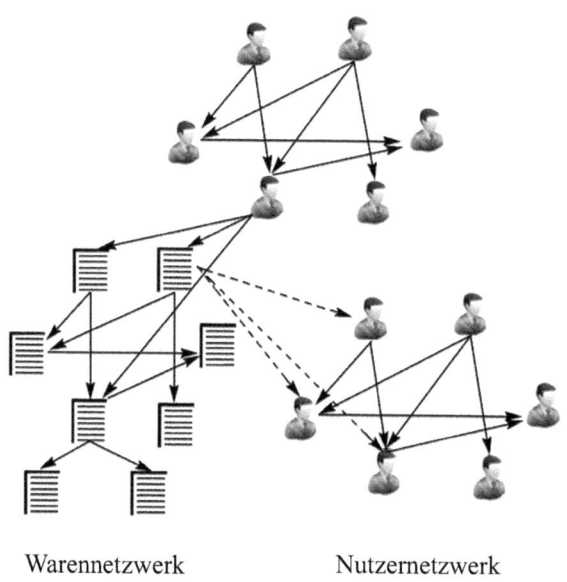

Warennetzwerk   Nutzernetzwerk

Abb. 1.21 Zwei-Modi-Netzwerk von Nutzern und Produkten

der Freund das Produkt gut findet, wird er es wahrscheinlich ebenfalls kaufen. Es zeigt sich, dass das Netzwerk der Nutzer und das Netzwerk der Produkte miteinander verflochten sind.

Im Zwei-Modi-Netzwerk von Nutzern und Produkten, wie in Abb. 1.21 dargestellt, bilden die Nutzer jedes Produkts ein Netzwerk, in dem sie miteinander kommunizieren können. Beispielsweise können Nutzer, die beide ein iPhone 14 besitzen, sich austauschen und neue Funktionen teilen. Heutige Shopping-Plattformen zeigen Nutzerbewertungen von Produkten an, die sehr einflussreich sind und die Kaufentscheidungen anderer Nutzer, die das Produkt erwerben möchten, stark beeinflussen. Gleichzeitig bilden die Einkäufe jedes Nutzers ein Netzwerk. So kann ein Nutzer beispielsweise mehrere Apple-Produkte gleichzeitig kaufen, darunter Smartphones, Tablets, Desktop-Computer usw. Auch diese Produkte bilden ein Netzwerk und spiegeln bestimmte Eigenschaften des Nutzers wider, wie etwa die Fokussierung auf die Marke, das Produkterlebnis und eine geringe Preissensibilität.

Abbildung 1.21 zeigt, dass dasselbe Produkt von mehreren Personen gekauft wird und dadurch ein Netzwerk zwischen diesen Personen entsteht. Ebenso bilden mehrere gleichzeitig gekaufte Produkte eines Nutzers ein Netzwerk. Ein Netzwerk besteht aus Dingen und Verbindungen. Netzwerke können zwischen Menschen, zwischen Dingen und zwischen Menschen und Dingen entstehen. Wir können diese Netzwerke analysieren und ihre Eigenschaften herausfinden, zum Beispiel: Wenn eine Person gleichzeitig mehrere verschiedene Produkte kauft, müssen diese Produkte gemeinsame Merkmale aufweisen; nach der Analyse dieser Merkmale können ähnliche Produkte mit diesen Eigenschaften diesem Käufer empfohlen werden – die Erfolgsquote solcher Empfehlungen ist in der Regel sehr hoch, und diese Erkenntnis wird bereits im E-Commerce genutzt.

1.5   Berechnung sozialer Netzwerke

Im heutigen Internetzeitalter werden pro Minute mehr als 400 Stunden Videomaterial auf YouTube hochgeladen, weltweit werden jede Minute über 200 Millionen E-Mails versendet, Google erhält zwei Millionen Suchanfragen pro Minute und Facebook-Nutzer teilen mehr als 680.000 Nachrichten pro Minute. All dies sind Online-Netzwerke mit sozialen Medien als gemeinsamer Plattform, die nicht nur Verbindungen zwischen Dingen schaffen, sondern auch große Datenmengen generieren.

Wie kann man die Netzwerke hinter diesen Daten erkennen? Dazu müssen Berechnungsmethoden für soziale Netzwerke eingesetzt werden. Zunächst werden Visualisierungstechniken verwendet, um das soziale Netzwerk anschaulich darzustellen und anschließend die Eigenschaften und Muster zu entdecken [11]. In Kap. 2 wird vorgestellt, wie mit der Visualisierungssoftware Gephi die Methode des „Netzwerk-Sehens" angewendet werden kann.

Da das Social Network Computing sowohl Natur- als auch Sozialwissenschaften umfasst, erfordert das Verständnis der Methoden des Social Network Computing interdisziplinäres Wissen. Zunächst betrachten wir den grundlegenden Unterschied zwischen Natur- und Sozialwissenschaften. Die Naturwissenschaften zielen darauf ab, „ewige", abstrakte und universelle Wahrheiten zu „entdecken" und spiegeln die Homogenität der natürlichen Welt wider, während die Sozialwissenschaften darauf abzielen, vorübergehende, konkrete und spezifische soziale Realitäten zu „verstehen" und damit die Heterogenität der Gesellschaft abzubilden [12]. Das Ziel der Naturwissenschaft ist es, universelle Gesetze zu entdecken, wie beispielsweise die oben erwähnte Long-Tail-Eigenschaft, die ursprünglich aus der Physik stammt. Gemäß der Long-Tail-Eigenschaft können wir die Verteilung der Verkaufszahlen von Waren erkennen und implizite Gesetzmäßigkeiten erforschen. Die Sozialwissenschaften hingegen sind heterogen. So werden beispielsweise bei Umfragen von jeder Person unterschiedliche Fragebögen erstellt. Die Zusammenfassung der Umfrageergebnisse spiegelt lediglich die Eigenschaften einer bestimmten Personengruppe wider, besitzt eine gewisse Repräsentativität, steht jedoch nicht stellvertretend für alle Menschen.

1.5.1 Kurze Geschichte der Sozialnetzwerkforschung

Das Sozialnetzwerk, das Natur- und Sozialwissenschaften vereint, wurde erstmals von Émile Durkheim in seiner Theorie der Sozialstruktur vorgeschlagen: „Die Interaktionen von Individuen in einer Gesellschaft und die daraus entstehenden Strukturen unterstützen das Funktionieren der Gesellschaft." Dies ist eine abstrakte, qualitative Beschreibung der Tatsache, dass Gesellschaften im Wesentlichen aus kleinen Gruppen bestehen und dass diese Interaktionen zwischen kleinen Gruppen das Funktionieren der Gesellschaft tragen. Radcliffe-Brown entwickelte die Theorie des Strukturfunktionalismus: „Eine der Prioritäten bei der Anwendung der Sozialwissenschaften zur Untersuchung der Gesellschaftsstruktur ist es, die Funktionen der verschiedenen Strukturen zu betrachten." Da die Funktionen jeder Struktur in einer Gesellschaft unterschiedlich sind und sowohl positive als auch negative Auswirkungen haben können, ist es wichtig, diese Funktionen zu untersuchen. Der bekannte Sozialdenker Zimmer formulierte die Theorie der sozialen Interaktion: „Gesellschaft existiert nur, wenn eine große Anzahl von Individuen interagiert." Dies legt nahe, dass nicht die Dinge selbst im Sozialnetzwerk am wichtigsten sind, sondern die Verbindungen zwischen den Dingen, und dass die durch die Interaktion von Individuen entstehenden Verbindungen einen erheblichen Einfluss auf die Gesellschaft haben können.

Die Beschreibungen der drei oben genannten Wissenschaftler zum Sozialnetzwerk sind qualitativer Natur. In den 1960er Jahren wurde das Sozialnetzwerk jedoch von Harrison White und Kollegen der Harvard University mithilfe mathematischer graphentheoretischer Überlegungen und quantitativer Analysemethoden weiterentwickelt, wodurch die Netzwerkstruktur effektiv messbar wurde. Dies ist ein quantitatives Beschreibungsmodell, das das Netzwerk durch Messung seiner Struktur und Interaktionen quantitativ beschreibt. Harrison White entwickelte die „Chains of Opportunity"-Theorie, die das Phänomen des sozialen Aufstiegs auf dem internen Arbeitsmarkt erklärt, d. h. die Sozialnetzwerktheorie wird zur Erklärung von Migrationen auf dem Arbeitsmarkt herangezogen. Granovetter formulierte die Theorie „The Strength of Weak Ties", die das Phänomen der Arbeitssuche auf dem Arbeitsmarkt untersucht und erklärt, dass die Wahrscheinlichkeit, einen Job zu finden, durch schwache Bindungen im Arbeitsmarkt größer ist. Mit der wachsenden Bedeutung Chinas verbreiten sich die Konzepte des chinesischen Beziehungswesens (z. B. Beziehungen, Gefälligkeiten, Gefühle, Gesicht, Freunde usw.) zunehmend weltweit, und die Erforschung der chinesischen Beziehungsgesellschaft wird auch international anerkannt [13].

Der Ursprung der quantitativen Analyse von Sozialnetzwerken liegt in der Graphentheorie der Mathematik, die sich aus dem Sieben-Brücken-Problem ableitet, einem Problem, das aus dem Alltag stammt. Wie in Abb. 1.22 dargestellt, beschreibt das Sieben-Brücken-Problem Folgendes: Im 18. Jahrhundert gab es in Europa die kleine, malerische Stadt Königsberg (heute Kaliningrad, Russland), durch die ein Fluss floss. Im Fluss lagen zwei kleine Inseln, und insgesamt verbanden sieben Brücken die beiden Ufer und die beiden Inseln. Die Frage war, ob es möglich ist, alle Brücken in einem Spaziergang zu überqueren, jede Brücke nur einmal zu passieren und am Ende wieder zum Ausgangspunkt zurückzukehren.

Euler, ein Pionier der Graphentheorie, formulierte zu dem Sieben-Brücken-Problem folgende Schlussfolgerungen:

1. Jeder zusammenhängende Graph, der nur aus Knoten mit geradem Grad besteht, kann mit einem Zug gezeichnet werden.
2. Jeder zusammenhängende Graph, der genau zwei Knoten ungeraden Grades (die übrigen sind gerade) besitzt, kann ebenfalls mit einem Zug gezeichnet werden.

Aus den obigen Schlussfolgerungen ergibt sich, dass es im Sieben-Brücken-Problem, da alle Knoten ungeraden Grades sind, nicht möglich ist, den Graphen mit einem Zug zu zeichnen.

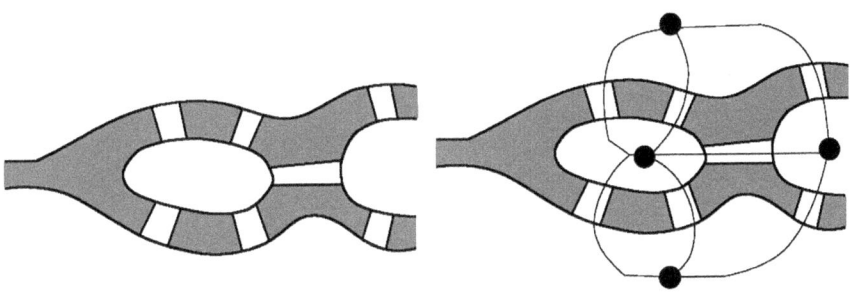

Abb. 1.22 Sieben-Brücken-Problem in der Graphentheorie

Tab. 1.2 Kurzgeschichte der Erforschung komplexer Netzwerke

Zeit (Jahr)	Person	Ereignis
1736	Euler	Sieben-Brücken-Problem
1959	Erdős und Rényi	Zufallsgraphentheorie
1967	Milgram	Kleine-Welt-Experiment
1973	Granovetter	Theorie der Stärke schwacher Bindungen
1998	Watts und Strogatz	Kleine-Welt-Modell
1999	Barabási und Albert	Skalenfreies Netzwerk

Mit zunehmender sozialer Komplexität werden in der Sozialnetzwerkforschung immer komplexere Netzwerke untersucht. Eine kurze Geschichte der Erforschung komplexer Netzwerke ist in Tab. 1.2 dargestellt.

Der Ursprung komplexer Netzwerke ist ebenfalls das Sieben-Brücken-Problem. Erst durch die Zufallsgraphentheorie [14], das Kleine-Welt-Experiment [15], die Theorie der Stärke schwacher Bindungen [16], das Kleine-Welt-Modell [17] und das skalenfreie Netzwerk [18] entstand eine neue Disziplin, die Netzwerkwissenschaft, um die interdisziplinäre Sozialnetzwerkforschung zu vereinheitlichen.

1.5.2 Graphenisomorphie in Sozialnetzwerken

Da ein Graph aus Knoten und Kanten besteht, wobei Knoten Dinge und Kanten Verbindungen darstellen, kann ein Sozialnetzwerk als Graph abstrahiert werden, und die Eigenschaften eines Sozialnetzwerks lassen sich durch die Eigenschaften des Graphen verstehen. Ein Beispiel für Graphenisomorphie ist in Abb. 1.23 dargestellt.

Die beiden Graphen in Abb. 1.23 sehen unterschiedlich aus, sind aber tatsächlich identisch. Beide Graphen besitzen fünf identische Knoten, und die Kanten zwischen den einzelnen Knoten sind ebenfalls gleich. Diese beiden Graphen

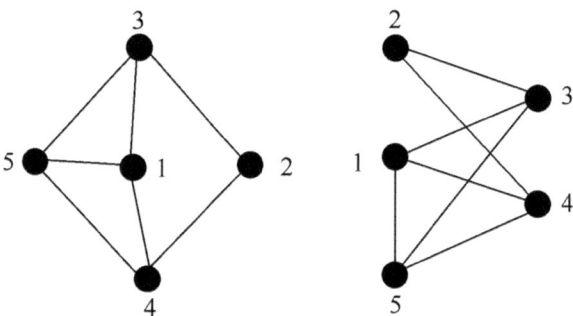

Abb. 1.23 Graphenisomorphie

haben also die gleiche Topologie, nur in unterschiedlicher Darstellung. Dies ist die
„Isomorphie" in Sozialnetzwerken: Sie sind im Wesentlichen (strukturell) gleich,
auch wenn sie unterschiedlich gezeichnet sind. In der Visualisierung von Sozialnetzwerken kann die Verwendung unterschiedlicher Layouts für ein strukturell
identisches Netzwerk zu sehr unterschiedlichen Anzeigeergebnissen führen, wor-
auf in Kap. 2 noch ausführlich eingegangen wird.

1.5.3   Repräsentation sozialer Netzwerke in Computern

Das soziale Netzwerk wird im Computer als Adjazenzmatrix dargestellt, und die
Adjazenzmatrix ist in Abb. 1.24 gezeigt.

Der Netzwerkgraph auf der linken Seite wird im Computer als Matrix dargestellt, z. B. zeigt ein Wert von 1 an der Position [1, 2] der Matrix an, dass eine
Kante zwischen Knoten 1 und Knoten 2 existiert.

Es gibt auch verschiedene Datenformate für das Netz, wie das .net Pajek-For-
mat, das .DL Ucinet-Format, das Edge-List-Format und das am weitesten verbreitete XML-basierte Format.

1.5.4   Messungen sozialer Netzwerke – Praktische
Umsetzung mit Igraph

Für ein besseres Verständnis sozialer Netzwerke wird in den folgenden Ab-
schnitten beschrieben, wie Netzwerkmaße berechnet werden können. Die folgenden vier Maße werden kurz vorgestellt und mit dem Social-Network-Paket igraph
in R berechnet. Die Installation und grundlegende Nutzung von igraph sind im Anhang beschrieben.

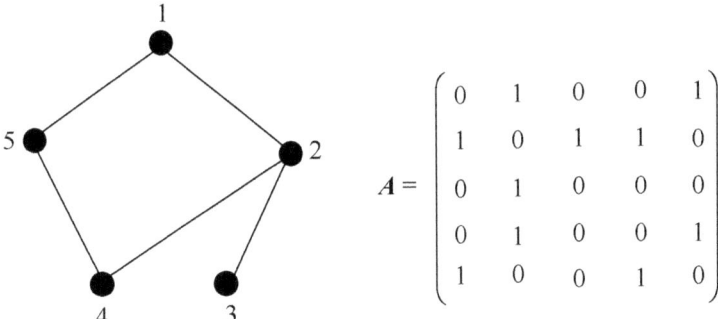

Abb. 1.24 Adjazenzmatrix

1.5.4.1 Knotengrad

Die an einen bestimmten Knoten angrenzenden Knoten werden als „Nachbarschaft" dieses Knotens bezeichnet. Die Gesamtzahl der Knoten in der Nachbarschaft wird als „Grad" dieses Knotens bezeichnet. Der Grad eines Knotens kann auch als Anzahl der mit dem Knoten verbundenen Kanten verstanden werden. Für gerichtete Netzwerke gibt es zwei weitere Kennzahlen:

In-Grad, die Summe der Knoten, die direkt auf den Knoten zeigen.

Out-Grad, die Summe der Knoten, auf die der Knoten direkt zeigt.

Als einfaches Beispiel: Wenn ein Nutzer auf Weibo als Knoten im Netzwerk betrachtet wird, dann entspricht die Anzahl der Follower dieses Nutzers dem In-Grad, und die Anzahl der von diesem Nutzer gefolgten Personen dem Out-Grad.

Die degree-Funktion wird in igraph hauptsächlich verwendet, um den Grad eines Knotens wie folgt zu berechnen:

```
degree(graph, v=V(graph), mode=c("all", "out", "in", "total"),
loops=TRUE, normalized=FALSE)
```

Dabei ist graph das Netzwerkgraph-Objekt; „v" bezeichnet den spezifizierten Knoten, für den der Grad berechnet werden soll; „mode" gibt die Art des zu berechnenden Grades an; „in" steht für In-Grad; „out" steht für Out-Grad; „total" und „all" haben die gleiche Bedeutung. Beide stehen für die Summe aus Out-Grad und In-Grad der Knoten im gerichteten Netzwerk, im ungerichteten Netzwerk wird dieser Parameter nicht berücksichtigt; der Parameter „normalized" gibt an, ob der Grad normalisiert wird (in der Regel zum Vergleich, Zentralitätsmaße werden normalisiert), d. h. wenn der Wert TRUE ist, wird durch n-1 geteilt, wobei n die Anzahl der Knoten im Netzwerk ist. Ein Beispiel ist unten angegeben:

```
# Berechnung der Grade
> library("igraph")                   # igraph-Paket laden
> g1_1<- erdos.renyi.game(10, 0.25) # Erstellen eines
                                       Zufallsgraphen
> degree(g1_1, v=V(g1_1)[1])          # Berechnung des Grades
                                       von Knoten 1
[1] 2
> degree(g1_1)                        # Berechnung der Grade
                                       aller Knoten im
                                       Netzwerkgraphen g1_1
[1] 2 2 1 2 0 2 1 1 2 3
> mean(degree(g1_1))
[1] 1.6
```

1.5.4.2   Durchschnittliche Pfadlänge

Sind zwei Knoten verbunden, so werden die verbindenden Kanten als „Pfad" der
Route bezeichnet, auch bekannt als „Weg". Jeder Knoten und jede Kante des Pfa-
des sind unterschiedlich, und die Länge des „Pfades" wird durch die Anzahl der
Kanten gemessen, aus denen der Pfad besteht. Die Distanz bezeichnet die Länge
des kürzesten Pfades zwischen zwei Knoten, auch geodätischer Pfad, geodätische
Distanz oder Hop-Distanz genannt. Die durchschnittliche Pfadlänge eines Netz-
werks ist definiert als der Mittelwert der Distanzen zwischen allen möglichen
Knotenpaaren.

In Abb. 1.25 kann der Pfad von Knoten 4 zu Knoten 5 entweder 4–2, 2–1, 1–5
oder 4–2, 2–3, 3–1, 1–5 sein, was Pfadlängen von 3 bzw. 4 entspricht. Die Distanz
zwischen Knoten 4 und Knoten 5 beträgt jedoch 3, da die kürzeste Pfadlänge zwischen diesen beiden Knoten 3 ist.

Mit der folgenden Korrelationsfunktion in igraph kann der kürzeste Pfad berechnet werden [19]:

```
shortest.paths(graph, v=V(graph), to=V(graph),
mode=c("all", "out", "in"),
weights = NULL, algorithm=c("automatic", "unweighted",
"dijkstra", "bellman-ford","johnson")
```

Dabei bezeichnet graph das Netzwerkgraph-Objekt; „v" steht für Start- und Endknoten des zu berechnenden kürzesten Pfades, die als numerische Vektoren angegeben werden; „mode" gibt an, welche Kanten im gerichteten Graphen für die
Berechnung des kürzesten Pfades verwendet werden: „in" steht für eingehende
Kanten, „out" für ausgehende Kanten und „all" bedeutet, dass der Graph als ungerichtet behandelt wird. Der Parameter weights dient zur Gewichtung der Kanten
im Graphen. Algorithm gibt den verwendeten Algorithmus an; die Funktion wählt
automatisch den schnellsten Algorithmus aus. Die Berechnung erfolgt wie folgt:

Abb. 1.25 Kürzester Pfad
und Distanz

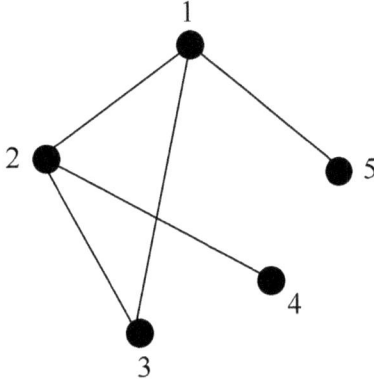

```
# Kürzester Pfad
> g1_2 <- erdos.renyi.game(10, 0.25) # Erzeuge einen
                                      Zufallsgraphen.
> shortest.paths(g1_2, 4, 6)         # Bestimme die Länge des
                                       kürzesten Pfades zwischen
                                       Knoten 4 und Knoten 6.
             4
# Bestimme den kürzesten Pfad mit der Funktion get.shortest.
paths.
> pa <- get.shortest.paths(g1_2, 4, 6)$vpath[[1]]
> pa
[1] 4 2 3 7 6
> V(g1_2) [pa] $color <- 'green'   # Setze die Farbe der
                                     Knoten auf dem kürzesten
                                     Pfad von Knoten 4 zu
                                     Knoten 6.
> E(g1_2) $color <- 'grey'
> E(g1_2, path=pa) $color <- 'red' # Setze die Farbe der
                                     Kanten auf dem kürzesten
                                     Pfad von Knoten 4 zu
                                     Knoten 6.
> E(g1_2, path=pa) $width <- 3       # Setze die Kantenbreite
> plot (g1_2, layout = layout. fruitterman. reingold) # siehe
                                                    Abb. 1.26.
```

Mit der folgenden Funktion in igraph kann die durchschnittliche Pfadlänge des Netzwerks berechnet werden; diese Funktion ist nur für ungewichtete Netzwerke anwendbar:

```
average.path.length(graph, directed=TRUE, unconnected=TRUE)
```

Dabei bezeichnet graph das Netzwerkgraph-Objekt; directed gibt an, ob gerichtete Kanten im gerichteten Graphen berücksichtigt werden; unconnected legt fest, wie mit nicht zusammenhängenden Graphen umgegangen wird: Ist TRUE gesetzt, werden nur die tatsächlich existierenden verbundenen Pfade in die Berechnung einbezogen; ist FALSE gesetzt, werden die Längen nicht existierender Pfade (Pfade zu anderen Knoten und isolierten Punkten) als Anzahl der Knoten im Graphen berücksichtigt (siehe Abb. 1.26).

Obwohl die Anzahl der Knoten in vielen realen komplexen Netzwerken sehr groß ist, ist die durchschnittliche Pfadlänge überraschend klein. Dies ist als Small-World-Phänomen bekannt [20]. Im Folgenden wird mit igraph ein Small-World-Netzwerk erzeugt und gezeigt, dass die durchschnittliche Pfadlänge eines

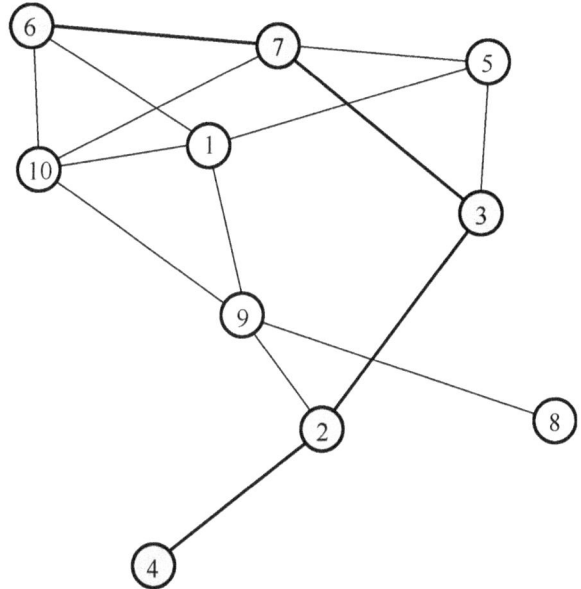

Abb. 1.26 Schematische Darstellung des kürzesten Pfades

Small-World-Netzwerks 5 beträgt, was mit den Ergebnissen der Small-World-Theorie der sechs Grade der Trennung übereinstimmt. Das Small-World-Phänomen in sozialen Netzwerken wird in Kap. 7 vorgestellt.

```
# Berechnung der durchschnittlichen Pfadlänge
> g _3 <- watts.strogatz.game (1, 1000, 3, 0.1) # Erzeuge ein
  Small-World-Netzwerk mit 1000 Knoten.
> average.path.length(g1_3)
```

1.5.4.3   Netzwerkdichte

Die Netzwerkdichte beschreibt den Grad der Verknüpfung zwischen den Knoten im Netzwerkgraphen: Je mehr Kanten vorhanden sind, desto dichter ist das Netzwerk; je weniger Kanten, desto geringer die Dichte. Die Netzwerkdichte ist das Verhältnis der tatsächlichen Anzahl der Kanten im Graphen zur maximal möglichen Anzahl an Kanten. Der Ausdruck hierfür lautet 2 l/[n(n−1)], für gerichtete Graphen l/[n(n−1)], wobei n die Anzahl der Knoten und l die Anzahl der Kanten ist.

Durch die Berechnung der Netzwerkdichte lässt sich erkennen, wie dicht oder spärlich das Netzwerk ist. Mit der folgenden Funktion in igraph kann die Netzwerkdichte berechnet werden:

```
graph.density(graph, loops=FALSE)
```

Der erste Parameter graph bezeichnet das Netzwerkgraph-Objekt; loops ist eine logische Variable, die angibt, ob Schleifen (Kanten von einem Knoten zu sich selbst) berücksichtigt werden. Im Folgenden wird die Netzwerkdichte sowohl für Zufallsnetzwerke als auch für skalenfreie Netzwerke berechnet. Diese Netzwerktopologien werden in Kap. 8 vorgestellt. Hier ein Beispiel für die Berechnung der Netzwerkdichte:

```
# Berechnung der Netzwerkdichte
> g1_4 <-barabasi. game (100, directed = F) # Erzeuge ein
                                             BA-skalenfreies
                                             Netzwerk.
> g1_5 <-erdos.renyi.game(100, 0.3)         # Erzeuge ein
                                             ER-Zufallsnetzwerk
> graph.density(g1_4)
[1] 0.02
> graph.density(g1_5)
[1] 0.2991919
```

1.5.4.4   Netzwerkdurchmesser

Der maximale Wert der Distanz zwischen beliebigen zwei Knoten in einem Netzwerk wird als Netzwerkdurchmesser bezeichnet. Da reale soziale Netzwerke nicht immer vollständig zusammenhängend sind, ist in der Praxis der Netzwerkdurchmesser der maximale Wert der Distanz zwischen allen Knotenpaaren, für die eine endliche, verbundene Distanz existiert.

Mit der folgenden Funktion in igraph kann der Netzwerkdurchmesser berechnet werden:

```
  diameter (graph, directed = TRUE, unconnected = TRUE,
weights = NULL) # Berechne den Netzwerkdurchmesser.
  get.diameter (graph, directed = TRUE, unconnected = TRUE,
weights = NULL) # Bestimme den Durchmesser über den kürzesten
Pfad.
```

Dabei bezeichnet graph das Netzwerkgraph-Objekt; directed gibt an, ob gerichtete Kanten berücksichtigt werden; unconnected legt fest, wie der Durchmesser bei nicht zusammenhängenden Graphen berechnet wird. Ist der Wert FALSE, entspricht das Ergebnis der Anzahl der Knoten im Graphen. Ist der Wert TRUE, wird der Durchmesser der verbundenen Kanten im Graphen zurückgegeben. Der Parameter weights dient zur Übergabe von Gewichtungen an den Netzwerkgraphen.

Am Beispiel des Small-World-Netzwerkgraphen g1_3 ergibt sich folgender Berechnungsablauf:

```
# Berechnung des Netzwerkdurchmessers
> diameter(g1_3)       # Berechne den Netzwerkdurchmesser.
[1] 9
> get.diameter(g1_3)   # Bestimme den Durchmesser über den
                         kürzesten Pfad
[1] 32 29 26 212 211 448 450 951 948 945
```

1.5.5 Beispiel für die Berechnung sozialer Netzwerke – Berechnung des Studentennetzwerks

Abb. 1.27 zeigt das Netzwerk der Interaktionen zwischen Studierenden vor und nach der offenen Lehrveranstaltung zur Sozialen Netzwerkanalyse an der Wuhan-Universität. Aus der Abbildung ist ersichtlich, dass das Netzwerkdiagramm vor der Veranstaltung spärlich ist und viele Zusammenhangskomponenten aufweist, während das Netzwerkdiagramm nach der Veranstaltung dichter ist. Dies könnte daran liegen, dass sich mehrere Studierende derselben Fakultät untereinander kennen,

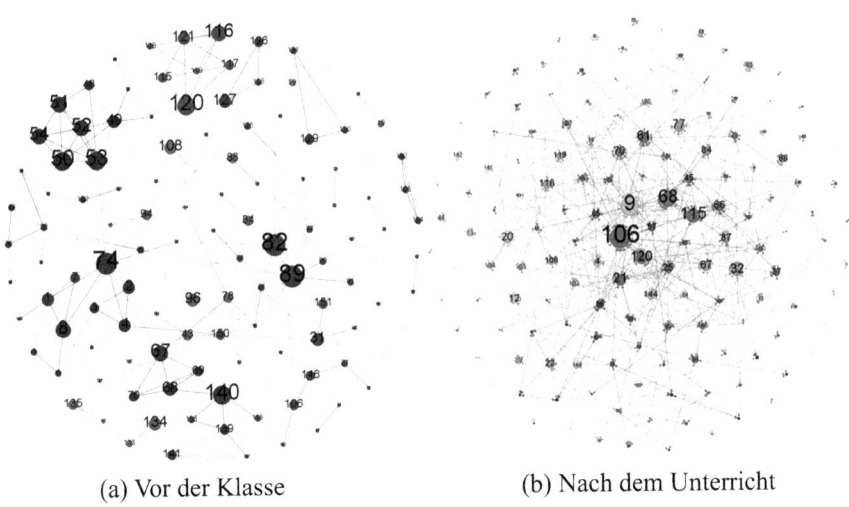

(a) Vor der Klasse   (b) Nach dem Unterricht

Abb. 1.27 Interaktives Netzwerk der Studierenden der Sozialen Netzwerkanalyse an der Wuhan-Universität vor und nach der Lehrveranstaltung. (**a**) Vor der Veranstaltung. (**b**) Nach der Veranstaltung

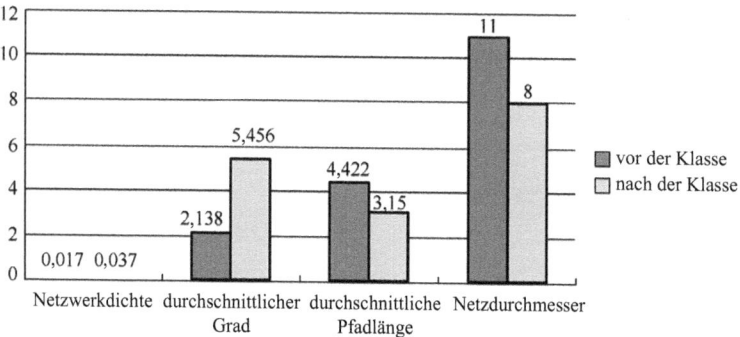

Abb. 1.28 Statistische Analyse der Kennzahlen des Interaktionsnetzwerks der Studierenden

jedoch keine Studierenden anderer Fakultäten kennen, sodass diese Studierenden jeweils eine Zusammenhangskomponente bilden.

Die offene Lehrveranstaltung dient dazu, sich durch Spiele und andere Aktivitäten gegenseitig kennenzulernen. Je mehr Personen die Studierenden kennen, desto mehr Verbindungen (Kanten) werden sie haben.

Die Topologie des Interaktionsnetzwerks der Studierenden unterscheidet sich vor und nach der Veranstaltung, was anhand verschiedener Kennzahlen beobachtet werden kann. Wie in Abb. 1.28 dargestellt, haben sich die Kennzahlen für Netzdichte, durchschnittlichen Grad, durchschnittliche Pfadlänge und Netzdurchmesser verändert. Die Netzdichte nimmt zu, was darauf hinweist, dass mehr Studierende einander kennen und somit auch mehr Kanten zwischen den Knoten bestehen. Die durchschnittliche Pfadlänge wird kürzer, was bedeutet, dass die Kommilitoninnen und Kommilitonen nach dem Kennenlernen einen anderen Studierenden über einen kürzeren Weg erreichen können. Der Netzdurchmesser gibt die Entfernung zwischen den am weitesten entfernten Knoten im Netzwerk an; sein Wert wird kleiner, was darauf hindeutet, dass nach der Veranstaltung mehr Studierende einander kennen.

1.5.6   Rechenmethoden und -denken in sozialen Netzwerken

Das Ziel der Sozialen Netzwerkanalyse besteht nicht nur darin, verschiedene quantitative Kennzahlen zu berechnen und ansprechende Visualisierungen zu erstellen, sondern auch darin, die durch die Gesellschaft generierten Daten mit „rechnerischen" Methoden zu verstehen und die zugrunde liegenden Mechanismen sowie die Zusammenhänge zwischen den Phänomenen zu entdecken. Daher ist es wichtig, beim Erlernen sozialer Netzwerke ein „rechnerisches" Denken zu entwickeln. Früher wurden in den Sozialwissenschaften vor allem qualitative

Beschreibungen verwendet: Einige Knoten sind wichtig, bestimmte Strukturen erfüllen bestimmte Funktionen. Nun gilt es, die komplexen Phänomene in sozialen Netzwerken durch quantitative Berechnungen zu analysieren.

Rechnerisches Denken bedeutet, ein scheinbar schwieriges soziales Problem in ein mathematisches Problem umzuformulieren, das wir beispielsweise durch Approximationen, Einbettungen, Transformationen und Simulationen leichter lösen können. Dies basiert selbstverständlich auf den vorhandenen Rechenkapazitäten und -beschränkungen, unabhängig davon, ob diese von Menschen oder Maschinen erbracht werden [21]. Darüber hinaus kann rechnerisches Denken nicht nur Computer als Werkzeug zur Effizienzsteigerung bei der Problemlösung nutzen, sondern auch dazu beitragen, das Problem selbst besser zu verstehen und Lösungswege zu finden [22].

Tatsächlich hat das „Rechnerische" einen Hintergrund im Prozess des menschlichen Erkenntnisgewinns über Natur und Gesellschaft. Wir führen täglich Berechnungen durch: Werden wir zu spät zur Arbeit kommen? Wird eine Aufgabe rechtzeitig erledigt? Welche Route sollten wir wählen, um das Ziel in möglichst kurzer Zeit zu erreichen? Auch in der Natur gibt es Berechnungen, etwa beim Flug eines Vogelschwarms, wenn Ameisen gemeinsam einen Gegenstand transportieren oder Fische im Meer schwimmen. Wie werden diese Prozesse koordiniert? An welcher Position und mit welcher Geschwindigkeit kommt es nicht zu einer Kollision? Diese „exakten Berechnungen" sind bemerkenswerte Phänomene.

Was passiert, wenn es bei der Berechnung zu Problemen kommt? Beispielsweise ist es bei einem Gruppentreffen innerhalb eines angemessenen Rahmens noch möglich, entsprechende Berechnungen vorzunehmen. Kommt es jedoch zu Panik in einer vorrückenden Menschenmenge (z. B. am Eingang einer Sehenswürdigkeit, nach Ende eines Films usw.), bewegen sich die hinteren Personen schneller vorwärts, während die vorderen keine Zeit mehr haben, genaue Berechnungen anzustellen, bevor sie bereits weiter nach vorne gedrängt werden. So werden sie nacheinander weitergeschoben, was leicht zu einer Massenpanik führen kann. Um solche Unfälle zu vermeiden, müssen Menschen beim Anstehen oft viele Schleifen laufen, damit es durch das schnelle, dichte Gedränge nicht zu Fehlberechnungen kommt. Somit kann eine genaue Berechnung des Einzelnen Ordnung in einer Gruppe schaffen, während eine Fehlberechnung Unordnung verursachen kann.

Die Grundlage des Rechnens sind Daten. Allerdings verstehen die Informatik und die Sozialwissenschaften den Begriff „Daten" unterschiedlich. In der Informatik steht die Berechenbarkeit der Daten im Vordergrund; ist das Datenvolumen zu groß, kann verteiltes Rechnen eingesetzt werden, und wenn die Daten nicht gespeichert werden können, müssen sie beispielsweise in der Cloud abgelegt und dort verarbeitet werden. In den Sozialwissenschaften hingegen sind die entsprechenden Forschungsdaten oft schwerer zu erheben; Forschende führen zahlreiche Umfragen und Stichproben durch, um die benötigten Daten zu erhalten, wobei der Fokus stärker auf der Verfügbarkeit berechenbarer Daten liegt. Heutzutage eröffnet Big Data der sozialwissenschaftlichen Forschung neue Perspektiven und verändert unser Verständnis der Gesellschaft. Obwohl die riesigen Datenmengen den Anschein erwecken, dass es keinen Mangel an berechenbaren Daten für die Sozialwissenschaften gibt, muss dennoch die Berechenbarkeit der Daten berücksichtigt werden.

Wer das Kaufverhalten von Nutzenden in sozialen Netzwerken und im E-Commerce verstehen möchte, muss die entsprechenden Daten analysieren. So verfügt beispielsweise Alibaba über ein spezialisiertes Datenanalyseteam, das sozialwissenschaftliche Forschung im E-Commerce unterstützt. Im Netzwerk gibt es eine Fülle von Daten; durch deren effektive Analyse können gesellschaftliche Probleme gelöst werden – das ist die rechnergestützte Soziologie [23]; manche sprechen auch von „Network Social Macroinformatics" [24]. Im Computational Advertising werden Nutzergruppen nicht mehr auf herkömmliche Weise identifiziert, sondern durch gezielte Datenanalyse die Bedürfnisse der Nutzer erkannt und daraufhin gezielt Werbung geschaltet. Pay-Per-Click (PPC) ist ein Beispiel für Computational Advertising. Im E-Commerce muss man, um die eigenen Produkte besser auffindbar zu machen, das PPC-Prinzip verstehen und die entsprechenden Schlüsselwörter sinnvoll festlegen. Ähnlich werden im Computational Management die Daten zwischen Informationssystemen analysiert, um die Beziehungen zwischen den Systemen zu verstehen und darauf aufbauend die betriebliche Organisation zu steuern. Es lässt sich sagen, dass das Voranstellen des Begriffs „rechnerisch" vor traditionelle Disziplinen eine neue Perspektive eröffnet, nämlich Probleme dieser Disziplinen mit „rechnerischem" Denken zu betrachten.

Wir selbst leben in verschiedenen Netzwerken. Beispielsweise prüfen wir regelmäßig unsere E-Mails, telefonieren mobil, nutzen Kreditkarten für den Nahverkehr oder zum Einkaufen; an öffentlichen Orten überwachen Kameras unser Verhalten; im Krankenhaus werden unsere Krankenakten digital gespeichert; und wir bloggen oder pflegen Freundschaften über Online-Soziale Netzwerke. All dies hinterlässt digitale Spuren, die sich zu einem komplexen Bild individuellen und kollektiven Verhaltens verdichten und unser Verständnis von Leben, Organisationen und Gesellschaft grundlegend verändern können.

Tatsächlich sind auch verschiedene Netzwerke „lebendig", wie etwa im Film Matrix aus dem Jahr 1999 dargestellt. In einem bestimmten Jahr des 21. Jahrhunderts erfanden Menschen KI (Künstliche Intelligenz), woraufhin Roboter erwachten, rebellierten und ein Krieg zwischen Menschen und Maschinen ausbrach, den die Menschen zu verlieren drohten. In letzter Not verdunkelten sie den Himmel, um den Robotern die Energiequelle – Sonnenenergie – zu entziehen. Die Roboter hatten jedoch eine neue Energiequelle entwickelt: Bioenergie, bei der durch Gentechnik Menschen erschaffen werden, deren Körper als Batterie zur Erzeugung von Bioelektrizität dienen. Ihre Gehirne werden mit der Computer-Matrix verbunden, sodass ihr Bewusstsein in einer virtuellen Welt – einer künstlichen Gesellschaft – existiert, um so die für den Betrieb der Roboter benötigte Energie zu gewinnen.

Herbert A. Simon, Nobelpreisträger für Wirtschaftswissenschaften im Jahr 1978, ist der Ansicht, dass die menschliche Gesellschaft das komplexeste evolutionäre Objekt im Universum ist – im Vergleich zur „toten" materiellen Welt und zur belebten Natur, die kein fortgeschrittenes Denken besitzt. Die Komplexität der menschlichen Gesellschaft zeigt sich nicht nur in der Anzahl der Elemente und der Komplexität ihrer Beziehungen, sondern auch in der Anpassungsfähigkeit der Elemente (bzw. Knoten im Netzwerk), die sich an veränderte Umgebungen anpassen können, da Individuen und Organisationen in der Gesellschaft „lebendig" sind [25]. Menschliche soziale Systeme können als komplexe adaptive Systeme (CAS) bezeichnet werden. Um komplexe adaptive Systeme zu verstehen, schlug Herbert A. Simon vor, dass aufgrund der Nichtlinearität das sogenannte „Emergenz"-Verhalten auftritt, d. h. das makroskopische Verhalten entsteht spontan durch die nichtlineare Interaktion der Mikrokomponenten im komplexen System. Anders als viele zentralisierte physikalische Systeme mit linearen Überlagerungsbeziehungen lassen sich bei komplexen adaptiven Systemen die Ursache-Wirkungs-Zusammenhänge vom Mikroskopischen zum Makroskopischen oft nicht durch einfache Formeln ableiten. Gerade diese Komplexität macht es notwendig, solche Systeme mithilfe künstlicher Gesellschaften, die mit Computern geschaffen werden, zu untersuchen. Tatsächlich ähneln künstliche Gesellschaften bestimmten Simulationsspielen. In SimCity baut man als Bürgermeister eine Stadt auf und kann im Spiel Naturkatastrophen wie Überschwemmungen oder Tornados simulieren und beobachten, wie die Stadt darauf reagiert – das ist eine mit Computern gebaute künstliche Gesellschaft. Auch das Spiel Second Life ist eine Online-Community, ähnlich wie im Film Avatar, in der jeder (virtuelle Nutzer) einem realen Nutzer entspricht. In diesem Spiel können die virtuellen Nutzer alles tun: Freundschaften schließen, heiraten, Häuser renovieren, Partys feiern usw.

Ein Netzwerk von Individuen in einer künstlichen Gesellschaft ist ein künstliches Netzwerk. Eine Entität im Spiel ist eine Intelligenz im Computer, vergleichbar mit einem Objekt in Java. Um diese Entitäten zu unterscheiden, können statische Attribute wie Geschlecht, Größe, Gewicht usw. sowie dynamische Attribute wie Gedächtnis, Ressourcen usw. verwendet werden. Objekte verfügen auch über entsprechende Methoden, etwa Singen oder Freundschaften schließen. Mit diesen Methoden kann das Objekt auch mittels künstlicher Intelligenz mit anderen Objekten kommunizieren und so eine künstliche Gesellschaft bilden, was das Verständnis sozialer Fragestellungen erleichtert. Möchte man beispielsweise die Fähigkeit einer Stadt zur Bewältigung von Naturkatastrophen bewerten, kann man im realen Leben keine Tornados oder Erdbeben simulieren. In einer virtuellen künstlichen Gesellschaft hingegen lässt sich ein Tornado simulieren und geeignete Maßnahmen ergreifen, um zu beobachten, ob eine wirksame Prävention möglich ist. Professor Helbing von der ETH Zürich hat im Rahmen seiner sozialwissenschaftlichen Forschung die Idee FuturICT entwickelt (ein Akronym für Future, Information, Communication, Technology, auch bekannt als „Living Earth Simulator Program", also zukünftige Informationstechnologie für den Informationsaustausch) [26]. Ziel ist es, eine virtuelle Erde auf einem verteilten Computersystem zu erschaffen, alles auf der Erde zu modellieren und Finanzkrisen, Naturkatastrophen usw. zu simulieren, um schließlich auf Basis dieser simulierten Umgebung zu analysieren, wie sich die Schäden durch Krisen wirksam kontrollieren lassen. Das ist soziale Netzwerkanalyse in künstlichen Gesellschaften.

1.5.7 Anwendung des Social Network Computing im E-Commerce

Eine der wichtigsten Anwendungen des Social Network Computing im E-Commerce ist die Erstellung personalisierter Produktempfehlungen. Nachdem Suchmaschinen erfolgreich eingesetzt wurden, um Nutzern die aktive Informationssuche zu ermöglichen, werden Empfehlungssysteme als Technologie, die den impliziten Bedarf der Nutzer an Waren aufdecken kann, zunehmend genutzt, um das Problem der Informationsüberflutung durch die Paradoxie der Produktauswahl zu lösen [27]. Empfehlungssysteme sagen neue Produktbeziehungen voraus und geben Empfehlungen, indem sie die Beziehungen zwischen Produkten analysieren, d. h. sie messen die Relevanz zwischen zwei Produkten anhand der Überlappung ihrer Nutzer-Netzwerke. Kaufen beispielsweise in einem Einkaufszentrum einige Nutzer zwei Produkte gleichzeitig, bedeutet dies, dass die Korrelation zwischen diesen beiden Produkten relativ hoch ist; wenn ein neuer Nutzer eines der Produkte kauft, kann ihm das andere Produkt empfohlen werden, wodurch die Wahrscheinlichkeit einer erfolgreichen Empfehlung steigt.

Ebenso lässt sich die Relevanz zwischen zwei Nutzern anhand der Überlappung ihrer Netzwerke gekaufter Produkte bestimmen. Gibt es beispielsweise eine große Überschneidung bei den von zwei Nutzern gekauften Waren, deutet dies darauf hin, dass diese beiden Personen ähnliche Kaufgewohnheiten oder Präferenzen für bestimmte Produkte haben. Kauft daher eine der beiden Personen, Person A, als Erste ein neues Produkt, kann sie es der anderen Person B empfehlen, die mit höherer Wahrscheinlichkeit das neue Produkt ebenfalls erwerben wird.

Solche Empfehlungen finden sich bereits auf vielen Shopping-Plattformen. Beispielsweise werden beim Kauf von Büchern auf Amazon oder Dangdang auf der Produktseite weitere empfohlene Produkte angezeigt, von denen wir vermutlich einige benötigen. Diese Empfehlungen basieren auf den Kaufgewohnheiten anderer Nutzer und dienen dazu, das Kaufverhalten von Personen mit ähnlicher Identität (wie Studierende) vorherzusagen und entsprechende Empfehlungen zu geben. Auf Tmall und Taobao gibt es Empfehlungen wie „Nutzer, die dieses Produkt angesehen haben, haben auch folgende Produkte angesehen" oder „Nutzer, die dieses Produkt gekauft haben, haben auch folgende Produkte gekauft" sowie Vorschläge für häufig gemeinsam gekaufte Produktkombinationen.

In Empfehlungssystemen gibt es auch kollaborative Empfehlungen auf Nutzerbasis. Die kollaborative Empfehlung auf Nutzerbasis besteht darin, anhand der Präferenzen eines Nutzers für Produkte oder Informationen eine „Nachbar"-Gruppe mit ähnlichem Geschmack und ähnlichen Vorlieben zu identifizieren. In der Praxis wird meist der Algorithmus zur Berechnung der „K-Nachbarn" verwendet. Basierend auf den historischen Präferenzdaten dieser K-Nachbarn werden dem aktuellen Nutzer Empfehlungen ausgesprochen. Die kollaborative Empfehlung auf Nutzerbasis beruht auf der Annahme, dass Nutzer mit ähnlichen Produktvorlieben auch ähnliche Geschmäcker und Präferenzen haben.

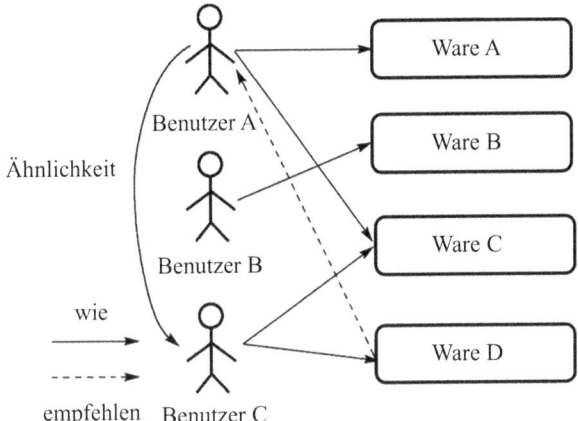

Abb. 1.29 Kollaborative Empfehlung auf Nutzerbasis

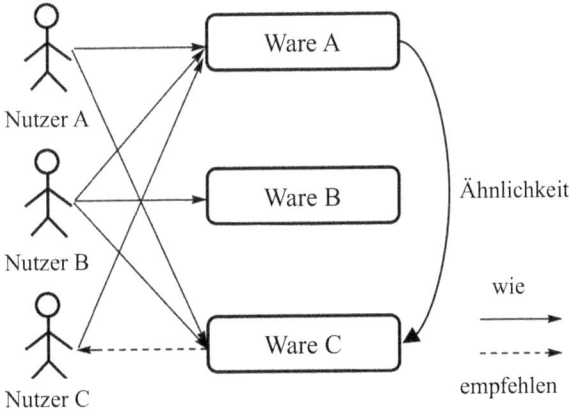

Abb. 1.30 Kollaborative Empfehlung auf Produktbasis

Wie in Abb. 1.29 dargestellt, mag Nutzer A die Produkte A und C, Nutzer B mag Produkt B und Nutzer C mag die Produkte C und D. Es ist ersichtlich, dass Nutzer A und Nutzer C ähnliche Präferenzen haben, da beide Produkt C mögen. Daher kann man Nutzer A die Produkte empfehlen, die Nutzer C gefallen, also beispielsweise Produkt D.

In Empfehlungssystemen gibt es auch kollaborative Empfehlungen auf Produktbasis. Dabei wird die Ähnlichkeit zwischen Produkten anhand der Präferenzen der Nutzer für Waren oder Informationen ermittelt und anschließend dem Nutzer auf Basis seiner bisherigen Präferenzen ähnliche Produkte empfohlen. In Abb. 1.30 mag Nutzer A die Produkte A und C; Nutzer B mag die Produkte A, B und C; und Nutzer C mag Produkt A. Daraus ergibt sich, dass Produkt A von drei Personen gleichzeitig bevorzugt wird und die Nutzer A und B, die ebenfalls Produkt A mögen, auch beide Produkt C mögen. Somit besteht eine Ähnlichkeit zwischen den Produkten A und C, sodass Produkt C Nutzer D empfohlen werden kann.

Diese personalisierten Empfehlungen basieren auf einem Zwei-Modi-Netzwerk von Nutzerprodukten im sozialen Netzwerk. Die Berechnung dieses Zwei-Modi-Netzwerks dient dazu, das Nutzerverhalten besser zu verstehen und E-Commerce-Nutzern individuellere Services bereitzustellen.

1.6 Rechenparadigma für soziale Netzwerke

Für die Berechnung sozialer Netzwerke und die Analyse von Problemen in der hochvernetzten realen Welt gibt es ein bestimmtes Paradigma, dem gefolgt werden kann, wie in Abb. 1.31 dargestellt. Das Problem des Social Network Computing entspringt dem Phänomen der vernetzten Gesellschaft. Der Prozess, die Gesetzmäßigkeiten der vernetzten Gesellschaft zu entdecken und die Funktionsmechanismen der vernetzten Gesellschaft zu verstehen, um das Phänomen der vernetzten Gesellschaft zu erklären, bildet einen geschlossenen Rückkopplungsprozess, wie im grauen Bereich von Abb. 1.31 gezeigt.

Daten für das Social Network Computing können auf drei Arten gewonnen werden: durch Datenerhebung, Big-Data-Crawling und Big-Data-Sampling. Die Datenerhebung ist die traditionelle Methode der Datenerfassung in der sozialwissenschaftlichen Forschung, während die beiden anderen Methoden im Zeitalter von Big Data häufig zur Datengenerierung genutzt werden.

Nach Abschluss der Datenerhebung folgt der Aufbau des sozialen Netzwerks, indem die Knoten des Netzwerks und deren Attribute identifiziert sowie die Verbindungen zwischen den Knoten bestimmt werden, wodurch die Kanten des Netzwerks entstehen. Darüber hinaus werden die Attribute der Kanten, einschließlich deren Gewichtungen und Vorzeichen, weiter bestimmt.

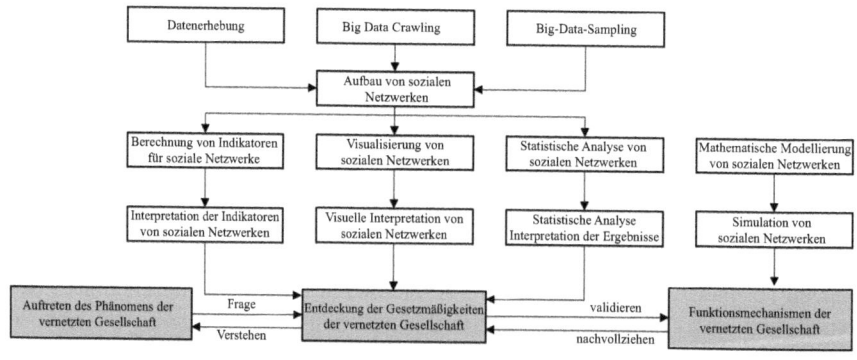

Abb. 1.31 Rechenparadigma für soziale Netzwerke

Mit dem aufgebauten sozialen Netzwerk können die Indizes des Netzwerks mithilfe von Social-Network-Analyse-Software berechnet und das Netzwerk visualisiert werden. Anschließend erfolgt eine weiterführende statistische Analyse der Knoten und Kanten des Netzwerks.

Das Ziel der Berechnung sozialer Netzwerke ist es, die Indizes der Netzwerke zu interpretieren und die Beziehungsstruktur des Netzwerks durch Visualisierung darzustellen, um die Prinzipien der Zusammensetzung von Knoten und Kanten sowie die dahinterstehenden sozialen Bedeutungen zu erklären. Darüber hinaus soll durch die Interpretation der Ergebnisse statistischer Analysen der Zusammenhang zwischen der Netzwerkstruktur und bestimmten externen Erscheinungen weiter erforscht werden.

Das übergeordnete Ziel der Berechnung sozialer Netzwerke anhand realer Daten ist es, die Gesetzmäßigkeiten der vernetzten Gesellschaft zu entdecken. Ein tieferes Verständnis dieser Gesetzmäßigkeiten erfordert die Klärung der Funktionsmechanismen der vernetzten Gesellschaft, die diesen Gesetzmäßigkeiten zugrunde liegen. Die Funktionsmechanismen werden anschließend durch mathematische Modellierung sozialer Netzwerke veranschaulicht. Die in der durch das mathematische Modell erzeugten künstlichen Gesellschaft beobachteten Gesetzmäßigkeiten werden mit denen der realen Gesellschaft durch Simulation sozialer Netzwerke verglichen, um die Korrektheit der durch mathematische Modellierung illustrierten Mechanismen zu überprüfen.

Die folgenden Kapitel dieses Buches orientieren sich an diesem Paradigma des Social Network Computing bei der Einführung in die grundlegende Theorie und Praxis der Berechnung sozialer Netzwerke. Da soziale Netzwerkphänomene, wie das Small-World-Phänomen, von der Entdeckung experimenteller Phänomene in kleinen Datenmengen über die Entwicklung mathematischer Modelle und das Verständnis der Mechanismen bis hin zur Validierung der Mechanismen in Big Data untersucht werden, erstreckt sich dieser gesamte paradigmatische Prozess über Jahrzehnte. Daher ist das Verständnis der in der vernetzten Gesellschaft auftretenden Phänomene nicht einfach, und der Forschungsprozess des Social-Network-Computing-Paradigmas ist zwangsläufig von vielen Herausforderungen geprägt.

Kapitelzusammenfassung

Der Inhalt dieses Buches ist in drei Teile gegliedert: Teil 1 behandelt das grundlegende Verständnis von sozialen Netzwerken und führt in grundlegende Prinzipien sowie praktische Methoden sozialer Netzwerke ein. Teil 2 widmet sich der Erkenntnisgewinnung in sozialen Netzwerken und stellt verschiedene Prinzipien und Gesetzmäßigkeiten in sozialen Netzwerken vor. Teil 3 befasst sich mit der Analyse und dem Verständnis sozialer Netzwerke und erläutert Anwendungs- und Analysemethoden für soziale Netzwerke.

1. Grundlegendes Verständnis sozialer Netzwerke
   Wie in Abb. 1.32 dargestellt, umfasst Teil 1 die Kap. 1 –6: Kap. 1 bietet eine Einführung in das Social Network Computing und stellt grundlegende Messgrößen sozialer Netzwerke wie Knotengrad, Netzdurchmesser und Netzwerkdichte vor. Zudem wird das Konzept des Computational Thinking im

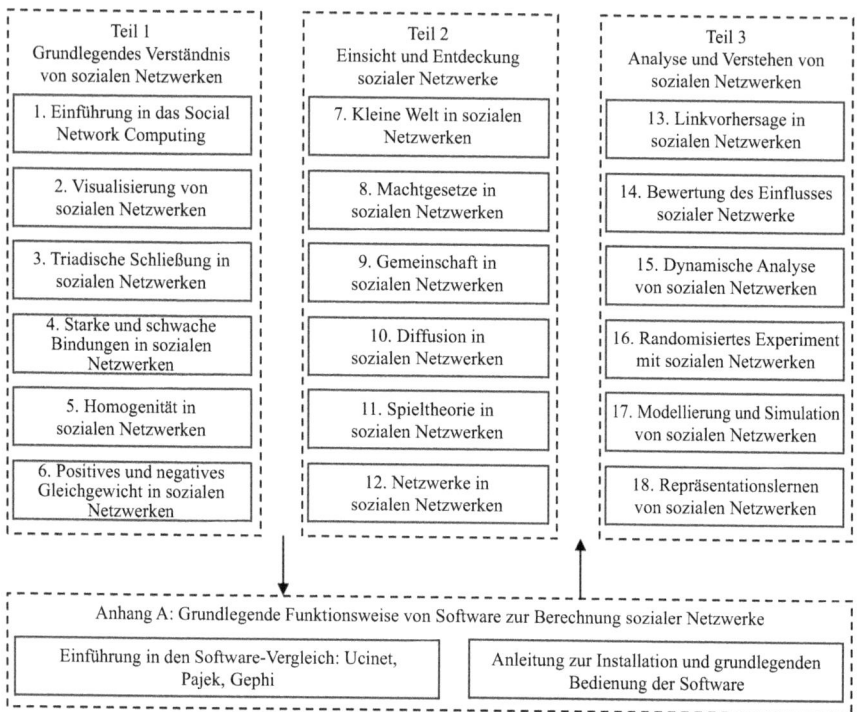

Abb. 1.32 Kapitelstruktur des Buches

Kontext sozialer Netzwerke erläutert. Kap. 2 behandelt die Visualisierung sozialer Netzwerke und führt anhand praktischer Beispiele in die Nutzung von Visualisierungssoftware wie Gephi ein. Kap. 3 erläutert das Prinzip und die Messung der triadischen Schließung in sozialen Netzwerken aus struktureller Sicht und analysiert triadische Schließungen in gerichteten Netzwerken am Beispiel von Schülerinteraktionsnetzwerken. Kap. 4 behandelt starke und schwache Bindungen in sozialen Netzwerken aus der Perspektive der Beziehungsstärke und analysiert diese am Beispiel von Co-Coding-Netzwerken. Kap. 5 thematisiert die Rolle von Externalitäten in sozialen Netzwerken, insbesondere die Bedeutung von Homogenität in der Entwicklung sozialer Netzwerke, und stellt die Rolle von Fokus- und Mitgliedschaftsschließungen vor. Zudem werden Experimente mit dem Segregationsmodell von Schelling auf Basis der Netlogo-Software eingeführt. Kap. 6 erweitert die zuvor beschriebenen Netzwerke um positive Gewichtungen auf Basis von Symbolen an den Kanten sozialer Netzwerke und stellt die Anwendung symbolischer Netzwerke in der Sentiment-Analyse vor.

2. Erkenntnisse und Entdeckungen in sozialen Netzwerken

Teil 2 umfasst die Kapitel 7–12: Kap. 7 stellt das Small-World-Phänomen als zentrales Phänomen sozialer Netzwerke vor und diskutiert die Konstruktion und Validierung des Small-World-Modells. Kap. 8 behandelt das Potenzgesetz, ein weiteres zentrales Phänomen in sozialen Netzwerken, und erläutert die Konstruktion des Potenzgesetz-Modells. Kap. 9 führt in das Konzept der Community in sozialen Netzwerken ein, erläutert ausführlich die Methoden der Community-Erkennung und erweitert die Diskussion um Datensätze zur Community-Evolution und -Forschung. Kap. 10 behandelt Diffusionsprozesse in sozialen Netzwerken und analysiert Informations-, Krankheits- und Neuheitsdiffusion anhand praktischer Fallbeispiele. Kap. 11 führt in das Thema Spieltheorie in sozialen Netzwerken ein, beschreibt die Eigenschaften von Gruppenevolutionsspielen aus populationsdynamischer Sicht, fasst den Ablauf allgemeiner Netzwerk-Evolutionsspiele zusammen und präsentiert eine Fallstudie. Kap. 12 behandelt Netzwerke innerhalb sozialer Netzwerke, darunter Hypernetzwerke, Zwei-Modus-Netzwerke, Multimode-Netzwerke und die Synergie mehrerer Netzwerke.

3. Analyse und Verständnis sozialer Netzwerke

Teil 3 umfasst die Kap. 13–18: Kap. 13 behandelt die Definition, Methoden und Anwendungsszenarien der Link-Prediction in sozialen Netzwerken. Kap. 14 führt in die Bewertung von Einfluss in sozialen Netzwerken ein, stellt Einflussindizes und deren Vergleich aus unterschiedlichen Perspektiven vor und diskutiert zugehörige Algorithmen, Modelle und Anwendungen. Kap. 15 stellt eine Methodik zur Analyse der Dynamik sozialer Netzwerke auf Basis des stochastischen Akteursmodells vor und analysiert die Evolutionsmechanismen von Schülerinteraktionsnetzwerken mit Hilfe der RSiena-Software. Kap. 16 führt in die Methode des randomisierten Experiments in sozialen Netzwerken ein und gibt einen Überblick über relevante Forschungsarbeiten. Kap. 17 behandelt die relevanten Definitionen, Forschungsparadigmen, Methoden und Anwendungen der Modellierung und Simulation sozialer Netzwerke. Kap. 18 behandelt Repräsentationslernen in sozialen Netzwerken und stellt Funktionsweise und Anwendungsszenarien von Methoden des Netzwerkrepräsentationslernens anhand von Fallstudien vor.

Abschließend bietet der Anhang einen tabellarischen Vergleich gängiger Software zur Berechnung sozialer Netzwerke sowie eine detaillierte Beschreibung der Installation und grundlegenden Nutzung mehrerer Programme.

Fragen zum Kapitelabschluss

1. Welche sozialen Netzwerke existieren im Alltag? Bitte geben Sie einige Beispiele an.
2. Beschreiben Sie kurz die Merkmale und Unterschiede der fünf in Abschn. 1.4 genannten Typen sozialer Netzwerke.
3. Berechnen Sie den Grad jedes Knotens im untenstehenden Graphen.

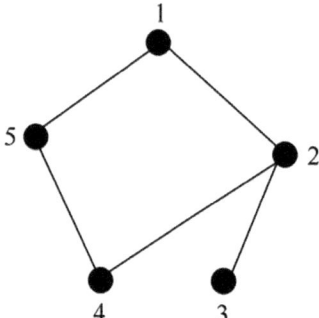

4. Beschreiben Sie kurz, welche praktischen Anwendungen soziale Netzwerke haben.

Literatur

1. Rifkin, J.: The Third Industrial Revolution: How Lateral Power Is Transforming Energy, the Economy, and the World. CITIC Press, Beijing (2012)
2. Jian, L.: The transformation and upgrading of traditional engineering programs under the wave of the fourth industrial revolution. Res. High. Educ. Eng. **4**, 11 (2018)
3. Meeker, M., Wu, L.: Internet Trends D11 Conference. https://publicservicesalliance.org/wp-content/uploads/2013/05/KPCB_2013_Internet_Trends_052913.pdf – (2013)
4. Liang, T.P., Turban, E.: Introduction to the special issue social commerce: a research framework for social commerce. Int. J. Electron. Commer. **16**(2), 5–14 (2011)
5. Mardsen, P.: Social commerce: monetizing social media [EB/OL]. [2021-10-24]. http://socialcommercetoday.com/social-commerce-monetizing-socialmedia-syzygy-group-whitepaper/
6. Christakis, N.A., Fowler, J.H.: In: Xue, J. (Hrsg.) Connected: the Surprising Power of Our Social Network and How They Shape Our Lives. China Renmin University Press, Beijing (2013)
7. Adamic, L.A., Glance, N.: The political blogosphere and the 2004 US election: divided they blog. In: Proceedings of the 3rd International Workshop on Link Discovery, S. 36–43 (2005)
8. Adamic, L., Adar, E.: How to search a social network. Social Network. **27**(3), 187–203 (2005)
9. Gates, A.J., Ke, Q., Varol, O., et al.: Nature's reach: narrow work has broad impact. Nature. **575**(7781), 32–34 (2019)
10. Jeong, H., Mason, S.P., Barabási, A.-L., et al.: N. Lethality and centrality in protein networks. Nature. **411**(6833), 41–42 (2001)
11. Brandes, U., Wagner, D.: Analysis and Visualization of Social Networks. Springer, Berlin, Heidelberg (2004)
12. XIE, Y.U.: Sociological Methodology and Quantitative Research. Social Sciences Academic Press, Beijing (2012)
13. Bian Yanjie. Relational Sociology: Theories and Studies. Beijing: Social Sciences Academic Press, 2011
14. Bollobás, B.: Random Graphs, Bd. 73. Academic Press, New York (2001)
15. Milgram, S.: The small world problem. Psychol. Today. **2**(1), 60–67 (1967)
16. Granovetter, M.S.: The strength of weak ties. Am. J. Sociol. **78**(6), 1360–1380 (1973)

17. Watts, D.J., Strogatz, S.H.: Collective dynamics of 'small-world' networks. Nature. **393**(6684), 440–442 (1998)
18. Barabási, A.L., Albert, R.: Emergence of scaling in random networks. Science. **286**(5439), 509–512 (1999)
19. West, D.B.: Introduction to Graph Theory. Prentice Hall, Upper Saddle River (2001)
20. Xiaofan, W., Xiang, L., Guanrong, C.: Network Science: An Introduction. Higher Education Press, Beijing (2012)
21. Yizhen, Z.: Computational thinking. Commun. China Comput. Fed. **3**(11), 77–79 (2007)
22. Xiaoming, L.: An introduction to the understanding and practice of teaching computational thinking across disciplines. China Univ. Teach. **11**(4), 5 (2012)
23. Lazer, D., Pentland, A., Adamic, L., et al.: Social science. Computational social science. Science. **323**(5915), 721–723 (2009)
24. Guojie, L.: Some thoughts on macroinformatics research in the network society. Commun. China Comput. Fed. **002**(002), 23–27 (2006)
25. Sima, H.E., Yishan, W.: The Science of Artificial. Shanghai Science and Technology Education Press, Shanghai (2004)
26. Helbing, D., Bishop, S., Conte, R., et al.: Futurict: participatory computing to understand and manage our complex world in a more sustainable and resilient way. Eur Phys J Spec Top. **214**(1), 11–39 (2012)
27. Tao, Z.: Top 10 challenges of personalized recommendations. Commun. China Comput. Fed. **8**(7), 48–61 (2012)

Kapitel 2
Visualisierung von sozialen Netzwerken

Zusammenfassung Dieses Kapitel befasst sich mit den Visualisierungstechniken sozialer Netzwerke. Zunächst wird die Literatur zur Datenvisualisierung und zur Visualisierung sozialer Netzwerke betrachtet und erläutert, wie Visualisierungstechnologien dabei helfen, komplexe Netzwerkstrukturen zu verstehen und verborgene Muster zu erkennen. Anschließend wird die Klassifikation von Layouts zur Visualisierung sozialer Netzwerke untersucht und aufgezeigt, wie verschiedene Layout-Methoden die interne Struktur von Netzwerken anschaulich darstellen können. Zudem werden gängige Werkzeuge zur Visualisierung sozialer Netzwerke vorgestellt, wobei der Schwerpunkt auf der Anwendung von Gephi und igraph liegt. Anhand von Fallstudien wird die effektive Nutzung dieser Werkzeuge zur Visualisierung sozialer Netzwerke veranschaulicht. Insgesamt vermittelt dieses Kapitel den Lesenden grundlegendes Wissen zum Verständnis und zur Anwendung von Visualisierungstechniken für soziale Netzwerke.

Soziale Netzwerke können auf besonders anschauliche Weise visualisiert werden. Heutzutage ermöglicht es die computergestützte Software, die komplexe Struktur sozialer Netzwerke sichtbar zu machen und den Nutzern das Verständnis der zugrunde liegenden Gesetzmäßigkeiten zu erleichtern. Einerseits hilft die Visualisierung sozialer Netzwerke dabei, die innere Struktur des Netzwerks klar zu erfassen, andererseits unterstützt sie die Erschließung nützlicher, im Netzwerk verborgener Informationen.

In diesem Kapitel werden wir zunächst einen Überblick über die Literatur zur Datenvisualisierung und zur Visualisierung sozialer Netzwerke geben. Anschließend stellen wir die Klassifikation von Layouts zur Visualisierung sozialer Netzwerke vor. Danach werden die Werkzeuge zur Visualisierung sozialer Netzwerke erläutert. Abschließend zeigen wir anhand von Fallstudien, wie sich soziale Netzwerke mit Gephi und igraph visualisieren lassen.

© Der/die Autor(en), exklusiv lizenziert an Springer Nature Singapore Pte Ltd. 2025
J. Wu, *Soziales-Netzwerk-Computing*,
https://doi.org/10.1007/978-981-95-1129-7_2

2.1 Datenvisualisierung

Die Gründe für die rasante Entwicklung der modernen Wissenschaft lassen sich auf zwei Aspekte zurückführen [1]:

1. Messmethoden sind schnell und standardisiert geworden.
2. Der Einsatz von Visualisierung.

Visualisierungstechnologien verbinden das menschliche Gehirn mit dem Computer, indem sie Daten, Informationen und Wissen in visuelle Formen umwandeln, die für den Menschen leicht erkennbar sind. Es handelt sich um ein interdisziplinäres Feld, das Wissen aus Bereichen wie Computergrafik, Bildverarbeitung, rechnergestütztem Design, Mensch-Computer-Interaktion und Künstlicher Intelligenz integriert. Die wichtigsten Merkmale sind [2]:

1. Visualisierung, die Daten mittels Bildern und Kurven darstellt und die Analyse von Zusammenhängen zwischen Mustern ermöglicht.
2. Interaktivität, die es den Nutzern ermöglicht, Daten auf interaktive Weise zu verwalten und weiterzuentwickeln.
3. Multidimensionalität, d. h. die Berücksichtigung mehrerer Attribute oder Variablen, die Objekt- oder Ereignisdaten abbilden und eine Kategorisierung, Sortierung und Kombination der Daten nach den Werten in jeder Dimension erlauben [3].

Der Prozess der Datenvisualisierung ist in Abb. 2.1 dargestellt.

Abb. 2.1a zeigt ein Flussdiagramm zur Szenenvisualisierung. Ausgangspunkt ist eine Szene, die mit einer Kamera aufgenommen und anschließend mit einer

(a) Visualisierung von Landschaften

Werkzeuge zur Datenvisualisierung

(b) Der Visualisierungsprozess von Daten

Abb. 2.1 Der Prozess der Datenvisualisierung. (**a**) Visualisierung einer Szene. (**b**) Der Visualisierungsprozess von Daten

Bildverarbeitungssoftware zu einem Foto weiterverarbeitet wird. In Abb. 2.1b werden anstelle der Szene Daten oder Informationen verwendet, und das Datenvisualisierungstool ersetzt die Kamera. Der Prozess, bei dem mit dem Datenvisualisierungstool Daten verarbeitet und zu einer Grafik aufbereitet werden, ist die Datenvisualisierung. Das heißt, Datenvisualisierung ist der Vorgang, bei dem Daten, Informationen, Wissen usw. mit Hilfe eines Datenvisualisierungstools berechnet und verarbeitet werden, um eine leicht erfassbare Grafik zu erzeugen.

2.2 Visualisierung sozialer Netzwerke

Die Visualisierung sozialer Netzwerke hat eine lange Tradition, insbesondere in den Sozialwissenschaften. Die Darstellung sozialer Beziehungen durch Knoten und Kanten reicht mindestens bis in die 1830er Jahre zurück. Dies war die erste Phase der Visualisierung sozialer Netzwerke, in der der Fokus auf der graphentheoretischen Repräsentation lag. Die zweite Phase begann Anfang der 1850er Jahre, als Forscher begannen, Netzwerke mit standardisierten rechnergestützten Verfahren darzustellen. Die dritte Phase setzte in den 1870er Jahren ein, als der Einsatz von Computern das Zeichnen von Graphen erleichterte. In der vierten Phase, in den 1880er Jahren, ermöglichte der Einsatz von Personal Computern die Darstellung von Graphen auf Monitoren sowie die farbliche Unterscheidung von Knoten und Kanten. In der fünften Phase, also nach den 1890er Jahren, erleichterte die Weiterentwicklung und Verbreitung der Computertechnik die Präsentation von Graphen, sodass soziale Netzwerke je nach Visualisierungssoftware und Netzwerktopologie noch anschaulicher dargestellt werden konnten. Es zeigt sich, dass die Idee der Visualisierung sozialer Netzwerke stets präsent war und die fortschreitende Entwicklung von Computern und Internet die Methoden und Techniken der Netzwerkvisualisierung maßgeblich bereichert hat.

Freeman gibt einen Überblick über die Geschichte der Visualisierung sozialer Netzwerke in der sozialwissenschaftlichen Forschung und führt zahlreiche Beispiele für die Kodierung von Informationen durch Attribute wie räumliche Position, Farbe, Größe und Form an. So kann beispielsweise ein durch die Verteilung einer Bevölkerung gebildetes Netzwerk als Karte dargestellt werden. Darüber hinaus bieten algorithmisch erzeugte Layouts verschiedene nützliche räumliche Eigenschaften: Kraftbasierte Layouts können die räumliche Verteilung zwischen verbundenen Komponenten effektiv abbilden, während radiale Layouts die Position anderer, deutlich vom zentralen Akteur entfernter Netzwerkknoten anschaulich darstellen. Farben, Größen und Formen können sowohl topologische als auch nicht-topologische Eigenschaften des Netzwerks wie Zentralität, Gruppenzugehörigkeit oder Geschlecht visualisieren.

In Kap. 1 haben wir verschiedene Arten sozialer Netzwerke aufgeführt, wie z. B. interindividuelle Netzwerke, organisationale soziale Netzwerke, Online- und

Offline-Diffusionsnetzwerke sowie zweimodale Nutzer-Waren-Netzwerke, die visualisiert werden können. Gleichzeitig lässt sich die Visualisierung sozialer Netzwerke in zahlreichen Anwendungsfeldern einsetzen. So kann sie in der Biologie zur Analyse von Gefäßnetzwerken, Gen-Netzwerken, Molekülnetzwerken und Krankheitsbeziehungsnetzwerken genutzt werden. Im Bereich Verkehrswesen dient sie der Analyse von Luftverkehrs- und öffentlichen Verkehrsnetzen innerhalb und zwischen Städten. In der Wissenschaft kann sie zur Untersuchung von Koautoren- und Zitationsnetzwerken eingesetzt werden; in der Wirtschaft zur Analyse von Netzwerken zwischen Ländern, die von Finanzkrisen betroffen sind. Die Visualisierung sozialer Netzwerke ermöglicht eine klarere Darstellung der Netzwerktopologie und der Beziehungen zwischen Netzwerken, was die Analyse von Eigenschaften und Merkmalen erleichtert, zur Lösung bestehender Probleme beiträgt und durch das Erkennen verborgener Gesetzmäßigkeiten Prävention und Prognose unterstützt.

In den letzten Jahren sind zahlreiche Visualisierungsprogramme entstanden, wie Ucinet, Pajek, Gephi, StOCNET, NetMiner, MultiNet, CiteSpace, R usw., die uns bei der Analyse verschiedenster sozialer Netzwerke unterstützen. Die Visualisierung sozialer Netzwerke kann in vielfältigen Szenarien eingesetzt werden, etwa für Netzwerke [4], frühe Online-Soziale Netzwerke [5] und Koautoren-Netzwerke in der Forschung. Sie findet auch Anwendung in ContactMap [6], einem E-Mail-Korrespondenznetzwerk, das soziale Schwerpunkte durch räumliche Gruppierung und Farbgebung kodiert und visualisiert; TouchGraph, einem Beziehungsnetzwerk von LiveJournal-Online-Community-Nutzern, das kraftbasierte Layouts verwendet; BuddyZone, einem Netzwerk für die Visualisierung und Analyse von SMS-Korrespondenzen; sowie PieSpy, einem Internet Relay Chat-Netzwerk [7]. Netzwerke verändern sich zudem im Zeitverlauf: Moody untersuchte die Visualisierung dynamischer Netzwerke [8]; Rothenberg et al. analysierten die Visualisierung von Netzwerken, die durch die dynamische Ausbreitung des HIV-Virus in der Bevölkerung entstehen [9].

2.3 Visualisierungs-Layout für soziale Netzwerke

Ben Shneiderman schlug 2006 eine Klassifikation von Visualisierungstechniken vor, d. h. Netzvisualisierungstechniken werden anhand der Anordnung der Netzwerkknoten in neun Kategorien unterteilt: kraftbasiertes Layout, geografisches Kartenlayout, Kreislayout, räumlich berechnetes Layout, Cluster-Layout, substratbasiertes Layout, zeitorientiertes/temporales Layout, manuelles Layout und zufälliges Layout. Dasselbe soziale Netzwerk kann je nach Layoutmethode unterschiedlich dargestellt werden, bleibt jedoch isomorph, da seine Struktur identisch ist. Im Folgenden werden einige häufig verwendete Layoutmethoden hervorgehoben.

2.3.1 Kraftbasiertes Layout

Das kraftbasierte Layout, auch als Feder-Layout bekannt, ist in Abb. 2.2 dargestellt. Die Grundidee besteht darin, das Prinzip des mechanischen Gleichgewichts zu simulieren: Die Knoten im Netzwerk werden als Stahlringe modelliert, die Kanten als Federn. Durch die Federelastizität (Anziehungs- und Abstoßungskräfte) werden die Positionen der Stahlringe kontinuierlich angepasst, bis das physikalische System ein mechanisches Gleichgewicht erreicht und somit das Layout entsteht; diese Bewegung setzt sich fort, bis die Gesamtenergie des Systems ein Minimum erreicht und zum Stillstand kommt [2]. Da das kraftbasierte Layout eine ästhetisch ansprechende Netzwerkanordnung erzeugt und die Gesamtstruktur sowie die Selbstisomorphie des Netzwerks gut veranschaulicht, dominiert diese Methode in der Literatur zu Netzvisualisierungstechniken. Ein Nachteil besteht darin, dass in jedem Zyklus die Kräfte zwischen allen Knotenpaaren berechnet werden müssen, was zu einer hohen algorithmischen Komplexität führt. Dennoch wird das kraftbasierte Layout aufgrund der ansprechenden Darstellung in zahlreichen Netzvisualisierungssystemen eingesetzt.

2.3.2 Geografisches Kartenlayout

Das geografische Kartenlayout ist für den Nutzer eine einfache und leicht verständliche Anordnung. Es verwendet eine Weltkarte (Kontinent, Land, Provinz oder Stadt) als Hintergrund, auf der die Knoten entsprechend ihren geografischen Koordinaten platziert werden. Anschließend werden die Netzwerkkanten gemäß den Verbindungen zwischen den Knoten eingezeichnet [10]. Dieses Layout entspricht dem menschlichen visuellen Denken, da der Kartenhintergrund die geografische Verteilung der Knoten anschaulich darstellt und eine präzise Lokalisierung der Knoten ermöglicht. Allerdings sind die Positionen der Netzwerkknoten

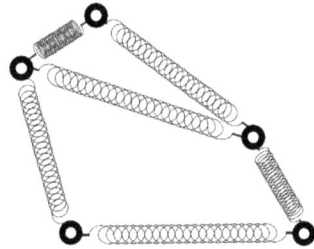 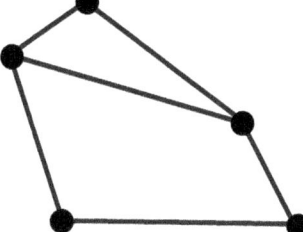

Fig. 2.2 Kraftbasiertes Layout

auf dem Hintergrundbild zu starr, was zu Problemen wie überlappenden Knoten und sich kreuzenden Kanten führt. Dies erschwert die Visualisierung von Netzwerken mit vielen Knoten und Kanten.

2.3.3 Kreislayout

Das Kreislayout platziert einen Knoten oder eine Gruppe von Knoten im Zentrum eines Kreises und ordnet die übrigen Knoten nacheinander auf konzentrischen Kreisen an [11]. Mithilfe von Fadenkreuzen durch das Kreismittelpunkt kann ein übersichtliches Layout erzeugt werden, das es den Nutzern erleichtert, Knoten mit hohem Grad im Netzwerk zu identifizieren. Zudem lassen sich Umfang und Dichte der Netzwerkknoten auf regelmäßige Weise darstellen. Darüber hinaus wird die hierarchische Beziehung zwischen den Netzwerkknoten klarer sichtbar, das Layout ist übersichtlich und das Zentrum hervorgehoben. Nachteilig ist jedoch, dass die Netzwerktopologie vernachlässigt wird, eine bestimmte Reihenfolge der Knoten erforderlich ist und die Methode wenig flexibel ist. Außerdem lassen sich die Nähe der Verbindungen zwischen den Knoten und die lokalen Struktureigenschaften des Netzwerks nicht erkennen, was die Darstellung anderer topologischer Merkmale einschränkt.

2.3.4 Räumlich berechnetes Layout

Das räumlich berechnete Layout basiert auf der räumlichen Position eines „Referenzkörpers". Die Koordinaten der Knoten werden entsprechend ihrer Beziehung zum „Referenzkörper" berechnet. Der „Referenzkörper" ist ein Objekt, das in irgendeiner Weise mit den Netzwerkknoten verbunden ist.

2.3.5 Cluster-Layout

Das Cluster-Layout gruppiert und clustert Netzwerkknoten anhand ihrer Attribute und Verbindungen, wobei Mensch-Computer-Interaktion oder Anwendungsalgorithmen zum Einsatz kommen. Dieses Layout unterstützt die Entdeckung verborgener Informationen wie Beziehungs-, Muster- und Clusterinformationen zwischen den Knoten in der Netzwerkstruktur und wird in der Regel mit anderen Layoutmethoden kombiniert.

2.3.6   Substratbasiertes Layout

Das substratbasierte Layout unterteilt den Bildschirm entsprechend den Klassi-fikationsattributen der Knoten in mehrere Bereiche und ordnet die Knoten in ihren jeweiligen Bereichen an [11]. Diese Methode nutzt die Attributinformationen der Knoten effektiv, erhöht die Informationsdichte des Netzwerkgraphen und unter-stützt den Nutzer dabei, Trends und Beziehungsinformationen zu erkennen. Ein Nachteil besteht jedoch darin, dass die Auswahl geeigneter Hierarchieattribute maßgeblich die Qualität der Netzwerkvisualisierung bestimmt und die strukturel-len Eigenschaften des Netzwerks selbst nicht abgebildet werden [2].

2.3.7   Temporales Layout

Das temporale Layout ist eine Anordnungsmethode, bei der die Knoten ent-sprechend ihrer zeitlichen Abfolge angeordnet werden. Diese Darstellung kann die Entwicklung der Netzwerkknoten im Zeitverlauf deutlich machen, jedoch werden andere strukturelle Merkmale des Netzwerks abgesehen von den temporalen At-tributen nur unzureichend abgebildet, und es kann zu Überlappungen der Knoten kommen.

2.4   Visualisierungstools für soziale Netzwerke

Heute gibt es mehr als 50 Visualisierungstools für soziale Netzwerke mit ent-sprechenden Visualisierungsfunktionen. Diese Werkzeuge ermöglichen nicht nur die Berechnung und Analyse der Topologie und zugehöriger Indizes des Netz-werks, sondern bieten auch eine intuitivere Übersicht und Interpretation der Netz-werkdaten in visueller Form. Im Folgenden werden einige häufig verwendete Visualisierungstools für soziale Netzwerke kurz vorgestellt.

2.4.1   Ucinet

Ucinet (University of California at Irvine Network) ist eine umfassende Software zur Analyse sozialer Netzwerke, die von einer Gruppe von Netzwerkforschern an der University of California in Irvine entwickelt wurde. In der Forschung zu sozialen Netzwerken zählt Ucinet zu den bekanntesten und am häufigsten ein-gesetzten Programmen für die Verarbeitung von Netzwerkdaten und ähnlichen Datensätzen [12]. Ucinet kann sowohl Ein-Modus- als auch Zwei-Modus-Netz-werke analysieren und Netzwerkhypothesen wie QAP-Matrix-Korrelationstests,

Autokorrelationstests für Regressionen, feste Klassendaten und kontinuierliche Daten prüfen. Darüber hinaus ist Ucinet mit NetDraw [13] für die statistische und visuelle Analyse von 1D- und 2D-Daten sowie mit Mage [14] für die 3D-Datenvisualisierung und -analyse integriert, wobei Letzteres derzeit noch in der Entwicklung ist. Ucinet ist außerdem mit Pajek verbunden, einer kostenlosen Software für die Analyse großer Netzwerke.

Ucinet kann Rohdaten im Matrixformat verarbeiten und stellt zahlreiche Werkzeuge für das Datenmanagement und die Datenumwandlung zur Verfügung. Ucinet selbst enthält kein grafisches Programm zur Netzwerkvisualisierung, kann jedoch Daten und Analyseergebnisse an Programme wie NetDraw, Pajek, Mage und KrackPlot zur grafischen Darstellung exportieren. Daher eignet sich Ucinet besonders gut zur Visualisierung von Netzwerkstrukturen und zur Untersuchung der Interaktivität von Nutzern.

Ucinet gehört zu den führenden umfassenden Analysewerkzeugen für soziale Netzwerke. Im Vergleich zu anderen auf soziale Netzwerke spezialisierten Statistikprogrammen wie StOCNET, das das Simulation Investigation for Empirical Network Analysis (SIENA)-Modul enthält, und STRUCTURE, bietet Ucinet Vorteile hinsichtlich Visualisierungsfunktionen und einer benutzerfreundlichen Oberfläche.

2.4.2   Gephi

Gephi ist eine Software zur Datenvisualisierung im Bereich der Netzwerkanalyse, die in Zusammenarbeit mit SciencePo, Linkfluence und weiteren Forschungseinrichtungen in Frankreich entwickelt wurde. Die Entwickler haben Gephi das Ziel gesetzt, das „Photoshop der Datenvisualisierung" zu sein. Gephi stellt eine vielfältige Welt durch einfache Punkte und Linien dar [15].

In den letzten Jahren ist die internetbasierte Forschung zu sozialen Netzwerken zu einem wichtigen Thema in der Netzwerkanalyse geworden. Da Gephi in der Lage ist, mithilfe externer Webcrawler Informationen in Echtzeit aus dem Internet zu beziehen und seine dynamische Netzwerkanalyse leistungsstark, effizient und visuell überzeugend ist, wird es häufig zur Untersuchung von Beziehungsnetzwerken, Informationsflüssen, Wissensaustausch und anderen Netzwerken im Internet eingesetzt [16].

2.4.3   Pajek

Pajek ist eine Software zur Analyse und Visualisierung von Netzwerken, die speziell von einem Forscherteam der Universität Ljubljana für die Verarbeitung großer Datensätze entwickelt wurde [17]. Pajek kann mehrere Netzwerke gleichzeitig sowie Zwei-Modus-Netzwerke und Zeit-Ereignis-Netzwerke (diese umfassen die

Veränderungen eines Netzwerks im Zeitverlauf) verarbeiten. Pajek bietet eine prozessorientierte Analysemethodik, die die Erkennung struktureller Balance und Clusterfähigkeit, hierarchische Zerlegung und Clump-Modellierung (Struktur, reguläre Parität) umfasst.

Pajek bietet verschiedene Möglichkeiten zur Dateneingabe, etwa das Einlesen von Netzwerkdaten im ASCII-Format aus einer Netzwerkdatei (mit der Erweiterung NET). Die Netzwerkdatei enthält eine Liste von Knoten und eine Liste von Kanten/Bögen, sodass große Netzwerke effizient durch die Angabe der vorhandenen Verbindungen eingelesen werden können. Die grafischen Funktionen sind eine Stärke von Pajek, da sie eine einfache Anpassung und Darstellung des Netzwerks ermöglichen. Da große Netzwerke schwer in einer einzigen Ansicht darstellbar sind und Pajek Netzwerke mit mehr als einer Million Knoten analysieren kann, unterscheidet Pajek verschiedene Netzwerk-Substrukturen und visualisiert diese separat. Jeder Datentyp wird in Pajek gesondert beschrieben.

Zu den Analysewerkzeugen für große Datensätze zählen neben Pajek auch MultiNet und NodeXL [18]. Die meisten Analysefunktionen von Pajek sind jedoch nicht-statistischer Natur; für detaillierte statistische Analysen sozialer Netzwerke ist daher der Einsatz von Software mit ausgeprägten Statistikfunktionen wie StOCNET erforderlich.

2.4.4 MultiNet

MultiNet ist ein Programm zur Analyse großer und spärlich besetzter Netzwerkdaten. Da MultiNet speziell für die Analyse großer Netzwerke entwickelt wurde, verwendet es – ähnlich wie Pajek – Knotenlisten und Kantenlisten als Dateneingabe anstelle von Adjazenzmatrizen. Nahezu alle vom Analyseprogramm erzeugten Ausgaben können grafisch dargestellt werden. MultiNet kann Statistiken wie Grad, Betweenness-Zentralität, Closeness-Zentralität und Zusammenhangskomponenten sowie deren Häufigkeitsverteilungen berechnen. Mit MultiNet kann die Netzwerkstruktur mithilfe verschiedener Eigenraummethoden analysiert werden. MultiNet umfasst folgende statistische Verfahren: Kreuztabellen und Chi-Quadrat-Tests, Varianzanalyse (ANOVA), Korrelationsanalyse und p^*-exponentielle Zufallsnetzwerkmodelle.

2.4.5 NetMiner

NetMiner ist ein Softwarewerkzeug, das Methoden der Analyse und Visualisierung sozialer Netzwerke kombiniert. Es ermöglicht Nutzern, Netzwerkdaten visuell und interaktiv zu erkunden, um zugrunde liegende Muster und Strukturen im Netzwerk zu identifizieren. NetMiner verwendet einen für die Kombination von Analyse und Visualisierung optimierten Netzwerkdatentyp, der drei Variablentypen umfasst: Adjazenzmatrix (sogenannte Layer), Verbindungsvariablen und Akteursattributdaten. Ähnlich wie Pajek und NetDraw verfügt NetMiner über fortschrittliche grafische Funktionen, sodass nahezu alle Ergebnisse sowohl in Text- als auch in grafischer Form präsentiert werden. NetMiner bietet zudem eine breite Palette an Methoden zur Netzwerkanalyse und prozessorientierten Analyse; auf statistischer Ebene werden Standardverfahren wie deskriptive Statistik, Varianzanalyse (ANOVA), Korrelationsanalyse und Regressionsanalyse unterstützt.

2.4.6 NodeXL

NodeXL (Network Overview Discovery Exploration for Excel) ist ein externes Excel-Programm, das von Marc Smiths Team bei Microsoft Research und weiteren Forschungseinrichtungen für die Visualisierung und Analyse von Netzwerken entwickelt wurde [18]. NodeXL bietet nicht nur gängige Analysefunktionen wie die Berechnung von Clusterkoeffizienten, Zentralität, PageRank-Werten, Netzwerkkonnektivität usw., sondern kann auch temporäre Netzwerke verarbeiten. Ein wesentliches Merkmal von NodeXL ist die ausgeprägte Interaktivität der Visualisierung, mit Funktionen wie Bildverschiebung, Zoom und dynamischer Abfrage. Ein weiteres Merkmal ist die direkte Anbindung an das Internet, sodass Daten aus Twitter, YouTube, E-Mail oder Webseiten über Plug-ins oder direkt importiert werden können. Unter den Analysewerkzeugen für soziale Netzwerke mit visueller Exploration, Filter- und Clusterfunktionen für temporale Netzwerke sind derzeit NodeXL für große Netzwerke und SocialAction für kleine und mittlere Netzwerke besonders benutzerfreundlich hinsichtlich Interaktionsalgorithmen und Oberflächendesign, was die Bedienung erleichtert [16].

2.5 Gephi-Visualisierung

2.5.1 Einführung in Gephi

Gephi ist eine Software zur Datenvisualisierung [15] und der Visualisierungsprozess ist in Abb. 2.3 dargestellt.

Gephi kann nach der Datenverarbeitung ein Visualisierungsdiagramm erzeugen, das durch Knoten und Kanten dargestellt wird. Mit Gephi lassen sich sehr ansprechende Visualisierungen erstellen; es wird daher auch als das Photoshop der Datenvisualisierung bezeichnet. Abb. 2.4 zeigt das mit Gephi generierte Beziehungsnetzwerk zwischen menschlichen Krankheiten [19].

Abb. 2.3 Gephi-Visualisierungsprozess

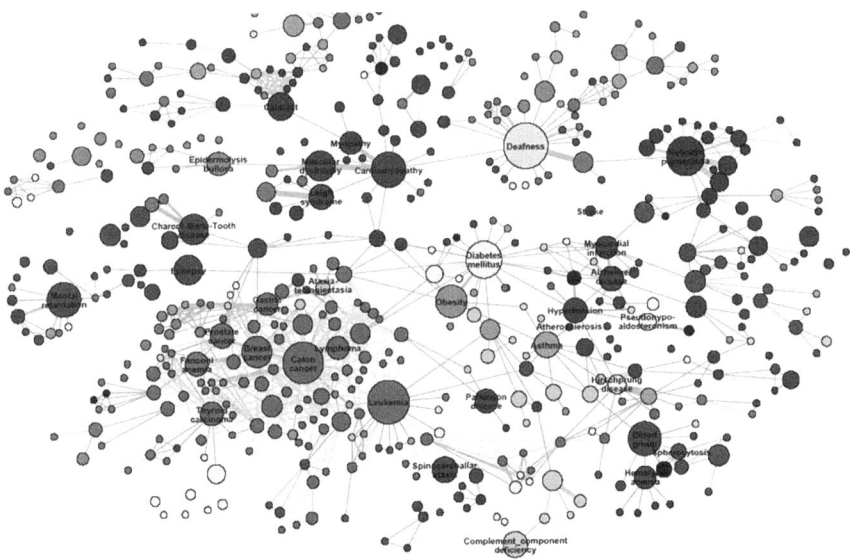

Abb. 2.4 Mit Gephi generierte Beziehungsnetzwerke zwischen menschlichen Krankheiten [19]

2.5.2 Daten in Gephi importieren

Wenn Sie Datenvisualisierungssoftware verwenden möchten, um Daten zu visualisieren und Graphen zu erzeugen, müssen Sie zunächst Daten importieren. Es gibt hauptsächlich folgende Möglichkeiten, Daten in Gephi zu importieren: Eingabe per Mausklick, Tastatureingabe, automatische Generierung zufälliger Graphen und das Importieren von Dateien.

Eine der am häufigsten genutzten Methoden ist die automatische Generierung zufälliger Graphen, die vor allem für Einsteiger gedacht ist, die noch keine eigenen Daten zur Verfügung haben und sich so mit der Bedienung von Gephi vertraut machen können. Die andere Methode ist der Dateiimport, der hauptsächlich dazu dient, mit Gephi eigene Daten zu analysieren und zu visualisieren.

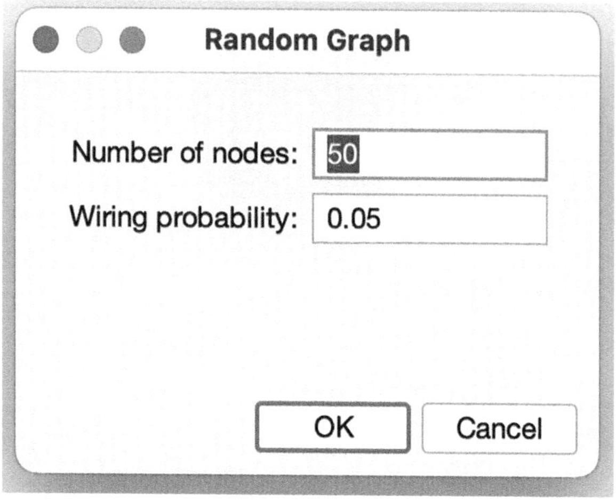

Abb. 2.5 Automatische Generierung zufälliger Graphen

2.5.2.1 Zufälligen Graphen automatisch generieren

Nach Auswahl von „Datei" → „Generieren" → „Zufälliger Graph" können Sie die Anzahl der Knoten und die Wahrscheinlichkeit für Kantenverbindungen eingeben. Wie in Abb. 2.5 gezeigt, ist die Anfangseinstellung für die Knotenzahl 50 und die Verbindungwahrscheinlichkeit 0,05; wenn Sie die Standardeinstellungen verwenden möchten, klicken Sie auf die Schaltfläche „OK".

2.5.2.2 Datei importieren

Klicken Sie in der Menüleiste auf „Datei" → „Öffnen", um die zu importierende Datei auszuwählen. Gephi unterstützt verschiedene Dateitypen; Sie können unter „Dateityp" auswählen. Zu den gängigsten Formaten zählen .csv, .edges und .gexf. Nach dem Import der Datei wird ein Importbericht mit Informationen zu Knoten und Kanten erstellt. Nach Klick auf die Schaltfläche „OK" im Importbericht wird eine Anfangsgrafik erzeugt. Tab. 2.1 zeigt die von Gephi unterstützten Dateiformate.

Im Folgenden werden die einzelnen Dateiformate kurz erläutert.

CSV-Dateien können aus beliebigen Datenzeilen, Datenbanken oder Excel exportiert werden und müssen mindestens zwei Elemente pro Zeile enthalten, die durch Kommas, Semikolons oder Leerzeichen getrennt sind.

Kantenlisten-Dateien haben die Endung .edges. Da Gephi sowohl Knoten als auch Kanten visualisiert, werden in diesem Format die Kantendaten dargestellt.

DL-Dateien sind das am häufigsten verwendete Dateiformat in Ucinet; die Gephi-Software unterstützt sowohl vollständige Matrizen als auch Kantenlisten-Subformate.

Tab. 2.1 Von Gephi
unterstützte Dateiformate

Formattyp	Suffix
CSV-Dokument	.csv
Kantenlisten-Dokument	.edges
DL-Dokument (Ucinet)	.dl
GraphViz-Dokument	.dot/.gv
GraphML-Dokument	.graphml
GDF-Dokument	.gdf
GEXF-Dokument	.gexf
GML-Dokument	.gml

GraphViz-Dateien besitzen die Endung .dot oder .gv und sind eine menschenlesbare Sprache zur Beschreibung von Netzwerkdaten, einschließlich Subgraphen und Attributen (z. B. Farben, Gewichte, Beschriftungen usw.).

GraphML-Dateien mit der Endung .graphml sind XML-basiert und unterstützen Knoten- und Kantenattribute, hierarchische Graphen usw., was sie zu einer flexiblen Struktur macht.

GDF-Dateien sind eines der von GUESS verwendeten Dateiformate, ähneln einer Datentabelle oder CSV-Datei und unterstützen Knoten und Kanten. Eine Standard-GDF-Datei ist in zwei Teile unterteilt: Knotensatz und Kantensatz.

GEXF-Dateien sind Graphdateien im GEXF-Format (Graph Exchange XML Format), einer Sprache zur Beschreibung der Netzwerkstruktur. Sie können mit einer grafischen Anwendung in ein Format umgewandelt werden, indem ein Beziehungsgraph aus Knoten und Kanten entsprechend Knotengewichten, Kantenorientierungen oder benutzerdefinierten Attributen spezifiziert wird.

GML-Dateien (Graph Modeling Language) sind ein textbasiertes Dateiformat mit einfacher Syntax zur Darstellung von Netzwerkdaten. Dieses Format wird auch von Software wie Graphlet, Pajek, yEd, LEDA und NetworkX verwendet.

2.5.3 Einführung in die In-Window-Bearbeitungswerkzeuge

Unterhalb der Gephi-Menüleiste befinden sich drei Schaltflächen: die Übersicht-Schaltfläche, die Datenlabor-Schaltfläche und die Vorschau-Schaltfläche. Durch das Anklicken dieser drei Schaltflächen kann zwischen den Fenstern gewechselt werden, entsprechend dem Übersichtsfenster für die Datenvisualisierung, dem Datenlaborfenster und dem Vorschau-Ausgabefenster für die Visualisierung.

In der Regel verwenden wir das Übersichtsfenster, das hauptsächlich das Graphfenster in der Mitte der Oberfläche – den grafischen Anzeigebereich – sowie die Graphfenster an beiden Seiten und die fünf häufig genutzten erweiterten Bearbeitungswerkzeuge umfasst.

2.5.3.1 Graphfenster

Das Graphfenster dient hauptsächlich zur Anzeige der grafischen Objekte, mit denen wir arbeiten. Es gibt zwei Werkzeugleisten, eine links und eine unterhalb des Graphfensters. Wenn Sie mit der Maus über die Schaltflächen in der Werkzeugleiste fahren, wird die jeweilige Funktion angezeigt, auf deren Erläuterung hier verzichtet wird. Mit diesen Schaltflächen können Sie beispielsweise Knoten verschieben (mit der rechten Maustaste ziehen), Knoten vergrößern und verkleinern (mit dem Mausrad), Knoteneigenschaften und -farben bearbeiten, die Kantendicke anpassen sowie Beschriftungen bearbeiten und vieles mehr.

2.5.3.2 Fünf erweiterte Bearbeitungswerkzeuge

Diese fünf erweiterten Bearbeitungswerkzeuge sind Ranking, Layout, Statistik, Partitionierung und Filter. Im Folgenden werden deren Funktionen jeweils vorgestellt.

Ranking

Ranking bezeichnet das Kategorisieren und Sortieren von Knoten und Kanten anhand bestimmter Werte und das Anwenden dieser Rangfolge auf Knoten und Beschriftungen hinsichtlich Größe, Farbe und Form. Die jeweilige Funktion der einzelnen Schaltflächen ist in Abb. 2.6 dargestellt.

Im Ranking-Modul, wie in Abb. 2.7 gezeigt, klicken wir auf die Option „---Attribut auswählen" und wählen unter „Degree" den Knoten aus; nun kann die Knotengröße festgelegt werden. Beispielsweise wählen wir eine minimale Größe von 10 und eine maximale Größe von 50.

Layout

Layout bezeichnet die automatische Anordnung des Graphen nach bestimmten Regeln. Wie in Abb. 2.8a zu sehen ist, gibt es im Dropdown-Menü zwölf verschiedene Layout-Werkzeuge; die ersten sechs sind Haupt-Layouts, mit denen die Gruppierung und Anordnung der Knoten realisiert werden kann, die letzten sechs sind Hilfs-Layouts, mit denen weitere Anpassungen am Layout vorgenommen werden können.

Nach Auswahl eines Layouts klicken Sie auf die Schaltfläche „Run", um das Layout-Ergebnis zu sehen. Am häufigsten werden force-basierte Layouts (Force Atlas und ForceAtlas 2), Kreis-Layouts (Fruchterman Reingold) und Yifan Hu Proportional verwendet.

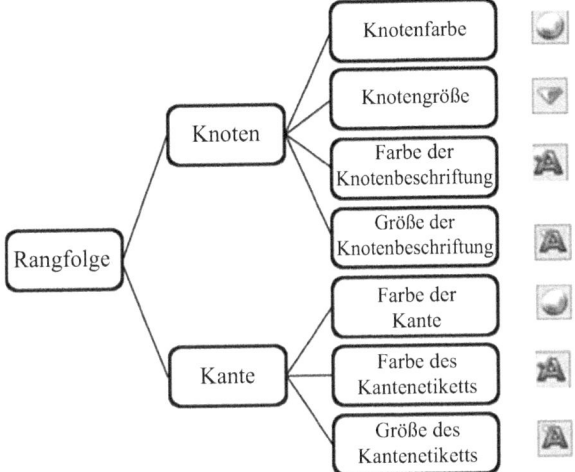

Abb. 2.6 Ranking-Funktion

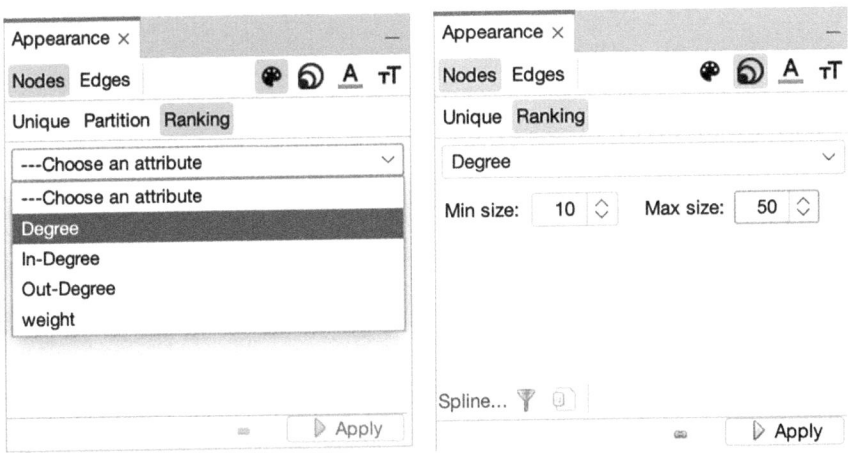

Abb. 2.7 Ranking-Modul

Statistik

Die Statistikfunktion kann auf die Attributwerte von Knoten und Kanten mit den integrierten Algorithmen angewendet werden und speichert die Ergebnisse in den Attributen der Knoten und Kanten zur weiteren Segmentierung und Sortierung. Die Eigenschaften des Graphen können im Statistikmodul berechnet werden, das in Abb. 2.8b dargestellt ist. Klicken Sie auf den markierten Bereich im Graphen, um die entsprechenden Graph-Eigenschaften zu berechnen; wenn Sie Details ein-

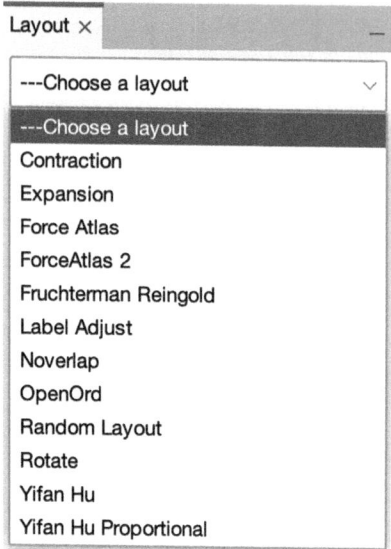

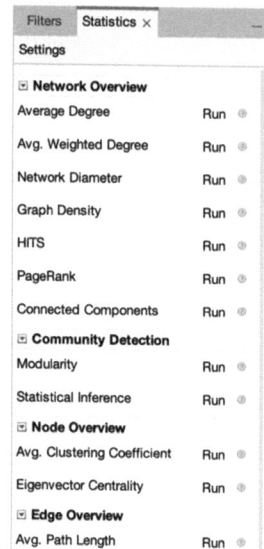

(a) Layout method   (b) Statistics module

Abb. 2.8 Gephi-Layout und Statistik. (**a**) Layout-Methode. (**b**) Statistikmodul

sehen möchten, können Sie auf das „Fragezeichen"-Symbol klicken, um den entsprechenden Bericht anzuzeigen.

Partitionierung

Partitionierung ist ebenfalls eine Form der Kategorisierung, bei der Knoten oder Kanten mit demselben Wert durch unterschiedliche Farben markiert werden. Allerdings kann der Wert desselben Knotens zu einem Knoten zusammengefasst werden.

Partitionierung wird in der Regel verwendet, um nach statistischen Berechnungen die Knoten in Partitionen zu klassifizieren und zusammenzufassen.

Filter

Filter arbeiten nach einem vordefinierten Satz von Kriterien, um die Knoten oder Kanten herauszufiltern, die die Bedingungen erfüllen. Beim Mapping ist es oft notwendig, Knoten oder Kanten mit demselben Wert auszuwählen; hierfür wird das Filterwerkzeug verwendet, um durch die Filterfunktion die Auswahl zu treffen oder die entsprechenden Knoten und Kanten herauszufiltern.

Hinweis: Layout- und Filterwerkzeuge können unabhängig voneinander verwendet werden; das Layout dient zur Änderung des Erscheinungsbilds der Grafik, Filter zur Auswahl von Knoten oder Kanten innerhalb eines Bereichs. Statistik liefert durch Berechnung bestimmte Daten, verändert aber nicht direkt die Grafik.

Partitionierung und Ranking können das Diagramm entweder auf Basis eigener Daten oder auf Basis der Statistikdaten verändern.

Auch die Schritte zur Datenvisualisierung folgen in der Regel der Reihenfolge: Ranking, Layout, Statistik, Partitionierung und Filter.

2.5.3.3 Vorschau und Export

Die Vorschau ist die Ausgabesteuerung; in der Vorschau-Oberfläche können Sie vor dem Export die Grafik final bearbeiten, einschließlich der Auswahl des grafischen Erscheinungsbilds und der Anpassung von Anzeigedetails. Anschließend kann die Grafik exportiert werden, wobei die Ausgabeformate SVG/PDF/PNG zur Verfügung stehen.

2.5.4 Beispiele für Gephi-Visualisierung

In diesem Abschnitt wird erläutert, wie mit der Gephi-Software eine Datenvisualisierung durchgeführt werden kann, am Beispiel des High Energy Physics Citation Network. Das High Energy Physics Citation Network stellt die Zitationsbeziehungen zwischen in diesem Bereich veröffentlichten wissenschaftlichen Arbeiten dar. Die Originaldaten umfassen insgesamt 34.546 Publikationen und 421.578 Zitationsbeziehungen. Hier wird ein Teil der Daten verwendet, der 749 Publikationen und 967 Zitationsbeziehungen umfasst.

Die konkreten Arbeitsschritte sind wie folgt:

1. Öffnen Sie die Gephi-Software, klicken Sie auf „Datei" → „Öffnen" und wählen Sie anschließend die Datendatei aus (in unserem Fall liegt sie im CSV-Format vor). Es erscheint das Import-Dialogfeld, in dem standardmäßig „Gerichtet" ausgewählt ist, was bedeutet, dass es sich bei diesem Zitationsnetzwerk um ein gerichtetes Netzwerk handelt. Klicken Sie auf „OK", um eine Grafik zu erzeugen. Mit dem Mausrad können Sie in die Grafik hineinzoomen, und mit der rechten Maustaste lässt sich die Abbildung in die Mitte ziehen, wie in Abb. 2.9 dargestellt.
2. Wählen Sie das Modul „Ranking" aus, wählen Sie unter „---Attribut auswählen" die Option „Degree" und klicken Sie dann auf den ▼ -Button. Legen Sie die minimale Knotengröße auf 10 und die maximale auf 50 fest. Klicken Sie auf „Anwenden", und die Knoten im Graphen werden entsprechend ihrem Grad (Degree) sortiert und in der Größe angepasst.

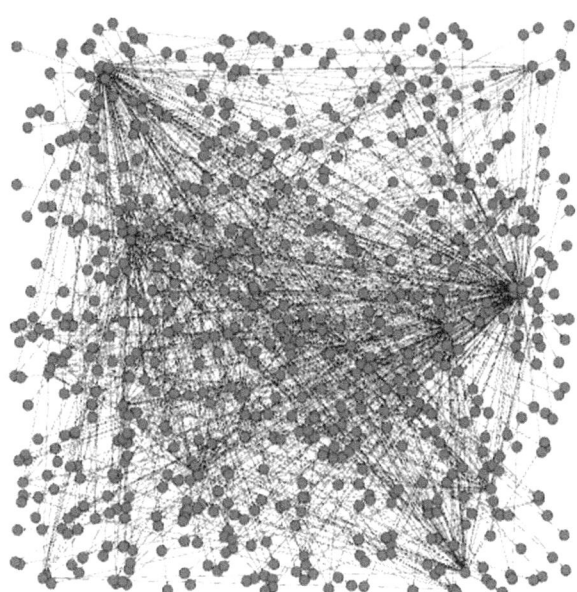

Abb. 2.9 Datenimport

3. Wählen Sie das Modul „Layout", klicken Sie auf „---Layout auswählen" und
   dann auf „Force Atlas". Stellen Sie die Abstoßungsstärke (Repulsion strength)
   von 200 auf 800 ein (bei zu geringer Abstoßung können sich Knoten über-
   lappen, daher ist eine Anpassung erforderlich). Die übrigen Einstellungen bleiben unverändert. Klicken Sie abschließend auf „Start". Die Ergebnisse sind in
   Abb. 2.10 zu sehen.
4. Wählen Sie im Modul „Statistiken" nacheinander die Indizes „Durchschnittlicher Grad", „Netzwerkdurchmesser", „Modularität", „Durchschnittlicher
   Clusterkoeffizient" und weitere aus. Klicken Sie auf „Start", um die Berechnungen durchzuführen; die Ergebnisse werden im Bericht angezeigt. Öffnen Sie anschließend das Fenster „Data Laboratory", um die Berechnungs-
   ergebnisse wie in Abb. 2.11 einzusehen.
   Erläuterung: Wenn Sie den Index „Durchschnittlicher Grad" auswählen, enthält der Ergebnisbericht die drei Indizes „Grad", „In-Degree" und „Out-Degree". Bei Auswahl des Index „Netzwerkdurchmesser" enthält der Bericht die
   Indizes „Exzentrizität", „Closeness Centrality" und „Betweenness Centrality".
   Bei Auswahl von „Modularität" wird die „Modularity Class" ausgegeben. Bei
   Auswahl des „Durchschnittlichen Clusterkoeffizienten" enthält der Bericht den
   Index „Clusterkoeffizient".
5. Wechseln Sie im Übersichtsfenster zurück zum Modul „Ranking", wählen Sie
   unter „---Attribut auswählen" die „Modularity Class" aus und führen Sie die
   Berechnung aus. Klicken Sie dann auf die ◔ -Schaltfläche in der Werkzeug-

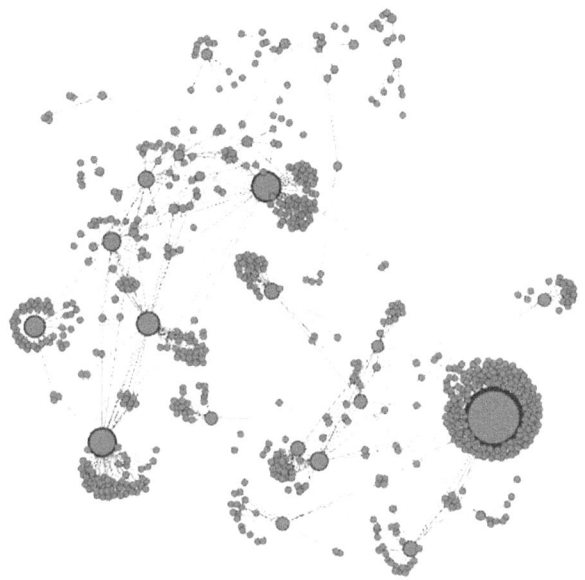

Abb. 2.10 Force-Atlas-Layout

Id	Etikett	In-Grad	Out-degree	Grad	Exzentrizität	Nähe-Zentralität	Betweenness-Zentralität	Modularität Klasse	Clustering-Koeffizient
9907233	9907233	0	11	11	2	1, 738095238	0	0	0, 12727273
9301253	9301253	3	0	3	0	0	0	0	0, 5
9504304	9504304	3	0	3	0	0	0	0	0, 33333334
9505235	9505235	4	0	4	0	0	0	0	0, 33333334
9506257	9506257	1	1	2	1	1	0, 5	0	0
9606402	9606402	3	5	8	1	1	12, 33333333	0	0, 08928572
9607354	9607354	2	3	5	2	1, 571428571	0, 833333333	0	0, 3
9611297	9611297	2	12	14	1	1	20, 83333333	0	0, 016483517
9702314	9702314	3	7	10	1	1	19, 5	0	0, 044444446

Abb. 2.11 Berechnungsergebnis

leiste dieses Moduls und anschließend auf „Anwenden". Die Ergebnisse sind in Abb. 2.12 dargestellt.

6. Im Modul „Partition" klicken Sie auf „Aktualisieren". Wählen Sie dann unter „---Attribut auswählen" die Option „Modularity Class" und führen Sie die Berechnung aus. Sie können auch auf „Kreisdiagramm anzeigen" klicken; die Anzeige erfolgt dann entsprechend der Modularität der Knoten für die Partitionierung und Gruppierung, wie in Abb. 2.13 gezeigt.

7. Wählen Sie das Modul „Filter", klicken Sie auf „Attribute" → „Gleich" und wählen Sie die Option „Modularity Class". Geben Sie anschließend im Eingabefeld die Zahl 6 ein, was einen Modularitätswert von 6 repräsentiert, und klicken Sie auf „Auswählen" oder „Filtern". Die Knoten mit dem Wert 6 wer-

Abb. 2.12 Ranking nach
„Modularität"-Färbung

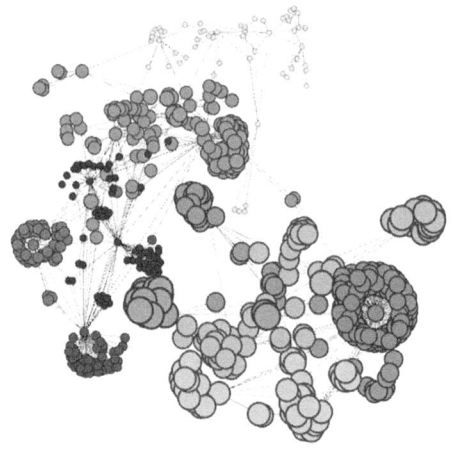

Abb. 2.13 Partitionierung
und Gruppierung der Knoten
nach Modularität

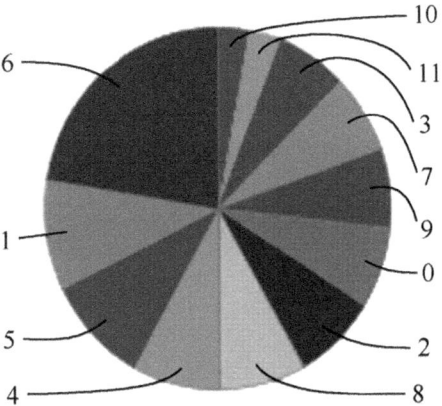

den heller dargestellt, während die anderen Knoten dunkler erscheinen, wie
in Abb. 2.14a zu sehen. Wenn Sie auf „Filtern" klicken, wird nur die Knotengruppe mit dem Wert 6 angezeigt, siehe Abb. 2.14b. Die Filterfunktion dient
dazu, Knoten oder Knotengruppen auszuwählen, die den Bedingungen entsprechen. Ebenso können Sie nach Id, Label, Degree, In-Degree, Out-Degree
usw. filtern, um die gewünschten Knoten oder Knotengruppen zu selektieren.

8. Klicken Sie auf „Vorschau", um die Zitationsnetzwerk-Grafik zu aktualisieren.
   Das endgültige Visualisierungsergebnis ist in Abb. 2.15 dargestellt.
9. Klicken Sie unten links auf die Schaltfläche „SVG/PDF/PNG", um das Aus-
   gabeformat auszuwählen. Anschließend können Sie die Grafik exportieren und
   der Visualisierungsprozess ist abgeschlossen.

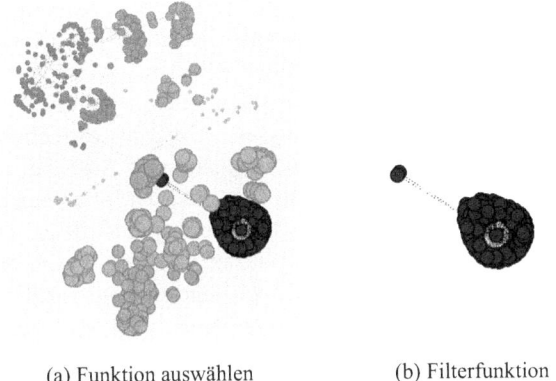

(a) Funktion auswählen   (b) Filterfunktion

Abb. 2.14 Filteroperation. (**a**) Auswahlfunktion (**b**) Filterfunktion

Abb. 2.15 Das finale
Visualisierungsergebnis

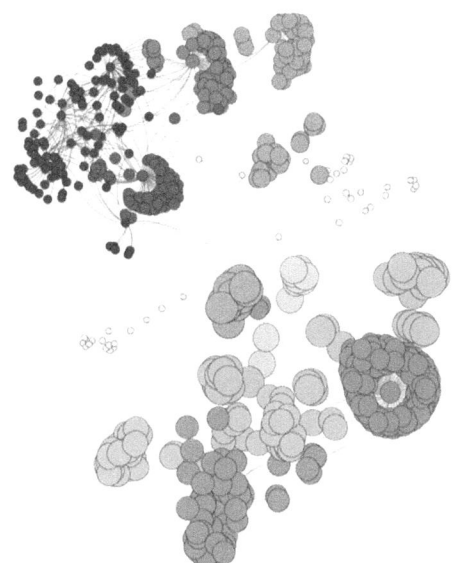

2.6 Visualisierung mit Igraph

2.6.1 Einführung in Igraph

R ist eine Programmiersprache, die im Bereich der Statistik weit verbreitet ist und zu einer Weiterentwicklung von S gehört, das um 1980 entwickelt wurde. R ist eine Implementierung von S [20]. S ist eine interpretierte Sprache, die für die Daten-exploration, statistische Analysen und grafische Darstellungen verwendet wird.

R stellt ein vollständiges Softwaresystem für Datenverarbeitung, Berechnungen und Visualisierung dar. Zu den Funktionen gehören ein System zur Datenspeicherung und -verarbeitung, Werkzeuge für Array-Arithmetik (insbesondere leistungsfähig bei Vektor- und Matrixoperationen), umfassende und konsistente Werkzeuge für statistische Analysen sowie ausgezeichnete Funktionen zur Erstellung statistischer Grafiken, die Eingabe und Ausgabe von Daten, Verzweigungen, Schleifen und die Anpassung von Benutzerfunktionen ermöglichen.

Aufgrund seiner leistungsstarken Visualisierungsfunktionen ist R auch ein hervorragendes Werkzeug zur Datenvisualisierung. Das Igraph-Paket in der R-Sprache ermöglicht nicht nur einfache Graph- und Netzwerkanalysen, sondern ist auch in der Lage, große Netzwerke zu verarbeiten, zufällige oder konventionelle Graphen zu generieren, zu visualisieren sowie eine Reihe von Funktionen wie die Berechnung grundlegender Netzwerkkennzahlen bereitzustellen. Mit dem igraph-Paket können verschiedene Graphen erstellt werden, die häufig verwendet werden und hauptsächlich zwei Typen umfassen: deterministische Graphen und Zufallsgraphen. Deterministische Graphen können aus bestimmten Kanten oder unter Verwendung der Adjazenzmatrix erzeugt werden. Zufallsgraphen können mit Algorithmen wie dem Small-World-Modell generiert werden.

2.6.2 Einlesen von Daten mit Igraph

Die Funktion „read.graph" aus dem graph-Paket kann verwendet werden, um Netzwerkgraphdaten direkt einzulesen, wie im folgenden Beispiel gezeigt:

```
read.graph(file, format = c("edgelist", "pajek", "ncol",
"lgl",
"graphml", "dimacs", "graphdb", "gml", "dl"), …)
```

Dabei kann file der Dateiname oder die URL der Datei sein und format gibt das einzulesende Dateiformat an. Igraph kann die in Tab. 2.2 aufgeführten Dateiformate einlesen.

Nachfolgend werden Beispiele aufgeführt:

```
# Daten mit read.graph einlesen
>g2_1<-read.graph("http://cneurocvs.rmki.kfki.hu/igraph/
karate.net", format="pajek") # Pajek-Graphdatei einlesen
>g2_1
IGRAPH U--- 34 78 -
# Der Graph ist ein ungerichteter Graph mit 34 Knoten und 78
Kanten
```

Tab. 2.2 Von igraph lesbare Dateiformate

Parameter	Bedeutung
edgelist	TXT-Dateiformat mit Knoten-IDs und definierten Kanten
pajek	Exportdateiformat der Pajek-Software; igraph unterstützt nur Pajek-Dateien im .Net-Format, keine Graphen mit Mehrfachkanten, Zeitreihengraphen, Hypergraphen, gemischte gerichtete und ungerichtete Graphen usw.
dl	Ein einfaches Textformat, das von der Ucinet-Software exportiert wird
ncol	Einfaches Textdateiformat mit einer Liste symbolischer gewichteter Kanten, geeignet für große Graph-Layout-Projekte
lgl	Wird in Visualisierungssoftware für große Graph-Layouts verwendet, um ungerichtete, optional gewichtete Graphen zu beschreiben
graphml	XML-basiertes Dateiformat zur Beschreibung von Graphen; unterstützt nur einen Teil der GraphML-Sprache, jedoch keine Hypergraphen, verschachtelte Graphen oder gemischte Graphen
dimacs	Zeilenorientiertes Textdateiformat (ASCII)
graphdb	Binärformat für Isomorphietests in Graphdatenbanken
Gml	Einfaches Textformat, igraph unterstützt einen Teil dieses Formats

Tab. 2.3 Funktionen zum Zeichnen spezieller Strukturen in igraph

Funktion	Ergebnis
graph.Full(n, directed = FALSE, loops = FALSE)	vollständig verbundener Graph
graph.star(n, mode = c("in", "out", "mutual", "undirected"), center = 1)	Stern-Graph
graph.ring(n, directed = FALSE, mutual = FALSE, circular = TRUE)	Ring-Graph
Graph.Tree(n, children = 2, mode = c("out", "in", "undirected"))	Baum-Graph
graph.lattice(dimvector = NULL, length = NULL, dim = NULL, nei = 1, directed = FALSE, mutual = FALSE, circular = FALSE, …)	Gitter-Graph

2.6.3 Erstellung von Netzwerkgraphen mit Igraph

Das igraph-Paket kann auch verwendet werden, um viele Graphen mit speziellen Strukturen zu zeichnen. Die Funktionen zum Zeichnen spezieller Strukturen in igraph sind in Tab. 2.3 aufgeführt.

Nachfolgend sind Beispiele dargestellt (Abb. 2.16):

```
# Vollständig verbundenen Graph erstellen
> g2_2 <- graph.full(4) # Erzeugt einen vollständig ver-
bundenen Graphen mit 4 Knoten
```

```
# Geben Sie g2_2 ein und drücken Sie Enter, um Informatio-
nen über den Graphen g2_2 zu erhalten. Dabei steht U für
ungerichtet, 4 gibt die Anzahl der Knoten an, 6 die Anzahl
der Kanten, und Full graph zeigt an, dass es sich um einen
vollständig verbundenen Graphen handelt. Die folgende Zeile
zeigt weitere Eigenschaften des Graphen.
> g2_2
IGRAPH U--- 4 6 -- Full graph
+ attr: name (g/c),loops (g/l)
> plot(g2_2) # Siehe Abb. 2.16a
# Baum-Graph erstellen
> g2_3 = graph.tree(12,children=2) # Erstellt einen Baum-
Graphen mit 12 Knoten
# Der Graph ist ein Baum mit 12 Knoten und 11 Kanten
# Die Anzahl der Kindknoten des Baumes kann nur 2 betragen,
daher ist der Wert von children hier 2; ist der Wert nicht
2, werden zwar ebenfalls Ergebnisse erzeugt, diese ent-
sprechen jedoch nicht der Baumstruktur
> g2_3
IGRAPH D--- 12 11 -- Tree
+ attr: name (g/c),children (g/n),mode (g/c)
> plot(g2_3) # Siehe Abb. 2.16b
```

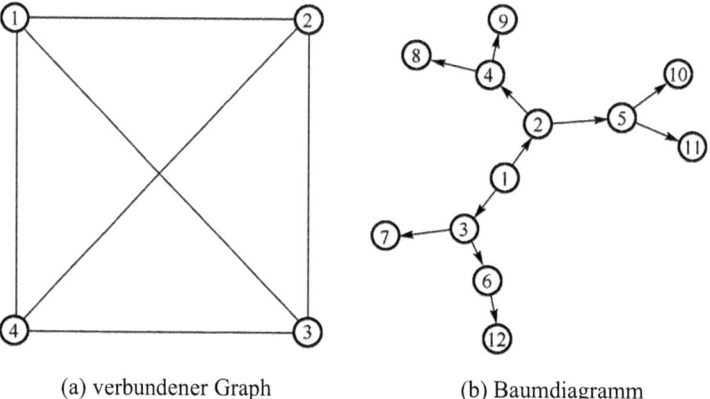

(a) verbundener Graph   (b) Baumdiagramm

Abb. 2.16 Erstellung von vollständig verbundenem Graph und Baum-Graphen. (**a**) Vollständig verbundener Graph. (**b**) Baum-Graph

2.6.4 Beispiele für igraph-Visualisierung

2.6.4.1 Netzwerkvisualisierung mit plot.igraph

Für die Visualisierung von Netzwerken in igraph werden neben einigen Plot-Parametern auch die Funktionen plot, tkplot und rglplot verwendet. Die plot-Funktion dient zum Zeichnen nicht-interaktiver 2D-Netzwerkgraphen, die tkplot-Funktion zum Zeichnen interaktiver 2D-Netzwerkgraphen und die rglplot-Funktion zum Zeichnen von 3D-Netzwerkgraphen. Weitere Informationen sind über den Befehl „? plot.igraph" abrufbar. Für die Visualisierung von Netzwerkdaten wird am häufigsten die plot-Funktion verwendet, wie im Folgenden gezeigt:

```
plot(x,axes=FALSE,add=FALSE,
xlim=c(-1,1),ylim=c(-1,1),
mark.groups=list(),mark.shape=1/2,
mark.col=rainbow(length(mark.groups),alpha=0.3),
mark.border=rainbow(length(mark.groups),alpha=1),
mark.expand=15,…)
```

Die Bedeutung der einzelnen Parameter ist in Tab. 2.4 dargestellt.

Die Auslassungspunkte im obigen Funktionsbeispiel können auch durch weitere Parameter ersetzt werden, die speziell zur Steuerung der Visualisierung des durch den Plot erzeugten Netzwerkgraphen dienen. Diese Parameter steuern hauptsächlich die Knoten, Kanten und Layouteffekte, wie in Tab. 2.5 dargestellt. Die Visualisierungsparameter für Knoten beginnen mit „vertex.", die für Kanten mit „edge.".

Tab. 2.4 Plot-Parameter 1

Parameter	Bedeutung
x	Name der Grafik
axes	Ob Achsen gezeichnet werden
add	Ob der zu zeichnende Graph zum aktuellen Gerät hinzugefügt wird
xlim	Grenzwerte für die horizontale Achse
ylim	Grenzwerte für die vertikale Achse
mark.groups	Vektorgruppe der Knoten
mark.shape	Steuert die Form und Glättung der Polygone, die durch die Knoten einer Vektorgruppe gebildet werden
mark.col	Steuert die Farbe der Polygone, die durch die Knoten der Vektorgruppe gebildet werden
mark.border	Steuert die Farbe des Randes des Polygons, das durch die Knoten der Vektorgruppe gebildet wird
mark.expand	Steuert die Größe des Randes des Polygons, das durch die Knoten der Vektorgruppe gebildet wird

Tab. 2.5 Plot-Parameter 2

Parameter mit Präfix vertex	
size	Numerisch oder numerische Vektoren, steuern die Knotengröße
size2	Numerisch oder numerische Vektoren, steuern die Größe von Knoten mit anderen Formen
color	Steuert die Knotenfarbe. Kann numerisch oder eine Zeichen-variable mit RGB- und Farbnamen sein
frame.color	Steuert die Farbe des Knotenrahmens
shape	Steuert die Form des Knotens. Es gibt neun Werte wie „circle" und „square"
label	Zeichenvariable, steuert die Beschriftung des Knotens. Standard-mäßig wird die Knoten-ID angezeigt. „NA" bedeutet, dass keine Beschriftung angezeigt wird
label.family, label.font label.cex, label.color	Steuern Schriftart, Stil, Größe und Farbe des Knotentextes
label.dist	Steuert den Abstand der Beschriftung zum Mittelpunkt des Kno-tens. 0 bedeutet, die Beschriftung wird im Knoten angezeigt, 1 bedeutet, sie wird neben dem Knoten angezeigt
Parameter mit Präfix edge	
color	Steuert die Farbe der Kanten
width	Steuert die Breite der Kante, Standardwert ist 1
arrow.size	Steuert die Größe der Pfeile
arrow.width	Steuert die Breite der Pfeile
lty	Steuert die Linienart der Kanten. 0 bedeutet keine Kanten, 1 steht für durchgezogene Linien, 2 für gestrichelte Linien usw.
label	Beschriftungswerte zur Steuerung der Kanten
label.family, label.font, label.cex, label.color	Steuern Schriftart, Stil, Größe und Farbe des Kanten-beschriftungstextes
label.x, label.y	Position der Kantenbeschriftung
curved	Logischer Skalar, steuert, ob die Kante eine Gerade oder eine Kurve ist, Standardwert ist FALSE
Weitere Parameter	
layout	Layout des Netzwerkgraphen
margin	Steuert den Abstand zwischen Netzwerkgraph und Grafikfenster
main	Steuert den Titel der Grafik

Nachfolgend Beispiele (Abb. 2.17):

```
# Visualisierung des Netzwerks mit plot
>plot(g2_1) # Siehe Abb. 2.17a.
>plot(g2_1, mark.groups=list(c(34, 33), c(1, 2)), mark.
col=c("red", "yellow"), vertex.size=6, vertex.frame.co-
lor=NA, vertex.label.dist=1)
```

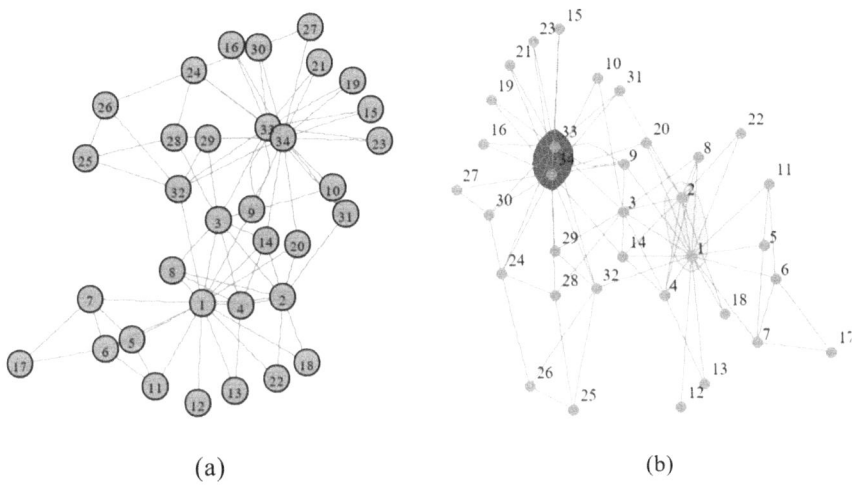

(a)   (b)

Abb. 2.17 Visualisierung von Webdaten mit plot

```
# Siehe Abb. 2.17b: Die Knotengruppen 33, 34 sowie 1, 2 sind
markierte Knoten, die von Polygonen überdeckt werden. Die bei-
den Polygonfarben sind auf Rot bzw. Gelb gesetzt. Zusätzlich
ist die Knotengröße auf 6 gesetzt, die Rahmenfarbe auf „none"
und die Knotenbeschriftung wird neben dem Knoten angezeigt.
```

2.6.4.2 Visuelle Layout-Anpassung mit Layout*

Die von uns gezeichneten Netzwerkgraphen enthalten mitunter zu viele Knoten, was zu Unklarheiten hinsichtlich der Positionierung der Knoten führt und es erschwert, das Muster im igraph direkt zu erkennen. Mit der layout.*-Befehlreihe des igraph-Pakets kann die Positionierung der Knoten im gezeichneten Netzwerkgraphen festgelegt werden. igraph stellt die folgenden visuellen Layout-Funktionen zur Verfügung, wie in Tab. 2.6 dargestellt.

Die oben genannten Funktionen bestehen aus drei Hauptparametern: graph, dim und params. Der Parameter graph ist das zu layoutende Netzwerkobjekt. Der Parameter dim gibt die Dimension des Graphen an, üblicherweise 2 oder 3. Der Parameter params ist die Liste weiterer, von der Funktion benötigter Parameter. Detaillierte Informationen zu den Parametern erhält man über „? layout." Am Beispiel von g2_1 wenden wir mehrere visuelle Layout-Funktionen darauf an. Die Ergebnisse sind in Abb. 2.18 dargestellt.

Kapitelzusammenfassung

In diesem Kapitel wurden zunächst Konzepte zur Visualisierung sozialer Netzwerke und verschiedene Visualisierungs-Layouts behandelt. Anschließend wurden

Table 2.6 Visuelle Layout-Funktionen in igraph

Funktion	Ergebnis
layout.auto(graph, dim=2, …)	Automatische Erzeugung eines geeigneten Layouts
layout.random(graph, params, dim=2)	Zufällige Platzierung in einem Quadrat
layout.circle(graph, params)	Platzierung der Knoten auf dem gleichmäßig verteilten Außenkreis des Einheitskreises
layout.sphere(graph, params)	Platzierung der Knoten auf der Oberfläche einer gleichmäßig verteilten Kugel
layout.fruchterman.reingold(graph,…,dim=2, params)	Darstellung mittels eines kraftbasierten Algorithmus
layout.kamada.kawai(graph, …, dim=2, params)	Darstellung mit einem weiteren kraftbasierten Algorithmus
layout.spring(graph, …, params)	Darstellung mit dem Spring-Embedding-Algorithmus
layout.reingold.tilford(graph, …, params)	Erzeugt ein Baum-Layout, aber schneller
layout.lgl(graph, …, params)	Erzeugt ein Layout für große zusammenhängende Graphen
layout.graphopt(graph,…,params=list())	Layout nach dem Algorithmus von Michael Schmuhl
layout.svd(graph, d=shortest.paths(graph), …)	Layout jeder Graphkomponente, anschließend Zusammenführung
layout.norm(layout, xmin = NULL, xmax = NULL, ymin = NULL, ymax = NULL,zmin = NULL, zmax =NULL)	Standardisierung des Layouts durch lineare Koordinatentransformation

einige gängige Visualisierungstools vorgestellt. Abschließend wurde der Prozess der Visualisierung sozialer Netzwerke anhand von Beispielen in Gephi und der Programmiersprache R erläutert. Alle diese Softwarelösungen ermöglichen die Visualisierung sozialer Netzwerke, setzen jedoch jeweils unterschiedliche Schwerpunkte hinsichtlich ihres Einsatzbereichs.

Ucinet ist für die Analyse sozialer Netzwerke konzipiert und wird am häufigsten verwendet, da es bei der Auswertung kleiner Netzwerke besonders leistungsfähig ist. Es bietet einen umfassenden Funktionsumfang. Wenn jedoch die Anzahl der Netzwerkknoten in die Hunderte, Tausende oder mehr geht, ist Ucinet hinsichtlich Geschwindigkeit und Flexibilität nicht zufriedenstellend. Zudem sind die Visualisierungsmöglichkeiten von Ucinet nicht so gut wie die von Gephi. Für die Erstellung von Graphen muss eine mitgelieferte Software verwendet werden; Ucinet ist eine kommerzielle Software, die nur eine einmonatige Testversion anbietet.

Pajek ist ein Analyse- und Visualisierungsprogramm für Netzwerke, das speziell für die Verarbeitung großer Datensätze entwickelt wurde. Der Hauptvorteil liegt in der Geschwindigkeit und der Fähigkeit, sehr große Netzwerke (z. B. Millionen von Knoten) zu verarbeiten. Darüber hinaus kann Pajek mehrere Netzwerke gleichzeitig sowie Zwei-Modus-Netzwerke und Zeit-Ereignis-Netzwerke (ein Zeit-Ereignis-Netzwerk beschreibt die Entwicklung oder Evolution eines Netz-

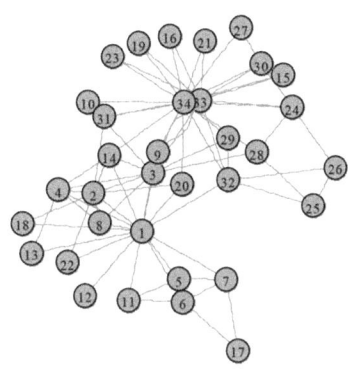

Automatisch das richtige Layout erzeugen

>plot(g2_ 1, layout=layout. auto(g2_1))

(a)

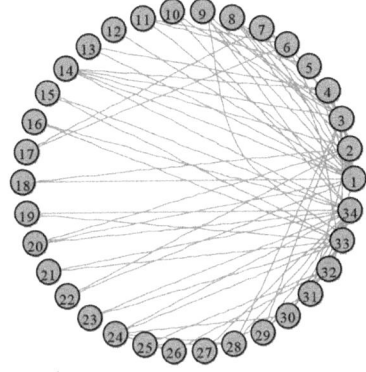

Platzieren Sie den Knoten auf dem äquidistanten

Außenkreis des Einheitskreises

>plot(g2_ 1, layout=layout.circle(g2_ 1))

(b)

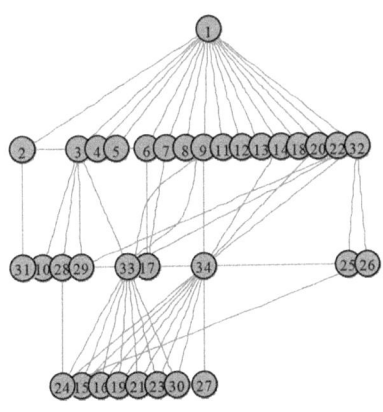

Erzeugen eines Baum-Layouts

>plot(g2_1, layout=layout.reingold.tilford(g2_l))

(c)

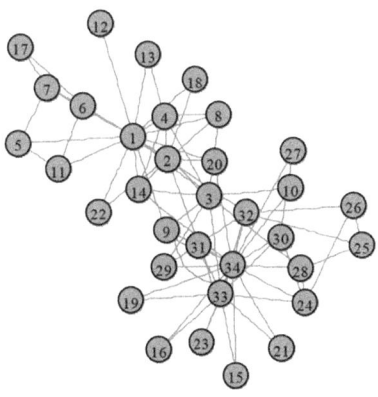

Erzeugen eines Layouts für einen großen

zusammenhängenden Graphen

>plot(g2_1, layout=layout.lgl(g2_l))

(d)

Fig. 2.18 Layout des Netzwerkgraphen mit der layout.*-Befehlreihe (**a**) # Automatische Generierung eines passenden Layouts >plot(g2_1, layout = layout.auto(g2_1)) (**b**) # Platzierung der
Knoten auf dem gleichmäßig verteilten Außenkreis des Einheitskreises >plot(g2_1, layout = lay-
out.circle(g2_1)). (**c**) # Erzeugung eines Baum-Layouts >plot(g2_1, layout = layout.reingold.til-
ford(g2_1)). (**d**) # Erzeugung eines Layouts für große zusammenhängende Graphen >plot(g2_1,
layout=layout.lgl(g2_1))

werks im Zeitverlauf) handhaben. Die grafischen Funktionen sind eine Stärke von Pajek, da sie eine einfache Anpassung der Graphen und deren Bedeutung ermöglichen. Da große Netzwerke schwer in einer einzigen Ansicht darstellbar sind, unterscheidet Pajek verschiedene Netzwerkstrukturen und visualisiert sie separat. Im Vergleich zu R ist Pajek jedoch in der Statistik schwächer und enthält nur einige grundlegende statistische Programme.

Gephi bietet im Vergleich zu anderer Software bessere Möglichkeiten zur Verarbeitung von Zeitreihen und zur dynamischen Visualisierung. Die Visualisierungsfähigkeiten sind sehr ausgeprägt: Verbindungen zwischen Objekten werden durch Knoten und Kanten dargestellt, und es können ansprechende Grafiken erzeugt werden. Die Bedienung ist jedoch komplexer, die Einführung weniger umfassend, und es ist oft notwendig, auf fremdsprachige Quellen zurückzugreifen, um die Nutzung zu erlernen.

Die Programmiersprache R verfügt mit dem igraph-Paket über ein leistungsfähiges Werkzeug zur Analyse sozialer Netzwerke; sie kann Netzwerkgraphen zeichnen, visualisieren und analysieren und ist in der Datenanalyse besonders flexibel – ein wesentlicher Vorteil bei der Netzwerkanalyse. Zudem bietet Pajek eine Schnittstelle zu R. Der Vorteil von Pajek liegt in der Geschwindigkeit der Grundoperationen bei großen Netzwerken, was jedoch zulasten der statistischen Funktionalität geht; die Ausgabe kann durch R unterstützt werden. Daher kann die Kombination von R mit anderer Software die Analyse sozialer Netzwerke deutlich erweitern.

Gegenwärtig wird die Methode der Visualisierung sozialer Netzwerke in vielen Bereichen eingesetzt. Mit der fortlaufenden Entwicklung der Theorie, Technik und Werkzeuge entstehen in der Praxis immer neue Forschungsschwerpunkte. Derzeit entwickelt sich die Visualisierung von der zweidimensionalen zur dreidimensionalen Darstellung, von statischer zu dynamischer Netzwerkvisualisierung und von Einzel- zu Hybridvisualisierung [16].

Fragen zum Kapitelabschluss

Nehmen Sie ein Netzwerk-Datenset (oder ein anderes öffentlich verfügbares Netzwerk-Datenset), das mit Gephi oder R geliefert wird, als Beispiel:

1. Visualisieren Sie das Netzwerk.
2. Ermitteln Sie für jeden Knoten den Out-Degree, In-Degree, Degree und den durchschnittlichen Clustering-Koeffizienten.
3. Stellen Sie die Knoten jeweils nach Farbe und Größe dar und führen Sie anschließend eine Partitionierung durch.
4. Analysieren Sie den Zusammenhang zwischen Out-Degree, In-Degree, Degree und durchschnittlichem Clustering-Koeffizienten der Knoten.

Literatur

1. Crosby, A.W.: The Measure of Reality: Quantification in Western Europe, 1250–1600. Cambridge University Press, Cambridge (1996)
2. Sun Yang, Jiang Yuanxiang, Zhao Xiang, et al. Survey on the Research of Network Visualization. Computer Science, 2010, 37(2): 12–18
3. Zhengxing, S.: Computer Graphics. China Machine Press, Beijing (2006)
4. Fisher, D., Dourish, P.: Social and temporal structures in everyday collaboration. In: ACM Conference on Human Factors in Computing Systems, pp. 551–558 (2004)
5. Adamic, L.A., Buyukkokten, O., Adar, E.: A social network caught in the web. First Monday. 8(6), 1–22 (2003)
6. Nardi, B.A., Whittaker, S., Isaacs, E., et al.: Integrating communication and information through contactMap. Commun. ACM. 45(4), 89–95 (2002)
7. Mutton, P.: Inferring and visualizing social network on internet chat. In: Eighth International Conference on IEEE Computer Society, pp. 35–43. IEEE, New York (2004)
8. Mcfarland, M.J., et al.: Dynamic network visualization. Am. J. Sociol. 110(4), 6–41 (2005)
9. Rothenberg, R.B., Potterat, J.J., Woodhouse, D.E., et al.: Social network dynamics and HIV transmission. AIDS. 12(12), 1529–1536 (1998)
10. Fruchterman, T., Reingold, E.M.: Graph drawing by force-directed placement. Software Pract. Exper. 21(11), 1129–1164 (2010)
11. Shneiderman, B., Aris, A.: Network visualization by semantic substrates. IEEE Trans. Vis. Comput. Graph. 12, 733–740 (2006)
12. Borgatti, S.P., Everett, M.G., Freeman, L.C.: Ucinet for windows: software for social network analysis. Analy. Technol. 6, 12–15 (2002)
13. Qian, D., Gross, M.D.: Collaborative Design with Netdraw. Springer, New York (1999)
14. Word, J.M., Presley, B.K., Lovell, S.C., et al.: Exploring steric constraints on protein mutations using MAGE/PROBE. Protein Sci. 9(11), 2251–2259 (2000)
15. Bastian, M., Heymann, S., Jacomy, M.: Gephi: an open source software for exploring and manipulating networks. In: Proceedings of the Third International Conference on Weblogs and Social Media, vol. 3, pp. 17–20 (2009)
16. Chen, L., Jian, X.: Research on methods and tools of social networks visualization. Data Anal. Knowl. Discov. 5, 7–15 (2012)
17. Batagelj, V., Mrvar, A.: Pajek-Program for Analysis and Visualization of Large Networks. Springer, Berlin (2005)
18. Smith, M.A., Shneiderman, B., Milic-Frayling, N., et al.: Analyzing social media networks with nodexl. In: International Conference on Communities and Technologies, pp. 255–263 (2009)
19. Goh, K.-I., Cusick, M.E., Valle, D., et al.: The human disease network. Proc. Natl. Acad. Sci. 104(21), 8685–8690 (2007)
20. Team, R., Core, R., Rdct, R., et al.: A language and environment for statistical computing. Computing. 1, 12 (2015)

Kapitel 3
Triadischer Verschluss in sozialen Netzwerken

Zusammenfassung Dieses Kapitel beleuchtet verschiedene Dimensionen der Forschung zu sozialen Netzwerken und betont, dass die Analyse sozialer Netzwerke nicht nur auf die strukturellen Merkmale zu einem bestimmten Zeitpunkt beschränkt sein sollte. Vielmehr sollten auch Kennzahlen wie Point-Out-Degree und Point-In-Degree herangezogen werden, um Netzwerkeigenschaften zu beschreiben sowie deren Veränderungen und Ursachen im Zeitverlauf nachzuverfolgen. Im Besonderen konzentriert sich dieses Kapitel auf die triadische Beziehung, die eine zentrale Ebene in der Analyse der Netzwerkstruktur darstellt. Anhand des Prinzips des triadischen Schlusses wird die Entwicklung von Netzwerken aus einer dynamischen und mikroskopischen Perspektive erläutert. Darüber hinaus werden die grundlegende Theorie und Messmethoden triadischer Schlüsse vorgestellt und auf gerichtete, einmodale Netzwerke angewendet. Abschließend wird anhand von Fallstudien zu Internet- und studentischen Interaktionsnetzwerken auf Weibo der tatsächliche Analyseprozess triadischer Schlüsse in gerichteten Netzwerken sowohl online als auch offline demonstriert.

Die in Kap. 2 eingeführte Visualisierung sozialer Netzwerke ist die intuitivste Methode zur Untersuchung sozialer Netzwerke. Bei aller Bewunderung der ansprechenden visuellen Darstellungen sozialer Netzwerke ist es jedoch entscheidend, die zugrunde liegenden Prinzipien und Mechanismen des Funktionierens sowie die Entwicklung sozialer Netzwerke hinter der Visualisierung zu verstehen. In der Erforschung sozialer Netzwerke ist es unerlässlich, nicht nur die Eigenschaften sozialer Netzwerke zu einem bestimmten Zeitpunkt zu betrachten, sondern diese auch mit grundlegenden Messgrößen wie Out-Degree und In-Degree zu beschreiben und sowohl interne als auch externe Faktoren zu untersuchen, die diese Veränderungen verursachen. Die triadische Beziehung stellt die häufigste Forschungsebene bei der Analyse der Netzwerkstruktur dar. Das auf dem Prinzip des triadischen Schlusses basierende Forschungsmodell kann die Entwicklungsgesetze sozialer Netzwerke sowohl aus der Perspektive der dynamischen Evolution als auch der mikrostrukturellen Zusammensetzung besser erklären.

J. Wu, *Soziales-Netzwerk-Computing*,
https://doi.org/10.1007/978-981-95-1129-7_3

In diesem Kapitel werden das grundlegende Prinzip des triadischen Schlusses sowie dessen Messung vorgestellt und das Prinzip des triadischen Schlusses auf gerichtete monomodale Netzwerke erweitert. Anschließend wird die Analyse des triadischen Schlusses anhand von Beispielen sowohl auf Online-Netzwerken (Aufmerksamkeitsnetzwerk von Sina Weibo) als auch auf Offline-Netzwerken (interpersonelles Netzwerk von Studierenden) durchgeführt.

3.1 Das Grundprinzip des triadischen Schlusses

3.1.1 Definition des triadischen Schlusses

In der Entwicklung sozialer Netzwerke existiert folgender Mechanismus: Wenn zwei einander unbekannte Personen einen gemeinsamen Freund haben, steigt die Wahrscheinlichkeit, dass sie in Zukunft ebenfalls Freunde werden. Wenn drei Personen eine triadische Beziehung eingehen, spricht man von einem triadischen Schluss [1]. In sozialen Netzwerken kann auch die Transitivität zur Beschreibung der Eigenschaft „der Freund meines Freundes ist auch mein Freund" herangezogen werden [2].

In der in Abb. 3.1a dargestellten Gruppe kennen sich B und C nicht, aber beide kennen A; nach einiger Zeit entsteht eine Kante zwischen B und C (B und C werden Freunde). Zu diesem Zeitpunkt sind A, B und C miteinander verbunden und bilden eine Dreiecksstruktur, die als „triadischer Schluss" bezeichnet wird, wie in Abbildung 3.1b dargestellt.

Vergleicht man Netzwerkschnappschüsse desselben sozialen Netzwerks zu unterschiedlichen Zeitpunkten, lässt sich ein deutlicher Anstieg neuer Kanten in späteren Schnappschüssen beobachten. Dies führt zu einer zunehmenden Häufung

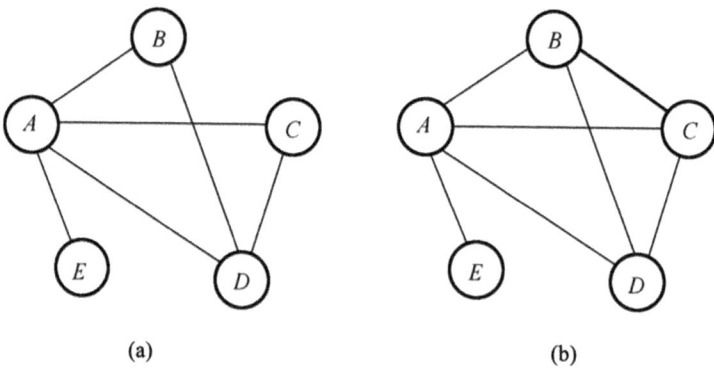

(a)   (b)

Abb. 3.1 Entstehung eines triadischen Schlusses. (a) Vor der Bildung der B-C-Kante. (b) Nach der Bildung der B-C-Kante

von triadischen Schlüssen, was bedeutet, dass zwei Personen, die bereits in einem früheren Schnappschuss einen gemeinsamen Freund haben, mit höherer Wahrscheinlichkeit in späteren Schnappschüssen ebenfalls Freunde werden. Wie lässt sich dieses Phänomen im realen Leben verstehen?

Zunächst kann dies aus der Perspektive der Gelegenheit betrachtet werden. Obwohl *B* und *C* einander nicht kennen, kennen beide *A*, wodurch die Wahrscheinlichkeit steigt, dass *B* und *C* sich begegnen. Beispielsweise veranstaltet *A* eine Party und lädt sowohl *B* als auch *C* ein, sodass sich *B* und *C* kennenlernen können.

Durch häufigere Begegnungen ist es wahrscheinlich, dass *B* und *C* sich auf der Party treffen und Freunde werden. Zweitens kann dies aus der Perspektive des Vertrauens betrachtet werden. Sowohl *B* als auch *C* sind Freunde von *A*. Wenn sie sich gegenseitig kennen und *A* beide kennt, entsteht ein Grundvertrauen, das Fremden normalerweise fehlt. Drittens kann dies aus der Perspektive der Motivation betrachtet werden. *A* hat möglicherweise ein Interesse daran, *B* und *C* miteinander bekannt zu machen. Wenn *A* häufig mit *B* und *C* zusammen ist, ergibt sich zwangsläufig die Gelegenheit, dass alle drei gleichzeitig zusammenkommen, sodass *A* sie einander vorstellen und zu gemeinsamen Freunden machen kann [3].

3.1.2 Erweiterung des Prinzips des triadischen Schlusses

Das Prinzip des triadischen Schlusses lässt sich aus der Perspektive der „Quantität" erweitern: Je mehr gemeinsame Freunde zwei Personen haben, desto wahrscheinlicher ist es, dass sie selbst Freunde werden. Aus der Perspektive der „Qualität" gilt: Je enger zwei Personen mit ihren gemeinsamen Freunden verbunden sind, desto wahrscheinlicher ist eine Freundschaft. Unabhängig davon, ob man die „Quantität" oder die „Qualität" betrachtet, lassen sich beide Perspektiven durch die zuvor genannten drei Gründe (Gelegenheit, Vertrauen und Motivation) erklären [3]. Je mehr gemeinsame Freunde oder je enger die Beziehung, desto mehr Gelegenheiten zum Kennenlernen, desto höher das Vertrauen und desto stärker die Motivation zur Vermittlung.

Wie in Abb. 3.2 dargestellt, erkennt man, wenn man die Knoten als Freunde betrachtet, dass sich im linken unteren Bereich von Abb. 3.2 mehr gemeinsame Freunde befinden. Aus quantitativer Sicht ist die Wahrscheinlichkeit, dass sie Freunde werden, dort höher als im linken oberen Bereich. Dies ist jedoch zunächst nur eine qualitative Aussage. Lässt sich diese Annahme auch quantitativ überprüfen?

Ein Beispiel für die Untersuchung triadischer Schlüsse anhand von Online-Daten: An einer Universität senden Studierende einander E-Mails.

Ein solches Online-E-Mail-Netzwerk kann als soziales Netzwerk betrachtet werden. Die Knoten im Netzwerk repräsentieren E-Mail-Adressen innerhalb eines bestimmten Bereichs, und Kanten stehen für Verbindungen zwischen Knoten, zwischen denen innerhalb eines Zeitraums (z. B. 2 Monate) ein wechselseitiger Austausch stattgefunden hat. Nur wenn zwischen zwei Knoten ein beidseitiger

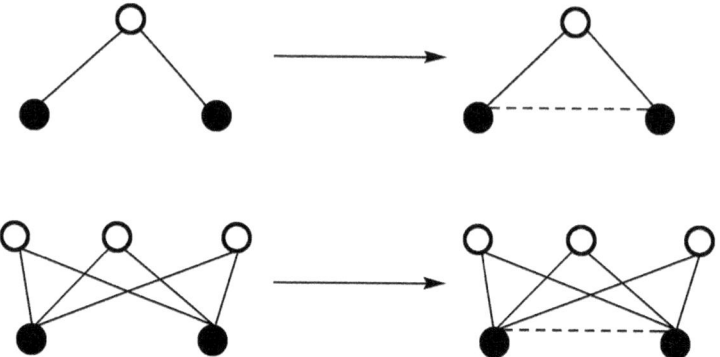

Abb. 3.2 Wahrscheinlichkeit der Bildung eines triadischen Schlusses

E-Mail-Verkehr besteht, wird eine Kante gebildet. Wie lässt sich das Maß für das Phänomen des triadisch geschlossenen Pakets definieren und untersuchen? Wir können die Beziehung zwischen der aktuellen Anzahl gemeinsamer Freunde und der Wahrscheinlichkeit einer Kontaktaufnahme quantitativ analysieren, um zu prüfen, ob eine positive Korrelation besteht. Ist dies der Fall, ist die Annahme bestätigt. Die wichtigsten Ergebnisse der *Science*-Studie sind in Abb. 3.3 dargestellt. Die Abszisse gibt die Anzahl gemeinsamer Freunde an, die Ordinate die Wahrscheinlichkeit einer Kontaktaufnahme [4].

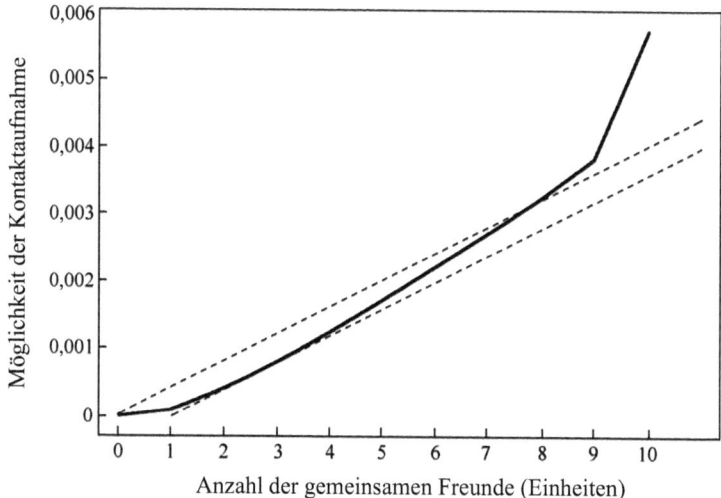

Abb. 3.3 Anzahl gemeinsamer Freunde und Wahrscheinlichkeit einer Kontaktaufnahme [4]

Wie aus Abb. 3.3 ersichtlich, ist das Zeichen des triadischen Schlusses im Online-E-Mail-Netzwerk deutlich zu erkennen. Je mehr gemeinsame Freunde vorhanden sind, desto leichter können Studierende Kontakt aufnehmen und Freundschaften schließen. Die Beziehungskurve in Abb. 3.3 weist einen Wendepunkt bei 1 bis 2 gemeinsamen Freunden auf: Bei nur einem gemeinsamen Freund ist die Kontaktwahrscheinlichkeit gering, bei zwei gemeinsamen Freunden steigt sie. Danach nimmt die Steigung der Geraden zu und bleibt positiv korreliert. Bei neun gemeinsamen Freunden gibt es einen weiteren Wendepunkt, und die Wahrscheinlichkeit einer Kontaktaufnahme steigt deutlich an. Dieses Experiment belegt anhand realer Big-Data-Daten die positive Korrelation zwischen der Anzahl gemeinsamer Freunde und der Entstehung von Freundschaften in sozialen Netzwerken.

3.1.3 Entwicklung von Netzwerkknoten und -kanten in Igraph

3.1.3.1 Hinzufügen oder Entfernen von Knoten und Kanten

Das Hinzufügen oder Löschen von Knoten und Kanten im Netzwerkdiagramm kann mithilfe eines Graphen realisiert werden, um die Entwicklung sozialer Netzwerke zu beobachten. Die konkreten Funktionen sind wie folgt:

```
add.edges(graph,edges,…,attr=list())
add.vertices(graph,nv,…,attr=list())
delete.edges(graph,edges)
delete.vertices(graph,v)
```

In diesem Zusammenhang steht *graph* für das Netzwerkgraph-Objekt; *edges* ist ein numerischer Vektor, der die Endpunkt-IDs einer Kante angibt; *nv* ist eine numerische Konstante und steht für die Anzahl der neuen Knoten; *v* ist ein numerischer Vektor, der die zu löschenden Knoten-IDs angibt; *attr* ist eine Liste, die die Attribute der neu hinzugefügten Kanten oder Knoten beschreibt.

```
# Knoten und Kanten hinzufügen
> g3_1<- graph.tree(10, mode = c ("undefined")) # Erzeugt ein
Baumdiagramm mit 10 Knoten.
> g3_1<-add. vertices(g3_1,1)     # Fügt einen Knoten hinzu.
> g3_1<-add. edges(g3_1,c(1,11))  # Fügt eine Kante zwischen
Knoten 1 und Knoten 11 hinzu.
> plot(g3_1)                 # Siehe Abb. 3.4a.
> g3_1<-add. edges(g3_1,c(3,11)) # Fügt eine Kante zwischen
Knoten 3 und Knoten 11 hinzu.
> plot(g3_1)                 # Siehe Abb. 3.4b.
```

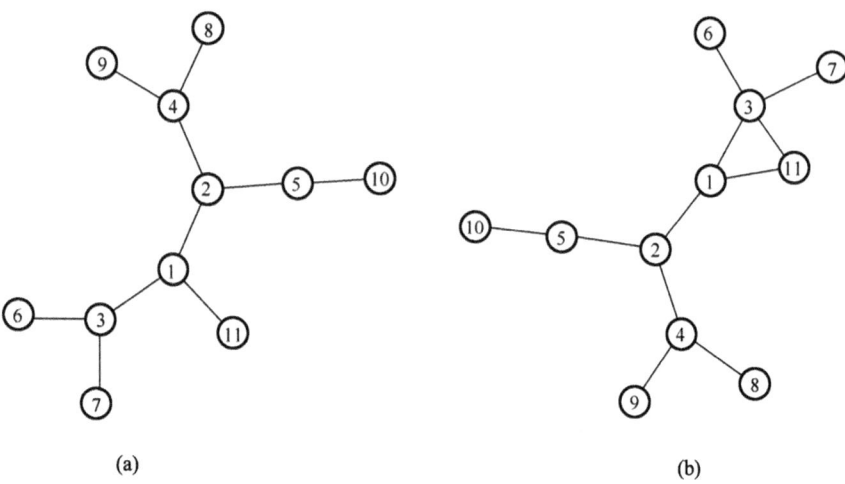

(a)   (b)

Abb. 3.4 Schematische Darstellung des Hinzufügens von Knoten und Kanten. (**a**) Knoten hinzufügen. (**b**) Kanten hinzufügen

Beispielsweise haben sich in Abbildung 3.4a, b die Knoten 1, 11 und 3 zu einer
triadischen Schließungsstruktur entwickelt (wir bezeichnen dies als 1-11-3-Triade).

3.1.4 Zugriff auf Knoten

Mit der Funktion V() in igraph kann auf die Knoten im Netzwerkdiagramm zugegriffen werden, um beispielsweise die Farbe und andere Attribute der Knoten
abzufragen oder zu ändern, wie folgt:

```
V(graph)
```

Dabei steht graph für das Netzwerkgraph-Objekt.

```
# Zugriff auf Knoten
> V(g3_1)$color <- "grey"                    # Setzt die
                                             Knotenfarbe auf Grau.
> V(g3_1)[1:4]$color <- c("green ","red ") # Die Knoten 1
bis 4 werden abwechselnd auf Grün und Rot gesetzt,
> V(g3_1)[11]$color <- c("green")            # Setzt den 11.
                                             Knoten auf Grün.
> plot(g3_1)                                 # Siehe Abb. 3.5
```

Abb. 3.5 Zugriff auf Knoten
im Baumdiagramm

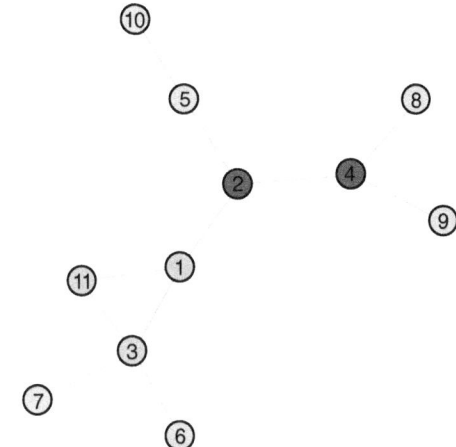

Beispielsweise ist die Triade 1-11-3 grün markiert, das Ergebnis ist in Abb. 3.5 dargestellt.

Mit igraph kann auch auf benachbarte Knoten im Netzwerkgraphen zugegriffen werden, am Beispiel von g3_1:

```
# Zugriff auf Knoten
> V(g3_1) [nei( 1:2)] # Abfrage der Nachbarknoten der Knoten
  mit den IDs 1 und 2.
Vertex sequence:
[1] 1 2 3 4 5 11
```

3.2 Clustering-Koeffizient

3.2.1 Definition des Clustering-Koeffizienten

Die Stärke der triadischen Schließung kann durch den Clustering-Koeffizienten gemessen werden. Der Clustering-Koeffizient eines Knotens *A* ist definiert als die Wahrscheinlichkeit, dass zwei beliebige Freunde von *A* ebenfalls miteinander befreundet sind. Dies spiegelt die Geschlossenheit des Freundeskreises eines Knotens wider. Anders ausgedrückt ist der Clustering-Koeffizient von *A* das Verhältnis der tatsächlichen Anzahl von Kanten zwischen den Nachbarknoten von *A* zur maximal möglichen Anzahl von Kanten zwischen diesen Nachbarknoten [5]. Alternativ kann er als das Verhältnis der Anzahl der Dreiecke, die den Knoten enthalten, zur Anzahl der verbundenen Dreiecke mit dem Knoten im Zentrum definiert werden [2].

Beispielsweise beträgt der Clustering-Koeffizient des Knotens *A* in Abbildung 3.6a 1/3, da es drei Kanten (*B-D, C-D, D-E*) zwischen den sechs möglichen

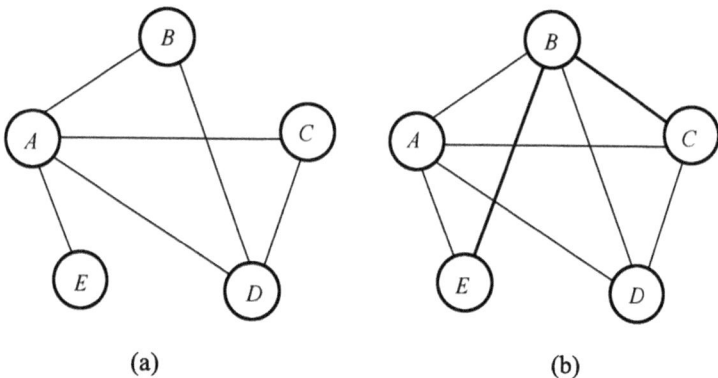

Abb. 3.6 Beispiel für den Clustering-Koeffizienten. (**a**) Netzwerk zum vorherigen Zeitpunkt. (**b**) Netzwerk zum späteren Zeitpunkt

Knotenpaaren gibt, die an *A* angrenzen; in Abb. 3.6b beträgt der Clustering-Koeffizient von *A* 2/3, da es vier Kanten (*B-C*, *B-D*, *B-E*, *C-D*) zwischen sechs Knotenpaaren gibt. Der Clustering-Koeffizient ist ein Attributmaß für die triadische Schließung an einem Knoten und gibt die Stärke der „Kohäsion" an. Je größer der Clustering-Koeffizient, desto stärker ist die Kohäsion der Knoten.

Oben wurde der lokale Clustering-Koeffizient für einen einzelnen Knoten beschrieben. Der globale Clustering-Koeffizient kann als Anteil der Personen im sozialen Netzwerk verstanden werden, die gemeinsame Freunde haben und ebenfalls miteinander befreundet sind. Er dient zur Messung des Aggregationsgrades des gesamten Netzwerks [5] und kann mit Gl. (3.1) berechnet werden.

$$\text{Aggregation degree} = \frac{(\text{triangle number}) \times 3}{\text{connected triple number}} \tag{3.1}$$

Dabei bezeichnet ein „verbundenes Tripel" die Situation, dass zwischen den Knoten *A*, *B* und *C* die Kanten *A–B* und *B–C* existieren, wobei die Kante *A–C* vorhanden sein kann oder nicht. Der Faktor 3 im Zähler bedeutet, dass jedes Dreieck drei verbundene Tripel enthält, nämlich *ABC*, *BCA* und *CAB*.

3.2.2 Berechnung des Clustering-Koeffizienten mit Gephi

Am Beispiel der Kurswahl von Studierenden wird der Clustering-Koeffizient berechnet. Die Ausgangsdaten umfassen 210 Knoten und 705 Kanten. Die konkreten Arbeitsschritte sind wie folgt:

1. Nach dem Öffnen der Gephi-Software importieren Sie die Daten, wählen die Erstellung eines gerichteten Netzwerks und anschließend im Modul

Knotenpunkte	Clustering-Koeffizient
1	0, 333
2	0, 5
3	0, 5
4	0, 167
5	0
6	0
8	0, 333
9	1
10	0, 167

Abb. 3.7 Beispiele für Clustering-Koeffizienten einiger Knoten

„Statistiken" die Option „Durchschnittlicher Clustering-Koeffizient" → „ge-richtet". Der durchschnittliche Clustering-Koeffizient beträgt dann 0,335. Zudem kann der Clustering-Koeffizient jedes einzelnen Knotens in den Daten eingesehen werden; einige Werte sind in Abb. 3.7 dargestellt.

2. Im Modul „Sortierung" kann die Größe der Knoten nach dem „Clustering-Ko-effizienten" sortiert und eingefärbt werden. Klicken Sie auf die Schaltfläche „Clustering-Koeffizient" in Abbildung 3.8a; das Ergebnis ist in Abbildung 3.8b zu sehen.

3.2.3 Berechnung des Clustering-Koeffizienten mit Graph

Das Paket graph in der Programmiersprache R verwendet die Funktion transiti-vity zur Berechnung des Clustering-Koeffizienten. Die Vorgehensweise ist für ge-richtete und ungerichtete Netzwerke identisch und gestaltet sich wie folgt:

```
transitivity(graph,type=c("undirected", "global",
"global-undirected", "local-undirected",
        "local", "average", "local average",
        "local average undirected", "Barrat",
        "weighted"),vids=NULL, weights=NULL,
        isolates=c("NaN", "zero"))
```

Dabei bezeichnet *graph* das Netzwerkobjekt; *type* gibt die Art des Clustering-Koeffizienten an; „*undirected*" und „*global-undirected*" stehen für den globalen Clustering-Koeffizienten eines ungerichteten Netzwerks; „*global*" bezeichnet den globalen Clustering-Koeffizienten; „*local-undirected*" steht für den lokalen Clustering-Koeffizienten eines ungerichteten Netzwerks; „*local*" für den lokalen

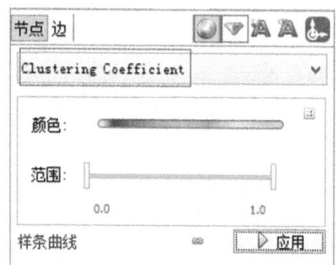

(a) Rangfolge und Farbgebung nach dem Clusterkoeffizienten

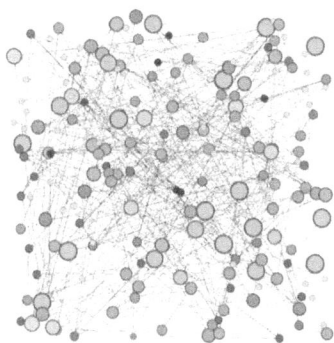

(b) Rangfolge und Farbgebung der Ergebnisse.

Abb. 3.8 Sortierung und Einfärbung nach Clustering-Koeffizient. (**a**) Sortierung und Einfärbung entsprechend dem Clustering-Koeffizienten. (**b**) Sortierung und Einfärbung der Ergebnisse

Clustering-Koeffizienten; „*Barrat*" und „*weighted*" sind gewichtete lokale Clustering-Koeffizienten; *vids* gibt die Knoten-IDs bei der Berechnung des lokalen Clustering-Koeffizienten an; *weights* gibt an, ob Gewichte berücksichtigt werden; *isolates* legt fest, wie der Clustering-Koeffizient berechnet wird, wenn der Knotengrad 0 oder 1 beträgt. Es gibt zwei Möglichkeiten: Nullwert oder Wert Null.

Beispiele hierzu sind wie folgt (Abb. 3.9):

```
# Berechnung des Clustering-Koeffizienten
g3_2<-erdos. Kenya.game(10,0.2)   # Erzeugt einen
                                  Zufallsgraphen mit 10 Knoten
plot(g3_2)                        # Siehe Abb. 3.9
> transitivity(g3_2)             # Berechnet den globalen
                                  Clustering-Koeffizienten
[1] 0.2142857
> Transitivity (G3 _ 2, VIDS = 1, type = "local") # Berechnet
den lokalen Clustering-Koeffizienten.
```

Abb. 3.9 Clustering-
Koeffizient eines
Zufallsgraphen

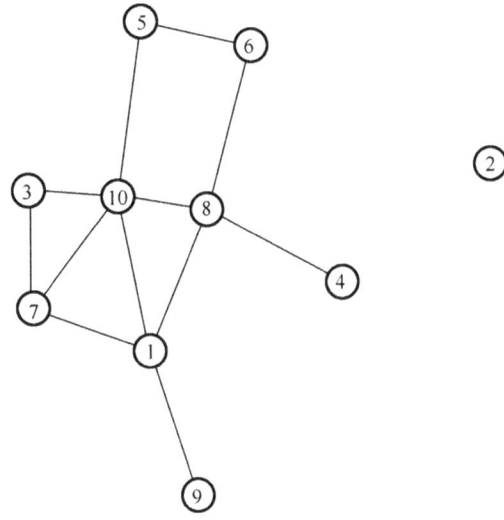

[1] Im Graphen 0.3333333 # Knoten 1 hat 2 Dreiecke und 6
verbundene Tripel, daher beträgt der Clustering-Koeffizient
von Knoten 1 1/3.

3.3 Einbettung

Das Prinzip des triadischen Schlusses impliziert eine Möglichkeit im Zeitverlauf:
Wenn A und B befreundet sind und B und C ebenfalls, dann besteht gemäß dem
Prinzip des triadischen Schlusses eine Wahrscheinlichkeit, dass A und C durch
die Vermittlung von B ebenfalls Freunde werden. Folglich werden A und C passiv miteinander verbunden und treten so einem Netzwerk bei. Dies gilt auch für
die Nutzung sozialer Software, wo ähnliche Situationen auftreten können. Wenn
beispielsweise Personen in Ihrem Umfeld WeChat nutzen, Sie selbst jedoch nicht,
könnten Ihnen über WeChat versandte Nachrichten entgehen. In der Folge geraten
Sie in die Lage, WeChat installieren zu müssen, um so passiv Teil des WeChat-
Netzwerks zu werden. Die Forschung von Huberman und anderen zu Twitter zeigt,
dass selbst wenn die Gesamtzahl aller Freunde 500 übersteigt, die tatsächliche
Zahl der Kontakte zwischen 10 und 20 liegt und die Zahl der passiven Kontakte 50
nicht überschreitet [6]. Daher sind die Eigenschaften der Knoten im Netzwerk von
großer Bedeutung. Es ist notwendig zu verstehen, wie ein Knoten in ein Netzwerk
eingebettet ist, über welche Kante er eingebettet wird und über welchen Knoten er
in neue Zusammenhangskomponenten eingebettet werden muss, um neue Informationen zu erhalten.

Granovetter stellte den Zusammenhang zwischen wirtschaftlichem Handeln und sozialer Struktur her, erweiterte das Konzept der Einbettung und wies darauf hin, dass wirtschaftliches Handeln in soziale Strukturen eingebettet ist und damit eine Form sozialen Handelns darstellt [7]. In der Folge wurde dieses Konzept stark erweitert und fand sogar Eingang in die Analyse sozialer Netzwerke. Das Maß der Einbettung kann durch „die Anzahl der von beiden Enden einer Kante geteilten Nachbarn" ausgedrückt werden. In Abb. 3.10 haben *A-B* die gemeinsamen Nachbarn *F* und *G*, sodass die Einbettung von *A-B* den Wert 2 hat. Je stärker die Einbettung, desto größer das gegenseitige Vertrauen und desto mehr Sozialkapital ist vorhanden. Coleman kam 1988 zu dem Schluss: Wenn zwei Individuen durch eine stark eingebettete Kante verbunden sind, vertrauen sie einander und haben daher mehr Vertrauen in die Ehrlichkeit ihrer sozialen und wirtschaftlichen Interaktionen [8].

3.4 Strukturelle Löcher und Zentralität

3.4.1 *Messung von Strukturellen Löchern*

Ein strukturelles Loch ist eine weitere Möglichkeit, die Eigenschaften von Knoten zu beschreiben. Wenn das Entfernen eines Knotens die Anzahl der Zusammenhangskomponenten im Netzwerk erhöht, wird dieser Knoten als strukturelles Loch bezeichnet [9]. In Abb. 3.10 entstehen beim Entfernen des Knotens *B* vier Zusammenhangskomponenten, ähnlich wie eine Gruppe von vier Knoten, die in sozialen Netzwerken nicht eng miteinander verbunden sind. Im Vergleich zu Knoten *B* beträgt der Clustering-Koeffizient von Knoten *A* 2/5, während der von Knoten B 2/15 beträgt, was zeigt, dass die Clustering-Fähigkeit von Knoten *A* stärker ist als die von Knoten *B*. Aus der Perspektive der strukturellen Löcher ergeben sich jedoch für Knoten *B* gegenüber Knoten *A* folgende Vorteile:

1. Im Hinblick auf die Informationsbeschaffung weist Knoten B einen deutlichen Vorteil auf. Im Vergleich zu Knoten A kann Knoten B Informationen aus vier verschiedenen sozialen Kreisen beziehen, was ihm eine breitere Perspektive und eine größere Vielfalt an Ressourcen verschafft.
2. Knoten B überzeugt zudem durch den Vorteil der kreativen Verstärkung. Während Knoten A relativ homogene Informationen erhält, ist Knoten B einer Vielzahl heterogener Informationen ausgesetzt. Diese Informationsvielfalt führt dazu, dass die über Knoten B gewonnenen Erkenntnisse ein höheres kreatives Potenzial besitzen und somit mehr Möglichkeiten für Innovation und Problemlösung bieten.
3. Bezüglich der Macht der sozialen Gatekeeper nimmt Knoten B eine vorteilhafte Position ein. Als Verbindungspunkt von vier separaten sozialen Kreisen spielt Knoten B eine entscheidende Rolle im Informationsfluss. Jegliche Kommunikation zwischen diesen Kreisen muss über Knoten B erfolgen, wodurch ihm die

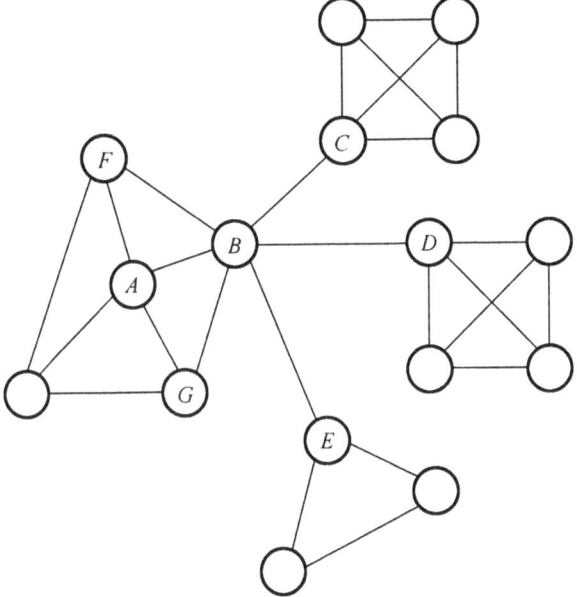

Abb. 3.10 Einbettung

Rolle eines Gatekeepers zukommt, der den Informationsfluss steuern und filtern kann. Diese Gatekeeper-Funktion verleiht Knoten B größeren Einfluss und
mehr Kontrolle innerhalb der sozialen Netzwerke.

Strukturelle Löcher lassen sich quantitativ durch die „Vermittlungszentralität" (Bet-
weenness) messen; die Betweenness einer Kante entspricht der gesamten Menge an
Informationsfluss, die sie trägt [10]. In Abb. 3.10 weisen die Knoten auf der B-C-
Seite eine hohe Betweenness-Zentralität auf, was ihre Bedeutung im Netzwerk unter-
streicht. Dies ist darauf zurückzuführen, dass sie strukturelle Löcher überbrücken.
Die Berechnungsformel für die Betweenness eines Knotens lautet:

$$C_B(i) = \sum_{j \neq k} g_{jk}(i)/g_{jk} \tag{3.2}$$

wobei $g_{jk}(i)$ die Anzahl der kürzesten Pfade zwischen Knoten j und Knoten k angibt, die über Knoten i verlaufen; gjk bezeichnet die Gesamtanzahl aller kürzesten
Pfade zwischen zwei Knoten.
Abbildung 3.11 zeigt das Kooperationsnetzwerk von Wissenschaftlern. Wissenschaftler aus unterschiedlichen Fachbereichen können gemeinsam Projekte oder Publikationen realisieren. Dodds und Rothman weisen eine höhere Betweenness auf, da
sie als strukturelle Löcher verschiedene Zusammenhangskomponenten verbinden [11].

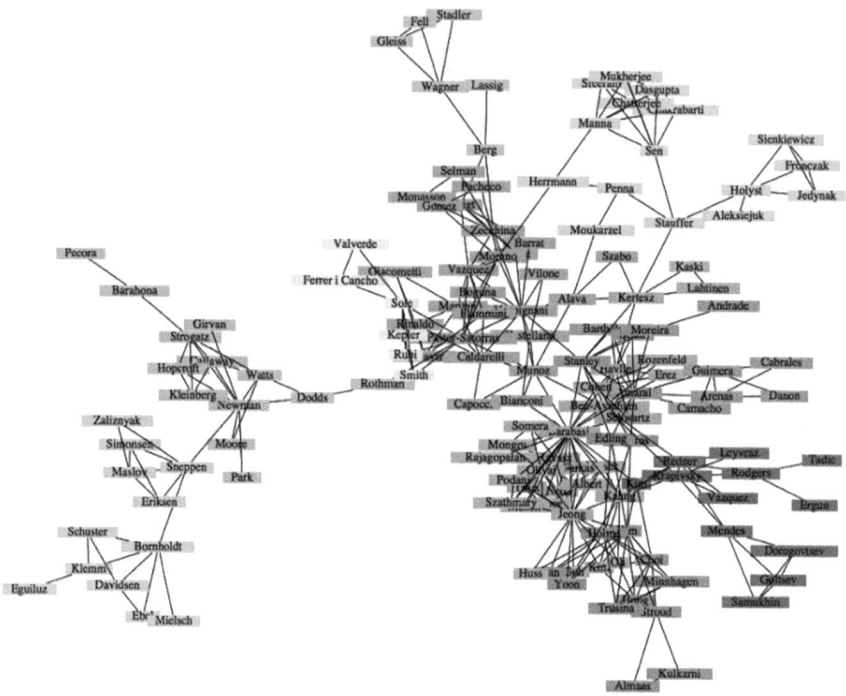

Abb. 3.11 Kooperationsnetzwerk von Wissenschaftlern [11]

3.4.2 Berechnung der Betweenness mit Gephi

Am Beispiel der Daten zu den öffentlichen Wahlfächern von Studierenden wird die Betweenness (Vermittlungszentralität) berechnet. Die Berechnungsschritte sind wie folgt:

1. Nach dem Öffnen der Gephi-Software werden die Daten importiert, „Directed Network generieren" ausgewählt und anschließend im Statistikmodul die Option „Network Diameter → Directed" gewählt. Der Index „Network Diameter" umfasst die Betweenness-Zentralität der Knoten. Nach Abschluss der Berechnung kann die Betweenness jedes Knotens in den Daten eingesehen werden. Die Betweenness einiger Knoten ist in Abb. 3.12 dargestellt.

2. Im Modul „Sortierung" kann die Knotengröße nach „Betweenness" definiert, die Knoten sortiert und eingefärbt werden. Anschließend wird im Fenster in Abb. 3.13a auf „Anwenden" geklickt. Das Ergebnis ist in Abb. 3.13b zu sehen.

Knotenpunkte	Verflechtungszentralität
● 1	152
● 2	0
● 3	0
● 4	453
● 5	0
● 6	153
● 8	54,534
● 9	0
● 10	998,82

Abb. 3.12 Beispiele für die Betweenness einiger Knoten

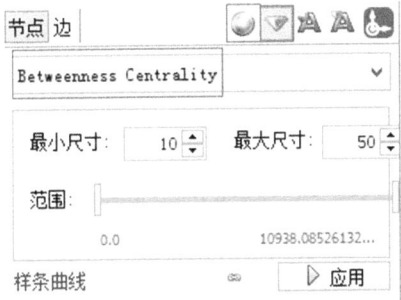

(a) Sortieren und Färben der Knoten nach der Zwischenebene

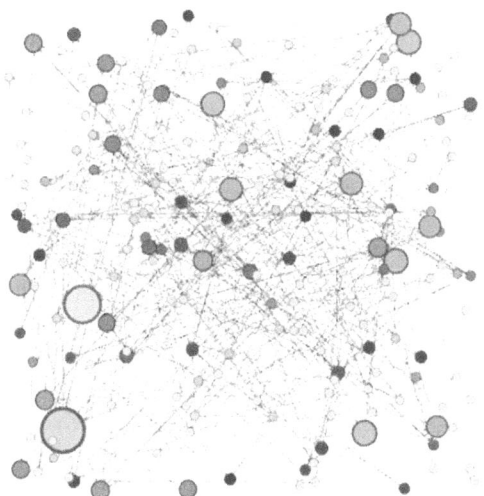

(b) Sortieren und Färben der Knoten nach der Zwischenebene

Abb. 3.13 Beispiele für Zwischenwerte in den öffentlichen Wahlfächern der Studierenden. (**a**) Sortierung und Einfärbung der Knoten nach Betweenness. (**b**) Sortierung und Einfärbung der Knoten nach Betweenness

3.4.3 Berechnung des Zentralitätsindex mit Graph

3.4.3.1 Degree-Zentralität

Der Wert eines Knotens im Netzwerk hängt zunächst von seiner Position ab. Je zentraler die Position eines Knotens, desto höher ist sein Wert und desto wichtiger ist er. Das direkteste Maß hierfür ist die Degree-Zentralität. Die Degree-Zentralität misst die Zentralität eines Knotens anhand seines Grades. Je höher der Grad eines Knotens, also je mehr Kanten er besitzt, desto höher ist seine Zentralität [10]. Die Berechnung des Knotengrads wurde bereits zuvor erläutert und kann mit der Degree-Funktion ermittelt werden.

3.4.3.2 Betweenness-Zentralität

Zur Berechnung der Betweenness-Zentralität von Knoten werden im Paket graph folgende Funktionen verwendet:

```
betweenness(graph,v=V(graph),directed = TRUE,weights = NULL,
                nobigint = TRUE,normalized = FALSE)
```

Dabei bezeichnet graph das Netzwerkgraph-Objekt; *v* steht für die Knoten-ID; *directed* ist ein logischer Skalar, der angibt, ob gerichtete Kanten berücksichtigt werden sollen; der Parameter *weights* dient zur Übergabe von Gewichtungen an das Netzwerkdiagramm; *nobigint* ist ein logischer Skalar, der angibt, ob große Ganzzahlen in der Berechnung verwendet werden sollen (da es in gitterartigen Netzwerken meist viele kürzeste Pfade zwischen Knoten gibt). Ist der Wert TRUE, werden keine großen Ganzzahlen verwendet. Normalized gibt an, ob die Ergebnisse normalisiert werden sollen.

3.4.3.3 Closeness-Zentralität

Je näher ein Knoten an anderen Knoten liegt, desto weniger ist er bei der Informationsverbreitung auf andere Knoten angewiesen. Denn nur Nicht-Kern-Knoten müssen sich auf andere Knoten verlassen, um Informationen zu verbreiten, und sind somit von diesen abhängig. Ist die Summe der Distanzen zwischen einem Knoten und den übrigen Knoten kleiner, so ist dieser Knoten wichtiger; dies spiegelt die Closeness-Zentralität des Knotens wider. In igraph ist die Closeness-Zentralität als Kehrwert der Summe der Distanzen zwischen Knoten *i* und den anderen Knoten definiert [10]. Zur Berechnung der Closeness-Zentralität in igraph wird folgende Formel verwendet:

$$C_c(i) = \frac{1}{\sum\limits_{i \neq v} d(v,i)} \tag{3.3}$$

wobei *d(v, i)* die Distanz (kürzeste Pfadlänge) vom Knoten *v* zum Knoten *i* bezeichnet; existiert kein Pfad zwischen den Knoten, wird die maximal mögliche Distanz zwischen Knoten als Ersatz für die Pfadlänge verwendet.

igraph verwendet die folgende Funktion zur Berechnung der Closeness-Zentralität:

```
closeness(graph, vids=V(graph), mode = c("out", "in", "all",
          "total"), weights = NULL, normalized = FALSE)
```

Dabei bezeichnet graph das Netzwerkgraph-Objekt; *vids* steht für die Id des zu berechnenden Knotens; mode gibt den Pfadtyp im gerichteten Graphen an; „*out*" steht für den vom Knoten ausgehenden Pfad; „*in*" für den am Knoten endenden Pfad; sowohl „*all*" als auch „*total*" bedeuten, dass das Netzwerk als ungerichteter Graph behandelt wird; der Parameter weights dient zur Übergabe der Gewichtung an das Netzwerk; normalized gibt an, ob das Ergebnis normalisiert werden soll. Ist dieser Wert TRUE, wird das Ergebnis der Closeness-Zentralität des ursprünglichen Knotens mit $(n-1)$ multipliziert, wobei *n* die Anzahl der Knoten ist.

3.4.3.4   Eigenvector-Zentralität

Die Bedeutung eines Knotens hängt nicht nur von der Anzahl seiner Nachbarknoten ab, sondern auch von der Bedeutung der mit ihm verbundenen Knoten. Dies ist der Grundgedanke der Eigenvector-Zentralität [10].

Angenommen, es gibt *n* Knoten im Netzwerkgraphen, wobei *A* die Adjazenzmatrix des Netzwerks darstellt. Existiert eine Kante zwischen den Knotenpaaren (*i,j*), so gilt *aij* = 1; andernfalls *aij* = 0. Seien $\lambda 1, \lambda 2, \ldots, \lambda n$ die Eigenwerte von *A* und der Eigenvektor zum jeweiligen Eigenwert λi ist *a* = (*e1,e2,…, en*). Die Eigenvector-Zentralität ist dann wie folgt definiert [12]:

$$C_e(i) = \lambda^{-1} \sum_{j=1}^{n} a_{ij} e_j \tag{3.4}$$

Zur Berechnung der Eigenvector-Zentralität in igraph wird folgende Funktion verwendet:

```
event (graph, directed = FALSE, scale = TRUE, weights = NULL,
options = graph.repack.default)
```

Abb. 3.14 Zufallsdiagramm

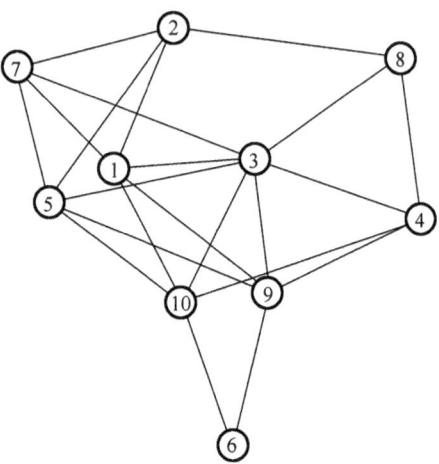

Dabei bezeichnet graph das Netzwerkgraph-Objekt; *directed* ist ein logischer Skalar und gibt an, ob gerichtete Kanten im gerichteten Graphen berücksichtigt werden; *scale* gibt an, ob das Ergebnis auf einen Maximalwert skaliert werden soll; der Parameter *weights* überträgt die Gewichtung auf das Netzwerk; *options* ist eine benannte Liste, mit der bestimmte Optionen der arpack-Funktion (Berechnung der Eigenvektoren von dünnbesetzten Matrizen) überschrieben werden können.

Die Funktion event() liefert drei Rückgabewerte: vector, value und options. Vector ist ein Vektor, der den Zentralitätswert jedes Knotens enthält; value ist der Eigenwert des durch event() berechneten Eigenvektors; options gibt eine Reihe von Namenssequenzen zurück, die die Basisinformationen für die Eigenvektorberechnung im pack-Paket darstellen. Beispiele hierzu sind wie folgt (Abb. 3.14):

```
> g3 _ 3 <-erdos.renyi.game (10,0.5) # Erstellen eines
Zufallsgraphen.
> Plot(g3_3)    # Darstellung siehe Abb. 3.14.
# Berechnung der Degree-Zentralität
> degree(g3_3) # Berechnet die Knotengrade, die Ergebnisse
sind nach Knoten-ID sortiert.
[1] 5 4 7 4 5 2 4 3 5 5
# Berechnung der Betweenness-Zentralität
> betweenness(g3_3)
[1] 2.950000 1.700000 6.066667 1.700000 2.950000 0.200000
0.450000 1.250000
[9] 4.366667 4.366667
# Berechnung der Closeness-Zentralität
```

```
> closeness(g3_3)
[1] 0.07692308 0.06666667 0.09090909 0.07142857 0.07692308
0.05263158
[7] 0.06666667 0.06250000 0.07692308 0.07692308
# Berechnung der Eigenvector-Zentralität
> event(g3_3)$vector
[1] 0.7757457 0.5616916 1.0000000 0.6158837 0.7757457
0.3085561 0.6558751
[8] 0.4587643 0.7322976 0.7322976
> round(event(g3_3)$vector,2)
[1] 0.78 0.56 1.00 0.62 0.78 0.31 0.66 0.46 0.73 0.73
# Sortieren der Zentralitätsindikatoren im Netzwerkdiagramm
von niedrig nach hoch.
> order(degree(g3_3))
[1] 6 8 2 4 7 1 5 9 10 3
> order(betweenness(g3_3))
[1] 6 7 8 2 4 1 5 9 10 3
> order(closeness(g3_3))
[1] 6 8 2 7 4 1 5 9 10 3
order(event(g3_3)$vector)
[1] 6 8 2 4 7 10 9 5 1 3
# Aus der Rangfolge der verschiedenen Indikatoren ist
ersichtlich, dass Knoten 3 im Diagramm eine sehr wichtige
Position einnimmt, unabhängig vom Indikator,
   die Zentralität ist am höchsten; Knoten 6 hingegen belegt
bei jedem Index den letzten Platz und ist der am stärksten
marginalisierte Knoten.
```

3.5 Triadische Schließungen in eindimensionalen gerichteten Netzwerken

Berücksichtigt man die Richtung von Netzwerken, so unterscheidet man zwischen ungerichteten und gerichteten Netzwerken, wobei es auch zahlreiche verschiedene Typen entsprechender triadischer Schließungen gibt. Wie in Abb. 3.15 dargestellt, zeigen die Zustände 0 ~ 5 die Situation vor der Bildung einer triadischen Schließung. Nach der Bildung der triadischen Schließung ergeben sich je nach Richtung die Zustände 6 ~ 12.

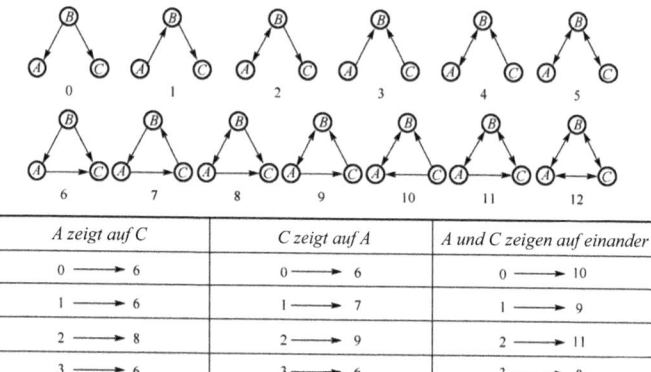

A zeigt auf C	C zeigt auf A	A und C zeigen auf einander
0 ⟶ 6	0 ⟶ 6	0 ⟶ 10
1 ⟶ 6	1 ⟶ 7	1 ⟶ 9
2 ⟶ 8	2 ⟶ 9	2 ⟶ 11
3 ⟶ 6	3 ⟶ 6	3 ⟶ 8

Anmerkung: Beispielsweise bedeutet 0→ 6 in der Spalte "A zeigt auf C", dass die Situation vor der Bildung des Dreierschlusses 0 ist. Nachdem eine neue Kante mit A, die auf C zeigt, erzeugt wurde, ist die Situation des Dreierschlusses 6 usw.

Abb. 3.15 Darstellung triadischer Schließungen in gerichteten Netzwerken. (Hinweis: Zum Beispiel bedeutet 0 → 6 in der Spalte „A zeigt auf C", dass der Zustand vor der Bildung der triadischen Schließung 0 ist. Nachdem eine neue Kante mit Richtung von A nach C hinzugefügt wurde, ergibt sich der Zustand 6 für die triadische Schließung, und so weiter.)

3.6   Triadische Schließung am Beispiel eines Online-gerichteten Netzwerks

Welche Auswirkungen ergeben sich im Prozess der Bildung triadischer Schließungen zwischen den Kanten? Dies wird anhand eines Beispiels zur gegenseitigen Aufmerksamkeit unter Sina-Weibo-Nutzern illustriert, wie in Abb. 3.16 gezeigt.

In Abbildung 3.16a gilt: Ist C ein Sina-Weibo-Blogger „Wujiang WHU" und B zunächst ein Fan von A, so wird A zum Fan von C zum Zeitpunkt $t' = t + 1$. Dies liegt daran, dass B Follower von A ist und A Follower von C ist. Der Einfluss der Follower wird auf B übertragen, sodass auch B auf C aufmerksam wird.

In Abbildung 3.16b gilt: Ist B ein Weibo-Blogger „Wujiang WHU" und A zunächst ein Fan von C, so wird B zum Fan von A zum Zeitpunkt $t' = t + 1$. C ist Follower von A und A ist Follower von B. Die Interaktion zwischen den Followern führt dazu, dass C Follower von B wird.

Einige Wissenschaftler haben die Beziehungen zwischen Followern und Gefolgten auf Weibo statistisch ausgewertet und dabei 24 verschiedene Situationen identifiziert, wie in Abb. 3.17 dargestellt [13].

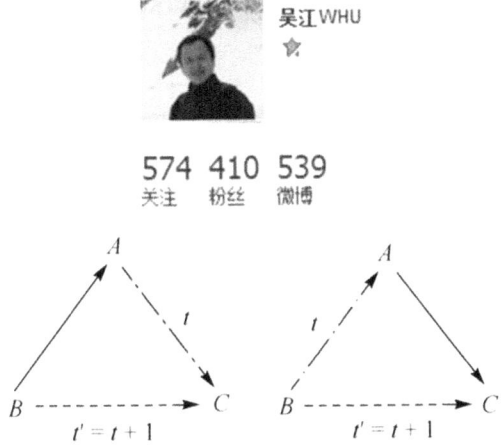

(a) Diffusion des Aufmerksamkeitsverhaltens   (b) Diffusion des betroffenen Verhaltens der
der Follower   Follower

Abb. 3.16 Triadische Schließungen bei Weibo [23]

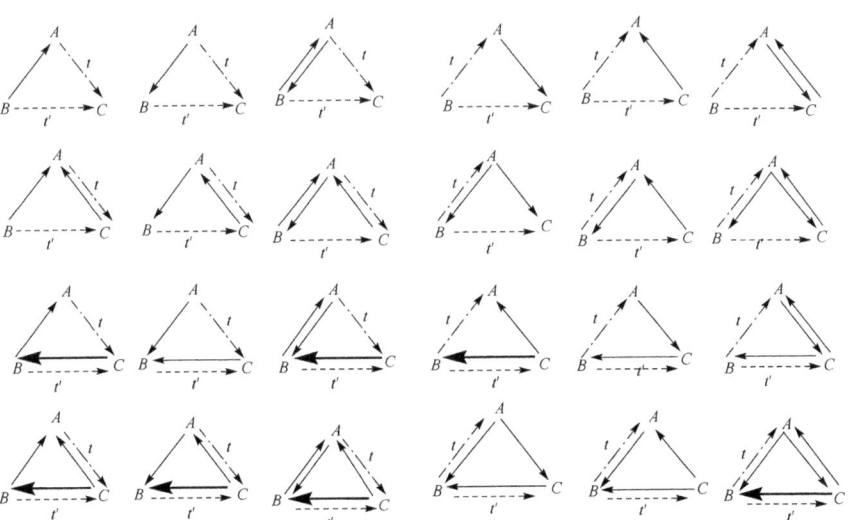

Abb. 3.17 Aufmerksamkeit von Followern und Gefolgten auf Weibo[13]

3.7 Triadische Schließung am Beispiel eines Offline-gerichteten Netzwerks

In der Erforschung sozialer Netzwerke steht die Analyse triadischer Beziehungen, insbesondere der triadischen Schließung, im Mittelpunkt der Untersuchung der Netzwerkstruktur. Zahlreiche Studien haben gezeigt, dass die auf der Theorie der triadischen Schließung basierende Forschung ein besseres Verständnis der Netzwerkevolution ermöglicht, sowohl hinsichtlich der dynamischen Entwicklung als auch der Mikrostruktur. Die in diesen Studien verwendeten Daten stammen aus Online-Communities wie Sina Weibo und Twitter [13]. Aufmerksamkeit für Einfluss kann als Wahrscheinlichkeit der Beziehungsentstehung verstanden werden. Am Beispiel des interpersonellen Beziehungsnetzwerks von Studierenden vergleicht und analysiert dieser Abschnitt den Entwicklungsprozess verschiedener Typen triadischer Beziehungen im Beziehungsnetzwerk zu unterschiedlichen Zeitpunkten. Aus der Perspektive von Reziprozität, Transitivität und Inversion wird die Rolle dieser Eigenschaften bei der Beeinflussung von Aufmerksamkeit diskutiert.

Der Effekt der triadischen Schließung beeinflusst die Ausbildung der Netzwerk-Mikrostruktur und damit auch die Gesamteigenschaften des Netzwerks. Das auf triadischer Schließung basierende Netzwerk-Evolutionsmodell, insbesondere die Kombination aus triadischer Schließung und Zufallsfaktoren, hat sich als besonders geeignet erwiesen, um die Mikromorphologie und die Gesamteigenschaften realer Netzwerke zu erklären [14], eine realistischere Netzwerkstruktur zu generieren [15] und Veränderungen des Netzwerkzustands vorherzusagen [13].

In eindimensionalen ungerichteten Netzwerken entspricht die triadische Schließung der relationalen Transitivität und kann zur Untersuchung der Tendenz der Netzwerkevolution herangezogen werden [16]. Üblicherweise dienen der Clusterkoeffizient und Transitivitätsparameter als Indikatoren. Die Forschung zur Netzwerkstruktur hat sich inzwischen von einfachen Netzwerken mit nur einem Knotentyp und einer Assoziationsart auf Netzwerke mit mehreren Knotentypen und Beziehungen ausgeweitet. In diesen komplexeren Netzwerken weist die triadische Beziehung vielfältigere Grundformen auf und kann verschiedene Phänomene in realen Netzwerken abbilden, wodurch sich ein breiteres Forschungsspektrum eröffnet. Ein Beispiel ist ein zweidimensionales Zugehörigkeitsnetzwerk, das aus zwei Knotentypen besteht: Mitglieder und Aktivitäten. Triadische Schließungen lassen sich hier in individuelle Schließungen, Fokus-Schließungen und Mitgliedschafts-Schließungen unterteilen. Diese Kategorien repräsentieren drei reale Szenarien: die Übertragung von Beziehungen zwischen Individuen, die Entstehung von Beziehungen durch gemeinsame Aktivitäten und die Teilnahme an Aktivitäten, die durch Freunde beeinflusst wird. In einem eindimensionalen gerichteten Netzwerk werden individuelle Eigenschaften zur Klassifikation der Knotentypen herangezogen, und anschließend wird die Mikrostruktur des Netzwerks durch die Unterscheidung verschiedener Typen triadischer Schließungen detailliert analysiert. Am Beispiel von Twitter unterteilen Lou et al. die Nutzer in Elite-Nutzer und gewöhnliche Nutzer und untersuchen den Einfluss des Nutzertyps auf die Beziehungsentstehung, indem sie die Unterschiede in der Verteilung triadischer Schließungen zwischen den Nutzertypen auswerten [13].

In diesem Abschnitt wird das Interaktionsverhalten von Studierenden mit triadischen Beziehungen in deren Offline-Beziehungsnetzwerken untersucht, indem entsprechende Beziehungsdaten erhoben und der Einflussgrad der Aufmerksamkeit analysiert wird.

3.7.1 Definition des Aufmerksamkeits-Einflusses

In diesem Abschnitt werden zunächst die drei Eigenschaften Reziprozität, Transitivität und Inversion erläutert. Anschließend wird definiert, wie sich diese Eigenschaften in der triadischen Struktur manifestieren. Abschließend wird das Zielproblem, nämlich die Messung des Aufmerksamkeits-Einflusses, definiert.

Mit der Veränderung der Wahrnehmung der Studierenden verändert sich auch die Verbindung zwischen den Knoten im interpersonellen Netzwerk der Studierenden dynamisch. Im Zeitverlauf entstehen stets neue Kontakte oder alte werden aufgegeben. Der Grund für das Verschwinden von Kontakten liegt darin, dass die Unschärfe des Fragebogens dazu führt, dass die Antworten der Befragten auf dieselbe Frage über einen Zeitraum hinweg inkonsistent sind. Dies beeinflusst jedoch die Versuchsergebnisse nicht, da die Datenanalyse zeigt, dass in diesem Zeitraum nur wenige Verbindungen verschwinden und 97 % der Verbindungen neu hinzugekommen sind. Daher sind die neu hinzugefügten Verbindungen wichtiger als die weggefallenen.

In dieser Studie wird die triadische Schließung als Basiseinheit verwendet, um den Entwicklungsprozess verschiedener Typen triadischer Beziehungen im interpersonellen Netzwerk der Studierenden zu unterschiedlichen Zeitpunkten zu untersuchen. Wie in Abb. 3.18 gezeigt, steht V für Studierende, der durchgezogene Pfeil für eine bestehende Verbindung zum Zeitpunkt t, der halb durchgezogene Pfeil für eine neu hinzugefügte Verbindung zum Zeitpunkt $t + 1$ und

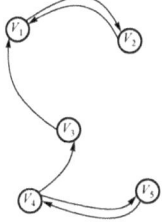 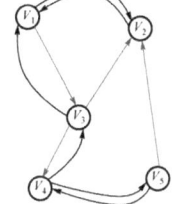 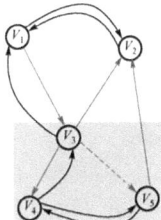

(a) Schüler-Kontaktnetz zum Zeitpunkt t (b) Kontaktnetz der Schüler zum Zeitpunkt $t+1$ (c) Schüler-Kontaktnetzwerk zum Zeitpunkt $t+2$

Abb. 3.18 Entwicklungsprozess der triadischen Struktur im Netzwerk

der gestrichelte Pfeil für eine neu hinzugefügte Verbindung zum Zeitpunkt $t + 2$. Das heißt, eine triadische Struktur bestehend aus V_3, V_4 und V_5 wird gebildet [der graue Bereich in Abbildung 3.18c]. Ausgehend von der triadischen Struktur im Netzwerk, also dem grauen Bereich der Abbildung, werden die Effekte von Reziprozität, Transitivität und Inversion auf den Aufmerksamkeits-Einfluss diskutiert. Im Folgenden werden Reziprozität, Transitivität, Inversion und die Darstellung des Aufmerksamkeits-Einflusses in der triadischen Struktur definiert und anschließend erläutert, wie der Aufmerksamkeits-Einfluss gemessen werden kann [17].

Aufmerksamkeitsbeeinflussung [18]: Wie in Abb. 3.19 dargestellt, wenn sich die triadische Struktur, bestehend aus den Knoten A, B und C, zum Zeitpunkt t im Netzwerk verändert, etwa durch das Hinzufügen der Verbindung von A zu C, dann kann aus der Perspektive von B und C die Möglichkeit, dass zum Zeitpunkt $t + 1$ eine Verbindung von B zu C entsteht, als Aufmerksamkeit für Einfluss interpretiert werden. Ebenso kann dies als die Verbindung von C zu A verstanden werden. Nachdem A Aufmerksamkeit schenkt, breitet sich der Einfluss von C auf A zu B aus, wodurch die Wahrscheinlichkeit steigt, dass C erneut von B beachtet wird. Wird eine Kante von B zu C gebildet, so schließt sich die triadische Struktur und es entsteht eine Triaden-Schließung; das heißt, Aufmerksamkeitsbeeinflussung kann auch als die Wahrscheinlichkeit verstanden werden, dass letztlich eine Triaden-Schließung entsteht.

Reziprozität [19]: Reziprozität ist seit jeher eines der zentralen Themen in der Analyse sozialer Netzwerke. Wie in Abb. 3.20 gezeigt, besteht zwischen zwei Nutzern A und B in sozialen Netzwerken eine reziproke Beziehung, wenn sowohl

Abb. 3.19 Fokus auf Beispiele für Einfluss

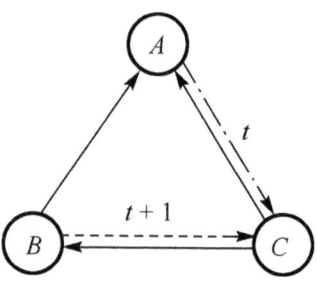

Abb. 3.20 Beispiele für Reziprozität in triadischen Strukturen

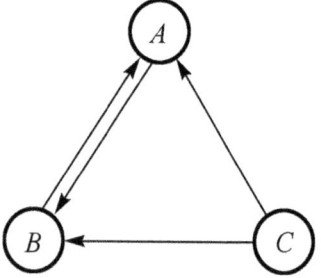

Abb. 3.21 Beispiele für
Transitivität in triadischen
Strukturen

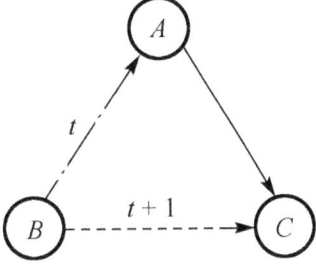

Abb. 3.22 Beispiele für
Inversionsbeziehungen in
triadischen Strukturen

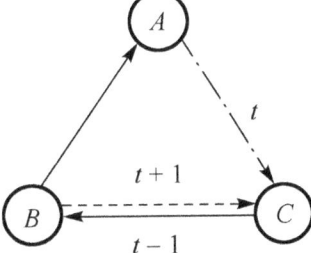

eine Verbindung von *A* zu *B* als auch von *B* zu *A* existiert, d. h. zwischen *A* und
B herrscht Reziprozität. Zwischen *A* und *C* sowie zwischen *B* und *C* besteht hingegen keine Reziprozität.

Transitivität [20]: In den in Abb. 3.21 dargestellten sozialen Netzwerken gibt
es drei Knoten, nämlich *A*, *B* und *C*. *A* hat *C* Aufmerksamkeit geschenkt. Wenn *B*
zum Zeitpunkt *T A* Aufmerksamkeit schenkt, dann schenkt *B* zum Zeitpunkt *t + 1*
auch *C* Aufmerksamkeit. Dies wird als „Beziehungsreplikation" bezeichnet, d. h.
die Beziehung zwischen *A*, *B* und *C* ist transitiv.

Inversionsbeziehung [21]: Wie in Abb. 3.22 dargestellt, bezeichnet die Inversionsbeziehung die Beziehung zwischen den Knoten *B* und *C* im Netzwerk.
Existiert zum Zeitpunkt *t-1* eine Verbindung von *C* zu *B* und wird zum Zeitpunkt
t + 1 eine Verbindung von *B* zu *C* gebildet, so spricht man von einer Inversionsbeziehung zwischen *B* und *C*.

Fragestellung (Messung der Aufmerksamkeitsbeeinflussung): Im von uns
untersuchten interpersonellen Netzwerk der Studierenden gibt es drei Phasen.
Wenn der Zeitstempel <*0,...,t* > ist, entsprechen diese drei Phasen *t = 0*, *t = 1*
und *t = 2*, wobei *t = 0* den Zeitraum vor Kursbeginn, *t = 1* den 18. Tag nach
Kursbeginn und *t = 2* den 36. Tag nach Kursbeginn bezeichnet. Wird das interpersonelle Netzwerk der Studierenden als $\{G^t = (V^t, E^t)\}$ dargestellt, wobei *V* die
Knoten in *G* und *E* die Kanten in *G* repräsentiert, dann lässt sich unsere Zielfunktion wie folgt beschreiben:

$$f : \left(\left\{G^0, \cdots, G^t\right\}\right) \rightarrow P\Delta \tag{3.5}$$

wobei $P\Delta$ die Wahrscheinlichkeit für die Verbindung von VB zu VC zum Zeitpunkt t bezeichnet.

3.7.2   Forschungsdaten zur triadischen Schließung

Um die Auswirkungen von Reziprozität, Transitivität und Inversion der triadischen Struktur auf den Aufmerksamkeitseinfluss im Prozess der Netzwerkentwicklung zu messen, sammelten wir am 22. September 2014 und am 9. Oktober 2014 insgesamt 229 Wahlnetzwerkdatensätze.

Öffentlich verfügbare Wahldaten von Studierenden wurden erhoben und zeitlich in drei Studierendennetzwerke unterteilt. Für die Analyse wurden 221 gültige Datensätze verwendet. Darunter befinden sich 118 Jungen, was 53,4 % entspricht, und 103 Mädchen, entsprechend 46,6 %. Zusätzlich gibt es fünf Studierende aus dem Jahrgang 2011.

Im Jahrgang 2012 sind es 85 Studierende und im Jahrgang 2013 insgesamt 131. Im ersten Fragebogen stellten wir zwei Fragen: „Wen kannten Sie bereits vor diesem Kurs?" und „Wen haben Sie nach diesem Kurs kennengelernt?" Dadurch erhalten wir G^0 und G^1. Im zweiten Fragebogen wurde eine neue Frage gestellt: „Wen kennen Sie jetzt?" Damit erhalten wir G^2. Nach Auswertung weist das Gesamtnetzwerk 717 Kanten bei $t = 0$, 1011 Kanten bei $t = 1$ und 1719 Kanten bei $t = 2$ auf. Die detaillierten Statistiken der Studierenden sind in Tabelle 3.1 dargestellt.

In dieser Studie stellen wir fest, dass das Geschlecht zu den drei Zeitpunkten im Netzwerk homogen verteilt ist. Von den 221 Studierenden sind 118 männlich und 103 weiblich. Die Wahrscheinlichkeit, zufällig eine Kante zwischen Jungen und Mädchen zu erzeugen, beträgt $P = 2 \times (118/221) \times (103/221) = 49{,}77\,\%$. Bei $t = 0$, 1 und 2 liegen die Anteile der Kanten zwischen Knoten unterschiedlichen Geschlechts im Netzwerk jedoch bei 34,03 % bzw. 39,27 %. Abbildung 3.23 zeigt die visuelle Darstellung der Geschlechtshomogenität zu drei Zeitpunkten, wobei Rot für Mädchen und Blau für Jungen steht. Es ist deutlich zu erkennen, dass sich gleichgeschlechtliche Gruppen bilden, was darauf hinweist, dass Studierende desselben Geschlechts eher Freundschaften schließen. Eine detaillierte Analyse der Homogenität findet sich in Kap. 5 dieses Buches.

Tabelle 3.1 Detaillierte Statistik der Studierenden		Kategorie	Anzahl
	Knoten	Männlich	118 (53,4%)
		Weiblich	103 (46,6%)
	Kante	$t = 0$	717
		$t = 1$	1011
		$t = 2$	1719

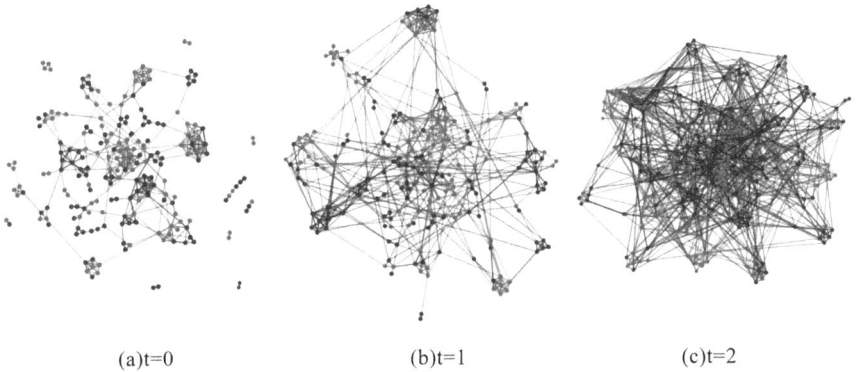

(a)t=0   (b)t=1   (c)t=2

Abb. 3.23 Visuelle Darstellung der Geschlechtshomogenität zu drei Zeitpunkten. (**a**) t = 0 (**b**) t = 1 (**c**) t = 2

3.7.3 Analyseverfahren der triadischen Schließung

Wir verarbeiten die Fragebogendaten und erhalten das interpersonelle Netzwerk der Studierenden $G = (V, E)$, wobei G das Netzwerk, V die Knoten im Netzwerk G und E die Kanten im Netzwerk G repräsentiert. Es ist bekannt, dass die Beziehung zwischen zwei Personen durch eine gerichtete Kante dargestellt werden kann. Wenn beispielsweise der Kommilitone V_A den Kommilitonen V_B kennt, kann die Kante von $V_A \rightarrow$ VB als E_{AB} dargestellt werden. Alle Kanten E_{ij} werden in der Datenbank im Format (Quelle, Ziel) gespeichert. Zwischen jeweils zwei Knoten, beispielsweise V_A und V_B, können vier Zustände bestehen: $V_A \rightarrow$ VB, $V_A \leftarrow V_B$, $V_A \leftrightarrow V_B$ sowie der Fall, dass sich V_A und V_B nicht kennen. Ist $V_A \rightarrow V_B$ eine gerichtete Kante, so wird deren Existenz durch $y_{AB}=1$ dargestellt, während das Nichtvorhandensein der gerichteten Kante $V_A \rightarrow V_B$ durch $y_{AB}=0$ repräsentiert wird. Somit kann $V_A \rightarrow V_B$ durch (1,0), $V_A \leftarrow V_B$ durch (0,1), $V_A \leftrightarrow V_B$ durch (1,1) und das Nichtkennen von V_A und V_B durch (0,0), (y_{AB}, y_{BA}) dargestellt werden. Wie in Abb. 3.24 gezeigt, handelt es sich hierbei um eine Triade, die aus den drei Knoten V_A, V_B und V_C besteht und als (1,1,0,1,0) ausgedrückt werden kann.

Lou et al. nehmen Twitter als Beispiel, unterteilen die Nutzer in Elite-Nutzer und gewöhnliche Nutzer und untersuchen diese anschließend, indem sie die Verteilungsunterschiede von 24 Typen triadischer Schließungen analysieren. Dabei wird der Einfluss des Nutzertyps auf die Beziehungsbildung untersucht [13]. Wie in Abb. 3.25 dargestellt, steht die durchgezogene Linie für die Kante, die zum ursprünglichen Zeitpunkt t existiert, die halb durchgezogene Linie für die Kante, die zum Zeitpunkt $t + 1$ entsteht, und die gestrichelte Linie für die Kante, die zum Zeitpunkt $t + 2$ entsteht. In Abb. 3.25a wird die triadische Struktur in Triad1 bis Triad12 als Follower-Struktur bezeichnet, was bedeutet, dass zum Zeitpunkt t keine Kanten von $V_A \rightarrow V_C$ und $V_B \rightarrow V_C$ existieren, jedoch zum Zeitpunkt

Abb. 3.24 Beispiel für die
Klassifizierungsbezeichnung
einer triadischen Struktur

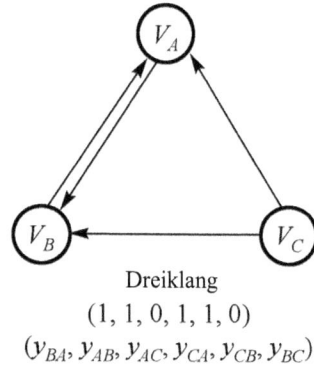

Dreiklang

$(1, 1, 0, 1, 1, 0)$

$(y_{BA}, y_{AB}, y_{AC}, y_{CA}, y_{CB}, y_{BC})$

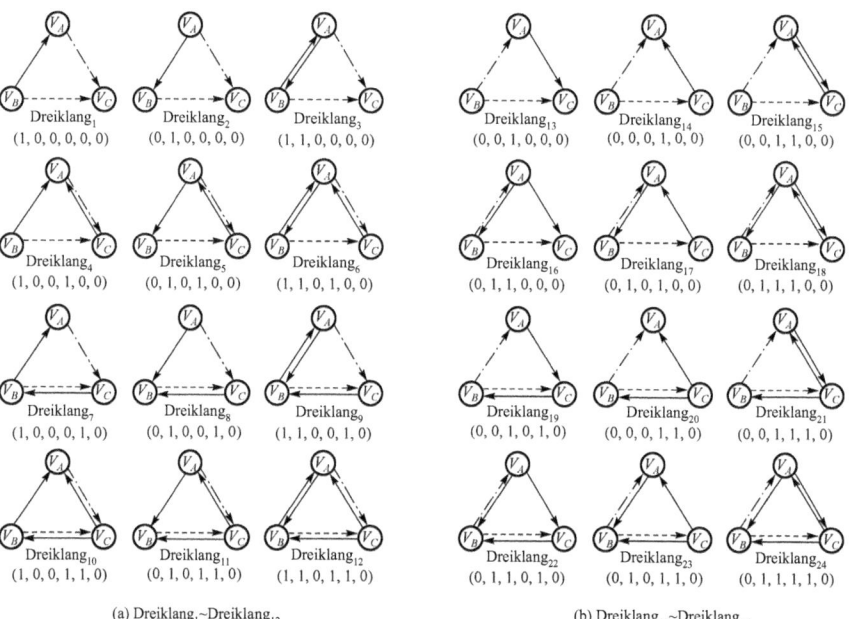

(a) Dreiklang$_1$~Dreiklang$_{12}$ (b) Dreiklang$_{13}$~Dreiklang$_{24}$

Abb. 3.25 24 Klassifizierungsbezeichnungen für drei-elementige Strukturen

$t + 1$ eine Kante von $V_A{\rightarrow}V_C$ und zum Zeitpunkt $t + 2$ eine Kante von $V_B{\rightarrow}V_C$ entsteht. In Abb. 3.25b wird die triadische Struktur in Triad$_{13}$-Triad$_{24}$ ebenfalls als Follower-Struktur bezeichnet, was bedeutet, dass zum Zeitpunkt t keine Kanten von $B{\rightarrow}V_A$ und $V_B{\rightarrow}V_C$ existieren, jedoch zum Zeitpunkt $t + 1$ eine Kante von $V_B{\rightarrow}V_A$ und zum Zeitpunkt $t + 2$ eine Kante von $V_B{\rightarrow}V_C$ entsteht [22].

Um die Auswirkungen von Reziprozität, Transitivität und Inversion auf den Einfluss von Aufmerksamkeit in triadischen Strukturen zu untersuchen, teilen wir diese

Tabelle 3.2 Standardisierte Gruppierung triadischer Strukturen

Gruppierung	Reziprozitäts- gruppe	Transitivitäts- gruppe	Inversionsgruppe		
Typ triadi- scher Struk- tur	Triade1,2,3	Triade13,14,15	Triade1,7	Triade5,11	Triade15,21
	Triade4,5,6	Triade16,17,18	Triade2,8	Triade6,12	Triade16,22
	Triade7,8,9	Triade19,20,21	Triade3,9	Triade13,19	Triade17,23
	Triade10,11,12	Triade22,23,24	Triade4,10	Triade14,20	Triade18,24

24 Strukturen entsprechend den Definitionen von Reziprozität, Transitivität und Inversion in drei Gruppen ein, nämlich Reziprozitäts-, Transitivitäts- und Inversionsgruppe. Die Gruppe der reziproken Beziehungen umfasst $\text{Triade}_1 \sim \text{Triade}_{12}$ in Abb. 3.25. Zum besseren Vergleich unterteilen wir die ähnlichen Strukturen in vier Gruppen, nämlich $\text{Triade}_{1,2,3}$, $\text{Triade}_{4,5,6}$, $\text{Triade}_{7,8,9}$ und $\text{Triade}_{10, 11, 12}$. Triaden$_{13, 14, 15}$, Triaden$_{16, 17, 18}$, Triaden$_{19, 20, 21}$ und Triaden$_{22, 23, 24}$ bilden vier Gruppen in der Transitivitätsgruppe. Für die Inversionsgruppe teilen wir zur besseren Vergleichbarkeit alle Strukturen entsprechend der gleichen Struktur in 12 Gruppen ein, nämlich $\text{Triade}_{1,7}$, $\text{Triade}_{2,8}$, $\text{Triade}_{3,9}$, $\text{Triade}_{4,10}$, $\text{Triade}_{5,11}$, $\text{Triade}_{6,12}$, $\text{Triade}_{13,19}$, $\text{Triade}_{14,20}$ und $\text{Triade}_{15,20}$. Die konkrete Gruppierung ist in Tabelle 3.2 dargestellt.

Um den Einfluss der Aufmerksamkeit zu messen, speichern wir zunächst die zu jedem Zeitpunkt ($t = 0, 1, 2$) generierten Kanten in drei Tabellen: edges_t0, edges_t1 und edges_t2. Die Tabellenstrukturen sind identisch und bestehen jeweils aus (Quelle, Ziel). Anschließend werden die Kanten bei $t = 0$ (vor der Unterrichtseinheit) klassifiziert, indem überprüft wird, ob jede Kante in der Tabelle edges_t0 existiert oder nicht. Danach wird durch Durchlaufen der Tabelle edges_t1 überprüft, ob $V_A \to V_C$ in $\text{Triade}_1 \sim \text{Triade}_{12}$ und $VB \to VA$ in $\text{Triade}_{13} \sim \text{Triade}_{24}$ existiert, sodass $\text{Triade}_1 \sim \text{Triade}_{12}$ die Anzahl von $V_A \to V_C$ bei $t = 1$ erhöht und $\text{Triade}_{13} \sim \text{Triade } 24$ die Anzahl von $V_B \to V_A$ bei $t = 1$ erhöht. Anschließend wird die Tabelle edges_t2 durchlaufen, um zu prüfen, ob $VB \to VC$ in $\text{Triade}_1 \sim \text{Triade}_{24}$ existiert, und die Anzahl der in $\text{Triade}_1 \sim \text{Triade}_{24}$ bei $t = 2$ hinzugefügten $V_B \to V_C$ wird ermittelt. Schließlich kann das Verhältnis der von jeder Struktur bei $t = 2$ erzeugten $V_B \to V_C$ berechnet werden.

$$P\Delta_{i=\{1,\cdots,12\}} = \frac{\sum \text{Tr}_{V_B \to V_C}}{\sum \text{Tr}_{t=0} - \sum \text{Tr}_{V_A \to V_C}} \quad (3.6)$$

$$P\Delta_{j=\{13,\cdots,24\}} = \frac{\sum \text{Tr}_{V_B \to V_C}}{\sum \text{Tr}_{t=0} - \sum \text{Tr}_{\overline{V_B \to V_A}}} \quad (3.7)$$

Gleichung (3.6) gibt das Verhältnis der von der triadischen Struktur $\text{Triade}_1 \sim \text{Triade}_{12}$ erzeugten $V_B \to V_C$ an.

Gleichung (3.7) gibt das Verhältnis der von der triadischen Struktur $\text{Triade}_{13} \sim \text{Triade}_{24}$ erzeugten $V_B \to V_C$ an, wobei Δ_j in j den Typ der triadischen Struktur bezeichnet; $P\Delta$ steht für das Verhältnis von $V_B \to V_C$, das durch die triadische Struktur bei $t = 2$ erzeugt wird; $\sum \mathrm{Tr}_{t=0}$ gibt die Anzahl der triadischen Strukturen mit Struktur j zum Zeitpunkt $t = 0$ an; und $\sum \mathrm{Tr}_{\overline{V_A \to V_C}}$ steht für diejenigen mit Struktur i zum Zeitpunkt $t = 1$; die triadische Struktur besitzt nicht die Anzahl der triadischen Strukturen auf der Seite von $V_A \to V_C$; $\sum \mathrm{Tr}_{V_B \to V_C}$ gibt die Anzahl der triadischen Strukturen mit der Seite $V_B \to V_C$ an, die zur triadischen Struktur mit Struktur j zum Zeitpunkt $t = 2$ hinzugefügt wurden. Das θ ist wie folgt definiert, wobei die Menge aller $P\Delta$, V_A, V_B und V_C drei Knoten in der triadischen Struktur darstellen und n die Gesamtanzahl der Knoten im Netzwerk ist.

Algorithmus: Berechnung der Wahrscheinlichkeit der endgültigen Bildung von $V_B \to V_C$
Eingabe: G^I
   Ausgabe: $\theta = \{P\Delta\}$
   Initialisiere V_A, V_B, V_C, n $\leftarrow$ 221
   für $V_A = 1$ bis n, $V_B = 1$ bis n, $V_C = 1$ bis n, führe aus.
   Entsprechend den Merkmalsbezeichnungen $(y_{BA}, y_{AB}, y_{AC}, y_{CA}, y_{CB}, y_{BC})$ jeder Struktur,
   werden die triadischen Strukturen in G^0 klassifiziert
   Berechne $\sum \mathrm{Tr}_{t=0}$ aller Strukturen in G^0
   Ende
   für Triad$_1$ bis Triad$_{24}$ führe aus.
   Berechne $\sum \mathrm{Tr}_{\overline{V_A \to V_C}}$ von Triad$_1$ ~ Triad$_{12}$ und $\sum \mathrm{Tr}_{\overline{V_B \to V_A}}$ von Triad$_{12\ldots24}$ in G^I
   $\sum \mathrm{Tr}_{V_B \to V_C}$ aller Strukturen in G^2
   Ende
   Berechne $P\Delta$ gemäß Gl. (3.6) und (3.7).

3.7.4 Analyse der Ergebnisse der triadischen Schließung

Mit dem oben beschriebenen Algorithmus wurde der Aufmerksamkeitseinfluss aller Strukturen ermittelt. Durch den Vergleich der Gruppierung in Tabelle 3.2 lassen sich folgende Ergebnisse ableiten.

3.7.4.1 Reziprozität

Um die Rolle des Aufmerksamkeitseinflusses in der triadischen Struktur mit reziproker Beziehung zu untersuchen, teilen wir bei $t = 0$ und unter der Bedingung, dass die übrigen Seiten der Struktur identisch sind, die drei Strukturen mit $V_B \to V_A$, $V_A \to V_B$ und $V_A \leftrightarrow V_B$ in eine Gruppe ein. Die zwölf Strukturen Triad$_1$ ~ Triad$_{12}$ lassen sich somit in vier Gruppen einteilen; die detaillierte Gruppierung ist in Tabelle 3.2 dargestellt. Betrachtet und vergleicht man die Wahrscheinlichkeit der Kantenbildung $V_B \to V_C$ zum Zeitpunkt $t = 2$ [siehe Abb. 3.26a], so zeigt sich,

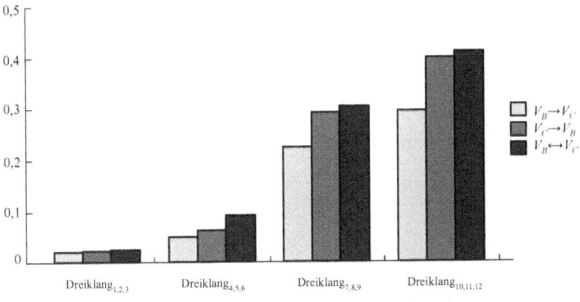

(a) Der Einfluss der Aufmerksamkeit auf die Reziprozität

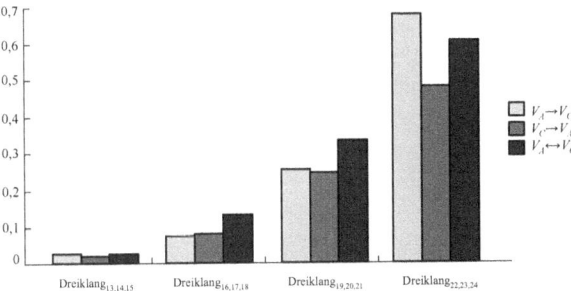

(b) Der Einfluss der Aufmerksamkeit bei der Transitivität

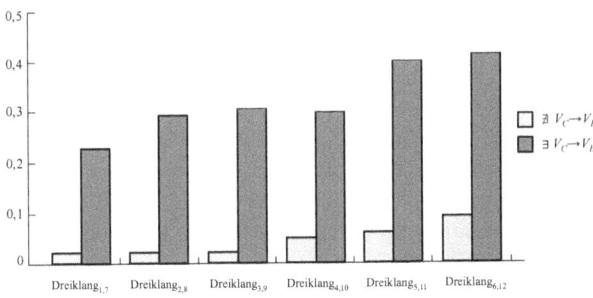

(c) Der Einfluss der Aufmerksamkeit bei der Umkehrbeziehung

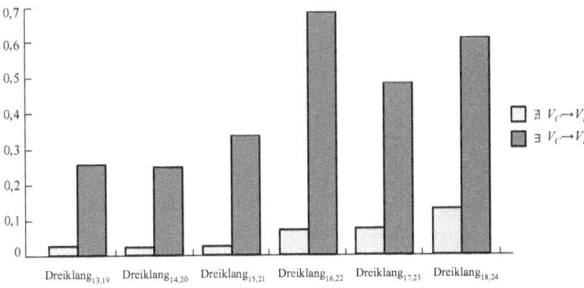

(d) Der Einfluss der Aufmerksamkeit bei der Umkehrung der Beziehung

Abb. 3.26 Vergleichsergebnisse der Gruppierung triadischer Strukturen (Fortsetzung). (**a**) Der Einfluss von Aufmerksamkeit bei Reziprozität. (**b**) Der Einfluss von Aufmerksamkeit bei Transitivität. (**c**) Der Einfluss von Aufmerksamkeit bei Umkehrbeziehungen. (**d**) Der Einfluss von Aufmerksamkeit bei Umkehrbeziehungen

dass die Wahrscheinlichkeit der Kantenbildung $V_B \rightarrow V_C$ bei der Struktur $V_A \rightarrow V_B$ ($P_{2, 5, 8, 11}$ = {2,48 %, 6,45 %, 29,41 %, 40 %}) höher ist als bei $V_B \rightarrow V_A$ ($P_{1, 4, 7, 10}$ = {2,34 %, 5,38 %, 22,78 %, 29,79 %}).

Die Wahrscheinlichkeit ($P_{1, 4, 7, 10}$ = {2,34 %, 5,38 %, 22,78 %, 29,79 %}) ist größer, und wenn die triadische Struktur $V_B \leftrightarrow V_A$ enthält, ist der Einfluss der Aufmerksamkeit am größten ($P_{3, 6, 9, 12}$ = {2,54 %, 9,42 %, 30). Dies zeigt, dass Reziprozität einen signifikanten Einfluss auf die Bildung der Kante VB → VC hat.

3.7.4.2 Transitivität

Transitivität ist ein sehr wichtiges Konzept in der Analyse sozialer Netzwerke, und viele Sozialtheorien beschreiben die Transitivität triadischer Strukturen [22]. Die drei Knoten einer triadischen Struktur werden jeweils durch A, B und C repräsentiert. Wenn Beziehungen zwischen $A \rightarrow B$, $B \rightarrow C$ und $A \rightarrow C$ bestehen, spricht man von einer transitiven triadischen Struktur. Zum Beispiel ist der Freund eines Freundes von A ebenfalls ein Freund von A. Ausgehend von der topologischen Struktur teilen wir die zwölf triadischen Strukturen Triad$_{13}$ ~ Triad$_{24}$ in vier Gruppen ein. Zum Zeitpunkt $t = 0$ und unter der Bedingung, dass die übrigen Seiten der Struktur identisch sind, fassen wir jeweils die drei Strukturen mit $V_A \rightarrow V_C$, $V_C \rightarrow V_A$ und $V_A \rightarrow$ VC jeweils zu einer Gruppe zusammen. Die detaillierte Gruppierung ist in Tabelle 3.2 dargestellt. Betrachtet und vergleicht man die Wahrscheinlichkeit der Kante $V_B \rightarrow V_C$ zum Zeitpunkt $t = 2$ [siehe Abb. 3.26b], so zeigt sich, dass der Einfluss der Aufmerksamkeit in der Struktur mit $V_A \rightarrow V_C$ ($P_{13,16,19,22}$ = {2,6 %, 7,62 %, 25,56 %, 68 %}) größer ist als in der Struktur mit $V_A V_C$ (p15). Dies zeigt deutlich, dass ein Schüler eher mit den Freunden seiner Freunde befreundet wird. Und der Einfluss von Aufmerksamkeit ist vorhanden. Die triadische Struktur $V_C \rightarrow V_A$ ($P_{14,17,20,23}$ = {2,24 %, 7,84 %, 24,71 %, 48,15 %}) weist einen schwachen Einfluss auf, was häufig beobachtet werden kann. Einige soziale Netzwerke wie Sina Weibo können dies ebenfalls erklären. Beispielsweise sind zwei Personen Fans desselben Stars, kennen sich aber nicht, was darauf hinweist, dass ihr Aufmerksamkeitseinfluss sehr gering ist.

3.7.4.3 Umgekehrte Beziehung

Eine umgekehrte Beziehung bedeutet, dass zwischen zwei Nutzern nur einer dem anderen Aufmerksamkeit schenkt. Dies entspricht $V_C \rightarrow V_B$-Strukturen in diesen 24 triadischen Strukturen, die alle als Inversionsstrukturen bezeichnet werden können. Ausgehend von der topologischen Struktur teilen wir diese 24 triadischen Strukturen in zwei Gruppen ein. Für $t = 0$ und unter der Bedingung, dass die übrigen Kanten in der Struktur gleich sind, fassen wir die beiden Strukturen mit und ohne $V_C \rightarrow V_B$ zu einer Gruppe zusammen. Die detaillierte Gruppierung ist in Tabelle 3.2 dargestellt. Durch Beobachtung und Vergleich der Wahrscheinlichkeit einer $V_B \rightarrow V_C$-Kante zum Zeitpunkt $t = 2$ [siehe Abb. 3.26 (c1) und Abb. 3.26 (c2)] zeigt sich, dass sie in allen Gruppen existiert.

Die Wahrscheinlichkeit, dass die Struktur mit $V_C \rightarrow V_B$ eine $V_B \rightarrow V_C$-Kante erzeugt, beträgt $P_{7, 8, 9, 10, 11, 12, 19, 20, 21, 22, 23, 24}$ = {22,78 %, 29,41 %, 30,40 %, 29,79 %, 40,00 %}. Im Gegensatz dazu beträgt die Wahrscheinlichkeit in der Struktur ohne $V_C \rightarrow V_B$ $P_{1, 2, 3, 4, 5, 6, 13, 14, 15, 16, 17, 18}$ = {2,34 %, 2,48 %, 2,54 %, 5,38 %, 6,45 %, 9,42 %}. Es ist ersichtlich, dass die Wahrscheinlichkeit der Entstehung einer $V_B \rightarrow V_C$-Kante deutlich höher ist, wenn eine Struktur mit $V_C \rightarrow V_B$ vorhanden ist, als wenn keine solche Struktur existiert.

Die Wahrscheinlichkeit einer $V_B \rightarrow V_C$-Kante ist deutlich höher. Dies zeigt, dass Menschen dazu neigen, jenen Aufmerksamkeit zu schenken, die ihnen selbst Aufmerksamkeit schenken, und dass der Einfluss von Aufmerksamkeit in der triadischen Struktur mit umgekehrter Beziehung besonders deutlich wird.

3.7.5   Forschungsergebnisse zum Einfluss von Aufmerksamkeit

In diesem Abschnitt konzentrieren wir uns auf die Rolle von Reziprozität, Transitivität und Inversion in der triadischen Struktur bei der Betrachtung des Einflusses von Aufmerksamkeit. Durch die Gruppierung verschiedener triadischer Strukturen nach unterschiedlichen Kriterien werden verschiedene Ausprägungen von Reziprozität, Transitivität und Inversion in triadischen Strukturen ermittelt und die Daten dieser drei Aspekte miteinander verglichen und analysiert. Es zeigt sich, dass das Vorhandensein reziproker triadischer Strukturen den Effekt der Aufmerksamkeitsbeeinflussung deutlicher macht. Transitivität innerhalb der triadischen Struktur verstärkt den Einfluss von Aufmerksamkeit signifikant. Die umgekehrte Beziehung in der triadischen Struktur führt ebenfalls dazu, dass der Effekt der Aufmerksamkeitsbeeinflussung stärker ausgeprägt ist.

Die Innovation dieser Studie besteht darin, mit Offline-Daten die Rollen von Reziprozität, Transitivität und Inversion in der triadischen Struktur im Hinblick auf den Einfluss von Aufmerksamkeit zu untersuchen. Wir stellen fest, dass Reziprozität, Transitivität und Inversion in der triadischen Struktur einen signifikanten Einfluss auf die Aufmerksamkeitsbeeinflussung haben, während die in früheren Studien verwendeten Daten ausschließlich aus großen Online-Communities stammen. So verwendet Lou beispielsweise Online-Daten von Twitter. Im Vergleich zu früheren Arbeiten stimmen die Ergebnisse dieser Studie sehr gut mit denjenigen überein, die mit Daten aus Online-Communities erzielt wurden [13]. Die konkreten Übereinstimmungen zeigen sich wie folgt: (1) Wie in Abb. 3.27 dargestellt, weist aus Sicht der Reziprozität unter ähnlichen triadischen Strukturen die Struktur mit $V_A \rightarrow V_B$ die höchste Wahrscheinlichkeit auf, eine $V_B \rightarrow V_C$-Kante zu erzeugen, was darauf hinweist, dass Reziprozität eine bedeutende Rolle bei der Aufmerksamkeitsbeeinflussung spielt; (2) wie in Abb. 3.28 gezeigt, weist im

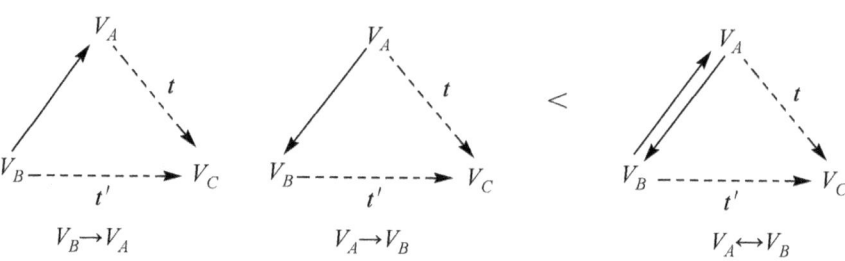

Abb. 3.27 Performance of reciprocity

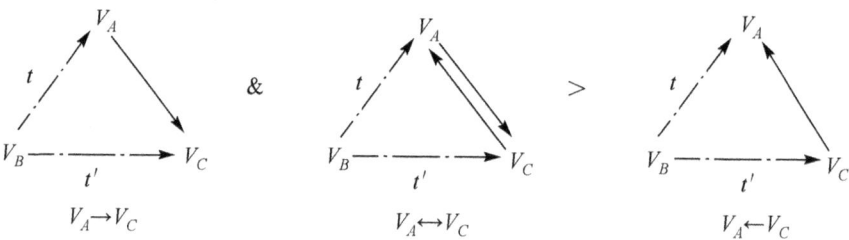

Abb. 3.28 Transitivity performance

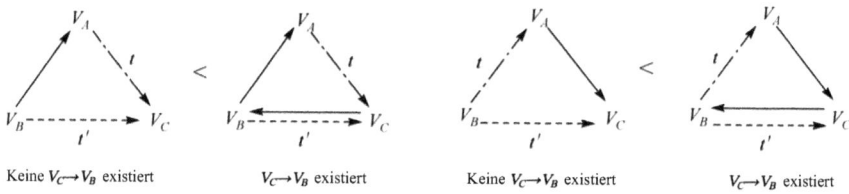

Abb. 3.29 Performance of inversion relationship

Hinblick auf die Transitivität unter den gleichen triadischen Strukturen die Struktur ohne $V_A \rightarrow V_C$ die geringste Wahrscheinlichkeit auf, eine $V_B \rightarrow V_C$-Kante zu erzeugen, was zeigt, dass Transitivität eine wesentliche Rolle bei der Aufmerksamkeitsbeeinflussung spielt; (3) wie in Abb. 3.29 dargestellt, ist in der gleichen triadischen Struktur die Wahrscheinlichkeit, dass die Struktur mit $V_C \rightarrow V_B$ eine $V_B \rightarrow V_C$-Kante erzeugt, deutlich höher als bei der Struktur ohne $V_C \rightarrow V_B$, was darauf hinweist, dass die Umkehrbeziehung eine bedeutende Rolle bei der Aufmerksamkeitsbeeinflussung spielt.

Kapitelzusammenfassung

In diesem Kapitel wird das Prinzip des triadischen Schlusses aus struktureller Sicht behandelt, das das grundlegendste Prinzip der Evolution sozialer Netzwerke darstellt. Das Prinzip des triadischen Schlusses und das Prinzip der starken und schwachen Bindungen im nächsten Kapitel lassen sich durch das Konzept der Abkürzungen (Shortcuts) miteinander verknüpfen. Zudem wird in diesem Kapitel ein Netzwerkindex – der Clusterkoeffizient – eingeführt, um die Stärke des triadischen Schlusses von Knoten zu messen. Neben dem Clusterkoeffizienten haben auch die Eigenschaften der Knoten eine besondere soziale Bedeutung, nämlich die der strukturellen Löcher. Je geringer die Redundanz, desto mehr Sozialkapital, und strukturelle Löcher können durch die Zentralität (Betweenness) gemessen werden. Darüber hinaus wird in diesem Kapitel darauf hingewiesen, dass die Eigenschaft einer Kante durch Einbettung (Embeddedness) gemessen werden kann und dass mit zunehmender Einbettung auch das Sozialkapital steigt. Abschließend wird anhand eines realen studentischen Beziehungsnetzwerks die Rolle der Aufmerksamkeitsbeeinflussung in verschiedenen Typen des triadischen Schlusses diskutiert.

Fragen zum Kapitelabschluss

1. Erläutern Sie in zwei bis drei Sätzen, was unter triadischem Schluss zu verstehen ist und welche Rolle er bei der Entstehung sozialer Netzwerke spielt. Falls erforderlich, kann dies durch eine Skizze veranschaulicht werden.
2. Analysieren Sie Abb. 3.30, in der jede Kante – mit Ausnahme der Verbindung zwischen B und C – mit starken Bindungen (s) oder schwachen Bindungen (w) gekennzeichnet ist. Wie würden Sie gemäß der Theorie der starken und schwachen Bindungen die Kante zwischen B und C kennzeichnen?
3. In den in Abb. 3.31 dargestellten sozialen Netzwerken ist jede Kante entweder als starke oder als schwache Bindung gekennzeichnet. Welche Knoten erfüllen die in diesem Kapitel beschriebenen Merkmale des starken triadischen Schlusses?
4. Diskutieren Sie anhand von Beispielen aus dem realen Leben das Verständnis von strukturellen Löchern und Zentralität in sozialen Netzwerken und geben Sie Beispiele an.

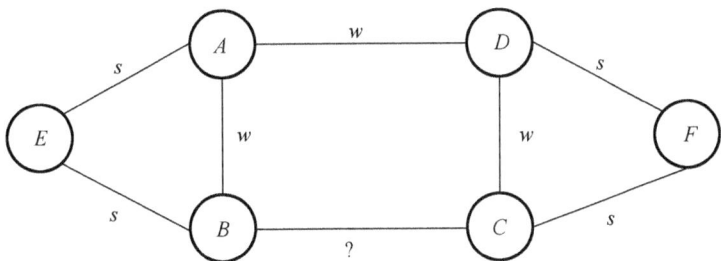

Abb. 3.30 Beziehungsdiagramm zu Denkfrage 2

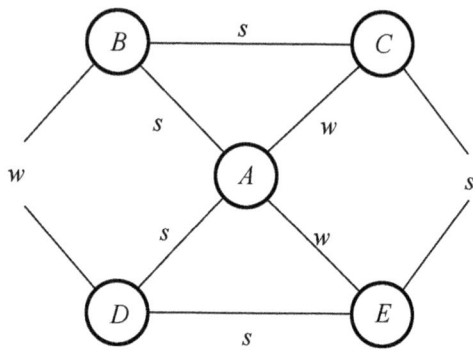

Abb.
3.31 Beziehungsdiagramm
zu Denkfrage 3

Literatur

1. Rapoport, A.: Spread of information through a population with socio-structural bias: I. Assumption of transitivity. Bull. Math. Biol. **15**(4), 523–533 (1953)
2. Wasserman, S.: Social Network Analysis: Methods and Applications. Cambridge University Press, Cambridge (1994)
3. Heider, F.: The Psychology of Interpersonal Relations. Psychology Press, London (2013)
4. Kossinets, G., Watts, D.J.: Recovery of Social Networks Structure from Discrete Communication Data. Columbia University, New York (2005)
5. Newman, M.: The structure and function of complex networks. SIAM Rev. **45**(2), 167–256 (2003)
6. Huberman, B.A., Romero, D.M., Wu, F.: Social network that matter: twitter under the microscope. First Monday. **14**(1), 2009 (2008)
7. Granovetter, M.: Economic action and social structure: the problem of embeddedness. Am. J. Sociol. **91**(3), 481–510 (1985)
8. Coleman, J.S.: Social capital in the creation of human capital American. Am. J. Sociol. **94**, 95–120 (1988)
9. Burt, R.: The Social Structure of Competition. Harvard University Press, Cambridge (1995)
10. Freeman, L.C.: Centrality in social networks conceptual clarification. Social Network. **1**(3), 215–239 (1978)
11. Newman, M.E.J., Girvan, M.: Finding and evaluating community structure in networks. Phys. Rev. E. **69**(2), 026113 (2004)
12. Rong, L.I.L.I., Guo, T., Wang, J.: Node centrality of complex networks. Shanghai. **30**(3), 227–230 (2008)
13. Lou, T., Tang, J., Hopcroft, J., et al.: Learning to predict reciprocity and triadic closure in social networks. ACM Trans. Knowl. Discov. Data. **7**(2), 5 (2013)
14. Klimek, P., Thurner, S.: Triadic closure dynamics drives scaling-laws in social multiplex networks. New J. Phys. **15**(6), 2012–2019 (2013)
15. Li, M., Zou, H., Guan, S., et al.: A coevolving model based on preferential triadic closure for social media networks. Sci. Rep. **3**(35), 2512 (2013)
16. Mollenhorst, G., Völker, B., Flap, H.: Shared contexts and triadic closure in core discussion networks. Social Network. **33**(4), 292–302 (2011)
17. Jiang, W., Jinfan, Z.: Research on follow influence of triadic structure in social networks—take student relation network as an example. Data Anal. Knowl. Discov. **31**(10), 72–80 (2016)
18. Hopcroft, J., Lou, T., Tang, J.: Who will follow you back?: reciprocal relationship prediction. In: Proceedings of the 20th ACM International Conference on Information and Knowledge Management, pp. 24–28 (2011)

19. Gouldner, A.W.: The norm of reciprocity: a preliminary statement. Am. Sociol. Rev. **25**(2), 161–178 (1960)
20. Watts, D.J., Strogatz, S.H.: Collective dynamics of 'small-world' networks. Nature. **393**, 440–442 (1998)
21. Kwak, H., Lee, C., Park, H., et al.: What is twitter, a social network or a news media? In: Proceedings of International Conference on World Wide Web, pp. 591–600 (2010)
22. Huang, H., Tang, J., Wu, S., et al.: Mining triadic closure patterns in Social Networks. In: Proceedings of the Companion Publication of the 23rd International Conference on World Wide Web Companion, pp. 499–504 (2014)

Kapitel 4
Starke und schwache Bindungen in sozialen Netzwerken

Zusammenfassung Dieses Kapitel analysiert systematisch die dynamische Entwicklung von Beziehungsgewichten in sozialen Netzwerken und legt dabei den Fokus auf die Rolle schwacher und starker Bindungen in der Netzwerkstruktur sowie deren tiefgreifende Auswirkungen auf die soziale Struktur. Ausgehend von der Dimension der Beziehungsstärke wird die Theorie der schwachen Bindungen herangezogen, um zwischenmenschliche Interaktionen auf sozialen Medienplattformen wie Weibo zu erklären, während die Theorie der starken Bindungen zur Analyse sozialer Verbindungen auf privaten Plattformen wie WeChat angewendet wird. Durch empirische Untersuchungen zur Korrelation zwischen schwachen Bindungen und Netzwerk-Shortcuts wird nicht nur der Zusammenhang zwischen beiden bestätigt, sondern auch quantitative Methoden und Visualisierungstechniken für gewichtete soziale Netzwerke erforscht. Darüber hinaus werden anhand von Fallstudien zu Co-Code-Netzwerken und Teamnetzwerken die Anwendungsmöglichkeiten der Analyse gewichteter Netzwerke in der praktischen Forschung weiter ausgeführt und somit eine neue Perspektive sowie ein analytisches Werkzeug zum Verständnis komplexer Interaktionen in sozialen Netzwerken bereitgestellt.

Die in Kap. 3 eingeführte triadische Schließung betrachtet die Entwicklung sozialer Netzwerke aus der Perspektive der Netzwerkstruktur. In diesem Kapitel wird die Entwicklung sozialer Netzwerke aus der Perspektive der Gewichtung der Kanten in sozialen Netzwerken untersucht. Basierend auf gewichteten sozialen Netzwerken kann das Nachdenken über zwischenmenschliche Beziehungen auf Weibo im Sinne schwacher Bindungen oder auf WeChat im Sinne starker Bindungen dazu beitragen, unsere Gesellschaft besser zu verstehen.

Dieses Kapitel betrachtet soziale Netzwerke hauptsächlich aus der Perspektive der Beziehungsstärke, diskutiert das Verhältnis zwischen schwachen Bindungen und lokalen Brücken im Zusammenhang mit der Netzwerkstruktur und überprüft

J. Wu, *Soziales-Netzwerk-Computing*,
https://doi.org/10.1007/978-981-95-1129-7_4

deren Zusammenhang anhand von Online-Big-Data. Anschließend werden die Messung und Visualisierung gewichteter sozialer Netzwerke behandelt und das gewichtete soziale Netzwerk am Beispiel des Codex-Netzwerks analysiert.

4.1   Eine Beobachtungsperspektive auf soziale Netzwerke

In den 1960er Jahren befragte Mark Granovetter im Rahmen seiner Doktorarbeit eine Gruppe von Personen, die kürzlich ihren Arbeitsplatz gewechselt hatten, um herauszufinden, wie sie ihre neue Stelle gefunden hatten. Die Befragung ergab, dass die meisten Menschen Informationen und ihre aktuelle Arbeitsstelle über private Empfehlungen erhalten [1]. Die hier genannte Privatperson ist dabei häufig nur ein Bekannter und kein enger Freund. Diese Ergebnisse sind überraschend, da enge Freunde eigentlich am ehesten bereit sein sollten, bei der Jobsuche zu helfen. Warum sind es also oft gerade „Bekannte" mit eher lockerer Beziehung, die bei der Jobsuche unterstützen?

Dafür gibt es zwei Erklärungen: Erstens verfügen Bekannte über andere Informationen als enge Freunde. Zweitens kenne ich alle Informationen, die meine engen Freunde haben, bereits (aufgrund des häufigen Kontakts). Aus Sicht der Netzwerkstruktur führen triadische Schließungen dazu, dass Knoten eng miteinander verbunden sind, was sozialen Kreisen entspricht, in denen sich Freunde gegenseitig kennen. Der Grund, warum ein gewöhnlicher Bekannter andere Informationen besitzt, könnte darin liegen, dass er einem anderen Kreis angehört. Das bedeutet, dass die Beziehung zu Bekannten in der Netzwerkstruktur wahrscheinlich eine Brücke (oder lokale Brücke) darstellt.

Soziale Netzwerke lassen sich aus zwei Perspektiven betrachten: Stärke und Struktur, wie in Abb. 4.1 dargestellt.

Die Beziehungsstärke in sozialen Netzwerken lässt sich in stark und schwach unterteilen, und die strukturelle „Distanz" in gleicher Kreis und verschiedene Kreise. Personen im gleichen Kreis haben relativ häufigen Kontakt, was zu gegenseitiger Bekanntschaft führt. Allerdings sind Personen im gleichen Kreis nicht zwangsläufig eng und stark verbunden, und Personen aus verschiedenen Kreisen können ebenfalls enge und starke Beziehungen haben. Mark Granovetter versucht anhand seiner Interviewergebnisse zu erklären, dass Personen aus verschiedenen Kreisen im Allgemeinen keine engen und starken Beziehungen haben. Der Begriff „Kreis" ist hier am besten als eine Gruppe von Menschen zu verstehen, die häufig miteinander verkehren. Gleichzeitig kann der Kreis einer Person zu unterschiedlichen Zeiten unterschiedlich sein. Unsere Betrachtung bezieht sich daher auf eine „Momentaufnahme". Die Kante, die zwei verschiedene Kreise verbindet, kann sowohl eine starke als auch eine schwache Bindung aufweisen. Dies muss überprüft werden.

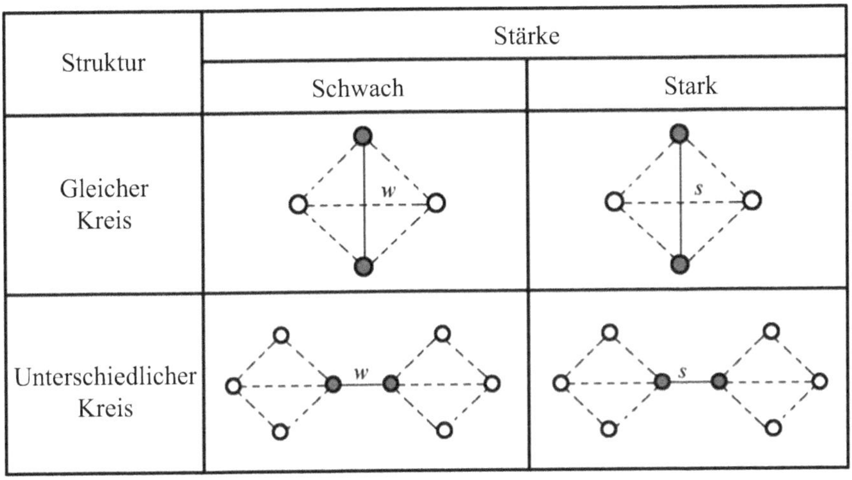

Struktur	Stärke	
	Schwach	Stark
Gleicher Kreis	*w*	*s*
Unterschiedlicher Kreis	*w*	*s*

Abb. 4.1 Beobachtungsperspektive sozialer Netzwerke

4.2 Brücken und lokale Brücken in sozialen Netzwerken

Es sei bekannt, dass Knoten *A* und Knoten *B* verbunden sind. Wird die Kante zwischen *A* und *B* entfernt, entstehen verschiedene Zusammenhangskomponenten; diese Kante wird als Schnittkante bezeichnet. Mit anderen Worten: Sie ist der einzige Pfad zwischen *A* und *B*. In Abb. 4.2 ist die Kante zwischen *A* und *B* die Brücke.

Im wirklichen Leben ist die Bedingung, dass die Kante *A-B* der einzige Pfad zwischen den Knoten *A* und *B* ist, jedoch zu streng; oft existieren weitere, versteckte Pfade.

Ein enthaltener Pfad kann die Knoten *A* und *B* verbinden, wie in Abb. 4.3 dargestellt [2].

In der in Abb. 4.3 dargestellten Netzwerkstruktur ist die Verbindung zwischen Knoten A und Knoten B nicht auf einen direkten Pfad beschränkt, sondern kann auch über einen Umweg – A-F-H-G-B – erfolgen. Solche Strukturen, bei denen mehrere Zwischenknoten beteiligt sind, kommen in realen sozialen Netzwerken häufig vor. Basierend auf dieser Struktur führen wir folgende Definition ein: Wenn

Abb. 4.2 *A-B* ist eine Brücke

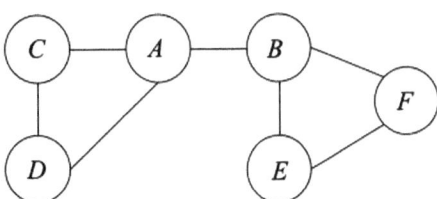

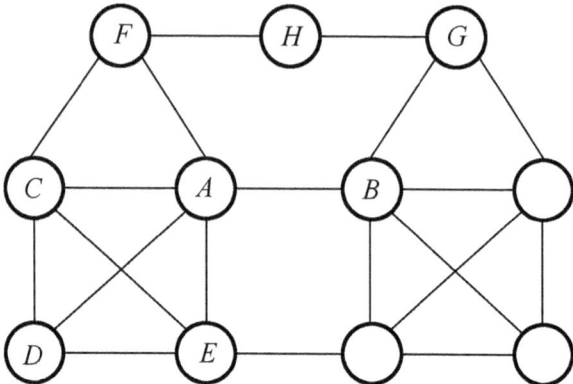

Abb. 4.3 *A-B* ist eine lokale Brücke

die beiden Knoten, die durch die Kante zwischen A und B verbunden sind (also die A-B-Kante), keine gemeinsamen Freunde haben, wird diese Kante als Abkürzung oder lokale Brücke bezeichnet. Die Spannweite der Abkürzung ist definiert als die Länge des kürzesten Pfades zwischen den beiden Knoten, wenn diese Kante ignoriert wird. Um jedoch als Abkürzung zu gelten, muss zusätzlich gelten: Wird die Kante entfernt, muss sich die Länge des kürzesten Pfades zwischen A und B auf mehr als 2 (ohne 2) erhöhen. In Abb. 4.3 ist die A-B-Kante somit eine Abkürzung mit einer Spannweite von 4; aus der Abbildung ist ersichtlich, dass es noch weitere Abkürzungen gibt. Abkürzungen und triadische Schließungen sind sich gegenseitig ausschließende Konzepte: Ist eine Kante eine Abkürzung, kann sie nicht gleichzeitig eine Kante innerhalb einer triadischen Schließung sein, da dies der Definition der triadischen Schließung widerspricht – dort sind zwei Knoten über einen gemeinsamen Freund verbunden.

Hat eine Abkürzung eine größere Spannweite, übernimmt sie eine ähnliche Funktion wie eine Brücke und verbindet zwei zuvor isolierte soziale Gruppen. Da die Knoten an den Enden der Abkürzung zu unterschiedlichen Gruppen gehören, ist es möglich, über diese Abkürzung neue Informationen von außerhalb der eigenen Gruppe zu erhalten. Sucht beispielsweise Knoten A eine neue Arbeitsstelle, kann der über die Abkürzung verbundene Freund besonders hilfreich sein. Denn innerhalb der eng verbundenen Gruppe, in der sich Knoten A befindet, ist die Kommunikation unter den Mitgliedern sehr häufig, und die meisten Informationen, die die Freunde kennen, sind A bereits bekannt. Die Informationen, die ein über die Abkürzung verbundener Freund aus einem anderen sozialen Kreis mitbringt, sind jedoch oft neuartig. Diese neuen Informationen können Knoten A gute Chancen auf neue Jobmöglichkeiten eröffnen.

4.3   Beziehungsstärke und lokale Brücke

Zahlreiche Forschungsergebnisse zeigen, dass schwache Beziehungen an vielen entscheidenden Stellen eine wichtigere Rolle spielen als starke Beziehungen. Mark Granovetter stellte fest, dass schwache Bindungen bei der Suche nach neuen Arbeitsmöglichkeiten effektiver sind als starke Bindungen, da die Informationen aus starken Beziehungen meist wiederholt und redundant sind. Levin und Cross wiesen darauf hin, dass schwache Bindungen es ermöglichen, neues Wissen und neue Ideen von außen einzubringen und so Innovationen fördern [3]. Aus seinen Untersuchungen schloss Bian Yanjie, dass für Chinesen, die großen Wert auf persönliche Beziehungen und Ansehen legen, starke Bindungen bei der Arbeitssuche eine größere Bedeutung haben [4].

Sind also die schwachen Bindungen beim Thema Arbeitssuche und Innovation als lokale Brücken zu verstehen, die den Zugang zu heterogenen Informationen außerhalb des eigenen Kreises ermöglichen? Der Einfachheit halber nehmen wir an, dass die Beziehungen zwischen den Personen in sozialen Netzwerken und ihren Nachbarn nur in „stark" und „schwach" unterteilt werden. Je stärker die Beziehung, desto enger die Freundschaft und desto häufiger die Interaktion. In Wirklichkeit sind Beziehungen jedoch gewichtet, das heißt, die Beziehungsstärke kann einen beliebigen Wert innerhalb eines bestimmten Bereichs annehmen. Zur Vereinfachung werden alle Beziehungen in sozialen Netzwerken in zwei Kategorien eingeteilt: starke Beziehungen und schwache Bindungen, wobei Stärke ein relatives Konzept ist.

Wenn jede Kante in Abb. 4.3 mit einer starken oder schwachen Bindung gekennzeichnet wird, ergibt sich das in Abb. 4.4 dargestellte Netzwerkbeispiel.

Bei der Analyse der Struktur sozialer Netzwerke formulieren wir zunächst eine strenge Annahme, das sogenannte Prinzip des starken triadischen Schlusses. Dieses Prinzip besagt, dass, wenn Knoten A sowohl zu Knoten B als auch zu Knoten

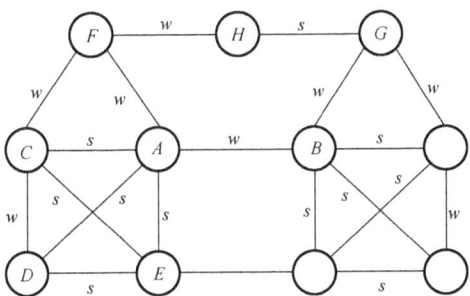

Anmerkung: W steht für eine schwache Beziehung und S für eine starke Beziehung.

Abb. 4.4 Beispiel für ein gewichtetes soziales Netzwerk mit starken und schwachen Bindungen. Hinweis: W steht für schwache Beziehung und S steht für starke Beziehung

C starke Bindungen hat, gemäß der Theorie des triadischen Schlusses die Wahrscheinlichkeit hoch ist, dass sich zwischen Knoten B und Knoten C eine Kante bildet. Konkret gilt: Wenn Knoten A sowohl zu Knoten B als auch zu Knoten C starke Bindungen unterhält, aber zwischen Knoten B und Knoten C keinerlei direkte Verbindung – weder stark noch schwach – besteht, dann gilt Knoten A als Verletzung des Prinzips des starken triadischen Schlusses. Umgekehrt, wenn zwischen Knoten B und Knoten C, die beide starke Bindungsnachbarn von Knoten A sind, eine Beziehung besteht, dann erfüllt Knoten A das Prinzip des starken triadischen Schlusses.

Diese Annahme ist streng, da für jeden Knoten anhand eines klaren Kriteriums beurteilt wird, ob er das Prinzip des starken triadischen Schlusses erfüllt. In einem gegebenen Netzwerk muss daher jeder Knoten entweder dem Prinzip entsprechen oder es verletzen. In realen sozialen Netzwerken erfüllen jedoch nicht alle Knoten dieses Prinzip. Um die Problematik zu vereinfachen und den Zusammenhang zwischen Beziehungsstärke und Abkürzungen zu untersuchen, greifen wir auf diese relativ strenge Annahme zurück, die uns hilft, Zusammenhänge klarer zu erkennen und Probleme gezielter zu analysieren.

In Abb. 4.4 ist zu erkennen, dass alle Knoten das Prinzip des starken triadischen Schlusses erfüllen. Angenommen jedoch, die Beziehung zwischen Knoten B und Knoten G ist stark, dann würde, da keine Kante zwischen Knoten B und Knoten H existiert, gemäß dem Prinzip des starken triadischen Schlusses sowohl Knoten B als auch Knoten H dieses Prinzip verletzen. In diesem Fall verletzt Knoten B zwei starke triadische Schlussbeziehungen: einmal mit Knoten H und zum anderen, indem keine Beziehung zu Knoten H als starkem Bindungsnachbarn von Knoten G besteht. Solche Analysen helfen, die strukturellen Eigenschaften und die Dynamik von Beziehungen in sozialen Netzwerken besser zu verstehen.

Daraus lässt sich schließen, dass in sozialen Netzwerken, wenn Knoten *A* das Prinzip des starken triadischen Schlusses erfüllt und mindestens zwei starke Bindungen besitzt, jede lokale Brücke, die mit ihm verbunden ist, eine schwache Bindung darstellt, wie in Abb. 4.5 gezeigt. Dies lässt sich durch mathematischen Widerspruchsbeweis nachweisen [2].

Es wird angenommen, dass in Abb. 4.5 eine lokale Brücke zwischen Knoten *A* und Knoten *B* existiert und diese eine starke Bindung ist, was die oben getroffene

Abb. 4.5 Lokale Brücke als mathematischer Beweis für schwache Beziehungen [2]

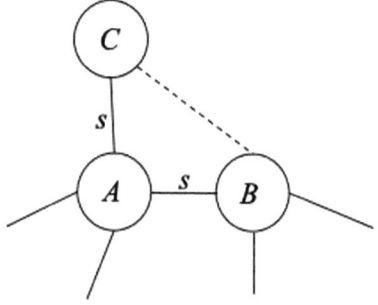

Annahme widerlegt. Da Knoten *A* mindestens zwei Kanten besitzt, ist die Kante
A-B eine davon, die andere ist die Kante *A-C* mit starker Bindung. Folglich ist
die Kante *A-B* eine lokale Brücke, und Knoten *A* und Knoten *B* haben keine gemeinsamen Freunde, sodass die Kante *B-C* nicht existiert. Nach dem Prinzip des
starken triadischen Schlusses müsste jedoch, wenn sowohl die Kante *A-B* als auch
die Kante *A-C* starke Bindungen sind, die Kante *B-C* existieren, was dem oben
abgeleiteten Ergebnis widerspricht. Daher lässt sich schließen, dass eine solche lokale Brücke zwangsläufig eine schwache Bindung ist.

Obwohl dieser Beweis einfach ist, ist das Ergebnis von großer Bedeutung.
Durch einen rein mathematischen Beweis wird eine soziologisch relevante
Schlussfolgerung gewonnen, die ein lokales Konzept (Beziehung) mit einem glo-
balen Konzept (lokale Brücke) verknüpft.

4.4 Beziehungsüberprüfung zwischen schwachen Bindungen und lokaler Brücke

4.4.1 *Nachbarschaftsüberlappung*

Unter bestimmten Bedingungen ist die lokale Brücke eine schwache Bindung.
Lässt sich dies durch Big Data belegen? Vorab ist es wichtig, die Definition der
Nachbarschaftsüberlappung zu verstehen, wie in Gl. 4.1 dargestellt.

$$\text{Neighborhood overlap} = \frac{\text{Number of nodes that are neighbors to both Node A and Node B}}{\text{Number of nodes that are neighbors to at least one of Node A or Node B}}$$

$$(4.1)$$

Bei der Analyse der Struktur sozialer Netzwerke kann man anhand der Nachbarschaftsüberlappung beurteilen, ob die Kante zwischen Knoten A und Knoten B
eine Abkürzung darstellt. Die Nachbarschaftsüberlappung ist ein Indikator, der
den Grad der Ähnlichkeit zwischen den Nachbarn zweier Knoten widerspiegelt.
Ist die Nachbarschaftsüberlappung zwischen Knoten A und Knoten B gering, so
ist die Kante zwischen diesen beiden Knoten mit größerer Wahrscheinlichkeit eine
Abkürzung. Sinkt die Nachbarschaftsüberlappung auf null, bedeutet dies, dass
Knoten A und Knoten B keine gemeinsamen Nachbarn haben. In diesem Fall kann
die Kante A-B als Abkürzung identifiziert werden. Diese Analysemethode hilft,
Verbindungsmuster und Informationsflüsse in sozialen Netzwerken aufzudecken.

4.4.2 Berechnung der Ähnlichkeit zweier Knoten im Graphen

Die Berechnung der Nachbarschaftsüberlappung kann auch als Berechnung der Jaccard-Ähnlichkeit zwischen den beiden Knoten einer Kante im Netzwerk verstanden werden. Sind die Attribute, Verbindungsformen und Positionen der beiden Knoten sehr ähnlich, ist auch die Wahrscheinlichkeit einer Verbindung zwischen diesen Knoten hoch. Dies basiert auf dem Grundgedanken der Link-Vorhersage durch Knotensimilarität. Im Graphen gibt es zudem eine Funktion, die die Ähnlichkeit von Knoten anhand ihrer Verbindungsstrukturen bewertet, wie folgt:

```
similarity.Jaccard(graph, vids = V(graph), mode = c("all",
     "out", "in", "total"), loops = FALSE)
similarity. dice(graph, vids = V(graph), mode = c("all",
     "out", "in", "total"), loops = FALSE)
similarity. invlogweighted(graph, vids = V(graph), mode = c
     ("all", "out", "in", "total"))
```

Dabei bezeichnet graph das Netzwerk-Graph-Objekt; *vids* steht für die Zielknoten-IDs, für die die Ähnlichkeit berechnet werden soll; *mode* gibt den Typ der zu betrachtenden Nachbarknoten an; loops legt fest, ob der Knoten, für den die Ähnlichkeit berechnet wird, selbst in die Nachbarschaft einbezogen wird.

Die oben genannten drei Funktionen basieren auf unterschiedlichen Prinzipien zur Berechnung der Knotensimilarität, wie in Tab. 4.1 dargestellt.

Beispiele hierzu sind wie folgt (Abb. 4.6):

```
# Knotensimilarität berechnen
> g4_1 <- graph.ring(5)    # Erzeuge ein Ringdiagramm
> plot(g4_1)               # Siehe Abb. 4.6
```

Tab. 4.1 Prinzipien der Ähnlichkeitsbewertung in igraph

Funktion	Prinzip
similarity.Jaccard	Jaccard Similarity $= \frac{\text{Number of Common Neighboring Nodes of Two Nodes}}{\text{Total number of neighbor nodes of two nodes}}$
similarity. Dice	Dice Similarity $= 2 \times \frac{\text{Number of Common Neighboring Nodes of Two Nodes}}{\text{The total degree of two nodes}}$
similarity. Invlogweighted	Gewichtete inverse Logarithmus-Ähnlichkeit: Die Gesamtzahl der gewichteten gemeinsamen Nachbarn zweier Knoten (der Gewichtungswert jedes gemeinsamen Nachbarknotens ist der inverse Logarithmus des Knotengrads). (Die Grundidee dieses Prinzips ist, dass der Beitrag gemeinsamer Nachbarn mit kleinem Grad größer ist als der Beitrag gemeinsamer Nachbarn mit hohem Grad (Adamic & Adar, 2003))

Abb. 4.6 Ringdiagramm

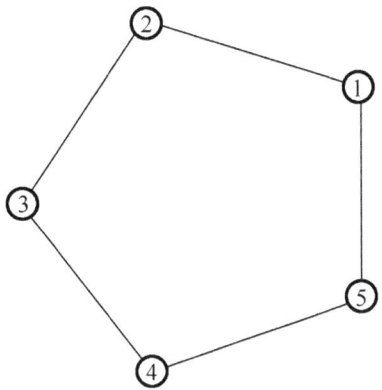

```
> similarity.dice(g4_1)   # Die Dice-Ähnlichkeit zwischen den
                            Knoten  des  Ringgraphen  wird  be-
                            rechnet  und  das  Ergebnis als Mat-
                            rix  ausgegeben.  Die  Ähnlichkeit
                            eines Knotens mit sich selbst ist
                            am höchsten, daher ist der Wert 1.
                            Knoten 1 ist Knoten 3 und 4 sehr
                            ähnlich. Knoten 2 ist Knoten 4 und
                            5 sehr ähnlich. Knoten 3 ist Knoten
                            1 und 5 sehr ähnlich. Knoten 4 ist
                            Knoten 1 und 2 sehr ähnlich. Knoten
                            5 ist Knoten 2 und 3 sehr ähnlich.
     [,1] [,2] [,3] [,4] [,5]
[1,] 1.0 0.0 0.5 0.5 0.0
[2,] 0.0 1.0 0.0 0.5 0.5
[3,] 0.5 0.0 1.0 0.0 0.5
[4,] 0.5 0.5 0.0 1.0 0.0
[5,] 0.0 0.5 0.5 0.0 1.0
> Similarity.Jaccard(g4_1)[1,4]  # Jaccard-Ähnlichkeit zwi-
                                   schen Knoten 1 und Knoten 4
[1] 0.3333333
```

4.4.3   Big-Data-Überprüfung von schwachen Bindungen und lokalen Brücken

Ein Experiment wurde entworfen, um die Kommunikationsmuster von 20 % der US-Bevölkerung über einen Zeitraum von 18 Wochen zu untersuchen. Ziel war es, den Zusammenhang zwischen schwachen Bindungen und Abkürzungen in sozialen Netzwerken durch die Analyse der Verbindungsstärke in

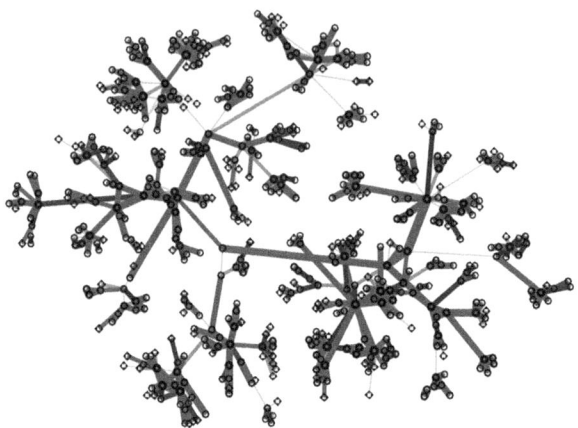

Abb. 4.7 Riesige Komponente im digitalen Kommunikationsnetzwerk [5]

realen Kommunikationsdaten zu validieren. Vor dem Hintergrund der Telefon-
kommunikation bildet jedes Paar von Telefonaten eine Verbindung im digitalen
Kommunikationsnetzwerk. Wie in Abb. 4.7 gezeigt, handelt es sich hierbei um
eine große zusammenhängende Komponente des aus Telefonaten konstruierten
digitalen Kommunikationsnetzwerks, wobei Knoten Mobiltelefonnummern repräsentieren, Kanten die Verbindung zwischen Anrufern symbolisieren und die Gesprächsdauer zur Quantifizierung der Verbindungsstärke herangezogen wird [5].
  Vereinfacht gesagt gilt: Je länger die Gesprächsdauer, desto stärker die Verbindung, was im Diagramm durch die Dicke der Kanten visualisiert wird. Dieses
gewichtete Netzwerk zeigt deutlich den positiven Zusammenhang zwischen Gesprächsdauer und Beziehungsstärke, wobei dickere Kanten auf längere Gesprächs-
zeiten und damit auf stärkere zwischenmenschliche Beziehungen hinweisen. Hier
kann man versuchen, Verbindungen in sozialen Netzwerken auf zwei Arten zu
entfernen, um zu beobachten, wie sich die Netzwerke verändern. Die eine Methode entfernt Kanten in absteigender Reihenfolge der Stärke: Zuerst wird die
stärkste Kante entfernt, dann die zweitstärkste und schließlich die schwächste.
Die andere Methode entfernt Kanten in aufsteigender Reihenfolge der Stärke: Zuerst wird die schwächste Kante entfernt, dann die zweit-schwächste und zuletzt
die stärkste. Es zeigt sich, dass bei der zweiten Methode die großen Komponenten der sozialen Netzwerke schneller in kleine, zusammenhängende Komponenten zerfallen als bei der ersten Methode. Das intuitive Ergebnis dieser Analyse ist:
Wenn die schwache Kante das soziale Netzwerk zu einem zusammenhängenden
Ganzen verbindet, dann kann die schwache Bindung als lokale Brücke zwischen
verschiedenen Kreisen fungieren.
  Nach weiterer quantitativer Analyse lässt sich der Zusammenhang zwischen
lokalen Brücken und Beziehungsstärke ermitteln, wie in Abb. 4.8 dargestellt. Die
horizontale Achse zeigt die Beziehungsstärke der Kanten, die vertikale Achse die
Nachbarschaftsüberlappung zweier verbundener Personen. Die Abbildung zeigt
die Nachbarschaftsüberlappung aller Kanten, sortiert nach Beziehungsstärke.

Abb. 4.8 Korrelation
zwischen lokalen Brücken
und Beziehungsstärke [5]

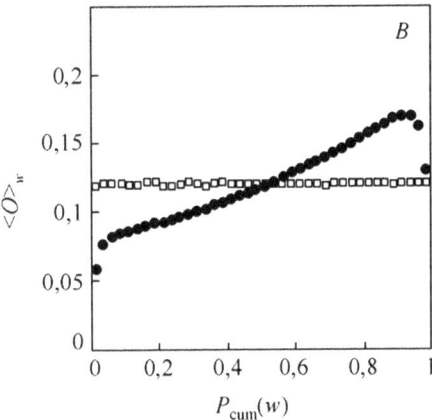

Der Verlauf der Kurve in Abb. 4.8 belegt, dass diese beiden Größen positiv
korreliert sind, das heißt: Je größer die Beziehungsstärke, desto größer die Nachbarschaftsüberlappung. Gemäß der Definition der Nachbarschaftsüberlappung in
Gl. 4.1 gilt: Ist die Beziehungsstärke größer, ist der Zähler größer, also die Anzahl der Knoten, die sowohl Nachbarn von Knoten A als auch von Knoten B sind,
höher. Daraus folgt, dass die A-B-Kante keine lokale Brücke ist. Ist die A-B-Kante
hingegen eine lokale Brücke, tendiert der Zähler gegen 0, das heißt, die Nachbarschaftsüberlappung nähert sich 0. Die experimentellen Ergebnisse zeigen somit: Je
geringer die Beziehungsstärke, desto geringer die Nachbarschaftsüberlappung der
Kante, und die Kante tendiert dazu, eine lokale Brücke zu sein – die lokale Brücke
ist also zwangsläufig eine schwache Bindung.

Die oben beschriebenen Experimente nutzen Big-Data-Analysen, um den Zu-
sammenhang zwischen Beziehungsstärke und Nachbarschaftsüberlappung zu be-
obachten. Da sich Big Data stärker auf Korrelationen als auf Kausalitäten kon-
zentriert, müssen Anwender nicht das „Warum" verstehen, sondern lediglich das
„Exakte". Ein klassisches Beispiel für Big Data und Windeln: Durch Big-Data-
Analysen wissen Supermärkte, dass der Bierabsatz deutlich steigt, wenn Bier und
Windeln auf benachbarten Regalen platziert werden, da zwischen diesen beiden
Produkten eine Korrelation besteht. Eine Erklärung dafür ist, dass ein Vater eines
Neugeborenen beim Kauf von Windeln auch Bier mitnimmt, weil er es direkt
daneben sieht, was den Bierabsatz erhöht. Obwohl zwischen Bier und Windeln
keine offensichtliche Kausalität besteht, sind ihre Verkaufszahlen miteinander verbunden. Big Data konzentriert sich daher auf die Zusammenhänge von Wissens-
phänomenen, ohne die Ursachen im Detail zu analysieren.

Die Verbindungen in sozialen Netzwerken unterscheiden sich in ihrer Stärke
und lassen sich mit einer dichotomen Herangehensweise grob in zwei Kategorien einteilen – starke und schwache Bindungen. Wie in Abb. 4.9 zu sehen ist,
handelt es sich hierbei um ein auf Facebook konstruiertes soziales Netzwerk, in
dem Nutzer anhand der Stärke ihrer Verbindungen in drei Typen unterteilt werden: kontinuierlicher Kontakt, einseitiger Kontakt und gegenseitiger Kontakt,
wobei die Beziehungsstärke in dieser Reihenfolge zunimmt. Das sogenannte „All

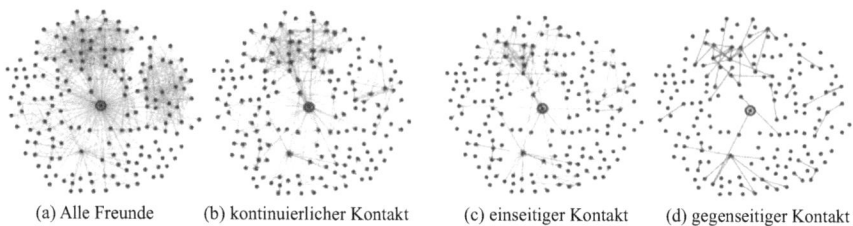

(a) Alle Freunde   (b) kontinuierlicher Kontakt   (c) einseitiger Kontakt   (d) gegenseitiger Kontakt

Abb. 4.9 Soziales Netzwerk aus Nutzern mit unterschiedlicher Beziehungsintensität auf Facebook [6]. (**a**) Alle Freunde. (**b**) Kontinuierlicher Kontakt. (**c**) Einseitiger Kontakt. (**d**) Gegenseitiger Kontakt

Friends"-Netzwerk entsteht durch die Integration dieser drei unterschiedlichen Verbindungstypen. Beim Betrachten der Abbildung erkennt man, dass schwache Bindungen zwar weniger intensiv sind als starke Bindungen, aber einen erheblichen Anteil am sozialen Netzwerk ausmachen. Gerade diese beständigen schwachen Bindungen verbinden das gesamte soziale Netzwerk zu einem zusammenhängenden Ganzen. Würde man nur die starken Bindungen mit gegenseitigem Kontakt betrachten, wären viele Personen im Netzwerk isoliert [6]. Dieses Phänomen bestätigt erneut die zuvor dargestellte Sichtweise, dass schwache Bindungen in sozialen Netzwerken eine entscheidende Rolle bei der Verbindung unterschiedlicher Individuen und der Ausprägung der Netzwerkstruktur spielen.

4.4.4 Beurteilung der Konnektivität des Netzwerks mit dem Igraph-Paket

Wenn zwei Knoten in einem Graphen durch einen Pfad verbunden sind, gelten sie als verbunden. Gibt es keinen Pfad, der zwei Knoten verbindet, so gelten diese als nicht verbunden. Wenn zwischen allen Knotenpaaren eines Graphen ein Pfad existiert, spricht man von einem zusammenhängenden Graphen. Gibt es zwischen zwei Knoten eines Graphen keinen Kommunikationspfad, so handelt es sich um einen nicht zusammenhängenden Graphen. Zusammenhangskomponenten können als Teilmengen eines zusammenhängenden Graphen betrachtet werden, das heißt, jede Zusammenhangskomponente ist ein Teil eines zusammenhängenden Graphen. Innerhalb einer Zusammenhangskomponente existiert ein Pfad zwischen den Knoten, zwischen verschiedenen Zusammenhangskomponenten jedoch nicht, und die Knoten einer Zusammenhangskomponente gehören nicht zu anderen Zusammenhangskomponenten.

In einem ungerichteten Graphen spricht man von einem zusammenhängenden Graphen, wenn zwischen jedem Knotenpaar ein Pfad existiert [7]. In gerichteten Graphen unterscheidet man zudem stark zusammenhängende und schwach zusammenhängende Graphen. Existiert für jedes Knotenpaar V_1 und V_2 sowohl ein Pfad von V_1 nach V_2 als auch von V_2 nach V_1 (alle Kanten verlaufen in derselben

Richtung), so spricht man von einem stark zusammenhängenden gerichteten Graphen. Werden in einem gerichteten Graphen alle gerichteten Kanten durch ungerichtete ersetzt, so erhält man den Basisgraphen des ursprünglichen Graphen. Ist dieser Basisgraph zusammenhängend, so ist der gerichtete Graph schwach zusammenhängend. Da es in einem nicht zusammenhängenden Graphen mehrere Zusammenhangskomponenten gibt und diese jeweils relativ zusammenhängende Teilgraphen darstellen, unterscheidet man in einem nicht zusammenhängenden gerichteten Graphen auch stark und schwach zusammenhängende Komponenten. Igraph verwendet die folgenden Funktionen, um die Konnektivität von Graphen zu bewerten oder Zusammenhangskomponenten zu identifizieren:

```
is.connected(graph, mode=c("weak", "strong"))
clusters(graph, mode=c("weak", "strong"))
no.clusters(graph, mode=c("weak", "strong"))
```

Die Funktion *is.connected* prüft, ob der Graph zusammenhängend ist (stark oder schwach zusammenhängend); die Funktion *clusters* dient dazu, die Zusammenhangskomponenten (stark oder schwach zusammenhängende Komponenten) im Graphen zu finden; die Funktion *no.clusters* ermittelt die Anzahl der Zusammenhangskomponenten in einem Graphen.

Beispiele hierzu sind wie folgt:

```
# Graph-Konnektivität
> g4_2<-erdos.renyi.game(10,0.2)  # Zufälliges Netzwerk
                                    generieren
> is.connected(g4_2)              # Prüfen, ob der Graph g4_2
                                    zusammenhängend ist
[1] FALSE                         Das Ergebnis zeigt, dass
                                  der Graph nicht
                                  zusammenhängend ist.
> clusters(g4_2)                  # Zusammenhangskomponenten
                                    im Graphen finden
$membership # Die ID der Zusammenhangskomponente, zu der die
Knoten im Graphen gehören; das Ergebnis zeigt, dass Knoten 2
zu Komponente 2 gehört und alle anderen Knoten zu
Komponente 1.
[1] 1 2 1 1 1 1 1 1 1 1
$csize  # Die Größe der Zusammenhangskomponenten; Komponente
1 enthält 9 Knoten, Komponente 2 enthält 1 Knoten.
[1] 9 1
$no
[1] 2
> no.clusters(g4_2)      # Anzahl der Zusammenhangskomponenten
[1] 2
```

Nachdem festgestellt wurde, ob ein Graph zusammenhängend ist, stellt sich die Frage, wie der Grad der Konnektivität gemessen werden kann. In der Graphentheorie werden hierfür üblicherweise Kanten- und Knotenkonnektivität verwendet. Die Kantenkonnektivität zwischen zwei Knoten bezeichnet die minimale Anzahl an Kanten, die entfernt werden müssen, damit die beiden Knoten nicht mehr verbunden sind [8]. In igraph entspricht die Kantenkonnektivität eines Graphen dem Minimum der Kantenkonnektivitäten aller Knotenpaare. Die Knotenkonnektivität zwischen zwei Knoten ist die minimale Anzahl an Knoten, die entfernt werden müssen, damit die beiden Knoten nicht mehr verbunden sind [8]. Die Knotenkonnektivität eines Graphen ist das Minimum der Knotenkonnektivitäten aller Knotenpaare. Die Details sind wie folgt:

```
vertex.connectivity(graph, source=NULL, target=NULL,
checks=TRUE)
edge.connectivity(graph, source=NULL, target=NULL,
checks=TRUE)
```

Dabei bezeichnet graph das Netzwerkobjekt; *source* steht für die ID des Startknotens; *target* für die ID des Zielknotens; und der Parameter *checks* prüft, ob der Graph zusammenhängend ist und wie der Knotengrad verteilt ist. Ist das Netzwerk nicht zusammenhängend, beträgt die Kantenkonnektivität 0; ist der minimale Knotengrad 1, so ist die Kantenkonnektivität offensichtlich ebenfalls 1. Diese beiden Prüfungen ermöglichen eine schnelle Bestimmung der Kantenkonnektivität und reduzieren den Rechenaufwand. Beispiele hierzu sind wie folgt:

```
# Kantenkonnektivität berechnen
> g4_3<-erdos. Kenya.game(10,0.2) # Zufälliges Netzwerk ge-
                                    nerieren
> edge.connectivity(g4_3,1,3)      # Kantenkonnektivität zwi-
                                    schen Knoten 1 und Knoten
                                    3 berechnen
[1] 2
> edge.connectivity(g4_3)          # Kantenkonnektivität des
                                    Netzwerks g4_3 berechnen
[1] 0
> vertex.connectivity(g4_3,1,3)    # Knotenkonnektivität zwi-
                                    schen Knoten 1 und Knoten
                                    3 berechnen
[1] 2
> vertex.connectivity(g4_3)        # Knotenkonnektivität des
                                    Netzwerks g4_3 berechnen
[1] 0
```

4.5   Die Stärke schwacher Bindungen

Aus Sicht der Kundenbeziehungen bezeichnet eine starke Bindung die starke Homogenität sozialer Netzwerke von Menschen (d. h. Arbeit und Informationen, mit denen sich Menschen beschäftigen, sind ähnlich): Die Personen stehen in engem Kontakt und pflegen ihre Beziehungen durch starke emotionale Bindungen. Schwache Bindungen hingegen stehen für eine starke Heterogenität sozialer Netzwerke (d. h. die Kontakte sind vielfältig, stammen aus unterschiedlichen Lebensbereichen und die verfügbaren Informationen sind unterschiedlich): Die Beziehungen sind locker, es gibt wenig emotionale Unterstützung – das, was wir als flüchtige Bekanntschaft bezeichnen.

Mark Granovetter schlug zudem vor, dass sich diese Beziehungen anhand von vier Indikatoren in zwei Kategorien einteilen lassen: Kontaktdauer, emotionale Intensität, Vertrautheit und Gegenseitigkeit. Die eine Kategorie sind starke Bindungen, also enge Beziehungen mit häufigem Kontakt. Die andere Kategorie sind schwache Bindungen, also eher lose Beziehungen mit wenig Kontakt [1].

Starke Bindungen können andere Menschen tiefgreifender beeinflussen, während schwache Bindungen in der Regel mehr Menschen miteinander verbinden. Wer mehr Menschen kennenlernen und seine Produkte einer größeren Zielgruppe vorstellen möchte, muss auf schwache Bindungen setzen. Wer hingegen möchte, dass Menschen, die eine Werbung sehen, diese auch kaufen, muss starke Bindungen nutzen, um potenzielle Nutzer zu tatsächlichen Käufern zu machen.

Auch das Netzwerkmarketing auf Weibo „wirft ein Netz" über schwache Bindungen aus, damit mehr Menschen die Marketingbotschaft sehen. Durch den Aufbau von Kontakten und kontinuierliche Kommunikation entstehen daraus starke Bindungen, die schließlich das Kaufverhalten fördern und den „Fang" abschließen. Personen, die sich auf lokalen Brücken oder Brücken befinden, verfügen über mehr schwache Bindungen zu Personen außerhalb ihres Kreises. Sie sind der Schlüssel zur Verbindung zweier Kreise und spielen eine sehr wichtige Rolle. Menschen benötigen sowohl starke als auch schwache Bindungen, um sich im Beziehungsnetzwerk wohlzufühlen. Ebenso müssen Unternehmen Partnerschaften aufbauen, um ihre Entwicklung zu fördern und ihre Interessen zu verbessern.

Wie kann man schwache Bindungen pflegen? Beispielsweise kann man auf einer Austauschveranstaltung versuchen, mit unbekannten Personen (auch aus anderen Fachbereichen) ins Gespräch zu kommen und Visitenkarten auszutauschen, um neue schwache Bindungen zu knüpfen. Dunbar, ein Evolutionsanthropologe an der Universität Oxford, fand in seinen Studien heraus, dass die Zahl stabiler Freundschaften, die ein Mensch pflegen kann, in der Regel 150 nicht übersteigt – die berühmte Dunbar-Zahl, auch als „150er-Regel" bekannt [9]. In einem egozentrierten sozialen Netzwerk hat eine Person 3–5 enge Freunde, 30–50 Freunde und etwa 100–150 weitere Bekannte. Davon sind etwa 20 % enge Freunde, mit denen häufiger Kontakt besteht, während 80 % nur ein- oder zweimal im Jahr kontaktiert werden. Diese 80 % sind die sogenannten schwachen Bindungen. Werfen Sie einen Blick in Ihr Adressbuch: Es gibt viele Kontakte, aber tatsächlich werden nur wenige regelmäßig kontaktiert – das sind die starken Bindungen. Diejenigen, mit denen man selten Kontakt hat und deren Namen einem fremd vorkommen, sind schwache Bindungen. Da schwache Bindungen oft neue Informationen bringen, ist es auch sehr wichtig, diese zu pflegen.

Eine Erkenntnis der Sozialnetzwerkanalyse bei der Partnersuche lautet: Die meisten potenziellen Lebenspartner, die später zu Ihrem Partner werden könnten, sind meist zwei bis drei Kontakte von Ihnen entfernt. Das zeigt, dass der Lebenspartner oft nicht durch direkten Kontakt über eine starke Bindung, sondern über eine schwache Bindung gefunden wird. Die National Health and Social Life Agency der USA organisierte eine „Chicago Gender Survey", deren Ergebnisse zeigten, dass 68 % der Menschen über gemeinsame Freunde einander vorgestellt wurden und schließlich ein Paar wurden, während die übrigen 32 % sich selbst kennenlernten. Wenn Sie Single sind und 20 Menschen kennen, und jeder dieser Menschen wiederum im Schnitt 20 weitere kennt, dann ergibt das $20 \times 20 \times 20 = 8000$ (Personen). Somit könnten 8000 potenzielle Partner über nur drei Verbindungen mit Ihnen verbunden sein – vielleicht ist Ihr zukünftiger Lebenspartner darunter.

4.6   Gewichtete Netzwerke

4.6.1   Definition gewichteter Netzwerke

Die Beziehung zwischen zwei Knoten in einem sozialen Netzwerk kann einfach durch die binäre Methode ausgedrückt werden, wie in Gl. 4.2 gezeigt. Existiert eine Kante zwischen i und j, wird dies als $Aij = 1$ notiert. Gibt es keine Kante zwischen den beiden Knoten i und j, so gilt $Aij = 0$.

$$A_{ij} = \begin{cases} 1, & \text{If there is an edge between } i \text{ and } j \\ 0, & \text{If there isn't an edge between } i \text{ and } j \end{cases} \tag{4.2}$$

In vielen sozialen Netzwerken ist die Verbindung zwischen Knoten jedoch nicht nur eine einfache binäre Beziehung, die entweder existiert oder nicht existiert. Diese Netzwerke enthalten nicht nur die Kanteninformation der Knoten, sondern auch das Gewicht der Kanten zwischen zwei Knoten. Das Gewicht der Kanten dient dazu, die Stärke der Beziehung zwischen zwei Knoten darzustellen, und solche Netzwerke werden als gewichtete Netzwerke bezeichnet. Im Vergleich zu ungewichteten Netzwerken enthalten gewichtete Netzwerke mehr Informationen und sind in der Analyse komplexer. Ähnlich wie ungewichtete Netzwerke können auch gewichtete Netzwerke durch eine Matrix dargestellt werden, jedoch ist der Unterschied, dass der Wert von Aij in gewichteten Netzwerken nicht mehr 0 oder 1 ist, sondern das Gewicht zwischen Knoten i und Knoten j. Abb. 4.10 zeigt gewichtete Netzwerke, die durch eine Adjazenzmatrix dargestellt werden [10].

Nehmen wir Abb. 4.10 als Beispiel. Wie aus der Abbildung ersichtlich ist, beträgt das Gewicht der Kante A-B 1 und das Gewicht der Kante B-C 2, sodass der

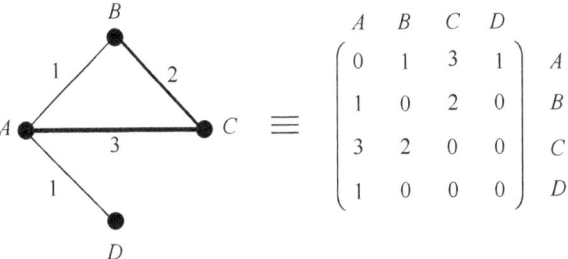

Abb. 4.10 Weighted network represented by adjacency matrix [10]

Wert an der entsprechenden Position in der Matrix dem Gewicht der Kante entspricht. Gibt es keine Kante zwischen zwei Knoten, so ist der Wert an der entsprechenden Position in der Matrix 0. Allgemein kann das Gewicht einer Kante auch durch die Dicke der Kante visualisiert werden.

Darüber hinaus kann das in Abb. 4.10 dargestellte gewichtete Netzwerk auch auf eine andere Weise dargestellt werden, wobei die Anzahl der Kanten zur Darstellung von zwei verwendet wird.

Die Kantengewichte zwischen den Knoten sind in Abb. 4.11 dargestellt. Da die gewichteten Netzwerke in Abb. 4.11 und 4.10 die gleiche Bedeutung haben, besitzen sie auch die gleiche Adjazenzmatrix.

Aus praktischer Sicht lässt sich die Beziehung zwischen multilateralen Netzwerken und gewichteten Netzwerken wie folgt erklären: Wenn die Kante zwischen zwei Knoten das Verkehrsaufkommen einer Straße darstellt, dann bedeutet eine größere Anzahl von Kanten im multilateralen Netzwerk ein höheres maximales Verkehrsaufkommen, das die Straße bewältigen kann – was einem höheren Kantengewicht im gewichteten Netzwerk entspricht. Daher kann bei der Analyse komplexer gewichteter Netzwerke das Problem durch ein ungewichtet-multilaterales Netzwerk ersetzt werden, wobei eine Kante mit dem Gewicht n durch n Kanten mit dem Gewicht 1 im multilateralen Netzwerk ersetzt wird.

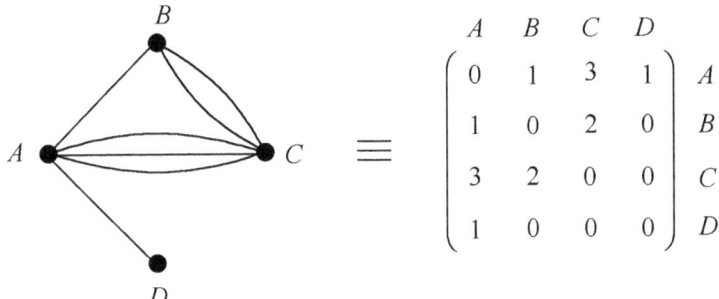

Abb. 4.11 Multilateral network represented by adjacency matrix [10]

4.6.2 Messung gewichteter Netzwerke

Da die Zentralität von Knoten das wichtigste Schlüsselproblem in der Analyse sozialer Netzwerke darstellt, wird in diesem Abschnitt die Messmethode der Knotenzentralität in gewichteten Netzwerken vorgestellt. 1979 schlug Freeman drei Maße für die Knotenzentralität vor: Gradzentralität, Nähezentralität und Vermittlungszentralität, mit denen die Bedeutung von Knoten im Netzwerk gemessen werden kann. Freeman entwickelte Methoden zur Messung der Knotenzentralität im Kontext binärer Netzwerke. Da jedoch viele Netzwerke in der realen Welt gewichtete Netzwerke sind, versuchten zahlreiche Wissenschaftler in späteren Arbeiten, Freemans Methoden auf gewichtete Netzwerke zu übertragen [11].

4.6.2.1 Gradzentralität

Die Gradzentralität misst die Bedeutung eines Knotens anhand seines Grades. In einem ungerichteten Netzwerk gilt: Je höher der Grad eines Knotens, desto höher ist seine Zentralität und desto wichtiger ist seine Position im Netzwerk. In gewichteten Netzwerken kann die Zentralität der Knoten jedoch nicht direkt durch die Anzahl der Kanten ausgedrückt werden, sodass die Berechnung der Kantengewichte berücksichtigt werden muss. Die Berechnungsmethode ist in Gl. 4.3 dargestellt.

$$s_i = C_D^W(i) = \sum_{j}^{N} w_{ij} \tag{4.3}$$

In Gl. 4.3 bezeichnet s_i die Gradzentralität des Knotens i; W steht für die Gewichtsmatrix der Adjazenz zwischen Knoten i und allen mit ihm verbundenen Knoten; N ist die Anzahl der Knoten; w steht für das Gewicht; D für den Grad; j für alle anderen Knoten; W_{ij} bezeichnet das Gewicht der Kante zwischen Knoten i und Knoten j. Die Messung der Gradzentralität in gewichteten Netzwerken berücksichtigt somit die Gewichte der mit den Knoten verbundenen Kanten [12].

Es ist jedoch einseitig, die Bedeutung von Knoten im gesamten Netzwerk nur anhand der Kantengewichte zu beurteilen, da auch der Grad eines Knotens – also die Anzahl der mit anderen Knoten verbundenen Kanten – ein wichtiger Indikator ist. Um sowohl Grad als auch Gewicht zu berücksichtigen, führten Opsahl et al. einen Anpassungsparameter α ein, um die Bedeutung der Anzahl der Kanten gegenüber dem Gewicht der Kanten zu justieren [12]. Im Allgemeinen nimmt α die Werte 0, 0,5, 1 oder 1,5 an; der konkrete Wert wird je nach Forschungskontext und Datenlage festgelegt. Liegt der Wert von α zwischen 0 und 1, ist die Anzahl der Kanten von größerer Bedeutung; ist der Wert von α größer als 1, ist das Gewicht der Kante wichtiger. Eine weitere Berechnungsmethode der Gradzentralität ist in Gl. 4.4 dargestellt.

$$C_D^{W\alpha}(i) = k_i \times \left(\frac{s_i}{k_i}\right)^{\alpha} = k_i^{(1-\alpha)} \times s_i^{\alpha} \tag{4.4}$$

wobei k_i den Grad des Knotens i bezeichnet.

4.6.2.2 Closeness-Zentralität und Betweenness-Zentralität

Da die Messung der Closeness-Zentralität und der Betweenness-Zentralität mit der Länge des kürzesten Pfades zwischen Knoten zusammenhängt, sollte zunächst betrachtet werden, wie der kürzeste Pfad bestimmt wird. In einem binären Netzwerk bezeichnet der kürzeste Pfad die Verbindung zwischen zwei Knoten mit der geringsten Anzahl an Kanten. Die Closeness-Zentralität ist als Kehrwert der Summe der kürzesten Pfade definiert, während die Betweenness-Zentralität als Verhältnis der Anzahl der kürzesten Pfade, die durch einen Knoten i verlaufen, zur Gesamtzahl der kürzesten Pfade im gesamten Netzwerk definiert ist. Die Berechnungsmethoden sind in Gl. 4.5 und 4.6 [11] dargestellt.

$$C_C(i) = \left[\sum_j^N d(i,j) \right]^{-1} \tag{4.5}$$

$$C_B(i) = \frac{g_{jk}(i)}{g_{jk}} \tag{4.6}$$

wobei $Cc(i)$ die Closeness-Zentralität des Knotens i bezeichnet; $C_B(i)$ die Betweenness-Zentralität des Knotens i; N die Anzahl der Knoten; g_{jk} die Anzahl der kürzesten Pfade zwischen zwei Knoten; $g_{jk}(i)$ die Anzahl der kürzesten Pfade, die durch den Knoten i verlaufen.

In gewichteten Netzwerken hat sich die Berechnungsmethode der Closeness- und Betweenness-Zentralität verändert. Wie in Abb. 4.12 gezeigt, handelt es sich um ein gewichtetes Netzwerk mit drei Pfaden von Knoten A zu Knoten B: $\{A, B\}$, $\{A, C, B\}$ und $\{A, D, E, B\}$. In einem ungerichteten Netzwerk ist $\{A, B\}$ zweifellos der kürzeste Pfad. Im gewichteten Netzwerk in Abb. 4.12 kann jedoch aufgrund des hohen Gewichts und der starken Verbindung des Pfades $\{A, D, E, B\}$ auch dieser Pfad der kürzeste sein [12].

Um die Bedeutung von Grad und Gewicht gleichzeitig zu berücksichtigen, verwenden Opsahl und andere beim Berechnen der Distanz zwischen Knoten i und Knoten j weiterhin den Anpassungsparameter α. Je nach Situation kann der Wert

Abb. 4.12 Gewichtetes Netzwerk [12]

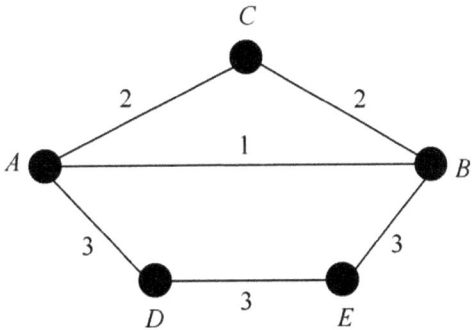

von α angepasst werden, um die jeweiligen Anforderungen zu erfüllen. Die Berechnungsformel für den kürzesten Pfad zwischen Knoten i und Knoten j ist daher in Gl. 4.7 dargestellt.

$$d^{W\alpha}(i,j) = \min \left(\frac{1}{(w_{im})^{\alpha}} + \cdots + \frac{1}{(w_{nj})^{\alpha}} \right) \qquad (4.7)$$

wobei m und n zwei Knoten sind, die mit i bzw. j auf der Verbindungslinie zwischen den Knoten i und j verbunden sind; w_{im} das Gewicht zwischen den Knoten i und m darstellt; w_{nj} das Gewicht zwischen den Knoten n und j bezeichnet.

Auf dieser Grundlage haben Opsahl et al. die Berechnungsformeln für die Closeness- und Betweenness-Zentralität in gewichteten Netzwerken abgeleitet, wie in Gl. 4.8 und 4.9 dargestellt.

$$C_C^{W\alpha}(i) = \left[\sum_{j}^{N} d^{W\alpha}(i,j) \right]^{-1} \qquad (4.8)$$

$$C_B^{W\alpha}(i) = \frac{g_{jk}^{W\alpha}(k)}{g_{jk}^{W\alpha}} \qquad (4.9)$$

wobei $g_{jk}^{W\alpha}(k)$ die Anzahl der kürzesten Pfade bezeichnet, die nach gleichzeitiger Berücksichtigung von Grad und Gewicht durch den Knoten i verlaufen; $g_{jk}^{W\alpha}$ die Anzahl der kürzesten Pfade zwischen zwei Knoten nach gleichzeitiger Berücksichtigung von Grad und Gewicht angibt; $C_C^{W\alpha}(i)$ und $C_B^{W\alpha}(i)$ jeweils die Werte der Closeness- und Betweenness-Zentralität des Knotens i im gewichteten Netzwerk darstellen.

4.6.3   Visualisierung gewichteter Netzwerke mit Gephi

In diesem Abschnitt wird das Codeshare-Netzwerk als Beispiel verwendet. Ein Co-Code-Netzwerk stellt die Ko-Vorkommensbeziehung zwischen Förderantragscodes bei Antragstellenden dar. Gibt es mindestens einen identischen Antragsteller zwischen zwei Antragscodes, so besteht eine Ko-Vorkommensbeziehung zwischen diesen beiden Codes. Gibt es n identische Antragsteller zwischen zwei Antragscodes, so beträgt die Anzahl der Ko-Vorkommen zwischen diesen beiden Codes n. In einem Codeshare-Netzwerk sind die Knoten die Antragscodes, und das Gewicht der Kanten zwischen den Knoten gibt die Anzahl der Ko-Vorkommen zwischen zwei Antragscodes an. Die Originaldaten umfassen 193.517 Einträge, und hier wird nur ein Teil davon als Beispiel für die Visualisierung gewichteter Netzwerke verwendet.

Die Daten des Codierungsnetzwerks liegen im .net-Format vor und bestehen aus Knoten und Kanten. Handelt es sich um ein gerichtetes Netzwerk, so bestehen die entsprechenden Daten aus Knoten und Bögen. Nachfolgend sind einige Beispieldaten aufgeführt:

```
*Vertices 300 (zeigt an, dass sich darunter 300 Knoten be-
finden)
1 "A0102"(1 ist die Knoten-ID und "A0102" ist die Be-
zeichnung des Knotens)
2 "A0101"
3 "A010201"
4 "A010102"
5 "A010207"……
*Edges (zeigt an, dass die folgenden Definitionen un-
gerichtete Kanten sind; bei gerichteten Kanten wird *Arcs
verwendet).
1 2 1 (ungerichtete Kante von Knoten 1 "A0102" zu Knoten 2
"A0101", mit einem Kantengewicht von 1)
3 4 1
5 6 1
7 8 2
9 2 1
*Edges
……
```

Die konkreten Arbeitsschritte sind wie folgt:

1. Öffnen Sie die Gephi-Software, klicken Sie dann auf „Datei" → „Öffnen", wählen Sie die Datendatei aus und öffnen Sie sie (die hier verwendeten Daten liegen im .net-Format vor). Es erscheint das Import-Dialogfeld. Die Standardeinstellung des Dialogfelds ist „undefiniert", was bedeutet, dass das Codierungsnetzwerk „ungerichtet" ist. Klicken Sie auf die Schaltfläche „OK", um eine Grafik zu erzeugen. Mit dem Mausrad können Sie die Grafik vergrößern, und durch Ziehen mit der rechten Maustaste können Sie das Bild zentrieren, sodass Sie das nicht angepasste Visualisierungsdiagramm des gemeinsamen Codierungsnetzwerks wie in Abb. 4.13 erhalten.
2. Wählen Sie das Modul „Sortierung" aus, klicken Sie im Sortierfenster auf die Schaltfläche „Knoten" und dann auf „Wählen Sie einen Bewertungsparameter"; wählen Sie in den Optionen „Grad" aus und klicken Sie anschließend auf die ▽-Schaltfläche, um die minimale Größe auf 10 und die maximale Größe auf 50 zu setzen. Nach Klick auf „Anwenden" werden die Knoten im Diagramm entsprechend ihrem Grad sortiert. Wählen Sie die ◔-Schaltfläche und wählen Sie ebenfalls „Grad" im Feld „Wählen Sie einen Bewertungsparameter". Klicken Sie auf die ⊞ -Schaltfläche oben rechts an der Farbskala, um ein Farbschema auszuwählen. Hier wählen wir die ▢ 缺省 ' ▢▬ -Option.

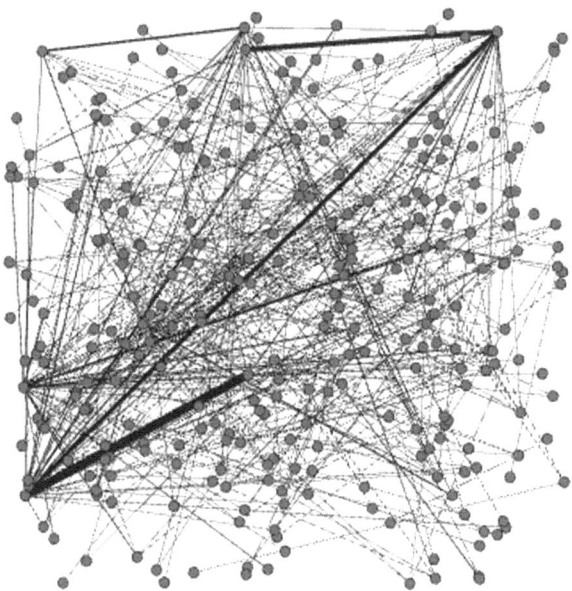

Abb. 4.13 Unangepasste Visualisierung des gemeinsamen Codierungsnetzwerks

3. Nach der Anpassung von Größe und Farbe der Knoten können Sie die Dicke und Farbe der Kanten anpassen. Wählen Sie im Modul „Sortierung" die Schaltfläche „Kante", wählen Sie im Feld „Wählen Sie einen Bewertungsparameter" die Option „Gewicht", klicken Sie auf die ◕-Schaltfläche und anschließend auf die ⊞-Schaltfläche oben rechts an der Farbskala, um ein Farbschema auszuwählen. Hier wählen wir ▢▬▆ . Das angepasste Visualisierungsdiagramm des gemeinsamen Codierungsnetzwerks mit Knoten und Kanten ist in Abb. 4.14 dargestellt.

4. Wählen Sie das Modul „Prozess", klicken Sie auf die Schaltfläche „Prozess auswählen", wählen Sie die Option „FrutchtermanReingold" und stellen Sie den Bereich auf 3000 ein (je größer der Bereich, desto mehr Platz nimmt das Netzwerk ein. Im Allgemeinen gilt: Für je 100 Knoten im Netzwerk erhöht sich der Bereich um 1000 Einheiten. Da unser Beispieldatensatz mehr als 300 Knoten umfasst, wird der Wert auf 3000 gesetzt). Lassen Sie die übrigen Einstellungen unverändert und klicken Sie auf „Start". Das Ergebnis ist in Abb. 4.15 zu sehen.

5. Klicken Sie im unteren Fenster des Moduls „Prozess" auf die Schaltfläche „Spline-Kurve", um die Darstellung verschiedener Splines zu sehen. Neben Spline-Kurven können Sie das Layout der Visualisierung des gemeinsamen Codierungsnetzwerks auch über 𝕋 ▬▬◊▬▬ anpassen, um die Dicke der Kanten insgesamt zu verändern. Um die Beschriftung eines Knotens im Diagramm anzuzeigen, können Sie auf die **T**-Schaltfläche am unteren Rand des Grafikfensters klicken. Außerdem können Sie mit [Arial Bold, 32] ▬▬◊▬■ die Schriftart, -größe und -farbe der Beschriftung anpassen.

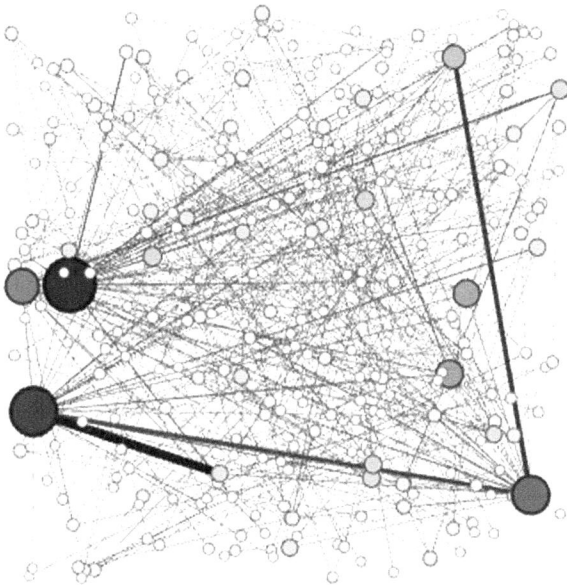

Abb. 4.14 Angepasste Visualisierung des gemeinsamen Codierungsnetzwerks mit Knoten und Kanten

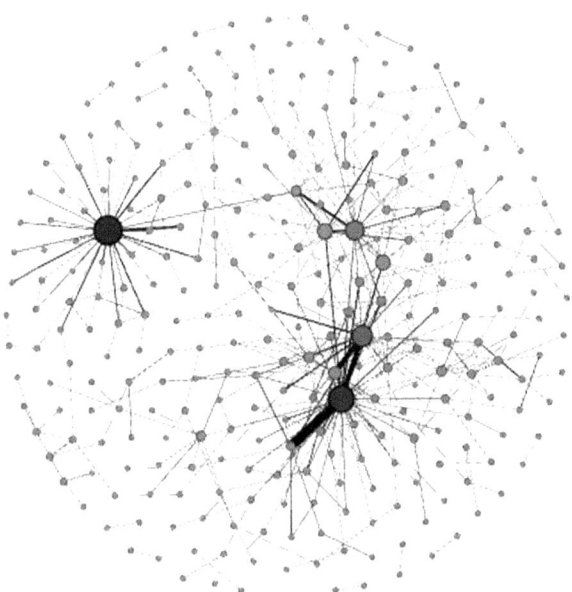

Abb. 4.15 Am unteren Rand des Grafikfensters

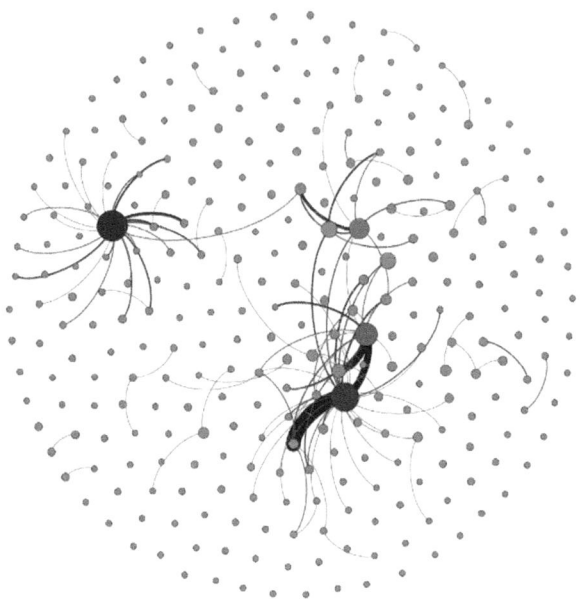

Abb. 4.16 Abschließende Visualisierung des Codierungsnetzwerks

6. Klicken Sie auf die Schaltfläche „Vorschau" und aktualisieren Sie, um die in
   Abb. 4.16 gezeigten visuellen Ergebnisse zu erhalten. Klicken Sie unten links
   auf die Schaltfläche „SVG/PDF/PNG", um die erzeugten Grafiken zu exportieren. Damit ist der Visualisierungsprozess abgeschlossen.

4.6.4   Kantenzugriff auf Basis von Graphen

Bei der Arbeit mit gewichteten Netzwerken kann die Funktion E() aus dem igraph-
Paket verwendet werden, um auf die Kanten im Netzwerkgraphen zuzugreifen und
deren Breite, Gewicht und Farbe zu modifizieren, wie im Folgenden gezeigt:

```
E(graph, P=NULL, path=NULL, directed=TRUE)
```

Dabei steht graph für das Netzwerkgraph-Objekt; *P* bezeichnet den numerischen
Vektor der Knoten-IDs der anzusteuernden Kante; *Path* steht für den Pfad, über
den auf alle Kanten zugegriffen wird; wenn ein Wert für P oder path angegeben
ist, gibt directed an, ob die ausgewählte Kante bzw. der Pfad gerichtet ist.
   Beispiele hierzu sind wie folgt (Abb. 4.17):

Abb. 4.17 Zugriff auf eine
Kante im Ringgraphen

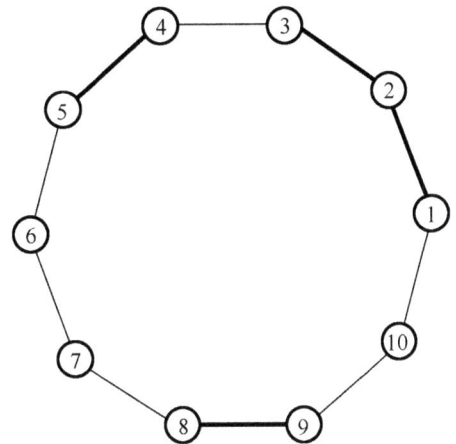

```
Zugriff auf # Kante
>g4_4<-graph.ring(10)        # Erzeugt einen ungerichteten
                            Ringgraphen mit 10 Knoten.
>E(g4_4)                     # Zeigt die Kanten im Netzwerk-
                            diagramm an (die Knoten-IDs jeder
                            Kante)
Kantensequenz:
[1]  2 -- 1
[2]  3 -- 2
[3]  4 -- 3
[4]  5 -- 4
[5]  6 -- 5
[6]  7 -- 6
[7]  8 -- 7
[8]  9 -- 8
[9]  10 --9
[10] 10 --1
> d <- get.diameter(g4_4)    # Bestimmt den Durchmesser
                            des Netzwerkdiagramms g4_4

> E(g4_4, path=d)            # Gibt die Kanten entlang
                            des Durchmessers zurück
Kantensequenz:
[1]  2 -- 1
[2]  3 -- 2
[3]  4 -- 3
[4]  5 -- 4
[5]  6 -- 5
# Eigenschaften einer Kante ändern
```

```
> E(g4_4) $ weight <-runif (ecount (g4_4)) # Weist den Kan-
                                          ten im Netzwerk-
                                          graphen g4_4 Ge-
                                          wichte zu.
> E(g4_4)$width <- 1   # Setzt die Breite der Kanten im
                        Netzwerkdiagramm g4_4 auf 1.
>E(g4_4)[ weight >= 0.5 ]$width <- 3
# Setzt die Breite der Kanten mit Gewicht größer gleich 0,5
im Netzwerkdiagramm g4_4 auf 3.
> plot(g4_4, edge.color="black") # Zeichnet das Netzwerk-
                                  diagramm g4_4 und setzt die
                                  Kantenfarbe auf schwarz,
                                  wie in Abb. 4.17 gezeigt.
```

4.7 Beispiel zur Analyse gewichteter Netzwerke 1 – Codiertes Netzwerk

4.7.1 Definition des Forschungsproblems zum Common-Code-Netzwerk

Im Rahmen der Antragstellung für die National Natural Science Foundation of China muss der Antragsteller den passenden Antragscode auswählen. Da der Antragscode das Fachgebiet des beantragten Projekts repräsentiert, dient er als Grundlage für die Auswahl anonymer Gutachter. Zudem handelt es sich bei der National Natural Science Foundation of China um ein Blindgutachterverfahren, das bedeutet, dass der Gutachter über die spezifische Situation des Antragstellers informiert ist; die Wahl des Antragscodes durch den Antragsteller spiegelt somit auch die Zugehörigkeit zu einem bestimmten akademischen Umfeld wider. Wissenschaftler wählen für verschiedene Projekte unterschiedliche Antragscodes, sodass ein Zwei-Modi-Netzwerk zwischen Wissenschaftlern und den beantragten Codes entsteht, aus dem durch Projektion ein Ein-Modus-Co-Code-Netzwerk generiert werden kann. Die Analyse eines Zwei-Modi-Netzwerks wird hauptsächlich in Kap. 5 behandelt, zunächst wird jedoch das Ein-Modus-Common-Code-Netzwerk vorgestellt.

Im Unterschied zu traditionellen Ansätzen wie Zitations- oder Koautorschaftsanalysen wird in dieser Arbeit die Methode der sozialen Netzwerkanalyse genutzt, um aus der Perspektive der Projektcode-Anwendung ein interdisziplinäres Wissensflusssystem auf Basis des Common-Code-Netzwerks zu konstruieren und die Ungleichverteilung des interdisziplinären Wissensflusses auf verschiedenen Ebenen zu analysieren. Diese Inhomogenität resultiert aus mehreren Faktoren: Erstens bestehen zwischen manchen Disziplinen enge Verwandtschaftsbeziehungen. Zweitens gehören einige Disziplinen zu den

Grundlagenwissenschaften, deren Wissen sehr umfassend und durchdringend ist und daher auch für andere Disziplinen anwendbar ist. Drittens entwickeln sich neue Disziplinen rasant, ihr Wissen wird schnell aktualisiert, sodass sie Wissen aus anderen Disziplinen aufnehmen müssen, um Probleme zu lösen. Im Informationszeitalter fördern Offenheit und Zugänglichkeit von Informationen den Wissensaustausch zwischen verschiedenen Disziplinen. Darüber hinaus werden interdisziplinäre Verbindungen, insbesondere die interdisziplinäre Wissensgenerierung, auch durch die Förderung von Drittmitteln beeinflusst [13, 14]. Hier möchten wir untersuchen: die konkrete Ausprägung des ungleichmäßigen Wissensflusses aus der Perspektive von Förderprojekten, auf Ebene der Fachbereiche und der ersten Fächergruppen. Zusätzlich wird analysiert, ob zwischen bestimmten Disziplinen relativ feste Wissensflusspfade existieren. In diesem Abschnitt wird diese Fragestellung anhand der Analyse des Codex-Netzwerks untersucht, das auf den relevanten Daten der National Natural Science Foundation von 1999 bis 2013 basiert.

4.7.2 Erhebung der Fördercode-Daten

Wir haben die Originaldaten von 1999 bis 2013 aus dem Informationssystem der Nationalen Stiftung für Naturwissenschaften Chinas gesammelt, insgesamt 193.517 Datensätze. Jeder Datensatz enthält Attribute wie Titel, verantwortliche Person, Fördersumme, Bewilligungszeitpunkt, Fachcode, Fachbezeichnung, Projektnummer und Antragsteller. Unter diesen kann die Projektnummer jedes Projekt eindeutig identifizieren, und der Fachcode ist der Antragscode des Projekts, der nicht nur der jeweiligen Abteilung zugeordnet werden kann, sondern auch die erste, zweite und dritte Fachebene angibt. Zum Beispiel ist A010101 der Antragscode eines Projekts, der in vier Teile unterteilt werden kann: A, A01, A0101 und A010101. Diese vier Teile geben jeweils an, dass das Projekt dem Fachbereich Mathematik, der ersten Fachebene Mathematik, der zweiten Fachebene Zahlentheorie und der dritten Fachebene Analytische Zahlentheorie zugeordnet ist.

Im Antragscodestandard der Nationalen Stiftung für Naturwissenschaften Chinas von 2013 (siehe Tab. 4.2) gibt es 8 Fachbereiche von A bis H, 86 erste Fachebenen, 981 zweite Fachebenen und 1679 dritte Fachebenen.

Entsprechend der hierarchischen Struktur des Fachcodes unterteilen wir das Netzwerk der interdisziplinären Ko-Fachbereichscodes in zwei Ebenen, nämlich das Netzwerk der interdisziplinären Ko-Fachbereichscodes und das Netzwerk der interdisziplinären Ko-Erstfachcodes [15].

4.7.3 Bestimmung der Kanten in Codex-Netzwerken

Angenommen, es gibt zwei Projekte, Projekt a und Projekt b. Wenn die Antragscodes von Projekt a und Projekt b unterschiedlich sind, was darauf hinweist,

Tab. 4.2 Codestandards für Projekte der Nationalen Stiftung für Naturwissenschaften im Jahr 2013

Ministerium für Bildung in der Qing-Dynastie	Name des Fachbereichs	Erste Fachebene	Zweite Fachebene	Dritte Fachebene	Zwischensumme
A	Fachbereich Mathematik und Physik	Fünf	45	254	304
B	Fachbereich Chemie	Sieben	76	283	366
C	Fachbereich Lebenswissenschaften	20	153	389	562
D	Fachbereich Geowissenschaften	Sechs	75	Zweiundfünfzig	133
E	Fachbereich Ingenieur- und Materialwissenschaften	Neun	113	295	417
F	Fachbereich Informationswissenschaften	Fünf	45	354	404
G	Fachbereich Wirtschaftswissenschaften	Drei	48	Zweiundfünfzig	103
H	Fachbereich Medizin	31	426	0	457
	Zwischensumme	86	981	1679	2746

dass die beiden Projekte verschiedenen Fachrichtungen zugeordnet sind, aber der Projektleiter von Projekt a und Projekt b identisch ist, so wird angenommen, dass eine interdisziplinäre Beziehung zwischen Projekt a und Projekt b besteht.

Im Datensatz dieser Studie sind die personenbezogenen Attribute des Projektleiters der Name und die zugehörige Einrichtung der verantwortlichen Person. In der Praxis besteht sowohl zwischen Name und verantwortlicher Person als auch zwischen zugehöriger Einrichtung und verantwortlicher Person eine Eins-zu-viele-Beziehung. Das heißt, es ist mehrdeutig, eine Person nur anhand des Namens zu identifizieren. Um diese Mehrdeutigkeit zu beseitigen, kann eine Person entweder über die zugehörige Einrichtung oder über die Koautorschaftsbeziehung identifiziert werden. Da jedoch die Disambiguierung über die zugehörige Einrichtung effektiver ist als über die Koautorschaftsbeziehung [16], verwenden wir die Kombination aus Name und Einrichtung der verantwortlichen Person als eindeutige Identifikation des Individuums.

Wie in Abb. 4.18 dargestellt, verwendet Li Ming von der Universität A die Antragscodes A010101 und B02. Wang Kai von der Universität B verwendet die Antragscodes A010101 und A02. Zhang Qiang von der Universität C verwendet die

Abb. 4.18 Beispiele für Ko-Occurenzbeziehungen zwischen Codes

Antragscodes A02 und B02. Somit haben A010101 und B02 einen gemeinsamen Antragsteller, was auf eine Ko-Occurenzbeziehung zwischen diesen beiden Antragscodes hinweist. Ebenso bestehen Ko-Occurenzbeziehungen zwischen A010101 und A02 sowie zwischen A02 und B02.

4.7.4 Bestimmung der Kantengewichte von Codex-Netzwerken

Für die zweite der beiden Aufgaben, die zur Erstellung eines Codeshare-Netzwerks erforderlich sind, verwenden wir den Wissensmobilitätsindex W_{ij} zwischen den beiden Codes, um das Kantengewicht auszudrücken. Die Berechnungsformel lautet wie folgt:

$$W_{ij} = F_{ij} \times \mathrm{DOID}_{ij} \tag{4.10}$$

Dabei ist F_{ij} die Ko-Occurrences-Häufigkeit des Fachcodes i und des Fachcodes j, was angibt, wie oft diese beiden Codes gemeinsam verwendet werden; DOIDij ist der Interdisziplinaritätsgrad zwischen dem Fachcode i und dem Fachcode j.

Basierend auf der Berechnungsformel für den Interdisziplinaritätsgrad von Anwendungscodes [15] gilt: Wenn die ersten Buchstaben zweier Anwendungscodes unterschiedlich sind, sind die beiden Anwendungscodes interdisziplinär und der berechnete Interdisziplinaritätsgrad beträgt 1. Wenn der erste Buchstabe gleich ist, aber die letzten beiden Zeichen unterschiedlich sind, sind die beiden Anwendungscodes ebenfalls interdisziplinär, mit einem Interdisziplinaritätsgrad von 1/2. Wenn die ersten drei Zeichen gleich sind, aber die letzten beiden Zeichen unterschiedlich, handelt es sich um zwei benachbarte Disziplinen, mit einem Interdisziplinaritätsgrad von 1/3. Wenn die ersten fünf Zeichen gleich sind und die letzten beiden Zeichen unterschiedlich, sind die beiden Anwendungscodes auf drei Disziplinenebenen verwandt, mit einem Interdisziplinaritätsgrad von 1/4. Wenn die beiden Anwendungscodes in einem Über-/Unterordnungsverhältnis stehen, beträgt der Interdisziplinaritätsgrad 0.

Tab. 4.3 Beispiele zur Berechnung der interdisziplinären Wissensmobilität

Fachcode i	Fachcode j	Interdisziplinärer Typ	Interdisziplinaritätsgrad DOIDij	Ko-Occurrences	Wissensmobilität
A010101	B01	Interdisziplinäre Abteilung	Eins	2	2
A010101	A02	Fachübergreifend	1/2	2	Eins
A010101	A010201	Über zwei Disziplinen	1/3	Drei	Eins
A010101	A010102	Disziplinübergreifend auf Ebene	1/4	Vier	Eins
A010101	A01	Über-/Unterordnung	0	2	0
A010101	A0101	Über-/Unterordnung	0	2	0

Wie in Tab. 4.3 gezeigt, sind A010101 und B01 insgesamt zweimal gemeinsam aufgetreten und interdisziplinär, mit einem Interdisziplinaritätsgrad von 1, sodass die Wissensmobilität zwischen ihnen 2 beträgt. Analog dazu sind A010101 und A02 ebenfalls zweimal gemeinsam aufgetreten, beide überschreiten die erste Disziplinenebene, und der Interdisziplinaritätsgrad beträgt 1/2, sodass die Wissensmobilität zwischen ihnen 1 beträgt. Darüber hinaus besteht zwischen A010101 und A01 ein Über-/Unterordnungsverhältnis und der Interdisziplinaritätsgrad beträgt 0, sodass ihre Wissensmobilität ebenfalls 0 ist.

4.7.5 Analyse des Wissensfluss-Pfads

4.7.5.1 Wissensfluss-Pfad zwischen den Abteilungen

Wir haben die Summe der Wissensmobilität zwischen verschiedenen Abteilungen erfasst und diese mithilfe von Software zur sozialen Netzwerkanalyse visualisiert.

Wie in Abb. 4.19 dargestellt, repräsentiert jeder Knoten im inneren Kreis eine Abteilung, wobei verschiedene Abteilungen durch unterschiedliche Farben gekennzeichnet sind. Die Größe des Knotens spiegelt die gesamte Wissensmobilität der jeweiligen Abteilung wider. Aus der Abbildung ist ersichtlich, dass der Knoten der Abteilung C am größten ist, gefolgt von den Abteilungen H, E, B, A, F und D; der Knoten der Abteilung G ist am kleinsten.

Der innere Kreis spiegelt den Wissensfluss zwischen verschiedenen Abteilungen wider, während der äußere Kreis den Wissensfluss innerhalb derselben Abteilung darstellt. Der Unterschied zwischen der Größe des äußeren und des inneren Kreis-Knotens zeigt die Differenz zwischen interner und externer Wissensmobilität des Knotens. In Abb. 4.19 sind die Knoten der Abteilung G im äußeren

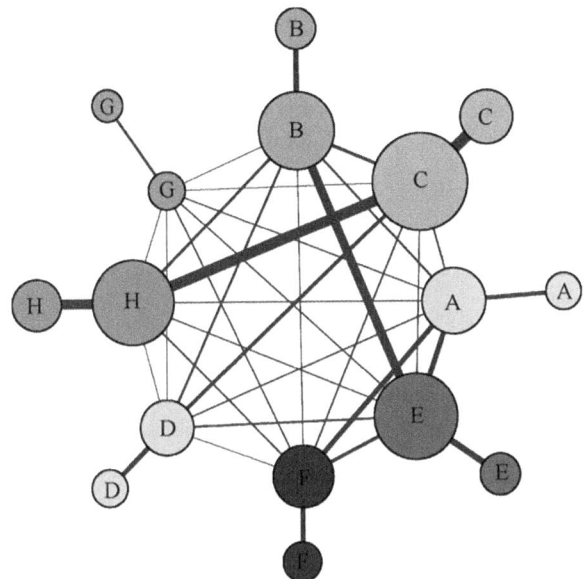

Abb. 4.19 Wissensfluss-Pfad zwischen den Abteilungen

und inneren Kreis ähnlich groß, was auf die Wissensstruktur der Abteilung G hinweist.

Der überwiegende Teil der Wissensmobilität stammt aus der eigenen Abteilung, was auf eine hohe Wissenskohäsion hinweist; der Wissensaustausch mit anderen Abteilungen ist gering. Dies erklärt auch, warum die Knotengröße der Abteilung G am kleinsten ist. Bei den anderen Abteilungen ist die Wissensmobilität zwischen und innerhalb der Abteilungen gleichmäßiger verteilt.

Die Kante zwischen den Knoten stellt die Verbindung zwischen zwei Fachcodes dar, und die Dicke der Kante repräsentiert das Ausmaß der Wissensmobilität zwischen den Knoten. In Abb. 4.19 gibt es zwei Hauptpfade: einen von B-E-A-F und einen weiteren von D-C-H. Die chinesischen Bezeichnungen lauten: Fachbereich Chemie – Ingenieur- und Materialwissenschaften – Mathematik – Informationswissenschaften sowie Geowissenschaften – Lebenswissenschaften – Medizin.

Die Entstehung dieser beiden Pfade ist ebenfalls leicht nachvollziehbar: Die Kombination von Chemie und Ingenieur- bzw. Materialwissenschaften hat das Fach Chemieingenieurwesen und Materialien hervorgebracht, bis hin zu einer eigenen Fakultät für Chemieingenieurwesen und Materialien. Zudem umfassen Ingenieur- und Materialwissenschaften auch physikalische Materialien und beinhalten zahlreiche mechanische Kenntnisse, was eine enge Verbindung zur Mathematik schafft. Informationswissenschaften wiederum nutzen viele mathematische Methoden zur Modell- und Algorithmuserstellung und sind daher eng mit der Mathematik verbunden. Geowissenschaften beschäftigen sich mit der äußeren Umwelt wie Geologie, Atmosphäre und Ozean, während Lebenswissenschaften die verschiedenen Elemente des Ökosystems und deren Beziehung zur Umwelt untersuchen – hier gibt es viele Überschneidungen. Medizin und Lebenswissenschaften sind verwandte Disziplinen und daher naturgemäß eng miteinander verbunden.

4.7.5.2   Wissensfluss-Pfad zwischen Disziplinen auf unterschiedlichen Ebenen

Im Folgenden richten wir den Fokus auf das Innere jeder Abteilung und visualisieren das Netzwerk ebenfalls mit sozialer Netzwerkanalyse, wie in Abb. 4.20 dargestellt. Das Diagramm zeigt acht zusammenhängende Komponenten, wobei jede Komponente durch einen eigenen Bereich gekennzeichnet ist; verschiedene Bereiche stehen für unterschiedliche Abteilungen.

Der Grad der Nähe zwischen den Knoten in jeder Komponente unterscheidet sich, was an der Dicke der Kanten zwischen den Knoten erkennbar ist. Die Kante steht für die Verbindung zwischen zwei erstgradigen Disziplinknoten, und die

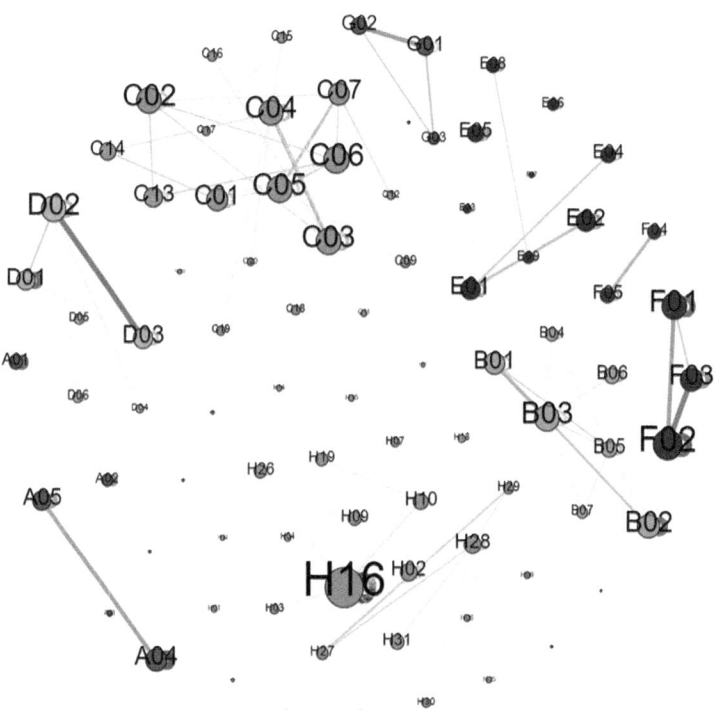

Abb. 4.20 Wissensfluss-Pfad zwischen Disziplinen auf unterschiedlichen Ebenen

Dicke der Kante repräsentiert das Gewicht, also die Wissensmobilität zwischen zwei erstgradigen Disziplinen. Die Dicke der Kanten ist in jeder Komponente unterschiedlich. Besonders dicke Kanten sind: A05-A04 in Abteilung A; B01-B03, B01-B05 und B03-B02 in Abteilung B; C07-C05, C04-C03 in Abteilung C; C02-C13, C13-C06 und C14-C01, D02-D03 in Abteilung D; sowie E01-E02, E01-E04 und F in Abteilung E; F01-F02, F02-F03 und F04-F05 in Abteilung F; G01-G02 in Abteilung G; und H27-H29 in Abteilung H. Diese Knoten stehen in enger Beziehung zueinander, die Wissensmobilität ist hoch und es haben sich relativ stabile Wissensfluss-Pfade gebildet.

Die Knotengröße im Diagramm steht für den Grad des Knotens, also die Anzahl der anderen erstgradigen Disziplinen, die direkt mit einer einzelnen erstgradigen Disziplin verbunden sind, und gibt damit den Einflussbereich der Knotenverbindung einer Disziplin an. Die oben genannten Knoten mit großem Einflussbereich werden als HUB-Knoten bezeichnet. Wie in Tab. 4.4 gezeigt, umfassen die HUB-Knoten auf erstgradiger Disziplin-Ebene: A04 und A05 in Abteilung A; B01, B02 und B03 in Abteilung B; C01, C02, C03, C04, C05, C06, C07, C13 und C14 in Abteilung C; D01, D02 und D03 in Abteilung D; sowie E01 in Abteilung E.

Vergleicht man die erstgradigen Disziplinknoten im Wissensfluss-Pfad mit den erstgradigen Disziplinknoten mit großem Einflussbereich, so zeigt sich, dass erstere – mit Ausnahme der Abteilung H (Medizin) – letztere umfassen. Dies lässt darauf schließen, dass eine erstgradige Disziplin mit großem Einflussbereich häufig auch ein wichtiger Knoten im Wissensfluss-Pfad ist. Mit anderen Worten: Abgesehen von der Abteilung H sind die Verbindungen zwischen den HUB-Knoten auf erstgradiger Disziplin-Ebene in den anderen Abteilungen meist eng.

Insgesamt gibt es in der Abteilung C (Lebenswissenschaften) mehr HUB-Knoten auf erstgradiger Disziplin-Ebene, was darauf hindeutet, dass die HUB-Knoten in dieser Abteilung gleichmäßiger wachsen und das Wissen zwischen den Disziplinen stärker integriert ist. H16 (Onkologie), H29 (Integrierte Traditionelle Chinesische und Westliche Medizin) und H27 (Traditionelle Chinesische Medizin) in

Tab. 4.4 Wichtige Knoten im fachübergreifenden Codierungsnetzwerk jeder Abteilung

Bildungsministerium der Qing-Dynastie	Erstgradiger Disziplinknoten im Wissensfluss-Pfad	HUB-Knoten auf erstgradiger Disziplin-Ebene
A	A04, A05	A04, A05
B	B01, B02, B03, B05	B01, B02, B03
C	C01, C02, C03, C04, C05, C06, C07, C13, C14	C01, C02, C03, C04, C05, C06, C07, C13, C14
D	D02, D03	D01, D02, D03
E	E01, E02, E04	E01, E02, E05, E04,
F	F01, F02, F03, F04, F05	F01, F02, F03
G	G01, G02	G01, G02
H	H27, H29	H16

Abteilung H sind allesamt wichtige Knoten, aber andere Knoten tendieren bei der Verbindung wichtiger Knoten nur zu H16. Dies zeigt, dass die HUB-Knoten in Abteilung H noch nicht in großem Umfang gewachsen sind.

4.7.6 Forschungsergebnisse zu gemeinsamen Codierungsnetzwerken

Zusammenfassend zeigt die Analyse des Codierungsnetzwerks, dass die Wissensmobilität in den verschiedenen Abteilungen unterschiedlich ausgeprägt ist. Die Abteilung G (Wirtschaftswissenschaften) weist eine hohe Wissenskohäsion auf, hat jedoch wenig Kontakt zu anderen Abteilungen; zwischen einigen Abteilungen findet hingegen ein reger Wissensaustausch statt, wobei sich zwei relativ stabile Wissensfluss-Pfade herausgebildet haben, nämlich Chemie – Ingenieur- und Materialwissenschaften – Mathematik – Informationswissenschaften sowie Geowissenschaften – Lebenswissenschaften – Medizin. Auch innerhalb einer Abteilung ist die Wissensmobilität zwischen den erstgradigen Disziplinen ungleich verteilt. Eine erstgradige Disziplin mit großem Einflussbereich bildet häufiger einen Wissensfluss-Pfad als andere Disziplinen mit großem Einflussbereich. Das Wachstum der HUB-Knoten auf erstgradiger Disziplin-Ebene unterscheidet sich jedoch zwischen den Abteilungen: In Abteilung C ist es relativ gleichmäßig, während in Abteilung H ein großflächiges Wachstum noch aussteht.

4.8 Gewichtete Netzwerkanalyse: Beispiel eines Zwei-Team-Netzwerks

4.8.1 Definition der gewichteten gerichteten Netzwerkentropie

Das Wesentliche des Spiels ist ein Netzwerkbildungsprozess, bei dem die Spieler wiederholt durch Passen und Fangen des Balls kooperieren. Im Verlauf der Zusammenarbeit müssen sie den Ball häufig mehrmals abspielen, um mehrere Verteidigungslinien zu überwinden, bevor sich eine Angriffsgelegenheit ergibt. Durch das Pass- und Fangspiel entsteht ein Netzwerk, beispielsweise: Spieler A spielt zu Spieler B, Spieler B passt zu Spieler C, Spieler C zu Spieler D, Spieler D wieder zu Spieler B, und schließlich wirft Spieler B auf den Korb. Dieser Ablauf bildet somit ein gerichtetes Netzwerk: A → B → C → D → B, wie in Abb. 4.21 dargestellt.

Abb. 4.21 Schematische
Darstellung des Pass- und
Fangnetzwerks

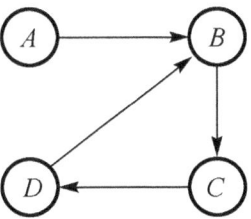

Die Netzwerkstruktur der Individuen in einer Organisation spielt eine entscheidende Rolle für die Arbeitsleistung. Dasselbe Team zeigt bei unterschiedlichen Netzwerkstrukturen eine völlig unterschiedliche Kampfkraft. In dieser Studie werden die Definition und der Algorithmus der gewichteten gerichteten Netzwerkentropie (WDNE) vorgeschlagen. Je größer die WDNE des Netzwerks, desto geringer ist die Abhängigkeit von den Kernknoten, desto robuster und stabiler ist das Netzwerk. Ist die WDNE des Netzwerks kleiner, steigt die Abhängigkeit vom Kernknoten, was zu einer Verstärkung der Schwankungen des Kernknotens im gesamten Netzwerk führt und somit die Netzwerkrobustheit schwächt. Je größer die gewichtete gerichtete Knotenentropie eines Knotens, desto größer ist dessen Beitrag zur Stabilität des gesamten Netzwerks und desto stärker wirkt sich eine Schwankung dieses Knotens auf das gesamte Netzwerk aus. Die WDNE kann sowohl die Stabilität eines Netzwerks insgesamt widerspiegeln als auch als Bewertungsmaßstab für das Team dienen. Sie liefert wichtige Hinweise für taktische Verbesserungen und die Zusammenarbeit im Team und ist zudem originell, da sie die Bedeutung von Teamorganisation, Kooperation und einzelnen Spielern aus der Perspektive sozialer Netzwerke aufzeigt.

Entropie als physikalische Größe zur Beschreibung der Struktur komplexer Systeme wird in der Theorie komplexer Systeme breit eingesetzt und stellt ein wichtiges Werkzeug zur Untersuchung solcher Systeme dar. Mit der Verbreitung und Anwendung des Entropiebegriffs in verschiedenen Disziplinen wurde dieser in der Mitte des 20. Jahrhunderts weiter ausgebaut. 1948 begründeten Shannon und andere Wissenschaftler die Informationstheorie, in der die Unsicherheit von Informationsquellen im Kommunikationsprozess als Informationsentropie bezeichnet wird und die Menge der eliminierten Unsicherheit als Information. Shannon definierte die Informationsentropie wie in Gl. 4.11:

$$H = -k \sum_{i=1}^{n} P_i \log P_i \tag{4.11}$$

wobei P_i die Wahrscheinlichkeit für das Eintreten des i-ten Zustands darstellt; n ist die Anzahl der Knoten. Shannon führte den Entropiebegriff in die Informationstheorie ein, verlieh ihm eine umfassende Bedeutung und eröffnete neue Anwendungsfelder des menschlichen Wissens.

4.8.1.1 Netzwerkentropie

Ziel eines Netzangriffs ist es, die Sicherheitsleistung des gegnerischen Netzwerks zu beeinträchtigen; der Unterschied in der Sicherheitsleistung vor und nach dem Angriff kann als Bewertungsmaßstab für die Angriffswirkung dienen. Es gibt zahlreiche Indikatoren für die Netzwerksicherheit, und die Frage, welche Indikatoren die Wirkung eines Netzangriffs angemessen und effektiv beschreiben können, ist ein schwieriges Problem. In Anlehnung an den Entropiebegriff der Informationstheorie schlugen Zhang Yirong und andere die Theorie der „Netzwerkentropie" zur Bewertung der Netzwerkleistung vor. Für einen bestimmten Leistungsindikator des Netzwerks kann die Netzwerkentropie wie folgt definiert werden:

$$H_i = -\log_2 V_i, i = 1, 2, \cdots, n \tag{4.12}$$

wobei V_i der normalisierte Parameter des i-ten Indikators ist; n die Anzahl der Knoten darstellt.

Die Netzwerkentropie des Netzwerksystems sollte die gewichtete Summe der Netzwerkentropien aller Einzelindikatoren sein, wie in Gl. 4.12 dargestellt:

$$H = \sum_{i=1}^{n} \omega_i H_i \tag{4.13}$$

wobei w_i das Gewicht des i-ten Indikators ist; n die Anzahl der Knoten darstellt.

Die von Zhang Yirong definierte Netzwerkentropie ist jedoch nicht vollkommen. Wird beispielsweise ein Netzwerkknoten angegriffen, so ist der betroffene Knoten unbestimmt, und der Netzwerkdurchsatz sowie die Kanalauslastung nach dem Angriff können nicht berechnet werden; daher kann die sogenannte Netzwerkentropie in diesem Fall nicht diskutiert werden.

4.8.1.2 Netzwerkstrukturentropie

Das skalenfreie Netzwerk ist eine weltweit verbreitete Netzwerkform, etwa das World Wide Web. In skalenfreien Netzwerken gibt es einige wenige „Kernknoten" mit vielen Verbindungen und eine große Anzahl von „Randknoten" mit wenigen Verbindungen. Solche Netzwerke sind heterogen oder „inhomogen". Um diese Heterogenität komplexer Netzwerke quantitativ zu beschreiben, führten Tan Yuejin und andere das Konzept der Netzwerkstrukturentropie ein.

Zunächst wird die Berechnungsformel für die Knotenbedeutung angegeben:

$$I_i = \frac{d_i}{\sum_{i=1}^{n} d_i} \tag{4.14}$$

wobei I_i die Bedeutung des i-ten Knotens ist; n die Anzahl der Knoten im Netzwerk; di den Grad des i-ten Knotens bezeichnet. Außerdem gilt: Wenn $di = 0$, wird der Knoten nicht betrachtet, es wird also angenommen, dass $d_i > 0$ und somit $I_i > 0$.

Entropie ist ein Maß für Unordnung. Ist das Netzwerk zufällig verbunden und die Bedeutung jedes Knotens etwa gleich, so gilt das Netzwerk als „ungeordnet". Ist das Netzwerk hingegen skalenfrei, das heißt, es gibt wenige „Kernknoten" und viele „Randknoten" und die Bedeutung der Knoten unterscheidet sich, so gilt das Netzwerk als „geordnet". Im Folgenden wird das Konzept der Netzwerkstruktur-entropie eingeführt, um diese „Ordnung" quantitativ zu messen:

$$E = - \sum_{i=1}^{n} I_i \ln I_i \qquad (4.15)$$

wobei E die Netzwerkstrukturentropie ist; n die Anzahl der Knoten im Netzwerk; I_i die Bedeutung des i-ten Knotens. Die Netzwerkstrukturentropie findet in vielen Bereichen breite Anwendung.

4.8.1.3   Gewichtete gerichtete Netzwerkentropie

Sowohl Zhang Yirongs „Netzwerkentropie" als auch Tan Yuejins „Netzwerk-strukturentropie" untersuchen ungewichtete, ungerichtete Netzwerke. Für ge-wichtete, gerichtete Netzwerke wird in dieser Studie das Konzept der gewichteten gerichteten Netzwerkentropie eingeführt, um Unordnung quantitativ zu messen. Im Folgenden wird dies am Beispiel des Ballspiels erläutert.

Betrachten wir das gewichtete gerichtete Netzwerk des Passspiels eines Teams, wie in Abb. 4.22 dargestellt.

Die Knoten an vier verschiedenen Positionen repräsentieren jeweils vier Spie-ler: Spieler A, Spieler B, Spieler C und Spieler D. Zwischen jedem Knotenpaar im Diagramm existiert eine gerichtete Kante, deren Richtung durch den Pfeilverlauf angezeigt wird.

Beispielsweise bezeichnet der zum Mund zeigende Pfeil zwischen A und D die Kante von A nach D, wobei die Dicke dieser Kante die Anzahl der Pässe von A

Abb. 4.22 Schematische Darstellung eines gewichteten gerichteten Netzwerks beim Pass- und Fangspiel eines Teams

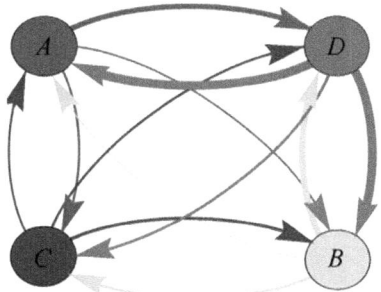

Passgeber	Fänger	Häufigkeit
A	D	12
A	B	Vier
A	C	Fünf
B	D	15
B	A	Drei
B	C	Acht
C	D	Fünf
C	A	Vier
C	B	Sieben
D	A	20
D	B	18
D	C	Sechs

Tab. 4.5 Anzahl der Pässe zwischen Spielern (Gewicht der Kanten)

zu D angibt. Der zu A zeigende Pfeil zwischen A und D steht für die Kante von D nach A, deren Dicke die Anzahl der von D zu A gespielten Bälle darstellt.

Die Dicke der Kante ist direkt proportional zum Gewicht der Kante (der Anzahl der Pässe und Fänge). Siehe Tab. 4.5 für das Gewicht der Kante.

Bedeutung der Kanten und gewichtete gerichtete Kantenentropie

Definition 1:

$$E_{i,j} = \frac{W_{i,j}}{\sum\limits_{i=1}^{n} \sum\limits_{\substack{j=1, \\ i \neq j}}^{n} W_{i,j}} \tag{4.16}$$

wobei $E_{i,j}$ und j die Bedeutung der gerichteten Kante $\vec{e}_{i,j}$ vom Knoten i zum Knoten j sind; n steht für die Anzahl der Knoten im Netzwerk; $W_{i,j}$ bezeichnet das Gewicht der Kante $\vec{e}_{i,j}$. $E_{i,j}$ ist das Verhältnis des Gewichts der Kante $\vec{e}_{i,j}$ zur Summe der Gewichte aller Kanten. Existiert keine gerichtete Kante vom Knoten i zum Knoten j, so existiert $\vec{e}_{i,j}$ nicht, daher gibt es auch kein $E_{i,j}$ und j. Als Beispiel siehe Abb. 4.22. Das Gewicht der Kante $\vec{e}_{A,D}$ ist:

$$W_{A,D} = 12$$

Die Summe der Gewichte aller Kanten ist:

$$\sum\limits_{i=1}^{n} \sum\limits_{\substack{j=1, \\ i \neq j}}^{n} W_{i,j} = 12 + 4 + 5 + 15 + 3 + 8 + 5 + 4 + 7 + 20 + 18 + 6 = 107$$

Die Bedeutung der Kante $\vec{e}_{A,D}$ 4. ist:

$$E_{A,D} = \frac{W_{A,D}}{\sum\limits_{i=1}^{n} \sum\limits_{\substack{j=1, \\ i \neq j}}^{n} W_{i,j}} = \frac{12}{107}$$

Definition 2:

$$H_{i,j} = -E_{i,j} \ln E_{i,j} \qquad (4.17)$$

wobei H_{i},j die gewichtete gerichtete Kantenentropie der Kante $\vec{e}_{i,j}$ ist. Die Bedeutung einer gerichteten Kante beeinflusst ihren Beitrag zur Stabilität und Unordnung des gesamten Netzwerks. Allerdings gilt nicht, dass mit steigender Bedeutung einer Kante auch ihr Beitrag zunimmt. Ist die Bedeutung der Kanten zu groß, konzentrieren sich die Gewichte im gesamten Netzwerk, der Nachordnungsgrad des Netzwerks steigt, die Gewissheit nimmt zu und die Stabilität nimmt ab.

Eigenschaft 1: Wenn $E_{i,j}$ im Intervall (0, e-1] liegt, steigt $H_{i,j}$ monoton mit $E_{i,j}$. Liegt $E_{i,j}$ im Intervall (e1, 1], sinkt $H_{i,j}$ monoton mit $E_{i,j}$; der Wertebereich von $H_{i,j}$ ist [0, e1].

Hinweis: Eigenschaft 1 ist unabhängig von der Basis des Logarithmus der gewichteten gerichteten Kantenentropie. Für Entropie werden in der Regel die Basen 2, e und 10 verwendet, aber unabhängig von der gewählten Basis gilt Eigenschaft 1; der entsprechende Beweis ergibt sich aus dem Extremwert der Funktion und ihrer Ableitung.

Als Beispiel sei Abb. 4.22 betrachtet. Die gewichtete gerichtete Kantenentropie der gerichteten Kante ist: Die gewichtete gerichtete Kantenentropie der gerichteten Kante $\vec{e}_{A,D}$ beträgt:

$$H_{A,D} = -E_{A,D} \ln E_{A,D} = -\frac{12}{107} \ln \left(\frac{12}{107} \right) = 0.2454$$

Tab. 4.6 zeigt die Bedeutung und die gewichtete gerichtete Kantenentropie der paarweisen gerichteten Kanten zwischen den vier Akteuren in Abb. 4.22.

In Tab. 4.5 ist die Bedeutung aller Kanten kleiner als e-1, und die gewichtete gerichtete Kantenentropie steigt monoton mit der Kantenbedeutung. Da das Gewicht von $\vec{e}_{D,A}$ mit 20 am größten ist und auch seine Bedeutung mit 20/107 am höchsten ist, ergibt sich die größte gewichtete gerichtete Kantenentropie von 0,3135. Da hingegen das Gewicht von $\vec{e}_{C,A}$ mit 4 am kleinsten ist, ist auch seine Bedeutung mit 4/107 am geringsten, was zu der kleinsten gewichteten gerichteten Kantenentropie von 0,1229 führt. Wenn das Gewicht weniger Kanten einen großen Anteil am Gesamtgewicht des Netzwerks ausmacht, konzentriert sich das gesamte Netzwerkgewicht, was zu einem Rückgang der Unordnung im Netzwerk führt. Gleichzeitig beeinflussen Schwankungen einiger Verbindungen das gesamte

Tab. 4.6 Bedeutung und gewichtete gerichtete Kantenentropie jeder Kante

Sender	Empfänger	Häufigkeit	Bedeutungsgrad	Gewichtete gerichtete Kantenentropie
A	D	12	12/107	0,2454
A	B	Vier	4/107	0,1229
A	C	Fünf	5/107	0,1431
B	D	15	15/107	0,2754
B	A	Drei	3/107	0,1002
B	C	Acht	8/107	0,1939
C	D	Fünf	5/107	0,1431
C	A	Vier	4/107	0,1229
C	B	Sieben	7/107	0,1784
D	A	20	20/107	0,3135
D	B	18	18/107	0,2999
D	C	Sechs	6/107	0,1616

Netzwerk erheblich, was zu einer Abnahme der Robustheit und Stabilität des Netzwerks führt.

Gewichtete gerichtete Knotenentropie

Definition 3:

$$V_{i^+} = \sum_{\substack{j=1, \\ i \neq j}}^{n} H_{i,j} \tag{4.18}$$

wobei V_{i^+} die gewichtete ausgehende Knotenentropie des Knotens i ist, die die Summe der gewichteten gerichteten Kantenentropien aller von diesem Knoten ausgehenden gerichteten Kanten darstellt. Als Beispiel sei Abb. 4.22 betrachtet. Die gewichtete ausgehende Knotenentropie von A ist:

$$V_{A^+} = H_{A,D} + H_{A,B} + H_{A,C} = 0.2454 + 0.1229 + 0.1431 = 0.5114$$

$$V_{i^-} = \sum_{\substack{j=1, \\ i \neq j}}^{n} H_{j,i} \tag{4.19}$$

wobei V_{i^-} die gewichtete eingehende Knotenentropie des Knotens i ist, die die Summe der gewichteten gerichteten Kantenentropien aller an diesem Knoten endenden gerichteten Kanten darstellt.

Tab. 4.7 Gewichtete ausgehende (eingehende) Knotenentropie jedes Knotens

Knoten	Aus-gehendes Gewicht	Ein-gehendes Gewicht	Ausgehendes Gewicht + ein-gehendes Gewicht	Gewichtete ausgehende Knoten-entropie	Gewichtete eingehende Knoten-entropie	Gewichtete gerichtete Knoten-entropie
A	21	27	48	0,5114	0,5366	1,048
D	Vierund-vierzig	32	76	0,775	0,6639	1,4389
B	26	29	55	0,5695	0,6012	1,1707
C	16	19	35	0,4444	0,4986	0,943

Als Beispiel sei Abb. 4.22 betrachtet. Die gewichtete Entropie des eingehenden Knotens von A ist:

$$V_{A^-} = H_{D,A} + H_{B,A} + H_{C,A} = 0.3135 + 0.1002 + 0.1229 = 0.5366$$

Tab. 4.7 zeigt die gewichtete ausgehende (eingehende) Knotenentropie jedes Knotens in Abb. 4.22.

Der Beitrag eines Knotens zur Stabilität des gesamten Netzwerks hängt von der gewichteten gerichteten Knotenentropie des Knotens ab. Je größer die gewichtete gerichtete Knotenentropie eines Knotens ist, desto größer ist sein Beitrag zur Stabilität des gesamten Netzwerks. Die gewichtete gerichtete Knotenentropie eines Knotens hängt von der Bedeutung und der Anzahl der ausgehenden (eingehenden) Kanten ab, die mit dem Knoten verbunden sind. Je näher die Bedeutung der ausgehenden (eingehenden) Kanten eines Knotens an e1 liegt und je mehr solcher Kanten vorhanden sind, desto größer ist die gewichtete gerichtete Knotenentropie des Knotens und damit auch sein Beitrag zur Stabilität des gesamten Netzwerks. Wenn der Knoten Schwankungen unterliegt, wird das gesamte Netzwerk stark beeinflusst. Durch die gezielte Steuerung dieser Knoten kann das gesamte Netzwerk besser kontrolliert werden, was eine wichtige Rolle spielt.

Gewichtete gerichtete Netzwerkentropie

Definition 4:

$$G^+ = \sum_{i=1}^{n} V_{i^+} \tag{4.20}$$

wobei G^+ die gewichtete ausgehende Netzwerkentropie des gesamten Netzwerks ist, die durch Summation der gewichteten ausgehenden Knotenentropie aller Knoten erhalten wird (siehe Abb. 4.22).

Beispielsweise:

$$G^+ = V_{A^+} + V_{D^+} + V_{B^+} + V_{C^+} = 0.5114 + 0.775 + 0.5695 + 0.4444 = 2.3003$$

$$G^- = \sum_{i=1}^{n} V_{i^-} \qquad (4.21)$$

wobei G^- die gewichtete eingehende Netzwerkentropie des gesamten Netzwerks ist, die durch Summation der gewichteten eingehenden Knotenentropie aller Knoten erhalten wird (siehe Abb. 4.22).

Beispielsweise:

$$G^- = V_{A^-} + V_{D^-} + V_{B^-} + V_{C^-} = 0.5366 + 0.6639 + 0.6012 + 0.4986 = 2.3003$$

$G^+ = G^-$ lässt sich durch folgende Herleitung beweisen:

$$
\begin{aligned}
G^+ &= \sum_{1}^{n} V_{i^+} == \sum_{i=1}^{n} \sum_{\substack{j=1, \\ i \neq j}}^{n} - E_{ij} \ln E_{ij} = - \sum_{i=1}^{n} \sum_{\substack{j=1, \\ i \neq j}}^{n} E_{ij} \ln E_{ij} \\
&= - \sum_{j=1}^{n} \sum_{\substack{i=1, \\ i \neq j}}^{n} E_{ji} \ln E_{ji} = - \sum_{i=1}^{n} \sum_{\substack{j=1, \\ i \neq j}}^{n} E_{ji} \ln E_{ji} \\
&= \sum_{i=1}^{n} \sum_{\substack{j=1, \\ i \neq j}}^{n} - E_{ji} \ln E_{ji} = \sum_{1}^{n} V_{i^-} = G^-
\end{aligned}
\qquad (4.22)
$$

Daher kann man G^+ oder G^- als gewichtete gerichtete Netzwerkentropie bezeichnen. Es ist leicht ersichtlich, dass die Summe der gewichteten gerichteten Knotenentropie aller Knoten doppelt so groß ist wie die gewichtete gerichtete Netzwerkentropie dieses Netzwerks.

In diesem Abschnitt wird die gewichtete gerichtete Netzwerkentropie verwendet, um die Stabilität und den Ordnungsgrad des gewichteten gerichteten Netzwerks zu untersuchen. Dabei ersetzt die gewichtete gerichtete Netzwerkentropie nicht andere Kennzahlen wie die Gradverteilung des gewichteten gerichteten Graphen. Vielmehr verhält sich die Beziehung zwischen der gewichteten gerichteten Netzwerkentropie und anderen Kennzahlen ähnlich wie die Beziehung zwischen den digitalen Merkmalen von Zufallsvariablen und der Wahrscheinlichkeitsverteilungsfunktion, was ihre komplementäre Natur verdeutlicht. Die gewichtete gerichtete Netzwerkentropie kann den Streuungsgrad der Gewichte in einem Netzwerk präziser erfassen. Wenn die Anzahl der verbundenen Kanten im Netzwerk größer ist und die Gewichte gleichmäßiger verteilt sind, sind die Gewichte im gesamten Netzwerk stärker gestreut, was zu einer gleichberechtigteren Stellung jedes Knotens führt. Infolgedessen steigt die Gesamtstabilität des Netzwerks und die Robustheit gegenüber Schwankungen von Knoten und Kanten nimmt zu.

4.8.2 Soziale Netzwerkanalyse der NBA-Finals 2017 auf Basis gewichteter gerichteter Netzwerkentropie

4.8.2.1 Zentralisierte Organisation und dezentralisierte Organisation

In diesem Abschnitt werden zwei Organisationsformen vorgestellt – die zentralisierte Organisation und die dezentralisierte Organisation. Angenommen, es gibt zwei Teams: $\{A, B, C, D, E\}$ und $\{F, G, H, I, J\}$; besteht eine Pass- und Fangbeziehung, so existiert eine Kante zwischen den beiden Spielern, wobei das Gewicht der Kante proportional zur Anzahl der Pässe und Fänge ist, wie in Abb. 4.23 dargestellt.

Dabei beträgt die Anzahl der Pässe zwischen Spieler A und den Spielern B, C, D und E jeweils 6, während die Anzahl der Pässe zwischen den Spielern B, C, D und E jeweils 1 beträgt. Somit ergibt sich für das Team $\{A, B, C, D, E\}$ eine Gesamtzahl von 30 Pässen. Die Anzahl der Pässe und Fänge zwischen den Spielern F, G, H, I und J beträgt jeweils 3, sodass auch das Team $\{F, G, H, I, J\}$ insgesamt 30 Pässe und Fänge aufweist. Obwohl zwischen jedem Spielerpaar beider Teams eine Pass- und Fangbeziehung besteht, ist offensichtlich, dass die Organisationsform des Teams $\{A, B, C, D, E\}$ zentralisiert ist, mit dem Spieler A als Kern. Die Anzahl der Pässe zwischen Spieler A und den anderen Spielern B, C, D und E beträgt 6, während die Anzahl der Pässe zwischen den übrigen Spielern (B, C, D und E) jeweils 1 beträgt. Spieler A ist an 80 % aller Pässe beteiligt, und die Anzahl der Pässe zwischen Spieler A und den anderen Spielern ist deutlich höher als zwischen den übrigen Spielern. Die Organisationsform des Teams $\{F, G, H, I, J\}$ hingegen ist dezentralisiert. Die Anzahl der Pässe und Fänge zwischen den Spielern beträgt jeweils 3, und alle Spieler haben den gleichen Status. Es gibt keine klare Unterscheidung zwischen Kern- und Randspielern.

4.8.2.2 Zentralisierte Cavaliers und dezentrale Warriors

Am 2. Juni 2017 begannen die NBA-Finals, in denen der Western-Champion Golden State Warriors gegen den Eastern-Champion Cleveland Cavaliers um

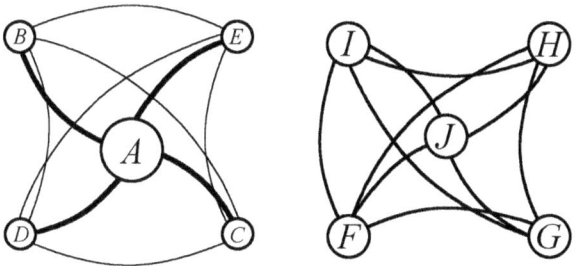

Abb. 4.23 Zentralisierte Organisation und dezentralisierte Organisation

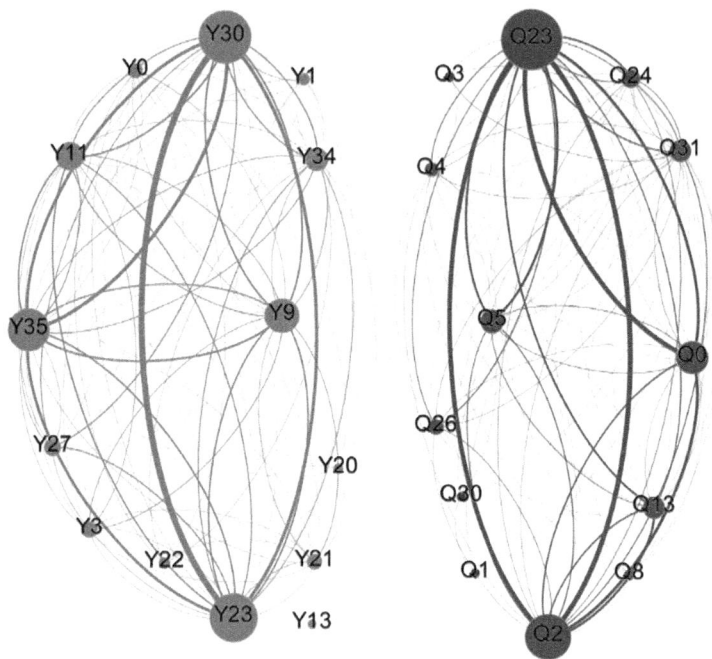

Abb. 4.24 Umfassendes Pass-und-Fang-Netzwerk aus fünf Spielen

die NBA-Meisterschaft 2016–2017 kämpfte. Durch die Analyse der Videoaufzeichnungen der NBA-Finals 2017 wurden für jedes der fünf Spiele die Pass- und Fangwege erfasst und anschließend ein gewichtetes, gerichtetes Netzwerk erstellt, bei dem die Pässe und Fänge die Kanten und die Spieler die Knoten darstellen. Das Pass- und Fangnetzwerk der fünf Spiele wurde zusammengeführt und das umfassende Pass- und Fangnetzwerk mit Hilfe der Software Gephi in Abb. 4.24 visualisiert. Zur besseren Übersicht wurden die Golden State Warriors dargestellt.

Die Spieler des Teams werden durch „Y" plus die Spielernummer dargestellt. Beispielsweise steht „Y35" für Kevin Durant, den Spieler mit der Nummer 35 der Golden State Warriors. Die Spieler der Cleveland Cavaliers werden durch „Q" plus die Spielernummer bezeichnet, zum Beispiel „Q23" für LeBron James, den 23. Spieler der Cleveland Cavaliers.

Die konkreten gewichteten Out-Degrees, In-Degrees und Gewichtswerte jedes Spielers sind in Tab. 4.8 aufgeführt, da es einige Spieler gibt. Bemerkenswert ist, dass Tab. 4.8 die Daten der acht wichtigsten Spieler beider Teams zeigt, wobei die Spielzeit und die erzielten Punkte priorisiert wurden.

Relevante Indikatoren der Netzwerkkanten sind in Tab. 4.9 dargestellt.

Die Zentralisierung der beiden Teams zeigt sich auf drei Ebenen: Netzwerkkante, Netzwerkknoten und Gesamtnetzwerk.

Tab. 4.8 Pass-und-Fang-Grad der Spieler beider Teams

Mannschaft	Spieler	Gewichteter Eingangsgrad	Gewichtete Entropie der eingehenden Knoten	Gewichteter Ausgangsgrad	Gewichtete Entropie der ausgehenden Knoten	Gewichtungsgrad	Gewichtete gerichtete Knotenentropie
Cavaliers	Q23	347	0,94	308	0,85	655	1,79
	Q2	277	0,77	192	0,57	469	1,34
	Q0	118	0,38	185	0,51	303	0,89
	Q5	102	0,35	Neunundachtzig	0,31	191	0,66
	Q13	61	0,22	112	0,37	173	0,59
	Q31	77	0,33	91	0,37	168	0,70
	Q24	62	0,24	61	0,25	123	0,49
	Q26	41	0,17	45	0,19	86	0,36
Warriors	Y30	300	0,71	257	0,66	557	Eins Komma drei sieben
	Y23	212	0,60	294	0,71	506	1,31
	Y35	239	0,64	189	0,53	428	1,17
	Y9	154	0,48	172	0,51	326	0,99
	Y11	139	0,43	112	0,38	251	0,81
	Y34	93	0,32	Fünfundachtzig	0,29	178	0,61
	Y27	45	0,16	66	0,23	111	0,39
	Y3	48	0,18	47	0,18	95	0,36

Tab. 4.9 Relevante Indikatoren der Netzwerkkanten

Mannschaft	Anzahl gerichteter Kanten	Durchschnittlicher Gewichtungsgrad	Maximaler Gewichtungsgrad	Minimale gewichtete Kante	Standardabweichung
Cavaliers	87	13,14	99	Eins	20,13
Warriors	111	12,23	124	Eins	17,50

Auf der Ebene der Netzwerkkanten, wie in Abb. 4.24 dargestellt, sind die Kanten unterschiedlich dick, aber die Netzdichte der Warriors ist höher als die der Cavaliers und die Kantendicke ist gleichmäßiger verteilt. Neben den Kanten der Knoten Y30, Y23 und Y35 sind auch die Kanten der Knoten Y11, Y9 und Y34 zu anderen Knoten deutlich ausgeprägt. Das Netzwerk der Cavaliers ist, abgesehen von den Kanten der Knoten Q23, Q2 und Q0, sehr dünn. Wie aus Tab. 4.9 ersichtlich, beträgt die Anzahl der gerichteten Kanten bei den Warriors 111 und liegt damit deutlich über den 87 der Cavaliers. Die Anzahl der Pass- und Empfangskanten zwischen den Spielern der Warriors ist um 27,5 % höher als bei den Cavaliers. Neben den Schlüsselspielern haben auch mehr Randspieler Kanten. Über die Anzahl der gerichteten Kanten und den durchschnittlichen Gewichtungsgrad lässt sich die Gesamtzahl der Pässe bestimmen. Die Warriors führten in fünf Spielen insgesamt 1358 Pässe und Ballannahmen aus, während die Cavaliers nur 1144 verzeichneten, was fast 20 % weniger ist. Bei der gewichteten Standardabweichung der Kanten liegt der Wert der Warriors mit 17,50 ebenfalls unter dem der Cavaliers mit 20,13. Es zeigt sich, dass die Warriors auf der Kantenebene des Netzwerks ausgewogener und weniger zentralisiert sind.

Auf der Ebene der Netzwerkknoten, wie in Abb. 4.24 zu sehen, variieren die Knotengrößen deutlich. So wurde LeBron James, der Spieler mit der Nummer 23 der Cavaliers, mit einem Gewichtungsgrad von 655 zum Spieler mit den meisten Pässen und Ballannahmen. Die Spieler der Warriors weisen einen relativ ausgeglichenen gewichteten Grad auf. Hinsichtlich der Knotengröße sind die Knoten Y30, Y35, Y23, Y11, Y34 und Y9 alle groß, während bei den Cavaliers außer Q23, Q2 und Q0 die Knoten eher klein sind. Dies zeigt sich auch in Tab. 4.8. LeBron James von den Cavaliers erreichte eine gewichtete gerichtete Knotenentropie von 1,79 bei einem Gewichtungsgrad von 655 und leistete damit den größten Beitrag zur gewichteten gerichteten Netzwerkentropie der gesamten Cavaliers. Die Cavaliers sind stärker von LeBron James abhängig. Bei beiden Teams gibt es fast vier Spieler mit einer gewichteten gerichteten Knotenentropie über 1,0, während es bei den Cavaliers nur zwei sind. Auf der Ebene der Netzwerkknoten sind die Warriors ausgewogener und weniger zentralisiert.

Im Gesamtnetzwerk, wie in Abb. 4.24 zu erkennen, ist die Kantendicke bei den Warriors gleichmäßiger verteilt und auch die Knotengrößen sind homogener. Die Berechnung der WDNE der beiden Teams ergibt für die Warriors einen Wert von 4,06, was etwa 10 % höher ist als der Wert der Cavaliers mit 3,71. Betrachtet man den Beitrag der Knoten beider Teams zur WDNE des gesamten Netzwerks, so zeigt Abb. 4.25 das WDNE-Kreisdiagramm der beiden Teams, wobei jeder Sektor

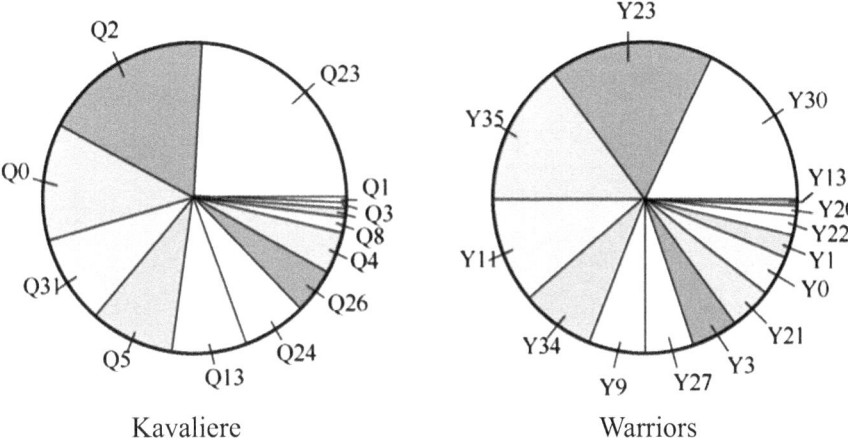

Abb. 4.25 WDNE-Kreisdiagramm der beiden Teams

der WDNE eines Knotens entspricht. Aus der Abbildung ist ersichtlich, dass die Cavaliers auf der linken Seite stärker konzentriert sind, insbesondere die Knoten Q23, Q2 und Q0, die mehr als 50 % zur gesamten WDNE beitragen. Die Warriors auf der rechten Seite sind dagegen stärker verteilt, und die drei wichtigsten Knoten Y30, Y23 und Y35 tragen zusammen weniger als 50 % zur gesamten WDNE bei. Im Kreisdiagramm sind die Randspieler der Cavaliers kaum zu unterscheiden, während die der Warriors klar erkennbar sind. Auf der Ebene des Gesamtnetzwerks sind die Warriors ausgewogener und weniger zentralisiert.

4.8.2.3   WDNE und Leistung

Wir haben die Leistungen der Teams in fünf Spielen von der Website Tencent Sports bezogen, darunter Punkte, Assists, Fehler und Fouls. Da es im Team einige Randspieler gibt, die nur wenige Einsatzmöglichkeiten haben und wenig Einfluss auf das Spiel nehmen, wurden acht Hauptspieler nach Spielzeit und Punktzahl ausgewählt und die WDNE der beiden Teams jeweils berechnet, wie in Tab. 4.10 dargestellt.

Wie Tab. 4.10 zeigt, ist der WDNE der Warriors in jedem Spiel höher als der der Cavaliers, von 3,329:3,455 im ersten Spiel bis 3,306:3,394 im fünften Spiel. Die Leistung der beiden Teams steht in einem signifikanten Zusammenhang mit dem WDNE beider Mannschaften.

Der WDNE der Cavaliers ist stets niedriger als der der Warriors. Wenn der WDNE der Cavaliers größer ist als der der Warriors, liegt die Punktzahl der Cavaliers zurück. Zum Beispiel beträgt der WDNE der Cavaliers in den ersten beiden Spielen 0,126 bzw. 0,226, und die Punktzahl der Cavaliers liegt bei 22 bzw. 19 Punkten. Ist der WDNE der Cavaliers kleiner als der der Warriors, liegt die Punkt-

Tab. 4.10 WDNE und Leistung

Anzahl der Einsätze	Mannschaft	WDNE	Punkte	Ballbesitzangriff	Fehler	Foul	Korbwurf	Dreipunktewurf	Freiwurf	Offensiv-Rebound	Defensiv-Rebound	Steal	Block	Rebound
Eins	Ritter	3,329	91	15	20	23	30/86	11/31	20/25	15	Vierundvierzig	0	Sechs	59
	Krieger	3,455	113	31	Vier	24	45/106	12/33	11/16	14	36	12	Drei	50
Zwei	Ritter	3,033	113	27	Neun	18	45/100	8/29	15/19	10	31	15	Eins	41
	Krieger	3,259	132	34	20	19	46/89	18/43	22/24	10	43	Fünf	Sieben	53
Anzahl der Vorführungen eines Films	Mannschaft	WDNE	Punktzahl	Haltenden Angriff ausführen	Fehler	Regelverstoß	Korbwurf	Drei Punkte	Freiwurf ausführen	Vorderfeld-Rebound	Rückfeld-Rebound	Abfangen im Fußball und Basketball	Mutterkappe	Brett
Drei	Ritter	3,302	113	17	12	25	40/90	12/44	21/25	10	27	Neun	Drei	37
	Krieger	3,363	118	29	18	28	40/83	16/33	22/24	Acht	36	Acht	Vier	Vierundvierzig
Vier	Ritter	3,537	137	27	11	24	46/87	24/45	21/31	11	30	Sechs	Drei	41
	Krieger	3,541	116	26	12	27	39/87	11/39	27/36	16	24	Fünf	Sieben	40
Fünf	Ritter	3,306	120	22	14	22	47/88	11/24	15/23	12	28	Sechs	Fünf	40
	Krieger	3,394	129	27	13	24	46/90	14/38	23/28	13	29	Acht	2	Zweiundvierzig

zahl der Cavaliers ebenfalls zurück. Beispielsweise beträgt der WDNE der Cavaliers im dritten und fünften Spiel 0,061 bzw. 0,088, und die Punktzahl der Cavaliers liegt bei 5 bzw. 9 Punkten. Wenn der WDNE der Cavaliers dem der Warriors nahekommt, wie im vierten Spiel, liegen die Cavaliers beim WDNE nur 0,004 hinter den Warriors und gewinnen das einzige Spiel mit 137:116.

Basketball-Assists bezeichnen einen Pass mit klarer Offensivabsicht eines ballführenden Spielers, der es einem Mitspieler ermöglicht, nach dem Pass direkt zu punkten. Die Anzahl der Assists spiegelt die mannschaftliche Geschlossenheit wider. Wenn die verteidigende Mannschaft den Angriff des Gegners nicht allein durch Einzelverteidigung einschränken kann, muss sie meist auf Mehrfachverteidigung wie Hilfe oder Doppeln ausweichen, was zu Schwächen in der Defensive führt. Wie aus Tab. 4.10 ersichtlich, war die Anzahl der Assists der Cavaliers – mit Ausnahme des vierten Spiels – deutlich niedriger als die der Warriors. Im vierten Spiel jedoch erzielten die Cavaliers mit 27 Assists sogar einen mehr als die Warriors mit 26. Wenn die Spieler den Ball selbstlos teilen und geduldig auf die beste Abschlussmöglichkeit warten, anstatt sich auf Einzelaktionen zu verlassen, steigt die Wahrscheinlichkeit für Assists. Im vierten Spiel lag der WDNE der Cavaliers mit 0,004 nur minimal hinter dem der Warriors. Im Vergleich zu den anderen vier Spielen war der WDNE der Cavaliers im vierten Spiel am höchsten. In dieser Partie waren die Ballbesitzrechte der Cavaliers gleichmäßiger verteilt, das Passspiel war ausgewogener, die Beteiligung der Nicht-Kernspieler am Angriff höher und die offensive Organisation des Teams integrierter, sodass auch die Anzahl der Assists die der Warriors übertraf.

Bezüglich Fehlern und Fouls gilt: Mit Ausnahme des ersten Spiels machten die Warriors in vier Spielen mehr Fehler als die Cavaliers, und in allen fünf Spielen begingen die Warriors deutlich mehr Fouls als die Cavaliers. Da die verteidigende Mannschaft Ballverluste erzwingen kann, steigt mit der Anzahl der Pässe und Ballannahmen des angreifenden Teams auch die Fehlerwahrscheinlichkeit. Obwohl die Warriors also mehr Fehler machten, ist die Fehlerquote angesichts der Gesamtzahl an Pässen und Ballannahmen nicht hoch, und ihr Offensivsystem bleibt effizient und durchdacht. Gerade wegen der Rationalität ihres Angriffsspiels begehen die Cavaliers in der Verteidigung weniger Fouls, da offene Angriffe die besten Chancen bieten. Die Verteidiger haben oft keine Zeit zu foulen, während die Cavaliers durch viele erzwungene Einzelaktionen mehr Fouls der Warriors provozieren.

4.8.2.4   Unterschiede zwischen den beiden Spielmodellen

In diesen Finals gab es bei keinem Team Verletzungen oder physische Probleme durch aufeinanderfolgende Spiele, sodass beide Mannschaften ihr gewohntes Niveau und ihre charakteristischen Spielweisen zeigen konnten. Die Cavaliers setzten auf klassische Basketball-Taktik: Sie stellten ein Team um LeBron James (Q23) als Kern auf, mit Kyrie Irving (Q2) als zweitem Star, der über herausragende individuelle Fähigkeiten im Ballhandling und Eins-gegen-eins verfügt, und griffen rund um diese Superstars an. Die Cavaliers sind ein typisches Beispiel für eine zentralisierte Organisation. Die Warriors hingegen betonen die „Integrität": Die Spieler schaffen durch Passen und Teilen des Balls gemeinsam gute Abschlussmöglichkeiten. Sie sind ein typisches Beispiel für eine dezentralisierte Organisation.

Die Robustheit der beiden Organisationsmodelle unterscheidet sich, insbesondere in Bezug auf Kondition und Konzentration. Im Verlauf eines Spiels nehmen die körperlichen Kräfte und die Aufmerksamkeit der Spieler ab, insbesondere bei den Schlüsselspielern. LeBron James von den Cavaliers hält den Großteil der Ballbesitzrechte und weist mit einem WDNE von 1,79 den höchsten Wert beider Teams auf. Im dritten Spiel erzielte LeBron James beispielsweise in der ersten Halbzeit 27 Punkte – die höchste Ausbeute des gesamten Spiels –, während er in der zweiten Halbzeit nur noch 12 Punkte erzielte, also ein Drittel seiner Gesamtpunktzahl, davon 5 Punkte im dritten und 7 Punkte im vierten Viertel. Obwohl die Cavaliers im dritten Viertel einen Vorteil hatten, wirkten sie im entscheidenden vierten Viertel etwas müde. Ein weiterer Aspekt ist die Abhängigkeit von den Schlüsselspielern: Schon kleine Leistungsschwankungen der Kernspieler wirken sich stark auf das gesamte Team aus. Der größte Vorteil der Cavaliers ist der Allrounder LeBron James, der größte Nachteil ist jedoch, dass das Team ohne ihn kein effizientes Offensivsystem aufbauen kann. So machten die Cavaliers im zweiten Viertel, als LeBron James zwei Minuten pausierte, in diesen zwei Minuten zehn Punkte in Folge wett und wurden von den Warriors mit 0:10 überrannt – ein Beleg für die Unersetzbarkeit von LeBron James und die starke Abhängigkeit des Teams von ihm. Ein dritter Aspekt ist die unterschiedliche Fehler- und Foulresistenz: Wie Tab. 4.10 zeigt, machen die dezentral organisierten Warriors mehr Fehler und Fouls. Je mehr Pässe und Ballannahmen, desto mehr Fehler entstehen, und die Cavaliers provozieren durch Einzelaktionen mehr Fouls beim Gegner. Die Warriors sind jedoch widerstandsfähiger gegenüber Fehlern und Fouls; kleinere Schwankungen beeinträchtigen das Team nicht nachhaltig.

Auch die Vorhersehbarkeit der beiden Organisationsmodelle unterscheidet sich. Die zentralisierten Cavaliers sind im Angriff vollständig von Superstar LeBron James und seinem Partner Kyrie Irving abhängig. Beide sind an fast der Hälfte aller Pässe und Ballannahmen beteiligt und verfügen über starke Eins-gegen-eins-Fähigkeiten. Der Angriff eines zentralisierten Teams ist jedoch berechenbar: Werden LeBron James und Kyrie Irving gezielt verteidigt, leidet das Offensivspiel der Cavaliers erheblich. Der Angriff der dezentralisierten Warriors hingegen ist wie Wasser – voller Unberechenbarkeit. Sobald Defensivschwächen erkannt werden, können sie ausgenutzt werden. Jeder Spieler auf dem Feld hat die Möglichkeit, den Angriff abzuschließen, was die Warriors schwer ausrechenbar macht.

Auch die Psychologie der Spieler und der Teamzusammenhalt unterscheiden sich in den beiden Organisationsmodellen. In einem zentralisierten Team haben die Schlüsselspieler einen höheren WDNE und mehr Einfluss, ihre Position ist unantastbar, und weder Mitspieler noch Trainer können ihr Ego beeinflussen. So waren die Lakers mit dem Supercenter Shaquille O'Neal und dem talentierten

Kobe Bryant zwar gefürchtet, doch 2004 wurde O'Neal auf Drängen von Bryant getradet. Bryant strebte nach absoluter Autorität im Team, wodurch die Lakers-Dynastie an Glanz verlor. Die Geschichte wiederholt sich: Zwei Monate nach den Finals weigerte sich Kyrie Irving, sich LeBron James' Führungsanspruch zu unterwerfen, und das Verhältnis zerbrach. Aufgrund von LeBron James' absoluter Autorität wurde auch Irving getradet. Bei den dezentralen Warriors akzeptierte der ursprüngliche Star Curry gelassen den Zugang von Kevin Durant und unterstützte ihn bei entscheidenden Angriffen. Durant erfüllte die Erwartungen: Obwohl sein WDNE im Team nur an dritter Stelle lag, punktete er effizient und wurde schließlich zum FMVP (wertvollster Spieler der Finals) gewählt.

4.8.3 Zusammenfassung und Ausblick

Das NBA-Spiel ist im Wesentlichen ein soziales Netzwerk, und das Spiel zwischen den Teams stellt eine Auseinandersetzung der gesamten Mannschaften dar, nicht nur den Vergleich einzelner Spieler. Das Zentralisierungsniveau des organisatorischen Netzwerks beeinflusst die Gesamtleistung. In dieser Studie wird das Konzept des WDNE eingeführt, um das Zentralisierungsniveau der beiden Teams während des Spiels quantitativ zu messen. Im Vergleich zu den Warriors weisen die Cavaliers auf drei Ebenen – beim Passspiel, bei den Knoten und im Gesamtnetzwerk – einen höheren Zentralisierungsgrad auf. Durch die Analyse der organisatorischen WDNE und der Teamleistung zeigt sich, dass die Auseinandersetzung zwischen Spitzenteams wie im NBA-Finale und das Maß an Dezentralisierung in Organisationen einen positiven Einfluss auf Punkte, Fehler, Fouls und die Gesamtrobustheit haben. Dies kann die Motivation von Randspielern steigern, den Zusammenhalt des gesamten Teams erhöhen und bietet einen gewissen Referenzrahmen für den Basketballsport und andere Organisationen. Zukünftig werden wir weitere organisatorische Netzwerke erfassen und die Eigenschaften einzelner Knoten anhand der mikroskopischen gewichteten Entropie von ausgehenden und eingehenden Knoten analysieren.

Kapitelzusammenfassung

Es gibt zwei Perspektiven zur Beobachtung sozialer Netzwerke: die Struktur und die Stärke. In diesem Kapitel untersuchen wir soziale Netzwerke hauptsächlich aus letzterer Sicht und kombinieren das Prinzip des triadischen Schlusses aus struktureller Perspektive, um die Beziehung zwischen einer schwachen Verbindung und einer lokalen Brücke zu diskutieren. Insbesondere untersuchen wir, wann eine lokale Brücke als schwache Verbindung fungiert. Die Beziehung zwischen beiden wurde zudem durch Online-Big-Data validiert. Anschließend führen wir die Messung von Netzwerkkennzahlen wie Degree Centrality, Closeness Centrality und Betweenness Centrality im gewichteten Netzwerk ein. Abschließend zeigen wir, wie die Visualisierung in Gephi am Beispiel eines Codex-Netzwerks umgesetzt werden kann, analysieren anhand der Gewichtsunterschiede der Kanten die konkrete Ausprägung ungleichmäßiger Wissensflüsse in einem Codex-Netzwerk und skizzieren einen relativ festen Wissensflussweg zwischen Codes.

Schwache Verbindungen in sozialen Netzwerken besitzen große Wirkungskraft: Sie ermöglichen es uns, mit mehr Menschen in Kontakt zu treten, aktuelle Informationen zu erhalten und im Privatleben effektivere Unterstützung bei der Jobsuche zu bekommen. Auch im Unternehmenskontext helfen sie, die Werbewirkung zu verbessern, den Marketingeinfluss zu erweitern und das Beziehungsnetzwerk mit Geschäftspartnern auszubauen. Daher sollten wir lernen, unsere schwachen Verbindungen gezielt zu pflegen.

Mit der Entwicklung von Data Mining und Machine Learning sowie der Verbesserung der Werkzeuge zur empirischen Analyse sozialer Netzwerke beginnen immer mehr Wissenschaftler, Online-Soziale Netzwerke zu analysieren. Zukünftige Forschung kann an der Beziehung zwischen Stärke und Schwäche sowie gewichteten Netzwerken ansetzen, um das Verhältnis zwischen Nutzerverhalten und Verbindungsstärke in sozialen Netzwerken zu untersuchen und daraus Gemeinsamkeiten und Besonderheiten verschiedener Nutzer abzuleiten.

Fragen zum Kapitelabschluss

1. Welche praktischen Funktionen haben schwache und starke Verbindungen im Leben?
2. Beschreiben Sie unter Einbeziehung der Literatur kurz die Bewertungskennzahlen für starke und schwache Verbindungen.
3. Beschreiben Sie unter Einbeziehung der Literatur die aktuellen Forschungsschwerpunkte zu starken und schwachen Verbindungen in sozialen Netzwerken.
4. Versuchen Sie, das igraph-Paket in der Programmiersprache R aufzurufen, um das gewichtete Netzwerk zu visualisieren, und zeigen Sie ein Beispiel-Diagramm.

Literatur

1. Granovetter, M.: The strength of weak ties. Am. J. Sociol. **78**, 1360–1380 (1973)
2. Easley, D., Kleinberg, J.: Networks, Crowds, and Markets. Cambridge University Press, Cambridge (2010)
3. Levin, D.Z., Cross, R.: The strength of weak ties you can trust: the mediating role of trust in effective knowledge transfer. Manag. Sci. **50**(11), 1477–1490 (2004)
4. Bian, Y.: Bringing strong ties back in: indirect ties, network bridges, and job searches in China. Am. Sociol. Rev. **62**, 366–385 (1997)
5. Onnela, J.P., Saramaki, J., Hyvonen, J., et al.: Structure and tie strengths in mobile communication networks. Proc. Natl. Acad. Sci. USA. **104**(18), 7332–7336 (2007)
6. Marlow, C., Byron, L., Lento, T., Rosenn, I.: Maintained relationships on Facebook. 15, 2010 (2009)
7. Xiaofan, W., Li, X., Guanrong, C.: Introduction to Network Science. Higher Education Press, Beijing (2012)
8. White, D.R., Harary, F.: The cohesiveness of blocks in social networks: node connectivity and conditional density. Sociol. Methodol. **31**(1), 305–359 (2001)

9. Dunbar, R.: How Many Friends Does One Person Need? Dunbar's Number and Other Evolutionary Quirks. Harvard University Press, Cambridge (2010)
10. Newman, M.E.: Analysis of weighted networks. Phys. Rev. E. **70**(5), 056131 (2004)
11. Freeman, L.C.: Centrality in social networks conceptual clarification. Social Network. **1**(3), 215–239 (1978)
12. Opsahl, T., Agneessens, F., Skvoretz, J.: Node centrality in weighted networks: generalizing degree and shortest paths. Social Network. **32**(3), 245–251 (2010)
13. Lowe, P., Phillipson, J.: Barriers to research collaboration across disciplines: scientific paradigms and institutional practices. Environ. Plan. **41**(5), 1171–1184 (2009)
14. Lyall, C., Bruce, A., Marsden, W., et al.: The role of funding agencies in creating interdisciplinary knowledge. Sci. Public Policy. **40**(1), 62–71 (2013)
15. Wu, J., Jin, M., Ding, X.H.: Diversity of individual research disciplines in scientific funding. Scientometrics. **103**(2), 669–686 (2015)
16. Wu, J., Ding, X.H.: Author name disambiguation in scientific collaboration and mobility cases. Scientometrics. **96**(3), 683–697 (2013)

Kapitel 5
Homogenität in sozialen Netzwerken

Zusammenfassung In diesem Kapitel werden die Prinzipien der Homogenität vorgestellt, einschließlich der grundlegenden Bedeutung, einfacher Messgrößen, Vor- und Nachteile sowie ihrer Relevanz, um die Knoteneigenschaften sozialer Netzwerke zu verstehen. Anschließend wird der Einfluss der Homogenität auf soziale Netzwerke erörtert, es werden Affiliationnetzwerke eingeführt und die in den vorherigen Kapiteln erwähnten triadischen und fokalen Schließungen sowie Mitgliedschaftsschließungen weiter ausgeführt. Zudem werden die Darstellung, Messung, Analyse und Beschreibung von Zwei-Modi-Netzwerken erläutert und abschließend das Segregationsmodell analysiert.

Die Knotenattribute sozialer Netzwerke wurden in den vorherigen Kapiteln bei der Berechnung sozialer Netzwerke außer Acht gelassen, dabei stellt die Heterogenität der Knotenattribute ein wesentliches Merkmal der Komplexität der Evolution sozialer Netzwerke dar. Zudem lässt sich anhand des Homogenitätsprinzips untersuchen, ob Personen in sozialen Netzwerken ähnliche Interessen haben und wie die Interaktionen zwischen ihnen verlaufen.

In diesem Kapitel werden vor allem die grundlegende Bedeutung von Homogenität, die Bewertungsmethoden für Homogenitätsphänomene im Netzwerk sowie ein Werkzeug zur Untersuchung des Einflusses von Homogenität in Affiliation-Netzwerken beschrieben. Es erfolgt eine Erweiterung des in den vorherigen Kapiteln erwähnten triadischen Abschlusses um den Fokus- und Mitgliedschaftsabschluss. Abschließend wird das Schelling-Modell vorgestellt, das zur Darstellung des besonderen Homogenitätsphänomens der Isolation dient und anhand des Beispiels der Wohnungssegregation die dynamischen Veränderungen von Homogenität simuliert.

J. Wu, *Soziales-Netzwerk-Computing*,
https://doi.org/10.1007/978-981-95-1129-7_5

5.1 Das Prinzip der Homogenität

5.1.1 Definition der Homogenität

Der triadische Abschluss und die starken-schwachen Bindungen, die oben diskutiert wurden, sind beides interne Faktoren des Netzwerks. Die starken-schwachen Bindungen beschreiben die Stärke der Kanten zwischen den Knoten, während der triadische Abschluss zur Untersuchung und Erklärung der internen Entwicklung des Netzwerks dient. Bisher wurden die Attribute der Netzwerkknoten nicht betrachtet. Wenn eine Person durch einen Knoten repräsentiert wird, stellt dieser dann einen Mann oder eine Frau dar? Ist er weiß, gelb oder schwarz? Hat er eine Vorliebe für Kalligraphie oder Tennis? In diesem Kapitel werden wir die wichtigen externen Faktoren diskutieren, die die Struktur sozialer Netzwerke beeinflussen – die Homogenität. Sie beschreibt, welche Knoten im Netzwerk dazu neigen, sich mit anderen Knoten zu verbinden, die ihnen in bestimmten Aspekten ähnlich sind, auch als assortative Mischung bezeichnet.

Werden Individuen als Untersuchungsobjekt betrachtet, so lassen sich deren Merkmale in zwei Typen unterteilen: angeborene und variable Merkmale. Zu den angeborenen Merkmalen zählen Geschlecht, Ethnie, Muttersprache usw., die einem Individuum von Geburt an eigen sind und nicht verändert werden können. Die variablen Merkmale hingegen verändern sich mit äußeren Einflüssen und der persönlichen Entwicklung. Typische variable Merkmale sind Wohnort, Hobbys, Spezialgebiete, Überzeugungen und Ähnliches.

Die Alten sagten: „Gleich und Gleich gesellt sich gern, und Menschen bilden Gruppen." Im wirklichen Leben ist es nicht schwer zu erkennen, dass zwei Menschen, die enge Freunde werden, sich ähneln. Die Alten sagten auch: „Wer mit Zinnober umgeht, wird rot, wer mit Tinte umgeht, wird schwarz." Wenn Freunde miteinander interagieren, lässt sich die Homogenität auch im Alltag bestätigen. Einerseits besteht die Funktion sozialer Netzwerke darin, verschiedenste Menschen zu verbinden. Andererseits üben sie Einfluss auf Menschen aus. Daraus ergibt sich die grundlegende Frage der Homogenität: Werden wir aufgrund von Ähnlichkeit Freunde oder werden wir uns nach der Freundschaft ähnlicher? Ersteres ist die Wirkung der sozialen Selektion [1], letzteres die Wirkung des sozialen Einflusses [2]. Beide Mechanismen wirken und können sich gegenseitig beeinflussen, wodurch die Homogenität zwischen Menschen geprägt wird. Es ist ein klassisches Problem der soziologischen Forschung, die Ähnlichkeit zu beobachten und den Einflussgrad von „sozialer Selektion" und „sozialem Einfluss" zu unterscheiden.

Wie in Abb. 5.1 dargestellt, handelt es sich hierbei um ein Netzwerk, das durch Freundschaften zwischen Schülern einer amerikanischen High School gebildet wurde [3], und das die starke Homogenität sozialer Netzwerke widerspiegelt. Knoten unterschiedlicher Farben stehen für die Attribute verschiedener Individuen, wobei Gelb für Weiße, Grün für Menschen anderer Ethnien und Pink für

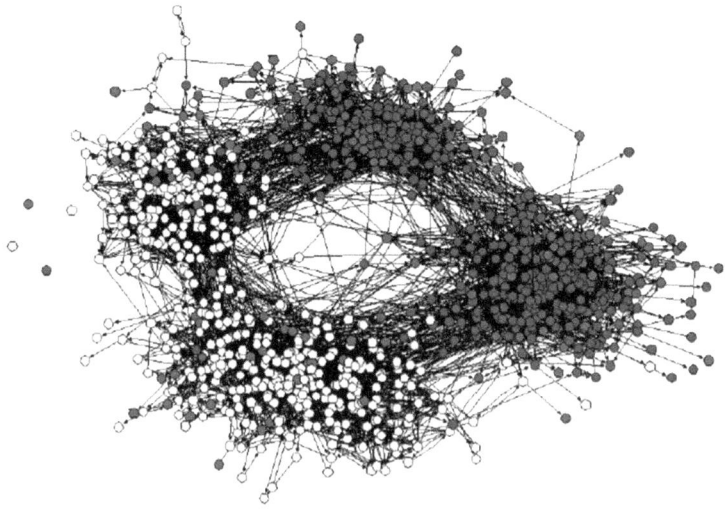

Fig. 5.1 Freundschaftsnetzwerk von Schülern einer weiterführenden Schule [3]

einige besondere Personen steht, die dazu neigen, Freundschaften mit Menschen anderer Ethnien zu schließen. Aus Abb. 5.1 lässt sich leicht erkennen, dass Knoten gleicher Farbe eine höhere Aggregation aufweisen. Menschen mit gleicher Haut-farbe neigen also dazu, sich zusammenzufinden und Freundschaften zu schließen.

Abb. 5.2 zeigt ein anti-homogenes soziales Netzwerk, das sich von Abb. 5.1 unterscheidet. Es beschreibt die Liebesbeziehungen von Schülern einer amerika-nischen High School über einen Zeitraum von 18 Monaten, wobei blaue Knoten Männer und rote Knoten Frauen repräsentieren [4]. Wenn die Knoten an beiden Enden einer Kante im Netzwerk unterschiedliche Farben haben, bedeutet dies, dass sie heterogen sind. Im Diagramm gibt es viele heterogene Endkanten, und es lassen sich auch zahlreiche heterogene Kleingruppen erkennen. Diese Art von Netzwerk wird auch als heterogen gemischtes soziales Netzwerk bezeichnet.

5.1.2 *Einfaches Maß für Homogenität*

Soziale Netzwerke umfassen sowohl homogene als auch heterogene Netzwerke. Wie kann man die Homogenität oder Heterogenität in sozialen Netzwerken mes-sen?

Das grundlegende Konzept der Homogenitätsmessung in sozialen Netzwerken: Wenn es in einem Netzwerk viele Kanten gibt, deren Endknoten die gleiche Farbe haben, gilt das Netzwerk als homogen. Ziel ist es, eine quantitative Messmethode zu finden, die einen Vergleich und eine Bewertung anhand eines Referenzwerts er-möglicht. Daher kann ein Referenzwert zur Messung der Stärke der Homogenität

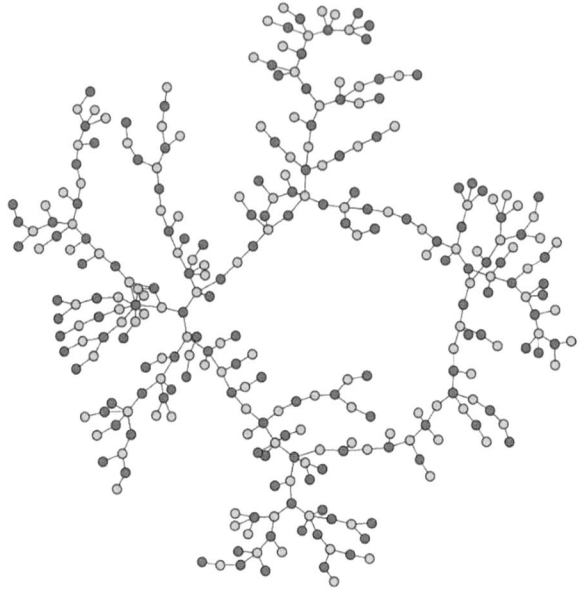

Fig. 5.2 Beschreibung jugendlicher Liebesbeziehungen [4]

herangezogen werden, wobei angenommen wird, dass die Anteile der beiden Farben p und q ($q = 1$-p) betragen. Wenn die Färbung zufällig gemäß diesem Verhältnis erfolgt, ergibt sich nach der Wahrscheinlichkeitstheorie, dass die Wahrscheinlichkeit für Kanten mit unterschiedlich gefärbten Endpunkten im Verhältnis zur
Gesamtanzahl der Kanten $2pq$ beträgt, wobei $2pq$ als Referenzwert dient. Es wird
angenommen, dass der Wert des Anteils der Kanten mit unterschiedlichen Farben
an den Endpunkten in der Praxis gemessen werden kann. Ist dieser Wert a kleiner
als $2pq$, so gilt das soziale Netzwerk als stark homogen; ist a größer als $2pq$, so
gilt das Netzwerk als stark heterogen.

Im Folgenden wird anhand von Abb. 5.3 beispielhaft gezeigt, wie die Stärke der
Homogenität in sozialen Netzwerken beurteilt werden kann, wobei angenommen
wird, dass rote und weiße Knoten jeweils zwei unterschiedliche Attribute kennzeichnen.

Die Gesamtanzahl der Knoten in Abb. 5.3 beträgt neun, davon sind drei Knoten
rot und sechs Knoten weiß. Der Anteil der roten Knoten beträgt 1/3, der Anteil der
weißen Knoten 2/3 und $2pq$ ergibt 4/9. Durch Beobachtung von Abb. 5.3 erkennt
man, dass es 5 Kanten mit unterschiedlich gefärbten Endpunkten bei insgesamt 18
Kanten gibt. Das Verhältnis der Kanten mit unterschiedlichen Farben an den Endpunkten zur Gesamtanzahl der Kanten beträgt also 5/18. Da 5/18 < 4/9 ist, weist
das in Abb. 5.3 dargestellte soziale Netzwerk eine starke Homogenität auf.

Abb. 5.3 Beispiel für ein homogenes Netzwerk

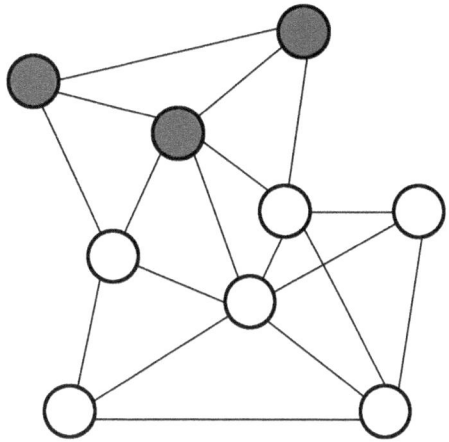

Tab. 5.1 Tabelle der Bekanntschaftsbeziehungen unter Studierenden eines öffentlichen Wahlpflichtkurses

Homochromatische Kante am Endpunkt		Heterochromatische Kante am Endpunkt	
Junge-Junge	223	Junge-Mädchen	119
Mädchen-Mädchen	245	Mädchen-Junge	125
Gesamt	468	Gesamt	244
Gesamtanzahl der Kanten	712		

In einem öffentlichen Wahlpflichtkurs gibt es 216 Studierende, darunter 113 Jungen und 103 Mädchen. Laut einer Umfrage sind die kognitiven Beziehungen zwischen ihnen in Tab. 5.1 dargestellt. Wenn eine Person eine andere Person in der Tabelle kennt, wird die Kante mit 1 gezählt, sodass „Junge-Junge" bedeutet, dass einer der Jungen einen anderen Jungen kennt; es gibt 223 solcher Kanten. Entsprechendes gilt für andere Geschlechterkombinationen. Ist das soziale Netzwerk also homogen oder heterogen?

Nach den obigen Angaben beträgt die Wahrscheinlichkeit, dass die Endpunkte einer zufällig gewählten Kante unterschiedlich gefärbt sind, $2 \times (113/216) \times (103/216) = 49{,}89\,\%$, während der tatsächliche Anteil der Kanten mit unterschiedlichen Farben an den Endpunkten $244/712 = 34{,}27\,\% < 49{,}89\,\%$ beträgt. Das Netzwerk weist also eine gewisse Homogenität auf. Abb. 5.4 zeigt die Visualisierung der Geschlechterhomogenität im Netzwerk, wobei Rot für Mädchen und Blau für Jungen steht. Da es mehr Kanten mit gleichfarbigen Endpunkten gibt, zeigt sich, dass Studierende desselben Geschlechts eher Freundschaften schließen.

5.1.3   Vorteile und Nachteile von Homogenität und ihre Bedeutung

Eine der grundlegendsten Eigenschaften, die soziale Netzwerke beeinflussen, ist die Homogenität. Beispielsweise haben wir oft ähnliche Merkmale wie unsere Freunde, und diese Homogenität bringt sowohl Vorteile als auch Nachteile mit sich.

Die Vorteile der Homogenität umfassen hauptsächlich Folgendes:

1. Aufgrund des Auswahlmechanismus neigen Menschen dazu, Personen auszuwählen, die ihnen selbst ähnlich sind. Dies erleichtert es, Freunde mit ähnlichen
Interessen zu finden und sich schnell in eine Gruppe zu integrieren, um einen
eigenen Freundeskreis zu bilden. Eine homogene Gruppe bedeutet häufig eine
„starke Verbindung", die in gewissem Maße und innerhalb eines bestimmten
Rahmens größere Vorteile gegenüber einer heterogenen Gruppe bietet. In
homogenen Gruppen haben die Mitglieder mehr „gemeinsame Sprache", können intensiver kommunizieren und voneinander lernen, geistige Synergien erzeugen, anspruchsvollere Aufgaben bewältigen und höhere Ziele erreichen.
2. Im Hinblick auf den sozialen Einfluss fördert ein gutes soziales Klima und
ein positives Freundesumfeld die individuelle Entwicklung in eine bessere
Richtung, was als positives Feedback wirkt. Durch diesen Mechanismus können Gruppen mit gutem Klima und hoher Qualität ihren Einfluss ausweiten,
positive Energie effektiv verbreiten und so die gesellschaftliche Entwicklung in
eine positive Richtung lenken.

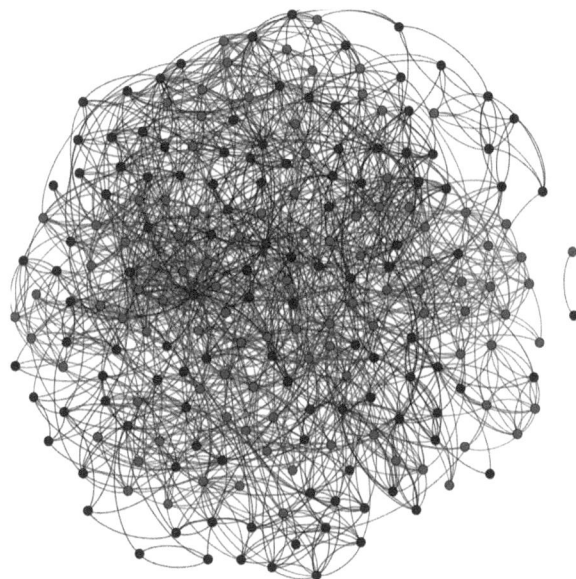

Abb. 5.4 Visualisierung der Geschlechterhomogenität im Netzwerk (Rot für Mädchen, Blau für Jungen)

Die Nachteile der Homogenität zeigen sich in folgenden Situationen:

1. Homogenität macht ein Netzwerk geschlossener. Wenn alle Mitglieder eines
   sozialen Kreises sich in Persönlichkeit, Hobbys, Interessen usw. ähneln, neigt
   dieser Kreis zur Exklusivität, sodass Personen mit abweichenden Ansichten
   schwer akzeptiert werden. Wenn Mitglieder eines sozialen Kreises dieselben
   Werte und Ideale vertreten und abweichende Meinungen ablehnen, können
   leicht extreme Gedanken und Verhaltensweisen entstehen. Ebenso kann es
   passieren, dass Mitglieder, die sich nicht für die Außenwelt interessieren, ihre
   Neugier verlieren, engstirnig und extrem werden und so andere Ansichten und
   Verhaltensweisen ablehnen.
2. Homogenität schwächt die Rolle schwacher Bindungen im Netzwerk, verringert die Möglichkeiten, dass ein Netzwerk mit anderen Netzwerken in Kontakt tritt, und reduziert auch die Chancen, die Menschen durch schwache Bindungen erhalten können. Da sich Netzwerkmitglieder unter dem Druck von
   Freunden an den sozialen Kreis anpassen, sind sie auch anfällig für negative
   Verhaltensweisen und Meinungen. Beispielsweise erhöht sich in einer Schüler-
   gruppe die Wahrscheinlichkeit, dass ein Schüler zu rauchen beginnt, wenn ein
   Freund aus der Gruppe raucht.

Homogenität hat eine große Bedeutung für die Entwicklung und den Fortschritt
der Gesellschaft, insbesondere in folgenden Punkten:

1. Gesellschaftlicher Fortschritt wird durch ständigen Wandel der herrschenden
   Klasse erreicht, wobei Homogenität eine entscheidende Rolle für den Erfolg
   jeder Revolution spielt. Homogenität vereint viele Individuen mit gemeinsamen
   Idealen und fortschrittlichen Ansichten zu einer starken Kraft, die die Grundlage für den Erfolg einer Revolution bildet.
2. Auch der wissenschaftliche Fortschritt ist untrennbar mit Homogenität verbunden. So arbeiten beispielsweise Experten mit unterschiedlichen Stärken und
   Forschungsgebieten gemeinsam an einem Projekt und machen neue wissenschaftliche Entdeckungen.
3. Auch der Erfolg von Teams ist eng mit Homogenität verbunden. Der Erfolg
   jedes großen Unternehmens oder Betriebs ist das Ergebnis von Teamarbeit. Gerade durch Homogenität können Menschen mit denselben Ideen und Träumen
   zusammenkommen, ein Team bilden und gemeinsam für ein Ziel arbeiten.
4. Durch Homogenität bilden sich in der Gesellschaft auf natürliche Weise verschiedene Gruppen, in denen jeder ein Zugehörigkeitsgefühl findet. Jede
   Gruppe hat eigene Merkmale und unterschiedliche Auswirkungen auf die Gesellschaft, wodurch soziale Differenzierung entsteht. Diese Gruppen fördern
   sich intern gegenseitig, und verschiedene Gruppen ergänzen sich, was die Effizienz der Gesellschaft erheblich steigert und sozialen Fortschritt und Entwicklung fördert.
5. Homogenität innerhalb von Gruppen fördert Unterstützung, Zugehörigkeit und
   Anerkennung, verringert die negativen Auswirkungen von Kulturschocks, steigert die Motivation der Gruppen und trägt zur sozialen Stabilität, Entwicklung
   und zum Fortschritt bei.

5.2 Der Einfluss von Homogenität

Im vorherigen Abschnitt haben wir Homogenität und deren Messung behandelt. In diesem Abschnitt werden wir die Ursachen von Homogenität und ihren Einfluss auf die Entwicklung sozialer Netzwerke diskutieren.

5.2.1 Affiliationsnetzwerk

Im vorherigen Kapitel haben wir gesehen, dass Menschen verschiedene Beziehungen eingehen und unterschiedliche soziale oder interpersonelle Netzwerke bilden. Im realen Leben nehmen Menschen an bestimmten sozialen Foki teil. Wie in Abb. 5.5 dargestellt, wird die Beziehung zwischen Individuen und sozialen Foki beschrieben. Die Abbildung zeigt zwei Personen (Zhang Ning und Wu Fan) und zwei Vereinigungen (Literaturverein und Tanzgruppe), wobei die Kanten die sozialen Foki darstellen, denen die Individuen beitreten. Zhang Ning nimmt am Literaturverein und an der Tanzgruppe teil, während Wu Fan der Tanzgruppe angehört. Beide haben ihre eigenen sozialen Foki. Das in Abb. 5.5 dargestellte Netzwerk wird als Affiliationsnetzwerk bezeichnet, das auch ein Zwei-Modenetzwerk ist. Affiliationsnetzwerke können als die Vereinigungen interpretiert werden, an denen Individuen im realen Leben teilnehmen; diese Vereinigungen können als Points of Interest (POI) verstanden werden, die die Interessen oder die gewählten Kurse der Individuen widerspiegeln.

Das Affiliationsnetzwerk besteht aus zwei Teilen, wobei alle Knoten in zwei Gruppen unterteilt werden können. Knoten derselben Gruppe, die denselben Typ repräsentieren, sind nicht miteinander verbunden; Kanten existieren nur zwischen Knoten unterschiedlichen Typs. Mit anderen Worten: Jede Kante verbindet Knoten aus verschiedenen Gruppen. In Abb. 5.5 sieht man, dass es keine Verbindung zwischen Zhang Ning und Wu Fan gibt und auch keine zwischen Literaturverein und Tanzgruppe.

Das Affiliationsnetzwerk kann die Wahrscheinlichkeit beschreiben, mit der Menschen sich begegnen, und erklären, warum sie Freunde werden. Beim triadischen Schluss wurde erwähnt, dass die Wahrscheinlichkeit, dass sich zwei Personen begegnen, steigt, wenn sie gemeinsame Freunde haben, was wiederum die Wahrscheinlichkeit erhöht, dass sie Freunde werden. Zhang Ning und Wu Fan in Abb. 5.5 sind derzeit keine Freunde; ist es möglich, dass sie Freunde werden? Da beide der Tanzgruppe beigetreten sind, ist die Wahrscheinlichkeit hoch, dass sie sich begegnen und in Zukunft Freunde werden. Dies ist die Funktion des sozialen Auswahlmechanismus.

Betrachtet man das Problem aus einer anderen Perspektive: Wenn Zhang Ning und Wu Fan Freunde sind, ist es dann möglich, dass Wu Fan dem Literaturverein beitritt? Zweifellos kann Zhang Nings Teilnahme am Literaturverein, sofern sie Freunde sind, Wu Fans Wahrnehmung des Literaturvereins beeinflussen und dazu

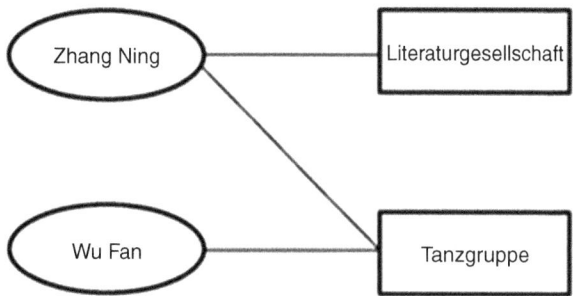

Abb. 5.5 Beispiel für ein Affiliationsnetzwerk

führen, dass Wu Fan ebenfalls beitritt. Dies ist die Wirkung des sozialen Einfluss-
mechanismus.

Wenn wir nur „Zhang Ning", „Wu Fan" und „Tanzgruppe" betrachten, handelt
es sich um eine Art Schluss, der dem triadischen Schluss ähnelt und ebenfalls aus
drei Knoten besteht, sich jedoch davon unterscheidet. Denn im triadischen Schluss
sind alle Knoten vom selben Typ, während es in diesem „Schluss" zwei Knotentypen gibt, nämlich Gemeinschaften und Teilnehmer. Daraus lässt sich auf gemeinsame Interessen oder Hobbys schließen, was auf Ähnlichkeit hindeutet und
die Möglichkeit schafft, dass sich zwei Personen kennenlernen. Dies entspricht
dem im vorherigen Abschnitt erwähnten Auswahlmechanismus, bei dem Menschen aufgrund von Ähnlichkeit Freundschaften schließen.

Merton [5] schlug die folgenden zwei gängigen Auswahlmechanismen vor:

1. Identitätshomogenitäts-Auswahlmechanismus: Menschen mit derselben Identität treten miteinander in Kontakt. Beispielsweise gibt es mehr Kontakte zwischen Lehrern und Schülern. Personen mit höherem Status haben mehr Verbindungen, etwa im Kreis der Wohlhabenden.
2. Wertehomogenitäts-Auswahlmechanismus: Menschen mit denselben Werten
   werden miteinander verbunden. Personen mit gleichen Wertvorstellungen sind
   bereit, sich zusammenzuschließen und Freundschaften zu schließen.

Die beiden genannten Homogenitätsarten können dazu führen, dass Menschen
sich zusammenschließen. Dies entspricht dem Sprichwort „Gleich und Gleich
gesellt sich gern"; Aristoteles sagte einst, dass „Menschen gerne mit denen zusammen sind, die ihnen ähnlich sind". In der realen Gesellschaft sind diese beiden
Auswahlmechanismen allgegenwärtig und wirken meist gemeinsam, um Homogenität zu erzeugen.

Attributionsnetzwerke sind im realen Leben sehr verbreitet. Beispielsweise bestehen im nationalen Internetsektor durch Beteiligungen Verbindungen zwischen
Personen und Unternehmen. In der wissenschaftlichen Forschung ist das gemeinsame Koautoren-Netzwerk ein Attributionsnetzwerk zwischen Autoren und
Publikationen.

5.2.2 Fokale Schließungen und Mitgliedschaftsschließungen

Soziale Netzwerke und Zugehörigkeitsnetzwerke sind nicht statisch; sie entwickeln sich im Laufe der Zeit weiter. Im vorherigen Abschnitt wurde erwähnt, dass die Wahrscheinlichkeit, dass sich zwei Personen kennenlernen und befreunden, steigt, wenn sie demselben Club beitreten oder an derselben Aktivität teilnehmen. Wenn zwei Personen befreundet sind, können sie sich gegenseitig beeinflussen und neue Verbindungen zwischen sozialen Foki und Individuen schaffen. Im Verlauf der Entwicklung entstehen daher neue Freundschaften zwischen Individuen, und es werden neue Kontakte zwischen Individuen und neuen Gemeinschaften geknüpft.

Wie in Abb. 5.6 dargestellt, beschreibt diese Abbildung die Beziehungen zwischen Personen sowie zwischen Personen und Gemeinschaften, was ein einfaches Zugehörigkeitsnetzwerk darstellt. Mit dem zeitlichen Verlauf und durch die Interaktion zwischen Individuen und Vereinigungen im Netzwerk kann sich ihr soziales Netzwerk zu dem in Abb. 5.7 gezeigten sozialen Netzwerk weiterentwickeln.

Der Entwicklungsprozess verläuft wie folgt:

1. Triadische Schließung: Die Knoten Sun Yang, Li Ming und Wu Fan repräsentieren Individuen. Sun Yang und Li Ming kennen sich, ebenso Li Ming und Wu Fan. Wenn nun auch Sun Yang und Wu Fan sich kennenlernen, entsteht eine neue Kante. Die Entstehung dieser neuen Kante gehört zur triadischen Schließung.
2. Mitgliedschaftsschließung: Die Knoten Li Ming und Wu Fan stehen für Individuen, der Karateclub für einen sozialen Fokus. Da Li Ming und Wu Fan sich

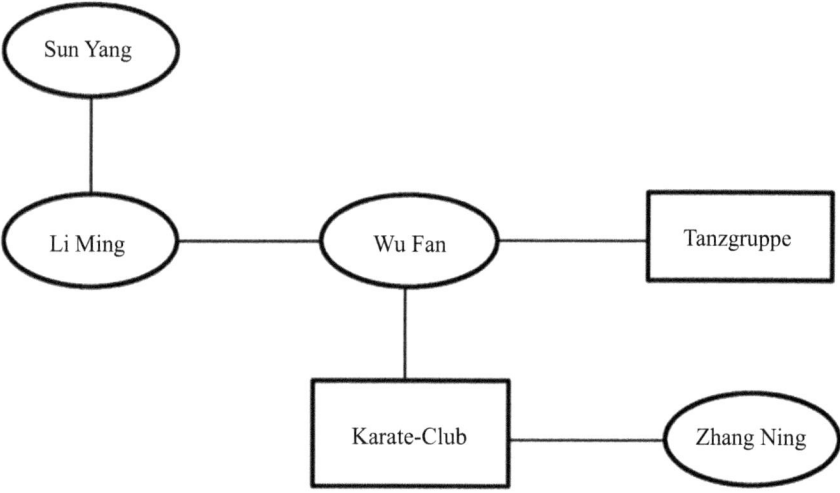

Fig. 5.6 Einfaches Zugehörigkeitsnetzwerk

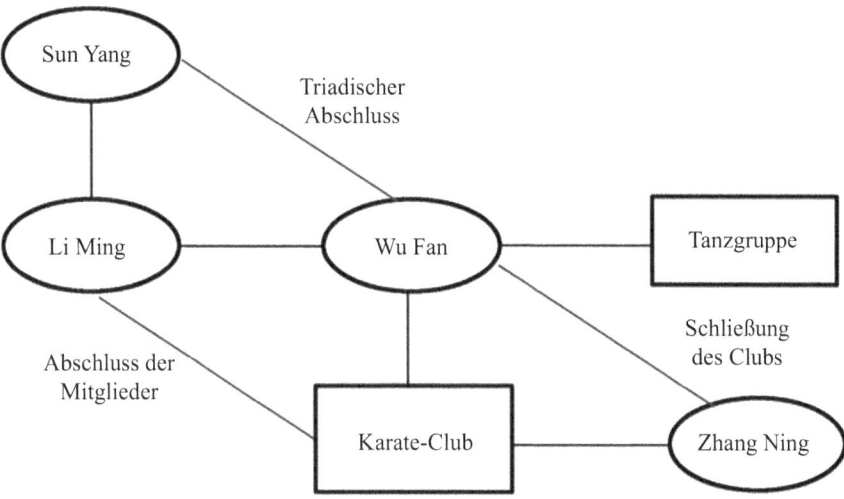

Fig. 5.7 Soziales Netzwerk

kennen, gibt es eine Kante zwischen ihnen. Da Wu Fan dem Karateclub beigetreten ist, besteht auch eine Kante zwischen Wu Fan und dem Karateclub.
Wenn Wu Fan sozialen Einfluss auf Li Ming ausübt und beide das gleiche Verhaltensmuster zeigen, treten sie beide dem Karateclub bei. Die Entstehung der
neuen Kante Li Ming–Karateclub gehört zur Mitgliedschaftsschließung und
entspricht dem sozialen Einfluss.

3. Fokale Schließung: Die Knoten Wu Fan und Zhang Ning stehen für Individuen,
   der Karateclub für einen sozialen Fokus. Sowohl Wu Fan als auch Zhang Ning
   sind dem Karateclub beigetreten. Da sie demselben Club beigetreten sind, besteht die Möglichkeit, dass sie eine Verbindung aufbauen; sie haben eine Verbindung hergestellt, weil sie ähnliche Eigenschaften aufweisen. Daher ist eine
   neue Kante zwischen Wu Fan und Zhang Ning entstanden. Die Entstehung dieser neuen Kante gehört zur Clubschließung und entspricht der sozialen Wahl.

Zusammengefasst führte die triadische Schließung zur Entstehung einer neuen
Verbindung zwischen Wu Fan und Sun Yang, die Mitgliedschaftsschließung dazu,
dass Li Ming dem Karateclub beitrat, und die fokale Schließung zur Entstehung
einer neuen Verbindung zwischen Wu Fan und Zhang Ning.

Im Folgenden wird der Entwicklungsprozess des sozialen Netzwerks und des
Zugehörigkeitsnetzwerks anhand von Abb. 5.8 als Beispiel zur Erläuterung der fokalen Schließung und der Mitgliedschaftsschließung herangezogen.

Der Entwicklungsprozess verläuft wie folgt:

1. Zhang Ning und Wu Fan waren ursprünglich zwei Fremde, lernten sich jedoch
   über die Tanzgruppe kennen und wurden schließlich Freunde. Dies ist die fokale Schließung (soziale Wahl);

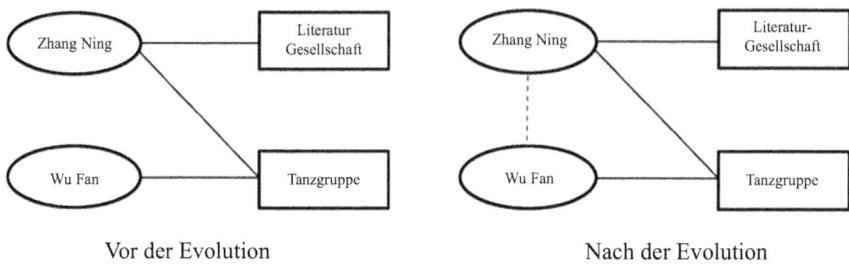

Vor der Evolution   Nach der Evolution

Fig. 5.8 Entwicklung von sozialem Netzwerk und Zugehörigkeitsnetzwerk

2. Nachdem Zhang Ning und Wu Fan Freunde geworden waren, trat Wu Fan aufgrund des Einflusses von Zhang Ning der Literaturgesellschaft bei. Dies ist das
   Ergebnis der Mitgliedschaftsschließung (sozialer Einfluss).

Das soziale Zugehörigkeitsnetzwerk ist somit ein Instrument zur Untersuchung
von Homogenität, in dem triadische Schließung, fokale Schließung und Mitgliedschaftsschließung gleichzeitig auftreten können.

Wie kommt es also zu sozialem Einfluss? Der soziale Einfluss auf die Entstehung von Homogenität kann vom Einfluss des Ortes herrühren, einschließlich
des Einflusses des Aufenthaltsortes einer Person auf ihr Verhalten, etwa durch
Aktivitäten derselben Institution oder Gemeinschaft. Er kann auch aus dem Einfluss von Beziehungsüberschneidungen resultieren, also dem Einfluss einer Person
an verschiedenen Orten aufgrund von Freundschaften. Diese Effekte sind dynamisch und verändern sich im Laufe der Zeit [6]. Dabei ist der Einfluss des Ortes
ein wichtiger Faktor für die Entstehung von Homogenität.

Aus Erfahrung und Beobachtung lässt sich das Sprichwort zusammenfassen:
„Wer mit Zinnober umgeht, wird rot, wer neben Tinte sitzt, wird schwarz." Das
„Paar-Gesicht" ist ein gutes Beispiel: Manche Menschen kommen aufgrund von
Ähnlichkeit zusammen und werden ein Ehepaar. Einige von ihnen werden nach
der Heirat immer ähnlicher, was auf den Einfluss von Arbeits- und Ruhegewohn-
heiten, Ernährung, Emotionen oder Veränderungen im Aussehen durch einen gemeinsamen Lebensstil zurückzuführen sein kann, sodass sie sich äußerlich immer
ähnlicher werden – im Volksmund als „Paar-Gesicht" bezeichnet.

5.2.3   Verifikation von sozialer Wahl und sozialem Einfluss

Ist die Ähnlichkeit also durch soziale Wahl oder durch sozialen Einfluss bedingt?
Beides lässt sich überprüfen.

Zunächst kann der fokale Abschluss, der den Mechanismus der sozialen Se-
lektion repräsentiert, überprüft werden. Wie in Abb. 5.9 gezeigt, wird hier die
Wahrscheinlichkeit der Kontaktaufnahme in Abhängigkeit von gemeinsamen
Interessensschwerpunkten dargestellt [7].

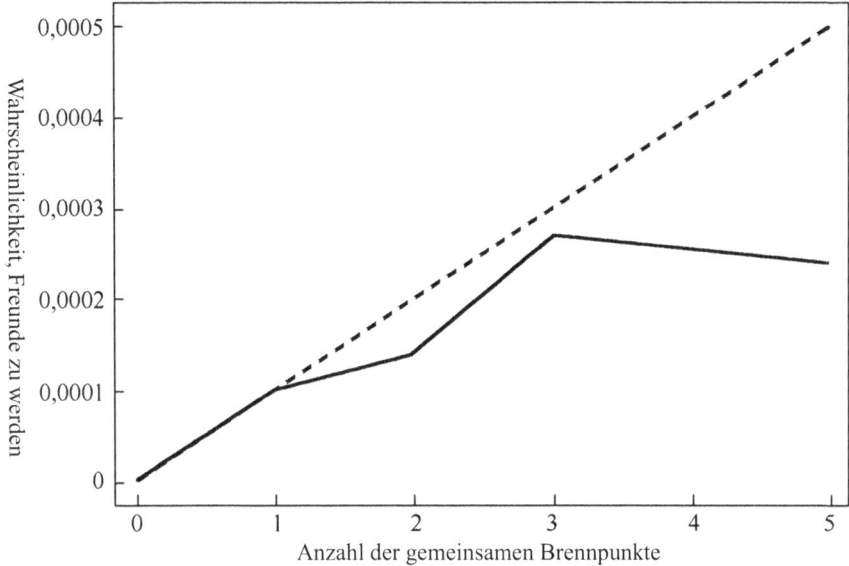

Abb. 5.9 Verifikation der sozialen Wahl [7]

Das Diagramm spiegelt die Korrelation zwischen den beiden Koordinaten wider. Die Abszisse stellt die Anzahl gemeinsamer Interessensschwerpunkte (Foki) dar, die sich beispielsweise auf die Kurswahl oder die Teilnahme an denselben Aktivitäten beziehen können. Wie in Abb. 5.9 zu sehen ist, steigt mit der Anzahl gemeinsamer Interessensschwerpunkte die Wahrscheinlichkeit, dass zwei Personen Kontakt aufnehmen. Ist die Anzahl der Interessensschwerpunkte jedoch größer als 3, steigt die Wahrscheinlichkeit eines Kontakts zwischen zwei Personen nicht weiter an.

Wie können wir Online-Daten nutzen, um Homogenitätsforschung zu unterstützen? Hierzu betrachten wir das Beispiel eines Blogs. Wie in Abb. 5.10 dargestellt, gibt es in dieser Abbildung zwei Arten von Knoten, nämlich Blogger und Blogthemen-Communities. Die Blogthemen-Communities entsprechen dabei den Interessensschwerpunkten, und eine bestehende Freundschaft zeigt an, dass private Nachrichten zwischen Bloggern ausgetauscht wurden.

Welcher der drei Themen-Communities Y, Z und W wird A gemäß dem in Abb. 5.10 dargestellten Inhalt am wahrscheinlichsten beitreten? Es ist bekannt, dass A drei Freunde hat, nämlich C, D und E. Freund C ist den Themen-Communities X und W beigetreten, Freund D den Communities Y und Z, und Freund E der Community W. Daraus lässt sich schließen, dass A mit größerer Wahrscheinlichkeit der Themen-Community W beitreten wird, da sowohl die gemeinsamen Freunde C als auch E bereits an der Community W teilnehmen. Der Einfluss gemeinsamer Freunde wird dabei positiv überlagert, was die Wahrscheinlichkeit erhöht, dass man einer Community beitritt, an der alle gemeinsamen Freunde teilnehmen. Die hier betrachteten Einflussbeziehungen sind ausschließlich positiv. Negative Einflüsse

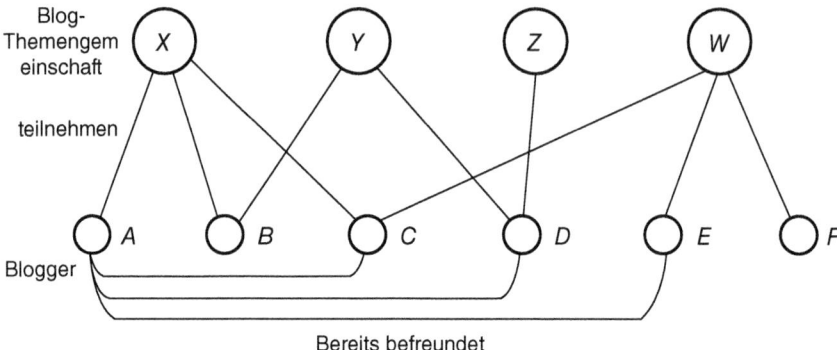

Abb. 5.10 Untersuchung der Homogenität von Blogthemen-Communities

werden im Zusammenhang mit dem Problem des Netzwerkausgleichs mit positiven und negativen Beziehungen in Kap. 6 behandelt.

Zweitens kann die quantitative Überprüfung des Mitgliedschaftsabschlusses (sozialer Einfluss) die Wahrscheinlichkeit ermitteln, an einer Blogthemen-Community teilzunehmen, basierend auf der Anzahl gemeinsamer Freunde, wie in Abb. 5.11 dargestellt [8].

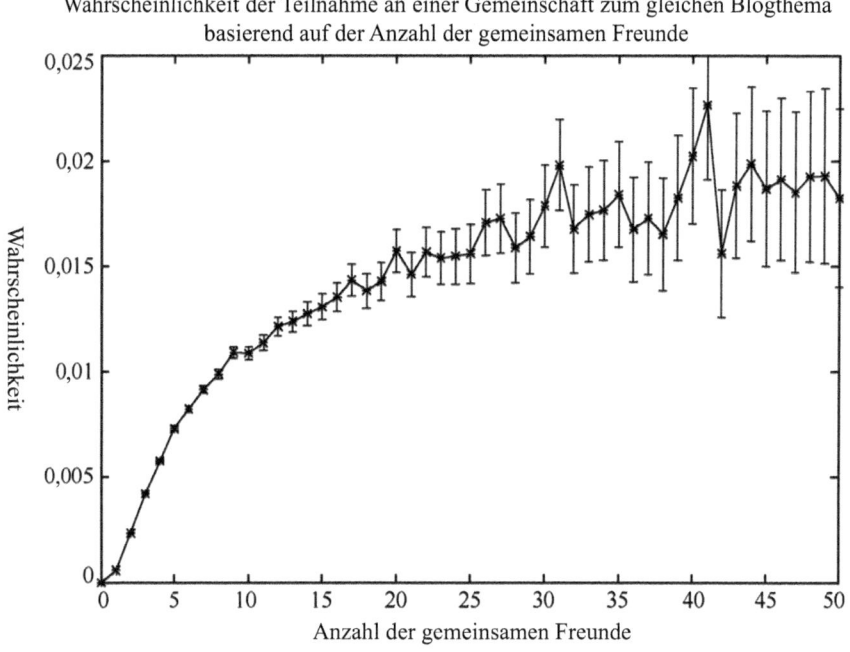

Abb. 5.11 Verifikation des sozialen Einflusses [8]

Die Abszisse in der Abbildung stellt die Anzahl gemeinsamer Freunde dar, während die Ordinate die Wahrscheinlichkeit der Teilnahme an der Blogthemen-Community angibt. Das Diagramm kann also die Anzahl der Freunde, die bereits derselben Blogthemen-Community beigetreten sind, als Variable heranziehen, um die Wahrscheinlichkeit des eigenen Beitritts zu beobachten. Es zeigt sich, dass mit zunehmender Anzahl gemeinsamer Freunde, die derselben Community beigetreten sind, auch die Wahrscheinlichkeit steigt, selbst beizutreten – allerdings nimmt der marginale Effekt ab. Daraus lässt sich schließen, dass der Mitgliedschaftsabschluss das individuelle Verhalten beeinflusst und somit der Mechanismus des sozialen Einflusses wirksam ist.

Abb. 5.12 nimmt Wikipedia als Untersuchungsobjekt, um anhand von On-line-Daten die Wechselwirkung zwischen sozialer Wahl und sozialem Einfluss zu analysieren. Jeder Wikipedia-Editor verfügt über eine „User Talk Page", auf der andere Editoren Nachrichten hinterlassen können, wodurch eine Kommunikations-(soziale Netzwerk-) Beziehung entsteht. Das bedeutet, dass eine Kante zwischen zwei Editoren existiert, wenn ein Editor auf der Seite eines anderen eine Nachricht oder einen Kommentar hinterlässt. Das Verhalten eines Editors entspricht der Menge der von ihm bearbeiteten Artikel. Zur Berechnung der Verhaltensähnlichkeit zwischen zwei Editoren verwenden wir Gl. (5.1):

Behavioral similarity

$$= \frac{\text{The number of articles edited by both Editor A and Editor B}}{\text{The number of articles edited by Editor A or Editor B}} \quad (5.1)$$

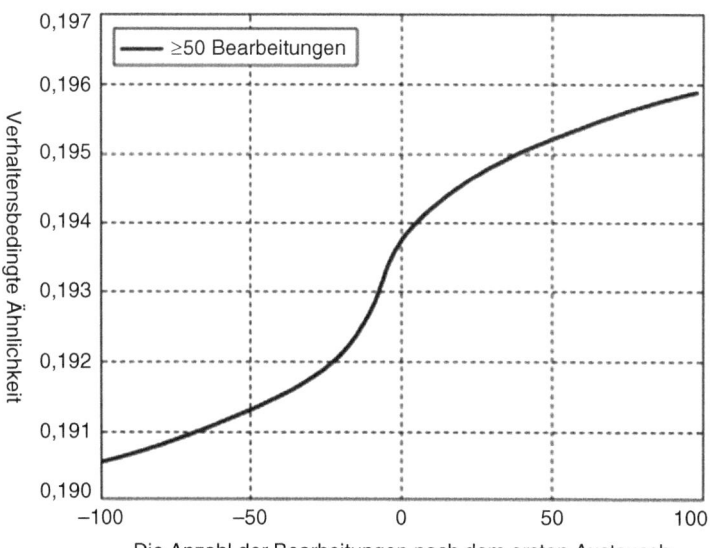

Abb. 5.12 Soziale Wahl und sozialer Einfluss in Wikipedia [9]. (1) 2-Modus-Netzwerk der Modulentwickler. (2) Abhängigkeitsnetzwerk der Entwickler. (3) Abhängigkeitsnetzwerk der Module

In Abb. 5.12 stellt die Abszisse die Anzahl der Bearbeitungen zweier Editoren nach der ersten Kommunikation dar, während die Ordinate die Veränderung ihrer Verhaltensähnlichkeit im Zeitverlauf widerspiegelt. Der Zeitpunkt 0 steht für die durchschnittliche Verhaltensähnlichkeit der beiden Editoren bei ihrem ersten Kontakt [9].

Es lässt sich beobachten, dass die Verhaltensähnlichkeit vor der ersten Kommunikation rasch zunimmt, was hauptsächlich auf die Wirkung der sozialen Wahl zurückzuführen ist. Nach der ersten Kommunikation steigt die Verhaltensähnlichkeit für kurze Zeit schnell an, danach verlangsamt sich das Wachstum. Vor dem Kennenlernen ist die Veränderung der Verhaltensähnlichkeit vor allem durch soziale Wahl bedingt und bleibt begrenzt, während nach dem Kennenlernen der Wandel hauptsächlich durch sozialen Einfluss verursacht wird. Kurz nach dem Treffen ist der gegenseitige Einfluss noch gering, doch mit zunehmender Zeit wächst er deutlich.

Im realen Leben wirken daher beide Mechanismen zusammen. Die soziale Wahl geht dem sozialen Einfluss voraus, und beide tragen gemeinsam dazu bei, die Verhaltensähnlichkeit der Teilnehmenden zu erhöhen, was zur Homogenität sozialer Netzwerke führt.

5.3 Berechnung von Zwei-Modus-Netzwerken

Das oben erwähnte Affiliation-Netzwerk ist ein Zwei-Modus-Netzwerk, auch bipartiter Graph genannt. Im Folgenden werden wir die Darstellung, Messung, Analyse und Beschreibung eines Zwei-Modus-Netzwerks vorstellen.

5.3.1 Repräsentation von Zwei-Modus-Netzwerken

Das Zwei-Modus-Netzwerk besteht aus zwei Typen von Knoten, die miteinander in Beziehung stehen, wobei jedoch keine Verbindungen zwischen Knoten desselben Typs existieren [10]. Abb. 5.13 zeigt ein Beispiel eines Open-Source-Softwareprojekts, das zwei Knotentypen umfasst, nämlich Module und Entwickler. Das von diesen gebildete Zwei-Modus-Netzwerk wird als Modul-Entwickler-Zwei-Modus-Netzwerk bezeichnet, wobei die Beziehung zwischen Modulen und Entwicklern eine Art Besitzverhältnis darstellt. Eine gängige Methode zur Berechnung und Analyse solcher Netzwerke ist das Projektionsverfahren, bei dem ein Zwei-Modus-Netzwerk auf ein Ein-Modus-Netzwerk abgebildet wird. In diesem Beispiel entstehen durch die Projektion zwei Ein-Modus-Netzwerke: das Entwickler-Abhängigkeitsnetzwerk und das Modul-Abhängigkeitsnetzwerk. Obwohl bei der Erzeugung eines Ein-Modus-Netzwerks nur eindimensionale Informationen erhalten bleiben und somit Informationsverluste auftreten, kann das Ein-Modus-Netzwerk mit den traditionellen Methoden der Sozialnetzwerkanalyse

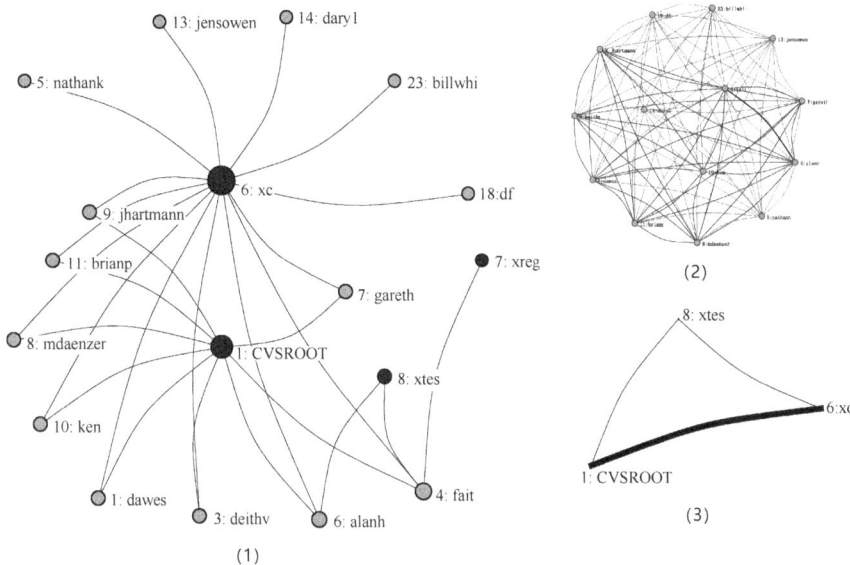

Abb. 5.13 Zwei-Modus- und Ein-Modus-Netzwerke von Open-Source-Softwareprojekten auf Sourceforge.net

untersucht werden. Dies vereinfacht den Analyseprozess und wird in aktuellen Berechnungsverfahren für Zwei-Modus-Netzwerke häufig eingesetzt.

5.3.2 Messung von Zwei-Modus-Netzwerken

Der in Ucinet enthaltene Datensatz, bekannt als Davis-Datensatz, besteht aus Daten, die Davis und andere in den 1940er Jahren über 18 Frauen, die an 14 gesellschaftlichen Veranstaltungen im Süden der Vereinigten Staaten teilnahmen, erhoben haben. Mit dem NetDraw-Tool von Ucinet lassen sich die Daten visualisieren, wie in Abb. 5.14 dargestellt, wobei Kreise Frauen und Quadrate Veranstaltungen repräsentieren. Die grundlegende Installation und Nutzung von Ucinet ist im Anhang beschrieben.

Im Folgenden konzentrieren wir uns auf die Analyse der Zentralität im Zwei-Modus-Netzwerk. Da die Akteur-Knoten im Zwei-Modus-Netzwerk über die „Interessenspunkte", denen sie angehören, miteinander in Kontakt treten, ist die Untersuchung der Zentralität in Zwei-Modus-Netzwerken komplexer als in Ein-Modus-Netzwerken [11]. Im Folgenden werden die Berechnungskonzepte für die Gradzentralität, die Nähezentralität und die Vermittlungszentralität in Zwei-Modus-Netzwerken vorgestellt; die entsprechenden Berechnungen können in Ucinet durchgeführt werden [12].

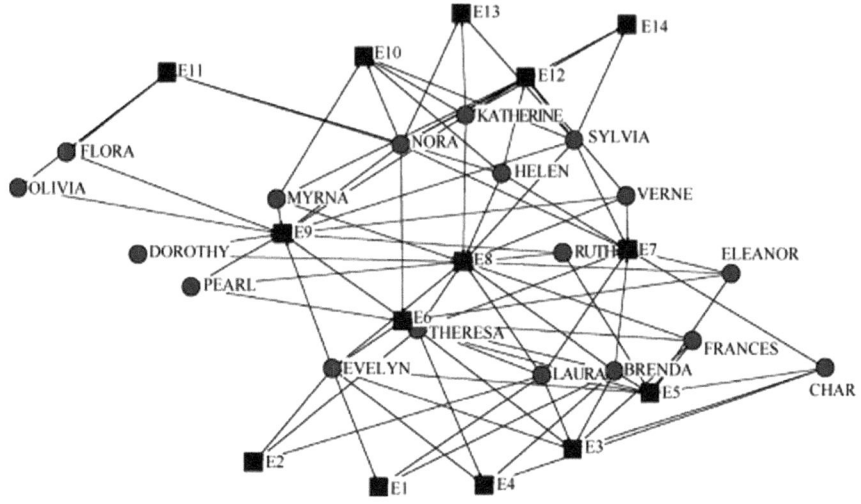

Abb. 5.14 Zwei-Modus-Netzwerk-Visualisierung des Davis-Datensatzes

5.3.2.1 Gradzentralität

Im Zwei-Modus-Netzwerk entspricht die Gradzentralität eines Akteur-Knotens der Anzahl der Interessenspunkte, denen der Akteur-Knoten angehört, und die Gradzentralität eines Interessenspunkts entspricht der Anzahl der Akteure, die diesem Interessenspunkt zugeordnet sind. Die Berechnung der Gradzentralität des Akteur-Knotens n_i und des Interessenspunkts m_k I ist in Gl. (5.2) bzw. (5.3) dargestellt [12].

$$C_D^{NM}(n_i) = \sum_{k=1}^{g+h} x_{ik}^{NM} \tag{5.2}$$

$$C_D^{NM}(m_k) = \sum_{i=1}^{g+h} x_{ik}^{NM} \tag{5.3}$$

Dabei bezeichnet *NM* ein Zwei-Modus-Netzwerk mit g Akteur-Knoten und h Interessenspunkten in NM; x_{ik}^{NM} ist ein Element in der $g \times h$ zweidimensionalen Matrix X^{NM}.

5.3.2.2 Nähezentralität

In einem Ein-Modus-Netzwerk ist die Nähezentralität eines Akteur-Knotens umgekehrt proportional zur Summe der Distanzen von diesem Knoten zu allen anderen Knoten im Netzwerk. In einem Zwei-Modus-Netzwerk ist die Nähezentralität eines Akteur-Knotens proportional zur Summe der Distanzen von diesem Knoten zu allen anderen Knoten im Netzwerk zuzüglich der Summe der Distanzen zu allen Interessenspunkten. Da das Zwei-Modus-Netzwerk ein bipartites Graphnetzwerk ist, stehen die Akteur-Knoten nur mit den Interessenspunkten in Beziehung, sodass der kürzeste Pfad von einem Akteur-Knoten immer zunächst über die Interessenspunkte führt, denen der Akteur-Knoten angehört. Entsprechend sind die Interessenspunkte nur mit Akteur-Knoten verbunden, sodass alle kürzesten Pfade von einem Interessenspunkt zunächst über die diesem Punkt zugeordneten Akteur-Knoten verlaufen. Die Nähezentralität des Akteur-Knotens n_i und des Interessenspunkts m_k ist in Gl. (5.4) bzw. (5.5) dargestellt [12].

$$
C_C^{\mathrm{NM}}(n_i) = \left[1 + \frac{\sum\limits_{j=1}^{g+h} \min_k d(k,j)}{g + h - 1} \right]^{-1}
\tag{5.4}
$$

$$
C_C^{\mathrm{NM}}(m_k) = \left[1 + \frac{\sum\limits_{i=1}^{g+h} \min_j d(i,j)}{g + h - 1} \right]^{-1}
\tag{5.5}
$$

Dabei ist der Interessenspunkt m_k in Gl. (5.4) mit dem Akteur-Knoten n_i verbunden; der Akteur-Knoten n_j in Gl. (5.5) ist dem Interessenspunkt m_k zugeordnet; $d(k,j)$ bezeichnet die Distanz zwischen dem Interessenspunkt m_k und dem Knoten n_j im Netzwerk, wobei es sich sowohl um einen Interessenspunkt als auch um einen Akteur-Knoten handeln kann.

5.3.2.3 Betweenness-Zentralität

In einem eindimensionalen Netzwerk ist die Betweenness-Zentralität eines Akteursknotens direkt proportional zur Gesamtzahl der nicht-redundanten kürzesten Pfade, die durch diesen Knoten verlaufen. Im zweidimensionalen Netzwerk verläuft die Verbindung zwischen jedem Paar von Akteursknoten über den Interessenspunkt, zu dem die Akteursknoten gehören, sodass der Interessenspunkt auf dem kürzesten Pfad zwischen den Akteursknoten liegt. Ebenso befinden sich Akteursknoten immer auf dem kürzesten Pfad zwischen Interessenspunkten. Um die Betweenness-Zentralität eines Interessenspunktes zu berechnen, müssen alle diesem Interessenspunkt zugehörigen Akteursknoten berücksichtigt werden. Die Betweenness-Zentralität der Akteursknoten n_i und der Interessenspunkte m_k ist in den Gleichungen (5.6) und (5.7) dargestellt [12].

$$
C_B^{\mathrm{NM}}(n_i) = \frac{1}{2} \sum_{m_k, m_l \in n_i} \frac{1}{x_{kl}^M}
\tag{5.6}
$$

$$C_B^{NM}(m_k) = \frac{1}{2} \sum_{n_i, n_j \in m_k} \frac{1}{x_{ij}^N} \qquad (5.7)$$

Dabei teilen sich in Gleichung (5.7) die Akteursknoten n_i und n_j einen Interessenspunkt x_{ij}^N, und für jedes Paar von Akteursknoten (n_i, n_j), das m_k einschließt, trägt die Betweenness-Zentralität von m_k eine $1/x_{ij}^N$-Einheit bei, wobei X^N die eindimensionale Matrix der Akteure und X^M die eindimensionale Matrix der Interessenspunkte bezeichnet. Gleichung (5.6) ist analog zu Gleichung (5.7).

5.3.3 Zwei-Modi-Netzwerkanalyse in Ucinet

In Ucinet öffnet man über „Network → Centrality → 2-Mode Centrality" das Fenster zur Zwei-Modi-Zentralitätsanalyse und wählt im Feld „Input 2-Mode Matrix" den Davis-Datensatz aus. Der Davis-Datensatz bildet die Teilnahme von 18 Frauen an 14 gesellschaftlichen Ereignissen ab. Nach Klick auf die Schaltfläche „OK" erhält man die standardisierten Kennzahlen der Zwei-Modi-Zentralitätsanalyse, wie in Tab. 5.2 dargestellt. Links sind die Zentralitätswerte der 18 Frauen aufgeführt, rechts die Zentralitätswerte der 14 gesellschaftlichen Ereignisse.

5.3.4 Beschreibung von Zwei-(Multi-)Modus-Netzwerken

Das Zwei-Modus-Netzwerk kann zu einem Multi-Modus-Netzwerk erweitert werden, wobei die Meta-Matrix-Beschreibungsmethode eine gängige Methode zur Beschreibung von Multi-Modus-Netzwerken in der Sozialnetzwerkanalyse ist [13]. Die traditionellen Analyseverfahren für Ein-Modus-Netzwerke konzentrieren sich hauptsächlich auf Netzwerke mit kleinen, abgegrenzten Strukturen, wobei die Knoten in der Regel Personen und die Verbindungen Freundschaften repräsentieren. Die Meta-Matrix-Beschreibungsmethode stammt ursprünglich aus der PCANS-Methode [14]. Nach der Konstruktion der Netzwerkknoten mit der Meta-Matrix können diese nicht nur den Eigentümer, sondern auch beliebige Elemente der Organisation umfassen, wie beispielsweise Ressourcen und Aufgaben.

Wie in Tab. 5.3 dargestellt, können alle Netzwerkdefinitionen und Messindikatoren den Netzwerktype in den jeweiligen Zellen der Tabelle zugeordnet werden. In der realen Welt existieren vielfältige Beziehungen zwischen Menschen, Wissen und Aufgaben. Zwischen Menschen bestehen soziale Kommunikationsbeziehungen, die soziale Netzwerke bilden, und zwischen Menschen und Wissen bestehen kognitive Beziehungen, die Wissensnetzwerke konstituieren. Zwischen Menschen und Aufgaben gibt es Zuweisungsbeziehungen, die Anwesenheitsnetzwerke bilden. Zwischen Wissen und Aufgaben bestehen Substitutionsbeziehungen, die Informationsnetzwerke ergeben, sowie Nutzungsbeziehungen, die

Tab. 5.2 Ergebnisse der Zwei-Modi-Zentralitätsanalyse des Davis-Datensatzes

Ergebnisse der Zwei-Modi-Zentralitätsanalyse der Davis-Zeilen (Frauen)				Ergebnisse der Zwei-Modi-Zentralitätsanalyse der Davis-Spalten (Gesellschaftliche Ereignisse)			
	Degree	Closeness	Betweenness		Degree	Closeness	Betweenness
EVELYN	0.571	0.800	0.097	E1	0.167	0.524	0.002
LAURA	0.500	0.727	0.051	E2	0.167	0.524	0.002
THERESA	0.571	0.800	0.088	E3	0.333	0.564	0.018
BRENDA	0.500	0.727	0.049	E4	0.222	0.537	0.008
CHARLOTTE	0.286	0.600	0.011	E5	0.444	0.595	0.038
FRANCES	0,286	0,667	0,011	E6	0,444	0,688	0,065
ELEANOR	0,286	0,667	0,009	E7	0,556	0,733	0,130
PEARL	0,214	0,667	0,007	E8	0,778	0,846	0,244
RUTH	0,286	0,706	0,017	E9	0,667	0,786	0,226
VERNE	0,286	0,706	0,016	E10	0,278	0,550	0,011
MYRNA	0,286	0,686	0,016	E11	0,222	0,537	0,020
KATHERINE	0,429	0,727	0,047	E12	0,333	0,564	0,018
SYLVIA	0,500	0,774	0,072	E13	0,167	0,524	0,002
NORA	0,571	0,800	0,113	E14	0,167	0,524	0,002
HELEN	0,357	0,727	0,042				
DOROTHY	0,143	0,649	0,002				
OLIVIA	0,143	0,585	0,005				
FLORA	0,143	0,585	0,005				

Tab. 5.3 Meta-Matrix-Konstruktion in Organisationen [15]

	Personen	Wissen/Ressourcen	Ereignisse/Aufgaben	Organisation
Personen	Soziales Netzwerk	Wissensnetzwerk	Anwesenheitsnetzwerk	Mitgliedschaftsnetzwerk
Wissen/Ressourcen		Informationsnetzwerk	Bedarfsnetzwerk	Organisationskompetenznetzwerk
Ereignisse/Aufgaben			Temporales Netzwerk	Institutionelles Unterstützungsnetzwerk
Organisation				Interorganisationales Netzwerk

Bedarfsnetzwerke darstellen. Zwischen Aufgaben gibt es Planungsbeziehungen, die ein temporales Netzwerk bilden, zwischen Menschen und Organisationen bestehen Mitgliedschaftsbeziehungen, die ein Mitgliedschaftsnetzwerk ergeben, zwischen Wissen und Organisationen gibt es Kompetenzzuordnungen, die ein Organisations-kompetenznetzwerk bilden, zwischen Aufgaben und Organisationen bestehen Unter-stützungsbeziehungen, die ein institutionelles Unterstützungsnetzwerk darstellen, und zwischen Organisationen existieren Wettbewerbs- und Kooperationsbeziehungen, die ein interorganisationales Netzwerk bilden. Jedes dieser Netzwerke ist eine Art Meta-Netzwerk, das ursprünglich aus dem PCANS-Netzwerkmodell hervorgegangen ist [14], und mittlerweile werden Meta-Netzwerke in vielen sozialwissenschaftlichen Simulationssoftwares breit eingesetzt.

Die Multi-Modus-Netzwerkanalyse auf Basis von Meta-Netzwerken kann mit der ORA-Software durchgeführt werden. ORA ist eine Software zur dynamischen Analyse sozialer Netzwerke, die von Professorin Karin am Center for Computatio-nal Analysis of Social and Organizational Systems der Carnegie Mellon University entwickelt wurde. Sie stellt verschiedene Knotentypen im Netzwerkdiagramm durch unterschiedliche Formen dar, wie in Abb. 5.15 gezeigt, und ermöglicht die Analyse verschiedener Meta-Netzwerktypen. In diesem Beispiel sind neun Arten von Meta-Netzwerken enthalten, nämlich: soziales Netzwerk, Überzeugungsnetz-werk, Ereignisnetzwerk, Wissensnetzwerk, Standortnetzwerk, Organisationsnetz-werk, Ressourcennetzwerk, Aufgaben-Netzwerk und Regionalnetzwerk. Gegen-wärtig findet die Software breite Anwendung in Bereichen wie Organisations-gestaltung und Risikomanagement und unterstützt die Entscheidungsfindung bei

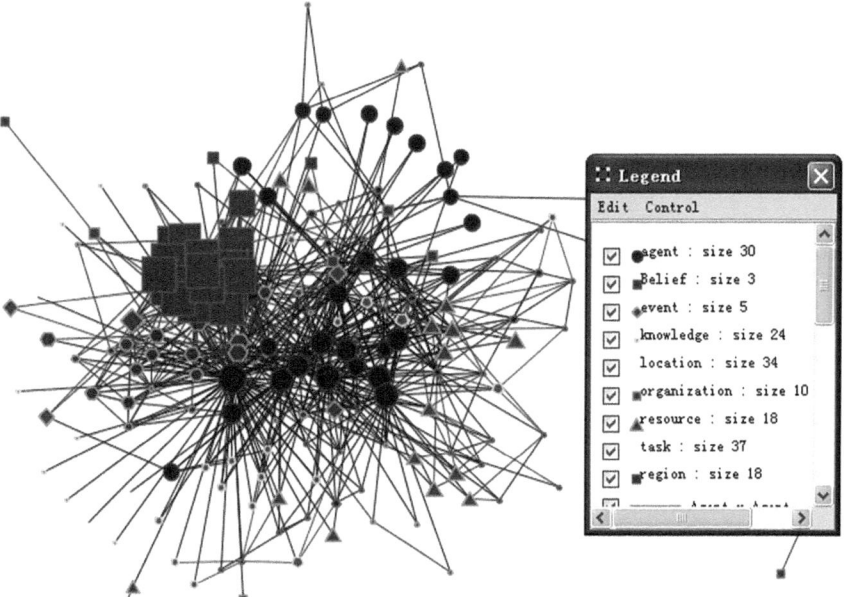

Fig. 5.15 Schematische Darstellung der Netzwerkbeschreibung auf Basis von Meta-Netzwerken

der Analyse von Netzwerken terroristischer Organisationen sowie bei der Entwicklung entsprechender Strategien zur organisatorischen Zerschlagung im Kampf gegen den Terrorismus [13].

5.4   Segregationsmodell – Computational Experiment sozialer Netzwerke

5.4.1   Segregationsphänomen

Homogenität kann natürliche räumliche Strukturen hervorbringen. In vielen Ländern und Regionen leben Menschen beispielsweise mit ähnlichen Gruppen zusammen, was eng mit Segregation verbunden ist. Die drei Abb. in 5.16 zeigen die Veränderungen im Anteil schwarzer Wohngebiete in den USA in den letzten 20 Jahren [16]. Helle Bereiche stehen für einen niedrigen Anteil schwarzer Wohngebiete, dunkle Bereiche für einen hohen Anteil.

Aus den Abbildungen lässt sich erkennen, dass sich immer mehr Schwarze in bestimmten Gebieten konzentrieren und die Dichte schwarzer Gruppen zunimmt – ein dynamischer Prozess. Solche Fälle sind im Alltag häufig, etwa das Zhejiang-Dorf in Peking oder Chinatown in den USA. Aus institutioneller Sicht ist dieses Phänomen nicht auf gesetzliche Vorgaben oder eine gezielte Einteilung durch die Regierung zurückzuführen. Ist dies also ein Isolationsphänomen, das durch individuelle Entscheidungen oder sozialen Einfluss entsteht? Man kann es so verstehen: Da Menschen ähnliche natürliche Eigenschaften wie Kultur, Ethnie und Werte teilen, treffen sie oft ähnliche Entscheidungen. Darüber hinaus kann es sein, dass sich Menschen gegenseitig kennen und beeinflussen und sich dadurch für eine Annäherung entscheiden.

(1)1940   (2)1950   (3)1960

Fig. 5.16 Entwicklungstendenz schwarzer Wohngebiete in den USA von 1940 bis 1960 [16]. (1) 1940 (2) 1950 (3) 1960

5.4.2 Schellings Segregationsmodell

Thomas Schelling, Nobelpreisträger für Wirtschaftswissenschaften, entwickelte das berühmte Schelling-Modell, das den Einfluss von Homogenität auf räumliche Segregation beschreibt. Er zeigte, dass das Makro-Phänomen der Segregation nicht das Ergebnis bewusster individueller Entscheidungen ist. Zuvor gingen die meisten Forscher in der sozialwissenschaftlichen Apartheidsforschung davon aus, dass die Segregation in amerikanischen Städten wie New York und Chicago Anfang der 1970er Jahre eng mit bewussten rassistischen Entscheidungen zusammenhing.

Im Segregationsmodell von Schelling wird ein zusammenhängendes zweidimensionales Gitter definiert, in dem zwei Typen von Agenten leben, wobei jeder Agent acht Nachbarn hat. Die Handlungsregel eines Agenten ist sehr einfach: Wenn jeder Agent mindestens α ähnliche Nachbarn haben möchte, dann ist er unzufrieden, sobald die Anzahl ähnlicher Nachbarn unter α liegt, und zieht in ein freies Gitterfeld. Das durch die Migration eines Agenten frei gewordene Feld kann wiederum von anderen Agenten besetzt werden. Die Bewegung eines Agenten stört das lokale Gleichgewicht und beeinflusst die Zufriedenheit anderer Agenten im alten und neuen Umfeld. Gleichzeitig kann es dazu führen, dass auch Agenten außerhalb der alten und neuen Nachbarschaft das freie Feld anstreben, was weitere Bewegungen auslöst. Das Verhalten eines Agenten kann somit eine Kettenreaktion in der Gruppe auslösen. Wenn alle Agenten an einem für sie zufriedenstellenden Ort angekommen sind, stellt sich ein stabiler Zustand ein.

Schellings Segregationsmodell ist ein erfolgreiches sozialwissenschaftliches Computerexperiment, das das Präferenzverhalten von Individuen auf Mikroebene modelliert und zeigt, wie durch Interaktion makroskopische Segregationsphänomene entstehen können. Es demonstriert, dass globale Eigenschaften durch einfache lokale Regeln in einer Computersimulation emergieren können. Das Modell belegt, dass Segregation das Ergebnis individueller natürlicher Auswahl ist und der Zusammenhang zwischen Segregation und Rassismus schwach oder sogar irrelevant ist. Selbst wenn Rassismus eines Tages verschwindet, wird das Phänomen der Segregation weiterhin auftreten. Das Modell ermöglicht eine Analyse vom Mikro- (individuelle) bis zum Makro- (kollektive) Niveau.

5.4.3 Segregationsmodell in NetLogo

5.4.3.1 Modellinterpretation

Im Segregationsmodell von NetLogo werden isolierte Individuen durch Turtles dargestellt, wobei Rot und Grün jeweils die gleiche Anzahl roter und grüner Schildkröten im Teich repräsentieren. Diese beiden Schildkrötenarten leben miteinander, wobei jede Schildkröte ein Feld belegt. Doch jede Schildkröte möchte

möglichst viele Artgenossen in ihrer Nähe haben, das heißt, jede rote Schildkröte möchte mit möglichst vielen roten Schildkröten zusammenleben, und jede
grüne Schildkröte mit einer bestimmten Anzahl grüner Schildkröten. Zu Beginn
der Simulation beginnen die Schildkröten sich zu bewegen. Wenn sich nicht genügend gleichfarbige Schildkröten in ihrer Umgebung befinden, springen sie auf
benachbarte Felder, bis jede Schildkröte mit ihrer aktuellen Situation zufrieden
ist. Dieses Simulationsmodell zeigt die Veränderungen, die durch die Präferenzen
der Schildkröten entstehen. Während sich die Schildkröten weiter bewegen, steigt
ihre Zufriedenheit kontinuierlich an. Sobald die Gesamtzufriedenheit den optimalen Zustand erreicht, hören die Schildkröten auf, sich zu bewegen. Am Ende wird
der Teich in mehrere Bereiche „aufgeteilt", wobei sich einige grüne Schildkröten
und einige rote Schildkröten jeweils gruppieren, sodass es aussieht, als wären die
roten und grünen Schildkröten voneinander isoliert. Das Modell simuliert das
Segregationsmodell, beschreibt den Einfluss von Homogenität auf räumliche Segregation und verdeutlicht, dass das makroskopische Segregationsphänomen nicht
das Ergebnis bewusster individueller Entscheidungen ist.

Bedienungsschritte

Modell öffnen

Nach dem Start von Netlogo wählen Sie im Menü „Datei" die Option „Model Library", öffnen dann den Ordner „Social Science" und klicken auf „Segregation",
um das Modell zu öffnen. Die Benutzeroberfläche nach erfolgreichem Laden des
Modells ist in Abb. 5.17 dargestellt.

Nach dem Klick auf die Schaltfläche „setup" sehen Sie das Anfangsbild, in
dem die Turtles zufällig im Teich verteilt sind, wie in Abb. 5.18 gezeigt.

Nach dem Klick auf die Schaltfläche „go" bewegen sich die rote Meeresschild-
kröte und die grüne Schildkröte. Nach 12 Zeitschritten bewegen sich die Turtles
nicht mehr, und das statische Bild ist in Abb. 5.19 zu sehen.

Zu diesem Zeitpunkt ist zu erkennen, dass Rot und Grün nicht mehr zufällig
verteilt sind, sondern dass sich einige Turtles gleicher Farbe zu Farbblöcken
gruppieren, was das „Isolations"-Modell von Schelling simuliert. Jede Schildkröte möchte mit Turtles der gleichen Farbe zusammenleben; sie beurteilt ihre
Zufriedenheit anhand des Anteils gleichfarbiger Turtles in ihrer Umgebung. Wenn
die Umgebung nicht ihren Ähnlichkeitsanforderungen entspricht, bewegen sich
die Turtles. Aus mikroskopischer Sicht handelt es sich dabei nur um das Verhalten
einzelner Turtles. Aus makroskopischer Sicht führt jedoch gerade die Bewegung
jeder einzelnen Schildkröte dazu, dass sich große Bereiche der „Isolation" zwischen roten und grünen Turtles bilden, was den Einfluss von Homogenität auf
räumliche Segregation verdeutlicht.

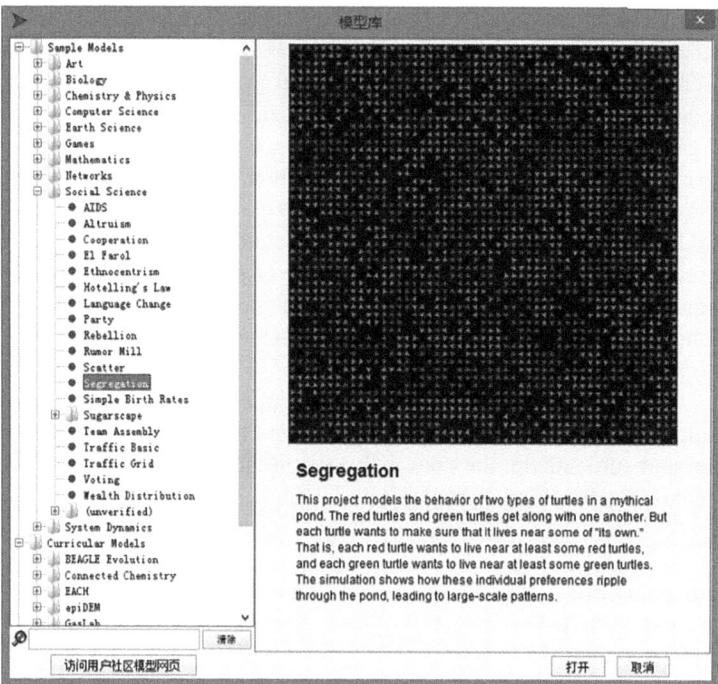

Abb. 5.17 Modell erfolgreich geladen

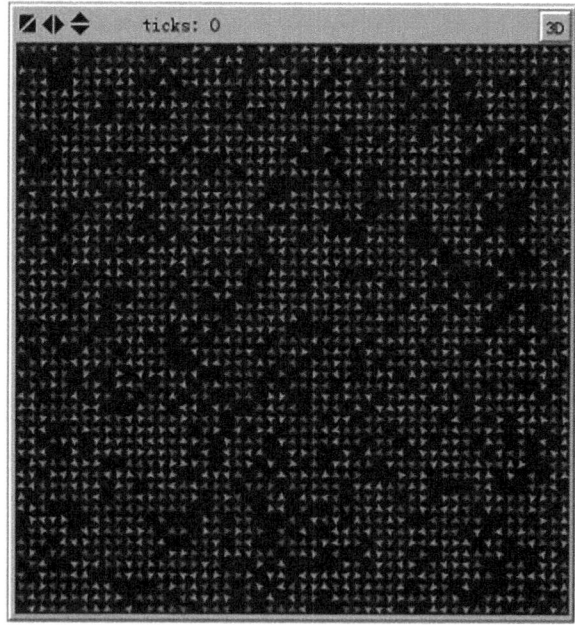

Abb. 5.18 Anfangszustand

Geschwindigkeit steuern: Geschwindigkeitsregler

Die Ausführungsgeschwindigkeit des Modells kann über den in Abb. 5.20 gezeigten Geschwindigkeitsregler gesteuert werden. Dieser Regler beeinflusst sowohl die Bewegungsgeschwindigkeit der Turtles als auch die Änderungsrate der Kachelfarben.

Wenn Sie den Geschwindigkeitsregler nach links schieben, verlangsamt sich die Ausführung des Modells und die Pausenzeit zwischen den einzelnen Zeitschritten wird länger, was die Beobachtung der Abläufe erleichtert. Sie können das Modell sogar sehr langsam laufen lassen, um das Verhalten jeder einzelnen Schildkröte genau zu verfolgen.

Einstellungen anpassen: Schieberegler und Schalter

Durch das Anpassen der Konfiguration und des Modells sowie die Beobachtung der daraus resultierenden Reaktionen kann das durch Netlogo simulierte Phänomen besser verstanden werden. Die Konfiguration des Modells kann über den in Abb. 5.21 gezeigten Schieberegler und Schalter verändert werden.

Wie in Abb. 5.21 zu sehen ist, gibt es im laufenden Modell 2000 Turtles, und die „Ähnlichkeitserwartung" jeder Schildkröte beträgt 30 %. Die aktuelle „Ähnlichkeitserwartung" liegt bei 50,5 %, wobei 17 % der Turtles als „unzufrieden" gelten. Die Anfangszahl der Turtles kann angepasst werden, wobei das Modell Werte zwischen 500 und 2500 zulässt. Ist die Anzahl der Turtles zu gering, ist der Grad der Aggregation nicht deutlich, daher kann die Anzahl entsprechend erhöht werden. Im in Abb. 5.22 gezeigten Modell beträgt die erwartete Ähnlichkeit 50 %. Klicken Sie auf die Schaltfläche „setup" und anschließend auf „go", um die grafische Veränderung zu beobachten.

Im Vergleich zu Abb. 5.19 sind die einzelnen Ansammlungsbereiche in Abb. 5.22 größer, und es dauert länger, bis der Teich einen Stillstand erreicht. In diesem Fall benötigt der Teich 26 Zeitschritte, um zum Stillstand zu kommen. Dies liegt daran, dass die „Ähnlichkeitserwartung" jeder Schildkröte 50 % beträgt. Eine höhere Ähnlichkeitserwartung bedeutet, dass die Turtles mit mehr gleichfarbigen Turtles zusammenkommen möchten. Je höher die Homogenitätsanforderung, desto länger dauert es, bis die Turtles eine stabile Konfiguration erreichen.

Wird der Erwartungswert der Ähnlichkeit auf 60 % erhöht, klicken Sie auf „setup" und anschließend auf „go", um die Veränderungen in der Grafik zu beobachten. Nun zeigt sich, dass das Modell im Anzeigefeld weiterläuft und keinen stabilen Zustand erreicht. Klicken Sie erneut auf „go", um die Ausführung zu stoppen. Das Ergebnis nach dem Anhalten ist in Abb. 5.23 dargestellt. Es ist zu erkennen, dass sich mehr gleichfarbige Turtles zusammenfinden und die Farbblöcke immer größer werden.

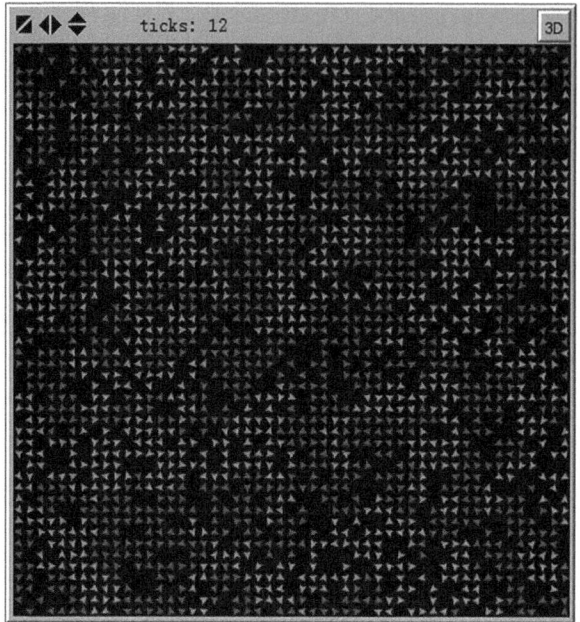

Abb. 5.19 Bild nach 12 Zeitschritten

Abb. 5.20 Geschwindigkeitsregler

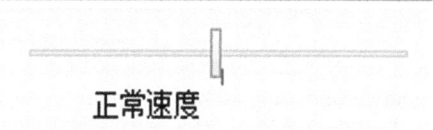

Interessierte Leser können auch experimentieren, indem sie die „Ähnlichkeits-erwartung" variieren und beobachten, wie sich dies auf das Erreichen des kriti-schen Punktes zwischen Stillstand und Nicht-Stillstand auswirkt. Abb. 5.24 zeigt die prozentuale Veränderungskurve von „percent similar" und „percent unhappy" der Turtles im Zeitverlauf. Aus der Abbildung lässt sich der Trend beider Größen erkennen, um den kritischen Punkt zu bestimmen.

5.4.4 Räumliche Bewegung in der sozialen Kommunikation

Unsere Bewegung im Raum ist nicht so einfach, wie sie im Segregationsmodell beschrieben wird. Die Bewegung im Segregationsmodell ist lediglich eine einfache Bewegung nach oben und unten, nach links und rechts. Dies liegt daran,

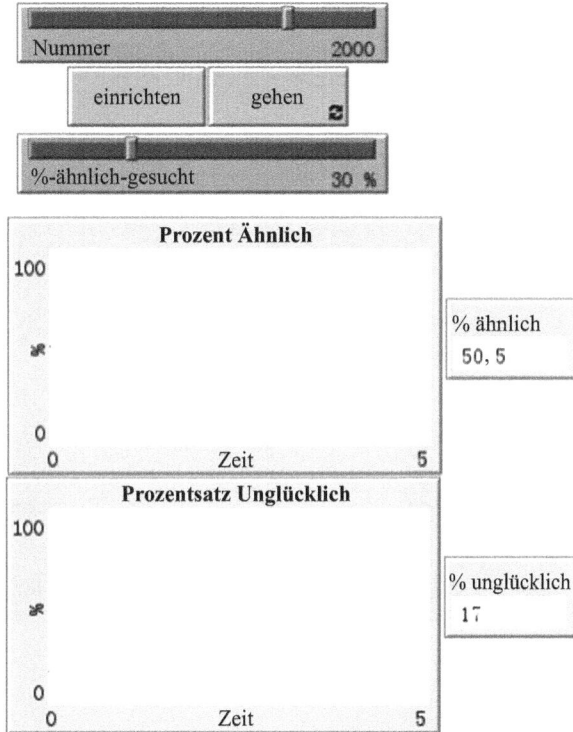

Abb. 5.21 Anpassung des Schiebereglers und Schalters zur Modifikaton der Modell-konfiguration

dass bei wissenschaftlichen Untersuchungen das Modell so einfach wie möglich gestaltet werden sollte, um das Problem zu vereinfachen und besser beantworten zu können. Das Schelling-Modell kann zur Erklärung des Problems der räum-lichen und sozialen Dimension herangezogen werden. Im wirklichen Leben um-fasst die räumliche Bewegung in sozialen Interaktionen die folgenden zwei Modi:

1. Zufälliger Spaziergang (Random Walk): Die Sprungweite ist bei jedem Schritt ungefähr gleich, und die Sprungrichtung ist zufällig.
2. Lévy-Flug: Viele kleine Sprünge werden von wenigen Sprüngen über große Distanzen begleitet. Die Bewegungsrichtung eines Individuums ist zufällig. Meistens bewegt es sich in einem bestimmten kleinen Bereich, springt aber ge-legentlich ziellos an einen weit entfernten Ort [17], wie in Abb. 5.25 dargestellt.

Kapitelzusammenfassung

In diesem Kapitel wird das Konzept der Homogenität in sozialen Netzwerken und deren Einfluss auf soziale Netzwerke eingeführt sowie die einfache Mes-sung des Homogenitätsphänomens in sozialen Netzwerken erläutert. Außerdem

Abb. 5.22 Isolierter Zustand nach Beendigung

Abb. 5.23 Modell nach fortgesetzter Ausführung

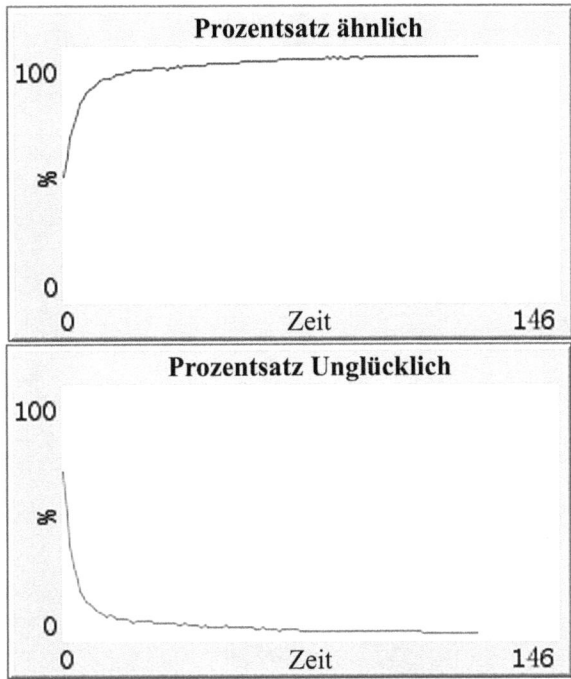

Abb. 5.24 Anpassung der Ähnlichkeitserwartung zur Bestimmung des kritischen Punktes zwischen Stillstand und Nicht-Stillstand

wird das Konzept des Affiliation-Netzwerks vorgestellt. In Verbindung mit der Datenanalyse von Online-Sozialnetzwerken werden Methoden zur Untersuchung der Ursachen des Homogenitätsphänomens betrachtet und die Bedeutung des Homogenitätsphänomens für die gesellschaftliche Entwicklung und den Fortschritt dargelegt. Abschließend wird am Beispiel der Wohnsegregation die dynamische Veränderung der Homogenität mit dem Schelling-Modell simuliert. Homogenität ist im Wesentlichen ein natürliches Phänomen, und die Förderung oder Verhinderung von Homogenität in unterschiedlichen sozialen Situationen hat einen wichtigen Einfluss auf die gesellschaftliche Entwicklung.

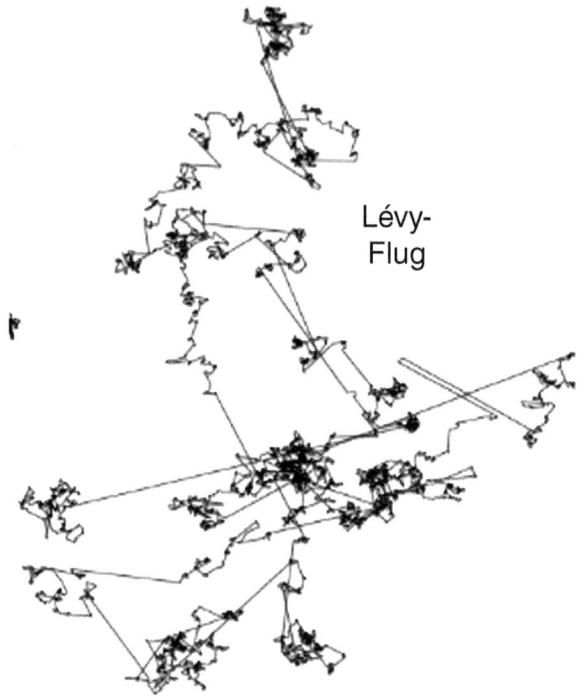

Lévy-
Flug

Abb. 5.25 Lévy-Flug-Diagramm [17]

Fragen zum Kapitelabschluss
1. Analysieren Sie das Verhältnis zwischen Homogenität und Involution.
2. Wie kann man in der Programmiersprache R die Funktion zur Bewertung der Homogenität eines Netzwerks aufrufen? Testen Sie den entsprechenden Code.
3. Visualisieren Sie mit der Programmiersprache R ein schwach, moderat und stark homogenes Netzwerk.
4. Versuchen Sie, Homogenität aus der Perspektive von Gruppennormen und anderen Theorien zu erklären.

Literaturverzeichnis

1. Kandel, D.B.: Homophily, selection, and socialization in adolescent friendships. Am. J. Sociol. **84**(2), 427–436 (1978)
2. Friedkin, N.E.: A Structural Theory of Social Influence. Cambridge University Press, London (2006)
3. Moody, J.: Race, school integration, and friendship segregation in America. Am. J. Sociol. **107**(3), 679–716 (2001)

4. Bearman, P.S., Moody, J., Stovel, K.: Chains of affection: the structure of adolescent romantic and sexual networks. Am. J. Sociol. **110**(1), 44–91 (2004)

5. Lazarsfeld, P.F., Merton, R.K.: Friendship as a social process: a substantive and methodological analysis. Freedom Control Mod. Soc. **18**(1), 18–66 (1954)

6. Mcpherson, M., Smith-Lovin, L., Cook, J.M.: Birds of a feather: homophily in social network. Annu. Rev. Sociol. **27**(1), 415–444 (2001)

7. Kossinets, G., Watts, D.J.: Empirical analysis of an evolving social network. Science. **311**(5757), 88–90 (2006)

8. Backstrom, L., Huttenlocher, D., Kleinberg, J., et al.: Group formation in large Social Network: membership, growth, and evolution. In: Proceedings of the 12th ACM SIGKDD International Conference on Knowledge Discovery and Data Mining, S. 44–54 (2006)

9. Crandall, D., Cosley, D., Huttenlocher, D., et al.: Feedback effects between similarity and social influence in online communities. In: Proceedings of the 14th ACM SIGKDD International Conference on Knowledge Discovery and Data Mining, S. 160–168 (2008)

10. Borgatti, S.P.: Two-mode concepts in social network analysis. Encyclop. Complex Syst. Sci. **6**, 8279–8291 (2009)

11. Borgatti, S.P., Everett, M.G.: Network analysis of two-mode data. Social Network. **19**(3), 243–269 (1997)

12. Faust, K.: Centrality in affiliation networks. Social Network. **19**(2), 157–191 (1997)

13. Carley, K.M., Diesner, J., Reminga, J., et al.: Toward an interoperable dynamic network analysis toolkit. Decis. Support. Syst. **43**(4), 1324–1347 (2007)

14. Krackhardt, D., Carley, K.M.: A PCANS model of structure in organizations. In: Proceedings of the 1998 International Symposium on Command and Control Research and Technology, Monterray, CA, S. 15–20 (1998)

15. Carley, K.M.: Dynamic Network Analysis, S. 133–145. Committee on Human Factors, National Research Council, Ottawa (2003)

16. Möbius, M.M., Rosenblat, T.S.: The process of ghetto formation: Evidence from Chicago. Unpublished paper, Harvard University and NBER. [242] (2001)

17. Humphries, N.E., Queiroz, N., Dyer, J.R.M., et al.: Environmental context explains Lévy and Brownian movement patterns of marine predators. Nature. **465**(7301), 1066–1069 (2010)

Kapitel 6
Positive und negative Balance in sozialen Netzwerken

Zusammenfassung Dieses Kapitel bietet eine umfassende Analyse sozialer Netzwerke mit Symbolen und geht dabei auf die Herausforderungen positiver und negativer Beziehungen in der realen Welt ein. Zunächst werden das Konzept positiver und negativer Beziehungen sowie die Theorie des strukturellen Gleichgewichts erläutert. Anschließend wird die praktische Anwendung der Theorie des strukturellen Gleichgewichts in Bereichen wie Alltag, Geschäftsentscheidungen und E-Commerce-Umfeld untersucht. Zudem werden das Gleichgewichtstheorem und die Theorie des sozialen Status analysiert. Darüber hinaus wird die Anwendung symbolischer Netzwerke kurz erörtert. Abschließend behandelt dieses Kapitel die Erkennung von Gemeinschaften in sozialen Netzwerken mithilfe des igraph-Tools, um das Verständnis der Netzwerkstruktur zu vertiefen.

Die meisten Beziehungen, die wir in den vorherigen Kapiteln erwähnt haben, sind positiv, doch gibt es im realen Leben zahlreiche negative Verbindungen, wie Misstrauen, Abneigung und Feindschaft. Daher ist es entscheidend, darüber nachzudenken, wie ein Gleichgewicht zwischen positiven und negativen Beziehungen erreicht werden kann. Wie beeinflussen bestehende Beziehungen die unbekannten oder zukünftigen Beziehungen, wenn die Eigenschaft der Kante festgelegt ist? Wie kann das Balanceprinzip genutzt werden, um komplexe Beziehungen abstrakt zu verstehen und die strukturellen Eigenschaften weiter zu erfassen?

In diesem Kapitel werden wir soziale Netzwerke mit Vorzeichen eingehend behandeln: Zunächst werden positive und negative Verbindungen sowie die Theorie des strukturellen Gleichgewichts definiert; anschließend wird die Anwendung der Theorie des strukturellen Gleichgewichts in der Praxis diskutiert, gefolgt von einer Betrachtung des Gleichgewichtssatzes und der Sozialstatustheorie; darüber hinaus wird die Anwendung von signierten Netzwerken kurz angesprochen; abschließend erfolgt eine Diskussion zur Community-Erkennung in sozialen Netzwerken mit der igraph-Software.

J. Wu, *Soziales-Netzwerk-Computing*,
https://doi.org/10.1007/978-981-95-1129-7_6

6.1   Positive und negative Beziehungen

In einem sozialen Netzwerk kann die Beziehung (Kante) zwischen zwei Knoten verschiedene soziale Bedeutungen haben. In der Analyse sozialer Netzwerke besitzen Kanten neben ihrer Stärke und Richtung auch Eigenschaften wie Unterstützung (+) und Ablehnung (−) sowie Freundschaft (+) und Feindschaft (−). Üblicherweise wird Unterstützung oder Freundschaft durch eine positive Verbindung dargestellt, während Ablehnung oder Feindschaft durch eine negative Verbindung repräsentiert wird.

Diese Theorie findet breite Anwendung, nicht nur zwischen Individuen, sondern auch in den diplomatischen Beziehungen zwischen Staaten, beispielsweise zwischen China und Japan, Nordkorea und Südkorea und anderen. Positive und negative Beziehungen treten in diplomatischen Angelegenheiten oft besonders deutlich hervor, etwa bei Bündnisverträgen oder Territorialkonflikten.

6.2   Beziehungsattribut und Gleichgewicht

Was ist Beziehungsgleichgewicht? Beziehungsgleichgewicht bedeutet, dass sich unter bestimmten Umständen die Beziehung zwischen Knoten nicht verändert oder die Veränderungsfähigkeit sehr gering ist. Daher sprechen wir von Beziehungsgleichgewicht.

Fritz Heider war der Erste, der das Beziehungsgleichgewicht formulierte und sich zunächst auf das Attribut der Kante zwischen zwei Knoten konzentrierte. Später führten Experten der Graphentheorie dieses Problem in die Graphentheorie ein und begannen, die Beziehungen zwischen den drei Kanten von drei Knoten zu untersuchen.

Heider schlug einen Gleichgewichtszustand vor, der besagt, dass Entitäten immer einen Beziehungszustand zeigen, sei er günstig oder ungünstig, oder dass die Entität, zu der sie gehören, stets einen Beziehungszustand aufweist. Ist der Zustand unausgeglichen, entsteht eine Kraft, die das Gleichgewicht wiederherstellt [1].

6.2.1   Strukturelles Gleichgewicht in triadischen Beziehungen

Die Theorie des strukturellen Gleichgewichts basiert auf der sozialpsychologischen Theorie, die auf Heiders Arbeiten in den 1940er Jahren zurückgeht [1] und in den 1950er Jahren von Cartwright und Harary in die Sprache der Graphentheorie übertragen wurde [2]. Aus sozialpsychologischer Sicht ist eine ausgeglichene triadische Beziehung entweder (+++) oder (−−+). Andernfalls ist die Struktur unausgeglichen, was eine Kraft oder Tendenz zur Veränderung impliziert, wie in Abb. 6.1 dargestellt. Ob die Struktur ausgeglichen ist, kann auch durch Berechnung des Produkts der Vorzeichen beurteilt werden. Ist das Produkt positiv, handelt es sich um einen ausgeglichenen Graphen, ist es negativ, ist der Graph unausgeglichen.

Wie in Abb. 6.1a zu sehen ist, besteht zwischen den drei Knoten eine positive Verbindung, was darauf hinweist, dass sie alle Freunde sind. Folglich ist ihre Beziehung sehr stabil, und die Motivation zur Veränderung ist sehr gering. Dies ist eine ausgeglichene Beziehung, die sich im Sprichwort „Freunde von Freunden sind ebenfalls Freunde" widerspiegelt.

In Abb. 6.1b gibt es zwei positive und eine negative Verbindung, was bedeutet, dass A und B Freunde sind, ebenso A und C, aber B und C sind Feinde. Die Beziehungen zwischen ihnen sind daher sehr instabil und es besteht eine hohe Wahrscheinlichkeit für Veränderungen. Es gibt zwei mögliche Richtungen: Eine Möglichkeit ist, dass A als Vermittler auftritt und den Konflikt zwischen B und C löst, sodass daraus eine positive Verbindung wird. Eine andere Möglichkeit ist, dass die Beziehung zwischen B und C schlecht ist, während die Beziehung zwischen A und B sehr gut ist, sodass A von B dazu angestiftet wird, sich mit B gegen C zu verbünden, wodurch die gesamte Beziehung zu einer $(--+)$-ausgeglichenen Beziehung wird, wie in Abb. 6.1c dargestellt.

In Abb. 6.1d sind alle drei Knoten negativ verbunden, das heißt, A und C sind Feinde, ebenso C und B. Für A ist B somit der Feind seines Feindes. Da der Feind

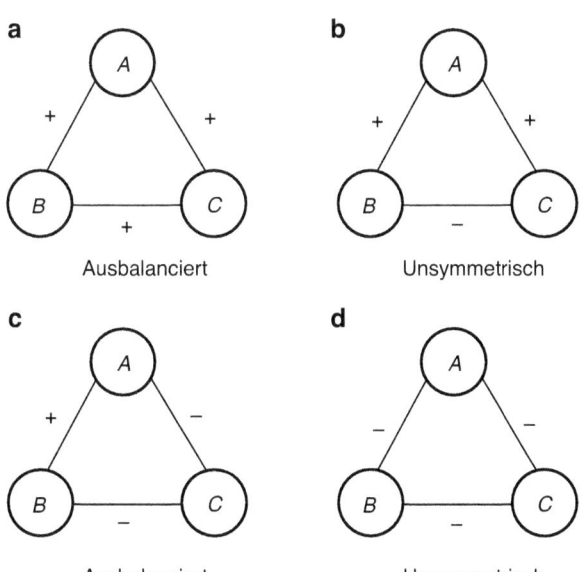

Abb. 6.1 Strukturelles Gleichgewicht in triadischen Verbindungen (**a**) Ausgeglichen. (**b**) Una usgeglichen. (**c**) Ausgeglichen. (**d**) Una usgeglichen.

des Feindes zum eigenen Freund werden kann, könnten *A* und *B* eine positive Verbindung eingehen, sodass die gesamte Beziehung zu einer (−−+)-ausgeglichenen Beziehung wird, wie in Abb. 6.1c gezeigt.

6.2.2   *Strukturelles Gleichgewicht in sozialen Netzwerken*

Bisher haben wir hauptsächlich das Gleichgewicht zwischen drei Knoten betrachtet. Wir können jedoch auch die Beziehungen und das Gleichgewicht zwischen mehreren Knoten gleichzeitig untersuchen, wie in Abb. 6.2 dargestellt, dem Beziehungsdiagramm von vier Knoten, bei dem zwischen jedem Knotenpaar eine Kante existiert.

Ist die Struktur eines (vollständigen) Graphen ausgeglichen, so sind alle triadischen Beziehungen ausgeglichen, das heißt, jede Triade ist entweder (+++) oder (−−+). Daraus ergibt sich, dass die Beziehung auf der linken Seite in Abb. 6.2 ausgeglichen ist, während die aus den Knoten *B*, *C* und *D* gebildete Triade auf der rechten Seite zwei positive und eine negative Verbindung aufweist, sodass die rechte Beziehung unausgeglichen ist.

Wir können ein interessantes Thema diskutieren: „Sind die Freunde der Feinde der Freunde deiner Freunde" eher deine Freunde oder deine Feinde? Zur besseren Veranschaulichung und zum besseren Verständnis können wir das Knotendiagramm in Abb. 6.3 heranziehen.

Anschließend können wir die Kanten zwischen den Knoten einzeichnen, wie in Abb. 6.4 gezeigt, und mithilfe der Theorie des strukturellen Gleichgewichts ableiten, ob die Beziehung zwischen den schwarzen Punkten links und den weißen Punkten rechts positiv oder negativ ist.

Wie in der Abbildung zu sehen ist, ist die Kante zwischen dem schwarzen Punkt links und dem weißen Punkt rechts negativ. Zur Beantwortung der zuvor gestellten Frage kann man daher sagen: „Der Freund des Feindes des Freundes deines Freundes" ist mit größerer Wahrscheinlichkeit dein Feind. Wenn es in der

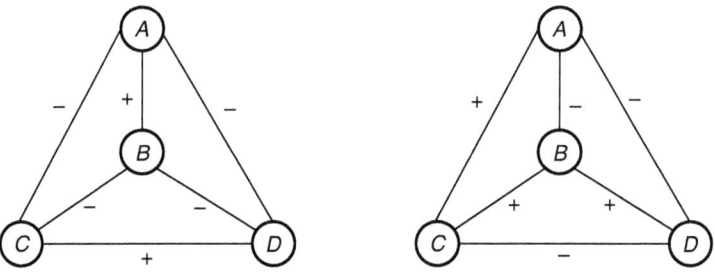

Abb. 6.2 Strukturelles Gleichgewicht in einem vollständigen Graphen aus vier Knoten

Abb. 6.3 Positive und
negative Verbindungen in
mehreren Modi

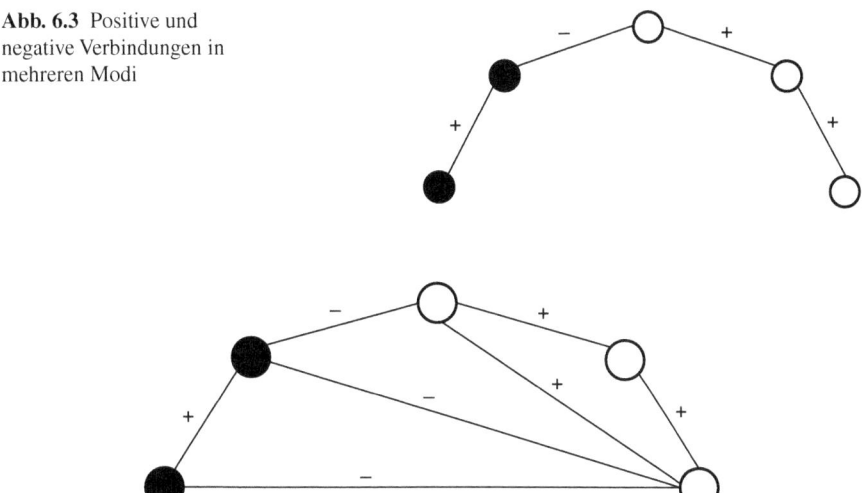

Abb. 6.4 Beurteilung des strukturellen Gleichgewichts bei mehreren Knoten

Beziehungskette mehr Feinde und Freunde gibt, genügt es, die Anzahl der Feinde zu betrachten: Ist die Anzahl der Feinde ungerade, ist der Letzte in der Kette dein Feind. Ist die Anzahl der Feinde gerade, ist der Letzte in der Kette dein Freund.

6.2.3   Gesamt-Gleichgewichtsindex

Um zu bewerten, ob ein Netzwerk insgesamt ausgeglichen ist, kann auch der Gesamt-Gleichgewichtsindex eingeführt werden:

$$\beta = \frac{\sum\limits_{J \leq I} T_{\text{balanced}}}{\sum\limits_{I} T_{\text{total}}} \tag{6.1}$$

wobei T balanced die Anzahl der ausgeglichenen Triaden bezeichnet, T die Gesamtzahl der Triaden in sozialen Netzwerken, J die Anzahl der ausgeglichenen Triaden und I die Anzahl aller Triaden. Ist ein Netzwerk insgesamt ausgeglichen, sollte der Gesamt-Gleichgewichtsindex 1 betragen.

6.3   Praktische Anwendung der Theorie des strukturellen Gleichgewichts

6.3.1   Anwendung im Alltag

In alltäglichen zwischenmenschlichen Beziehungen wird die Theorie der Beziehungsattribute und des strukturellen Gleichgewichts häufig angewendet, beispielsweise auf das Verhältnis zwischen Ehefrau und Schwiegermutter. Warum ist es schwierig, dass Schwiegermutter und Ehefrau miteinander auskommen? Wie können drei Personen ein ausgewogenes Beziehungsgefüge erreichen?

Wie in Abb. 6.5 dargestellt, besteht zwischen Ehemann und Ehefrau eine positive Beziehung, ebenso wie zwischen Ehemann und seiner Mutter. Wie gestaltet sich dann die Beziehung zwischen Ehefrau und Schwiegermutter?

Im Allgemeinen erwartet man natürlich eine positive Beziehung, sodass zwischen den drei Personen ein ausgewogenes und harmonisches Verhältnis besteht und die Wahrscheinlichkeit eines Streits sehr gering ist. Ist es jedoch möglich, dass zwischen Ehefrau und Schwiegermutter eine negative Beziehung besteht? Die Antwort ist ja, denn im Alltag kommt es häufig zu negativen Beziehungen zwischen Schwiegermutter und Ehefrau. In diesem Fall gerät das Beziehungsgefüge zwischen Ehemann, seiner Mutter und seiner Ehefrau aus dem Gleichgewicht und kann sich verändern. Idealerweise vermittelt der Ehemann als guter Koordinator zwischen seiner Frau und seiner Mutter. In der Realität jedoch verbünden sich Ehemann und Mutter möglicherweise gegen die Ehefrau, was zu Disharmonie zwischen Ehemann und Ehefrau führt. Alternativ können sich Ehemann und Ehefrau gegen die Mutter zusammenschließen, was die Mutter in eine unangenehme Lage bringt. Daher kommt dem Ehemann eine sehr wichtige Rolle in der Beziehung zwischen seiner Mutter und seiner Ehefrau zu.

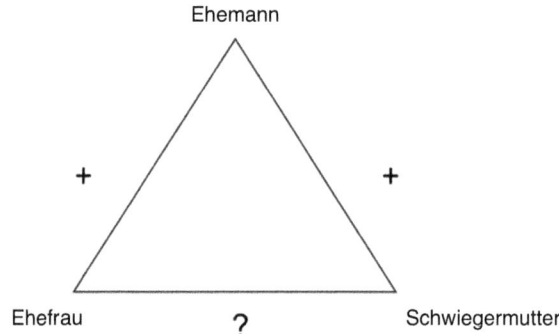

Abb. 6.5 Anwendung der Gleichgewichtstheorie auf die Beziehung zwischen Ehefrau und Schwiegermutter

6.3.2 Anwendung im Unternehmensmanagement

Auch im kommerziellen Markt lassen sich die Beziehungen zwischen Unternehmen mithilfe der Theorie des strukturellen Gleichgewichts analysieren. Abb. 6.6a zeigt die Beziehungen zwischen Apple, Samsung und Foxconn.

Es ist allgemein bekannt, dass viele Fertigungsprozesse von Apple durch Foxconn abgewickelt werden, sodass zwischen Apple und Foxconn eine positive Kooperationsbeziehung besteht. Besteht zwischen Apple und Samsung ein feindliches Wettbewerbsverhältnis, das durch eine negative Beziehung gekennzeichnet ist, so lässt sich daraus schließen, dass auch zwischen Foxconn und Samsung eine negative Beziehung besteht. Tatsächlich fertigte Foxconn keine OEM-Produkte für Samsung. Somit bilden Apple und Foxconn eine Art Unternehmensallianz, während sie zu Samsung in einer negativen Beziehung stehen. Ein weiteres Beispiel, wie in Abb. 6.6b dargestellt, ist das Beziehungsdiagramm zwischen Alibaba, Tencent, Sina und Ggmerce. Alibaba und Tencent sind Konkurrenten in der Internetbranche. 2013 investierte Alibaba 586 Millionen US-Dollar in Sina, und 2014 beteiligte sich Tencent mit 15 % an Ggmerce. Die vier Unternehmen bildeten zwei (−−+)-ausgewogene triadische Beziehungen, wodurch ein Gleichgewicht in der Struktur des sozialen Netzwerks erreicht wurde.

Allianzen und Konkurrenz zwischen Unternehmen bilden strategische Netzwerke, wie in Abb. 6.7a dargestellt. Als wichtiger Ausdruck des Business-Ökosystems [3] ist das Erreichen eines Gleichgewichts zwischen positiven und negativen Beziehungen innerhalb eines strategischen Netzwerks von großer Bedeutung für die stabile und gesunde Entwicklung des Business-Ökosystems [4]. Wie in Abb. 6.7b zu sehen ist, umfasst das natürliche Ökosystem abiotische Komponenten, Produzenten, Konsumenten, Destruenten, Nahrungsketten und Nahrungsnetze. Dieses System dient als Kanal für den Fluss von Stoffen und Energie. Je mehr biologische Populationen und Nahrungsketten vorhanden sind, desto stabiler ist das Ökosystem. Das Wertschöpfungsnetzwerk hinter dem strategischen Netzwerk des Business-Ökosystems ähnelt den Nahrungsnetzen des natürlichen Ökosystems.

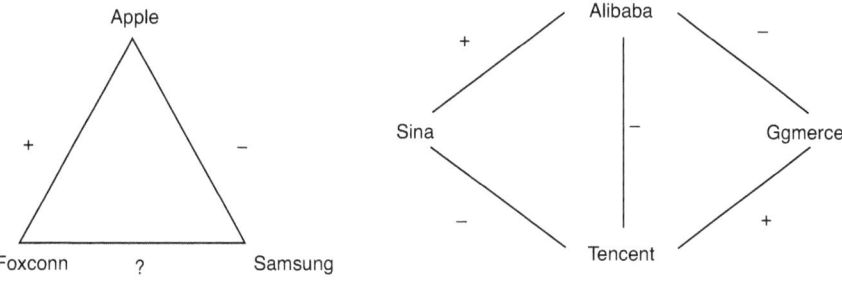

(a) Liga-Verhältnis von Foxconn   (b) Ligabeziehung von Alibaba und Tencent

Abb. 6.6 Beziehungsgeflecht von Unternehmensallianzen

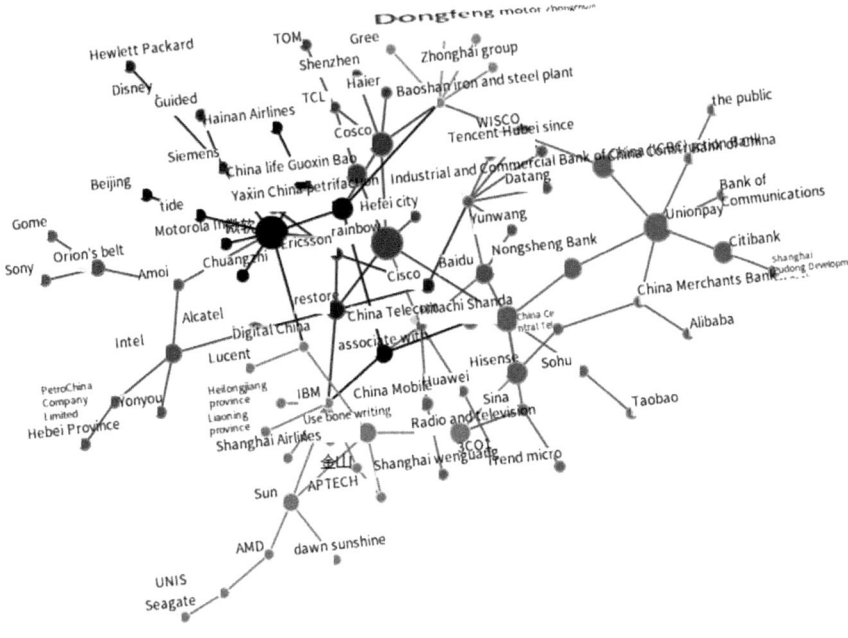

(a) Strategische Netzwerke

(b) Ökosphäre

Abb. 6.7 Business-Ökosystem und natürliches Ökosystem. (**a**) Strategische Netzwerke. (**b**) Ökosphäre

Ebenso gilt: Je mehr verschiedene Unternehmen und Wertschöpfungsketten im Ökosystem vorhanden sind, desto stabiler ist das gesamte Business-Ökosystem.

6.3.3 Anwendung im E-Commerce

Im Internet findet die Gleichgewichtstheorie zahlreiche Anwendungen, etwa in Vertrauensbeziehungen auf bekannten ausländischen Bewertungsportalen für Online-Shopping. Nachdem ein Nutzer einen Kommentar abgegeben hat, können andere Nutzer diesen bewerten, entscheiden, ob sie dem Kommentar Glauben schenken, und ihn durch „Liken" unterstützen. Je mehr Nutzer einem bestimmten Nutzer vertrauen, desto höher ist dessen Kreditwürdigkeit und Reputation. Wie in Abb. 6.8 zu sehen ist, zweifeln sowohl Nutzer A als auch Nutzer C an den Kommentaren von Nutzer B, sodass die Kreditwürdigkeit von Nutzer B sehr niedrig ist.

Viele Webseiten bieten die Funktion „Gefällt mir" und „Gefällt mir nicht" für Videos oder Bilder an. Diese Funktion ist eine Anwendung positiver und negativer Beziehungen und ermöglicht es den Nutzern, ihre positive oder negative Meinung zum Inhalt durch „Gefällt mir" oder „Gefällt mir nicht" auszudrücken. Beispielsweise bietet Slashdot, eine Nachrichtenplattform für Wissenschaft und Technik, den Nutzern die Möglichkeit, positive oder negative Meinungen zu äußern [5]. Auf Epinions, einer internationalen Bewertungsplattform, müssen Nutzer entscheiden, ob sie den Produktbewertungen anderer Nutzer vertrauen oder nicht. Guha und andere entdeckten durch die Analyse des Bewertungsnetzwerks auf Epinions einige interessante Phänomene. Sie stellten fest, dass sowohl die Ähnlichkeiten als auch die Unterschiede zwischen der antagonistischen Beziehung von Vertrauen und Misstrauen im Online-Bewertungsnetzwerk und der antagonistischen Beziehung von Freunden und Feinden im strukturellen Gleichgewicht stehen [6]. In Wikipedia müssen Nutzer entscheiden, ob sie die Kandidatur einer Person für ein Amt unterstützen oder ablehnen. Es gibt tatsächlich viele positive und negative Phänomene im Leben. Statistiken zufolge beträgt das Verhältnis von positiven zu negativen Beziehungen etwa 8:2 [7], sodass es im wirklichen Leben immer noch mehr Freunde als Feinde gibt.

6.4 Gleichgewicht und Verhältnis

Der Gleichgewichtssatz wurde 1953 von Frank Harary bewiesen [8]. Die Definition des Gleichgewichtssatzes besagt, dass, wenn ein vollständiger Graph mit $(+/-)$ als ausgeglichen markiert ist, entweder alle seine Knoten Freunde sind oder alle Knoten in zwei Gruppen unterteilt werden können, dargestellt als X und Y, wobei jeder Knoten in der Gruppe X „+" ist und jeder Knoten in der Gruppe Y ebenfalls „+" ist [9, 10] (Abb. 6.9).

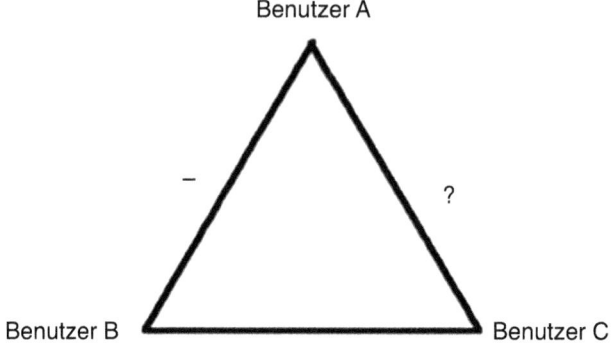

Abb. 6.8 Beziehungen zwischen Nutzern von Bewertungsportalen für Online-Shopping

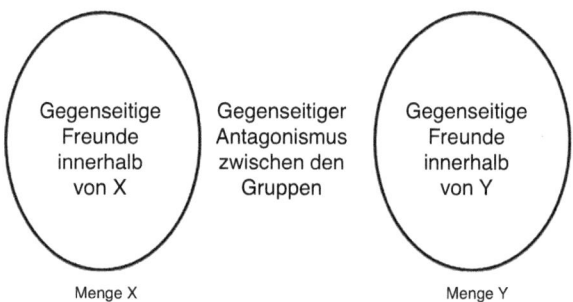

Abb. 6.9 Ausgewogene Struktur einer Population [9]

6.4.1 Beweis des Theorems der strukturellen Balance

Wie in Abb. 6.10 gezeigt, sei *A* ein beliebiger Knoten im sozialen Netzwerk, und *B* sowie *C* seien zwei beliebige Freunde von *A*, sodass die Kanten *AB* und *AC* mit „+" gekennzeichnet sind. *D* und *E* seien zwei beliebige Feinde von *A*, sodass die Kanten *AD* und *AE* mit „-" gekennzeichnet sind. Folgendes soll bewiesen werden: (1) Die Kante *BC* trägt das Symbol „+", was bedeutet, dass beliebige zwei Personen im Freundeskreis ebenfalls befreundet sind. (2) Die Kante *DE* trägt das Symbol „+", was bedeutet, dass beliebige zwei Personen im Feindeskreis ebenfalls befreundet sind. (3) Die Kante *BD* trägt das Symbol „-", was bedeutet, dass beliebige zwei Personen aus Freundes- und Feindeskreis Feinde sind. Wenn (1) und (2) bewiesen werden können, folgt daraus, dass die Personen in den Mengen *X* und *Y* in Abb. 6.10 jeweils untereinander befreundet sind. Wird (3) bewiesen, so bedeutet dies, dass alle Personen zwischen den Mengen *X* und *Y* Feinde sind. Damit ist das Theorem der strukturellen Balance bewiesen [9].

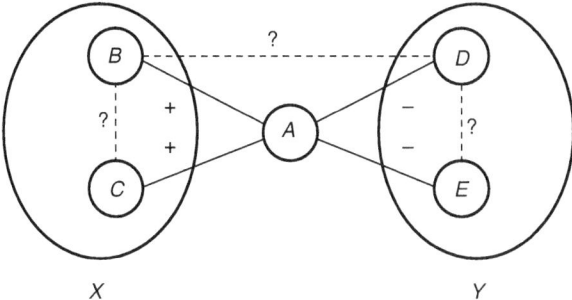

Fig. 6.10 Eine Beziehung mit Knoten im Netzwerk [9]

Im Folgenden wird das Beweiskonzept beschrieben. Nach dem Theorem der strukturellen Balance ist eine triadische Beziehung entweder (+++) oder (−−+). Da die Kanten *AB* und *AC* mit „+" gekennzeichnet sind, muss, wenn die Triade *ABC* balanciert ist, die Kante *BC* ebenfalls mit „+" gekennzeichnet sein, was damit bewiesen ist. Da die Kanten *AD* und *AE* mit „-" gekennzeichnet sind, muss, wenn die Triade *ADE* balanciert ist, die Kante *DE* mit „+" gekennzeichnet sein, womit (2) bewiesen ist. Da die Kante *AB* mit „+" und die Kante *AD* mit „-" gekennzeichnet ist, muss, wenn die Triade *ABD* balanciert ist, die Kante *BD* mit „-" gekennzeichnet sein, womit (3) bewiesen ist. Da alle Aussagen bewiesen wurden, gilt das Theorem der strukturellen Balance. Der Schlüssel dieses Beweisgedankens ist, dass *A*, *B*, *C*, *D* und *E* beliebige Knoten im sozialen Netzwerk sind.

Der entscheidende Punkt der strukturellen Balance in sozialen Netzwerken liegt somit in der Möglichkeit, die Knoten des Netzwerks in zwei Kreise oder Teilmengen zu unterteilen.

6.4.2 Schwach balanciertes Netzwerk

In einem balancierten triadischen Netzwerk muss die Beziehung zwischen den drei Knoten entweder (+++) oder (−−+) sein. Andernfalls ist das Netzwerk unausgeglichen und wird sich verändern oder weist eine höhere Wahrscheinlichkeit für Veränderungen auf.

Gleichzeitig fällt auf, dass die beiden triadischen Beziehungen, die im balancierten Netzwerk ausgeschlossen sind, sich hinsichtlich der Bedeutung (Komponente) sozialer Beziehungen unterscheiden: Ein Netzwerk, das die Beziehung zu (−−−) ändert, ist schwächer, während ein Netzwerk, das die Beziehung zu (++−) ändert, stärker ist [11]. Wie ist das zu verstehen? Möchte man ein Netzwerk mit der Beziehung (−−−) verändern, kann man entweder alle drei Symbole gleichzeitig in ein Pluszeichen umwandeln, was zu (+++) führt, oder eines davon in ein Pluszeichen ändern, was zu (−−+) führt. Um jedoch ein Netzwerk mit der Beziehung (++−) in

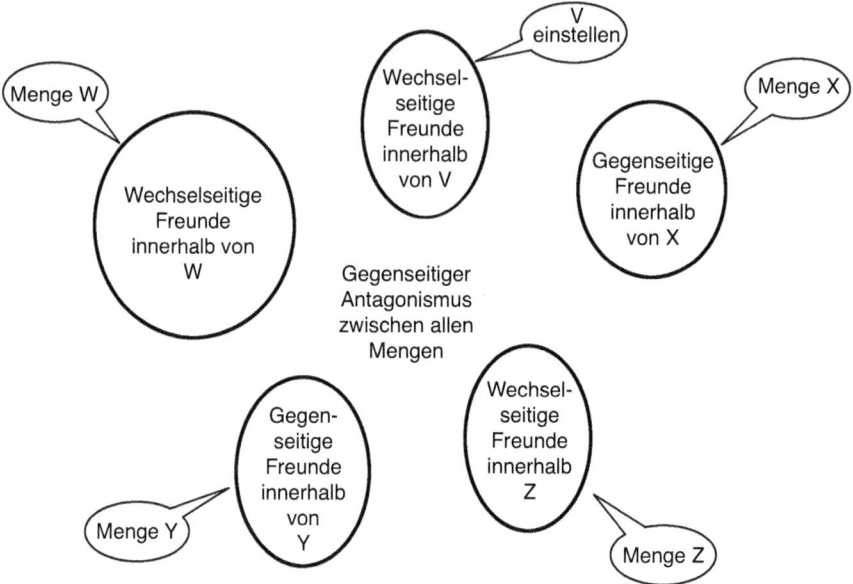

Fig. 6.11 Schwach balanciertes Netzwerk mit mehreren Gruppen [9]

ein balanciertes Netzwerk zu überführen, muss lediglich eines der Minuszeichen in ein Pluszeichen oder eines der Pluszeichen in ein Minuszeichen geändert werden. Daher ist die Änderungsmotivation in diesem Fall stärker.

Ein Netzwerk, in dem triadische Beziehungen vom Typ (++−) in einem vollständig beschrifteten Graphen fehlen, bezeichnen wir als schwach balanciertes Netzwerk [9]. Anders ausgedrückt, die Anforderungen an die Balance werden gelockert. Schwach balancierte Netzwerke weisen ebenfalls Eigenschaften ähnlich dem Theorem der strukturellen Balance auf: Die Knoten lassen sich in mehrere Gruppen unterteilen, innerhalb derer alle befreundet (+) und zwischen denen alle verfeindet (−) sind. Das in Abb. 6.11 dargestellte Diagramm kann zur Veranschaulichung eines schwach balancierten Netzwerks verwendet werden. „Schwache Balance" bedeutet, dass entweder die Motivation zur Veränderung der Beziehungsnatur fehlt oder eine starke Motivation besteht, die bestehende Beziehungsnatur beizubehalten [9].

6.4.3 Strukturelle Balance in unvollständigen Netzwerken

Alle bisherigen Ausführungen beziehen sich auf die strukturelle Balance vollständiger Netzwerke. Im Folgenden betrachten wir die strukturelle Balance unvollständiger Netzwerke. Ein unvollständiges Netzwerk ist ein Netzwerk, in dem Kan-

Fig. 6.12 Strukturelle
Balance eines
unvollständigen Netzwerks

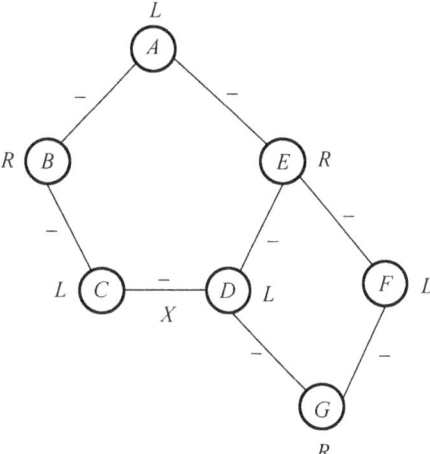

ten zwischen bestimmten Knoten fehlen dürfen. Das Fehlen einer Kante bedeutet, dass die Beziehung zwischen den beiden zugehörigen Knoten nicht existiert oder unklar ist. Die Dichte eines vollständigen Netzwerks beträgt 1, die Dichte eines unvollständigen Netzwerks ist kleiner als 1.

Wie lässt sich beurteilen, ob ein unvollständiges Netzwerk balanciert ist? Man kann das Netzwerk durch Ergänzen der fehlenden Kanten (mit Symbolen) zu einem vollständigen Netzwerk machen und anschließend prüfen, ob es balanciert ist. Dies entspricht der Balancedefinition für vollständige Netzwerke, wonach die Knoten in zwei Gruppen unterteilt werden können („+" innerhalb der Gruppe und „-" zwischen den Gruppen), was dem makroskopischen Ergebnis des Theorems der strukturellen Balance (zwei Lager) entspricht.

Alternativ kann man eine Breitensuche verwenden, um jedem Knoten ein unterschiedliches Symbol zuzuweisen. Das Symbol eines Knotens hängt dabei vom Symbol des Vorgängerknotens und dem Symbol der Kante ab. Haben nach der Traversierung zwei durch eine Kante verbundene Knoten dasselbe Symbol, so ist das Netzwerk unausgeglichen. Wie in Abb. 6.12 zu sehen ist, ist das Netzwerk unausgeglichen, da die beiden Knoten an der Kante *CD* beide das Symbol „*L*" tragen.

6.4.4 Strukturelle Balance in gerichteten signierten Netzwerken

Die bisherige Einführung behandelte das Problem der strukturellen Balance in ungerichteten Netzwerken. In der Realität sind viele soziale Netzwerke jedoch gerichtet. Im Folgenden wird die strukturelle Balance in gerichteten signierten Netzwerken betrachtet. Wie in Abb. 6.13 gezeigt, ist eine Kante im Netzwerk negativ und die beiden anderen Kanten sind positiv, jedoch existiert in diesem

Abb. 6.13 Ein gerichtetes
Symbol. Die strukturelle
Balance des Netzwerks.

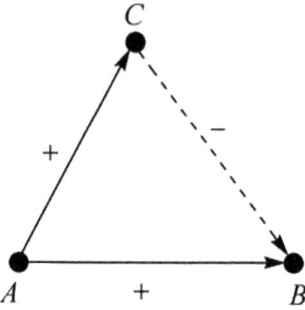

Abb. 6.13 Ein gerichtetes Symbol. Die strukturelle Balance des Netzwerks.

gerichteten signierten Netzwerk kein Kreis, da die Richtung der Kante von *A* nach *B* entgegengesetzt ist. Dennoch kann die Balance eines ungerichteten Netzwerks weiterhin anhand des Balancetheorems beurteilt werden. Durch Umkehren der Richtung der Kante *AB* erhält man einen Kreis der Länge 3: *ACBA*. Da das Produkt der Vorzeichen aller Kanten negativ ist, ist die Struktur dieses Netzwerks unausgeglichen.

Um das Balancetheorem für gerichtete signierte Netzwerke zu formulieren, muss zunächst der Begriff des Halbkreises [12] definiert werden. In einem gerichteten signierten Netzwerk bezeichnet ein Kreis das Starten an einem Knoten und das Zurückkehren zum Ausgangsknoten entlang der gerichteten Kanten, sodass ein geschlossener Kreis entsteht. Zeigt beispielsweise die Kante *AB* in Abb. 6.13 von *B* nach *A*, so bildet *ACBA* einen Kreis. Der Halbkreis lockert die Definition des „Kreises" und erlaubt, dass Kanten mit entgegengesetzter Richtung im Kreis enthalten sind. Beispielsweise ist die Kante *ACBA* in Abb. 6.13 ein Halbkreis, und das Vorzeichen des Halbkreises ergibt sich als Produkt der Vorzeichen aller enthaltenen Kanten, ohne deren Richtung zu verändern. Mit dieser Definition des Halbkreises lässt sich das folgende Balancetheorem für gerichtete signierte Netzwerke formulieren.

Balancetheorem: Ein gerichtetes signiertes Netzwerk ist genau dann strukturell balanciert, wenn das Vorzeichen aller Halbkreise positiv ist.

Daher ist gemäß der Definition das gerichtete signierte Netzwerk in Abb. 6.13 unausgeglichen, da das Vorzeichen des Halbkreises *ACBA* negativ ist. Im Wesentlichen kann die Balance gerichteter signierter Netzwerke auch anhand des Balancetheorems für ungerichtete signierte Netzwerke beurteilt werden.

6.4.5 *Durchlauf sozialer Netzwerke in Igraph*

Bei der Beurteilung der strukturellen Balance eines unvollständigen Netzwerks wurde diskutiert, dass eine Breitensuche verwendet werden sollte, um jedem Knoten unterschiedliche Vorzeichen zuzuweisen. Für große soziale Netzwerke muss, wenn die Struktur auf Balance geprüft werden soll, das gesamte Netzwerk durchlaufen werden. Dabei wird von einem beliebigen Knoten aus jeder Knoten im Graphen besucht, wobei jeder Knoten nur einmal aufgerufen wird. Dieser Vorgang wird als Graphdurchlauf bezeichnet [13]. Der Traversierungsalgorithmus bildet die Grundlage für die Lösung von Aufgaben wie Netzwerk-Konnektivität, topologischer Sortierung und kritischem Pfad. Die beiden klassischen Algorithmen zum Durchlaufen eines Netzwerks sind der Tiefensuchalgorithmus (Depth-First Search, DFS) und der Breitensuchalgorithmus (Breadth-First Search, BFS).

6.4.5.1 Tiefensuchalgorithmus

Angenommen, der Anfangszustand eines gegebenen Netzwerks G ist, dass alle Knoten noch nicht besucht wurden. Wird ein beliebiger Knoten v als Startknoten im Netzwerk G ausgewählt, so läuft der Traversierungsprozess der Tiefensuche wie folgt ab [14]:

1. Nachdem ein Startknoten v im Netzwerk besucht wurde, wird von v aus ein beliebiger Nachbarknoten $w1$ besucht. Von $w1$ aus wird der an $w1$ angrenzende, noch nicht besuchte Knoten $w2$ besucht. Anschließend wird von $w2$ aus in gleicher Weise weiter verfahren, bis alle Nachbarknoten besucht wurden.
2. Anschließend wird zum zuletzt besuchten Knoten zurückgekehrt, um zu prüfen, ob es weitere noch nicht besuchte Nachbarknoten gibt. Falls ja, wird dieser Knoten besucht und von dort aus wie zuvor weitergegangen. Falls nicht, wird weiter zurückgegangen und die Suche fortgesetzt. Dieser Vorgang wird wiederholt, bis alle Knoten im Graphen besucht wurden.
3. Sollten zu diesem Zeitpunkt noch unbesuchte Knoten im Netzwerk G existieren (bei einem nicht zusammenhängenden Graphen), wird ein weiterer unbesuchter Knoten als neue Startposition gewählt und der oben beschriebene Vorgang wiederholt, bis alle Knoten im Graphen besucht wurden.

Zur Realisierung der Tiefensuche in igraph werden folgende Funktionen verwendet:

```
graph.dfs (graph, root, neimode = c("out", "in", "all",
"total"),
    unreachable = TRUE, order = TRUE, order.out = FALSE,
    father = FALSE, dist = FALSE, in.callback = NULL,
    out.callback = NULL, extra = NULL, rho = parent.frame())
```

Dabei bezeichnet *graph* das Netzwerkobjekt; *root* den Startknoten; *neimode* legt die Richtung der Kanten im gerichteten Netzwerk fest; „out" bedeutet, dass von der Kante ausgegangen wird; „in" bedeutet, dass zur Kante gegangen wird; „all" und „total" ignorieren die Richtung der Kante; *unreachable* ist ein logischer Skalar, der angibt, ob auch Knoten ohne Pfadverbindung zum Startknoten durchsucht werden sollen; TRUE bedeutet, dass auch diese Knoten durchsucht werden. *Order*, *order.out*, *father* und *dist* steuern die Rückgabe der angezeigten Informationen. Parameter wie *in.callback*, *out.callback*, *extra* und *rho* dienen zur Steuerung der Callback-Funktion.

Zum besseren Verständnis des Algorithmus wird in igraph ein einfacher Baum-graph (Netzwerk) als Beispiel verwendet:

```
# Tiefensuch-Durchlauf
> g6_1<-graph.tree(10)                        # Spannbaum-
                                                Diagramm
> plot(g6_1,layout=layout.reingold.tilford) # Siehe Abb. 6.14
> dfs<-graph.dfs(g6_1,1)
# Traversierung ab Knoten 1, Ergebnis wird in dfs gespeichert.
> dfs$order      # Anzeige der Traversierungsergebnisse der
                  Tiefensuche
[1] 1 2 4 8 9 5 10 3 6 7
```

Der Algorithmus beginnt bei Knoten 1 und durchläuft nacheinander die Teilknoten 2, 4 und 8 (es müssen nicht zwingend 2, 4 und 8 sein, auch andere Knoten sind möglich), da Knoten 8 keine weiteren Teilknoten (d. h. keine noch nicht besuchten Knoten) besitzt und zum übergeordneten Knoten 4 zurückkehrt. Anschließend wird der noch nicht besuchte Teilknoten 9 von Knoten 4 durchlaufen; da Knoten 9 keine weiteren Teilknoten hat, kehrt der Algorithmus erneut zu Knoten 4 zurück. Nun sind alle Teilknoten von Knoten 4 besucht, sodass zum übergeordneten Kno-ten 2 zurückgekehrt wird. Zu diesem Zeitpunkt ist der Teilknoten 5 von Knoten 2 noch nicht besucht, daher wird dieser und anschließend dessen Teilknoten 10 besucht. Nun sind alle Teilknoten von Knoten 2 besucht. Es erfolgt die Rück-kehr zu Knoten 1, um den noch nicht besuchten Teilknoten 3 zu besuchen. Da-nach werden die Teilknoten 6 und 7 von Knoten 3 der Reihe nach besucht. Die Besuchsreihenfolge entspricht der Pfeilrichtung in Abb. 6.14. Das Traversierungs-ergebnis ist nicht eindeutig; es sind auch andere Reihenfolgen möglich (z. B. 1,2,5,10,4,8,9,3,6,7), hier wird nur eine davon dargestellt.

Breitensuche-Algorithmus

Angenommen, der Anfangszustand des Netzwerks *G* ist, dass alle Knoten noch nicht besucht wurden, und ein beliebiger Knoten *v* als Startknoten im Netzwerk *G* ausgewählt wird, so ist die Grundidee des Breitensuche-Algorithmus wie folgt [15].

1. Ausgehend von einem bestimmten Knoten *v* im Netzwerk werden nach dem Besuch von *v* nacheinander alle Nachbarknoten *w1*, *w2*… durchsucht, die vom besuchenden Knoten *v* aus noch nicht besucht wurden.

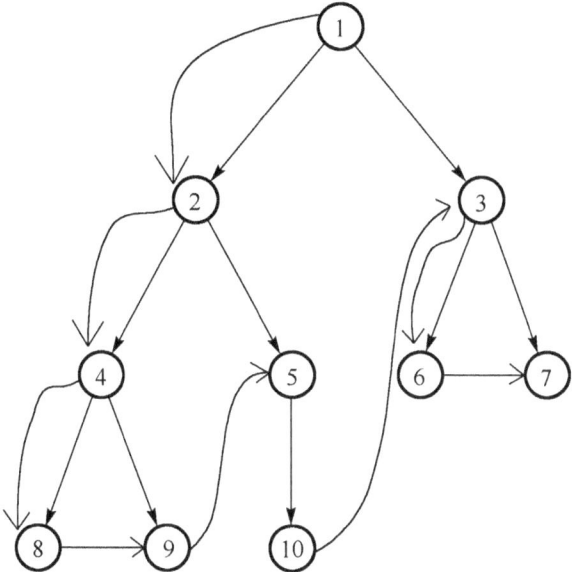

Abb. 6.14 Schematische Darstellung des Tiefensuch-Durchlaufs

2. Anschließend werden alle besuchten Nachbarknoten des Knotens *w1* der Reihe nach durchsucht sowie alle besuchten Nachbarknoten des Knotens *w2*. Dieser Prozess bedeutet, dass man vom Knoten *v* ausgeht und systematisch die mit *v* verbundenen Knoten sowie die Knoten mit Pfadlängen 1, 2, … hierarchisch der Reihe nach besucht, bis alle Knoten im verbundenen Netzwerk einmal besucht wurden.

3. Falls zu diesem Zeitpunkt noch nicht besuchte Knoten im Netzwerk vorhanden sind (bei einem nicht zusammenhängenden Netzwerk), wird ein weiterer unbesuchter Knoten als neuer Startpunkt gewählt und der oben beschriebene Vorgang wiederholt, bis alle Knoten im Netzwerk besucht wurden.

Bei der Breitensuche werden zunächst die Knoten in der Nähe besucht und anschließend die weiter entfernten Knoten. Wird der Breitensuche-Algorithmus auf das in Abb. 6.15 dargestellte Netzwerk angewendet, beginnen wir bei Knoten *A*; zunächst wird *A* besucht, und anschließend werden von *A* aus die Knoten *B* und *C* besucht. Danach werden der Reihe nach die Knoten *B* und *C* als Ausgangspunkt genommen; es werden die Knoten *D*, *E*, *F* und *G* besucht; und schließlich wird Knoten *H* besucht, womit die Traversierung abgeschlossen ist.

In igraph werden folgende Funktionen zur Realisierung der Breitensuche verwendet:

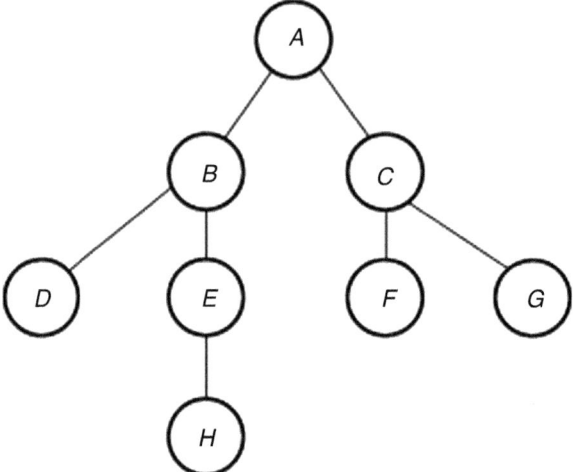

Fig. 6.15 Breitensuche-Netzwerk

```
graph.bfs (graph, root, neimode = c("out", "in", "all",
"total"),
    unreachable = TRUE, restricted = NULL, order = TRUE,
    rank = FALSE, father = FALSE, pred = FALSE, succ = FALSE,
    dist = FALSE, callback = NULL, extra = NULL,
    rho = parent.frame())
```

Dabei bezeichnet *graph* das Netzwerkgraph-Objekt, *root* den Startknoten, *neimode* legt die Richtung der Kanten in einem gerichteten Graphen fest, „out" bedeutet, dass von der Kante ausgegangen wird, und „in" bedeutet, dass zur Kante hingegangen wird. „all" und „total" bedeuten, dass die Richtung der Kante ignoriert wird. *Unreachable* ist ein logischer Skalar, der angibt, ob nach Knoten gesucht werden soll, die keine Pfadverbindung zum Startknoten haben; TRUE bedeutet, dass auch diese Knoten durchsucht werden. *Order, rank, father, pred, succ* und *dist* steuern, welche Rückgabewerte angezeigt werden. Die Parameter *in.callback, out.callback, extra* und *rho* dienen zur Steuerung der Verwendung der Callback-Funktion.

Um die beiden Traversierungsalgorithmen zu vergleichen, nehmen wir g6_1 aus dem Tiefensuche-Algorithmus als Beispiel; die Ausführungsergebnisse sind wie folgt:

```
# Breitensuche-Traversierung
> bfs<-graph.bfs(g6_1,1)
#Führe eine Breitensuche auf dem Netzwerk g6_1 ab Knoten 1
durch
```

```
> bfs$order          #Zeige Traversierungsergebnisse
[1] 1 2 3 4 5 6 7 8 9 10
# Beginnend bei Knoten 1 wird schichtweise traversiert; die
nächste Schicht wird erst nach vollständiger Traversierung der
aktuellen Schicht besucht.
```

6.5 Sozialstatustheorie

Die Sozialstatustheorie ist eine Erweiterung der Theorie positiver und negativer Beziehungen [16]. Die zuvor diskutierte positive-negative Beziehung ist im Wesentlichen ungerichtet, während die positive-negative Beziehung in der Sozialstatustheorie eine gerichtete Beziehung darstellt. Abb. 6.16 zeigt eine typische Darstellung der positiven und negativen Beziehungen in der Sozialstatustheorie [17].

Wie in Abb. 6.16a gezeigt, bedeutet $B \xrightarrow{+} A$, dass A einen höheren Status als B hat, was auf einen Statusunterschied hinweist. Ein weiteres Beispiel ist in Abb. 6.16b $B \xRightarrow{} A$ dargestellt, was bedeutet, dass A einen niedrigeren Status als B hat.

Nach dieser Analyse gilt: In Abb. 6.16a, da A einen höheren Status als B hat und C einen höheren Status als A hat, kann geschlossen werden, dass C einen höheren Status als B hat. Daher entspricht Abb. 6.16a der Sozialstatustheorie.

In Abb. 6.16b, da A einen niedrigeren Status als B hat und C einen niedrigeren Status als A hat, kann geschlossen werden, dass C einen niedrigeren Status als B hat. Somit entspricht Abb. 6.16b der Sozialstatustheorie.

In Abb. 6.16c, da A eine höhere Position als B hat und C eine höhere Position als A hat, kann geschlossen werden, dass C eine höhere Position als B hat. Da jedoch der Status von C in der Abbildung niedriger als der von B ist, entspricht Abb. 6.16c nicht der Sozialstatustheorie.

In Abb. 6.16d gilt: Da A niedriger ist als B und C niedriger ist als A, lässt sich folgern, dass C niedriger ist als B. Da der Status von C in der Abbildung jedoch höher ist als der von B, entspricht Abb. 6.16d nicht der Sozialstatustheorie.

Einige Wissenschaftler haben die internen sozialen Netzwerke der drei Unternehmen untersucht und das in Abb. 6.17 dargestellte Ergebnis erhalten [18]. Wie

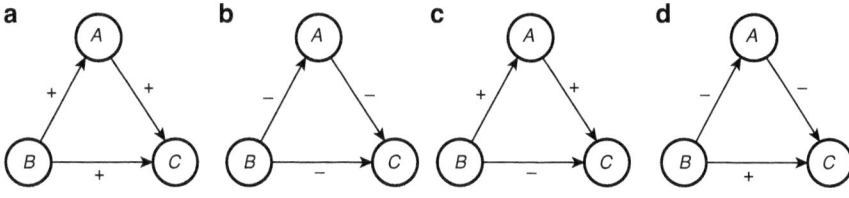

Fig. 6.16 Typische Darstellung positiver und negativer Beziehungen in der Sozialstatustheorie [17]

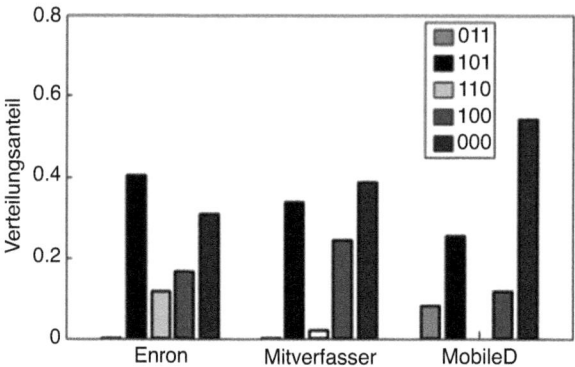

Fig. 6.17 Sozialstatus in sozialen Netzwerken [18]

in Abb. 6.17 zu sehen ist, steht bei einer Triade (*A*, *B*, *C*) die 1 für die Beziehung zwischen Vorgesetztem und Untergebenem, die 0 für die Beziehung zwischen Kollegen. Die Zahl 011 bedeutet also, dass *A* und *B* Kollegen sind, *B* Mentor von *C* ist und *A* ebenfalls Mentor von *C* ist. Auch in üblichen sozialen Netzwerken gibt es ein solches Gleichgewicht. Statistiken zufolge entsprechen 99 % der sozialen Netzwerke der Sozialstatustheorie.

6.5.1 Strukturelle Balancetheorie und Sozialstatustheorie

Worin bestehen die Gemeinsamkeiten und Unterschiede zwischen der in der vorherigen Sektion eingeführten strukturellen Balancetheorie (strukturelles Balancetheorem) und der Sozialstatustheorie? Zunächst kann die strukturelle Balancetheorie als Modellierung von Präferenzen, also Sympathien und Antipathien, verstanden werden, die richtungslos sind. Die Sozialstatustheorie hingegen basiert auf dem persönlichen Status, der unabhängig von Präferenzen ist und eine Richtung aufweist.

Auch bei drei Knoten und zwei vorgegebenen Symbolen unterscheidet sich das nach der strukturellen Balancetheorie bzw. der Sozialstatustheorie abgeleitete dritte Symbol, wie in Abb. 6.18 dargestellt.

Nach der strukturellen Balancetheorie sollte zwischen *C* und *B* eine positive Verbindung bestehen (Abb. 6.18, links), was bedeutet, dass *A*, *B* und *C* alle befreundet sind und ein strukturelles Gleichgewicht erreicht wird. Nach der Sozialstatustheorie sollte zwischen *C* und *B* eine negative Verbindung bestehen (Abb. 6.18, rechts), da $C \xrightarrow{+} A$ den Status von *A* als höher als *C* darstellt und $A \xrightarrow{+} B$ den Status von *B* als höher als *A* darstellt. Somit ist *B* höher als *C*, weshalb zwischen *C* und *B* ein „-"-Zeichen stehen sollte. Offensichtlich ist die Theorie des gerichteten Sozialstatus komplexer.

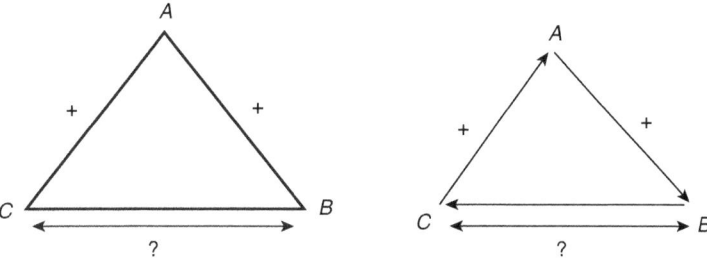

Fig. 6.18 Unterschiedliche Vorhersagen der strukturellen Balancetheorie und der Sozialstatustheorie

Zweitens hebt die Sozialstatustheorie die Hierarchie hervor: Wenn alle negativen Kanten im Netzwerk in umgekehrte positive Kanten umgewandelt werden, reduziert sich das Problem, diese spezielle globale Knotensequenz zu finden, auf das Auffinden des größten azyklischen Teilgraphen im Netzwerk mit ausschließlich positiven Kanten. Die strukturelle Balancetheorie hingegen zeigt die Allianzen: Ob sich das Netzwerk in zwei feindliche Allianzen oder mehrere feindliche Allianzen aufteilen lässt, bildet dies einen bipartiten Graphen im Hypernetzwerk.

6.5.2 Beziehungskombinationsmuster in der Sozialstatustheorie

Wie viele Beziehungskombinationsmuster gibt es in der Sozialstatustheorie zwischen drei Knoten? Wir können uns auf Abb. 6.19 [17] beziehen.

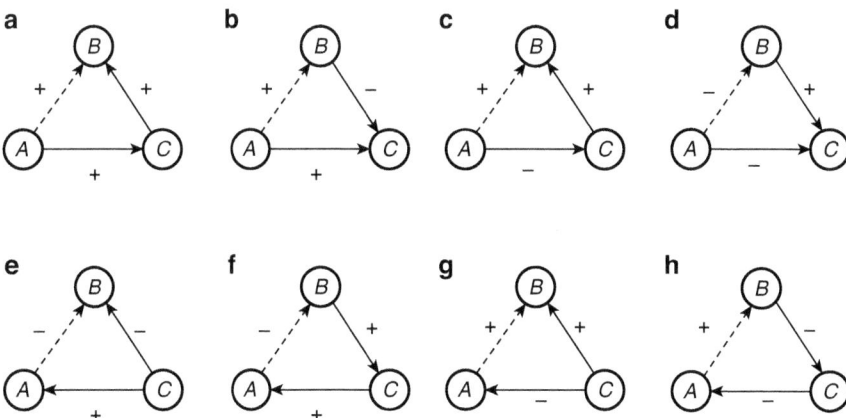

Fig. 6.19 Beziehungskombinationsmuster in der Sozialstatustheorie [17]

Alle acht Beziehungskombinationsmuster in der Abbildung können existieren. Wie in Abb. 6.19a zu sehen ist, gilt: Da C höher ist als A und B höher ist als C, ist B höher als A. Die anderen sieben Abbildungen lassen sich analog interpretieren. In diesem Modell betrachten wir die Statusbeziehungen zwischen A und C sowie zwischen B und C als bekannt und leiten daraus die Statusbeziehung zwischen A und B ab. Alle positiven Kanten verlaufen von Knoten mit niedrigerem Rang zu Knoten mit höherem Rang, während negative Kanten von Knoten mit höherem Rang zu Knoten mit niedrigerem Rang zeigen. Durch Beobachtung erkennt man außerdem, dass in Abb. 6.19 (a) und (h), (b) und (g), (c) und (f) sowie (d) und (e) jeweils identisch sind. Da die meisten Situationen im realen Leben gerichtet sind und nicht direkt durch die strukturelle Balancetheorie in ungerichteten Netzwerken erklärt werden können, ist die Sozialstatustheorie komplexer.

6.6 Anwendung von signierten Netzwerken

Signierte Netzwerke finden breite Anwendung im Alltag und im Internet, beispielsweise bei personalisierten Empfehlungen, Einstellungsvorhersagen, Analyse von Nutzermerkmalen und beim Clustering.

Signierte Netzwerke werden häufig in Empfehlungssystemen eingesetzt. Forschende kombinieren positive und negative Verbindungen, um Nutzern Projekte effektiver zu empfehlen. Je nach Anwendungskontext können die Items verschiedene Objekte wie Musik, Filme, Waren usw. sein, aber auch andere Nutzer im Netzwerk, etwa bei Freundschaftsempfehlungen.

Bei der Einstellungsvorhersage geht es darum, die potenzielle Haltung von Nutzern gegenüber einem Projekt zu erschließen. Die Forschung in diesem Bereich unterstützt personalisierte Dienste. Können die bestehenden potenziellen Einstellungen der Nutzer genau und effektiv vorhergesagt werden, kann das System präzisere Empfehlungen aussprechen oder eine wichtigere Rolle bei anderen Entscheidungsprozessen spielen. Da Symbole Einstellungen repräsentieren, wird das Problem der Vorhersage von Nutzerhaltungen auf die Vorhersage von Symbolen im Netzwerk übertragen. Die gängige Herangehensweise an die Symbolvorhersage basiert auf soziologischen Theorien (wie der Theorie des strukturellen Gleichgewichts und der Sozialstatustheorie) sowie auf Methoden des maschinellen Lernens.

Wie in Abb. 6.20 dargestellt, handelt es sich hierbei um ein typisches Modell zur Einstellungsvorhersage, das die bekannten Symbolinformationen aller Kanten außer der Kante (u,v) nutzt, um das Symbol $s(u,v)$ der Kante (u, v) vorherzusagen. Mithilfe der Theorie des strukturellen Gleichgewichts und der Sozialstatustheorie lässt sich umfassend vorhersagen, ob $s(u,v)$ positiv oder negativ ist [7].

Darüber hinaus finden signierte Netzwerke wichtige Anwendungen in der Analyse von Nutzermerkmalen.

Einerseits können durch die Kombination der Symbolattribute wichtige Nutzer präziser identifiziert werden. In signierten Netzwerken wird angenommen, dass

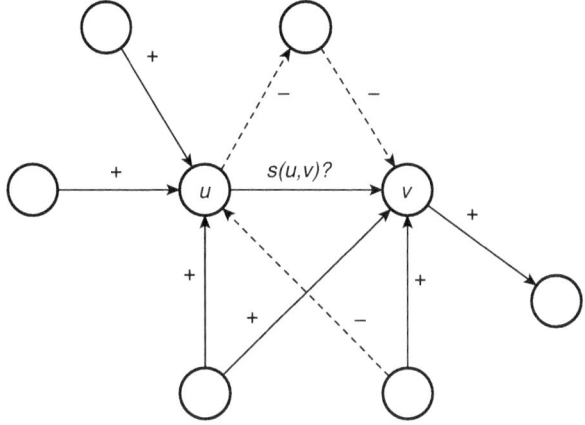

Abb. 6.20 Modell zur Einstellungsvorhersage [17]

die von Nutzern empfangenen und gesendeten negativen Kanten deren Autorität und Glaubwürdigkeit beeinflussen. Bonacich et al. analysierten die Zusammensetzung und die wichtigen Knoten eines Mönchsnetzwerks mithilfe der Feature-Vector-Zentralität in signierten Netzwerken [19]. Sie nutzen das Vorzeichen dieser Messgröße, um das Netzwerk zu unterteilen und die Bedeutung der Knoten in gegensätzlichen Fraktionen anhand des Absolutwerts dieser Größe zu bestimmen. Mishra et al. entwickelten einen Index, um Präferenzen und Autorität von Nutzern in vertrauensbasierten Netzwerken zu identifizieren, wobei Präferenz die Tendenz eines Nutzers beschreibt, anderen Nutzern zu vertrauen oder nicht zu vertrauen [20]. Vertraut oder misstraut ein Nutzer anderen stets, gilt seine Einstellung als voreingenommen und seine Vertrauenseinschätzung als weniger glaubwürdig. Nach Identifikation solcher Knoten wird das Gewicht der von ihnen vergebenen Vertrauenspunkte reduziert, um die Autorität anderer Knoten realistischer zu bewerten.

Andererseits können mit signierten Netzwerken auch spezielle Nutzer identifiziert werden. Kunegis und Kollegen schlugen ein Maß zur Identifikation von provokanten Nutzern im Netzwerk vor, die häufig beleidigende und aufrührerische Kommentare abgeben [5]. Empirische Untersuchungen auf der Website Slashdot zeigen, dass für diese Nutzer der unter Berücksichtung des Symbolattributs berechnete PageRank-Wert meist deutlich geringer ist als der Wert ohne Berücksichtigung des Symbols. Für gewöhnliche Nutzer sind diese beiden Werte nahezu identisch. Daher wird die Differenz dieser beiden PageRank-Werte als Negativ-Rang-Maß definiert, mit dem sich solche Nutzer effektiv lokalisieren lassen.

Eine weitere wichtige Anwendung signierter Netzwerke ist das Clustering von Nutzern. Je nach Kontext kann die Grundlage für das Clustering die Ähnlichkeit der Positionen, Meinungen oder Interessen der Nutzer sein. Li et al. extrahierten das Interaktionsverhalten der Nutzer und die entsprechenden emotionalen

Attribute (zur Unterscheidung von positiv und negativ) aus nutzergenerierten Inhalten und konstruierten daraus ein Interaktionsnetzwerk mit emotionaler Tendenz der Nutzer, was genau einem signierten Netzwerk entspricht [21]. Anschließend wenden sie die zweistufige Community-Detection-Methode für signierte Netzwerke an: Zunächst wird das traditionelle Community-Detection-Verfahren auf das Netzwerk mit nur positiven Kanten angewendet, danach wird die Partitionierung unter Einbeziehung der negativen Kanten angepasst. Die empirische Analyse zeigt, dass nach Einführung der emotionalen Attribute (negativer Kanten) die identifizierten Communities präziser sind und die Themen innerhalb der Community stärker fokussiert sind. Zudem haben Meinungsführer in den identifizierten Communities zwar möglicherweise keine hohe globale Rangordnung, aber sie üben in ihren lokalen Communities großen Einfluss aus [22].

6.7 Community Detection in Igraph

Bei der Einführung der Theorie des strukturellen Gleichgewichts wurde bereits erwähnt, dass der Schlüssel zum Netzwerkausgleich darin liegt, ob das soziale Netzwerk in zwei gegensätzliche Communities oder im Fall eines schwachen Gleichgewichts in mehrere gegensätzliche Communities unterteilt werden kann. Tatsächlich weisen soziale Netzwerke eine ausgeprägte Community-Struktur auf. Die Community-Struktur in Netzwerken ist durch enge interne Verbindungen und lockere Verbindungen zwischen den Communities gekennzeichnet. Das igraph-Paket stellt sechs Funktionen zur Community-Erkennung bereit: GN-Algorithmus [23], Greedy-Algorithmus [24], Hauptmerkmalvektor-Funktion [25], Spin-Glas-Funktion [23], Random-Walk-Funktion [26] und Label-Propagation-Algorithmus [27].

6.7.1 Einführung der igraph Community Detection-Funktionen

1. eDGE.betweenness.community – GN-Algorithmus
   Funktionsweise: Durch fortlaufendes Suchen und Entfernen der Kante mit dem höchsten Kanten-Betweeness-Wert (dieser Wert bezeichnet die Anzahl der kürzesten Pfade zwischen Knoten, die über diese Kante verlaufen) kann die Gemeinschaftsstruktur im sozialen Netzwerk ermittelt werden.
   Grundprinzip:
   (a) Berechnung des Betweeness-Werts jeder Kante im Netzwerk.
   (b) Entfernen der Kante mit dem höchsten Betweeness-Wert.
   (c) Erneute Berechnung der Betweeness-Werte aller Kanten.
   (d) Wiederholung der obigen Schritte, bis alle Kanten entfernt wurden.

2. fastgreedy.community – Greedy-Algorithmus

   Funktionsweise: Da der GN-Algorithmus eine hohe Zeitkomplexität aufweist, ist seine Analyse großer, komplexer Netzwerke nicht ideal. Newman schlug daher einen schnellen Algorithmus auf Basis des GN-Algorithmus vor, der als Aggregationsalgorithmus auf dem Greedy-Prinzip basiert.

   Grundprinzip:

   Nach Abschluss des Algorithmus erhält man ein Baumdiagramm mit einer Zerlegung der Gemeinschaftsstruktur. Durch das Trennen an unterschiedlichen Stellen können verschiedene Netzwerk-Gemeinschaftsstrukturen erzeugt werden. Unter diesen Strukturen liefert die Auswahl der Gemeinschaftsstruktur mit dem höchsten lokalen Q-Wert (Modularität) die beste Netzwerk-Gemeinschaftsstruktur.

3. leading.eigenvector.community – Haupt-Eigenvektor-Funktion

   Funktion: Die Aufteilung der Gemeinschaften erfolgt durch Berechnung der führenden nicht-negativen Eigenvektoren der Modularitäts-Inkrementmatrix des Graphen.

   Grundprinzip:

   Nach dem Top-Down-Prinzip wird zunächst der größte positive Eigenwert der Modularitäts-Inkrementmatrix sowie der zugehörige Eigenvektor berechnet. Das Netzwerk wird dann rekursiv anhand der Vorzeichen der Elemente im Eigenvektor in zwei Teile geteilt, bis eine weitere Unterteilung des Subnetzwerks keine Erhöhung des Q-Werts (Modularität) mehr bewirkt. Im Vergleich zum GN-Algorithmus ist die Berechnungsgeschwindigkeit und Genauigkeit des gesamten Algorithmus deutlich verbessert.

4. spinglass.community – Spinglass-Funktion

   Funktionsweise: Betrachtet man das soziale Netzwerk als ein zufälliges Netzwerkfeld und nimmt an, dass es einem zufälligen, endlich-dimensionalen, verbundenen System ähnelt, können bestimmte Eigenschaften des Spinglass-Modells (Spinglass ist ein physikalisches Konzept und bezeichnet einen ungeordneten Zustand bestimmter Materialien) zur Entdeckung und Erklärung von Gemeinschaften genutzt werden.

   Grundprinzip:

   Für einen Knoten im Netzwerk können seine Verbindungen zu anderen Knoten sowie die Standardverbindung als magnetische und diamagnetische Wechselwirkungen von magnetischen Materialien betrachtet werden, die eine Kapazitätsfunktion bilden. Wenn diese Kapazitätsfunktion minimal ist, können die Gruppen im Netzwerk als Zustand des Spin-Systems angesehen werden. Der Prozess der Gruppeneinteilung bzw. der Netzwerkebenen ist ein Clustering-Prozess.

5. walktrap.community – Random-Walk-Funktion

   Funktionsweise: Automatisches Erkennen der „Gruppenstruktur" in sozialen Beziehungen zur Realisierung der Community Detection.

   Grundprinzip:

   (a) Angenommen, ein „Wanderer" bewegt sich zufällig in einer Community (Netzwerk) und kann dabei in einem dicht verbundenen Bereich „gefangen" werden (vergleichbar mit dem erstmaligen Betreten eines Viertels mit komplexen Straßen), was der vom Wanderer entdeckten Community entspricht.

(b) Basierend auf den Netzwerkeigenschaften wird die strukturelle Ähnlichkeit zwischen Knoten und Gemeinschaften definiert und das „Verhalten" der Wanderer gemessen. Anschließend wird anhand der Ähnlichkeit mittels kombinierter hierarchischer Clusteranalyse die hierarchische Struktur der Gemeinschaften aufgebaut.

(c) Die Distanzähnlichkeit (Wahrscheinlichkeitsdistanz) kann durch die Wahrscheinlichkeit definiert werden, von Punkt I zu Punkt J zu gelangen. Befinden sich I und J in derselben Community, ist diese Wahrscheinlichkeit relativ hoch.

6. label.propagation.community – Label-Propagation-Algorithmus
Funktionsweise: Automatisches Erkennen der „Gruppenstruktur" in sozialen Beziehungen zur Realisierung der Community Detection.
Grundprinzip:

(a) Initialphase
Jedem Knoten im Netzwerk wird ein eindeutiges Label zugewiesen.

(b) (Mehrfache Iterationen
Labels werden über soziale Beziehungen (Kanten des Netzwerks) an andere Knoten weitergegeben.
Ein Knoten entscheidet in jeder Runde anhand der Labels seiner Nachbarknoten, welches Label er erhält. Die Umsetzung erfolgt wie folgt.

(a) Der Knoten übernimmt das am häufigsten vorkommende Label seiner Nachbarknoten.

(b) Falls mehrere Labels bei den Nachbarknoten gleich häufig vorkommen und kein eindeutiges Maximum existiert, wird ein Label zufällig ausgewählt.

(c) Die Iteration endet, sobald sich die Labels der Knoten im Netzwerk nicht mehr ändern (Stabilität).

(d) Für ein dicht verbundenes Subnetzwerk gilt: Die Labels aller zuletzt erreichten Knoten sind identisch (Kreis-/Gruppenbildung).

6.7.2 Vergleich von Community-Detection-Funktionen

Siehe Tab. 6.1.

6.7.3 Anwendungsbeispiel der Community Detection mit Igraph

Nehmen wir das klassische soziale Netzwerk des „Zachary's Karate Club" als Beispiel, verwenden die Community-Detection-Funktion in igraph zur Erkennung

Tab. 6.1 Vergleich von Community-Detection-Funktionen

Funktion	Anwendbarer Netzwerktyp	Vorteile und Nachteile
edge.betweenness.community GN-Algorithmus	Mittlere Netzwerke mit weniger als 10.000 Knoten	Die Zeitkomplexität ist hoch und beträgt $O(n^3)$
fastgreedy.community Greedy-Algorithmus	Verschiedene Netzwerkgrößen, auch Millionenbereich möglich	Im Vergleich zum GN-Algorithmus sind Berechnungsgeschwindigkeit und Genauigkeit deutlich verbessert; die Zeitkomplexität beträgt $O(m(m + n))$, wobei m die Anzahl der Kanten und n die Anzahl der Knoten im Netzwerk ist
leading.eigenvector.community Haupt-Eigenvektor-Funktion	Großes Netzwerk	Die Zeitkomplexität beträgt $O(m + n)$
spinglass.community Spin-Glas-Funktion	Besonders geeignet für gewichtete, gerichtete Netzwerke	Da die Hilfedatei keine Zeitkomplexität angibt, richtet sich die Zeitkomplexität nach der Komplexität der Energieberechnung des Systems
walktrap.community Random-Walk-Funktion	Besonders geeignet für komplexe, dünn besetzte Netzwerke	Die Worst-Case-Zeitkomplexität beträgt $O(mn^2)$, wobei m die Anzahl der Kanten und n die Anzahl der Knoten im Netzwerk ist
label.propagation.community Label-Propagation-Algorithmus	Für verschiedene Netzwerkgrößen geeignet, auch für große komplexe Netzwerke anwendbar	Der größte Vorteil ist, dass keine Parameter wie Anzahl und Größe der Communities vorgegeben werden müssen; der Algorithmus hat eine lineare Zeitkomplexität von $O(m)$ und eine sehr schnelle Konvergenz

von Gemeinschaften und berechnen die Modularität verschiedener Community-Detection-Algorithmen, um zu vergleichen, welcher am besten geeignet ist. Die Modularität ist in den letzten Jahren ein häufig verwendetes Maß zur Bewertung der Qualität einer Community-Aufteilung [23]. Die Grundidee besteht darin, das aufgeteilte Netzwerk mit dem entsprechenden Nullmodell zu vergleichen, um die Qualität der Community-Aufteilung zu bewerten. Das sogenannte Nullmodell eines Netzwerks bezeichnet ein Zufallsgraphenmodell, das einige der gleichen Eigenschaften wie das Netzwerk aufweist (z. B. gleiche Anzahl an Kanten oder gleiche Gradverteilung), in anderen Aspekten jedoch vollständig zufällig ist [13].

„Zachary's Karate Club" Soziales Netzwerk [28]: In den 1970er Jahren beobachtete Zachary über zwei Jahre hinweg das Beziehungsnetzwerk der Mitglieder eines Karateclubs an einer amerikanischen Universität. Während Zacharys Untersuchung kam es zwischen dem Leiter und dem Präsidenten des Clubs zu einem Streit über eine mögliche Erhöhung der Clubgebühren, was schließlich zur Spaltung des Clubs in zwei kleinere Gruppen führte, jeweils mit dem Leiter bzw. dem Präsidenten als Kernfigur. Im Hinblick auf die Modularitätsoptimierung sind sich Wissenschaftler weitgehend einig, dass die beste Aufteilung des Netzwerks in vier Gemeinschaften mit einer Modularität von Q = 0,419 erfolgt.

Beispiele sind wie folgt (Abb. 6.21):

```
# Community Detection
> library(igraph)
> g6_2 <- graph.famous("Zachary")
# Verwenden Sie die folgenden sechs Funktionen zur
Community-Erkennung.
>ec <- edge.betweenness.community(g6_2)      # GN-Algorithmus
>fc <- fastgreedy.community(g6_2)            # Greedy-
                                             Algorithmus
>lec <-leading.eigenvector.community(g6_2) # Haupt-
                                             Eigenvektor-
                                             Funktion
>sp<-spinglass.community(g6_2)          # Spin-Glas-Funktion
>wc<-walktrap.community(g6_2)           # Random-Walk-Funktion
>lc <- label.propagation.community(g6_2) # Label-
                                           Propagation-
                                           Algorithmus
# Vergleichen Sie die Modularität der Community-Erkennung,
berechnet mit den oben genannten sechs Funktionen.
> print(modularity(ec))
[1] 0.4012985
> print(modularity(fc))
[1] 0.3806706
> print(modularity(lec))
[1] 0.3934089
> print(modularity(sp))       #( Das beste Ergebnis der
                              Erkennung)
[1] 0.4188034
> print(modularity(wc))
[1] 0.3532216
> print(modularity(lc))
[1] 0.3744247
# Visuelle Testergebnisse der Community-Erkennung, siehe
Abb. 6.21.
> plot(ec, g6_2)
> plot(fc, g6_2)
> plot(lec, g6_2)
> plot(sp, g6_2)
> plot(wc, g6_2)
> plot(lc, g6_2)
```

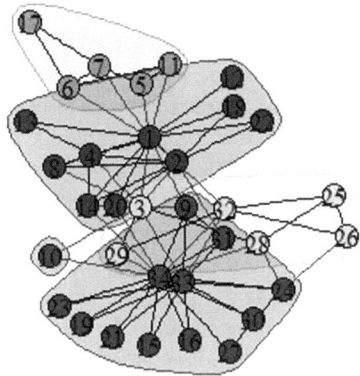

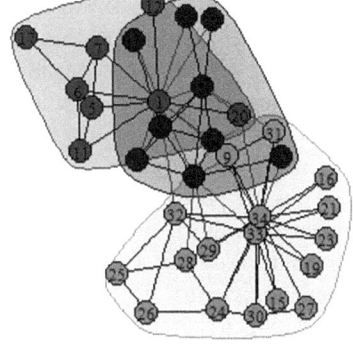

(a) Gemeinschaftsaufteilung auf der Grundlage des GN-Algorithmus

(b) Gemeinschaftsaufteilung auf der Grundlage des Gieralgorithmus

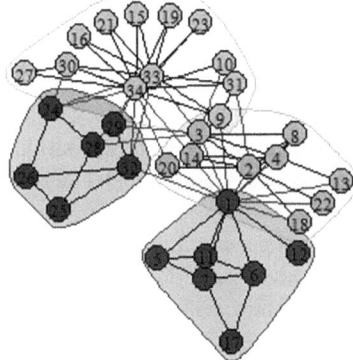

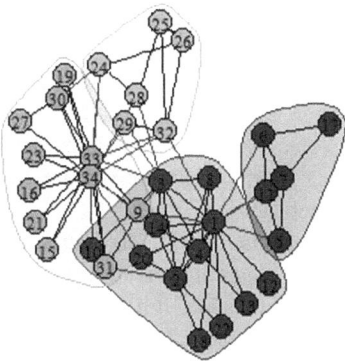

(c) Aufteilung der Gemeinschaft auf der Grundlage der Haupteigenvektorfunktion

(d) Aufteilung der Gemeinschaft auf der Grundlage der Spin-Glass-Funktion

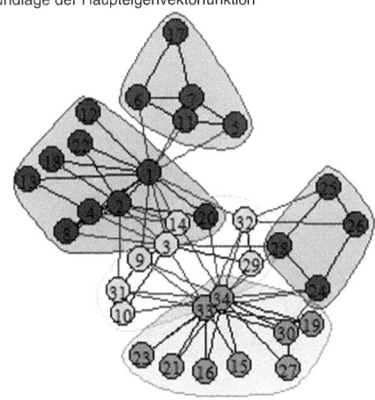

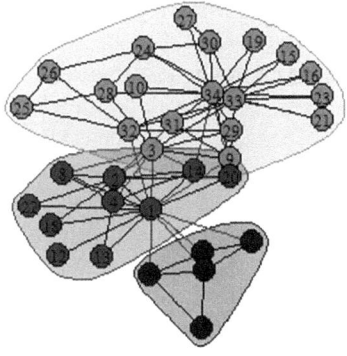

(e) Aufteilung der Gemeinschaft auf der Grundlage der Random-Walk-Funktion

(f) Aufteilung der Gemeinschaft auf der Grundlage des Algorithmus zur Ausbreitung von Labels.

Abb. 6.21 Visuelle Ergebnisse der Community-Erkennung. (**a**) Community-Aufteilung basierend auf dem GN-Algorithmus. (**b**) Community-Aufteilung basierend auf dem Greedy-Algorithmus. (**c**) Community-Aufteilung basierend auf der Haupt-Eigenvektor-Funktion. (**d**) Community-Aufteilung basierend auf der Spin-Glas-Funktion. (**e**) Community-Aufteilung basierend auf der Random-Walk-Funktion. (**f**) Community-Aufteilung basierend auf dem Label-Propagation-Algorithmus

Kapitelzusammenfassung

In diesem Kapitel werden die strukturelle Balance in sozialen Netzwerken systematisch aus drei Perspektiven zusammengefasst: Wissen, Methoden und Konzepte – von positiven und negativen Beziehungen in sozialen Netzwerken bis hin zur strukturellen Balance, von der Bedeutung der Sozialität bis zur grundlegenden Bedeutung der strukturellen Balance von Netzwerken. Gleichzeitig werden die mathematische Definition und die Eigenschaften der Theorie der strukturellen Balance aus der praktischen Anwendung heraus zusammengefasst, einschließlich des inneren Zusammenhangs zwischen allgemeiner struktureller Balance und schwacher Balancestruktur. Durch die Anwendung der Theorie der strukturellen Balance in der Praxis wird die Analysemethode der strukturellen Balance für praktische Anwendungen zusammengefasst: Mit Hilfe der strukturellen Balance werden praktische Probleme abstrahiert und positive sowie negative Beziehungen anhand des Balancetheorems beurteilt. Die Theorie der strukturellen Balance verlangt, dass soziale Netzwerke in zwei oder mehrere Gemeinschaften (Mengen) aufgeteilt werden; daher werden auch die entsprechenden Community-Detection-Funktionen diskutiert.

Fragen zum Kapitelabschluss

1. Veranschaulichen Sie die praktische Anwendung der Theorie der strukturellen Balance anhand von Beispielen (außer den im Haupttext behandelten Bereichen).
2. Kann man die Knoten eines negativen Zyklus ungerader Länge in zwei feindliche Lager aufteilen? Bitte zeichnen Sie eine Skizze zur Erläuterung.
3. Versuchen Sie, mit igraph die Tiefensuche und die Breitensuche darzustellen, wie in Abb. 6.22 gezeigt.
4. Wählen Sie einen eigenen Datensatz, verwenden Sie verschiedene Funktionen n igraph zur Community-Erkennung und vergleichen Sie die Ergebnisse.

Abb. 6.22 Baumdiagramm

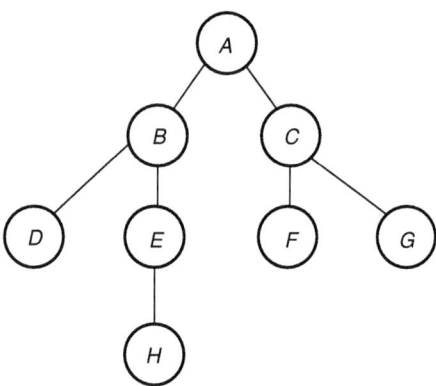

Literatur

1. Heider, F.: Attitudes and cognitive organization. J. Psychol. **21**(1), 107–112 (1946)
2. Harary, F.: On the notion of balance of a signed graph. Michigan Mathematical J. **2**(2), 143–146 (1953)
3. Barnett, M.L.: The keystone advantage: what the new dynamics of business ecosystems mean for strategy, innovation, and sustainability. Acad. Manag. Perspect. **20**(2), 88–90 (2006)
4. Moore, J.F.: Predators and prey: a new ecology of competition. Harv. Bus. Rev. **71**, 75–86 (1993)
5. Kunegis, J., Lommatzsch, A., Bauckhage, C.: The slashdot zoo: mining a social network with negative edges. In: Proceedings of the 18th International Conference on World Wide Web, pp. 741–750 (2009)
6. Guha, R., Kumar, R., Raghavan, P., et al.: Propagation of trust and distrust. In: Proceedings of the 13th International Conference on World Wide Web, pp. 403–412 (2004)
7. Leskovec, J., Huttenlocher, D., Kleinberg, J.: Predicting positive and negative links in online Social Network. In: Proceedings of the 19th International Conference on World Wide Web, pp. 641–650 (2010)
8. Cartwright, D., Harary, F.: Structural balance: a generalization of Heider's theory. Psychol. Rev. **63**(5), 277 (1956)
9. Easley, D., Kleinberg, J.: Networks ,crowds, and markets. Economet. Theor. **26**(5), b1–b4 (2010)
10. Hummon, N.P., Doreian, P.: Some dynamics of social balance processes: bringing Heider back into balance theory. Social Network. **25**(1), 17–49 (2003)
11. Davis, J.A.: Clustering and structural balance in graphs. Hum. Relat. **20**(2), 181–187 (1967)
12. Wasserman, S.: Social Network Analysis: Methods and Applications. Cambridge University Press, London (1994)
13. Wang, X.F., Li, X., Chen, G.R.: Network Science: An Introduction. Higher Education Press, Beijing (2012)
14. Tarjan, R.: Depth-first search and linear graph algorithms. SIAM J. Comput. **1**(2), 146–160 (1974)
15. Leiserson, C.E., Schardl, T.B.: A work-efficient parallel breadth-first search algorithm (or how to cope with the nondeterminism of reducers). In: Proceedings of the Twenty-Second Annual ACM Symposium on Parallelism in Algorithms and Architectures, pp. 303–314 (2010)
16. Podolny, J.M.: Status Signals: a Sociological Study of Market Competition. Princeton University Press, Princeton (2010)
17. Leskovec, J., Huttenlocher, D., Kleinberg, J.: Signed networks in social media. In: Proceedings of the SIGCHI Conference on Human Factors in Computing Systems, pp. 1361–1370 (2010)
18. Tang, J., Lou, T., Kleinberg, J., et al.: Transfer link prediction across heterogeneous social network. ACM Trans. Inf. Syst. **9**(4), 1 (2010)
19. Bonacich, P., Lloyd, P.: Calculating status with negative relations. Social Network. **26**(4), 331–338 (2004)
20. Mishra, A., Bhattacharya, A.: Finding the bias and prestige of nodes in networks based on trust scores. In: Proceedings of the 20th International Conference on World Wide Web, p. 567 (2011)
21. Li, X., Chen, H., Li, S.: Exploiting Emotions in Social Interactions to Detect Online Social Communities. In: Pacific Asia Conference on Information Systems, PACIS 2010, Taipei, Taiwan, 9–12 July 2010. DBLP (2010)
22. Chen, S.Q., Sheng, H.W., Zhang, G.Q., et al.: Survey of signed network research. J. Software. **25**(1), 1–15 (2014)

23. Newman, M.E., Girvan, M.: Finding and evaluating community structure in networks. Phys. Rev. E. **69**(2), 026113 (2004)
24. Clauset, A., Newman, M.E., Moore, C.: Finding community structure in very large networks. Phys. Rev. E. **70**(6), 066111 (2004)
25. Newman, M.E.: Finding community structure in networks using the eigenvectors of matrices. Phys. Rev. E. **74**(3), 036104 (2006)
26. Pons, P., Latapy, M.: Computing communities in large networks using random walks. In: Computer and Information Sciences-ISCIS 2005: 20th International Symposium, Istanbul, Turkey, October 26-28, 2005. Proceedings, vol. 20, pp. 284–293. Springer, Berlin (2005)
27. Raghavan, U.N., Albert, R., Kumara, S.: Near linear time algorithm to detect community structures in large-scale networks. Phys. Rev. E. **76**(3), 036106 (2007)
28. Zachary, W.W.: An information flow model for conflict and fission in small groups. J. Anthropol. Res. **33**(4), 452–473 (1997)

Teil II
Erkenntnis und Entdeckung sozialer Netzwerke

Kapitel 7
Kleine-Welt-Phänomen in sozialen Netzwerken

Zusammenfassung Dieses Kapitel untersucht das Small-World-Phänomen, dem wir im Alltag häufig begegnen, wenn wir Verbindungen zu Fremden entdecken oder zahlreiche gemeinsame Freunde in sozialen Netzwerken feststellen. Dieses Phänomen, auch bekannt als das Prinzip der sechs Grade der Trennung, wurde umfassend erforscht und erfolgreich auf Plattformen wie LinkedIn angewendet. Das Kapitel behandelt die zentralen Merkmale des Small-World-Phänomens, darunter kurze Pfade, Auffindbarkeit und optimale Distanz. Zudem werden die wichtigsten Methoden zur Untersuchung dieses Phänomens vorgestellt: experimentelle Befunde, Modellinterpretationen, Simulationsnachweise und empirische Belege aus Big Data. Anhand verschiedener bekannter Small-World-Modelle wird das Small-World-Phänomen in sozialen Netzwerken diskutiert und abschließend eine Analyse des Small-World-Phänomens in den Verlinkungen des World Wide Web vorgenommen.

Im Alltag begegnen wir häufig Fremden, und nach einem Gespräch stellen wir fest, dass wir deren Freunde kennen, oder wir entdecken, dass wir mit vielen Fremden in sozialen Netzwerken zahlreiche gemeinsame Freunde haben. Dieses Phänomen ist als Small-World-Phänomen in sozialen Netzwerken bekannt. Wissenschaftler haben jahrelang daran geforscht, dieses Phänomen zu verstehen, und die Theorie der „Six Degrees of Separation" des Small-World-Phänomens wurde erfolgreich auf sozialen Netzwerkplattformen wie LinkedIn angewendet.

In diesem Kapitel werden die grundlegenden Merkmale des Small-World-Phänomens behandelt: kurze Pfade, Auffindbarkeit, optimale Distanz sowie die grundlegenden Paradigmen zur Untersuchung des Small-World-Phänomens – experimentelle Befunde, Modellinterpretationen, Simulationsnachweise und empirische Belege aus Big Data. Anhand mehrerer bekannter Small-World-Modelle wird das Small-World-Phänomen in sozialen Netzwerken diskutiert. Abschließend wird das Small-World-Phänomen der Verlinkungen im World Wide Web betrachtet.

J. Wu, *Soziales-Netzwerk-Computing*,
https://doi.org/10.1007/978-981-95-1129-7_7

7.1   Small-World-Phänomen

Das Small-World-Phänomen lässt sich anhand alltäglicher Erfahrungen veranschaulichen. Viele von uns haben schon erlebt, dass sie zufällig einen Fremden
treffen, sich kurz unterhalten und dabei feststellen, dass sie gemeinsame Bekannte
haben – woraufhin beide erstaunt ausrufen: „Die Welt ist klein." So beschreibt es
auch der britische Schriftsteller David Lodge in seinem Buch *Small World*: Die
Wege der Menschen kreuzen und trennen sich immer wieder. Doch wie viele Personen müssen im Durchschnitt zwischen zwei beliebigen Menschen auf der Welt
eingeschaltet werden, damit sie über indirekte Beziehungen – etwa über eine dritte
oder vierte Person – miteinander verbunden werden können?

Wie bereits erwähnt, gibt es in sozialen Netzwerken zahlreiche kurze Pfade,
die Menschen zu einem großen Netzwerk verbinden. Das auf kurzen Pfaden basierende Small-World-Phänomen ist seit dem 20. Jahrhundert ein faszinierendes und
legendäres Forschungsthema. Der Sozialpsychologe Stanley Milgram führte die
erste empirische Untersuchung des Small-World-Phänomens durch und kam zu
zwei überraschenden Ergebnissen: Erstens sind die Pfade im Netzwerk sehr kurz.
Zweitens lassen sich diese kurzen Pfade durch gezielte Suche finden. Das Small-
World-Modell von Watts und Strogatz sowie das W-S-Kleinberg-Modell erklären
diese beiden überraschenden Befunde jeweils, und die Optimierungsparameter des
W-S-Kleinberg-Modells wurden auch in groß angelegten OSN-Big-Data-Analy-
sen bestätigt. Die Erforschung des Small-World-Phänomens durch den Menschen
erstreckt sich über einen langen Zeitraum – von der Entdeckung des experimentellen Phänomens über die theoretische Erklärung bis hin zur abschließenden Messung und Verifikation; dieser Prozess umfasst mehrere Jahrzehnte.

7.1.1   Six Degrees of Separation

In den 1960er Jahren führte der Sozialpsychologe Stanley Milgram [1, 2] die
erste empirische Studie zum Small-World-Phänomen durch. In seinem Experiment wählte er Hunderte von „Initiatoren" aus und bat jeden, einen Brief an einen
Zieladressaten weiterzuleiten. Jeder Initiator erhielt persönliche Informationen
wie Name, Adresse und Beruf des Zieladressaten sowie folgende Regeln: (1) Die
Teilnehmer durften Briefe nur direkt an Bekannte senden, die sie mit Vornamen
ansprechen können, und diese sollten die Briefe weiterleiten. (2) Wenn der Teilnehmer den Zieladressaten nicht kennt, darf er den Brief nicht direkt an ihn senden. Stanley Milgram forderte die Teilnehmer auf, sich zu bemühen, den Brief
so schnell wie möglich an den Zieladressaten zu bringen. Das Ergebnis: Etwa ein
Drittel der Briefe erreichte den Zieladressaten nach durchschnittlich sechs Weiterleitungen, was darauf hindeutet, dass im Schnitt nach sechs Schritten der Brief
vom Initiator beim Zieladressaten ankam.

Das Small-World-Phänomen ist ein typisches Merkmal menschlicher sozialer Netzwerke. Stanley Milgram machte in seinem Experiment zwei überraschende Entdeckungen: Erstens können Briefe im Durchschnitt nach sechs Weiterleitungen vom Initiator zum Zieladressaten gelangen. Zweitens können diese Briefe ohne jegliche globale Netzwerkübersicht auf kurzen Pfaden ihr Ziel erreichen. Milgram formulierte daraufhin die berühmte Hypothese des „Small-World-Phänomens", wonach maximal sechs Personen ausreichen, um beliebige zwei Fremde miteinander zu verbinden. Diese Theorie ist daher auch als „Six Degrees of Separation" oder Small-World-Theorie bekannt.

In den folgenden Jahrzehnten wurde dieses experimentelle Modell von zahlreichen Forschungsteams wiederholt aufgegriffen. 2002 starteten der Soziologe Duncan Watts und andere das „Small World Research Project", das Milgrams Experiment per E-Mail über das Internet reproduzierte. In diesem Experiment gab es 18 „Zielpersonen" mit unterschiedlichen Berufen, Geschlechtern und geografischen Standorten. Die Teilnehmer durften E-Mails nur an ihnen bekannte Personen senden, jeweils nur eine E-Mail pro Weiterleitung. Über 60.000 Teilnehmer aus 166 Ländern nahmen teil, und die durchschnittliche Pfadlänge betrug am Ende 4. Im Jahr 2009 nutzten Forscher 30 Crawler, um alle Nutzer und deren Beziehungen auf Renren zu erfassen. Die experimentellen Daten umfassten 42 Millionen Nutzer und 1,6 Milliarden Freundschaftsverbindungen; die berechnete durchschnittliche Pfadlänge betrug 5,38 [3]. 2011 analysierten Facebook und die Universität Mailand 69 Milliarden Kanten auf Basis von 721 Millionen Facebook-Nutzern. Die Berechnungen ergaben, dass zwischen jeweils zwei Nutzern im Durchschnitt 4,74 Personen für eine Verbindung benötigt werden.

7.1.2 Erdös-Zahl

Paul Erdős war ein in Ungarn geborener jüdischer Mathematiker und gilt als einer der größten Genies des 20. Jahrhunderts. Bei seinem Abschluss hatte er über 1500 wissenschaftliche Arbeiten veröffentlicht – nach Euler die zweithöchste Zahl in der Mathematikgeschichte – und mit über 450 Koautoren zusammengearbeitet. Zählt man die Arbeiten hinzu, die andere unter Verwendung seiner entscheidenden Hinweise verfasst haben, dürfte die Zahl seiner Beiträge in die Zehntausende gehen.

Mathematiker definieren die Erdős-Zahl wie folgt: Paul Erdős selbst hat die Erdős-Zahl 0, jeder, der mit Erdős gemeinsam eine Arbeit veröffentlicht hat, erhält die Erdős-Zahl 1. Wer mit einer Person mit Erdős-Zahl 1 publiziert hat (und nie mit jemandem mit einer kleineren Erdős-Zahl), hat die Erdős-Zahl 2. Fast jeder zeitgenössische Mathematiker hat eine endliche Erdős-Zahl, und diese ist meist überraschend klein. So beträgt Einsteins Erdős-Zahl 2, und Bill Gates' Erdős-Zahl ist 4. Die Erdős-Zahl von Bill Gates ergibt sich wie folgt: Erdős–Pavol Hell–Xiao Tie Deng–Christos H. Papadimitriou–William H. (Bill) Gates.

7.1.3　Bacon-Zahl

Derzeit gibt es laut Internet-Filmdatenbank etwa 230.000 Filme und mehr als
780.000 Schauspieler in der Filmgeschichte. Kevin Bacon spielte in vielen Filmen
kleinere Rollen und arbeitete mit zahlreichen Personen zusammen. Brett Tjaden,
ein Computerexperte der University of Virginia, behauptete in einem Spiel, der
Schauspieler Kevin Bacon sei das Zentrum der Filmindustrie. Er definierte die sogenannte Bacon-Zahl: Hat ein Schauspieler gemeinsam mit Kevin Bacon in einem
Film gespielt, beträgt seine Bacon-Zahl 1. Hat er nie mit Kevin Bacon gespielt,
aber mit einem Schauspieler mit Bacon-Zahl 1, so ist seine Bacon-Zahl 2, und
so weiter. Er stellte fest, dass kein amerikanischer Schauspieler eine Bacon-Zahl
größer als 4 hatte. In der Datenbank der Virginia-Website sind 783.940 Schauspieler aus aller Welt und 231.088 Filme erfasst. Statistiken zeigen: Unter den fast
780.000 Schauspielern beträgt die größte Bacon-Zahl nur 8, der Durchschnitt liegt
bei 2,948.

7.1.4　Person-Cube-Relation-Suche

Die Person-Cube-Relation-Suche bezieht sich auf die Microsoft People-Cube-Be-
ziehungssuche, eine von Microsoft Research Asia entwickelte neue soziale Such-
maschine. Sie kann automatisch Personennamen, Ortsnamen, Organisationsnamen
und chinesische Phrasen aus über einer Milliarde chinesischer Webseiten extrahieren und anschließend mittels Algorithmen die Wahrscheinlichkeit ihrer Beziehungen berechnen. Sie ermittelt die direkte Distanz, die Datenmenge und die
genaue Platzierung jedes Personennamens und Schlüsselworts anhand der Korrelation zwischen Suchbegriffen und zugehörigen Personennamen. Darüber hinaus
können die Personen durch eine feine Linie verbunden werden, die zwischenmenschliche Beziehungen anzeigt.

　　Auf der Startseite der Person-Cube-Relation-Suche ist die Hauptfunktion –
die Personensuche – sofort ersichtlich. Gibt man beliebig einen Namen ein, wird
ein Diagramm zu dieser Person angezeigt. Verschiedene Personen erscheinen in
unterschiedlich farbigen Kreisen, die durch gerade Linien verbunden sind. Je größer der Farbunterschied, desto geringer ist die Korrelation zwischen zwei Personen. Die Größe des Kreises hängt zudem von der Popularität und Aufmerksamkeit
der Person ab. Im Allgemeinen gibt es zwischen zwei beliebigen Personen nicht
mehr als sechs Verbindungen. Wie in Abb. 7.1 gezeigt, ergibt eine „Six-Degree-
Suche" nach „杨振宁" und „周星驰" eine Korrelation von 3, und das Beziehungsdiagramm wird auf der Seite dargestellt. In den Suchergebnissen der „Person-
Cube-Relation-Suche" werden alle Informationen nach „Personen" neu integriert,
wobei der Beziehungskontext, aktuelle Informationen und historische Details zusammengeführt werden.

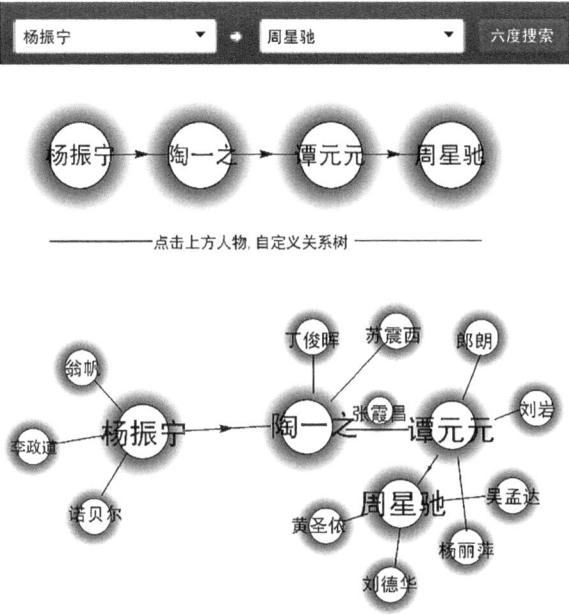

Abb. 7.1 Six-Degree-Suche zwischen „杨振宁" und „周星驰"

7.2 Klassisches Small-World-Modell

7.2.1 Netzwerkstruktur und Zufälligkeit

Was wir aus Stanley Milgrams Experiment beobachten konnten, ist, dass es im sozialen Netzwerk zahlreiche kurze Pfade zwischen zwei Knoten gibt und dass diese kurzen Pfade durch dezentralisierte Suche effektiv gefunden werden können.

Wie sollte man also den kurzen Pfad finden? Zunächst ist es notwendig, eine wissenschaftliche Fragestellung zu formulieren, das heißt, wir müssen zunächst verstehen, warum soziale Netzwerke solche Eigenschaften besitzen. Zweitens stellt sich die Frage, ob diese Eigenschaften auf grundlegenden Prinzipien sozialer Netzwerke beruhen. Daher müssen wir praktische Probleme abstrahieren und sie systematisch mit wissenschaftlichen Methoden oder Paradigmen untersuchen. Dies lässt sich nachweisen, indem man zeigt, dass zufällige Netzwerke (bei denen die Kanten zufällig generiert werden) diese Eigenschaften nicht aufweisen, oder indem man die Unvermeidbarkeit dieser Eigenschaften anhand grundlegender Prinzipien sozialer Netzwerke belegt.

Angenommen, im Bekanntenkreis kann jede Person 20 Freunde haben, und die Anzahl wächst exponentiell. Zum Beispiel haben Sie 20 Freunde, und jeder

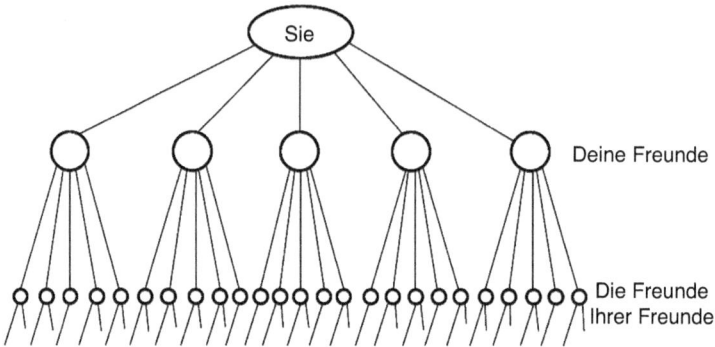

Abb. 7.2 Kleine Welt mit exponentiellem Wachstum [4]

Ihrer Freunde hat wiederum 20 andere Freunde außer Ihnen. Abb. 7.2 zeigt eine kleine Welt mit exponentiellem Wachstum. Man kann sich vorstellen, dass Sie, wenn Sie Ihren Lebenspartner finden möchten, einen Freund eines Freundes um eine Vorstellung bitten können. Innerhalb von drei Schritten hätten Sie $20 \times 20 \times 20 = 8000$ Möglichkeiten.

Dies ist jedoch nur ein Idealzustand. In der Realität gibt es viele triadische Schließungen zwischen diesen Personen, sodass viele Freunde und Freunde von Freunden dieselbe Person sein können, wie in Abb. 7.3 dargestellt. Daher ist es schwierig, dass zwischenmenschliche Beziehungen ein exponentielles Wachstum wie in Abb. 7.2 zeigen [4].

Beobachtet man lokale soziale Netzwerke, stellt man fest, dass die Menschen im Netzwerk stark gruppiert sind und zahlreiche Verzweigungen viele Knoten auf kurzem Weg erreichen, was bedeutet, dass viele Menschen einander kennen. Je stärker die triadische Schließung ausgeprägt ist, desto größer ist der Zusammenhalt des sozialen Netzwerks und desto mehr Freunde kennen sich untereinander, sodass es sehr schwierig ist, auf 8000 Personen zu erweitern. Triadische Schließung verringert also in gewissem Sinne die Geschwindigkeit der schnellen Ausbreitung und begrenzt die Anzahl der Personen, die über kurze Wege erreichbar sind.

Wir können zwei grundlegende Kräfte erkennen, die soziale Netzwerke formen.

1. Homogenität (Wahl, sozialer Einfluss), das heißt, gemeinsame Freunde kennen sich untereinander und bilden eine triadische Schließung. Dies zeigt sich in Familienmitgliedern, Nachbarschaftsbeziehungen, Klassenkameraden, Kollegen usw. Es entspricht einer großen Anzahl von „Dreiecken" in sozialen Netzwerken und steht für eine gewisse „Nähe", wie etwa geografische Nähe.
2. Schwache Bindungen, also Bekanntschaften, die „über Distanz" aus zufälligen Gründen entstehen, wobei man mit deren „Kreis" nicht unbedingt vertraut ist.

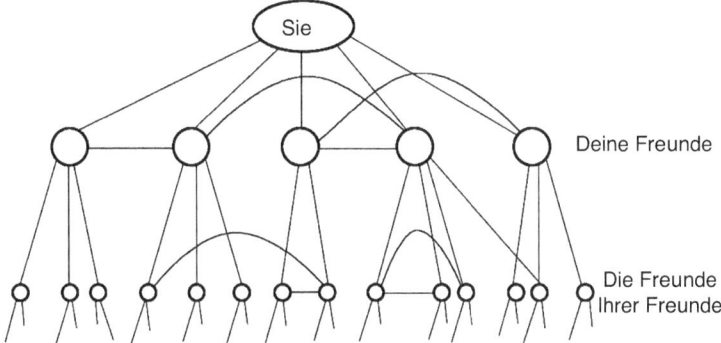

Abb. 7.3 Triadische Schließung in zwischenmenschlichen Beziehungen [4]

7.2.2 Watts-Strogatz-Kleinweltmodell

Wir wissen bereits, dass die beiden grundlegenden Kräfte, die soziale Netzwerke formen, Homogenität und schwache Bindungen sind. Können wir diese beiden Kräfte kombinieren? Können wir ein Netzwerk finden, das das Zusammenwirken dieser beiden Kräfte widerspiegelt? Gibt es in einem solchen Netzwerk ein Kleinwelt-Phänomen?

Um dieses Problem zu lösen, muss ein soziales Netzwerkmodell konstruiert werden, das viele triadische Schließungen und einige zufällige „entfernte Kanten" enthält. Ein solches Modell lässt sich durch Computersimulation finden, nämlich das von Duncan Watts und Steve Strogatz vorgeschlagene Watts-Strogatz-Kleinweltmodell [5], wie in Abb. 7.4 dargestellt.

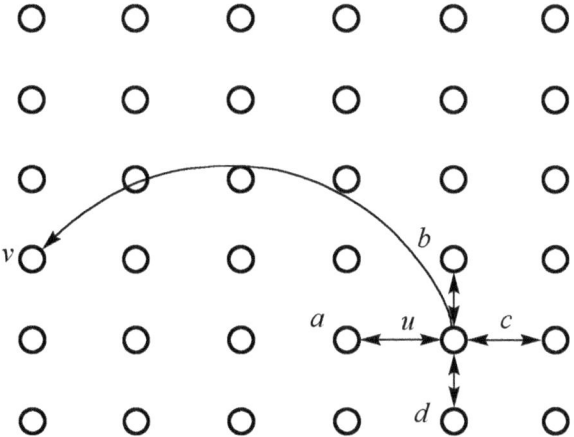

Fig. 7.4 Watts-Strogatz-Kleinweltmodell [5]

Das Watts-Strogatz-Kleinweltmodell (WS-Kleinweltmodell) wird aus einem stark aggregierten, gitterartigen Netzwerk erzeugt, in das einige zufällige Kanten eingefügt werden. Es besitzt somit die gewünschten Eigenschaften: Die schwachen Bindungen zwischen triadischen Schließungen und die zufällige Kantenkonstruktion verkörpern die Konzepte der homogenen Verbindung und der schwachen Bindung, sodass es als realitätsnahe Annäherung an reale soziale Netzwerke betrachtet werden kann.

Die wenigen zufälligen, entfernten Kanten in Abb. 7.4 entsprechen den schwachen Bindungen in sozialen Netzwerken. Da es notwendig ist, auf schwache Bindungen zurückzugreifen, um entfernte Knoten zu verbinden, „ziehen" die zufälligen schwachen Bindungen tatsächlich entfernte Knoten an. In einem solchen Netzwerk besteht eine hohe Wahrscheinlichkeit für kurze Pfade zwischen beliebigen zwei Knoten. Im Kleinweltmodell gilt: Gibt es keine schwachen Bindungen, kann die gesamte Welt keine Kleinwelt sein, und niemand kann über einen kurzen Pfad verbunden werden. Erst durch die schwachen Bindungen können wir und jeder andere auf der Welt ein Kleinwelt-Netzwerk bilden.

Wie im vorherigen Kapitel erwähnt, gibt es bei sozialen Netzwerken zwei Perspektiven: eine strukturelle und eine, die starke und schwache Bindungen betrachtet. Um einen Kreis mit hoher Dichte zu verlassen, muss man auf schwache Bindungen zurückgreifen; das daraus entstehende Netzwerk ist ein Kleinwelt-Netzwerk.

Das Grundprinzip des von Watts und Strogatz vorgeschlagenen Algorithmus zum Watts-Strogatz-Kleinweltmodell besteht darin, dass ein Kleinwelt-Netzwerk durch die Einführung einer gewissen Zufälligkeit in ein reguläres Netzwerk erzeugt werden kann [5]. Der Algorithmus im Einzelnen:

1. Reguläres Netzwerk: Gegeben sei ein ringförmiges Netzwerk mit nächster Nachbar-Kopplung und N Knoten, wobei jeder Knoten mit seinen $K/2$ nächsten Nachbarn verbunden ist (K ist eine gerade Zahl).
2. Zufällige Neuverknüpfung: Wie in Abb. 7.5 gezeigt, wird jede ursprüngliche Kante des Netzwerks mit Wahrscheinlichkeit p zufällig neu verbunden. Das bedeutet, dass ein Endpunkt jeder Kante unverändert bleibt, während der andere Endpunkt auf einen zufällig ausgewählten Knoten im Netzwerk umgelegt wird, wobei Mehrfachkanten und Schleifen ausgeschlossen werden.

Um zu untersuchen, unter welchen Bedingungen ein Kleinwelt-Netzwerk existiert, werden in Abb. 7.6 der Clusterkoeffizient C und die durchschnittliche kürzeste Pfadlänge L als Funktionen der Neuverknüpfungswahrscheinlichkeit p dargestellt. Der Clusterkoeffizient und die durchschnittliche kürzeste Pfadlänge des regulären Netzwerks sind $C(0)$ bzw. $L(0)$, wenn $p = 0$. Wie aus der Abbildung ersichtlich, ist im Bereich zwischen den beiden Kurven die durchschnittliche kürzeste Pfadlänge L relativ klein und der Clusterkoeffizient C relativ groß, was das Vorhandensein von Kleinwelt-Netzwerken anzeigt. In der Praxis sind Freunde im Umfeld meist auch untereinander befreundet, und ein Netzwerk, in dem zwischen beliebigen Freunden nur kurze Distanzen bestehen, ist ein Kleinwelt-Netzwerk. Im Folgenden wird die Identifikation von Kleinwelt-Netzwerken näher erläutert.

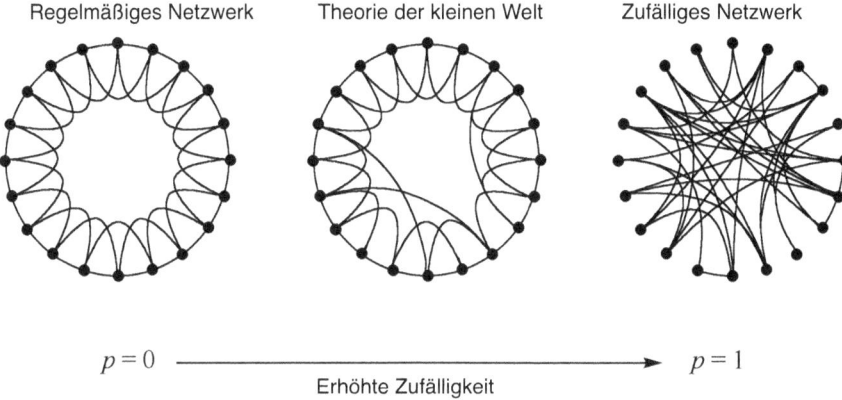

Fig. 7.5 Zufällige Neuverknüpfung vom regulären Netzwerk zum Kleinwelt-Netzwerk [5]

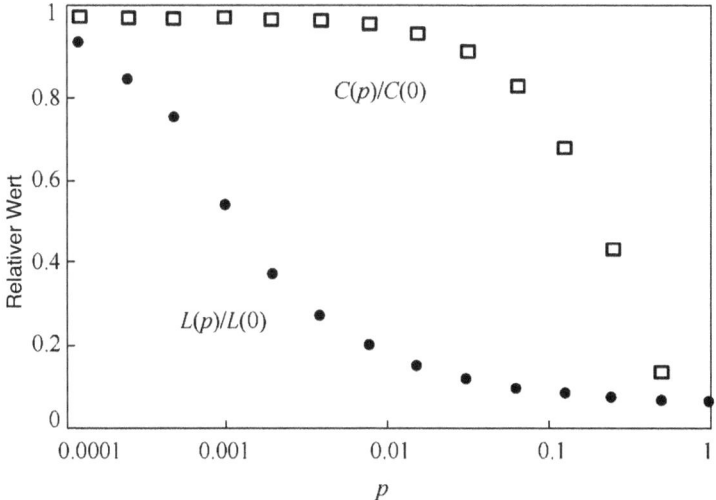

Fig. 7.6 Clusterkoeffizient C und durchschnittliche kürzeste Pfadlänge L als Funktionen der Neuverknüpfungswahrscheinlichkeit p [5]

7.2.3   Identifikation von Small-World-Netzwerken

In der realen Welt weisen viele Netzwerke die Eigenschaften von Small-World-Netzwerken auf, wobei diese Merkmale einem hochgradig geklasterten Netzwerk entsprechen. In gewissem Sinne sind Knoten, die mit einem bestimmten Knoten im Netzwerk verbunden sind, mit höherer Wahrscheinlichkeit auch untereinander

Tab. 7.1 Praktische Beispiele für Small-World-Netzwerke

Netzwerk	Größe	PL_actual	PL_random	CC_actual	CC_random
Akteursnetzwerk	225.226	3,65	2,99	0,79	0,00027
MEDLINE-Koautoren-Netzwerk	1.520.251	4,6	4,91	0,56	$1,8 \times 10^{-4}$
Stromnetz	4.941	18,7	12,4	0,08	0,005

verbunden. Zudem ist die Distanz zwischen beliebigen Knoten im Netzwerk, gemessen über Zwischenknoten, relativ kurz [6]. Zur Überprüfung der Small-World-Eigenschaften werden hauptsächlich der durchschnittliche Clusterkoeffizient (CC) und die durchschnittliche kürzeste Pfadlänge (PL) berechnet. Small-World-Netzwerke zeichnen sich durch einen höheren CC_actual- und einen niedrigeren PL_actual-Wert aus. Nach der Berechnung dieser beiden Kennzahlen für das reale Netzwerk und der Erzeugung eines Zufallsnetzwerks mit gleicher Knotenzahl wie das reale Netzwerk werden der CC_random und der PL_random des Zufallsnetzwerks bestimmt. Anschließend werden die Verhältnisse CCr = CC_actual/CC_random und PLr = PL_actual/PL_random berechnet. Gilt CCr/PLr > 1, so liegen im realen Netzwerk Small-World-Eigenschaften vor, andernfalls nicht [5].

In Tab. 7.1 sind das Akteursnetzwerk und die MEDLINE-Koautoren-Netzwerke Beispiele für Netzwerke, die die Small-World-Eigenschaften aufweisen; auch das reale Internet und Luftfahrtnetzwerke entsprechen diesen Eigenschaften. Abb. 7.7 zeigt das durch das Berechnungsmodell erzeugte künstliche Netzwerk [7]. Das in Abb. 7.7b dargestellte Luftfahrtnetzwerk besitzt Small-World-Eigenschaften, während das in Abb. 7.7a gezeigte Straßennetz diese Eigenschaften nicht aufweist.

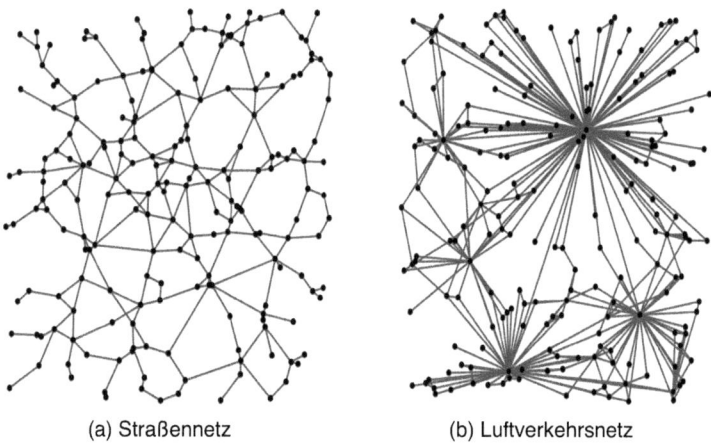

(a) Straßennetz   (b) Luftverkehrsnetz

Abb. 7.7 Künstliches Netzwerk, erzeugt durch das Berechnungsmodell [8]. (**a**) Straßennetz. (**b**) Luftfahrtnetzwerk

7.2.4 Small-World-Modell in NetLogo

Nach dem Starten der NetLogo-Software klicken Sie auf die Schaltfläche „File", wählen die Option „Model Library", öffnen den Ordner „Networks" und klicken auf die Schaltfläche „Small Worlds", um das Small-World-Modell zu öffnen, wie in Abb. 7.8 dargestellt.

Klicken Sie auf die Schaltfläche „setup", und das Anfangsbild des Modells wird wie in Abb. 7.9 angezeigt. Das Modell startet mit einem regulären Netzwerk, in dem jeder (bzw. jeder Knoten) mit seinen Nachbarn auf beiden Seiten verbunden ist.

Mit einem Klick auf die Schaltfläche „rewire-one" wird eine Kante im Netzwerk mit Wahrscheinlichkeit p zufällig neu verbunden: Ein Endpunkt dieser Kante bleibt unverändert, der andere Endpunkt wird auf einen zufällig ausgewählten Knoten im Netzwerk umgelegt.

Ein neu verdrahtetes Netzwerk kann über die Funktion „rewire-all" erzeugt werden.

Klicken Sie auf die Schaltfläche „rewire-one", wird eine neue Kante erzeugt und die Werte für average-path-length und clustering-coefficient ändern sich entsprechend. Wenn Sie die Schaltfläche „rewire-one" mehrfach betätigen, verändern sich beide Kennwerte fortlaufend, wie in Abb. 7.10 dargestellt.

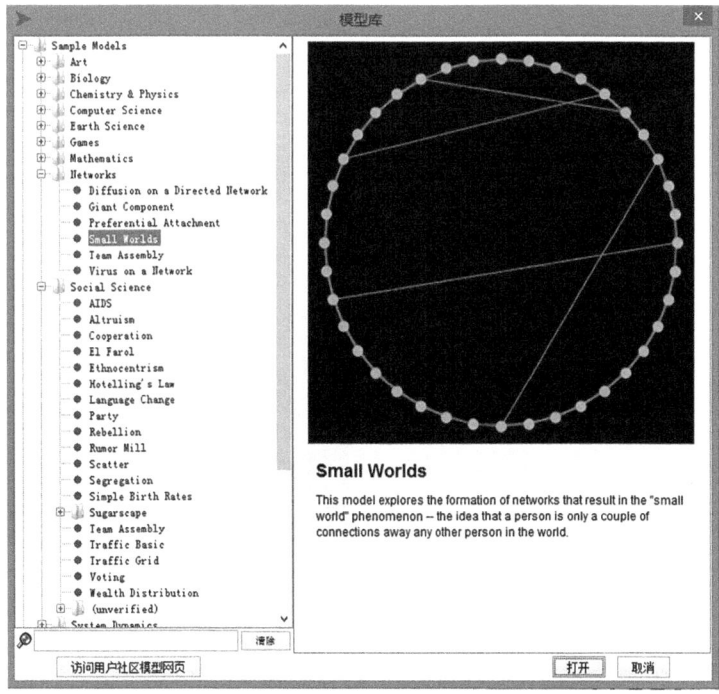

Abb. 7.8 Öffnen des Schaltbilds des „Small Worlds"-Modells

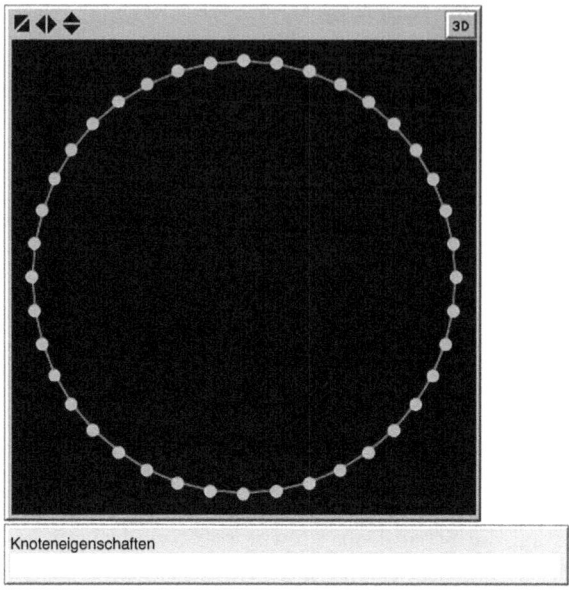

Abb. 7.9 Anfangszustand des Modells

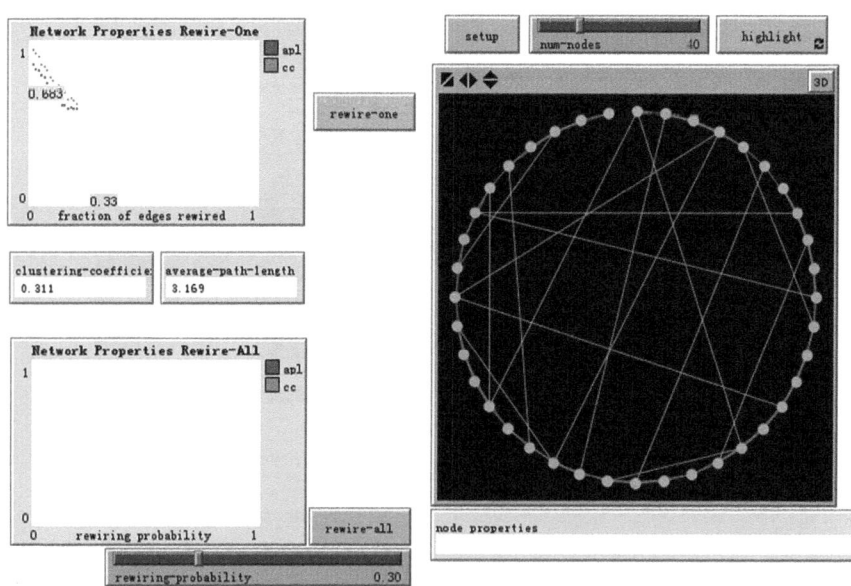

Abb. 7.10 Schematische Darstellung der Netzwerkverbindungsänderungen

Dabei bezeichnet die *average-path-length*, also die durchschnittliche Pfadlänge, das Verhältnis der Summe aller kürzesten Pfade zwischen den Knoten zur
Anzahl der Knoten. Sie gibt die durchschnittliche Distanz an, die von einem Knoten zu einem anderen im Netzwerk zurückgelegt werden muss.

Der *clustering-coefficient* in der Softwareoberfläche beschreibt ein weiteres
Merkmal des Small-World-Netzwerks, nämlich den Grad der Knotenaggregation
in einem Graphen. Je höher die Dichte, desto größer der Koeffizient. Hier dient
der Clusterkoeffizient als Maß für die Eigenschaft, dass „alle Freunde einer Person
sich gegenseitig kennen".

Beim wiederholten Klicken auf die Schaltfläche „rewire-one" lässt sich beobachten, dass die durchschnittliche Pfadlänge abnimmt und der Clusterkoeffizient
zunimmt, was den Eigenschaften eines Small-World-Netzwerks entspricht: eine
kürzere durchschnittliche Pfadlänge und ein höherer Clusterkoeffizient [5].

7.2.5 Kleinwelt-Modell in igraph

Der Algorithmus des Watts-Strogatz-Kleinweltmodells beginnt mit einem ring-
förmigen regulären Netzwerk und führt eine zufällige Neuverknüpfung durch:
Jede Kante im Netzwerk wird mit einer Wahrscheinlichkeit von p zufällig neu verbunden, das heißt, ein Endpunkt der Kante bleibt unverändert, während der andere
Endpunkt auf einen zufällig ausgewählten Knoten im Netzwerk geändert wird.
Der Übergang von einem regulären Netzwerk ($p = 0$) zu einem zufälligen Netzwerk ($p = 1$) wird durch die Veränderung des Wertes von p realisiert.

Verwenden Sie die folgenden Funktionen in igraph, um ein Netzwerk nach
dem Kleinweltmodell zu erzeugen:

```
watts.strogatz.game(dim, size, nei, p, loops = FALSE,
multiple = FALSE)
```

Die Bedeutung der einzelnen Parameter der Funktion ist in Tab. 7.2 dargestellt.
Beispiele sind wie folgt (Abb. 7.11):

```
# Erzeuge Watts-Strogatz-Kleinweltmodell
> g7_1 <- watts.strogatz.game(1, 20, 3, 0.1)
> g7_1
IGRAPH U--- 20 60 -- Watts-Strogatz random graph
+ attr: name (g/c), dim (g/n), size (g/n), nei (g/n), p
(g/n), loops (g/l), multiple (g/l)
> plot(g7_1,layout=layout.circle(g7_1)) #Die Visualisierung
ist in Abb. 7.11 dargestellt.
#Die Funktion layout.circle() platziert die Knoten auf dem
gleichmäßig verteilten Außenkreis des Einheitskreises.
```

Tab. 7.2 Bedeutung der Parameter zur Erzeugung eines Watts-Strogatz-Kleinweltmodell-Netzwerks

Parameter	Bedeutung
dim	Eine Ganzzahl, die die Dimension des Anfangsgitters angibt
size	Die Ganzzahl gibt die Größe des Gitters in jeder Dimension an
nei	Die Anzahl der benachbarten Knoten, mit denen die Knoten des Gitternetzwerks verbunden sind
p	Eine Konstante zwischen 0 und 1, die die Wahrscheinlichkeit der zufälligen Neuverknüpfung angibt
loops	Logischer Skalar, der angibt, ob das erzeugte Netzwerk Schleifen (Kreis-Kanten) enthält
multiple	Logischer Skalar, der angibt, ob das erzeugte Netzwerk Mehrfachkanten enthält

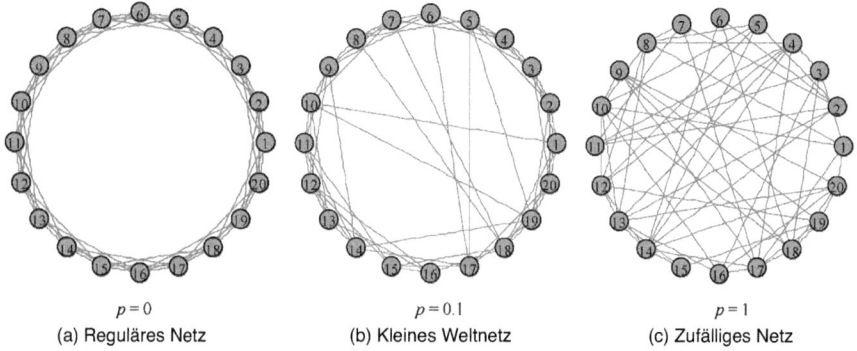

$p = 0$ $p = 0.1$ $p = 1$
(a) Reguläres Netz   (b) Kleines Weltnetz   (c) Zufälliges Netz

Abb. 7.11 Watts-Strogatz-Kleinweltmodell-Netzwerk

Für $p = 0$ ist das Kleinweltmodell-Netzwerk regulär. Für $p = 1$ ist das Kleinwelt-modell-Netzwerk zufällig (in diesem Fall entspricht das Watts-Strogatz-Kleinwelt-modell dem Erdos-Renyi-Modell). Die Änderung von p von 0 auf 1 beschreibt den Prozess der zufälligen Neuverknüpfung.

Die Verteilung der kürzesten Pfadlängen in einem Kleinweltnetzwerk kann mit igraph berechnet werden (Abb. 7.12):

```
# Verteilung der kürzesten Pfadlängen
> g7_2<-watts.strogatz.game(1, 1000, 3, 0.1) # Erzeuge ein
Kleinweltnetzwerk mit 1000 Knoten
> path.length.hist(g7_2) # Verteilung der Pfade mit kürzester
Pfadlänge von 1 bis 9 im Kleinweltnetzwerk
$res
[1] 3000 8512 27669 78417 162533 166443 50101 2799 26
$unconnected
```

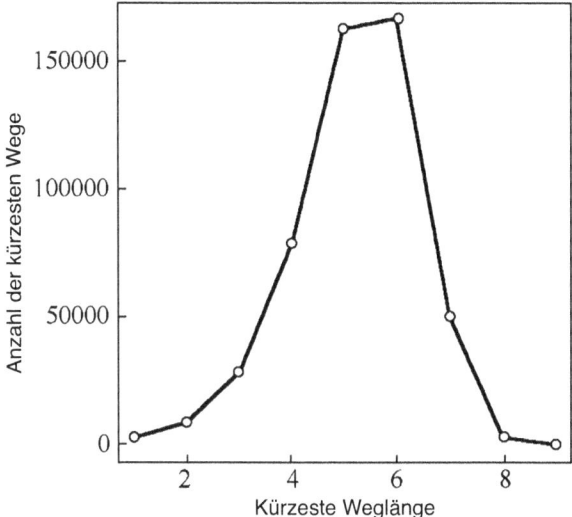

Abb. 7.12 Verteilung der kürzesten Pfadlängen im Kleinweltnetzwerk

```
[1] 0
> plot( path.length.hist(g7_2)$res,xlab="kürzeste
Pfadlänge",ylab="Anzahl der kürzesten Pfade")
> lines(path.length.hist(g7_2)$res) # Siehe Abb. 7.12
```

7.3   Erweitertes Kleinweltmodell

7.3.1   Dezentralisierte Suche

Betrachtet man den Prozess des Briefversands (der Suche) im Experiment von Stanley Milgram, so wird deutlich, dass in diesem Experiment eine dezentralisierte Suche verwendet wurde. Das heißt, jeder Teilnehmer wurde darüber informiert, dass er, falls er den Zieladressaten nicht kennt, den Brief nicht direkt an diesen senden kann, sondern ihn nur weiterleiten darf, um dem Zieladressaten „näher" zu kommen. Obwohl die Menschen bewusst hoffen, dass der Brief zugestellt wird, können sie, wenn sie den Zieladressaten nicht kennen, nur „abschätzen", welcher ihrer Freunde dem Zieladressaten möglicherweise „näher" steht. Daher gibt es keinen Grund anzunehmen, dass der Brief mit hoher Wahrscheinlichkeit zugestellt wird, geschweige denn, dass er einen kurzen Weg nimmt. Wie also findet man einen kurzen Pfad bei einer dezentralisierten Suche?

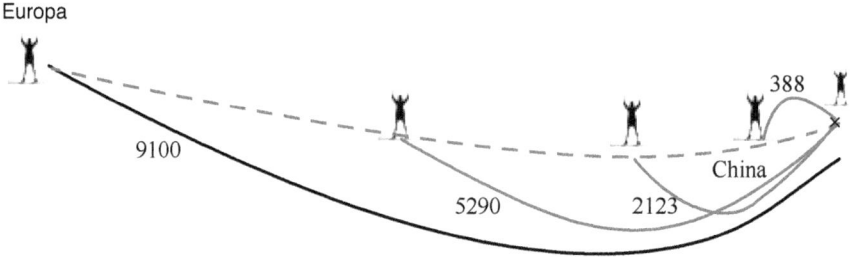

Abb. 7.13 Mit jedem Schritt kann man dem Ziel näherkommen

Es ist nicht schwer zu erkennen, dass Menschen beim Versenden von Briefen nicht zufällig suchen. Wenn wir einen Brief von der Universität Wuhan an einen Professor der Peking-Universität senden möchten, suchen wir nicht zufällig einen Freund aus, das heißt, wir wählen nicht zufällig schwache Bindungen. Im Gegenteil, wir senden den Brief an Freunde in Peking oder an der Peking-Universität oder vielleicht an einen Dozenten der Peking-Universität, damit der Brief möglichst schnell den Empfänger erreicht. Die Entstehung zufälliger Kanten sollte also widerspiegeln, dass die Wahrscheinlichkeit einer Verbindung mit der Nähe steigt. Beispielsweise ist die Wahrscheinlichkeit, dass zufällige Kanten entstehen, umso größer, je näher sich Menschen im sozialen Raum (z. B. durch mehr gemeinsame Freunde) sind. Wie in Abb. 7.13 gezeigt, möchten wir mit jedem Schritt dem Ziel näherkommen, um es schneller zu finden.

Der Grund, warum das Kleinweltmodell von Watts und Strogatz nicht funktioniert, liegt darin, dass die Kanten, die schwache Bindungen abbilden, zu zufällig sind. Dies unterstützt nicht das Verhalten, dass Menschen Briefe gezielt an Freunde weiterleiten, die dem Ziel in der Realität näherstehen [9]. Daher benötigen wir ein Netzwerkmodell, das nicht nur die Existenz kurzer Pfade zwischen beliebigen Knotenpaaren widerspiegelt, sondern auch die Realisierung kurzer Pfade unter diesem Weiterleitungsmodus ermöglicht. Welche strukturellen Eigenschaften muss ein Netzwerk also aufweisen, um diese Anforderungen zu erfüllen?

7.3.2 Watts-Strogatz-Kleinberg-Netzwerkmodell erweitert das Small-World-Modell

Im vorherigen Abschnitt haben wir erläutert, welche strukturellen Eigenschaften ein Netzwerkmodell aufweisen muss, um die Möglichkeit kurzer Pfade zwischen beliebigen Knotenpaaren abzubilden und die Realisierung solcher Pfade zu unterstützen. Es ist nicht schwer zu erkennen, dass das soziale Netzwerkmodell, das wir zur Unterstützung der Anforderung des „bewussten Weiterleitens zum Ziel" benötigen, die folgenden zwei strukturellen Merkmale aufweisen sollte:

1. Unabhängig davon, wie weit zwei Knoten voneinander entfernt sind, sollten sie die Möglichkeit haben, sich schnell einander anzunähern.
2. Je näher sich zwei Knoten sind, desto größer ist die Wahrscheinlichkeit einer direkten Verbindung.

Um ein soziales Netzwerk mit den oben genannten strukturellen Eigenschaften zu finden, genügt es, eine effektive dezentralisierte Suchstruktur auf Basis des Watts-Strogatz-Small-World-Modells bereitzustellen. Daraus ergibt sich das Watts-Strogatz-Kleinberg-(W-S-K)-Netzwerkmodell, das das Watts-Strogatz-Small-World-Modell erweitert [9]. Alle Knoten sind weiterhin auf den Gitterpunkten verteilt, und die homogene lokale Verbindung bleibt erhalten: Jeder Knoten ist direkt mit den Knoten in r Gitterabständen verbunden. Der Unterschied besteht darin, dass das Modell die zufälligen, entfernten schwachen Bindungen in gewissem Maße steuert: Die Verbindungswahrscheinlichkeit zwischen zwei Knoten ist umgekehrt proportional zu einer Potenz q ihres Gitterabstands, das heißt, je größer der Gitterabstand zwischen zwei Knoten, desto geringer die Wahrscheinlichkeit einer Verbindung. Führen wir also $d(v, w)$ als Abstand von Knoten v zu Knoten w (in Gitterabständen) ein, so ist die Wahrscheinlichkeit, eine zufällige Kante von v nach w zu erzeugen, proportional zu $d(v, w)^{-q}$, wie in Abb. 7.14 dargestellt.

q steuert die Stärke, mit der die Wahrscheinlichkeit einer entfernten Verbindung mit der Distanz abnimmt: Ist q kleiner, so ist die Abnahme der Verbindungswahrscheinlichkeit weniger stark ausgeprägt. Umgekehrt gilt: Je größer q, desto stärker nimmt die Verbindungswahrscheinlichkeit mit der Entfernung ab, das heißt,

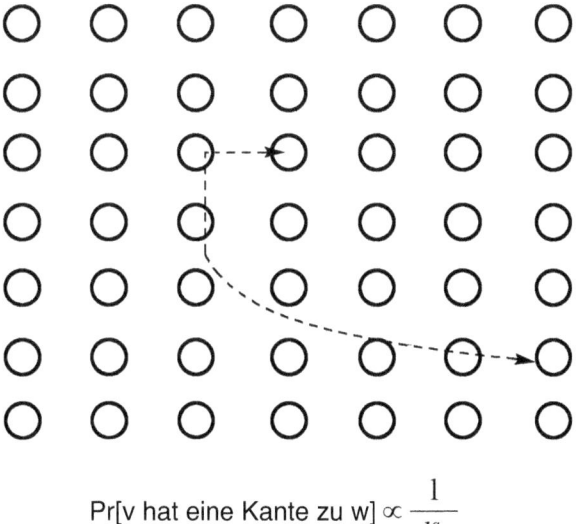

$$\text{Pr[v hat eine Kante zu w]} \propto \frac{1}{d_{v,w}^{q}}$$

Abb. 7.14 Zusammenhang zwischen der Wahrscheinlichkeit einer mittleren Kantenverbindung und der Distanz im erweiterten Watts-Strogatz-Netzwerkmodell

Abb. 7.15 Simulationsbasierte
Optimierung des Parameters
q [9]

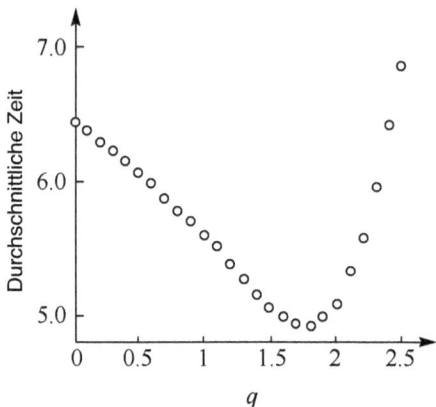

je weiter entfernt, desto geringer ist die Wahrscheinlichkeit einer Verbindung – und diese ist deutlich geringer als die Verbindungswahrscheinlichkeit zu nahegelegenen Knoten. Bei kleinem q tendieren die zufälligen Kanten dazu, weit entfernt zu sein, und die „Bestrafung" für die Distanz ist gering. Je weiter die Knoten voneinander entfernt sind, desto deutlicher werden die Vorteile. Je größer q, desto näher liegen die zufälligen Kanten. Im ursprünglichen Watts-Strogatz-Small-World-Modell ist q gleich 0.

Für einen geeigneten Wert von q ist die dezentrale Suche im so gebildeten Netzwerk sehr effizient (geringe durchschnittliche Schrittzahl). Doch welcher Wert für q ist optimal? Wie stark sollte die Abschwächung sein? Ist q gleich 1, 2 oder 3? Abb. 7.15 zeigt die simulationsbasierte Optimierung des Parameters q. Die horizontale Achse stellt den Parameter q dar, die vertikale Achse die durchschnittliche Zeit, die von einem Knoten zu einem anderen benötigt wird.

Bei Simulationsversuchen wird untersucht, wie sich verschiedene q-Werte auf die dezentrale Suche in einem Netzwerk mit Hunderten Millionen Knoten auswirken. Dazu wird das Netzwerkmodell verwendet, um den dezentralen Suchprozess mit dem Parameter q zu simulieren. Das im Experiment verwendete Gitter besteht aus 400 Millionen Knoten, und jeder Punkt steht für die durchschnittliche Zustellzeit bei 1000 Durchläufen [9]. Wie in Abb. 7.15 zu sehen ist, ist bei einem Netzwerk dieser Größenordnung der Sucherfolg am größten, wenn der Parameter q zwischen 1,5 und 2 liegt. Mit wachsender Netzwerkgröße nähert sich der optimale Wert für q immer mehr dem Wert 2 an. Das theoretische Ergebnis lautet daher: Ist der Parameter $q = 2$, erzielt die dezentrale Suche die beste Wirkung, das heißt, der kürzeste Suchpfad wird erreicht.

7.3.3   Räumliche Distanz bei der Suche

Abb. 7.16 zeigt schematisch den Zusammenhang zwischen der Wahrscheinlichkeit sozialer Beziehungen und der räumlichen Distanz. Der rote Knoten ist der Mittelpunkt und möchte eine Verbindung zum schwarzen Knoten herstellen. Angenommen, der schwarze Knoten hat eine geringe soziale Distanz zum roten Knoten, so beträgt die Wahrscheinlichkeit, im innersten Kreis eine Verbindung herzustellen, 3/4. Wird der Radius schrittweise auf die äußeren Kreise erweitert, beträgt die Wahrscheinlichkeit der Verbindung jeweils 3/10, 4/12 und 3/14. Es ist zu erkennen, dass mit zunehmender Entfernung die Wahrscheinlichkeit einer Verbindung abnimmt.

Diese Art von Kreisen ist sehr interessant und entspricht in hohem Maße dem tatsächlichen Beziehungsgeflecht chinesischer Menschen. Im wirklichen Leben gibt es ebenfalls viele Kreise: Im innersten Kreis befinden sich die Familienmitglieder, in den äußeren Kreisen folgen Verwandte, Mitschüler und Freunde. Die Menschen im inneren Kreis stehen uns näher, während die Personen in den äußeren Kreisen weiter entfernt sind. Soziologen verwenden den Begriff „Differenzielle Beziehungsmuster", um dieses Muster von Nähe und Distanz in sozialen Beziehungen zu beschreiben [10].

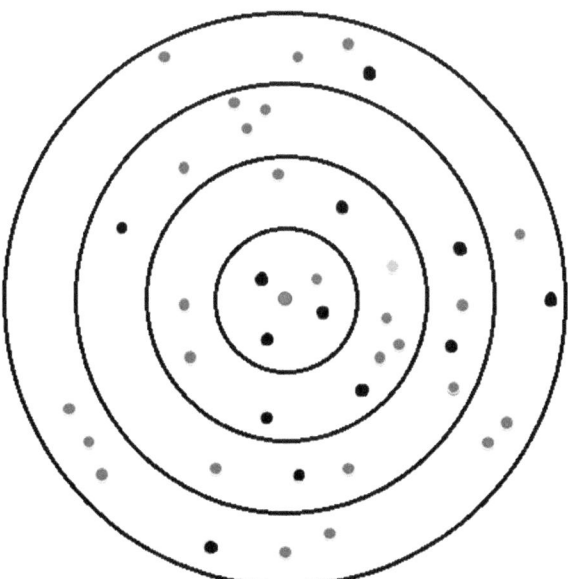

Abb. 7.16 Schematische Darstellung des Zusammenhangs zwischen räumlicher Distanz und Wahrscheinlichkeit sozialer Beziehungen

Zurück zum Experiment von Stanley Milgram: Es zeigt, dass in realen sozialen Netzwerken der Pfad der dezentralen Suche ebenfalls sehr kurz ist. Sinkt die Wahrscheinlichkeit, dass Menschen Freunde werden, tatsächlich mit der räumlichen Distanz, und ist der Parameter q gleich 2? Warum funktioniert das Modell am besten bei $q = 2$?

Wie in Abb. 7.16 dargestellt, gilt: Wenn die Knoten gleichmäßig im Kreis verteilt sind, ist die Anzahl der Knoten proportional zur Fläche, das heißt, die Knotenanzahl ist proportional zu d^2. $q = 2$ bedeutet, dass die Wahrscheinlichkeit, zufällig einen der Knoten zu verbinden, proportional zu d^{-2} ist. Je größer die Fläche, desto mehr Menschen befinden sich im Kreis und desto geringer ist die Wahrscheinlichkeit, dass sich zwei Personen zufällig begegnen, wie in Abb. 7.13 und 7.14 gezeigt. Daraus lässt sich ableiten, dass die Wahrscheinlichkeit, dass die zufällige Verbindung von Knoten v in diesen Bereich fällt, unabhängig von d ist. Das bedeutet, dass ein weiterleitender Knoten – unabhängig von seiner Entfernung zum Zielknoten – immer die Möglichkeit hat, einen „Freund" zu haben, der etwa die halbe Distanz zum Ziel überbrückt. Je näher der Brief dem Ziel kommt, desto wahrscheinlicher ist es, dass eine Kante zum Zielknoten existiert.

Menschen finden beim Weiterleiten von Nachrichten immer wieder Möglichkeiten, die Distanz zum Ziel zu verkürzen – unabhängig davon, wie weit oder wie nah sie dem Ziel sind. Dies spiegelt sich auch im typischen Postsystem wider.

7.3.4 Soziale Distanz in Suchprozessen

Nach eingehender Untersuchung des W-S-K-Netzwerkmodells zeigt sich, dass es die folgenden Eigenschaften sozialer Netzwerke widerspiegeln kann:

1. Die enge Kante entsteht durch eine Art von „Nähe" (Ähnlichkeit).
2. Schwache Bindungen entstehen durch zufällige, weit entfernte Kanten.
3. Der Anteil entfernter Nachbarknoten an der Anzahl der Knoten mit gleichem Abstand nimmt mit dem Quadrat der Entfernung ab.

Distanz ist ein zentrales Konzept in diesem Zusammenhang und umfasst folgende Bedeutungen:

1. Die Beziehung zwischen geografischen und räumlichen Positionen verkörpert das unmittelbarste Distanzkonzept.
2. Auch die relative Anordnung der Knoten stellt ein Distanzkonzept dar, das das Problem der ungleichmäßigen Verteilung der Knoten im geografischen Raum löst.

Was ist das sinnvolle Distanzkonzept in sozialen Netzwerken? Im Folgenden führen wir den Begriff der sozialen Distanz ein.

Im Beispiel des Versands eines Briefes von der Universität Wuhan an einen Professor der Peking-Universität, das in Abschn. 7.3.1 erwähnt wurde, zeigte sich, dass Personen, die sich räumlich oder in sozialer Distanz nahe stehen (etwa durch mehr gemeinsame Freunde), mit größerer Wahrscheinlichkeit zufällige Kanten bilden. Was genau ist also diese soziale Distanz?

Der Begriff der sozialen Distanz wurde ursprünglich eingeführt, um Klassendifferenzen auszudrücken und die objektiven Unterschiede zwischen verschiedenen Gruppen zu betonen [11]. Simmel verlieh dem Begriff der sozialen Distanz eine neue Bedeutung und sah sie als eine Art „innere Barriere". Park von der Chicagoer Schule der Soziologie griff Simmels Gedanken zur sozialen Distanz auf und entwickelte sie weiter, indem er soziale Distanz als Nähe zwischen Individuen definierte. Diese kann auch als psychologischer Zustand verstanden werden, der Menschen die Isolation und Unterschiede zwischen Einzelnen und Gruppen bewusst macht. Bogardus erweiterte Parks Verständnis der sozialen Distanz und schlug vor, dass soziale Distanz „das Maß und der Grad an Verständnis und Nähe ist, der allgemeine vor-soziale Beziehungen und Merkmale sozialer Beziehungen ausdrücken kann". Damit wurde soziale Distanz von einem abstrakten Begriff zu einer konkreten Skala transformiert.

Im wirklichen Leben kann eine Person verschiedenen Gemeinschaften angehören oder an sozialen Organisationen teilnehmen, die sich um bestimmte Aktivitäten gruppieren. Eine Gemeinschaft bildet die Grundlage dafür, dass zwei Personen eine Beziehung aufbauen können (fokale Schließung). Nach der Theorie der sozialen Distanz von Bogardus hängt die Nähe oder „Distanz" zwischen zwei Personen von der Größe der Gemeinschaft ab. Je kleiner die Gemeinschaft, desto näher stehen sich die beiden Personen. Daher kann „soziale Distanz" als die Größe der kleinsten Gemeinschaft definiert werden, der beide Personen angehören [8]. Wie in Abb. 7.17 dargestellt, entsprechen zwei Personen in der links oben dargestellten Gemeinschaft der kleinsten Gemeinschaft mit der Größe 2, aber auch einer Gemeinschaft mit der Größe 5 sowie einer größeren Gemeinschaft mit der Größe 12. Die soziale Distanz zwischen diesen beiden Personen beträgt somit 2.

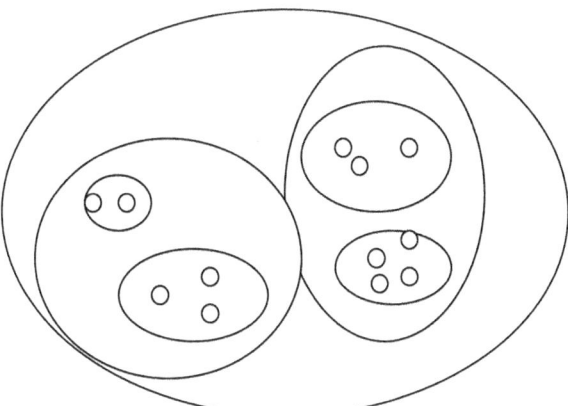

Fig. 7.17 Schematic diagram of social distance

7.3.5 Verwendung von Online-Sozialnetzwerken zur Verifikation

Wie können wir die Schlussfolgerung verstehen, dass die Wahrscheinlichkeit, dass ein Knoten zufällig mit einem anderen Knoten verbunden wird, direkt proportional zu $d-^2$ ist?

Wir können dies mit einem Beispiel aus dem Leben gleichsetzen: Die Wahrscheinlichkeit, dass zwei Menschen Freunde werden, ist umgekehrt proportional zum Quadrat ihrer räumlichen Distanz. Wie können wir das überprüfen? Können wir Online-Sozialnetzwerke zur Verifikation heranziehen? Spiegelt ein reales, groß angelegtes Online-Sozialnetzwerk die Optimierungsnatur dieses W-S-K-Netzwerkmodells wider? Falls ja, bedeutet das, dass das zufällig gebildete Sozialnetzwerk über einige wesentliche Parameter verfügt! Doch wie lässt sich die räumliche Distanz zwischen Knoten in Online-Sozialnetzwerken definieren?

LiveJournal, eine Social-Networking-Plattform, wurde 1999 gegründet. Sie verfügt über eine große Nutzerbasis und enthält auch Postleitzahl-Informationen der Nutzer, also geografische Angaben. Aufgrund dieses Merkmals nutzten Linben-Nowell und andere LiveJournal, um etwa 500.000 Nutzer in den USA zu analysieren, die die Postleitzahl ihres Wohnorts sowie die ihrer Freunde angegeben hatten [12].

Im vorherigen Abschnitt haben wir angenommen, dass die Knoten gleichmäßig verteilt sind, sodass die Wahrscheinlichkeit, eine Verbindung zwischen zwei Knoten herzustellen, umgekehrt proportional zum Quadrat ihrer räumlichen Distanz ist: Je geringer die Distanz, desto größer die Wahrscheinlichkeit einer Verbindung zwischen zwei Knoten. Je größer die Distanz, desto geringer die Wahrscheinlichkeit einer Verbindung. Wie in Abb. 7.18 zu sehen ist, sind die geografischen

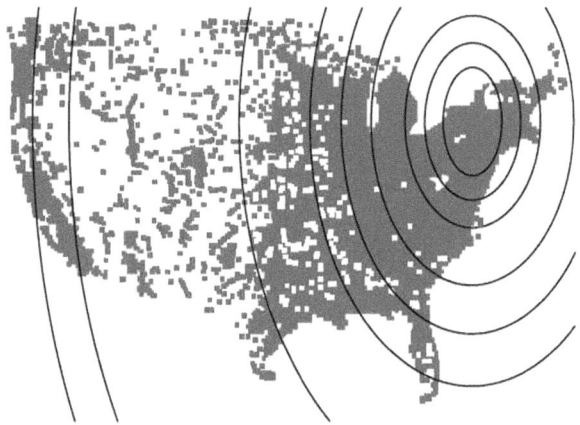

Abb. 7.18 Geografische Verteilung der Nutzer bei LiveJournal [12]

Standorte der Nutzer bei LiveJournal jedoch nicht gleichmäßig verteilt, sodass die Annahme des Modells nicht erfüllt ist.

Wie können wir also überprüfen, dass die Verbindungswahrscheinlichkeit zwischen zwei Knoten umgekehrt proportional zum Quadrat der Distanz ist? Vor der Verifikation müssen wir eine gewisse „Anpassung" vornehmen.

Wie bereits erwähnt, hängt die Effizienz dezentraler Suche mit den sozialen Kreisen der Menschen zusammen. Bei der Betrachtung der Wahrscheinlichkeit, dass zwei Personen eine Verbindung eingehen, ist die Anzahl der Personen innerhalb der Distanz entscheidender als die Distanz selbst. Wie in Abb. 7.19 dargestellt, gilt: Je mehr Personen sich im gleichen Distanzbereich befinden, desto unwahrscheinlicher ist es, dass sich zwei Personen in diesem Bereich kennen. Aus der Abbildung ist ersichtlich, dass die Anzahl der Personen im gleichen Distanzbereich in Abb. 7.19a deutlich größer ist als in Abb. 7.19b, sodass es naheliegt, dass es im Kreis von Abb. 7.19b einfacher ist, jemanden kennenzulernen als im Kreis von Abb. 7.19a. Die Wahrscheinlichkeit, dass zwei Personen eine Verbindung eingehen, hängt also von der Anzahl der Personen im Kreis ab. Gibt es

(a) Es befinden sich viele Personen im Kreis, so dass es schwierig ist, sich gegenseitig kennen zu lernen.

(b) Es sind weniger Personen im Kreis, so dass es leicht ist, sich kennen zu lernen.

Abb. 7.19 Die Anzahl der Personen im gleichen Distanzbereich beeinflusst, wie gut sich Menschen gegenseitig kennen. (**a**) Viele Personen im Kreis, daher ist es schwierig, sich kennenzulernen. (**b**) Wenige Personen im Kreis, daher ist es einfach, sich kennenzulernen.

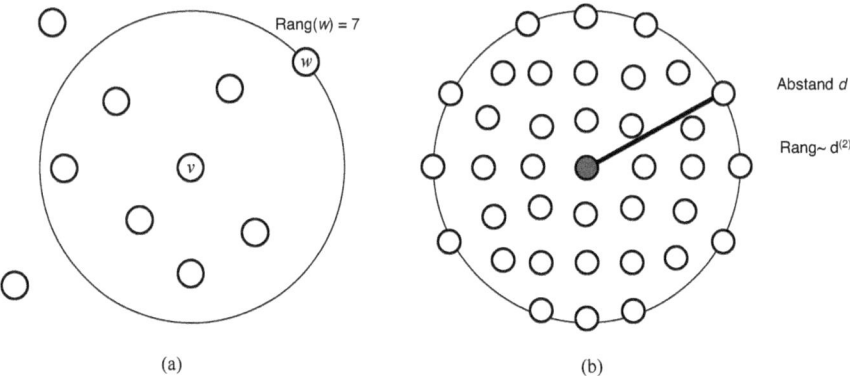

(a)   (b)

Abb. 7.20 Knoten-Ranking in sozialen Netzwerken unter Einbeziehung geografischer Informationen [12]

mehr Personen im Kreis, ist es schwieriger, jemanden kennenzulernen, und die Verbindungswahrscheinlichkeit ist geringer. Gibt es weniger Personen im Kreis, ist es einfacher, jemanden kennenzulernen, und die Wahrscheinlichkeit einer Verbindung ist höher – ganz wie bei der oben erwähnten sozialen Distanz.

Daher können die experimentellen Daten von LiveJournal so angepasst werden, dass das Ranking eines Knotens relativ zu einem anderen anhand geografischer Informationen definiert wird. Beispielsweise wird das Ranking des Knotens w aus Sicht des Knotens v als *rank(w)* definiert, wobei *rank(w)* der Anzahl der Knoten entspricht, die im Netzwerk näher an V als an W liegen. Das gleiche Ranking umfasst die gleiche Anzahl von Knoten und vereinheitlicht so Regionen mit unterschiedlicher Dichte [12]. Wie in Abb. 7.20a gezeigt, werden die Knoten im sozialen Netzwerk unter Einbeziehung geografischer Informationen gerankt, und der beobachtete räumliche Abstand wird auf die Anzahl der Knoten angepasst, die näher am Zentralknoten liegen als ein bestimmter Knoten im Netzwerk. Abb. 7.20b zeigt die Situation, in der Knoten im ursprünglichen Modell mit gleichmäßiger Dichte verteilt sind.

Wie in Abb. 7.20a dargestellt, wird ein Kreis um v als Zentralknoten mit dem Abstand d zwischen v und w als Radius gezogen. Da sich in diesem Kreis sechs Knoten befinden, deren Abstand zu v kleiner als d ist, beträgt das Ranking von w aus Sicht von v 7. Dies kann als Verallgemeinerung des Konzepts des regionalen Bereichs betrachtet werden, wenn die Knoten geografisch gleichmäßig verteilt sind, und „Rank" kann mit „Distanz" in Beziehung gesetzt werden ($rank\sim d^2$), sodass das Problem der ungleichmäßigen Verteilung von Knoten in der Geografie allgemein behandelt werden kann.

Die Ausgangsfrage, die wir überprüfen wollten, war, dass bei gleichmäßiger geografischer Verteilung der Knoten die Wahrscheinlichkeit, dass ein Knoten mit einem anderen in einer bestimmten Distanz befreundet wird, mit dem Quadrat der Distanz abnimmt ($1/d^2$). Nun können wir dies gleichsetzen mit der Überprüfung, dass die Wahrscheinlichkeit, dass ein Knoten mit einem anderen in einem bestimmten relativen Ranking befreundet wird, mit dem Ranking abnimmt (1/r). In der Forschung wurde festgestellt, dass bei einem Exponenten nahe -1 [12] eine dezentrale Suche am besten nach der inversen quadratischen Distanzwahrscheinlichkeit durchgeführt werden kann.

Mit ähnlichen Modellierungen lässt sich auch erklären, warum Menschen das Ziel über einen kurzen Pfad finden können und wie dieser Pfad berechnet wird. Man kann annehmen, dass die Wahrscheinlichkeit einer schwachen Verbindung mit dem Ranking der Individuen zusammenhängt. Die Teilnehmenden können einschätzen, wer dem Ziel näher steht als sie selbst, wenn sie Briefe verschicken, und diese Personen auswählen, um die Briefe auf dem kürzesten Weg weiterzuleiten. Dieser Prozess ist ein abstraktes mathematisches Modell. Die Idee ist einfach, aber die Ergebnisse sind überraschend.

Die experimentelle Überprüfung in Online-Sozialnetzwerken zeigt, dass die gemessenen Parameter realer sozialer Netzwerke sehr gut mit den optimalen Parametern des Modells übereinstimmen. Die Teilnehmenden sind sich möglicherweise nicht bewusst, dass dies die beste Wahl ist, aber die Fakten belegen, dass es tatsächlich die optimale Lösung ist. Menschen suchen entsprechend einer Situation, die umgekehrt proportional zur sozialen Distanz ist, und erreichen so das Optimum. Das bedeutet, dass die Entstehung einer großen Zahl von Mikro-Sozialbeziehungen im Allgemeinen ein Optimierungsmerkmal aufweist, oder dass die zufälligen sozialen Aktivitäten vieler Menschen einer Optimierungsberechnung durch einen Computer entsprechen [13]. Dies kann als Beispiel für Social Network Computing betrachtet werden und ist zugleich ein Beispiel für das Verhältnis von Mikro- und Makroebene in sozialen Systemen.

7.3.6 K-Core-Dekomposition und soziale Distanz in iGraph

Die soziale Distanz spiegelt die Nähe zwischen Personen wider, die direkt mit dem sozialen Umfeld zusammenhängt, in dem sich Menschen bewegen. Daher ist die Bedeutung von Knoten in sozialen Netzwerken mit dem jeweiligen Umfeld verknüpft. In der Berechnung sozialer Netzwerke gibt es eine Methode zur Bestimmung der Bedeutung von Knoten mittels der K-Core-Dekomposition [14]. Bei diesem Verfahren werden rekursiv alle Knoten mit einem Grad kleiner oder gleich k aus dem Netzwerk entfernt. So lassen sich die strukturellen Eigenschaften von Netzwerken beschreiben und deren hierarchische Struktur aufdecken.

Konkret werden bei der K-Core-Dekomposition zunächst alle Knoten mit einem Grad kleiner als K sowie deren verbundene Kanten aus dem Netzwerk entfernt. Anschließend wird überprüft, ob unter den verbleibenden Knoten noch solche mit einem Grad kleiner als k existieren; diese werden ebenfalls entfernt. Dieser Vorgang wird so lange wiederholt, bis alle verbleibenden Knoten im Netzwerk einen Grad von mindestens k aufweisen. Das so entstandene Teilnetzwerk wird als K-Core bezeichnet. Für $k = 1, 2, 3, \ldots$ wird diese Entfernung sukzessive am ursprünglichen Netzwerk durchgeführt, wodurch die K-Core-Dekomposition des Netzwerks entsteht [15].

Auch igraph stellt eine Funktion zur K-Core-Dekomposition von Netzwerken bereit, wie folgt:

```
graph.coreness(graph, mode=c("all", "out", "in"))
```

Dabei bezeichnet graph das Netzwerkobjekt und mode gibt an, wie der Knotengrad in einem gerichteten Graphen berechnet wird. „all" bedeutet, dass der 3-Core-Graph als ungerichtet betrachtet wird, „out" berücksichtigt nur den Out-Degree und „in" nur den In-Degree. Beispiele hierzu:

```
#K-Core-Dekomposition
> g7_3<-erdos.renyi.game(10,0.3)
> plot(g7_3) # Siehe Abb. 7.21
> graph.coreness(g7_3) # K-Kern-Dekomposition des Netzwerk-
graphen
[1] 3 2 1 3 3 2 1 3 2 1
```

Wie in Abb. 7.21 dargestellt, gehört das gesamte Netzwerk zum 1-Core, und die Knoten 3, 7 und 10 bilden die kleinste 1-Core-Gruppe. Die Knoten 2, 6 und 9 gehören zum kleinsten 2-Core, und alle übrigen Knoten und Kanten außer den

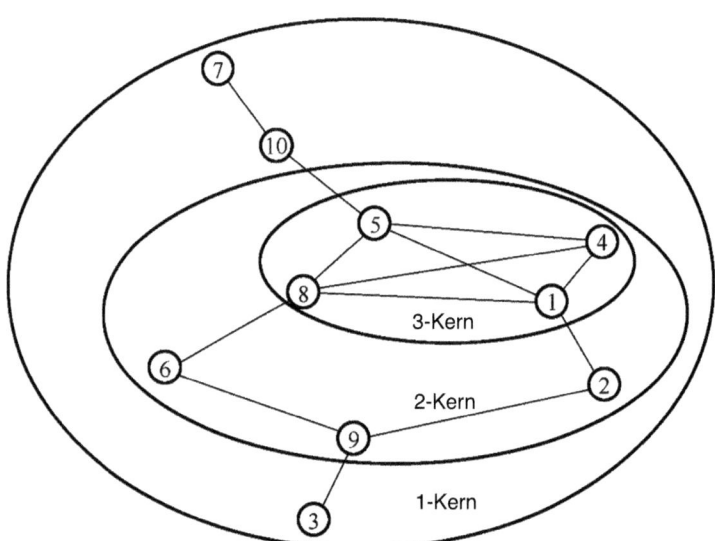

Abb. 7.21 K-Core-Dekomposition eines Zufallsgraphen

1-Core-Knoten bilden den 2-Core. Die Knoten 1, 4, 5 und 8 werden als minimale 3-Core-Knoten bezeichnet; diese Knoten und ihre Kanten bilden den 3-Core. Da der Grad der Knoten im K-Core-Netzwerk mindestens k beträgt, beträgt die soziale Distanz zwischen Knoten 1 und Knoten 4 den Wert 4.

7.4 Kleinwelt-Phänomen in den Verlinkungen des World Wide Web

Ein weiteres riesiges Netzwerk, das den zwischenmenschlichen sozialen Netzwerken entspricht, ist das World Wide Web. Das World Wide Web (WWW) ist zu einem untrennbaren Bestandteil des menschlichen Soziallebens geworden und dient als virtuelles Spiegelbild der realen Gesellschaft. Weist das WWW ebenfalls das Kleinwelt-Phänomen sozialer Netzwerke auf? Im Jahr 1999 machten sich Andrei Broder und seine Kollegen daran, einen Überblick über das WWW zu erstellen. Sie nutzten stark zusammenhängende Komponenten aus der Graphentheorie als Basismodul und verwendeten AltaVista, eine der damals größten kommerziellen Suchmaschinen, um einen Weblink-Index zu erstellen und so die Ausgangsdaten zu gewinnen. In der Folge greifen Forschende weiterhin auf großformatige Momentaufnahmen des WWW zurück, um ihre Untersuchungen fortzusetzen. Zu den verwendeten Datenquellen zählen Webseiten, die von frühen Google-Suchmaschinen erfasst wurden, sowie einige Webseiten aus groß angelegten Forschungsprojekten [16]. Schließlich betrachten sie das WWW als Abbildung eines sehr großen gerichteten Graphen, und der so gewonnene Überblick über das WWW ist äußerst hilfreich für dessen Erforschung und trägt auch zum Verständnis des Kleinwelt-Phänomens in WWW-Verlinkungen bei.

7.4.1 Gerichteter Graph der Webseitenverlinkungen

Das WWW enthält eine sehr große stark zusammenhängende Komponente (SCC), in der die Webseiten als Knoten und die Verlinkungen zwischen den Webseiten als Pfade dargestellt werden. Abb. 7.22 zeigt ein Beispiel für einen gerichteten Graphen, der aus einer Gruppe von Webseiten besteht. In diesem gerichteten Graphen können sich einige Knotenpaare gegenseitig erreichen, wie etwa „Wuhan University" und „Wuhan University Library". Manche Knotenpaare können von einem Knoten zum anderen gelangen, aber nicht umgekehrt, wie „Weibo, ein Student von B" und „China University Ranking". Andere Knotenpaare können sich überhaupt nicht erreichen, wie „XX Company Home Page" und „CNKI (China National Knowledge Infrastructure)". Die Seiten des WWW entsprechen der Theorie der sechs Grade der Trennung. So benötigt man beispielsweise nur drei Schritte, um von der „Wuhan University" zur „XX Company Home Page" zu gelangen.

7.4.2 *Bow-Tie-Modell*

Broder et al. analysierten das Verhältnis zwischen der verbleibenden SCC im WWW und dieser hypergroßen SCC. Dazu ist eine Klassifizierung der Knoten außerhalb der hypergroßen SCC erforderlich, die danach erfolgt, ob sie mit der hypergroßen SCC verbunden werden können oder von dieser aus erreichbar sind. Diese Knoten lassen sich in zwei Kategorien einteilen: IN und OUT.

1. IN: Alle Knoten, die mit der hypergroßen SCC verbunden werden können, aber nicht über die hypergroße SCC erreichbar sind, also die „Upstream"-Knoten der hypergroßen SCC.
2. OUT: Alle Knoten, die von der hypergroßen SCC aus erreichbar sind, aber nicht mit der hypergroßen SCC verbunden werden können, also die „Downstream"-Knoten der hypergroßen SCC.

Anschaulicher lässt sich sagen, dass die Webseiten in der IN-Menge von den Mitgliedern der hypergroßen SCC nicht „wahrgenommen" werden können. Die Seiten in der OUT-Menge hingegen können von einigen Seiten der hypergroßen SCC aus erreicht werden, aber die Seiten dieser OUT-Menge können nicht zurück zur hypergroßen SCC gelangen.

Abb. 7.23 ist das ursprüngliche Schaubild, das von Broder und weiteren Forschenden erstellt wurde und die Beziehung zwischen IN, OUT und der

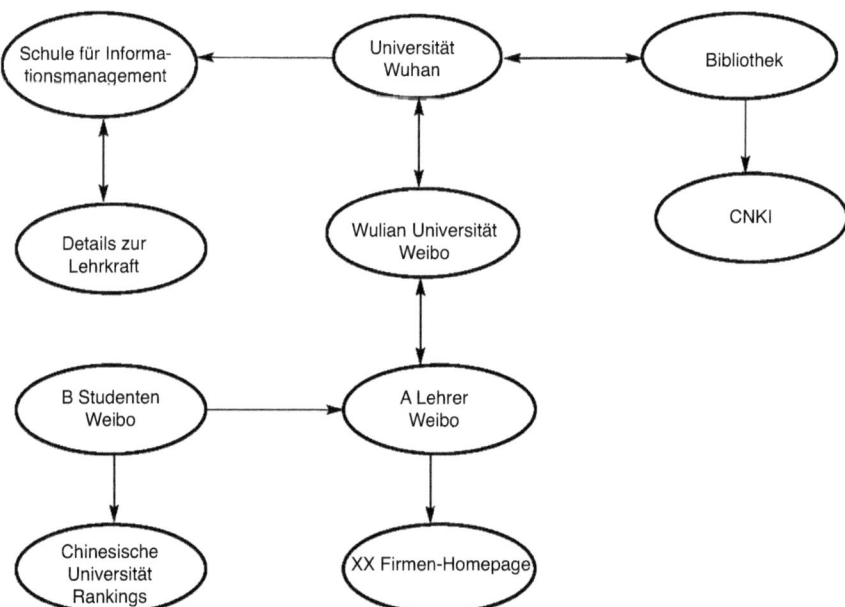

Abb. 7.22 Beispiel eines gerichteten Graphen, der aus einer Gruppe von Webseiten besteht

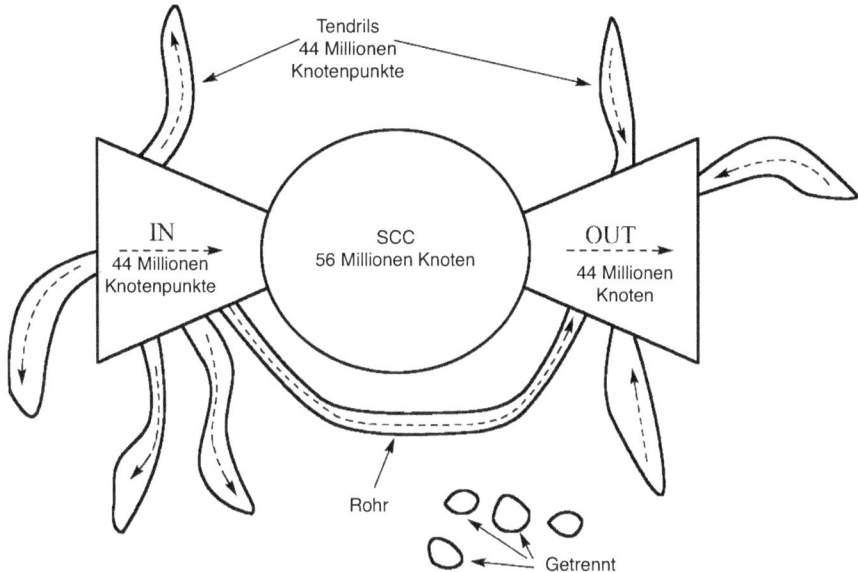

Abb. 7.23 Schematische Darstellung der Bow-Tie-Struktur des World Wide Web [17]

hypergroßen SCC beschreibt. Visuell ähneln die IN- und OUT-Bereiche den Ästen und Blättern, die sich von der zentralen SCC zu beiden Seiten ausbreiten. Daher bezeichnen Broder und andere dieses Bild als „Bow-Tie-Struktur" des WWW, wobei die hypergroße SCC den zentralen „Knoten" bildet. Einige Webseiten in der Abbildung gehören weder zur IN-, OUT- noch zur hypergroßen SCC-Menge. Das heißt, diese Webseiten können weder mit der hypergroßen SCC verbunden werden noch über deren Verlinkungen erreicht werden. Diese Webseiten lassen sich weiter in Ranken (Tendrils) und isolierte Seiten (Free Pages) unterteilen [17].

1. Ranken (Tendrils): Die Ranken der Bow-Tie-Struktur umfassen Knoten, die von der IN-Menge aus erreicht werden können, aber nicht mit der hypergroßen SCC verbunden werden können, sowie Knoten, die mit der OUT-Menge verbunden werden können, aber nicht von der hypergroßen SCC aus erreichbar sind.
2. Isolierte Knoten: Selbst wenn man die Richtung der Kanten vollständig ignoriert, gibt es Knoten, die keinen Pfad zur hypergroßen SCC besitzen.

7.4.3   Weitere Modelle der Webseitenverlinkung

Neben dem bekannten Bow-Tie-Modell zur Beschreibung des globalen Netzwerks existieren zahlreiche weitere Modelle zur Darstellung der Verlinkungen im

Abb. 7.24 Sonnenblumenmodell
[16]

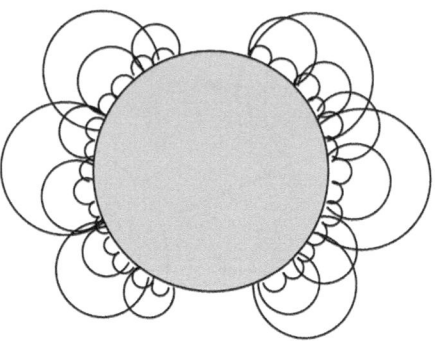

Abb. 7.25 Teekannenmodell

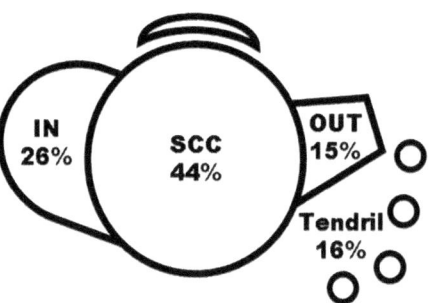

Internet, wie das Sonnenblumenmodell (siehe Abb. 7.24), das Teekannenmodell (siehe Abb. 7.25) und andere.

Durch die Analyse der Modelle der Webseitenverlinkung zeigt sich, dass die überwiegende Mehrheit der Webseiten miteinander verbunden ist – sei es im globalen Netzwerk, bei Webseiten aus acht Ländern Europas und Asiens oder bei chinesischen Webseiten. Sie bilden eine hypergroße SCC, die sowohl ausgehende als auch eingehende Verlinkungen umfasst. Im Idealfall besitzen alle Webseiten den gleichen Out-Degree und In-Degree.

7.5 Beispiel für Kleinwelt-Effekte in sozialen Netzwerken – Nutzerinteraktionsverhalten in der Online-Medizin-Community

In dieser Studie wird die „Tumor Bar" in der Online-Medizin-Community von Baidu Post Bar als Untersuchungsobjekt ausgewählt und ein Nutzerinteraktionsnetzwerk aufgebaut. Anschließend werden die Gesamtstruktur, die Entwicklungstendenz und die Zentralität des Netzwerks mittels sozialer Netzwerkanalyse berechnet und analysiert. Der Einfluss der persönlichen Netzwerkattribute der

Nutzer auf das Interaktionsverhalten anderer Nutzer wird mit der linearen Regressionsmethode untersucht. Es zeigt sich, dass die Community einen ausgeprägten Kleinwelt-Effekt aufweist. Obwohl die Effizienz der Informationsverbreitung in der Community hoch ist, bestehen einige Defizite wie eine geringe Netzdichte, wenige Kernmitglieder und ein unausgewogener Informationsaustausch. Die Regressionsanalyse zeigt, dass das Verhalten der Kernmitglieder einen signifikanten Einfluss auf das Interaktionsverhalten anderer Nutzer hat. Daher trägt die Erhaltung und Erhöhung der Anzahl solcher Mitglieder zur Steigerung der Aktivität der Online-Medizin-Community bei.

7.5.1　Forschungsobjekt

In dieser Studie wurde die „Tumor-Bar" in der Baidu Post Bar Online-Medizin-Community als Forschungsobjekt ausgewählt. Diese Post-Bar verfügt über eine aktive Nutzergruppe und vielfältige Informationsinhalte und eignet sich daher besonders zur Untersuchung des Nutzerinteraktionsverhaltens in Online-Medizin-Communities. In der vorliegenden Studie werden mit Hilfe einer Crawler-Software die Textinhalte, die IDs und Ränge der Beitragsersteller, die IDs und Ränge der Antwortenden sowie die Zeitpunkte der Beiträge und Antworten aller Themenbeiträge der gesamten „Tumor-Bar" bis zum 30. März 2016 gesammelt, um geeignete Forschungssamples für den Netzwerkaufbau, die Erforschung der Netzwerkstruktur und die Analyse der Nutzerbeziehungen auszuwählen.

Zur Untersuchung der Netzwerkstruktur und der Nutzerbeziehungen in der Community der „Tumor-Bar" werden in diesem Buch die Nutzerbeiträge und -antworten des ersten Quartals 2016 (Januar bis März) als Forschungsobjekt ausgewählt. Die detaillierten Daten sind in Tab. 7.3 dargestellt.

7.5.2　Datenverarbeitung und Werkzeuge

Da in diesem Buch das gesamte Netzwerk sowie die Veränderungen der Beziehungen zwischen den Nutzern im Netzwerk untersucht werden sollen, führen Beiträge ohne Antworten oder Beiträge, die nur vom Beitragsersteller selbst beantwortet werden, dazu, dass diese Beiträge vom Gesamtnetzwerk isoliert werden.

Tab. 7.3 Datenübersicht der „Tumor-Bar" von Januar bis März 2016

Monat	Gesamtzahl der Antworten	Anzahl der beteiligten Beiträge	Anzahl der Antwortenden	Anzahl der Beitragsersteller
Januar	4446	727	1059	538
Februar	3267	539	799	406
März	4227	746	1088	532

Tab. 7.4 Datenübersicht der „Tumor-Bar" von Januar bis März 2016

	Januar	Februar	März
Anzahl der Nutzerknoten	1037	765	1053
Anzahl der beziehungserzeugenden Kanten	2718	1768	2437

Dies kann dazu führen, dass einige Nutzer zu isolierten Knoten werden. Daher werden in diesem Buch die isolierten Nutzerknoten entfernt. Die verarbeiteten Daten sind in Tab. 7.4 dargestellt.

Anschließend wird in diesem Buch die Beziehungs-Matrix anhand der Daten der Beitragsersteller und Antwortenden erstellt, das Programm zur Generierung der Interaktionsbeziehungsmatrix verwendet und die Interaktionsbeziehungsmatrix mit dem Ucinet-Tool binarisiert. Darüber hinaus wird Netdraw als Werkzeug zur Visualisierung sozialer Netzwerke, SPSS für Regressionsanalysen und Excel als Hilfsmittel zur Datenfilterung und -sortierung eingesetzt.

7.5.3 Analyse der Gesamtstruktur des Netzwerks

Die Struktur eines sozialen Netzwerks bezieht sich auf das tatsächliche oder potenzielle Beziehungsmodell zwischen sozialen Akteuren. Das Gesamtnetzwerk ist ein Netzwerk, das aus allen Mitgliedern der untersuchten Stichprobengruppe und deren Beziehungen besteht. Die Forschungsinhalte des Gesamtnetzwerks umfassen hauptsächlich das Strukturdiagramm des Gesamtnetzwerks, die Gesamtnetzwerkdichte, die Analyse des Small-World-Effekts und Ähnliches.

7.5.3.1 Strukturdiagramm des Gesamtnetzwerks

Das Strukturdiagramm des Gesamtnetzwerks ist eine visuelle Darstellung der Knotenmengenmatrix. In diesem Diagramm repräsentiert jeder Knoten einen Nutzer der Gruppe. Wenn ein Nutzer auf den Beitrag eines anderen Nutzers antwortet, besteht eine Verbindung zwischen ihnen. Mithilfe der Netdraw-Funktion in Ucinet wurde die Interaktion der Stichprobe von Januar bis März visualisiert; die Gesamtstruktur des Netzwerks ist in Abb. 7.26 dargestellt.

7.5.3.2 Gesamtnetzwerkdichte

Die Gesamtnetzwerkdichte beschreibt den Grad der Vernetzung zwischen den Gruppenmitgliedern. Sie bezeichnet das Verhältnis der tatsächlichen Anzahl an Verbindungen zur maximal möglichen Anzahl an Verbindungen im Netzwerk. Je größer die Gesamtnetzwerkdichte, desto enger sind die Beziehungen zwischen den Knoten der Gruppe; je geringer die Dichte, desto lockerer sind die Beziehungen.

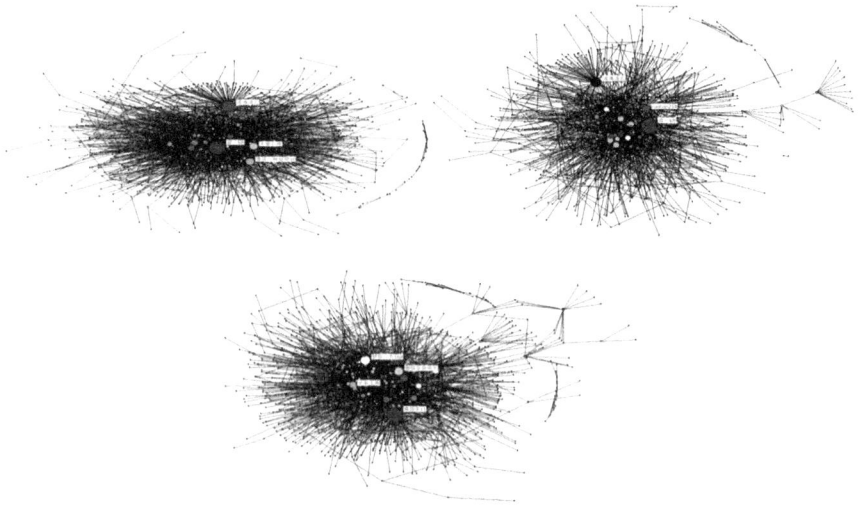

Abb. 7.26 Gesamtstruktur des Netzwerks von „Tumor Bar" von Januar bis März 2016

Der Wertebereich der globalen Netzwerkdichte liegt zwischen 0 und 1, wobei der Wert 1 einer idealen, vollständig verbundenen Struktur entspricht. Die von Uci-net berechneten Werte der Gesamtnetzwerkdichte für „Tumor Bar" von Januar bis März betragen 0,0025, 0,0030 und 0,0022 und liegen damit alle nahe bei 0. Dies zeigt, dass die Beziehungen zwischen den Knoten im Netzwerk sehr locker sind und die Ressourcen insgesamt relativ verstreut verteilt sind. Die geringe Gesamt-netzwerkdichte ist darauf zurückzuführen, dass sich die Nutzer in der „Tumor Bar" nur für Beiträge interessieren, die zu ihrer eigenen Erkrankung passen, und daher nur mit wenigen anderen Nutzern in Beziehung stehen.

7.5.3.3 Analyse des Small-World-Effekts

Die Analyse des Small-World-Effekts ist ein sehr wichtiger Bestandteil der Gesamtnetzwerkforschung. Verfügt eine Community über einen Small-World-Ef-fekt, verläuft die Informationsübertragung innerhalb der Community reibungs-loser; andernfalls treten Hindernisse und Verzögerungseffekte auf. Charakteris-tisch für den Small-World-Effekt sind ein hoher Clusterkoeffizient und eine ge-ringe durchschnittliche Distanz. Die Small-World-Effekt-Daten der „Tumor Bar" von Januar bis März 2016 können durch Berechnungen mit Ucinet ermittelt wer-den, wie in Tab. 7.5 dargestellt.

Erst anhand der Daten in Tab. 7.5 lässt sich feststellen, ob die Community einen Small-World-Effekt aufweist. Daher ist ein Vergleich des Community-Netzwerks mit einem zufällig generierten Netzwerk gleicher Größe erforderlich.

Tab. 7.5 Small-World-Effekt-Daten der „Tumor Bar" von Januar bis März 2016

	Januar	Februar	März
Minimale Reichweite	1	1	1
Maximale Distanz	13	10	13
Mittlere Distanz	4,677	4,327	4,874
Clusterkoeffizient	0,019	0,041	0,018

Am Beispiel der Netzwerkdaten der „Tumor Bar" im Januar wurde zunächst in Ucinet ein Zufallsnetzwerk mit 1037 Knoten erzeugt, das 2718 Kanten aufwies. Die durchschnittliche Distanz im Zufallsnetzwerk betrug 6,092 und der Clusterkoeffizient 0,002. Im Vergleich dazu beträgt die durchschnittliche Distanz im Netzwerk der „Tumor Bar" im Januar 4,677, also weniger als im Zufallsnetzwerk, und der Clusterkoeffizient liegt mit 0,019 deutlich höher. Nach Berechnung der Netzwerkdaten für Februar und März ergibt sich das gleiche Ergebnis wie im Januar. Daraus lässt sich schließen, dass die Informationsverbreitung in der Community „Tumor Bar" einen ausgeprägten Small-World-Effekt aufweist. In dieser Community kann krankheitsbezogene Information schnell unter den Nutzern verbreitet werden, was die Wahrscheinlichkeit einer frühzeitigen Behandlung und damit einer Genesung erhöht.

7.5.4 Analyse der individuellen Netzwerkstruktur

Das individuelle Netzwerk bezeichnet die Beziehungsstruktur zwischen einer Person und vielen weiteren relevanten Personen. Typische Messgrößen in der Analyse individueller Netzwerke sind die Degree-Zentralität, die Betweenness-Zentralität, die Closeness-Zentralität und weitere.

7.5.4.1 Analyse der Grad-Zentralität

In einem individuellen Netzwerk bezeichnet die Grad-Zentralität die Gesamtzahl der direkten Kontakte zwischen einem Knoten und anderen Knoten. Die Grad-Zentralität eines Akteurs lässt sich in zwei Kategorien unterteilen: absolute Zentralität und relative Zentralität. Erstere bezieht sich auf den Grad eines Knotens, letztere ist die standardisierte Form davon und bezeichnet das Verhältnis der absoluten Zentralität eines Knotens zum maximal möglichen Grad dieses Knotens im Netzwerk. In diesem Buch wird die relative Grad-Zentralität aller Individuen im Netzwerk von Januar bis März mit Ucinet berechnet. Tab. 7.6 zeigt die fünf Nutzer mit der höchsten relativen Grad-Zentralität. Der Grund, warum hier die Richtung des Netzwerks ignoriert und nur die numerischen Werte betrachtet werden, liegt in der besseren Vergleichbarkeit.

Tab. 7.6 Ausgewählte Daten zur Grad-Zentralität im individuellen Netzwerk des „Tumor Bar"
von Januar bis März 2016

	Januar		Februar		März	
	Id	Relative Grad-Zentralität	Id	Relative Grad-Zentralität	Id	Relative Grad-Zentralität
1	Zhuo Yi kft	15.140	Zhuo Yi kft	14.711	Nanyang-guan 11	9.687
2	Coastal cloud	12.343	Coastal cloud	9.935	Dream in one side 168	5.698
3	Bloom like a flower 10	7.522	ruohan218	6.667	Say happy with happiness	5.223
4	Mahayana psychology	7.329	Qzczszng	5.882	May you recover	4.368
5	Capricorn intelligence 1	6.365	May you recover	5.490	Happy ivi	4.179

Die Beobachtungsergebnisse zeigen, dass die Nutzer „Zhuo Yi kft" und „Binhai Liuyun" im Januar und Februar in der Rangliste der Grad-Zentralität deutlich vor den anderen liegen. Vereinfacht gesagt bedeutet eine hohe Grad-Zentralität in der Community, dass die von einer Person veröffentlichten Themen von anderen Mitgliedern besonders beachtet werden, während die Person selbst sich nicht aktiv an den Diskussionen anderer beteiligt. Solche Nutzer werden als Meinungsführer bezeichnet. In der Rangliste der Grad-Zentralität im März tauchen diese beiden Nutzer jedoch nicht mehr auf; an ihre Stelle tritt der Nutzer „Nanyang Guan 11". Dies verdeutlicht, dass in einer gemeinnützigen Online-Medizin-Community wie Post Bar eine hohe Fluktuation herrscht – selbst Nutzer in zentraler Position können aus unterschiedlichen Gründen aus der Community ausscheiden und durch andere ersetzt werden. Der Weggang eines herausragenden Meinungsführers ist ein Verlust für die Community, da viele stabile Subnetzwerke, die sich um diesen Meinungsführer gebildet haben, auseinanderfallen und so eine Lücke im Netzwerk der gesamten Community entsteht. Es dauert jedoch, bis neue Meinungsführer Beziehungen zu anderen Nutzern aufbauen, was die Informationsverbreitung erschwert und die Kohäsion des gesamten Netzwerks erheblich schwächt.

7.5.4.2   Analyse der Betweenness-Zentralität

Die Betweenness-Zentralität misst, inwieweit ein Akteur die Kontrolle über andere Akteure und Ressourcen der Gemeinschaft ausübt. In einem Netzwerk nimmt ein Akteur, der auf vielen Pfaden liegt, die verschiedene Teile des Netzwerks verbinden, eine Schlüsselposition ein, da er die Möglichkeit hat, die Interaktionen zwischen anderen Akteuren zu steuern. Personen in dieser Position können die

Tab. 7.7 Einige Daten zur Zentralität des individuellen Netzwerks von „Tumor Bar" von Januar bis März 2016

	Januar		Februar		März	
	Id	Relative Grad-Zentralität	Id	Relative Grad-Zentralität	Id	Relative Grad-Zentralität
1	Fleißiger Xiaofan 051	3.236	Zhuo Yi kft	4.342	Nanyang-guan 11	2.825
2	Miaomiao 623,123	1.638	forward900	3.569	Dream in one side 168	1.778
3	weiger1977	1.435	ruohan218	2.046	You are my 222mu	1.572
4	forward900	1.140	Qzczszng	1.643	Aiyihan big baby	1.383
5	Verbreite traditionelle chinesische Medizin	0.980	Millionen schwarze Krähen	1.369	ruohan218	1.160

Gruppe beeinflussen, indem sie die Übermittlung von Informationen kontrollieren oder verfälschen. Wir berechnen die relative Grad-Zentralität aller Individuen im Netzwerk von Januar bis März mit Ucinet. Tab. 7.7 zeigt die fünf Nutzer mit der höchsten relativen Zentralität in diesen drei Monaten.

Die Ergebnisse zeigen, dass die drei Nutzer Fleißiger Xiaofan 051, Zhuo Yi kft und Nanyang Guan 11 von Januar bis März jeweils die höchste Zentralität aufweisen. Dies verdeutlicht, dass diese drei Nutzer eine starke Fähigkeit besitzen, die Informationsübertragung zu steuern und die Interaktion anderer Nutzer zu beeinflussen. Gleichzeitig waren „Zhuo Yi kft" und „Nanyang Guan 11" die Nutzer mit der höchsten Zentralität im Februar bzw. März, was darauf hinweist, dass sie nicht nur gut mit anderen Nutzern interagieren, sondern auch deren Interaktionen steuern und koordinieren können.

7.5.4.3 Analyse der Closeness-Zentralität

Die Closeness-Zentralität misst die Fähigkeit eines Akteurs, sich der Kontrolle durch andere Akteure zu entziehen. Ist die Distanz zwischen einem Knoten und den übrigen Knoten sehr gering, so besitzt dieser Knoten eine hohe Closeness-Zentralität zum Zentrum. Ein solcher Knoten steht anderen Knoten nahe und ist weniger darauf angewiesen, Informationen über bestimmte Knoten zu erhalten, wodurch er schwerer von einzelnen Knoten kontrolliert oder beeinflusst werden kann. In diesem Buch wird die Closeness aller Personen im Netzwerk von Januar bis März mittels Ucinet berechnet. Tab. 7.8 zeigt die Closeness (in/out) einiger Nutzer.

Tab. 7.8 Daten des persönlichen Netzwerks von „Tumor Bar" von Januar bis März 2016

	Januar		Februar		März	
	Id	Closeness-Zentralität (In/Out)	Id	Closeness-Zentralität (In/Out)	Id	Closeness-Zentralität (In/Out)
1	Zhuo Yi kft	0.000/213.950	Zhuo Yi kft	68.076/150.667	Nanyangguan 11	198.300/50.467
2	Coastal cloud	247.633/3.583	Coastal cloud	150.217/0.000	Dream in one side 168	111.105/70.443
3	Bloom like a flower 10	3.000/132.945	ruohan218	81.780/97.050	Say happy with happiness.	147.599/3.500
4	Mahayana psychology	0.000/144.876	Qzczszng	96.910/59.150	May you recover.	161.188/1.000
5	Capricorn intelligence 1	187.902/6.333	May you recover	111.133/2.000	Happy ivi	91.473/57.531

Anhand der Daten in der Tabelle lassen sich das Interaktionsmuster und die
Rolle eines Nutzers in der Community erkennen. So zeigt der Nutzer „Zhuo Yi
kft" eine hohe Closeness zum Zentrum und eine geringe Closeness vom Zentrum,
was darauf hindeutet, dass dieser Nutzer gut darin ist, anderen in der Community Informationen und Unterstützung zu bieten. Da der Nutzer jedoch selbst nur
wenig Zugang zu Informationen hat, könnte es ihm an Erfahrung mangeln und er
ist leichter von anderen beeinflussbar. Eine gesunde Online-Medizin-Community
benötigt verschiedene Rollen im Informationsaustausch, wie medizinische
Informationsanbieter und -nachfrager. Das Angebot und die Nachfrage nach Informationen müssen ausgewogen sein, da es sonst zu Informationsmangel oder -über-
lastung kommt.

7.5.4.4 Der Einfluss individueller Netzwerk-Messattribute auf das Verhalten anderer Knoten

Zu den Messattributen individueller Netzwerke zählen Degree-Zentralität, Betweenness-Zentralität, Closeness-Zentralität und weitere. Diese Attribute beschreiben die Position eines Knotens im Netzwerk aus unterschiedlichen Perspektiven und spiegeln die Fähigkeit des Knotens wider, die Anzahl der Community-
Ressourcen zu kontrollieren, das Interaktionsverhalten anderer Nutzer zu steuern
oder die Wahrscheinlichkeit, von anderen Knoten beeinflusst zu werden. Einige
Wissenschaftler untersuchen den Einfluss von Open-Source-Netzwerken auf den
Erfolg von Softwareprojekten anhand der Netzwerkposition, Vermittlerrolle und
Adjazenz im Entwickler- und Modulabhängigkeitsnetzwerk. In diesem Buch wird
analysiert, ob die individuellen Netzwerkattribute eines Knotens das Beitrags-
oder Antwortverhalten anderer verbundener Knoten beeinflussen und ob die Signifikanz dieses Einflusses in verschiedenen Zeiträumen konsistent ist.

In diesem Buch werden die individuellen Netzwerkmaß-Attribute aller Knoten im Januar und Februar 2016 erfasst und alle Knoten, deren individuelle
Netzwerkmaß-Attribute ungleich null sind, als Stichproben ausgewählt. Solche
Knoten befinden sich im Zentrum ihres Netzwerks und üben einen großen Einfluss auf andere Knoten aus, weshalb sie sich für eine Regressionsanalyse eignen.
Anschließend wird die Summe der Beiträge und Antworten aller mit einem Knoten verbundenen Knoten im Folgemonat ermittelt. Tab. 7.9 beschreibt die grundlegenden Informationen der Stichprobendaten.

Die lineare Regressionsanalyse in diesem Buch verwendet die relative Degree-
Zentralität, die relative Betweenness-Zentralität und die relative Closeness-Zentralität als unabhängige Variablen und die Anzahl der Beiträge anderer Knoten sowie
die Anzahl der Antworten anderer Knoten als abhängige Variablen, um die folgenden zwei linearen Regressionsmodelle zu konstruieren:

$$POST = \alpha_0 + \alpha_1 DEGREE + \alpha_2 BETWEEN + \alpha_3 CLOSEN + \varepsilon$$

$$REPLY = \beta_0 + \beta_1 DEGREE + \beta_2 BETWEEN + \beta_3 CLOSEN + \varepsilon$$

Tab. 7.9 Grundlegende Informationen der Stichprobendaten

Monat	Variable	N	Mittelwert	Std.-Abw.	Min.	Max.
Januar	DEGREE	123	1,580	1,674	0,194	12,356
	BETWEEN	123	0,180	0,403	0,001	3,236
	CLOSEN	123	9,078	4,777	0,580	24,249
	POST	123	9,54	7,564	0	41
	REPLY	123	111,93	102,792	0	408
Februar	DEGREE	95	1,900	1,934	0,262	14,921
	BETWEEN	95	0,256	0,652	0,001	4,342
	CLOSEN	95	10,594	5,371	0,611	28,631
	POST	95	8,82	9,680	0	67
	REPLY	95	55,60	57,482	0	307

Importieren Sie alle Daten in SPSS und führen Sie lineare Regressions-berechnungen durch. Die Ergebnisse der Regressionsanalysen dieser beiden Modelle sind in den Tab. 7.10 und 7.11 dargestellt.

Die Betrachtung der Regressionsanalyse zeigt, dass die relative Grad-Zentralität der Knoten einen signifikanten Einfluss auf das Beitrags- und Antwortverhalten der verbundenen Knoten hat (P-Wert <0,05), wobei die standardisierten Koeffizienten durchweg positiv sind. Dies verdeutlicht, dass ein höherer relativer Zentralitätsgrad eines Knotens einen stärkeren Einfluss auf das Beitrags- und Antwortverhalten der verbundenen Knoten ausübt. Ein Knoten mit hoher Grad-Zentralität in einer Community ist ein Meinungsführer im Netzwerk. Daher kann ein herausragender Meinungsführer in einer Online-Gemeinschaft die Kommunikation zwischen anderen Nutzern fördern und den Informationsfluss in der Community beschleunigen. Nutzer, die mit Meinungsführern interagieren, lernen von diesen, beteiligen sich aktiv an Diskussionen und leisten einen Beitrag zur Community.

Tab. 7.10 Regressionsanalyseergebnisse von Modell1

POST	Januar ($R^2=0,427$)		Februar ($R^2=0,692$)	
	Standardisierter Koeffizient	P-Wert	Standardisierter Koeffizient	P-Wert
DEGREE	0,330	0,001	0,762	0,000
BETWEEN	0,062	0,477	0,030	0,755
CLOSEN	0,341	0,001	0,066	0,446

Tab. 7.11 Regressionsanalyseergebnisse von Modell2

REPLY	Januar ($R^2=0,187$)		März ($R^2=0,436$)	
	Standardisierter Koeffizient	P-Wert	Standardisierter Koeffizient	P-Wert
DEGREE	0,213	0,000	0,690	0,000
BETWEEN	−0,100	0,334	−0,279	0,303
CLOSEN	0,492	0,000	0,220	0,062

Die Vermittlungszentralität misst, inwieweit ein Akteur andere Akteure und Ressourcen der Community kontrolliert. Die Regressionsanalyse zeigt, dass die relative Vermittlungszentralität der Knoten keinen signifikanten Einfluss auf das Beitrags- und Antwortverhalten anderer Knoten hat (P-Wert >0,05). Dies liegt an der insgesamt geringen Zentralität des Netzwerks, nur sehr wenige Nutzerknoten verfügen über Kontrollmacht, und die meisten Knoten befinden sich in Randpositionen, sodass der Gesamteffekt der Regression nicht signifikant ist.

Die Nähe-Zentralität misst die Fähigkeit eines Akteurs, sich der Kontrolle durch andere Akteure zu entziehen. Die Analyse der Tabellendaten zeigt, dass die Nähe-Zentralität der Stichprobenknoten im Januar einen signifikanten Einfluss auf das Beitrags- und Antwortverhalten der verbundenen Knoten hat (P-Wert <0,05), wobei die standardisierten Koeffizienten positiv sind. Das bedeutet, je höher die Nähe-Zentralität eines Nutzers, desto größer ist der Einfluss auf das Beitrags- und Antwortverhalten der verbundenen Knoten. Knoten mit hoher Nähe-Zentralität zum Zentrum benötigen einen kurzen Pfad, um Informationen in der Community zu erhalten; die Informationen sind präziser, weniger anfällig für Fehlinformationen und zeichnen sich durch hohe Eigeninitiative aus. Solche Knoten können die Übertragungskette und den Inhalt von Informationen steuern und das Beitrags- und Antwortverhalten der mit ihnen verbundenen Knoten bis zu einem gewissen Grad beeinflussen. Im Februar war dieser Effekt jedoch nicht signifikant (P-Wert >0,05). Dies ist darauf zurückzuführen, dass in dieser Community ein hoher Nutzerwechsel herrscht, neue Nutzer beitreten und Meinungsführer häufig ausscheiden, was die Abstände zwischen den Nutzern stark verändert und den Gesamteffekt der Regression abschwächt. Daher ist es notwendig, die Meinungsführer gezielt einzubinden, um die Interaktion zwischen den anderen Nutzern der Community zu erhöhen.

Kapitelzusammenfassung

Dieses Kapitel verfolgt ein Forschungsparadigma von „experimentelles Phänomen → theoretisches Modell → empirische Datenüberprüfung" rund um das Small-World-Phänomen in sozialen Netzwerken. Die Erforschung des Small-World-Phänomens erstreckt sich seit den 1960er Jahren über mehrere Jahrzehnte, was die Herausforderungen wissenschaftlicher Forschung verdeutlicht. Nur wenn die Voraussetzungen gegeben sind, können neue Fortschritte erzielt werden. Die Small-World-Forschung ist ein typischer Prozess, bei dem eine Reihe von Schritten in der wissenschaftlichen Forschung durchlaufen wird, das heißt, es wird angestrebt, die Methodik in der Forschung zur sozialen Netzwerkanalyse durch die Verbindung von Experiment, Theorie und Messung praktisch umzusetzen. Darüber hinaus wurden Konzepte wie soziale Distanz, das Small-World-Phänomen im K-Kern und Verlinkungen im World Wide Web diskutiert, die eine Erweiterung und Vertiefung der Small-World-Forschung im traditionellen sozialen Netzwerk darstellen.

Fragen zum Kapitelabschluss

1. Beschreiben Sie kurz empirische Beispiele für das Small-World-Phänomen.
2. Wie kann man anhand der Eigenschaften eines Small-World-Netzwerks ein solches Netzwerk bewerten?

3. Wie lässt sich mit der K-Kern-Dekompositionsmethode die hierarchische Struktur eines Netzwerks aufdecken?
4. Reproduzieren Sie bitte das Small-World-Modell in NetLogo und igraph.
5. Welche Small-World-Phänomene, die in sozialen Netzwerken auftreten, finden sich im World Wide Web? Bitte skizzieren Sie diese.

Literatur

1. Milgram, S.: The small world problem. Psychol. Today. **2**(1), 60–67 (1967)
2. Travers, J., Milgram, S.: An experimental study of the small world problem. Sociometry. **32**(4), 425–443 (1969)
3. Jiang, J., Wilson, C., Wang, X., et al.: Understanding latent interactions in online social networks. ACM Trans. Web. **7**(4), 1–39 (2013)
4. Easley, D., Kleinberg, J.: Networks, Crowds, and Markets. Cambridge University, Cambridge (2011)
5. Watts, D.J., Strogatz, S.H.: Collective dynamics of "small-world" networks. Nature. **393**(6684), 440–442 (1998)
6. Uzzi, B., Amaral, L.A., Reed-Tsochas, F.: Small-world networks and management science research: a review. Eur. Acad. Manag. **4**, 77–91 (2007)
7. Gastner, M.T., Newman, M.: The spatial structure of networks. Eur. Phys. J. B. **49**(2), 247–252 (2006)
8. Kleinberg, J.: Small-world phenomena and the dynamics of information. Adv. Neural. Inf. Process. Syst. **1**(47), 2001 (2001)
9. Kleinberg, J.M.: Navigation in a small world. Nature. **406**(6798), 845 (2000)
10. Bu, C.: The theoretical explanation and modern content of the structure of grade. Soc. Stud. **1**, 21–29 (2003)
11. De Tarde, G.: The Laws of Imitation. H. Holt and Company, New York (1903)
12. Liben-Nowell, D., Novak, J., et al.: Geographic routing in social networks. Proc. Natl. Acad. Sci. U. S. A. **102**(33), 11623–11628 (2005)
13. Li, X.: An overview and practice of interdisciplinary computational thinking education. China Univ. Teach. **11**, 4–5 (2012)
14. Batagelj, V., Zaversnik, M.: An o(m) algorithm for cores decomposition of networks. Comput. Sci. **1**(6), 34–37 (2003)
15. Wang, X., Li, X., Chen, G.: Network Science: An Introduction. Higher Education Press, Beijing (2012)
16. Donato, D., Laura, L., Leonardi, S., et al.: The web as a graph: how far we are. ACM Trans. Internet Technol. **7**(1), 4 (2007)
17. Broder, A., Kumar, R., Maghoul, F., et al.: Graph structure in the web. Comput. Netw. **33**(1), 309–320 (2000)

Kapitel 8
Potenzgesetze in sozialen Netzwerken

Zusammenfassung Dieses Kapitel untersucht das weitverbreitete Auftreten von Potenzgesetzen in verschiedenen Bereichen wie dem Internet, der Biologie, der Physik und der menschlichen Gesellschaft. Es wird hervorgehoben, dass sozialwissenschaftliche Netzwerkstudien sich intensiv mit Potenzgesetzen beschäftigt haben und deren Vorkommen in Bereichen wie dem Weibo-Netzwerk, der Wortverwendung, der Zitierung von wissenschaftlichen Arbeiten, der Vermögensverteilung und dem Produktabsatz festgestellt wurde. Auch die Long-Tail-Theorie in der Internetbranche steht in engem Zusammenhang mit Potenzgesetzen. In diesem Kapitel werden die Definition, die historische Entwicklung, der aktuelle Forschungsstand und Paradigmen von Potenzgesetzen sowie deren praktische Anwendungen und Bedeutung im Kontext des Internets behandelt. Darüber hinaus werden die zugrunde liegenden Mechanismen von Potenzgesetzen mithilfe von Werkzeugen wie igraph und NetLogo analysiert.

Potenzgesetze sind weit verbreitet im Internet, in der Biologie, Physik und der menschlichen Gesellschaft. Frühere Untersuchungen zu sozialen Netzwerken haben den Potenzgesetzen große Aufmerksamkeit gewidmet. Der Out-Degree und In-Degree des Weibo-Netzwerks, der Wortgebrauch, Zitierungen von wissenschaftlichen Arbeiten, Vermögensverteilung, Produktverkäufe und viele weitere Situationen folgen alle einem Potenzgesetz. Auch die bekannte Long-Tail-Theorie in der Internetbranche steht in engem Zusammenhang mit den Potenzgesetzen.

In diesem Kapitel werden die Definition, die Forschungsgeschichte, der Forschungsstand und das Paradigma der Potenzgesetze vorgestellt sowie deren Ausprägung und Anwendung in der Realität, insbesondere der Zusammenhang zwischen Potenzgesetz und seiner Verbreitung in Internetanwendungen. Darüber hinaus wird in diesem Kapitel auch der Entstehungsmechanismus von Potenzgesetzen unter Einbeziehung von igraph und NetLogo diskutiert.

© Der/die Autor(en), exklusiv lizenziert an Springer Nature Singapore Pte Ltd. 2025
J. Wu, *Soziales-Netzwerk-Computing*,
https://doi.org/10.1007/978-981-95-1129-7_8

8.1 Normalverteilung

Bevor wir uns den Potenzgesetzen im Detail widmen, sollten wir zunächst eine Verteilung betrachten, mit der jeder vertraut ist – die Normalverteilung. Die Normalverteilung und die Poissonverteilung stehen in Beziehung zueinander: Die Normalverteilung ist stetig, die Poissonverteilung diskret. Die Normalverteilung kann als stetige Darstellung der Poissonverteilung angesehen werden. Wenn die Anzahl der Versuche n gegen unendlich geht, kann die Poissonverteilung durch die Normalverteilung angenähert werden. Die Wahrscheinlichkeitsdichtefunktion der Normalverteilung lautet wie folgt:

$$f(x) = \frac{1}{\sigma\sqrt{2\pi}}e^{-\frac{(x-\mu)^2}{2\sigma^2}} \tag{8.1}$$

wobei μ den Mittelwert, σ^2 die Varianz und σ die Standardabweichung bezeichnet. Die Normalverteilung ist in Abb. 8.1 dargestellt.

Wenn eine Population der Normalverteilung folgt, können Mittelwert und Standardabweichung zur Charakterisierung der Eigenschaften der gesamten Population herangezogen werden. Im Alltag folgen viele Populationen der Normalverteilung, wie zum Beispiel Prüfungsergebnisse oder die Körpergröße von Menschen. Nach den Theorien der Pädagogik und Statistik sollte eine Prüfung mit mittlerem Schwierigkeitsgrad und zuverlässiger Aussagekraft dazu führen, dass die Ergebnisse der Schüler annähernd normalverteilt sind. Anders ausgedrückt: Je näher die Prüfungsergebnisse der Schüler an der idealen Normalverteilung liegen, desto mehr zeigt dies, dass die Prüfung den Lehrzielen entspricht – ein höherer Mittelwert bedeutet dabei eine geringere Prüfungsschwierigkeit und umgekehrt. Daher ist es sinnvoll, das durchschnittliche Ergebnis zur Bewertung der Prüfungsergebnisse heranzuziehen. Die Standardabweichung spiegelt den Grad der Streuung wider. Auch die Körpergröße von Menschen folgt der Normalverteilung. Die vom Nationalen Statistikamt Chinas im Jahr 2013 veröffentlichten Durchschnittswerte zeigen, dass die durchschnittliche Körpergröße der Menschen in Shandong im Provinzvergleich an erster Stelle steht; die durchschnittliche Körpergröße der Männer in Shandong beträgt 174 cm und liegt damit 0,12 cm über der von Peking, das auf Platz zwei rangiert. Die Plätze drei und vier belegen Heilongjiang und Liaoning. Auch die durchschnittliche Körpergröße der Jungen in unserem Umfeld liegt bei etwa 170 cm. Da die Körpergröße von Menschen in etwa der Normalverteilung entspricht, ist es ebenfalls sinnvoll, die durchschnittliche Körpergröße als Maß für die Gesamtheit heranzuziehen.

8.2 Popularität

Im vorherigen Abschnitt haben wir erwähnt, dass viele Populationen im wirklichen Leben der Normalverteilung folgen und die Eigenschaften dieser Gruppen durch Standardabweichung und Mittelwert beschrieben werden können.

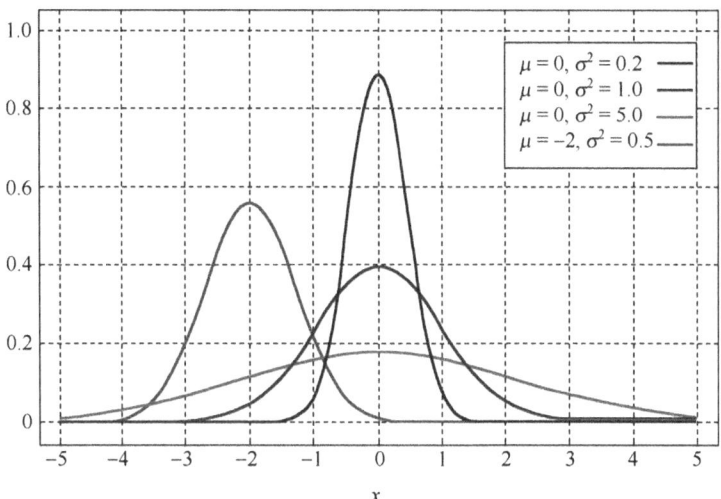

Abb. 8.1 Normalverteilung

Wie verhält es sich aber mit der Popularität im Internet? Wie verteilen sich Aufmerksamkeit, Bekanntheit oder Präferenz verschiedener Ausprägungen einer bestimmten Sache? Folgen die Verkaufszahlen von Büchern, die Downloads von Liedern, die Nutzerzahlen eines Produkts oder Dienstes, die Fanzahlen von Prominenten, die Follower von Bloggern auf Weibo, die Verlinkungen von Webseiten usw. ebenfalls der Normalverteilung?

Es ist ein weit verbreitetes Phänomen in der modernen Gesellschaft, dass Dinge in unterschiedlichem Maße „populär" sind – im Wesentlichen ist dies auch eine Folge des technischen Fortschritts, etwa im Bereich Verkehr, Kommunikation und Medien. Das Aufkommen des Internets hat die Breite und Tiefe dieses Phänomens noch weiter verstärkt, das heißt, es tritt bei mehr Dingen auf und zeigt sich innerhalb einer Kategorie noch ausgeprägter. Gladwell hat drei Gesetze der Popularität formuliert: das Gesetz der Schlüsselfiguren, das Gesetz der Haftung und das Gesetz der Umweltfaktoren [1]. Diese besagen, dass die Popularität von Dingen davon abhängt, ob Schlüsselfiguren Informationen effektiv verbreiten, ob der Inhalt der Kommunikation einprägsam ist und ob das Kommunikationsumfeld für die Verbreitung geeignet ist.

Wir können Popularität anhand von Beispielen quantitativ beobachten: Wenn die Menge der Webseiten in einem bestimmten Land oder einer Region S ist, wie groß ist die Wahrscheinlichkeit $f(k)$, dass eine Webseite k eingehende Links hat? Wie groß ist die Wahrscheinlichkeit $f(k)$, dass Bücher mit einer Verkaufszahl von k in der Buchmenge S bei Amazon und Dangdang verkauft werden? Folgen diese Werte ebenfalls der Normalverteilung?

Da Amazon Millionen von Büchern verkauft, nehmen wir die Buchverkäufe als Beispiel, um die Popularität zu untersuchen. Wenn die Buchverkäufe der Normalverteilung folgen würden, könnten wir den Mittelwert zur Messung der

Buchverkäufe heranziehen. Tatsächlich stellen wir jedoch fest, dass einige Bestseller bei Amazon sehr hohe Verkaufszahlen aufweisen, während viele Bücher nur geringe Verkaufszahlen haben und monatlich kaum verkauft werden. Dieses Phänomen, dass einige Bücher besonders hohe Verkaufszahlen erreichen, bezeichnen wir als hohe Popularität. Spiegelt die Wahrscheinlichkeitsfunktion dieses Phänomens ein Gesetz wider, und ist dieses Gesetz auch auf andere populäre Dinge übertragbar? Falls die Wahrscheinlichkeitsfunktion ein Gesetz der Popularität widerspiegelt, warum existiert dieses Gesetz?

Im Folgenden betrachten wir erneut eine Menge von Webseiten in einem Land oder einer Region als S und berechnen die Wahrscheinlichkeit $f(k)$, dass Webseiten k eingehende Links besitzen. S wird wie folgt dargestellt:

$$S = \left\{ x_1{}^{(p_1)}, x_2{}^{(p_2)}, \cdots, x_i{}^{(p_i)}, \cdots, x_n{}^{(p_n)} \right\} \tag{8.2}$$

wobei n die Gesamtzahl der Webseiten und p_i die Anzahl der eingehenden Links der Webseite x_i bezeichnet. Dann ergibt sich $f(k)$ wie folgt:

$$f(k) = \frac{\sum_{i=1}^{n} \text{equal}(p_i, k)}{n} \tag{8.3}$$

Da gleich (p_i, k) eine Webseite mit k eingehenden Links bezeichnet, entspricht $f(k)$ dem Anteil der Webseiten mit k eingehenden Links an der Gesamtzahl der Webseiten. Doch welcher Verteilung folgt diese Größe?

Der zentrale Grenzwertsatz besagt, dass die Summe (oder der Mittelwert) einer großen Anzahl unabhängiger und identisch verteilter Zufallsvariablen eine Zufallsvariable mit Normalverteilung ist, unabhängig von der Ausgangsverteilung. Die Anzahl der eingehenden Links einer Webseite hängt jedoch von anderen Webseiten ab, ebenso wie In-Degree und Out-Degree, sodass sie nicht unabhängig und identisch verteilt sind. Daher sollte die Summe dieser Verteilungen keine Normalverteilung ergeben.

8.3   Definition und grundlegende Eigenschaften von Potenzgesetzen

8.3.1   Was sind Potenzgesetze?

Obwohl die Anzahl der eingehenden Links auf einigen Webseiten sehr groß ist, ist die Anzahl der eingehenden Links auf den meisten Webseiten gering, und bei vielen Webseiten beträgt sie sogar null. Ein ähnliches Muster zeigt sich auch bei der Verteilung der Follower-Zahlen von Weibo-Influencern. Während einige Influencer eine sehr große Anzahl an Followern haben, verfügen die meisten nur über wenige Follower. Die Verteilung der Daten kann durch Regression analysiert und mit einer Kurve angenähert werden. Experimentelle Daten zeigen, dass:

$$f(k) = \frac{a}{k^c} = a \cdot k^{-c} \tag{8.4}$$

$f(k)$ steht im Zusammenhang mit der Anzahl der eingehenden Links k und dem Potenzexponenten c; es handelt sich um eine Potenzfunktion, wobei der Exponent c die Geschwindigkeit des Abfalls widerspiegelt. Je größer c, desto schneller der Abfall; je kleiner c, desto langsamer der Abfall. Im Experiment zeigt sich, dass zahlreiche verschiedene Datensätze dieses Verhalten aufweisen. Daher sprechen wir davon, dass dieses Gesetz die Gradverteilung von Webseiten beschreibt. Da es sich um eine Potenzfunktion handelt, wird es üblicherweise als „Potenzgesetz" bezeichnet. Setzt man $a = 100$ und $c = 2$, so ergibt sich das Potenzgesetz-Diagramm wie in Abb. 8.2.

Nimmt man die Anzahl der Weblinks als Beispiel, so entspricht die horizontale Achse der Anzahl der eingehenden Links k, und die vertikale Achse stellt die Anzahl der Webseiten mit genau k eingehenden Links dar. Wie in Abb. 8.2 zu sehen ist, haben nur wenige Seiten eine sehr große Anzahl an eingehenden Links (Buchverkäufe, Weibo-Fans). Gleichzeitig gilt: Je größer die Anzahl der eingehenden Links (Buchverkäufe, Weibo-Fans) k, desto kleiner ist die Anzahl der entsprechenden Webseiten (Bücher, Blogger) – das ist das Potenzgesetz.

Wir können dies umformen und $f(k)$ wie folgt schreiben:

$$\log \left(f(k) \right) = \log \left(a \right) - c \log \left(k \right) \tag{8.5}$$

Es ist ersichtlich, dass $\log(f(k))$ eine lineare Funktion von $\log(k)$ ist und das Diagramm mit $\log(k)$ auf der x-Achse und $\log(f(k))$ auf der y-Achse eine Gerade ergibt. Dies entspricht logarithmischen Koordinaten (beide Achsen werden logarithmiert), und das Funktionsbild ist eine Gerade – dies ist auch die übliche Darstellung des Potenzgesetzes. Die Veränderung der Abszisse ist in Abb. 8.3 dargestellt.

Einige Wissenschaftler haben Untersuchungen zur Flickr-Website durchgeführt. Die Anzahl der Knoten im durch die Nutzer gebildeten sozialen Netzwerk beträgt

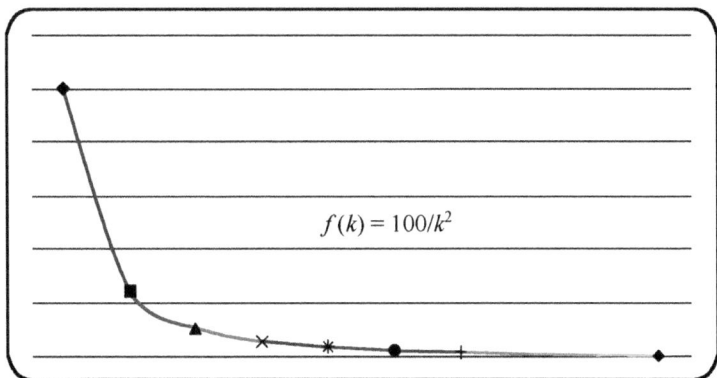

Abb. 8.2 Potenzgesetz-Diagramm für $a = 100$ und $c = 2$

$$\xrightarrow{\hspace{4cm}} k \qquad \xrightarrow{\hspace{4cm}} \log(k)$$

$10^1 \quad 10^2 \quad 10^3 \quad 10^4 \quad \dots$ $\qquad 1 \quad 2 \quad 3 \quad 4 \quad \dots$

Abb. 8.3 Abszissenveränderung beim Potenzgesetz

$n = 584207$, und die Anzahl der Kanten $m = 3555115$ [2]. Das Durchdringungsdiagramm des sozialen Netzwerks der Flickr-Nutzer ist in Abb. 8.4 dargestellt.

Da es nur sehr wenige Personen mit einer großen Anzahl an eingehenden Links gibt, ist es schwierig, ein solches Diagramm direkt zu interpretieren. Daher nimmt man den Logarithmus von k und p_k und passt dann eine Gerade an. So erhält man das Eingangsdiagramm des sozialen Netzwerks, wie in Abb. 8.5 dargestellt.

Da eine solche Darstellung übersichtlicher ist, kann man zur Überprüfung, ob $f(k)$ einem Potenzgesetz folgt, $\log(k)$ und den entsprechenden Wert $\log(f(k))$ berechnen und mit diesen Daten in konventionellen Koordinaten ein Kurvendiagramm zeichnen, um zu prüfen, ob das Ergebnis einer Geraden ähnelt. Diese Methode ist besonders effektiv bei großen Datenmengen (was bei Popularitätsdaten häufig der Fall ist). Viele Zeichenprogramme unterstützen mittlerweile direkt logarithmische Koordinaten.

Darüber hinaus gibt es viele weitere Fälle, die dem Potenzgesetz folgen, etwa der Knotengrad im World Wide Web (WWW) [3]. Wie in den Abb. 8.6 und 8.7 dargestellt, zeigen diese jeweils den Eingangs- und Ausgangsgrad der Knoten im WWW.

Anhand dieser Verteilungsdiagramme kann eine Verteilungsanpassung vorgenommen werden. Da sich leicht eine Gerade finden lässt, erfüllen sowohl der Eingangs- als auch der Ausgangsgrad die Potenzgesetzverteilung.

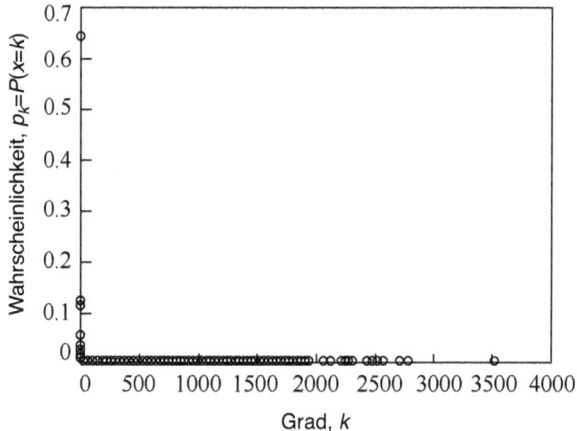

Abb. 8.4 Durchdringungsdiagramm des sozialen Netzwerks von Flickr-Nutzern [2]

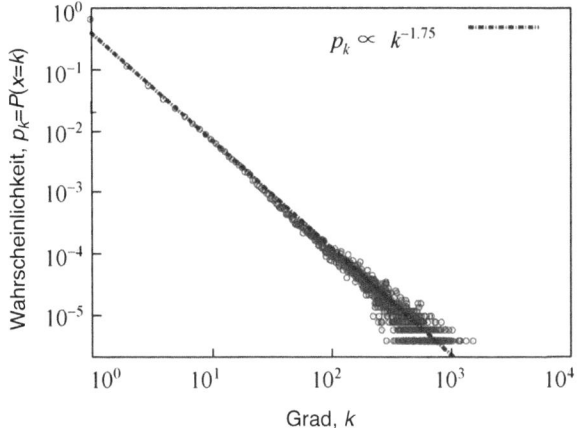

Abb. 8.5 Durchdringungsdiagramm des sozialen Netzwerks von Flickr-Nutzern (logarithmische Darstellung)

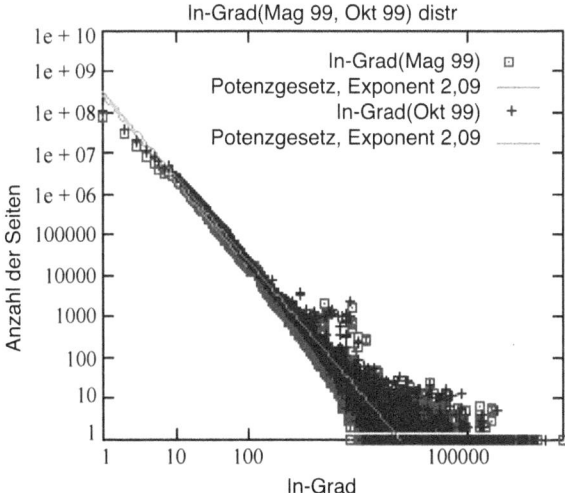

Abb. 8.6 Knotendurchdringung im World Wide Web [3]

8.3.2 Weitere Beispiele für Potenzgesetze

Neben dem zuvor erwähnten In-Degree und Out-Degree von Webseiten folgen viele Situationen den Potenzgesetzen, wie etwa die Häufigkeit, mit der man täglich k Anrufe erhält, das Verkaufsvolumen von Büchern oder die Größe von

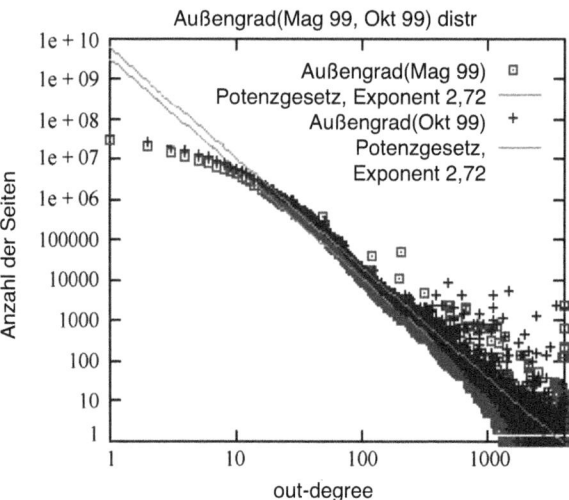

Abb. 8.7 Grad der Knoten im World Wide Web [3]

Websites. Das Potenzgesetz ist ein dominantes Gesetz der Popularität, jedoch kein zu 100 % universelles Gesetz. Auch die Lognormalverteilung kann die Popularität mancher Dinge widerspiegeln.

Wie in Abb. 8.8 gezeigt, sind dies neun Beispiele, die ebenfalls den Potenzgesetzen folgen. Sie repräsentieren die Stadtgröße, die Anzahl täglicher E-Mails, Brandgrößen, Erdbebenstärken, Vermögensverteilung, Paper-Zitationen und so weiter [4]. Es ist nicht schwer zu erkennen, dass diese Beispiele zwar alle den Potenzgesetzen folgen, ihre Funktionsgraphen jedoch unterschiedlich sind, etwa hinsichtlich des Startpunkts am linken Rand der Kurve und der Abfallgeschwindigkeit.

Nicht nur der Wert von k, sondern auch der Potenzexponent c beeinflusst das Bild. Nach den Forschungsergebnissen vieler Wissenschaftler gilt: Wenn der In-Degree einer Webseite 2,1 und der Out-Degree 2,4 beträgt [3], entsprechen die jeweiligen Steigungen 2,1 bzw. 2,4; der Potenzexponent des autonomen Systems beträgt 2,3 [5]; auch die Gradverteilung im Kooperationsnetzwerk von Schauspielern folgt dem Potenzgesetz, mit einem Potenzindex von 2,3 [6]; die Gradverteilung sozialer Netzwerke in Online-Communities folgt ebenfalls dem Potenzgesetz, mit einem Potenzindex von etwa 2 [7]. Der Potenzexponent liegt also meist zwischen 2 und 3, ist weder zu groß noch zu klein und damit auch universell.

8.3.3 Grundlegende Eigenschaften von Potenzgesetzen

Wenn wir das Potenzgesetz betrachten, wenden wir den Logarithmus an und stellen fest, dass das Funktionsbild eine Gerade ist. Darüber hinaus besitzt das

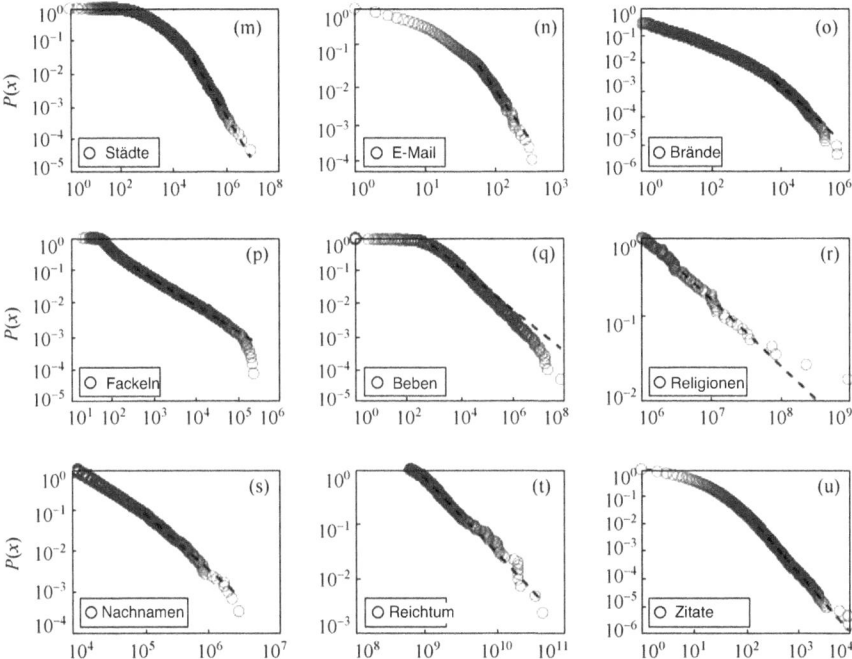

Abb. 8.8 Neun Beispielabbildungen, die Potenzgesetzen folgen [4]

Potenzgesetz eine grundlegende Eigenschaft: Es ist nicht von der Skala abhängig, was auch als skalenfrei bezeichnet wird. Das bedeutet, dass sich die Form unabhängig von der Skalierung nicht verändert. Die skalenfreie Funktion impliziert zudem Selbstähnlichkeit, das heißt, die Funktionsmerkmale sind auf jeder Skala (Datenebene) gleich. Man kann auch sagen, dass ein Objekt auf unterschiedlichen Skalen die gleichen Eigenschaften aufweist. Die Skalenfreiheit der Potenzfunktion wird wie folgt gezeigt:

Sei die Potenzfunktion $f(x) = x^c$; dann

$$f(ax) = (ax)^c = a^c x^c = bx^c = bf(x) \qquad (8.6)$$

Wird x vergrößert oder verkleinert, so wird auch y entsprechend vergrößert oder verkleinert, was bedeutet, dass die Form des Funktionsbildes unverändert bleibt. Daher sagen wir, dass die Potenzfunktion skalenfrei ist.

Betrachtet man das durchschnittliche Verhalten, so bedeutet eine Normalverteilung, dass das durchschnittliche Verhalten das typische Verhalten widerspiegelt. Typisches Verhalten beschreibt Situationen, die häufig auftreten, wie etwa, dass die durchschnittliche Körpergröße die Körpergröße der meisten Menschen gut beschreibt. Das durchschnittliche Verhalten, das dem Potenzgesetz folgt, kann jedoch das typische Verhalten nicht widerspiegeln, da die Potenzgesetzverteilung dazu führt, dass „große" Werte häufiger sichtbar werden, wie etwa beim

Online-Shopping, wo auf den ersten beiden Seiten der Suchergebnisse vor allem Produkte mit hohen Verkaufszahlen erscheinen.

Der Durchschnitt spiegelt die allgemeine Situation wider, während das Potenzgesetz eine starke Ungleichverteilung zeigt, wie etwa die Einkommensverteilung, die dem Potenzgesetz folgt. Wird das Durchschnittseinkommen zur Messung des Einkommens herangezogen, führt dies zu einer „Durchschnittsbildung" bei Menschen mit niedrigem und mittlerem Einkommen. Daher wird in der Statistik häufig das Medianeinkommen zur Bestimmung des Einkommensniveaus in einer Region verwendet. Im Vergleich zum Pro-Kopf-Einkommen liegt das Medianeinkommen näher am tatsächlichen Einkommensniveau der breiten Bevölkerung. In Regionen mit großem Wohlstandsgefälle ist das Pro-Kopf-Einkommen deutlich höher als das Medianeinkommen. Verallgemeinert man dieses Phänomen, sollte zur Abschätzung der Gesamtsituation bei Potenzgesetzverteilungen der Median anstelle des Durchschnitts verwendet werden.

8.4   Zufallsnetzwerke und skalenfreie Netzwerke

Wenn die Kanten zwischen beliebigen zwei Knoten in einem Netzwerk zufällig erzeugt werden, spricht man von einem Zufallsnetzwerk. Wenn die Gradverteilung eines Netzwerks dem Potenzgesetz folgt, handelt es sich um ein skalenfreies Netzwerk. In skalenfreien Netzwerken haben einige Knoten einen sehr hohen Grad; diese Knoten entsprechen den Meinungsführern auf Weibo. Die meisten Knoten mit niedrigem Grad entsprechen den „Basisnutzern" auf Weibo. Der Grad dieses Netzwerks folgt dem Potenzgesetz.

Das igraph-Paket in der R-Umgebung enthält viele Algorithmen zur Erzeugung von Zufallsnetzwerken. Die für die Erzeugung der beiden genannten Netzwerke verwendeten Zufallsnetzwerkmodelle sind das Erdos-Renyi-Zufallsnetzwerkmodell und das BA-skalenfreie Netzwerkmodell. Diese Zufallsnetzwerkfunktionen enthalten jeweils das Wort „game".

8.4.1   Erdos-Renyi-Zufallsnetzwerkmodell in Igraph

Das Erdos-Renyi-Zufallsnetzwerk (ER-Zufallsnetzwerk) wurde auf Basis der Zufallsnetzwerktheorie entwickelt, die in den 1950er Jahren von zwei ungarischen Mathematikern begründet wurde, und ist das klassische Modell für Zufallsnetzwerke. In diesem Modell ist die Wahrscheinlichkeit, dass zwischen zwei Knoten eine Kante entsteht, für alle Knotenpaare gleich. Obwohl das durch das ER-Zufallsnetzwerkmodell erzeugte Netzwerk ebenso dünn besetzt ist wie reale Netzwerke und auch sehr große zusammenhängende Komponenten aufweist, besitzt es nicht die hohe Clusterbildung realer Netzwerke. Zudem entspricht die Gradverteilung des Zufallsnetzwerks einer gleichmäßigen Poissonverteilung, wobei die

Knotengrade nahe am mittleren Grad K liegen. Dies unterscheidet sich deutlich von der ungleichmäßigen Verteilung, die in realen Netzwerken durch wenige Knoten mit sehr hohem Grad verursacht wird.

Im igraph-Paket werden zur Erzeugung des Zufallsnetzwerkmodells folgende Funktionen verwendet:

```
erdos.renyi.game(n,p.or.m,type=c("gnp","gnm"),directed =
FALSE,loops = FALSE,…)
```

Die Bedeutung der einzelnen Parameter dieser Funktion ist in Tab. 8.1 dargestellt. Beispiele hierzu sind wie folgt (Abb. 8.9):

```
# ER-Zufallsnetzwerk erstellen
> G8 _ 1 <-erdos.renyi.game (20,0.3) # Erstellt ein ER-Zu-
fallsnetzwerk mit 20 Knoten und einer Kantenwahrscheinlich-
keit von 0,3.
> g8_1
IGRAPH U--- 20 54 -- Erdosrenyi (gnp) graph
+ attr: name (g/c), type (g/c), loops (g/l), p (g/n)
> plot(g8_1)# wie in Abb. 8.9 dargestellt.
```

8.4.2 BA-Skalenfreies Netzwerkmodell in Igraph

Skalenfreie Netzwerke treten in der Untersuchung komplexer Netzwerke auf. Seit den 1960er Jahren konzentrierte sich die Forschung zu komplexen Netzwerken hauptsächlich auf Zufallsnetzwerke. Ein Zufallsnetzwerk, auch als Zufallsgraph bezeichnet, ist ein komplexes Netzwerk, das durch einen zufälligen Prozess erzeugt wird. Das typischste Zufallsnetzwerk ist das ER-Zufallsnetzwerkmodell, bei dem die Verbindungen zwischen den Knoten zufällig gebildet werden und

Tab. 8.1 Parameter der Funktion zur Erstellung eines ER-Zufallsnetzwerks

Parameter	Bedeutung
n	Anzahl der Knoten im Netzwerk
p.or.m	Wahrscheinlichkeit für eine Kante zwischen zwei Knoten [G(n,p)-Netzwerk] oder Anzahl der Kanten im Netzwerk [G(n,m)-Netzwerk]
type	Gibt an, ob ein gnp- [G(n,p)-Netzwerk] oder ein gnm- [G(n,m)-Netzwerk] erzeugt werden soll
directed	Logischer Wert, gibt an, ob das Netzwerk gerichtet ist; Standard ist ein ungerichtetes Netzwerk
loops	Logischer Wert, gibt an, ob Schleifen (Ringschlüsse) im Netzwerk erlaubt sind. Standard ist ein Netzwerk ohne Schleifen

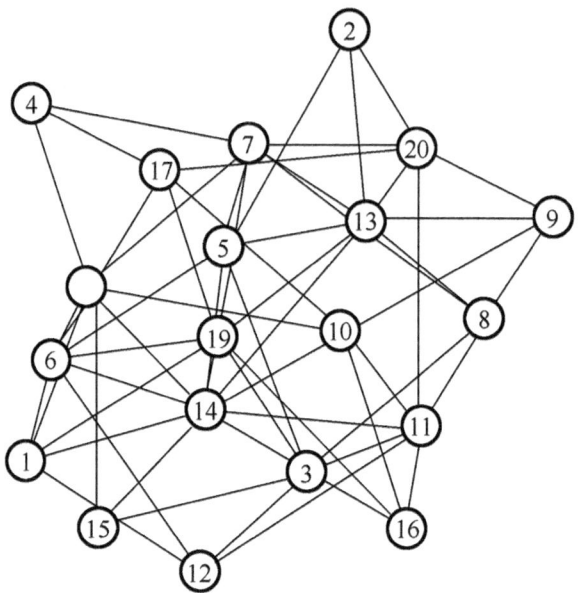

Abb. 8.9 ER-Zufallsnetzwerk

die Knotengradverteilung des erzeugten Netzwerks sehr gleichmäßig ist. 1998 arbeiteten Barabási und Albert [8] gemeinsam an einer Studie zur Beschreibung des WWW und stellten fest, dass das aus Hyperlinks, Webseiten und Dateien bestehende WWW nicht wie ein gewöhnliches Zufallsnetzwerk ist, sondern eine ungleichmäßige Knotengradverteilung aufweist. Sie fanden außerdem heraus, dass die überwiegende Mehrheit der Seiten im World Wide Web nicht mehr als vier Hyperlinks besitzt und nur wenige Seiten sehr viele Verbindungen haben. Barabási et al. bezeichneten dies als BA-skalenfreies Netzwerk.

Wie in Abb. 8.10 dargestellt, sind im Zufallsnetzwerk in Abb. 8.10a die meisten Knoten mit zwei bis drei Kanten verbunden, und nur wenige Knoten sind mit null, einer oder vier Kanten verbunden. Im skalenfreien Netzwerk in Abb. 8.10b sind die meisten Knoten mit einer Kante verbunden, während einige wenige Knoten mit einer großen Anzahl von Kanten verbunden sind.

Ein BA-skalenfreies Netzwerk kann mit den folgenden Funktionen in igraph erzeugt werden:

```
Barabasi.game(n,power = 1,m = NULL,out.dist = NULL,out.seq
= NULL,
    out.pref = FALSE,zero.appeal = 1,directed = TRUE,
    algorithm = c("psumtree","psumtree-multiple","bag"),
    start.graph = NULL)
```

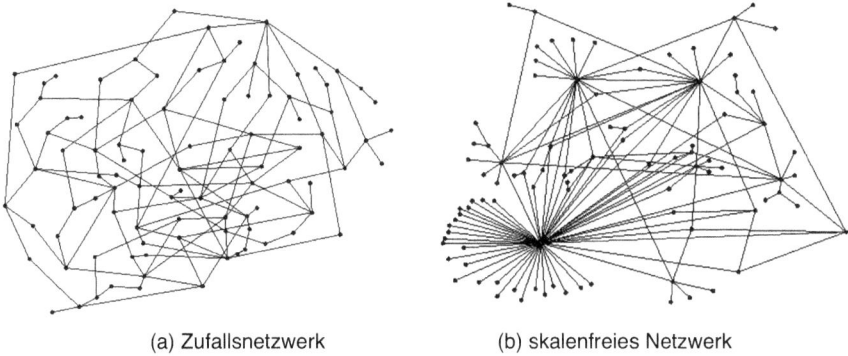

(a) Zufallsnetzwerk   (b) skalenfreies Netzwerk

Abb. 8.10 Zufallsnetzwerk und skalenfreies Netzwerk. (**a**) Zufallsnetzwerk. (**b**) Skalenfreies Netzwerk

Tab. 8.2 Parameter der Funktion zur Erstellung eines BA-skalenfreien Netzwerks

Parameter	Bedeutung
n	Anzahl der Knoten
power	Die Potenz der bevorzugten Verbindung, Standardwert ist 1, d. h. lineare bevorzugte Verbindung
m	Numerischer Wert, der die in jedem Zeitschritt hinzugefügten Kanten steuert; wirksam nur, wenn sowohl out.dist als auch out.seq leer sind
out. dist	Numerischer Vektor, der die Verteilung der Anzahl der hinzugefügten Kanten angibt. Standardwert ist null
out. seq	Numerischer Vektor, der die Anzahl der jeweils hinzugefügten Kanten angibt
out. pref	Logischer Wert; ist er TRUE, wird die Zitationsrate über den Gesamtnetzgrad berechnet, ist er FALSE, über den Knotengrad
zero. appeal	Es besteht keine Knotenanziehung benachbarter Kanten, Standardwert ist 1
directed	Gibt an, ob das Netzwerk gerichtet oder ungerichtet ist; Standard ist gerichtet
algorithm	Verwendete Algorithmen zur Netzwerkerzeugung
start. graph	Das Startnetzwerk für den Algorithmus der bevorzugten Verbindung; Standard ist null

Die Bedeutung der einzelnen Parameter dieser Funktion ist in Tab. 8.2 dargestellt. Beispiele sind wie folgt (Abb. 8.11):

```
# Erzeuge BA-skalenfreies Netzwerk
> g8_2<-barabasi.game(100,directed=F)
> plot(g8_2) # wie in Abb. 8.11 dargestellt.
> g8_2
IGRAPH U--- 100 99 -- Barabasi graph
+ attr: name (g/c), power (g/n), m (g/n), zero.appeal (g/n),
algorithm (g/c)
>degree.distribution(g8_2)
```

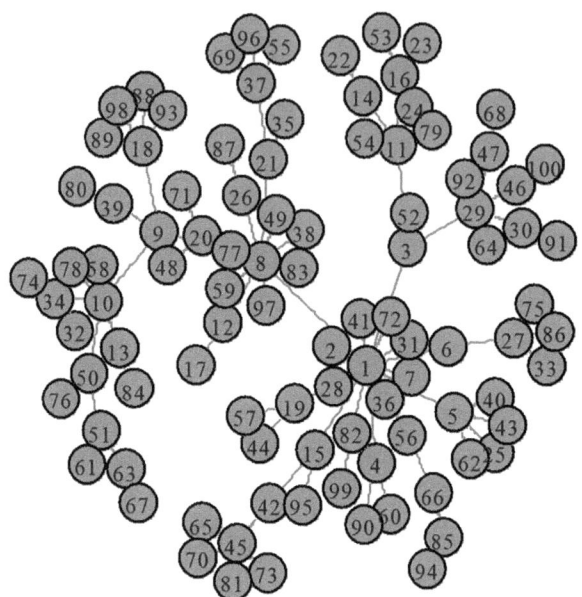

Abb. 8.11 BA-skalenfreies Netzwerk

```
[1] 0.00 0.64 0.16 0.08 0.04 0.03 0.02 0.01 0.000 0.01 0.000
0.000 0.000 0.01 # Berechnung der Gradverteilung des BA-
skalenfreien Netzwerks g8_2.
```

8.4.3 Gradverteilung in zufälligen und skalenfreien Netzwerken

Wir können die Funktionen in igraph verwenden, um die Gradverteilung sozialer Netzwerke zu berechnen. Die Gradverteilung in einem ungerichteten Netzwerk bezeichnet die Wahrscheinlichkeitsverteilung, dass ein zufällig ausgewählter Knoten den Grad K besitzt. Die Funktion zur Berechnung der Verteilung lautet wie folgt:

```
degree.distribution(graph, cumulative = FALSE, …)
```

Dabei steht *graph* für ein Netzwerk-Graph-Objekt. *Cumulative* ist eine logische Variable, die angibt, ob die kumulierte Verteilung berechnet werden soll.

Beispiele sind wie folgt:

```
Berechnung und Darstellung der Gradverteilung
> g8_3<-erdos.renyi.game(1000,0.01) # Erzeugt ein zufälliges
                                  Netzwerk mit 1000 Knoten
> plot(degree.distribution(g8_3), xlab="node degree")
> lines(degree.distribution(g8_3)) # Siehe Abb. 8.12a
> g8_4<-barabasi.game(1000,directed=F) # Erzeugt ein skalen-
                                  freies Netzwerk mit
                                  1000 Knoten
> plot(degree.distribution(g8_4), xlab="node degree")
> lines(degree.distribution(g8_4)) # Siehe Abb. 8.12b
```

Wie in Abb. 8.12 zu sehen ist, konzentriert sich der Grad des zufälligen Netzwerks in einer glockenförmigen Poisson-Verteilung um einen bestimmten Mittelwert. Die Gradverteilung skalenfreier Netzwerke hingegen folgt einer Potenzgesetzverteilung, wobei kein spezifischer Mittelwert für die Gradverteilung existiert.

Aus dem skalenfreien Netzwerk und dessen Gradverteilungsergebnissen in Abb. 8.12b ist ersichtlich, dass der Grad der meisten Knoten sehr klein ist und nur wenige Knoten einen sehr hohen Grad aufweisen. Das heißt, die meisten Knoten sind nur mit wenigen anderen Knoten verbunden, während nur wenige Knoten mit einer großen Anzahl anderer Knoten verbunden sind.

Wie verhält es sich also mit der Dichte des Netzwerks, wenn die Anzahl der Knoten steigt – wird das Netzwerk dadurch dünner oder dichter? Am Beispiel des

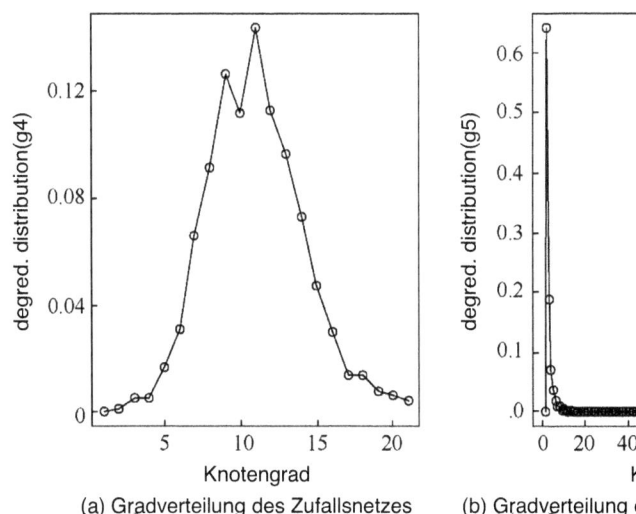

(a) Gradverteilung des Zufallsnetzes   (b) Gradverteilung eines skalenfreien Netzes

Abb. 8.12 Gradverteilungskurve

skalenfreien Netzwerks untersuchen wir, wie sich Dichte und Gleichmäßigkeit des Netzwerks mit wachsender Knotenzahl verändern. Die Details sind wie folgt:

```
Untersuchung der Veränderung von Netzwerkdichte und mittle-
rem Grad in Abhängigkeit von der Knotenzahl
> x<-1:100
> for(i in x)
+ {gx<-barabasi.game(x[i],directed=F) ; y[i]<-graph.densi-
ty(gx)}
> plot (y ~ x, xlab = "number of nodes",
ylab= "network density")                    # Siehe Abb. 8.13a
> x1<-1:100
> for(i in x1)
+ {gx1<-barabasi.game(x1[i],directed=F) ; y1[i]<-mean(de-
gree(gx1))}
> plot (y1 ~ x1, xlab = "number of nodes", ylab= "average
degree of network")                         # Siehe Abb. 8.13b
```

Wie in Abb. 8.13 dargestellt, nimmt bei skalenfreien Netzwerken mit wachsender Knotenzahl die Netzwerkdichte immer weiter ab und nähert sich einem konstanten Wert an. Gleichzeitig steigt der mittlere Grad des Netzwerks mit zunehmender Knotenzahl an und tendiert ebenfalls gegen einen konstanten Wert.

8.5 Entstehungsmechanismus von Potenzgesetzen

8.5.1 Modell der Vorteilskopplung

Im vorherigen Abschnitt haben wir das skalenfreie Netzwerk eingeführt. Doch wie entsteht dieses skalenfreie Netzwerk, das den Potenzgesetzen folgt? Warum werden im realen Leben manche Produkte immer beliebter und erzielen immer höhere Verkaufszahlen? Warum sind die Verkaufszahlen anderer Produkte sehr niedrig, selbst wenn es viele Varianten davon gibt? Warum gibt es ein Potenzgesetz? Welcher Mechanismus führt zu diesem Phänomen?

Eine plausible Erklärung für das Entstehen von Potenzgesetzen ist das Modell der Vorteilskopplung, auch bekannt als das „Rich-Get-Richer"-Modell [8], bei dem die Reichen immer reicher und die Armen immer ärmer werden. In der Sozialpsychologie spricht man hierbei vom „Matthäus-Effekt". Dieser Effekt geht auf eine Bibelstelle zurück, in der Matthäus sagt: „Denn wer hat, dem wird gegeben; wer aber nicht hat, dem wird auch das genommen, was er hat." Im Alltag werden Produkte mit hohen Verkaufszahlen immer beliebter, weil viele Menschen

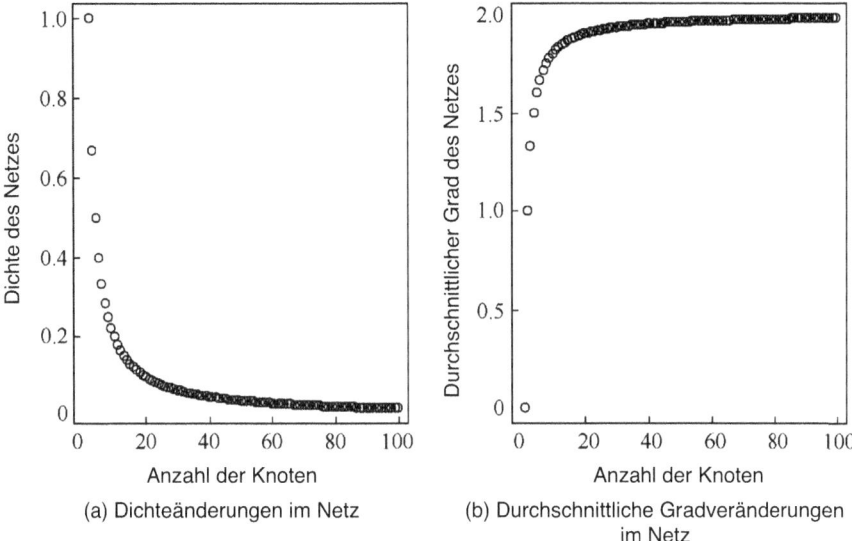

Abb. 8.13 Dichte und mittlerer Grad des skalenfreien Netzwerks

aus Herdentrieb oder Nachahmung diese Produkte kaufen. Produkte mit niedrigen Verkaufszahlen werden hingegen oft übersehen, sodass ihre Verkaufszahlen weiter sinken. Einflussreiche Webseiten erhalten immer mehr Aufmerksamkeit und ihre Reichweite wächst. Einige Autoren veröffentlichen besonders viele Informationen, die wiederum hohe Klickraten erzielen.

Da die Verlinkungsstruktur von Webseiten dem Modell der Vorteilskopplung entspricht, können wir ein entsprechendes Modell aufstellen.

1. Webseiten werden der Reihe nach erstellt: 1, 2, 3, …, j, …
2. Beim Erstellen einer Webseite j wird mit Wahrscheinlichkeit p oder $1 − p$ eine der folgenden Optionen gewählt: (a) Mit Wahrscheinlichkeit p wird eine zuvor erstellte Webseite i gleichverteilt und zufällig ausgewählt, um einen Link von j zu i zu setzen; (b) mit Wahrscheinlichkeit $1 − p$ wird ebenfalls eine zuvor erstellte Webseite i gleichverteilt und zufällig ausgewählt, und ein Link von j zu i gesetzt.

Je größer die Anzahl der eingehenden Links (In-Degree) einer Webseite ist, desto wahrscheinlicher wird sie von anderen Webseiten verlinkt. Dieses Modell führt letztlich zu einem Potenzgesetz ak^{-c}, wobei der Exponent c von der Wahrscheinlichkeit p abhängt. In diesem Modell steht p für „unabhängiges Verhalten", während $(1 − p)$ für Kopier- bzw. Nachahmungsverhalten steht. Je größer c ist, desto steiler fällt die Kurve ab. Im Extremfall nähert sich c einem exponentiellen (unabhängigen) Verlauf an, das heißt, c und p sind positiv korreliert: Je größer p, desto größer c.

Betrachten wir ein konkretes Beispiel für das Phänomen der Vorteilskopplung. Zunächst werden Kommunikationsdaten aus Weibo gesammelt und anschließend das soziale Netzwerk gemäß den gesammelten Daten dargestellt, wie in Abb. 8.14 gezeigt. Darin sind einige wenige Personen mit hoher Beteiligung Meinungsführer, während die Mehrheit mit geringer Beteiligung als „Basisnutzer" agiert. Auch im realen Leben lassen sich soziale Netzwerke ähnlich beschreiben. In Abb. 8.14 ist der gelbe Knoten der Meinungsführer, den wir als „Zentralknoten" bezeichnen. Der grüne Knoten steht für einen Weibo-Nutzer, der auf der ersten Ebene eine Weiterempfehlung vornimmt – diesen nennen wir hier „einfach getrennten Knoten". Die roten Knoten sind Weibo-Nutzer, die auf der zweiten Ebene durch Weiterleitung von „einfach getrennten Knoten" empfohlen werden – diese bezeichnen wir als „zweifach getrennte Knoten". Entsprechend werden Nutzer, die die Empfehlungen der „zweifach getrennten Knoten" weiterleiten, hier als „dreifach getrennte Knoten" bezeichnet; diese Knoten sind blau dargestellt. Bei der Analyse der Weibo-Kommunikationsdaten zeigt sich, dass Knoten mit vierfacher Trennung kaum auftreten, was mit der Theorie des Dreigrad-Einflusses von Nicholas Christakis übereinstimmt [9]. Beim Aufbau von Kommunikationsverbindungen erhalten Nutzer mit hoher Beteiligung mehr Verbindungen.

Nach der Untersuchung des „Rich-Get-Richer"-Effekts zeigt sich, dass dieser Effekt unvorhersehbar ist. In der Anfangsphase herrscht große Unsicherheit, doch

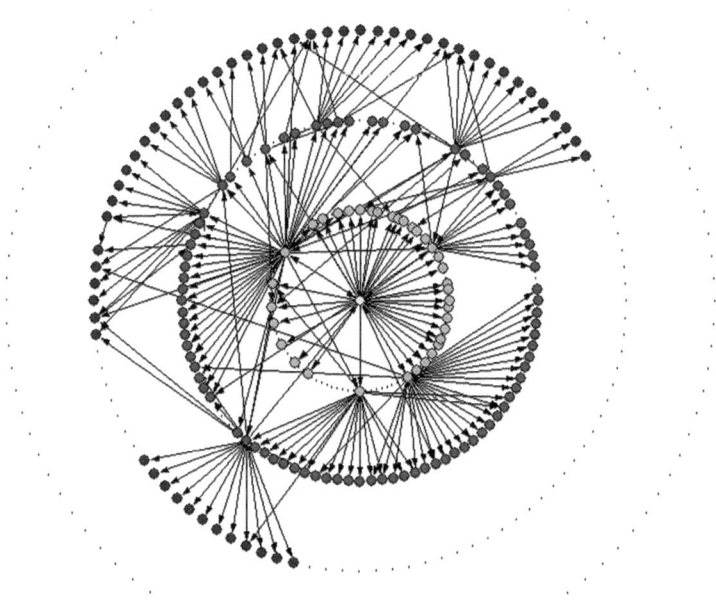

Abb. 8.14 Weibo-Kommunikationsnetzwerk

sobald ein gewisser „Reichtum" erreicht ist, beginnt der Effekt „abzuheben". Beispielsweise benötigt ein Geschäft auf Taobao nach Erreichen einer bestimmten
Verkaufszahl kaum noch Marketingmaßnahmen, da die Kunden von selbst kaufen
und Abschlüsse zustande kommen. Das bedeutet, dass man den „Tipping Point"
[1] überschreiten muss, um den „Rich-Get-Richer"-Effekt auszulösen und ein
„Abheben" zu erreichen – was für unsere Marketingstrategie äußerst aufschluss-
reich ist.

8.5.2   *Online-Randomisierungsexperiment zum Rich-Get-Richer-Phänomen*

Existiert der im vorherigen Abschnitt erwähnte „Tipping Point" tatsächlich? Wie
hoch ist sein Wert? Wir wissen, dass ein Song, der häufig heruntergeladen wird,
mit größerer Wahrscheinlichkeit weiter heruntergeladen wird – die Downloadzahlen von Songs folgen also dem „Rich-Get-Richer"-Phänomen. Einige Forscher haben mithilfe randomisierter Experimente eine Song-Download-Website
eingerichtet [10], auf der Nutzer 48 ihnen unbekannte Songs herunterladen konnten. Randomisierte Experimente als Forschungsmethode wurden zunächst in der
Psychologie und Pädagogik eingesetzt; in der Sozialnetzwerkforschung, einem
Zweig der Sozialwissenschaften, werden randomisierte Experimente erst seit einigen Jahren als Forschungsmethode verwendet [11]. Die Theorie und Methodik
randomisierter Experimente wird ausführlich in Kap. 9 erläutert.

In diesem berühmten randomisierten Experiment zur parallelen historischen
Entwicklung veröffentlichte die Website die „Anzahl der Downloads" jedes Songs
für spätere Downloads, um die Verteilung der Song-Downloads und das Auftreten des „Rich-Get-Richer"-Phänomens ab einer bestimmten Downloadzahl zu
beobachten. Wenn Nutzer die Website betreten, werden sie zufällig auf eine von
acht verschiedenen Webseiten weitergeleitet, ohne dass sie dies bemerken. Das
Design dieser acht Webseiten unterscheidet sich, und auf einigen wird die Downloadzahl manipuliert, das heißt künstlich verändert. Am Ende wird beobachtet, ab
welcher Downloadzahl ein Einfluss auf das Downloadverhalten neuer Nutzer entsteht. Wenn neu eingeloggte Nutzer eher Songs mit hoher Downloadzahl herunterladen, liegt tatsächlich ein „Rich-Get-Richer"-Phänomen vor, und der „Tipping
Point" kann so bestimmt werden – ab diesem Wert steigen die Downloadzahlen
sprunghaft an. Durch dieses Experiment konnten die Forscher acht parallele Ent-
wicklungsverläufe beobachten [10].

Die Forscher stellten fest, dass nach Veröffentlichung der Downloadzahlen
die Downloads von Songs mit hohen Downloadzahlen sprunghaft anstiegen und
dass die Manipulation der Downloadzahlen das Endergebnis beeinflusste. In allen
acht randomisierten Parallel-Experimenten zeigte sich ein „Wohlstandsniveau" –
und obwohl die Ergebnisse unterschiedlich waren, war in allen die Tendenz zum
„Wohlstandsniveau" erkennbar.

8.5.3 BA-Vorteilsverbindungsmodell in NetLogo

8.5.3.1 Modellinterpretation

Das dominante Verbindungsmodell in NetLogo kann verwendet werden, um Potenzgesetze und den Mechanismus des „Rich-Get-Richer"-Prinzips zu untersuchen. Das dominante Verbindungsmodell, auch bekannt als BA Dominant Link Model [8], ist nach den Initialen des Vorschlagenden benannt. Das BA-dominante Verbindungsmodell ist ein Netzwerk-Wachstumsmodell, das letztlich ein Potenzgesetz erzeugen kann, wodurch skalenfreie Netzwerke entstehen. Der Algorithmus des BA-dominanten Verbindungsmodells ist wie folgt:

1. Wachstum: Zu Beginn bei $t = 0$ startet man mit einem verbundenen Netzwerk aus n_0 Knoten. Es wird jeweils ein neuer Knoten hinzugefügt, der mit n bestehenden Knoten im Netzwerk verbunden wird ($n_0 \geq n$).
2. Bevorzugte Verbindung: Die Wahrscheinlichkeit p_i, dass ein neu hinzugefügter Knoten mit einem bestehenden Knoten i verbunden wird, ist proportional zum Grad des Knotens i: $P_i = k_i / \sum_{j=1}^{N-1} k_j$, wobei k_i den Grad des bestehenden Knotens i und n die Anzahl der Netzwerkknoten bezeichnet.
3. Dieses Vorgehen wird fortgesetzt, bis das Netzwerk einen stabilen Zustand erreicht.

Durch numerische Simulation lässt sich beobachten, dass das durch das Modell erzeugte Netzwerk bei ausreichend großem t einen stabilen Zustand erreicht, in dem die Verteilung der Knotengrade dem Potenzgesetz folgt.

8.5.3.2 Bedienungsschritte

Nach dem Start von NetLogo klicken Sie auf die Schaltfläche „File", wählen die Option „Model Library", öffnen den Ordner „Networks" und klicken dann auf „Preferential Attachment", um das Modell zu öffnen, wie in Abb. 8.15 dargestellt [8].

Nach dem Klick auf die Schaltfläche „setup" sieht man, dass der Anfangszustand des Modells aus zwei durch eine Kante verbundenen Knoten besteht, wie in Abb. 8.16 gezeigt.

Jedes Mal, wenn Sie auf die Schaltfläche „go-once" klicken, wird ein neuer Knoten erzeugt. Mit der Schaltfläche „go" können kontinuierlich Knoten erzeugt werden, bis Sie auf „Stop" klicken. Klicken Sie mehrmals auf „go-once", um zu beobachten, wie die neuen Knoten nacheinander entstehen, und klicken Sie dann weiter auf „go". Nach einer gewissen Laufzeit erhalten Sie ein Beispiel für ein Vorteilsverbindungsnetzwerk, wie in Abb. 8.17 dargestellt.

Zu diesem Zeitpunkt befinden sich 323 Knoten im dominanten Verbindungsnetzwerk. Aus der Abbildung ist ersichtlich, dass einige Hub-Knoten viele Verbindungen zu anderen Knoten aufweisen, während die meisten Knoten nur wenige Verbindungen besitzen. Im Prozess der Generierung neuer Knoten haben Knoten mit mehr Verbindungen einen Vorteil, da neue Knoten bevorzugt mit ihnen ver-

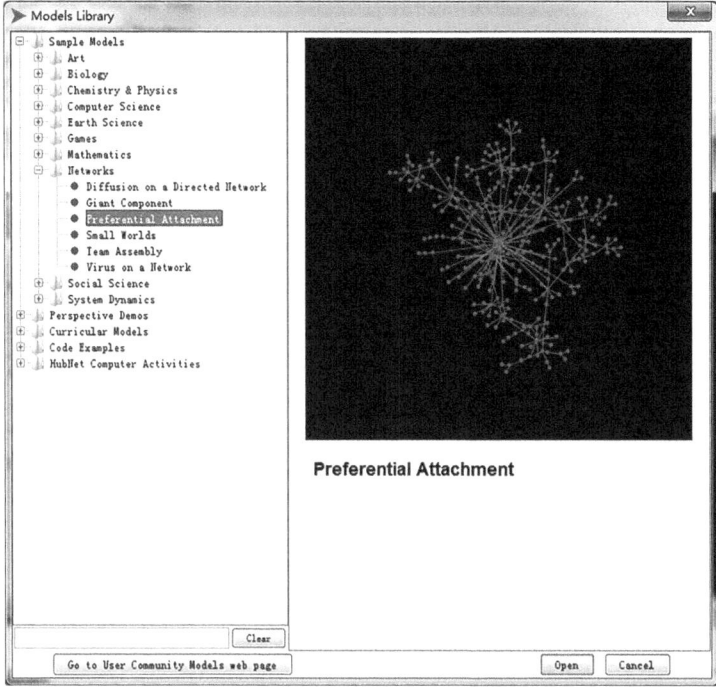

Abb. 8.15 Vorteilsverbindungsmodell in NetLogo [8]

bunden werden. Dies ist das sogenannte „Rich-Get-Richer"-Phänomen, da neu erzeugte Knoten bevorzugt mit diesen Hub-Knoten verbunden werden.

Die durch dieses Modell erzeugten Netzwerke werden als „skalenfreie Netzwerke" oder Netzwerke, die dem „Potenzgesetz" folgen, bezeichnet. Die Anzahl
der Knoten in diesen Netzwerken folgt nicht der Normalverteilung, sondern einer
Potenzgesetzverteilung. Die Kurve der Potenzgesetzverteilung unterscheidet sich
von der der Normalverteilung: Sie besitzt keinen Mittelwert und kein Maximum,
das Bild ähnelt eher einem langen Schwanz. Die Gradverteilung des skalenfreien Netzwerks kann in den beiden Ausgabefeldern „Degree Distribution" und
„Degree Distribution(log-log)" betrachtet werden, wie in Abb. 8.18 gezeigt. Das
Histogramm der Gradverteilung der einzelnen Knoten ist oben dargestellt, darunter die gleichen Daten, jedoch sind beide Achsen logarithmiert.

8.5.4 ER-Zufallsnetzwerkmodell in NetLogo

Nach dem Start von NetLogo klicken Sie auf die Schaltfläche „File", wählen die
Option „Model Library", öffnen den Ordner „Networks" und klicken dann auf die
Schaltfläche „Giant Component", um das ER-Zufallsnetzwerkmodell zu öffnen.

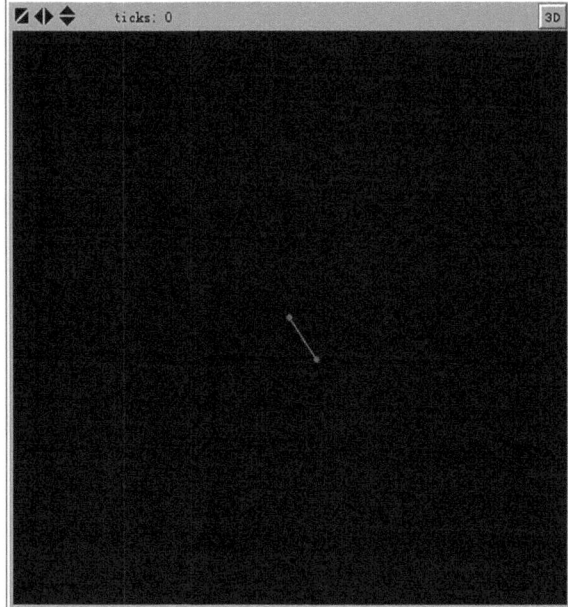

Abb. 8.16 Anfangsnetzwerk

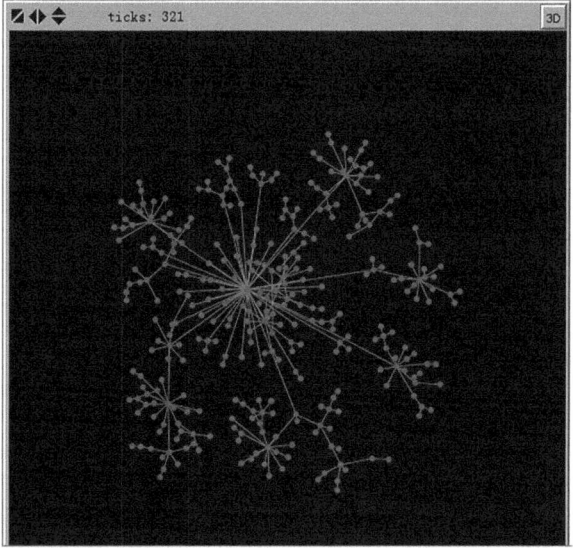

Abb. 8.17 Beispiel eines Vorteilsverbindungsnetzwerks

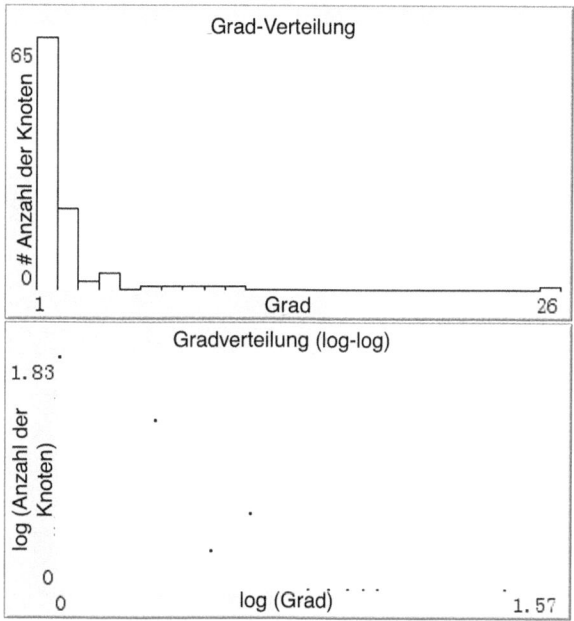

Abb. 8.18 Beispiel einer Ansicht der Gradverteilung der Knoten

Dieses dient dazu, zu demonstrieren, wie durch die Erzeugung von Zufallsnetzwerken große Komponenten entstehen. Das Vorhandensein solcher großen Komponenten ist ein wesentliches Merkmal von Zufallsnetzwerken und ähnelt realen Netzwerken. Nach dem Start des Modells erscheint die in Abb. 8.19 gezeigte Oberfläche, die der des oben beschriebenen Vorteilsverbindungsmodells ähnelt.

8.6 Long-Tail-Theorie und Anwendung

8.6.1 Definition des Long Tails

Das Konzept des „Long Tail" wurde erstmals von Chris Anderson, dem Chefredakteur des Wired-Magazins, vorgeschlagen, um Geschäftsmodelle wie Amazon und Netflix zu beschreiben [12]. Das Verkaufsvolumen (Beliebtheit) jeder Variante eines Produkts (wie Bücher oder Musikalben) folgt häufig den Potenzgesetzen. Wird die bisherige Wahrscheinlichkeit zur Darstellung der Potenzgesetze verwendet, so ist die Wahrscheinlichkeit, dass eine Variante ein Verkaufsvolumen von X aufweist:

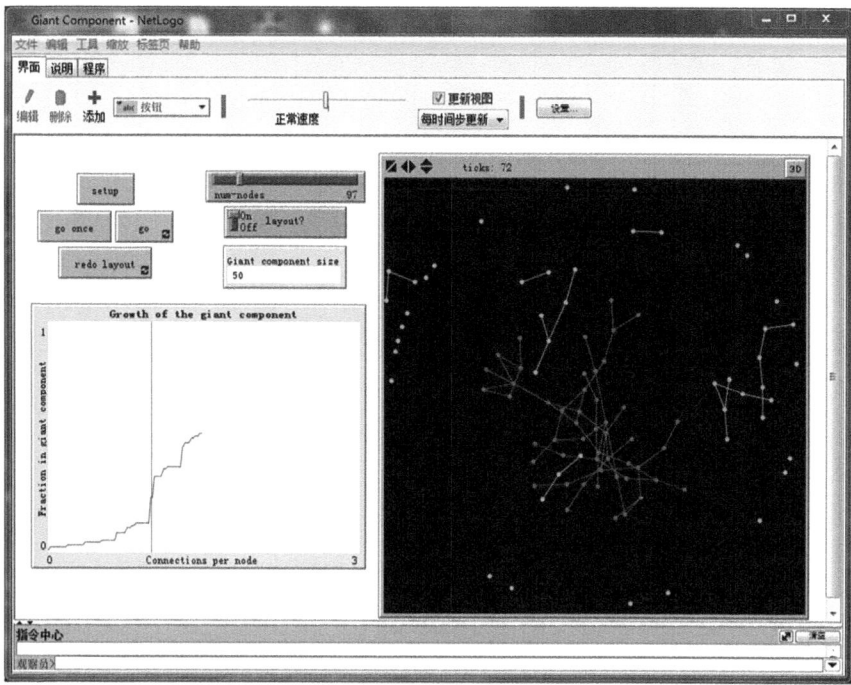

Abb. 8.19 ER-Zufallsnetzwerkmodell in NetLogo [8]

$$f(x) = \frac{a}{x^c} \qquad (8.7)$$

wobei $f(x)$ die Wahrscheinlichkeit der Varianten mit einem Verkaufsvolumen von x darstellt.

Da im Geschäftsleben meist direkt über Verkaufszahlen und nicht über Wahrscheinlichkeiten gesprochen wird, wird angenommen, dass die Gesamtanzahl der Varianten dieser Waren n beträgt. Die Anzahl der Varianten mit einem Verkaufsvolumen von X ist dann:

$$n \cdot f(x) = \frac{n \cdot a}{x^c} \qquad (8.8)$$

Daraus folgt, dass auch die Mengenverteilung der Waren den Potenzgesetzen folgt, was sich in den ursprünglichen Koordinaten als Long-Tail-Form zeigt. Wie in Abb. 8.20 dargestellt, handelt es sich hierbei um ein typisches Beispiel für ein Long-Tail-Diagramm, bei dem auf der Abszisse eine bestimmte Ware und auf der Ordinate das Verkaufsvolumen (Beliebtheit) abgetragen ist. Waren mit hohem Verkaufsvolumen befinden sich im Kopfbereich, während Waren mit geringem Verkaufsvolumen den langen Schwanz bilden. Sollte man im Internet also eher auf den Long-Tail-Bereich mit niedrigen Verkaufszahlen oder auf den Kopf mit hohen Ver-

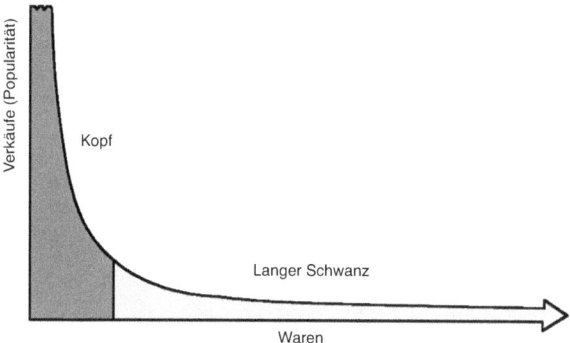

Abb. 8.20 Prevalence and long tail

kaufszahlen achten? Sollten beim Online-Verkauf nur Bestseller angeboten werden oder auch weniger gefragte Produkte? Gilt das 28er-Gesetz (Pareto-Prinzip) auch im Internet? Erzielen die Top 20 % der Produkte tatsächlich 80 % des Umsatzes?

8.6.2 Anwendung der Long-Tail-Theorie

Im Internet sind die wenig gefragten Produkte im Long Tail für die Generierung von Umsätzen sehr wichtig. Daher sollte man auch den Produkten mit niedrigen Verkaufszahlen Aufmerksamkeit schenken, da sie die individuellen Bedürfnisse der Konsumenten in gewissem Maße erfüllen können (siehe Abb. 8.21). Solange ausreichend Lager- und Vertriebskapazitäten vorhanden sind, kann der Marktanteil von Waren mit geringer Nachfrage oder niedrigen Verkaufszahlen mit dem von wenigen Bestsellern vergleichbar sein oder diesen sogar übertreffen [12].

Im Internet, insbesondere nachdem der E-Commerce das 28er-Gesetz (Pareto-Prinzip) aufgebrochen hat, erreichen die 20 % der beliebtesten Produkte nicht mehr 80 % des Gesamtumsatzes. Im traditionellen Handel verlassen sich Händler meist auf Bestseller, um Gewinne zu erzielen. Im Internetbereich hingegen sind die Lagerkosten deutlich niedriger als im stationären Handel, und es werden keine großen Ausstellungsflächen benötigt. Daher sollten Online-Shops sowohl mit Bestsellern als auch mit Nischenprodukten Gewinne erzielen. Die Zukunft von Wirtschaft und Kultur liegt nicht im Kopf der traditionellen Nachfragekurve, der die „Bestseller" repräsentiert, sondern im langen Schwanz, der die oft vergessenen „Nischenprodukte" umfasst.

Ein typisches Beispiel ist Amazons Online-Buchhandlung. Ein großes Buchgeschäft kann in der Regel 100.000 Bücher lagern, aber ein Viertel der Buchverkäufe bei Amazon stammt von Büchern, die jenseits der 100.000er-Grenze rangieren. Kunden können bei Amazon nicht nur gezielt nach gewünschten Büchern suchen, sondern über die Empfehlungsfunktion auch ähnliche Titel finden, sodass es

Abb. 8.21 Long tail theory

einfacher ist, Nischenbücher zu entdecken als auf herkömmlichem Wege. Der Anteil dieser Nischenbücher am Gesamtumsatz wächst rasant und wird Schätzungen zufolge künftig die Hälfte des gesamten Buchmarktes ausmachen. Ein Amazon-Mitarbeiter erklärte: „Heute verkaufen wir mehr Bücher, die früher unverkäuflich waren, als Bücher, die sich früher gut verkauft haben." [13] Über den Long Tail können Unternehmen somit die individuellen Bedürfnisse der Kunden erfüllen und die Nutzerbindung stärken.

8.6.3 Das Phänomen der „Rich-Get-Rich" beim Online-Shopping

Auch beim Online-Shopping tritt das Long-Tail-Phänomen des „Rich-Get-Rich" auf. So ist Taobao eine der größten C2C-Shopping-Plattformen in China, deren Umsatzverteilung den Potenzgesetzen folgt: Ein kleiner Teil der Produkte erzielt sehr hohe Umsätze, während viele Produkte nur geringe Verkaufszahlen aufweisen, was das „Long-Tail"-Phänomen widerspiegelt. Taobao unterscheidet sich von traditionellen Einkaufszentren, da Verkäufer keine oder nur sehr geringe Gebühren an Taobao zahlen müssen, sodass auch Produkte mit geringen Verkaufszahlen angeboten werden können. Da diese Produkte nur die Bedürfnisse spezieller Zielgruppen erfüllen, entsteht das „Long-Tail"-Phänomen. Wenn ein Shop viele Verkäufe erzielt und gute Bewertungen erhält, haben andere Käufer einen Grund zu glauben, dass der Einkauf in diesem Shop besser ist als in anderen. Dadurch sind Käufer eher geneigt, dort zu kaufen, was zum „Rich-Get-Rich"-Effekt führt.

Das Einkaufen auf Taobao kann als Warenmarketing mit Netzwerkeffekt betrachtet werden. Überschreitet das Verkaufsvolumen eines Produkts den ersten instabilen Gleichgewichtspunkt, tritt das Rich-Get-Richer-Phänomen auf.

Im Online-Marketing des E-Commerce können sowohl Bestseller als auch Nischenprodukte durch Verkaufsrankings, relevante Empfehlungen und Suchfunktionen gefördert werden. Im Allgemeinen fördern Verkaufsranglisten das „Rich-Get-Rich"-Phänomen, während Empfehlungen und Suchfunktionen ambivalent wirken. Ob eine Empfehlung den Verkauf von Nischenprodukten oder von Bestsellern fördert, hängt von der Art der „Relevanz" ab. Wenn „andere Kunden, die dieses Produkt gekauft haben, kauften auch …" angezeigt wird, werden vor allem Bestseller gefördert. Bei Empfehlungen auf Basis von „Inhaltsrelevanz" können hingegen Nischenprodukte profitieren. Da Konsumenten bei der Suche gezielt nach Informationen suchen können, werden auch Nischenprodukte gefördert. Allerdings schauen sich viele Nutzer meist nur die ersten Seiten der Suchergebnisse an und kaufen daher oft Bestseller, wodurch sie möglicherweise relevante Informationen verpassen. In solchen Fällen kann die Empfehlungsfunktion helfen, diese Informationslücken zu schließen.

8.7 Weitere Formen von Potenzgesetzen

8.7.1 Zipfsches Gesetz

Das Zipfsche Gesetz betrachtet das „Long Tail"-Phänomen aus einer anderen Perspektive. Dieses Gesetz wurde 1932 von Zipf, einem Linguisten an der Harvard University, bei der Untersuchung der Häufigkeit englischer Wörter entdeckt. Er stellte fest, dass, wenn man die Häufigkeit der Wörter in absteigender Reihenfolge anordnet, eine einfache umgekehrte Beziehung zwischen der Häufigkeit eines Wortes und einer konstanten Potenz seines Rangs besteht. Dies zeigt, dass im Englischen nur wenige Wörter sehr häufig verwendet werden, während die meisten Wörter selten vorkommen. Das Zipfsche Gesetz lässt sich so ausdrücken, dass man die Häufigkeit jedes Wortes in einem langen Text zählt, diese in absteigender Reihenfolge – von häufig zu selten – anordnet und die Wörter mit natürlichen Zahlen nummeriert, wobei das häufigste Wort den Rang 1 erhält, das zweithäufigste den Rang 2 usw. Wenn f für die Häufigkeit und r für die Rangnummer steht, gilt

$$f \times r = C \quad (C \text{ is a constant}) \tag{8.9}$$

Diese Formel wird als Zipfsches Gesetz bezeichnet. Der Logarithmus davon ist in Abb. 8.22 dargestellt.

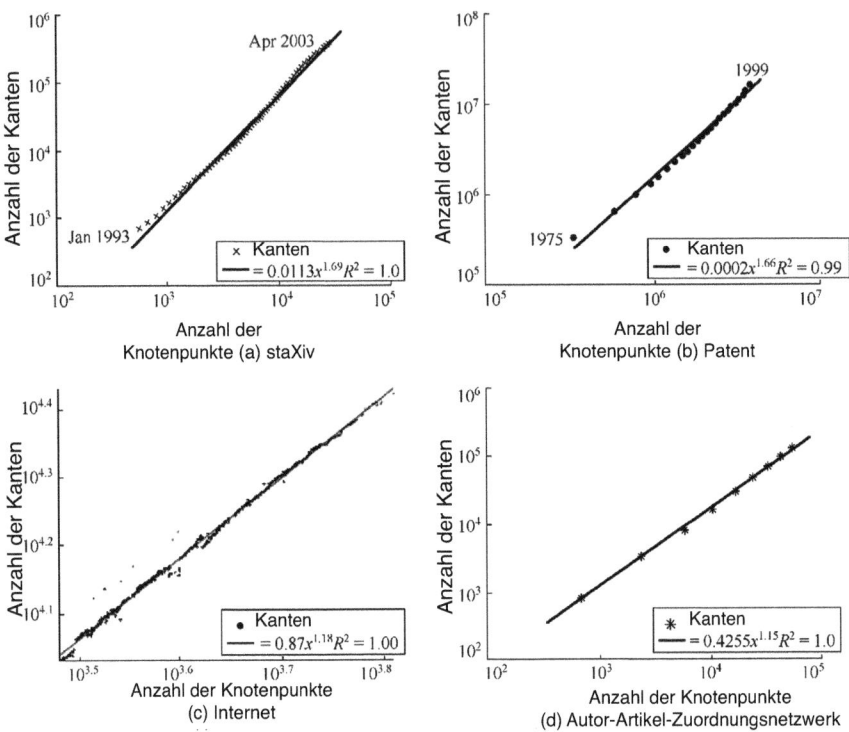

Abb. 8.23 Densifikations-Potenzgesetze

Die horizontale Achse kann in diesem Zusammenhang als „Verkaufsrang" betrachtet werden, die vertikale Achse stellt das Verkaufsvolumen des jeweiligen Rangs dar. Die funktionale Beziehung ist wie folgt:

$$y = \frac{a}{x^c}, c \geq 1 \tag{8.10}$$

Das Zipfsche Gesetz ist somit ebenfalls eine Potenzfunktion mit einem ausgeprägten „dicken" Schwanz.

8.7.2   Densifikations-Potenzgesetze

Die sozialen Netzwerke, die den oben diskutierten Potenzgesetzen entsprechen, sind alle statisch. Gibt es aber auch ein Potenzgesetz in einem sich dynamisch verändernden Netzwerk? Leskovec et al. fanden heraus, dass viele sich dynamisch verändernde Netzwerke in der Gesellschaft immer dichter werden [14] und dass

die Veränderung der Dichte der in Gl. (8.11) dargestellten Form eines Potenzgesetzes folgt:

$$E(t) \approx N(t)^{\alpha} \qquad\qquad (8.11)$$

wobei $E(t)$ die Anzahl der Kanten des sozialen Netzwerks zum Zeitpunkt t ist, $N(t)$
die Anzahl der Knoten im sozialen Netzwerk zum Zeitpunkt t und α der Densi-
fikations-Exponenten mit einem Wert zwischen 1 und 2 ist, wie in Abb. 8.23
dargestellt. In der Abbildung stellt die horizontale Achse die Anzahl der Knoten
dar, die vertikale Achse die Anzahl der Kanten, und jeder Punkt repräsentiert die
Anzahl der Knoten und Kanten zu einem bestimmten Zeitpunkt. Nach der Aus-
gleichsrechnung ergibt sich für die staXiv-Daten ein Potenzexponent von 1,69.
Für die Patentdaten beträgt der Exponent 1,66. Für die Internetdaten liegt der
Potenzexponent bei 1,18, und für das Netzwerk der Autoren-Zugehörigkeit bei
1,15.

Kapitelzusammenfassung
Die in diesem Kapitel vorgestellten Potenzgesetze sozialer Netzwerke sind das do-
minierende Gesetz vieler populärer Phänomene in der Gesellschaft, jedoch kein
universelles Gesetz mit 100 %iger Gültigkeit. Das „Rich-Get-Richer"-Phänomen
ist eine Ursache für Potenzgesetze. Es ist bedeutsam, das Gesetz eines populären
Phänomens zu entdecken, aber noch wichtiger ist es, dessen Ursachen zu verstehen.
Populäre Phänomene, die den Potenzgesetzen folgen, können auch durch das „Long
Tail"-Prinzip oder das Zipfsche Gesetz beschrieben werden. Weitere Formen von
Potenzgesetzen umfassen Densifikations-Potenzgesetze und andere. Dieses Kapitel
beleuchtet zudem die Bedeutung des „Long Tail" für Marketingstrategien, nämlich
dass die Marketingstrategie vor und nach dem „Tipping Point" unterschiedlich sein
sollte. In Kombination mit dem igraph-Tool in der Programmiersprache R und der
Simulationsplattform Netlogo für soziale Netzwerke werden außerdem die Eigenschaften skalenfreier Netzwerke im Zusammenhang mit Potenzgesetzen und deren
Entstehungsmodell – das dominante Linkmodell – diskutiert.

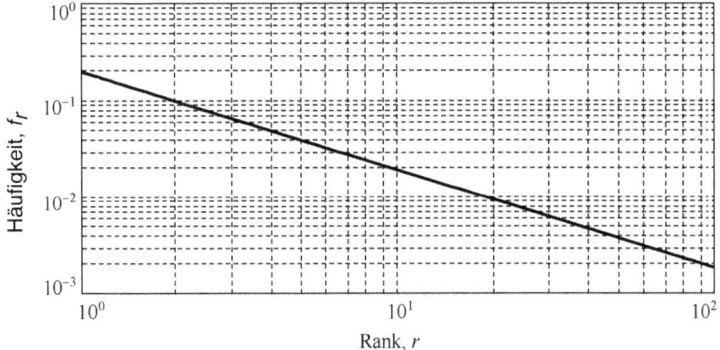

Abb. 8.22 Zipfsches Gesetz (nach Logarithmierung)

Fragen zum Kapitelabschluss

1. Beschreiben Sie kurz die Bedeutung und die Eigenschaften von Potenz-gesetzen.
2. Beschreiben Sie kurz das Konzept von Zufallsnetzwerken und erläutern Sie die Eigenschaften des ER-Zufallsnetzwerkmodells.
3. Beschreiben Sie kurz das Konzept skalenfreier Netzwerkmodelle und erläutern Sie die Eigenschaften des BA-skalenfreien Netzwerkmodells.
4. Was sind die Entstehungsmechanismen von Potenzgesetzen?
5. Was besagt die Long-Tail-Theorie? Was sind die wichtigsten Anwendungs-gebiete?

Literatur

1. Gladwell, M.: The Tipping Point: How Little Things Can Make a Big Difference. Little, Brown, New York (2006)
2. Leskovec, J., Backstrom, L., Kumar, R., et al.: Microscopic evolution of social networks. In: Proceedings of the 14th ACM SIGKDD International Conference on Knowledge Discovery and Data Mining, Las Vegas, Nevada, USA, August 24-27, 2008, p. 2008. ACM, New York
3. Broder, A., Kumar, R., Raghavan, P., et al.: Graph structure in the web. Comput Netw. **33**(1), 309–320 (2000)
4. Clauset, A., Shalizi, C.R., Newman, M.: Power-law distributions in empirical data. Soc. Ind. Appl. Math. **51**, 661 (2009)
5. Faloutsos, M., Faloutsos, P., Faloutsos, C.: On power-law relationships of the internet topo-logy. Proc. ACM SIGCOMM. **29**(4), 251–262 (1999)
6. Albert, R., Barabási, A.L.: Topology of evolving networks: local events and universality. Phys. Rev. Lett. **85**(24), 5234 (2000)
7. Leskovec, J., Mcglohon, M., Faloutsos, C., et al.: Patterns of cascading behavior in large blog graphs. In: Proceedings of the Seventh SIAM International Conference on Data Mining, April 26-28, 2007, Minneapolis, Minnesota, USA (2007)
8. Barabási, A.L., Albert, R.: Emergence of scaling in random networks. Science. **286**(5439), 509–512 (1999)
9. Christakis, N.A., Fowler, J.H.: Connected: The Surprising Power of Our Social Networks and How They Shape Our Lives. Little, Brown, New York (2009)
10. Salganik, M.J., Dodds, P.S., Watts, D.J.: Experimental study of inequality and unpredictabi-lity in an artificial cultural market. Science. **311**(5762), 854–856 (2006)
11. Aral, S., Walker, D.: Tie strength, embeddedness, and social influence: a large-scale networ-ked experiment. Manag. Sci. **60**(6), 1352–1370 (2014)
12. Anderson, C.: The Long Tail: Why the Future of Business Is Selling Less of More. Hachette UK, London (2006)
13. Stone, B.: The Everything Store: Jeff Bezos and the Age of Amazon. Little, Brown, New York (2013)
14. Leskovec, J., Kleinberg, J., Faloutsos, C.: Graphs over time: densification laws, shrin-king diameters and possible explanations. In: Proceedings of the Eleventh ACM SIGKDD International Conference on Knowledge Discovery in Data Mining (2005)

Kapitel 9
Gemeinschaften in sozialen Netzwerken

Zusammenfassung In diesem Kapitel werden Gemeinschaften in sozialen Netzwerken als Einheiten definiert, die aus Knoten und deren verbundenen Kanten bestehen, wobei ihre Bedeutung für das Verständnis von Netzwerkstrukturen hervorgehoben wird. Der Schwerpunkt liegt auf der Gemeinschaftserkennung, die die Analyse der Netzwerktopologie aus einer mesoskopischen Perspektive ermöglicht, das Verständnis von Netzwerkfunktionen unterstützt, potenzielle Netzwerkstrukturen aufdeckt und verborgene Informationen sichtbar macht. Das Kapitel behandelt die mathematische Beschreibung von Gemeinschaften, Bewertungsindikatoren für die Gemeinschaftserkennung sowie klassische Algorithmen zur Erkennung sowohl disjunkter als auch überlappender Gemeinschaften. Zudem wird die Bedeutung der Gemeinschaftserkennung in dynamischen Netzwerken thematisiert, einem aktuellen Schwerpunkt und einer Herausforderung der Forschung zu sozialen Netzwerken. Darüber hinaus werden Konzepte zur Gemeinschaftsentwicklung, einschließlich Entwicklungsevents und relevanter Algorithmen, vorgestellt. Abschließend wird auf den Einsatz künstlicher und realer Datensätze eingegangen, die üblicherweise zur Überprüfung der Wirksamkeit von Algorithmen zur Gemeinschaftserkennung verwendet werden.

Die Community ist eine allgegenwärtige meso-strukturelle Einheit in sozialen Netzwerken [1], die von großer Bedeutung für das tiefgehende Verständnis und die Erforschung der Natur sozialer Netzwerke ist. Folglich wird die Community-Forschung zu einer wichtigen Forschungsrichtung der Analyse realer sozialer Netzwerke. Aufbauend auf der Klärung der Definition von Community werden in diesem Kapitel zudem die Definition der Community-Erkennung, relevante Bewertungsindikatoren und Algorithmen zur Community-Erkennung systematisiert. Darüber hinaus werden in diesem Kapitel auch die Community-Evolution sowie Datensätze im Zusammenhang mit der Community-Forschung behandelt.

© Der/die Autor(en), exklusiv lizenziert an Springer Nature Singapore Pte Ltd. 2025
J. Wu, *Soziales-Netzwerk-Computing*,
https://doi.org/10.1007/978-981-95-1129-7_9

9.1   Grundlegende Konzepte

9.1.1   Einleitung und Hintergrund

Die Idee, soziale Netzwerke zur Analyse von Community-Strukturen zu nut-
zen, stammt aus dem Buch *Social Network Analysis: Methods and Applications*
von Wasserman und Faust aus dem Jahr 1994 [2]. In sozialen Netzwerken sind
Menschen mit ähnlichem kulturellem Hintergrund oder gleichen Interessen in der
Regel eng miteinander verbunden, und diese eng verbundenen Personen bilden
Communities in sozialen Netzwerken [3]. In der realen Welt lassen sich Communities in sozialen Netzwerken leicht identifizieren. Beispielsweise kommunizieren
Mitarbeitende eines Unternehmens häufiger mit Kolleginnen und Kollegen desselben Unternehmens als mit Beschäftigten anderer Unternehmen. Daher kann
der Arbeitsplatz als eng verbundene Community im sozialen Netzwerk betrachtet
werden [4]. Ein weiteres Beispiel: Nutzerinnen und Nutzer mit gemeinsamen Interessen oder Freundschaften in Online-Sozialnetzwerken (wie Twitter und Facebook) können eine Community bilden (siehe Abb. 9.1) [5]. Eine Community ist
eine Gruppe von Entitäten, die durch Knoten und Kanten eng miteinander verbunden sind, was für das Verständnis des Netzwerks von großer Bedeutung ist.
Forschende verschiedener Disziplinen analysieren und untersuchen die Strukturen sozialer Netzwerke aus der Perspektive der Community, um den Bedürfnissen der Menschen besser gerecht zu werden, beispielsweise zur Entdeckung unbekannter Funktionen in biologischen neuronalen Netzwerken, zur Kontrolle der
Ausbreitung von Krankheiten in Infektionsnetzwerken oder zur Identifikation von
Nutzergruppen mit gemeinsamen Interessen in sozialen Netzwerken.

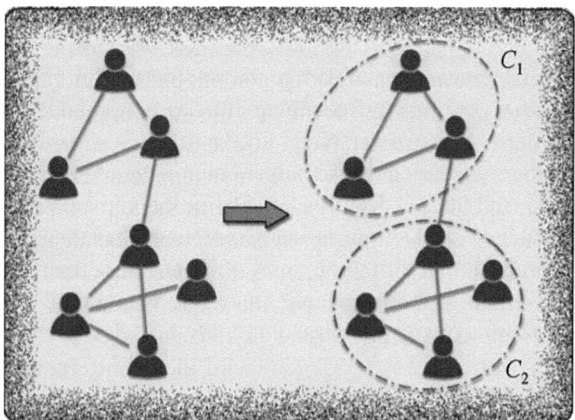

Abb. 9.1 Community in sozialen Netzwerken [5]. Hinweis: Je nach Nähe zwischen den Individuen wird das soziale Netzwerk in zwei Communities unterteilt, nämlich Community C_1 mit drei
Knoten und Community C_2 mit vier Knoten

9.1.2 Definition der Community

Die Community, auch als Gruppe oder Assoziation bezeichnet, ist eine weit verbreitete Struktur in sozialen Netzwerken. Im Allgemeinen ist eine Community
ein lokal eng verbundenes Teilgraph in einem sozialen Netzwerk, der zwei spezifischen Regeln folgt:

1. Die Knoten innerhalb der Community sind eng miteinander verbunden.
2. Die Verbindungen zwischen den Communities sind spärlich.

Wie in Abb. 9.2 dargestellt, sind die Knoten im Netzwerk in drei Communities
unterteilt. Die Knoten innerhalb der Communities sind eng miteinander verbunden, während die Verbindungen zwischen den Communities spärlich sind.
   Basierend auf der Graphentheorie ergeben sich folgende Definitionen.

Definition 1: Community C
Eine Community ist eine Menge miteinander verbundener Teilgraphen im Netzwerk. Die Knoten innerhalb einer Community sind dicht miteinander verbunden,
während die Knoten verschiedener Communities nur spärlich verbunden sind.
Eine Community C_i kann durch eine Netzwerkpartitionierung gebildet werden,
bei der die Knoten in verschiedene Gruppen geclustert werden. Daraus ergibt sich
$C = \{C_1, C_2, ..., C_k\}$, wobei k die Anzahl der Communities angibt, in die das ursprüngliche Netzwerk unterteilt werden kann. Der Knoten v, der der Community
C_i zugeordnet wird, muss folgende Bedingung erfüllen: Der interne Grad von v zu
jedem Knoten in der Community ist größer als sein externer Grad [5].

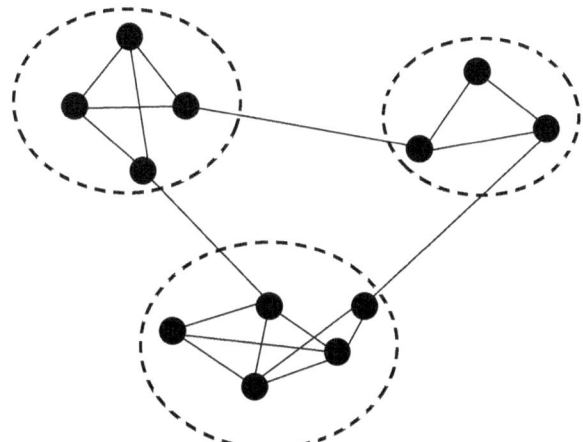

Abb. 9.2 Community-Struktur im Netzwerk

9.2 Community-Entwicklung

9.2.1 Definition der Community Detection

9.2.1.1 Was ist Community Detection?

Newman und Girvan definieren Community Detection als die Aufteilung der Netzwerkknoten in mehrere Gruppen, sodass die Verbindungen zwischen den Knoten innerhalb einer Gruppe dicht und die Verbindungen zwischen Knoten verschiedener Gruppen spärlich sind [6]. Mit anderen Worten bezeichnet Community Detection die Identifikation von Knotengruppen mit ähnlichen Eigenschaften oder ähnlichem Verhalten auf Basis der topologischen Informationen des Netzwerks [7].

Community Detection ermöglicht es, die Topologie eines Netzwerks aus mesokosmischer Perspektive zu analysieren, die Funktionen des Netzwerks zu verstehen, potenzielle Strukturen zu erkennen und verborgene Informationen im Netzwerk zu erschließen [8]. Community Detection findet breite Anwendung in der Soziologie, Biologie, Computertechnik und anderen Bereichen. In sozialen Netzwerken etwa hilft Community Detection, individuelle Verhaltensmuster, Informationsverbreitung und Netzwerktrends zu analysieren. In biologischen Netzwerken kann Community Detection dazu beitragen, die unterschiedlichen komplexen Funktionen von Proteininteraktionen zu untersuchen [9]. In urbanen Verkehrsnetzwerken unterstützt Community Detection die Analyse des Einflusses einer Stadt anhand der Verkehrsverbindungen zwischen Regionen. In Zitationsnetzwerken kann Community Detection die Bedeutung, Korrelation und Entwicklung von durch Publikationszitate verbundenen Themen bestimmen [10]. Zusammenfassend trägt Community Detection wesentlich zum Verständnis der inneren Strukturen und Interaktionsmuster von Netzwerken bei und besitzt sowohl große theoretische Bedeutung als auch hohen praktischen Wert [11].

9.2.1.2 Mathematische Beschreibung der Community Detection

Definition 2: Community Detection
Sei das Netzwerk $G = G(V, E)$, wobei V und E jeweils die Menge der Knoten und Kanten darstellen. Community Detection bezeichnet das Bestimmen von n ($n \geq 1$) Communities im Netzwerk G:

$$C = \{C1, C2, \ldots, Cn\}$$

Die Knotenmengen jeder Community bilden dabei eine Überdeckung von V.

Ist der Schnitt der Knotenmengen zweier beliebiger Communities leer, so spricht man von disjunkten Communities; andernfalls von überlappenden Communities, wie in Abb. 9.3 dargestellt [7].

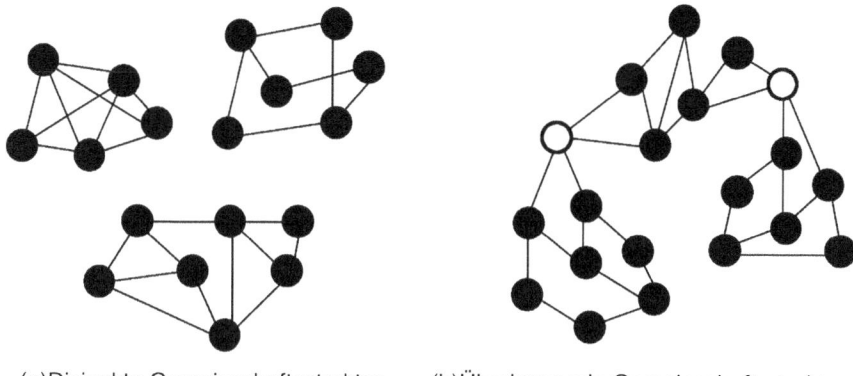

(a)Disjunkte Gemeinschaftsstruktur   (b)Überlappende Gemeinschaftsstruktur

Abb. 9.3 Disjunkte Community-Struktur und überlappende Community-Struktur [7]

Definition 3: Disjunkte Communities
Für das Netzwerk G werden alle Knoten in mehrere Teilmengen $V = \{V1, V2, \dots Vn\}$ unterteilt, wobei $Vi \cap Vj = \varphi$ (gilt für i ungleich j).

Definition 4: Überlappende Communities
Für das Netzwerk G werden alle Knoten in mehrere Teilmengen $V = \{V1, V2, \dots Vn\}$ unterteilt, wobei $Vi \cap Vj \neq \varphi$ (für i ungleich j).

Eine überlappende Community ist eine Menge von Knoten im Netzwerk, wobei die Knoten gleichzeitig mehreren verschiedenen Communities angehören. Die Verbindungen zwischen den Knoten innerhalb einer Community sind dabei relativ dicht, während die Verbindungen zwischen Knoten verschiedener Communities vergleichsweise spärlich sind. Eine solche Community wird als überlappende Community bezeichnet. Wie in Abb. 9.4 gezeigt, gehört Knoten 5 sowohl zu Community 1 als auch zu Community 2, und Knoten 8 sowohl zu Community 2 als auch zu Community 3. Die drei Communities in der Abbildung werden als überlappende Communities bezeichnet [12].

9.2.2 Bewertungsindikatoren der Community-Erkennung

„Modularität" und „Normalisierte gegenseitige Information" sind zwei weit verbreitete Bewertungsindikatoren für die Community-Erkennung. Ersterer wird in Netzwerken mit unbekannter Community-Struktur eingesetzt, um die Qualität der Community-Struktur zu bewerten, während Letzterer in Netzwerken mit bekannter Community-Struktur verwendet wird, um die Genauigkeit der Ergebnisse der Community-Erkennung zu vergleichen und die Qualität der Community-Strukturen zu beurteilen.

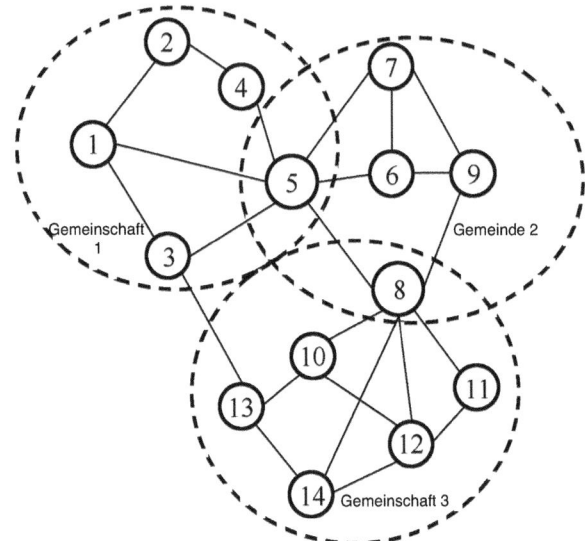

Abb. 9.4 Beispiele für überlappende Communities

9.2.2.1 Modularität

Um die Ergebnisse der Community-Aufteilung zu bewerten, führte Newman das Konzept der Modularität ein [13]: Zunächst wird angenommen, dass das Netzwerk in k Communities unterteilt ist, und anschließend wird eine neue $k \times k$ symmetrische Matrix e definiert, deren Elemente e_{ij} die Anzahl der Kanten zwischen Community i und Community j angeben. Daraus ergibt sich, dass die Spur $Tr(e) = \sum_i e_{ii}$ der Matrix e die Menge der Kanten innerhalb derselben Community darstellt. Je größer $Tr(e)$, desto dichter sind die Verbindungen innerhalb der Community, was ebenfalls zeigt, dass das Ergebnis der Community-Aufteilung sinnvoller ist. Allerdings besteht das Problem, dass damit nicht dargestellt werden kann, ob die Verbindungen zwischen den Communities spärlich sind. Wird das gesamte Netzwerk als eine einzige Community betrachtet, so ist $Tr(e)$ in diesem Fall am größten. Daher definiert Newman die Zeilensumme (bzw. Spaltensumme) $a_i = \sum_j e_{ij}$ als die Summe der Kanten aller Communities, die mit der Community i verbunden sind. Die Berechnungsformel der Modularität lautet daher:

$$Q = \sum_i \left(e_{ii} - a_i^2\right) = \sum_i (e_{ii}) - \sum_i (a_i^2) = Tr(e) - \left\| e^2 \right\| \tag{9.1}$$

Nach obiger Definition gilt: Je größer der Wert der Modularität, desto höher ist die Genauigkeit der Community-Struktur der Netzwerkaufteilung. Intuitiv gilt: Wenn die Knoten einer Community ausschließlich intern verbunden sind, ist der Wert der Modularität größer. Haben die Knoten einer Community hingegen viele Verbindungen zu Knoten außerhalb der Community, ist der Wert der Modularität kleiner. Wie in Abb. 9.5 dargestellt, gibt es im Netzwerk sechs Knoten a, b, c, d, e,

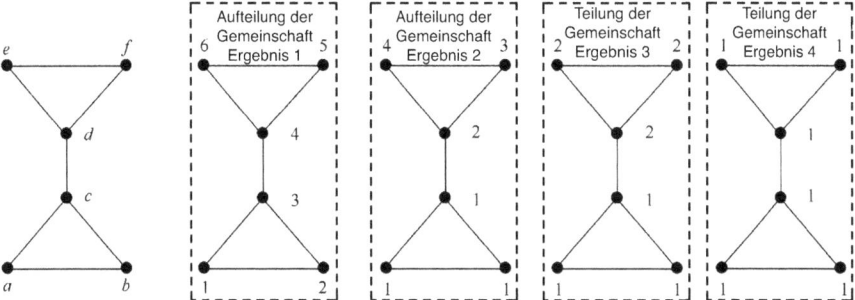

Abb. 9.5 Veranschaulicht die Modularität

f und die folgenden vier Ergebnisse der Community-Aufteilung mit den Community-Nummern 1, 2, 3, 4, 5 und 6.

Im Ergebnis der Community-Aufteilung 1 gibt es sechs Communities, und deren symmetrische Matrizen lauten:

$$e_1 = \begin{pmatrix} 0 & 1 & 1 & 0 & 0 & 0 \\ 1 & 0 & 1 & 0 & 0 & 0 \\ 1 & 1 & 0 & 1 & 0 & 0 \\ 0 & 0 & 1 & 0 & 1 & 1 \\ 0 & 0 & 0 & 1 & 0 & 1 \\ 0 & 0 & 0 & 1 & 1 & 0 \end{pmatrix}$$

Da die Berechnung gemäß der Gesamtanzahl der Kanten normalisiert werden muss (da jede Kante zweimal gezählt wird, beträgt die Gesamtanzahl der Kanten in diesem Beispiel 2714 × =), ergibt sich die Modularität im Ergebnis der Community-Aufteilung 1 gemäß Gl. (9.1) wie folgt: 2 × 7 = 14)

$$Q_1 = 0 - \left(\frac{2}{14}\right)^2 - \left(\frac{2}{14}\right)^2 - \left(\frac{3}{14}\right)^2 - \left(\frac{3}{14}\right)^2 - \left(\frac{2}{14}\right)^2 - \left(\frac{2}{14}\right)^2 = -0.236$$

Da es im Ergebnis der Community-Aufteilung 2 vier Communities gibt, lauten die symmetrische Matrix und die Modularität entsprechend:

$$e_2 = \begin{pmatrix} 6 & 1 & 0 & 0 \\ 1 & 0 & 1 & 1 \\ 0 & 1 & 0 & 1 \\ 0 & 1 & 1 & 0 \end{pmatrix}$$

$$Q_2 = \frac{6}{14} - \left(\frac{7}{14}\right)^2 - \left(\frac{3}{14}\right)^2 - \left(\frac{2}{14}\right)^2 - \left(\frac{2}{14}\right)^2 \approx 0.092$$

Da es im Ergebnis der Community-Aufteilung 3 zwei Communities gibt, ergeben sich die symmetrische Matrix und die Modularität wie folgt:

$$e_3 = \begin{pmatrix} 6 & 1 \\ 1 & 6 \end{pmatrix}$$

$$Q_3 = \frac{12}{14} - \left(\frac{7}{14}\right)^2 - \left(\frac{7}{14}\right)^2 = 0.357$$

Da es im Ergebnis der Community-Aufteilung 4 nur eine Community gibt, ergeben sich die symmetrische Matrix und die Modularität wie folgt:

$$e_4 = (14)$$

$$Q_4 = \frac{14}{14} - \left(\frac{14}{14}\right)^2 = 0$$

9.2.2.2 Normalisierte gegenseitige Information

Die normalisierte gegenseitige Information (NMI) [14] wird häufig zur Bewertung der Aufteilung von Datensätzen mit bekannter Community-Struktur verwendet und eliminiert so die Unsicherheit relevanter Informationen sowie die Unschärfe zwischen Informationsbeziehungen [15]. Sie bewertet objektiv die Genauigkeit der Community-Aufteilung im Vergleich zur Standardaufteilung. Die Formel lautet:

$$\text{NMI} = \frac{-2 \sum_{i=1}^{C_A} \sum_{j=1}^{C_B} C_{ij} \cdot \log\left(\frac{C_{ij} \cdot N}{C_i \cdot C_j}\right)}{\sum_{i=1}^{C_A} C_i \cdot \log\left(\frac{C_i}{N}\right) + \sum_{j=1}^{C_B} C_{ij} \cdot \log\left(\frac{C_j}{N}\right)} \tag{9.2}$$

Dabei bezeichnet C_A das Ergebnis der Aufteilung gemäß der Standard-Community-Struktur; C_B das durch den Algorithmus erhaltene Community-Ergebnis; C ist eine Mischmatrix; C_{ij} gibt die Anzahl der Knoten in A an, die sowohl zur Community i als auch zur Community j in B gehören; N ist die Gesamtanzahl der Knoten im Netzwerk; $C_i \cdot C_j$ bezeichnet die Summe der Zeilen- oder Spaltenelemente in der Matrix C.

Der Wertebereich der NMI liegt bei [0,1]. Ist der Wert 0, so unterscheidet sich das durch den Algorithmus erhaltene Ergebnis vollständig vom tatsächlichen Community-Ergebnis. Ist der Wert 1, so stimmt das durch den Algorithmus erhaltene Ergebnis exakt mit dem tatsächlichen Community-Ergebnis überein. Das heißt: Je größer der NMI-Wert, desto besser ist das Ergebnis der Community-Aufteilung. Der Nachteil ist jedoch offensichtlich: Der NMI-Index kann nur verwendet werden, wenn die Standard-Netzwerkstruktur bekannt ist [16].

9.3 Community Detection Algorithmus

Algorithmen zur Community-Erkennung in sozialen Netzwerken werden haupt-sächlich in statische und dynamische Community-Erkennungsalgorithmen unter-teilt. Traditionelle statische Community-Erkennungsalgorithmen lassen sich im Allgemeinen in disjunkte und überlappende Community-Erkennungsalgorithmen einteilen. Bei ersteren gehört jeder Knoten im Netzwerk nur zu einer einzigen Community, während bei letzteren einige Knoten gleichzeitig zu zwei oder mehr Communities gehören können. In diesem Abschnitt werden der disjunkte und der überlappende Community-Erkennungsalgorithmus jeweils vorgestellt.

9.3.1 Disjunkter Community-Erkennungsalgorithmus

9.3.1.1 Community-Erkennungsalgorithmus basierend auf Graphsegmentierung

Das Grundprinzip des Community-Erkennungsalgorithmus auf Basis der Gra-phsegmentierung besteht darin, die Knoten im Netzwerkgraphen entsprechend bestimmter Attributähnlichkeiten in zwei Communities zu unterteilen und an-schließend die oben genannten Schritte für die entstandenen Communities zu wiederholen, bis die gewünschte Anzahl an Communities erreicht ist. Im Wesent-lichen handelt es sich dabei um eine iterative Dichotomie. Zu den klassischen Community-Erkennungsalgorithmen auf Basis der Graphsegmentierung zäh-len der KL-Algorithmus (Kernighan-Liu) und der SC-Algorithmus (Spektrales Clustering).

KL-Algorithmus

Der KL-Algorithmus, der 1970 von Kernighan und Lin vorgeschlagen wurde, ist ein dichotomes Verfahren, das das Netzwerk nach dem Prinzip des Greedy-Al-gorithmus in zwei Communities bekannter Größe aufteilt. Er zählt zu den ein-fachsten und bekanntesten heuristischen Algorithmen im Bereich der Netzwerk-partitionierung [17]. Die Hauptschritte des Algorithmus sind wie folgt:

1. Teile die Knoten im Netzwerk zufällig in zwei vorgegebene Communities mit festgelegter Größe auf, bezeichnet als n_1 und n_2.
2. Wähle jeweils einen Knoten i aus der Community n_1 und einen Knoten j aus der Community n_2 aus, um ein Knotenpaar (i, j) zu bilden. Tausche die Positio-nen der Knoten i und j und berechne die Änderung der Schnittmenge zwischen den beiden Communities vor und nach dem Tausch, die als P notiert wird.

3. Wiederhole die obigen Schritte, wobei bereits getauschte Knoten nicht erneut teilnehmen, bis alle Knoten einer Community einmal getauscht wurden. Dann endet der Algorithmus.

Beim oben beschriebenen KL-Algorithmus gilt: Da alle möglichen Knotenpaare betrachtet werden, muss aus Sicht der Knotenauswahl jeder Knoten getauscht werden, was zu einer relativ niedrigen Ausführungseffizienz führt. Die Zeitkomplexität beträgt $O(n^2 log\ n)$. Zudem muss beim KL-Algorithmus die Anzahl der Knoten in den beiden Communities im Anfangszustand im Voraus bekannt sein. In vielen Fällen ist die Community-Größe jedoch nicht im Vorfeld bekannt, weshalb der praktische Nutzen des traditionellen KL-Algorithmus begrenzt ist.

SC-Algorithmus

Der SC-Algorithmus ist ein Clustering-Verfahren auf Basis der Graphentheorie. Im Vergleich zum traditionellen K-Means-Algorithmus weist er eine höhere Anpassungsfähigkeit an die Datenverteilung, bessere Clustering-Ergebnisse und einen geringeren Rechenaufwand auf. Die Grundidee des SC-Algorithmus besteht darin, die nach der Merkmalszerlegung erhaltenen Feature-Vektoren mithilfe der Ähnlichkeitsmatrix (Laplacematrix) der Beispieldaten zu clustern. Die Hauptschritte sind wie folgt:

1. Initialisiere die Adjazenzmatrix A und eine Gradmatrix D entsprechend der Netzwerkstruktur und konstruiere anschließend eine normierte Laplacematrix L $= D - A$.
2. Berechne die ersten K von Null verschiedenen Eigenwerte der Matrix L entsprechend der Clusteranzahl K und konstruiere daraus eine Merkmalsmatrix mit den zugehörigen Eigenvektoren, wobei jede Zeile der Matrix einem Knoten entspricht.
3. Wende den K-Means-Algorithmus auf die Vektoren im K-dimensionalen Raum an; das Ergebnis des Clusterings entspricht der Community-Struktur des jeweiligen Netzwerks.

Der Vorteil des SC-Algorithmus liegt darin, dass lediglich eine Ähnlichkeitsmatrix der Daten benötigt wird und er eine gute Clustering-Leistung bei der Verarbeitung von spärlichen Daten aufweist. Gleichzeitig ist er durch die Nutzung der Dimensionsreduktion klassischen Clustering-Algorithmen bei der Bewältigung der Komplexität hochdimensionaler Daten überlegen.

9.3.1.2 Community-Erkennungsalgorithmus basierend auf hierarchischem Clustering

Der auf hierarchischem Clustering basierende Community-Erkennungsalgorithmus führt rekursiv das Zusammenführen oder Aufteilen von Datenobjekten durch, bis bestimmte Abbruchbedingungen erfüllt sind. Die Community-Erkennungs-algorithmen auf Basis des hierarchischen Clusterings lassen sich in divisive und agglomerative hierarchische Clustering-Algorithmen unterteilen. Bei ersteren wird das Netzwerk solange aufgeteilt, bis die Abbruchbedingung erreicht ist, während bei letzteren ähnliche Knoten solange zusammengeführt werden, bis sie eine Community bilden.

Divisiver hierarchischer Clustering-Algorithmus

Das Grundprinzip des divisiven hierarchischen Clustering-Algorithmus besteht darin, das gesamte Netzwerk zunächst als eine Community zu betrachten, dann die Ähnlichkeit von Knotenpaaren nach einer bestimmten Strategie zu berechnen und Knotenpaare mit geringer Ähnlichkeit in verschiedene Communities zu unterteilen. Durch wiederholte Iterationen dieses Vorgangs kann das Netzwerk schließlich in mehrere Teilgraphen, also Communities, zerlegt werden [18].

Der typische Vertreter eines divisiven hierarchischen Clustering-Algorithmus ist der GN-Algorithmus (Girvan-Newman). Der GN-Algorithmus wurde 2002 von Girvan und Newman vorgeschlagen. Die Grundidee besteht darin, die Kantenbetweenness aller Kanten im Netzwerk zu berechnen und dann fortlaufend die Kante mit der höchsten Kantenbetweenness aus dem Netzwerk zu entfernen, um so die optimale Community-Struktur zu erhalten. Die Kantenbetweenness ist definiert als die Anzahl der kürzesten Pfade, die über eine bestimmte Kante im Netzwerk verlaufen. Der grundlegende Ablauf des GN-Algorithmus ist wie folgt:

1. Berechne die Kantenbetweenness jeder Kante im Netzwerk.
2. Vergleiche alle Kantenbetweenness-Werte im Netzwerk und entferne die Kante mit der höchsten Kantenbetweenness.
3. Wiederhole die Schritte (1) und (2), bis jeder Knoten im Netzwerk eine eigene Community bildet.

Anhand des Karate-Club-Datensatzes von Zachary wird der GN-Algorithmus visualisiert. Der Visualisierungscode ist wie folgt (Abb. 9.6):

```
R-Skript zur Visualisierung
> library("igraph")
> karate<-graph.famous("Zachary")
> GN_1<-edge.betweenness.community(karate)
> GN_1
igraph clustering edge betweenness, groups: 5, mod: 0.4
+ groups:
$'1'
[1] 1 2 4 8 12 13 14 18 20 22
$'2'
```

```
[1]  3 25 26 28 29 32
$'3'
[1]  5 6 7 11 17
$'4'
+ … mehrere Gruppen/Knoten ausgelassen
> modularity(GN_1)
[1]  0.4012985
> membership(GN_1)
[1]  1 1 2 1 3 3 3 1 4 5 3 1 1 1 4 4 3 1 4 1 4
[22] 1 4 4 2 2 4 2 2 4 4 2 4 4
> plot(GN_1,karate) # Siehe Abb. 9.6
```

Agglomerativer hierarchischer Clustering-Algorithmus

Die Grundidee des agglomerativen hierarchischen Clustering-Algorithmus besteht darin, jeden Knoten im Netzwerk zunächst als eigenständige Community zu betrachten und anschließend iterativ die Ähnlichkeit zwischen den Communities zu berechnen und die Communities mit hoher Ähnlichkeit zusammenzuführen. Die konkreten Schritte sind wie folgt:

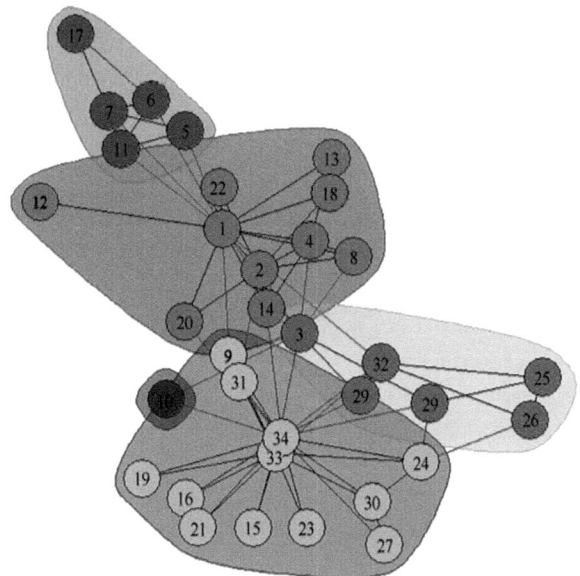

Abb. 9.6 Beispiel für den GN-Algorithmus

1. Erzeuge für jeden Knoten im Datensatz $D = \{x_1, x_2, \cdots, x_n\}$ eine eigene Community, sodass eine Community-Liste $C = \{c_1, c_2, \cdots, c_n\}$ entsteht, wobei jede Community genau ein Datenobjekt enthält, also $c_i = \{x_i\}$.
2. Finde die beiden ähnlichsten Communities aus C, also $min[D(c_i, c_j)]$.
3. Führe die Communities c_i und c_j zusammen und bilde eine neue Community c_{i+j}. Entferne die Communities c_i und c_j aus C und füge die neue Community c_{i+j} zu C hinzu.
4. Wiederhole die obigen Schritte, bis in C nur noch eine Community verbleibt.

Die im obigen Algorithmus erwähnten Berechnungsmethoden für den „Abstand" umfassen Single Link, Complete Link und Average Link. Details dazu finden sich in Abb. 9.7, 9.8 und 9.9.

Am Beispiel der Communities c_1 und c_2 kann $D(c_1, c_2)$ auf folgende drei Arten berechnet werden.

1. Single Link: Der Abstand zwischen den jeweils nächsten Knoten zweier Communities wird als Distanz zwischen den Communities verwendet. Nachteilig an dieser Methode ist, dass sie stark durch Ausreißer beeinflusst wird und leicht langgestreckte, kettenartige Communities erzeugt.

$$D(c_1, c_2) = \min_{x_1 \in c_1, x_2 \in c_2} D(x_1, x_2) \tag{9.3}$$

Abb. 9.7 Single Link

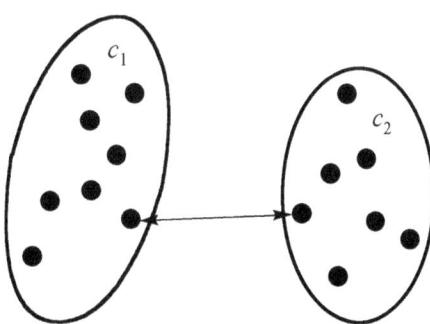

Abb. 9.8 Complete Link

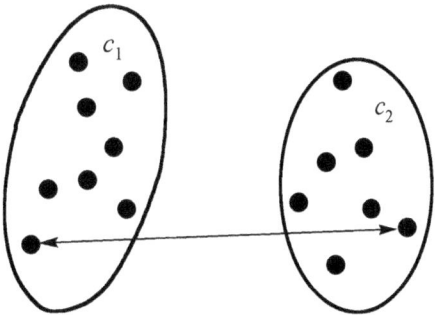

Abb. 9.9 Average Link

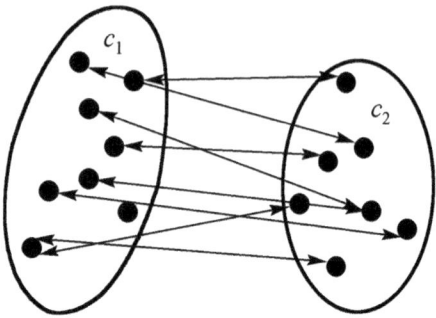

2. Complete Link: Der Abstand zwischen den jeweils am weitesten voneinander entfernten Knoten zweier Communities wird als Distanz zwischen den Communities verwendet. Das mit dieser Methode erhaltene Clustering ist in der Regel relativ kompakt.

$$D(c_1, c_2) = \max_{x_1 \in c_1, x_2 \in c_2} D(x_1, x_2) \tag{9.4}$$

3. Average Link: Der durchschnittliche Abstand zwischen allen Knoten zweier Communities wird als Distanz zwischen den Communities verwendet, wodurch der Einfluss von Ausreißern effektiv reduziert werden kann.

$$D(c_1, c_2) = \frac{1}{|c_1|} \frac{1}{|c_2|} \sum_{x_1 \in c_1} \sum_{x_1 \in c_1} D(x_1, x_2) \tag{9.5}$$

9.3.1.3 Gemeinschaftserkennungsalgorithmus basierend auf Modularitätsoptimierung

Die Grundidee eines auf Modularitätsoptimierung basierenden Gemeinschaftserkennungsalgorithmus besteht darin, das Problem der Gemeinschaftserkennung in ein Optimierungsproblem zu überführen und durch Optimierung der Zielfunktion (Modularität) die bestmögliche Netzwerkpartition zu erhalten. Repräsentative Algorithmen sind der Greedy-Algorithmus und der Louvain-Algorithmus.

Greedy-Algorithmus

Im Jahr 2004 schlugen Newman et al. einen Greedy-Algorithmus auf Basis gieriger Prinzipien vor, dessen Ziel es ist, den globalen Optimalwert oder einen näherungsweise optimalen Wert der Zielfunktion zu finden. Die Hauptschritte sind wie folgt:

1. Entfernen Sie alle Kanten im Netzwerk und betrachten Sie anschließend jeden Knoten im Netzwerk als eigene Gemeinschaft.
2. Betrachten Sie jeden zusammenhängenden Teil des Netzwerks als Gemeinschaft und fügen Sie dann die bisher nicht eingefügten Kanten einzeln wieder in das Netzwerk ein. Verbindet die eingefügte Kante zwei verschiedene Gemeinschaften, werden diese zusammengeführt und der Modularitätszuwachs der neuen Gemeinschaftsaufteilung berechnet. Wählen Sie zwei Gemeinschaften aus, deren Zusammenführung den maximalen oder minimalen Modularitätszuwachs bewirkt.
3. Ist die Anzahl der Gemeinschaften im Netzwerk größer als 1, kehren Sie zu Schritt (2) zurück und iterieren weiter; andernfalls fahren Sie mit Schritt (4) fort.
4. Durchlaufen Sie die Modularitätswerte aller Gemeinschaftsaufteilungen und wählen Sie die Partition mit der höchsten Modularität als optimale Netzwerkpartition aus.

Die Zeitkomplexität des Greedy-Algorithmus beträgt $O[(m + n)n]$, wobei m die Anzahl der Kanten und n die Anzahl der Knoten ist.

Louvain-Algorithmus

Der Louvain-Algorithmus wurde von Vincent et al. vorgeschlagen und zeichnet sich durch hohe Effizienz und gute Ergebnisse aus. Der Algorithmus kann eine hierarchische Gemeinschaftsstruktur erkennen, wobei das Optimierungsziel darin besteht, die Modularität des gesamten Gemeinschaftsnetzwerks zu maximieren [19]. Die Hauptschritte dieses Algorithmus sind wie folgt:

1. Jeder Knoten im Graphen wird als eigene Gemeinschaft betrachtet, sodass die Anzahl der Gemeinschaften der Anzahl der Knoten entspricht.
2. Ordnen Sie jedem Knoten i die Gemeinschaft seiner Nachbarknoten zu, berechnen Sie, ob der Modularitätszuwachs vor und nach der Zuordnung größer als 0 ist, und falls ja, ordnen Sie den Knoten i der Gemeinschaft des Nachbarknotens mit dem größten Modularitätszuwachs zu.
3. Wiederholen Sie Schritt 2, bis der Algorithmus stabil ist, d. h. bis sich die Zugehörigkeit aller Knoten zu einer Gemeinschaft nicht mehr ändert.
4. Alle Knoten einer Gemeinschaft werden zu einem neuen Knoten zusammengefasst, und die Kantengewichte innerhalb der Gemeinschaft werden auf die Kanten des neuen Knotens übertragen. Die Kantengewichte zwischen Gemeinschaften werden zu den Kantengewichten zwischen den neuen Knoten.
5. Wiederholen Sie die Schritte (1) bis (3), bis der Algorithmus stabil ist, das heißt, bis sich die Modularität des gesamten Graphen nicht mehr ändert.

9.3.1.4 Gemeinschaftserkennungsalgorithmus basierend auf Label Propagation

Der auf Label Propagation (LPA) basierende Gemeinschaftserkennungsalgorithmus wurde 2007 von Raghavan et al. vorgeschlagen. Die Grundidee besteht darin, die Label-Informationen nicht markierter Knoten durch die Label-Informationen markierter Knoten zu aktualisieren. Diese Label-Aktualisierung breitet sich im gesamten Netzwerk aus, bis ein Konvergenzzustand erreicht ist. Die Hauptschritte sind wie folgt:

1. Weisen Sie jedem Knoten ein eindeutiges Label zu, wobei Knoten 1 Label 1 und Knoten I Label I erhält.
2. Aktualisieren Sie die Labels aller Knoten rundenweise, bis die Konvergenzbedingungen erfüllt sind. Für jede Aktualisierungsrunde gilt: Für einen Knoten werden die Nachbarknoten ermittelt, deren Labels gezählt und das am häufigsten vorkommende Label dem aktuellen Knoten zugewiesen. Gibt es mehrere Labels mit gleicher maximaler Häufigkeit, wird zufällig eines ausgewählt und dem Knoten zugewiesen.
3. Ändert sich das Label eines Knotens nach dieser Runde nicht mehr (oder ist die maximal erlaubte Anzahl an Iterationen erreicht), wird die Iteration gestoppt. Andernfalls wird Schritt (2) wiederholt. Am Ende bilden Knoten mit demselben Label eine Gemeinschaft, während Knoten mit unterschiedlichen Labels verschiedenen Gemeinschaften zugeordnet werden.

Der auf Label Propagation basierende Gemeinschaftserkennungsalgorithmus kennt zwei Möglichkeiten zur Aktualisierung der Knotentags: synchrone und asynchrone Aktualisierung.

Bei der synchronen Aktualisierung hängt das Label des Knotens v während der Iteration t nur vom Label nach der Aktualisierung in Iteration $t-1$ ab. Die Formel lautet:

$$C_v(t) = f(C_{v1}(t-1), \cdots, C_{vk}(t-1)), v_i \in N(v) \qquad (9.6)$$

wobei $C_v(t)$ das Label des Knotens v in Iteration t bezeichnet.

Bei der asynchronen Aktualisierung aktualisiert der Knoten sein Label auf Basis der vorherigen Schnappschuss-Informationen. Das heißt, wenn der Knoten v die Iteration t durchführt, stützt er sich gleichzeitig auf die in Iteration $t-1$ bereits aktualisierten Labels und auf die Labels, die in Iteration $t-1$ aktualisiert, aber in Iteration t noch nicht aktualisiert wurden. Die Formel lautet:

$$C_v(t) = f\big(C_{v_{i1}}(t-1), \cdots, C_{v_{im}}(t-1), C_{v_{i(m+1)}}(t), \cdots, C_{v_{ik}}(t)\big), v_{im} \in N(v) \quad (9.7)$$

Das Prinzip des auf Label Propagation basierenden Gemeinschaftserkennungsalgorithmus ist einfach, und seine Zeitkomplexität ist nahezu linear: $O(n + m)$ (n ist die Anzahl der Knoten und m die Anzahl der Kanten), wodurch er sich für große Netzwerke eignet. Aufgrund der Zufälligkeit des Algorithmus ist jedoch seine Stabilität gering und die Unsicherheit hoch [20].

9.3.2 Algorithmus zur Erkennung überlappender Gemeinschaften

9.3.2.1 Gemeinschaftserkennungsalgorithmus basierend auf der Clique Percolation Method

Im Jahr 2005 veröffentlichten Palla et al. den Artikel *Uncovering the overlapping community structure of complex networks in nature and society* und führten die Clique Percolation Method (CPM) ein, um erstmals das Problem der Erkennung überlappender Gemeinschaften zu lösen. Dies markiert den Beginn der Forschung zur Erkennung überlappender Gemeinschaften. In der CPM steht eine Clique für eine Menge von Knoten im Netzwerk, bei der jedes Knotenpaar miteinander verbunden ist, also für einen vollständigen Teilgraphen. Sind die Knoten innerhalb einer Gemeinschaft eng verbunden und ist die Kantendichte hoch, bildet sich häufig ein Cluster. Da es innerhalb einer Gemeinschaft leicht ist, einen großen vollständigen Teilgraphen zu bilden, dies aber zwischen Gemeinschaften nahezu unmöglich ist, können Gemeinschaften durch das Auffinden von Cliquen im Netzwerk identifiziert werden. Konkret sind die Hauptschritte der CPM wie folgt:

1. Finden Sie alle K-Cliquen im Netzwerk, wobei eine K-Clique einen vollständigen Teilgraphen mit k Knoten im Netzwerk bezeichnet.
2. Erstellen Sie eine Überlappungsmatrix basierend auf den gefundenen K-Cliquen. In dieser Matrix steht jede Zeile (bzw. Spalte) für eine K-Clique, die Nichtdiagonalelemente geben die Anzahl der überlappenden Knoten zweier K-Cliquen an, und die Diagonalelemente repräsentieren die Größe der Clique.
3. Basierend auf der Überlappungsmatrix werden die Nebendiagonalelemente, die kleiner als $k - 1$ sind, auf 0 gesetzt und die Diagonalelemente, die kleiner als k sind, auf 1 gesetzt. So erhält man die K-Clique-Verbindungsmatrix, in der jeder zusammenhängende Teil eine K-Clique-Gemeinschaft bildet.
4. Geben Sie die Ergebnisse der Gemeinschaftserkennung aus.

CPM eignet sich für Netzwerke mit vielen vollständigen Teilgraphen, also für Netzwerke mit hoher Kantendichte; bei dünn besetzten Netzwerken ist die Effizienz sehr gering. Zudem hat der Parameter k im Algorithmus einen großen Einfluss auf das Ergebnis der Gemeinschaftserkennung und muss im Voraus festgelegt werden.

9.3.2.2 Gemeinschaftserkennungsalgorithmus basierend auf Kantenteilung

Der Algorithmus zur Erkennung überlappender Gemeinschaften konzentriert sich hauptsächlich auf die Untersuchung von Knoten-Gemeinschaftsstrukturen, jedoch ist die Kante für die Forschung zur Erkennung überlappender Gemeinschaften ebenso wichtig. Abb. 9.10 zeigt überlappende Gemeinschaftsstrukturen, die jeweils

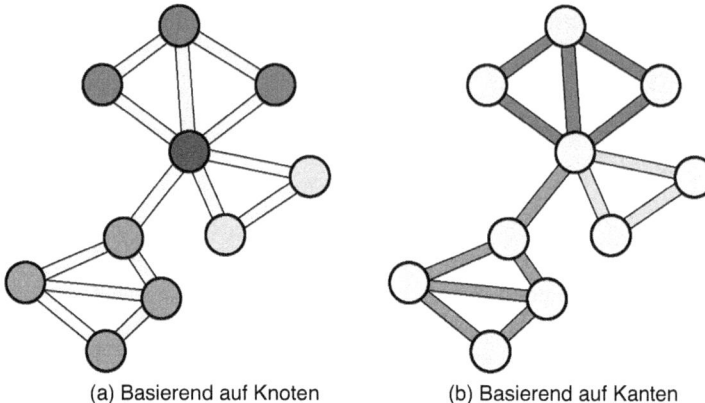

(a) Basierend auf Knoten   (b) Basierend auf Kanten

Abb. 9.10 Diagramm der überlappenden Gemeinschaftsstruktur basierend auf Knoten und Kanten [21]

auf Knoten bzw. Kanten basieren. In der traditionellen Gemeinschaftserkennung wird häufig angenommen, dass eine Gemeinschaft aus Gruppen von Knoten besteht (Abb. 9.10a), aber Yof-Yeolahn et al. schlugen erstmals vor, die Kante als Forschungsobjekt zu betrachten (siehe Abb. 9.10b) [21]. Sie gruppierten Kanten anhand ihrer Ähnlichkeit, um die hierarchische Beziehung und die Überlappung der Knoten gleichzeitig zu berücksichtigen. Der Link Clustering (LC) Algorithmus ist ein typisches Beispiel für einen auf Kantenteilung basierenden Gemeinschaftserkennungsalgorithmus. Die Hauptschritte des LC-Algorithmus sind wie folgt [22]:

1. Verwenden Sie eine verbesserte Jaccard-Ähnlichkeitsberechnung, um die Ähnlichkeit zwischen Kanten zu messen (Gleichung (9.8)). Mit dieser Methode kann die Ähnlichkeitsmatrix der Kanten bestimmt werden, wobei k den benachbarten Knoten zwischen der Kante e_{ik} und der Kante e_{jk} bezeichnet, $n_+(i)$ die Menge aller Nachbarknoten einschließlich des Knotens i selbst darstellt.

$$S\left(e_{ik}, e_{jk}\right) = \frac{|n_+(i) \cap n_+(j)|}{|n_+(i) \cup n_+(j)|} \qquad (9.8)$$

2. Verwenden Sie das Single-Linkage-Verfahren, um die in Schritt (1) erhaltene Ähnlichkeitsmatrix zu clustern.
3. Bestimmen Sie die optimale hierarchische Partitionierung anhand des Bewertungsindex der Teilungsdichte.

9.3.2.3 Gemeinschaftserkennungsalgorithmus basierend auf lokaler Erweiterung

Der auf lokaler Erweiterung basierende Gemeinschaftserkennungsalgorithmus eignet sich besser für die Erkennung überlappender Gemeinschaften in großskaligen

Netzwerken. Die Grundidee besteht in der Regel darin, einen oder mehrere Startknoten auszuwählen und dann mithilfe des Einflusses dieser Startknoten die umliegenden Knoten zu einer um die Startknoten zentrierten Gemeinschaft zu erweitern, sodass schließlich eine vollständige Gemeinschaftsstruktur entsteht [23]. Die Kernpunkte dieses Algorithmus sind die Auswahl der Startknoten und die Erweiterung dieser zu Gemeinschaften [24]. Ein klassischer Algorithmus ist die von Lancichinetti et al. vorgeschlagene Local Fitness Method (LFM). LFM folgt dem Prinzip der Zufälligkeit bei der Auswahl der Startknoten und erweitert die Gemeinschaft durch Maximierung der lokalen Fitnessfunktion. Die Hauptschritte von LFM sind wie folgt:

1. Wählen Sie zufällig Knoten im Netzwerk als Startknoten aus und erweitern Sie diese anschließend durch Optimierung der Fitnessfunktion, sodass anfängliche Gemeinschaften gebildet werden.
2. Bestimmen Sie, ob die Nachbarknoten der Sub-Gemeinschaft durch Berechnung der Änderung der Fitnessfunktion der Gemeinschaft beitreten können.
3. Wiederholen Sie die Schritte (1) und (2), bis alle Knoten den entsprechenden Gemeinschaften zugeordnet sind.

Die Implementierung von LFM ist einfach und weist eine geringe Zeitkomplexität auf, jedoch berücksichtigt der Algorithmus weder Knotengewichte noch Informationen zur Netzwerktopologie, und seine Zufälligkeit beeinflusst sowohl das Ergebnis der Gemeinschaftserkennung als auch die Qualität der Startknotenauswahl.

9.3.2.4 Gemeinschaftserkennungsalgorithmus basierend auf unscharfer Detektion

Im Jahr 2011 schlug Gregory erstmals das Konzept der „Fuzzy Overlapping Partition" vor. Im Unterschied zu traditionellen Gemeinschaftserkennungsalgorithmen erlaubt der auf unscharfer Detektion basierende Algorithmus, dass überlappende Knoten unvollständige und inkonsistente Zugehörigkeitsbeziehungen zu ihren Gemeinschaften aufweisen. Dadurch kann der relative Zugehörigkeitsgrad überlappender Knoten zu verschiedenen Gemeinschaften durch den im Intervall [0,1] kontinuierlich verteilten unscharfen Zugehörigkeitsgrad quantifiziert werden. Die Summe der Zugehörigkeitsgrade eines Knotens zu allen Gemeinschaften beträgt 1 [25]. Im Wesentlichen kann die Zugehörigkeit zwischen Knoten und Gemeinschaften durch die Bestimmung des Zugehörigkeitsgrades zwischen Knoten und Gemeinschaften festgelegt werden, was die Fähigkeit zur Analyse komplexer und unscharfer Topologien in realen überlappenden Gemeinschaftsstrukturen stärkt. Allerdings muss die Anzahl der Gemeinschaften im Voraus festgelegt oder durch bestimmte Strategien bestimmt werden.

Der Fuzzy C-Means-Algorithmus, abgekürzt als FCM-Algorithmus [26], ist ein klassischer Algorithmus im Bereich der auf unscharfer Detektion basierenden Gemeinschaftserkennung. Die Grundidee dieses Algorithmus besteht darin, den

Zugehörigkeitsgrad der Knoten zu den Gemeinschaften durch Minimierung des gewichteten euklidischen Abstands zu bestimmen. Konkret wird angenommen, dass der Datensatz x ist, mehrere Daten in x in c Klassen unterteilt werden, der Mittelpunkt dieser c Klassen ist c_i, und der Zugehörigkeitsgrad jeder Stichprobe x_j zu einer bestimmten Klasse ist u_{ij}; die Zielfunktion und ihre Nebenbedingungen des FCM-Algorithmus können wie folgt definiert werden:

$$J = \sum\nolimits_{i=1}^{c} \sum\nolimits_{j=1}^{n} u_{ij}^m \left\| x_j - c_i \right\|^2 \tag{9.9}$$

$$\sum\nolimits_{i=1}^{c} u_{ij} = 1, j = 1, 2, \cdots, n \tag{9.10}$$

Die Zielfunktion (Gl. 9.9) ergibt sich durch Multiplikation des Zugehörigkeitsgrades der jeweiligen Stichprobe mit dem Abstand der Stichprobe zu den verschiedenen Mittelpunkten. Gl. (9.10) stellt die Nebenbedingung dar, das heißt, die Summe der Zugehörigkeitsgrade einer Stichprobe zu allen Klassen muss 1 ergeben, und m ist ein Zugehörigkeitsfaktor, in der Regel 2. $x_j - c_i$ bezeichnet den euklidischen Abstand von x_j zum Mittelpunkt c_i.

Die Hauptschritte des Algorithmus sind wie folgt:

1. Initialisierung der unscharfen Matrix U (beschreibt den Zugehörigkeitsgrad jedes Knotens zu den verschiedenen Klassen). In der Regel erfolgt die Initialisierung zufällig, wobei die Gewichte zufällig gewählt werden und die Anzahl der Cluster manuell festgelegt werden muss.
2. Berechnung des Mittelpunktes nach folgender Formel. Das Zentrum des FCM-Algorithmus unterscheidet sich vom traditionellen Mittelpunkt dadurch, dass es sich um einen gewichteten Mittelwert mit dem Zugehörigkeitsgrad als Gewicht handelt.

$$c_j = \frac{\sum_{i=1}^{N} u_{ij}^m \times x_i}{\sum_{i=1}^{N} u_{ij}^m} \tag{9.11}$$

3. Berechnung des Mittelpunktes der Klasse nach folgender Formel und Aktualisierung der unscharfen Matrix U, das heißt, Aktualisierung des Gewichts (Zugehörigkeitsgrad). Vereinfacht gesagt: Je näher x am Mittelpunkt c liegt, desto höher ist der Zugehörigkeitsgrad, und umgekehrt:

$$u_{ij} = \frac{1}{\sum_{k-1}^{c} \left(\frac{x_i - c_j}{x_i - c_k} \right)^{\frac{2}{m-1}}} \tag{9.12}$$

4. Beende die Iteration, wenn sich u nur noch geringfügig ändert; andernfalls zurück zu Schritt (2).

Das Flussdiagramm des FCM-Algorithmus ist in Abb. 9.11 dargestellt.

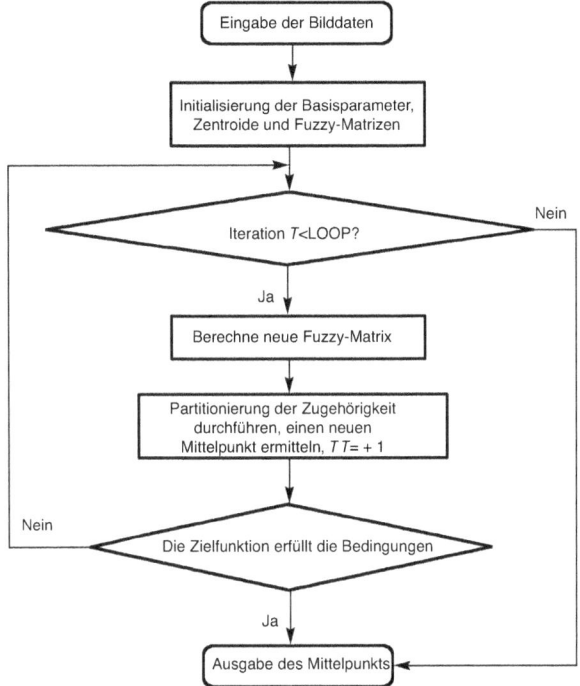

Abb. 9.11 Flussdiagramm des FCM-Algorithmus

9.4 Gemeinschaftsevolution

9.4.1 Konzepte im Zusammenhang mit der Evolution von Gemeinschaften

Die bisherige Forschung zur Gemeinschaftserkennung konzentriert sich hauptsächlich auf statische Netzwerke und vernachlässigt dabei die Veränderungen von Knoten und Beziehungen zu verschiedenen Zeitpunkten. In der realen Welt sind jedoch viele Netzwerke dynamisch und verändern sich im Laufe der Zeit, was zu Schwankungen in den Gemeinschaftsstrukturen führt. Daher ist die Erforschung der Gemeinschaftserkennung in dynamischen Netzwerken von großer Bedeutung und stellt zugleich einen aktuellen Schwerpunkt und eine Herausforderung in der Gemeinschaftsforschung sozialer Netzwerke dar.

9.4.1.1 Dynamische Netzwerke

Statische Netzwerke können sowohl Datenaggregationen über einen Zeitraum als auch Momentaufnahmen zu einem bestimmten Zeitpunkt darstellen. Da sich soziale Netzwerke im Zeitverlauf entwickeln, fügen dynamische Netzwerke statischen Netzwerken Zeitstempel hinzu. Dadurch wird die Entwicklung des Netzwerks in eine Reihe von Momentaufnahmen statischer Netzwerke überführt, von denen jede einem bestimmten Zeitpunkt entspricht. Dynamische Netzwerke umfassen temporale Netzwerke und Snapshot-Netzwerke.

Definition 5 Temporale Netzwerke
Das Zeitreihennetzwerk wird als Netzwerk $G = (V, E, T)$ dargestellt, wobei V eine Menge von Knoten im Netzwerk bezeichnet und jedes Element in V drei grundlegende Attribute enthält (v, t_s, t_e). v steht für einen Knoten im Netzwerk, und t_s, $t_e \in T$ bezeichnen jeweils die Geburts- und Todeszeitpunkte der Knoten im Netzwerk $(t_s \leq t_e)$. E bezeichnet die Menge der Kanten im Netzwerk, wobei jedes Element vier grundlegende Attribute enthält (u, v, t_s, t_e), wobei u, $v \in V$ jeweils zwei Knoten der Kante darstellen und t_s, $t_e \in T$ die Geburts- und Todeszeitpunkte der Kante im Netzwerk angeben $(t_s \leq t_e)$.

Definition 6 Snapshot-Netzwerke
Ein dynamisches Netzwerk besteht aus einer Reihe diskreter Snapshot-Netzwerke, das heißt, $G = \{G_0, G_1, \cdots, G_T\}$, wobei T die Anzahl der Snapshot-Netzwerke angibt. Das Snapshot-Netzwerk $G_t = (V_t, E_t)(0 < t < T)$ stellt eine Momentaufnahme der Knotenmengen V und der Kantenmengen E zum aktuellen Zeitpunkt t dar.

9.4.1.2 Dynamische Gemeinschaftserkennung und Gemeinschaftsevolution

Die dynamische Gemeinschaftserkennung basiert auf dynamischen Netzwerken. Ihr Hauptziel ist es, die Gemeinschaftsstrukturen in verschiedenen Zeitfenstern zu identifizieren. Die dynamische Gemeinschaftserkennung untersucht insbesondere, wie die sich ständig verändernden Gemeinschaftsstrukturen in sozialen Netzwerken aufgedeckt werden können, insbesondere die Kern- und stabilen Gemeinschaftsstrukturen in dynamischen Netzwerken.

Definition 7 Dynamische Gemeinschaftserkennung
Gegeben sei ein dynamisches Netzwerk DG und eine dynamische Gemeinschaft DC (dynamische Community), so wird DC als eine Menge von Knoten mit Periodenattribut definiert:

$$\text{DC} = \{(v_1, P_1), (v_2, P_2), \cdots, (v_n, P_n)\} \tag{9.13}$$

wobei $P_n = \left\{ \left(t_s^0, t_e^0\right), \left(t_s^1, t_e^1\right) \cdots \left(t_s^n, t_e^n\right) \right\}(t_{s*} \leq t_{e*})$ die n Existenzperioden des Knotens v_i darstellt. Dynamische Gemeinschaftserkennung bedeutet, alle dynamischen Gemeinschaften im dynamischen Netzwerk DG zu identifizieren.

Die Gemeinschaftsevolution zielt darauf ab, den Veränderungsprozess impliziter Gemeinschaftsstrukturen zu beobachten, wobei der Schwerpunkt auf der Bewertung der Veränderungen von Gemeinschaftsstrukturen in verschiedenen Zeitfenstern liegt [27]. Obwohl sich dynamische Gemeinschaftserkennung und Gemeinschaftsevolution hinsichtlich ihrer Forschungsziele und -methoden unterscheiden, besteht ihre Gemeinsamkeit darin, Gemeinschaftsinformationen und -veränderungen zu unterschiedlichen Zeitpunkten oder in verschiedenen Zeitfenstern zu erkennen. Daher wird in den meisten Forschungsarbeiten nicht streng zwischen diesen beiden Forschungsrichtungen unterschieden.

9.4.2 Gemeinschaftsentwicklungsereignisse

Gemeinschaftsentwicklungsereignisse wurden erstmals 2007 von Palla G et al. eingeführt. Sie beschrieben die grundlegenden Ereignisse, die im Lebenszyklus von Gemeinschaften auftreten können, um die Entwicklung der Gemeinschaften im Zeitverlauf zu beobachten. Sie fassten die Gemeinschaftsentwicklungsereignisse als Entstehung, Auflösung, Wachstum, Schrumpfung, Fusion und Aufspaltung zusammen. Viele nachfolgende Wissenschaftler haben das Modell ergänzt. So führten Tajeuna EG et al. das Konzept der Kontinuität ein [28], während Cazabet R und Rossetti G das Konzept der Wiederbelebung von Gemeinschaften vorschlugen [29]. Die Erläuterungen und Abbildungen dieser Gemeinschaftsentwicklungsereignisse sind in Tab. 9.1 und Abb. 9.12 dargestellt [29].

Tab. 9.1 Interpretation der Gemeinschaftsentwicklungsereignisse

Gemeinschaftsentwicklungsereignis	Beschreibung
Entstehung	Eine beliebige Anzahl von Knoten bildet erstmals eine neue Gemeinschaft
Auflösung	Bei der Auflösung einer Gemeinschaft sind alle zugehörigen Knoten nicht mehr miteinander verbunden
Wachstum	Die Gemeinschaft erhält neue Knoten und ihre Größe nimmt zu
Schrumpfung	Ursprüngliche Knoten der Gemeinschaft gehen verloren, wodurch die Größe der Gemeinschaft abnimmt
Fusion	Zwei oder mehr Gemeinschaften verschmelzen zu einer neuen Gemeinschaft
Aufspaltung	Durch das Verschwinden von Knoten oder Kanten teilt sich eine Gemeinschaft in zwei oder mehr Gemeinschaften auf
Fortbestehen	Die Gemeinschaft bleibt unverändert
Wiederbelebung	Die Gemeinschaft erscheint nach einer Phase des Verschwindens erneut

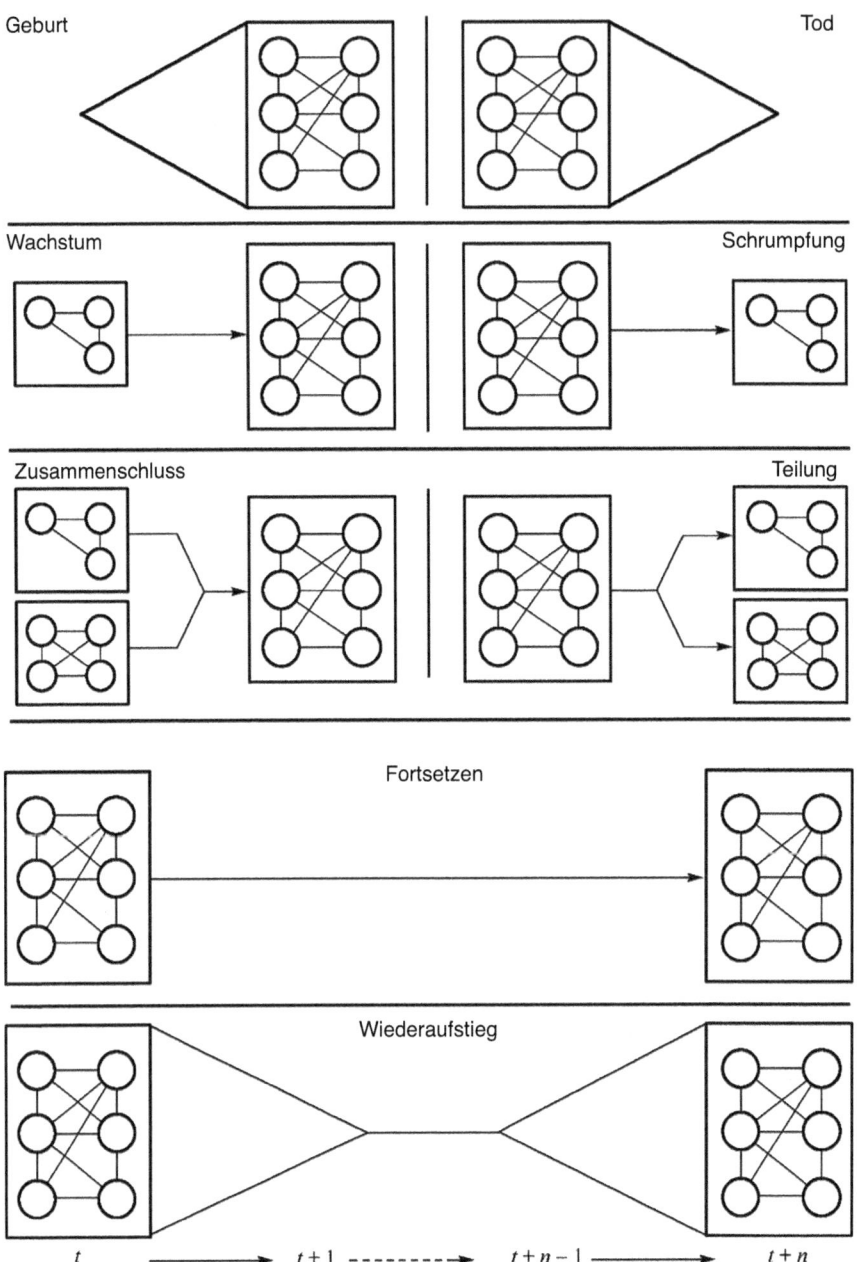

Abb. 9.12 Diagramm der Gemeinschaftsentwicklungsereignisse [29]

9.4.3 Algorithmus zur Evolution von Gemeinschaften

Nach den Ansichten von Dakiche N [28] und Li Yongning et al. [30] lassen sich Algorithmen zur Evolution von Gemeinschaften hauptsächlich in zwei Kategorien einteilen:

1. Das Netzwerk wird entsprechend den Zeitschritten in Slices unterteilt, wodurch eine Sequenz von Netzwerkslices entsteht, die anschließend als Eingabedaten für die Gemeinschaftserkennung und das Nachverfolgen der Evolution verwendet werden.
2. Die Eingabedaten des Gemeinschaftserkennungsalgorithmus sind temporale Netzwerke, die durch das Echtzeitsammeln von Informationen in Form von Kantenströmen realisiert werden. Bei der dynamischen Gemeinschaftserkennung in temporalen Netzwerken ist es nicht erforderlich, die Gemeinschaft bei jeder Änderung von Grund auf neu zu entdecken, sondern die zuvor erkannten Gemeinschaften werden entsprechend den Veränderungen der Knoten und Kanten im Netzwerk aktualisiert. Das heißt, die Gemeinschaftserkennung im temporalen Netzwerk besteht aus einer Reihe von Modifikationen einer initialen statischen Gemeinschaft.

Konkret unterteilen Dakiche N et al. die bestehenden Algorithmen zur Evolution von Gemeinschaften hauptsächlich in vier Kategorien: unabhängiger Gemeinschaftserkennungsalgorithmus, inkrementeller Gemeinschaftserkennungsalgorithmus, simultaner Gemeinschaftserkennungsalgorithmus und dynamischer Gemeinschaftserkennungsalgorithmus auf Basis temporaler Netzwerke.

9.4.3.1 Unabhängiger Gemeinschaftserkennungsalgorithmus

Der unabhängige Gemeinschaftserkennungsalgorithmus ergänzt die Zuordnung der Netzwerkslices nach der Aufteilung der statischen Netzwerk-Gemeinschaften. Der Algorithmus berücksichtigt bei der Erkennung der Gemeinschaften für jeden Zeitschritt die vorherigen Zeitslices nicht und kann auch auf dynamische Netzwerke mit starken Veränderungen angewendet werden.

Der Algorithmus ist in zwei Schritte unterteilt:

1. Für jedes Netzwerkslice zu jedem Zeitschritt wird eine Gemeinschaftserkennung durchgeführt; in dieser Phase können je nach Datenkontext geeignete Algorithmen ausgewählt werden.
2. Die Ergebnisse der Gemeinschaftserkennung des aktuellen Netzwerkslices werden anhand bestimmter Ähnlichkeitsregeln (wie Indikatoren für die Dimensionen der Gemeinschaftsstruktur und -semantik) mit den Ergebnissen des vorherigen Zeitschritts abgeglichen, um den Evolutionsprozess der Gemeinschaft zu erhalten.

Aufgrund ihrer Einfachheit und Flexibilität wurde diese Methode in vielen Studien eingesetzt. Hopcroft et al. gehörten zu den ersten Forschungsteams, die statische Netzwerksnapshots nutzten, um die Entwicklung von Gemeinschaften im Zeitverlauf zu verfolgen [31]. Sie schlugen eine hierarchische Clustering-Methode vor, um stabile Cluster zu identifizieren und deren Veränderungen über die Zeit zu verfolgen. Asur et al. stellten 2009 eine einfache und intuitive Methode zur Identifikation von Gemeinschaftsereignissen vor. Sie verwenden zunächst den Markov-Clustering-Algorithmus [32] zur Entdeckung von Gemeinschaften und vergleichen anschließend Größe und Überlappung aller möglichen Gemeinschaftspaare in aufeinanderfolgenden Snapshots, um die beteiligten Ereignisse zu bestimmen. Bródka et al. schlugen 2013 die Group Evolution Detection (GED) vor. GED berücksichtigt Qualität und Quantität der Gemeinschaftsknoten, berechnet die Inklusivität zwischen Gemeinschaften und ordnet anschließend die Gemeinschaften benachbarter Netzwerkslices anhand dieses Indexes zu.

Im Allgemeinen ist der unabhängige Gemeinschaftserkennungsalgorithmus besonders geeignet für Netzwerke mit hochdynamischen und klaren Gemeinschaftsstrukturen. Der Vorteil dieses Algorithmus liegt darin, dass er nicht nur die Möglichkeit bietet, in beiden Schritten jeweils den passenden Algorithmus entsprechend dem tatsächlichen Netzwerk zu wählen, sondern auch mit überlappenden und disjunkten Gemeinschaften umgehen kann. Allerdings ist dieser Algorithmus nicht stabil, da er für zwei nahezu identische dynamische Netzwerke unterschiedliche Ergebnisse liefern kann.

9.4.3.2 Inkrementeller Gemeinschaftserkennungsalgorithmus

Die Grundidee des inkrementellen Gemeinschaftserkennungsalgorithmus besteht darin, die Gemeinschaft zum Zeitpunkt t auf Basis der Netzwerktopologie zum Zeitpunkt t und der zuvor erkannten Gemeinschaftsstruktur zu bestimmen. Der Algorithmus geht davon aus, dass die Gemeinschaftsstruktur des aktuellen Zeitpunkts in gewissem Maße von der Struktur des vorherigen oder sogar der vorherigen Zeitpunkte abhängt, da sich die Gemeinschaftsstruktur in der Regel nicht abrupt in kurzer Zeit verändert. So verbesserten He et al. 2015 den Louvain-Algorithmus, indem sie das Konzept der Dynamik bei der Bildung von Gemeinschaften einführten. Der Kern des Algorithmus besteht darin, die Gemeinschaften zum Zeitpunkt t unter Verwendung der zuvor erkannten Gemeinschaften zu identifizieren. Aynaud et al. schlugen 2010 eine weitere Methode mit ähnlichem Mechanismus vor: In jedem Zeitschritt wird der Louvain-Algorithmus zur Gemeinschaftserkennung eingesetzt, wobei die im vorherigen Zeitschritt gefundenen Gemeinschaften als Initialisierung dienen. 2009 betrachteten Dinh T N et al. den letzten Schritt der Gemeinschaftsstruktur als Ausgangszustand, fügten jeden neuen Knoten als Einzelgemeinschaft hinzu und wendeten dann erneut den CNM-Algorithmus an, um eine neue Gemeinschaftsstruktur zu erhalten.

Im Vergleich zum unabhängigen Gemeinschaftserkennungsalgorithmus erhöht der inkrementelle Gemeinschaftserkennungsalgorithmus die zeitliche und rechnerische

Komplexität. Da der Algorithmus keine Gemeinschaften in verschiedenen Snapshots erkennen kann, ist er für großskalige Netzwerke nicht geeignet.

9.4.3.3 Simultaner Gemeinschaftserkennungsalgorithmus

Der simultane Gemeinschaftserkennungsalgorithmus entdeckt Gemeinschaften gleichzeitig in allen Zeitschritten der Netzwerkslices. Die Grundidee besteht darin, die Gemeinschaftsstruktur durch Kopplung der Netzwerke zu erkennen. Konkret werden die Netzwerkslices aller Zeitschritte zu einem neuen Netzwerk rekonstruiert, indem Kanten zwischen denselben Knoten in den Netzwerksli-ces verschiedener Zeitschritte gekoppelt werden. Das heißt, es wird ein separates Netzwerk konstruiert, indem zwischen den Netzwerkslices aller Zeitschritte zu-sätzliche Kanten eingefügt werden, und anschließend wird auf dieses Netzwerk ein klassischer Gemeinschaftserkennungsalgorithmus angewendet. So bauten Jdi-dia M B et al. 2007 ein Netzwerk aus verschiedenen Snapshots auf, indem sie eine Verbindung zwischen mindestens einem gemeinsamen Nachbarknoten in zwei aufeinanderfolgenden Zeitschritt-Slices herstellten und anschließend den klassi-schen Walktrap-Algorithmus [33] zur Gemeinschaftserkennung einsetzten. Mucha et al. konstruierten 2010 auf leicht abweichende Weise ein einzigartiges Netzwerk, indem sie denselben Knoten zwischen zwei verschiedenen, aufeinanderfolgenden Zeitschritt-Slices verbanden und anschließend das Modularity-Maß mithilfe der universellen Version des Louvain-Algorithmus optimierten.

Der Vorteil des simultanen Gemeinschaftserkennungsalgorithmus liegt darin, dass er das Stabilitätsproblem des unabhängigen Algorithmus löst, indem er die langfristige Konsistenz der erkannten Gemeinschaften gewährleistet. Allerdings ist es schwierig, Evolutionsevents wie Fusionen und Aufspaltungen von Gemein-schaften zu erkennen, und die Methode eignet sich nicht zur Nachverfolgung der Gemeinschaftsentwicklung in einem sich in Echtzeit entwickelnden Netzwerk, da mit dem Auftreten neuer Snapshots die aktuellen Ergebnisse nicht mit den neu ein-gehenden Daten aktualisiert werden können.

9.4.3.4 Dynamischer Gemeinschaftserkennungsalgorithmus auf temporalen Netzwerken

Der dynamische Gemeinschaftserkennungsalgorithmus auf Basis temporaler Netz-werke benötigt keine Unterteilung des Netzwerks in Slices. Die Grundidee besteht darin, dass bei jeder Änderung von Knoten und Kanten im Netzwerk die Gemein-schaftserkennungsergebnisse der Knoten nach bestimmten Regeln aktualisiert und angepasst werden, um die Kontinuität der dynamischen Netzwerk-Gemeinschaften zu gewährleisten. Konkret wird zunächst der Anfangszustand des Netzwerks be-trachtet, und anschließend wird die Gemeinschaftsstruktur entsprechend den Veränderungen jedes Knotens oder jeder Kante aktualisiert. So untersuchten Li et al. 2012 mit einem einfachen Bewertungsmechanismus die Veränderungen der

Kanten in temporalen Netzwerken. Nach jeder Kantenänderung wird die Gemeinschaft entsprechend dem mit der Kante verbundenen Knoten neu bewertet, und der
Knoten wird der Gemeinschaft zugeordnet, mit der er die meisten Kanten teilt. Ist
der Unterschied zwischen den beiden Gemeinschaften nicht signifikant, verbleibt
der Knoten in der Gemeinschaft, der er in der vorherigen Phase angehörte. 2019
schlugen Cazabet et al. den ILCD-Algorithmus (Intrinsic Long Community Detection) vor, der die anfänglich erkannten Gemeinschaften an die Veränderungen in
den dynamischen Netzwerken entsprechend der Pfadlänge zwischen jedem Knoten und seinen umgebenden Gemeinschaften anpasst.

Insgesamt kann der dynamische Gemeinschaftserkennungsalgorithmus auf
Basis temporaler Netzwerke Gemeinschaftsveränderungen schnell identifizieren
und eignet sich für die Gemeinschaftserkennung in Echtzeitnetzwerken. Aufgrund
der enormen Anzahl an Netzwerkänderungen, denen temporale Netzwerke ausgesetzt sind, ist es jedoch schwierig, bei jedem Aktualisierungsschritt komplexere
Algorithmen einzusetzen.

9.5 Datensätze für die Gemeinschaftsforschung

Um die Effektivität eines Gemeinschaftserkennungsalgorithmus zu bewerten, ist
es notwendig, ein anerkanntes, bekanntes Netzwerk als Standard zu verwenden
und die Vor- und Nachteile des Algorithmus zu beurteilen, indem die Gemein-
schaftsaufteilungsergebnisse des durch den Algorithmus erkannten Referenznetz-
werks gemessen werden. Derzeit werden häufig verwendete Datensätze hauptsächlich in künstliche und reale Datensätze unterteilt. Wie der Name schon sagt,
handelt es sich bei ersteren um künstlich synthetisierte Netzwerke, die nach bestimmten Strategien generiert werden, während letztere soziale Netzwerke sind,
die auf realen Daten basieren.

9.5.1 Künstliche Datensätze

In der frühen Gemeinschaftsforschung war es schwierig, reale Datensätze zu erhalten, weshalb relevante Wissenschaftler Methoden zur Generierung künstlich
synthetischer Netzwerke auf Basis bestimmter Strategien vorschlugen, um die
Effektivität der Algorithmen zu überprüfen. Künstlich synthetische Netzwerke
können die mikroskopischen Eigenschaften und die Gemeinschaftsaufteilung
realer Netzwerke vorhersagen und ermöglichen so eine effektivere Messung der
Genauigkeit der Gemeinschaftsaufteilung. Derzeit werden vor allem die GN-Re-
ferenznetzwerke und die LFR-Referenznetzwerke als synthetische Netzwerke verwendet.

9.5.1.1 GN-Referenznetzwerk

Der Generierungsprozess des GN-Referenznetzwerks ist wie folgt [34]: Zunächst werden die Netzwerkparameter festgelegt, darunter der Erwartungswert Z_{out}, die Anzahl der Knoten N, der mittlere Grad K, die Anzahl der Gemeinschaften C sowie die Anzahl der Knoten innerhalb und außerhalb der Gemeinschaft. Anschließend werden die Knoten entsprechend den oben genannten Parametern gleichmäßig auf C Gemeinschaften verteilt, um sicherzustellen, dass die Anzahl der Knoten und der mittlere Grad jeder Gemeinschaft identisch sind. Schließlich werden auf Basis der Gemeinschaftszugehörigkeit jedes Knotens und des Wertes von Z_{out} die Kanten zufällig konstruiert, um das Netzwerk G zu erzeugen. Da jede Gemeinschaft im GN-Referenznetzwerk die gleiche Anzahl an Knoten enthält, sind die Clustering- und Gemeinschaftsstruktureigenschaften des Netzwerks relativ einfach und unterscheiden sich deutlich von den Topologieeigenschaften realer Netzwerke.

9.5.1.2 LFR-Referenznetzwerk

Das von Lanci Chinetti et al. vorgeschlagene LFR-Referenznetzwerk (Lanci-chinetti-Fortunato-Radicchi) wird wie folgt generiert [35]: Zunächst werden die Netzwerkparameter festgelegt, darunter die Anzahl der Knoten N, der mittlere Grad K, der maximale Grad K_{max}, der Mischparameter µ, die maximale Gemeinschaftsgröße C_{max} und die minimale Gemeinschaftsgröße C_{min}. Die Gradwerte der N Knoten werden entsprechend der Gradsequenz festgelegt. Anschließend wird die Anzahl der Gemeinschaften C zufällig im Bereich von $[C_{min}, C_{max}]$ bestimmt und die N Knoten werden zufällig auf C Gemeinschaften verteilt. Drittens werden nach dem Konfigurationsmodell-Algorithmus beliebige Knotenpaare unter den N Knoten zufällig ausgewählt, um die internen und externen Kanten jeder Gemeinschaft zu konstruieren und so die Konnektivität des Netzwerks sicherzustellen. Schließlich wird das Netzwerk G anhand der Kanteninformationen und der Gemeinschaftszugehörigkeit der Knoten erzeugt. Im Vergleich zum GN-Referenznetzwerk folgen die Knotengrad- und Gemeinschaftsgrößensequenzen des LFR-Referenznetzwerks einer Potenzgesetzverteilung, wodurch es den Topologieeigenschaften realer Netzwerke besser entspricht.

9.5.2 Reale Datensätze

Reale Datensätze umfassen Folgendes:

9.5.2.1 Zachary Karate-Club-Datensatz

Der Zachary Karate-Club-Datensatz ist ein reales soziales Netzwerk, das 1997 von dem Wissenschaftler Zachary durch Beobachtung eines amerikanischen

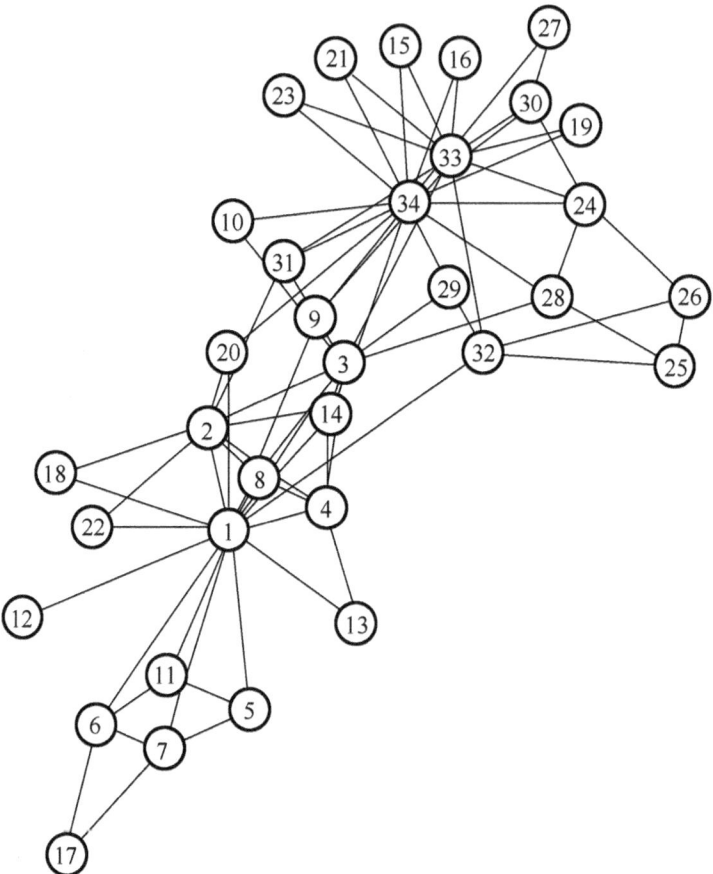

Abb. 9.13 Netzwerkdiagramm der Mitgliederbeziehungen des Karateclubs

Universitäts-Karateclubs erstellt wurde, wie in Abb. 9.13 dargestellt [36]. Das Netzwerk umfasst 34 Knoten und 78 Kanten, wobei die Knoten die Mitglieder des Clubs und die Kanten die Freundschaften zwischen den Mitgliedern repräsentieren. Dieser Datensatz wird häufig in der Analyse sozialer Netzwerke verwendet.

9.5.2.2 Delfin-Sozialbeziehungs-Datensatz

Der Delfin-Sozialbeziehungs-Datensatz ist ein Netzwerk sozialer Beziehungen von Delfinen, das von Lusseau D et al. im Jahr 2003 durch die Beobachtung der Kommunikation von 62 Delfinen im Doubtful Sound in Neuseeland über einen Zeitraum von 7 Jahren erstellt wurde, wie in Abb. 9.14 dargestellt [37]. Dieses Netzwerk besteht aus 62 Knoten und 159 Kanten, wobei die Knoten Delfine und

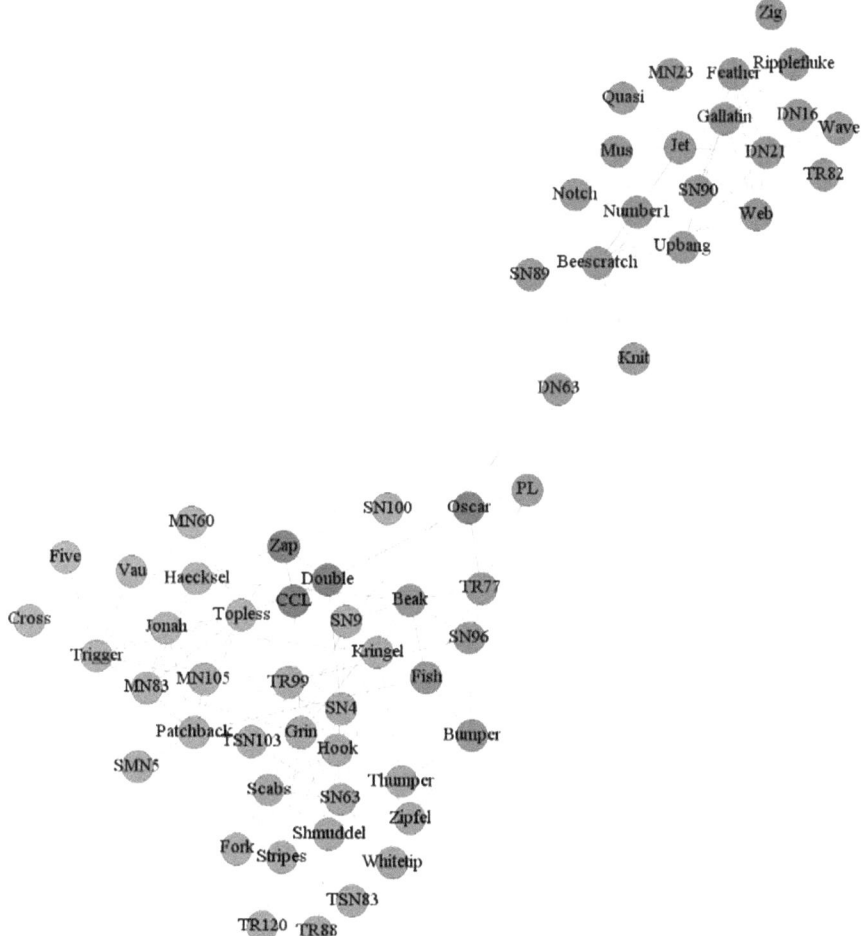

Abb. 9.14 Netzwerkdiagramm der sozialen Beziehungen von Delfinen

die Kanten häufige Kommunikationsbeziehungen zwischen den Delfinen darstellen.

9.5.2.3   Football-League-Datensatz

Der Football-League-Datensatz ist ein komplexes soziales Netzwerk, das 2002
von Newman et al. auf Basis einer College-Football-Liga in den Vereinigten Staaten erstellt wurde, wie in Abb. 9.15 dargestellt [38]. Das Netzwerk umfasst 115
Knoten und 616 Kanten. Die Knoten repräsentieren die Football-Teams, und eine
Kante zwischen zwei Knoten zeigt an, dass ein Spiel zwischen den beiden Teams

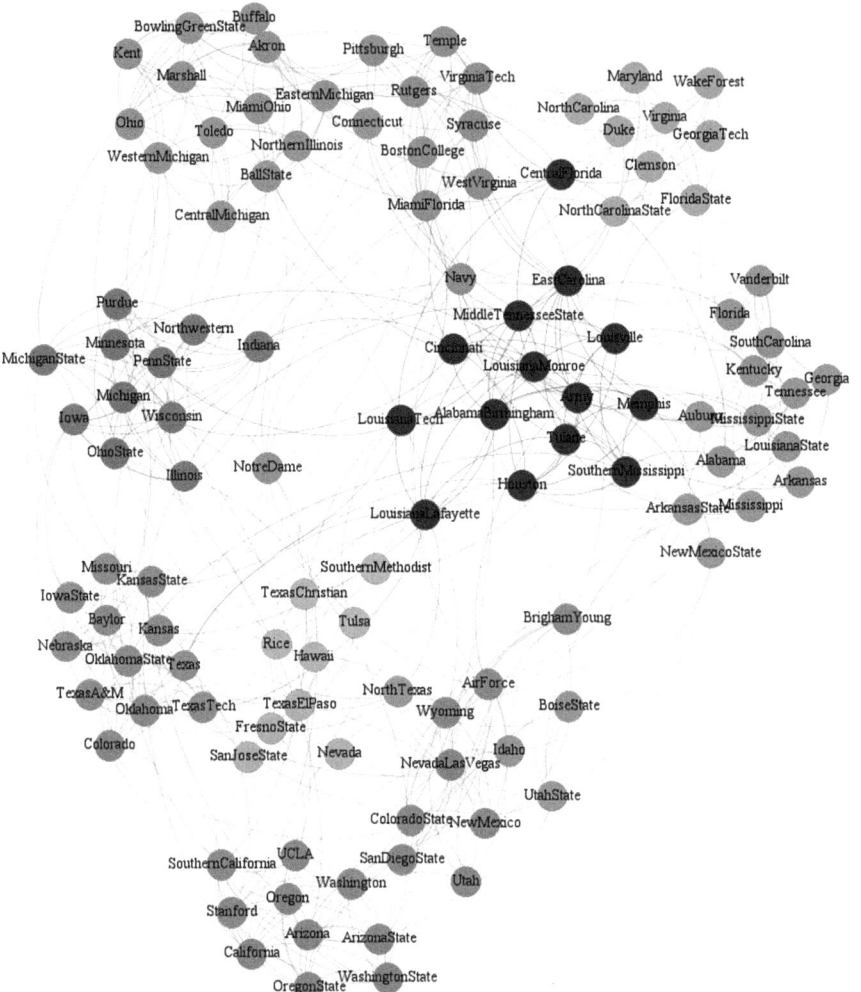

Abb. 9.15 Netzwerkdiagramm der Football-League-Beziehungen

stattgefunden hat. Die 115 College-Football-Teams sind in 12 Ligen unterteilt. Der Wettbewerbsverlauf sieht zunächst Gruppenspiele innerhalb der Liga und anschließend Spiele zwischen Teams aus verschiedenen Ligen vor. Dies zeigt, dass es mehr Spiele zwischen Teams derselben Liga als zwischen Teams unterschiedlicher Ligen gibt. Die Ligen können als reale Community-Struktur des Netzwerks betrachtet werden.

9.5.2.4 Lesmis-Netzwerk-Datensatz

Das Lesmis-Netzwerk ist ein soziales Netzwerk, das auf den Beziehungen zwischen den Hauptfiguren in Victor Hugos Meisterwerk „Les Misérables" basiert und von Knuth anhand der Auftrittsliste der Figuren in „Les Misérables" erstellt wurde, wie in Abb. 9.16 dargestellt [39]. Das Lesmis-Netzwerk umfasst 77 Knoten, von denen jeder eine Person repräsentiert, und 254 Kanten, wobei jede Kante zwei Figuren darstellt, die mindestens in einer Szene gemeinsam auftreten. Das Netzwerk zeigt eine klare soziale Struktur mit dem Protagonisten als Zentrum der Gemeinschaften.

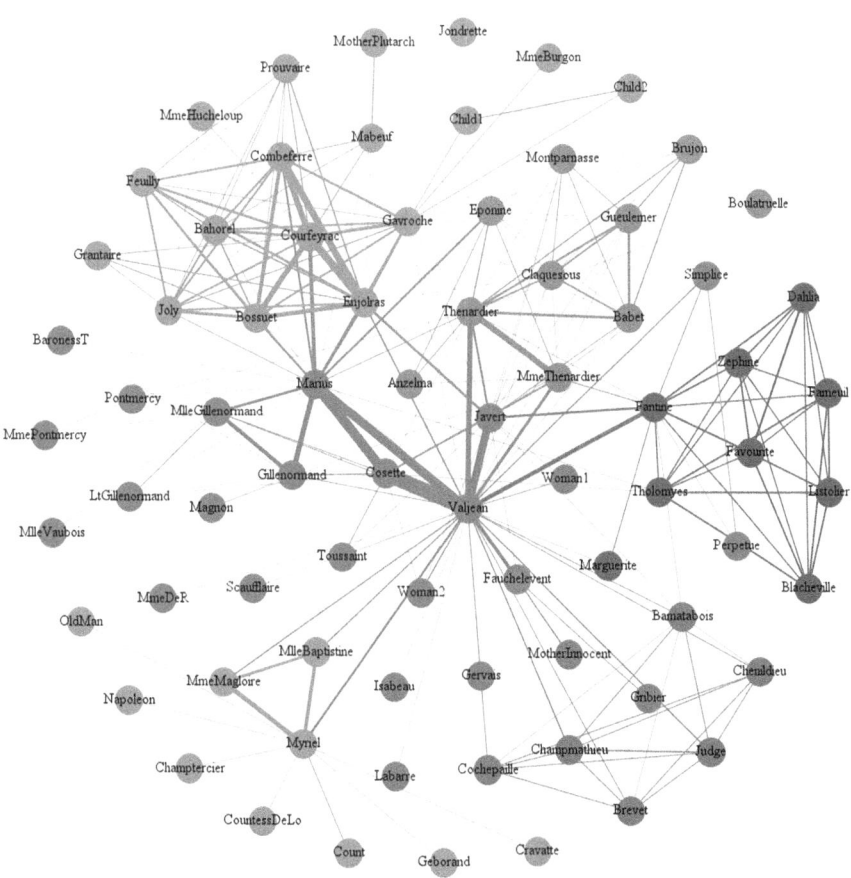

Abb. 9.16 Netzwerkdiagramm der Beziehungen der Figuren in Les Misérables

9.5.2.5   Weitere reale Datensätze

Weitere reale Datensätze sind in Tab. 9.2 beschrieben.

Kapitelzusammenfassung

Gemeinschaften sind durch Knoten und deren Verbindungen gebildete Einheiten, die für das Verständnis von Netzwerken von großer Bedeutung sind. In diesem Kapitel werden Gemeinschaften in sozialen Netzwerken definiert und der Schwerpunkt auf die Gemeinschaftserkennung gelegt. Die Forschung zur Gemeinschaftserkennung hilft, die Topologie des Netzwerks aus mesokosmischer Perspektive zu analysieren, die Netzwerkfunktion zu verstehen, potenzielle Strukturen zu

Tab. 9.2 Einführung in weitere reale Datensätze

Name des Datensatzes	Beschreibung
Netscience	Netscience ist ein Kooperationsnetzwerk von Wissenschaftlern, das die Kooperationsbeziehungen zwischen 1589 Forschern im Bereich der Komplexen Netzwerke zusammenfasst. Das Netzwerk umfasst 1589 Knoten und 2742 Kanten. Jeder Knoten repräsentiert einen Wissenschaftler, jede Kante steht für eine Kooperationsbeziehung zwischen zwei Wissenschaftlern.
Polbooks	Polbooks basiert auf Verkaufsdaten politischer Bücher, die von Wissenschaftlern während der US-Präsidentschaftswahlen zu Beginn des 21. Jahrhunderts auf der Amazon-Website gesammelt wurden. Das Netzwerk umfasst 105 Knoten und 441 Kanten. Knoten repräsentieren verkaufte Bücher, Kanten zeigen an, dass die Käufer beider Bücher dieselbe Person sind. Aufgrund unterschiedlicher politischer Ansichten haben sich drei Gruppen gebildet: Liberalismus, Konservatismus und Gruppen ohne eindeutige politische Ausrichtung.
Political blogs	Dieser Datensatz wurde 2005 von Lada Adamic zusammengestellt und gibt die politische Ausrichtung von Blogs an. Er enthält 1490 Knoten und 19.090 Kanten. Jeder Knoten besitzt eine Attributbeschreibung (dargestellt durch 0 oder 1), die Demokratie oder Konservatismus kennzeichnet.
E-Mail-Kommunikationsnetzwerk	Das Netzwerk enthält 1133 Knoten und 10.903 Kanten, wobei ein Knoten eine E-Mail-Adresse repräsentiert und eine Kante anzeigt, dass zwischen diesen Adressen mindestens einmal E-Mails gesendet und empfangen wurden.
Jazz-Netzwerk	Das Jazz-Netzwerk beschreibt, wie Tänzer Jazz tanzen. Das Netzwerk umfasst 198 Knoten und 2742 Kanten. Ein Knoten steht für einen Tänzer, eine Kante bedeutet, dass die betreffenden Tänzer mindestens einmal gemeinsam getanzt haben.
Terroristen-Kommunikations-datensatz (VAST)	VAST, ein Kommunikationsdatensatz von Terroristen, besteht aus den Telefonverbindungsdaten von 400 Terroristen über 10 Tage. Jeder Knoten steht für einen Nutzer, jede Kante für einen Anrufdatensatz.
Facebook-Freund-schaftsdatensätze	Dieser Datensatz besteht aus den Freundeslisten (Kreisen) auf Facebook und wurde durch eine Umfrage unter Nutzern der Facebook-App erhoben. Der Datensatz enthält Knoteneigenschaften (Dateien), Kreise und individuelle Netzwerke. Die internen Facebook-IDs der Nutzer wurden in diesem Datensatz anonymisiert und durch neue Werte ersetzt.

erkennen und verborgene Informationen im Netzwerk zu erschließen. Daher werden in diesem Kapitel die mathematische Beschreibung, relevante Bewertungsindikatoren der Gemeinschaftserkennung sowie klassische Algorithmen zur Gemeinschaftserkennung aus der Sicht disjunkter und überlappender Gemeinschaften behandelt. Die Erforschung der Gemeinschaftserkennung in dynamischen Netzwerken ist von großer Bedeutung und stellt zugleich einen aktuellen Schwerpunkt und eine Herausforderung in der Forschung zu sozialen Netzwerken dar. Das Kapitel erweitert zudem die zugehörigen Konzepte der Gemeinschaftsentwicklung, einschließlich Entwicklungsevents und zugehöriger Algorithmen. Abschließend werden künstliche und reale Datensätze vorgestellt, die in der Gemeinschaftsforschung häufig zur Überprüfung der Wirksamkeit von Gemeinschaftserkennungsalgorithmen verwendet werden.

Fragen zum Kapitelabschluss
1. Beschreiben Sie kurz die Rolle der Gemeinschaftserkennung und deren Anwendung im Bereich E-Commerce.
2. Berechnen Sie die Modularität Q des in Abb. 9.17 dargestellten Netzwerks, das aus 10 Knoten und 12 Kanten besteht und in 3 Gemeinschaften unterteilt ist.
3. Beschreiben Sie kurz den Unterschied zwischen dem divisiven hierarchischen Clustering-Algorithmus und dem agglomerativen hierarchischen Clustering-Algorithmus.
4. Vergleichen Sie die Vor- und Nachteile der vier in Abschn. 9.4.3 genannten Algorithmen zur Gemeinschaftsentwicklung.
5. Wählen Sie einen Algorithmus zur Gemeinschaftserkennung aus, um den in Abschn. 9.5.2 genannten realen Datensatz zu überprüfen.

Abb. 9.17 Netzwerkbeispiel

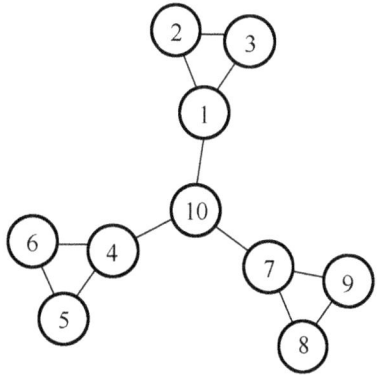

Literatur

1. Li, J., Huang, L., Bai, T., et al.: CDBIA: a dynamic community detection method based on incremental analysis. In: 2012 international conference on systems and informatics (ICSAI2012), pp. 2224–2228. IEEE, Piscataway, NJ (2012)
2. Wasserman, S., Faust, K.: Social Network Analysis: Methods and Applications, vol. 91, p. 825. Cambridge University Press, Cambridge (1994)
3. Zhang, W.: A Framework of Community Evolution Analysis in Social Networks. Harbin Institute of Technology, Harbin (2014)
4. Barabási, A.L.: Network science. Philos. Trans. R. Soc. A Math. Phys. Eng. Sci. **2013**(371), 20120375 (1987)
5. Liu, F., Xue, S., Wu, J., et al.: Deep learning for community detection: progress, challenges and opportunities. ArXiv preprint ArXiv (2005)
6. Girvan, M., Newman, M.E.J.: Community structure in social and biological networks. Proc. Natl. Acad. Sci. **99**(12), 7821–7826 (2002)
7. Zhao, W., Zhang, F., Liu, J.: Review on community detection in complex networks. Comput. Sci. **47**(2), 10–20 (2020)
8. Huang, M.: Research on Community Detection and its Application in Social Networks. Shanghai University, Shanghai (2018)
9. Chen, J., Yuan, B.: Detecting functional modules in the yeast protein-protein interaction network. Bioinformatics. **22**(18), 2283–2290 (2006)
10. Chen, P., Redner, S.: Community structure of the physical review citation network. J. Informet. **4**(3), 278–290 (2010)
11. Zhao, Z., Li, C.: The analysis on community detection methods of complex social network in the era of big data. Softw. Guide. **15**(12), 164–167 (2016)
12. Qiao, S., Han, N., Zhang, K., et al.: Algorithm for detecting overlapping communities from complex Network big data. J. Softw. **28**(3), 631–647 (2017)
13. Clauset, A., Newman, M.E.J., Moore, C.: Finding community structure in very large networks. Phys. Rev. E. **70**(6), 066111 (2004)
14. Danon, L., Diaz-Guilera, A., Duch, J., et al.: Comparing community structure identification. J. Stat. Mech Theor. Exp. **2005**(9), P09008 (2005)
15. Fortunato, S., Barthelemy, M.: Resolution limit in community detection. Proc. Natl. Acad. Sci. **104**(1), 36–41 (2007)
16. Duan, X., Yuan, G., Meng, F.: Dynamic community detection: a survey. J. Front. Comput. Sci. Technol. **15**(4), 612–630 (2021)
17. Kernighan, B.W., Lin, S.: An efficient heuristic procedure for partitioning graphs. Bell Syst. Tech. J. **49**(2), 291–307 (1970)
18. Gong, S., Chen, W., Jia, P.: Survey on algorithms of community detection. Appl. Res. Comput. **30**(11), 3216–3220 (2013)
19. Blondel, V.D., Guillaume, J.L., Lambiotte, R., et al.: Fast unfolding of communities in large networks. J. Stat. Mech. Theor. Exp. **2008**(10), 10008 (2008)
20. Zhang, Y., Xia, X., Xu, X., et al.: Review on label propagation algorithms for community detection. J. Chin. Comput. Syst. **42**(5), 1093–1102 (2021)
21. Wang, G.: Research on Link Clustering Algorithms in Overlapping Community Detection. Jilin University, Jilin (2016)
22. Li, D.: Research on Detecting Overlapping Communities in Complex Networks Based on Link Clustering. Hunan University, Changsha (2014)
23. Du, C.: Research on Community Detection Algorithm Based on Local Optimization. Lanzhou University, Lanzhou (2021)
24. Shang, C., Feng, S., Zhao, Z., et al.: Efficiently detecting overlapping communities using seeding and semi-supervised learning. Int. J. Mach. Learn. Cybern. **8**(2), 455–468 (2017)
25. Xiao, J., Zhang, Y., Xu, X.: Research Progress of fuzzy overlapping community detection in complex networks. Complex Syst. Complex. Sci. **14**(3), 8–29 (2017)

26. Bezdek, J.C., Ehrlich, R., Full, W.: FCM: the fuzzy c-means clustering algorithm. Comput. Geosci. **10**(2–3), 191–203 (1984)
27. Wang, L., Cheng, X.: Dynamic community in online social network. Chin. J. Comput. **38**(2), 219–237 (2015)
28. Dakiche, N., Tayeb, F.B.S., Slimani, Y., et al.: Tracking community evolution in social networks: a survey. Inf. Process. Manag. **56**(3), 1084–1102 (2019)
29. Cazabet, R., Rossetti, G.: Challenges in community discovery on temporal networks. Comput. Soc. Sci. Temp. Netw. Theor., 181–197 (2019)
30. Li, Y., Wu, Y., Zhang, L.: A review of dynamic community detection. Complex Syst. Complex. Sci. **18**(2), 1–8 (2021)
31. Hopcroft, J., Khan, O., Kulis, B., et al.: Tracking evolving communities in large linked networks. Proc. Natl. Acad. Sci. **101**(suppl 1), 5249–5253 (2004)
32. Vandongen, S.: A cluster algorithm for graphs. Inform. Syst. (2000)
33. Pons, P., Latapy, M.: Computing communities in large networks using random walks. In: International Symposium on Computer and Information Sciences, pp. 284–293. Springer, Berlin, Heidelberg (2005)
34. Rögnvaldsson, T.: Pattern discrimination using feedforward networks: a benchmark study of scaling behavior. Neural Comput. **5**(3), 483–491 (1993)
35. Sun, P.G., Sun, X.: Complete graph model for community detection. Phys. A Stat. Mech. Its Appl. **471**, 88–97 (2017)
36. Zachary, W.: An information flow model for conflict and fission in small groups. J. Anthropol. Res. **33**(4), 452–473 (1977)
37. Lusseau, D., Schneider, K., Boisseau, O.J., et al.: The bottlenose dolphin community of doubtful sound features a large proportion of long-lasting associations. Behav. Ecol. Sociobiol. **54**(4), 396–405 (2003)
38. Girvan, M., Newman, M.: Community structure in social and biological networks. Proc. Natl. Acad. Sci. **12**(99), 7821–7826 (2002)
39. Knuth, D.E.: The Stanford GraphBase: A Platform for Combinatorial Computing. ACM, New York (1993)

Kapitel 10
Diffusion in sozialen Netzwerken

Zusammenfassung Dieses Kapitel untersucht, wie Informationen, Krankheiten und Innovationen sich über soziale Netzwerke verbreiten. Diffusion wird als ein komplexer, netzwerkbasierter Prozess definiert, der von sozialen Strukturen, Knotenattributen und Verbreitungsmechanismen beeinflusst wird. Es werden Modelle wie das unabhängige Kaskadenmodell, das lineare Schwellenwertmodell sowie Krankheitsmodelle wie SIS und SIR vorgestellt. Das Kapitel hebt die Rolle von Plattformen wie Mikroblogging-Netzwerken hervor, bei denen Funktionen wie passives Weiterleiten die Geschwindigkeit und Reichweite der Informationsverbreitung erhöhen. Verschiedene Diffusionsformen – interpersonale, Gruppen-, organisationsbezogene und massenhafte Diffusion – werden diskutiert und zeigen, wie sie den Zugang zu sozialem und kulturellem Kapital in digitalen Gesellschaften prägen.

Die Beziehungen zwischen Entitäten in der menschlichen Gesellschaft lassen sich durch komplexe Netzwerke beschreiben, wie etwa soziale Kontaktnetzwerke, wissenschaftliche Kollaborationsnetzwerke, Verkehrsnetze und das Internet [1]. Die Forschung zu komplexen Netzwerken richtet ihr Augenmerk nicht nur auf die Struktur der Netzwerke, sondern widmet auch den dynamischen Ausbreitungsprozessen auf den Netzwerken große Aufmerksamkeit. In diesem Kapitel werden zunächst die grundlegende Bedeutung, Einflussfaktoren und Formen der Diffusion in sozialen Netzwerken erläutert. Anschließend werden die Informationsdiffusion, Krankheitsausbreitung und die Verbreitung neuer Phänomene in sozialen Netzwerken anhand von Fallbeispielen ausführlich vorgestellt.

10.1 Einführung in die Diffusion in sozialen Netzwerken

Diffusion verläuft nicht in einem einfachen linearen Muster, sondern in einer Netzwerkstruktur. Wenn Menschen Informationen empfangen oder verbreiten, nutzen sie nicht nur einen einzelnen Diffusionsmodus, sondern können gleichzeitig

J. Wu, *Soziales-Netzwerk-Computing*,
https://doi.org/10.1007/978-981-95-1129-7_10

interpersonelle, organisationale und sogar massenmediale Diffusionswege verwenden. Menschen wählen unterschiedliche Diffusionsmodi, um ihr eigenes
Informationsverbreitungsnetzwerk zu gestalten. Verschiedene Personen verfügen
über unterschiedliche Fähigkeiten, Diffusionsnetzwerke zu knüpfen und zu nutzen,
was dazu führt, dass sie unterschiedliche gesellschaftliche Positionen einnehmen und
verschieden starken Einfluss ausüben. Nur diejenigen Personen oder Organisationen, die verschiedene Diffusionsnetzwerke geschickt einsetzen, verfügen über mehr
Informationsressourcen und erlangen dadurch mehr soziales und kulturelles Kapital.

10.1.1 Bedeutung der Diffusion

„Diffusion" ist ein Begriff mit vielfältigen Bedeutungen, und das alltägliche Verständnis von Diffusion umfasst mehrere Aspekte. Im Jahr 2003 untersuchte der
amerikanische Diffusionsforscher Peters sorgfältig die Herkunft des Begriffs Diffusion in der wechselvollen Geschichte des Diffusionsdenkens. Er ist der Ansicht,
dass das lateinische communicate „informieren", „teilen" und „gemeinsam machen" bedeutet. Wu Fei [2] fasste das Konzept der Diffusion in drei Bedeutungen
zusammen: das Konzept der Übertragung, das Konzept des Rituals und das Konzept des Austauschs [3]. Diffusion im Sinne von „Übertragung" kann als Prozess
oder Technologie verstanden werden. Diese Technologie oder dieser Prozess dient
dazu, Raum und Menschen (manchmal zu religiösen Zwecken) zu steuern, sodass
Wissen, Ideen und Informationen weiter und schneller verbreitet, übertragen und
gestreut werden können. Aus der Perspektive des Rituals steht der Begriff Diffusion in Zusammenhang mit Wörtern wie „Teilen", „Teilnahme", „Vereinigung",
„Gemeinschaft" und „der Möglichkeit eines gemeinsamen Glaubens". Dies spiegelt „Gemeinsamkeit", „Kommunion" und „Gemeinschaft" wider, die in der
Antike eine gemeinsame Wurzel mit „Diffusion" haben. Peters ist der Ansicht,
dass Diffusion auch den Aspekt des Austauschs und des emotionalen Teilens beinhaltet und eine Form der Gegenseitigkeit darstellt [4]. Er betont, dass die Art
des Austauschs je nach Situation unterschiedlich sein kann und beispielsweise eine
erfolgreiche Verbindung zwischen zwei Endpunkten – wie beim sogenannten „Ge-
dankenaustausch" – darstellen kann.

10.1.2 Einflussfaktoren der Diffusion in sozialen Netzwerken

10.1.2.1 Einfluss der Netzwerkstruktur auf die Diffusion (Knotenattribute usw.)

Es gibt zahlreiche Faktoren, die die Informationsverbreitung in sozialen Netzwerken beeinflussen, die sich hauptsächlich in subjektive und objektive Faktoren

unterteilen lassen. Subjektive Faktoren beziehen sich vor allem auf den Herausgeber, den Veröffentlichungszeitpunkt, den Veröffentlichungsort, die Veröffentlichungsthemen und die verwendeten Endgeräte, während objektive Faktoren solche sind, die keine persönlichen Ansichten oder Informationsattribute enthalten, darunter die statische Netzwerkstruktur sozialer Netzwerke und deren eingebettete Mechanismen zur Informationsverbreitung.

Je nach Anwendungsszenario lassen sich soziale Netzwerke weiter unterteilen in E-Mail-Netzwerke (EN), Mobilfunknetzwerke (MN), Instant-Messaging-Netzwerke (IMN), Mikroblogging-Netzwerke (MicroN) und weitere. Im Folgenden wird der Einfluss struktureller Unterschiede verschiedener sozialer Netzwerke auf die Informationsverbreitung anhand von vier Aspekten analysiert: Interaktivität, Konnektivität, Privatsphäre und Weiterleitung.

1. Interaktivität. Interaktivität bezeichnet die Einschränkung der Übertragung, Verbreitung und des Austauschs von Informationen zwischen Nutzern (Knoten). In MicroN können Nutzer direkt über „Weiterleiten" oder „Nachricht hinterlassen" miteinander interagieren, ohne die Zustimmung des anderen einholen zu müssen. EN und IMN sind MicroN in dieser Hinsicht ähnlich, auch hier ist ein Informationsaustausch ohne Zustimmung des Empfängers möglich. MN unterscheidet sich jedoch in gewisser Weise: Bei der Anruffunktion von MN muss der Initiator vor dem Verbindungsaufbau und dem Anruf die Bestätigung und Zustimmung des Empfängers einholen. Die SMS-Funktion von MN entspricht weiterhin dem Interaktionsmodell der einseitigen Zustimmung. Es zeigt sich, dass das Zwei-Wege-Zustimmungsmodell bei Anrufen in MN die Bequemlichkeit und Schnelligkeit der Informationsverbreitung beeinträchtigt.

2. Konnektivität. Konnektivität beschreibt die Authentifizierungsanforderungen vor dem Aufbau einer Freundschaftsbeziehung zwischen Nutzern (Knoten). In MicroN kann ein Nutzer durch die „Folgen"-Funktion direkt eine Freundschaftsbeziehung zu einem anderen Nutzer herstellen, ohne dessen Zustimmung einholen oder abwarten zu müssen. MN und EN sind diesbezüglich MicroN ähnlich. Bei MN ist es unabhängig davon, ob Nutzer die Anruf- oder SMS-Funktion nutzen, nicht erforderlich, vorab eine Authentifizierung durchzuführen; dies entspricht dem Modell der einseitigen Zustimmung. IMN hingegen unterscheidet sich: Hier ist die gegenseitige Zustimmung der Nutzer (Knoten) vor dem Aufbau einer Freundschaftsbeziehung erforderlich, was dem Zwei-Wege-Zustimmungsmodell entspricht. Daher sind bei IMN mehr Schritte zur Herstellung einer Freundschaft notwendig als bei MN, EN und MicroN, und der Prozess ist insgesamt komplexer.

3. Privatsphäre. Privatsphäre bezieht sich darauf, ob das Teilen oder Weiterleiten von Informationen zwischen Nutzern (Knoten) für Dritte sichtbar ist. In MicroN sind sämtliche Basisinformationen eines Nutzers (Profil), frühere Beiträge, Interessen, geografische Standorte, Kommentare, Freunde, Tags, geteilte Inhalte, Bilder, Audio- und Videodateien usw. öffentlich und können von anderen, nicht befreundeten Nutzern eingesehen, kommentiert und weitergeleitet werden. In IMN sind einige Informationen öffentlich (z. B. Basisdaten

einzelner Nutzer), andere hingegen privat (z. B. Interaktionsdaten). Im Unterschied zu MicroN und IMN sind MN und EN sehr privat, und die Informationsübertragung zwischen Nutzern ist für Dritte nicht einsehbar. Im Vergleich zu MN, EN und IMN ist MicroN somit am offensten, was den Zugang zu und die Verbreitung von Informationen fördert.

4. Weiterleitung. Weiterleitung beschreibt, ob Informationen, Interessen und Meinungen, die von Nutzern (Knoten) veröffentlicht werden, einfach von anderen Nutzern geteilt oder weitergeleitet werden können. MicroN verfügt über eine integrierte Funktion zum Weiterleiten oder Teilen von Informationen, sodass ein Nutzer die Inhalte eines anderen mit seinen eigenen Kontakten teilen kann. Für den Urheber der Information handelt es sich dabei um eine passive Weiterleitung im Multicast-Modus, was die schnelle Verbreitung von Informationen stark begünstigt. Die in EN integrierte Weiterleitungsfunktion unterscheidet sich: Hier kann ein Nutzer Informationen nur an seine eigenen Kontakte weiterleiten, was einer aktiven Weiterleitung entspricht und die Verbreitung von Informationen nicht im gleichen Maße beschleunigt. IMN und MN verfügen über keine integrierte Weiterleitungsfunktion, was die Informationsverbreitung erheblich behindert. Der Vergleich der vier sozialen Netzwerke EN, MN, IMN und MicroN hinsichtlich Interaktivität, Konnektivität, Privatsphäre und Weiterleitung ist in Tab. 10.1 dargestellt.

Aus Tab. 10.1 ist ersichtlich, dass MicroN im Vergleich zu EN, MN und IMN zahlreiche Besonderheiten hinsichtlich Interaktivität (einseitige Zustimmung), Konnektivität (einseitige Zustimmung), Privatsphäre (Offenheit) und Weiterleitung (eingebettete passive Weiterleitungsfunktion) aufweist. Daher haben sich MicroN-Plattformen (wie Twitter, Sina Weibo) in den letzten Jahren sehr schnell entwickelt, was eng mit ihrer einzigartigen Netzwerkstruktur zusammenhängt, die die Informationsverbreitung beschleunigt.

Tab. 10.1 Vergleich der Netzwerkstrukturen sozialer Netzwerke

Merkmal	Typ des sozialen Netzwerks			
	EN	MN	IMN	MicroN
Interaktivität	Einseitige Zustimmung	Zwei-Wege-Zustimmung bei einigen Funktionen/einseitige Zustimmung bei anderen	Einseitige Zustimmung	Einseitige Zustimmung
Konnektivität	Einseitige Zustimmung	Einseitige Zustimmung	Zwei-Wege-Zustimmung	Einseitige Zustimmung
Privatsphäre	Privat und persönlich	Privat und persönlich	Teilweise privat/ teilweise öffentlich	Öffentlich
Weiterleitbarkeit	Eingebettete aktive Weiterleitungsfunktion	Keine eingebettete Weiterleitungsfunktion	Keine eingebettete Weiterleitungsfunktion	Eingebettete passive Weiterleitungsfunktion

10.1.2.2   Einfluss des Informationsverbreitungsmechanismus sozialer Netzwerke auf die Diffusion (Assoziationsmechanismus)

Wie in Tab. 10.1 dargestellt, verfügt MicroN über eine einzigartige, eingebettete passive Weiterleitungsfunktion. Jeder Nutzer in MicroN hat eine bestimmte Anzahl an „Followern". MicroN stellt die von einem Nutzer veröffentlichten Informationen oder Beiträge jedem seiner „Follower" im Multicast-Modus zu, und wenn diese „Follower" die Information weiterleiten, wird sie wiederum im Multicast-Modus an deren „Follower" übertragen. Für die Informationsverbreitungsmechanismen von Sina Weibo und Twitter ist der Mechanismus der Informationsverbreitung im MicroN-Netzwerk in Abb. 10.1 dargestellt. Aus Abb. 10.1 wird deutlich, dass Nutzer mit dem von MicroN bereitgestellten Informationsverbreitungsmechanismus beim Empfang von Informationen von Followern die Quelle der Information leicht identifizieren können. Darüber hinaus ist das Design des Informationsverbreitungsmechanismus von MicroN einfach und übersichtlich, was nicht nur die Bequemlichkeit und Attraktivität des Weiterleitens erhöht, sondern auch die Informationsverbreitung effektiv beschleunigt [5].

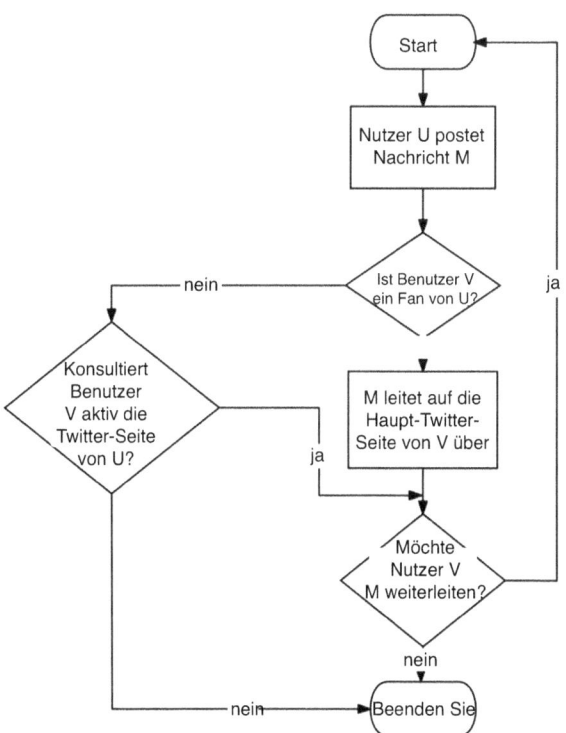

Abb. 10.1 Flussdiagramm der Informationsverbreitung in sozialen Netzwerken [5]

10.1.3 Diffusionsmodell für soziale Netzwerke

Zu den Diffusionsmodellen für soziale Netzwerke gehören die folgenden.

10.1.3.1 Unabhängiges Kaskadenmodell

Im unabhängigen Kaskadenmodell (IC) können Knoten zwei Zustände annehmen: aktiv oder inaktiv. Zu Beginn der Diffusion werden einige Knoten zufällig als Startknoten für die Informationsverbreitung ausgewählt und anschließend für die Diffusion aktiviert. Jeder aktivierte Knoten beeinflusst seine Nachbarknoten mit einer bestimmten Wahrscheinlichkeit. Werden die Nachbarknoten erfolgreich aktiviert, setzen sie die Verbreitung fort. Andernfalls endet die Ausbreitung. Abb. 10.2 zeigt den Ausbreitungsprozess des unabhängigen Kaskadenmodells [6].

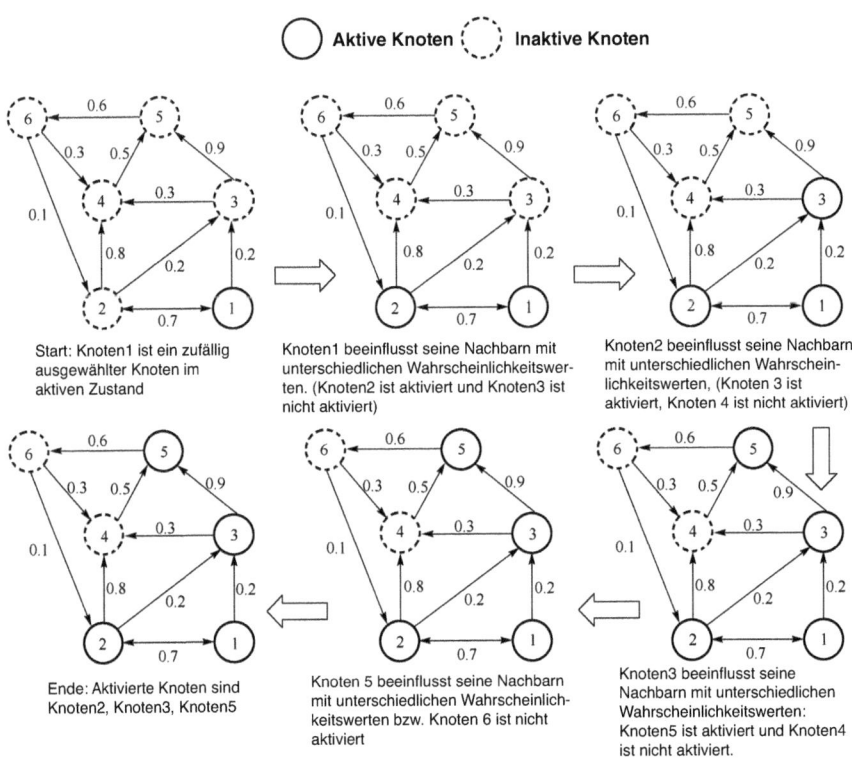

Abb. 10.2 Ausbreitungsprozess des unabhängigen Kaskadenmodells [6]

10.1.3.2   Lineares Schwellenwertmodell

Auch im linearen Schwellenwertmodell (LT) können Knoten zwei Zustände annehmen: aktiv oder inaktiv. Im Unterschied zum unabhängigen Kaskadenmodell geht das LT-Modell davon aus, dass jeder Knoten einen individuellen Aktivierungsschwellenwert besitzt. Wird die vom Knoten empfangene
Informationsmenge größer als sein Schwellenwert, wird der Knoten aktiviert,
andernfalls bleibt er inaktiv. Zu Beginn der Ausbreitung werden einige Knoten zufällig als Startknoten ausgewählt und aktiviert, woraufhin die Diffusion
beginnt. Jeder aktivierte Knoten beeinflusst seine Nachbarknoten mit einem bestimmten Informationswert im Bereich [0,1]. Überschreitet der aufsummierte
Informationswert eines inaktiven Knotens dessen Schwellenwert, wird dieser aktiviert. Andernfalls bleibt er inaktiv. Aktive Knoten haben nur eine Gelegenheit,
den Informationswert an inaktive Knoten weiterzugeben. Abb. 10.3 zeigt den Ausbreitungsprozess des LT-Modells [6].

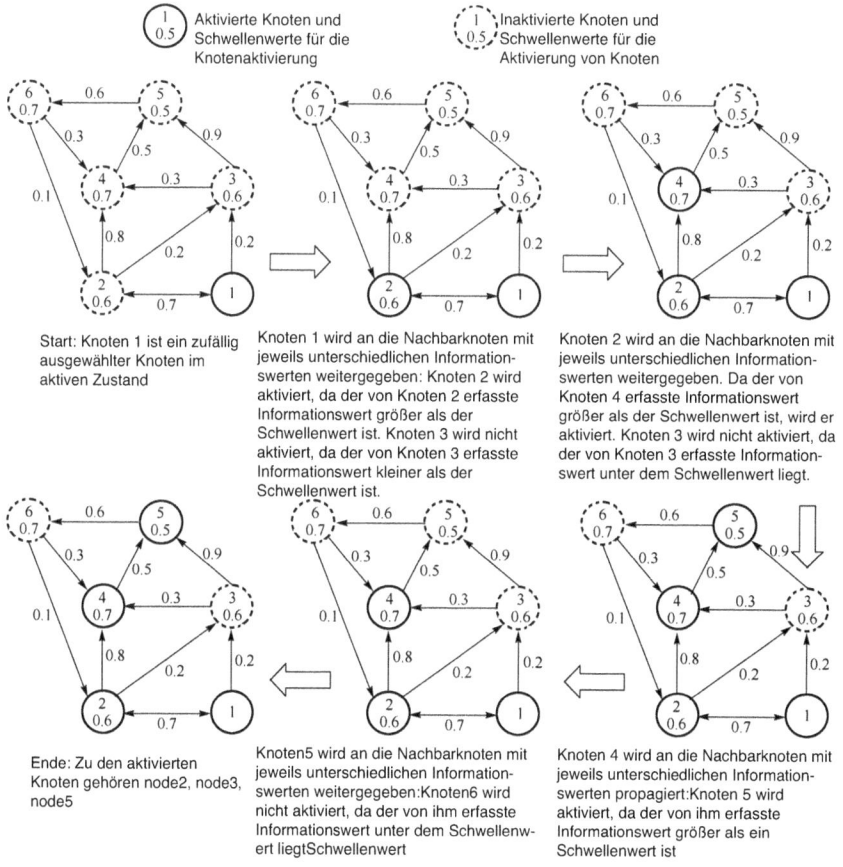

Abb. 10.3 Ausbreitungsprozess des linearen Schwellenwertmodells [6]

10.1.3.3   SIS-Modell für Infektionskrankheiten

Im SIS-Modell wird die Population in zwei Gruppen unterteilt: empfängliche und infizierte Individuen. Trifft ein empfängliches Individuum auf ein infiziertes, wird das empfängliche Individuum mit einer bestimmten Wahrscheinlichkeit infiziert. Gleichzeitig kann ein infiziertes Individuum mit einer bestimmten Wahrscheinlichkeit wieder in den empfänglichen Zustand zurückkehren, wie in Abb. 10.4 dargestellt. Der Infektions- und Genesungsmechanismus des Modells lässt sich durch folgende mathematische Formeln ausdrücken:

$$\text{Infection mechanism}: S(i) + I(j) = \begin{cases} S(i) + I(j) \leq \beta \\ I(i) + I(j) > \beta \end{cases}$$

$$\text{Recovery mechanism}: I(i) = \begin{cases} I(i) \leq \mu \\ S(i) > \mu \end{cases}$$

wobei i und j die Individuennummern bezeichnen und S den Zustand des Individuums als empfängliches Individuum beschreibt. I steht für den Zustand des Individuums als infiziertes Individuum.

10.1.3.4   SIR-Modell für Infektionskrankheiten

Im SIR-Modell wird die Bevölkerung in drei Gruppen unterteilt: empfängliche, infizierte und entfernte Individuen. Die entfernte Population umfasst dabei Personen, die nach einer Behandlung Immunität erlangt haben oder an der Krankheit verstorben sind; da diese Personen nicht mehr am weiteren Prozess teilnehmen, werden sie aus dem System entfernt. In diesem Modell existieren zwei Übertragungsmechanismen, nämlich der Entfernungsmechanismus und der Infektionsmechanismus. Wenn ein infiziertes Individuum mit Wahrscheinlichkeit u zu einem entfernten Individuum wird, spricht man vom Entfernungsmechanismus. Wenn ein empfängliches Individuum zu einem infizierten Individuum wird, handelt es sich

Abb. 10.4 SIS-Übertragungsmechanismus

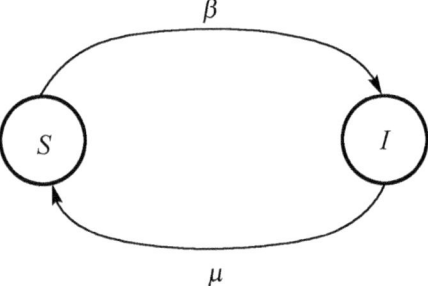

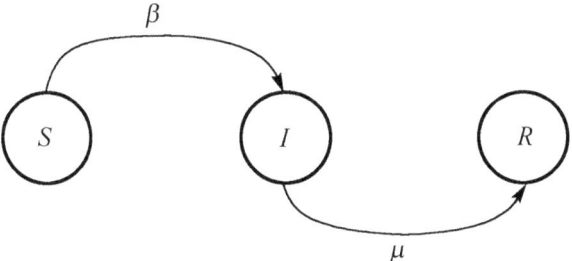

Abb. 10.5 SIR-Ausbreitungsmechanismus

um den Infektionsmechanismus. Beide Mechanismen lassen sich wie folgt formal ausdrücken:

$$\text{Infection mechanism}: S(i) + I(j) = \begin{cases} S(i) + I(j) \le \beta \\ I(i) + I(j) > \beta \end{cases}$$

$$\text{Removal mechanism}: I(i) = \begin{cases} I(i) \le \mu \\ R(i) > \mu \end{cases}$$

wobei i und j die Individuennummern bezeichnen, S den Zustand eines empfänglichen Individuums, I den Zustand eines infizierten Individuums und R den Zustand eines entfernten Individuums beschreibt. Der SIR-Ausbreitungsmechanismus ist in Abb. 10.5 dargestellt.

Das IC- und das LT-Modell konzentrieren sich hauptsächlich auf die Analyse des sozialen Einflusses zwischen Nutzern, also darauf, wie das Interaktionsverhalten zwischen Nutzern verstanden werden kann, wie sich die Erfolgswahrscheinlichkeit der Informationsverbreitung anhand der sozialen Nähe zwischen Knoten vorhersagen lässt und wie der Einfluss benachbarter Knoten akkumuliert wird. Allerdings gehen die genannten Modelle davon aus, dass der Einfluss zwischen den Nutzern konstant ist, und berücksichtigen nicht den Einfluss spezifischer Informationen auf die Knoten.

10.2 Formen der Netzwerkdiffusion

Es gibt fünf grundlegende Formen der Netzwerkdiffusion, darunter interpersonelle Diffusion, Gruppendiffusion, organisationale Diffusion und Massendiffusion. Im Allgemeinen gehört die interpersonelle Diffusion zum Forschungsfeld der Neurowissenschaften und Psychologie. Obwohl sie sich auch im Internet bis zu einem gewissen Grad widerspiegelt, ist sie nicht typisch und wird hier nicht im Detail

behandelt. Andere Diffusionsformen treten im Netzwerk in ungewöhnlichen Ausprägungen und mit großer Wirkung auf und bilden die grundlegenden Formen der
Netzwerkdiffusion.

10.2.1 Interpersonelle Diffusion in Netzwerken

10.2.1.1 Merkmale der interpersonellen Diffusion

Die interpersonelle Diffusion weist vier Merkmale auf: Technologie- und Platt-
formabhängigkeit, Universalität und Kontrollierbarkeit der Diffusionsobjekte,
Selektivität der Diffusionsmittel sowie Virtualität der Diffusionssituationen. Dabei
ist die schriftliche Diffusion das Hauptmittel der interpersonellen Diffusion. Ihre
Vorteile bestehen darin, dass sie nicht durch räumliche Einschränkungen beeinflusst wird, die Privatsphäre wahrt, die klare Formulierung tiefgründiger Gedanken
erleichtert und die mit mündlicher Kommunikation verbundene Schüchtern-
heit überwindet. Aus Sicht der „Performance"-Strategie sozialer Interaktion sind
schriftliche Äußerungen zudem vorteilhaft für die Steuerung der „Performance".
Im Internet findet die interpersonelle Interaktion im Netzwerk statt. Der Cyberspace eliminiert den Einfluss räumlicher Faktoren, wie sie bei realer Diffusion auftreten, während die Virtualität der Online-Diffusionssituationen soziale
Klassenunterschiede zwischen Menschen bis zu einem gewissen Grad aufhebt,
was zu einer vergleichsweise gleichberechtigten und reinen Diffusion führt. Dadurch rücken die Bedeutung des Diffusionsinhalts und der Diffusionskompetenzen
in den Vordergrund.

10.2.1.2 Bedürfnisse und Motivation der interpersonellen Diffusion

Ein wichtiger Antrieb der interpersonellen Diffusion ist soziale Unterstützung,
also emotionale oder praktische Hilfe von anderen zu erhalten oder soziales Kapital zu gewinnen, das der eigenen Entwicklung förderlich ist. Einige Ansätze
der sozialen Austauscht heorie können ebenfalls helfen, die Motivation inter-
personeller Diffusion zu verstehen. Die soziale Austauscht heorie betrachtet die
Interaktion zwischen Menschen als rationales Verhalten zur Abwägung von Nutzen und Kosten und sieht den Austausch zwischen Individuen als eine der Grundlagen zur Aufrechterhaltung der sozialen Ordnung. Die Kontrollierbarkeit der
interpersonellen Diffusion in vielen Aspekten ermöglicht es den Menschen, Gewinne und Verluste besser abzuschätzen und steigert zudem die Belohnungen
im zwischenmenschlichen Austausch. Emotionale Anpassung ist eine weitere
wichtige Motivation für interpersonelle Diffusion. Wie auch im Alltag kann die
Diffusion im Netzwerk dazu beitragen, die eigenen Emotionen bis zu einem gewissen Grad zu regulieren. Darüber hinaus ist Selbsterkenntnis ebenfalls eine
Motivation der interpersonellen Diffusion. Die Forschungen der amerikanischen

Wissenschaftler Meade und Cooley zeigen, dass Menschen durch Interaktion mit anderen Selbsterkenntnis gewinnen können und diese Selbsterkenntnis die interpersonelle Diffusion direkt beeinflusst und einschränkt.

10.2.2   Gruppendiffusion in Netzwerken

10.2.2.1   Gruppen in Netzwerken

Im weiteren Sinne bezeichnet eine Gruppe alle Menschen, die gemeinsame Interessen teilen und durch kontinuierliche soziale Interaktion oder soziale Beziehungen gemeinsame Aktivitäten ausüben. Im engeren Sinne ist eine Gruppe eine Gemeinschaft von Personen mit gemeinsamen Interessen, die durch fortlaufende und direkte Diffusionsaktivitäten miteinander verbunden sind.

Eine Gruppe weist folgende Merkmale auf: (1) klar abgegrenzte Mitgliedschaftsbeziehungen, (2) kontinuierliche Interaktion, (3) einheitliches Gruppenbewusstsein und gemeinsame Normen, (4) Arbeitsteilung und Kooperation sowie (5) die Fähigkeit zum koordinierten Handeln.

Im Netzwerk gibt es im Allgemeinen zwei Arten von Gruppen. Die eine ist eine bereits in der realen Welt existierende Gruppe, deren Beziehungen zwischen den Mitgliedern über das Netzwerk weiterentwickelt werden. Beispielsweise sind ehemalige Klassenkameraden oder aktuelle WeChat-Gruppen typische Erweiterungen von Offline-Gruppenbeziehungen ins Online-Umfeld. Die andere ist eine neue Gruppe, die sich erst durch das Netzwerk bildet, wie etwa bestimmte Interessengruppen. Es gibt viele Möglichkeiten, Gruppen im Netzwerk zu bilden, etwa über BBS, E-Mail, Blogs, Online-Spiele, Social Networking Services (SNS), Weibo und WeChat, die alle als Nährboden für die Entstehung von Gruppen dienen können.

10.2.2.2   Grundlagen und Diffusionselemente der Netzwerkgruppenbildung

Eine Community ist eine große Gruppe sozialer Gruppen oder Organisationen, die in einem bestimmten Bereich zusammenkommen und im Leben miteinander verbunden sind. Sie stellt zugleich den grundlegendsten Bestandteil sozialer Organismen und das Abbild der Makrogesellschaft dar. Eine virtuelle Community ist ein Kollektiv, das auf sozialen und psychologischen Grundlagen wie Interessen, Beziehungen, Fantasie und Transaktionen basiert; eine Netzwerkgruppe mit stabilen Beziehungen und Gruppenbewusstsein entwickelt sich zu einer Netzwerk-Community.

Die Community-Struktur ist eines der Elemente der Gruppendiffusion. Zu den gängigen Community-Strukturen zählen die Kreisstruktur (siehe Abb. 10.6) und die Kettenstruktur (siehe Abb. 10.7). Von der Kreis- zur Kettenstruktur zeigt

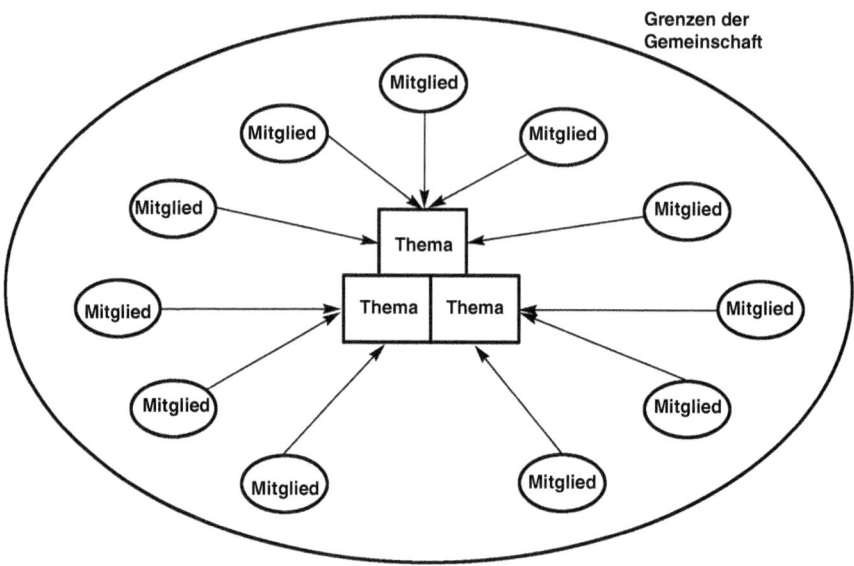

Abb. 10.6 Kreisstruktur einer traditionellen Community

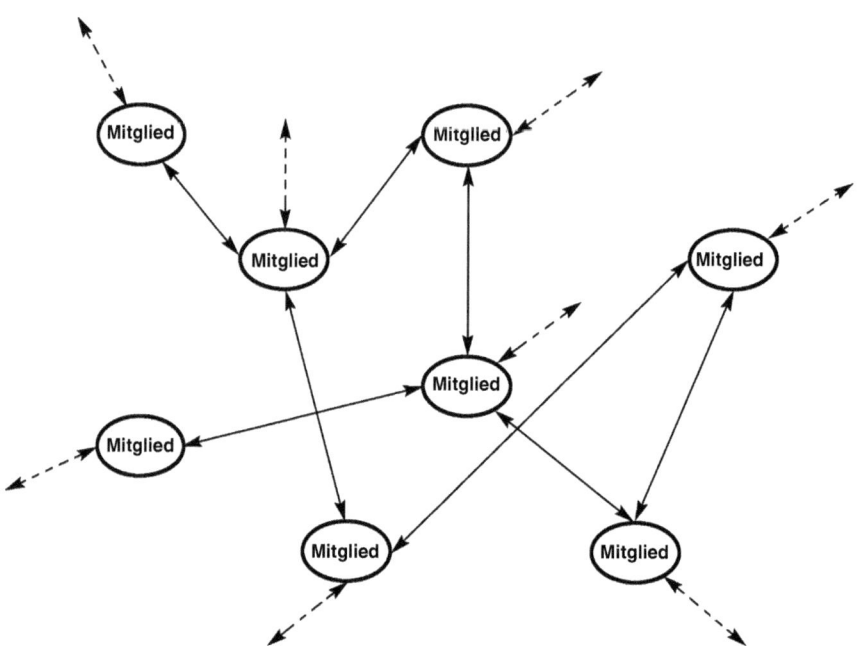

Abb. 10.7 Kettenstruktur einer neuen Community

sich, dass Netzwerk-Communities durch Beziehungsketten oder -bindungen entstehen, die schließlich ein komplexes Beziehungsnetzwerk zwischen den Mitgliedern weben. Die Community ist dynamisch, sie kann sich ständig erweitern
und befindet sich in einem veränderlichen Zustand. Beispielsweise bilden sich auf
Netzwerkplattformen wie Douban, SNS, Weibo und WeChat keine klaren Grenzen bei der Gruppenbildung, und manchmal ist für die Interaktion der Menschen
nicht einmal eine thematische Diskussion erforderlich, sondern es genügt eine auf
bestimmte Weise entstandene Beziehungskette, etwa durch Tags oder Freundes-
funktionen. Die Größe der neuen Community ist nicht festgelegt, sondern unterliegt einer dynamischen Entwicklung. Die Anzahl der zu verschiedenen Zeitpunkten und unter unterschiedlichen Bedingungen aktivierten Knoten variiert,
ebenso wie die Größe der entstehenden Community. Ein aktuelles Ereignis kann
beispielsweise die gesamte Weibo- oder WeChat-Plattform aktivieren, während
in den meisten Fällen gewöhnliche Themen oder Aktivitäten nur einen Teil von
Weibo oder WeChat erreichen. Die Beziehungsdistanzen und die Relevanz der Interessen beeinflussen das Beteiligungsniveau der Menschen.

10.2.3 Organisationale Diffusion und Massendiffusion in Netzwerken

10.2.3.1 Organisationale Diffusion

Damit Organisationen Netzwerke effektiv zur Verbreitung nutzen können, stehen
ihnen zwei Hauptnetzwerktechnologien zur Verfügung: Intranet und Internet. Das
Intranet dient hauptsächlich der Diffusion innerhalb der Organisation, während
das Internet überwiegend für die Diffusion nach außen eingesetzt wird.

Intranet-Diffusion bezeichnet die Nutzung von Internettechnologien zur Diffusion und zum Informationszugriff innerhalb einer Organisation. Der Einsatz des
Intranets hat jedoch verschiedene Auswirkungen auf die traditionelle organisationale Diffusion. Dies zeigt sich vor allem in vier Aspekten: (1) Das Intranet verändert die traditionelle Organisationsstruktur. (2) Das Intranet verändert die Art
der Diffusion zwischen den Mitgliedern der Organisation. (3) Der Einsatz des
Intranets oder anderer fortschrittlicher Technologien für organisationale Diffusion
kann zu Veränderungen in den Mitgliedschaftsbeziehungen führen. (4) Die Nutzung des Intranets für organisationale Diffusion ermöglicht das virtuelle Büro.

Im Vergleich zu traditionellen Öffentlichkeitsaktivitäten weist die Online-
Öffentlichkeitsarbeit folgende Merkmale auf: (1) Organisationen können die Initiative bei Öffentlichkeitsaktivitäten besser ergreifen. (2) Die Wirkung von Netz-
werk-Öffentlichkeitsarbeit hängt von der Fähigkeit der Organisation ab, Netzwerk-
technologien einzusetzen. (3) Die Grenze zwischen organisierter Diffusion und
Massendiffusion im Internet beginnt zu verschwimmen.

10.2.3.2   Massendiffusion

Massendiffusion bezeichnet die groß angelegte Produktion und Verbreitung von Informationen durch professionelle Medienorganisationen, die über fortschrittliche Diffusionstechnologien und industrielle Mittel für die breite Öffentlichkeit verfügen. Es besteht kein Zweifel, dass das Netzwerk ein Massenmedium ist. Im Mai 1998 wurde auf der Jahrestagung des Informationsausschusses der Vereinten Nationen das Internet offiziell als „viertes Medium" vorgeschlagen. Die Massendiffusion weist folgende Merkmale auf: die Vielfalt der Diffusionsakteure und die niedrige Schwelle der Netzwerkdiffusion, was zu einer Komplexität der Kommunikationsmuster führt.

Neben den traditionellen Massenmedien können auch kommerzielle Websites, Regierungsstellen, verschiedene soziale Organisationen und Institutionen sowie einzelne Personen das Internet für institutionalisierte Diffusion nutzen und damit denselben Diffusionseffekt wie traditionelle Medien erzielen. Die Komplexität des Diffusionsprozesses führt zu einer Differenzierung des Publikums: Die Nichtlinearität und Hierarchie der Präsentation von Netzwerkinformationen bewirken, dass Informationen das Publikum unterschiedlich erreichen, das heißt, dass verschiedene Menschen für dasselbe Werk unterschiedliche Inhalte aufnehmen. Die Komplexität der Diffusionsmittel ermöglicht es den Netzwerkmedien, multimediale Inhalte zu verbreiten, wodurch die Massendiffusion im Netzwerk die bisherigen Grenzen aller Massenmedien überwindet. Neben Websites und Clients kann die Massendiffusion im Netzwerk auch über BBS, E-Mail, Blogs, Weibo, WeChat und andere Wege erfolgen, was ein weiteres Beispiel für die Komplexität der Diffusionsmittel ist. Die Offenheit der Diffusionseffekte stärkt die Eigeninitiative des Publikums bei der Online-Massendiffusion erheblich. Mit der intensiven Beteiligung des Publikums ist die Netzwerkdiffusion kein einseitig steuerbarer Prozess mehr, sondern ein komplexer Diffusionsprozess, der durch das „gemeinsame Handeln" beider Seiten entsteht. Die Komplexität des Netzwerkdiffusionsprozesses bewirkt zudem, dass der Effekt der Massendiffusion von vielen Faktoren beeinflusst wird.

10.3   Informationsverbreitung in sozialen Netzwerken

10.3.1   Bedeutung der Informationsverbreitung in sozialen Netzwerken

Im Zeitalter des Internet of Everything ist das Verständnis und die Beherrschung der Eigenschaften, des Wesens und der Gesetzmäßigkeiten der Informationsverbreitung zu einer notwendigen Medienkompetenz und einer grundlegenden Überlebensfähigkeit für gesellschaftliche Akteure geworden. Die innere Struktur sozialer Medien wird als soziales Netzwerk bezeichnet, das die Art und Weise der

Informationsverbreitung, die sozialen Interaktionen und die Lebensvorstellungen der Menschen tiefgreifend beeinflusst und verändert und zudem zu einem Forschungsschwerpunkt in Industrie und Wissenschaft geworden ist.

Die Forschung zur Informationsverbreitung in Online-Sozialnetzwerken umfasst hauptsächlich das dynamische Modell der Informationsverbreitung, die Entdeckung und Beschreibung von Quellen und Pfaden der Informationsverbreitung sowie die Maximierung und Minimierung der Informationsverbreitung. Durch die Untersuchung der Informationsverbreitung in Online-Sozialnetzwerken können Vorhersagen über deren Einfluss getroffen und gezielte Interventionen vorgenommen werden, um die Wirkung der Informationsverbreitung in eine gewünschte Richtung zu lenken [7]. Der Verbreitungsbereich von Informationen in Online-Sozialnetzwerken ist deren Subnetz, das als Informationsverbreitungsnetzwerk bezeichnet wird. Yu Jing und andere Wissenschaftler untersuchen anhand realer Daten von Sina Weibo die Struktur und Entwicklungseigenschaften des Informationsverbreitungsnetzwerks [8], darunter die Kreisstruktur des Netzwerks, die Pfadlänge der Informationsverbreitung und die Heterogenität von Informationsverbreitungsnetzwerken. Die Ergebnisse zeigen, dass das Informationsverbreitungsnetzwerk in der Regel eine baumartige Struktur aufweist und die Länge des Informationsverbreitungspfads unabhängig von der Netzwerkgröße ist. Die Schwankungen der heterogenen Eigenschaften von Informationsverbreitungsnetzwerken im Entwicklungsprozess sind auf den Einfluss unterschiedlicher Diffusionstypen zurückzuführen, sodass sich die Eigenschaften der Informationsverbreitung in Netzwerken anhand dieser Schwankungen analysieren lassen. Im Folgenden wird der detaillierte Mechanismus der Informationsverbreitung in Weibo vorgestellt [9].

10.3.2 Informationsverbreitung in Weibo

Weibo, auch Mikroblog genannt, ist eine Broadcast-Social-Network-Plattform, die kurze, Echtzeitinformationen über ein Aufmerksamkeitsprinzip teilt. Nutzer können jederzeit und überall Informationen in Form von Text, Bildern, Videos und Audios über Web, WAP und verschiedene Client-Komponenten veröffentlichen und so einen sofortigen Austausch realisieren.

Die Nutzerbeziehungen in Weibo basieren auf einem „Followee-Follower"-Mechanismus, der von Twitter eingeführt wurde. Das Kernprinzip besteht darin, eine einseitige Folgerelation zwischen Nutzern herzustellen. Wie in Abb. 10.8 dargestellt, können Nutzer anderen Nutzern jederzeit folgen und werden so zu „Followern" dieser Nutzer; umgekehrt können andere Nutzer ihnen folgen und werden zu deren Fans. Nutzer, die sich gegenseitig folgen, bilden eine „gegenseitige Folgerelation". Durch diesen gerichteten Aufmerksamkeitsmechanismus können sich Nutzer kennenlernen und gemeinsame Interessen, Arbeitsbeziehungen oder einseitige Bewunderung teilen und so ein eng verknüpftes und komplexes soziales Netzwerk bilden. Dieses Beziehungsnetzwerk der Nutzer ist der Hauptweg der

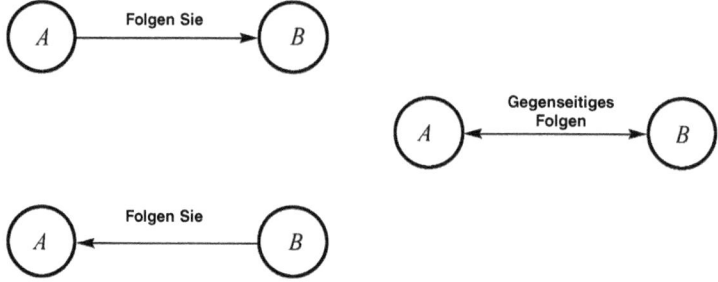

Abb. 10.8 Weibo user relationship network

Informationsverbreitung in Weibo und beeinflusst direkt den Verbreitungsradius von Informationen auf Weibo.

In Weibo gibt es zwei Wege der Informationsverbreitung: den Follower-Pfad und den Repost-Pfad. Wie in Abb. 10.9 dargestellt, entsteht der Follower-Pfad, wenn ein Blogbeitrag direkt an die Follower des Bloggers verteilt wird. Nachdem der Blogger den Beitrag veröffentlicht hat, können dessen Fans den Beitrag in Echtzeit empfangen und lesen. Der Weiterleitungspfad entsteht, wenn Blogger und Fans Beiträge weiterleiten. Wenn die Follower des Bloggers den Beitrag gut finden, können sie ihn mit einem Klick weiterleiten, sodass der Beitrag sofort im Weibo der Follower erscheint und wiederum deren Follower den Beitrag ebenfalls in Echtzeit erhalten können.

Das Aufkommen von Weibo hat die Geschwindigkeit und Reichweite der Informationsverbreitung im Netzwerk erheblich gesteigert. Die Zeichenbegrenzung und die Vielfalt der Beiträge auf Weibo führen zu besonderen Merkmalen der Informationsverbreitung im Vergleich zu anderen sozialen Netzwerken. Die Verbreitung von Informationen auf Weibo ist durch hohe Geschwindigkeit und große Reichweite gekennzeichnet. Laut aktueller Literaturforschung zeigen sich die Eigenschaften der Informationsverbreitung in Weibo vor allem in folgenden Aspekten:

1. Indirektheit. Im Diffusionsprozess werden die meisten Informationen auf Weibo in zwei Schritten übertragen, wobei die Information nicht direkt an das Endpublikum gelangt, sondern von mehreren Bloggern weitergeleitet wird. Untersuchungen zu Twitter zeigen, dass die meisten Empfänger von Informationen nicht Follower des ursprünglichen Autors der Weibo-Information sind, sondern Follower derjenigen, die die Information weiterverbreiten.
2. Kurze Pfade. Der durchschnittliche Weiterleitungspfad in Sina Weibo beträgt 3,09 Schritte, mit einem Maximum von 10 Schritten [10]. Der Hauptgrund für die kurzen Pfade bei Weibo ist, dass die Anzahl der Nutzer, die in jeder Schicht weiterleiten, kontinuierlich abnimmt und ein Mikroblog häufig in den Community-Gruppen verbreitet wird, die daran interessiert sind. Die durchschnittlichen Pfadlängen dieser Community-Strukturen sind relativ kurz [11].

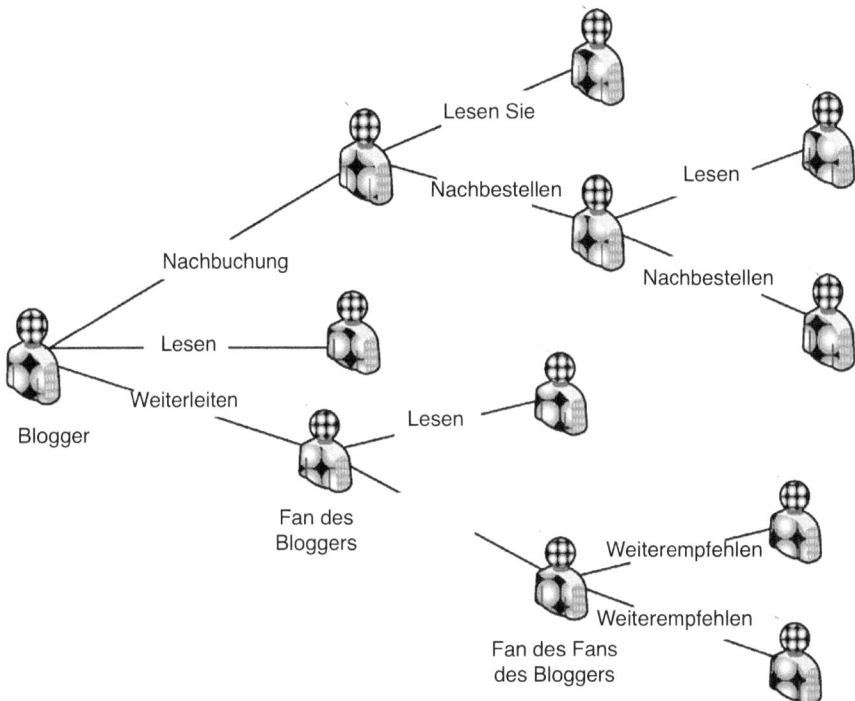

Abb. 10.9 Information dissemination path in Weibo

3. Zeitliche Aktualität. Aus zeitlicher Sicht wurden die Hälfte der Twitter-Weibo-Nachrichten innerhalb von 1 Stunde weitergeleitet, 75 % innerhalb eines Tages und nur 10 % nach einem Monat [12]. Die Weiterleitung einiger populärer Weibo-Nachrichten weist in der Regel zwei Spitzenzeiten auf [13], wobei diese Nachrichten in sehr kurzer Zeit eine große Anzahl von Weiterleitungen erreichen und anschließend in Vergessenheit geraten, abklingen oder auf eine neue Weiterleitungsspitze warten [14].

Bei der Informationsverbreitung in Weibo beeinflussen Nutzer, Nutzerbeziehungen und die Informationen selbst direkt die Diffusionskraft von Weibo [15] und prägen die Eigenschaften der Informationsverbreitung. Im Folgenden wird erläutert, wie diese drei Aspekte die Diffusionskraft von Weibo beeinflussen:

1. Nutzer. Nutzer sind die Knoten der Informationsverbreitung auf Weibo und sind für das Veröffentlichen, Empfangen und Weiterleiten von Informationen verantwortlich. Unterschiedliche Verhaltensmerkmale der Nutzer haben einen gewissen Einfluss auf die Informationsverbreitung. Der Urheber der Information beeinflusst direkt, wie stark die Information beachtet wird. Beispielsweise gilt: Je mehr Follower ein Nutzer auf Twitter hat, desto leichter werden dessen Weibo-Informationen beachtet und weitergeleitet [16]. Auch Empfänger und

Weiterleiter von Informationen beeinflussen die Anzahl der Weiterleitungen. Manche Nutzer bevorzugen es, Informationen weiterzuleiten; ihr Interesse an bestimmten Inhalten wirkt sich direkt auf die Wahrscheinlichkeit einer Weiterleitung aus. Zudem beeinflusst die Aktivität der Nutzer zu verschiedenen Tageszeiten die Informationsverbreitung; die beste Zeit für Weiterleitungen auf Weibo liegt meist zwischen 21:00 Uhr und 0:00 Uhr des Folgetages.

2. Nutzerbeziehungen. Die Beziehungen zwischen Nutzern bestimmen direkt den Verbreitungsradius von Informationen. Nutzer vernetzen sich über „Folgen" und „Follower" und bilden so ein komplexes Netzwerk mit dichter Struktur. Studien zeigen, dass dieses Netzwerk aus einem dichten Geflecht realer Freunde besteht, die sich gegenseitig interessieren, und aus lockeren Verbindungen [17]. Ob ein Nutzer und der ursprüngliche Autor, weiterleitende Nutzer und zitierende Nutzer sich gegenseitig interessieren, gemeinsame Interessen und Hobbys haben, denselben Nutzern folgen oder dieselben Informationen weiterleiten, beeinflusst die Wahrscheinlichkeit, dass Informationen weiterverbreitet werden.

3. Weibo-Informationen. Die Attraktivität und der Wert der Weibo-Informationen selbst sind ebenfalls ein wichtiger Faktor für die Informationsverbreitung. Auf Weibo gibt es alle Arten von Informationen, darunter Texte, Bilder, URLs, Videos und Audiodateien mit Links zu anderen Webseiten. Nutzer können Informationen zu aktuellen Themen veröffentlichen und weiterleiten. Auf Sina Weibo kann beispielsweise das „#"-Symbol zur Kennzeichnung eines Diskussionsthemas verwendet werden. Aus Sicht der Inhaltskategorie führen allgemeine Nachrichten zu einer schnellen Verbreitung, während Unterhaltungsinformationen eine langfristige Verbreitung bewirken. Hinsichtlich der Inhaltsmerkmale werden Weibo-Informationen mit Tags und URLs besonders häufig beachtet und weitergeleitet. Zudem gilt: Je länger eine Weibo-Nachricht ist, desto mehr Inhalt bietet sie und desto höher ist ihre Qualität, was wiederum mehr Aufmerksamkeit auf sich zieht – ähnlich wie bei Nachrichten, die bereits häufig weitergeleitet wurden.

10.4 Ausbreitung von Krankheiten in sozialen Netzwerken

10.4.1 Krankheit und Übertragungsnetzwerk

Die Art und Weise, wie sich Krankheiten in einer Bevölkerung ausbreiten, hängt nicht nur von den Eigenschaften der Erreger ab, wie Infektiosität, Infektionsdauer und Schweregrad, sondern auch von der Netzwerkstruktur, die durch die Personen, die die Krankheit weitergeben, gebildet wird. Soziale Netzwerke beschreiben die Beziehungen zwischen Menschen und spielen eine entscheidende Rolle dabei, wie sich Krankheiten unter Menschen verbreiten. Im Allgemeinen breiten sich

Krankheiten über ein Kontaktnetzwerk aus: Jeder Knoten steht für eine Person. Wenn zwei Personen in irgendeiner Form Kontakt haben, kann sich die Krankheit von einem Knoten zum anderen ausbreiten, wobei die beiden Knoten durch Kanten verbunden sind.

Erreger und Netzwerk sind eng miteinander verflochten. Selbst innerhalb derselben Gruppe kann das durch zwei verschiedene Krankheiten gebildete Kontaktnetzwerk sehr unterschiedliche Strukturen aufweisen, abhängig vom jeweiligen Infektionsweg. Eine hochinfektiöse Krankheit, wie eine durch die Luft übertragene Infektion, die durch Husten oder Niesen verbreitet wird, hat ein Kontaktnetzwerk mit einer großen Anzahl von Verbindungen, etwa in einem Bus oder bei Personen, die im Flugzeug nebeneinandersitzen. Bei Infektionskrankheiten, die engen Kontakt erfordern, ist das Kontaktnetzwerk deutlich dünner, und es gibt wesentlich weniger verbundene Paare. Ähnliche Unterschiede gibt es bei Computerviren: Eine Schadsoftware, die Computer über das Internet infiziert, hat ein viel größeres Kontaktnetzwerk als ein Virus, der sich über kurze Distanzen zwischen mobilen Geräten per Funk verbreitet.

10.4.2   Epidemiologische Dynamikmodelle

Epidemiologische Dynamikmodelle (SEIR) modellieren mithilfe dynamischer Methoden und erstellen ein mathematisches Modell der Haupteigenschaften von Infektionskrankheiten anhand von Annahmen, Parametern und Variablen, um deren Übertragungsmechanismus offenzulegen. In der Regel bezeichnet der Parameter S (Susceptible) die anfällige Population, der Parameter E (Exposed) die exponierte, also latente Population, der Parameter I (Infected) die infizierte Population und der Parameter R (Recovered) die genesene Population (wobei die genesene Population auch Verstorbene einschließt). Infektionsdynamikmodelle werden im Allgemeinen danach unterschieden, ob demografische Faktoren berücksichtigt werden oder nicht, und es können je nach Situation unterschiedliche Modelle der Infektionsdynamik aufgestellt werden.

10.4.2.1   Ohne Berücksichtigung demografischer Faktoren

Das Dynamikmodell für Infektionskrankheiten ohne Berücksichtigung demografischer Faktoren eignet sich zur Beschreibung von Krankheiten mit kurzem Verlauf. Zudem können während einer Epidemie Geburten und Todesfälle in der Bevölkerung vernachlässigt werden. Gibt es keine Inkubationszeit, können das SI-Modell [siehe Abb. 10.10a, bei dem Infizierte kaum genesen, wobei β die Infektionsrate darstellt], das SIS-Modell [siehe Abb. 10.10b, bei dem Infizierte genesen können, wobei γ die Übergangsrate von Infektion zu Genesung angibt] und das SIR-Modell [siehe Abb. 10.10c, t, bei dem Infizierte genesen und lebenslange Immunität erlangen können] aufgestellt werden. Gibt es eine Inkubationszeit,

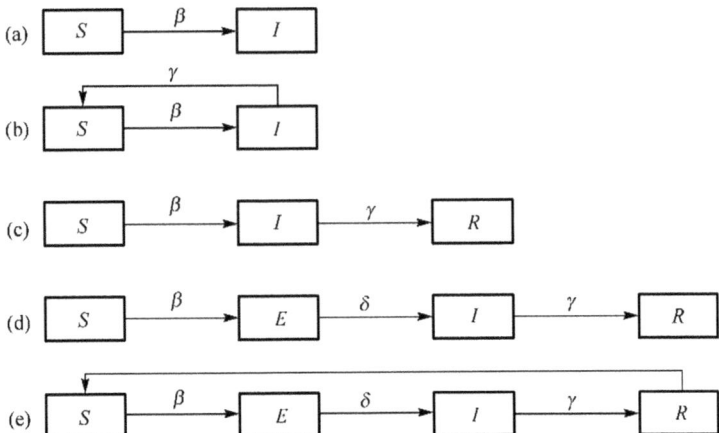

Abb. 10.10 Dynamikmodell von Infektionskrankheiten ohne Berücksichtigung demografischer Faktoren

das heißt, es vergeht eine Latenzphase, bevor eine Infektion zu einer Erkrankung führt, und wird angenommen, dass in dieser Phase keine Ansteckungsgefahr besteht, kann das SEIR-Modell aufgestellt werden [siehe Abb. 10.10d, bei dem Personen nach der Infektion genesen und lebenslange Immunität erlangen, wobei δ die Übergangsrate von der Latenz zur Infektion angibt] sowie das SEIRS-Modell [siehe Abb. 10.10e, bei dem Personen nach der Infektion nur vorübergehende Immunität erhalten].

10.4.2.2   Unter Berücksichtigung demografischer Faktoren

Unter der Annahme einer konstanten Bevölkerung während der Epidemie, also dass die Gesamtbevölkerung N konstant bleibt, kann ein Modell ohne vertikale Infektion wie das SIR-Modell aufgestellt werden. Bei veränderlicher Bevölkerungszahl, etwa durch Zu- und Abwanderung, Erkrankungen sowie natürliche Geburten und Todesfälle, kann ein SIS-Modell mit vertikaler Infektion und Zu- und Abwanderung entwickelt werden. Das traditionelle SEIR-Modell (siehe Abb. 10.11) unterteilt die Bevölkerung in vier Kategorien: S, E, I und R.

10.4.3   Dynamische Analyse der COVID-19-Übertragung auf Basis des SEIR-Modells

Das neuartige Coronavirus weist eine Inkubationszeit auf. Experten der Nationalen Gesundheitskommission gaben an, dass die durchschnittliche Inkubations-

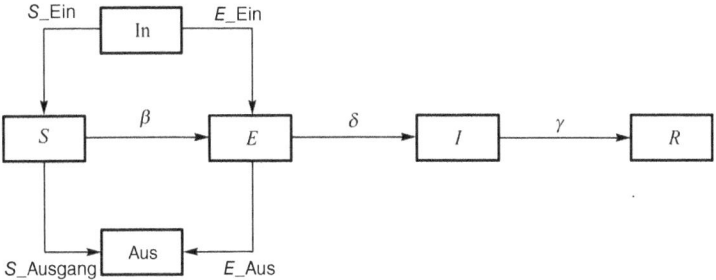

Abb. 10.11 Dynamikmodell von Infektionskrankheiten unter Berücksichtigung demografischer Faktoren

zeit des Virus etwa 7 Tage beträgt, mit einem Maximum von 14 Tagen, und dass das Virus auch während der Inkubationszeit ansteckend ist. Da das traditionelle SIR-Modell die Inkubationszeit nicht berücksichtigt, wählten Fan Ruguo et al. das SEIR-Modell, um den dynamischen Verlauf der COVID-19-Epidemie zu analysieren [18].

Es sei darauf hingewiesen, dass $S(t)$, $E(t)$, $I(t)$ und $R(t)$ die Anzahl der empfänglichen, exponierten, infizierten und entfernten Individuen zum Zeitpunkt t bezeichnen. Offensichtlich gilt $S(t) + E(t) + I(t) + R(t) = N$, wobei n die Gesamtzahl der Individuen in der Population ist. Angenommen, die Wahrscheinlichkeit, dass ein empfängliches Individuum pro Zeiteinheit mit einem infizierten Individuum in Kontakt kommt und sich ansteckt, beträgt β. Da der Anteil der empfänglichen Personen S/N ist und zum Zeitpunkt t $I(t)$ infizierte Personen im Netzwerk vorhanden sind, nimmt die Anzahl der empfänglichen Personen gemäß folgender Änderungsrate ab:

$$\frac{\mathrm{d}S}{\mathrm{d}t} = -\frac{\beta S \times I}{N} \tag{10.1}$$

Dementsprechend nimmt die Anzahl der exponierten Personen gemäß folgender Änderungsrate zu, und die gesamte Population wird mit einer Wahrscheinlichkeit von γ_1 pro Zeiteinheit in infizierte Personen umgewandelt:

$$\frac{\mathrm{d}E}{\mathrm{d}t} = \frac{\beta S \times I}{N} - \gamma_1 E \tag{10.2}$$

Die Anzahl der infizierten Personen ergibt sich aus der exponierten Population, und gleichzeitig werden Personen mit einer Wahrscheinlichkeit von γ_2 pro Zeiteinheit in den entfernten Zustand überführt:

$$\frac{\mathrm{d}I}{\mathrm{d}t} = \gamma_1 E - \gamma_2 I \tag{10.3}$$

Dementsprechend werden infizierte Personen mit einer Wahrscheinlichkeit von γ_2 in entfernte Personen überführt:

$$\frac{\mathrm{d}R}{\mathrm{d}t} = \gamma_2 I \tag{10.4}$$

Das SEIR-Modell ist sehr empfindlich gegenüber der Parametereinstellung; eine unangemessene Parametrierung führt zu größeren Fehlern in den Prognoseergebnissen. Nach den Untersuchungen von Xu Gongxian et al. [19] kann γ_1 als Kehrwert der Inkubationszeit gesetzt werden, also $\gamma_1 = 1/7 = 0{,}1429$.

Für die Parametrierung von β, γ_2 und N kann ein heuristischer Algorithmus verwendet werden. Da der Parameter β die Wahrscheinlichkeit angibt, dass empfängliche Individuen innerhalb einer Zeiteinheit mit infizierten Individuen in Kontakt kommen und sich infizieren, und der Parameter γ_2 die Wahrscheinlichkeit beschreibt, dass infizierte Individuen pro Zeiteinheit in den entfernten Zustand übergehen, werden β, $\gamma_2 \in [0, 1]$ zufällig mit einer Granularität von 1×10^{-4} aus diesem Bereich gezogen. Gleichzeitig wird auch N zufällig mit einer Granularität von 1000 und der Einheit Mensch gesampelt. Der Sampling-Prozess für β, γ_2 und N wird iterativ durchgeführt; die Anzahl der Iterationen wird festgelegt; β, γ_2 und N werden fortlaufend zufällig gesampelt und in die Differentialgleichungen des Modells eingesetzt; anschließend werden die Ergebnisse anhand des Minimalprinzips des mittleren quadratischen Fehlers (RMSE) mit den realen Daten verglichen, um so die optimalen Parameter in dieser Granularität zu bestimmen.

Die Gesamtzahl der betrachteten Gruppen wird definiert als $N = S + E + I + R$. Darauf aufbauend kann mit Hilfe der Python-Simulationsplattform die Entwicklung der verschiedenen COVID-19-Gruppen im Verlauf der Ausbreitung über die Zeit simuliert werden, wie in Abb. 10.12 dargestellt [18].

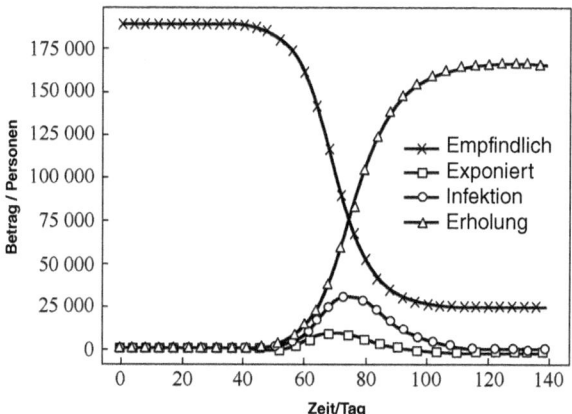

Abb. 10.12 Simulationsergebnisse auf Basis des SEIR-Modells (Inkubationszeit 7 Tage) [18]

Es ist zu erkennen, dass sowohl die *E*-Gruppe (exponierte Individuen) als auch die *I*-Gruppe (infizierte Individuen) zu Beginn einen Anstieg verzeichnen, der jedoch zunächst relativ langsam verläuft. Ab dem 40. bis 50. Tag beschleunigt sich der Anstieg, erreicht zwischen dem 75. und 85. Tag das Maximum und nimmt anschließend wieder ab, bis die Gruppen schließlich verschwinden.

10.5 Verbreitung neuer Phänomene in sozialen Netzwerken

10.5.1 Faktoren, die die Ausbreitung neuer Phänomene in sozialen Netzwerken beeinflussen

Es gibt drei gängige Faktoren, die das Eindringen und die Verbreitung neuer Phänomene in Netzwerken beeinflussen. Der erste Faktor sind die Eigenschaften des neuen Phänomens selbst, die wiederum die Eigenschaften anderer beeinflussen können. Beispielsweise können manche „Ohrwurm"-Lieder sich sehr schnell verbreiten und von vielen Menschen gesungen werden, was mit deren Text und Melodie zusammenhängt. Der zweite Faktor ist das nächstgelegene Nachbarnetzwerk, das auf die im realen Leben mit „mir" verbundenen Personen abgebildet wird. Das Verhalten von Menschen wird durch ihr Umfeld beeinflusst. Wenn beispielsweise Bekannte ein neues Produkt nutzen, steigt die Wahrscheinlichkeit, dass man es selbst ausprobiert. Der dritte Faktor sind die Eigenschaften des Startknotens, also des Knotens, der als erster das neue Phänomen im Netzwerk aufnimmt, einschließlich dessen Einfluss und Glaubwürdigkeit. So kann die Verbreitungseffizienz neuer Produkte großer Unternehmen deutlich höher sein als die von kleinen, wenig bekannten Unternehmen.

10.5.2 Diffusionsmodell für neue Phänomene

Angenommen, es gibt eine Situation wie in Abb. 10.13 dargestellt, in der ein soziales Netzwerk existiert [20]. In diesem sozialen Netzwerk gab es bisher ein Phänomen *B*, das stets populär war, nun tritt jedoch ein neues Phänomen *A* auf. Wie lässt sich die Verbreitung von *A* untersuchen? Es wird angenommen, dass jede Person nur entweder *A* oder *B* annehmen kann und keine Zwischenposition möglich ist. In dieser Annahme gilt: Wenn zwei benachbarte Personen gleichzeitig *A* übernehmen, erzielen sie den Gewinn *A*. Wird gleichzeitig *B* übernommen, so ist ihr Gewinn *B*. Darüber hinaus entstehen keine zusätzlichen Kosten für einen Positionswechsel.

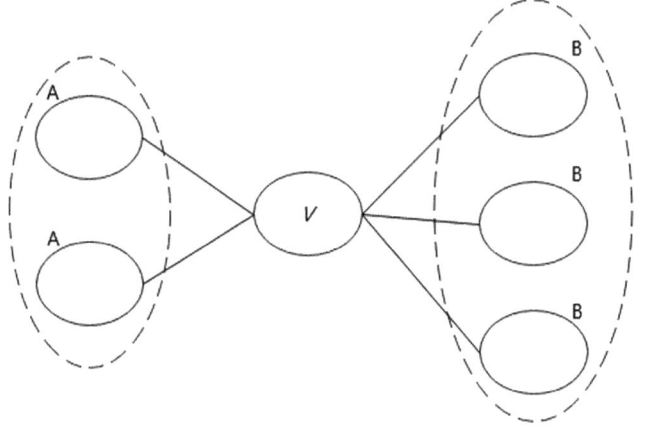

Nachbarn mit einem Belegungsgrad   Nachbarn mit einem Belegungsgrad
von p nehmen A an   von (1-p) adoptieren B

Abb. 10.13 Netzwerk zur Verbreitung neuer Phänomene

Auf Grundlage dieser Annahme gilt: Wenn eine Person die Entscheidung einer anderen beeinflussen möchte, muss sie nach der Änderung einen höheren Gewinn erzielen. Gleichzeitig benötigt jedes neue Phänomen eine Gruppe von Erstempfängern. Im Folgenden wird ein Beispiel für ein soziales Netzwerk gegeben.

In einem solchen Netzwerk gilt für den Knoten V: Wenn ein Nachbar mit dem Anteil p A übernimmt, dann übernimmt ein Nachbar mit dem Anteil $(1 - p)$ B. Nach dem Gleichgewichtsprinzip der Spieltheorie beträgt für V der Gewinn bei Übernahme von A $p \times a$.

Der Gewinn bei Übernahme von B beträgt $(1 - p)$ b. Um V dazu zu bewegen, das neue Phänomen A zu wählen, muss offensichtlich $(1 - p)$ b als Schwellenwert überschritten werden – dies ist die Schwelle, ab der neue Phänomene von Knoten akzeptiert werden; sie wird mit q bezeichnet. Es zeigt sich: Je größer A ist, also je stärker das neue Phänomen, desto niedriger ist die Schwelle und desto leichter wird es akzeptiert. Umgekehrt gilt: Je stärker das alte Phänomen, desto schwerer fällt es den Menschen, ihre Position zu ändern. Wenn sich ein neues Phänomen im Netzwerk verbreitet, lässt sich mit diesem einfachen Modell beurteilen, ob es von den Knoten im Netzwerk angenommen wird.

10.5.3 Faktoren, die die Ausbreitung neuer Phänomene hemmen

Im Modell der Abb. 10.14 gilt: Wenn Menschen neue Phänomene akzeptieren wollen, müssen zunächst ausreichend viele Bekannte in ihrem Umfeld dieses neue

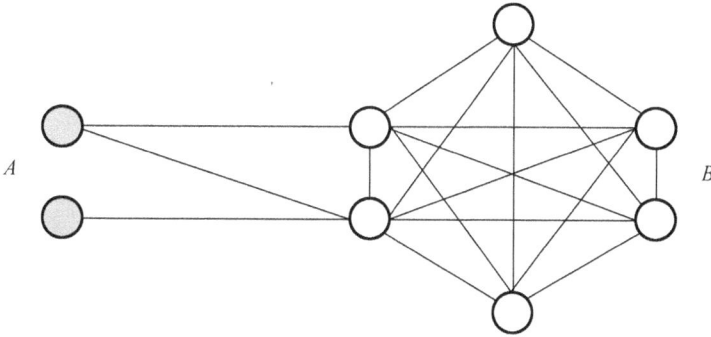

Abb. 10.14 Ein „Angriff" dringt nicht ein, und B „hält die Gruppe fest zusammen"

Phänomen annehmen. Andernfalls ist die Verbreitung neuer Phänomene in einem relativ geschlossenen Netzwerk mit eng verbundenen Knoten schwierig.

In Abb. 10.14 sind die grauen Knoten diejenigen, die das neue Phänomen A angenommen haben, während die weißen Knotengruppen Netzwerke darstellen, in denen das alte Phänomen B vorherrscht. Im Netzwerk der weißen Knoten ist jeder Knoten mit anderen Knoten verbunden, die ebenfalls das alte Phänomen B nutzen. Wenn nur zwei Knoten das neue Phänomen A annehmen, kann sich A im Netzwerk, in dem B dominiert, nicht ausbreiten.

Wir bezeichnen ein Netzwerk, in dem das alte Phänomen B dominiert, als Cluster. Definition von Clustering: In einer Knotengruppe gilt, wenn mindestens ein Nachbar mit dem Anteil r ebenfalls zu dieser Gruppe gehört, dann handelt es sich um einen Cluster mit der Dichte r ($r \leq 1$).

Clustering ist einer der Faktoren, die vollständige Kaskaden verhindern, und steht in engem Zusammenhang mit Kaskadeneffekten. In einem Netzwerk bezeichnet Clustering eng verbundene Kleingruppen, die durch spezifische Beziehungen zwischen den Knoten entstehen. Diese Gruppen weisen eine hohe interne Verbindungsdichte auf und bilden eine „kleine Welt". Die Verbreitung eines neuen Phänomens A hängt von der Akzeptanzschwelle q der Knoten ab. Die Entscheidung eines Knotens, das neue Phänomen A zu akzeptieren, beeinflusst die Entscheidungen seiner Nachbarknoten und löst so einen Kaskadeneffekt aus. Ein Cluster mit einer Dichte größer als $(1 - q)$ behindert jedoch die Ausbreitung des neuen Phänomens A und bildet eine „Barriere". Umgekehrt gilt: Wenn eine Anfangsgruppe von Knoten keine vollständige Kaskade auslöst, existiert im Netzwerk ein Cluster mit einer Dichte größer als $(1 - q)$, der einen „Flaschenhals" bildet. Clustering und Kaskadeneffekte stehen in einer wechselseitigen Beziehung: Clustering hemmt Kaskaden, und das Scheitern einer Kaskade weist auf das Vorhandensein von Clustering hin [20].

10.6   Fallstudie zur Diffusion in sozialen Netzwerken: Diffusion und Entwicklung von Krisen im Bereich der öffentlichen Gesundheit

Durch die Berichterstattung und Verbreitung auf sozialen Medienplattformen kann die Öffentlichkeit zeitnah vielfältige Informationen über das Auftreten und die Entwicklung von Ereignissen erhalten. Selbst Personen, die nicht direkt betroffen sind, bilden dadurch bestimmte Meinungen oder Haltungen aus, was zu Weiterleitungen, Kommentaren, Likes und anderen Interaktionen führt und so die Verbreitung und Diffusion von Meinungsinformationen auf sozialen Medienplattformen weiter fördert. Die Erhebung und Analyse von Meinungsinformationen zu öffentlichen Gesundheitsnotfällen ist von großer Bedeutung. Einerseits bestimmt die öffentliche Aufmerksamkeit für Gesundheitsnotfälle, dass nicht nur die Regierung für das Krisenmanagement zuständig ist, sondern die gesamte Gesellschaft, insbesondere die relevanten Interessengruppen, einbezogen werden müssen. Als bedeutendes Forum für gesellschaftliche Stimmungen und Meinungen spiegeln soziale Medienplattformen die Forderungen verschiedener Interessengruppen bei Gesundheitsnotfällen bis zu einem gewissen Grad wider. Andererseits kann das Thema öffentliche Gesundheit als zentrales gesellschaftliches Anliegen leicht zu einer Welle der Online-Meinung führen, wobei Informationen über unerwartete Ereignisse in sozialen Medien häufig übertrieben werden und so Panik verbreiten. Reagieren die Gesundheitsbehörden oder Notfalldienste nicht rechtzeitig oder stimmen die Maßnahmen nicht mit den Erwartungen oder Forderungen der Öffentlichkeit überein, kann dies leicht zu Unzufriedenheit und Ablehnung führen, die Situation eskalieren lassen und das Ausmaß und die Reichweite der Auswirkungen von Gesundheitsnotfällen weiter vergrößern.

Vor diesem Hintergrund sollten die zuständigen Stellen im Zeitalter sozialer Medien das Krisenmanagement bei öffentlichen Gesundheitsnotfällen nicht nur auf das Ereignis selbst konzentrieren, sondern auch die Meinungsinformationen zum Ereignis überwachen und analysieren, die Bedürfnisse der Öffentlichkeit verstehen, negative und extreme Emotionen frühzeitig erkennen, eine angemessene Meinungslenkung betreiben und die Rückkehr zu positiven und rationalen Emotionen fördern.

Vor diesem Hintergrund untersucht diese Studie am Beispiel des „Impfstoffskandals 2018", wie die von Informationsverbreitern repräsentierten Interessengruppen und die durch die Inhalte reflektierte Meinungsqualität den Umfang der Meinungsverbreitung sowie die regulierende Rolle des Meinungszyklus während der Verbreitung von Gesundheitsnotfällen im Zeitalter sozialer Medien beeinflussen. Die Forschungsergebnisse sollen Gesundheitsbehörden und Notfalldiensten helfen, die Gesetzmäßigkeiten der Meinungsverbreitung bei ähnlichen Ereignissen besser zu verstehen, gezieltere Lenkungsstrategien in verschiedenen Phasen der Meinungsdiffusion zu entwickeln, zur Beruhigung der öffentlichen Meinung beizutragen, die Schäden durch Gesundheitsnotfälle zu verringern und das Auftreten von Folgeereignissen zu verhindern.

10.6.1 Datenerhebung und Variablendesign

10.6.1.1 Datenerhebung

Am 21. Juli 2018 sorgte ein selbstverfasster Medienartikel in den sozialen Netzwerken für Aufsehen, der die Missstände eines Unternehmens in Changchun hinsichtlich Umgehung von Aufsichtsmaßnahmen und Falschangaben aufdeckte. In der Folge berichteten zahlreiche Medien über verschiedene Verfehlungen, wie etwa die frühere Fälschung von Tollwutimpfstoff-Aufzeichnungen durch das Unternehmen in Changchun sowie die Nichtkonformität des DPT-Impfstoffs, der als minderwertiges Arzneimittel behandelt wurde. Innerhalb von nur zwei Tagen, am 21. und 22. Juli, wurden 2.254.024 impfstoffbezogene Microblog-Nachrichten und mehr als 120 Microblog-Artikel mit jeweils über 100.000 Lesern veröffentlicht. Der Impfstoffskandal löste eine landesweite Debatte auf mehreren Social-Media-Plattformen aus. Die Schwankungen des Heat-Index der Schlüsselwörter im Zusammenhang mit dem Impfstoffereignis auf der Weibo-Plattform sind in Abb. 10.15 dargestellt.

Obwohl bereits Mitte Juli die zuständigen Behörden ein Unternehmen in Changchun über die problematischen Impfstoffe informiert hatten, nahm der eigentliche Ausbruch des Impfstoffskandals mit dem selbstveröffentlichten Medienartikel am 21. Juli seinen Anfang. Die Verbreitung auf der Weibo-Plattform entsprach im Wesentlichen dem fünfphasigen Modell der öffentlichen Meinungsverbreitung: „Ausbruch→Verbreitung→Abklingen→Wiederholung→Restwirkung". Zu unterschiedlichen Zeitpunkten traten verschiedene Schlüsselwörter auf und zeigten unterschiedliche Entwicklungstendenzen. Die Zeitpunkte und Veränderungstrends der einzelnen Schlüsselwörter unterscheiden sich. Aus Abb. 10.15 wird ersichtlich, dass sich der Fokus der öffentlichen Meinung zum

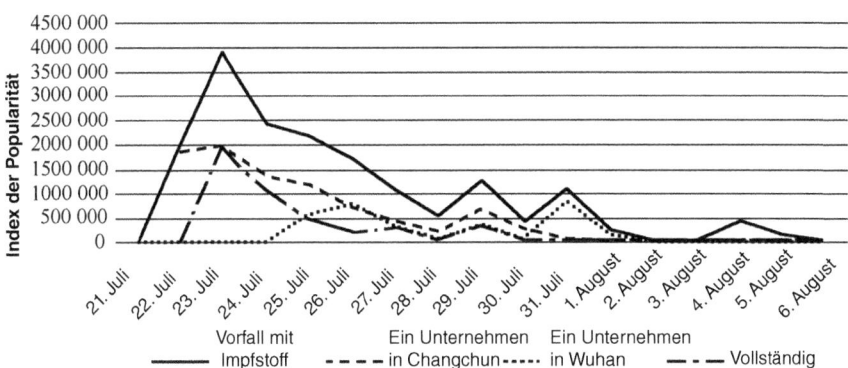

Abb. 10.15 Veränderung des Heat-Index von Schlüsselwörtern zu Impfstoffereignissen auf der Weibo-Plattform

Impfstoffereignis ständig verschiebt und die Intensität der öffentlichen Diskussion weiter zunimmt. Dies macht das Ereignis zu einem repräsentativen und einflussreichen Notfall im Bereich der öffentlichen Gesundheit und eignet sich daher für empirische Untersuchungen.

Als Reaktion auf das Impfstoffereignis nutzten die Autoren die Schlüsselwörter „Impfstoffereignis", „ein Unternehmen in Changchun" und „ein Unternehmen in Wuhan", um mithilfe der erweiterten Suchfunktion von Sina Weibo vom 21. Juli bis 4. August 2018 Informationen zu populären Microblogs (Retweets oder Kommentare) und den zugehörigen Accounts zu erheben. Nach Entfernung von Duplikaten und einer ersten Datenbereinigung wurden 3818 populäre Microblogs identifiziert.

10.6.1.2 Variablendesign

Um die Reichweite der Verbreitung von meinungsbildenden Informationen zu Impfstoffereignissen auf Weibo zu erfassen, wird in diesem Abschnitt das Weiterleitungsvolumen eines einzelnen Weibo-Beitrags als abhängige Variable gewählt. Entsprechend der Forschungshypothese umfassen die unabhängigen Variablen den Authentifizierungstyp des Weibo-Verfassers, inhaltsbezogene Variablen des Weibo-Beitrags, die Interaktion zwischen Verfasser und Inhalt sowie das Veröffentlichungsdatum des Weibo-Beitrags. Die Beschreibung der Variablen ist in Tab. 10.2 dargestellt.

Zur Berechnung der subjektiven und negativen Emotionalität wird das chinesische Psychoanalyse-System „WeChat" verwendet, das auf LIWC und dem chinesischen C-LIWC-Thesaurus basiert, für Weibo-Kurztexte erweitert wurde und sich für die Psychoanalyse von Weibo-Inhalten eignet. Die Aktualität der Weibo-Inhalte wird durch die Berechnung der Ähnlichkeit zwischen dem Weibo-Inhalt und den Tagesthemen des Vortags, des aktuellen Tages und des Folgetags gemessen. Der Berechnungsprozess ist in Abb. 10.16 dargestellt.

Die Inhalte der am selben Tag veröffentlichten Microblogs werden zusammengefasst und als ein Dokument betrachtet, sodass insgesamt 15 Dokumente auf Tagesbasis entstehen. Die TFIDF-Werte der Wörter werden berechnet und sortiert, wodurch für jeden Tag die 70 wichtigsten Wörter (unter Berücksichtigung, dass die meisten Microblog-Inhalte weniger als 140 Zeichen umfassen) als Sammlung von Schlüsselwörtern zur Repräsentation der Tagesthemen ermittelt werden. Die Wortvektoren werden durch das Training der Microblog-Inhalte mittels Word2Vec gewonnen, um eine Vektordarstellung der Tagesthemen und jedes einzelnen Microblogs pro Tag zu erhalten. Die Kosinus-Ähnlichkeit der Vektoren wird berechnet, um die Ähnlichkeit jedes Microblogs mit den Tagesthemen des Vortags, des Veröffentlichungstags und des Folgetags anzugeben.

Tab. 10.2 Variablenbeschreibung

Variablendimension	Variablenname	Variablendeklaration
Weibo-Verfasser	Authentifizierungstyp (Identität)	Es gibt vier Dummy-Variablen: $Identity_1$ steht für staatliche Authentifizierung (GOV) $Identity_2$ steht für Authentifizierung durch Leitmedien (media) $Identity_3$ steht für Authentifizierung als Organisations-Selbstmedium (OrgMedia) $Identity_4$ steht für Authentifizierung als persönliches Selbstmedium (Wemedia) Sind alle vier Dummy-Variablen gleich 0, entspricht dies einem Account ohne Authentifizierung
Weibo-Inhalt	Aktualität	Die Aktualität wird in drei Dimensionen unterteilt: Die SimNow zwischen Weibo und den Tagesthemen spiegelt wider, ob der Beitrag aktuelle Themen aufgreift Die Ähnlichkeit zwischen Weibo und den Tagesthemen des Vortags (SimPre) zeigt, inwieweit der Beitrag Themen der vorherigen Phase wiederholt Die Ähnlichkeit zwischen Weibo und den Tagesthemen des Folgetags (SimPost) gibt an, ob der Beitrag vorausschauend ist
	Subjektive Emotion (Affect)	Anteil der Wörter mit subjektivem Emotionsausdruck im Weibo-Beitrag
	Positiv (positive)	Anteil der Wörter mit positivem Emotionsausdruck im Weibo-Beitrag
Anpassung des Inhalts durch Weibo-Verfasser	Subjektive Emotion × positive Identitätsauthentifizierung × Identitätsauthentifizierung	Subjektive Emotionalität multipliziert mit Authentifizierungstyp, Positivität multipliziert mit Authentifizierungstyp
Veröffentlichungsdatum und dessen Anpassungsfunktion	Veröffentlichungsdatum (Tag)	Anzahl der Tage vom Veröffentlichungsdatum des Weibo-Beitrags bis zum Ausbruch des Ereignisses
	Authentifizierungstyp × Veröffentlichungsdatum	Authentifizierungstyp multipliziert mit Veröffentlichungsdatum

10.6.2 Deskriptive Statistik und Korrelationsanalyse

Bevor das Regressionsmodell erstellt wird, werden die Variablen mittels beschreibender Statistik analysiert; die Ergebnisse sind in Tab. 10.3 dargestellt. Dabei ist „Repost" die abhängige Variable und gibt die Anzahl der Weiterleitungen von Weibo-Beiträgen an.

Die Ergebnisse der Korrelationsanalyse der unabhängigen Variablen sind in Tab. 10.4 dargestellt; die letzte Zeile zeigt den VIF-Wert der unabhängigen

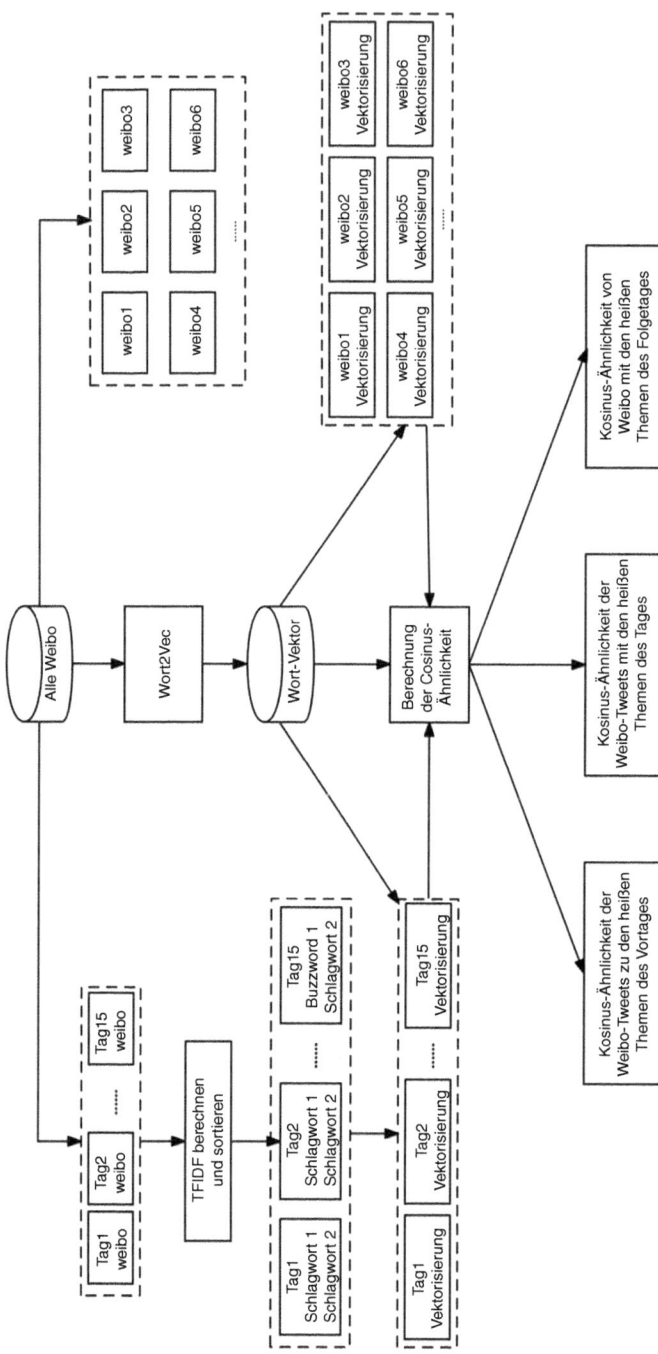

Abb. 10.16 Berechnungsprozess der Aktualität von Weibo-Inhalten

Tab. 10.3 Ergebnisse der deskriptiven Statistik

Variable	Maximum	Minimalwert	Mittelwert	Standardabweichung
Repost	60.674	0	250,791	1889,841
Identität$_i$	Identität$_1$: 156			
	Identität$_2$: 1763			
	Identität$_3$: 193			
	Identität$_4$: 1133			
SimPre	0,996	0	0,867	0,160
SimNow	0,997	0	0,894	0,149
SimPost	0,996	0	0,864	0,156
Affect	Eins	0	0,870	0,072
Positive	0,5	0	0,009	0,024
Tag	15	1	5,238	3,507

Variablen. Wie aus Tab. 10.4 ersichtlich ist, besteht zwischen den unabhängigen Variablen – mit Ausnahme der drei Variablen (SimPre, SimNow und SimPost), die die Aktualität des Weibo-Inhalts abbilden – keine starke Korrelation. Der maximale VIF-Wert der einzelnen Variablen beträgt 4,52. Es besteht eine starke Korrelation zwischen dem Inhalt von Weibo und der Ähnlichkeit der aktuellen Tagesthemen des Vortags, des aktuellen Tages und des Folgetags. Ein möglicher Grund hierfür ist, dass zwei heiße Themen mit dem Ereignis in Zusammenhang stehen.

Es gibt kaum Veränderungen beim Tag, wobei zu berücksichtigen ist, dass die VIF-Werte aller Variablen unter 5 liegen; dies zeigt, dass im Modell keine Multikollinearität vorliegt und es sich daher für die Konstruktion eines Regressionsmodells eignet.

10.6.3 Ergebnisse der Regressionsanalyse

Da die Anzahl der „Reposts" eine abhängige Variable ist, bei der es sich um eine Zählvariable handelt und die Standardabweichung um ein Vielfaches größer als der Mittelwert ist, wird zur Hypothesenprüfung die negative Binomialregression verwendet. Das empirische Modell ist in Gl. (10.5) dargestellt.

$$\text{Repost} = \beta_0 + \sum \beta_a \text{Identity}_i + \sum \beta_b \left(\text{Identity}_i \times \text{Day}\right) + \beta_9 \text{SimPre} +$$
$$\beta_{10} \text{SimNow} + \beta_{11} \text{SimPost} + \beta_{12} \text{Affect} + \sum \beta_c \left(\text{Affect} \times \text{Identity}_i\right) + \quad (10.5)$$
$$\beta_{17} \text{Positive} + \sum \beta_d \left(\text{Positive} \times \text{Identity}_i\right) + \beta_{22} \text{Day} + \varepsilon$$

wobei $i = 1 \sim 4$; $a = 1 \sim 4$; $b = 5 \sim 8$; $c = 13 \sim 16$; $d = 18 \sim 21$.

Mit Hilfe der Stata-Software können die Regressionsanalyseergebnisse wie in Tab. 10.5 dargestellt ermittelt werden. Modell 1 berücksichtigt ausschließlich den Einfluss des Authentifizierungstyps des Microblog-Verfassers sowie inhaltsbezogener Variablen auf die Verbreitung öffentlicher Meinungen. Modell

Tab. 10.4 Ergebnisse der Korrelationsanalyse der unabhängigen Variablen

	Gov	Media	Orgmedia	Wemedia	SimPre	SimNow	SimPost	Affect	Positive	Day
Gov	1									
Media	0,19	1								
Orgmedia	0,05	0,21	1							
Wemedia	0,13	0,60	0,15	1						
SimPre	0,01	0,08	0,01	0,04	1					
SimNow	0	0,15	0	0,08	0,8	1				
SimPost	0	0,09	0,01	0,05	0,77	0,85	1			
Affect	0,02	0,16	0,02	0,14	0,12	0,09	0,10	1		
Positive	0,01	0,14	0,01	0,11	0,07	0,10	0,10	0,09	1	
Day	0,01	0,03	0,01	0,11	0,13	0,02	0,02	0,08	0	1
VIF	1,25	3,03	1,32	2,2	3,24	4,52	3,9	1,09	1,05	1,14

Tab. 10.5 Ergebnisse der Regressionsanalyse

Variable	Modell 1	Modell 2	Modell 3
Gov	0,259	1,47	1,092
Gov × Day	0,038		
Media	0,815**	0,172	0,881*
Media × Day	0,05		
Orgmedia	1,289***	0,027	1,325***
Orgmedia × Day	0,210***		
Wemedia	0,381	0,402	0,744*
Wemedia × Day	0,139***		
SimPre	0,81	0,788	1,334**
SimNow	3,842***	3,739***	1,568**
SimPost	2,106***	2,095***	1,788***
Affect	3,494***	6,610***	4,545***
Affect × Gov	14,214**	12,226***	
Affect × media	3,435	1,027	
Affect × Orgmedia	8,659***	6,765***	
Affect × Wemedia	4,212**	1,753	
Positive	5,693	10,411**	11,201**
Positive × Gov	10,54	17,797	
Positive × media	5,290	7,916	
Positive × Orgmedia	9,738	10,000	
Positive × Wemedia	7,715	9,844*	
Day	0,270***		
Justierungsfunktion des Identitäts-Authentifizierungs-typs	√		
Veröffentlichungsdatum und dessen Justierungs-funktion			√

Hinweis: ***, ** und * kennzeichnen Signifikanzniveaus von 1 %, 5 % bzw. 10 %

2 ergänzt den moderierenden Effekt des Authentifizierungstyps auf die subjektive Emotionalität und Positivität des Microblog-Inhalts. Modell 3 stellt das in dieser Arbeit vorgeschlagene vollständige Modell dar, das auf Basis von Modell 2 das Veröffentlichungsdatum und dessen moderierenden Effekt hinzufügt. Aus den Regressionsresultaten von Modell 3 lassen sich folgende zentrale Schlussfolgerungen ziehen:

10.6.3.1   Identitätsauthentifizierungstyp von Weibo-Postern

Mainstream-Medien ($\beta = -0,881$, sig. $< 0,1$), institutionelle Medien ($\beta = -1,325$, sig. $< 0,01$) und persönliche Medien ($\beta = -0,744$, sig. $< 0,1$) stehen in einem negativen Zusammenhang mit dem Weiterleitungsvolumen, während die Beziehung zwischen dem Regierungsauthentifizierungstyp und dem Weiterleitungsvolumen nicht signifikant ist. Allgemein gesprochen zeigt sich auf der Weibo-Plattform, dass selbst der V-zertifizierte Kontotyp keinen zwingenden Einfluss auf die Verbreitung öffentlicher Meinung bei Gesundheitsnotfällen hat.

Der moderierende Effekt des Veröffentlichungsdatums von Weibo auf den Identitätsauthentifizierungstyp zeigt, dass eine signifikant negative Korrelation zwischen der Interaktion von institutioneller Selbstmedien-Authentifizierung und Veröffentlichungsdatum ($\beta = 0{,}210$, sig. $< 0{,}01$) sowie persönlicher Selbstmedien-Authentifizierung und Veröffentlichungsdatum ($\beta = 0{,}139$, sig. $< 0{,}01$) und dem Weiterleitungsvolumen besteht. Daraus lässt sich schließen, dass im späteren Stadium der Meinungsverbreitung Selbstmedien-Konten einen stärkeren Diffusionseinfluss zeigen. Somit variiert der Einfluss der Identitätstypen von Weibo-Postern auf die Verbreitung öffentlicher Meinung und ist mit dem jeweiligen Zyklus der Meinungsverbreitung, in dem das Weibo veröffentlicht wurde, verknüpft.

10.6.3.2 Aktualität der Weibo-Inhalte

Hinsichtlich der Aktualität gilt: Je höher die Ähnlichkeit zwischen dem Weibo-Inhalt und den Top-Themen des Vortages ($\beta = -1{,}334$, sig. $< 0{,}05$) bzw. des aktuellen Tages ($\beta = -1{,}568$, sig. $< 0{,}05$), desto geringer ist das Weiterleitungsvolumen. Je höher die Ähnlichkeit mit dem Top-Thema des Folgetages ($\beta = 1{,}788$, sig. $< 0{,}01$), desto größer ist das Weiterleitungsvolumen. Dieses Ergebnis belegt erneut, dass Aktualität bei der Verbreitung öffentlicher Meinung zu Gesundheitsnotfällen von großer Bedeutung ist. Aus den Weibo-Inhalten wird ersichtlich, dass das bloße Wiederholen vergangener Top-Themen oder das Aufgreifen aktueller Trends kaum zu einer Weiterverbreitung führt. Es sind vielmehr Beiträge mit Weitblick, Neuartigkeit und Originalität, die das Potenzial für eine breite Diffusion besitzen.

Da zwischen subjektiver und emotionaler Ausdrucksweise in Weibo-Inhalten und dem Weiterleitungsvolumen eine signifikant negative Korrelation besteht ($\beta = -4{,}545$, sig. $< 0{,}01$), sind Menschen eher bereit, objektive und sachliche Informationen zu Gesundheitsnotfällen zu empfangen und zu teilen. Bei regierungszertifizierten ($\beta = 12{,}226$, sig. $< 0{,}01$) und agenturzertifizierten ($\beta = 6{,}765$, sig. $< 0{,}01$) Konten gilt: Je stärker die subjektive Emotion im Weibo ausgedrückt wird, desto höher ist das Weiterleitungsvolumen. Dieser moderierende Effekt zeigt sich jedoch nicht bei anderen Authentifizierungstypen, was darauf hinweist, dass Konten mit gleichem Authentifizierungstyp, aber unterschiedlichem subjektivem Emotionsausdruck, unterschiedliche Auswirkungen auf die Verbreitung öffentlicher Meinung haben.

Je positiver der emotionale Ausdruck des Weibo-Inhalts, desto größer ist das Weiterleitungsvolumen ($\beta = 11{,}201$, sig. $< 0{,}05$). Der moderierende Effekt der Identitätsauthentifizierungstypen auf den positiven Ausdruck zeigt jedoch, dass für Konten mit persönlicher Selbstmedien-Authentifizierung ein negativer Zusammenhang zwischen positivem Weibo-Inhalt und Weiterleitungsvolumen besteht ($\beta = -9{,}844$, sig. $< 0{,}1$), während der moderierende Effekt anderer

Authentifizierungstypen auf den positiven Ausdruck nicht signifikant ist. Daraus lässt sich vermuten, dass bei der Verbreitung öffentlicher Meinung zu Gesundheitsnotfällen negative Emotionen in Weibo-Beiträgen eher Resonanz hervorrufen und das Weiterleitungsvolumen erhöhen, was die Aufmerksamkeit der zuständigen Stellen erfordert.

10.6.3.3 Veröffentlichungsdatum von Weibo

Je länger das Veröffentlichungsdatum von Weibo vom Ausbruch des Ereignisses entfernt ist, desto geringer ist das Weiterleitungsvolumen ($\beta = -0{,}270$, sig. < 0,01). Dies zeigt, dass mit fortschreitender Zeit die Aufmerksamkeit für Gesundheitsnotfälle allmählich abnimmt und die Bereitschaft der Menschen, Informationen zum Ereignis weiterzuleiten, ebenfalls sinkt.

Insgesamt gilt: Bei der Verbreitung öffentlicher Meinung zu Gesundheitsnotfällen auf Weibo unterscheiden sich die Identitätsauthentifizierungstypen der Weibo-Publisher, was sich unterschiedlich auf die Reichweite der Meinungsverbreitung auswirkt. Zudem spielt der Veröffentlichungszeitpunkt von Weibo eine regulierende Rolle. Hinsichtlich der Weibo-Inhalte werden Informationen mit hoher Aktualität und neuartigem Inhalt stärker verbreitet, während der Einfluss von subjektiver Emotion und Positivität auf die Meinungsverbreitung durch den regulierenden Effekt der Authentifizierungstypen begrenzt wird.

Kapitelzusammenfassung

Das Diffusionsmodell sozialer Netzwerke ist ein Netzwerkmodell. Beim Empfangen oder Veröffentlichen von Informationen nutzen Menschen verschiedene Diffusionsmodi wie interpersonelle Diffusion, organisationale Diffusion oder sogar Massendiffusion. Diese unterschiedlichen Diffusionsformen umspannen das menschliche Leben wie ein dynamisches Netz.

Die Einflussfaktoren der Diffusion in sozialen Netzwerken lassen sich in subjektive und objektive Aspekte unterteilen. Bei der Analyse des Einflusses struktureller Unterschiede zwischen verschiedenen sozialen Netzwerken auf die Informationsverbreitung werden üblicherweise vier Aspekte betrachtet: Interaktivität, Konnektivität, Privatsphäre und Weiterleitung. In diesem Kapitel wurden das grundlegende Diffusionsmodell sozialer Netzwerke sowie Diffusionsformen wie interpersonelle Diffusion, Gruppendiffusion, organisationale Diffusion und Massendiffusion vorgestellt. Darüber hinaus wurden Informationsdiffusion, Krankheitsdiffusion und Diffusion neuer Phänomene in sozialen Netzwerken anhand verschiedener Diffusionsinhalte erläutert. Das Kapitel verdeutlicht die Bedeutung der Erforschung von Netzwerkdiffusion. Im Zeitalter des Medienwandels und mit der stetigen Aufwertung des Nutzerstatus zeigt die Diffusion vielfältigere Charakteristika. Daher ist die Untersuchung von Diffusionsphänomenen in sozialen Netzwerken von großer Bedeutung, um den Anforderungen der Zeit gerecht zu werden.

Fragen zum Kapitelabschluss

1. Erläutern Sie mit eigenen Worten Ihr Verständnis von Diffusion in sozialen Netzwerken und fassen Sie deren Merkmale zusammen.
2. Analysieren Sie die Diffusionseigenschaften und die gesellschaftlichen Auswirkungen eines Netzereignisses.
3. Wählen Sie einen typischen Fall von Netzöffentlichkeit und analysieren Sie den Einfluss der Diffusionsstruktur auf den Verlauf der öffentlichen Meinung.
4. Analysieren Sie aus Sicht der Diffusionsnetzwerkstruktur den Einfluss von Weibo auf die Verbreitung von Gerüchten.
5. Recherchieren Sie die Begriffe „Meinungsführer", „Schweigespirale", „Agenda-Setting", „Gatekeeper", „Kultivierungstheorie" und „soziale Differenzierung" im Kontext der Massendiffusion.

Literatur

1. Quanhui, L.: Research on Communication Behavior on Social Network. University of Electronic Science and Technology, Chengdu (2019)
2. Fei, W.: Social communication network analysis-new approach to communication research. J. Renmin Univ. China. **4**, 112–119 (2007)
3. Carey, J.W.: Communication as Culture: Essays on Media and Society. Huaxia Publishing House, Beijing (2005)
4. Peters.: The Helplessness of Communication: a History of the Idea of Communication. Huaxia Publishing House, Beijing (2003)
5. Chengqi, Y.: Research on the Law of Information Dissemination in Social Networks. Harbin Institute of Technology, Harbin (2016)
6. Chao, L.: Research on Information Dissemination Model of Social Networks Based on Multidimensional Attributes. Shenzhen Institute of Advanced Technology, Chinese Academy of Sciences, Shenzhen (2014)
7. Gang, X., Haihe, J., Jing, L.: A review of research on network structure and information dissemination in online social network. Comput. Appl. Res. **31**(2), 339–343 (2014)
8. Jing, Y., Chen, L., Wei, S.: A structural study of information dissemination in online social network. Intell. Sci. **31**(12), 136–140 (2013)
9. Huijuan, C., Xiao, Z., Chen xin.: A review of microblogging network information dissemination research. Comput. Appl. Res. **2**, 19–24 (2014)
10. Tian, Z., Zhang, Q.: Empirical analysis of microblog information flow features based on complex network theory. Adv. Inform. Sci. Serv. Sci. **4**(7), 163–171 (2012)
11. Shen, K.: Discovery and Dynamic Characterization of Association Structure in Social Networks. Shanghai Jiao Tong University, Shanghai (2011)
12. Kwak, H., Lee, C., Park, H., et al.: What is Twitter, a social network or a news media? In: Proceedings of the 19th international conference on world wide web, pp. 591–600 (2010)
13. Guille, A., Hacid, H.: A predictive model for the temporal dynamics of information diffusion in online Social Network. In: International Conference on World Wide Web. ACM, New York (2012)
14. Zhang, S., Xu, K.E., Li, H.: Measurement and analysis of information diffusion in microblog-like social network. J. Xi'an Jiaotong Univ. **2**, 130–136 (2013)
15. Jing, W., Zhu, K.E., Binqiang, W.: A review of microblogging research based on information data analysis. Comput. Appl. **32**(7), 2027–2029 (2012)

16. Suh, B., Hong, L., Pirolli, P., et al.: Want to be retweeted? Large scale analytics on factors impacting retweet in twitter network. In: 2010 IEEE second international conference on social computing, pp. 177–184. IEEE, Piscataway, NJ (2010)
17. Huberman, B.A., Romero, D.M., Wu, F.: Social network that matter: twitter under the microscope. ArXiv preprint ArXiv:0812.1045 (2008)
18. Ruguo, F., Yibo, W., Ming, L., et al.: SEIR-based modeling and inflection point prediction analysis of the spread of new coronary pneumonia. J. Univ. Electr. Sci. Technol. **49**(3), 369–374 (2020)
19. Gongxian, X., Enmin, F., Zongtao, W., et al.: SEIR kinetic model of SARS epidemic and its parameter identification. J. Nat. Sci. Heilongjiang Univ. **22**(4), 459–462 (2005)
20. Easley, D., Kleinberg, J.: Networks, Crowds, and Markets. Cambridge University Press, Cambridge (2010)

Kapitel 11
Spieltheorie in sozialen Netzwerken

Zusammenfassung Dieses Kapitel untersucht die Rolle der Spieltheorie beim Verständnis sozialer Interaktionen in komplexen Netzwerken. Konzepte wie Nash-Gleichgewicht und Pareto-Optimalität werden eingeführt und ihre Bedeutung in netzwerkbasierten Spielen aufgezeigt. Das Kapitel behandelt außerdem die evolutionäre Spieltheorie und betont, wie sich Strategien durch Interaktionen entwickeln und stabilisieren. Wichtige Fallstudien veranschaulichen, wie Reputationssysteme und Kooperationsdynamiken in sozialen Netzwerken entstehen. Der Einsatz der Spieltheorie liefert Einblicke in kompetitives und kooperatives Verhalten von Akteuren in Netzwerken.

Die Spieltheorie in sozialen Netzwerken ist eine Erweiterung der modernen Spieltheorie auf die topologische Struktur sozialer Netzwerke und befasst sich zudem mit den Verbindungen zwischen Knoten in komplexen Netzwerken. In diesem Kapitel wird zunächst die moderne Spieltheorie eingeführt, um die Grundlagen der Spieltheorie zu legen. Anschließend werden die Eigenschaften des gruppenbasierten evolutionären Spiels aus populationsbezogener Sicht erläutert, was ein klares Verständnis der Spieltheorie in der mittleren Entwicklungsphase komplexer sozialer Netzwerkspiele ermöglicht. Abschließend wird der Ablauf allgemeiner Netzwerk-Evolutionsspiele zusammengefasst und Fallstudien durchgeführt.

11.1 Grundlagen der Spieltheorie

11.1.1 Spieltheoretisches Denken

In den Minuten 19 bis 23 des Films *A Beautiful Mind* erscheint folgende Szene.

> Adam Smith: „Im Wettbewerb fördert persönlicher Ehrgeiz oft das Gemeinwohl."
> Nash: „Wenn wir alle der blonden Frau nachgehen, wird das Ergebnis sein, dass niemand sie bekommt. Wenn wir uns dann ihren Freundinnen zuwenden, werden diese uns abweisen, weil niemand Zweite sein möchte."

J. Wu, *Soziales-Netzwerk-Computing*,
https://doi.org/10.1007/978-981-95-1129-7_11

„Wenn niemand der blonden Frau nachgeht, geraten wir weder in Konkurrenz zueinander noch demütigen wir die anderen Frauen. Nur so können alle gewinnen."

Adam Smith: „Das beste Ergebnis ist, wenn jeder im Team das tut, was für ihn selbst am besten ist."

Nash: „Das beste Ergebnis ist, wenn jeder im Team das tut, was für ihn selbst und das Team am besten ist."

Das obige Beispiel lässt sich als Spielsituation beschreiben. Die Teilnehmer sind „ich" und „meine Freunde", und die beiden Strategien lauten „die blonden Frauen umwerben" und „andere Frauen umwerben". Die Tab. 11.1, 11.2, 11.3, 11.4, 11.5 und 11.6 zeigen verschiedene mögliche Auszahlungsmatrizen. Durch eigene Datengestaltung kann dieses Spiel in unterschiedliche Typen überführt werden.

11.1.2 Grundlagen der Spieltheorie

1928 bewies von Neumann die grundlegenden Prinzipien der Spieltheorie und markierte damit die formale Geburtsstunde der Spieltheorie. 1944 erweiterten von Neumann und Morgenstern in ihrem bahnbrechenden Werk „Spieltheorie und wirtschaftliches Verhalten" [1] das Zwei-Personen-Spiel auf die Struktur eines n-Personen-Spiels und wendeten die Spieltheorie systematisch auf das wirtschaftliche Feld an. Damit legten sie das Fundament und den theoretischen Rahmen dieser Disziplin.

Die Spieltheorie ist nicht nur ein neues Teilgebiet der modernen Mathematik, sondern auch ein bedeutendes Fachgebiet der Operations Research. Sie untersucht vor allem die Wechselwirkungen zwischen festgelegten Anreizstrukturen. Zudem ist sie eine mathematische Theorie und Methode zur Analyse von Konflikt- oder Wettbewerbssituationen. Die Spieltheorie betrachtet das vorhergesagte und das tatsächliche Verhalten der Akteure im Spiel und analysiert deren optimale Strategien. Biologen nutzen die Spieltheorie, um bestimmte Ergebnisse der Evolution zu verstehen und vorherzusagen. In der Volkswirtschaftslehre zählt die Spieltheorie heute zu den Standardwerkzeugen der Analyse. Sie findet breite Anwendung in Biologie, Wirtschaftswissenschaften, internationalen Beziehungen, Informatik, Politik, Militärstrategie und vielen weiteren Disziplinen.

Tab. 11.1 Spiel-Auszahlungsmatrix 1

		„Meine Freunde"	
		Andere Frauen umwerben	Blonde Frau umwerben
„Ich"	Andere Frauen umwerben	[10, 10]	?,?
	Frauen umwerben	?,?	[0, 0]

Die obige Auszahlungsmatrix stellt das Anfangsmodell dar. Durch das Einsetzen verschiedener Zahlen an den Fragezeichen und das Verändern der Auszahlungswerte für „andere Frauen umwerben" kann der Spieltyp verändert werden.

Tab. 11.2 Spiel-Auszahlungsmatrix 2

		„Meine Freunde"	
		Andere Frauen umwerben	Blonde Frau umwerben
„Ich"	Andere Frauen umwerben	[5, 5]	[1, 9]
	Frauen umwerben	[9, 1]	[0, 0]

Die obige Auszahlungsmatrix zeigt die Auszahlungen eines Spiels mit mehreren Gleichgewichten. Dabei sind (blonde Frau umwerben, andere Frauen umwerben) und (andere Frauen umwerben, blonde Frau umwerben) zwei Nash-Gleichgewichte, ähnlich dem „Falken-Taube-Spiel".

Tab. 11.3 Spiel-Auszahlungsmatrix 3

		„Meine Freunde"	
		Andere Frauen umwerben	Blonde Frau umwerben
„Ich"	Andere Frauen umwerben	[10, 10]	[10, 15]
	Frauen umwerben	[15, 10]	[0, 0]

Die obige Auszahlungsmatrix zeigt, dass (blonde Frau umwerben, andere Frauen umwerben) und (andere Frauen umwerben, blonde Frau umwerben) zwei Nash-Gleichgewichte sind, die zugleich Pareto-optimal und sozial optimal sind.

Tab. 11.4 Spiel-Auszahlungsmatrix 4

		„Meine Freunde"	
		Andere Frauen umwerben	Blonde Frau umwerben
„Ich"	Andere Frauen umwerben	[10, 10]	[8, 15]
	Frauen umwerben	[15, 8]	[0, 0]

Die obige Auszahlungsmatrix zeigt, dass (blonde Frau umwerben, andere Frauen umwerben) und (andere Frauen umwerben, blonde Frau umwerben) zwei Nash-Gleichgewichte sind, die auch sozial optimal sind. Zusätzlich zu diesen beiden Nash-Gleichgewichten ist (andere Frauen umwerben, andere Frauen umwerben) ebenfalls ein Pareto-Optimum, sodass es in diesem Spiel drei Pareto-Optima gibt.

Tab. 11.5 Spiel-Auszahlungs-Matrix 5

		„Meine Freunde"	
		Andere Mädchen ansprechen	Das blonde Mädchen ansprechen
„Ich"	Andere Mädchen ansprechen	[10, 10]	[8, 11]
	Mädchen ansprechen	[11, 8]	[0, 0]

Die obige Auszahlungs-Matrix zeigt, dass (das blonde Mädchen ansprechen und andere Mädchen ansprechen) sowie (andere Mädchen ansprechen und das blonde Mädchen ansprechen) zwei Nash-Gleichgewichte sind. In diesem Spiel gibt es drei Pareto-Optima. Neben den beiden genannten Nash-Gleichgewichten bilden sie ebenfalls eine Gruppe von Pareto-Optima, und diese Kombination stellt auch ein soziales Optimum dar.

Tab. 11.6 Spiel-Auszahlungs-Matrix 6

		„Meine Freunde"	
		Andere Mädchen ansprechen	Das blonde Mädchen ansprechen
„Ich"	Andere Mädchen ansprechen	[10, 10]	[8, 9]
	Mädchen ansprechen	[9, 8]	[0, 0]

Die obige Auszahlungs-Matrix zeigt, dass (andere Mädchen ansprechen, andere Mädchen ansprechen) die einzige Kombination von Pareto-Optimalität und sozialer Optimalität ist und zugleich ein Nash-Gleichgewicht darstellt. Diese Strategiekombination ist eine ideale Strategie.

Im Allgemeinen weist ein Spiel in jedem Kontext die folgenden drei Merkmale auf:

1. Es gibt mindestens eine Gruppe von Teilnehmern (mindestens zwei), die als Spieler bezeichnet werden.
2. Jeder Spieler im Spiel verfügt über eine Menge von Handlungsalternativen, wobei diese Alternativen die Strategien bezeichnen, die den Spielern zur Verfügung stehen.
3. Die Wahl jeder Strategie verschafft den Spielern einen Nutzen. Dieses Ergebnis hängt selbstverständlich auch von den strategischen Entscheidungen der anderen Beteiligten ab. In der Regel werden die Auszahlungen in Zahlen angegeben. Jeder Spieler strebt nach einem möglichst hohen Nutzen. Unterschiedliche Auszahlungsprofile werden üblicherweise in einer Auszahlungs- oder Nutzenmatrix festgehalten.

Im Folgenden wird ein klassisches Beispiel für das Gefangenendilemma vorgestellt.

Angenommen, zwei Verdächtige werden von der Polizei festgenommen und in getrennten Zellen festgehalten. Die Polizei vermutet stark, dass sie mit einem Brandstiftungsfall in Verbindung stehen, hat jedoch nicht genügend Beweise. Allerdings kann die Tatsache, dass beide bei der Festnahme Widerstand geleistet haben, ebenfalls zu einer Verurteilung führen.

Beiden Verdächtigen werden die folgenden Konsequenzen mitgeteilt:

Wenn Sie gestehen und die andere Person leugnet, werden Sie sofort freigelassen, während die andere Person die gesamte Schuld trägt und zu zehn Jahren Haft verurteilt wird.

Wenn beide gestehen, werden die Taten nachgewiesen. Da Sie jedoch geständig sind, werden Sie zu vier Jahren Haft verurteilt. Wenn beide leugnen, gibt es keine Beweise für Brandstiftung, aber Sie werden wegen Widerstands gegen die Festnahme zu einem Jahr Haft verurteilt.

Auch die andere Seite befindet sich in dieser Situation. Werden sie gestehen oder leugnen?

Um diesem Fall eine formale Spielstruktur zu geben, müssen die Teilnehmer, die möglichen Strategiemengen und die Auszahlungen festgelegt werden. Beide Verdächtigen sind Spieler, und jeder kann zwischen zwei Strategien wählen – gestehen oder leugnen. Die Auszahlungen sind in Tab. 11.7 zusammengefasst. Zu beachten

Tab. 11.7 Auszahlungsmatrix des „Gefangenendilemmas"

Gefangenendilemma		Verdächtiger 2	
		Leugnen	Gestehen
Verdächtiger 1	Leugnen	$[-1, -1]$	$[-10, 0]$
	Gestehen	$[0, -10]$	$[-4, -4]$

ist, dass die Auszahlungen hier alle 0 oder kleiner als 0 sind, da beide Verdächtigen negative Konsequenzen erfahren, allerdings in unterschiedlichem Ausmaß.

Wir können die Entscheidungsmenge eines der Verdächtigen, zum Beispiel Verdächtiger 1, ableiten, indem wir dessen Handlungen betrachten:

1. Angenommen, Verdächtiger 2 plant zu gestehen, so beträgt der Nutzen für Verdächtiger 1 beim Geständnis -4 und beim Leugnen -10. In diesem Fall ist es für Verdächtiger 1 vorteilhafter, zu gestehen.
2. Angenommen, Verdächtiger 2 gesteht nicht, so erhält Verdächtiger 1 beim Geständnis einen Nutzen von 0 und beim Leugnen einen Nutzen von -1. Auch unter diesen Bedingungen sollte Verdächtiger 1 gestehen.

Daher ist das Geständnis eine „streng dominante Strategie". Unabhängig davon, wie sich der andere Verdächtige entscheidet, ist das Geständnis die beste Wahl. Folglich ist zu erwarten, dass beide Verdächtigen gestehen und jeweils einen Nutzen von -4 erhalten.

Hier zeigt sich ein bemerkenswertes Phänomen: Allen Verdächtigen ist bewusst, dass das Ergebnis besser wäre, wenn beide nicht gestehen würden. Im Spiel rationalen Verhaltens erreichen die Spieler dieses Ergebnis jedoch nicht. Das Modell beschreibt somit die Schwierigkeit, Kooperation bei eigennützigen Akteuren herzustellen.

In der Realität kann jedoch kein Modell diese komplexe Situation so einfach und präzise abbilden wie das Gefangenendilemma. Daher dient das Gefangenendilemma in zahlreichen realen Szenarien seit langem als Erklärungsrahmen für solche Situationen [2].

Beispielsweise lässt sich auch Doping im professionellen Sport als Spiel des Typs Gefangenendilemma modellieren [3]. Angenommen, eine Seite nimmt Dopingmittel und die andere nicht, so verschafft sich der Nutzer einen Vorteil im Wettkampf, erleidet jedoch langfristige Schäden. Angenommen, es ist schwierig zu kontrollieren, ob Dopingmittel verwendet werden, und die Athleten schätzen den Nachteil des Dopings im Vergleich zum Gewinn des Wettkampfs als gering ein. Dann ergibt sich die Auszahlung wie in Tab. 11.8, wobei die Zahlen nur relative Größenverhältnisse angeben.

Aus der obigen Tabelle ist ersichtlich, dass die strikt dominante Strategie darin besteht, dass sowohl Sie als auch Ihr Gegner leistungssteigernde Mittel einsetzen, obwohl allen bewusst ist, dass es eine bessere Alternative gäbe, nämlich auf Doping zu verzichten. Unter den genannten Bedingungen werden die Teilnehmer dennoch Dopingmittel verwenden.

Tab. 11.8 Auszahlungsmatrix des „Doping"-Spiels

Auszahlung des „Doping"-Spiels		Athlet 2	
		Nicht verwenden	Verwenden
Athlet 1	Nicht verwenden	[3, 3]	[1, 4]
	Verwenden	[4, 1]	[2, 2]

Im Allgemeinen wird diese Situation als Rüstungswettlauf bezeichnet. In diesem Zusammenhang entscheiden sich beide Konkurrenten dafür, gefährlichere Waffen zu produzieren, um ihre Stärke zu erhalten. Das Gefangenendilemma dient auch zur formalen Erklärung des militärischen Wettrüstens zwischen feindlichen Staaten.

11.2 Evolutionäre Spieltheorie – Populationsdynamik

Die evolutionäre Spieltheorie verbindet die Analyse der Spieltheorie mit der Analyse dynamischer Evolutionsprozesse. Sie ist eine Theorie zur Untersuchung der dynamischen Anpassung und des Lernens von Gruppenakteuren mit beschränkter Rationalität in (unendlich) wiederholten Spielen und legt den Schwerpunkt auf das dynamische Gleichgewicht. Die evolutionäre Spieltheorie löst im Wesentlichen zwei Probleme: (1) die Konstruktion dynamischer Lernmodelle, die unterschiedliche Rationalitätsanforderungen abbilden; (2) die Anwendung der Stabilitätstheorie zur Analyse der Stabilität von Gleichgewichten im Lernprozess und zur Bestimmung, ob die dynamischen Modelle zum Nash-Gleichgewicht konvergieren.

Die „beschränkte Rationalität" der Gruppenakteure in der evolutionären Spieltheorie zeigt sich in vielerlei Hinsicht. Erstens bedeutet konventionelles Verhalten, dass aufgrund von Wechselkosten die meisten Akteure an bestehenden Strategien festhalten und nach Konvention handeln. Zweitens bezeichnet „Kurzsichtigkeit" in der Entscheidungsfindung, dass eine kleine Anzahl von Akteuren bei einer Strategieänderung stets vom aktuellen Strategiezustand ausgeht und keine vorausschauenden Fähigkeiten besitzt. Drittens bedeutet das Versuch-und-Irrtum-Verhalten, dass einige risikofreudige Akteure andere Strategien ausprobieren, anstatt an der optimalen Strategie festzuhalten.

Das allgemeine Modell der evolutionären Spieltheorie basiert hauptsächlich auf Selektion und Mutation. Selektion bedeutet, dass eine Strategie, die eine höhere Auszahlung erzielt, von mehr Teilnehmern in Zukunft übernommen wird. Mutation bezeichnet die Strategie, bei der einige Individuen zufällig andere Gruppen wählen. Mutation ist eine Wahlmöglichkeit, aber nur eine gute Strategie kann überleben und zur Wahl werden. Mutation ist ein Prozess von Versuch und Irrtum und zugleich ein Prozess des Lernens und der Nachahmung.

Die evolutionäre Spieltheorie umfasst die folgenden vier Elemente:

1. Populationen: In biologischen oder sozioökonomischen Systemen gibt es viele Teilnehmer, die in ähnliche und unterschiedliche Gruppen eingeteilt werden können. Jede Gruppe verfügt über einen eigenen Satz von Handlungen.
2. Auszahlungsfunktion: Die Auszahlung, die einer Handlung entspricht, auch Fitnessfunktion genannt, hängt von den gewählten Strategien der Teilnehmer und der aktuellen Verteilung der verschiedenen Strategien ab.
3. Dynamik: Spiegelt den Lern- und Nachahmungsprozess der Gruppenmitglieder wider; es gibt gängige dynamische Gleichungen für Imitatoren.
4. Gleichgewicht: Beschreibt den konvergenten und stabilen Zustand der Evolution, einschließlich der evolutionär stabilen Strategie (ESS) und des evolutionären Gleichgewichts (EE).

Chronologisch betrachtet wird zunächst die ESS behandelt. Die ESS untersucht die Stabilität des Gleichgewichts bei seltenen Mutationen und erfordert keine Festlegung der tatsächlichen Spieldynamik. Anschließend werden typische evolutionäre Dynamiken diskutiert.

In diesem Abschnitt konzentrieren wir uns auf Populationsspiele. Aufgrund einiger vereinfachender Annahmen bezüglich der Typen und Anzahl der Teilnehmer sowie ihrer Interaktionsnetzwerke liefern diese Modelle eine relativ einfache und aggregierte Beschreibung.

11.2.1 Populationsspiele

Populationsspiele werden durch ein Zwei-Personen-Spiel, eine zulässige Strategiemenge und heuristische Aktualisierungsregeln für individuelle Strategien definiert. Diese Definition beinhaltet folgende Annahmen:

1. Die Anzahl der beschränkt rationalen Teilnehmer ist sehr groß, $N \to \infty$.
2. Alle Teilnehmer sind homogen und verfügen über die gleiche Auszahlungsstruktur (symmetrisches Spiel), oder die Teilnehmer bilden zwei verschiedene intern homogene Populationen (asymmetrisches Spiel).
3. In jeder Spielrunde werden die Teilnehmer mit gleicher Wahrscheinlichkeit zufällig gepaart (symmetrische Spiele), oder Mitglieder einer Population werden zufällig mit Mitgliedern der anderen Population gepaart (asymmetrische Spiele), sodass das soziale Netzwerk am einfachsten ist.
4. Im Vergleich zur Häufigkeit der Spiele ist die Anzahl der Strategieaktualisierungen geringer, sodass die Strategieaktualisierung auf der durchschnittlichen Erfolgsrate der Strategie basieren kann.
5. Alle Teilnehmer verwenden die gleichen Regeln zur Strategieaktualisierung.
6. Die Teilnehmer sind kurzsichtig und haben einen sehr kleinen Diskontfaktor, $\delta \to 0$.

In Populationsspielen resultiert die Volatilität aus der Zufälligkeit des Zuordnungsprozesses, gemischten Strategien usw. Da die Volatilität schließlich ein Gleichgewicht erreicht und vernachlässigt werden kann, handelt es sich bei Populationsspielen um ein evolutionäres Spiel vom Typ mittleres Feld. Durch diese Vereinfachungen können wir das Gesamtverhalten der Population mit einer begrenzten Anzahl von Zustandsvariablen beschreiben und anschließend die Spieldynamik darstellen. Im Folgenden stellen wir ein einfaches Populationsspielmodell vor – das symmetrische Matrixspiel.

Angenommen, es gibt n Spieler im Spiel, und das s_n eines beliebigen Spielers n ist eine reine Strategie aus seiner möglichen Strategiemenge $\{s_1, s_2, \cdots, s_N\}$. Wenn q Q-dimensionale Matrizen verwendet werden, um die möglichen Strategiemengen $\{e_1, e_2, \cdots, e_Q\}$ darzustellen, ergibt sich Folgendes:

N_i bezeichnet die Anzahl der Personen, die die Strategie e_i wählen, $\theta_i = N_i/N$

$$
\begin{aligned}
e_1 &= (1, 0, \cdots, 0)^\mathrm{T}; \\
e_2 &= (0, 1, \cdots, 0)^\mathrm{T}; \\
&\cdots \\
e_Q &= (0, 0, \cdots, 1)^\mathrm{T};
\end{aligned}
\tag{11.1}
$$

und $\sum_{i=1}^{Q} \theta_i = \sum_{i=1}^{Q} N_i/N = 1$. Zu jedem Zeitpunkt kann der Zustand der Population durch den Anteil der verschiedenen Strategien beschrieben werden.

Definiere $\theta = \frac{1}{N} \sum_{n=1}^{N} s_n = \sum_{i=1}^{Q} \frac{N_i}{N} e_i = \sum_{i=1}^{Q} \theta_i e_i = (\theta_1, \theta_2, \cdots, \theta_Q)^\mathrm{T}$ als die durchschnittliche Strategie der Population, und die Auszahlung kann als Funktion der Strategiefrequenz dargestellt werden. Die von Spieler n gewählte Strategie ist s_n, und seine erwartete Auszahlung ist:

$$
u_n(s_n, \rho) = \frac{1}{N} \sum_{m=1}^{N} s_n \cdot A s_m = s_n \cdot A \rho
\tag{11.2}
$$

wobei A die Auszahlungs- bzw. Nutzenmatrix ist. Gl. (11.2) zeigt, dass für einen bestimmten Teilnehmer der Gesamtnutzen der übrigen Teilnehmer der Population so erscheint, als spiele er gegen einen einzelnen repräsentativen Teilnehmer, der die durchschnittliche Populationsstrategie als gemischte Strategie verwendet.

Nun können wir das Konzept des Nash-Gleichgewichts direkt auf die Gesamtebene übertragen, auf der nur der Strategienanteil betrachtet wird. Der Zustand der Population $\theta*$ ist das Nash-Gleichgewicht des Populationsspiels, und θ^* erfüllt die folgenden Bedingungen:

$$
\theta^* \cdot A \theta^* \geq \theta \cdot A \theta^*
\tag{11.3}
$$

Im Nash-Gleichgewicht des Populationsspiels wird, sofern die durchschnittliche Strategie der Population gegeben ist, kein Teilnehmer einseitig seine Strategie ändern.

11.2.2   Evolutionäre Stabilität

Ein zentrales Thema der evolutionären Spieltheorie ist die Stabilität und Robustheit der Strategieverteilung in einer Population. ESS bedeutet, dass, wenn die Mehrheit der Individuen die evolutionär stabile Strategie wählt, eine kleine Gruppe von Mutanten diese Gruppe nicht erfolgreich unterwandern kann. Anders ausgedrückt: Unter dem Druck der natürlichen Selektion passen Mutantengruppen entweder ihre Strategien an und übernehmen die ESS oder sie verlassen das System und verschwinden im Verlauf der Evolution. Im Allgemeinen stellt die evolutionäre Stabilität eine „Eindringlingsbarriere" dar, die eine Invasion verhindert, solange die Mutanten in der Population eine bestimmte kritische Frequenz nicht überschreiten. ESS spiegelt den stabilen Zustand der Gleichgewichtslösung wider (eine weitere Möglichkeit ist die Replikatordynamik, der am häufigsten verwendete dynamische Konvergenzprozess, der in Abschn. 11.2.3 eingeführt wird).

ESS ist ein statisches Konzept, das nicht betrachtet, wie das Gleichgewicht erreicht wird. In einigen Fällen lässt sich dies direkt aus der Auszahlungsmatrix des Spiels ablesen. Mutationsstrategien sind Strategien, die sich von der bestehenden Umsetzungsstrategie im Strategiemenge der Gruppenmitglieder unterscheiden. Die Strategiemenge umfasst dabei alle reinen Strategien sowie die entsprechenden Mischstrategien.

ESS ist wie folgt definiert:

Wenn $p*$ eine ESS ist, dann existiert ein $\overline{\varepsilon} \in (0, 1)$ für alle $p \neq p^*$, sodass die Ungleichung $u[p*, (1 - \varepsilon)p^* + \varepsilon p] > u[p, (1 - \varepsilon)p* + \varepsilon p]$ für jedes $\varepsilon \in (0, \overline{\varepsilon})$ gilt.
Wenn bei einem kleinen Anteil ε an Mutationsverhalten p in der Population die Wahl der Strategie p^* zu einem höheren Ertrag führt, dann ist $p*$ eine ESS.

Aus der Definition ergibt sich, dass, wenn sich eine Gruppe im Nash-Gleichgewicht befindet und einige Mutanten mit einer Mutationsstrategie eindringen, diese Invasion abgewehrt wird und das ursprüngliche Gleichgewicht erhalten bleibt.

11.2.3   Replikatordynamik

Ein evolutionäres Spielmodell muss zur Vollständigkeit auch seine Spieldynamik berücksichtigen, also eine neuere Regel zur Beschreibung individueller Strategien in einer Population. Die grundlegende Selektionsdynamik evolutionärer Spiele wird wie folgt ausgedrückt:

$$\dot{\theta}_i(t) = \theta_i(t) \cdot g_i(\theta) \tag{11.4}$$

Dabei bezeichnet $\theta_i(t)$ den Anteil der Personen, die zum Zeitpunkt t die Strategie i in der Population wählen. Die Funktion $g_i(\theta)$ beschreibt einen spezifischen Selektionsprozess, wobei unterschiedliche Lernmechanismen zu unterschiedlichen Funktionen führen.

Das grundlegende Merkmal der Selektionsdynamik ist, dass eine Strategie i, die zu Beginn nicht vertreten ist, auch später nicht angenommen wird. Selektionsdynamik bildet daher keinen Mutationsmechanismus ab.

Der Schlüssel für die dynamische Veränderung des Anteils der Strategietypen ist die Veränderungsgeschwindigkeit, die davon abhängt, wie schnell die Spieler lernen zu imitieren. Im Allgemeinen hängt die Lernrate der Spieler von zwei Faktoren ab: (1) der Anzahl der Imitationsobjekte (ausgedrückt durch den Anteil der entsprechenden Spieler), was mit dem Schwierigkeitsgrad der Beobachtung und Imitation zusammenhängt; (2) dem Erfolg des Imitationsobjekts (ausgedrückt durch die Differenz zwischen dem strategischen Ertrag und dem durchschnittlichen Ertrag des Imitationsobjekts), was die Schwierigkeit der Unterscheidung und die Höhe des Imitationsanreizes betrifft.

Die Replikatordynamik ist der am häufigsten verwendete dynamische Prozess. Ihre Darstellung lautet wie folgt:

$$\dot{\theta}_i(t) = \theta_i(t) \cdot [u_t(s_i) - \overline{u}_t] \tag{11.5}$$

Dabei ist $u_t(s_i)$ der Nutzen der reinen Strategie s_i zum Zeitpunkt t; $\overline{u}_t$ ist der durchschnittliche Nutzen der Gruppe zum Zeitpunkt t.

11.3   Spieltheorie in komplexen Netzwerken

Die evolutionäre Spieltheorie auf komplexen Netzwerken ist eine sehr nützliche Methode zur Untersuchung der kooperativen Evolution und des strategischen Wettbewerbs in strukturierten Populationen. Seit Nowak und May 1992 erstmals die kooperative Evolution auf räumlichen Gitternetzwerken untersuchten, hat sich die Forschung zu kooperativer Evolution und Spieldynamik in komplexen Netzwerken zu einem Forschungsschwerpunkt entwickelt.

11.3.1   Spielprozess evolutionärer Spiele

Der grundlegende Ablauf evolutionärer Spiele auf komplexen Netzwerken ist wie folgt: In jeder Generation bzw. Zeitschritt interagieren Individuen mit all ihren Nachbarn und akkumulieren die aus allen Interaktionen erzielten Erträge [4] (wie in Abb. 11.1 dargestellt).

Individuen passen ihre Strategien entsprechend ihrer Fitness an. Der übliche Aktualisierungsprozess evolutionärer Spiele im Netzwerk ist wie folgt:

1. Death-Birth-Aktualisierungsprozess [5]: In jeder Generation stirbt ein zufällig ausgewähltes Individuum, woraufhin benachbarte Individuen mit einer Wahrscheinlichkeit, die proportional zur Fitness ist, Nachkommen erzeugen und die leeren Knoten des verstorbenen Individuums besetzen.

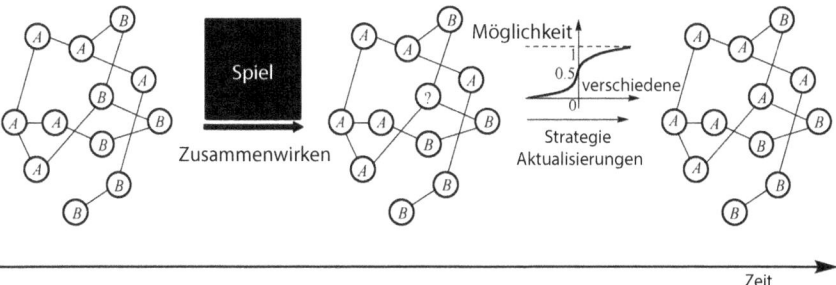

Abb. 11.1 Schematische Darstellung eines evolutionären Spiels auf einem komplexen Netzwerk [4]

2. Birth-Death-Aktualisierungsprozess: In jeder Generation erzeugt ein Individuum mit einer Wahrscheinlichkeit, die proportional zu seiner Fitness ist, Nachkommen, die dann zufällig einen Nachbarn ersetzen.
3. Paarweiser Vergleich [6]: In jeder Generation wird ein zufälliges Individuum i ausgewählt, anschließend ein zufälliger Nachbar j von i. Individuum i imitiert mit einer Wahrscheinlichkeit von $1/\left[1 + e^{-\delta\left(\pi_i - \pi_j\right)}\right]$ die Strategie des Nachbarn j. Andernfalls behält i seine Strategie bei.
4. Imitationsregel: In jeder Generation wird ein zufälliges Individuum i zur Strategieaktualisierung ausgewählt. Im Umfeld von i (d. h. i und seine Nachbarn) übernimmt i mit einer Wahrscheinlichkeit, die proportional zur Fitness des Nachbarn j ist, dessen Strategie.

Jeder Knoten in einem komplexen Netzwerk repräsentiert ein Individuum, und der Zustand (A oder B) des Knotens steht für die individuelle Strategie. Eine Kante stellt die Interaktion zwischen Individuen dar. Die Interaktion wird durch spieltheoretische Ansätze beschrieben. Findet die Interaktion zwischen zwei Individuen statt, spielt das Individuum mit jedem Nachbarn ein Spiel und erhält Erträge entsprechend der eigenen Strategie und der Auszahlungsmatrix. Bei Interaktionen zwischen mehreren Individuen spielen das Individuum und alle Nachbarn ein Mehrpersonen-Spiel und erhalten Erträge gemäß den Strategien und der Auszahlungsmatrix aller Beteiligten. Das Gesamteinkommen eines Individuums ist in der Regel die Summe aller in den Interaktionen erzielten Erträge. Anschließend wird der Zustand der Knoten im Netzwerk nach dem evolutiven Prinzip des „Survival of the Fittest" aktualisiert: Individuen mit hohem Ertrag haben eine höhere Reproduktionswahrscheinlichkeit, während Individuen mit geringem Ertrag eher ersetzt werden. Das gesamte System entwickelt sich kontinuierlich weiter, bis ein stabiler Zustand erreicht ist.

Diese Methode auf niedriger Ebene wird üblicherweise als „Agentenbasiert" bezeichnet, da auf dieser Ebene die Grundeinheit der Theorie der einzelne Agent ist. Die Dynamik auf Agentenebene wird in der Regel durch die Strategieaktualisierungsregeln definiert, die beschreiben, wie Agenten ihre Umgebung wahrnehmen, welche Informationen sie aufnehmen, was sie aus früheren Erfahrungen lernen und wie diese Überzeugungen und Erwartungen in Strategieaktualisierungen im Spiel umgesetzt werden. Diese Regeln können die darwinistische Selektion genetischer Codierung oder menschliches Lernen mit begrenzter Rationalität nachbilden, wobei beide durch mögliche Fehler beeinflusst werden. Beim Spielen auf Netzwerkgraphen können neuere Regeln nicht nur Strategieänderungen, sondern auch die Umstrukturierung der lokalen Netzwerkstruktur der Agenten umfassen.

Diese Aktualisierungsregeln können auch als „Meta-Strategien" betrachtet werden, da sie Strategien für Strategien darstellen. Der Unterschied zwischen Strategie und Meta-Strategie besteht nur, wenn eine hierarchische Beziehung zwischen ihnen vorliegt. Dies ist meist der Fall, weil die gegebenen Aktualisierungsregeln seltener in wiederholten Spielen angewendet werden als die zu Beginn verwendeten Spielstrategien. Während des Spiels ist die Wahrscheinlichkeit von Strategieaktualisierungen sehr gering. Roca et al. diskutierten die möglichen wesentlichen Folgen einer Änderung des Zeitverhältnisses zwischen Ertragsaktualisierung und Strategieaktualisierung [7]. Darüber hinaus, obwohl Teilnehmende in Online-Spielen unterschiedliche Strategien verwenden können, wird üblicherweise angenommen, dass alle Teilnehmenden in der Population dieselben Aktualisierungsregeln anwenden. Beachten Sie, dass diese Annahmen in manchen Fällen nicht zutreffend sein können.

In der spieltheoretischen Literatur sind zahlreiche mikrobasierte Aktualisierungsregeln definiert und angewendet worden. Die allgemeinen Naturgesetze können solche Regeln nicht vorschreiben. Obwohl wir diese Regeln als „mikroskopisch" bezeichnen, treten sie auf, wenn vereinfachte phänomenologische Regeln auf der grundlegenderen Ebene menschlicher psychologischer Mechanismen beschrieben werden. Die tatsächliche Wahl der Aktualisierungsregel hängt in hohem Maße vom betrachteten Problem ab.

Strategieaktualisierungen in Gruppen können in sozialen Netzwerken synchron oder in zufälliger Reihenfolge erfolgen. Einige dieser Regeln sind im Allgemeinen zufällig, andere deterministisch, und manche enthalten kleine Zufallskomponenten (Experimente), die zufällige Mutationen repräsentieren. Darüber hinaus bestimmt das lokale Umfeld, dass es verschiedene Möglichkeiten für strategische Veränderungen gibt. In vielen Fällen hängt die Strategieentscheidung eines Teilnehmers vom Einkommensunterschied zwischen ihm und seinen Nachbarn ab. Dieser Unterschied kann durch ein einmaliges Spiel (wie Schere-Stein-Papier) zwischen gegnerischen Teilnehmern bestimmt werden, durch die Summe der Spielerträge aller Nachbarn oder durch die über mehrere Zeiträume akkumulierten Gesamterträge, deren Einfluss mit der Zeit zunimmt. Typischerweise sind die Regeln kurzsichtig, das heißt, die Optimierung erfolgt auf Basis des aktuellen Zustands der Population, ohne mögliche zukünftige Veränderungen vorherzusagen. Wir konzentrieren uns hauptsächlich auf speicherlose (Markov-) Systeme, bei denen die evolutiven Regeln durch das aktuelle Einkommen bestimmt werden.

11.3.2 Anwendung von Netzwerkspielen in der Kooperationsforschung

Die Spieltheorie auf sozialen Netzwerken wird umfassend in der Kooperationsforschung eingesetzt. Kooperation ist in der realen Welt weit verbreitet, und die menschliche Gesellschaft basiert auf Zusammenarbeit. Doch Kooperation ist mit Kosten verbunden: Partner tragen Kosten, um anderen zu nützen, und eigennütziges Verhalten wird im harten Wettbewerb belohnt. Wie kann also natürliche Selektion Kooperation ermöglichen? Diese Kooperationsfrage beschäftigt Evolutionsbiologen seit Jahrzehnten.

Die evolutionäre Spieltheorie bietet einen Rahmen zur Untersuchung der kooperativen Evolution zwischen nicht verwandten Individuen. Als Metapher wird das Gefangenendilemma häufig verwendet, um den Ursprung von Kooperation zu untersuchen. Inspiriert von der räumlichen Spieltheorie konzentriert sich ein Großteil der Forschung auf die Entwicklung von Kooperation in strukturierten Populationen. Insbesondere die Entwicklung der evolutionären Graphentheorie bietet einen geeigneten Rahmen zur Beschreibung der Gruppenstruktur: Knoten repräsentieren Teilnehmende und Kanten die dynamische Interaktion zwischen ihnen. Es ist bekannt, dass die Netzwerktopologie eine entscheidende Rolle für die Entwicklung von Kooperation spielt, wobei insbesondere skalenfreie Netzwerke hervorzuheben sind.

Da die Spielevolution auf komplexen Netzwerken auf einem komplexen Kopplungsmodell basiert, gibt es in der Regel kein einfaches und direktes Codepaket zur Umsetzung. Nachfolgend ist der Code zur Replikation der Studie *Reproduction-based Partner Choice Promotion in Social Networks* [8] als Referenz aufgeführt.

```
Kooperations-Netzwerkspiel-Code
library(tidyverse)
library(data.table)
library(igraph)
library(ggnetwork)
library(progress)
library(RColorBrewer)
library(ggplot2)
library(ggthemes)
,%ni%'<-Negate(,%in%')
setwd(„/home/ReputationGame")


N=1000 #Individuen im Netzwerk
NN<-1:N #Zur Bestimmung der Punkte außerhalb der ersten
Nachbarschaft# Jeder hat die gleiche Anzahl an Partnern,
insgesamt m Kanten.
```

```
# Durchschnittlicher Knotengrad
k=2M/N
k=10
M<-N*k/2
# Partner, Betrüger
b=1.2 # Ertrag bei einseitigem Betrug, 1<b<2
w=1
p<-0.5 # Wahrscheinlichkeit für Wechsel zur zweiten Ordnung,
oder 1-p


# Netzwerk aufbauen (alle Individuen haben die gleiche An-
zahl an Kanten und sind zufällig mit beliebigen Spielern
verbunden)
set.seed(111)
#net<-erdos.renyi.game(N,p.or.m=M,type="gnm")
net<-sample_k_regular(N,k=k)
# Netzwerk ist kein Spiel, wenn es unidirektional ist.
net_adj<-get.adjacency(net,type="both",sparse=FALSE)%>%{
colnames(.)<-1:ncol(.);
.
}


# Einheitliche Klassifizierung der Knoten; kombiniert mit dem
Spiel
# Anfangs 50% Kooperationspartner, set.seed(111)
ratio<-0.5
#1:Kooperateur;2:Defektor.
n<-sample(c(rep(1,N*ratio),rep(2,N*(1-ratio))),N,replace=F)


# Kumuliertes Einkommen Pi
beta<-0.01
# Kumuliertes Gesamteinkommen ist Pi bzw. Pj; dies ist das
Spielergebnis.
# Auszahlungsmatrix: c:Kooperateur, d:Defektor
s_c<-matrix(c(1,0),ncol=1,byrow=T)
s_d<-matrix(c(0,1),ncol=1,byrow=T)


CorDMatrix<-function(value){
if(value==1){
return(s_c)
}else{
return(s_d)
```

```
}
}
#CorDMatrix(1)
PayOffMatrix<-matrix(c(1,0,b,0),ncol=2,byrow=T)
#t(s_c)%*%PayOffMatrix%*%s_d # Hier ist das Matrixformat.
#-------------------------------------------------------#
# Wahrscheinlichkeitsaktualisierung der Strategie
P_strategy<-1/(1+w)
# Partnerwechsel


# Spielgewinne akkumulieren und eine Matrix aus Zeilen oder
Spalten zur Erleichterung der Addition verwenden
#Accumlate_PayOff<-matrix(rep(0,N),ncol=1,byrow=T)
#Temp_PayOff<-matrix(rep(0,N),ncol=1,byrow=T)
Pi<-matrix(0,ncol=1,byrow=T)
Pj<-matrix(0,ncol=1,byrow=T)


# Initialer Reputationswert
Rit<-matrix(rep(0,N),ncol=1,byrow=T)
# Reputation akkumuliert mit der Zeit: Die Einheit jeder Än-
derung ist 1.
# Partneranteil
frac_co<-as.numeric()
frac_CC<-as.numeric()
frac_CD<-as.numeric()
frac_DD<-as.numeric()
# Kongruenzkoeffizient
asso_net<-as.numeric()
# Heterogenität des Netzwerks Der Grad der Heterogenität der
Netzwerke
het_net<-as.numeric()


#-------------------------------------------------------#
# Zeitevolution
pb<-progress_bar$new(format="completion percentage[:ba-
r]:percent execution time:elapsed: elapsedfull",to-
tal=100000,clear=FALSE,width=60)


for(t in 1:100000){
pb$tick()


#A:Strategieaktualisierung
```

```
x1<-runif(1,min=0,max=1)
if(x1<P_strategy){
#A1: Zufällige Auswahl eines I zur Strategieaktualisierung.
set.seed(1234567)
i<-sample(1:N,1,replace=F)

#Erstgradnachbarn von i
Nj<-net_adj[i,net_adj[i,]==1]%>%
data.frame()%>%
row.names()%>%
as.numeric()

if(n[i]==1){
# Reputationsakkumulation a. Pro Person B. Zeit
Rit[i,1]<-Rit[i,1]+1#length(Nj)*1
}else{
Rit[i,1]<-Rit[i,1]+0#length(Nj)*0
}

#i interagiert mit allen Nachbarn, um Spielgewinne zu gene-
rieren.
for(jinNj){
temp_game_result<-t(CorDMatrix(n[i]))%*%PayOffMatrix%*%CorD-
Matrix(n[j])

# A-Wert
Pi<-Pi+temp_game_result
}

#A2: Zufällige Auswahl eines Erstgradnachbarn j, also tempJ
set.seed(1234)
tempJ<-sample(Nj,1,replace=F)

#Erstgradnachbarn von tempJ
Njj<-net_adj[tempJ,net_adj[tempJ,]==1]%>%
data.frame()%>%
row.names()%>%
as.numeric()

#tempJ interagiert mit allen Nachbarn, um Spielgewinne zu
generieren.
for(jjinNjj){
```

```
temp_game_result<-t(CorDMatrix(n[tempJ]))%*%PayOffMa-
trix%*%CorD Matrix(n[jj])


# A-Wert
Pj<-Pj+temp_game_result
}


# Wahrscheinlichkeit, dass die Strategie von J die Strategie
von I ersetzt phi<-1/(1+exp(beta*(Pi-Pj)))
# Zufallszahl generieren und Entscheidung treffen.
x2<-runif(1,min=0,max=1)
# Strategie n aktualisieren
n[i]<-ifelse(x2<phi,n[tempJ],n[i])
}else{


#B:Partnerwechsel
# Diese Zufallszahl wird außerhalb der Schleife gesetzt.
set.seed(12389)
i<-sample(1:N,1,replace=F)
# Repräsentiert die Menge der direkten Nachbarn von Punkt I.
#I steht für Knoten, J1 für Nachbar; Gibt die Position von
J1 zurück J1J1<-adjacent_vertices(net,v=i)%>%
unlist()%>%
as.vector()


# Unter den Erstgradnachbarn wird der Nachbarknoten J11 mit
mindestens zwei verbundenen Kanten ausgewählt.
J11<-net_adj[1:N,J1]%>%
colSums()%>%
data.frame()%>%
subset(.>1)%>%
row.names()%>%
as.numeric()


# Bestimmung des Punktes minJ1 mit der niedrigsten Reputa-
tion unter den Erstgradnachbarn. minJ1<-data.frame(neig-
hbor=J11,reputation=Rit[J11,1])%>%
arrange(reputation)%>%
subset(reputation==min(reputation))%>%
select(neighbor)%>%
unlist()%>%
as.numeric()%>%
```

```
sample(1,replace=F)


#J2 steht für die Menge der Zweitgradnachbarn von Punkt I,
wobei die Rückkehr zu Erstgradnachbarn ausgeschlossen werden
sollte.
# Zu aktualisierendes Netzwerk
J2<-adjacent_vertices(net,v=J11)%>%
unlist()%>%
as.vector()%>%
unique()%>%
.[-i]%>%
sort()%>%
.[.%ni%J11]#J2[J2%ni%J11]


# Der prestigeträchtigste Punkt in J2
maxJ2<-data.frame(neighbor=J2,reputation=Rit[J2,1])%>%
arrange(reputation)%>%
subset(reputation==max(reputation))%>%
select(neighbor)%>%
unlist()%>%
as.numeric()%>%
sample(1,replace=F)
# Zufallszahl generieren und  Entscheidung treffen.


#J2 steht für die Menge der Zweitgradnachbarn von Punkt I,
wobei die Rückkehr zu Erstgradnachbarn ausgeschlossen werden
sollte.
# Zu aktualisierendes Netzwerk
J2<-adjacent_vertices(net,v=J11)%>%
unlist()%>%
as.vector()%>%
unique()%>%
.[-i]%>%
sort()%>%
.[.%ni%J11]#J2[J2%ni%J11]


# Der prestigeträchtigste Punkt in J2
maxJ2<-data.frame(neighbor=J2,reputation=Rit[J2,1])%>%
arrange(reputation)%>%
subset(reputation==max(reputation))%>%
select(neighbor)%>%
unlist()%>%
```

```
as.numeric()%>%
sample(1,replace=F)


# Zufallszahl generieren und Entscheidung treffen.
x3<-runif(1,min=0,max=1)
if(x3<p){
#B1:(P) Leitet die Verbindung mit der niedrigsten Reputation
unter den sozialen Partnern mit Wahrscheinlichkeit p zum
Zweitgradnachbarn mit der höchsten Reputation um. net_ad-
j[i,minJ1]<-0
net_adj[minJ1,i]<-0
net_adj[maxJ2,i]<-1
net_adj[i,maxJ2]<-1
}else{
#B2:(1-p) steht für eine Menge von Punkten außer den direk-
ten Nachbarn; dies ist neu, daher muss nicht geprüft werden,
ob nur eine Kante existiert. J_ex<-NN[NN%ni%c(i,J1)]%>%
sample(1,replace=F)


net_adj[i,minJ1]<-0
net_adj[minJ1,i]<-0
net_adj[J_ex,i]<-1
net_adj[i,J_ex1]<-1
}
}


# Netzwerk aktualisieren net<-graph.adjacency(net_adj,mo-
de="undirected",weighted=T,diag=F)


# Bewertungsindex
#t Anteil der Zeit Partner fractionofcooperators
frac_co[t]<-length(n[n==1])/N
# Der Anteil vonCC-CD-DD
#n Prüfen, ob es 1 oder 2 ist; Überprüfung, ob eine Ver-
bindung besteht aus net_adjCC_matirx<-net_adj[n==1,n==1]
frac_CC[t]<-sum(CC_matirx==1)/(2*M)
CD_matirx1<-net_adj[n==1,n==2]
CD_matirx2<-net_adj[n==2,n==1]
frac_CD[t]<-(sum(CD_matirx1==1)+sum(CD_matirx2==1))/(2*M)
DD_matirx<-net_adj[n==2,n==2]
frac_DD[t]<-sum(DD_matirx==1)/(2*M)
```

```
#frac_CC+frac_CD+frac_DD

#Homologer Koeffizient assortativitycoefficient
g_temp<-graph.adjacency(net_adj,mode="undirected")
asso_net[t]<-assortativity_degree(g_temp,directed=F)

# Heterogenität des Netzwerks
d_temp<-degree(g_temp)
het_net[t]<-var(d_temp)
}

data<-data.frame(frac_co,frac_CC,frac_CD,frac_DD)
write.csv(data,"data.csv",row.names=F)

#------------------------#
#------Visualisierung------#
#------------------------#

#fig1A Die letzten 10^3 Iterationen werden gemittelt, um den
Anteil der Kooperierenden zu berechnen.
dfA<-data.frame(Time=1:100000,cooperator=data$frac_co)
ggplot(dfA,aes(x=Time,y=cooperator))+
labs(x="Time",y="fractionofcooperators")+
geom_point(colour=brewer.pal(8,"Set2")[1])+
theme_few()
png("fig1A.png",width=28,height=21,units="cm",res=300)

#fig1B
dfB<-data.frame(Time=1:100000,data[,2:4])%>%
gather(key="item",value,-1)

ggplot(dfB,aes(x=Time,y=value,color=item))+
labs(x="Time",y="fractionofCC/DD/CDlinks")+
geom_point(colour=brewer.pal(8,"Set2")[3])+
theme_few()

png("fig1B.png",width=28,height=21,units="cm",res=300)
```

In dieser Arbeit untersuchte der Autor, wie das Zusammenspiel von Graphen-selektion und indirekter Reziprozität (was zu „Partnerwechsel" führt) Ko-operation fördert. Die Bedeutung der Erforschung von Kooperation in adaptiven Netzwerken im Vergleich zu statischen Netzwerken wurde von vielen Forschern bestätigt. Verfügen die Teilnehmer über kognitive Fähigkeiten, so spielt Reputation in wiederholten Spielen zwangsläufig eine Rolle. Die Reputation selbst übt einen großen Einfluss auf die dynamische Entwicklung von Kooperation in Spielen mit indirektem gegenseitigem Nutzen aus und trägt dazu bei, das hohe Maß an Kooperation in der menschlichen Gesellschaft zu erklären. Auf dem Partnermarkt neigen Individuen dazu, den Ruf potenzieller Partner zu ihrem Vorteil zu nutzen und bevorzugen daher Partner mit gutem Ruf. Da Individuen mit schlechtem Ruf leicht gemieden werden, werden Partnerschaften mit ihnen schnell aufgegeben. Da Einzelne in der Regel nur lokale Informationen über den Ruf der Gruppe besitzen, nimmt der Autor an, dass sie den Ruf des Partners und des Partners des Partners (also der Nachbarn zweiter Ordnung) kennen. Angeregt durch diese Überlegungen schlagen die Autoren ein Berechnungsmodell vor, das diese Faktoren berücksichtigt. Gleichzeitig stellen die Autoren fest, dass selbst dann, wenn die Reputation beim Partnerwechsel eine Rolle spielt und die Häufigkeit des Partnerwechsels geringer ist als die der Strategieanpassung, „Kooperierende" dennoch eine hohe Chance haben, „Defektoren" zu verdrängen. Darüber hinaus führt die Tendenz, Partner auf Basis ihres Rufs auszuwählen, zu einem höheren Kooperationsniveau.

Die Autoren entwickelten zudem ein Netzwerksimulationsmodell, das auf Gruppenstruktur und evolutionärer Dynamik basiert. In diesem Modell repräsentieren die Knoten des Netzwerks Individuen, und die Kanten stehen für die Paarbeziehungen (Spielinteraktionen) zwischen den Individuen. Zu Beginn startet die Koevolution von Einzelstrategie und Netzwerk aus einem zufälligen und homogenen Zustand. Jedes der N Individuen hat die gleiche Anzahl an Interaktionspartnern (Netzwerknachbarn), wobei M Kanten die Individuen zufällig paaren, und alle haben die gleiche Wahrscheinlichkeit, „Kooperierende" (c, dargestellt durch den zweidimensionalen Einheitsvektor $s = [1,0]^{\mathrm{T}}$) oder „Defektoren" (D, $s = [0,1]^{\mathrm{T}}$) zu werden. Zudem wird angenommen, dass die Anzahl der Individuen und Kanten während der Strategieaktualisierung und des Partnerwechsels konstant bleibt, das heißt, der mittlere Grad $k = 2M/N$ bleibt unverändert. Diese Einschränkung entspricht einer Umgebung mit begrenzten Ressourcen und führt zu Restriktionen in der Netzwerkstruktur. Jeder interagiert paarweise mit seinen unmittelbaren Nachbarn im Partnernetzwerk. Anders ausgedrückt: Das Individuum i spielt mit allen sozialen Partnern das Gefangenendilemma und erhält dabei folgende Auszahlung:

$$P_i = \sum_{j \in N_i} s_i^{\mathrm{T}} Q s_j \tag{11.6}$$

wobei N_i die Nachbarmenge von i bezeichnet. Die 2×2-Auszahlungsmatrix Q hat eine einfache Reskalierungsform, die durch einen einzigen Parameter b ($1 < b < 2$) beschrieben wird und wie folgt aussieht:

$$Q = \begin{pmatrix} 1 & 0 \\ b & 0 \end{pmatrix}$$

Das Einkommen von i ergibt sich wie folgt:

1. $iC + jD$

$$(1 \; 0)\begin{pmatrix} 1 & 0 \\ b & 0 \end{pmatrix}\begin{pmatrix} 0 \\ 1 \end{pmatrix} = (1 \; 0)\begin{pmatrix} 0 \\ 1 \end{pmatrix} = 0$$

2. $iC + jC$

$$(1 \; 0)\begin{pmatrix} 1 & 0 \\ b & 0 \end{pmatrix}\begin{pmatrix} 1 \\ 0 \end{pmatrix} = \begin{pmatrix} 1 & 0 \end{pmatrix}\begin{pmatrix} 1 \\ 0 \end{pmatrix} = 1$$

3. $iD+jC$

$$(0 \; 1)\begin{pmatrix} 1 & 0 \\ b & 0 \end{pmatrix}\begin{pmatrix} 1 \\ 0 \end{pmatrix} = \begin{pmatrix} b & 0 \end{pmatrix}\begin{pmatrix} 1 \\ 0 \end{pmatrix} = b$$

4. $iD+jD$

$$(0 \; 1)\begin{pmatrix} 1 & 0 \\ b & 0 \end{pmatrix}\begin{pmatrix} 0 \\ 1 \end{pmatrix} = \begin{pmatrix} b & 0 \end{pmatrix}\begin{pmatrix} 0 \\ 1 \end{pmatrix} = 0$$

Um den Reputationseffekt bei der Partnerwahl zu erklären, wird die Reputation des Individuums i zum Zeitpunkt t als $R_i(t)$ definiert, und die Anzahl der Kooperationen mit seinen Nachbarn im vergangenen Spiel wird wie folgt festgehalten:

$$R_i(t) = R_i(t-1) + \Delta_i(t) \tag{11.7}$$

wobei gilt: Kooperiert das Individuum i zum Zeitpunkt t, so ist $\Delta_i(t)$ gleich 1, andernfalls 0. Es ist zu beachten, dass diese Definition der Reputation der von Nowak und Sigmund vorgeschlagenen Image Score [9] ähnelt, wobei es sich um eine affine Transformation des Image Score handeln kann.

Im Modell muss die Kopplung zwischen individueller Strategie und Partnernetzwerkstruktur berücksichtigt werden. Angenommen, nach der Aktualisierung der individuellen Strategie wird eine neue Zeitskala τ_e eingeführt, die nicht notwendigerweise mit der Zeitskala τ_a des adaptiven Partnerwechselprozesses übereinstimmt. Ob sie übereinstimmen, hängt vom Verhältnis $W = \tau_e/\tau_a$ ab. Die individuelle Strategie und die Koevolution mit dem Partnernetzwerk erfolgen gemeinsam unter asynchroner Aktualisierung: Die Wahrscheinlichkeit, ein Strategieaktualisierungsereignis zu wählen, beträgt $(1 + W)^{-1}$, andernfalls wird ein Strukturaktualisierungsereignis gewählt. Der Wert von W steuert nun die Aktualisierungsaktionen zweier konkurrierender Individuen: Für $W \to 0$ wird die Kooperationsevolution auf dem statischen Netzwerk wiederhergestellt. Mit steigendem W passen Individuen ihre sozialen Partner schneller an.

Für Strategieaktualisierungen wird zufällig ein Individuum i ausgewählt, und ein weiteres zufälliges Individuum j wird aus den (erstgradigen) Nachbarn von i gewählt. Die Individuen i und j interagieren mit all ihren sozialen Partnern gemäß den festgelegten Regeln des Gefangenendilemmas (Individuen, die direkt über eine Kante verbunden sind), und das kumulierte Gesamteinkommen ist P_i bzw. P_j. Die Wahrscheinlichkeit, mit der die Strategie von Individuum j die Strategie von i ersetzt, wird durch die Fermi-Funktion gegeben:

$$\phi\left(s_i \leftarrow s_j\right) = \frac{1}{1 + \exp\left[\beta\left(P_i - P_j\right)\right]} \tag{11.8}$$

Dabei steht β für die Selektionsintensität ($\beta \rightarrow 0$ führt zu zufälligem Drift, während für $\beta \rightarrow \infty$ deterministische Imitationsdynamik auftritt). Wird das Individuum i für die Strategieaktualisierung ausgewählt, wird auch seine Reputation $R_i(t)$ aktualisiert. Wie zuvor beschrieben gilt daher $R_i(t) = R_i(t-1) + \Delta_i(t)$, wobei $\Delta_i(t)$ gleich 1 ist, falls Individuum i zum Zeitpunkt t kooperiert, andernfalls 0.

In vier Experimenten sind die Parameter β jeweils auf 0,01 gesetzt, was darauf hinweist, dass die Experimente zu zufälligem Drift tendieren. Ist zu diesem Zeitpunkt $P_i \gg P_j$, so ist die kumulierte Reputation von Individuum i deutlich besser als die von Individuum j, und die Wahrscheinlichkeit, dass die Strategie von j die von i ersetzt, ist $\varphi \rightarrow 0$. Ist hingegen $P_i \ll P_j$, so ist die kumulierte Reputation von j deutlich besser als die von i, und die Wahrscheinlichkeit, dass die Strategie von j die von i ersetzt, ist $\varphi \rightarrow 1/2$.

Partnerwechsel. Es wird angenommen, dass Individuen lokale Informationen über ihre unmittelbaren Nachbarn und deren Nachbarn zweiten Grades besitzen. Das heißt, die Zielperson kennt die Reputation dieser Personen, da sie die Kooperation ihrer sozialen Partner in vergangenen Spielen beobachten kann und die Informationen über die Nachbarn zweiten Grades von den direkten Nachbarn erhält. Darüber hinaus wird angenommen, dass Individuen außer über ihre direkten und zweiten Nachbarn keine weiteren Informationen (Typ und Reputation) über andere besitzen. Da diese Annahme lediglich lokale Informationen erfordert, ist sie plausibel. Es wird zufällig ein Individuum i ausgewählt, das seinen Interaktionspartner (Spiel, Kooperation oder Verrat) entsprechend dessen Reputation als sozialer Partner aktualisiert. Individuum i beendet die Verbindung zum Individuum mit der niedrigsten Reputation. Das heißt, Individuum i wechselt von diesem Partner zu einem der Nachbarn zweiten Grades, der gemäß seiner Reputation bevorzugt wird, oder zu einem zufälligen Mitglied der gesamten Population (ausgenommen die direkten Nachbarn). Genauer gesagt, leitet die Zielperson mit Wahrscheinlichkeit p die Verbindung vom Partner mit der niedrigsten Reputation zu dem Nachbarn zweiten Grades mit der höchsten Reputation unter ihren Nachbarn um (Rangfolge in der Partnerschaft). Andernfalls, mit Wahrscheinlichkeit $1 - p$, wird die Verbindung vom Partner mit der niedrigsten Reputation zu einem zufällig ausgewählten Partner in der Gruppe übertragen, ausgenommen die direkten Nachbarn (Zufälligkeit der Partnerschaft), wie in Abb. 11.2 dargestellt.

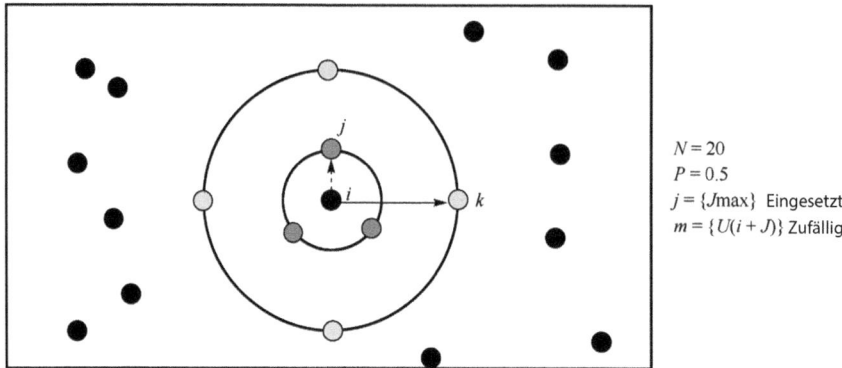

Abb. 11.2 Schematische Darstellung der Regeln zum Partnerwechsel

Konkret beendet zum Zeitpunkt i das Individuum i die zukünftige Interaktion mit Individuum j, wobei gilt:

$$j = \arg \min_{l \in N_i} R_i(t) \tag{11.9}$$

Anschließend wechselt er mit Wahrscheinlichkeit p zum zukünftigen Partner Individuum k (Nachbar zweiten Grades):

$$k = \arg \max_{\cup_{l \in N_i} N_l \setminus \{N_i, i\}} R_i(t) \tag{11.10}$$

wobei N_i die Nachbarmenge von i bezeichnet, *arg max f(x)* den Wert von x angibt, für den *f(x)* das Maximum annimmt. Der vollständige Name von *arg* ist Argument; das bedeutet, wenn es nur einen Wert gibt, für den die Funktion das Maximum annimmt, ist *arg* dieser Wert. $\cup$ steht für Vereinigung, $\cup_{l \in N_i} N_l$ bedeutet, dass alle erstgradigen Nachbarn von i durchlaufen werden, um entlang dieser die „Nachbarn zweiten Grades" zu finden und die Menge der beiden zu sammeln. $\{N_i, i\}$ bedeutet, dass die erstgradigen Nachbarn und das Individuum selbst ausgeschlossen werden.

Andernfalls wird mit Wahrscheinlichkeit $1 - p$ zu Individuum m gewechselt, wobei m zufällig aus der gesamten Gruppe ausgewählt wird, mit Ausnahme seines nächsten Nachbarn.

Hier können Individuen einseitig die Assoziation von Ekel unterbrechen und einen angesehenen Partner wählen, was in zukünftigen Interaktionen vorteilhaft sein kann. Der Einfachheit halber wird angenommen, dass das ausgewählte Individuum einen neuen Sozialpartner ohne eigene Wahl akzeptiert. Das Gefangenendilemma ist ein Nicht-Nullsummenspiel, und die Elemente der Auszahlungsmatrix sind hier nicht negativ. Wird jemand im Prozess des Partnerwechsels von anderen als zukünftiger Partner ausgewählt, erhält er eine neue Partnerschaft und damit potenziell gewinnbringende Interaktionen. Daher wird er diesen Vorschlag nicht ablehnen. Wird bei einem solchen Partnerwechselereignis ein bestimmter Teilnahmekostenfaktor berücksichtigt, ändert sich die Situation grundlegend: Die Individuen zeigen dann wählerisches Verhalten bei der Auswahl neuer Partner.

Die Autoren stellen fest, dass der auf Reputation basierende Partnerwechsel zu stabiler Kooperation im Netzwerk-Gefangenendilemma führen kann. Die Ergebnisse zeigen, dass Individuen, wenn sie einer starken Versuchung zum Verrat ausgesetzt sind (hoher b-Wert) und im Durchschnitt intensive Interaktionen benötigen (hochgradig vernetztes Netzwerk), ihre Partner schnell anpassen können müssen, damit Kooperation gedeiht. Da Individuen dazu neigen, potenzielle Partner mit gutem Ruf zu wählen, ist das entstehende Partnernetzwerk stark heterogen. Darüber hinaus wird die Förderung von Kooperation dieser entstehenden Heterogenität zugeschrieben. Wenn Individuen ihre Partnerschaften schnell anpassen, führt ein Reputationsverlust zu einem höheren Kooperationsniveau. Im Vergleich zum ursprünglichen Modell, bei dem Individuen ihre Partner weitgehend zufällig und nicht reputationsbasiert wechseln, wird die Kooperation selbst dann verringert, wenn ein schneller Partnerwechsel möglich ist.

Kapitelzusammenfassung

Dieses Kapitel basiert auf der Spieltheorie und konzentriert sich auf deren Erweiterung in komplexen Netzwerken. Der Schwerpunkt liegt auf der Anwendung der Spieltheorie zur Lösung von Problemen innerhalb komplexer Netzwerkbeziehungen. Die zentrale Erkenntnis ist das Verständnis der Modellierungsmethode für Spiele in Netzwerken, wobei die drei Elemente des Spiels (Spieler, Strategien und Auszahlungsmatrizen) aus Netzwerksicht abstrahiert und Strategien aktualisiert werden, um die richtigen Gleichgewichtslösungen zu finden.

Fragen zum Kapitelabschluss

1. Beschreiben Sie den Unterschied zwischen Spielen in Netzwerken und allgemeinen Spielen.
2. Fassen Sie die Formen von Spielen in sozialen Netzwerken anhand der Literatur zusammen.
3. Worin unterscheiden sich evolutionäre Spiele und soziale Netzwerkspiele?
4. Versuchen Sie, die Arbeit Reputation-based Partner Choice Promotes Cooperation in Social Networks mithilfe der Anhänge oder durch eine Suche auf der GitHub-Website nachzuvollziehen.

Literatur

1. Neumann, J.V., Morgenstern, O.: Theory of Games and Economic Behavior. Princeton University Press, Princeton, NJ (2007)
2. Rapoport, A., Chammah, A.M., Orwant, C.J.: Prisoner's Dilemma: A Study in Conflict and Cooperation. University of Michigan Press, Ann arbor, MI (1965)
3. Guha, R., Kumar, R., Raghavan, P., et al.: Propagation of trust and distrust. In: Proceedings of the 13th International Conference on World Wide Web, S. 403–412 (2004)

4. Qi, S.: Evolution of Cooperation and Game Dynamics on Complex Networks. Peking University, Beijing (2020)
5. Ohtsuki, H., Hauert, C., Lieberman, E., et al.: A simple rule for the evolution of cooperation on graphs and social network. Nature. **441**(7092), 502–505 (2006)
6. Hauert, C., Doebeli, M.: Spatial structure often inhibits the evolution of cooperation in the snowdrift game. Nature. **428**(6983), 643–646 (2004)
7. Roca, C.P., Cuesta, J.A., Sánchez, A.: Time scales in evolutionary dynamics. Phys. Rev. Lett. **97**(15), 158701 (2006)
8. Fu, F., Hauert, C., Nowak, M.A., et al.: Reputation-based partner choice promotes cooperation in social networks. Phys. Rev. E. **78**(2 Pt 2), 026117 (2008)
9. Nowak, M.A., Sigmund, K.: Evolution of indirect reciprocity by image scoring. Nature. **393**(6685), 573–577 (1998)

Kapitel 12
Netzwerke in sozialen Netzwerken

Zusammenfassung Dieses Kapitel konzentriert sich auf die Werkzeuge und Methoden der Sozialen Netzwerkanalyse und legt dabei den Schwerpunkt auf die Untersuchung von Netzwerkstrukturen und -beziehungen. Konzepte wie Zentralität, Clusterbildung und Netzwerktopologie werden erläutert, um den Einfluss und die Verbindungen von Knoten zu quantifizieren. Fortgeschrittene Themen umfassen die Analyse dynamischer Netzwerke sowie Algorithmen zur Gemeinschaftserkennung. Die Anwendung dieser Methoden in Bereichen wie Marketing, öffentlicher Gesundheit und Politik verdeutlicht den Wert der Sozialen Netzwerkanalyse für das Verständnis komplexer sozialer Interaktionen.

Da das tatsächliche soziale Netzwerk häufig aus verschachtelten Netzwerken besteht, können diese komplexen Situationen nicht durch einfache Modelle erfasst werden. Daher werden in diesem Kapitel Supernetzwerke, Multimode-Netzwerke und miteinander verbundene Netzwerke unter Einbeziehung aktueller Fachliteratur und Fallstudien in R vorgestellt, um ein erstes Verständnis für die Komplexität sozialer Netzwerke zu vermitteln. Im Lernprozess dieses Kapitels ist es notwendig, den Unterschied zwischen den Bewertungsmetriken für Hypernetzwerke und allgemeine Netzwerke, den Unterschied zwischen Multimode- und Multilayer-Netzwerken, die Unterscheidung zwischen multimodalen und multilayer Netzwerken sowie die Methoden der Multinetz-Kollaboration zu kennen.

12.1 Hypernetzwerk

12.1.1 Phänomene und Eigenschaften von Hypernetzwerken

Eines der häufigsten Beispiele für ein Supernetzwerk im Alltag ist das Stromnetz, das aufgrund seiner großflächigen Vernetzung als Supernetzwerkstruktur abstrahiert werden kann. Der zuverlässige Betrieb des Stromnetzes ist die Grundlage für

das effiziente Funktionieren des gesellschaftlichen Lebens, doch treten Kaskaden-
ausfälle und großflächige Stromausfälle immer wieder auf, was die Aufmerksamkeit zahlreicher Wissenschaftler auf sich gezogen hat. Sie untersuchten diese
Problematik aus der Perspektive des Hypernetzwerks und unterbreiteten verschiedene konstruktive Vorschläge. So wird beispielsweise das Kaskadenproblem
im Hypernetzwerk auf ein Perkolationsproblem reduziert und mit Hilfe von Er-
zeugendenfunktionen werden bestimmte Eigenschaften von Netzwerkkaskaden
theoretisch analysiert. Der physikalische Mechanismus der Kaskadenmutation im
Hypernetzwerk wird durch die Offenlegung des Kaskadeneinbruchprozesses von
Hypernetzwerken erklärt. Aus Sicht der Diffusionsdynamik multilayer Netzwerke
werden Super-Laplacematrizen konstruiert, um die Eigenvektoren vollständiger
Netzwerke, die spektrale Struktur der Eigenwerte und die beschleunigte Diffusion
multilayer Korrelationen zu untersuchen, was wiederum hilft, den physikalischen
Diffusionsprozess auf multilayer Netzwerken zu verstehen.

Das Konzept des „Hypernetzwerks" entstand, weil ein einzelnes Netzwerkdiagramm die Eigenschaften realer Netzwerke und die Beziehungen zwischen Netzwerken nicht vollständig abbilden kann. Hypernetzwerke ermöglichen jedoch eine
klarere Beschreibung und Darstellung der Interaktionen und Einflüsse zwischen
Netzwerken. Hypernetzwerke sind die Integration verschiedener Netzwerke mit
Selbstorganisation, wie etwa Hochtechnologienetzwerke, das Internet der Dinge,
militärische Netzwerke und viele andere, die als typische Beispiele für Hypernetzwerke dienen. Forschungen zeigen, dass die Netzwerkwissenschaft in eine höhere
Forschungsstufe eingetreten ist, die als Supernetzwerk-Wissenschaft bezeichnet
wird.

Joseph Sheffi prägte erstmals den Begriff „Hypernetzwerk" [1], anschließend
bezeichneten Nagurney A und Dong J Netzwerke, die über bestehende Netzwerke hinausgehen, als Hypernetzwerke [2]. Derzeit befindet sich die Forschung
zu Hypernetzwerken noch in der Entwicklungsphase. Obwohl das Konzept
des Hypernetzwerks eingeführt wurde und einige Wissenschaftler bereits An-
wendungsmodelle für Hypernetzwerke entwickelt haben, ist die Entwicklung im
Vergleich zu monomodalen Netzwerken noch nicht ausgereift. Es existiert bislang
keine exakte und einheitliche Definition oder Berechnungsmethode für die Messgrößen von Hypernetzwerken, und es reicht nicht aus, die verborgenen Informationen in Hypernetzwerken quantitativ offenzulegen.

Das Hypernetzwerk ist die tatsächliche Ausprägung des komplexen Netzwerks
in der realen Welt. Die Eigenschaften eines Supernetzwerks sind: verschachtelte
Netzwerke innerhalb von Netzwerken, gegenseitige Vernetzung und die Möglichkeit, dass Netzwerkknoten selbst komplexe Netzwerke sind. Das gesamte Netzwerk weist die Merkmale von Multilayer, Multilevel, Multidimensionalität, Multi-
Attribut, Überlastung und Inkoordination auf.

1. Multilayer
Verkehrsnetze verfügen über physische, betriebliche und Management-Ebenen.
Auch Informationsnetzwerke sind mehrschichtig aufgebaut. Diese Netzwerke
besitzen sowohl Verbindungen innerhalb der Schichten (horizontal) als auch
zwischen den Schichten (vertikal).

2. Multilevel
   Vernetzungen bestehen sowohl innerhalb von Netzwerken derselben Ebene (horizontal) als auch zwischen Netzwerken unterschiedlicher Ebenen (vertikal) von Informationsnetzwerken.
3. Multidimensionalität
   Eisenbahn, Straßenverkehr, Schifffahrt und Luftfahrt verfügen jeweils über Personen- und Güterverkehrsnetze, wodurch zahlreiche Netzwerkdimensionen entstehen.
4. Multi-Attribut
   In Städten gibt es nicht nur Routenwahlmöglichkeiten, sondern auch die Auswahl des Verkehrsmittels (Auto, öffentlicher Nahverkehr, Fußweg). Verkehrsnetze müssen gleichzeitig die Attribute Zeit, Kosten, Sicherheit und Komfort berücksichtigen.
5. Überlastung
   Überlastungen treten nicht nur in Verkehrsnetzen, sondern auch in Informationsnetzwerken auf.
6. Inkoordination
   Globale Optimierung und individuelle Optimierung erfordern eine Koordination.

Das Modell des Hypernetzwerks kann zur Beschreibung und Darstellung der Interaktion und des Einflusses zwischen Netzwerken verwendet werden. Der Rahmen des Hypernetzwerks bietet ein Werkzeug zur Untersuchung der Wechselwirkungen und Einflüsse zwischen Netzwerken. Verschiedene mathematische Methoden können eingesetzt werden, um Variablen wie Verkehr und Zeit in Netzwerken quantitativ zu analysieren und zu berechnen, darunter Optimierungstheorie, Spieltheorie, Variationsungleichungen und Visualisierungswerkzeuge.

12.1.2 Mathematische Definition des Hypernetzwerks

Da sich die Forschungsobjekte von Hypernetzwerken auf verschiedene Disziplinen und Fachgebiete erstrecken, sind auch die Forschungsmethoden vielfältig. Derzeit existieren hauptsächlich drei Forschungsansätze, die auf Variationsungleichungen, Hypergraphen und Systemwissenschaft basieren [3, 4]. Unter diesen ist die auf Hypergraphen basierende Forschungsmethode für Hypernetzwerke in der aktuellen Forschung weit verbreitet. Die Definition des Hypergraphen lautet wie folgt:

Sei $V = \{v_1, v_2, \cdots, v_n\}$ eine endliche Menge. Wenn $E_i \neq \varnothing$ $(i = 1, 2, \cdots, m)$ und $\cup_{i=1}^{m} E_i = V$ erfüllt ist, wird die binäre Relation $H = (V, E)$ als Hypergraph bezeichnet. Das Element $\{v_1, v_2, \cdots, v_n\}$ in V wird als Knoten des Hypergraphen bezeichnet, kurz Hyperpunkt genannt, $E = \{e_1, e_2, \cdots, e_m\}$ ist die Kantenmenge eines Hypergraphen, und die Menge $e_i = \{v_{i_1}, v_{i_2}, \cdots, v_{i_j}\}$ $(i = 1, 2, \cdots, m)$ wird als Hypergraph-Kante bzw. Hyperkante bezeichnet (siehe Abb. 12.1). Dabei gilt: $V =$

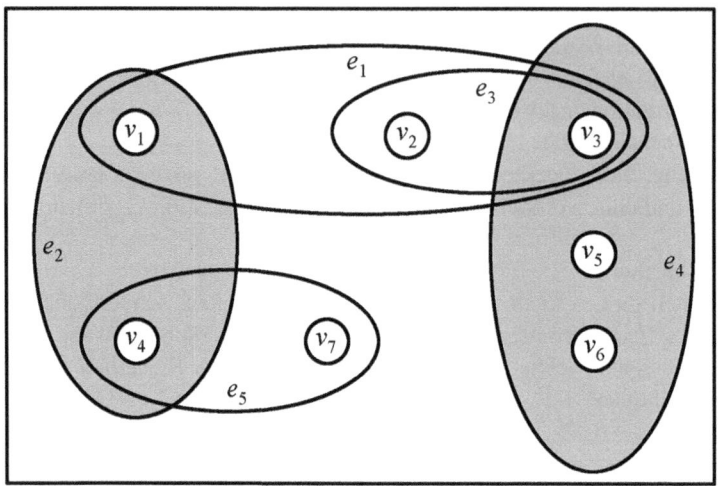

Abb. 12.1 Ein einfaches Beispiel für einen Hypergraphen

$\{v_1, v_2, v_3, v_4, v_5, v_6, v_7\}$, $E = \{e_1 = \{v_1, v_2, v_3\}$, $e_2 = \{v_1, v_4\}$, $e_3 = \{v_2, v_3\}$, $e_4 = \{v_3, v_5, v_6\}$, $e_5 = \{v_4, v_7\}\}$.

In dieser Arbeit berücksichtigen die Autoren umfassend die Eigenschaften von Hyperknoten und Hyperkanten und definieren die Konzepte und Algorithmen von Hyperknoten und Hyperkanten auf Basis von Hypergraphen im Hypernetzwerk [5, 6]. Die spezifische Definition lautet wie folgt:

1. Knotengrad: Im Hypergraphen ist der Knotengrad des Hyperknotens v_i definiert als die Summe der Anzahl der Hyperkanten, die v_i enthalten. Dies wird bezeichnet als $d_{e_j}(v_i)$.
2. Kantengrad: Im Hypergraphen ist der Kantengrad der Hyperkante e_j definiert als die Summe der Hyperknoten, die in der Hyperkante e_j enthalten sind. Dies wird notiert als $d_{v_i}(e_j)$.
3. Hyperknotengrad: Im Hypergraphen ist der Hyperknotengrad des Hyperknotens v_i definiert als der Knotengrad des Hyperknotens v_i unter Berücksichtigung der Hyperkante, zu der der Hyperknoten v_i gehört, bezeichnet als $d_H(v_i)$.
   Berechnungsformel des Hyperknotengrads:

$$d_H(v_i) = d_{e_j}(v_i) \frac{\sum_i d_{v_i}(e_j)}{\sum_j d_{v_i}(e_j)} \tag{12.1}$$

Dabei bezeichnet $\sum d_{v_i}(e_j)$ die Summe der Kantengrade der Hyperkanten, zu denen der Hyperknoten v_i gehört, und $\sum\limits_i d_{v_i}(e_j)$ die Summe der Kantengrade aller Hyperkanten.

4. Hyperkantengrad: Im Hypergraphen ist der Hyperkantengrad der Hyperkante e_j definiert als der Kantengrad der Hyperkante e_j unter Berücksichtigung der Hyperknoten, die in der Hyperkante e_j enthalten sind, und wird als $d_H(e_j)$ bezeichnet.

Berechnungsformel des Hyperkantengrads:

$$d_H(e_j) = d_H(v_i) \frac{\sum\limits_j d_{e_j}(v_j)}{\sum\limits_i d_{e_j}(v_j)} \tag{12.2}$$

Dabei bezeichnet $\sum\limits_j d_{e_j}(v_j)$ die Summe der Knotengrade der Hyperkante e_j, und $\sum\limits_j d_{e_j}(v_j)$ die Summe der Knotengrade aller Hyperknoten.

Die Knotengrade der Hyperknoten v_1, v_2, v_3, v_4, v_5, v_6, v_7 betragen jeweils 2, 2, 3, 2, 1, 1 und 1.

Die Kantengrade der Hyperkanten e_1, e_2, e_3, e_4, e_5 betragen jeweils 3, 2, 2, 3 und 2.

Gemäß Gl. 12.1 betragen die Hyperknotengrade der Knoten v_1, v_2, v_3, v_4, v_5, v_6 und v_7 jeweils 0,83, 0,83, 2,00, 0,67, 0,25, 0,25 und 0,17.

Gemäß Gl. 12.2 betragen die Hyperkantengrade der Hyperkanten e_1, e_2, e_3, e_4 und e_5 jeweils 1,75, 0,67, 0,83, 1,25 und 0,50.

```
# Arbeitsverzeichnis setzen setwd ("e:/wu/book/dataset/social
computing") Library (Hyperg)
# Aufbau eines Hypernetzwerks
edges<-list(c("v1","v2","v3"), c("v1","v4"),
c("v2","v3"),
c("v3","v5","v6"),
c("v4","v7"))
H <-hypergraph _ from _ edgelist (edges) # Knotengrade
berechnen.
hdegree(h)
v1 v2 v3 v4 v5 v6 v7
2  2  3  2  1  1  1
```

Derzeit stehen für die Arbeit mit Hypernetzwerken in der Programmiersprache R die Pakete hypergraph und hyperG zur Verfügung. In dieser Arbeit wird für die Fallstudie und die Visualisierung das vielseitiger einsetzbare Paket hyperG verwendet.

In der obigen Anweisung speichern wir zunächst fünf Hyperkanten in einer Liste, verwenden dann die Funktion *hypergraph_from_edgelist*, um diese in ein Supernetzwerk-Format zu konvertieren, und berechnen abschließend mit der Funktion *hdegence* den Grad dieses Netzwerks. Derzeit stellt das Open-Source-Paket keine statistischen Funktionen zur Verfügung, um den Kantengrad, den Superknotengrad und den Hyperkantengrad zu berechnen. Daher sind für solche Berechnungen benutzerdefinierte Funktionen erforderlich. Nachfolgend ist eine visuelle Darstellung dieses Hypernetzwerks zu sehen (Abb. 12.2, 12.3 und 12.4).

```
# Visualisierung
plot (h, mark.groups = hypergraph _ as _ edgelist (h),
layout.circle(as.graph(h))) # Wie in Abb. 12.2 gezeigt.
plot(h,mark.groups=hypergraph_as_edgelist(h),
layout.fruchterman.reingold(as.graph(h))) # Wie in Abb. 12.3
gezeigt.
plot(h,mark.groups=hypergraph_as_edgelist(h),
layout_with_kk (as.graph(h))) # Wie in Abb. 12.4 gezeigt.
```

Im obigen Code steht *h* für das bereits konstruierte Hypernetzwerk, *mark.groups* bedeutet die Visualisierung der Gruppierung entsprechend den Hyperkanten. Die

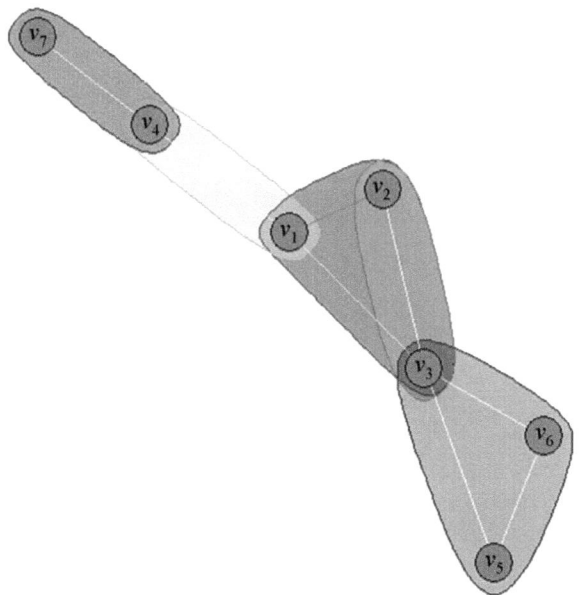

Abb. 12.2 Kreis-Layout-Visualisierung

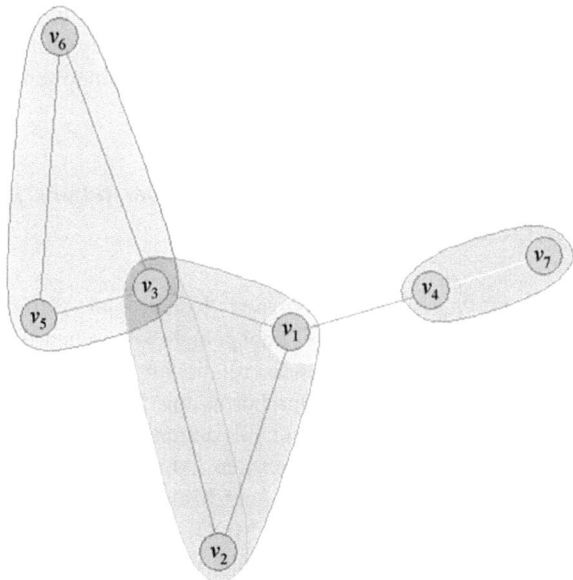

Abb. 12.3 Fruchterman-Reingold-Layout-Visualisierung

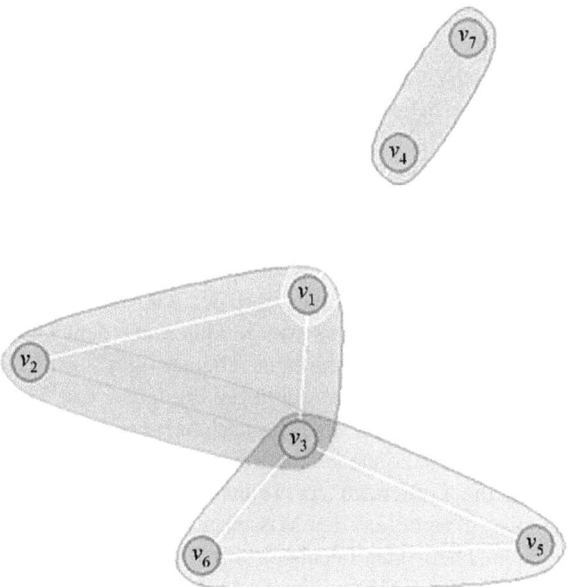

Abb. 12.4 layout_with_kk-Visualisierung

folgenden *layout.circle*, *layout.fructterman.reingold* und *layout_with_kk* sind drei Layouts, die im *igraph*-Paket bereitgestellt werden. Das Hypernetzwerk *h* muss mit der Funktion *as.graph* in ein gängiges *igraph*-Format umgewandelt werden.

12.1.3 Forschung zur Anwendung von Hypernetzwerken auf MOOC-Plattformen

Die auf der MOOC-Plattform angebotenen Kurse sind vielfältig und umfassen unterschiedliche Disziplinen und Fachgebiete. Zwischen den Kursen verschiedener Disziplinen bestehen Wissenskorrelationen, und auch innerhalb einer Disziplin gibt es eine wechselseitige Durchdringung des Wissens. Zehntausende Lernende nehmen an der MOOC-Plattform teil, darunter Studierende im Bachelor- und Masterstudium, Berufstätige, die nach dem Abschluss weiterhin ein großes Wissensbedürfnis haben, sowie Lehrkräfte und Mitarbeitende, die Kurse für Lernende anbieten. Daher existieren auf der MOOC-Plattform sowohl Netzwerke von Personen als auch von Wissensobjekten, die miteinander verflochten und verbunden sind und so ein vielschichtiges, mehrdimensionales Hypernetzwerk mit verschiedenen Typen und Ebenen bilden.

Heutzutage bieten die meisten MOOC-Plattformen den Lernenden hauptsächlich Videos und Kursmaterialien an und vernachlässigen die Interaktion zwischen den Lernenden, die den Wissensfluss fördern und die Lerneffektivität verbessern könnte. Da die Bedeutung von Wissensfluss und Interaktion auf MOOC-Plattformen aus der Perspektive von Hypernetzwerken besser verstanden werden kann, wird vorgeschlagen, den Wissensfluss auf MOOC Plattformen aus Sicht eines Hypernetzwerks zu untersuchen [5]. Gleichzeitig werden einige Parameterindizes und Berechnungsformeln im Hypernetzwerk definiert und beschrieben. Anhand realer Daten aus dem Diskussionsbereich des MOOC-Kurses *Information Retrieval* an chinesischen Universitäten wird der Wissensfluss der MOOC-Plattform mithilfe der Parameterindizes des Hypernetzwerks analysiert und es werden Vorschläge zu bestehenden Problemen im Wissensfluss unterbreitet.

Der Kurs *Information Retrieval* wird auf der MOOC-Plattform chinesischer Universitäten angeboten. Die Analyse von Teildaten aus dem Diskussionsbereich dieses Kurses zeigt, dass es dort zahlreiche Themen gibt. Lernende können Probleme, die im Lernprozess auftreten, durch das Erstellen von Themen veröffentlichen, um Hilfe zu suchen oder ihre Lernerfahrungen und Notizen zu teilen. Lehrkräfte und Tutor:innen können im Diskussionsbereich interaktive Aufgaben veröffentlichen, um die Lernenden zur Teilnahme an Diskussionen zu motivieren, das Verständnis zu vertiefen, den Wissensaustausch zu fördern sowie Kursankündigungen zu machen oder Feedback von Lernenden einzuholen. Die Anzahl der Antworten auf 1001 Themen im Diskussionsbereich wurde erfasst (siehe Abb. 12.5).

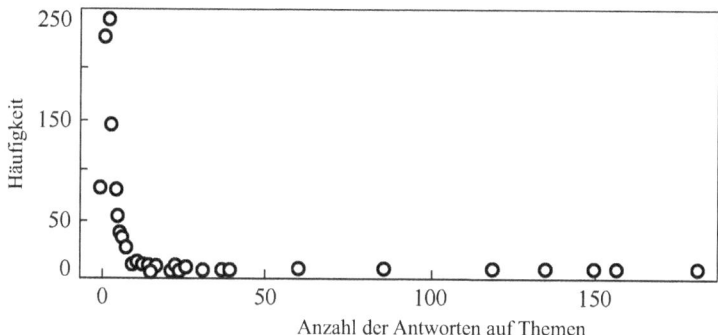

Abb. 12.5 Verteilung der Antwortanzahlen auf Themen

Statistiken zufolge folgt die Anzahl der Antworten auf Themen einer Potenzgesetzverteilung, und bei 941 Themen liegt die Anzahl der Antworten unter 10. Davon entfallen auf Themen mit 0, 1, 2 und 3 Antworten 83, 236, 249 bzw. 145, was 71,2 % aller Themen entspricht. Es gibt 41 Themen mit 10 bis 100 Antworten, wobei die meisten Antworten im Bereich von 10 bis 15 liegen. Nur 5 Themen haben mehr als 100 Antworten, nämlich 119, 135, 150, 157 und 181. Aus den Daten wird deutlich, dass die Beteiligung der Nutzer:innen an den Diskussionen gering ist, da es etwa 1000 veröffentlichte Themen gibt, aber die meisten Teilnehmenden sich nicht an den Diskussionen beteiligen und somit keinen Beitrag zum Wissensaustausch leisten, was dem Wissensfluss abträglich ist.

Sechs Themen, nämlich das interaktive Hausaufgabenthema der achten Woche, das interaktive Hausaufgabenthema der sechsten Woche, das interaktive Hausaufgabenthema der fünften Woche, Q&A im Bereich der Praxisinteraktion zwischen Lehrenden und Lernenden, „Learning the Web of Science" sowie [Notizen] „Informationsfesseln: Lektion 1–4" werden ausgewählt. Die sechs Themen mit einer großen und gestaffelten Teilnehmerzahl werden der Reihe nach als Themen 1–6 bezeichnet, mit jeweils 181, 157 und 157 Antworten. Da in diesem Buch bei der Berechnung der Parameter des Hypernetzwerks keine Gewichtung von Knoten und Kanten berücksichtigt wird, werden Mehrfachantworten derselben Person unter demselben Thema nicht mehrfach gezählt, d. h. wer zweimal oder öfter unter demselben Thema antwortet, wird als eine Antwort gezählt. Die nach Korrektur ermittelten Antwortzahlen lauten 167, 142, 125, 74, 22 und 22.

Nachdem die Anzahl der Personen, die an der Diskussion zu sechs Themen teilgenommen hatten, erfasst und die Teilnehmer, die gleichzeitig an mehreren Themen beteiligt waren, herausgefiltert wurden, zeigte sich, dass „黄如花" an allen 6 Themen teilnahm, während „人在戏中" und 4 weitere an 5 Themen beteiligt waren und „Vivian2477" sowie 13 weitere an 4 Themen teilnahmen. Die Teilnehmerzahl bei den übrigen Themen lag unter 3, wobei die meisten Teilnehmer nur an 1 bis 2 Themen beteiligt waren (Tab. 12.1 zeigt, an welchen Themen die 13 repräsentativen Teilnehmer jeweils teilgenommen haben).

Tab. 12.1 Beteiligung der 13 repräsentativen Teilnehmer an den Themen

Benutzername	Thema 1	Thema 2	Thema 3	Thema 4	Thema 5	Thema 6
黄如花	√	√	√	√	√	√
Zgg	√	√	√	√		√
人在戏中	√	√	√	√		√
云层	√	√	√	√	√	
Vivian2477	√	√	√	√		
小猫钓金鱼	√	√	√	√		
晨岚	√	√	√		√	
tomcaop	√	√		√		
飞沙走石		√	√			√
国际米兰	√	√	√			
Arebec	√				√	
fakebeast		√		√		
贝叶树下	√			√		

1. Knotengrad und Hyperknotengrad: Die Knotengrade und Hyperknotengrade von 13 Teilnehmenden sind in Tab. 12.2 dargestellt.

   Je höher der Knotengrad einer Person ist, desto mehr Themen ist sie beteiligt, was auf ein höheres Maß an Partizipation am Wissensfluss hinweist. Verschiedene Teilnehmende mit demselben Knotengrad können unterschiedliche Hyperknotengrade aufweisen. Zum Beispiel haben „小猫钓金鱼" und „晨岚" beide einen Knotengrad von 4. Allerdings hat „小猫钓金鱼" einen höheren Hyperknotengrad, was darauf hindeutet, dass diese Person an mehr Themen mit höherer Beteiligungsintensität teilnimmt und somit den Wissensfluss stärker fördern kann als „晨岚". „黄如花" hat vier Themen aktiv initiiert und an Thema 5 und Thema 6 teilgenommen, was darauf schließen lässt, dass „黄如花" Lernende aktiv zur Diskussion motiviert und somit ein gutes Beispiel für die Fähigkeit zur Förderung des Wissensflusses darstellt. „Zgg", „人在戏中" und „云层" sind die einzigen drei, die nach „黄如花" die höchste Beteiligung aufweisen. Dies deutet darauf hin, dass sie besonders aktiv Wissen erwerben

Tab. 12.2 Knotengrade und Hyperknotengrade von 13 Teilnehmenden

Benutzer-name	Knotengrad	Hyper-knotengrad	Benutzer-name	Knotengrad	Hyperknoten-grad
黄如花	6	6.00	tomcaop	3	1.94
Zgg	5	4.58	飞沙走石	3	1.50
人在戏中	5	4.58	国际米兰	3	1.94
云层	5	4.58	Arebec	2	0.62
Vivian2477	4	3.33	fakebeast	2	0.83
小猫钓金鱼	4	3.33	贝叶树下	2	0.83
晨岚	4	2.92			

und teilen und somit den Wissensfluss fördern. Der Knotengrad und Hyper-knotengrad von „Arebec" und anderen ist niedrig, was darauf hinweist, dass sie sich kaum am Wissensaustausch im Diskussionsforum beteiligen.

Im gesamten Diskussionsbereich ist die Zahl der Diskutierenden deutlich gerin-ger als die Zahl der Kursteilnehmenden, und die meisten Lernenden beteiligen sich nur an wenigen Themen. Sie nehmen häufig nur an der Diskussion einzel-ner Themen teil, sodass die meisten Personen einen niedrigen Klickgrad und Überklickgrad aufweisen, was den Wissensfluss nur unzureichend fördert.

2. Kantengrad und Hyperkantengrad: Die Kantengrade und Hyperkantengrade der sechs Themen sind in Tab. 12.3 dargestellt.

Je höher der Kantengrad eines Themas ist, desto größer ist die Anziehungskraft auf die Teilnehmenden. Je größer die Kante eines Themas, desto mehr einfluss-reiche und engagierte Lernende können zur Diskussion mobilisiert werden, was den Austausch und Fluss von Wissen fördert. Die Themen 1–6 repräsentieren je-weils unterschiedliche Beteiligungsniveaus. Die Themen 1 und 2 weisen höhere Kanten auf, was darauf hindeutet, dass sie für Lernende besonders attraktiv sind. Ebenso haben Thema 3 und Thema 4 zwar denselben Kantengrad, aber Thema 3 einen höheren Hyperkantengrad, was zeigt, dass es mehr Lernende mit hoher Beteiligung anzieht und somit den Wissensaustausch und -fluss leichter fördert.

3. Durch Berechnung ergibt sich, dass der durchschnittliche Hyperknotengrad der Themen 1–6 bei 2,84 liegt und der durchschnittliche Hyperkantengrad bei 6,17. Diese beiden Kennzahlen geben an, inwieweit das gesamte Super-netzwerk – bestehend aus menschlichen Akteuren und Wissensobjekten – den Wissensfluss fördert. Hier wurden Themen mit hoher Beteiligung und einem Gradienten im gesamten Diskussionsbereich ausgewählt, die alle Ebenen der Themenattraktivität repräsentieren. Da jedoch Themen mit niedrigem oder sogar sehr niedrigem Kantengrad oder Hyperkantengrad, wie beispielsweise Thema 5 und Thema 6, einen großen Anteil aller Themen ausmachen, liegt der Hyperkantengrad des gesamten Supernetzwerks deutlich unter 6,17. Dies zeigt, dass das Hypernetzwerk keine herausragende Rolle bei der Förderung des Wissensflusses spielt. Innerhalb dieser sechs Themen wurden 13 Teil-nehmende mit unterschiedlich starker Beteiligung ausgewählt, die alle Stufen der Bereitschaft zur Teilnahme am Thema abbilden. Aufgrund des hohen An-teils an Teilnehmenden mit niedrigem Knotengrad oder sogar noch niedrigerem Hyperknotengrad, wie etwa „贝叶树下", ist der Hyperkantengrad des gesam-ten Hypernetzwerks deutlich geringer als 2,84. Dies weist darauf hin, dass der Grad der menschlichen Beteiligung am Wissensfluss nicht hoch ist.

Tab. 12.3 Kantengrade und Hyperkantengrade von 36 Themen

Thema	Kantengrad	Hyperkantengrad	Thema	Kantengrad	Hyperkantengrad
Thema 1	11	9.85	Thema 4	9	6.75
Thema 2	11	10.08	Thema 5	4	1.42
Thema 3	9	7.31	Thema 6	4	1.58

Zusammenfassend lässt sich sagen, dass durch die Auswahl repräsentativer Themen und Teilnehmender im Diskussionsbereich des Kurses *Information Retrieval* die Wissensmobilität des Diskussionsbereichs durch Berechnung des Hyperknotengrads und des Hyperkantengrads gemessen werden kann. Das Ausmaß, in dem menschliche Akteure und Wissensobjekte den Wissensfluss fördern, wird anhand der Indizes Knotengrad, Hyperknotengrad, Kantengrad und Hyperkantengrad bewertet. Darüber hinaus werden die Parameter verschiedener Teilnehmender und Themen vertikal verglichen, um Unterschiede in ihrer Fähigkeit zur Förderung des Wissensflusses aufzuzeigen. Die Wissensmobilität des gesamten Diskussionsbereichs wird durch den durchschnittlichen Hyperknotengrad und den durchschnittlichen Hyperkantengrad gemessen. Die Analyse der realen Daten zeigt, dass die Wissensmobilität im gesamten Diskussionsbereich nicht hoch ist und die meisten Personen und Wissensobjekte ihr Potenzial zur Förderung des Wissensflusses nicht voll ausschöpfen; nur wenige Personen und Wissensobjekte spielen eine starke Rolle beim Teilen und Fördern von Wissen.

12.2 Zwei-Modus-Netzwerke und Multimodus-Netzwerke

12.2.1 Zwei-Modus-Netzwerke

12.2.1.1 Phänomen und Visualisierung von Zwei-Modus-Netzwerken

Das Zwei-Modus-Netzwerk ist der einfachste Fall eines Multimodus-Netzwerks. Je nach Knotentypen lassen sich komplexe Netzwerke in Ein-Modus- und Zwei-Modus-Netzwerke unterteilen. In einem Ein-Modus-Netzwerk gibt es nur einen Knotentyp, und die Knoten sind durch bestimmte Beziehungen miteinander verbunden, wie etwa Delfinnetzwerke, Netzwerke von Studienfreunden, Fußballnetzwerke oder Taekwondo-Netzwerke. Viele Beziehungen in der realen Welt sind jedoch nicht nur Ein-Modus-, sondern auch Zwei-Modus-Netzwerke.

Das Zwei-Modus-Netzwerk spielt in realen Systemen eine wichtige Rolle. Es handelt sich um eine Netzwerkstruktur, in der zwei verschiedene Knotentypen existieren und Kanten ausschließlich zwischen Knoten unterschiedlicher Klassen verlaufen; zwischen Knoten derselben Klasse gibt es keine Kanten. Beispiele hierfür sind Wissenschaftler-Publikations-Kollaborationsnetzwerke [7], Vermieter-Mieter-Netzwerke auf Plattformen wie Xiaozhu Short-term Rental [8] sowie klassische Schauspieler-Film-Netzwerke oder Krankheits-Gen-Netzwerke (Abb. 12.6).

```
# library(igraph) set.seed(123)
# Erzeugt ein zufälliges Zwei-Modus-Netzwerkdiagramm
g <- sample_bipartite(10, 5, p = 0.4)
# Anzeige der beiden Knotenkategorien V(g)$type
```

```
  [1] FALSE FALSE FALSE FALSE FALSE FALSE FALSE FALSE FALSE
FALSE TRUE TRUE TRUE
  [14] TRUE TRUE # Definiert Farb- und Formattribute der Knoten.
Die visuelle Darstellung von col <-c ("steel blue", "orange")
shape <-c ("circle", "square") # des Zwei-Modus-Netzwerks ist
in Abb. 12.6 zu sehen, plot(g,
vertex.color = col[as.numeric(V(g)$type)+1], vertex.shape =
shape[as.numeric(V(g)$type)+1]
)
```

12.2.1.2 Anwendung von Zwei-Modus-Netzwerken auf Daten der Xiaozhu-Kurzzeitvermietungsplattform

Am Beispiel einer Publikation eines der Autoren wird in diesem Abschnitt die Untersuchung des Nutzerinteraktionsverhaltens auf einer Sharing-Economy-Plattform auf Basis eines Zwei-Modus-Netzwerks vorgestellt. Unterschiedliche Nutzertypen nehmen aufgrund ihres Transaktionsverhaltens auf der Online-Kurzzeitvermietungsplattform verschiedene Positionen im sozialen Netzwerk ein. Ziel dieses Kapitels ist es, den Einfluss der Netzwerkstruktur auf die gegenseitige Auswahl der Akteure zu untersuchen. Um die Netzwerkstrukturen verschiedener Gruppen auf solchen Plattformen zu analysieren, ist es notwendig, entsprechende

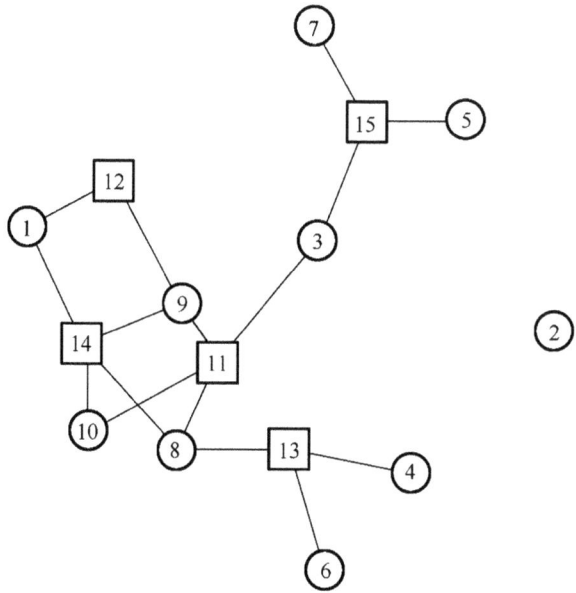

Abb. 12.6 Visualisierung eines Zwei-Modus-Netzwerks

Zwei-Modus-Netzwerke gemäß den von den Nutzern eingenommenen Rollen als Anbieter und Nachfrager zu konstruieren.

Das Zwei-Modus-Netzwerk besteht aus zwei unterschiedlichen Knotentypen, die durch bestimmte Verbindungen miteinander verknüpft sind. Der Datensatz kann durch eine Matrix dargestellt werden, wobei die Zeilen und Spalten verschiedene Entitätstypen repräsentieren. Vermieter und Mieter nehmen im sozialen Netzwerk unterschiedliche Rollen ein – der eine ist Anbieter, der andere Konsument – und treten durch Transaktionen miteinander in Kontakt. In der damaligen Untersuchung nutzte der Autor Ucinet, ein Analysewerkzeug für Zwei-Modus-Netzwerke, um die durch die Online-Kurzzeitvermietungsplattform dargestellte Netzwerkstruktur zu visualisieren und zu analysieren. Dadurch konnte der Informationsverlust, der bei der Reduktion auf ein Ein-Modus-Netzwerk entsteht, vermieden und die Einflussfaktoren für die Interaktion zwischen verschiedenen Akteurstypen im Beziehungsnetzwerk untersucht werden.

Im Folgenden wird die Beziehungs-Matrix auf Grundlage der zusammengefassten Daten von „Xiaozhu Kurzzeitvermietung" aus dem Zeitraum August bis Oktober 2016 erstellt, wie in Tab. 12.4 dargestellt. Hierbei steht die „Spalte" für den Mieter und die „Zeile" für den Vermieter. In der Matrix bildet jede Transaktion ein Akteurspaar X und Y, wobei ein Beziehungsvektor (X, Y) zwischen ihnen besteht. X steht dabei für den Mieter und Y für den Vermieter.

Wenn $(X, Y) = 1$, bedeutet dies, dass der Akteur X Mieter von Y ist. Wenn $(X, Y) = 0$, bedeutet dies, dass zwischen den Akteuren X und Y kein Handelsverhalten stattfindet. Mithilfe der Netdraw-Funktion in Ucinet zur Visualisierung der Interaktionsmatrix dieser drei Stichproben von August bis Oktober lässt sich das Beziehungsnetzwerk der Nutzer von „Xiaozhu Kurzzeitvermietung" darstellen, wie in Abb. 12.7 gezeigt.

Da Akteure auf der Plattform „Xiaozhu Kurzzeitvermietung" eine Doppelrolle einnehmen können, lässt sich die Position verschiedener Nutzergruppen in den sozialen Netzwerken durch das Zwei-Modi-Netzwerk abbilden. Gleichzeitig kann in Verbindung mit dem Zugriff der Nutzer im Ein-Modus-Netzwerk (siehe Tab. 12.5) beobachtet werden, ob ein Rollenwechsel in einem ursächlichen Zusammenhang mit der Position im Zwei-Modi-Netzwerk steht.

Tab. 12.4 Zusammengefasste Daten von „Xiaozhu Kurzzeitvermietung" von August bis Oktober 2016

Monat	Anzahl der Knoten	Anzahl neuer Knoten	Anzahl der Kanten	Anzahl neuer Buchungen	Beziehung	Anzahl neuer Beziehungen
August	1958	–	3266	–	2125	–
September	2204	246	3722	456	2400	275
Oktober	2367	163	4018	296	2579	179

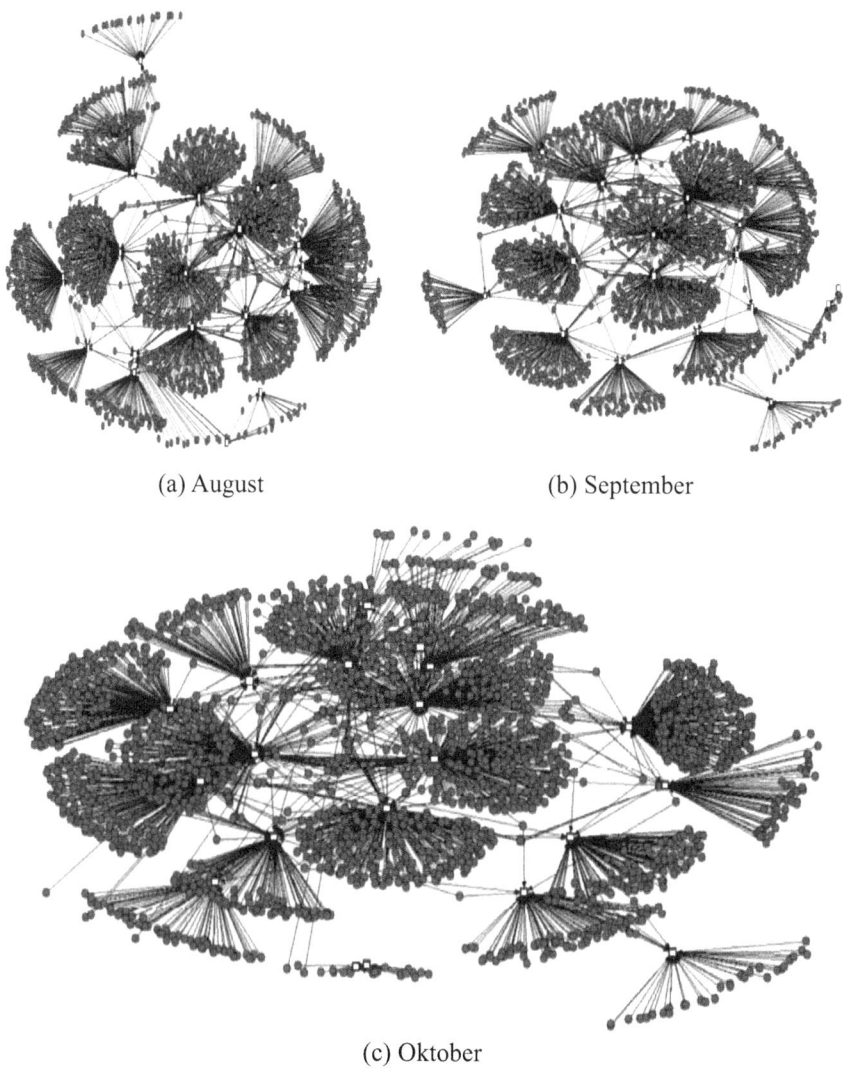

(a) August   (b) September

(c) Oktober

Abb. 12.7 Beziehungsstruktur der Nutzer von „Xiaozhu Kurzzeitvermietung" von August bis Oktober 2016. (**a**) August; (**b**) September; (**c**) Oktober. Hinweis: Der Kreis stellt den Mieter dar, das Rechteck den Vermieter.

1. Degree Centrality

   In einem Zwei-Modus-Netzwerk entspricht die Degree Centrality eines Akteursknotens der Anzahl der Interessenspunkte, denen der Akteur angehört. Die
   Degree Centrality eines Interessenspunkts ist die Anzahl der Akteure, die diesem Interessenspunkt zugeordnet sind; dies bezieht sich hier auf die absolute

Tab. 12.5 Nutzerzugriffe im Ein-Modus-Netzwerk (Auszug)

Nutzer-name	August		September		Oktober		Veränderung	
	Out-Degree	In-Degree	Out-Degree	In-Degree	Out-Degree	In-Degree	August bis September	September bis Oktober
水果女王	1	5	1	5	1	5	0	0
虹狐狸	2	237	2	244	2	245	7	1
星期日	0	202	0	336	0	405	134	69
一人依梦	5	358	5	395	5	443	37	48
NANA_	2	442	2	486	2	509	44	23
曾国藩	0	470	0	489	0	505	19	16
蒋小姐	0	15	0	16	0	16	1	0
杨洋洋 YAY-ANGNG	5	55	5	55	5	55	0	0
DP	4	122	4	226	4	279	104	53
柏林	0	313	0	347	0	365	34	18

Degree Centrality. In Verbindung mit Tab. 12.5 und Abb. 12.8 zeigt sich, dass das Lernen von externen Umwelteinflüssen durch Rollentausch-Erfahrungen zur Förderung interner Dienstleistungen eine notwendige Voraussetzung ist, damit der Vermieter im Zentrum der Degree Centrality steht.

Die Nutzerin „NANA" nimmt in allen drei Zeiträumen eine Position mit hoher Degree Centrality ein und fungiert als interne Führungskraft der Handelsplattform. Das bedeutet, dass sie mehr Mieter hat und als Mieterin das Leben anderer Vermieter stärker erlebt als andere Vermieter. Durch die Übernahme einer Perspektive des Platztausches und die Überlegung, wie man ein hochwertiger Vermieter wird, strebt sie Innovationen im Service an. Neben dem Erlernen von Methoden und Strategien anderer behält sie dennoch ihre eigenen Stärken bei. Von August bis September verzeichnete die Degree Centrality von „DP" das schnellste Wachstum. Da der Vermieter das Gelernte aus dem externen Umfeld anwendete, verbesserte er die zuvor etwas schwächeren Produkte und Dienstleistungen, suchte nach Serviceinnovationen und orientierte sich an den Endbedürfnissen der Kunden, wodurch er von mehr Konsumenten bevorzugt wurde. Die meisten Vermieter befinden sich zu unterschiedlichen Zeitpunkten in derselben Position. Dies liegt daran, dass diese Vermieter keinen Durchbruch in der Entwicklung in Verbindung mit externem Umfeld und internen Dienstleistungen gefunden haben und daher ihre Kontakte nicht ausweiten können.

2. Closeness Centrality

In einem Ein-Modus-Netzwerk ist die Closeness Centrality eines Akteursknotens die Summe der Abstände von diesem Knoten zu allen anderen Knoten im Netzwerk. In einem Zwei-Modus-Netzwerk ist die Closeness Centrality proportional zur Summe der Abstände von diesem Knoten zu allen anderen Knoten

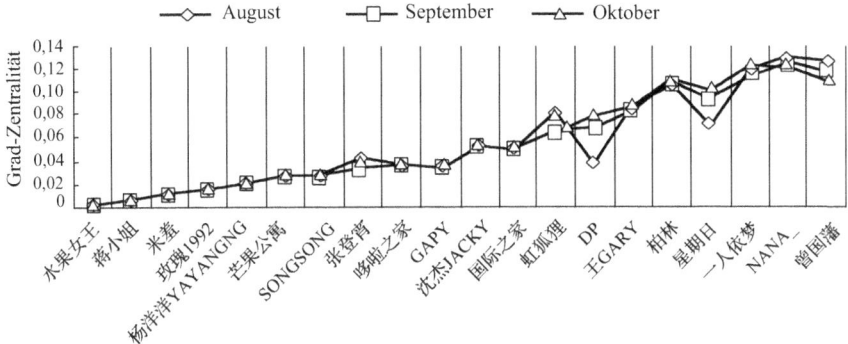

Abb. 12.8 Verteilung der Degree Centrality von Vermietern im Zwei-Modus-Netzwerk von August bis Oktober

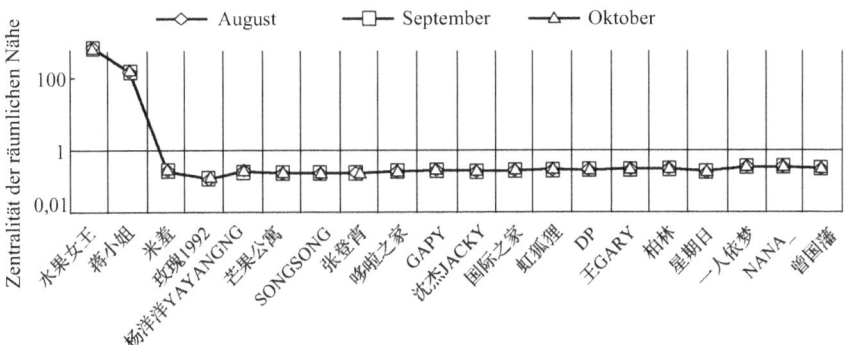

Abb. 12.9 Closeness Centrality von Vermietern im Zwei-Modus-Netzwerk von August bis Oktober

im Netzwerk zuzüglich der Summe der Abstände zu allen Interessenspunkten. In Verbindung mit Tab. 12.5 und Abb. 12.9 zeigt sich, dass durch die Kontaktaufnahme mit Vermietern unterschiedlicher Kundengruppen und hochmobilen Mietern verlässliche Informationen im Netzwerk gewonnen und Kundenbedürfnisse schnell erkannt werden können, um die Dienstleistungen zu verbessern. Wie aus Abb. 12.9 ersichtlich, befinden sich „水果女王" und „蒋小姐" stets in einer hohen Netzwerkposition nahe der Zentralität. Dies zeigt, dass sie verschiedene Nutzer erreichen und Informationen schneller verbreiten können und umgekehrt die Informationen des gesamten Netzwerks am schnellsten erhalten. Nachdem „水果女王" Kontakt zu wichtigen Vermietern aufgenommen hat, werden die direkt und indirekt verbundenen Mieter im gesamten Beziehungsnetzwerk mobiler, sodass sie über mehrere Kanäle Zugang zu Informationen und Ressourcen erhalten und leichter Gelegenheiten finden, einen positiven Ruf zu erlangen und die große Migration von Akteuren zu sich selbst im Netzwerk zu realisieren. Gleichzeitig zeigt „杨洋洋YAYANGNG" über die drei Monate hinweg einen relativ schnellen Anstieg der Closeness Centrality. Die benachbarten Knoten wissen, dass sie andere Vermieterdienstleistungen erlebt haben, was das Beziehungsnetzwerk enger macht und den Zugang zu anderen Nutzern im Netzwerk erleichtert. „虹狐狸" verzeichnet ab August einen allmählichen Rückgang der hohen Nähe. Obwohl Kontakte zu anderen Vermietern bestehen, ist die Mobilität der Mieter gering, und es mangelt an mobilen Multiplikatoren für Mundpropaganda, sodass Produkte und Dienstleistungen nicht effektiv beworben werden können.

3. Intermediary Centrality

In einem Ein-Modus-Netzwerk ist die Vermittlungszentralität (Betweenness Centrality) eines Akteursknotens proportional zur Gesamtzahl der nicht-redundanten kürzesten Pfade, die durch diesen Knoten verlaufen. Im Zwei-Modus-Netzwerk verläuft die Verbindung zwischen jedem Akteurspaar über den Interessenspunkt, dem der Akteur angehört; der Interessenspunkt liegt somit auf dem kürzesten Pfad zwischen Akteuren. Ebenso befinden sich Akteure immer auf dem kürzesten Pfad zwischen Interessenspunkten, weshalb bei der Berechnung der Vermittlungszentralität eines Interessenspunkts alle zugehörigen Akteure berücksichtigt werden müssen.

In Verbindung mit Tab. 12.5 und Abb. 12.10 zeigt sich, dass der Vermieter geschickt darin sein sollte, Kontakte zu Nutzern mit Brückenfunktion zu knüpfen, um den Informations- und Ressourcenfluss, der durch sie hindurchfließt, effektiv zu steuern und zu nutzen und so den Kundenstrom zu gewinnen.

„NANA_", „一人依梦", „曾国藩" und „柏林" weisen in allen drei Zeiträumen eine hohe Vermittlungszentralität auf, was bedeutet, dass sie im gesamten Beziehungsnetzwerk eine Brückenfunktion einnehmen und das Zentrum des Informationsaustauschs sind. Obwohl „曾国藩" und „柏林" nicht herausragen, befinden sie sich in einer Schlüsselposition, was darauf hindeutet, dass andere Vermieter zu ihren Mietern werden könnten und so eine Transferbeziehung entsteht. „NANA_" und „一人依梦" verfügen über einen ausgehenden Knoten, was zeigt, dass sie bereit sind, selbst als Mieter aufzutreten und eine starke

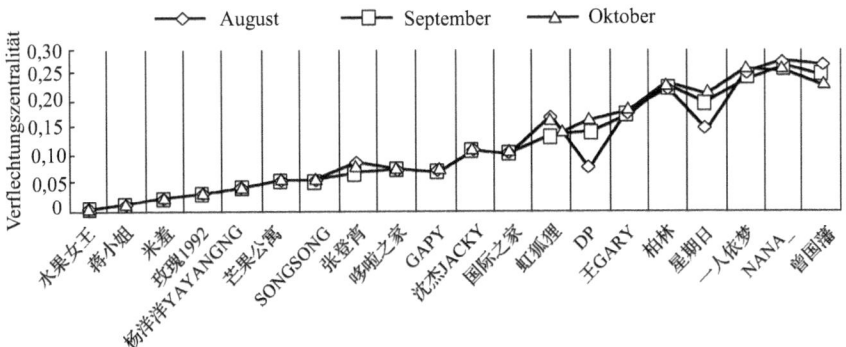

Abb. 12.10 Vermittlungszentralität von Vermietern im Zwei-Modus-Netzwerk von August bis Oktober

Kontrolle über den Informationsfluss besitzen. „DP" und „星期日" zeigen über die drei Zeiträume hinweg einen Anstieg. Da „DP" Mieter von vier Vermietern ist, befindet er sich an einem Kreuzungspunkt des Informationstransfers; je mehr Kunden er durchläuft, desto hilfreicher ist dies, um neue Kunden zu gewinnen. „星期日" ist zum Obervermieter wichtiger Vermieter geworden, was ihnen ermöglicht, auf dem Schlüsselpfad mehr Informationen und Ressourcen zu erhalten, um die Bedürfnisse verschiedener Kundengruppen zu erfüllen.

12.2.1.3   Anwendungen von Zwei-Modus-Netzwerken im Bereich Bibliotheks- und Informationswissenschaft

Im Bereich der Bibliotheks- und Informationswissenschaft sind die in Literaturdatenbanken enthaltenen Autoren, Schlagwörter und Literaturinformationen sowie die Patentanmelder und Patenttechnologien in Patentdatenbanken wichtige Forschungsobjekte. Die aus ihnen gebildeten Netzwerke weisen natürliche dichotome Eigenschaften auf, wie etwa Wissenschaftler-Zeitschriften-Netzwerke [9] und Patenttechnologie-Unternehmensnetzwerke [10]. Der Einsatz dichotomer Netzwerke im Bereich der Bibliotheks- und Informationswissenschaft kann Netzwerkmerkmale und Struktureigenschaften aufdecken, die durch Zwei-Modus-Netzwerke nicht dargestellt werden können, und ermöglicht eine umfassendere und objektivere Erschließung der vielfältigen Informationsgehalte in den Knoten.

Dieser Abschnitt fasst den aktuellen Forschungsstand zu Zwei-Modus-Netzwerken im Bereich Bibliotheks- und Informationswissenschaft zusammen und ordnet sie speziell in vier Forschungsbereiche ein: Wissensmanagement und Wissensentdeckung, Forschungskooperation und wissenschaftliche Evaluation, Informationsdiffusion und öffentliche Meinung im Netz sowie Nutzerbedürfnisse und Informationsdienste. Tab. 12.6 gibt einen Überblick über die Anwendungsbereiche und repräsentativen Ergebnisse von Zwei-Modus-Netzwerken im Bereich der Bibliotheks- und Informationswissenschaft.

1. Wissensmanagement und Wissensentdeckung
   Wissensmanagement ist ein Managementprozess, bei dem eine Organisation die von ihr verfügbaren Wissensressourcen identifiziert, erwirbt, speichert, teilt und weiterentwickelt [11], während Wissensentdeckung ein charakteristischer Prozess ist, bei dem potenzielle, effektive und verständliche Muster aus großen Datenmengen identifiziert werden. Die Ergebnisse der Wissensentdeckung lassen sich hauptsächlich in drei Entwicklungstrends einteilen: aktuelle Schwerpunkte, aufkommende Schwerpunkte und potenzielle Schwerpunkte [12]. Im Wissensmanagement und bei der Wissensentdeckung kann die Forschung zu Zwei-Modus-Netzwerken die Wissensstrukturmerkmale und das Nutzerverhalten in Online-Wissensgemeinschaften visualisieren und analysieren, um durch organisationsübergreifenden Wissensaustausch Innovationen zu ermöglichen. Zudem können Wissenskorrelationen, die Identifikation von Forschungsschwerpunkten und die Erkennung von Fachbegriffen

Tab. 12.6 Anwendungsbereiche und repräsentative Ergebnisse von Zwei-Modus-Netzwerken in der Disziplin Bibliotheks- und Informationswissenschaft

Forschungsbereiche	Forschungsthemen	Forschungsinhalte
Wissensmanagement und Wissensent-deckung	Online-Wissensgemein-schaften	Wissensaustauschende Akteure in On-line-Wissensgemeinschaften, Wissens-innovation usw.
	Wissenschaftliche Forschungsfelder	Analyse wissenschaftlicher Literatur hinsichtlich Wissensverknüpfungen, aktueller Forschungsschwerpunkte und Themenidentifikation
Forschungs-kooperation und wissenschaftliche Evaluation	Innovative inter-organisationale Kooperation	Identifikation potenzieller Wett-bewerber und Partner, vorwiegend unter Nutzung von Patentdatenbanken
	Wissenschaftliche Ko-operation und Evaluation	Identifikation potenzieller Ko-operationspartner, wissenschaftlicher Gemeinschaften usw., vorwiegend unter Nutzung von Literaturdaten-banken
Informationsdiffusion und öffentliche Mei-nung im Netz	Mechanismen der Informationsverbreitung und Entwicklung der Online-Meinungsbildung	Einfluss verschiedener Informations-akteure und Netzgemeinschaften auf die Wirkung der Informationsver-breitung, Identifikation von Stand-punkten der Netzöffentlichkeit und Analyse der Nutzerstimmung
Nutzerbedürfnisse und Informationsdienste	Personalisierte Informations-dienste	Informationsdienste wie Zeitschriften-empfehlungen, Buchempfehlungen und Informationsrecherche

in wissenschaftlicher Literatur analysiert werden, was Forschenden hilft, Entwicklungstrends und aktuelle Fragestellungen ihres Fachgebiets zu erkennen.

In der Untersuchung der Wissenskooperation in Online-Communities kann der Einsatz von Zwei-Modus-Netzwerken effektiv die Akteure der Wissensinnovation und des Wissensaustauschs in der Community identifizieren. Nutzer in Online-Wissensgemeinschaften erzeugen und rezipieren Wissen durch verschiedene Beitragsformen wie Posten, Antworten, Teilen und Kommunizieren; die Beziehung zwischen Nutzern und Wissen bildet dabei eine typische Zwei-Modus-Netzwerkstruktur [13]. In Crowdsourcing-Communities kann die Beziehung zwischen Mitarbeitenden und Kreativität genutzt werden, um ein Zwei-Modus-Netzwerk zu konstruieren, das aufzeigt, wie innerbetriebliche Crowdsourcing-Plattformen (IOC) es Organisationen ermöglichen, die kollektive Intelligenz eines geschlossenen Mitarbeitendensystems für neue Ideen und Innovationen zu nutzen [14]. Erfahrene und wissensreiche Akteure in Online-Wissensgemeinschaften konzentrieren sich auf Wissensgenerierung, -verbreitung und -austausch und können Unternehmen dabei unterstützen, externes Wissen zu erschließen. In offenen Innovationsgemeinschaften lassen sich Nutzer und zugehöriges Wissen als zwei Knotentypen im Zwei-Modus-Netzwerk abbilden; mittels Link-Prediction kann die Wahrscheinlichkeit untersucht

werden, mit der Nutzer Beziehungen zu verschiedenen Wissenseinheiten auf-
bauen. Dies unterstützt Online-Wissensgemeinschaften dabei, Akteure des
Wissensaustauschs in unterschiedlichen Domänen zu identifizieren und so die
Verbreitung und den Austausch von Wissen zu fördern [13].

Im Bereich der wissenschaftlichen Forschung kann die Anwendung von Zwei-
Modus-Netzwerken Forschenden helfen, Assoziationsbeziehungen zwischen
Wissensstrukturen zu identifizieren und aktuelle Schwerpunktthemen an den
Schnittstellen von Disziplinen zu entdecken. Durch den Aufbau eines Disziplin-
Schlüsselwort-Zwei-Modus-Netzwerks und die Analyse von Merkmalen wie
Netzwerkknoten, Beziehungen und Communities können Forschende die kognitive Struktur interdisziplinärer Felder hinsichtlich Themen und Disziplinen
aufdecken. Dies vertieft das Gesamtverständnis für interdisziplinäre Bereiche
und fördert deren Entwicklung [15]. Die Zwei-Modus-Netzwerkanalyse kann
zudem die Wissensassoziation zwischen Wissenschaft und Technik untersuchen, indem ein Wissenschaft-Technik-Themen-Zwei-Modus-Netzwerk aufgebaut und der K-M-dichotome Algorithmus zur Identifikation der Assoziation
zwischen wissenschaftlichen und technischen Themen eingesetzt wird [16].
Darüber hinaus können durch den Aufbau eines Zwei-Modus-Wissensnetz-
werks aus Literatur und Schlüsselwörtern die aktuellen Forschungsschwerpunkte der jeweiligen Disziplinen sichtbar gemacht werden [17].

2. Forschungskooperation und wissenschaftliche Evaluation

Im Kontext der multidisziplinären Vernetzung ist die interdisziplinäre Zusammenarbeit aufgrund der Eigenheiten der Fachgebiete von besonderer Bedeutung. Die Bewertung des wissenschaftlichen Einflusses von Forschenden
und die Unterstützung bei der Auswahl geeigneter Kooperationspartner sind
Voraussetzungen für das Gelingen interdisziplinärer Kooperationen. Zwei-
Modus-Netzwerke verfügen über besondere Struktureigenschaften, die sie für
die Analyse von Forschungskooperationen und wissenschaftlicher Evaluation
prädestinieren. In der Forschung zu wissenschaftlicher Kooperation und Evaluation werden in der Regel Patentdatenbanken und Literaturdatenbanken genutzt, um Informationen über Zeitschriften und Publikationen zu gewinnen.
Anschließend werden Zwei-Modus-Netzwerke wie Patentanmelder-technisches
Thema, Autor-Schlüsselwort, Zeitschrift-Autor oder Autor-Thema konstruiert,
um potenzielle Wettbewerber und Kooperationspartner, wissenschaftlich einflussreiche Communities und weitere Faktoren zu identifizieren.

Interorganisationale Innovationskooperation kann aus zwei Perspektiven untersucht werden: technische Ähnlichkeit und Zitationskopplung unter Nutzung
von Patentdatenbanken. Technische Ähnlichkeit liefert präzise und effektive
Informationen zur Identifikation potenzieller Wettbewerber und Partner. Das
Zwei-Modus-Netzwerk kann die technologische Ausrichtung von Patentinhabern im Forschungsfeld sowie deren technische Ähnlichkeitsbeziehungen
umfassend abbilden und dient Unternehmen, Organisationen oder Staaten als
Referenz zur Identifikation potenzieller Wettbewerber und Partner durch den
Aufbau eines Zwei-Modus-Netzwerks zwischen Patentinhabern und techni-
schen Themen [18]. Patentzitierungen umfassen kooperative und kompetitive

Zitationen; unabhängig von der Art der Zitation besteht die Möglichkeit einer Zitationskopplung zwischen Innovationsakteuren, die Kooperation ermöglicht. Die Knotenbeziehungen im Patent-Zitationskopplungsnetzwerk repräsentieren sowohl Assoziationen zwischen technischen Feldern als auch zwischen Organisationen. Zwei-Modus-Netzwerke können diese dualen Beziehungen integrieren und so eine umfassende Darstellung multidimensionaler Fragestellungen ermöglichen. Durch den Aufbau eines Analysemodells auf Basis von Zwei-Modus-Netzwerken zur Patent-Zitationskopplung lassen sich gezielt die Knoten spezifischer Fachgebiete identifizieren, die für verschiedene Organisationen von Interesse sind. Diese Knoten können als „technologische Brücken" dienen, um Innovationskooperationsmöglichkeiten entlang der technologischen Wertschöpfungskette aufzuzeigen [19].

Wissenschaftliche Zusammenarbeit und Evaluation können anhand von Autoren-Koautorschaft und Autoren-Themen-Beziehungen unter Nutzung von Literaturdatenbanken untersucht werden. Die Koautorschaftsbeziehung zwischen Autoren kann die Wahrscheinlichkeit wissenschaftlicher Zusammenarbeit in gewissem Maße abbilden [20] und ist ein wichtiger Ansatz zur Identifikation von Forschungspartnerschaften [21]. Im Rahmen der Koautorschaft können Zwei-Modus-Netzwerke Zeitschriftenliteratur mit Autoren verknüpfen; durch die Analyse verschiedener Koautorschaftsnetzwerke werden Autorengruppen mit der höchsten Anzahl gemeinsamer Publikationen identifiziert [22]. Auch zur Identifikation potenzieller Koautoren können Autoren-Schlüsselwort-Zwei-Modus-Netzwerke eingesetzt werden [23]. Allerdings reicht die Analyse der Autoren-Schlüsselwort-Kopplung allein nicht aus, um Kooperationsbeziehungen umfassend zu erfassen. Daher kann das Themenmodell genutzt werden, um aus den Abstracts der Publikationen die Forschungsthemen zu extrahieren, die wiederum zur Identifikation potenzieller Kooperationspartner dienen. Das Zwei-Modus-Netzwerk kann die thematische Ausrichtung der Autoren abbilden; die Ähnlichkeit der Forschungsthemen zwischen Autoren kann zur Identifikation von Communities mit gemeinsamen Interessen genutzt werden, was die Auswahl wissenschaftlicher Communities und die Identifikation von Gutachtern mit Fachkenntnissen erleichtert [24].

3. Informationsverbreitung und Internet-Meinungsbildung

Im Zeitalter von Big Data ist das Internet zu einem Raum für den Austausch von Meinungen und Emotionen in der Öffentlichkeit geworden und stellt einen wichtigen Kanal für die Entstehung, Entwicklung und Verbreitung öffentlicher Meinungen dar [25]. Soziale Medien wie Weibo und WeChat sind die Hauptkanäle für die Verbreitung von Meinungen und Standpunkten [26] und sind anfällig für eine große Menge unsicherer oder sogar fehlerhafter Meinungsäußerungen. Durch den Einsatz sozialer Netzwerkanalyse können Themen und Emotionen in sozialen Medien multidimensional untersucht werden, was Regierungen und Unternehmen als Referenz dient, um die Richtung der Online-Meinungsbildung zu erkennen.

Die Verbreitung und Entwicklung von Online-Meinungen in sozialen Medien ist mit Regierung, Medien, sozialen Organisationen, Internetnutzern,

Meinungsführern und weiteren Akteuren verbunden. Die Qualität der Informationen in der Online-Meinungsbildung hängt davon ab, wie diese Akteure auf die öffentliche Meinung reagieren. Unterschiedliche Akteure übernehmen verschiedene Rollen im Prozess der Informationsverbreitung; sie können gleichzeitig mehrere Informationsinhalte nutzen, während ein und derselbe Inhalt von mehreren Akteuren übernommen werden kann. Werden die beiden Knotentypen – Informationsakteure und Inhalte – sowie deren Beziehungen in einem Netzwerk integriert, entsteht ein Akteur-Inhalt-Zwei-Modus-Netzwerk. Mit Hilfe dieses Netzwerks kann analysiert werden, wie verschiedene Akteure und Online-Communities die Informationsverbreitung in sozialen Medien fördern [27]. Soziale Medien zeichnen sich durch schnelle Informationsverbreitung und zeitnahe Meinungsäußerung aus. Angesichts der großen Menge an Online-Meinungsäußerungen möchten Regierungen und Unternehmen die Meinungsbildung im Netz zeitnah steuern und müssen daher die Standpunkte der beteiligten Akteure schnell erfassen. Zur Identifikation von Themen der Online-Meinungsbildung kann ein Zwei-Modus-Netzwerk aus Nutzern und zugehörigen Standpunktthemen aufgebaut werden, um die Entwicklung der Meinungsbildungsthemen zu analysieren. So können die Themen der Online-Meinungsbildung effektiv identifiziert und Regierungen sowie Unternehmen bei der effizienten und kostengünstigen Steuerung der öffentlichen Meinung unterstützt werden [28]. Ebenso kann das Zwei-Modus-Netzwerk zur Analyse von kontroversen Datenschutzereignissen in sozialen Medien eingesetzt werden. Beispielsweise kann durch den Aufbau eines Zwei-Modus-Netzwerks aus Datenschutzobjekten und Emotionsäußerungen untersucht werden, welche Nutzergruppen sich für welche Aspekte interessieren und wie sie ihre Emotionen in unterschiedlichen Kontexten ausdrücken. So lassen sich Unterschiede und Gemeinsamkeiten in den Inhalten der Datenschutzbedenken und Emotionsäußerungen analysieren und die dahinterliegenden Mechanismen erforschen, um Entscheidungsträgern in Unternehmen eine theoretische Grundlage zu bieten [29].

4. Nutzerbedürfnisse und Informationsdienste

Mit dem Aufkommen von Computernetzwerken und vielfältigen Trägerformen von Literatur hat sich die Art und Weise, wie Nutzer Informationen beziehen, grundlegend gewandelt. Herkömmliche Informationsdienste können den veränderten Bedürfnissen der Nutzer nicht mehr gerecht werden, weshalb der Übergang zu personalisierten Informationsdiensten besonders wichtig geworden ist. In der Forschung zu Nutzerbedürfnissen und Informationsdiensten wird die Anwendung von Zwei-Modus-Netzwerken häufig mit Empfehlungs- und Matching-Algorithmen kombiniert, um Nutzern personalisierte Informationsdienste bereitzustellen, wie etwa Zeitschriftenempfehlungen [30], Buchempfehlungen [31] und Informationsrecherche [32].

Getrieben durch das mobile Netz hat das digitale Zeitschriftenlesen das Lesen von Printzeitschriften erfolgreich abgelöst und ist zu einer zentralen Aktivität der Internetnutzer geworden. Die Analyse des Informationsverhaltens von Nutzern digitaler Zeitschriften ermöglicht es, deren Lesepräferenzen zu erkennen und die Genauigkeit von Empfehlungen zu verbessern. In den letzten Jahren werden graphbasierte Methoden im Empfehlungsbereich breit eingesetzt, wobei Ressourcenallokation und Wärmeleitung in Graphalgorithmen genutzt werden, um Probleme wie Datensparsamkeit und Kaltstart zu lösen [33], etwa durch den gewichteten bipartiten Graphalgorithmus, der den Einfluss der Kantenstärke auf die Ressourcenallokation, die Allokation vom Projekt zum Nutzer und anschließend die sekundäre Allokation vom Nutzer zum Projekt fokussiert [34]. In der Forschung zum digitalen Zeitschriftenservice im Bereich Graph Intelligence können die Informationen aus digitalen Zeitschriftendatenbanken und Nutzerfeedback kombiniert werden, um ein Zwei-Modus-Netzwerk auf Basis der Nutzer-Zeitschriften-Beziehung zu konstruieren und mit dem gewichteten bipartiten Graphalgorithmus die Zeitschriftenempfehlung zu realisieren [30]. Der gewichtete bipartite Graphalgorithmus erkennt die Lesepräferenzen der Nutzer anhand der unterschiedlichen Kantenstärken der Zwei-Modus-Netzwerkknoten und ermöglicht so eine effektive Empfehlung digitaler Zeitschriften durch die Analyse des Nutzerverhaltens. Ähnlich wie bei der Zeitschriftenempfehlung kann auch die Buchempfehlung das Ausleihverhalten der Leser nutzen, um hochwertige Bücher zu empfehlen, beispielsweise durch die Analyse des Zwei-Modus-Netzwerks aus Lesern und Buchausleihen, um die bestehende personalisierte Buchempfehlung zu verbessern [31].

12.2.2 Multimodale Netzwerke

Ein multimodales Netzwerk ist ein unverzichtbarer Bestandteil eines komplexen Netzwerks [35]. Ein multimodales Netzwerk bezeichnet in der Regel ein Netzwerk, in dem die Knoten in mehrere Gruppen oder Schichten unterteilt werden können und Kanten nur zwischen zwei benachbarten Knotengruppen oder -schichten auftreten. Beispielsweise lassen sich Dienstanbieter-Nutzer-Netzwerke [36], ökonomische Netzwerke [37], ökologische Netzwerke [38] und biologische Netzwerke [39] alle als multimodale Netzwerke modellieren.

Die mathematische Darstellung eines multimodalen Netzwerks ist wie folgt:

$$
\begin{cases}
V_a \cap V_b = \phi, & \text{if } a \neq b & (1) \\
a_{ij} \in \{0,1\}, & \text{if } i \in V_a \& j \in V_b \& b = a - 1 & (2) \\
a_{ij} \in \{0,1\}, & \text{if } i \in V_a \& j \in V_b \& b = a + 1 & (3) \\
a_{ij} \equiv 0, & \text{if } i \in V_a \& j \in V_{a \pm k}, \forall k \in [2, L-1] & (4) \\
a_{ij} \equiv 0, & \text{if } i, j \in V_a & (5)
\end{cases} \tag{12.3}
$$

Gegeben sei ein Netzwerk $G = \{V, E\}$, wobei V die Menge der Knoten und E die Menge der Kanten ist. Es wird angenommen, dass die Knotenmengen V in L Teilmengen unterteilt werden kann, also $V = \{V_1, V_2, \cdots, V_L\}$. Für $\forall a, b \in [1, L]$ ist das Netzwerk G, das die Bedingung aus Gl. 12.3 erfüllt, multimodal. Dabei gibt

Gl. 12.1 in Gl. 12.3 an, dass sich zwei Knotenmengen nicht überschneiden, und Gl. 12.2.

Und Gl. 12.3 besagt, dass die Knoten benachbarter Schichten Kanten bilden können, Gl. 12.4 besagt, dass die Knoten verschiedener Schichten unendlich miteinander verbunden sind, und Gl. 12.5 besagt, dass die Knoten derselben Schicht unendlich miteinander verbunden sind.

Gl. 12.5 in Gl. 12.3 besagt, dass die Knoten innerhalb derselben Knotengruppe unendlich miteinander verbunden sind. Werden die Bedingungen gelockert und Kanten innerhalb der Schichten zugelassen, so wird das Netzwerk in diesem Rahmen als Multilayer-Netzwerk bezeichnet. Abb. 12.11 zeigt den Unterschied zwischen einem Multilayer-Netzwerk und einem multimodalen Netzwerk an einem Beispiel mit drei Knoten [40]. Dabei zeigt Abb. 12.11a ein dreischichtiges Netzwerk und Abb. 12.11b ein tripartites Netzwerk.

Im Folgenden wird ein Anwendungsbeispiel aus dem GREMLINS-Paket vorgestellt, das für interessierte Studierende zur vertieften Analyse von Interesse sein könnte (Abb. 12.12 und 12.13).

```
# library(GREMLINS) namesFG <- c('A','B')
list_pi <- list(c(0.5,0.5),c(0.3,0.7))
E <- rbind(c(1,2),c(2,2)) typeInter <- c("inc","diradj")
v_distrib <- c('gaussian','bernoulli') list_theta <- list()
list_theta[[1]] <- list()
list_theta[[1]]$mean <- matrix(c(6.1, 8.9, 6.6, 3), 2, 2)
list_theta[[1]]$var <- matrix(c(1.6, 1.6, 1.8, 1.5),2, 2)
list_theta[[2]] <- matrix(c(0.7,1.0, 0.4, 0.6),2, 2)
```

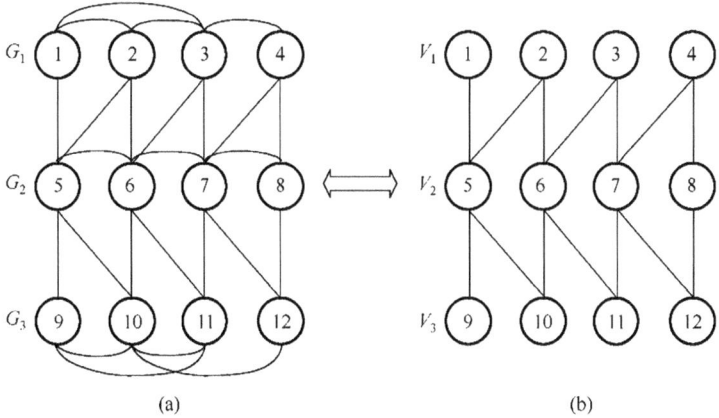

(a)   (b)

Abb. 12.11 Unterschiede zwischen Multilayer-Netzwerk und multimodalem Netzwerk [40]

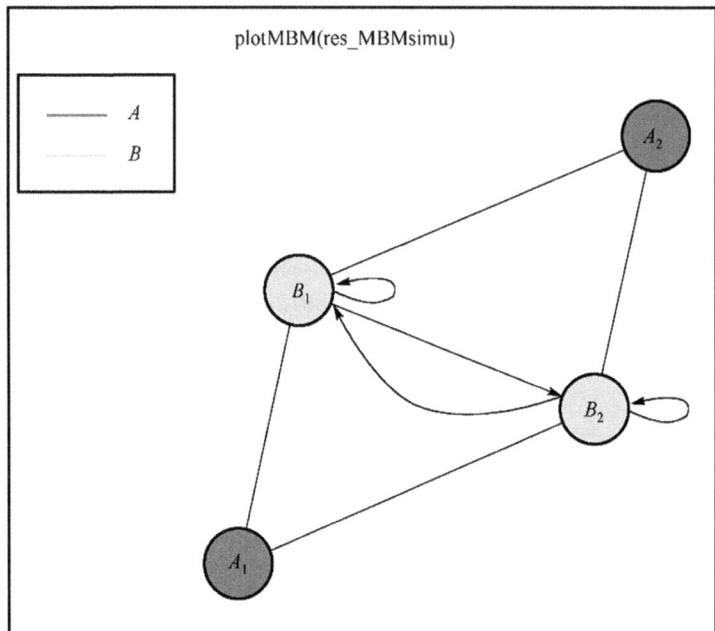

Abb. 12.12 Visualisierung des multimodalen Netzwerks 1

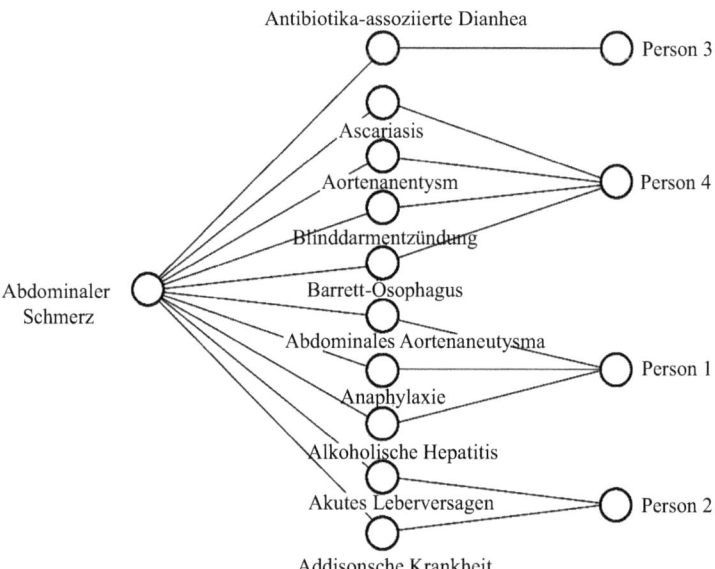

Abb. 12.13 Visualisierung des multimodalen Netzwerks 2

```
list_Net <- rMBM(v_NQ = c(30,30),E, typeInter, v_distrib,
list_pi, list_theta, namesFG = namesFG, seed = 2)$list_Net
res_MBMsimu <- multipartiteBM(list_Net, v_distrib, namesFG =
c('A','B'), v_Kinit = c(2,2), nbCores = 2,initBM = FALSE)
PlotMBM(res_MBMsimu) # wie in Abb. 12.12 dargestellt.


# df <- read.csv2(text="symptom; disease; Person Abdominal
pain; Abdominal aortic aneurysm; Person1 Abdominal pain;
Acute liver failure; Person2 Abdominal pain;
Addison's _disease; Person2 Abdominal pain; Alcoholic
hepatitis; Person1
Abdominal pain; Anaphylaxis; Person1 Abdominal pain;
Antibiotic-associated
diarrhea; Person3 Abdominal pain; Aortic aneurysm; Person4
Abdominal pain; Appendicitis; Person4 Abdominal pain;
Ascariasis; Person4 Abdominal pain; Barrett's esophagus;
Person4")
m <- as.matrix(df)
g <- graph_from_edgelist(rbind(m[,1:2], m[,2:3]),
directed = F)
L <-layout _ with _ Sugiyama (g, ceiling (match (v (g) $
name, m)/nrow (m)) plot (g, layout =-1 $ layout [,2: 1]) #
wie in Abb. 12.13 dargestellt.
```

12.3 Interkonnektierte Netzwerke

12.3.1 Synergetische Netzwerke der Informationsdiffusion und Epidemieausbreitung

Wenn sich Infektionskrankheiten in der Gesellschaft ausbreiten, verbreiten sich Informationen über diese Krankheiten über verschiedene Kommunikationsplattformen wie Fernsehnachrichten, Facebook, Twitter, SMS, Telefon und WeChat. Sobald Menschen Informationen über die Infektionskrankheit erhalten, erkennen sie die Ernsthaftigkeit der Situation und ergreifen Maßnahmen (wie das Tragen von Masken oder das Zuhausebleiben), um sich vor einer Ansteckung zu schützen, was den Ausbruch der Krankheit wirksam eindämmen kann. Diese unterschiedlichen Ebenen können verschiedene dynamische Prozesse unterstützen. So können beispielsweise in sozialen Netzwerken Teilnehmer Informationen in jeglicher Form austauschen. In biologischen Netzwerken tauschen die Teilnehmer möglicherweise biologische Elemente aus, die Infektionskrankheiten übertragen. Um zu verstehen, wie Bewusstseinskommunikation (in der Literatur auch als

Informationskommunikation bezeichnet) die Ausbruchsschwelle von Infektions-krankheiten senken kann und um die Wechselwirkung zwischen beiden Kommu-nikationsdynamiken umfassender zu erfassen, hat sich in der Netzwerkwissen-schaft ein neues Forschungsfeld entwickelt: die synergetischen Netzwerke der Informationsdiffusion und Epidemieausbreitung. Das Verständnis der Bedeutung dieser synergetischen Interaktion hilft, das Ausbruchsgeschehen und die Folgen von Infektionskrankheiten besser zu verstehen und entsprechende Maßnahmen zur Eindämmung der Epidemie zu ergreifen.

Bei der Untersuchung der Koevolution von Bewusstseinsdiffusion und Epi-demiedynamik gehen Wissenschaftler davon aus, dass empfängliche Individuen nicht-medikamentöse Interventionen (wie Händewaschen und soziale Distanzie-rung) ergreifen, wodurch die Wahrscheinlichkeit einer Ansteckung durch benach-barte Knoten reduziert wird. Typischerweise ist die Wahrscheinlichkeit, dass ein Knoten von seinen Nachbarknoten infiziert wird, gering. Nach der Umsetzung sol-cher Maßnahmen steigt in der Regel die Ausbruchsschwelle von Infektionskrank-heiten, und auch das betroffene Ausmaß nimmt zu. Eine weitere wirksame Maß-nahme zur Eindämmung der Epidemie ist die Impfung. In vielen Fällen wurden die Auswirkungen von Impfungen und nicht-medikamentösen Interventionen auf die Ausbreitung der Epidemie jeweils separat untersucht. Im Folgenden wird die Einbettungsmethode der Koevolution von Bewusstsein und Epidemiegeschehen in Multiplex-Netzwerken diskutiert.

Ein wirklich komplexes System besteht in der Regel aus mehreren Schichten miteinander verbundener Netzwerke. Im vorherigen Kapitel wurden multilayer Netzwerke erwähnt. Wenn die Teilnehmer in diesen verschiedenen Netzwerk-schichten identisch sind, spricht man von Multiplex-Netzwerken [41]. Als Sonder-fall von interdependenten Netzwerken wird das Verständnis neu auftretender (drin-gender) physikalischer Phänomene in multikomplexen Netzwerken breit diskutiert [42]. Insbesondere beschreiben multiple komplexe Netzwerke (Eigenschaften) die natürlichen Formen sozialer Interaktion in unterschiedlichen Kontexten oder Kate-gorien.

Eine gängige Methode ist die Anwendung der Mikro-Markow-Ketten-Methode (MMCA), um die Wechselwirkung zwischen dem Epidemieausbreitungsprozess und dem Bewusstseinszirkulationsprozess in multiplen komplexen Netzwerken zu analysieren. Wie in Abb. 12.14 dargestellt, entspricht diese Multiplizität einem zweischichtigen Netzwerk: Die eine Schicht bildet die dynamische Entwicklung des Bewusstseins ab, die andere die Ausbreitung des Infektionsprozesses.

Diese Konstellation ist eine Abstraktion von Infektionskrankheiten, die der Dynamik des Suszeptibel-Infiziert-Suszeptibel-(SIS)-Prozesses folgen und mit dem Zirkulationsprozess Unbewusst-Bewusst-Unbewusst (UAU) koexistieren. Sie kann die miteinander verknüpften Dynamiken von Infektionskrankheiten mit aus-geprägten saisonalen Eigenschaften, wie etwa Influenza, abbilden. Bewusste Per-sonen empfehlen dabei ihren sozialen Kontakten präventive Maßnahmen wie die Grippeimpfung, das Tragen von Masken oder häusliche Isolation, um die Wahr-scheinlichkeit einer Ansteckung zu verringern.

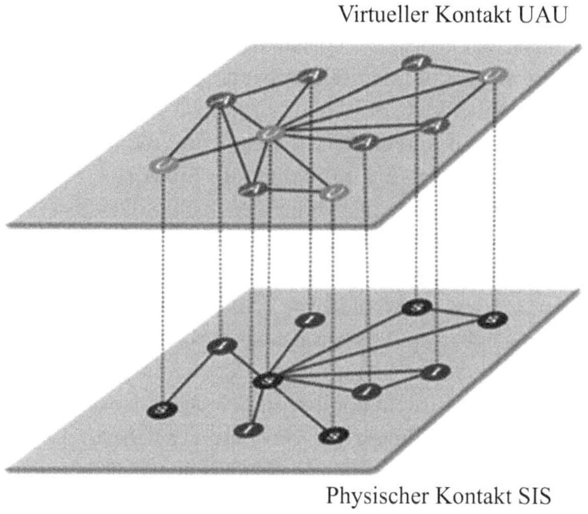

Virtueller Kontakt UAU

Physischer Kontakt SIS

Abb. 12.14 Schematische Darstellung der synergetischen Evolution von Bewusstseins- und Epidemieausbreitung

Auf Basis der mikroskopischen Markow-Ketten-Methode lässt sich das multilayer gekoppelte Netzwerk der Ko-Diffusion von Information und Epidemie bestimmen. Ein solches Netzwerk umfasst eine Informationsverbreitungsschicht und eine Epidemieausbreitungsschicht. Die Informationsschicht besteht aus unbewussten und bewussten Knoten, die Epidemieschicht aus empfänglichen und infizierten Knoten. Anhand der Wahrscheinlichkeit, mit der ein Knoten präventives Bewusstsein durch externe Information erlangt, der Wahrscheinlichkeit, mit der ein ungeschützter Knoten von einem infizierten Nachbarknoten angesteckt wird, der Wahrscheinlichkeit, mit der ein infizierter Knoten in einen gesunden Zustand zurückkehrt, sowie der Wahrscheinlichkeit, mit der ein empfänglicher Knoten mit präventivem Bewusstsein dieses in Schutzverhalten umsetzt, um die Infektionswahrscheinlichkeit zu senken, lässt sich bestimmen, mit welcher Wahrscheinlichkeit sich ein Knoten in einem von drei Zuständen im multilayer gekoppelten Netzwerk befindet: ungeschützt und empfänglich, bewusst und empfänglich, bewusst und infiziert. Anschließend wird ein Simulationsmodell erstellt, und durch Variation der Infektionswahrscheinlichkeit sowie der Wahrscheinlichkeit, dass bewusste Knoten die Infektion reduzieren, wird der Einfluss dieser Parameter auf die Ausbruchsschwelle von Infektionskrankheiten untersucht.

Die Anwendung netzwerkbasierter Kollaborationstechnologien besitzt große praktische Bedeutung. So wird beispielsweise eine großskalige Modellierungsmethode für Bevölkerungs-Kontaktnetzwerke zur Epidemieprävention und -kontrolle bereitgestellt, die Folgendes umfasst: Die Modellierung des dynamischen Bevölkerungs-Kontaktnetzwerks mittels Tensoren, wobei die räumliche Basis

die räumlichen Muster des Netzwerks abbildet und der lineare Kombinations-
koeffizient der Basis das zeitliche Muster des Netzwerks repräsentiert. Virtuelle
Gesellschaften mit mehreren virtuellen Szenarien werden konstruiert, und die
Interaktionswahrscheinlichkeit zwischen virtuellen Individuen in jedem Szenario wird berechnet, um das räumliche Modell des dynamischen Bevölkerungs-
Kontaktnetzwerks zu bilden. In Kombination mit dem gewählten Epidemie-
transmissionsmodell und den entsprechenden pathologischen Parametern wird
die Zielfunktion zur Optimierung des zeitlichen Musters des dynamischen Bevölkerungs-Kontaktnetzwerks aufgestellt; ein doppeltes iteratives Optimierungs-
verfahren dient zur Lösung und Schätzung des zeitlichen Musters des Netzwerks.

Die Modellierung von Epidemietransmissionsnetzwerken und Ausbreitungsprozessen auf Ebene mehrerer Kommunen oder der Einsatz von Monte-Carlo-Simulationen und negativen Rückkopplungsmechanismen werden genutzt, um aus
Überwachungsdaten zur Epidemie die Struktur des Übertragungsnetzwerks und
die biologischen Parameter der Epidemie abzuleiten.

Die auf netzwerkbasierter Kollaboration beruhende Technologie kann auch
ein Verfahren und ein System zur Vorhersage von Infektionskrankheiten auf
Basis von Wissensgraphen bereitstellen: Mittels Wissensgraphentechnologie werden persönliche Wissensgraphen von Infektionspatienten und der Wissensgraph
der Infektionsübertragung erstellt und umfassend integriert. Dadurch lassen sich
Übertragungsbeziehungen und -wege von Infektionskrankheiten abbilden, was
eine effektivere Vorhersage von Verdachtsfällen ermöglicht. Gleichzeitig kann das
Verfahren einen epidemiologischen Untersuchungsbericht generieren, der die epidemiologische Untersuchung unterstützt.

Durch die Klassifizierung von Bevölkerungsflussdaten, Einwohnerdaten, Un-
ternehmens-POI-Daten und POI-Daten medizinischer Einrichtungen jeder Rasterzelle in verschiedene Ebenen wurden der erste, zweite, dritte und vierte Epi-
demieausbreitungs-Risikokoeffizient ermittelt. Anschließend wird der Gesamt-
risikokoeffizient der Epidemieausbreitung jeder Rasterzelle durch gewichtete
Berechnung bestimmt, und eine Visualisierungsmethode für das Epidemieaus-
breitungsrisiko entwickelt, die die Anti-Epidemie-Fähigkeit des Zielverwaltungs-
gebiets präzise und anschaulich darstellt und den zuständigen Stellen eine daten-
basierte Grundlage für gezielte Präventions- und Kontrollmaßnahmen bietet.

Die Ausbreitung von Information und Epidemie sind nicht isoliert, sondern
beeinflussen und verstärken sich gegenseitig [43]. Die Informationskompetenz
spielt dabei eine bedeutende Rolle. Epidemien können die Verbreitung von Informationen fördern. Neben der traditionellen Mundpropaganda können Individuen
Informationen über verschiedene soziale Medienplattformen verbreiten und beziehen, was tiefgreifende Auswirkungen auf die Gesellschaft hat. Hierbei spiegelt
sich Informationskompetenz darin wider, wie Individuen Informationen über soziale Medien verbreiten und aufnehmen. In der Regel lösen Epidemieausbrüche
die Verbreitung epidemiebezogener Informationen aus und begleiten diese [44].
Es wurde festgestellt, dass Epidemien die Informationsverbreitung im Übergangsprozess, nicht aber im stationären Zustand fördern [45]. Gleichzeitig kann die
Informationsverbreitung Epidemien hemmen. Einerseits bremst die Verbreitung

von Information die Ausbreitung der Epidemie. Sobald Individuen Informationen über die Epidemie erhalten, reagieren sie häufig mit Maßnahmen zur Verringerung ihres Infektionsrisikos, etwa durch Händewaschen mit Desinfektionsmittel, das Tragen einer Maske oder das Verbleiben zu Hause [46]. Die Reaktion der Individuen auf die Epidemie kann dabei von ihrer Informationskompetenz beeinflusst werden. Personen mit hoher Informationskompetenz können ihr Bewusstsein effektiv in Selbstschutzverhalten umsetzen. Andererseits informieren infizierte Personen häufig Freunde über soziale Netzwerke oder Mundpropaganda über das Vorhandensein der Epidemie und erzeugen so weitere bewusste Individuen, wobei auch hier die Informationskompetenz eine wichtige Rolle spielt. Die Verbreitung epidemiebezogener Informationen kann somit einen erheblichen Einfluss auf die Epidemieausbreitung in der Bevölkerung haben. Es wurde festgestellt, dass der hemmende Effekt von Information auf Epidemien sowohl im Übergangsprozess als auch im stationären Zustand sichtbar wird [45]. Informationskompetenz kann den Prozess der Informationsverbreitung und die Interaktion zwischen Informations- und Epidemieausbreitung direkt beeinflussen und somit die Epidemieausbreitung maßgeblich prägen.

Um die dynamischen Wechselwirkungen zwischen Informations- und Epidemieausbreitung umfassend zu modellieren, werden multilayer Netzwerke häufig eingesetzt. Die Ausbreitung von Information und Epidemie wird durch mehrere Netzwerkschichten abgebildet, wobei die Knoten in allen Schichten dieselben Entitäten repräsentieren. Granell wandte erstmals das multilayer Netzwerk an und schlug das Suszeptibel-Infiziert-Suszeptibel Unbewusst-Bewusst-Unbewusst-Modell vor, um die Wechselwirkung zwischen Epidemie- und Informationsausbreitungsprozess zu erfassen [47]. Viele Forschende folgten diesem Ansatz und entwickelten zahlreiche Varianten, um eine Vielzahl spezifischer Fragestellungen zu adressieren. So modellierte Guo die Informationsverbreitungsschicht als zeitvariantes Netzwerk, das durch das Aktivitätsgetriebene Modell erzeugt wird, während die Kontagionsschicht als statisches Netzwerk abgebildet wurde, und stellte fest, dass die Informationsverbreitung nicht nur die Epidemieschwelle erhöht, sondern auch die Prävalenz der Epidemie senkt [48]. Ye ergänzte das Modell um eine Verhaltensschicht und untersuchte den Einfluss individueller Unterschiede in Risikowahrnehmung und Verhaltensänderung auf die Reaktion der Menschen auf Ausbrüche von Infektionskrankheiten [46]. Informationskompetenz wird jedoch bei der Modellierung der dynamischen Wechselwirkungen zwischen Informations- und Epidemieausbreitung bislang selten berücksichtigt.

Jiang Wu et al. (2022) schlugen ein Aware-Susceptible-Infected-(ASI)-Modell vor, um den Einfluss der Informationskompetenz auf den Ausbreitungsprozess in solchen Multiplex-Netzwerken zu untersuchen [49]. Zunächst wird ein Parameter eingeführt, der die Fähigkeit bewusster Individuen zur Umsetzung von Selbstschutzmaßnahmen anpasst, um die Bedeutung von Schutzverhalten gegenüber bloßem Bewusstsein bei der Senkung der Infektionswahrscheinlichkeit hervorzuheben. Das Modell bildet zudem die Heterogenität der Informationskompetenz zwischen Individuen ab. Simulationsexperimente zeigten, dass hoch informationskompetente Individuen sensibler auf Informationsaufnahme reagieren. Darüber hinaus kann epidemiebezogene Information die Epidemieausbreitung nur dann wirksam unterdrücken, wenn die Fähigkeit der Individuen, Bewusstsein in tatsächliches Schutzverhalten umzusetzen, einen Schwellenwert erreicht. In Gemeinschaften, die von hoch informationskompetenten Individuen dominiert werden, kann eine größere Lücke in der Informationskompetenz die Bewusstseinsbildung verbessern und so die Epidemie in der gesamten Gruppe besser eindämmen. Im Gegensatz dazu kann in Gemeinschaften mit überwiegend gering informationskompetenten Individuen eine kleinere Lücke in der Informationskompetenz die Epidemieausbreitung besser verhindern.

12.3.2 Ko-Evolutionsnetzwerk von Ressourcendiffusion und Epidemieausbreitung

Die Behandlung und Kontrolle von Infektionskrankheiten erfordert menschliches Eingreifen. Ohne den Einsatz von Ressourcen durch die Regierung oder andere Institutionen ist es unmöglich, Infektionskrankheiten zu behandeln und einzudämmen. Daher ist der Einfluss des Ressourceneinsatzes auf die Ausbreitung von Epidemien von großer gesellschaftlicher Bedeutung. Im Bereich der öffentlichen Gesundheit gibt es herausragende Studien zum Einsatz staatlicher Ressourcen zur Bekämpfung der Epidemieausbreitung. Es wurde festgestellt, dass das Teilen antiviraler Arzneimittelressourcen zwischen Ländern auf globaler Ebene hilfreich ist, um den Ausbruch einzudämmen; je größer die Ressourcenzusammenarbeit, desto wirksamer sind die Eindämmungsmaßnahmen weltweit [50]. Mit der Entwicklung des Forschungsfeldes zum dynamischen Rahmenwerk der Netzwerk-Ko-Evolution hat die Ressourcenzusammenarbeit oft einen entscheidenden Einfluss auf den Ko-Evolutionsprozess von Infektionskrankheiten und Ressourcen.

Die zur Behandlung von Infektionskrankheiten eingesetzten Ressourcen (wie Impfstoffe, finanzielle Mittel und Personal) sind stets begrenzt und kostenintensiv. Angesichts der begrenzten Ressourcen ist es von höchster Bedeutung, wie diese effektiv verteilt werden [51]. Beispielsweise können Ressourcen zufällig an infizierte Individuen verteilt werden, oder es kann eine bevorzugte Zuteilung an besonders wichtige Individuen und Bereiche erfolgen. Im letzteren Fall stellt sich die Frage, wie man diese wichtigen Individuen identifiziert, was zu einem Optimierungsproblem führt. Darüber hinaus kann das kritische Verhalten der Epidemiedynamik je nach Ressourcenzuteilungsstrategie unterschiedlich ausfallen. In diesem Abschnitt konzentrieren wir uns auf den Forschungsstand zum Einfluss konstanter Ressourcen auf die dynamische Entwicklung der Epidemieausbreitung.

Aus der Perspektive der makroökonomischen Ressourcenkosten von Impfungen und der mit Infektionskrankheiten verbundenen gesellschaftlichen Wohlfahrtsverluste hat Francis P.J. ein Optimierungsproblem zur optimalen Ressourcenzuteilung gelöst, mit dem Ziel, die Gesamtkosten durch die Eindämmung von Infektionskrankheiten mittels Impfungen zu minimieren, und die regulierende Wirkung staatlicher Politik und Märkte auf Ressourcen diskutiert [52]. Dieses

Modell verwendet ein Standard-SIR-Modell, das eine zusätzliche Impfungsrate $r(t)$ enthält, sodass anfällige Individuen mit dieser Rate in den Genesungszustand übergehen können. Die Gesamtkosten setzen sich aus der gewichteten Summe der Impfkosten und der Kosten für den Nutzenverlust bei Infektion zusammen.

In einem realistischeren Szenario erfolgt die Ressourcenzuteilung auf räumliche Gebiete. Beispielsweise kann eine Epidemie in verschiedenen, aber miteinander verbundenen Regionen auftreten. In diesem Fall untersuchten Mbah & Gilligan ein Optimierungsmodell, das unter wirtschaftlichen Restriktionen die diskontierte Anzahl infizierter Individuen während einer Epidemie minimiert und Präferenzstrategien analysiert [53]. Ihr Modell ist ein Zwei-Regionen-SIRS-Modell, in dem infizierte Individuen gegen Kosten geheilt werden können. Die diskontierte Menge hat folgende Form:

$$\int_0^\infty e^{-rt} \rho(t) dt \tag{12.4}$$

Dabei betont der Diskontsatz r die kurzfristige gegenüber der langfristigen Kontrolle. Die Ergebnisse zeigen, dass bei der Wahl zwischen sozialer Gerechtigkeit und rein effektiven Strategien der Effekt der optimalen Kontrollstrategie nicht eindeutig ist und der optimale Kontrolleffekt von vielen epidemiologischen Faktoren abhängt, wie der Basisreproduktionszahl und der Effizienz der Behandlungsmaßnahmen.

Neben der Bevölkerung aus verschiedenen Regionen kann die Ressourcenzuteilung auch über mehrere Zeitperioden erfolgen. Zaric & Brandeau untersuchten ein dynamisches Ressourcenzuteilungsmodell, bei dem ein begrenztes Budget auf Interventionen in mehreren Zeitabschnitten verteilt wird [54]. Das Infektionskrankheitenmodell kann die Veränderung der Steuerungsparameter beeinflussen. Durch eine heuristische numerische Analyse fanden sie heraus, dass eine Umverteilung der Ressourcen innerhalb des Zeitraums – anstatt die Ressourcen nur zu Beginn einmalig zuzuweisen – die gesundheitlichen Vorteile signifikant steigern kann.

Da die Gebietsaufteilung vorläufig und grob ist, kann zur besseren Quantifizierung des Ressourceneinflusses auch die Zuteilung von Ressourcen an Individuen im Netzwerk betrachtet werden (z. B. die Verteilung von Impfstoffen und Gegengiften im gesamten Netzwerk). Viele Forschungsarbeiten konzentrieren sich auf Algorithmen für das Netzwerkverteilungsproblem. Preciado et al. schlugen ein Modell vor, bei dem die Infektionsrate jedes Individuums durch die Zuteilung von Impfressourcen gesenkt werden kann (und damit seine Infektiosität reduziert wird) [55].

Daher hängt der Grad der Anfälligkeit von Individuen im SIS-Modell davon ab, wie viele Ressourcen sie erhalten haben. Unter der Berücksichtigung, wie die Gesamtkosten des entsprechenden Impfstoffs und die asymptotische exponentielle Abklingrate des Ausbruchs minimiert werden können, wurde ein konvexes Rahmenwerk vorgeschlagen, um die optimale Verteilung des Impfstoffs in beliebigen Kontakt-Netzwerken zu finden. In einer ähnlichen Studie betrachteten Enyioha et al. ein linearisiertes SIS-Modell, das annimmt, dass Ressourcen genutzt werden können, um individuelle Infektionsraten zu senken und die Heilungsrate zu erhöhen [56].

Im Allgemeinen ist die Heilungsrate jedes Knotens positiv mit seinen medizinischen Ressourcen korreliert, d. h. je mehr Ressourcen, desto höher die Heilungsrate. In der Realität sind die gesamten medizinischen Ressourcen begrenzt, sodass die durchschnittliche Heilungsrate festgelegt ist. Chen et al. analysierten, wie die begrenzten Ressourcen optimal auf die einzelnen Knoten verteilt werden können, um die Infektionsrate von Infektionskrankheiten zu minimieren [57]. Sie formulierten das ISM-Modell mit der Mean-Field-Theorie und lösten das entsprechende Optimierungsproblem mit der Lagrange-Multiplikatoren-Methode. Sie fanden zudem – entgegen der Intuition –, dass in stark infizierten Bereichen Knoten mit niedrigem Grad mehr medizinische Ressourcen zugewiesen werden sollten als Knoten mit hohem Grad, um die Prävalenz zu minimieren.

Nowzari et al. nehmen an, dass bei der Ressourcenzuteilung die Ausbreitung von Infektionskrankheiten durch die Reduktion der Intensität oder des Gewichts der Kante unterdrückt werden kann [58]. Beispielsweise kann die Regierung das Kanten-Gewicht verringern, indem sie die Interaktion zwischen zwei Knoten reduziert, etwa durch die Begrenzung des Verkehrsaufkommens zwischen zwei Städten. Sie betrachteten das SIS-Modell auf zeitvarianten Netzwerken und untersuchten, wie das Budget innerhalb eines vorgegebenen Rahmens optimal verteilt werden kann, um unerwünschte Infektionskrankheiten bestmöglich zu bekämpfen. Sie bewiesen, dass dieses Problem als geometrische Programmierung formuliert und in Polynomialzeit gelöst werden kann.

Die optimale Verteilung kann auch aus mathematischer Sicht beschrieben werden. Ogura et al. konzentrierten sich auf das mathematische Problem der optimalen Zuteilung von Kontrollressourcen in zeitlichen und adaptiven Netzwerkmodellen (einschließlich Markov-Zeitnetzwerken, aggregierten Markov-Zeitnetzwerken und stochastischen adaptiven Netzwerken), um die Auswirkungen von Epidemieausbrüchen zu eliminieren [59]. Für jedes Modell wird ein striktes und handhabbares mathematisches Rahmenwerk etabliert, um die optimale Zuteilung von Kontrollressourcen effektiv zu bestimmen und so die Epidemie zu beseitigen.

Das Thema der verbundenen Netzwerke ist ein sehr aktuelles Forschungsfeld. Um mehr darüber zu erfahren, ist die Lektüre weiterer Fachliteratur erforderlich.

12.4   Temporale Netzwerke

12.4.1   Begriffliche Definition temporaler Netzwerke

In diesem Abschnitt werden die relevanten Konzepte temporaler Netzwerke systematisch von den theoretischen Grundlagen bis zu praktischen Anwendungen definiert. Zunächst wird die Definition temporaler Netzwerke geklärt. Anschließend werden temporale Netzwerke aus zwei Dimensionen kategorisiert und diskutiert: nach Typen der Netzwerkstrukturen und nach Granularität der Ausgabe.

Abschließend werden zentrale Indikatoren zur Bewertung der charakteristischen Eigenschaften temporaler Netzwerke identifiziert.

12.4.1.1 Definition temporaler Netzwerke

Ein temporales Netzwerk ist ein Netzwerk, dessen Struktur oder Eigenschaften sich im Zeitverlauf verändern. Wie in Abb. 12.15 dargestellt, werden in temporalen Netzwerken Entitäten durch Knoten repräsentiert und die Beziehungen zwischen den Entitäten durch Kanten, wobei jede Kante Informationen über ihre Aktivitätszeit und gegebenenfalls weitere Attribute enthält [60]. In der realen Welt lassen sich nahezu alle komplexen Phänomene mit temporalen Netzwerken modellieren. Beispielsweise verfügen soziale Netzwerke, Kommunikationsnetzwerke und biologische Netzwerke alle über sich kontinuierlich entwickelnde zugrundeliegende Netzwerkstrukturen und -eigenschaften.

12.4.1.2 Typen von Strukturen in temporalen Netzwerken

Die Struktur temporaler Netzwerke kann anhand ihres Dynamikgrads [61] sowie danach klassifiziert werden, ob während des Vorhersageprozesses neue Knoten hinzugefügt werden [62]. Der Dynamikgrad bezieht sich auf die Veränderungen von Knoten oder Kanten zwischen zwei Schnappschüssen eines temporalen Netzwerks und lässt sich in vier Szenarien unterteilen: (1) Die Knoten bleiben unverändert, während sich die Kanten ändern, bezeichnet als V_0E_1. (2) Sowohl Knoten als auch Kanten ändern sich, bezeichnet als V_1E_1. (3) Weder Knoten noch Kanten ändern sich, bezeichnet als V_0E_0. (4) Knoten ändern sich, aber die Kanten bleiben unverändert, was im Kontext von Strukturänderungen im Netzwerk nicht relevant ist. Somit lässt sich der Dynamikgrad auf drei Typen zusammenfassen: V_0E_1, V_1E_1 und V_0E_0. Darüber hinaus können temporale Netzwerke, je nachdem, ob zwischen

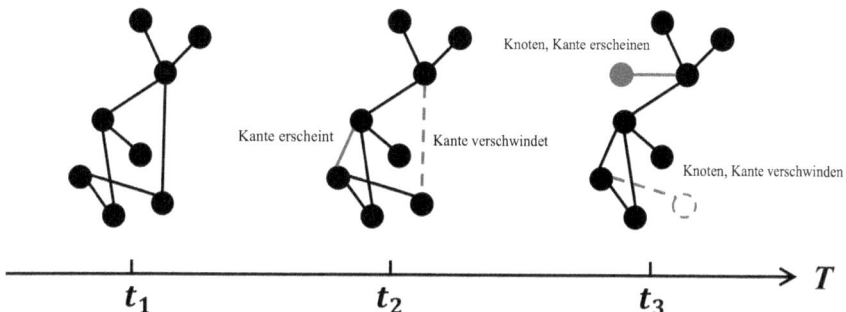

Abb. 12.15 Schematische Darstellung eines temporalen Netzwerks

zwei Zeitpunkten vor und nach der Vorhersage neue Knoten auftreten, in zwei verschiedene Aufgabenarten unterteilt werden: Transduktive Aufgaben (T-Tasks) und Induktive Aufgaben (I-Tasks). T-Tasks beziehen sich auf Entscheidungen über eine Menge von nicht gelabelten Knoten, wobei das Modell auf einer Menge gelabelter Knoten innerhalb desselben Netzwerks trainiert wird. In diesem Zusammenhang können die Merkmale und Nachbarschaftsinformationen der Knoten bei Vorhersageaufgaben auf unüberwachte Weise genutzt werden, was auch als semiüberwachtes Lernen auf Netzwerken bezeichnet wird [62]. Im Gegensatz dazu beinhalten I-Tasks einige neue Knoten in der Vorhersageaufgabe, die während der Lernphase nicht vorhanden waren [63], was typischerweise auftritt, wenn Lernen und Inferenz auf unterschiedlichen statischen Graphen erfolgen. Kurz gesagt, konzentrieren sich T-Tasks auf das Training und die Entscheidungsfindung auf bekannten Daten, während I-Tasks Entscheidungen auf unbekannten Daten treffen.

Zusammenfassend lässt sich die Struktur temporaler Netzwerke, basierend auf dem Dynamikgrad und dem Auftreten neuer Knoten nach der Vorhersage, in fünf Kategorien einteilen: (1) Bei T-Tasks ändern sich sowohl Knoten als auch Kanten, bezeichnet als $T - V_1E_1$. (2) Bei T-Tasks bleiben die Knoten unverändert, während sich die Kanten ändern, bezeichnet als $T - V_0E_1$. (3) Bei T-Tasks ändern sich weder Knoten noch Kanten, bezeichnet als $T - V_0E_0$. (4) Bei I-Tasks ändern sich sowohl Knoten als auch Kanten, bezeichnet als $I - V_1E_1$. (5) Bei I-Tasks ändern sich weder Knoten noch Kanten, bezeichnet als $I - V_0E_0$.

12.4.1.3 Ausgabegranularität temporaler Netzwerke

Die Ausgabegranularität temporaler Netzwerke kann anhand zweier Dimensionen kategorisiert werden: Zeit und topologische Struktur. Aus zeitlicher Sicht lässt sich die Ausgabe temporaler Netzwerke in Einzelschritt- und Mehrschrittausgaben unterteilen [64], wie in Abb. 12.16a, b dargestellt. Einzelschrittausgabe bedeutet, dass während des Trainings und der Vorhersage des temporalen Netzwerks das Ergebnis einer Ausgabe dem Wert zu einem zukünftigen Zeitpunkt entspricht. Bei einer Eingabelänge von 5 Schritten kann die Einzelschrittausgabe wie folgt dargestellt werden: $(G_{i-5}, G_{i-4}, G_{i-3}, G_{i-2}, G_{i-1}) \rightarrow G_i$. Mehrschrittausgabe bedeutet, dass die Ergebnisse Werte für mehrere zukünftige Zeitpunkte sind. Ebenfalls bei einer Eingabelänge von 5 Schritten und einer Ausgabe über 2 Schritte kann dieser Prozess wie folgt dargestellt werden: $(G_{i-5}, G_{i-4}, G_{i-3}, G_{i-2}, G_{i-1}) \rightarrow (G_i, G_{i+1})$. Aus Sicht der topologischen Struktur kann die Ausgabe temporaler Netzwerke ebenfalls in lokale und globale Ausgaben unterteilt werden [65, 66], wie in Abb. 12.16c, d zu sehen ist. Übliche Link-Prediction-Aufgaben in temporalen Netzwerken sagen meist voraus, ob für einen Zielknoten eine Verbindung besteht, was als lokale Ausgabe bezeichnet wird. Diese Form der Ausgabe liefert nur Informationen zwischen einzelnen Knoten. Beispielsweise kann die Vorhersage, ob zwischen zwei Knoten (u, v) im nächsten Schritt eine Kante entsteht, basierend auf Informationen aus drei Schritten, durch die folgende Formel dargestellt

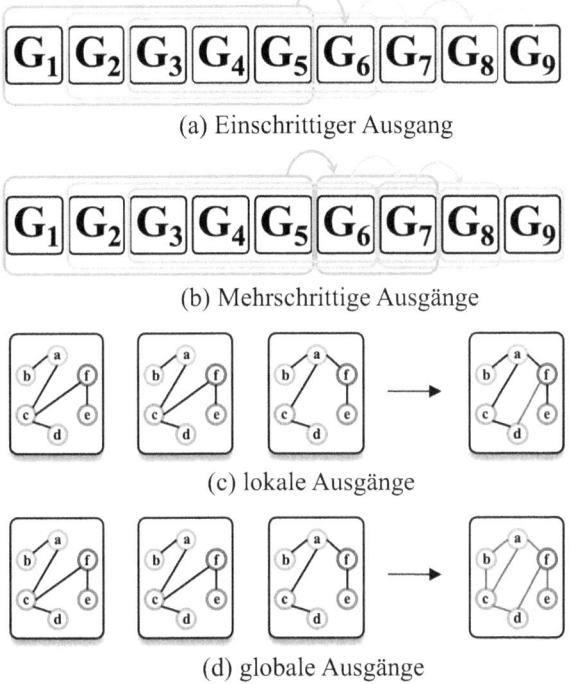

(a) Einschrittiger Ausgang

(b) Mehrschrittige Ausgänge

(c) lokale Ausgänge

(d) globale Ausgänge

Abb. 12.16 Schematische Darstellung der Ausgabegranularität in temporalen Netzwerken

werden: $(G_{i-3}, G_{i-2}, G_{i-1}) \rightarrow E_i^{u,v}$. Wenn hingegen das Vorhersageergebnis die Verbindungen aller Knoten abdeckt, spricht man von einer globalen Ausgabe, dargestellt als $(G_{i-3}, G_{i-2}, G_{i-1}) \rightarrow G_i$.

12.4.1.4 Charakteristische Maße temporaler Netzwerke

Bei der Messung der Attributmerkmale temporaler Netzwerke sind herkömmliche statische Netzwerkmaße nicht sinnvoll übertragbar, da sie die Zeitdimension nicht berücksichtigen. In diesem Abschnitt werden fünf Maße zur Bewertung der charakteristischen Eigenschaften temporaler Netzwerke zusammengefasst und vorgestellt: temporaler Pfad, temporaler Korrelationskoeffizient, temporaler Knotengrad, temporale Zentralität (Closeness) und lokale temporale Effizienz, um eine bessere Anwendung in nachgelagerten Aufgaben temporaler Netzwerke zu ermöglichen.

Temporaler Pfad

Ein temporaler Pfad ist ein Maß in temporalen Netzwerken, das den Pfad beschreibt, der innerhalb eines bestimmten Zeitraums von einem Knoten zu einem anderen führt [67]. Angenommen, es gibt zwei Knoten u und v, und $L_{u,v}(t) = \{$ $(u,t_1,v_1),(n_2,t_2,v_2),\dots,(n_i,t_i,v_i),\dots,(v,t_k,v_k)\}$ stellt eine Sequenz durch u von t_1 bis t_i dar. Wenn $t_i \leq t_{i+1}$ gilt und ein Pfadwechsel v_i zwischen benachbarten Zeitpunkten erfolgt, dann wird die Sequenz $L_{u,v}(t)$ vom Knoten u nach Durchlaufen von Δt ($\Delta t = t_k - t_1$) bis zum Erreichen von v als temporaler Pfad betrachtet.

Es existieren viele temporale Pfade vom Knoten u zum Knoten v. Üblicherweise werden temporale Pfade anhand von Distanz, Zeit und Geschwindigkeit in die folgenden drei Typen unterteilt:

1. Kürzester Pfad: Der Pfad mit der geringsten Anzahl an Hops vom Knoten u zum Knoten v;
2. Frühester Pfad: Der früheste Pfad vom Knoten u zum Knoten v, ausgehend von t_1;
3. Schnellster Pfad: Der Pfad vom Knoten u zum Knoten v, der die geringste Zeit Δt benötigt.

Abb. 12.17 (links) zeigt die sich im Zeitverlauf ändernde Konnektivität zwischen Knoten in einem temporalen Netzwerk, wobei der Pfad von Knoten a zu Knoten d betrachtet wird. Der kürzeste Pfad ist a → b → d mit einer Hop-Anzahl von 2 und stellt damit den Pfad mit den wenigsten Hops unter allen möglichen Pfaden dar; der früheste Pfad ist a → b → c → d, der Knoten d zu t_4 erreicht, wie auf der rechten Seite von Abb. 12.17 dargestellt, und somit der früheste Pfad ist, der Knoten d erreicht. Der schnellste Pfad ist a → f → e → d, der nur drei Zeiteinheiten (von t_4 bis t_7) benötigt, um von Knoten a zu Knoten d zu gelangen, und somit die kürzeste benötigte Zeit unter allen Pfaden aufweist.

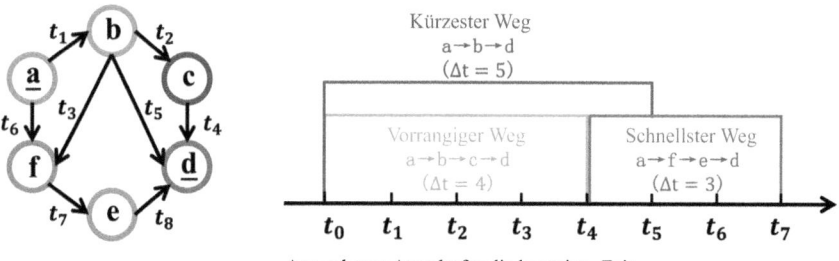

Anmerkung: Δt steht für die benötigte Zeit.

Abb. 12.17 Schematische Darstellung des kürzesten, frühesten und schnellsten Pfads in temporalen Pfaden

Temporaler Korrelationskoeffizient

Der temporale Korrelationskoeffizient ist ein Maß zur Bestimmung der Ähnlichkeit von Schnappschussstrukturen zwischen benachbarten Zeitfenstern in zeit-korrelierten Netzwerken [68]. Angenommen, ein temporales Netzwerk, bezeichnet als $G = (G_1, G_2, ..., G_T)$, wird gemäß der zeitlichen Reihenfolge in Schnappschüsse unterteilt. Sei P_t die Wahrscheinlichkeit für eine Überlappung der topologischen Struktur zwischen zwei aufeinanderfolgenden Schnappschüssen, das heißt, für beliebige zwei Knoten i und j wird die Wahrscheinlichkeit berechnet, dass sie in beiden Graphen G_t und G_{t+1} jeweils eine Kante besitzen. Die Berechnung der Wahrscheinlichkeit $P_i(s_t, s_{t+1})$ für die Überlappung der topologischen Struktur von Knoten i mit anderen Knoten ist in Gl. 12.5 dargestellt:

$$P_i(t_t, t_{t+1}) = \frac{\sum_j a_{ij}(s_t) a_{ij}(s_{t+1})}{\sqrt{\left[\sum_j a_{ij}(s_t)\right]\left[\sum_j a_{ij}(s_{t+1})\right]}} \qquad (12.5)$$

wobei a_{ij} die Elemente der Adjazenzmatrix im Netzwerkschnappschuss bezeichnet, während s_t und s_{t+1} die Schnappschüsse des temporalen Netzwerks zu den Zeitpunkten t bzw. $t+1$ darstellen. Die Summation über a_{ij} beschreibt die Interaktionen von Knoten i mit anderen Knoten zwischen zwei aufeinanderfolgenden Schnappschüssen s_t und s_{t+1}. Der durchschnittliche topologische Überlappungsgrad zwischen benachbarten Schnappschüssen ist dann wie in Gl. 12.6 definiert:

$$P_t = \frac{1}{\max\left[A(s_t), A(s_{t+1})\right]} \sum_{i=1}^{N} P_i(s_t, s_{t+1}) \qquad (12.6)$$

wobei $\max[A(s_t), A(s_{t+1})]$ die maximale Anzahl aktiver Knoten in zwei aufeinanderfolgenden Schnappschüssen s_t und s_{t+1} bezeichnet. Wenn im Schnappschuss s_t der Grad von Knoten i größer als null ist, wird dieser Knoten als aktiver Knoten betrachtet, was bedeutet, dass im Schnappschuss t_m Knoten i mit einem beliebigen anderen, unterschiedlichen Knoten j verbunden ist.

Temporaler Grad

Der temporale Grad eines Knotens bezeichnet die Gesamtanzahl effektiver Kanten, die ein Knoten innerhalb eines bestimmten Zeitintervalls mit anderen Knoten besitzt [69]. Für den Knoten i in einem temporalen Netzwerk kann sein temporaler Grad $k_i(t, T)$ im Zeitintervall $[t, T]$ mit Gl. 12.7 berechnet werden:

$$k_i(t, T) = \frac{\sum_{\tau=t}^{T} k_i(\tau)}{(N-1)(T-t)} \tag{12.7}$$

wobei $k_i(\tau)$ den Grad des Knotens i im Zeitintervall $[t, T]$ darstellt, also die Anzahl der Verbindungen zu anderen Knoten zu diesem Zeitpunkt; N steht für die Gesamtanzahl der Knoten im Netzwerk. T bezeichnet das Ende des betrachteten Zeitintervalls. Durch die Berechnung des temporalen Grads lässt sich das Aktivitätsniveau und die Konnektivitätsfähigkeit eines Knotens über einen bestimmten Zeitraum hinweg erfassen.

Temporale Zentralität (Closeness)

Die temporale Zentralität (Closeness) ist eine aus dem Konzept des temporalen Grads abgeleitete Metrik, die die Nähe eines Knotens v innerhalb eines Zeitintervalls $[i, j]$ in dynamischen Netzwerken misst [70]. Die temporale Closeness-Zentralität eines Knotens v zum Zeitpunkt t, bezeichnet als $c_i(t, T)$, ist definiert als die Summe der Kehrwerte der temporalen kürzesten Pfaddistanzen von Knoten v zu allen anderen Knoten im Netzwerk, mit Ausnahme von v, innerhalb jedes Zeitunterintervalls $[i, j]$ des Zeitintervalls $[i, j]$. Sie kann mit Gl. 12.8 berechnet werden:

$$C_{i,j}(v) = \sum_{i \leq t < j} \sum_{u \in V} \frac{1}{\hat{d}_{t,j}(v, u)} \tag{12.8}$$

wobei $C_{i,j}(v)$ die temporale Closeness des Knotens v im Zeitintervall $[i, j]$ darstellt. $\hat{d}_{t,j}(v, u)$ bezeichnet die temporale kürzeste Pfaddistanz von Knoten v zu Knoten u im Zeitunterintervall $[i, j]$. Existiert innerhalb $[i, j]$ kein temporaler Pfad von v zu u, so gilt $\hat{d}_{t,j}(v, u)$ als unendlich. V bezeichnet die Menge aller Knoten mit Ausnahme von v.

Lokale temporale Effizienz

Die lokale temporale Effizienz ist eine Metrik zur Bewertung der Effizienz der Informationsausbreitung zwischen Knoten und ihren Nachbarn in einem temporalen Netzwerk und ermöglicht es, die lokalen dynamischen Eigenschaften zwischen den Nachbarn eines Knotens besser zu erfassen [71]. Für den Knoten i wird seine Menge der Nachbarn erster Ordnung im Zeitfenster $[t_{min}, t_{max}]$ als $N_i(t_{min}, t_{max})$ bezeichnet, wobei der Nachbarschafts-Subgraph zu jedem Zeitpunkt t im Zeitfenster $[t_{min}, t_{max}]$ als $G_t^{N_i(t_{min}, t_{max})}$ definiert ist. Die durchschnittliche Effizienz der

Nachbarschafts-Subgraphen zu allen Zeitpunkten t wird berechnet. Die Formel für diese Metrik ist in Gl.12.9 dargestellt:

$$E_{\text{loc}_i}(t_{\min}, t_{\max}) = E_T \left\{ G_t^{N_i(t_{\min}, t_{\max})}, t \in [t_{\min}, t_{\max}] \right\} \tag{12.9}$$

wobei $G_t^{N_i(t_{\min}, t_{\max})}$ die durchschnittliche Effizienz der Nachbarschafts-Subgraphen zu jedem Zeitpunkt im Zeitfenster $[t_{\min}, t_{\max}]$ darstellt.

12.4.2 Anwendung temporaler Netzwerke in sozialen Netzwerken

In diesem Abschnitt werden die bestehenden Anwendungsszenarien auf Basis temporaler Netzwerke systematisch zusammengefasst und kategorisiert. Die Anwendungsbereiche werden in fünf Hauptkategorien unterteilt: Kooperationsbeziehungen, Transportsysteme, industrielle Überwachung, Online-Meinungsbildung und Biomedizin. Es erfolgt eine detaillierte Analyse, wie Zeitreihendaten zur Konstruktion entsprechender Netzwerkmodelle in den jeweiligen Szenarien genutzt werden und wie diese Modelle zentrale Fragestellungen in ihren jeweiligen Fachgebieten adressieren.

12.4.2.1 Kollaborative Beziehungen

Gegenwärtig sind kollaborative Beziehungen in verschiedenen Bereichen und auf unterschiedlichen Ebenen der Gesellschaft weit verbreitet. Diese Beziehungen erleichtern nicht nur die gemeinsame Nutzung und optimale Allokation von Ressourcen, sondern fördern auch die Wissensverbreitung, den technologischen Fortschritt und die Risikodiversifizierung. Kollaborative Beziehungen sind häufig nicht statisch, sondern entwickeln sich im Laufe der Zeit weiter oder lösen sich auf. Temporale Netzwerke können diese dynamischen Veränderungen abbilden und so das Verständnis der Entwicklungsmuster kollaborativer Beziehungen im Zeitverlauf sowie die Prognose zukünftiger Kooperationsmuster unterstützen. Dieser Ansatz findet breite Anwendung in der Untersuchung von Innovationskooperationen zwischen Unternehmen sowie wissenschaftlicher Forschungskooperationen zwischen Organisationen. Der Forschungsfahrplan für den Einsatz temporaler Netzwerke in kollaborativen Beziehungen ist in Abb. 12.18 dargestellt.

Innovationskooperation zwischen Unternehmen

Im Kontext der Innovationskooperation zwischen Unternehmen kann der Einsatz temporaler Netzwerke die Zeitreiheninformationen von Unternehmen effektiv

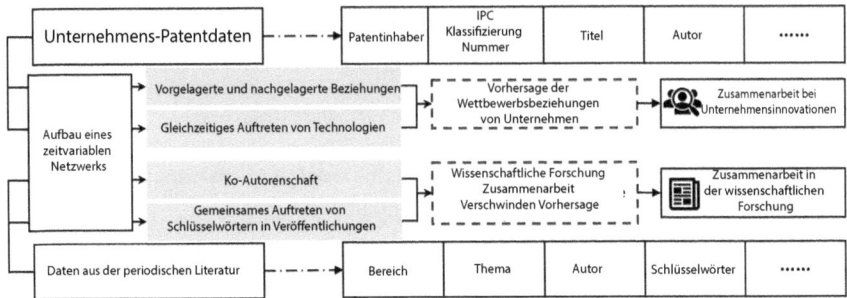

Abb. 12.18 Forschungsfahrplan für die Anwendung temporaler Netzwerke in kollaborativen Beziehungen

nutzen, um Kooperationsbeziehungen in der Wertschöpfungskette sowie technologische Kookkurrenzen vorherzusagen. Im Bereich der Lieferkette lassen sich durch den Aufbau temporaler Netzwerke dynamische Projektionen von Lieferketten-Schnappschüssen analysieren. Dynamische Link-Prediction-Algorithmen ermöglichen die Prognose von Kooperationsbeziehungen zwischen Unternehmen innerhalb des dynamischen Lieferkettennetzwerks [72]. Im Kontext technologischer Kookkurrenzen kann zudem ein dynamisches temporales Netzwerk von Patenttechnologien aufgebaut werden, wobei ein auf differenzierten Ordnungen basierendes Polynomregressionsmodell zur Vorhersage gemeinsamer Technologien in der Branche eingesetzt wird [73]. Häufig verwendete Datensätze in diesem Forschungsfeld sind der Datensatz des National Bureau of Economic Research und die ORBIS-Datenbank für geistiges Eigentum. Darüber hinaus kann aus der Perspektive der Projektkooperation GitHub als Datenquelle zur Konstruktion von Projektkooperationsbeziehungen herangezogen werden [74].

Wissenschaftliche Forschungskooperation

Im Bereich der wissenschaftlichen Forschungskooperation unterstützt der Einsatz temporaler Netzwerke Wissenschaftler und Organisationen dabei, potenzielle Kooperationsbeziehungen zu identifizieren und Partnerempfehlungen auszusprechen. Dynamische Netzwerke akademischer Kooperationen sowie dynamische Netzwerke von Schlagwort-Kookkurrenzen können jährlich auf Basis von Publikationskooperationen und Schlagwort-Kookkurrenzen von Forschenden konstruiert werden. Das dynamische Netzwerk-Embedding-Modell DynNE_Atten (Dynamic Network Embedding basierend auf BiLSTM und Attention) ermöglicht eine effiziente Vorhersage wissenschaftlicher Kooperationen [75]. Umgekehrt können dynamische akademische Kooperationsnetzwerke mit Autoren als Knoten und gemeinsamen Publikationen als Kanten aufgebaut werden. Das PreDGN (Pre-trained Dynamic Graph Neural Network) kann die zeitlichen Informationen dynamischer Netzwerke erfassen und das Verschwinden akademischer

Kooperationsbeziehungen prognostizieren [76]. Häufig genutzte Datenquellen für diese Anwendungsforschung sind WoS, OpenCitations, der Chinese Social Science Citation Index, Hep Th und weitere Publikationsdatensätze.

12.4.2.2 Transportsysteme

Transportsysteme sind hochdynamisch, wobei Straßenverkehr und Passagierströme empfindlich auf zeitliche Veränderungen und Störungen durch externe Faktoren reagieren. Die Prognose von Verkehrs- und Passagierströmen stellt ein klassisches Problem der Zeitreihenanalyse dar [77]. Die Erforschung von Transportsystemen mittels temporaler Netzwerke kann die Verteilung von Verkehrsströmen optimieren, Veränderungen von Passagierströmen vorhersagen und die Auswirkungen unvorhergesehener Ereignisse auf das Transportsystem abmildern. Der Forschungsfahrplan für die Anwendung temporaler Netzwerke in Transportsystemen ist in Abb. 12.19 dargestellt.

1. Verkehrsflussprognose
   Die Prognose von Verkehrsflüssen spielt eine entscheidende Rolle bei der Steigerung der Gesamtleistung von Transportsystemen, der Verbesserung der Lebensqualität der Bevölkerung und der Gewährleistung der öffentlichen Sicherheit [78]. In urbanen Verkehrsumgebungen können auf Basis von Verkehrsflussdaten Straßennetz-Topologiekarten erstellt werden, wobei temporale Merkmale wie die Anzahl der Fahrzeuge oder die Geschwindigkeit über die Zeit hinweg berücksichtigt werden. Für die Verkehrsflussprognose werden daraufhin temporale Netzwerke aufgebaut, wobei Deep-Learning-Methoden wie Graph Convolutional Networks (GCNs) [79], Graph Recurrent Networks (GRNs) [80] und Temporal Convolutional Networks (TCNs) [81] eingesetzt werden, um vergangene Verkehrszustände zu analysieren und zukünftige Verkehrsinformationen vorherzusagen. Ausgehend von statischen räumlichen und dynamischen Flussperspektiven werden räumliche Strukturgraphen des

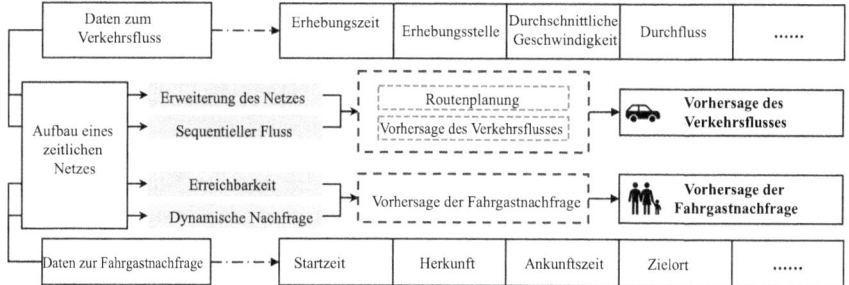

Abb. 12.19 Forschungsfahrplan für die Anwendung temporaler Netzwerke in Transportsystemen

Straßennetzes und dynamische Flusskorrelationsgraphen konstruiert, um mittels Dual-View-Extraktion regionale raumzeitliche Korrelationen zu erfassen und ein Multiview-Spatiotemporal Dynamic Graph Convolutional Model für die Verkehrsflussprognose anzuwenden [82]. Häufig verwendete Datensätze sind PeMS und der Didi Gaia Development Dataset sowie weitere.

2. Passagierflussprognose
Die Prognose von Passagierströmen unterstützt Verkehrsbehörden dabei, Kapazitäten zu optimieren und gezielte kommerzielle Maßnahmen effektiv umzusetzen. Im Kontext der Prognose von Buspassagierströmen werden strukturelle Netzwerke auf Basis von Haltestellen erstellt, wobei Zeitreiheninformationen zu Passagierströmen aus Check-in-Daten gewonnen werden, um ein dynamisches Buspassagiernetzwerk zu konstruieren. Das Adaptive Balanced Static-Dynamic Joint Network (ASDNet)-Modell wird eingesetzt, um die raumzeitlichen Variationsmuster der Passagierflussdaten zu erfassen [83]. Bei der Prognose von Taxipassagierströmen werden auf Grundlage von Ankunftsbeziehungen zwischen Regionen dynamische Graphen zur zeitlichen Korrelation der Taxinachfrage erstellt. Das Prognosemodell TCG-ODE (Temporal Correlation Graphs-Ordinary Differential Equations) dient der präzisen Vorhersage der Taxinachfrage zwischen verschiedenen Gebieten und optimiert so das Verhältnis von Taxiangebot und -nachfrage [84]. Häufig verwendete Datensätze für diese Anwendungen sind der NYC Taxi Dataset und der Hangzhou Metro Passagierflussdatensatz sowie weitere.

12.4.2.3 Industrielle Überwachung

Im industriellen Bereich bezeichnet industrielle Überwachung den Einsatz einer Reihe von Sensoren, Messgeräten und Systemen zur Überwachung, Aufzeichnung und Analyse der Aktivitäten verschiedener Parametergeräte während industrieller Prozesse. Obwohl Deep-Learning-Methoden großes Potenzial bei der Anomalieerkennung zeigen, gelingt es ihnen nicht, die raumzeitlichen Beziehungen zwischen unterschiedlichen Modalitäten explizit zu erfassen, was zu einer hohen Rate an Fehlalarmen führt. Daher ist der Einsatz temporaler Netzwerke zur Erfassung raumzeitlicher Korrelationen innerhalb multimodaler Zeitreihen entscheidend für die Überwachung von Geräteanomalien und Wartungsmaßnahmen [85]. Der Forschungsfahrplan für die Anwendung temporaler Netzwerke in der industriellen Überwachung ist in Abb. 12.20 dargestellt.

Im Prozess der industriellen Überwachung ist der Einsatz temporaler Netzwerke in zahlreichen Branchen verbreitet. Durch die gezielte Nutzung und Erfassung der Veränderungen von Industrieanlagen und Sensorsignalen mittels temporaler Netzwerke lassen sich Fehlerquellen von Geräten schnell und präzise lokalisieren [86], die erwartete Lebensdauer von Anlagen prognostizieren [87] und präventive Wartungsmaßnahmen durchführen, um wirtschaftliche Verluste im Produktionsprozess zu minimieren. Für das Problem der Anomalieerkennung in multivariaten Zeitreihen komplexer Industrieprozesse kann ein hierarchisches

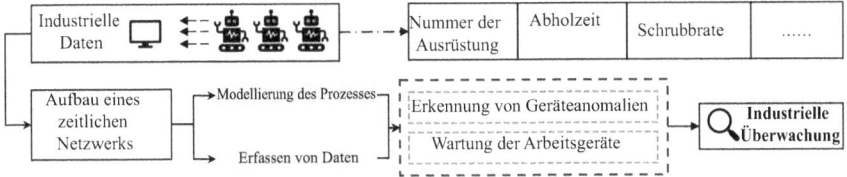

Abb. 12.20 Forschungsfahrplan für die Anwendung temporaler Netzwerke in der industriellen Überwachung

Framework zur raumzeitlichen Graphrepräsentation eingesetzt werden. Durch Modellierung der räumlichen Struktur von Industriesensoren und des Zeitflusses zur Konstruktion raumzeitlicher Graphen werden Ineffizienzen bei der Extraktion raumzeitlicher Merkmale sowie der Mangel an positiven Trainingsbeispielen überwunden und die industrielle Anomalieerkennung unterstützt [88]. In intelligenten Fertigungssystemen ermöglicht das Stapeln elektrischer Signaldaten aus mehreren Zeitschritten zur Konstruktion eines Raum-Zeit-Netzwerks die Echtzeitüberwachung elektrischer Daten, um die verbleibende Nutzungsdauer von Anlagen vorherzusagen, Anomalien frühzeitig zu erkennen und Wartungsmaßnahmen zur Steigerung der Zuverlässigkeit und Senkung der Wartungskosten durchzuführen [89]. In Smart-Factory-Systemen der Prozessindustrie ermöglicht die Integration von Sensor- und Steuersignalen in Gerätesubgraphen sowie der Aufbau industrieller Prozess-Raumzeitgraphen auf Basis von Gerätesubgraphen und Produktverarbeitungsflüssen in Kombination mit Modulen zur raumzeitlichen Merkmalsextraktion eine feingranulare Überwachung von Geräteanomalien [90]. Häufig verwendete Datensätze in diesem Forschungsfeld sind UNSW-NB15, TEP und WADI sowie weitere.

12.4.2.4 Online-Meinung

Mit der rasanten Entwicklung der Internettechnologie und der weitverbreiteten Nutzung mobiler Endgeräte ist Social Media zu einer der wichtigsten Plattformen für die Meinungsäußerung geworden [91]. Als mehrsprachige Kommunikationsplattform erleichtern Online-Soziale Netzwerke die Verbreitung öffentlicher Meinungen erheblich [92]. Die Analyse der Online-Meinung mittels temporaler Netzwerke ermöglicht die präzise Identifikation und Nachverfolgung von Trendthemen sowie die zeitnahe Erkennung von Gerüchten in sozialen Medien. Dadurch wird eine Orientierung für die Echtzeit-Lagebeurteilung, Frühwarnung und Meinungslenkung geboten. Der Forschungsfahrplan für den Einsatz temporaler Netzwerke in der Online-Meinungsforschung ist in Abb. 12.21 dargestellt.

Durch die Entwicklung dynamischer Modelle auf Basis graphkonvolutionaler Netzwerke lassen sich öffentliche Meinungen effektiv identifizieren und deren Entwicklung nachverfolgen, insbesondere die Interaktionen zwischen Beiträgen,

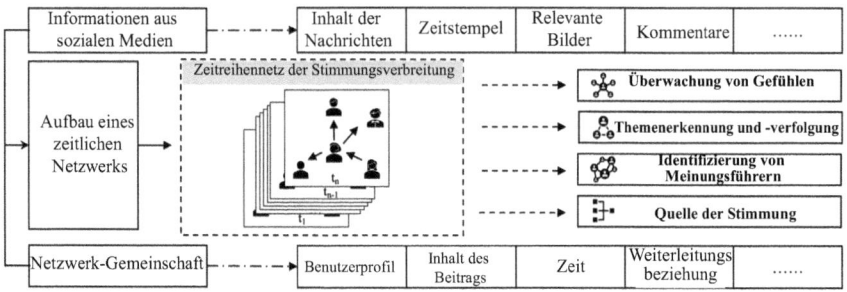

Abb. 12.21 Forschungsfahrplan für den Einsatz temporaler Netzwerke in der Online-Meinungs-forschung

Weiterleitungen und Kommentaren [93, 94]. Die zusätzliche Integration von Knotenaktivität und Attraktivitätsmerkmalen in das Modell unterstützt die Analyse der Rolle einzelner Akteure im Verbreitungsprozess der Online-Meinung. Es wurde festgestellt, dass aktive Knoten in temporalen Netzwerken die Verbreitung von Meinungsinformationen signifikant hemmen [95]. Die dynamische Netzwerkanalyse ermöglicht zudem die Identifikation von Meinungsführern [96]. Durch den Aufbau von Hypernetzwerkmodellen kann die öffentliche Meinung aus verschiedenen Dimensionen wie Inhalt, sozialen Beziehungen, Themen und Emotionen analysiert werden, was eine Frühwarnung vor Trendthemen und die Nachverfolgung ihrer Entwicklungstrends ermöglicht [97]. Im Management von Meinungsereignissen erlaubt die Umwandlung dynamischer sozialer Netzwerke in mehrschichtige statische Netzwerke eine effektive Rückverfolgung des Ursprungs der öffentlichen Meinung auch unter unvollständigen Informationsbedingungen [98]. Häufig verwendete Datensätze in diesem Forschungsbereich sind unter anderem Weibo21 und Twitter15.

12.4.2.5 Biomedizin

Die aktuelle Forschung zu statischen Netzwerken im biomedizinischen Bereich vernachlässigt die Dynamik der Genexpression und Proteininteraktionen und bildet damit die tatsächlichen biologischen Informationsveränderungen nicht ab. Temporale Netzwerke, die zeitabhängige und dynamische Verhaltensweisen erfassen können, unterstützen bei der Modellierung biomedizinischer Daten effektiv die Wirkstoffentdeckung, Krankheitsdiagnose und personalisierte Medizin. Der Forschungsfahrplan für den Einsatz temporaler Netzwerke in der Biomedizin ist in Abb. 12.22 dargestellt.

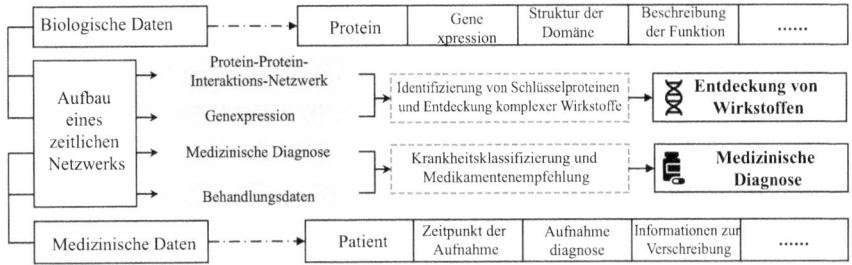

Abb. 12.22 Forschungsfahrplan für den Einsatz temporaler Netzwerke in der Biomedizin

1. Wirkstoffentdeckung

   Signalübertragung und Genregulation in biologischen Prozessen sind dynamisch und beinhalten Interaktionen sowie Zustandsänderungen verschiedener Proteine. Protein-Protein-Interaktionsnetzwerke (PPI), die die topologische Struktur genetischer oder physikalischer Interaktionen aller Proteine eines Organismus abbilden [99], sind dynamisch und werden durch die zyklische Genexpression beeinflusst, weshalb sie sich besonders für die Modellierung mit temporalen Netzwerken eignen. Durch den Aufbau von PPI-Netzwerken und die Nutzung von Genexpressionsdaten zur Extraktion von Aktivitätsinformationen dynamischer und konservierter Proteine können Schlüsselfunktionen mittels Erkennungsalgorithmen präzise identifiziert werden [100]. Zudem lassen sich auf Basis von PPI-Netzwerken und Genaktivitäts-Expressionsmatrizen dynamische, zyklische Proteinnetzwerke konstruieren. Die Nutzung zyklischer Muster der Genregulation ermöglicht eine umfassende Bewertung der Bedeutung von Proteinknoten im Netzwerk [101]. Darüber hinaus können Proteinkomplexe, die zentrale Träger zellulärer Funktionen sind, in dynamischen Proteinnetzwerken durch Berücksichtigung von Aktivitätszyklen und Verbindungsstärken der Proteine effizient und präzise identifiziert werden, indem dynamisch veränderliche PPI-Netzwerke aufgebaut werden [102]. Häufig verwendete Datensätze in diesem Forschungsfeld sind unter anderem DIP und GEO.

2. Medizinische Diagnose

   Die Analyse medizinischer Patientendaten zu verschiedenen Zeitpunkten mittels temporaler Netzwerke ermöglicht es, individuelle Krankheitsverläufe und Therapieansprechen sichtbar zu machen. Basierend auf funktionellen MRT-Daten im Ruhezustand können die zeitlichen Muster der Hirnaktivität genutzt werden, um mehrschichtige funktionelle Gehirnnetzwerke auf Grundlage temporaler Merkmale zu konstruieren und so eine Klassifikation von Autismus und Alzheimer-Krankheit zu erreichen [103]. Mithilfe elektronischer Gesundheitsakten der Patienten können diagnostische, prozedurale und verschreibungsbezogene Ereignisse über Kookkurrenzwahrscheinlichkeiten miteinander verknüpft und dynamische klinische Ereignis-Kookkurrenzgraphen erstellt werden. Medikamentenverordnungen können mit GATE (Graph-Attention Augmented Temporal Neural Network) und Gated Recurrent Units empfohlen werden [104]. Häufig verwendete Datensätze in diesem Anwendungsbereich sind unter anderem ABIDE und MIMIC-III.

Kapitelzusammenfassung

Dieses Kapitel führt aus drei Perspektiven in komplexe Netzwerke ein. Da die Inhalte sehr komplexe und aktuelle wissenschaftliche Bereiche betreffen, wird auf klassische Literatur verwiesen und einschlägige Forschungsergebnisse vorgestellt. Konkret werden das Phänomen des Hypernetzwerks im Leben, dessen Eigenschaften sowie ein Anwendungsbeispiel mit Daten der MOOC-Plattform erläutert. Im Abschnitt zum Multimodenetzwerk wird insbesondere auf die Situation des Zwei-Modenetzwerks eingegangen und der allgemeine mathematische Ausdruck des Multimodenetzwerks vorgestellt. Im Kapitel zum Interconnected Network werden zwei Situationen hauptsächlich anhand der Literatur systematisiert. Abschließend werden Konzept, Klassifikation und charakteristische Kennzahlen zeitvariabler Netzwerke systematisch dargestellt und deren Anwendungen in verschiedenen Bereichen ausführlich diskutiert, wobei die wichtige Rolle zeitvariabler Netzwerke bei der Modellierung und Prognose komplexer dynamischer Systeme hervorgehoben wird.

Fragen zum Kapitelabschluss

1. Bitte geben Sie ein Beispiel zur Veranschaulichung eines Hypernetzwerk-Phänomens im gesellschaftlichen Leben an.
2. Versuchen Sie, das Zwei-Modenetzwerk mit anderen Methoden als dem igraph-Paket der Programmiersprache R zu visualisieren.
3. Worin unterscheiden sich Affiliation-Netzwerke und Multimodenetzwerke?
4. Recherchieren Sie in der Literatur und diskutieren Sie Methoden der Kooperation zwischen Netzwerken.

Literatur

1. Sheffi, Y.: Urban Transportation Networks. Prentice-Hall, Englewood Cliffs, NJ (1985)
2. Nagurney, A., Dong, J.: Supernetworks: Decision-Making for the Information Age. Edward Publishing, Elgar (2002)
3. Qiyuhu, G., Zhisheng, W.: Research on the degree of hypernetwork. J. Sci. Technol. Manag. **1**, 34–38 (2013)
4. Qiyuhu, G.: Brief review of Supernetworks. J. Univ. Shanghai Sci. Technol. **3**, 227–239 (2013)
5. Jiang, W., Panhao, M.: Knowledge flow research in MOOC platform based on super network. Libr. Inform. **000**(006), 97–106 (2015)
6. Jiang, W., Chaocheng, H., Panhao, M.: Analyzing interaction of MOOC users with Iteration super centrality. Data Anal. Knowl. Discov. **1**(8), 1–8 (2017)
7. He Chaocheng, W., Jiang, W.Z., et al.: Research dominance between institutions and Its proximity mechanism in research collaboration: a case study of Chinas Biomedical Field. J. China Soc. Sci. Tech. Inform. **39**(2), 148–157 (2020)

8. Yuan, C., Fuzhen, L., Jiang, W.: Studying users interaction behaviors of sharing economic platform with 2-mode complex network analysis. Data Anal. Knowl. Discov. **1**(6), 72–82 (2017)

9. Carusi, C., Bianchi, G.: Scientific community detection via bipartite scholar/journal graph co-clustering. J. Informet. **13**(1), 354–386 (2019)

10. Cho, Y., Kim, W.: Technology–industry networks in technology commercialization: evidence from Korean university patents. Scientometrics. **98**, 1785–1810 (2014)

11. Yan, W., Lihua, B.: Review and prospects of research on knowledge management and knowledge innovation. Libr. Inform. Serv. **55**(S2), 343–347+357 (2011)

12. Shiwei, W., Chun, C.: Review of latent knowledge discovery methods based on association between scientifc papers and technology patents. Data Anal. Knowl. Discov. **7**(07), 18–31 (2023)

13. Xiaohong, S., Chunwen, W., Xiaoyan, L., et al.: Identifying lead users in open innovation community from knowledge-based perspectives. Data Anal. Knowl. Discov. **005**(009), 85–96 (2021)

14. Stephens, B., Chen, W., Butler, J.S.: Bubbling up the good ideas: a two-mode network analysis of an intra-organizational idea challenge. J. Comput. Mediat. Commun. **21**(3), 210–229 (2016)

15. Cao, Y., Liu, S., Yi, M., et al.: An analysis of the cognitive structure of interdisciplinary field based on „disciplinary-keyword" 2-mode network: a case study on Covid-19 research. Inform. Sci. **41**(04), 62–71 (2023)

16. Chen, X., Ye, P., Huang, L., et al.: Exploring science-technology linkages: a deep learning-empowered solution. Inf. Process. Manag. **60**(02), 103255 (2023)

17. Hui, L., Ruoting, W.: Research on identification methods of hotpots based on document-keyword two-mode network: a case study of the digital humantities field. Inform. Stud. Theor. Appl. **45**(11), 107–114 (2022)

18. Xiaowen, X., Ying, G., Xinna, S., et al.: Research on the technical similarity visualization based on word2vec and LDA topic mode. J. China Soc. Sci. Tech. Inform. **40**(09), 974–983 (2021)

19. Rui, L., Handong, Z.: Forecasting of innovation cooperation opportunities between countries based on patent citation coupling 2-model network analysis. Inform. Stud. Theor. Appl. **45**(03), 118–124 (2022)

20. Guns, R., Rousseau, R.: Recommending research collaborations using link prediction and random forest classifiers. Scientometrics. **101**, 1461–1473 (2014)

21. Barabâsi, A.L., Jeong, H., Néda, Z., et al.: Evolution of the social network of scientific collaborations. Phys. A Stat. Mech. Its Appl. **311**(3–4), 590–614 (2002)

22. Maltseva, D., Batagelj, V.: Collaboration between authors in the field of social networks analysis. Scientometrics. **127**(06), 3437–3470 (2022)

23. Xiaohui, L., Changling, L., Yunmei, L., et al.: Identifcation of the potential interdisciplinary cooperation combinations based on 2-mode net of author and keywords: taking library and information science and computer science for example. Inform. Stud. Theor. Appl. **41**(2), 105–110 (2018)

24. Xin, X., Meiyu, L., Hongling, C., et al.: Research on community discovery of academic community based on author-topic bipartite network:take library and information science for example. Inform. Stud. Theor. Appl. **45**(11), 163–169+204 (2022)

25. Wei, S., Guangcong, X., Shaoyi, H.: Emotion prediction of network public opinions based on the deviation rules Markov mode. J. China Soc. Sci. Tech. Inform. **42**(09), 1065–1077 (2023)

26. Qinghua, Z., Qiong, C., Dongmei, L., et al.: Research on health disinformation on the internet. J. China Soc. Sci. Tech. Inform. **42**(09), 1125–1138 (2023)

27. Ruonan, J., Xiwei, W., Yujiao, S.: Research on the subject of information to refute rumors of public health emergencies in social media. Libr. Inform. Serv. **65**(19), 16–25 (2021)

28. Zhen, L., Shengchun, D., Nan, W.: Identifying topics of online public opinion. Data Anal. Knowl. Discov. **1**(08), 18–30 (2017)

29. Fang, T., Yang, Y., Yiling, Z., et al.: Comparison of privacy concern and sentimental charac-teristics of users in internet privacy controversial events. Libr. Inform. Serv. **65**(02), 87–97 (2021)
30. Jidong, Z., Rong, W.: Research on digital journal service pushing based on user behavior perception. Inform. Sci. **37**(05), 19–24 (2019)
31. Shuqing, L., Xia, X., Minjia, X.: The measures of Books' recommending quality and per-sonalized book recommendation science based on bipartite network of readers and books lending relationship. J. Libr. Sci. China. **39**(03), 83–95 (2013)
32. Rui, Z., Jing, S.: A new technology of digital library retrieve based on mobile devices. J. Mod. Inform. **33**(11), 49–51 (2013)
33. Yiwen, Z., Chenkun, Z., Anju, Y., et al.: A conditional walk quadripartite graph based perso-nalized recommendation algorithm. Data Anal. Knowl. Discov. **3**(04), 117–125 (2019)
34. Xinmeng, Z., Shengyi, J.: Personalized recommendation algorithm based on weighted bi-partite network. J. Comput. Appl. **32**(03), 654–657+678 (2012)
35. Newman, M.: Networks. Oxford University Press, New York (2018)
36. Lü, L., Medo, M., Yeung, C.H., et al.: Recommender systems. Phys. Rep. **519**(1), 1–49 (2012)
37. Hidalgo, C.A., Hausmann, R.: The building blocks of economic complexity. Proc. Natl. Acad. Sci. **106**(26), 10570–10575 (2009)
38. Boyd, I.L.: The art of ecological modeling. Science. **337**(6092), 306–307 (2012)
39. Chen, P., Liu, R., Li, Y., et al.: Detecting critical state before phase transition of complex biological systems by hidden Markov model. Bioinformatics. **32**(14), 2143–2150 (2016)
40. Pratama, M., Cai, Q., Alam, S.: Interdependency and vulnerability of multipartite networks under target node attacks. Complexity, 1 (2019)
41. Granell, C., Gómez, S., Arenas, A.: Dynamical interplay between awareness and epidemic spreading in multiplex networks. Phys. Rev. Lett. **111**(12), 128701 (2013)
42. Ferraz, D., Rodrigues, F.A., Yamir, M.: Fundamentals of spreading processes in single and multilayer complex networks. Phys. Rep. **756**, 1–59 (2018)
43. Salehi, M., Sharma, R., Marzolla, M., et al.: Spreading processes in multilayer networks. IEEE Trans Netw Sci Eng. **2**(2), 65–83 (2015)
44. Wang, Z.: Co-evolution spreading of multiple information and epidemics on two-layered networks under the influence of mass media. Nonlinear Dynam. **102**, 3039–3052 (2020)
45. Yang, H.: Impact of network overlap on dynamical interplay between information and epi-demics. In: 2016 12th International Conference on Natural Computation, Fuzzy Systems and Knowledge Discovery (ICNC-FSKD), pp. 316–320. IEEE, Piscataway, NJ (2016)
46. Ye, Y., Zhang, Q., Ruan, Z., et al.: Effect of heterogeneous risk perception on information diffusion, behavior change, and disease transmission. Phys. Rev. E. **102**(4), 042314 (2020)
47. Granell, C., Gomez, S., Arenas, A.: Dynamical interplay between awareness and epidemic spreading in multiplex networks. Phys. Rev. Lett. **111**(12), 128701 (2013)
48. Guo, Q., Lei, Y., Jiang, X., et al.: Epidemic spreading with activity-driven awareness diffu-sion on multiplex network. Chaos. **26**(4), 043110 (2016)
49. Wu, J., Zuo, R., He, C., et al.: The effect of information literacy heterogeneity on epidemic spreading in information and epidemic coupled multiplex networks. Phys. A Stat. Mech. Its Appl. **596**, 127119 (2022)
50. Colizza, I.V., Barrat, A., Barthelemy, M., et al.: Modeling the worldwide spread of pande-mic influenza: baseline case and containment interventions. PLoS Med. **4**(1), e13 (2007)
51. Nagel, J.: Resource competition theories. Am. Behav. Sci. **38**(3), 442–458 (1995)
52. Francis, P.J.: Optimal tax/subsidy combinations for the flu season. J. Econ. Dyn. Control. **28**(10), 2037–2054 (2004)
53. Mbah, M.L.N., Gilligan, C.A.: Resource allocation for epidemic control in metapopulati-ons. PLoS One. **6**(9), e24577 (2011)
54. Zaric, G.S., Brandeau, M.L.: Resource allocation for epidemic control over short time hori-zons. Math. Biosci. **171**(1), 33–58 (2001)

55. Preciado, V.M., Zargham, M., Enyioha, C., et al.: Optimal vaccine allocation to control epidemic outbreaks in arbitrary networks. In: 52nd IEEE Conference on Decision and Control, pp. 7486–7491. IEEE, Piscataway, NJ (2013)

56. Enyioha, C., Jadbabaie, A., Preciado, V., et al.: Distributed resource allocation for control of spreading processes. In: Control conference, pp. 2216–2221. IEEE, Piscataway, NJ (2015)

57. Chen, H., Li, G., Zhang, H., et al.: Optimal allocation of resources for suppressing epidemic spreading on networks. Phys. Rev. E. **96**(1), 012321 (2017)

58. Nowzari, C., Ogura, M., Preciado, V.M., et al.: Optimal resource allocation for containing epidemics on time-varying networks. In: 2015 49th Asilomar Conference on Signals, Systems and Computers, pp. 1333–1337. IEEE, Piscataway, NJ (2015)

59. Ogura, M., Preciado, V.M., Masuda, N.: Optimal containment of epidemics over temporal activity-driven networks. SIAM J. Appl. Math. **79**(3), 986–1006 (2019)

60. Chaoo, L., Lanyao, X.: Research on optimal portfolio strategy from the perspective of multi-layer temporal network. Chin. J. Manag. Sci., 1–14 (2024)

61. Yang, L., Adam, S., Chatelain, C.: Dynamic Graph Representation Learning with Neural Networks: a Survey (2023). https://arxiv.org/abs/2304.05729

62. van Engelen, J.E., Hoos, H.: A survey on semi-supervised learning. Mach. Learn. **109**(2), 373–440 (2020)

63. Hamilton, W., Ying, R., Leskovec, J.: Inductive representation learning on large graphs. In: Proceedings of the 31st International Conference on Neural Information Processing Systems, pp. 1025–1035 (2017)

64. Wenzhu, Z., Guan, Y., Yanmei, Z., et al.: Multi-perspective fusion of spatio-temporal dynamic graph convolutional networks for urban traffic flow prediction. J. Softw., 1–23 (2024)

65. Xiuxia, L., Manman, X., Yueyang, H., et al.: Traffic flow prediction based on spatio-temporal multi-head graph attention network. Acta Electron. Sin., 1–10 (2024)

66. Lv, L., Bardou, D., Hu, P., et al.: Graph regularized nonnegative matrix factorization for link prediction in directed temporal networks using PageRank centrality. Chaos Solitons Fractals. **159**, 112107 (2022)

67. Li, Z., Lai, D.: Dynamic network embedding via temporal path adjacency matrix factorization. In: Proceedings of the 31st ACM International Conference on Information & Knowledge Management, pp. 1219–1228 (2022)

68. Buttner, K., Salau, J., Krieter, J.: Adaption of the temporal correlation coefficient calculation for temporal networks (applied to a real-world pig trade network). Springerplus. **5**, 165 (2016)

69. Tao, L., Kong, S., He, L.: A sequential-path tree-based centrality for identifying influential spreaders in temporal networks. Chaos Solitons Fractals. **165**, 112766 (2022)

70. Salama, M., Ezzeldin, M., El-Dakhakhni, W., et al.: Temporal networks: a review and opportunities for infrastructure simulation. Sustain. Resilient Infrastruct. **7**(4), 40–55 (2019)

71. Ting, Z.: Research on Temporal Link Prediction Methods for Dynamic Complex Networks. Nanjing University of Science and Technology, Nanjing (2022)

72. Zhigang, L., Qian, C.: Link prediction of Enterprise cooperation relations in dynamic supply chain networks. Comput. Eng. Appl. **58**(2), 265–273 (2022)

73. Yingwen, W., Yangjian, J., Xinjian, G.: Prediction of common technologies in industries based on dynamic complex patent network. Comput. Integr. Manuf. Syst. **26**(12), 3185–3194 (2020)

74. Wu, L., Wang, D., Evans, J.A.: Large teams develop and small teams disrupt science and technology. Nature. **566**, 378–382 (2019)

75. Yifan, L., Wang, Y.: Research on scholar collaboration relationship prediction based on dynamic network representation learning. Inform. Sci. **40**(6), 115–123 (2022)

76. Yu, D., Yan, Z.: Construction of pre-trained dynamic graph neural network for predicting disappearance of academic collaboration behavior. J. Comput. Appl., 1–8 (2024)

77. Baolin, Y., Benao, D., Mingjian, Z., et al.: A review of traffic flow prediction methods based on graph convolutional networks. J. Nanjing Univ. Inform. Sci. Technol. (Nat. Sci. Ed.), 1–26

78. Shulin, L., Hongjun, L., Yujin, G., et al.: Urban traffic inference based on linear low-rank convolution and road network. Comput. Eng., 1–12 (2024)
79. Hu, J., Lin, X., Wang, X.: DSTGCN: dynamic spatial-temporal graph convolutional network for traffic prediction. IEEE Sens. J. **22**(13), 13116–13124 (2022)
80. Xia, Z., Zhang, Y., Yang, J., et al.: Dynamic spatial–temporal graph convolutional recurrent networks for traffic flow forecasting. Expert Syst. Appl. **240**, 122381 (2024)
81. Xu, Y., Hann, L., Zhu, T., et al.: Generic dynamic graph convolutional network for traffic flow forecasting. Inform. Fusion. **100**, 101946 (2023)
82. Zhang Anqin, H., Ziming.: Traffic speed prediction based on residual temporal graph convolutional network. Comput. Simul. **40**(11), 116–121 (2023)
83. Laian, H., Zhu, H., Bo, L.: Bus passenger flow prediction based on adaptive balance static-dynamic joint network. Appl. Res. Comput., 1–7 (2024)
84. Wang, H., Ma, J., Yuanyuan, Z., et al.: Regional inter-taxi demand prediction integrating temporal correlation dynamic graph and ordinary differential equation. Appl. Res. Comput., 1–6 (2024)
85. Ding, C., Sun, S., Zhao, J.: MST-GAT: a multimodal spatial–temporal graph attention network for time series anomaly detection. Inform. Fusion. **89**, 527–536 (2023)
86. Ding Xiaou, Y., Shengjian, W.M., et al.: Industrial time series data anomaly detection based on correlation analysis. J. Softw. **31**(3), 726–747 (2020)
87. Zhang, Y., Li, Y., Wang, Y., et al.: Adaptive spatio-temporal graph information fusion for remaining useful life prediction. IEEE Sens. J. **22**(4), 3334–3347 (2022)
88. Yang, J., Yue, Z.: Learning hierarchical spatial-temporal graph representations for robust multivariate industrial anomaly detection. IEEE Trans. Ind. Inform. **19**(6), 7624–7635 (2023)
89. Jiang, Y., Dai, P., Fang, P., et al.: Electrical-STGCN: an electrical spatio-temporal graph convolutional network for intelligent predictive maintenance. IEEE Trans. Ind. Inform. **18**(12), 8509–8518 (2022)
90. Wang, Y., Peng, H., Wang, G., et al.: Monitoring industrial control systems via spatio-temporal graph neural networks. Eng. Appl. Artif. Intel. **122**, 106144 (2023)
91. Zhang, Y., Feng, Y., Yang, R.: Network public opinion propagation model based on the influence of media and interpersonal communication. Int. J. Mod. Phys. B. **33**(32), 1950393 (2019)
92. Yu, S., Yu, Z., Jiang, H., et al.: The dynamics and control of 2I2SR rumor spreading models in multilingual online social network. Inform. Sci. **581**(1), 18–41 (2021)
93. Yang, P., Leng, J., Zhao, G., et al.: Rumor detection driven by graph attention capsule network on dynamic propagation structures. J. Supercomput. **79**, 5201–5222 (2023)
94. Choi, J., Ko, T., Choi, Y., et al.: Dynamic graph convolutional networks with attention mechanism for rumor detection on social media. PLoS One. **16**(8), e0256039 (2021)
95. Yixin, Z., Kai, Z.: Dynamic identification of opinion leaders based on memory effect of temporal networks. Comput. Eng. Des. **44**(2), 343–348 (2023)
96. Zeng, L., Tang, M., Liu, Y.: The impacts of the individual activity and attractiveness correlation on spreading dynamics in time-varying networks. Commun. Nonlinear Sci. Numer. Simul. **122**, 107233 (2023)
97. Shuting, C., Xueming, S., Jun, H., et al.: Hot topic discovery and evolution in network public opinion of sudden events based on temporal Hypernetwork model. Tsinghua Sci. Technol. **63**(6), 968–979 (2023)
98. Yutao, L., Jianming, Z., Guoqing, W., et al.: Research on rumor source tracing in dynamic social network under incomplete information. Syst. Eng. Theor. Pract. **43**(4), 1132–1144 (2023)
99. Sicong, H., Ying, L.: A review of clustering methods for protein function module detection. Comput. Eng. Appl. **55**(8), 17–26 (2019)
100. Jian, H., Haiwan, Z., Yimin, M.: Key protein identification based on temporal weighted PPI network. Comput. Eng. Appl. **55**(23), 150–162 (2019)

101. Jiancheng, Z., Fang Zhuo, Q., Zuohang, et al.: Key protein prediction method based on dynamic network partitioning. J. Comput. Res. Dev. **59**(7), 1569–1588 (2022)
102. Peng, L., Hui, M., Aijing, L.: Research on PPI network construction and complex mining algorithm based on dynamic graph. Acta Electron. Sin. **49**(8), 1489–1497 (2021)
103. Tao, L., Zhenyu, Q., Yao, L., et al.: Analysis of topological properties of multilayer brain networks based on time-varying characteristics and brain disease classification. Sci. Technol. Eng. **23**(19), 8114–8123 (2023)
104. Su, C., Gao, S., Li, S.: GATE: graph-attention augmented temporal neural network for medication recommendation. IEEE Access. **8**, 125447–125458 (2020)

Teil III
Analyse und Verständnis sozialer Netzwerke

Kapitel 13
Link-Vorhersage in sozialen Netzwerken

Zusammenfassung Dieses Kapitel behandelt die Link-Vorhersage anhand ihrer Prinzipien, Methoden und Anwendungsgebiete. Sie prognostiziert potenzielle zukünftige Verbindungen und identifiziert bislang unbekannte Links sowohl in zeitlicher als auch in räumlicher Hinsicht. Die Link-Vorhersage hat sich zu einem bedeutenden Forschungsfeld entwickelt und erweitert ihre Methoden durch die Integration verschiedener Modelle. In diesem Kapitel werden drei zentrale Modelle vorgestellt und deren Zusammenhänge erläutert. Darüber hinaus haben Fortschritte im Bereich neuronaler Netze und Deep Learning zur Entwicklung graphbasierter Modelle geführt, die Netzwerkstrukturen und Topologien miteinander verbinden. Die Link-Vorhersage findet breite Anwendung, etwa bei Empfehlungen in sozialen Netzwerken (z. B. Weibo, QQ und Twitter) sowie bei der Vorhersage von Knotentypen in bekannten Netzwerken, wie der Erkennung von Spam-E-Mails oder der Prognose kriminellen Verhaltens. Trotz ihrer vielfältigen Einsatzmöglichkeiten bleibt die Link-Vorhersage ein aktuelles Forschungsthema in sozialen Netzwerken.

Soziale Netzwerke sind hochdynamisch. Im Laufe der Zeit verändern sich die Beziehungen zwischen den Objekten im Netzwerk, was das Entstehen neuer Interaktionen in der potenziellen sozialen Struktur bedeutet. Dieser Evolutionsprozess entspricht der Veränderung von Verbindungen zwischen zwei Knoten in einem komplexen Netzwerk. Die Identifikation dieses Evolutionsprozesses ist von großer praktischer Bedeutung und Wert. Die Link-Vorhersage in sozialen Netzwerken ist eines der grundlegenden Forschungsprobleme im Bereich Graph Mining und kann das Evolutionsmuster von Netzwerken beschreiben [1].

In diesem Kapitel werden hauptsächlich die Definition der Link-Vorhersage und drei Arten von Link-Vorhersagemethoden beschrieben, darunter die auf Ähnlichkeit basierende Link-Vorhersage, die auf Wahrscheinlichkeit und Statistik basierende Link-Vorhersage sowie die auf maschinellem Lernen basierende Vorhersage. Anschließend werden drei typische Anwendungsfälle der Link-Vorhersage kurz vorgestellt.

© Der/die Autor(en), exklusiv lizenziert an Springer Nature Singapore Pte Ltd. 2025
J. Wu, *Soziales-Netzwerk-Computing*,
https://doi.org/10.1007/978-981-95-1129-7_13

13.1 Grundlegende Konzepte

13.1.1 Definition der Link-Vorhersage

Link-Vorhersage bezeichnet die Vorhersage der Wahrscheinlichkeit einer Verbindung zwischen zwei Knoten im Netzwerk, die bislang noch keine Kante gebildet haben, anhand von Informationen wie bekannten Netzwerkknoten und Netzwerkstrukturen. Diese Vorhersage umfasst sowohl die Prognose zukünftiger Verbindungen im Zeitverlauf als auch die Vorhersage verborgener, bislang unbekannter Verbindungen im Raum [2].

Abb. 13.1 dient zur Veranschaulichung der Aufgabe der Link-Vorhersage. Wie in Abb. 13.1a gezeigt, existiert zum Zeitpunkt t keine Verbindung zwischen den Knoten B und C im Netzwerk. Die zeitliche Link-Vorhersage besteht darin, die Wahrscheinlichkeit für die Bildung einer neuen Verbindung zwischen den Knoten B und C zum Zeitpunkt $t + 1$ vorherzusagen. Die räumliche Link-Vorhersage bezieht sich darauf, vorherzusagen, ob zwischen den Knoten B und C unentdeckte, aber tatsächlich existierende Verbindungen bestehen.

13.1.2 Problembeschreibung

Das Problem der Link-Vorhersage lässt sich mathematisch wie folgt beschreiben [3]: Für einen ungerichteten Graphen $G = (V, E)$ ist V die Menge der Knotenpaare im Graphen G und E die Menge der beobachteten Verbindungen. Ist U die vollständige Menge aller möglichen Verbindungen zwischen Knotenpaaren im Graphen G, so ist die Menge der nicht existierenden Verbindungen $U-E$. Angenommen, in der Menge $U-E$ gibt es einige fehlende Verbindungen (oder

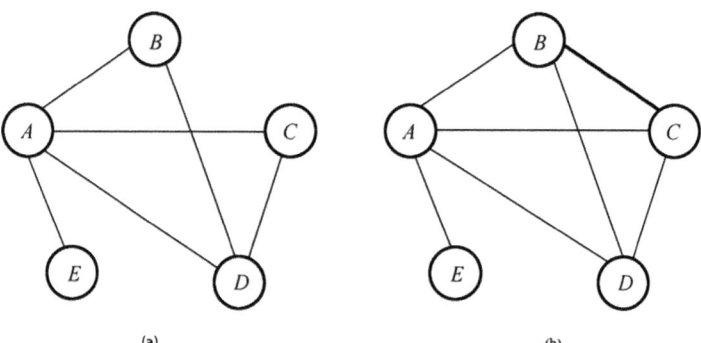

(a)   (b)

Abb. 13.1 Netzwerkveränderungen im Zeitverlauf. (**a**) Zum Zeitpunkt t besteht keine Verbindung zwischen den Knoten B und C. (**b**) Zum Zeitpunkt $t + 1$ entsteht eine neue Verbindung zwischen B und C

Verbindungen, die in Zukunft entstehen werden), so besteht die Aufgabe der Link-Vorhersage darin, diese Verbindungen zu identifizieren.

Methode der Link-Vorhersage: Es werden verschiedene Funktionen definiert, um den Näherungswert zwischen Knotenpaaren (v_x, v_y) ohne Kante im Graphen zu berechnen, der positiv mit der Wahrscheinlichkeit einer Verbindung zwischen den Knotenpaaren korreliert. Entsprechend dem berechneten Zahlenwert werden die Knotenpaare in der Menge $U–E$ in absteigender Reihenfolge angeordnet, wobei höher eingestufte Knotenpaare mit größerer Wahrscheinlichkeit fehlende Verbindungen aufweisen.

13.2 Ähnlichkeitsbasierte Link-Vorhersage

Ähnlichkeitsbasierte Link-Vorhersage: Es wird angenommen, dass Knoten dazu tendieren, Verbindungen mit anderen ähnlichen Knoten zu bilden. Für die Knoten x und y im Netzwerk werden verschiedene Funktionen $S(x,y)$ definiert, um die Ähnlichkeit zwischen den beiden Knoten zu berechnen. Je höher die Ähnlichkeit, desto größer ist die Wahrscheinlichkeit einer Verbindung zwischen dem Knotenpaar.

Die Ähnlichkeit von Knoten kann durch externe Informationen wie die Attribute der Knoten definiert werden: Wenn zwei Knoten viele gemeinsame Merkmale aufweisen, gelten sie als ähnlich [4]. Allerdings sind die Attribute der Knoten meist verborgen und schwer zu ermitteln. Zudem ist es schwierig, die Zuverlässigkeit der erfassten Knotenattribute sicherzustellen. Im Vergleich zu Knotenattributen ist die Netzwerktopologie leichter zugänglich und zuverlässiger, weshalb die auf Ähnlichkeit basierende Link-Vorhersage dem strukturellen Ähnlichkeitsindex, der ausschließlich auf der Netzwerkstruktur basiert, mehr Aufmerksamkeit schenkt. Strukturelle Ähnlichkeitsindizes lassen sich in lokale und globale, parameterunabhängige und parameterabhängige, knotenbasierte und pfadbasierte Indizes unterteilen [3]. Diese strukturellen Ähnlichkeitsindizes werden häufig in strukturelle Äquivalenz und reguläre Äquivalenz unterschieden. Erstere geht davon aus, dass die Verbindung zwischen Knoten die Ähnlichkeit der Knoten ausdrücken kann [5], während letztere annimmt, dass die Nachbarknoten zweier ähnlicher Knoten ebenfalls ähnlich sind [6]. In diesem Abschnitt werden verschiedene Typen struktureller Ähnlichkeitsindizes und zugehörige Algorithmen vorgestellt sowie Python-Berechnungsmethoden für einige Indizes angegeben.

13.2.1 Auf lokaler Information basierende Ähnlichkeitsindizes

Auf lokaler Information basierende Ähnlichkeitsindizes werden durch Berechnung der lokalen Informationen der Knoten gewonnen. Diese Indizes zeichnen sich durch eine geringe Rechenkomplexität aus und eignen sich besonders für die

Link-Vorhersage in großskaligen und hochdynamischen Netzwerken. Aufgrund der begrenzten Informationsbasis ist die Vorhersagegenauigkeit solcher Indizes jedoch etwas geringer als bei einigen globalen Indizes.

1. Common-Neighbors-Indizes

   Die grundlegende Annahme bei der Anwendung des Common-Neighbors-(CN)-Index ist, dass zwei Knoten, die viele gemeinsame Nachbarn haben, ähnlich sind, und je höher die Ähnlichkeit nicht verbundener Knotenpaare, desto größer ist die Wahrscheinlichkeit einer Verbindung. Granovetter vertritt die Ansicht, dass in sozialen Netzwerken zwei Personen, die gemeinsame Freunde haben, mit größerer Wahrscheinlichkeit selbst Freunde werden, und diese Annahme wurde in realen Datensätzen bestätigt [7]. Newman wandte diesen Index im Kooperationsnetzwerk von Autoren an und zeigte, dass die Anzahl gemeinsamer Nachbarknoten zweier Wissenschaftler positiv mit der Wahrscheinlichkeit ihrer zukünftigen Zusammenarbeit korreliert [8].

   Definition des Common-Neighbors-Index: Für den Knoten v_x im Netzwerk bezeichnet $\Gamma(x)$ die Menge der Nachbarknoten von v_x. Die Anzahl gemeinsamer Nachbarknoten von v_x und v_y wird als Maß für die Ähnlichkeit zwischen zwei Knoten definiert:

   $$S(x,y) = |\Gamma(x) \cap \Gamma(y)| \qquad (13.1)$$

   Obwohl dieser Index sehr einfach ist, liefert er in den meisten realen Netzwerken überraschend gute Ergebnisse und übertrifft teilweise sehr komplexe Methoden. Dieser Index bildet zudem die Grundlage für weitere, später vorgestellte Indizes.

   Berechnung des CN-Index mit Python:

   ```
   # Definiere die Berechnungsfunktion für den CN-Index
   def Cn(MatrixAdjacency_Train):
   Matrix_similarity = np.dot(MatrixAdjacency_Train,MatrixAd-
   jacency_Train)
   return Matrix_similarity
   ```

2. Salton-Index

   Der Salton-Index ist definiert als [9]:

   $$S(x,y) = \frac{|\Gamma(x) \cap \Gamma(y)|}{\sqrt{k_x k_y}} \qquad (13.2)$$

   wobei k_x den Grad des Knotens v_x bezeichnet. Der Salton-Index wird auch als Kosinus-Ähnlichkeit bezeichnet.

   Berechnung des Salton-Index mit Python:

```
# Funktion zur Berechnung des AA-Indikators definieren
def AA(MatrixAdjacency_Train):

# Funktion zur Berechnung des Salton-Index definieren
def Salton(MatrixAdjacency_Train):
similarity = np.dot(MatrixAdjacency_Train,MatrixAdjacency_
Train)

deg_row = sum(MatrixAdjacency_Train) deg_row.shape = (deg_
row.shape[0],1) deg_row_T = deg_row.T
tempdeg = np.dot(deg_row,deg_row_T)
temp = np.sqrt(tempdeg)

np.seterr(divide='ignore', invalid='ignore') Matrix_simi-
larity = np.nan_to_num(similarity / temp) return Matrix_si-
milarity
```

3. Jaccard-Index
   Der Jaccard-Index ist definiert als [10]:

$$S(x,y) = \frac{|\Gamma(x) \cap \Gamma(y)|}{|\Gamma(x) \cup \Gamma(y)|} \qquad (13.3)$$

4. Sorensen-Index
   Der Sorensen-Index wird hauptsächlich für ökologische Gemeinschaftsdaten verwendet und ist definiert als [11]:

$$S(x,y) = \frac{2 \times |\Gamma(x) \cap \Gamma(y)|}{k_x + k_y} \qquad (13.4)$$

5. Hub Promoted Index
   Der Hub Promoted Index (HPI) wird verwendet, um die topologische Ähnlichkeit von Reaktanten in quantitativen Stoffwechselnetzwerken zu beschreiben und ist definiert als [12]:

$$S(x,y) = \frac{|\Gamma(x) \cap \Gamma(y)|}{\min\{k_x, k_y\}} \qquad (13.5)$$

Bei diesem Index haben Knoten mit hohem Grad eine größere Wahrscheinlichkeit, eine hohe Ähnlichkeit mit anderen Knoten aufzuweisen, da der Nenner nur durch Knoten mit geringem Grad bestimmt wird.

6. Hub Depressed Index

Der Hub Depressed Index (HDI) für Knoten mit hohem Grad ist dem HPI ähnlich, mit dem Unterschied, dass im Nenner der größere Wert der beiden Knoten verwendet wird. Er ist definiert als:

$$S(x, y) = \frac{|\Gamma(x) \cap \Gamma(y)|}{\max\{k_x, k_y\}} \tag{13.6}$$

7. Leicht-Holme-Newman-Index

Der Leicht-Holme-Newman-Index (LHN-Index) weist denjenigen Knotenpaaren, die mehr gemeinsame Nachbarn haben, höhere Ähnlichkeitswerte zu. Im Vergleich zum CN-Index wächst dieser Index jedoch nicht unbegrenzt [13], sondern ist definiert als:

$$S(x, y) = \frac{|\Gamma(x) \cap \Gamma(y)|}{k_x k_y} \tag{13.7}$$

Dabei ist $k_x k_y$ proportional zur erwarteten Anzahl gemeinsamer Nachbarknoten der Knoten v_x und v_y.

8. Adamic-Adar-Index

Dieses Ähnlichkeitsmaß wurde ursprünglich von Lada Adamic und Eytan Adar vorgeschlagen. Der Adamic-Adar-Index (AA-Index) basiert auf der Annahme, dass Verbindungen, die von weniger Objekten geteilt werden, einen größeren Einfluss auf die Link-Vorhersage haben als solche, die von vielen Objekten geteilt werden. Das heißt, Nachbarknoten mit geringem Grad haben einen größeren Einfluss auf die Link-Vorhersage als Nachbarknoten mit hohem Grad [14]. Beispielsweise haben in Empfehlungssystemen Nutzer, die gemeinsam wenig nachgefragte Produkte kaufen, oft eine höhere Ähnlichkeit als Nutzer, die gemeinsam beliebte Produkte kaufen. In sozialen Netzwerken nimmt mit steigendem Knotengrad die Menge an Ressourcen oder Zeit, die ein Knoten auf seine Nachbarn verwenden kann, ab, das heißt, der Einfluss des Knotens auf seine Nachbarn sinkt.

Der AA-Index verfeinert die einfache Zählung gemeinsamer Nachbarknoten, indem er Nachbarknoten mit weniger Verbindungen ein höheres Gewicht zuweist, und ist definiert als:

$$S(x, y) = \sum_{z \in \Gamma(x) \cap \Gamma(y)} \frac{1}{\log k_z} \tag{13.8}$$

Berechnung des AA-Index mit Python:

```
# Funktion zur Berechnung des AA-Indikators definieren
def AA(MatrixAdjacency_Train):
logTrain = np.log(sum(MatrixAdjacency_Train)) logTrain
= np.nan_to_num(logTrain) logTrain.shape = (logTrain.
shape[0],1)
MatrixAdjacency_Train_Log = MatrixAdjacency_Train / log-
Train MatrixAdjacency_Train_Log = np.nan_to_num(MatrixAdja-
cency_Train_Log)

Matrix_similarity = np.dot(MatrixAdjacency_Train,MatrixAd-
jacency_Train_Log)
return Matrix_similarity
```

9. Resource Allocation Index

   Der Resource Allocation (RA) Index basiert auf dem Ressourcenverteilungsprozess in komplexen Netzwerken [15]. Er simuliert den Prozess der Übertragung einer Ressourceneinheit zwischen zwei nicht verbundenen Knoten v_x und v_y über deren Nachbarknoten. Jeder Nachbarknoten erhält eine Ressourceneinheit von v_x und verteilt diese gleichmäßig an seine Nachbarn. Die Menge an Ressourcen, die der Knoten v_y erhält, kann als Ähnlichkeit zwischen v_x und v_y betrachtet werden. Dieser Index basiert auf dem Grad jedes benachbarten Knotens und normalisiert deren Beitragsgewichte, was dem abnehmenden Charakter des Beitrags besser entspricht. Der RA-Index ist definiert als:

$$S(x, y) = \sum_{z \in \Gamma(x) \cap \Gamma(y)} \frac{1}{k_z} \tag{13.9}$$

10. Preferentieller Anbindungsindex (PA-Index)

    Der Mechanismus der preferential attachment kann verwendet werden, um ein skalenfreies Netzwerk zu erzeugen, bei dem die Wahrscheinlichkeit, dass eine neue Kante mit dem Knoten v_x verbunden wird, proportional zum Grad k_x des Knotens ist. Dieser Mechanismus kann dazu führen, dass das skalenfreie Netzwerk nicht wächst [16], da zunächst alte Verbindungen entfernt und anschließend neue Verbindungen erzeugt werden. Die Wahrscheinlichkeit, dass eine neue Kante die Knoten v_x und v_y verbindet, ist direkt proportional zum Produkt der Knotengrade der beiden Knoten. Nach diesem Mechanismus wird der PA-Index wie folgt definiert:

$$S(x, y) = k_x k_y \tag{13.10}$$

11. Lokales Naives-Bayes-Modell (LNB-Index)

    Der Index, der auf der Anzahl gemeinsamer Nachbarknoten basiert, geht davon aus, dass jeder Knoten den gleichen Einfluss auf das Netzwerk hat. In einigen Netzwerken bestehen jedoch Unterschiede in der Bedeutung der einzelnen Knoten. Beispielsweise sind in Weibo Nutzer mit hoher Aktivität eher geneigt, mit anderen Nutzern zu interagieren, wodurch sie sich gegenseitig folgen und Verbindungen entstehen. Das Local Native Bayes (LNB) Modell nimmt an, dass jeder gemeinsame Nachbarknoten einen unterschiedlichen Effekt bzw. Einfluss auf das Netzwerk hat, und das Ausmaß dieses Einflusses kann mittels Wahrscheinlichkeitstheorie abgeschätzt werden [17]. Die Methode schätzt die Ähnlichkeit zwischen zwei Knoten wie folgt:

$$S(x,y) = \sum_{z \in \Gamma_x \cap \Gamma_y} f(z) \log (oR_z) \tag{13.11}$$

wobei o eine Konstante des Netzwerks ist:

$$o = \frac{P_{\text{unconnected}}}{P_{\text{connected}}} = \frac{\frac{1}{2}|V|(|V|-1)}{|E|} - 1 \tag{13.12}$$

R_z ist der Einfluss des Knotens:

$$R_z = \frac{2\left|\left\{e_{x,y} : x,y \in \Gamma(z), e_{x,y} \in E\right\}\right| + 1}{2\left|\left\{e_{x,y} : x,y \in \Gamma_z, e_{x,y} \notin E\right\}\right| + 1} \tag{13.13}$$

$f(z)$ ist eine Funktion zur Messung des Einflusses von Knoten. Liu et al. schlugen vor, dass $f(z) = 1$ entsprechend dem Common-Neighbors-Index gewählt werden kann. Nach dem AA-Index nimmt man $f(z) = \frac{1}{\log \Gamma_{|z|}}$; oder $f(z) = \frac{1}{\log \Gamma_{|z|}}$ entsprechend dem RA-Index.

12. Index basierend auf gemeinsam assoziierten Regionen (CAR)
    Index basierend auf gemeinsam assoziierten Regionen (CAR): Wenn die gemeinsamen Nachbarknoten zweier Knoten Mitglieder einer eng verbundenen Gruppe (lokale Community) sind, kann zwischen diesen beiden Knoten eine Verbindung bestehen [18]. Der auf CAR basierende Common-Neighbors-Index ist definiert als:

$$S(x,y) = \sum_{z \in \Gamma_x \cap \Gamma_y} 1 + \frac{|\Gamma(x) \cap \Gamma(y) \cap \Gamma(z)|}{2} \tag{13.14}$$

Analog dazu ist der auf CAR basierende Ressourcenallokationsindex definiert als:

$$S(x,y) = \sum_{z \in \Gamma_x \cap \Gamma_y} 1 + \frac{|\Gamma(x) \cap \Gamma(y) \cap \Gamma(z)|}{\Gamma_z} \tag{13.15}$$

13.2.2 Ähnlichkeitsindizes basierend auf globalen Informationen

Der auf globalen Informationen basierende Ähnlichkeitsindex nutzt die topologischen Informationen des gesamten Netzwerks, um jede Verbindung zu bewerten, anstatt die Ähnlichkeit zwischen Knoten zu messen. Aufgrund der hohen rechnerischen Komplexität ist diese Methode jedoch für großskalige Netzwerke nicht geeignet.

1. Katz-Index

   Der Katz-Index basiert auf der Menge aller Pfade und beschreibt die Ähnlichkeit über globale Pfade. Der Katz-Index summiert die Pfade direkt und schwächt sie exponentiell entsprechend der Pfadlänge ab, wobei kürzeren Pfaden ein höheres Gewicht zugewiesen wird. Er ist wie folgt definiert:

$$S(x, y) = \sum_{t=1}^{\infty} \beta^l \cdot A_{xy}^l = \beta A_{xy} + \beta^2 A_{xy}^2 + \beta^3 A_{xy}^3 + \cdots \qquad (13.16)$$

   wobei $\left|A_{xy}^l\right|$ die Anzahl der Pfade mit der Pfadlänge L zwischen den Knoten v_x und v_y ist, β ist ein Parameter, der das Pfadgewicht steuert. Für sehr kleine Werte von β ähnelt der Katz-Index dem CN-Index, da der Beitrag langer Pfade sehr gering ist. Die Ähnlichkeitsmatrix des Katz-Index kann durch Gl. (13.17) dargestellt werden:

$$S = (I - \beta A)^{-1} - I \qquad (13.17)$$

   wobei S eine numerische Ähnlichkeitsmatrix und I eine Einheitsmatrix ist. Zu beachten ist, dass der Wert von β kleiner als der größte Eigenwert der Matrix A sein muss, um die Konvergenz von Gl. (13.17) zu gewährleisten.
   Berechnung des Katz-Index mit Python:

```
# Definition der Berechnungsfunktion für den Katz-Index
def Katz(MatrixAdjacency_Train): Parameter = 0.01
Matrix_EYE = np.eye(MatrixAdjacency_Train.shape[0])
Temp = Matrix_EYE - MatrixAdjacency_Train * Parameter Matrix_similarity = np.linalg.inv(Temp)
Matrix_similarity = Matrix_similarity - Matrix_EYE
return Matrix_similarity
```

2. Leicht-Holme-Newman-II-Index

   Der Leicht-Holme-Newman-II-Index (LHN2-Index) ist eine Variante des Katz-Index. Die Grundidee besteht darin, dass zwei Knoten ähnlich sind, wenn ihre unmittelbaren Nachbarn ähnlich sind [13]. Die Matrixdarstellung ist in Gl. (13.18) angegeben:

$$S = \phi A S + \psi I = \psi \left(I - \phi A\right)^{-1} = \psi \left(I + \phi A + \phi^2 A^2 + \cdots \right) \quad (13.18)$$

Dabei sind ϕ und ψ die Parameter, die die beiden Komponenten der Ähnlichkeit steuern. Für $\psi = 1$ entspricht der LHN2-Index dem Katz-Index. Zu beachten ist, dass A_{xy}^l die Anzahl der Pfade der Länge l zwischen den Knoten v_x und v_y angibt. Der Erwartungswert von A_{xy}^l, also $E\left(A_{xy}^l\right)$, ist äquivalent zu $\left(k_x k_y / 2M\right)\lambda_1^{1-l}$, wobei λ_1 der größte Eigenwert der Adjazenzmatrix A ist und M die Gesamtanzahl der Kanten im Netzwerk bezeichnet. Ersetzt man jedes Element in Gl. (13.16) durch A_{xy}^l und $A_{xy}^l / E\left(A_{xy}^l\right)$, erhält man:

$$S_{xy} = \delta_{xy} + \frac{2M}{k_x k_y} \sum_{l=0}^{\infty} \phi^l \lambda_1^{-l} A_{xy}^l$$

$$= \left[1 - \frac{2M\lambda_1}{k_x k_y}\right]\delta_{xy} + \frac{2M\lambda_1}{k_x k_y}\left[\left(I - \frac{\phi}{\lambda_1}A\right)^{-1}\right]_{xy} \quad (13.19)$$

wobei δ_{xy} eine Kronecker-Funktion ist. Da der erste Term eine Diagonalmatrix ist, kann er weggelassen werden, sodass eine kompaktere Formel (13.20) resultiert:

$$S = 2M\lambda_1 D^{-1}\left(I - \frac{\phi A}{\lambda_1}\right)^{-1} D^{-1} \quad (13.20)$$

wobei D die Gradmatrix ist, $D_{xy} = \delta_{xy}k_x$; $\varphi(0 < \varphi < 1)$ ist ein Parameter. Die Wahl von ϕ hängt vom betrachteten Netzwerk ab. Je kleiner ϕ ist, desto höher ist der Ähnlichkeitswert, der von diesem Index kurzen Pfaden zugewiesen wird.

3. Durchschnittliche Pendelzeit

   Wenn $m(x, y)$ die durchschnittliche Anzahl an Schritten angibt, die ein Random-Walk-Teilchen benötigt, um vom Knoten v_x zum Knoten v_y zu gelangen [19], dann lässt sich die durchschnittliche Pendelzeit (Average Commute Time, ACT) der Knoten v_x und v_y wie folgt definieren:

$$n(x, y) = m(x, y) + m(x, y) \quad (13.21)$$

Die numerische Lösung der Laplace-Matrix $L^+(L = D - A)$ kann über ihre Pseudoinverse berechnet werden [20, 21]:

$$n(x, y) = M\left(l_{xx}^+ + l_{yy}^+ - 2l_{xy}^+\right) \quad (13.22)$$

wobei l_{xy}^+ das Element an der Position der X-ten Zeile und der Y-ten Spalte in der Matrix L bezeichnet. Es wird angenommen, dass je geringer die durchschnittliche Pendelzeit zwischen zwei Knoten ist, desto näher liegen diese beieinander. Die Ähnlichkeit zwischen Knoten v_x und Knoten v_y kann dann als Kehrwert von $n(x, y)$ definiert werden, wobei der konstante Faktor m entfällt:

wobei l_{xy}^+ das Element an der Position der Zeile x und der Spalte y in der Matrix $\boldsymbol{L}^+$ bezeichnet. Es wird angenommen, dass je geringer die durchschnittliche Pendelzeit zwischen zwei Knoten ist, desto näher liegen diese beieinander. Die Ähnlichkeit zwischen Knoten v_x und Knoten v_y kann dann als Kehrwert von $n(x, y)$ definiert werden, wobei der konstante Faktor m entfällt:

$$S(x, y) = \frac{1}{l_{xx}^+ + l_{yy}^+ - 2l_{xy}^+} \tag{13.23}$$

Berechnung des ACT-Index mit Python:

```python
# Definiere Funktion zur Berechnung des LP-Indikators
def ACT(MatrixAdjacency_Train):
Matrix_D = np.diag(sum(MatrixAdjacency_Train)) Matrix_Lapla-
cian = Matrix_D - MatrixAdjacency_Train INV_Matrix_Laplacian
= np.linalg.pinv(Matrix_Laplacian)

# Definiere Funktion zur Berechnung des ACT-Indikators
def ACT(MatrixAdjacency_Train):
Matrix_D = np.diag(sum(MatrixAdjacency_Train)) Matrix_Lapla-
cian = Matrix_D - MatrixAdjacency_Train INV_Matrix_Laplacian
= np.linalg.pinv(Matrix_Laplacian)

Array_Diag = np.diag(INV_Matrix_Laplacian)
Matrix_ONE = np.ones([MatrixAdjacency_Train.shape[0],Matrix
Adjacency_Train.shape[0]])
Matrix_Diag = Array_Diag * Matrix_ONE

Matrix_similarity = Matrix_Diag + Matrix_Diag.T - (2 * Mat-
rix_Laplacian)
Matrix_similarity = Matrix_ONE / Matrix_similarity
Matrix_similarity = np.nan_to_num(Matrix_similarity)
return Matrix_similarity
```

4. Kosinus-Ähnlichkeitsindex basierend auf $\boldsymbol{L}^+$

Der auf $\boldsymbol{L}^+$ basierende Kosinus-Index ist ein Maß, das auf dem Skalarprodukt beruht. Im N-dimensionalen euklidischen Raum von $v_x = \Lambda^{\frac{1}{2}} \boldsymbol{U}^{\mathrm{T}} \overrightarrow{e_x}$ ist $\boldsymbol{U}$ eine orthogonale Matrix, die aus den Eigenvektoren der $\boldsymbol{L}^+$-Matrizen in absteigender Reihenfolge der zugehörigen Eigenwerte λ_x besteht, $\overrightarrow{e_x}$ ist ein N-dimensionaler Vektor, bei dem das x-te Element 1 ist und alle anderen Elemente 0 sind, und die Pseudoinverse der Laplace-Matrix entspricht dem Skalarprodukt der

Knotenvektoren, also $l_{xy}^+ = \boldsymbol{v}_x^T \boldsymbol{v}_y$. Daher ist die Kosinus-Ähnlichkeit als Kosinus des Knotenvektors definiert, also:

$$S(x, y) = \cos(x, y)^+ = \frac{\boldsymbol{v}_x^T \boldsymbol{v}_y}{|\boldsymbol{v}_x| \cdot |\boldsymbol{v}_y|} = \frac{l_{xy}^+}{\sqrt{l_{xx}^+ \cdot l_{yy}^+}} \tag{13.24}$$

5. Random Walk Index mit Neustart

Random Walk with Restart (RWR) ist eine erweiterte Anwendung des Page-Rank [22]. Es wird angenommen, dass ein Random-Walk-Teilchen vom Knoten v_x startet, mit Wahrscheinlichkeit c zu einem zufälligen Nachbarknoten wechselt und mit Wahrscheinlichkeit $1 - c$ zum Knoten v_x zurückkehrt. q_{xy} bezeichnet die Wahrscheinlichkeit, dass dieses Random-Walk-Teilchen im stationären Zustand schließlich den Knoten v_y erreicht. Somit lässt sich $\overrightarrow{q_x}$ wie folgt ausdrücken:

$$\overrightarrow{q_x} = c\boldsymbol{P}^T \overrightarrow{q_x} + (1 - c)\overrightarrow{e_x} \tag{13.25}$$

Dabei ist $\boldsymbol{P}$ die Markowsche Übergangsmatrix des Netzwerks. Sind die Knoten v_x und v_y verbunden, gilt $p_{xy} = 1/k_x$, andernfalls $p_{xy} = 0$, das heißt:

$$\overrightarrow{q_x} = (1 - c)\left(\boldsymbol{I} - c\boldsymbol{P}^T\right)^{-1} \overrightarrow{e_x} \tag{13.26}$$

Daraus ergibt sich der RWR-Index als:

$$S_{xy} = q_{xy} + q_{yx} \tag{13.27}$$

Dabei ist q_{xy} das y-te Element des Vektors $\overrightarrow{q_x}$. Tong et al. (2007) schlugen eine schnelle Berechnungsmethode für den RWR-Index vor [23], und einige Forschende [24] wenden den RWR-Index in Empfehlungssystemen an.

6. SimRank-Index

Der SimRank(SimR)-Index ist dem LHN2-Index ähnlich und wird selbstkonsistent definiert [19]. Der SimRank-Index nimmt an, dass zwei Knoten dann ähnlich sind, wenn andere mit ihnen verbundene Knoten ebenfalls ähnlich sind. Der SimRank-Index ist definiert als:

$$S(x, y) = C \cdot \frac{\sum\limits_{x \in \Gamma(x)} \sum\limits_{v \in \Gamma(y)} s_{xv}^{\text{SimRank}}}{k_x \cdot k_y} \tag{13.28}$$

Dabei gilt $S_{xx} = 1$ (wenn $x = v$), wobei S_{xx} die Ähnlichkeit eines Knotens mit sich selbst beschreibt. $C \in [0, 1]$ ist der Dämpfungsparameter bei der Übertragung der Ähnlichkeit. Der SimRank-Index kann auch durch einen Random-Walk-Prozess erklärt werden, wobei s_{xy}^{SimRank} zur Messung des Unterschieds zwischen den Knoten v_x und v_y verwendet wird.

7. Matrix Forest Index (MFI) [25]

Ist der aufspannende Teilgraph eines ungerichteten Graphen G ein Baum, so wird er als aufspannender Baum des ungerichteten Graphen G bezeichnet.

Nach dem Matrix-Baum-Satz entspricht die Anzahl der aufspannenden Bäume in einem ungerichteten Graphen G jedem Kofaktor seiner Laplace-Matrix. Ein Wurzelforst ist eine disjunkte Menge von aufspannenden Bäumen mit Wurzel. Das Minor von $(I + L)_{x,y}$ entspricht der Anzahl der Wurzelforste, in denen die Knoten v_x und v_y demselben Baum mit v_x als Wurzel angehören. Der Kehrwert davon kann als Maß für die Erreichbarkeit zwischen den Knoten v_x und v_y betrachtet werden. Die Ähnlichkeit lässt sich daher wie folgt definieren:

$$S = (I + L)^{-1} \qquad (13.29)$$

Die paraIndex-Form des MFI lautet:

$$S = (I + \alpha L)^{-1}, \quad \alpha > 0 \qquad (13.30)$$

Dabei ist S eine numerische Ähnlichkeitsmatrix, I steht für die Einheitsmatrix und L bezeichnet die numerische Matrix der Pfadlängen.

13.2.3 Semi-lokale Indizes

Wie in Tab. 13.1 gezeigt, stellen semi-lokale Indizes einen Kompromiss zwischen lokalen und globalen Indizes dar [3]. Die Berechnungseffizienz semi-lokaler Indizes ist nahezu so hoch wie die der lokalen Indizes, sie berücksichtigen jedoch zusätzliche topologische Informationen ähnlich wie globale Indizes. Semi-lokale Indizes betrachten weder die Ähnlichkeit zwischen beliebigen Knotenpaaren im Netzwerk, noch sind sie auf die Nachbarn von Nachbarn beschränkt. Einige semi-lokale Indizes benötigen Zugriff auf das gesamte Netzwerk, ihre Zeitkomplexität bleibt jedoch geringer als die der globalen Indizes.

1. Local Path (LP) Index
   Um einen guten Kompromiss zwischen Genauigkeit und Rechenaufwand zu erzielen, führten Lv et al. einen Index ein, der lokale Pfade berücksichtigt und damit über den CN-Index hinausgeht [26]. Dieser Index ist definiert als:

$$S = A^2 + \epsilon A^3 \qquad (13.31)$$

Tab. 13.1 Vergleich von Ähnlichkeits-basierten Indizes

Attribut	Lokale Indizes	Globale Indizes	Semi-lokale Indizes
Eigenschaften	Einfach und unkompliziert	Komplex	Mittel
Genutzte Merkmale	Teilweise	Gesamtes Netzwerk	Über lokalen Bereich hinaus
Berechnungskomplexität	Niedrig	Hoch	Mittel
Parallelisierbarkeit	Einfach	Komplexer	Mittel
Anwendungsbereich	Geeignet für großskalige Netzwerke	Geeignet für kleine Netzwerke	Geeignet für großskalige Netzwerke

wobei ϵ ein einstellbarer Parameter ist und A die Adjazenzmatrix des Netzwerks bezeichnet. Sind die Knoten x und y nicht direkt verbunden, so gibt $(A^3)_{xy}$ die Anzahl der verschiedenen Pfade der Länge 3 zwischen den Knoten x und y an. Offensichtlich ist der LP-Index für $\epsilon = 0$ äquivalent zum CN-Index. Der LP-Index kann auf höhere Ordnungen erweitert werden, indem Pfade der Ordnung N betrachtet werden:

$$S^{(n)} = A^2 + \partial A^3 + \partial^2 A^4 + \partial^{n-2} A^n \tag{13.32}$$

Mit zunehmendem n benötigt dieser Index mehr Informationen und Rechenaufwand, wodurch die Berechnungskomplexität steigt. Für $n \to \infty$ entspricht dieser Index dem Katz-Index, der alle Pfade im Netzwerk berücksichtigt.
Berechnung des LP-Index mit Python:

```
# Definiere Funktion zur Berechnung des LP-Indikators
def ACT(MatrixAdjacency_Train):
Matrix_D = np.diag(sum(MatrixAdjacency_Train)) Matrix_Lapla-
cian = Matrix_D - MatrixAdjacency_Train INV_Matrix_Laplacian
= np.linalg.pinv(Matrix_Laplacian)

Array_Diag = np.diag(INV_Matrix_Laplacian)
Matrix_ONE = np.ones([MatrixAdjacency_Train.shape[0],Matrix
Adjacency_Train.shape[0]])
Matrix_Diag = Array_Diag * Matrix_ONE

Matrix_similarity = Matrix_Diag + Matrix_Diag.T - (2 * Mat-
rix_Laplacian)
print Matrix_similarity
Matrix_similarity = Matrix_ONE / Matrix_similarity Matrix_
similarity = np.nan_to_num(Matrix_similarity) return Mat-
rix_similarity
```

2. Local Random Walk (LRW) Index
   Um die Ähnlichkeit zwischen den Knoten v_x und v_y zu messen, werden Random-Walk-Teilchen auf dem Knoten v_x platziert, sodass der Anfangsdichtevektor $\vec{\pi}_x(0) = \vec{e}_x$ ist. Die Entwicklungsgleichung dieses Dichtevektors lautet $\vec{\pi}_x(t + 1) = P^T \vec{\pi}_x(t)$, $t \geq 0$. Die Ähnlichkeit auf Basis eines T-Schritt-Random-Walks ergibt sich dann zu [25]:

$$s_{xy}^{\text{LRW}}(t) = q_x \pi_{xy}(t) + q_y \pi_{yx}(t) \tag{13.33}$$

wobei q die Anfangsverteilung der Ressourcen auf den Knoten ist. Liu und Lv [27] verwendeten eine einfache Methode, $q_x = k_x/M$, die sich am Knotengrad orientiert. Die experimentellen Ergebnisse zeigen, dass diese Methode dem Ansatz mit dem Common-Neighbors-Index überlegen ist und die optimale Schrittzahl positiv mit der mittleren kürzesten Distanz im Netzwerk korreliert.

Da die Ähnlichkeit des LRW-Index nur Random Walks mit einer begrenzten Schrittzahl berücksichtigt, ist seine Berechnungskomplexität deutlich geringer als bei Indizes, die auf globalen Informationen basieren, wie ACT und RWR, und er eignet sich für großskalige Netzwerke.

3. Superposed Random Walk (SRW) Index mit Überlappungseffekt
   Basierend auf dem LRW-Index wird der Wert des SRW-Index durch Aufsummieren der Ergebnisse bis zum Schritt t bestimmt [27], also:

$$s_{xy}^{\mathrm{SRW}}(t) = \sum_{l=1}^{t} s_{xy}^{\mathrm{LRW}}(l) = q_x \sum_{l=1}^{t} \pi_{xy}(l) + q_y \sum_{l=1}^{t} \pi_{yx}(l) \qquad (13.34)$$

Der LRW-Index gibt den Knoten in der Nähe des Zielknotens mehr Möglichkeiten, mit diesem verbunden zu werden, und berücksichtigt die lokalen Eigenschaften realer Netzwerkverbindungen umfassend.

13.2.4 Bewertung und Ergebnisse der Link-Vorhersage

Basierend auf Experimenten an realen Netzwerken aus verschiedenen Bereichen haben zahlreiche Forschende die Leistungsfähigkeit der oben genannten Algorithmen bewertet. Unter Bezugnahme auf die experimentellen Ergebnisse von Martinez et al. [28] werden in diesem Abschnitt die Auswirkungen verschiedener Link-Vorhersage-Algorithmen analysiert und zusammengefasst.

13.2.4.1 Bewertungsmetriken

Zur Messung der Genauigkeit der Link-Vorhersage-Algorithmen werden Area Under Curve (AUC) und Precision verwendet. Dabei ist AUC die am häufigsten genutzte Bewertungsmetrik zur Beurteilung der Gesamtgenauigkeit eines Algorithmus [29], während Precision die Genauigkeit der am höchsten bewerteten Kanten vorhersagt [30]. Im Folgenden werden diese beiden Bewertungsmetriken kurz vorgestellt.

1. Area Under Curve
   AUC ist definiert als die von der Receiver Operating Characteristic (ROC)-Kurve und den Achsen eingeschlossene Fläche. Offensichtlich kann der Wert dieser Fläche nicht größer als 1 sein. Da die ROC-Kurve in der Regel oberhalb der Geraden $y = x$ liegt, bewegt sich der Wertebereich der AUC zwischen 0,5 und 1. Ein AUC-Wert nahe 1 weist auf eine hohe Vorhersagegenauigkeit hin,

während ein AUC von 0,5 die geringste Genauigkeit bedeutet und somit praktisch unbrauchbar ist. Diese Metrik kann zur Bewertung der Genauigkeit von Link-Vorhersage-Algorithmen herangezogen werden.

Im Kontext der Link-Vorhersage umfassen unbekannte Kanten sowohl nicht existierende als auch Testkanten. Die AUC kann als Wahrscheinlichkeit interpretiert werden, dass der Score einer zufällig ausgewählten Kante höher ist als der einer zufällig ausgewählten nicht existierenden Kante im Testset. Dabei wird jeweils eine Kante aus dem Testset und eine aus den nicht existierenden Kanten zufällig ausgewählt. Ist der Score der Testkante größer als der der nicht existierenden Kante, wird ein Punkt vergeben, bei Gleichstand 0,5 Punkte. Angenommen, der Vergleich wird n Mal durchgeführt, wobei in n' Fällen der Score der Testkante größer ist und in n'' Fällen die Scores gleich sind, so ist die AUC definiert als:

$$\text{AUC} = \frac{n' + 0.5n''}{n} \tag{13.35}$$

Berechnung der AUC-Metrik mit Python:

```
# Definiere eine Funktion zur Berechnung des AUC-Indikators
def Calculation_AUC(MatrixAdjacency_Train,MatrixAdjacency_
Test, Matrix_similarity,MaxNodeNum):
Matrix _ similarity = np.triu (matrix _ similarity-matrix
_ similarity * matrix adjacency _ train) # Es wird nur die
Ähnlichkeit der Kanten im Testset und der nicht existieren-
den Kanten beibehalten.
Matrix_NoExist = np.ones(MaxNodeNum) - MatrixAdjacency_Train
- MatrixAdjacency_Test - np.eye(MaxNodeNum)
# Oberes Dreiecksmatrix des Testsets und der nicht existie-
renden Kanten extrahieren, um die entsprechenden Ähnlich-
keitswerte zu erhalten test = NP. Triu (Matrix adjacency _
test).
NoExist = np.triu(Matrix_NoExist)
Test_num = len(np.argwhere(Test == 1)) NoExist_num =
len(np.argwhere(NoExist == 1))
Test_rd = [int(x) for index,x in enumerate((Test_num *
np.random. rand(1,AUCnum))[0])]
NoExist_rd = [int(x) for index,x in enumerate((NoExist_num *
np. random.rand(1,AUCnum))[0])]
TestPre = Matrix_similarity * Test NoExistPre = Matrix_simi-
larity * NoExist
Test index = np.argwhere (test = = 1) # Vorhergesagte Werte
der im Testset vorhandenen Kanten.
Test_Data = np.array([TestPre[x[0],x[1]] for index,x in enu-
merate(TestIndex)]).T
```

```
Noexistingex = np.argwhere (noexist = = 1) # Vorhergesagte
Werte der im NoExist-Set vorhandenen Kanten.
NoExist_Data = np.array([NoExistPre[x[0],x[1]] for index,x
in enumerate(NoExistIndex)]).T
Test_rd = np.array([Test_Data[x] for index,x in enumera-
te(Test_rd)])
NoExist_rd = np.array([NoExist_Data[x] for index,x in enume-
rate(NoExist_rd)])
n1,n2 = 0,0
for num in range(AUCnum):
if Test_rd[num] > NoExist_rd[num]: n1 += 1
elif Test_rd[num] == NoExist_rd[num]: n2 += 0.5
else:
n1 += 0
auc = float(n1+n2)/AUCnum
Print('AUC-Indikator: %f'%auc)
Return auc # gibt den Wert des AUC-Indikators zurück.
```

2. Precision

Precision misst die Genauigkeit der am höchsten bewerteten Kanten und gibt den Anteil der korrekten Vorhersagen unter den am wahrscheinlichsten vorhergesagten Kanten an, die absteigend nach Verbindungswahrscheinlichkeit sortiert sind. Befinden sich unter den obersten L Kanten im Testset m Kanten, so ist die Precision definiert als:

$$\text{Precision} = \frac{m}{L} \tag{13.36}$$

13.2.4.2 Experimentelle Datensätze

Das Experiment basiert auf sieben Netzwerken mit unterschiedlichen Hintergründen und topologischen Eigenschaften, darunter das Yeast Protein-Protein Interaction Network (YST) [31], das neuronale Netzwerk des Wurms C. elegans (CEL), das Netzwerk von Face-to-Face-Kontakten während der Ausstellung „Contagious: Stay Away" in der Science Gallery in Dublin im Jahr 2009, das Netzwerk häufiger gemeinsamer Buchkäufe zu amerikanischer Politik während des Präsidentschaftswahlkampfs 2004 bei Amazon (BCK), das soziale Netzwerk von Nutzern der Webseite hamsterster.com (HMT), das amerikanische Luftverkehrsnetzwerk (USA) sowie das Kooperationsnetzwerk von Wissenschaftlern (NSC), die im Bereich komplexer Netzwerke forschen [32]. Fernando et al. bereiten jedes Netzwerk vor, indem sie isolierte Knoten entfernen, doppelte Verbindungen eliminieren und ausschließlich ungewichtete sowie ungerichtete Netzwerke betrachten.

13.2.4.3 Bewertung und Ergebnisse

Die Tab. 13.2 und 13.3 zeigen die AUC-Ergebnisse und die Genauigkeitsergebnisse, die von verschiedenen Algorithmen auf sieben realen Netzwerken erzielt wurden. Aus den experimentellen Resultaten lassen sich unterschiedliche Schlussfolgerungen ziehen.

Aus Tab. 13.2 ist ersichtlich, dass globale Indizes im Allgemeinen eine höhere Vorhersagegenauigkeit als lokale Indizes aufweisen, wobei insbesondere der RWR-Index durch seine herausragende Leistung auffällt. Tab. 13.3 zeigt zudem, dass auch die lokalen Indizes gute Ergebnisse erzielen und der Großteil der für die Link-Vorhersage verfügbaren Informationen lokal ist. Die semi-lokalen Indizes erzielen ebenfalls überzeugende Resultate, wobei der SRW-Index im Durchschnitt die beste Performance aufweist.

Tab. 13.2 AUC-Ergebnisse

Methode	YST	CEL	INF	BCK	HMT	USA	NSC
CN	0,6850	0,8274	0,9264	0,8691	0,9523	0,9278	0,9056
Salton	0,6837	0,7831	0,9285	0,8621	0,9501	0,8995	0,9059
Jaccard	0,6837	0,7766	0,9285	0,8558	0,9492	0,8926	0,9059
Sorensen	0,6837	0,7766	0,9285	0,8558	0,9492	0,8926	0,9059
HPI	0,6834	0,7933	0,9255	0,8671	0,9484	0,8666	0,9058
HDI	0,6836	0,7680	0,9277	0,8475	0,9483	0,8878	0,9057
LHN	0,6828	0,7276	0,9195	0,8314	0,9411	0,7821	0,9056
AA	0,6855	0,8450	0,9300	0,8782	0,9553	0,9391	0,9061
RA	0,6854	0,8485	0,9305	0,8801	0,9561	0,9439	0,9061
RA-CNI	0,6854	0,8495	0,9307	0,8803	0,9564	0,9433	0,9061
PA	0,6846	0,8091	0,8991	0,8505	0,9386	0,9177	0,9043
LNB-CN	0,6858	0,8411	0,9263	0,8717	0,9541	0,9337	0,9057
LNB-AA	0,6858	0,8445	0,9285	0,8765	0,9557	0,9403	0,9059
LNB-RA	0,6857	0,8451	0,9295	0,8772	0,9561	0,9440	0,9059
CAR-CN	0,6850	0,8272	0,9264	0,8682	0,9525	0,9269	0,9056
CAR-AA	0,5792	0,7130	0,8254	0,7224	0,8832	0,8971	0,7554
CAR-RA	0,5792	0,7140	0,8255	0,7230	0,8838	0,9001	0,7554
Katz	0,8044	0,8507	0,9528	0,8946	0,9630	0,9180	0,9147
LHN2	0,6850	0,8274	0,9264	0,8691	0,9523	0,9278	0,9056
ACT	0,7659	0,7370	0,7969	0,7456	0,8793	0,8749	0,5654
Cos+	0,7725	0,8480	0,9439	0,8908	0,6435	0,9407	0,5263
RWR	0,8029	0,8967	0,9637	0,9183	0,9681	0,9362	0,8892
SimR	0,6828	0,7310	0,9200	0,8334	0,9414	0,7856	0,9056
MFI	0,7964	0,8614	0,9549	0,8984	0,9593	0,9106	0,9150
LP	0,8025	0,8345	0,9501	0,8882	0,9591	0,9136	0,9137
LRW	0,8164	0,8874	0,9514	0,8928	0,9647	0,9291	0,8536
SRW	0,8210	0,8936	0,9608	0,9139	0,9726	0,9463	0,9164

Tab. 13.3 Ergebnisse der Präzision

Methode	YST	CEL	INF	BCK	HMT	USA	NSC
CN	0,0876	0,1119	0,3484	0,2101	0,2453	0,4091	0,3561
Salton	0,0026	0,0340	0,4188	0,1395	0,2409	0,0866	0,4997
Jaccard	0,0030	0,0373	0,4104	0,1297	0,2472	0,1081	0,4884
Sorensen	0,0030	0,0373	0,4104	0,1297	0,2472	0,1081	0,4884
HPI	0,0000	0,0000	0,2764	0,1463	0,0000	0,0000	0,0005
HDI	0,0104	0,0364	0,4017	0,1053	0,2461	0,0810	0,4208
LHN	0,0002	0,0023	0,1271	0,0897	0,0817	0,0104	0,2334
AA	0,1080	0,1532	0,4080	0,2608	0,3267	0,4558	0,6217
RA	0,0876	0,1448	0,4163	0,2563	0,3959	0,5160	0,6652
PA	0,0310	0,1051	0,0848	0,1820	0,0787	0,3819	0,1932
LNB-CN	0,1189	0,1569	0,3964	0,2494	0,2996	0,4440	0,5414
LNB-AA	0,1190	0,1555	0,4036	0,2534	0,3574	0,4685	0,6362
LNB-RA	0,0954	0,1462	0,4105	0,2540	0,4019	0,5169	0,6610
CAR-CN	0,1073	0,1240	0,3942	0,2029	0,2816	0,4228	0,3914
CAR-AA	0,1241	0,1480	0,4047	0,2222	0,3191	0,4322	0,5074
CAR-RA	0,1245	0,1560	0,4148	0,2517	0,3873	0,4487	0,5074
Katz	0,1186	0,1513	0,3924	0,2471	0,2595	0,4332	0,4300
LHN2	0,0876	0,1119	0,3484	0,2101	0,2453	0,4091	0,3561
ACT	0,0284	0,0889	0,1826	0,2199	0,0807	0,3791	0,0543
Cos+	0,0176	0,1066	0,1703	0,2494	0,0017	0,3782	0,0149
RWR	0,1175	0,1983	0,4090	0,2268	0,3751	0,3316	0,5292
SimR	0,0009	0,0033	0,1309	0,1066	0,0877	0,0127	0,2918
MFI	0,0260	0,0847	0,2329	0,1746	0,2381	0,0814	0,4712
LP	0,1069	0,1438	0,3852	0,2404	0,1723	0,4200	0,4194
LRW	0,1857	0,1839	0,3819	0,2177	0,4232	0,4972	0,4927
SRW	0,1380	0,1657	0,4123	0,2540	0,4265	0,5230	0,6580

Darüber hinaus zeigen die Indizes mit guter Leistung, dass die Performance der einzelnen Indizes stark von den strukturellen Eigenschaften des Netzwerks abhängt, was die Bedeutung einer Analyse der Netzwerkeigenschaften vor der Auswahl eines bestimmten Link-Prediction-Index unterstreicht. Beispielsweise steht die Leistung eines Index im Zusammenhang mit dem durchschnittlichen Clustering-Koeffizienten der Knoten mit einem Grad größer als 1, da die meisten Link-Prediction-Indizes Varianten gemeinsamer Nachbarknoten sind und die Anzahl gemeinsamer Nachbarn mit steigendem Clustering-Koeffizienten zunimmt. Eine weitere wichtige Variable ist der durchschnittliche Knotengrad, da Knoten mit mehr Nachbarn mehr Informationen für die Vorhersage neuer Verbindungen liefern.

13.3   Link-Vorhersage auf Basis von Wahrscheinlichkeitstheorie und Statistik

Für ein gegebenes Netzwerk geht die linkbasierte Vorhersage auf Grundlage der Wahrscheinlichkeitstheorie und Statistik in der Regel davon aus, dass die Netzwerkstruktur bekannt ist. Daraufhin wird ein geeignetes Wahrscheinlichkeitsmodell für die bekannte Netzwerkstruktur erstellt, und statistische Methoden werden zur Schätzung der Modellparameter eingesetzt. Diese Parameter können verwendet werden, um die Entstehungswahrscheinlichkeit jeder unbekannten Verbindung zu berechnen. Anschließend werden potenzielle Verbindungen entsprechend ihrem Wahrscheinlichkeitswert sortiert, wobei die am höchsten bewerteten Verbindungen vorhergesagt werden.

Neben der Netzwerkstruktur benötigen probabilistische Modelle in der Regel viele weitere Informationen, wie beispielsweise die Attribute von Knoten oder Kanten. Zudem ist die Parametereinstellung in solchen Modellen ein zeitaufwändiges Unterfangen. Diese Faktoren schränken die Anwendbarkeit probabilistischer Modelle ein und machen sie für reale, großskalige Netzwerke weniger geeignet.

13.3.1   Hierarchisches Strukturmodell

Aus früheren Studien ist bekannt, dass die Struktur vieler realer Netzwerke ausgeprägte hierarchische Merkmale aufweist [33], wie etwa Stoffwechselnetzwerke, Protein-Interaktionsnetzwerke und einige soziale Netzwerke. In solchen Netzwerken werden die Knoten in Gruppen unterteilt, wobei die Knoten innerhalb der Gruppen wiederum in mehrere untergeordnete Gruppen eingeteilt werden können.

Clauset et al. schlugen ein probabilistisches Modell vor, das die hierarchische Netzwerkstruktur berücksichtigt [34]. Dieses Modell leitet hierarchische Informationen aus den Netzdaten ab und nutzt sie zur Vorhersage fehlender Verbindungen. Die hierarchische Struktur des Netzwerks kann durch eine Baumstruktur mit N Blattknoten und $N - 1$ Nicht-Blattknoten dargestellt werden. Jedem Nicht-Blattknoten wird ein Wahrscheinlichkeitswert p_r zugeordnet, und die Verbindungswahrscheinlichkeit eines Paares von Blattknoten entspricht dem Wahrscheinlichkeitswert p_r des nächstgelegenen gemeinsamen Wurzelknotens der beiden Knoten. Gegeben ein Netzwerk G und ein Baumstrukturdiagramm D, wobei E_r die Anzahl der Kanten zwischen zwei Endpunkten mit R als nächstgelegenem gemeinsamen Wurzelknoten im Netzwerk G ist und L_r sowie R_r jeweils die Anzahl der Blattknoten in den linken bzw. rechten Zweigen des Nicht-Blattknotens r darstellen, ergibt sich die Likelihood des Baumstrukturdiagramms D und des Wahrscheinlichkeitswerts p_r wie folgt:

$$\mathcal{L}(D, \{p_r\}) = \prod_r p_r^{E_r} (1 - p_r)^{L_r R_r - E_r} \tag{13.37}$$

Für ein gegebenes Netzwerk G kann das Maximum von $L(D, \{p_r\})$ bestimmt werden.

$$p_r^* = \frac{E_r}{L_r R_r} \qquad (13.38)$$

Daher lässt sich nach der Maximum-Likelihood-Methode mit einer festen Baum-struktur die für das Netzwerk G am besten geeignete Menge $\{p_r\}$ einfach mit Gl. (13.38) bestimmen. Abb. 13.2 zeigt ein Beispielnetzwerk und zwei mögliche Stammbäume, wobei die Wahrscheinlichkeitswerte der Nicht-Blattknoten gemäß Gl. (13.37) berechnet werden, um die Likelihood des jeweiligen Stammbaums zu maximieren. Nach Gl. (13.37) beträgt die maximale Likelihood des Baumstruktur-diagramms links $L(D_1) \approx 0{,}00165$, während sie für das Baumstrukturdiagramm rechts $L(D_1) \approx 0{,}0433$ beträgt. Den Berechnungsergebnissen zufolge beschreibt das Baumstrukturdiagramm auf der rechten Seite die hierarchische Struktur des Netzwerks besser.

Die Link-Vorhersage mit dem Hierarchischen Strukturmodell (HSM) umfasst im Wesentlichen folgende Schritte: Zunächst werden zahlreiche Baumstrukturdia-gramme proportional zu ihrer Wahrscheinlichkeit mittels Markov-Chain-Monte-Carlo-Methode [34] gesampelt. Anschließend wird für jedes Paar nicht verbundener Knoten i und j die durchschnittliche Verbindungswahrscheinlichkeit p_{ij} berechnet, indem die entsprechenden Wahrscheinlichkeiten aller gesammelten Baumstruktur-diagramme gemittelt werden. Abschließend werden die Knotenpaare in absteigender Reihenfolge der durchschnittlichen Verbindungswahrscheinlichkeit sortiert, wobei die am höchsten platzierten Paare als vorhergesagte Verbindungen gelten.

Das HSM eignet sich nicht nur zur Link-Vorhersage, sondern auch zur Auf-deckung verborgener hierarchischer Strukturen in Netzwerken. Allerdings weist

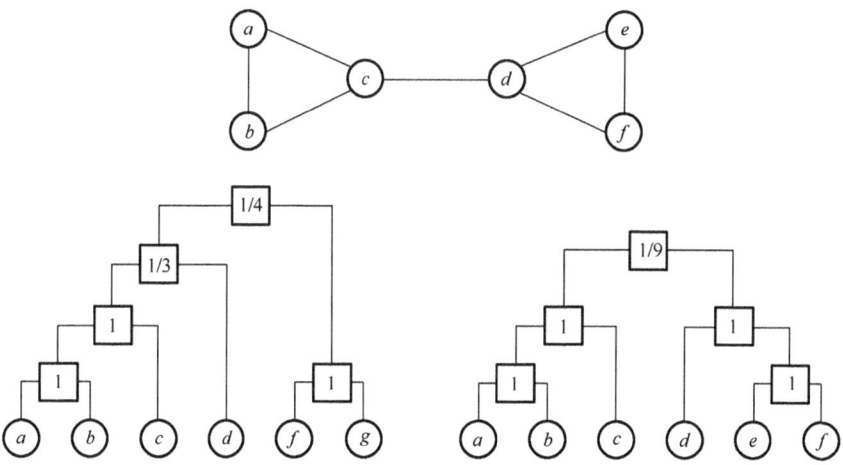

Abb. 13.2 Beispielnetzwerk und Stammbaum eines ungerichteten Graphen mit sechs Knoten [34]

dieses Modell den Nachteil einer langsamen Ausführung auf, und seine Vorher-
sageleistung kann bei Netzwerken mit unklarer Struktur eingeschränkt sein.

13.3.2 Stochastisches Blockmodell

Das hierarchische Strukturmodell ist für die meisten Netzwerke möglicherweise
nicht geeignet. Eine allgemeinere Methode ist das Stochastische Blockmodell
(SBM) [35], bei dem die Knoten des Netzwerks in verschiedene Gruppen eingeteilt werden und die Verbindungswahrscheinlichkeit zwischen Knoten von
den Gruppen abhängt, denen sie angehören. Das SBM eignet sich besonders für
Fälle, in denen die Gruppenzugehörigkeit einen entscheidenden Einfluss auf das
Verbindungsverhalten der Knoten hat. In diesem Modell ist die beobachtete Netzwerkstruktur M, und jedem Knoten wird ein Block $m \in M$ zugewiesen. Die Likeli-
hood-Schätzung der Netzwerkstruktur ergibt sich zu:

$$\mathcal{L}(G|\mathcal{M}) = \prod_{a,b \in \mathcal{M}} p_{a,b}^{l_{a,b}} \left(1 - p_{a,b}\right)^{r_{a,b} - l_{a,b}} \tag{13.39}$$

wobei $l_{a,b}$ die Anzahl der beobachteten Kanten zwischen Knoten in den Gruppen a
und b ist. $r_{a,b}$ bezeichnet alle möglichen Kanten zwischen Knoten in den Gruppen
a und b. Analog zu Gl. (13.39) ergibt sich die optimale Lösung der Maximum-
Likelihood-Schätzung L(G| M) zu:

$$\overline{p}_{a,b} - \frac{l_{a,b}}{r_{a,b}} \tag{13.40}$$

Mit Hilfe des Satzes von Bayes lässt sich der Wahrscheinlichkeitswert der Verbindung mit maximaler Likelihood wie folgt berechnen:

$$P_{x,y} = \frac{\displaystyle\sum_{\mathcal{M} \in \omega} \mathcal{L}\left(e_{x,y} \in E|\mathcal{M}\right)\mathcal{L}(G|\mathcal{M})p(\mathcal{M})}{\displaystyle\sum_{\mathcal{M}' \in \omega} \mathcal{L}(G|\mathcal{M}')p(\mathcal{M}')} \tag{13.41}$$

Da ω eine Menge möglicher Blöcke ist, wächst sie mit zunehmender Knotenzahl
im Netzwerk sehr schnell an, sodas dieses Modell für großskalige Netzwerke nicht
geeignet ist. Auch wenn das Metropolis-Verfahren zur Block-Sampling eingesetzt
werden kann, bleibt der Rechenaufwand dieses Prozesses sehr hoch.

Neben den beiden oben genannten Modellen auf Basis der Maximum-Like-
lihood-Schätzung existieren auch probabilistische locale Wahrscheinlichkeits-
modelle und probabilistische Beziehungsmodelle [36]. Diese Modelle abstrahieren die zugrundeliegende Struktur aus dem beobachteten Netzwerk und nutzen das
erlernte Modell anschließend zur Link-Vorhersage. Für ein gegebenes Netzwerk

optimiert das Wahrscheinlichkeitsmodell zunächst die Zielfunktion, um ein Modell mit mehreren Parametern zu erstellen, das die beobachteten Parameter des Zielnetzwerks bestmöglich abbildet. Anschließend wird die Existenzwahrscheinlichkeit der unbekannten Verbindung (i, j) durch die bedingte Wahrscheinlichkeit $P(A_{ij} = 1 | \theta)$ geschätzt. Interessierte Leserinnen und Leser finden weiterführende Informationen zu Wahrscheinlichkeitsmodellen in der einschlägigen Literatur.

13.4 Link-Vorhersage auf Basis von Machine Learning

13.4.1 Link-Vorhersage auf Basis von Vorhersagemodellen

Die oben genannte Methode berechnet den Score jeder unbeobachteten Verbindung mittels Ähnlichkeits- oder Wahrscheinlichkeitsfunktionen, gefolgt von einer Link-Vorhersage durch Fallanalyse. Tatsächlich kann das Problem der Link-Vorhersage auch die topologischen Eigenschaften des Netzwerks sowie die Attributinformationen der Knoten nutzen, um ein Klassifikationsmodell zu erstellen. Das Link-Vorhersage-Problem wird dabei in ein überwachtes Klassifikationsmodell überführt, wobei jedes Datenobjekt im Modell einem Knotenpaar im Netzwerk entspricht und das Label der Daten angibt, ob zwischen den Knotenpaaren eine Kante existiert. Anders ausgedrückt: Für jedes Knotenpaar (x, y) im Netzwerk $G(V, E)$ gibt das Label der entsprechenden Daten im Klassifikationsmodell an,

$$l_{(x,y)} = \begin{cases} +1 & \text{if } (x, y) \in E \\ -1 & \text{if } (x, y) \notin E \end{cases} \tag{13.42}$$

Dies ist ein typisches binäres Klassifikationsproblem, bei dem Klassifikatoren wie Entscheidungsbaum, Naive Bayes und Support Vector Machine eingesetzt werden können, um fehlende Verbindungen im Netzwerk vorherzusagen. Eine der Herausforderungen von Link-Vorhersagemodellen auf Basis von Machine Learning besteht darin, das geeignete Merkmalsset auszuwählen. Die meisten bestehenden Forschungsarbeiten extrahieren Merkmalssets aus topologischen Netzwerkeigenschaften, wie z. B. Eingangs- und Ausgangsgrad der Knoten, Anzahl der Knoten und Kanten, durchschnittlicher Clusterkoeffizient und durchschnittlicher Grad. Diese Merkmale sind generisch und nicht domänenspezifisch und können auf beliebige Netzwerke angewendet werden. Es gibt auch einige Arbeiten, die sich auf die Extraktion von Knotenattributen konzentrieren, welche eine entscheidende Rolle bei der Verbesserung der Leistungsfähigkeit von Link-Vorhersagemodellen spielen. Hasan et al. nutzten Knotenattributinformationen wie Koautoren, Anzahl der Schlüsselwörter, Clusterkoeffizient und zeigten experimentell, dass der Einsatz solcher nicht-topologischer Merkmale die Leistung der Link-Vorhersage significant verbessert. Diese nicht-topologischen Merkmale sind einfacher zu extrahieren, weisen jedoch Einschränkungen hinsichtlich ihrer Anwendbarkeit auf bestimmte Domänen auf.

13.4.2 Link-Vorhersage auf Basis von Ensemble Learning

Die Link-Vorhersage auf Basis von Ensemble Learning integriert mehrere Vorhersagen, die auf lokalen Informationen beruhen, um die Nachteile der geringen Stabilität von Algorithmen, die auf lokalen Informationen basieren, zu überwinden. Dadurch entsteht ein stabileres und effektiveres Vorhersagemodell. Die Link-Vorhersage mittels Ensemble Learning behandelt die Link-Vorhersage als überwachtes Lernproblem, konstruiert mehrere Lernmodelle und integriert diese anschließend. Diese Methoden eignen sich für Probleme mit geringen Anforderungen an die Echtzeitfähigkeit, aber hohen Anforderungen an die Vorhersagegenauigkeit.

Comar et al. schlugen eine kostengünstige und empfindliche Boosting-Ensemble-Methode für die Link-Vorhersage vor [37]. He et al. entwickelten eine Integrationsstrategie für Link-Vorhersage-Algorithmen, die auf dem Ordered Weighted Average (OWA) lokaler Informationen basiert, und belegten die Wirksamkeit dieser Methode experimentell [38]. Interessierte Leser finden weiterführende Details in den zitierten Referenzen.

13.5 Anwendung der Link-Vorhersage

Die Link-Vorhersage ist vielseitig einsetzbar. So kann sie beispielsweise in der Analyse sozialer Netzwerke zur Vorhersage von Kooperationsbeziehungen in Wissenschaftlernetzwerken genutzt werden und bietet Nutzern personalisierte Empfehlungen in sozialen Netzwerken. Sie eignet sich auch für biologische Netzwerke, wie Protein-Interaktionsnetzwerke und Stoffwechselnetzwerke. Eine hochgenaue Link-Vorhersage kann die experimentellen Kosten senken. In diesem Abschnitt werden einige typische Anwendungsszenarien der Link-Vorhersage vorgestellt.

13.5.1 Netzwerkrekonstruktion

Guimera und Sales-Pardo entwickelten einen Rahmen, um die Link-Vorhersage für die Netzwerkrekonstruktion einzusetzen. Sie rekonstruieren das reale Netzwerk anhand des beobachteten Netzwerks oder anhand der fehlenden (gelöschten) und falschen (hinzugefügten) Verbindungen [34]. In diesem Prozess besteht das Problem, dass die Anzahl der fehlenden und falschen Verbindungen im Netzwerk unbekannt ist. Zu diesem Zweck rekonstruieren die Autoren das Netzwerk auf Basis des stochastischen Blockmodells und beschreiben die Glaubwürdigkeit des Netzwerks anhand der Glaubwürdigkeit der fehlenden und falschen Verbindungen. Die Glaubwürdigkeit des Netzwerks A ist definiert als:

$$R(A) = \prod_{A_{xy}=1, x<y} R_{xy} = \prod_{A_{xy}=1, x<y} L\left(A_{xy} = 1 | A^0\right) \tag{13.43}$$

R_{xy} ist das Vertrauensniveau der Kante zwischen den Knoten x und y, das durch die Wahrscheinlichkeit definiert ist, dass die Verbindung zwischen x und y tatsächlich im gegebenen Beobachtungsnetzwerk A^0 existiert. Diese Gleichung kann gelöst werden, indem das Netzwerk A gefunden wird, das die Zuverlässigkeit von Gl. (13.43) maximiert, was dem durch Rekonstruktion erhaltenen Netzwerk entspricht.

Aufgrund der hohen Rechenkosten dieser Gleichung entwickelten Guimera et al. einen Greedy-Algorithmus zur Berechnung. Der Algorithmus berechnet zunächst die Glaubwürdigkeit aller Knotenpaare, entfernt dann die Verbindungen mit der geringsten Glaubwürdigkeit und fügt die Verbindungen mit der höchsten Glaubwürdigkeit zu den im aktuellen Netzwerk nicht vorhandenen Kanten hinzu [34]. Führt diese Operation zu einer Erhöhung der Glaubwürdigkeit des Netzwerks, wird sie akzeptiert. Wird die Operation abgelehnt, wird derselbe Vorgang mit der verbleibenden Kante mit der niedrigsten Glaubwürdigkeit und der Kante mit der höchsten Glaubwürdigkeit unter den nicht verbundenen Kanten wiederholt. Dieser Prozess endet nach fünf aufeinanderfolgenden Ablehnungen. Nach Abschluss dieses Prozesses erhält man ein neues Netzwerk.

Guimera führte Experimente auf Basis des osteuropäischen Flugnetzwerks durch. Abb. 13.3a zeigt das reale Netzwerk des osteuropäischen Flugverkehrs, Abb. 13.3b zeigt ein Beobachtungsnetzwerk, das durch zufälliges Löschen und Hinzufügen von Kanten im realen Netzwerk entstanden ist. Das rekonstruierte Netzwerk ist in Abb. 13.3c dargestellt. Ein Vergleich zeigt, dass das rekonstruierte Netzwerk dem tatsächlichen Netzwerk näherkommt als das beobachtete Netzwerk, was die Machbarkeit der vorgeschlagenen Methode bestätigt.

13.5.2 Anwendung bei der Knotenlabel-Klassifikation

Die Methode der Knotenlabel-Klassifikation mittels Link-Prediction ist eine Klassifikationsmethode, die auf Knotenattributen und den Beziehungen zwischen Knoten basiert. Nach dem Prinzip „Gleich und Gleich gesellt sich gern" geht diese Methode davon aus, dass das Label eines Knotens mit den Labels seiner Nachbarknoten zusammenhängt. Durch die Nutzung der Informationen der gelabelten Knoten im Netzwerk sowie der Netzwerkstruktur können nicht gelabelte Knoten klassifiziert werden.

Zwei zentrale Herausforderungen für eine hochpräzise Label-Klassifikation sind die geringe Anzahl gelabelter Knoten und die Inkonsistenz der Label-Informationen. Um diese beiden Schwierigkeiten zu überwinden, besteht eine einfache und effektive Methode darin, jedes Knotenpaar entsprechend dem Ähnlichkeitswert zu markieren oder nicht zu markieren. Das Hinzufügen künstlicher

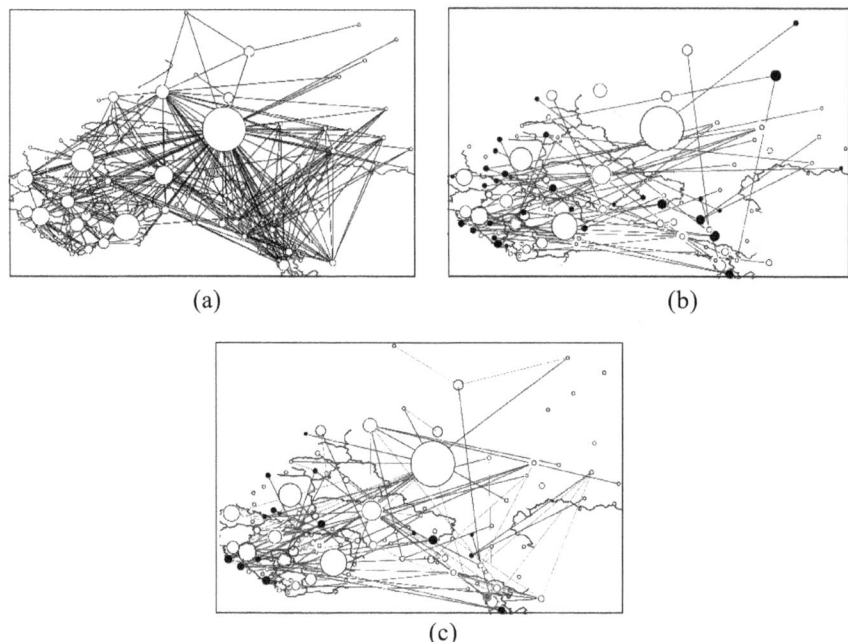

Abb. 13.3 Rekonstruktion des osteuropäischen Flugnetzwerks [34]. (**a**)Reales Netzwerk. (**b**) Beobachtungsnetzwerk. (**c**) Rekonstruiertes Netzwerk

Verbindungen zwischen Knoten [35, 39] ähnelt der Technik, die bei der auf Ähnlichkeit basierenden Link-Prediction verwendet wird. Dabei wird angenommen, dass zwei Knoten, die sich ähnlicher sind, mit höherer Wahrscheinlichkeit derselben Klasse angehören.

Für ein gewichtetes, ungerichtetes Netzwerk G (V, E, L), wobei $L = \{l_1, l_2, ..., l_m\}$ die Menge der Knotenlabels darstellt, werden Knoten ohne Label mit 0 markiert. Für den Knoten v_x und den Knoten v_y ist der Ähnlichkeitsindex S_{xy}. Für einen nicht gelabelten Knoten v_x ist die Wahrscheinlichkeit, dass er zu l_i ($l_i \in L$) gehört, wie folgt gegeben:

$$p(l_i|v_x) = \frac{\sum\limits_{\{y|y\neq x,\text{label}(y)=l_i\}} s_{xy}}{\sum\limits_{\{y|y\neq x,\text{label}(y)\neq 0\}} s_{xy}} \tag{13.44}$$

Das Label mit dem höchsten Wahrscheinlichkeitswert ist das vorhergesagte Label des Knotens v_x.

Abb. 13.4 zeigt ein einfaches Beispiel für die Knotenlabel-Klassifikation. Im Diagramm gibt es fünf Knoten und zwei Labeltypen, von denen vier bereits gelabelt sind. Das Label von Knoten 5 soll vorhergesagt werden. Basierend auf dem CN-Index wird die Ähnlichkeit zwischen Knoten 5 und den anderen vier Knoten

Abb. 13.4 Beispieldiagramm
zur Knotenlabel-
Klassifikation

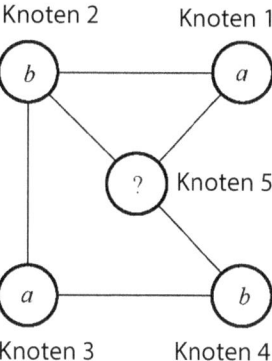

Knoten 2   Knoten 1

b a

? Knoten 5

a b

Knoten 3   Knoten 4

wie folgt berechnet: $S_{15} = 1$, $S_{25} = 1$, $S_{35} = 2$, $S_{45} = 0$. Nach Gl. (13.44) ergibt
sich, dass die Wahrscheinlichkeit, dass Knoten 5 zu Klasse A bzw. Klasse B ge-
hört, $p\,(a|\,v_5) = 0{,}75$ bzw. $p(b|\,v_5) = 0{,}25$ beträgt. Basierend auf dem RA-Index
ergibt sich die Ähnlichkeit $S_{15} = \frac{1}{3}, S_{25} = \frac{1}{2}, S_{35} = \frac{1}{3} + \frac{1}{2}$, und die Wahrscheinlich-
keitswerte können ebenfalls berechnet werden: $p(a|\,v_5) = 0{,}7$, $p(b|\,v_5) = 0{,}3$. Aus
den Berechnungsergebnissen dieser beiden Ähnlichkeitsindizes ist ersichtlich,
dass das vorhergesagte Label für Knoten 5 jeweils Klasse A ist.

13.5.3 Analyse anomaler Kanten

Bei der Link-Prediction kann die Ähnlichkeit zwischen Knoten genutzt werden,
um die Wahrscheinlichkeit des Vorhandenseins oder der Entstehung von Kanten
zwischen nicht verbundenen Knotenpaaren vorherzusagen. Auf dieser Grundlage
können die Ähnlichkeitsindizes auch verwendet werden, um die Glaubwürdigkeit
oder Bedeutung von Kanten zwischen verbundenen Knotenpaaren im Netzwerk
zu bewerten. Ergibt die Berechnung eine geringe Wahrscheinlichkeit für eine beobachtete Kante, kann daraus geschlossen werden, dass die Glaubwürdigkeit dieser Kante gering oder ihre Bedeutung hoch ist.

Zan Huang und Daniel D. Zeng schlugen ein Modell zur Erkennung von
Spam-E-Mails mittels Link-Prediction vor [40]. Sie konstruierten ein gerichtetes,
gewichtetes E-Mail-Netzwerk auf Basis von E-Mail-Daten. Die Knoten dieses
Netzwerks sind E-Mail-Absender und -Empfänger, und die Anzahl der E-Mail-
Kommunikationen zwischen Absendern und Empfängern wird auf das Gewicht der
Kanten zwischen ihnen abgebildet. In diesem Rahmen bezeichnet eine anomale
E-Mail eine Nachricht zwischen Knoten mit sehr geringer Wahrscheinlichkeit. Mit-
hilfe der Adamic/Adar-Link-Prediction-Methode werden für jedes unterschiedliche
Absender-Empfänger-Paar Anomalie-Scores berechnet, um Spam zu erkennen.

Kapitelzusammenfassung

Dieses Kapitel führt in die Link-Prediction aus drei Perspektiven ein: Prinzip, Methode und Anwendung. Link-Prediction kann sowohl potenzielle Verbindungen zwischen Knoten in der Zukunft als auch aktuell existierende, aber unbekannte Verbindungen in zeitlicher und räumlicher Hinsicht vorhersagen. Die Link-Prediction ist ein Forschungsfeld, das in den letzten Jahren große Aufmerksamkeit erhalten hat und seine Vorhersagemethoden durch die Kombination verschiedener Modelle stetig erweitert. In diesem Kapitel werden drei typische Link-Prediction-Modelle vorgestellt, anhand derer die inneren Zusammenhänge zwischen den verschiedenen Methoden deutlich werden. Darüber hinaus sind mit der Entwicklung moderner künstlicher neuronaler Netze und Deep-Learning-Technologien eine Reihe graphbasierter neuronaler Netzwerkmodelle entstanden, die Netzwerk und Netzwerktopologie kombinieren und von interessierten Lesern weiter vertieft werden können. Die Link-Prediction findet in vielen Bereichen breite Anwendung. Gegenwärtig wird sie häufig zur Empfehlung von Nutzern in sozialen Netzwerken wie Weibo, QQ und Twitter eingesetzt. Sie dient auch zur Vorhersage von Knotentypen in Netzwerken mit bekannten Knotentypen, etwa bei der Erkennung von Spam-E-Mails oder der Vorhersage kriminellen Verhaltens. Angesichts der Bedeutung der Link-Prediction für zahlreiche Anwendungen sozialer Netzwerke bleibt sie ein offenes Forschungsproblem in diesem Bereich.

Fragen zum Kapitelabschluss

1. Verbinden Sie praktische Anwendungen und erfassen Sie das Konzept der Link-Prediction sowohl in zeitlicher als auch in räumlicher Dimension.
2. Analysieren und vergleichen Sie die benötigten Informationen, die Form der Vorhersageergebnisse und den Anwendungsbereich der drei Arten von Link-Prediction-Methoden: Methoden auf Basis von Wahrscheinlichkeit und Statistik, klassifikationsbasierte Methoden und Methoden des Ensemble-Lernens.
3. In Abschn. 13.5.2 werden Methoden der Link-Prediction zur Knotenlabel-Klassifikation vorgestellt. Berechnen Sie anhand von Abb. 13.4 dieses Kapitels die Vorhersagen, ob Knoten 5 zu Klasse A oder Klasse B gehört, unter Verwendung des Jaccard-Index, HPI, HDI und AA-Index.
4. Link-Prediction kann in vielen Bereichen angewendet werden. Nennen Sie Beispiele für den Einsatz von Link-Prediction in sozialen Netzwerken.

Literatur

1. Zhang, Q.M., Xu, X.K., Zhu, Y.X., et al.: Measuring multiple evolution mechanisms of complex networks. Sci. Rep. **5**(1), 10350 (2015)
2. Liben-Nowell, D., Kleinberg, J.: The link prediction problem for social network. In: Proceedings of the Twelfth International Conference on Information and Knowledge Management, S. 556–559 (2003)
3. Kumar, A., Singh, S.S., Singh, K., et al.: Link prediction techniques, applications, and performance: a survey. Physica A. **553**, 124–289 (2020)

4. Lin, D.: An information-theoretic definition of similarity. ICML. **1998**(98), 296–304 (1998)
5. Sun, D., Zhou, T., Liu, J.G., et al.: Information filtering based on transferring similarity. Phys. Rev. E. **80**(1), 17101 (2009)
6. Holme, P., Huss, M.: Role-similarity based functional prediction in networked systems: application to the yeast proteome. J. R. Soc. Interface. **2**(4), 327–333 (2005)
7. Granovetter, M.S.: The strength of weak ties: a network theory revisited. Sociol. Theory. **1**(6), 201–233 (1983)
8. Newman, M.: Clustering and preferential attachment in growing networks. Phys. Rev. E Stat. Nonlinear Soft Matter Phys. **64**(2), 025102 (2001)
9. Salton, G., McGill, M.J.: Introduction to Modern Information Retrieval. McGraw-Hill, New York (1984)
10. Jaccard, P.: Etude comparative de la distribution florale dans une portion des alpes et des jura. Bull. Soc. Vaud. Sci. Nat. **37**(142), 547–579 (1901)
11. Sorensen, T.A.: A method of establishing groups of equal amplitude in plant sociology based on similarity of species content and its application to analyses of the vegetation on Danish commons. Biol. Skar. **5**, 1–34 (1948)
12. Ravasz, E., Somera, A.L., Mongru, D.A., et al.: Hierarchical organization of modularity in metabolic networks. Science. **297**(5586), 1551–1555 (2002)
13. Leicht, E.A., Holme, P., Newman, M.: Vertex similarity in networks. Phys. Rev. E Stat. Nonlinear Soft Matter Phys. **73**(2), 026120 (2006)
14. Adamic, L.A., Adar, E.: Friends and neighbors on the web. Soc. Netw. **25**(3), 211–230 (2003)
15. Zhou, T., Lü, L., Zhang, Y.C.: Predicting missing links via local information. Eur. Phys. J. B. **71**(4), 623–630 (2009)
16. Xie, Y.B., Tao, Z., Wang, B.H.: Scale-free networks without growth. Physica A. **387**(7), 1683–1688 (2007)
17. Liu, Z., Zhang, Q.M., Lü, L., et al.: Link prediction in complex networks: a local naive bayes model. Europhys. Lett. **96**(4), 48007 (2011)
18. Cannistraci, C.V., Alanis-Lobato, G., Ravasi, T.: From link-prediction in brain connectomes and protein interactomes to the local-community-paradigm in complex networks. Sci. Rep. **3**(1), 1613 (2013)
19. Blondel, V.D., Gajardo, A., Heymans, M., et al.: A measure of similarity between graph vertices: applications to synonym extraction and web searching. SIAM Rev. **46**(4), 647–666 (2004)
20. Fouss, F., Pirotte, A., Renders, J.M., et al.: Random-walk computation of similarities between nodes of a graph with application to collaborative recommendation. IEEE Trans. Knowl. Data Eng. **19**(3), 355–369 (2007)
21. Klein, D.J., Randić, M.: Resistance distance. J. Math. Chem. **12**, 81–95 (1993)
22. Brin, S., Page, L.: The anatomy of a large-scale hypertextual web search engine. Comput. Netw. ISDN Syst. **30**(1–7), 107–117 (1998)
23. Tong, H., Faloutsos, C., Pan, J.Y.: Fast random walk with restart and its applications. In: Sixth International Conference on Data Mining (ICDM'06), pp. 613–622. IEEE (2006)
24. Shang, M.S., Lü, L., Zeng, W., et al.: Relevance is more significant than correlation: information filtering on sparse data. Europhys. Lett. **88**(6), 68008 (2010)
25. Chebotarev, P.Y., Shamis, E.V.: A matrix-forest theorem and measuring relations in small social group. Inst. Control Sci. **9**, 125–137 (1997)
26. Lü, L., Jin, C.H., Zhou, T.: Similarity index based on local paths for link prediction of complex networks. Phys. Rev. E. **80**(4), 046122 (2009)
27. Liu, W., Lü, L.: Link prediction based on local random walk. Europhys. Lett. **89**(5), 58007–58012 (2010)
28. Martinez, V., Berzal, F., Cubero, J.C.: A survey of link prediction in complex networks. ACM Comput. Surv. **49**(4), 1–33 (2017)
29. Hanley, J.A., Mcneil, B.J.: The meaning and use of the area under a receiver operating characteristic (ROC) curve. Radiology. **143**(1), 29–36 (1982)

30. Herlocker, J.L., Konstan, J.A., Terveen, L.G., et al.: Evaluating collaborative filtering recommender systems. ACM Trans. Inform. Syst. (TOIS). **22**(1), 5–53 (2004)
31. Bu, D., Zhao, Y., Lun, C., et al.: Topological structure analysis of the protein-protein interaction network in budding yeast. Nucleic Acids Res. **9**, 24–50 (2003)
32. Newman, M.E.J.: Finding community structure in networks using the eigenvectors of matrices. Phys. Rev. E. **74**(3), 036104 (2006)
33. Ravasz, E., Barabási, A.L.: Hierarchical organization in complex networks. Phys. Rev. E. **67**(2), 026112 (2003)
34. Clauset, A., Moore, C., Newman, M.: Hierarchical structure and the prediction of missing links in networks. Nature. **453**(7191), 98–101 (2008)
35. Guimerà, R., Sales-Pardo, M.: Missing and spurious interactions and the reconstruction of complex networks. Proc. Natl. Acad. Sci. U. S. A. **106**(52), 22073–22078 (2009)
36. Zhang, Q.-M., Shang, M.-S., Lu, L.: Similarity-based classification in partially labeled networks. Int. J. Mod. Phys. C. **21**(6), 813–824 (2010)
37. Comar, P.M., Tan, P.N., Jain, A.K.: Linkboost: a novel cost-sensitive boosting framework for community-level network link prediction. In: 2011 IEEE 11th International Conference on Data Mining, S. 131–140. IEEE (2011)
38. He, Y., Liu, J.N.K., Hu, Y., et al.: OWA operator based link prediction ensemble for social network. Expert Syst. Appl. **42**(1), 21–50 (2015)
39. Gallagher, B., Tong, H., Eliassi-Rad, T., et al.: Using ghost edges for classification in sparsely labeled networks. In: Proceedings of the 14th ACM SIGKDD International Conference on Knowledge Discovery and Data Mining, S. 256–264 (2008)
40. Huang, Z., Zeng, D.D.: A link prediction approach to anomalous email detection. In: 2006 IEEE International Conference on Systems, Man and Cybernetics, Bd. 2, S. 1131–1136. IEEE (2006)

Kapitel 14
Bewertung des Einflusses sozialer Netzwerke

Zusammenfassung Dieses Kapitel untersucht das Konzept und die Anwendung von Einfluss in sozialen Netzwerken. Es beginnt mit der Definition des Knoteneinflusses, erörtert dessen theoretische Grundlagen und Ausprägungen. Anschließend liegt der Fokus auf der Messung des Knoteneinflusses anhand der Netzwerktopologie und darauf, wie sich Einfluss innerhalb sozialer Netzwerke ausbreitet. Das Kapitel behandelt zudem Bewertungsmetriken sowie praktische Anwendungsbereiche des Einflusses. Das Verständnis von Einfluss in sozialen Netzwerken unterstützt die Analyse individuellen und kollektiven Verhaltens, fördert die öffentliche Entscheidungsfindung und Meinungsanalyse und trägt zur Verbesserung von Sicherheit und Entwicklung in sozialen, kulturellen und wirtschaftlichen Bereichen bei. Die Untersuchung des Einflusses in sozialen Netzwerken besitzt daher sowohl große theoretische als auch praktische Bedeutung.

Die Erforschung von Einfluss ist seit langem von Interesse für Soziologen und Psychologen. Bereits zu Beginn des zwanzigsten Jahrhunderts stellte Triplett fest, dass Menschen dazu neigen, bessere Leistungen zu erbringen, wenn sie von anderen beobachtet werden [1]. In den 1950er Jahren fanden Katz et al. heraus, dass Einfluss eine entscheidende Rolle in verschiedenen Bereichen des täglichen Lebens und bei politischen Wahlen spielt [2].

In den letzten Jahren hat der Aufstieg verschiedener groß angelegter sozialer Netzwerke, wie der Theorie der sechs Grade der Trennung [3], der Theorie der vier Grade der Trennung [4] und der Small-World-Theorie [5], gezeigt, dass die Distanz zwischen Menschen immer kürzer wird und die Verbindungen immer enger werden. Soziale Netzwerke bieten experimentelle Plattformen und umfangreiche Daten für die Erforschung von Einfluss. Frühe Politiker nutzten Einfluss, um Wahlen zu gewinnen, und Geschäftsleute, um Produkte zu verkaufen. Im Zeitalter der sozialen Medien bestimmt die skalenfreie Struktur sozialer Netzwerke [6], dass wenige Personen über die Mehrheit der Diskursmacht verfügen. Verschiedene Meinungsführer nutzen ihren Einfluss, um Meinungen im Internet zu lenken; ihre „Spuren" sind in vielen aktuellen Diskussionen und bei Notfällen

J. Wu, *Soziales-Netzwerk-Computing*,
https://doi.org/10.1007/978-981-95-1129-7_14

sichtbar, und ihr Einfluss gewinnt zunehmend an Bedeutung. Die Analyse, Messung, Modellierung und Verbreitung von Einfluss in soziale Netzwerken besitzt sowohl theoretisch als auch praktisch große Bedeutung.

Dieses Kapitel führt zunächst in die Definition und Ausprägungen von Einfluss in sozialen Netzwerken ein, stellt anschließend die Messung und den Vergleich von Einflussindikatoren aus unterschiedlichen Perspektiven vor, erläutert dann die Maximierung von Einfluss und die zugehörigen Implementierungsalgorithmen, gefolgt von einer Einführung in das Bewertungsmodell von Einfluss. Abschließend werden die Anwendungsbereiche der Einflussbewertung vorgestellt.

14.1 Einfluss von sozialen Netzwerken

14.1.1 Definition des Einflusses in sozialen Netzwerken

Politiker nutzen Einfluss, um Wahlen zu gewinnen, und Geschäftsleute nutzen den Einfluss von Mundpropaganda, um Produkte im gesamten sozialen Netzwerk zu verkaufen. Die Steuerung der öffentlichen Meinung und die Verbreitung innovativer Theorien können sich ebenfalls auf einzelne Nutzer mit hoher Einflusskraft in sozialen Netzwerken stützen. Doch was genau ist Einfluss? Einfluss kann qualitativ oder quantitativ analysiert werden, und verschiedene Arten von Einfluss haben unterschiedliche Wirkungsbereiche. Bislang existiert keine einheitliche formale Definition und kein standardisiertes Berechnungsverfahren für Einfluss.

Frühe Soziologen analysierten Einfluss qualitativ. Der Soziologe Rashotte definierte Einfluss als das Phänomen, bei dem Individuen infolge der Interaktion mit anderen Personen oder Gruppen Veränderungen in ihren eigenen Gedanken, Gefühlen, Einstellungen oder Verhaltensweisen erfahren [7]. Der Einfluss eines Knotens bezieht sich darauf, warum sich das Verhalten einer Person ändert, wenn sie mit Menschen kommuniziert, die ihnen überlegen sind oder die gleiche Interessen haben.

Katz et al. bezeichneten eine kleine Anzahl einflussreicher Personen als „Meinungsführer", da sie die Wahlabsichten der Allgemeinheit bei der US-Präsidentschaftswahl beeinflussen. Sie entwickelten die Zwei-Stufen-Flusstheorie, um aufzuzeigen, dass es Unterschiede im individuellen Einfluss gibt. Anagnostopoulos et al. unterteilten Nutzer in sozialen Netzwerken in autoritative und gewöhnliche Nutzer und untersuchten den Einfluss bei der Informationsverbreitung [8]. Bei der Untersuchung der Informationsdiffusion unterteilten Yan et al. Nutzer in sozialen Netzwerken in drei Rollen: Meinungsführer, strukturelle Löcher und gewöhnliche Nutzer [9]. Die klassischen soziologischen Theorien der „schwachen Bindungen" von Granovetterh und Krackhardt zeigen, dass unterschiedliche Beziehungsarten unterschiedlich stark zum Einfluss eines Knotens beitragen und dass schwache Bindungen einen größeren Einfluss auf die Knoten haben als starke Bindungen [10, 11].

Das Aufkommen sozialer Netzwerke bietet eine quantitative Grundlage für die Definition und Untersuchung des Knoteneinflusses, und es müssen messbare Indikatoren entwickelt werden, um den Knoteneinfluss quantitativ zu erfassen. Einzelne Personen sind über verschiedene Beziehungen miteinander verbunden und bilden so die topologische Struktur sozialer Netzwerke, wie etwa Kooperationsnetzwerke von Wissenschaftlern, die durch Zusammenarbeit entstehen, Zitationsnetzwerke, die durch Beziehungen zwischen Publikationen entstehen, und Follower-Netzwerke, die sich durch das Folgen-Verhalten von Weibo-Nutzern bilden. Intuitiv können die Rangindikatoren der Knotenbedeutung in sozialen Netzwerken zur Messung des Knoteneinflusses herangezogen werden. Gradzentralität, Vermittlungszentralität, Kompaktheitszentralität und der Clusterkoeffizient von Knoten können den Knoteneinfluss in gewissem Maße ausdrücken. Forschende zerlegen die Knoten mittels K-Kern-Zerlegung von der Peripherie bis zum Kern in verschiedene Ebenen. PageRank [12], HITS [13], LeaderRank [14] und andere Random-Walk-Algorithmen können den Knoteneinfluss anhand der Rangfolge der bewerteten Knoten unterscheiden.

14.1.2 Reichweite und Ausprägungen des Einflusses in sozialen Netzwerken

Einfluss kann als individuelle Eigenschaft interpretiert werden, aber auch als Wirkungsform zwischen Individuen, weshalb Einfluss sowohl globale als auch lokale Reichweite besitzt. Soziologen analysieren Einfluss qualitativ und weisen darauf hin, dass der durch Netzwerkstatistiken ermittelte Einfluss zur globalen Einflusskraft zählt. Darüber hinaus kann Einfluss anhand des Nutzerverhaltens in sozialen Netzwerken und statistischer Indikatoren für interaktive Informationen ausgedrückt werden, wie etwa der Anzahl der Follower, der Anzahl der Weiterleitungen eines Nutzers oder der Häufigkeit, mit der ein Nutzer erwähnt wird. Der Knoteneinfluss variiert je nach Thema, und Einfluss kann als latente Variable betrachtet werden. Diese Studien unterscheiden Einfluss nach Objekt und Anwendungsbereich und kommen zu dem Schluss, dass Einfluss auch als lokale Einflusskraft verstanden werden kann.

Die qualitative Analyse von Einfluss drückt diesen als Wahrscheinlichkeit von Klassifikationsergebnissen, Rangfolgen oder dem Vorhandensein von Einfluss zwischen Knoten aus, während die quantitative Analyse den Einfluss durch messbare Größen wie Zufallsvariablen, statistische Kennzahlen oder die Anzahl der Verhaltensausbreitungen widerspiegelt. Die Geschwindigkeit und Reichweite der Informationsverbreitung in sozialen Netzwerken stehen in engem Zusammenhang mit dem Einfluss der Nutzer. Daher können die Verbreitungsgeschwindigkeit und -reichweite von Nutzerinformationen in sozialen Netzwerken zur Darstellung des ausbreitenden Knoteneinflusses herangezogen werden, insbesondere in praktischen Anwendungen wie Viral Marketing und Meinungslenkung. Durch die Zusammenfassung der Ergebnisse qualitativer und quantitativer Analysen des Einflusses in verschiedenen Bereichen ergeben sich die Formen und Methoden des Knoteneinflusses, wie in Tab. 14.1 dargestellt.

Die in Tab. 14.1 aufgeführten Methoden werden wie folgt beschrieben:

- IDPM (Influence Diffusion Probability Model) ist ein Wahrscheinlichkeitsmodell für die Einflussausbreitung.
- TOIM (Topic-Level Opinion Influence Model) ist ein Modell zur themenbezogenen Meinungsbeeinflussung.
- HF-NMF (Hybrid Factor Non-negative Matrix Factorization) ist ein Modell der gemischten Faktoren-Nichtnegative-Matrixfaktorisierung.
- LIM (Linear Influence Model) ist ein lineares Einflussmodell.
- ICM (Independent Cascade Model) ist ein unabhängiges Kaskadenmodell.
- LTM (Linear Threshold Model) ist ein lineares Schwellenwertmodell.
- TAP (Topical Affinity Propagation) ist ein lokales Affinitätsausbreitungsmodell.

Die Analyse der zugehörigen Definitionen und Ausprägungen des Knoteneinflusses zeigt, dass mit zunehmendem globalen Knoteneinfluss auch die Fähigkeit des Knotens steigt, die Verbreitung von Informationen und Verhalten im gesamten sozialen Netzwerk zu steuern. Somit können wenige der einflussreichsten Knoten in sozialen Netzwerken den Großteil der Verbreitung im gesamten Netzwerk

Tab. 14.1 Ausprägungen und Methoden des Knoteneinflusses

Methode der Einflussanalyse	Ausprägung der Darstellung	Reichweite	Repräsentative Indikatoren oder Methoden
Qualitative Analyse	Ergebnis der Klassifikation	Gesamtsituation	Zweitordnungs-Ausbreitungstheorie, Theorie der schwachen und starken Bindungen usw.
	Bedeutung der Netzwerktopologie	Lokal/global	Vermittlungszentralität, Kompaktheitszentralität, K-Kern-Zerlegung usw.
	Ergebnisse relativer Sortierung	Gesamtsituation	PageRank, LeaderRank, HITS usw.
	Wahrscheinlichkeit des Einflusses zwischen Nutzern	Teilbereich	IDPM, TOIM, ICM usw.
Quantitative Analyse	Eine Zufallsvariable einer bestimmten Verteilung	Gesamtsituation	LIM, LDM usw.
	Themenbezogene latente Variable	Teilbereich	TAP, HF-NMF usw.
	Statistische Kennzahlen	Gesamtsituation	Drei von Du, Cha und anderen vorgeschlagene Einflussarten
	Anzahl aktiver Knoten während der Ausbreitung	Gesamtsituation	LTM, ICM usw.

kontrollieren. Der Einfluss eines Knotens auf einen anderen Knoten zählt zum lokalen Einfluss. Je größer der Einfluss eines Knotens auf einen anderen ist, desto wahrscheinlicher ist es, dass Letzterer dem Verhalten des Ersteren im sozialen Netzwerk folgt und es imitiert. Um den lokalen Knoteneinfluss quantitativ zu messen und den unterschiedlichen Anforderungen verschiedener Anwendungen gerecht zu werden, ist es notwendig, den lokalen Einfluss und die Netzwerkstruktur zu definieren, um bessere Ergebnisse zu erzielen.

14.2 Messung des Einflusses in sozialen Netzwerken

Da die topologische Struktur den Einfluss sozialer Netzwerke auf Makroebene beschreiben kann, sind die Ermittlung topologischer Strukturindikatoren in komplexen Netzwerken relativ ausgereift und zugänglich. Daher ist es gängige Praxis geworden, den Einfluss von Knoten in sozialen Netzwerken anhand der topologischen Struktur zu messen.

Forschende aus soziologischen Fachgebieten nutzten zunächst die Netzwerktopologie zur Messung des Knoteneinflusses, später wurden auch in anderen Disziplinen entsprechende Forschungen und Verbesserungen vorgenommen. In diesem Abschnitt wird die Messung des Einflusses aus vier Perspektiven vorgestellt: lokale Eigenschaften, globale Eigenschaften, Random Walks und Gemeinschaftsstruktur [15].

14.2.1 Messung basierend auf lokalen Eigenschaften

Messungen, die auf lokalen Eigenschaften basieren, umfassen die folgenden vier Indikatoren:

1. Degree-Zentralität. Die am häufigsten verwendete Messgröße auf Basis lokaler Attribute ist die Degree-Zentralität, die den direkten Einfluss eines Knotens im gesamten Netzwerk widerspiegelt. Beispielsweise können Nutzer mit einer großen Anzahl an Followern auf Weibo einen größeren Einfluss haben.
2. Lokale Zentralität. Es ist offensichtlich nicht ratsam, nur den Grad oder die Position der Knoten im Netzwerk nicht zu berücksichtigen. Indikatoren der lokalen Zentralität beziehen sowohl den Grad der Knoten als auch den ihrer Nachbarn mit ein. Forschende haben festgestellt, dass bei einer geringen Ausbreitungsrate im Netzwerk die Degree-Zentralität einen besseren Effekt auf die Verbreitung von Knoten hat. Liegt die Ausbreitungsrate jedoch nahe am kritischen Wert, verbessert sich die Wirksamkeit der Messung mittels Eigenvector-Zentralität.
3. Erweiterte Degree-Zentralität (Extent Centrality). Aufbauend auf der lokalen Zentralität wird der Knotengrad erweitert, indem die Grade der Nachbarknoten

des aktuellen Knotens aufsummiert werden. Daraus ergeben sich Indikatoren für die Zentralität des erweiterten Grades, und es wird analysiert, wie viele Schichten für die Informationsverbreitung bei unterschiedlichen Ausbreitungsraten geeignet sind. Das Prinzip des Drei-Grad-Einflusses besagt, dass ein Knoten nicht nur seine Nachbarknoten (ein Grad), sondern auch deren Nachbarn (zwei Grade) und sogar deren Nachbarn (drei Grade) beeinflussen kann. Solange die Verbindungen innerhalb von drei Graden stark sind, besteht die Möglichkeit, Verhalten auszulösen; überschreitet der Einfluss drei Grade, verschwindet der Einfluss zwischen den Knoten.

4. Lokaler Clusterkoeffizient. Degree-Zentralität und deren verbesserte Indizes sind einfach, anschaulich und weisen eine geringe Zeitkomplexität auf, was sie für große Netzwerke geeignet macht. Diese Indikatoren berücksichtigen jedoch nur den Einfluss eines Knotens anhand der Anzahl der Knoten, die andere Knoten beeinflussen können, und nicht die Intensität des Einflusses oder die Position des Knotens im Gesamtnetzwerk. In sozialen Netzwerken, in denen häufig eng verbundene Freundesgruppen Gemeinschaften bilden, kann der lokale Clusterkoeffizient die Stärke der Verbindung zwischen den Nachbarknoten eines Knotens messen. Der lokale Clusterkoeffizient entspricht dem Verhältnis der Anzahl der Kanten zwischen den Nachbarknoten des Knotens vi zur maximal möglichen Anzahl an Kanten zwischen diesen Nachbarknoten.

Die Formel zur Berechnung des Clusterkoeffizienten in einem ungerichteten Graphen lautet wie folgt:

$$C(v_i) = \frac{2\left|\left\{e_{jk} : v_j, v_k \in Nv_i, e_{jk} \in E\right\}\right|}{k_i(k_i - 1)} \tag{14.1}$$

Die Formel zur Berechnung des Clusterkoeffizienten in einem gerichteten Graphen ist wie folgt:

$$C(v_i) = \frac{\left|\left\{e_{jk} : v_j, v_k \in Nv_i, e_{jk} \in E\right\}\right|}{k_i(k_i - 1)} \tag{14.2}$$

Ein Rechenbeispiel für den lokalen Clusterkoeffizienten ist in Abb. 14.1 dargestellt:

14.2.2 Messung basierend auf globalen Eigenschaften

Messungen, die auf globalen Eigenschaften basieren, untersuchen hauptsächlich die globalen Netzwerkinformationen, in denen sich die Knoten befinden. Diese Indikatoren spiegeln die topologischen Eigenschaften der Knoten gut wider, weisen jedoch eine hohe Zeitkomplexität auf und sind für große Netzwerke meist ungeeignet. Die Messung auf Basis globaler Eigenschaften umfasst die folgenden vier Indikatoren:

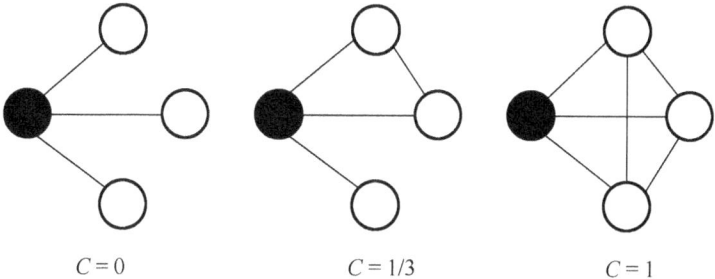

Abb. 14.1 Rechenbeispiel für den lokalen Clusterkoeffizienten

1. Vermittlungszentralität (Betweenness Centrality) bezeichnet die Anzahl der kürzesten Wege zwischen zwei Knoten im Netzwerk, die über den aktuellen Knoten verlaufen, und beschreibt die Häufigkeit, mit der Informationen beim Durchlaufen des sozialen Netzwerks über diesen Knoten geleitet werden. Je höher der Wert des Indikators, desto kritischer ist der Knoten in der Netzwerktopologie. Werden Knoten mit hoher Vermittlungszentralität entfernt, kann dies zu Netzwerkstörungen führen, was die Informationsverbreitung behindert.
2. Nähezentrale (Closeness Centrality) misst die Geschwindigkeit, mit der ein Knoten andere Knoten erreicht. Je größer der Wert des Indikators, desto mehr Wege stehen dem Knoten zur Verfügung, um andere Knoten zu erreichen, und diese Wege sind kürzer. Diese Indikatoren können den indirekten Einfluss eines Knotens auf andere Knoten messen.
3. Eigenvector-Zentralität ist ein wichtiger Indikator zur Messung des Knoteneinflusses. Sie berücksichtigt nicht nur die Anzahl der Nachbarknoten, sondern auch deren Bedeutung und betrachtet den Einfluss eines einzelnen Knotens als lineare Kombination der Einflüsse anderer Knoten.
4. Katz-Zentralität ähnelt der Eigenvector-Zentralität, wobei ebenfalls die unterschiedliche Bedeutung der Nachbarknoten berücksichtigt wird. Die K-Kern-Zerlegung (K-core decomposition) teilt die Knoten in verschiedene Ebenen von der Rand- bis zur Kernebene ein und betrachtet den Kernknoten (Knoten mit hohem Ks-Wert) als besonders einflussreich. Wie in Abb. 14.2 gezeigt, werden Knoten mit einem Grad kleiner oder gleich k durch die K-Kern-Zerlegung iterativ entfernt, sodass alle Knoten in drei Ebenen eingeteilt werden. Knoten mit Ks = 3 gehören zur Kernebene und sind hoch einflussreich, während Knoten mit Ks = 1 zur Randschicht gehören und einen geringeren Einfluss aufweisen.

14.2.3 Messung auf Basis von Random Walks

Typische Einflussmessmethoden, die auf Random Walks basieren, sind PageRank, HITS und LeaderRank. Wenn die Verbindungen zwischen Knoten als Verlinkungen zwischen Webseiten betrachtet werden, können die PageRank-Werte der

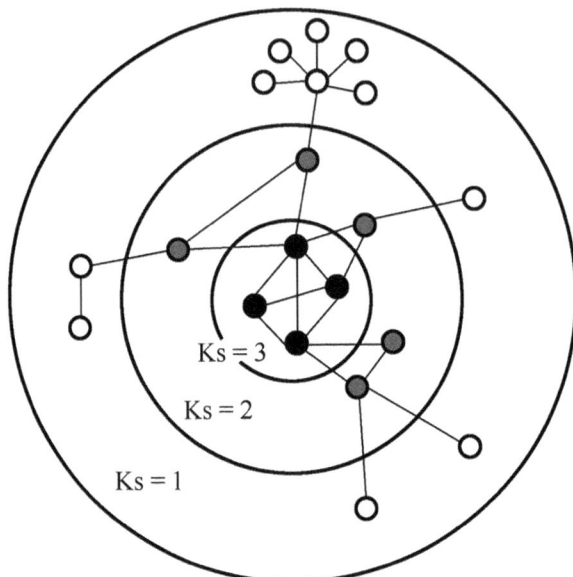

Abb. 14.2 Diagramm der K-Kern-Zerlegung

Knoten berechnet und der Einfluss der Knoten durch die Sortierung nach diesen
PageRank-Werten gemessen werden.

PageRank, auch bekannt als Webseiten-Ranking, Google-Links-Ranking oder
PageRank, ist ein Link-Analyse-Algorithmus, der 1997 von den Google-Gründern
Larry Page und Sergey Brin beim Aufbau des frühen Suchsystem-Prototyps vorgeschlagen wurde. Viele bedeutende Link-Analyse-Algorithmen leiten sich heute
vom PageRank-Algorithmus ab. PageRank ist eine Methode, die von Google verwendet wird, um den Rang bzw. die Bedeutung einer Webseite zu bestimmen, und
stellt zudem den einzigen Standard dar, mit dem Google die Qualität einer Webseite misst. Der PageRank-Level (PageRank-Wert) reicht von 0 bis 10, wobei 10
die Höchstpunktzahl ist. Je höher der PageRank-Wert, desto populärer (wichtiger)
ist die Seite. Beispielsweise zeigt ein PageRank-Wert von 1 an, dass eine Webseite
wenig populär ist, während ein Wert von 7–10 auf eine sehr populäre (oder äußerst
wichtige) Webseite hinweist. Die durchschnittliche Webseite hat einen PageRank-
Wert von 4, was als gute Webseite gilt. Google hat den PageRank-Wert seiner
eigenen Webseite auf 10 festgelegt, was die hohe Popularität und Bedeutung der
Google-Webseite unterstreicht.

1. Grundidee von PageRank

   Wenn auf der Webseite T ein Link zur Webseite A existiert, bedeutet dies, dass
   der Betreiber der Webseite T die Webseite A für wichtiger hält und somit einen
   Teil des Wichtigkeitsscores von T an A weitergibt. Dieser Wichtigkeitsscore ist
   $PR(T)/L(T)$, wobei $PR(T)$ den PageRank-Wert von T und $L(T)$ die Anzahl der
   Links von T bezeichnet. Der PageRank-Wert von A ergibt sich aus der Summe

einer Reihe von Wichtigkeitsscores, die von Seiten wie *T* stammen. Die Anzahl der Stimmen für eine Seite wird also durch die Bedeutung aller auf sie verweisenden Seiten bestimmt, wobei ein Hyperlink als Stimme für die jeweilige Seite gilt. Der PageRank-Wert einer Seite wird rekursiv aus der Bedeutung aller auf sie verweisenden (eingehenden) Seiten berechnet. Je mehr eingehende Seiten eine Seite hat, desto höher ist ihr Rang. Umgekehrt gilt: Hat eine Seite keine eingehenden Links, besitzt sie keinen Rang.

2. Annahmen des PageRank-Algorithmus
   Für eine Internetseite *A* basiert die Berechnung auf den folgenden zwei Grundannahmen:
   (a) Quantitätsannahme: Im Webgraph-Modell gilt, je mehr eingehende Links eine Webseite von anderen Webseiten erhält, desto wichtiger ist sie.
   (b) Qualitätsannahme: Aufgrund der unterschiedlichen Qualität der eingehenden Links auf die Webseite *A* übertragen hochwertige Webseiten über ihre Links mehr Gewicht auf andere Webseiten. Je mehr hochwertige Webseiten auf *A* verweisen, desto wichtiger ist *A*.

3. Prinzip des PageRank-Algorithmus
   Die Berechnung des PageRank macht sich die beiden Annahmen – Quantität und Qualität – zunutze. Die Berechnungsschritte des PageRank sind wie folgt:
   Initialphase: Webseiten bilden durch ihre Verlinkungen einen Webgraphen, und jede Webseite erhält zunächst denselben PageRank-Wert. Nach mehreren Berechnungsrunden wird für jede Seite der endgültige PageRank-Wert bestimmt. Mit jeder Berechnungsrunde wird der aktuelle PageRank-Wert der Webseite fortlaufend aktualisiert.
   Berechnungsmethode zur Aktualisierung des PageRank-Werts in einer Runde: Jede Webseite verteilt ihren aktuellen PageRank-Wert auf die ausgehenden Links, die sie enthält, sodass jeder Link das entsprechende Gewicht erhält. Anschließend summiert jede Webseite die von allen auf sie verweisenden Links übertragenen Gewichte, wodurch ein neuer PageRank-Wert entsteht. Sobald jede Seite ihren aktualisierten PageRank-Wert erhalten hat, ist eine neue Berechnungsrunde abgeschlossen.

4. PageRank-Formel
   Die Grundformel des PageRank-Algorithmus lautet:

$$PR(A) = \frac{PR(B)}{L(B)} + \frac{PR(C)}{L(C)} + \frac{PR(D)}{L(D)} \tag{14.3}$$

Da es einige Webseiten mit null ausgehenden Links gibt, sogenannte isolierte Webseiten, wodurch viele Seiten nicht erreichbar sind, muss die PageRank-Formel angepasst werden. Dazu wird ein Dämpfungsfaktor *q* in die Grundformel eingefügt, wobei der übliche Wert für *q* 0,85 beträgt. Die Bedeutung von *q* ist die Wahrscheinlichkeit, dass ein Nutzer zu einer Webseite gelangt und dort weiter surft. $1 - q = 0{,}15$ bezeichnet die Wahrscheinlichkeit, dass ein Nutzer das Klicken beendet und zufällig zu einer neuen URL springt. Der Algorithmus wird auf alle Webseiten angewendet, um die Wahrscheinlichkeit abzuschätzen, mit der Webseiten von Nutzern als Lesezeichen gespeichert werden könnten.

Schließlich werden all diese Wahrscheinlichkeiten in einen Prozentsatz umgewandelt und mit einem Koeffizienten q multipliziert. Da im folgenden Algorithmus der PageRank-Wert einer Webseite niemals 0 ist, weist Google jeder Webseite durch ein mathematisches System einen Mindestwert zu. Die Formel des modifizierten PageRank-Algorithmus lautet:

$$\text{PR}(A) = \frac{\text{PR}(B)}{L(B)} + \frac{\text{PR}(C)}{L(C)} + \frac{\text{PR}(D)}{L(D)} + \cdots q + 1 - q \qquad (14.4)$$

Die vollständigere Formel des PageRank-Algorithmus ist:

$$\text{PageRank}(p_i) = \frac{1-q}{N} + q \sum_{p_j \in M(p_i)} \frac{\text{PageRank}(p_j)}{L(p_j)} \qquad (14.5)$$

Dabei sind p_1, p_2, ..., p_n die betrachteten Webseiten, $M(p_i)$ die Anzahl der verlinkten Webseiten, $L(p_j)$ die Anzahl der verlinkten Webseiten und N die Gesamtzahl aller Webseiten.

Aufgrund der Existenz von isolierten Punkten und nicht verbundenen Subgraphen weist der ursprüngliche PageRank-Algorithmus den Nachteil auf, dass das Ranking-Ergebnis nicht eindeutig ist. Spätere Arbeiten verbesserten dies und entwickelten den LeaderRank-Algorithmus, bei dem dem ursprünglichen Netzwerk ein Knoten hinzugefügt wird, der mit allen Knoten in beide Richtungen verbunden ist, wodurch das Problem der uneindeutigen Sortierung gelöst wird. Manche haben den LeaderRank-Algorithmus zudem durch Gewichtung weiterentwickelt. Der HITS-Algorithmus ist ein Sortierverfahren, das sowohl die Zentralität als auch die Autorität von Knoten berücksichtigt.

14.2.4 Messung basierend auf Gemeinschaftsstrukturen

Reale Netzwerke weisen häufig Gemeinschaftsstrukturen auf: Knoten innerhalb einer Gemeinschaft sind relativ dicht miteinander verbunden, während die Verbindungen zwischen den Gemeinschaften vergleichsweise spärlich sind. In den letzten Jahren wurden verschiedene Algorithmen zur Entdeckung von Gemeinschaften vorgeschlagen.

Die Gemeinschaftsstruktur ist insbesondere in sozialen Beziehungsnetzwerken deutlich ausgeprägt. Die klassische soziologische Theorie der „Stärke schwacher Bindungen" besagt: Aus Netzwerksicht bilden enge Freunde oft eng verbundene Kleingruppen, während schwache Bindungen den spärlichen Verbindungen zwischen diesen Gruppen entsprechen und starke Bindungen die engen Verbindungen innerhalb der Gruppen darstellen. Es gibt zwei Hauptindikatoren, die auf der Gemeinschaftsstruktur basieren:

1. Vc(V-Community)-Indikator. Nachdem das soziale Netzwerk durch einen Ge-
   meinschaftsteilungsalgorithmus in Gemeinschaften unterteilt wurde, wird der
   Vc-Indikator anhand der Anzahl der mit dem Knoten verbundenen Gemeinschaften berechnet. Der Wert des Vc-Indikators entspricht der Anzahl der Gemeinschaften, mit denen ein Knoten verbunden ist. Wie in Abb. 14.3 gezeigt,
   werden die 21 Knoten in der Abbildung in vier Gemeinschaften unterteilt. Knoten 2 ist mit 4 Gemeinschaften verbunden, während Knoten 5 sich in nur einer
   Gemeinschaft befindet. Somit hat Knoten 2 einen Vc-Wert von 4, während
   Knoten 5 einen Vc-Wert von 1 aufweist. Daher ist der Einfluss von Knoten 2
   größer als der von Knoten 5, obwohl beide den gleichen Grad von 5 haben, jedoch Knoten 5 nur innerhalb einer einzigen Gemeinschaft wirkt.
2. Strukturelle Löcher. Strukturelle Löcher sind eine klassische soziologische
   Theorie. Aufgrund des Vorhandenseins struktureller Löcher können einige Ver-
   mittlerknoten höhere Netzwerkvorteile als ihre Nachbarknoten erzielen, das
   heißt, diese intermediären Knoten sind wichtiger. Am Beispiel des Knotens
   in Abb. 14.3: Da Knoten 2 sich in einem strukturellen Loch befindet, also als
   „Vermittler" zwischen drei Gemeinschaften agiert, hat Knoten 2 größere Vorteile bei der Informationskontrolle. Wenn es Verbindungen zwischen Knoten 1,
   Knoten 3 und Knoten 4 gäbe, würde die Kontrollfähigkeit von Knoten 2 erheblich abnehmen.

Die auf Gemeinschaftsstrukturen basierenden Knoteneinflussindikatoren berücksichtigen nicht nur die Nachbarknoten eines Knotens, sondern auch die Gemeinschaftszugehörigkeit dieser Nachbarknoten. Die Vorteile dieser Indikatoren
spiegeln den Einfluss zwischen Individuen und Gruppen wider. Da die Mess-
ergebnisse jedoch von der Beschaffenheit des sozialen Netzwerks und dem
Algorithmus zur Gemeinschaftsaufteilung abhängen, ist die Messgenauigkeit bei
Netzwerken mit unklaren Gemeinschaftsstrukturen eingeschränkt.

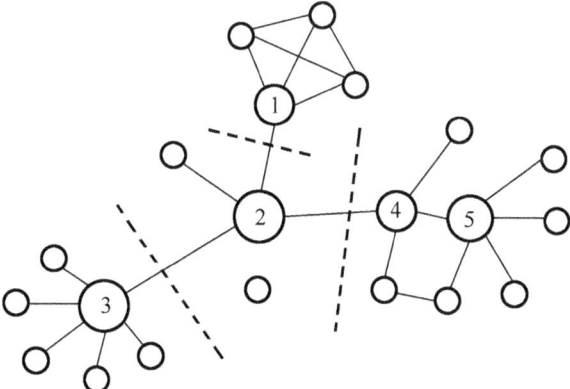

Abb. 14.3 Knoteneinfluss und Gemeinschaftsstruktur

14.2.5 Vergleich von Messindikatoren

Die Messung des Knoteneinflusses anhand der topologischen Struktur ist die grundlegendste Methode zur Einflussmessung. Diese Methode basiert auf interdisziplinären theoretischen Ansätzen und hat auf der Makroebene des gesamten sozialen Netzwerks gute Ergebnisse erzielt. Einige Messindikatoren sind einfach und leicht zu berechnen und bieten große Vorteile in großskaligen Netzwerken.

Allerdings bestehen erhebliche Unterschiede zwischen den Beziehungen der Knoten in virtuellen Netzwerken und den Beziehungen zwischen Menschen in der realen Welt. Beispielsweise haben Menschen in der realen Welt unterschiedliche Eigenschaften, während in der topologischen Struktur jeder Knoten gleich ist und keine Unterscheidung erfolgt. In der Topologie werden enge Freundschaften und flüchtige Bekanntschaften gleichermaßen durch eine Kante dargestellt. Offensichtlich kann die Topologie sozialer Netzwerke das gesamte Netzwerk nur auf Makroebene abbilden, aber nicht die Entstehung und Entwicklung des Knoteneinflusses auf andere Knoten auf Mikroebene beschreiben. Die Topologie sozialer Netzwerke berücksichtigt das Verhalten der Knoten selbst und die vielfältigen Interaktionen zwischen Knoten nur unzureichend. Beispielsweise wird in der Topologie die Follower-Beziehung eines Nutzers zu einem anderen auf einer sozialen Plattform als Kante betrachtet, aber es gibt viele weitere Faktoren wie die Zeitpunkte des Weiterleitens, Kommentierens und Interagierens zwischen Nutzern auf sozialen Plattformen. Der Einfluss eines Nutzers, der täglich aktiv weiterleitet und kommentiert, auf einen Follower ist offensichtlich ein anderer als der Einfluss eines Followers, der nur folgt, aber nie weiterleitet oder kommentiert.

Beispielsweise zeigt Tab. 14.2 die Gegenüberstellung von Einflussindikatoren, die auf der Netzwerktopologie basieren.

14.3 Maximierung des Einflusses in sozialen Netzwerken

Sozialer Einfluss besitzt von Natur aus dynamische Eigenschaften. Bereits mit dem Beginn der Teilnahme an sozialen Aktivitäten verändert sich der Einfluss jeder Person in sozialen Gruppen durch ihre Worte, Taten und sozialen Merkmale und breitet sich zudem über soziale Aktivitäten im Netzwerk aus. Daher ist es von großer Bedeutung, den dynamischen Übertragungsprozess sozialen Einflusses zu analysieren und zu untersuchen, um die wesentlichen Eigenschaften von Einfluss zu verstehen, die Entstehung und Entwicklung sozialer Netzwerke nachzuvollziehen sowie die Gesetzmäßigkeiten der Informationsverbreitung und das Verhaltensmuster von Menschen in sozialen Netzwerken zu erkennen. Im klassischen Diffusionsmodell beginnt die Verbreitung von Informationen oder Innovationen bei Gruppen mit starkem sozialem Einfluss und breitet sich anschließend über diese auf eine größere Anzahl von Personen aus.

Tab. 14.2 Vergleich von Einflussindikatoren basierend auf der Netzwerktopologiestruktur

Indikatoren oder Methoden	Vorteil	Nachteil
Degree	Einfach und anschaulich, leicht zu berechnen	Kann nur lokale Eigenschaften von Knoten widerspiegeln
ExDegree	Erweitert den Grad, genauer als der einfache Grad	Die Position der Nachbarknoten wird nicht berücksichtigt
Clustering Koeffizient	Berücksichtigt die enge Beziehung zwischen Nachbarknoten	Kann keinen Knoten mit globalem Einfluss identifizieren
ClusterRank	Kombiniert die Vorteile von Grad und Clusterkoeffizient, die Genauigkeit wird weiter verbessert	Nicht anwendbar auf Baumstrukturen
Betweenness	Knoten mit hoher Informationslast können identifiziert werden	Nicht geeignet für großskalige Netzwerke
Closeness	Indirekter Einfluss zwischen Knoten kann berechnet werden	Die Algorithmuskomplexität ist bei der Berechnung des globalen Knoteneinflusses zu hoch
Eigenvector	Kann die Bedeutung der Nachbarknoten widerspiegeln	Einfache lineare Überlagerung, ohne Berücksichtigung der Struktur
Kate	Unterscheidet den Einfluss verschiedener Nachbarknoten auf einen Knoten	Viele Experimente erforderlich, um den Abschwächungsfaktor zu bestimmen
Ks	Kann das Lagezentrum des globalen Netzwerks der Knoten ausdrücken	Nicht anwendbar auf Baumstrukturen
H-Indikatoren	Die Wirkung der Einflussmessung ist deutlich besser als bei Degree und Ks	Mehrere Knoten mit gleichem H-Indikator können große Unterschiede aufweisen
PageRank	Hohe Genauigkeit der globalen Rangfolge in großskaligen Netzwerken	Eigenschaften des Knotens werden ignoriert, das Sortierergebnis ist nicht eindeutig
LeaderRank	Im Vergleich zu PageRank höhere Genauigkeit, eindeutiges Ranking und starke Störfestigkeit	Nicht geeignet für ungerichtete Netzwerke
HITS	Kombiniert die Vorteile von Knotenzentralität und Autorität	Geringe Störfestigkeit
Vc	Spiegelt den Einfluss von Individuen auf Gruppen wider	Abhängig von anderen Indikatoren und dem Algorithmus zur Gemeinschaftsaufteilung
KSC	Kombiniert die Lagezentralität von Knoten mit den Vorteilen der Verknüpfung von Gemeinschaften	Nicht anwendbar auf Baumstrukturen

14.3.1 Problem der Einflussmaximierung

Das Problem der Einflussmaximierung lässt sich wie folgt zusammenfassen: Gegeben sind ein Ausbreitungsgraph eines sozialen Netzwerks und ein spezifisches Einflussmodell. Es soll eine Knotenmenge bestimmter Größe gefunden werden – wenn die Knoten dieser Menge initial aktiviert werden, sollen gemäß dem

Kommunikationsmechanismus des Modells schließlich möglichst viele Knoten im Netzwerk aktiviert werden. In der Praxis lässt sich das Problem der Einflussmaximierung so beschreiben, dass ein Anbieter zunächst einen Teil der Personen im Netzwerk durch bestimmte Maßnahmen zur Annahme eines neuen Produkts bewegt. Durch Mund-zu-Mund-Empfehlungen unter Freunden verbreitet sich die Nutzung dieses Produkts dann wie ein Virus im Netzwerk und erzielt so in kurzer Zeit einen Effekt, der mit traditionellem Marketing nicht erreichbar ist.

Gegeben sei ein Ausbreitungsgraph eines sozialen Netzwerks $G(V, E)$, wobei V die im Netzwerk existierenden Knoten und E die Kanten zwischen beliebigen zwei Knoten bezeichnet. Im Problem der Einflussmaximierung wird festgelegt, dass jeder Knoten nur zwei Zustände haben kann: aktiv und inaktiv. Der Zustandsübergang der Knoten ist monoton, das heißt, jeder Knoten kann nur vom inaktiven in den aktiven Zustand wechseln, jedoch nicht umgekehrt. Jeder Knoten V kann nur durch seine bereits aktivierten Nachbarknoten aktiviert werden. Sei k die Anzahl der Knoten in einer bestimmten Knotenmenge A. Die Menge A ist die Initialmenge, und alle Knoten in A befinden sich im aktiven Zustand. Der Einfluss der Menge A wird als $\sigma(A)$ definiert und gibt die Anzahl der Knoten an, die nach der Ausbreitung von A beeinflusst werden. Die symbolische Beschreibung des Problems der Einflussmaximierung lautet daher: Für einen gegebenen Ausbreitungsgraphen $G(V, E)$ wird zunächst eine Menge A mit k initialen Knoten gefunden, dann darf A andere Knoten in $G(V, E)$ beeinflussen. Schließlich erhält man die von A beeinflusste Knotenmengen $\sigma(A)$.

14.3.2 Algorithmen zur Einflussmaximierung

Der Schlüssel zur Einflussmaximierung liegt darin, eine Menge einflussreicher Knoten zu finden, sodass unter dieser Menge der Ausbreitungseffekt maximiert, die Reichweite der Ausbreitung möglichst groß und der für die Kommunikation benötigte Ressourcenaufwand minimiert wird. Die Methoden zur Bestimmung einflussreicher Knoten werden im Allgemeinen in Greedy-Algorithmen, heuristische Algorithmen und Perkolationsmethoden unterteilt.

14.3.2.1 Greedy-Algorithmus

Der Greedy-Algorithmus wurde 2003 von Kemp et al. vorgeschlagen. Sie bewiesen, dass die Zielfunktion im IC- und LT-Modell submodulare Eigenschaften besitzt, und entwickelten daraufhin den Greedy-Algorithmus. Dieser Algorithmus bietet eine theoretische Garantie, dass die durch ihn gefundene Näherungslösung mindestens $(1 - 1/e)$, also 63 % der optimalen Lösung erreicht. Die Hauptidee des Greedy-Algorithmus besteht darin, den Einflusszuwachs der Knoten unter dem gegebenen Ausbreitungsmodell näherungsweise mittels Monte-Carlo-Simulation zu berechnen. In jeder Iteration des Auswahlprozesses wird der Knoten mit dem maximalen Zuwachs σ ausgewählt, bis die Größe der Seed-Knotenmenge S k erreicht. Der Algorithmus ist wie folgt beschrieben:

Algorithmus 1: Greedy-Algorithmus

Eingabe: G,K
Ausgabe: S
1: $S \leftarrow \emptyset$
2: für $i = 1$ bis k:
3:   wähle $u = \text{argmax}\{\sigma(S \cup \{u\}) - \sigma(S) \mid u \in V \setminus S\}$
4:   $S = S \cup \{u\}$
5: Ende für
6: Rückgabe S

14.3.2.2   Heuristischer Algorithmus

Ein heuristischer Algorithmus ist ein intuitiver Algorithmus, der auf Erfahrungswerten basiert. Um unter gegebenen Ressourcenbeschränkungen und Zeitaufwand eine zufriedenstellende zulässige Lösung zu finden, ist es nicht erforderlich, den Knoteneinfluss exakt zu berechnen. Er zeichnet sich durch hohe Effizienz und schnelle Ausführung aus, weist jedoch eine geringe Genauigkeit auf. Im Allgemeinen ist der Knotengrad im Netzwerk der anschaulichste und einfachste Indikator zur Messung des Knoteneinflusses. Zu den gängigen heuristischen Algorithmen zählen der Degree-Algorithmus und der DegreeDiscount-Algorithmus.

1. Degree-Algorithmus
   Der Greedy-Algorithmus verwendet Monte-Carlo-Simulationen, um den Knoteneinfluss näherungsweise zu bestimmen, was jedoch mit einer sehr hohen Zeitkomplexität verbunden ist. Da der Knotengrad ein wichtiger Indikator ist, besteht die Idee des Degree-Algorithmus darin, den Knoten mit dem höchsten Grad in der ersten Nachbarschaft des Netzwerks als Seed-Knoten auszuwählen und diesen jeweils zur Seed-Menge hinzuzufügen. Die detaillierte Beschreibung lautet wie folgt:

Algorithmus 2: Degree-Algorithmus

Eingabe: G,K
Ausgabe: S
1: $S \leftarrow \emptyset$; $Q \leftarrow \emptyset$
2: für jeden Knoten u in G:
3:   berechne $DC(u)$ von u
4:   füge u zu Q hinzu
5: Ende für
6: für $i = 1$ bis K:
7:   $u = $ oberstes Element in Q
8:   $S = S \cup \{u\}$
9:   entferne u aus Q
10: Ende für
11: gib S zurück

2. DegreeDiscount-Algorithmus

    Es ist zwar praktisch, den Knotengrad als Bewertungsmaß für den Knoten-
    einfluss zu verwenden, jedoch wird dabei das Problem der Überlappung der
    Einflussbereiche zwischen den Knoten vernachlässigt. Wird bei jeder Aus-
    wahl der Knoten mit dem höchsten Grad als Seed-Knoten gewählt, kann dies
    zu einer Überlappung der Einflussbereiche führen, also zu dem „Rich-get-ri-
    cher"-Phänomen, bei dem Knoten mit hohem Grad dazu neigen, sich in der-
    selben Region des Netzwerks zu konzentrieren. Außerdem sind Knoten mit
    hohem Grad häufig direkte Nachbarn. Dadurch gibt es viele wiederholte
    Knoten im Ausbreitungsbereich. Die Auswahl dieser Knoten als Seed-Kno-
    ten kann dazu führen, dass letztlich weniger Knoten beeinflusst werden, das
    heißt, der Ausbreitungsbereich bleibt klein.

    Chen et al. schlugen den DegreeDiscount-Algorithmus vor, um das Über-
    lappungsproblem der Einflussbereiche zu lösen. Die Idee des Algorithmus ist
    wie folgt: Wird der erste Knoten anhand seines Grades als Seed-Knoten aus-
    gewählt, so werden die Gewichtungsindikatoren aller Nachbarknoten V von
    Knoten U reduziert [die Formel lautet $dd_v = 2 \times t_v + (d_v - t_v) \times t_v \times p$], um die
    Wahrscheinlichkeit einer Auswahl im nächsten Schritt zu verringern und so
    das Überlappungsproblem weitgehend zu vermeiden. Der Algorithmus wird
    im Folgenden detailliert beschrieben:

Algorithmus 3: DegreeDiscount-Algorithmus

Eingabe: G,K
Ausgabe: S
1: $S \leftarrow \varnothing$; $Q \leftarrow \varnothing$
2: für jeden Knoten u in G:
3:   berechne seinen Grad d_u
4:   $dd_u = d_u$
5:   füge u zu Q hinzu
6: Ende für
7: für $i = 1$ bis K:
8:   $u =$ oberstes Element in Q
9:   $S = S \cup \{u\}$
10:    entferne u aus Q
11:    für jeden Nachbarn v von u:
12:      $t_v = t_v + 1$
13:      $dd_v = d_v - 2t_v - (d_v - t_v)t_v p$
14:    Ende für
15: Ende für
11: gib S zurück

14.3.2.3 Perkolationsmethoden

Perkolationsmethoden basieren auf der Perkolationstheorie. Die Perkolationstheorie ist ein bedeutender Zweig der statistischen Physik und der Theorie zufälliger Graphen. Eine wichtige Erkenntnis dieser Theorie ist, dass das Netzwerk aus fragmentierten Knotenclustern besteht, solange die zufällige Entfernung von Knoten die Perkolationsschwelle nicht überschreitet. Werden jedoch mehr Knoten als die Perkolationsschwelle entfernt, entsteht eine riesige zusammenhängende Komponente. Gegenwärtig wird die Perkolationstheorie nicht nur in der Forschung zur Netzwerkrobustheit, zur Verbreitung von Gerüchten und Infektionskrankheiten breit eingesetzt, sondern auch bei der Untersuchung der Maximierung des Knoteneinflusses. Morone et al. sind der Ansicht, dass sich das Problem, die Menge der am wenigsten einflussreichen Knoten zu finden, die eine maximale Informationsverbreitung und Immunität gegen Infektionskrankheiten ermöglicht, auf ein Perkolationsproblem abbilden lässt. Nach der Perkolationstheorie zerfällt der größte zusammenhängende Teilgraph des Netzwerks, wenn die Anzahl der zufällig entfernten Knoten einen bestimmten Schwellenwert überschreitet. Dies zeigt, dass das Problem der Einflussmaximierung darauf hinausläuft, den minimalen Entfernungs-Schwellenwert zu bestimmen, bei dem das Netzwerk im Perkolationsproblem fragmentiert [16].

14.3.3 Einflussmaximierung und -minimierung

Neben dem Problem der Einflussmaximierung gibt es auch die Untersuchung der Einflussminimierung in sozialen Netzwerken, wobei die Minimierung des Einflusses negativer Informationen im Netzwerk besonders repräsentativ ist. Am Beispiel der Verbreitung bösartiger Gerüchte: Selbst wenn zunächst nur wenige Nutzer betroffen sind, kann der Verbreitungsmechanismus im Netzwerk dazu führen, dass letztlich eine sehr große Nutzergruppe beeinflusst wird. Daher ist die Forschung zur sozialen Minimierung in sozialen Netzwerken ein äußerst wertvoller Forschungsansatz [17].

Aufgrund der grundsätzlichen Ähnlichkeit weisen die grundlegenden Prinzipien der Algorithmen zur Einflussmaximierung und -minimierung viele Gemeinsamkeiten auf. Die oben genannten Algorithmen zur Einflussmaximierung können auch als Grundlage für die Untersuchung des Einflussminimierungsproblems dienen. Beispielsweise kann man auf Basis von Greedy-Algorithmen mit garantierter Genauigkeit und effektiven heuristischen Algorithmen die Anzahl der letztlich betroffenen Nutzer durch das Blockieren von Kanten minimieren oder aus Sicht des Topic Modeling die Verbreitung negativer Informationen im Netzwerk durch das Blockieren einer begrenzten Anzahl von Knoten einschränken.

14.4   Modell zur Bewertung des Einflusses in sozialen Netzwerken

Die Bewertungsmethoden für den Einfluss in sozialen Netzwerken sind weit verbreitet: Die makroskopische Einstufung des Nutzereinflusses kann Experten auf einem Fachgebiet und Meinungsführer in sozialen Netzwerken identifizieren. Die Analyse von Individuen oder Gruppen auf Einzelpersonen auf Mikroebene kann zur Vorhersage von Verhaltensweisen und Meinungen, in Empfehlungssystemen, bei der Link-Vorhersage und Ähnlichem eingesetzt werden. Der Knoteneinfluss konzentriert sich stärker auf die Ausbreitungswirkung von Nutzern im viralen Marketing, bei der Steuerung der öffentlichen Meinung und anderen Anwendungen. Das Fehlen von Bewertungsmethoden und Indikatoren für den Einfluss von Nutzerknoten ist einer der Gründe für die Vielfalt der Anwendungsbereiche. Obwohl es kein einheitliches Modell oder Indikatoren zur Messung der Qualität von Bewertungsmodellen für Nutzereinfluss gibt, sind die gängigen Methoden nachvollziehbar.

Zu den gängigen Methoden zur Bewertung des Nutzereinflusses zählen Bewertungsverfahren auf Basis der Informationsrückgewinnung, Ausbreitungsdynamik, Einflussausbreitungsmodelle sowie Robustheit und Verwundbarkeit [18].

14.4.1   *Bewertungsmethode auf Basis der Informationsrückgewinnung*

Die Bewertungsindikatoren von Methoden auf Basis der Informationsrückgewinnung umfassen hauptsächlich P@N, Precision, Recall und F1. Diese Indikatoren sind gängige Kennzahlen in der Informationsrückgewinnung und werden üblicherweise verwendet, um die Effektivität der Einfluss-Rangfolge und -Vorhersage zu bewerten.

P@N gibt die Anzahl der Nutzer an, die unter den ersten n Nutzern gemäß ihrer Einflussstärke korrekt eingestuft wurden.

Precision und Recall stehen jeweils für die Genauigkeit und die Trefferquote der Versuchsergebnisse.

F1 ist ein umfassendes Maß für die Präzision und die Trefferquote der Versuchsergebnisse. Aufgrund fehlender Standarddatensätze in der Forschung zum Nutzereinfluss ist die manuelle Bewertung der Einflussstärke von Nutzern zu einer gängigen Methode geworden. Die Bewertung der Qualität von Modellen zum Nutzereinfluss durch manuelle Einschätzung ist in kleineren sozialen Netzwerken, wie wissenschaftlichen Kooperationsnetzwerken, Campus-Blogs und Foren, praktikabel. Allerdings ist die manuelle Bewertung subjektiv und für groß angelegte soziale Netzwerke ungeeignet.

14.4.2 Bewertungsmethode auf Basis epidemischer Dynamik

Es gibt drei Hauptbewertungsmethoden auf Basis epidemischer Dynamik: SI-, SIS- und SIR-Modelle.

1. Im SI-Modell haben Knoten zwei Zustände: anfällig und infiziert. Anfällig bedeutet, dass der Knoten von einem infizierten Nachbarknoten infiziert werden kann, und infiziert bedeutet, dass der Knoten infiziert ist. Einmal infiziert, bleibt ein Knoten dauerhaft infiziert. Zu Beginn infiziert ein einzelner Knoten als Infektionsquelle andere Knoten mit einer Wahrscheinlichkeit von p. Durch Beobachtung der Anzahl infizierter Knoten zu verschiedenen Zeitpunkten kann die Ausbreitungsgeschwindigkeit des Knotens bestimmt werden.
2. Im SIS-Modell können Knoten wiederholt infiziert werden.
3. Im SIR-Modell gibt es einen zusätzlichen Zustand namens „Recovered" (genesen), was bedeutet, dass ein infizierter Knoten nach einer gewissen Zeit immun wird. Ein immuner Knoten kann nicht erneut infiziert werden und infiziert auch keine anderen Knoten mehr.

Wird ein einzelner Knoten als Infektionsquelle betrachtet, so wird die Ausbreitungsreichweite dieses Knotens durch die Anzahl der letztlich infizierten Knoten dargestellt. Der Mittelwert aus vielen Experimenten wird als Ausbreitungseinfluss des Knotens betrachtet. Die Bewertungsmethode basiert auf einer hohen Abstraktion und Simulation realer Ausbreitungsprozesse von Menschen oder Dingen und bietet eine gewisse Orientierung. Allerdings wird ein solches Bewertungsmodell stark von der epidemischen Dynamik beeinflusst, und aufgrund der erheblichen Unterschiede in den Eigenschaften von Menschen in realen sozialen Netzwerken ist die Anwendbarkeit in der Praxis begrenzt.

14.4.3 Bewertungsmethode auf Basis von Einflussausbreitungsmodellen

Die Bewertungsmethode auf Basis von Einflussausbreitungsmodellen wird üblicherweise in der Forschung zur Einflussmaximierung eingesetzt, wobei ICM und LIM (Linear Influence Model) als anerkannte Modelle der Einflussausbreitung gelten. Durch die Validierung unterschiedlich großer Seed-Sets (Mengen von Knoten mit hohem Einfluss, die durch Einflussmaximierungsmodelle ermittelt werden) und der Anzahl aktivierter Knoten im Ausbreitungsmodell können die Vor- und Nachteile des Einflussmaximierungsmodells bewertet werden.

14.4.4 Bewertungsmethode auf Basis von Robustheit und Verwundbarkeit

Die Bewertungsmethode auf Basis von Robustheit und Verwundbarkeit beobachtet die Veränderung des Knoteneinflusses vor und nach dem Hinzufügen oder Entfernen eines bestimmten Anteils von Knoten im ursprünglichen sozialen Netzwerk. Schwankt der Unterschied nur geringfügig, gilt das Modell als widerstandsfähig gegenüber Störungen. Unabhängig von der Bewertungsmethode für das Einflussmodell muss die Zeitkomplexität des Modells in groß angelegten sozialen Netzwerken berücksichtigt werden. Auch wenn einige Modelle gute Ergebnisse und eine hohe Vorhersagegenauigkeit liefern, können sie in großen Netzwerken sehr zeitaufwendig sein.

14.4.5 Vergleich der Bewertungsmethoden

Es gibt keine einheitliche Definition und kein einheitliches Messverfahren für Knoteneinfluss, was dazu führt, dass es bislang keine allgemein anerkannten Bewertungsindikatoren für die Forschung zum Knoteneinfluss gibt. Einerseits existieren zwar zahlreiche Forschungsmodelle und Indikatoren für Knoteneinfluss, sie analysieren jedoch jeweils aus ihrer eigenen Perspektive die Auswirkungen des Knoteneinflusses auf andere Faktoren, ohne eine formale Definition des Knoteneinflusses zu liefern. Andererseits ist die Bewertung des Knoteneinflusses stark anwendungsorientiert, und Knoteneinfluss kann aus verschiedenen Blickwinkeln, etwa makro- oder mikroökonomisch, bewertet und genutzt werden.

Die oben genannten Bewertungsmethoden haben jeweils eigene Schwerpunkte und Vorteile, aber auch Einschränkungen. Ein Vergleich der Bewertungsmethoden für Knoteneinfluss ist in Tab. 14.3 dargestellt.

Tab. 14.3 Vergleich der Bewertungsmethoden für Knoteneinfluss

Bewertungstyp	Bewertungsmethodik	Anwendbare Einflussform	Vor- und Nachteile
Basierend auf Informationsrück-gewinnung	Manuelle Be-stimmung von P@N, Precision, Recall und F1 des Ergebnisses usw.	Sortierwahr-scheinlichkeit	Entspricht dem realen sozialen Netzwerk, aber nicht für groß angelegte soziale Netzwerke ge-eignet
Basierend auf epi-demischer Dynamik	Infektionskrankheits-modelle wie SI, SIR und SIS	Bedeutung der Netzwerktopo-logie	Im Makrobereich relativ objektiv und instruktiv, aber unterscheidet sich vom realen Netzwerk
Modell basierend auf Einfluss-kommunikation	ICM, LIM und andere Modelle	Anzahl aktiver Knoten während der Ausbreitung	Standardmodell der Einflussmaximierungs-forschung, ähnlich dem Infektionskrankheits-modell, stark abstrakt, mit Vor- und Nachteilen
Basierend auf Robust-heit und Verwund-barkeit	Hinzufügen oder Entfernen eines be-stimmten Anteils von Knoten	Vielfältig	Berücksichtigt die Stör-festigkeit des Modells zur Bewertung der Einfluss-resultate, der Einfluss selbst wird nicht überprüft

14.5 Anwendung des Einflusses sozialer Netzwerke

Der Einfluss sozialer Netzwerke findet in allen Lebensbereichen Anwendung. Im Folgenden werden insbesondere die Einsatzmöglichkeiten des Einflusses sozialer Netzwerke in der wissenschaftlich-technischen Bewertung, der Verbreitung öffent-licher Meinungen und der Marketingförderung vorgestellt.

14.5.1 Anwendung in der wissenschaftlichen Evaluation

Die Wissensnetzwerke im System der wissenschaftlichen und technologischen Li-teratur sind vielfältig, mit unterschiedlichen Beziehungstypen zwischen Autoren, Regionen, Dokumenten, Schlüsselwörtern und Zeitschriften, wie etwa Zitation und Kooperation zwischen Autoren und Regionen, Zitation, Ko-Zitation und Kopplung zwischen Dokumenten und Periodika sowie Zitation und Ko-Wort-Be-ziehungen zwischen Schlüsselwörtern. Autoren, Regionen, Schlüsselwörter, Do-kumente und Zeitschriften werden dabei als Netzwerkknoten betrachtet, ihre Be-ziehungen als Verbindungen. Diese Knoten und Verbindungen bilden gemeinsam eine Netzwerkstruktur, aus der Zitationsnetzwerke, Ko-Wort-Netzwerke und Kol-laborationsnetzwerke entstehen [19].

Im Folgenden wird die Anwendung von sozialen Netzwerken in der wissenschaftlichen und technologischen Evaluation am Beispiel der wechselseitigen Zitation von Periodika vorgestellt.

1. Bewertung wissenschaftlicher Zeitschriften auf Basis des Out-Degree
   Im durch wechselseitige Zitation von Zeitschriften gebildeten Netzwerk bezeichnet der Grad eines Knotens die Anzahl der Knoten, die direkt mit der betreffenden Zeitschrift verbunden sind, also die Anzahl der Zeitschriften mit Zitationsbeziehung. In gerichteten Netzwerken wird der Knotengrad in In-Degree und Out-Degree unterteilt. Der In-Degree ist die Anzahl der auf den Knoten gerichteten Kanten und zeigt im Zitationsnetzwerk die Zitationsbeziehungen an, was die Fähigkeit von Periodika und Dokumenten widerspiegelt, Informationen aufzunehmen. Der Out-Degree bezeichnet die Anzahl der von diesem Knoten zu anderen Knoten gerichteten Kanten und spiegelt die Zitationsbeziehungen wider. Je höher der Grad der Zitation, desto häufiger werden Dokumente und Periodika im Zitationsnetzwerk zitiert, das heißt, desto wichtiger sind die zitierten Dokumente und Periodika. In Ucinet kann die Prominenz eines Knotens berechnet werden, indem nacheinander die Schaltflächen „Network", „Centrality" und „Degree" ausgewählt werden.

2. Bewertung wissenschaftlicher Zeitschriften auf Basis des Eigenvektors
   Die Bewertung wissenschaftlicher Zeitschriften anhand des Prominenzgrades berücksichtigt nur die Anzahl und Zitationshäufigkeit der direkt mit der Fachzeitschrift verbundenen anderen Periodika, nicht jedoch die Qualität und das Umfeld dieser verbundenen Periodika.
   Das Ziel der Eigenvektorenforschung ist es, auf Basis der Gesamtstruktur des Netzwerks die zentralsten Akteure zu identifizieren, ohne auf die „lokale" Musterstruktur zu achten. Mittels „Faktorenanalyse" werden die „Dimensionen" der Distanzen zwischen den Akteuren ermittelt. Die Position jedes Akteurs in Bezug auf jede Dimension wird als Eigenwert bezeichnet, und eine Reihe solcher Eigenwerte bildet den Eigenvektor. Berechnungsformel: $c = a\mathbf{A} \times c$, somit $\lambda = 1/a$, dann $\mathbf{A} \times c = \lambda c$, wobei $\mathbf{A}$ eine Matrix ist; λ der Eigenwert; a eine Konstante; c der Eigenvektor.
   Bonacich ist der Ansicht, dass eine gute Netzwerkzentralität durch den Eigenvektor erzielt werden kann, der dem größten Eigenwert der Adjazenzmatrix entspricht. Daher ermöglicht die Bewertung wissenschaftlicher Zeitschriften auf Basis von Eigenvektoren eine tiefgehende Analyse der Zitationen durch Zeitschriften unterschiedlicher Qualität und eine effektivere Bewertung des Status wissenschaftlicher Zeitschriften.
   Die Zentralität der Eigenvektoren kann in Ucinet gemessen werden, indem die Schaltflächen „Network", „Centrality" und „Eigenvector" ausgewählt und standardisierte Querverweisdaten der Periodika eingegeben werden, sodass die Eigenvektorwerte der wissenschaftlichen Zeitschriften berechnet werden können.

3. Bewertung von Fachzeitschriften auf Basis von Power-Indikatoren
   Bonacich stellte fest, dass die Zentralität eines Knotens steigt, wenn er mit einem Knoten mit hoher Zentralität verbunden ist, und entsprechend auch die

Zentralität anderer mit ihm verbundener Knoten zunimmt. Die Zentralität der einzelnen Knoten ist also miteinander verknüpft. Bei der Bestimmung der Zentralität eines Knotens muss daher angenommen werden, dass die Grade der anderen mit ihm verbundenen Knoten bereits bekannt sind, wobei diese wiederum von seinem eigenen Grad abhängen, was zu einem Kreislauf führt.

Bonacich untersuchte den Einfluss von Knoten im Netzwerk mit dem „Power Index" und entwickelte die allgemeinste Formel zur Messung der Zentralität, nämlich die Power-Indikatoren:

$$c_i = \sum_j r_{ij}\left(\alpha + \beta c_j\right)$$

wobei c_i die Power-Indikatoren des Knotens I sind, α und β zwei Korrekturparameter darstellen.

Der größte Vorteil der Analyse der Qualität von Fachzeitschriften mit Power-Indikatoren besteht darin, dass alle wissenschaftlichen Zeitschriften im betrachteten Bereich einbezogen werden. Im Vergleich zur Bewertung von Fachzeitschriften allein anhand der Zitationsanzahl kann durch die Analyse mit Power-Indikatoren der Einfluss eines Dokuments besser abgebildet werden.

In Ucinet erhält man die Power-Indikatoren wissenschaftlicher Zeitschriften, indem nacheinander die Schaltflächen „Network", „Centrality" und „Bonacich power" ausgewählt werden.

14.5.2 Anwendung in der Verbreitung öffentlicher Meinungen

Im Internetzeitalter sind Menschen nicht nur Empfänger von Informationen, sondern auch deren Verbreiter und Produzenten. Sie können nicht nur ihre Meinungen im Internet äußern, sondern auch Kommentare zu kommerziellen Produkten, öffentlichen Ereignissen und Regierungspolitiken abgeben. Jeder im sozialen Netzwerk wird von anderen beeinflusst oder hat die Fähigkeit, die Ansichten anderer zu beeinflussen. Allerdings variiert der Grad, in dem einzelne Personen andere beeinflussen können. Im Prozess der Nachrichtenverbreitung in sozialen Netzwerken können diejenigen, die eine starke Leitungsfunktion und Einfluss auf die Meinungen oder das Verhalten gewöhnlicher Nutzer ausüben, als Meinungsführer bezeichnet werden.

Das Identifizieren einiger weniger Individuen, die die Ansichten anderer beeinflussen können, und die gezielte Nutzung ihrer besonderen Rolle kann sich positiv auf politische, wirtschaftliche und gesellschaftliche Bereiche auswirken. Politisch kann dies beispielsweise die Bekanntmachung und Umsetzung von Regierungsrichtlinien und -systemen fördern. Wirtschaftlich kann es Unternehmen bei der Vermarktung von Produkten unterstützen. In der Gesellschaft kann es einerseits zu einer breiten Diskussion über gesellschaftliche Themen führen, die Richtung der öffentlichen Meinung lenken und die gesellschaftliche Werteorientierung in eine gesunde Richtung steuern. Andererseits kann es die öffentliche Meinung im Internet überwachen, größere Ereignisse der öffentlichen Meinung rechtzeitig verhindern und bewältigen sowie die gesellschaftliche Stabilität sichern.

Im Folgenden werden zwei Methoden zur Identifikation von Meinungsführern vorgestellt:

1. Identifikation von Meinungsführern auf Basis der topologischen Struktur
   Wenn jeder Nutzer in einem sozialen Netzwerk als Knoten betrachtet wird und alle Arten von Interaktionen zwischen Nutzern (wie Likes, Weiterleitungen und Kommentare, die eine Verbindung zwischen diesen Knoten darstellen) durch Linien zwischen den Knoten repräsentiert werden, kann das soziale Netzwerk als komplexer Netzwerkgraph dargestellt werden. Im sozialen Netzwerkdiagramm steckt eine Fülle topologischer Informationen. Wir können die Berechnung der Nutzerbedeutung aus der Perspektive der topologischen Struktur untersuchen und so Meinungsführer identifizieren. Der Ablauf dieser Methode ist in Abb. 14.4 dargestellt.
   $G(V,E,W)$ definiert das soziale Netzwerk, das durch Veröffentlichen, Weiterleiten, Kommentieren und Liken auf der Netzwerkplattform entsteht. Dabei steht V für die Menge der Knoten, also aller Nutzer im sozialen Netzwerk. E ist die Menge der Kanten, die die Nutzer verbinden, und die Kanten repräsentieren die Verbindungen zwischen den Knoten. W steht für die Gewichtung jeder Kante, die die Stärke der Verbindung zwischen den Knoten ausdrücken kann. Das Netzwerk wird als mathematischer Ausdruck abstrahiert, der als Adjazenzmatrix dargestellt werden kann. Das Gewicht kann entsprechend der tatsächlichen Interaktion zwischen den Nutzern im Netzwerk bestimmt werden, etwa durch die Anzahl der Beteiligungen an Diskussionen auf der Plattform oder das Verhältnis von Beiträgen zu Weiterleitungen zwischen den Nutzern.
   Anhand von Degree Centrality, Betweenness Centrality, Closeness Centrality und Eigenvector Centrality lassen sich Meinungsführer in sozialen Netzwerken identifizieren. Dabei berücksichtigt die Eigenvektor-Zentralität sowohl die Anzahl als auch die Bedeutung der Nachbarknoten; PageRank und seine Weiterentwicklungen sind hierbei am weitesten verbreitet.
   Im Folgenden wird beschrieben, wie PageRank jeweils in R und Python umgesetzt werden kann:
   (a) PageRank-Implementierung in R.

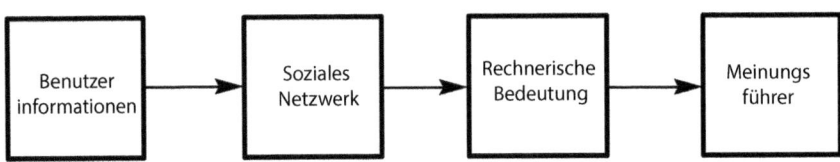

Abb. 14.4 Identifikation von Meinungsführern auf Basis der topologischen Struktur

```
R = GX; #G ist die Übergangsmatrix, R und X sind
        Spaltenvektoren.
ITER_LIMIT = 1000;
THRESHOLD = xxx; #THRESHOLD ist ein Spaltenvektor, jede
                 Komponente ist ein Schwellwert e.
count = 0;
while (true) {
if (abs(X-R) < THRESHOLD) {
        #Wenn die letzten beiden ähnlich oder gleich sind,
ist ein stabiler Zustand erreicht und R wird zurückgegeben.
  return R;
  } else if (count > ITER_LIMIT) {
        #Wenn das Iterationslimit erreicht ist, ist keine
vollständige Stabilität gegeben und R wird zurückgegeben.
  return R;
  } else {
  X =R;
  R = GX;
  }
}
```

PageRank wird in R auch durch das igraph-Paket implementiert, der entsprechende Code lautet wie folgt:

```
page.rank (graph, algo = c("prpack", "arpack", "power"),
vids = V(graph), directed = TRUE, damping = 0.85,
personalized = NULL, weights = NULL, options = NULL)
```

(b) PageRank-Implementierung in Python.
Die Verknüpfungen zwischen Webseiten werden in eine Matrix überführt, anschließend wird iteriert. Je größer der berechnete P_n-Wert, desto höher das Ranking der Webseite.

```
#Initialen PageRank-Wert erzeugen und in P_n speichern; sowohl
P_n als auch P_n1 werden für die Iteration verwendet.
P_n = np.ones(N) / N
P_n1 = np.zeros(N)
e = 100000              #Fehlerinitialisierung
k = 0                   #Anzahl der Iterationen
print ('loop…')
while e > 0.00000001:   #Iteration starten
```

```
  P_n1 = np.dot(A, P_n)      #Iterative Formel
  e = P_n1-P_n
  e = max(map(abs, e))       #Fehler berechnen
  P_n = P_n1
  k += 1
  print ('iteration %s:'%str(k), P_n1)
print ('final result:', P_n)
```

2. Identifikation von Meinungsführern auf Basis von Ausbreitungsmodellen

Das Ziel der Identifikation von Meinungsführern ist es, deren Einfluss möglichst effektiv zu nutzen und andere zu beeinflussen, um so die Reichweite des
Einflusses zu maximieren. Wenn sich der Einflussbereich einer Person quantifizieren lässt, kann eine Person mit großem Einflussbereich als Meinungsführer betrachtet werden. Die Identifikation von Meinungsführern kann daher
als Maximierungsproblem des Einflusses verstanden werden: Es gilt, eine vorgegebene Anzahl von K Knoten im Netzwerk zu finden, die den maximalen
Einfluss im Netzwerk ausüben, und diese K Knoten als Meinungsführer zu bestimmen. Der allgemeine Ablauf dieser Methode ist in Abb. 14.5 dargestellt.
Im ersten Schritt wird auf Basis der Nutzerinformationen ein soziales Netzwerk
konstruiert, analog zur Erstellung des sozialen Netzwerkgraphen im vorherigen
Abschnitt, typischerweise als gewichteter gerichteter Graph.
Im zweiten Schritt wird ein Ausbreitungsmodell ausgewählt, um die Regeln der
Informationsverbreitung festzulegen.
Im dritten Schritt werden Algorithmen entwickelt, um das Ausbreitungsmodell
umzusetzen und die Informationsverbreitung in sozialen Netzwerken zu simu-
lieren, sodass die K Knoten mit der größten Reichweite identifiziert und als
Meinungsführer bestimmt werden.

Der Forschungsschwerpunkt dieser Methode liegt nicht auf der Konstruktion des
sozialen Netzwerkgraphen, sondern vor allem auf der Auswahl des Einfluss-Aus-
breitungsmodells und der Simulation der Informationsverbreitung. Die am häufigsten untersuchten und eingesetzten Modelle sind das Independent-Cascade-
Modell und das Linear-Threshold-Modell. Für die Simulation der Informationsverbreitung werden meist Greedy-Algorithmen und heuristische Algorithmen
verwendet, auf deren Details hier nicht weiter eingegangen wird.

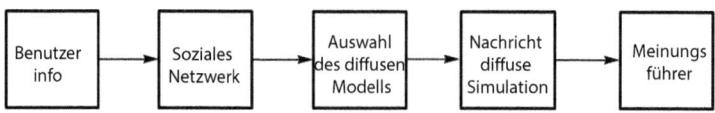

Abb. 14.5 Identifikation von Meinungsführern auf Basis von Ausbreitungsmodellen

14.5.3 Anwendung in der Marketing-Promotion

Der „Mundpropaganda-Effekt" und das „virale Marketing" beeinflussen zunehmend das normale Kaufverhalten der Konsumenten. Zunächst wird eine kleine Anzahl einflussreicher Kunden als Zielgruppe ausgewählt, denen das Produkt vorgestellt wird. Anschließend empfehlen die meisten Mitglieder dieser Gruppe das Produkt an ihre Freunde weiter, wodurch sich durch den „Mundpropaganda-Effekt" eine Kettenreaktion zur Förderung des Produkts entfaltet. Um eine möglichst effektive Kommunikation zu erzielen, werden diese anfänglich einflussreichen Kunden in der Regel aus den „Meinungsführern" im sozialen Netzwerk ausgewählt. Es ist eine gängige Marketingstrategie von Unternehmen, gezielt „Meinungsführer" zu etablieren oder zu identifizieren und mit ihnen zur Produktvermarktung und -verkauf zusammenzuarbeiten. Konsumenten sollten beim Einkauf lernen, zu vergleichen und kritisch zu hinterfragen.

Aus Unternehmenssicht ist es notwendig, zur optimalen Nutzung sozialer Netzwerke für Marketingzwecke und zur möglichst ressourcenschonenden und kosteneffizienten Umsetzung, die bestmögliche virale Marketing- und Bestellstrategie zu entwickeln. Angesichts des aus Konsumenten bestehenden „Small-World"-Sozialnetzwerks im Markt wählen Unternehmen einen beliebigen Konsumenten als Quellknoten aus und setzen ihre „virale Marketing"-Strategie um. In diesem Zusammenhang kann das SIR-Modell eingesetzt werden, um die Verbreitung von Mundpropaganda im Netzwerk zu simulieren und so die Kaufentscheidungen der Netzwerknutzer zu beeinflussen [20].

Im Folgenden wird beschrieben, wie die genannten Fragestellungen durch Multi-Agenten-Modellierung und Simulation mit Netlogo gelöst werden können:

1. Simulation der Mundpropaganda-Verbreitung mit dem SIR-Modell
   (a) Definiere n in der Quellknotenmenge als Verbreitungsknoten I der Mundpropaganda.
   (b) Wähle zufällig einen Knoten I aus der Menge der Verbreitungsknoten n_i und einen zufälligen Knoten n_j aus allen benachbarten Knoten, um die Verbreitung zu bestimmen:
   - Ist der Knoten n_j ein empfänglicher Knoten S, so wird n_j mit Wahrscheinlichkeit λ (Verbreitungswahrscheinlichkeit) zum Verbreitungsknoten I.
   - Ist der Knoten n_j bereits ein Verbreitungsknoten I oder ein immuner Knoten R, so gibt der Knoten n_i die Verbreitung mit Wahrscheinlichkeit α (Immunitätswahrscheinlichkeit) auf und wird zum immunen Knoten R.
   - Wiederhole die Schritte a und b, bis die Menge der Verbreitungsknoten I leer ist.

2. Indikatoren zur Bewertung der Verbreitung
   R_{final}: Der Anteil der immunen Knoten R im Netzwerk an der Gesamtzahl der Knoten nach Abschluss der Kommunikation; misst die Reichweite der Mundpropaganda-Verbreitung.
   T_{peak}: Die Zeit, die benötigt wird, bis der Anteil der Verbreitungsknoten I an der Gesamtzahl der Knoten sein Maximum erreicht; spiegelt die Geschwindigkeit der Mundpropaganda-Verbreitung wider.

Tab. 14.4 Parametereinstellungen für die Simulationsberechnung

Parametertyp	Parameter	Wert
Simulationsparameter	Anzahl der Agenten: N	5000
	Anzahl der Simulationswiederholungen: M	250
Verbreitungsparameter	Verbreitungswahrscheinlichkeit: λ	1,00
Verbreitungsparameter	Immunitätswahrscheinlichkeit: α	1,00
Produktparameter	Stückgewinn des Produkts: p	10,00
	Stückkosten des Produkts: c	5,00
Small-World-Netzwerkparameter	Anzahl der Knoten: N	5000
	Anzahl der verbundenen Knoten pro Seite: k	Drei
	Rekonnektionswahrscheinlichkeit des Knotens: r	0,10

S_{peak}: Der maximale Anteil der Verbreitungsknoten I an der Gesamtzahl der Knoten während der Kommunikation; zeigt die maximale momentane Wirkung der Informationsverbreitung.

T_{final}: Der Zeitpunkt, zu dem die Mundpropaganda-Kommunikation endet, also die Gesamtdauer des Verbreitungsprozesses.

π: Der Endgewinn nach Abschluss der Verbreitung. Wenn $D \leq Q$, gilt $\pi = pD - c(Q - D)$, wenn $D > Q$, gilt $\pi = pQ$. Dabei ist D die Nachfrage, Q die Bestellmenge, c die Stückkosten und p der Stückgewinn.

3. Netlogo-Modellierung und -Simulation

Vor der Durchführung der Simulationsberechnung sind die Parameter gemäß Tab. 14.4 festzulegen.

4. Simulationsanalyse

Durch Variation verschiedener Parameter lässt sich der Zusammenhang zwischen Rekonnektionswahrscheinlichkeit, Verbreitungswahrscheinlichkeit des SIR-Modells, Immunitätswahrscheinlichkeit, Stückgewinn und Stückkosten sowie dem Endgewinn ermitteln. Auf Basis der Ergebnisse des „viralen Marketings" kann die optimale Bestellmenge festgelegt werden, um den maximalen Produktertrag zu erzielen.

14.6 Anwendungsbeispiel des Einflusses sozialer Netzwerke: Identifikation von Weibo-Meinungsführern bei medizinischen öffentlichen Meinungsevents

In dieser Studie wird die Entwicklung von medizinischen Meinungs-Hotspots in verschiedenen Phasen des Lebenszyklus mittels Co-Word-Netzwerk analysiert. Durch die Kombination von persönlichen Attributen der Nutzer, Netzwerkstruktureigenschaften, Verhaltensmerkmalen und Textmerkmalen wird ein umfassendes Indikatorensystem zur Identifikation von Meinungsführern entwickelt. Mittels Clusteranalyse werden Weibo-Meinungsführer in unterschiedlichen Phasen medizinischer öffentlicher Meinungsevents identifiziert. Basierend auf den Identifikationsergebnissen der Meinungsführer wird anschließend eine Zeitverzugs-Korrelationsanalyse durchgeführt, um den Einfluss der Stimmungstendenz der Meinungsführer auf die Emotionen der breiten Öffentlichkeit zu untersuchen.

14.6.1 Datenerhebung und -verarbeitung

Am 21. Juli 2018 löste ein Selbstmedien-Artikel, der eine Biotechnologie-GmbH in Changchun (im Folgenden „Changchun-Unternehmen" genannt) der Umgehung von Aufsicht und illegaler Produktion bezichtigte, in den sozialen Medien einen Sturm der Entrüstung aus. In der Folge wurde die Changchun Biotech Co., Ltd. wiederholt mit Problemen wie der Fälschung von Produktionsaufzeichnungen für Tollwutimpfstoffe und unzureichender Wirksamkeit des DTP-Impfstoffs konfrontiert. Innerhalb von nur zwei Tagen wurden bis zu 2,25 Millionen Weibo-Nachrichten im Zusammenhang mit dem betreffenden Impfstoff veröffentlicht, was zu einer starken gesellschaftlichen Verurteilung und einer landesweiten, hitzigen Diskussion führte. Das Impfstoffereignis stellt somit einen typischen Fall eines medizinischen öffentlichen Meinungsevents mit breiter gesellschaftlicher Wirkung dar und eignet sich daher als Forschungsgegenstand dieser Studie.

Im Abstand von jeweils 6 Stunden wurden mit den Stichworten „Impfstoffereignis", „Changchun Biotech Co., Ltd." und „Wuhan Biotech Co., Ltd." über die erweiterte Suchfunktion von Sina Weibo alle relevanten populären Weibo-Beiträge, Weiterleitungen, Kommentare sowie die persönlichen Daten der entsprechenden Nutzer vom Ausbruch bis zum Abklingen des Impfstoffereignisses (21. Juli 2018 bis 6. August 2018) erfasst. Die Daten der populären Weibo-Beiträge (Weiterleitungen/Kommentare) umfassen den konkreten Inhalt, das Veröffentlichungsdatum, die Anzahl der Likes, Weiterleitungen, Kommentare sowie die Nutzer-ID. Die Nutzerdaten beinhalten Nutzer-ID, Nickname, persönliche Beschreibung, Anzahl der Follower, Anzahl der abonnierten Accounts, Anzahl der Weibo-Posts, Nutzerlevel, Authentifizierungstyp und Registrierungsdatum. Nach Entfernung fehlender Werte, Duplikate und ungültiger Werbeinformationen verblieben schließlich 3092 populäre Weibo-Beiträge mit den dazugehörigen 1167 populären Weiterleitungen, 17.484 populären Kommentaren und 17.670 Nutzereinträgen.

Die Entstehung und Entwicklung medizinischer öffentlicher Meinungsevents weist bestimmte Lebenszyklusmerkmale auf. In den verschiedenen Phasen des Lebenszyklus unterscheiden sich die Schwerpunkte und die Aufmerksamkeit der öffentlichen Diskussion. Die derzeit weit verbreitete Einteilung des Lebenszyklus öffentlicher Meinung folgt einem „Vier-Phasen"-Modell, das sich an der gesellschaftlichen Aufmerksamkeit orientiert und die Phasen Inkubationszeit, Ausbruchsphase, Hochdiskussionsphase und Abschwächungsphase umfasst. Anhand der Auswertung der Weibo-Suchtrends zu Impfstoffereignissen zu verschiedenen Zeitpunkten und unter Berücksichtigung der Lebenszyklustheorie sowie der

Eigenschaften der erhobenen Daten, teilt dieses Buch das Impfstoffereignis in folgende Phasen ein: Ausbruchsphase (21. Juli 2018 bis 22. Juli 2018), Hochdiskussionsphase (23. Juli 2018 bis 25. Juli 2018), Abschwächungsphase (26. Juli 2018 bis 31. Juli 2018) und Restphase (ab 26. Juli 2018).

14.6.2   Datenanalyseprozess und Schlüsseltechnologien

Gemäß dem in diesem Buch vorgeschlagenen Identifikationsindexsystem für Meinungsführer auf Weibo wurden die Eigenschaftsvektoren aller Nutzer, die an der Diskussion zum Impfstoffereignis teilgenommen haben, konstruiert und anschließend die Meinungsführer mittels Clusteranalyse automatisch identifiziert. Der spezifische Datenanalyseprozess ist in Abb. 14.6 dargestellt und umfasst im Wesentlichen vier Schritte: Datenerhebung und -vorverarbeitung, Extraktion von Nutzermerkmalen, Nutzerclustering und Identifikation von Meinungsführern.

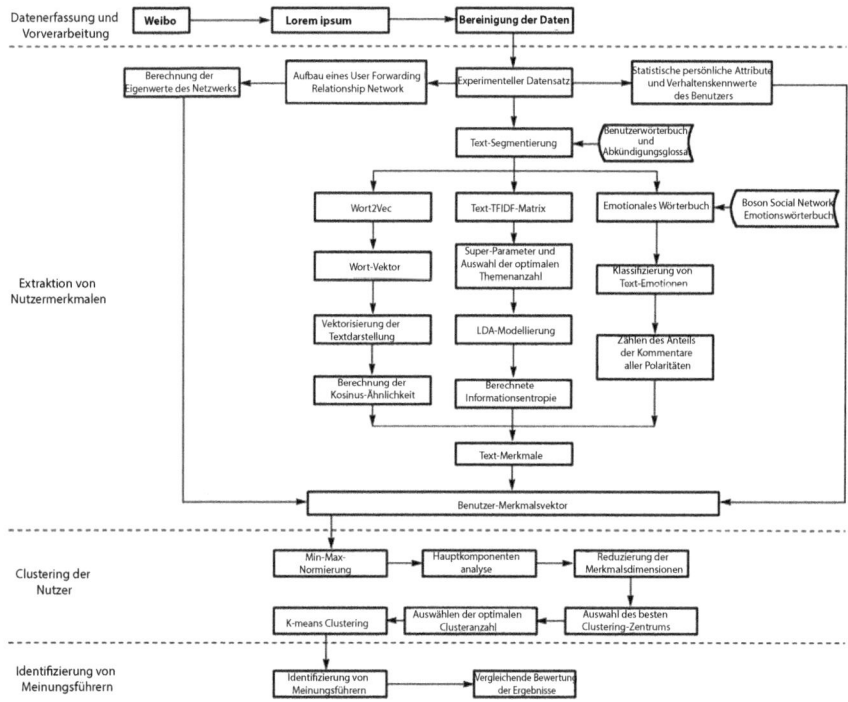

Abb. 14.6 Datenanalyse-Flussdiagramm

1. Extraktion von Nutzermerkmalen

   Basierend auf dem konstruierten Identifikationsindex für Meinungsführer werden die relevanten Informationen der Nutzer erfasst und die persönlichen Attributmerkmale sowie das Verhalten jedes Nutzers bestimmt. Die Verbindungsbeziehung wird durch die „Weiterleitungs"-Beziehung zwischen Nutzern definiert, wodurch ein gerichtetes, gewichtetes Netzwerk aufgebaut wird. Anschließend werden die Netzwerkstruktureigenschaften der Nutzer berechnet. Im Hinblick auf Textmerkmale werden Wortvektoren auf Basis der Weibo-Texte mittels Word2Vec trainiert und die Merkmalsvektoren der Weibo-Texte durch die Embedding-Average-Methode gewonnen. Abschließend wird die semantische Ähnlichkeit zwischen dem Original-Weibo und dem jeweils weitergeleiteten Weibo-Text mittels Kosinus-Ähnlichkeit berechnet. Darüber hinaus wird der Hochfrequenzwortvektor als Vektor für Trendthemen verwendet und die semantische Ähnlichkeit zwischen jedem Weibo und den Trendthemen durch Berechnung der Kosinus-Ähnlichkeit zwischen Hochfrequenzwortvektor und Weibo-Merkmalsvektor ermittelt. Zur Bestimmung der Themenvielfalt in den Weibo-Beiträgen eines Nutzers wird zunächst anhand des Konfusionsgrades die optimale Themenanzahl ausgewählt und anschließend die Weibo-Beiträge des Nutzers mit dem LDA-Modell (Latent Dirichlet Allocation) trainiert, um die Verteilungswahrscheinlichkeit jedes Weibo-Beitrags auf jedes Thema zu erhalten. Darauf aufbauend wird die Themenvielfalt des Microblog-Inhalts mittels Informationsentropie gemessen. Die Extraktion emotionaler Textmerkmale erfolgt auf Basis eines Emotionswörterbuchs zur Klassifikation der Bewertungstexte. Hierzu werden das Sentiment-Analyse-Wörterbuch der Chinese National Knowledge Infrastructure (CNKI) und das chinesische Sentiment-Lexikon der National Taiwan University zusammengefasst, bereinigt und ergänzt, um das Sentiment-Lexikon zu erstellen. Da die zur Bestimmung der Emotionspolariät verwendeten Emotionswörter durch das jeweilige Fachgebiet eingeschränkt sein können, wird zusätzlich das Boson Social Network Sentiment Dictionary herangezogen, um die Analyse besser an die Inhalte der Weibo-Texte anzupassen.

   Abschließend werden die vier Merkmalsgruppen – persönliche Attribute, Netzwerkeigenschaften, Verhaltensmerkmale und Textmerkmale – zusammengeführt, um den Merkmalsvektor jedes Nutzers zu erhalten.

2. Nutzerclustering

   Um eine Verzerrung der Analyseergebnisse durch Unterschiede in Größenordnung und Dimension der Indikatoren zu vermeiden, wird die Min-Max-Normalisierung zur Standardisierung der Nutzer-Merkmalsvektormatrix eingesetzt. Darauf aufbauend erfolgt eine Komponenten-Analyse der Nutzer-Merkmalsvektoren, um eine Dimensionsreduktion der Merkmale zu erreichen.

   Gemäß dem zuvor definierten Meinungsführer-Merkmalsvektor gilt: Je größer der Mittelwert der einzelnen Komponenten eines Nutzer-Merkmalsvektors, desto wahrscheinlicher ist es, dass der Nutzer ein Meinungsführer ist. Die Identifikation von Meinungsführern durch Clustering bedeutet, dass die Merkmalsvektoren aller Nutzer gruppiert werden und schließlich anhand der

Clustering-Ergebnisse eine kleine Anzahl von Nutzergruppen mit Meinungs-führer-Eigenschaften ausgewählt wird.

Für das Nutzerclustering wird der K-Means-Algorithmus eingesetzt. Da beim K-Means-Clustering die Anzahl der Cluster vorab festgelegt werden muss und unterschiedliche Clusterzahlen das Ergebnis direkt beeinflussen, wird in diesem Buch der quadratische Fehler als Indikator verwendet und die optimale Cluster-anzahl nach der Ellenbogenregel bestimmt. Zusätzlich wird das Prinzip der ma-ximalen Distanz zur Auswahl des besten Clusterzentrums angewendet, um zu vermeiden, dass das K-Means-Clustering aufgrund zufällig nahe beieinander liegender Clusterzentren in ein lokales Optimum gerät.

14.6.3 Analyse der Trendthemen und der Entwicklung der Netzwerkstruktur

Die Analyse der Trendthemen sowie der Entwicklung des Nutzer-Weiterleitungs-netzwerks in den einzelnen Phasen des Lebenszyklus von Impfstoffereignissen zeigt, dass es deutliche Unterschiede in den Schwerpunkten und der Weiter-leitungsinteraktion der Nutzer in den verschiedenen Phasen gibt. Daher muss die Identifikation von Meinungsführern die lebenszyklusbezogenen Merkmale medi-zinischer öffentlicher Meinung berücksichtigen.

1. Analyse der Entwicklung von Trendthemen
   Das Netzwerkdiagramm der Trendthemen dient dazu, ein soziales Netzwerk zu konstruieren, das die Beziehungen zwischen häufig verwendeten Begriffen in Impfstoffereignissen auf Basis der Kookkurrenz von Wörtern, etwa in Weibo-Beiträgen, beschreibt. Konkret werden häufige Begriffe aus Weibo-Texten als Knoten betrachtet, und Kanten werden entsprechend der Kookkurrenz von Wörtern im selben Weibo-Beitrag erstellt. Die Häufigkeit der Kookkurrenz wird als Gewicht der Kanten verwendet, um den Grad der Kookkurrenz zwi-schen den häufigen Begriffen darzustellen. Je mehr Kanten ein Begriff besitzt, desto häufiger wird er erwähnt und repräsentiert damit bis zu einem gewissen Grad das von den Nutzern diskutierte Trendthema. Für die Weibo-Inhalte der Nutzer in jeder Phase wird eine Kreuztabelle der Kookkurrenz von Begriffen erstellt und in Gephi importiert, um für jede Phase ein Netzwerkdiagramm der Trendthemen zu zeichnen, wie in Abb. 14.7 dargestellt.
   Wie aus Abb. 14.7 ersichtlich, bestehen in den verschiedenen Phasen deutliche Unterschiede bei den Trendthemen: Während der Ausbruchsphase berichteten zahlreiche Medien und Selbstmedien über den Umstand, dass ein Unternehmen in Changchun von der Börse Shenzhen öffentlich gerügt wurde, weil es Toll-wutimpfstoff-Daten gefälscht und die Qualitätskontrolle des DTP-Impfstoffs nicht bestanden hatte. Nach Veröffentlichung der Nachricht entfachte sich eine starke öffentliche Meinung und breite Verurteilung. In der Phase der intensi-ven Diskussion bleibt der Betrug mit fehlerhaften Impfstoffdaten weiterhin

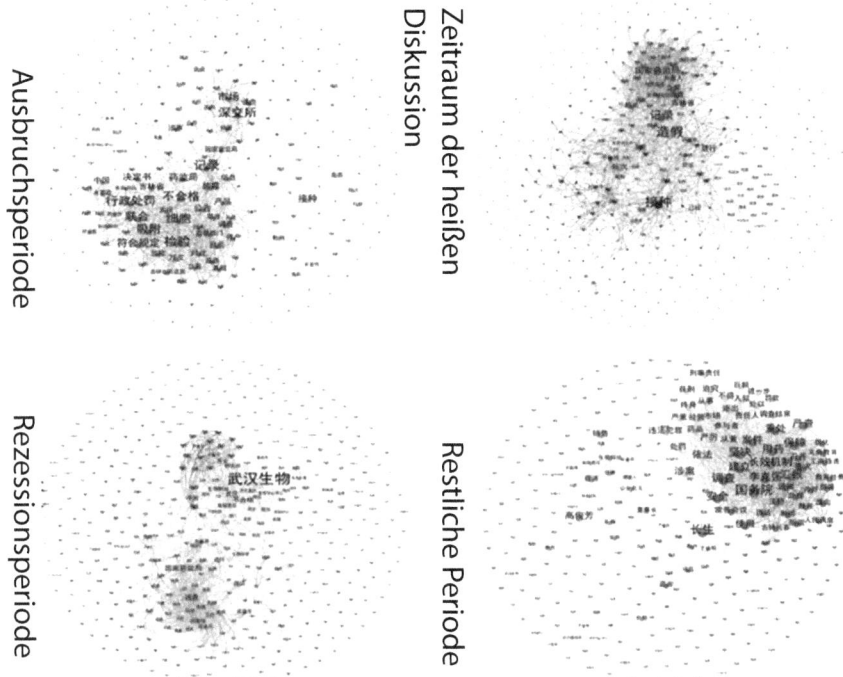

Abb. 14.7 Netzwerkdiagramm der Trendthemen in den verschiedenen Phasen

ein zentrales Diskussionsthema. Gleichzeitig rücken die von der Nationalen Arzneimittelbehörde und anderen Institutionen eingeleiteten Untersuchungen gegen Changchun Biotech Co., Ltd. sowie der Fortschritt der entsprechenden Nachbesserungsmaßnahmen in den Fokus der öffentlichen Aufmerksamkeit, und die öffentliche Meinung nimmt weiter zu. In der Abschwungphase deckten Medien Qualitätsmängel bei Impfstoffchargen eines Unternehmens aus Wuhan auf, was erneut große öffentliche Besorgnis auslöste, während das Interesse an Changchun Biotech Co., Ltd. abnahm. In der Restphase wurde die öffentliche Meinung zum Impfstoffereignis kontrolliert und das Interesse stabilisierte sich. Die Öffentlichkeit konzentrierte sich nun stärker auf die Überprüfung und Sanktionierung der beteiligten Unternehmen und verantwortlichen Personen durch die zuständigen staatlichen Stellen.

2. Analyse der Entwicklung der Netzwerkstruktur

Ein gerichtetes, gewichtetes Netzwerk wird entsprechend der „Weiterleitungs"-Beziehung zwischen Nutzern aufgebaut, wobei jeder Knoten im Netzwerk einen Nutzer repräsentiert. Wenn Knoten i den Weibo-Beitrag von Knoten j weiterleitet, wird angenommen, dass Knoten j Einfluss auf Knoten i ausübt, das heißt, es existiert eine gerichtete Kante von Knoten j zu Knoten i. Die Anzahl der Weiterleitungen zwischen zwei Knoten wird als Gewicht definiert und dient zur Darstellung der Stärke der Einflussbeziehung zwischen den Knoten. Die Struktur des Nutzer-Weiterleitungsnetzwerks in den einzelnen Phasen ist in Abb. 14.8 dargestellt. Die Knotengröße im linken Netzwerkdiagramm ist proportional zum Zentralitätsmaß des Hub-Knotens, im rechten Netzwerkdiagramm proportional zum Zentralitätsmaß des autoritativen Knotens.

Aus dem Netzwerkdiagramm ist ersichtlich, dass es in jeder Phase einige Hub-Knoten gibt, die eine Vermittlerrolle bei der Informationsverbreitung im Netzwerk spielen. Im Vergleich dazu gibt es mehr autoritative Knoten, jedoch zeigt sich insgesamt ein abnehmender Trend der autoritativen Knoten im Zeitverlauf. Darüber hinaus unterscheidet sich die Struktur des Nutzer-Weiterleitungsnetzwerks in den verschiedenen Phasen: In der Ausbruchs- und Diskussionsphase sind die Verbindungen zwischen den Nutzern enger und weisen eine deutliche Zentrum-Rand-Verteilung auf, während in der Abschwung- und Restphase die Verbindungen spärlich sind und überwiegend in Form von Untergruppen auftreten.

14.6.4 Analyse der Ergebnisse zur Identifikation von Weibo-Meinungsführern

Basierend auf dem in diesem Buch vorgeschlagenen Indikatorensystem zur Identifikation von Meinungsführern auf Weibo können die gesammelten Daten verarbeitet und analysiert werden. Die Merkmalsvektoren aller Nutzer, die sich an der Diskussion über Impfstoffereignisse in den verschiedenen Phasen beteiligt haben, werden berechnet. Anschließend können die Meinungsführer auf Weibo bei medizinischen öffentlichen Ereignissen mittels Clusteranalyse automatisch identifiziert werden. Die Ergebnisse der Identifikation von Weibo-Meinungsführern in den einzelnen Phasen sind in Tab. 14.5 dargestellt.

Tab. 14.5 vergleicht die Ergebnisse der Clustereffekte beim Aufbau von Nutzer-Merkmalsvektoren unter Verwendung der in diesem Buch vorgeschlagenen multifaktoriellen Netzwerkstruktur- und Textmerkmale, die sowohl Netzwerkstruktur- als auch Textmerkmale einbeziehen, mit den Clustering-Ergebnissen früherer Studien, die ausschließlich persönliche Nutzerattribute und Verhaltensmerkmale zur Konstruktion von Nutzer-Merkmalsvektoren heranzogen. Die Ergebnisse zeigen, dass die Identifizierungsmethode von Meinungsmachern durch die Kombination mehrerer Merkmale besser in der Lage ist, Meinungsmacher unter Basisnutzern zu identifizieren und eine höhere Anpassungsfähigkeit sowie Inklusivität aufweist.

Ein Vergleich der Identifikationsergebnisse von Meinungsmachern in den vier Phasen zeigt, dass sich die Meinungsmacher aus den Medien in den verschiedenen Phasen kaum verändert haben. So weist beispielsweise „Headline News" während des gesamten Lebenszyklus des Impfstoffereignisses eine hohe Beteiligung und Aktivität auf und übt einen nachhaltigen Einfluss aus. Dagegen zeigen individuelle Meinungsmacher aus den Medien und solche ohne Verifizierung in den verschiedenen Phasen unterschiedliche Ausprägungen: In der Ausbruchsphase sind

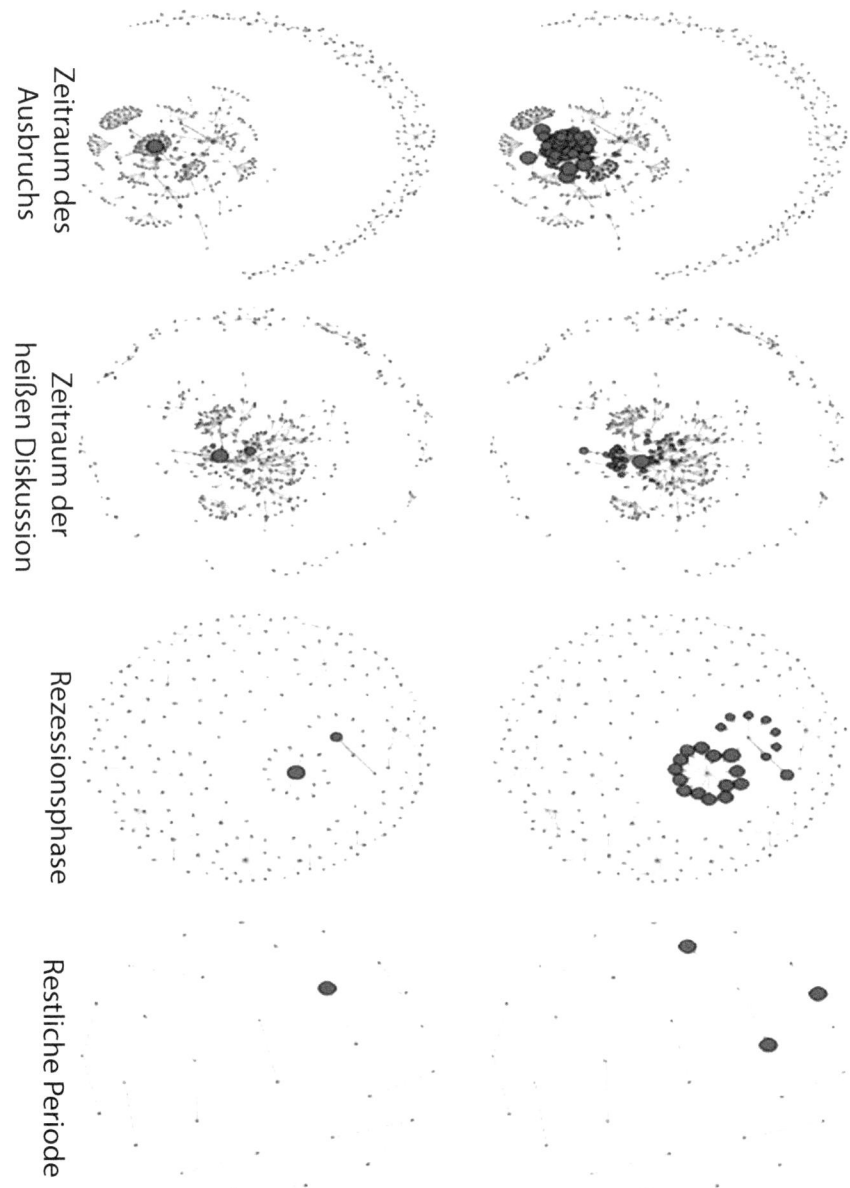

Abb. 14.8 Netzwerkstrukturdiagramm der einzelnen Phasen

die einflussreichsten Personen meist Einzelpersonen aus den Medien, die sachliche Berichte und objektive Analysen zu den Impfstoffereignissen liefern. In der
Phase der heißen Diskussion, in der die öffentliche Debatte am intensivsten und

Tab. 14.5 Ergebnisse der Identifikation von Weibo-Meinungsführern in den einzelnen Phasen

Phase	Multifeature		Persönliche Attribute und Verhaltensmerkmale	
	Nutzername	Zertifizierungstyp	Nutzername	Zertifizierungstyp
Ausbruchsphase	Headline news	Medium	People's Daily	Medium
	People's Daily	Medium	Headline news	Medium
	Xinlang finance	Medium	Xinlang finance	Medium
	The Beijing News	Medium	The Beijing News	Medium
	Finance net	Medium	Finance net	Medium
	China News Network	Medium	people.cn	Medium
	Between coming and going	Persönliches Medium	National business daily	Medium
	Sneezing net platinum process	Persönliches Medium	China News Network	Medium
	Hou Ning	Persönliches Medium	China Daily	Medium
	Yu Nong spricht über Aktien	Persönliche Medien	CCTV Nachrichten	Medium
	Die Wirtschaft aus der Distanz betrachten	Persönliche Medien	Xinhua Shidian	Medium
	Taotaotao Film	Persönliche Medien	Stimme Chinas	Medium
Phase der intensiven Diskussion	Finance Net	Medium	Schlagzeilen	Medium
	Volkszeitung	Medium	Volkszeitung	Medium
	Schlagzeilen	Medium	CCTV Nachrichten	Medium
	CCTV Nachrichten	Medium	Finance Net	Medium
	Almost Know Pavilion 2	Ohne Authentifizierung	Xinhua Shidian	Medium
	Schule für Literatur und Geschichte _	Persönliche Medien	China News Network	Medium
	The Beijing News	Medium	China Daily	Medium
	The Paper	Medium	Stimme Chinas	Medium
	Sexy Corn	Persönliche Medien	The Beijing News	Medium
	Chi Yusheng, Rechtsanwalt	Persönliche Medien	Xinlang Finance	Medium
	Beicun Dorf	Persönliche Medien	National Business Daily	Medium
	Xiangxiaotian	Persönliche Medien	CCTV Finance	Medium

(Fortsetzung)

Tab. 14.5 (Fortsetzung)

Phase	Multifeature		Persönliche Attribute und Verhaltensmerkmale	
	Nutzername	Zertifizierungstyp	Nutzername	Zertifizierungstyp
Rezessionsphase	Xinlang Finance	Medium	Volkszeitung	Medium
	Volkszeitung	Medium	Schlagzeilen	Medium
	Schlagzeilen	Medium	Finance Net	Medium
	Finance Net	Medium	Xinlang Finance	Medium
	Die Wirtschaft aus der Distanz betrachten	Persönliche Medien	The Beijing News	Medium
	Großer Fall	Medium	National Business Daily	Medium
	Blue Whale Finanzreporter-Arbeitsplattform	NGO	Das Ministerium für öffentliche Sicherheit bekämpfte vier Übel und beseitigte vier Übel	Regierung
	Fenghuang Net Finance	Medium	Xinhua Shidian	Medium
	The Beijing News	Medium	CCTV Finance	Medium
	National Business Daily	Medium	China Newsweek	Medium
	Schule für Literatur und Geschichte _	Persönliche Medien	China Daily	Medium
Restphase	Schlagzeilen	Medium	Schlagzeilen	Medium
	Xinlang Finanzen	Medium	Xinhua Shidian	Medium
	Ein etwas idealistischer Reporter	Persönliche Medien	Finance Net	Medium
	Finance Net	Medium	Xinlang Finanzen	Medium
	Hu Daying	Persönliche Medien	Hu Daying	Persönliche Medien
	Ein Haus bauen und ein Unternehmen angreifen X2R	Persönliche Medien	Ein Haus bauen und ein Unternehmen angreifen X2R	Persönliche Medien
	Allein unterwegs 2050	Ohne Verifizierung	Ein etwas idealistischer Reporter	Persönliche Medien
	Cao Yuzuo	Ohne Verifizierung	Kaidi Netzwerk	Medium
	Lazy Gold 6	Ohne Verifizierung	Pihaizhou	Persönliche Medien

die Stimmung am aufgeheiztesten ist, werden vor allem nicht verifizierte Nutzer, die radikal auftreten und ihre Emotionen ungefiltert äußern, zu Meinungsmachern. Während der Abschwächungsphase verlagerte sich durch die Enthüllung der nicht qualifizierten Impfstoffcharge von Wuhan Biotech Co., Ltd. der Fokus der öffentlichen Meinung von einem Unternehmen in Changchun auf die Wuhan Biotech Co.,

Ltd. In dieser Phase sind die Meinungsmacher überwiegend Medien und Einzelpersonen, die objektive Informationsverbreitung und eine sachliche Meinungsäußerung betreiben. In der Restphase richtet sich die öffentliche Aufmerksamkeit auf die Bestrafung der beteiligten Unternehmen und der verantwortlichen Personen. In dieser Phase äußern sich neben den etablierten Medien, die über den Stand der Überprüfung berichten, auch zahlreiche Einzelpersonen aus den Medien und nicht verifizierte Nutzer zu den Maßnahmen und Resolutionen.

Da die Impfstoffsicherheit eng mit der öffentlichen Gesundheit verknüpft ist, führte die Berichterstattung über das Impfstoffereignis zu einer landesweiten, intensiven Diskussion und wurde von der Regierung stark beachtet. Insgesamt sind die Meinungsmacher bei Impfstoffereignissen überwiegend offizielle Medien, die vor allem zwei Funktionen erfüllen: Zum einen berichten sie über den Fortgang des Ereignisses, zum anderen tragen sie zur Beruhigung der öffentlichen Stimmung bei.

14.6.5 Analyse des Einflusses von Weibo-Meinungsführern

Meinungsführer üben einen starken sozialen Einfluss aus, und ihre Ansichten wirken sich in gewissem Maße auf die Meinungen und Einstellungen gewöhnlicher Internetnutzer aus. Basierend auf den Identifikationsergebnissen der Meinungsführer kann das gesamte Impfstoffereignis als Analysezyklus betrachtet werden, wobei ein Zeitfenster von 6 Stunden gewählt wird. Der Einfluss der emotionalen Tendenzen der Meinungsführer auf die allgemeinen Emotionen der Öffentlichkeit kann mittels Zeitreihen-Korrelationsanalyse untersucht werden. Konkret wird die emotionale Tendenz der Meinungsführer durch ihre Gefühlsäußerungen beim Veröffentlichen von Weibo-Beiträgen ausgedrückt, während die emotionale Tendenz gewöhnlicher Internetnutzer durch deren Gefühlsäußerungen beim Veröffentlichen, Weiterleiten und Kommentieren von Weibo-Beiträgen dargestellt wird. Die Berechnung der Werte der emotionalen Tendenz von Meinungsführern und gewöhnlichen Internetnutzern in den einzelnen Phasen ist in Gl. (14.6) und (14.7) dargestellt.

$$
\text{Emotional ratio of opinion leaders (positive/neutral/negative)} = \\
\frac{\text{Weibo number (positive/neutral/negative) published by opinion leaders in this stage}}{\text{The total number of Weibo published by opinion leaders during this period}} \quad (14.6)
$$

$$
\text{Positive/neutral/negative emotional ratio of ordinary netizens} \\
= \frac{\text{Positive, neutral and negative Weibo numbers published by ordinary netizens in this stage}}{\text{The total number of Weibo published by ordinary netizens in this stage}} \quad (14.7)
$$

Bei der Zeitreihen-Korrelationsanalyse wird das Verhältnis der Emotionen der Meinungsführer als Referenzindikator und das Verhältnis der Emotionen gewöhnlicher Internetnutzer als zu untersuchender Indikator verwendet. Das geschätzte Ergebnis ist der Verzögerungswert, der dem Kreuzkorrelationskoeffizienten mit dem größten Absolutwert entspricht. Ist der Verzögerungswert 0, bedeutet dies, dass beide synchron verlaufen. Ist der Verzögerungswert negativ, sind die Referenzindikatoren den zu untersuchenden Indikatoren voraus. Ist der Verzögerungswert positiv, hinken die Referenzindikatoren den zu untersuchenden Indikatoren hinterher. Die konkreten Analyseergebnisse sind in Tab. 14.6 dargestellt.

Aus Tab. 14.6 ist ersichtlich, dass sowohl die neutralen als auch die negativen Emotionen der Meinungsführer den entsprechenden Emotionen der gewöhnlichen Internetnutzer um 6 Stunden vorausgehen, wobei die Kreuzkorrelationskoeffizienten positiv sind. Dies zeigt, dass von Meinungsführern veröffentlichte Weibo-Beiträge mit neutraler oder negativer Stimmung einen gewissen Einfluss auf die Emotionen der gewöhnlichen Internetnutzer haben und negative

Tab. 14.6 Kreuzkorrelationsanalyse der Stimmungen zwischen Weibo-Meinungsführern und gewöhnlichen Internetnutzern

Sequenzpaar	Verzögerungsperiode entsprechend dem maximalen Absolutwert des Kreuzkorrelationskoeffizienten (6 h)	Kreuzkorrelationskoeffizient
Einfluss positiver emotionaler Veränderungen der Meinungsführer auf die positiven emotionalen Veränderungen gewöhnlicher Internetnutzer	3	0.829
Einfluss neutraler emotionaler Veränderungen der Meinungsführer auf die neutralen emotionalen Veränderungen gewöhnlicher Internetnutzer	−1	0.339
Einfluss negativer emotionaler Veränderungen der Meinungsführer auf die negativen emotionalen Veränderungen gewöhnlicher Internetnutzer	−1	0.207
Einfluss positiver emotionaler Veränderungen der Meinungsführer auf die neutralen emotionalen Veränderungen gewöhnlicher Internetnutzer	3	0.222
Einfluss positiver emotionaler Veränderungen der Meinungsführer auf die negativen emotionalen Veränderungen gewöhnlicher Internetnutzer	0	0.219
Einfluss neutraler emotionaler Veränderungen der Meinungsführer auf die negativen emotionalen Veränderungen gewöhnlicher Internetnutzer	−6	0.233

Weibo-Beiträge der Meinungsführer zu einer negativeren Einstellung der Internet-nutzer gegenüber dem Impfstoffereignis führen.

Gleichzeitig ist die neutrale Emotion der Meinungsführer der negativen Emotion der gewöhnlichen Internetnutzer um 36 Stunden voraus. Dies zeigt, dass von Meinungsführern veröffentlichte neutrale Weibo-Beiträge, die den Verlauf der Ereignisse erläutern, zu einer negativen Einstellung der Internetnutzer führen. Gewöhnliche Internetnutzer erfahren durch das Lesen objektiver Berichte der Meinungsführer Details zum Impfstoffereignis und zur Verantwortungslosigkeit der beteiligten Personen und entwickeln dadurch Empörung über das Impfstoff-ereignis.

Die positive Emotion der Meinungsführer hinkt der positiven und neutralen Emotion der gewöhnlichen Internetnutzer um 18 Stunden hinterher. Der Grund dafür ist, dass einige Internetnutzer davon ausgehen, dass die Regierung das Impf-stoffereignis angemessen handhaben wird, und daher bereits in der Frühphase des Ereignisses mit einer positiven Einstellung auf ein gutes Ergebnis hoffen. Sie loben die Maßnahmen der Regierung auch in der späteren Phase des Ereignisses. Die meisten Meinungsführer sind jedoch Medien. In der Anfangsphase berichten die Medien in der Regel sachlich über den Verlauf des Geschehens und äußern sel-ten eigene Meinungen; ihre Emotionen sind meist neutral. Erst als die Regierung die Verantwortlichen bestrafte, veröffentlichten die Medien Weibo-Beiträge mit positiver Stimmung zu diesem Fakt und bestätigten die Regierungsmaßnahmen, sodass die positiven Emotionen der Meinungsführer entsprechend verzögert auf-traten.

Kapitelzusammenfassung

In diesem Kapitel werden Theorie und Anwendung des Einflusses sozialer Netz-werke vorgestellt. Zunächst werden die Definition, Theorie und konkrete Aus-prägungen des Einflusses von Knoten erläutert. Anschließend wird, basierend auf der topologischen Struktur, die Messmethode des Knoteneinflusses besonders hervorgehoben und die Ausbreitung des Einflusses in sozialen Netzwerken dar-gelegt. Abschließend werden die Bewertungsindikatoren und Anwendungen des Einflusses vorgestellt. Die Forschung zum Einfluss sozialer Netzwerke hilft nicht nur, die Entwicklung individuellen und kollektiven Verhaltens in sozialen Netzwerken zu verstehen, sondern liefert auch eine theoretische Grundlage für öffentliche Entscheidungsfindung und Meinungsanalyse. Darüber hinaus trägt sie zur Sicherheit und Entwicklung in sozialen, kulturellen und wirtschaftlichen Bereichen bei. Daher besitzt die Erforschung des Einflusses sozialer Netzwerke einen sehr hohen theoretischen und praktischen Wert.

Fragen zum Kapitelabschluss

1. Denken Sie über Anwendungsszenarien mit minimalem Einfluss nach und geben Sie Beispiele an.
2. Überlegen Sie, wie der PageRank-Algorithmus durch Gewichtung verbessert werden kann, und geben Sie Beispiele an.

3. Diskutieren Sie den HITS-Algorithmus und seine Anwendung unter Berücksichtigung von Zentralität und Autorität und veranschaulichen Sie dies anhand von Beispielen.
4. Überlegen Sie, abgesehen von den im Haupttext vorgestellten Anwendungen der Einflussbewertung, in welchen weiteren Bereichen eine Einflussbewertung sinnvoll ist, und führen Sie experimentelle Nachweise mit selbst erhobenen Daten durch.

Literatur

1. Triplett, N.: The dynamogenic factors in pacemaking, and competition. Am. J. Psychol. **9**(4), 507–533 (1898)
2. Katz, E., Lazarsfeld, P.F.: Personal Influence, the Part Played by People in the Flow of Mass Communications, pp. 1–12. Free Press, New York (1955)
3. Milgram, S.: The small-world problem. Psychol. Today. **2**(1), 61–67 (1967)
4. Backstrom, L., Boldi, P., Rosa, M., et al.: Four degrees of separation. In: Proceedings of the 4th annual ACM web science conference, pp. 33–42 (2012)
5. Wattsd, J., Strogatz, S.H.: Collective dynamics of 'small-world' networks. Nature. **393**(6684), 440–442 (1998)
6. Barabási, A.L., Albert, R.: Emergence of scaling in random networks. Science. **286**(5439), 509–512 (1999)
7. Rashotte, L.: Social Influence: The Blackwell Encyclopedia of Psychology, pp. 4426–4427. Blackwell Publishing, Malden (2007)
8. Anagnostopoulos, A., Brova, G.: Terzi e. peer and authority pressure in information-propagation models (MA thesis). Lect. Notes Comput. Sci. **6911**(2), 76–91 (2012)
9. Yang, Y., Tang, J., Leung, C., et al.: Rain: social role-aware information diffusion. In: The 29th AAAI conf. on artificial intelligence, pp. 367–373 (2014)
10. Granovetter, M.S.: The strength of weak ties. Am. J. Sociol. **78**(6), 1360–1380 (1973)
11. Krackhardt, D.: The Strength of Strong Ties: The Importance of Philos in Organizations, pp. 216–239. Harvard Business School Press, Boston (1992)
12. Berkhin, P.: A survey on pagerank computing. Internet Math. **2**(1), 73–120 (2005)
13. Kleinberg, J.M.: Authoritative sources in a hyperlinked environment. J. ACM (JACM). **46**(5), 604–632 (1999)
14. Lü, L., Zhang, Y.C., Yeung, C.H., et al.: Leaders in social networks, the delicious case. PLoS One. **6**(6), e21202 (2011)
15. Wu, X.D., Li, Y., Li, L.: Analysis of online social network influence. J. Comput. Sci. **37**(4), 735–752 (2014)
16. Yang, S.: Research on Node Influence Index and Influence Maximization Based on Network Topology. Lanzhou University, Lanzhou (2021)
17. Yi, Y., Wu, C., He, M., et al.: Negative influence minimization algorithm for social network. J. Syst. Simul. **33**(2), 501–508 (2021)
18. Han, Z., Chen, Y., Liu, W., et al.: Research on social network node influence analysis. J. Softw. **28**(1), 84–104 (2017)
19. Li, C., Ji, X., Zhi, L., et al.: Research on the application of social networks analysis method in science and technology evaluation. Sci. Manag. **32**(4), 78–82 (2012)
20. Li, F., Lin, N., Wei, Y.: Research on Newspaperboy problems under "viral" marketing strategy. J. Syst. Manag. **28**(6), 1188–1194 (2019)

Kapitel 15
Dynamische Analyse von sozialen Netzwerken

Zusammenfassung Dieses Kapitel stellt das Siena-Simulationsmodellierungs-Framework vor, das auf dem stochastischen, akteursorientierten Modell basiert, und dessen Anwendung zur Analyse der dynamischen Entwicklung sozialer Netzwerke. Siena untersucht nicht nur, wie sich Netzwerke entwickeln, sondern auch, wie sich Verhaltensmerkmale und Netzwerkstrukturen gemeinsam verändern. Im Gegensatz zu traditionellen, graphentheorie-basierten Werkzeugen, die sich auf statische Netzwerke konzentrieren, ermöglicht die longitudinale Analyse von Siena Einblicke in die Netzwerkdynamik. Der Einsatz von Machine Learning und Simulation zur Untersuchung dieser Dynamiken gewinnt bei Forschenden zunehmend an Bedeutung. Die Untersuchung der Entstehung und Entwicklung interaktiver Netzwerke mit Siena ist wertvoll für das Verständnis von Netzwerken in Gemeinschaften, Organisationen und Unternehmen. Die Analyse von Veränderungen in Netzwerkstrukturen, wie Reziprozität und triadischer Schließung, in verschiedenen Entwicklungsphasen ist ebenfalls von Bedeutung.

Soziale Netzwerke unterliegen stets dynamischen Veränderungen. In der empirischen Forschung können historische Beobachtungsdaten durch Befragungen zu verschiedenen Zeitpunkten erhoben werden, jedoch lassen sich mit traditionellen Methoden der sozialen Netzwerkanalyse lediglich statische Netzwerke erklären, nicht aber historische Beobachtungsdaten. Um den dynamischen Veränderungsprozess des Netzwerks auf Basis historischer Beobachtungsdaten darzustellen und die Einflussfaktoren dieses Prozesses mittels statistischer Inferenz zu analysieren, entwickelten Snuderl et al. ein stochastisches, akteursorientiertes Modell [1]. Gleichzeitig wurde zur komfortableren Parameterschätzung aus realen Beobachtungsdaten auf Grundlage dieses Modells ein spezielles Werkzeug namens Siena entwickelt, das für die dynamische Analyse sozialer Netzwerke eingesetzt wird.

In diesem Kapitel wird die Entwicklung sozialer Netzwerke auf Basis des stochastischen, akteursorientierten Modells analysiert, ebenso die strukturelle Entwicklung gerichteter und ungerichteter Netzwerke. Ein besonderer Fokus liegt auf der Theorie und Anwendung der Koevolutionsanalyse von Netzwerken und Verhaltensweisen.

J. Wu, *Soziales-Netzwerk-Computing*,
https://doi.org/10.1007/978-981-95-1129-7_15

543

Abschließend wird am Beispiel der Entwicklung von Interaktionsnetzwerken unter Studierenden die Forschung und Anwendung der dynamischen Analyse sozialer Netzwerke vorgestellt.

15.1 Stochastisches akteursorientiertes Modell und Siena

Siena konzentriert sich vor allem auf Analysen, die auf stochastischen akteursorientierten Modellen (SAOM) basieren. Damit lässt sich nicht nur der Veränderungsprozess des Netzwerks untersuchen, sondern auch die Koevolution von Verhaltensattributen der Knoten und Netzwerkstrukturen analysieren. Durch die Modellanalyse können Forscher Faktoren wie Reziprozität, Transitivität, Homogenität und Assoziativität berechnen, die den Trend der Netzwerkveränderung beeinflussen. Das Modell kann mit Siena rechnerisch umgesetzt werden, indem der Computer zufällig Markow-Prozesse generiert und mit diachronen Längsschnittdaten sozialer Netzwerke kombiniert, um die strukturelle Entwicklung sozialer Netzwerke zu simulieren, die Mechanismen und Eigenschaften der Netzwerkentwicklung zu erforschen und deren Parameter zu schätzen. Da Siena auf Computersimulation basiert, benötigt die Ausführung eine gewisse Zeit. Aufgrund der Komplexität der Berechnungen eignet sich dieses Werkzeug in der Regel für Netzwerke mit einer Knotenzahl zwischen 10 und 1000 [2].

Das stochastische akteursorientierte Modell wurde 1996 von dem niederländischen Wissenschaftler Professor Snijders vorgeschlagen. Die Grundannahme des Modells ist, dass jeder Knoten im Netzwerk die Entstehung und Entwicklung des Netzwerks durch die Steuerung seines eigenen Grades bestimmt. In diesem Modell ist die Veränderung des Netzwerks die abhängige Variable, während die Struktur des bestehenden Netzwerks, die Attributwerte der Knoten und weitere Zufallsvariablen die Einflussfaktoren für die Veränderung des Knotengrades darstellen. Im Verlauf der Netzwerkentwicklung strebt jeder Knoten danach, seine eigene optimale Struktur zu erreichen, also die Funktion zu maximieren [1]. Diese Funktion besteht aus vier Teilen: (1) Ziel- oder Objektivfunktion, die den strukturellen Gesamteffekt beschreibt, den Knoten in allen möglichen Netzwerkstrukturen bevorzugen. (2) Ratenfunktion, die die Änderungsrate oder -häufigkeit der Knotenverbindungen angibt. (3) Belohnungsfunktion, die den unmittelbaren oder lokalen Zufriedenheitsgrad bei Änderung einer Verbindung beschreibt. (4) Der Zufallsteil repräsentiert die durch das Modell nicht erklärbaren Zufallsfaktoren.

Siena kann verschiedene Typen von Netzwerkdaten als abhängige Variablen für die dynamische Analyse sozialer Netzwerke verwenden.

1. Längsschnitt-Netzwerkdaten: Eine gegebene Menge von Knoten wird zu mehreren Zeitpunkten gemessen, sodass mehrere Paneldaten entstehen. Das Modell kann hier weiter unterteilt werden in akteursorientierte und bindungsorientierte Modelle, wobei hauptsächlich erstere verwendet werden.
2. Längsschnittbeobachtungen von Netzwerkdaten und Verhaltensdaten der Knoten: Diese werden als abhängige Variablen für die dynamische Analyse sozialer

Netzwerke genutzt. Netzwerkdaten beeinflussen die Veränderung von Verhaltensdaten und umgekehrt, was die Koevolution von Netzwerken und Verhalten darstellt.

3. Exponential Random Graph Model (*P**-Modell): Analyse des sozialen Netzwerks auf Basis einer Einzelbeobachtung. Tatsächlich stellt das Exponential Random Graph Model die Grenzverteilung des stochastischen akteursorientierten Modells dar [3], wobei das Ergebnis einer Einzelbeobachtung als eines von vielen Ergebnissen im Zufallsprozess des Netzwerks betrachtet wird.

15.2 Analyse der strukturellen Entwicklung gerichteter Netzwerke

15.2.1 *Theoretischer Hintergrund der dynamischen Analyse gerichteter Netzwerke*

In Natur und Gesellschaft existieren zahlreiche reale gerichtete Netzwerke, die in Wissenschaft und Technik, Information, Biologie, Gesellschaft und anderen Bereichen weit verbreitet sind. Beispiele sind das WWW im Bereich Wissenschaft und Technik, Zitationsnetzwerke im Informationsbereich, Nahrungsnetze in der Biologie und Warenströme im sozioökonomischen Bereich.

Im netzwerkbasierten Evolutionsmodell mit zufälligen Akteuren werden soziale Netzwerke in der Regel als gerichtete Netzwerke betrachtet. Grundsätzlich gibt es zwei Arten von Knoten im Netzwerk: Zum einen den Ego-Knoten (EGO), der den Sender i jeder Kante $i \rightarrow j$ repräsentiert. Zum anderen den zu verändernden Knoten (Alter), der den Empfänger J darstellt. Darüber hinaus lässt sich anhand von Out-Degree und In-Degree die Initiative und Popularität der Knoten beurteilen, um den Einfluss dieser Verhaltensattribute auf die Veränderung des Out-Degree und die Entwicklung der Netzwerkstruktur zu analysieren.

Im Allgemeinen umfasst die dynamische Analyse gerichteter Netzwerke mit Siena fünf Hauptschritte: (1) Dateneingabe und -beschreibung, (2) Modellbeschreibung, (3) Parameterschätzung mittels Zufallssimulation, (4) Bewertung der Modellgüte, (5) Simulation mit den geschätzten Parametern.

15.2.2 *Beispiel zur Analyse der strukturellen Entwicklung gerichteter Netzwerke*

1. Einleitung

   In diesem Beispiel werden auf Basis historischer Strukturdaten eines gerichteten Netzwerks, das Bekanntschaftsbeziehungen abbildet, sowie personenbezogener Attributdaten mit Siena jene Netzwerkstrukturfaktoren untersucht, die die Entstehung von Kanten beeinflussen, und analysiert, wie diese Faktoren auf die Kantenbildung wirken. Die Installation und grundlegende Nutzung von Siena ist im Anhang ausführlich beschrieben.

2. Kodierung

Die Adjazenzmatrizen der Freundschaftsnetzwerke in drei Zeitperioden lauten: friend.w1.dat, friend.w2.dat und friend.w3.dat. Dabei steht 1 in der Matrix für Freundschaft zwischen zwei Individuen, 0 für keine Freundschaft und 9 für fehlende Daten. Die personenbezogenen Attributdaten sind in gender.dat gespeichert. In diesem Experiment bezieht sich das Personenattribut auf das Geschlecht, wobei 1 für männlich, 2 für weiblich und 3 für fehlende Daten steht.

3. Verwendeter Code und Ausführungsergebnisse

```
# Siena laden
> library(RSiena)
# Arbeitsverzeichnis festlegen
> setwd("D:/directed network/")
> list.files()
> friendship.w1<-as.matrix(read.table("friendship.w1.dat",
na.strings="9")) #Netzwerkdaten
> friendship.w2<-as.matrix(read.table("friendship.w2.dat",
na.strings="9"))
> friendship.w3<-as.matrix(read.table("friendship.w3.dat",
na.strings="9"))
> gender<- as.matrix(read.table("gender.dat",na.
strings="3"))#Attributdaten.
#Definition der abhängigen Netzwerkvariablen; die Ver-
änderungen des Freundschaftsnetzwerks in drei Perioden
werden als abhängige Variable verwendet.
>friendship<-sienaNet(array(c(friendship.w1,friendship.
w2, friendship.w3),dim=c(numberActors,numberActors,3)))
#Definition der Kovariaten; coCovar bezeichnet konstante
Kovariaten, und das Geschlecht ist ein fixer Wert, der sich
über die Zeit nicht ändert, daher wird es als coCovar-Typ
gesetzt.
> gender<- coCovar(gender[,1])
#Datensätze definieren
> mydata<- sienaDataCreate( friendship, gender )
#Definition der Zielfunktion
> myeff<- getEffects( mydata )
#Konstruktion der Zielfunktion, d. h. Auswahl der be-
nötigten Effektfunktionen, siehe Tab. 15.1.
> fix(myeff)
```

```
#Modell erstellen
> mymodel<-sienaModelCreate(useStdInits=TRUE,
projname='myeff.my',
cond=FALSE)
#Parameterschätzung des Modells
> myresults<-siena07(mymodel,data=mydata,effects=myeff,
batch=FALSE,verbose=FALSE)
#Das Ergebnis der gerichteten Netzwerkentwicklung ist in
Abb. 15.1 dargestellt.
> myresults
```

Die Ergebnisse der Auswertung sind in Tab. 15.1 und Abb. 15.1 dargestellt. „Estimate" bezeichnet den geschätzten Parameter, „Standard Error" die Standardabweichung und der „*t*-Wert" die Signifikanz des geschätzten Effektparameters.

Tab. 15.1 Interpretation der Auswertungsergebnisse des Beispiels zur gerichteten Netzwerkevolution

Fort-laufende Nummer	Typ	Name der Effektfunktion	Schätz-wert	Standard-fehler	*T*-Wert	Fazit
1	Rate	Konstante Freund-schaftsrate (Periode 1)	8.8737	1.8481	0.0302	Die Akteure änderten im Durchschnitt 9 Verbindungen zwischen den ersten beiden Erhebungen
2	Rate	Konstante Freund-schaftsrate (Periode 2)	3.3304	0.578	0.0011	Die Akteure änderten im Durchschnitt 3 Verbindungen zwischen den letzten beiden Erhebungen
3	Eval	Outdegree (Dichte)	−2.5119	−0.4415	0.2702	Nicht signifikant
4	Eval	Reziprozität	1.5193	−0.2564	0.0054	Gegenseitiger Nutzen
5	Eval	Indegree – Popularität	−0.0762	−0.0794	−0.0849	Je geringer die Penetration, desto beliebter
6	Eval	Outdegree – Popularität	−0.0607	−0.049	−0.0063	Je geringer der Grad, desto beliebter
7	Eval	Indegree – Aktivität	−0.0677	−0.002	−0.0063	Je geringer die Penetration, desto aktiver
8	Eval	Outdegree – Aktivität	0.1097	−0.0182	−0.0458	Je höher der Grad, desto aktiver
9	Eval	Geschlecht Alter	0.3809	−0.2615	−0.0077	Mädchen sind beliebter
10	Eval	Geschlecht Ego	−0.1981	−0.2393	−0.0011	Jungen sind aktiver
11	Eval	Gleiches Geschlecht	1.5825	−0.2474	−0.0155	Gleichgeschlechtliche Freundschaften sind wahrscheinlicher

Schätzungen, Standardfehler und t-Statistiken für Konvergenz

	Schätzung	Standard Fehler	t-Statistik
1. Rate konstante Freundschaftsrate (Periode 1)	8,8737	(1,8481)	-0,0302
2. Rate konstante Freundschaftsrate (Periode 2)	3,3304	(0,5780)	0,0011
3. eval outdegree (Dichte)	-2,5119	(0,4415)	0,2702
4. eval Reziprozität	1,5193	(0,2564)	0,0054
5. eval indegree - Beliebtheit	-0,0762	(0,0794)	-0,0849
6. eval outdegree - Beliebtheit	-0,0607	(0,0490)	-0,0063
7. eval indedegree - Aktivität	-0,0677	(0,0020)	-0,0063
8. eval outdegree - Aktivität	0,1097	(0,0182)	-0,0458
9. eval Geschlecht Alter	0,3809	(0,2615)	-0,0077
10. eval Geschlecht Ego	-0,1981	(0,2393)	-0,0011
11. eval gleiches Geschlecht	1,5825	(0,2474)	-0,0155

Insgesamt 2731 Iterationsschritte.

Abb. 15.1 Auswertungsergebnisse der gerichteten Netzwerkevolution

Anhand des Vorzeichens von „Estimate" lässt sich der positive oder negative Einfluss der Faktoren erkennen. Ist der Wert von „Estimate" positiv, handelt es sich um einen positiven Einfluss, ist er negativ, um einen negativen Einfluss. Der Wert des „t-Werts" gibt die Signifikanz der Parameterschätzung an. Streng genommen gilt: Ist der Wert des „t-Werts" kleiner als 0,1, ist das Ergebnis signifikant; ist er kleiner als 0,2, ist es noch signifikanter.

15.3 Strukturelle Evolutionsanalyse ungerichteter Netzwerke

15.3.1 Theoretischer Hintergrund der dynamischen Analyse ungerichteter Netzwerke

Ebenso sind ungerichtete Netzwerke allgegenwärtig. Freundschaftsnetzwerke können ebenfalls ungerichtet sein. Die Freundschaftsbeziehung im ungerichteten Freundschaftsnetzwerk bedeutet, dass beide Personen sich gegenseitig und sich selbst als Freunde betrachten, während es im gerichteten Freundschaftsnetzwerk Fälle geben kann, in denen eine Partei die andere als Freund ansieht, dies aber nicht auf Gegenseitigkeit beruht. Daher sind ungerichtete (beidseitige) Freundschaften enger und nähern sich dem Konzept der „starken Kante" an. Im Bereich der EconoIndex gehören das Kooperationsnetzwerk zwischen Wissenschaftlern und das Co-Word-Netzwerk zwischen Hauptinschriften zu den ungerichteten Netzwerken. Darüber hinaus ist auch das Netzwerk, das durch gegenseitige Kooperation zwischen Unternehmen entsteht, ein ungerichtetes Netzwerk.

Im netzwerkevolutionären Modell auf Basis zufälliger Akteure werden soziale Netzwerke im Allgemeinen als gerichtete Netzwerke betrachtet. In einem gerichteten Netzwerk besitzt jede Kante eine Richtung, jedoch zeigen nicht beliebige zwei Knoten aufeinander. Wenn jedoch beliebige zwei Knoten aufeinander zeigen, wird ein gerichtetes Netzwerk zu einem ungerichteten Netzwerk. Mit anderen Worten: Ein ungerichtetes Netzwerk stellt einen Extremfall eines gerichteten Netzwerks dar. Obwohl das netzwerkevolutionäre Modell auf Basis zufälliger Akteure ursprünglich zur Analyse der dynamischen Entwicklung gerichteter Netzwerke verwendet wurde, kann das stochastische akteursorientierte Modell auch zur Analyse der Entwicklung ungerichteter Netzwerke eingesetzt werden, und alle Versionen ab Siena 2.1 unterstützen die Analysefunktion für ungerichtete Netzwerke. So führten Van de Bunt und Groenewegen 2007 eine organisationsübergreifende Studie durch [4], bei der die untersuchte und analysierte Organisation als Ego-Knoten (EGO) betrachtet wurde; alle anderen Organisationen außer der untersuchten Hauptorganisation wurden als Alter-Knoten betrachtet. Die Beziehung zwischen Eigenknoten und Veränderungsknoten kennt nur zwei Zustände: Abwesenheit (d. h. es besteht keine Kooperationsbeziehung zwischen der Organisation und der Hauptorganisation) und Existenz (d. h. es besteht eine Kooperationspartnerschaft zwischen der Organisation und der Hauptorganisation). Die Einstellung der Hauptorganisation zur Kooperationsbeziehung (Aufbau, Festigung und Auflösung) hängt von Faktoren wie der Stärke und Ressourcensituation der anderen Organisationen ab.

15.3.2   Beispiel zur Analyse der Strukturevolution ungerichteter Netzwerke

1. Einleitung

Im Fallbeispiel „Untersuchung zu jugendlichen Freundschaften und Lebensstil" sind die untersuchten Personen Schüler im Westen Schottlands. Die Erhebung der Paneldaten begann 1995 (als das Durchschnittsalter der Schüler 13 Jahre betrug) und endete 1997. Insgesamt nahmen 160 Schüler an der Befragung teil, davon schlossen 129 alle drei Erhebungen ab. Beim Aufbau des Freundschaftsnetzwerks dürfen nur 12 Schüler ihre besten Freunde nominieren. Die Schüler werden zu Drogenkonsum, Lebensumständen im Jugendalter, sportlichen Aktivitäten, Lebensstil, Bewegungsgewohnheiten sowie Tabak- und Alkoholkonsum befragt. Zu sportlichen Aktivitäten wird nach der Häufigkeit der Teilnahme und nach sportlichem Training (z. B. Fußball oder Basketball) gefragt. Durch die Erhebung entstehen drei Datensätze zu Freundschaftsnetzwerken und Verhaltensdaten, die auf der offiziellen Website von Siena verfügbar sind.

Anhand dieser Beispieldaten wird diskutiert, wie das ungerichtete Netzwerk auf Basis des gerichteten Netzwerks ausgewählt werden kann, und die Entwicklung der ungerichteten Netzwerkstruktur wird mit dem stochastisch akteursorientierten Modell analysiert. Unsere Aufgabe besteht darin, das gerichtete Freundschaftsnetzwerk in ein ungerichtetes Freundschaftsnetzwerk zu

transformieren und zu überprüfen, ob das Rauch- und Trinkverhalten der Schüler einen Einfluss auf die Entwicklung der Freundschaftsnetzwerkstruktur hat.
Falls ja, kann die Parameterschätzung des Einflusses statistisch abgeleitet werden.

2. Kodierung

Die 50 Gruppen von Schülerinnen werden aus dem Datensatz „Untersuchung zu jugendlichen Freundschaften und Lebensstil" entnommen; die
entsprechenden Freundschaftsnetzwerkdaten dieser Gruppe liegen als Adjazenzmatrizen in den Dateien s50-network1.dat, s50-network2.dat und s50-net-
work3.dat vor.

Die Verhaltensvariablen werden wie folgt kodiert (Trinken und Rauchen sind
beides Kovariaten der Akteure, die sich über drei Erhebungszeitpunkte hinweg
verändern):

S50-alcohol.dat ist die Adjazenzmatrix zum Trinkverhalten: 1 (kein Alkoholkonsum), 2 (ein- bis zweimal pro Jahr), 3 (einmal pro Monat), 4 (einmal pro
Woche) und 5 (mehr als einmal pro Woche).

S50-smoke.dat ist die Adjazenzmatrix zum Rauchverhalten: 1 (kein Rauchen),
2 (gelegentliches Rauchen) und 3 (häufiges Rauchen, mehr als einmal pro
Woche).

3. Verwendeter Code und Ausführungsergebnisse

```
#Load Siena
> library(RSiena)
>library(xtable)
#Set the working interval
> setwd("D:/Undirected network/")
> list.files()
> friend.data.w1 <- as.matrix(read.table
                    ("s50-network1.dat"))
                    #Network data
> friend.data.w2 <- as.matrix(read.table("s50-network2.
dat"))
> friend.data.w3 <- as.matrix(read.table("s50-network3.
dat"))
>sym.min <- function(x) #Use function(x) to construct the
                    function, and x is the parameter.
>tx <- t(x)            #T(x) transposes X.
 return(pmin(x[],tx[]))  #Pmin () achieves the minimum value
                    at the same position.
> friend.data.w1 <- sym.min(friend.data.w1)
> friend.data.w2 <- sym.min(friend.data.w2)
> friend.data.w3 <- sym.min(friend.data.w3)
```

```
> drink <- as.matrix(read.table("s50-alcohol.dat"))
                    #Behavioral data
> smoke <- as.matrix(read.table("s50-smoke.dat"))
                    #Covariant data
#Define network dependent variables
> friendship<- sienaNet( array( c( friend.data.w1, friend.
data.w2,
friend.data.w3 ),dim = c( 50, 50, 3 ) ) )
#Smoking behavior is defined as a covariant that does not
change with time.
> smoke1 <- coCovar( smoke[, 1 ] )
#Drinking behavior is defined as a covariant that changes
with time.
> alcohol <- varCovar( drink )
#Define data set
> mydata <- sienaDataCreate( friendship, smoke1, alcohol )
#Define the objective function
> myeff<- getEffects( mydata )
#Construct the objective function, that is, select the
required effect function, as shown in Tab. 15.2.
> effectsDocumentation(myeff)
> fix(myeff)
#Construction model
> print01Report( mydata,myeff,modelname = 's50_sym' )
> mymodel <- sienaModelCreate(projname = "s50_sym",
modelType = 2)
#Model parameter estimation
> myresult <- siena07( mymodel, data = mydata, effects =
myeff)
#The estimated results are shown in Abb. 15.2.
> myresult
```

Für die dynamische Analyse ungerichteter Netzwerke stehen fünf Modelle zur Auswahl: Forcing Model, Initiative Model, Pairwise Forcing Model, Pairwise Mutual Model und Pairwise Joint Model [1]. Die ersten beiden Modelle sind akteurbasiert, das heißt, im Simulationsprozess werden Knoten zufällig ausgewählt, während die letzten drei Modelle kantenbasiert sind, das heißt, es werden Kanten zufällig ausgewählt.

1. Forcing Model: Einzelne Ego-Knoten passen ihren erwarteten Nutzen entsprechend ihrer eigenen Netzwerkstruktur an, um unabhängig zu entscheiden, ob sie ihren eigenen Grad erhöhen oder verringern.

2. Initiative Model: Auch als Modell der einseitigen Initiative und gegenseitigen Bestätigung (unilaterale Aktion und gegenseitige Bestätigung) bezeichnet. Dieses Modell ähnelt dem ersten Modell, jedoch muss die Änderung des Eigenknotens letztlich vom Veränderungsknoten bestätigt werden. Das heißt, einzelne Ego-Knoten und ein Veränderungsknoten passen den erwarteten Effekt entsprechend ihrer eigenen Netzwerkstruktur an, um gemeinsam zu entscheiden, ob der Grad erhöht oder verringert wird.
3. Pairwise Forcing Model: Sobald einzelne Ego-Knoten oder der Veränderungsknoten entscheiden, Kanten entsprechend dem erwarteten Nutzen ihrer eigenen Netzwerkstruktur zu erhöhen oder zu verringern, werden die Kanten zwischen ihnen erstellt oder gelöscht.
4. Pairwise Mutual Model: In einem ungerichteten Graphen ist jeder Knoten sowohl Ego- als auch Alter-Knoten. In diesem Modell kann eine Kante zwischen zwei Knoten nur dann entstehen oder verschwinden, wenn beide Knoten entsprechend dem erwarteten Nutzen der Strukturanpassung entscheiden, den Grad zu erhöhen oder zu verringern.
5. Pairwise Joint Model: Die Entstehung oder das Verschwinden einer Kante wird durch die Summe des erwarteten Nutzens beider Knoten zur Veränderung der Netzwerkstruktur bestimmt.

Die Methode SienaModelCreate () wird verwendet, um das Modell in Siena zu erstellen. Mit dem Parameter modelType in dieser Methode kann der Modelltyp festgelegt werden. Die Modelltypen werden durch Ganzzahlen von 1 bis 6 dargestellt: 1 steht für gerichtet und 2 bis 6 für ungerichtet (2 = Forcing-Modell, 3 = Initiative-Modell, 4 = Paarweises Forcing-Modell, 5 = Paarweises Mutual-Modell, 6 = Paarweises Joint-Modell). In diesem Beispiel wird das Forcing-Modell als Beispiel verwendet. Das Ausführungsergebnis ist in Abb. 15.2 dargestellt, die Erläuterung der Ergebnisse findet sich in Tab. 15.2.

15.4   Koevolutionäre Analyse von Netzwerk und Verhalten

15.4.1   Gründe für die Koevolution von Netzwerken und Verhaltensweisen

Im Alltag begegnen wir häufig folgender Situation: Wenn zwei Personen demselben Verein beitreten oder an derselben Aktivität teilnehmen, steigt die Wahrscheinlichkeit, dass sie sich treffen und Freunde werden. Sind zwei Personen bereits befreundet, können sie sich gegenseitig beeinflussen und neue Verbindungen zwischen der Gemeinschaft und dem Individuum schaffen. Ersteres bezeichnet

```
Schätzungen, Standardfehler und t-Statistiken für Konvergenz

                                    Schätzung   Standard  t-Statistik
                                                fehler

Ratenparameter:
   0.1      Ratenparameter Zeitraum 1   1,2210   (0,2542)
   0.2      Tarifparameter Zeitraum 2   1,4703   (0,3140)

Andere Parameter:
   1. eval Grad (Dichte)               -2,0957   (0,4555)  -0,0568
   2. eval transitive Dreiklänge        2,1307   (0,3941)  -0,0174
   3. eval Rauch1                      -0,0271   (0,3440)  -0,0254
   4. eval smoke1 Ähnlichkeit           0,9316   (0,9331)  -0,0404
   5. eval gleich smoke1               -0,4766   (0,7057)  -0,0650
   6. eval Alkohol                      0,2117   (0,1810)   0,0157
   7. eval Alkohol Ähnlichkeit          1,7357   (0,9606)  -0,0687
   8. eval gleicher Alkohol            -0,3478   (0,4412)  -0,0694

Insgesamt 2348 Iterationsschritte.
```

Abb. 15.2 Ergebnisse der Operation zur ungerichteten Netzwerkentwicklung

man als Community Closure, letzteres als Membership Closure. Community Closure beschreibt die Tendenz, dass zwischenmenschliche Beziehungen durch die Beziehung zwischen Dingen entstehen, was dem sozialen Auswahlmechanismus entspricht. Membership Closure hingegen ist die Beziehungstendenz zwischen Menschen und Dingen, die durch zwischenmenschliche Beziehungen entsteht, und steht im Gegensatz zum sozialen Einfluss.

Gerade aufgrund des Zusammenspiels von sozialer Auswahl und sozialem Einfluss wird das individuelle Verhalten in einem sozialen Netzwerk nicht nur durch eigene Merkmale bestimmt, sondern kann auch direkt oder indirekt durch die Position im Netzwerk und andere Personen im Netzwerk beeinflusst werden. Umgekehrt gilt das ebenso: Ein Individuum in einem sozialen Netzwerk verändert unter dem Einfluss seines Verhaltens auch seine Netzwerkposition. Mit anderen Worten: Die Entwicklung von Netzwerk und Verhalten ist wechselseitig, was sich anhand eines einfachen Beispiels verdeutlichen lässt.

Wie in Abb. 15.3 dargestellt, nehmen wir an, dass in der ersten Phase i und j zwar gute Freunde sind, sich aber im Verhalten unterscheiden. i wird durch „(a) Gesellschaft" von j beeinflusst und passt sich im Verhalten an, sodass sie in der zweiten Phase ein ähnliches Verhalten zeigen. Dies ist ein häufiges Ergebnis empirischer Analysen, das auf der Annahme beruht, dass die Freundschaft während des gesamten Zeitraums bestand. Der Grund dafür ist, dass die erhobenen Daten oft diskontinuierlich sind. Fehlen Daten zwischen zwei Zeitpunkten, bleibt der Zwischenprozess der Veränderung unbekannt.

Tab. 15.2 Interpretation der Beispiel-Operationsergebnisse

Fort-laufende Nummer	Typ	Name der Effekt-funktion	Schätz-wert	Standard-fehler	T-Statis-tik	Fazit
1	Rate	Konstante Freundschaftsrate (Periode68 1)	1.2210	0.2542		Die Akteure haben im Durchschnitt zwischen den ersten beiden Be-fragungen eine Ver-bindung geändert
2	Rate	Konstante Freundschafts-rate (Periode 2)	1.4703	0.3140		Die Akteure haben im Durchschnitt zwischen den letzten beiden Befragungen eine Ver-bindung geändert
3	Eval	Outdegree (Dichte)	−2.0957	0.4555	−0.0568	Je größer der Grad, desto schwieriger ist es, weitere Verbindungen hinzuzufügen
4	Eval	Transitive Tria-den	2.1307	−0.3941	−0.0174	Transitive Dreiergruppe
5	Eval	smoke1	−0.0271	−0.344	−0.0254	Personen, die häufiger rauchen, schließen selte-ner Freundschaften
6	Eval	smoke1-Ähnlich-keit	0.9316	−0.9331	−0.0404	Personen mit ähnlichem Rauchverhalten werden leicht Freunde
7	Eval	Gleiches smoke1	−0.4766	−0.7057	−0.065	Personen mit exakt glei-chem Rauchverhalten werden nicht leicht Freunde
8	Eval	Alkohol	0.2117	−0.181	0.0157	Personen, die häufiger Alkohol trinken, schlie-ßen leichter Freund-schaften
9	Eval	Alkohol-Ähn-lichkeit	1.7357	−0.9606	−0.0687	Die Akteure haben im Durchschnitt zwischen den ersten beiden Be-fragungen eine Ver-bindung geändert
10	Eval	Gleicher Alkohol	−0.3478	−0.4412	−0.0694	Die Akteure haben im Durchschnitt zwischen den letzten beiden Befragungen eine Ver-bindung geändert

Tatsächlich durchläuft der Prozess von der ersten zur zweiten Phase nicht nur die Veränderung durch „(A) sozialen Einfluss", sondern auch die Schritte von (b) zu (c) zu (d). Obwohl i und j gute Freunde sind, kann ihre Freundschaft instabil sein und durch „(b) Netzwerkveränderung" in die dritte Phase übergehen. Wenn i und j keine guten Freunde mehr sind, kann i nach „(c) Verhaltensänderung"

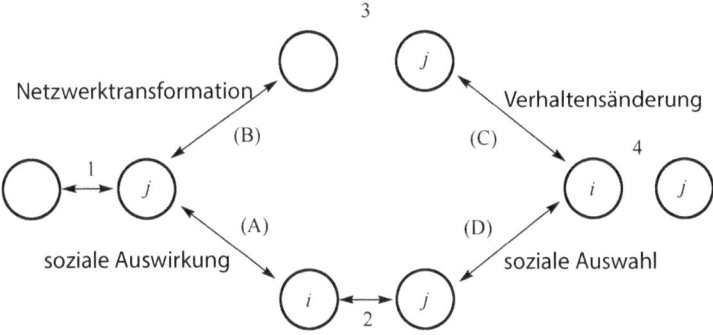

Abb. 15.3 Koevolution von Netzwerk und Verhalten

sein Verhalten ändern und sich wie *j* verhalten, wodurch die vierte Phase erreicht wird. Wenn *j* feststellt, dass *i* ihm ähnelt, könnte er nach „(d) sozialer Auswahl" die Freundschaft mit *i* wiederherstellen und zur zweiten Phase zurückkehren. In diesem Fall ist es wahrscheinlich der Mechanismus der sozialen Auswahl, der im Hintergrund wirkt, da Menschen dazu neigen, Freundschaften mit ähnlichen Personen zu schließen.

Anhand der obigen Beispiele wird deutlich, dass es nicht nur einen Weg zur Homogenität gibt. Die genaue Bestimmung des Weges – ob Homogenität das Ergebnis sozialer Auswahl, sozialen Einflusses oder beider Mechanismen ist – ist allein anhand von Daten einer Einzelbeobachtung nicht möglich. Es werden Datensätze benötigt, die zeitlich kontinuierlich sind, sowie eine Methode, um zu unterscheiden, ob Homogenität durch sozialen Einfluss oder soziale Auswahl entsteht. Siena wurde vom Basismodell, das nur die Veränderung der Netzwerkstruktur als abhängige Variable betrachtet [5], zum Koevolutionsmodell von Netzwerk und Verhalten weiterentwickelt, das sowohl soziale Auswahl als auch sozialen Einfluss berücksichtigt [6].

15.4.2 Prinzip des Koevolutionsmodells von Netzwerk und Verhalten

Im akteurbasierten Koevolutionsmodell von Netzwerk und Verhalten werden die Kanten dynamisch veränderlicher sozialer Netzwerke in der Regel als gerichtete Kanten betrachtet. Der Sender *i* der Kante $i \to j$ wird auch als Selbstknoten bezeichnet, der Empfänger *j* als Veränderungsknoten. Das Verhalten des Selbstknotens wird im Modell analysiert, und eine Veränderung des Verhaltens der Knoten wirkt sich auf den Selbstknoten aus. Jeder Selbstknoten kann seine ausgehende Kante $X_{ij}(j = 1, 2,..., n; j \neq i)$ und das Verhaltensattribut $Z_{hi}(h = 1, 2,...,H)$ steuern, und der Zustand zum Zeitpunkt *t* ist $Y(t) = [X(t), Z_1(t), ..., Z_H(t)]$. Im Koevolutionsmodell von Netzwerk und Verhalten existieren zwei kooperative

Prozesse: Der Prozess des sozialen Einflusses, bei dem das Verhaltensattribut eines Knotens durch die Netzwerkstruktur und andere sich verändernde Verhaltensattribute beeinflusst wird. Und der Prozess der sozialen Auswahl [7], bei dem die Verhaltensattribute der Knoten die Veränderungen der Netzwerkstruktur (Entstehung, Aufrechterhaltung oder Entfernung von Kanten) beeinflussen. Das Modell basiert auf folgenden Annahmen:

1. Der Zeitparameter t ist kontinuierlich. Auch wenn die Beobachtungsdaten für die Parameterschätzung zu diskreten Zeitpunkten mit unterschiedlichen Querschnitten auf der Zeitachse erhoben werden, verändert sich das Netzwerk zwischen diesen Zeitpunkten kontinuierlich. Diese sich kontinuierlich verändernden Verbindungen beeinflussen die Netzwerkveränderungen, also die Entstehung, Entfernung und Aufrechterhaltung von Kanten oder die Veränderung des Verhaltens der Knoten. Diese Veränderungen spiegeln sich schließlich im Netzwerk zu den jeweiligen Beobachtungszeitpunkten wider.
2. Der Netzwerkveränderungsprozess ist ein Markov-Prozess, das heißt, der aktuelle Zustand des Netzwerks wird nur vom vorherigen Zustand beeinflusst und ist unabhängig von weiter zurückliegenden Zuständen.
3. Akteure im Netzwerk steuern die von ihnen ausgehenden Kanten und ihre eigenen Verhaltensattribute. Das bedeutet nicht, dass der Akteur seine Verhaltensattribute beliebig ändern kann, sondern dass die Veränderung seiner Verhaltensattribute durch seine eigenen Merkmale, seine Position im Netzwerk und die Wahrnehmung des Netzwerksumfelds bestimmt wird. Diese Annahme ist auch der Grund, warum dieses Modell als akteurbasiertes Koevolutionsmodell von Netzwerk und Verhalten bezeichnet wird.
4. Zu einem gegebenen Zeitpunkt t sind die Verhaltensänderungen aller Akteure im aktuellen Zustand unabhängig voneinander, das heißt, die Wahrscheinlichkeit, dass zwei oder mehr Akteure gleichzeitig eine Veränderung vornehmen, ist null. In der Realität kann es zwar vorkommen, dass „sobald du mit jemandem keine Freundschaft mehr pflegst, ich sofort mit dir befreundet sein kann". Im Modell jedoch finden Veränderungen bei zwei Akteuren nicht gleichzeitig, sondern nacheinander in zwei aufeinanderfolgenden Momenten statt.
5. Zu einem gegebenen Zeitpunkt t kann der nach einer bestimmten Wahrscheinlichkeit ausgewählte Selbstknoten nur eine ausgehende Kante verändern, nicht aber mehrere gleichzeitig, oder das Verhalten des Selbstknotens ändern. Das heißt, Verhaltensattribut und Kantenveränderung sind im aktuellen Zustand unabhängig, und die Wahrscheinlichkeit, dass beides gleichzeitig geschieht, ist 0. Zu Zeitpunkt t kann also nur eine Kante oder ein Verhalten geändert werden, nicht mehrere gleichzeitig. Nach diesem Prinzip kann der Veränderungsprozess in kleine Abschnitte unterteilt werden, die nacheinander ablaufen, sodass keine Synergie entsteht, was die Modellierung der Netzwerkdynamik vereinfacht.

Der akteurbasierte Netzwerkveränderungsprozess lässt sich in zwei Teilstochastikprozesse unterteilen: Einerseits der Prozess der Veränderungsgelegenheiten, bei dem die Häufigkeit der von Akteuren verursachten Kantenveränderungen modelliert wird. Die Änderungsfrequenz hängt von der Position des Akteurs im Netzwerk (z. B. Zentralität) und den Kovariaten des Akteurs (wie Alter, Geschlecht und andere Merkmale) ab. Andererseits der Entscheidungsprozess der Veränderung, bei dem die konkrete Veränderung der Kante modelliert wird, die ein Akteur verändern kann. Die Wahrscheinlichkeit der Kantenveränderung hängt von der Position des Selbstknotens und des Veränderungsknotens im Netzwerk sowie deren Kovariaten ab. Ziel ist es, den Einfluss verschiedener Parameter auf Netzwerkveränderungen statistisch zu ermitteln [1].

Die Häufigkeit, mit der der Akteur i im Netzwerk Entscheidungen über die Veränderung ausgehender Kanten oder seiner eigenen Verhaltensattribute trifft, hängt von den Ratenfunktionen λ ab. Im Fall der Koevolution von Netzwerk und Verhalten besitzt jeder Akteur eine Ratenfunktion $\lambda[X]$ für Netzwerkveränderungen und eine Ratenfunktion $\lambda[Z_h]$ für jede Verhaltensattributveränderung. Der Akteur, der die Gelegenheit zur Veränderung hat, setzt diese durch kleine, zeitlich kontinuierliche Schritte um. Zu einem bestimmten Zeitpunkt t kann der Akteur seine ausgehenden Kanten verändern, seine Verhaltensattribute ändern oder alles unverändert lassen. Die getrennte Betrachtung der Änderungsraten von Netzwerkstruktur und Verhaltensattributen ist notwendig, da sich die Änderungsfrequenzen meist unterscheiden. Beispielsweise ist bei der Informationsverbreitung in einem Netzwerk die Änderungsrate des Wissensstands der Mitglieder oft höher als die der Kanten im Netzwerk. Bei der Untersuchung der Koevolution zwischen der Nutzung von Informationstechnologie und dem Freundschaftsnetzwerk ist die Nutzungsfrequenz der Informationstechnologie meist höher als die Frequenz des Freundschaftsschlusses.

Wenn der Akteur die Möglichkeit erhält, unter Kontrolle der Ratenfunktion Änderungen vorzunehmen, tritt er in den nächsten Prozess der Entscheidungsfindung zur Änderung ein, wobei die Wahrscheinlichkeit einer Änderung durch die folgenden Zielfunktionen gesteuert wird. Die Zielfunktion ist als lineare Kombination einer Reihe von Effekten definiert. Im Fall der Kooperation werden die Änderungen der Netzwerkstruktur und der Verhaltensattribute durch unterschiedliche Zielfunktionen gesteuert, wie in Gl. (15.1) bzw. Gl. (15.2) dargestellt.

$$f_i^{\text{net}}\left(x, x', z\right) = \sum_k \beta_k^{\text{net}} s_k^{\text{net}}\left(i, x, x', z\right) \tag{15.1}$$

$$f_i^{\text{beh}}\left(x, z, z'\right) = \sum_k \beta_k^{\text{beh}} s_k^{\text{beh}}\left(i, x, z, z'\right) \tag{15.2}$$

Hierbei ist β ein statistischer Parameter, der anhand der tatsächlichen Beobachtungsdaten geschätzt werden muss. Ist β gleich 0, bedeutet dies, dass die entsprechenden Einflussfaktoren keinen Effekt auf die Netzwerk- oder Verhaltensevolution haben. Ist β positiv, so entwickelt sich der Netzwerkzustand $Y(t)$ mit hoher Wahrscheinlichkeit in die Richtung, in der die Einflussfaktoren eine positive Rolle spielen. Ist β negativ, kann sich der Netzwerkzustand in die entgegengesetzte Richtung der Einflussfaktoren entwickeln.

Mehrere gängige Einflussfaktoren für Veränderungen der Netzwerkstruktur, also snet, die Änderung des Akteurs i im Netzwerk, werden durch die Position anderer Mitglieder im Netzwerk beeinflusst. Zu diesen Einflüssen zählen: (1) Out-Degree-Effekt, der die allgemeine Tendenz beschreibt, dass Knoten Kanten besitzen. (2) Reziprozitätseffekt, der anzeigt, dass Knoten zur Gegenseitigkeit neigen. (3) Preferential-Attachment-Effekt, der die Tendenz beschreibt, dass Knoten bevorzugt Kanten zu Knoten mit hoher Verbindungsanzahl aufbauen. (4) Effekt transitiver Tripel, der die Tendenz beschreibt, dass Knoten und benachbarte Knoten transitive Tripel bilden, was einen linearen Einfluss indirekter Kanten darstellt. Hierbei bedeutet ein transitives Tripel, dass ich H über zwei verschiedene Pfade erreichen kann: $i \rightarrow j \rightarrow h$ und $i \rightarrow h$. (5) Effekt transitiver Kanten, der die Tendenz beschreibt, dass Knoten und benachbarte Knoten transitive Tripel bilden; im Unterschied zum vorherigen Einfluss handelt es sich hierbei um den binären Einfluss indirekter Kanten. (6) Effekt von Mitgliedern mit Distanz 2: ebenfalls ein indirekter Einfluss, der durch die Anzahl der Mitglieder mit einer Distanz von 2 bestimmt wird, die über einen Zwischenknoten mit i verbunden sind. (7) Balance-Effekt, der die Tendenz beschreibt, Kanten zwischen Knoten mit ähnlicher Struktur zu etablieren. Wie in der schematischen Darstellung in Tab. 15.3 gezeigt, sind i und j beide mit H verbunden und strukturell ähnlich. Um ein Gleichgewicht zu erreichen, werden auch zwischen i und j Kanten gebildet. (8) Triadenschlusseffekt, der die Tendenz beschreibt, dass Knoten ternäre Kreisstrukturen bilden, was sich von der oben genannten Transitivität unterscheidet. Eine ternäre Kreisstruktur bildet letztlich einen geschlossenen Kreis, während dies bei Transitivität nicht der Fall ist. Weitere Einflussfaktoren sind in Tab. 15.3 aufgeführt.

15.4.3 Parameterschätzung des Netzwerk-Verhaltens-Koevolutionsmodells

Im akteurbasierten Netzwerk-Verhaltens-Koevolutionsmodell wird die Ratenfunktion verwendet, um zu bewerten, wann die Akteure Änderungsaktionen vornehmen, und die Zielfunktion bestimmt, welche Art von Änderungsaktionen die Akteure durchführen. Nachdem die Einflussfaktoren ausgewählt wurden, die die Koevolution von Netzwerk und Verhalten beeinflussen können, besteht der nächste Schritt darin, mit den tatsächlichen Beobachtungsdaten die Rolle der Einflussfaktoren zu bewerten, d. h. β zu schätzen. Die für die Parameterschätzung verwendeten Beobachtungsdaten sollten Daten zu mindestens zwei Zeitpunkten enthalten. Dabei stellen die Daten $X(t_1)$ und $Z(t_1)$ zum ersten Zeitpunkt den Anfangszustand des stochastischen Prozesses dar, und die Ratenfunktion steuert die kleinen Schritte (Gelegenheiten) der Netzwerk- oder Verhaltensänderung, wobei auch die Änderungswahrscheinlichkeit bei jedem kleinen Schritt definiert wird. Nach Vorgabe der Anfangsparameter wird im Rahmen der Parameterschätzung mittels Simulationsprozess das Netzwerk- und Verhaltensdaten unter dem festgelegten dynamischen Prozess generiert. Der konkrete Ablauf ist wie folgt [1]:

1. Die Veränderung der Zeit t der Evolution. Jeder Zeitpunkt t wird als Mikroschritt definiert. In jedem Mikroschritt kann nur ein Akteur eine Änderung vornehmen, entweder eine Änderung der Netzwerkkante oder des Verhaltens. Das Wachstum

Tab. 15.3 Netzwerkstruktureffekte und Verhaltenseffekte [8]

Netzwerkstruktureffekt	Berechnungsformel	Schematische Darstellung	Erklärung
Outdegree	$\sum_j X_{ij}$		Allgemeine Tendenz, dass Knoten Kanten besitzen
Reziprozität	$\sum_j X_{ij} X_{ji}$		Tendenz, dass Knoten reziproke Kanten besitzen
Preferential Attachment	$\sum_j X_{ij} \sqrt{\sum_h X_{hj}}$		Tendenz, dass Knoten bevorzugt Kanten zu Knoten mit vielen Verbindungen aufbauen
Transitive Tripel	$\sum_j X_{ij} \sum_h X_{ih} X_{hj}$		Knoten und benachbarte Knoten neigen dazu, transitive Tripel zu bilden, wobei ich transitive Tripel habe, sodass ich H über zwei verschiedene Pfade erreichen kann: i–j–h und I–H
Transitive Bindungen	$\sum_j X_{ij} \max_h (X_{ih} X_{hj})$		Knoten und benachbarte Knoten bilden die Tendenz zu transitiven Tripeln, was auf den binären Einfluss indirekter Kanten hinweist
Akteure im Abstand 2	$\sum_j (1 - X_{ij}) \max_h (X_{ih} X_{hj})$		Da I durch die Anzahl der Mitglieder im Abstand 2 bestimmt wird, die über einen Zwischenknoten verbunden sind
Balance	$\sum_j X_{ij} \text{strsim}_{ij}$		Dies zeigt die Tendenz, Knoten mit strukturell ähnlichen Knoten zu verbinden. Wie im Diagramm dargestellt, sind I und J beide mit H verbunden und ähneln sich in ihrer Struktur. Um Balance zu erreichen, wird auch eine Kante zwischen I und J hergestellt
Drei-Zyklen	$\sum_j X_{ij} \sum_h X_{jh} X_{hi}$		Knoten neigen dazu, einen ternären Zyklus zu bilden und schließlich einen geschlossenen Kreis auszubilden

(Fortsetzung)

Tab. 15.3 (Fortsetzung)

Netzwerkstruktureffekt	Berechnungsformel	Schematische Darstellung	Erklärung
V-Ego	$\sum_j X_{ij} V_i$		Die Tendenz von Knoten mit hohen Attributwerten, Kanten zu anderen Knoten herzustellen
V-Alter	$\sum_j X_{ij} V_j$		Die Tendenz anderer Knoten, Kanten zu Knoten mit hohen Attributwerten herzustellen
V-Ähnlichkeit	$\sum_j X_{ij} \left(\text{sim}_{ij} - \overline{\text{sim}} \right)$ $\overline{\text{sim}} = \left(1 - \dfrac{|V_i - V_j|}{\max_{ij}|V_i - V_j|} \right)$		Die Tendenz von Knoten mit ähnlichen Attributwerten, Kanten herzustellen
V-same	$\sum_j X_{ij} I\{V_i = V_j\}$, $\sum_j X_{ij} I\{V_i = V_j\} V_i = V_j I\{V_i = V_j\} = 1$ andernfalls ist er 0		Die Tendenz von Knoten mit gleichen Attributwerten, Kanten zu bilden

Verhaltensvariable Formfunktion	Erklärung
Lineare Form	Beurteilung, ob die Verhaltensvariablen linear verteilt sind
Quadratische Form	Beurteilung, ob die Verhaltensvariablen U-förmig oder umgekehrt U-förmig verteilt sind. Ist die quadratische Regularität U-förmig, andernfalls ist sie umgekehrt U-förmig

von t wird durch eine Wartezeit bestimmt. Die Wartezeit wird entsprechend der Exponentialverteilung der in Gl. (15.3) angegebenen Parameter gezogen.

$$\lambda_{\text{total}} = \sum_i \left(\lambda_i^{\text{net}} + \lambda_i^{\text{beh}} \right) \tag{15.3}$$

2. Im Verlauf der Evolution entscheidet das Modell anhand der in Gl. (15.4) angegebenen Wahrscheinlichkeit, ob im nächsten Mikroschritt eine Netzwerkkantenänderung oder eine Verhaltensänderung erfolgt, und bestimmt, welches Mitglied des Netzwerks die Änderung vornimmt.

$$\lambda_i^{\text{net}} / \lambda_{\text{total}}, \quad \lambda_i^{\text{beh}} / \lambda_{\text{total}} \tag{15.4}$$

3. Die Kante oder das Verhalten des ausgewählten Mitglieds ändert sich. Bei einer Kantenänderung sei X der aktuelle Netzwerkzustand, und der Akteur i erhält die Gelegenheit, die Netzwerkkante zu ändern. Der nächste Netzwerkzustand kann gleich X sein oder sich nur in Bezug auf den Akteur i von X unterscheiden (X ist die Adjazenzmatrix, wobei 0 oder 1 in der i-ten Zeile angibt, ob der Akteur i mit anderen Akteuren nicht verbunden oder verbunden ist). Bei N möglichen Situationen wählt Akteur i das X', das $f_i^{\text{net}}\left(x, x', z\right) + \varepsilon_i^{\text{net}}\left(x, x', z\right)$ maximiert, wobei f_i^{net} die Zielfunktion ist und $\varepsilon_i^{\text{net}}$ eine zufällige Störung unter dem Einfluss anderer Faktoren darstellt, die im Modell nicht explizit angegeben ist. Analog dazu wird bei einer Verhaltensänderung das $\mathbf{Z}'$ gewählt, das $f_i^{\text{beh}}\left(x, z, z'\right) + \varepsilon_i^{\text{beh}}\left(x, z, z'\right)$ maximiert.

4. Wenn die festgelegte Endzeit erreicht ist, endet der gesamte Prozess.

Da der gesamte Änderungsprozess des Netzwerks eine kontinuierliche Markovsche Zufallskette ist, wird bei der Parameterschätzung die Markov-Chain-Monte-Carlo-Methode (MCMC) verwendet. Für jeden zu schätzenden Modellparameter, einschließlich der Rate λ und des Gewichts β jedes Einflussfaktors, erfolgt ein Vergleich mit den aus tatsächlichen Beobachtungen oder Simulationen gewonnenen statistischen Daten. Die Parameter im nächsten Schritt hängen von der Differenz zwischen den statistischen Ergebnissen der Simulation und den tatsächlichen Beobachtungsdaten ab, und die Parameter werden wiederholt getestet. Wird die Differenz immer kleiner, bedeutet dies, dass der Parameterschätzungsprozess konvergiert, und die konvergierten Parameter sind die Schätzwerte dieses Simulationsprozesses. Dieser Vorgang wird vielfach mit der Markov-Chain-Monte-Carlo-Schätzmethode wiederholt, und der Mittelwert der in vielen Durchläufen geschätzten Parameter wird als endgültige Schätzwerte des Modells verwendet. Ob der Parameterschätzungsprozess konvergiert, ist eine sehr wichtige Fragestellung. Experimente zeigen, dass dies der Fall ist, wenn die Anzahl der Akteure über 30 liegt und wenn ein signifikanter Unterschied zwischen den Daten des ersten und zweiten Beobachtungszeitpunkts besteht, während die Unterschiede in den darauf folgenden aufeinanderfolgenden Beobachtungszeitpunkten nicht zu groß sind.

15.4.4   Datenrepräsentation der Koevolution von Netzwerk und Verhalten

Gemäß den statistischen Anforderungen des stochastischen akteursorientierten Modells benötigt der experimentelle Datensatz mindestens zwei Beobachtungen der sozialen Netzwerkstruktur und des Verhaltens. Netzwerkknoten können beispielsweise Klassenkameraden, Kollegen oder Freunde sein. Die Netzwerkstruktur wird dabei durch eine Adjazenzmatrix dargestellt, das Verhalten durch einen Vektor. Angenommen, es gibt nur fünf Personen in einem Freundschaftsnetzwerk, so ist die Datenrepräsentation der Koevolution von Netzwerk und Verhalten in Abb. 15.4 dargestellt; die Kanten zwischen den Knoten repräsentieren Freundschaftsbeziehungen: Knoten 1 betrachtet Knoten 3 als Freund, Knoten 3 betrachtet die Knoten 2, 4 und 5 als Freunde, und die Knoten 4 und 5 betrachten sich gegenseitig als Freunde. Die Farbe des Knotens zeigt das Verhalten an: Schwarz steht für Rauchen, Weiß für Nichtrauchen. Somit rauchen in Abb. 15.4 die Knoten 1, 4 und 5, während die Knoten 2 und 3 nicht rauchen. In Siena wird die Adjazenzmatrix $X(n)$ zur Darstellung der Netzwerkstruktur von Freunden verwendet: 1 steht für eine Beziehung, 0 für keine Beziehung, und n ist die Anzahl der Freunde. Zusätzlich wird der Vektor Z verwendet, um das Rauchverhalten anzuzeigen, wobei 1 für Rauchen und 0 für Nichtrauchen steht. Gibt es m Beobachtungen, können die abhängigen Variablen des Modells wie folgt ausgedrückt werden: $(X,Z)(t_1)$, (X,Z) (t_2), $(X,Z)(t_3)$, …, $(X,Z)(t_m)$.

15.4.5   Modellkomponenten der Koevolution von Netzwerk und Verhalten

Um Verhaltensvariablen in das stochastische akteursorientierte Modell zu integrieren, sind auf Basis des Grundmodells mit ausschließlich Strukturvariablen einige Anpassungen erforderlich. Zunächst wird die Änderungsrate des Verhaltens definiert, die analog zur Änderungsrate der Netzwerkstruktur ist. Zweitens wird die Zielfunktion des Verhaltens festgelegt, die mit der Netzwerkstruktur verknüpft

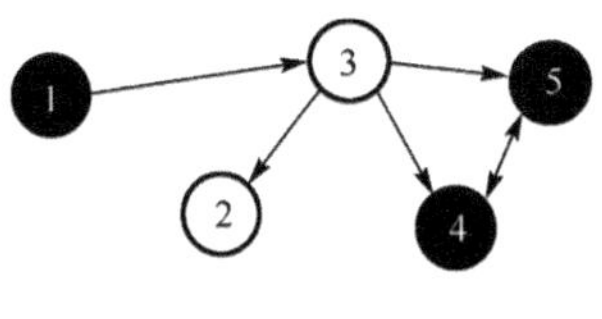

$$X = \begin{pmatrix} 0 & 0 & 1 & 0 & 0 \\ 0 & 0 & 0 & 0 & 0 \\ 0 & 1 & 0 & 1 & 1 \\ 0 & 0 & 0 & 0 & 1 \\ 0 & 0 & 0 & 1 & 0 \end{pmatrix}, \quad Z = \begin{pmatrix} 1 \\ 0 \\ 0 \\ 1 \\ 1 \end{pmatrix}$$

Abb. 15.4 Kodierungsbeispiel

Name	EffektName	einschließen
1 Freundschaft	konstante Freundschaftsrate (Periode 1)	WAHR
2 Freundschaft	konstante Freundschaftsrate (Periode 2)	WAHR
3 Freundschaft	Outdegree (Dichte)	WAHR
4 Freundschaft	Gegenseitigkeit	WAHR
5 Trinken	Trinkmenge (Zeitraum 1)	WAHR
6 Trinken	Trinkmenge (Zeitraum 2)	WAHR

Abb. 15.5 Vier von Siena erzeugte Änderungsraten

ist; gleichzeitig wird die Zielfunktion der Netzwerkstruktur so angepasst, dass sie eine Funktion der Verhaltensvariablen wird, um die Interaktion zwischen Struktur und Verhalten zu ermöglichen. Drittens werden Verhaltenseffekte und Verhalten-Struktur-Effekte definiert, damit diese sowohl bei der Netzwerkevolution als auch bei der Verhaltensevolution und deren Zusammenspiel wirksam werden.

Werden Netzwerkvariablen und Verhaltensvariablen gemeinsam als abhängige Variablen betrachtet, existieren zwei Arten von Änderungsraten: die Änderungs-rate der Netzwerkstruktur und die Änderungsrate des Verhaltens. In einem Modell zur Analyse von Paneldaten mit drei Erhebungszeitpunkten beispielsweise, bei dem Freundschaft und Alkoholkonsum beide abhängige Variablen sind, generiert Siena vier Änderungsraten, wie in Abb. 15.5 dargestellt.

Ebenso gibt es, wenn Netzwerkvariablen und Verhaltensvariablen gemeinsam als abhängige Variablen betrachtet werden, zwei Arten von Zielfunktionen: die Netzwerk-Zielfunktion und die Verhaltens-Zielfunktion. In der Verhaltens-Zielfunktion gibt es zwei Effektfunktionen, die sich von den Netzwerkeffekt-funktionen unterscheiden. Dabei handelt es sich um die Linear Shape-Funktion und die Quadratic Shape-Funktion. In Koevolutionsmodellen von Netzwerk und Verhalten wird die zur Konstruktion der Zielfunktion üblicherweise verwendete Nutzenfunktion in Tab. 15.3 dargestellt. Weitere Erläuterungen zu den Effekt-funktionen finden sich in der einschlägigen Literatur [8].

15.4.6 Beispiel für Analyse und Koevolutionsanalyse von Verhalten

1. Einleitung
   Dieser Abschnitt entspricht Abschn. 15.3.2 und verwendet ebenfalls die Daten der „Adolescent Friendship and Lifestyle Study". Zunächst wurden die Daten von drei Freundschaftsnetzwerken durch eine Erhebung gewonnen, an-schließend wurde der Datensatz zum Verhalten von der offiziellen Siena-Web-site bezogen. Im Folgenden wird ausschließlich erläutert, wie mit Siena die Entwicklung des Freundschaftsnetzwerks untersucht werden kann und wie Freundschaftsnetzwerk und Trinkverhalten anhand der Daten zu Trink- und Rauchverhalten gemeinsam evolvieren.

2. Kodierung

Die 50 Schülerinnen stammen aus dem Datensatz der „Adolescent Friendship and Lifestyle Study", und die Freundschaftsnetzwerkdaten liegen als Dateien in Form von Adjazenzmatrizen vor: s50-network1.dat, s50-network2.dat und s50-network3.dat.

Trinken und Rauchen sind beides Kovariaten der Akteure, die sich über drei Zeitpunkte hinweg kontinuierlich verändern.

S50-alcohol.dat ist die Adjazenzmatrix, die dem Trinkverhalten entspricht. Die spezifischen Verhaltensvariablen sind wie folgt kodiert: 1 (kein Alkoholkonsum), 2 (ein- oder zweimal im Jahr), 3 (einmal im Monat), 4 (einmal pro Woche) und 5 (mehr als einmal pro Woche).

S50-smoke.dat ist die Adjazenzmatrix, die dem Rauchverhalten entspricht. Die spezifischen Verhaltensvariablen sind wie folgt kodiert: 1 (kein Rauchen), 2 (gelegentliches Rauchen) und 3 (häufiges Rauchen, mehr als einmal pro Woche).

3. Verwendeter Code und dessen Ausführungsergebnisse

Konfigurationsprozess: Zunächst wird das Siena-Paket auf der R-Plattform geladen, dann wird das mehrperiodische kontinuierliche Freundschaftsnetzwerk als abhängige Variable definiert und zugewiesen, die Verhaltensvariable und Kovariate werden definiert und zugewiesen, anschließend werden Datensatz und Zielfunktion konfiguriert und schließlich die Einflussfaktoren der zuvor definierten Variablen bestimmt und das Auswertungsmodell erstellt. Da das Koevolutionsmodell sowohl Verhaltenseffekte als auch Struktureffekte des Netzwerks umfasst, müssen die interaktiven Einflussfaktoren von Verhalten und Netzwerk ergänzt werden.

Nach der Konfiguration des Modells kann der Algorithmus definiert und die Ausführungsergebnisse erhalten werden. Im Folgenden ist der konkrete Beispielcode aufgeführt:

```
#Laden von Siena
> library(RSiena)
#Arbeitsverzeichnis festlegen:
> setwd("D:/Co-evolution of behavior and network/")
> list.files()
> friend.data.w1 <- as.matrix(read.table("s50-network1.
dat"))
                    #Netzwerkdaten
> friend.data.w2 <- as.matrix(read.table("s50-network2.
dat"))
> friend.data.w3 <- as.matrix(read.table("s50-network3.
dat"))
> drink <- as.matrix(read.table("s50-
alcohol.dat"))        #Verhaltensdaten
> smoke <- as.matrix(read.table("s50-
smoke.dat"))          #Kovariaten-Daten
```

```
#Netzwerkabhängige Variablen definieren
> friendship<- sienaNet( array( c( friend.data.w1, friend.
data.w2,
friend.data.w3 ),dim = c( 50, 50, 3 ) ) )
#Verhaltensabhängige Variable definieren, Typ "behavior"
> drinkingbeh<- sienaNet( drink, type = "behavior" )
#Kovariaten definieren
> smoke1 <- coCovar( smoke[, 1 ] )
#Datensatz definieren
> myCoEvolutionData<- sienaDataCreate( friendship, smoke1,
drinkingbeh )
#Zielfunktion definieren
> myCoEvolutionEff<- getEffects( myCoEvolutionData )
#Modell erstellen
> myCoEvolutionEff<- includeEffects( myCoEvolutionEff, trans-
Trip, cycle3)
#Heterogenitätseffekt des Rauchens zum Modell hinzufügen
> myCoEvolutionEff<- includeEffects(myCoEvolutionEff, simX,
                     interaction1 = "smoke1" )
#Interaktive Einflüsse des Trinkverhaltens auf Ego, Alter,
mich selbst und Ähnlichkeit im Modell ergänzen.
> myCoEvolutionEff<- includeEffects(myCoEvolutionEff, egoX,
altX, simX,
                     interaction1 = "drinkingbeh" )
#Im Modell werden die wechselseitigen Einflüsse von Indizes
wie Eingangs- und Ausgangsgrad des Freundschaftsnetzwerks
auf das Trinkverhalten ergänzt.
> myCoEvolutionEff<- includeEffects( myCoEvolutionEff,
name ="drinkingbeh",indeg, outdeg,interaction1 =
"friendship" )
#Aufgelistete Effektfunktionen überprüfen, um Fehler und
Auslassungen zu vermeiden.
> myCoEvolutionEff
#Algorithmus-Set definieren
> myCoEvAlgorithm<- sienaModelCreate( projname =
's50CoEv_3' )
#Modellparameterschätzung
> myresult<- siena07( myCoEvAlgorithm, data =
myCoEvolutionData,
effects = myCoEvolutionEff )
#Schätzergebnis
> myresult
```

Schätzungen, Standardfehler und t-Statistiken für
Konvergenz

	Schätzung	Standardfehler	t-Statistik
Netzwerk-Dynamik			
1. Ratenkonstante Freundschaftsrate (Periode 1)	6,4412	(1,1069)	0,0094
2. Rate konstante Freundschaftsrate (Periode 2)	5,1046	(0,7927)	0,0293
3. eval outdegree (Dichte)	-2,7573	(0,1365)	0,0600
4. eval Reziprozität	2,4175	(0,2357)	0,0700
5. eval transitive Tripel	0,6608	(0,1384)	0,0701
6. eval 3-Zyklen	-0,0725	(0,2776)	0,0720
7. eval smoke1 Ähnlichkeit	0,1984	(0,2174)	0.0645
8. eval drinkingbeh alter	-0,0325	(0,1070)	-0,0358
9. eval trinkbeh ego	0,0621	(0,1246)	-0,0910
10. eval Trinkverhalten Ähnlichkeit	1,2326	(0,5623)	-0,0037
Verhaltensdynamik			
11. Rate Trinkverhalten (Periode 1)	1,1575	(0,3233)	0,0766
12. Satz Satz Trinkbeh (Zeitraum 2)	1,6332	(0,4242)	0,0465
13. eval Verhalten Trinkbeh lineare Form	-0,0437	(0,4744)	0,0199
14. eval Verhalten Trinkenbeh quadratische Form	-0,2512	(0,1476)	-0,0182
15. eval Verhalten Trinkenbeh ungrad	-0,1592	(0,4488)	-0,0186
16. eval Verhalten Trinkenbeh outdegree	0,3517	(0,6059)	-0,0121

Insgesamt 3322
Iterationsschritte.

Abb. 15.6 Ergebnisse der Koevolutionsoperation

Gemäß dem oben entwickelten Modell kann das in Abb. 15.6 dargestellte Lauf-
ergebnis erzielt werden. Die Laufzeit richtet sich nach der Komplexität des jeweiligen Modells. Die Interpretation der Operationsergebnisse ist in Tab. 15.4 dargestellt.

15.5   Dynamische Analyse sozialer Netzwerke: Fallstudie 1 – Evolution des Interaktionsnetzwerks von Studierenden

15.5.1   Studentisches Interaktionsnetzwerk: Daten

1. Variablen
   Unsere Untersuchung bezieht sich auf 229 Studierende, die im ersten Halbjahr
   2014 ein Wahlfach an der Wuhan-Universität belegt haben. Die Befragungen
   wurden am 2. September, 22. September, 9. Oktober und 14. Oktober durchgeführt. Die ersten drei Befragungen erfolgten über das Online-Fragebogen-
   system von Questionnaires, die vierte Befragung wurde mit Papierfragebögen

Tab. 15.4 Interpretation der Operationsergebnisse des Beispiels zur Koevolution von Netzwerk und Verhalten

Netzwerkdynamik			Schätzwert	T-Statistik	Erklärung
1	Rate	Konstante Freundschaftsrate (Periode 1)	6.4412	−0.0094	In den ersten beiden Perioden haben die Akteure durchschnittlich 6 Kanten verändert
2	Rate	Konstante Freundschaftsrate (Periode 2)	5.1046	−0.0293	In den letzten beiden Perioden haben die Akteure durchschnittlich 5 Kanten verändert
3	Eval	Outdegree (Dichte)	−2.7573	0.06	Je mehr Verbindungen man nach außen hat, desto unwahrscheinlicher ist es, neue Freundschaften zu schließen
4	Eval	Reziprozität	2.4175	0.07	Reziprozität
5	Eval	Transitive Tripel	0.6608	0.0701	Transitives Tripel
6	Eval	3-Zyklen	−0.0725	0.072	Dreierzyklus
7	Eval	Smoke1-Ähn-lichkeit	0.1984	0.0645	Personen mit ähnlichem Rauchver-halten werden eher zu Freunden
8	Eval	Drinkingbeh alter	−0.0325	−0.0358	Je mehr jemand trinkt, desto weniger beliebt ist er
9	Eval	Drinkingbeh ego	0.0621	−0.091	In den ersten beiden Perioden haben die Akteure durchschnittlich 6 Kanten verändert
10	Eval	Drinkingbeh-Ähnlichkeit	1.2326	−0.0037	In den letzten beiden Perioden haben die Akteure durchschnittlich 5 Kanten verändert

durchgeführt. Der erste Fragebogen bestand aus zwei Teilen. Im ersten Teil ging es um zwischenmenschliche Interaktionen anhand der nummerierten Studierendenliste der gesamten Klasse. Die Erhebungsmerkmale umfassten „Nummer der Kommilitoninnen und Kommilitonen, die vor Kursbeginn bekannt waren" sowie „Nummer der Kommilitoninnen und Kommilitonen, die seit Kursbeginn bekannt sind". Die Studierenden trugen die entsprechenden Nummern der Kommilitoninnen und Kommilitonen gemäß der Liste ein. Der zweite Teil erfasste Basisinformationen der Studierenden, darunter Matrikelnummer, Geschlecht und Wohnheim. Zusätzlich wurden Attributinformationen wie die Häufigkeit der Internet- und Sozialnetzwerknutzung sowie bevorzugte Kurse erhoben. Die Häufigkeit der Internet- und Sozialnetzwerknutzung wurde auf einer Fünf-Punkte-Skala erfasst, mit den Kategorien: unter 0,5 h, 0,5–1 h, 1–2 h, 2–4 h und mehr als 4 h.

Der erste Fragebogen erfasste Informationen darüber, welche Kommilitoninnen und Kommilitonen die Studierenden bereits vor dem Kurs „Soziale Netzwerke" kannten (t_0). Der zweite Fragebogen erfasste die Bekanntschaften während des Kurses (t_1). Der dritte und vierte Fragebogen sammelten Informationen zu den Bekanntschaften zu unterschiedlichen Zeitpunkten im Kurs, bezeichnet als t_2 und t_3. Auf diese Weise wurden Beobachtungs- und Attributdaten aus vier Zeiträumen erhoben (t_0, t_1, t_2, t_3).

2. Datenbeschreibung

Die Gesamtzahl der Studierenden, die den Kurs belegt haben, beträgt 229, wobei das Verhältnis von männlichen und weiblichen Studierenden relativ ausgewogen ist. Aus Sicht der Jahrgangsstufen sind die meisten Teilnehmenden im zweiten Studienjahr 2013 (134 Studierende), während es in den Jahrgängen 2010 und 2011 weniger Teilnehmende gibt. Hinsichtlich der Verteilung auf die Fakultäten sind die meisten Studierenden an der Fakultät für Informatik (35 Studierende), der Fakultät für Wirtschafts- und Managementwissenschaften (33 Studierende) und der Fakultät für Elektronische Information (22 Studierende) eingeschrieben. Mehr als zehn Studierende aus der Fakultät für Ressourcen und Umwelt (15), der Fakultät für Fremdsprachen (12), der Fakultät für Energie- und Maschinenbau (11) sowie der Fakultät für Bauingenieurwesen (10) haben ebenfalls den Kurs „Soziale Netzwerke" gewählt. Da die Gesamtzahl der Studierenden je Fakultät unterschiedlich ist, vergleichen wir die Kurswahl anhand des Anteils der Studierenden pro Fakultät. Der Anteil der Studierenden, die den Kurs „Soziale Netzwerke" gewählt haben, ist an der Fakultät für Informatik am höchsten und beträgt 15,3 % (35 Studierende), gefolgt von 14,4 % (33 Studierende) an der Fakultät für Wirtschafts- und Managementwissenschaften und 9,6 % (22 Studierende) an der Fakultät für Elektronische Information. Die öffentlichen Wahlpflichtkurse finden in der Fakultät für Informatik und in Guiyuan statt. Die Wohnheime der Fakultät für Informatik und der Fakultät für Elektronische Information, nämlich Guiyuan Vier und Guiyuan Fünf, liegen sehr nahe an der Fakultät für Informatik, was den Studierenden den Besuch des Unterrichts erleichtert. Von den 12 Studierenden des Instituts für Fremdsprachen wohnen fünf im siebten Wohnheim am Seeufer. Obwohl sie nicht derselben Fakultät angehören, liegt dieses Wohnheim direkt neben Guiyuan Vier und in der Nähe der Fakultät für Informatik. Darüber hinaus gibt es sechs Wohnheime des Instituts für Fremdsprachen, die weiter von der Fakultät für Informatik entfernt sind. Aus dieser Analyse wird deutlich, dass die Entfernung zum Unterricht ein wichtiger Faktor bei der Kurswahl ist, aber es müssen noch weitere Faktoren eine Rolle spielen. Tab. 15.5 zeigt ausgewählte Informationen zu den Studierenden, darunter Geschlecht, Jahrgang, Dauer der Nutzung sozialer Netzwerke, Dauer der Internetnutzung und die Fakultät, in der sich das Wohnheim befindet.

15.5.2 Dynamischer Analyseprozess des studentischen Interaktionsnetzwerks

Soziale Netzwerke werden in egozentrische Netzwerke und Gesamtnetzwerke unterteilt. Das egozentrische Netzwerk kann lediglich die sozialen Kanten analysieren, jedoch nicht die Netzwerkstruktur. Das Gesamtnetzwerk offenbart vor allem die strukturellen Eigenschaften des Netzwerks, verfügt aber ebenfalls über eine gewisse Fähigkeit zur Analyse sozialer Kanten. Das Design der

Tab. 15.5 Basisinformationen der Teilnehmenden an öffentlichen Wahlfächern

Merkmal	Verteilung					Fehlend
Geschlecht	Männlich 118 Personen (51,53 %)	Weiblich 103 Personen (44,98 %)				Acht Personen (3,49 %)
Jahrgang	Jahrgang 2013 134 Personen (58,52 %)	Jahrgang 2012 85 Personen (37,12 %)	Jahrgang 2011 9 Personen (3,93 %)	Jahrgang 2010 1 Person (0,44 %)		0 Personen (0,00 %)
Nutzungs-dauer sozialer Netzwerke	Weniger als 0,5 h 26 Personen (11,35 %)	0,5–1 h 63 Personen (27,51 %)	1–2 h 57 Personen (24,89 %)	2–4 h 16 Personen (6,99 %)	Mehr als 4 h 15 Personen (6,55 %)	52 Personen (22,7 %)
Internet-nutzungs-dauer	Weniger als 0,5 h 0 Personen (0,00 %)	0,5–1 h 19 Personen (8,30 %)	1–2 h 56 Personen (24,45 %)	2–4 h 59 Personen (25,76 %)	Mehr als 4 h 43 Personen (18,78 %)	52 Personen (22,7 %)
Fakultät, in der sich das Wohn-heim be-findet	Fengyuan 19 Personen (8,30 %)	Ingenieur-fakultät 30 Personen (13,10 %)	Guiyuan 67 Personen (29,26 %)	Seeufer 16 Personen (6,99 %)		55 Personen (24,02 %)
	Pflaumen-garten 1 Person (0,44 %)	Fakultät für Informations-wissen-schaften, 34 Personen (4,85 %)	Xingyuan 1 Person (0,44 %)	Medizi-nische Fakultät 6 Personen (2,62 %)		

Kantenanalyse ist nicht durch komplexe Typen und präzise Messungen gekennzeichnet, sondern betrachtet lediglich das „Vorhandensein" oder „Nichtvorhandensein" [9]. Um den Evolutionsprozess des studentischen Interaktionsnetzwerks aus struktureller Perspektive zu analysieren, muss zunächst ein Gesamtnetzwerk konstruiert werden. Ein zentrales Problem der Gesamtnetzwerkanalyse besteht jedoch darin, einen leicht beobachtbaren Realfall zu erhalten. Dafür ist es erforderlich, dass sich eine Gruppe von Fremden zusammenfindet, die zudem die Absicht haben, ihren sozialen Kreis zu erweitern. Noch schwieriger ist es, dass Forschende diese relativ geschlossenen Gruppen über mehrere Zeiträume hinweg beobachten müssen [10]. Ein weiteres zu berücksichtigendes Problem ist die Definition der Netzwerkgrenze. Das Gesamtnetzwerk erfordert die Erhebung von Daten aller Gruppenmitglieder, weshalb vor Beginn der Studie eine virtuelle Netzwerkgrenze festgelegt werden muss [11]. Diese beiden Herausforderungen stellen erhöhte Anforderungen an die Auswahl der Datenstichproben durch die Forschenden. Die Zahl der Studierenden in öffentlichen Wahlpflichtkursen ist groß, und sie stammen aus unterschiedlichen Fakultäten. Jeder gehört zu jedem Zeitpunkt mehreren Gruppen an, was auch für die kollaborative Lerngemeinschaft gilt, die aus Studierenden des öffentlichen Wahlpflichtkurses der Wuhan-Universität besteht und in diesem Buch untersucht wird. Die Studierenden, die gemeinsam am Unterricht teilnehmen, können zudem Teil einer noch engeren Gruppe sein. Dadurch entstehen gewisse soziale Verbindungen zwischen den Studierenden. Aufgrund der großen Zahl an Teilnehmenden ist die Anzahl der tatsächlich bestehenden Verbindungen jedoch im Vergleich zur Gesamtzahl der möglichen Verbindungen im Netzwerk sehr gering. Daher kann davon ausgegangen werden, dass es sich um ein Anfangsnetzwerk mit nur wenigen Verbindungen handelt. Da die auf der Klasse basierende Lerngemeinschaft die natürliche Netzwerkgrenze für die Interaktion und Entwicklung zwischen Studierenden bildet, wählen wir die Studierenden eines öffentlichen Wahlpflichtkurses der Wuhan-Universität als Untersuchungsobjekt aus, womit das Problem der Stichprobe und der Stichprobengrenzen gelöst werden kann.

Wir verwenden Siena, das auf dem stochastischen, akteursorientierten Modell basiert und ein spezielles Werkzeug zur dynamischen Analyse diachroner Netzwerkdaten ist [6, 8]. Die Grundidee dieses Modells ist, dass Individuen im Netzwerk ihre Position bewerten und dann die aktuelle Konfiguration ihrer Beziehungen optimieren, indem sie neue Kontakte knüpfen, bestehende Beziehungen aufrechterhalten oder beenden, um so ihr Sozialkapital und ihren Nutzen zu steigern. Basierend auf den zu verschiedenen Zeitpunkten erhobenen Netzwerkdaten kann Siena mittels Markov-Chain-Monte-Carlo-Schätzung den Einfluss der vorgegebenen Netzwerkstruktur und der Merkmalsattribute auf die Netzwerkveränderung bewerten. Im Folgenden werden die im Modell berücksichtigten Einflussfaktoren erläutert.

Die Einflussfaktoren in Siena lassen sich in drei Kategorien einteilen: strukturelle Faktoren (endogen), Attributfaktoren (exogen) und die Ratenfunktion. Unser Modell umfasst zunächst einige grundlegende strukturelle Faktoren wie Reziprozität, transitive Tripel, transitive Kanten und ternäre Zyklen. Anschließend werden endogene Faktoren im Zusammenhang mit dem Grad berücksichtigt, etwa Indegree-Popularität, Outdegree-Popularität, Indegree-Aktivität und Outdegree-Aktivität. Darüber hinaus werden weitere strukturelle Faktoren wie Balance, Zentralität (Betweenness) und Exzessivität einbezogen. Wir haben grundlegende Informationen über die Studierenden erhoben, darunter Geschlecht, Jahrgang, Gruppe, Wohnheim, Fakultät, Online-Zeit und Nutzungsdauer sozialer Netzwerke. Jede Attributvariable v kann fünf grundlegenden Effekten zugeordnet werden: Ego, Alter, Similarity, Same und Higher. Ist der geschätzte Wert des Ego-Effekts (auch als Aktivitätseffekt in Bezug auf die Akteurskovariate bezeichnet) positiv, bedeutet dies, dass mit steigendem Wert dieser Attributvariable die Wahrscheinlichkeit steigt, dass Akteure Freundschaften schließen und über mehr Redundanz verfügen. Ist der Parameterwert für den Jahrgangs-Ego-Effekt positiv, sind ältere Studierende aktiver in der Interaktion; ist er negativ, sind jüngere Studierende aktiver. Ist der geschätzte Wert des Alter-Effekts (auch als Popularitätseffekt in Bezug auf die Akteurskovariate bezeichnet) positiv, zeigt dies, dass mit steigendem Wert dieser Attributvariable die Wahrscheinlichkeit steigt, von anderen als Freund ausgewählt zu werden, also eine höhere Einbindung besteht. Der Similarity- und der Same-Effekt spiegeln die Bedeutung von Homogenität bei der Bildung studentischer Interaktionsnetzwerke wider. Ist der geschätzte Wert des Similarity-Effekts positiv, werden häufiger Kanten zwischen zwei Akteuren mit ähnlichen V-Werten gebildet. Ist der Wert des Same-Effekts positiv, ist es einfach, eine Kante zwischen zwei Akteuren mit identischem V-Wert zu etablieren. Ist der Wert eines Higher-Effekts positiv, bedeutet dies, dass Akteure mit höherem V-Wert auch mit anderen mit hohem V-Wert verbunden sind. Daher eignet sich SINEA sehr gut zur Überprüfung unserer Hypothese und kann sämtliche potenziellen Einflussfaktoren schätzen.

15.5.3 Analyseergebnisse des studentischen Interaktionsnetzwerks

Mit Siena4, auch bekannt als RSiena, wurden die Verarbeitungsergebnisse der Basisinformationen des studentischen Interaktionsnetzwerks ermittelt, wie in Tab. 15.6 dargestellt. Diese Tabelle zeigt die deskriptiven Ausgabewerte und verdeutlicht, dass sowohl die Netzwerkdichte als auch die Anzahl der Kanten im Zeitverlauf zugenommen haben. Dies weist auf eine stärkere Netzwerkverdichtung durch fortlaufende Interaktionen der Studierenden hin. Der durchschnittliche Knotengrad, der die Breite der studentischen Verbindungen widerspiegelt, stieg von durchschnittlich 3 Personen pro Studierendem vor Kursbeginn auf 10 Personen pro Studierendem am Ende des Kurses, was einem durchschnittlichen Zuwachs von 7 Verbindungen entspricht. Dies illustriert das Wachstum der während des Kurses geknüpften Freundschaften. Abb. 15.7 visualisiert die studentischen Interaktionsnetzwerke zu vier Zeitpunkten mithilfe von Software zur sozialen Netzwerkanalyse. Jeder Knoten in der Abbildung repräsentiert einen Studierenden, wobei die Knotengröße dem Outdegree, also der Anzahl der bekannten Personen, entspricht. Die Abbildung zeigt die Entwicklung der Netzwerktopologie: Die Anzahl der Kanten nahm im Verlauf des Kurses deutlich zu, was zu einem dichteren und stärker gruppierten Netzwerk führte und die Gesamtentwicklung der studentischen Interaktionen widerspiegelt.

Tab. 15.7 zeigt die Schätzungen der Ratenfunktion, der strukturellen Effekte und der Attributseffekte. Unter den Attributseffekten repräsentiert der Selbstattributseffekt (V-Ego) den Aktivitätseffekt. Ist dieser Parameter positiv, bedeutet dies, dass mit steigendem Attributwert die Person aktiver ist. Am Beispiel des Jahrgangs: Der Code für Jahrgang 2010 ist 4, für 2011 ist es 3, für 2012 ist es 2 und für 2013 ist es 1. Ist der Wert des Jahrgangs-Ego-Parameters regulär, sind

Tab. 15.6 Verarbeitungsergebnisse der Basisinformationen des studentischen Interaktionsnetzwerks

Netzwerkdichteindex	2. September (t_0)	22. September (t_1)	9. Oktober (t_2)	14. Oktober (t_3)
Netzwerkdichte	0.014	0.019	0.033	0.045
Durchschnittlicher Knotengrad	3.059	4.172	7.276	9.937
Anzahl der Kanten im Netzwerk	676	922	1608	2196
Quote fehlender Daten	0,00 %	0,00 %	0,00 %	0,00 %

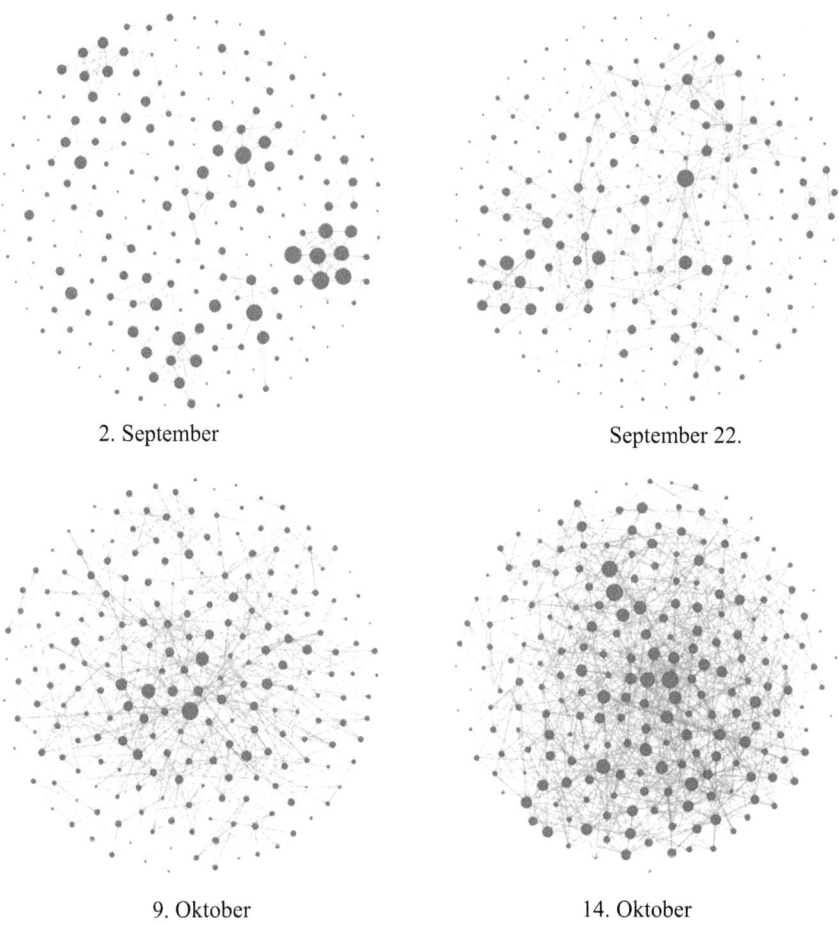

2. September   September 22.

9. Oktober   14. Oktober

Abb. 15.7 Visualisierung des studentischen Interaktionsnetzwerks zu verschiedenen Zeitpunkten

Studierende höherer Jahrgänge aktiver. Ist der Wert negativ, sind Studierende niedrigerer Jahrgänge aktiver. Der V-Alter-Effekt steht für den Popularitätseffekt. Ist der Parameterwert positiv, bedeutet ein höherer Attributwert eine größere Beliebtheit. Am Beispiel der Nutzungsdauer sozialer Netzwerke: Je länger die Nutzungsdauer, desto höher die Codierung. Ist der Wert des sns_use-alter-Parameters positiv, sind Personen mit langer Nutzungsdauer sozialer Netzwerke beliebter. Der Same-Attributseffekt bedeutet, dass Personen mit gleichem Codewert eher Freundschaften schließen. Am Beispiel des Wohnheims: Ist der geschätzte Wert von same domitory_department positiv, zeigt dies, dass Personen aus demselben Fachbereich im Wohnheim eher Freundschaften schließen.

Tab. 15.7 Schätzung signifikanter Effekte der Netzwerkentwicklung ($|t| \geq 1{,}96$, $= 0{,}05$)

Ratenfunktion	Parameter-Schätzwert (Standardabweichung)	T-Wert	Analyseergebnisse
Konstante Freundschaftsrate (Periode 1)	1,2074 (0,0938)	0,0161	Im Mittel eine Kante verändert
Konstante Freundschaftsrate (Periode 2)	16,1395 (0,8294)	−0,0483	Im Mittel 16 Kanten verändert
Konstante Freundschaftsrate (Periode 3)	9,6777 (2,1840)	0,0071	Im Mittel 9 Kanten verändert
Effekt Geschlecht auf Rate	0,0455 (0,1612)	0,0074	Männer verändern Kanten langsamer
Effekt Jahrgang auf Rate	0,0997 (0,2208)	−0,0212	Personen in niedrigeren Jahrgängen verändern Kanten langsamer
Effekt Online-Nutzung auf Rate	0,0450 (0,0714)	−0,0239	Personen mit langer Internetnutzung verändern Kanten langsam
Effekt sns_use auf Rate	0,0100 (0,0937)	−0,0174	Personen mit langer Social-Network-Nutzung verändern Kanten schnell
Struktureller Effekt			
Outdegree (Dichte)	3,2948 (7,1000)	0,0738	Das Hinzufügen ausgehender Verbindungen war nicht effektiv, um mehr eingehende Verbindungen zu erhalten
Reziprozität	1,6876 (0,6109)	−0,0972	Es besteht Reziprozität
Transitive Tripel	0,1438 (0,1796)	−0,0094	Transitive Tripel sind vorhanden
3-Zyklen	0,2043 (0,0486)	−0,0471	Triadische Schließung
Transitive Bindungen	0,5031 (0,1078)	−0,0615	Übertragungskante
Vermittelnde Zentralität	0,0620 (0,5620)	−0,0387	Negativer dielektrischer Effekt
Balance	0,0463 (0,1524)	−0,0242	Entwicklung in eine unausgeglichene Richtung
Indegree-Aktivität (Wurzel)	0,0801 (0,7265)	−0,0867	Personen mit hoher Beteiligung sind aktiver
Attributseffekt			
Geschlecht (Alter)	0,0445 (0,2693)	0,0345	Frauen sind beliebt
Geschlecht (Ego)	0,2204 (0,3945)	0,0552	Frauen sind aktiver
Gleiches Geschlecht	0,0066 (0,1559)	−0,0328	Personen gleichen Geschlechts neigen dazu, befreundet zu sein
Gleiche Hochschule	1,6944 (0,3809)	−0,0838	Personen derselben Hochschule werden leicht Freunde
Gleiche Abteilung im Wohnheim	0,1888 (0,4625)	−0,06	Personen derselben Abteilung werden leicht Freunde
Gleiches Wohnheim	0,1508 (0,3269)	−0,0722	Personen im selben Wohnheim werden leicht Freunde
Klassenstufe Alter	−0,1614 (0,9569)	0,0016	Personen in niedrigeren Klassenstufen sind beliebt
Klassenstufe Ego	0,6923 (0,4735)	0,0034	Höhersemestrige sind aktiver
Gleiche Klassenstufe	0,2618 (0,1689)	−0,0862	Personen derselben Klassenstufe werden leicht zu Freunden

(Fortsetzung)

Tab. 15.7 (Fortsetzung)

Ratenfunktion	Parameter-Schätzwert (Standardabweichung)	T-Wert	Analyseergebnisse
Höhere Klassenstufe	0,8347 (2,1590)	−0,0342	Personen in niedrigeren Klassenstufen werden leicht zu Freunden
Gleiches Team	3,5098 (0,1384)	−0,0713	Personen in derselben Gruppe werden leicht zu Freunden
Online-Alter	−0,2240 (2,1196)	0,0635	Personen, die wenig Zeit online verbringen, sind beliebt
Online-Ähnlichkeit	−0,0695 (0,2455)	0,0113	Personen mit ähnlicher Online-Zeit werden nicht leicht zu Freunden
sns_use Alter	−0,2982 (0,6343)	0,0572	Personen, die soziale Netzwerke nur kurz nutzen, sind beliebt
sns_use Ego	0,2117 (1,0272)	−0,0837	Personen, die soziale Netzwerke lange nutzen, ergreifen die Initiative
sns_use Ähnlichkeit	−0,2218 (0,5445)	0,0893	Personen mit ähnlicher Nutzungsdauer sozialer Netzwerke werden nicht leicht zu Freunden
höhere sns_use	−0,9938 (2,9203)	0,0929	Zwei Personen, die soziale Netzwerke nur kurz nutzen, werden wahrscheinlich Freunde

15.5.4 Diskussion der Ergebnisse der dynamischen Analyse

Im Mittelpunkt unserer Forschung steht nicht die Erklärung der zu einem bestimmten Zeitpunkt beobachteten Netzwerkstruktur oder der Unterschiede zwischen mehreren zeitlich aufeinanderfolgenden Netzwerken, sondern die Untersuchung der treibenden Faktoren für die Entstehung und Entwicklung von Interaktionsnetzwerken unter Studierenden. Da sowohl die Eigenschaften der Studierenden als auch die Netzwerkstruktur ihres Standorts entscheidende Faktoren für deren Aktivitäten sind, konzentrieren wir uns auf den Einfluss von Attribut- und Struktureffekten auf die Netzwerkbildung.

Die in Tab. 15.7 mit Siena erzielten Ergebnisse bestätigen einige evolutionäre Mechanismen, die mit der Entstehung von Interaktionsnetzwerken unter Studierenden zusammenhängen, und zeigen, dass der dynamische Grad der Netzwerkbildung die Tendenz widerspiegelt, Grenzen zwischen Studierenden in öffentlichen Wahlpflichtkursen zu ziehen – ein Phänomen, das auch in den meisten sozialen Netzwerken zu beobachten ist. Da die Geselligkeit der Teilnehmenden in einem dünn besetzten Netzwerk nicht zu mehr Aufmerksamkeit führt und der Aufwand stets den Ertrag übersteigt, ist der Parameterwert für den Grad immer negativ. Aufgrund des hohen Maßes an Reziprozität in den meisten sozialen Netzwerken wird die Reziprozität als standardmäßiger Einflussfaktor in unser Modell aufgenommen. Der Parameterwert für Reziprozität ist sehr hoch, in der Regel zwischen 1 und 2; unser geschätzter Wert beträgt 1,68 und entspricht damit den Eigenschaften sozialer Netzwerke. Als grundlegendes Merkmal sozialer Netzwerke ist Reziprozität für den gesamten Entstehungsprozess des Interaktionsnetzwerks in Lerngemeinschaften von großer Bedeutung. Neben der Reziprozität neigt das Interaktionsnetzwerk der Studierenden dazu, eine geschlossene Netzwerkstruktur zu bilden: Die Effekte transitiver Tripel und transitiver Kanten sind signifikant, und der geschätzte Wert dieses Parameters ist positiv, was die ausgeprägte hierarchische Ordnung im Interaktionsnetzwerk öffentlicher Wahlpflichtkurse widerspiegelt. Wie in den meisten Studien zu sozialen Netzwerken gibt es nur wenige ternäre zyklische Strukturen, was auf eine begrenzte Ausprägung dieses Musters in der Entwicklung des Netzwerks hinweist [12], und die Parameterschätzung für den ternären Zykluseffekt ist negativ, was belegt, dass die Akteure im Interaktionsnetzwerk nicht völlig gleichgestellt sind. Der Struktureffekt des Zugangsgrads ist das Hauptmerkmal in Bezug auf die Knotenposition und stellt eine wichtige Triebkraft der Netzwerkentwicklung dar. Die Ergebnisse zeigen, dass nur bei signifikanter positiver Indegree-Aktivität eine höhere Wahrscheinlichkeit besteht, von anderen nominiert zu werden und selbst aktiver mit anderen in der Lerngemeinschaft zu kommunizieren. Anders als in typischen hierarchischen Netzwerken von unten nach oben nutzen Studierende mit hoher Beteiligung im Interaktionsnetzwerk öffentlicher Wahlpflichtkurse weiterhin ihren Vorteil, durch soziale Netzwerke umfangreiche Online-Interaktionen zu etablieren und ihre interpersonellen Netzwerkgrenzen zu erweitern. Darüber hinaus zeigt die negative Balance, dass sich im Prozess der kollaborativen Interaktion die Wahrscheinlichkeit einer Interaktion nicht erhöht, wenn die Strukturen der Studierenden ähnlich sind. Die Vermittlerposition (Betweenness) steht für die gesamte Menge an Informationsfluss, die von Knoten getragen wird [13], und die Ergebnisse zeigen, dass Gatekeeper, die in der Anfangsphase der Netzwerkbildung verschiedene Gruppen verbinden und mehr Informationskanäle kontrollieren können, nicht zwangsläufig bessere soziale Kontakte in der Lerngemeinschaft aufbauen.

Das Interaktionsnetzwerk der Studierenden ist einem ständigen Wandel unterworfen, wobei die Rate-Funktion zur Erklärung der Veränderungsgeschwindigkeit dient. Aus der Rate-Funktion ist ersichtlich, dass in der ersten Phase die wenigsten Knoten Kanten verändern. Vom zweiten zum dritten Abschnitt steigt die Interaktion zwischen den Studierenden rapide an. Die zweite Phase ist der Zeitpunkt, an dem die Studierenden Teams bilden und anschließend Gruppenaufgaben im Kurs bearbeiten müssen, was das kooperative Lernen stark fördert. Gleichzeitig kann man im Rahmen der Zusammenarbeit schnell neue Kontakte knüpfen. Die Rolle der Kooperation als Motor für Interaktion setzt sich auch in der dritten Phase (in der darauffolgenden Woche) fort. Die gleiche deskriptive Schlussfolgerung lässt sich auch aus Tab. 15.7 durch Beobachtung der Veränderungen bei Kantenzahl, mittlerem Grad und Netzwerkkohäsion ziehen. Am Beispiel des mittleren Grads: In den ersten drei Wochen fügte jede Person nur eine Kante (ein- oder ausgehend) hinzu. In den zweiten und dritten drei Wochen kamen im Schnitt fast sechs Kanten pro Person hinzu.

Wir haben zudem eine detaillierte statistische Analyse der Attributmerkmale der Teilnehmenden in der Lerngemeinschaft durchgeführt. Personen, die im selben Wohnheim oder derselben Fakultät leben, werden mit höherer Wahrscheinlichkeit Freunde. Räumliche Nähe reduziert die Zeitkosten für gemeinsame Lernaktivitäten.

Im Fall von Studierenden im selben Wohnheimgebäude besteht die Möglichkeit zufälliger Begegnungen – ein Vorteil für Studierende mit mehr Überschneidungen im
physischen Raum. Da es zwischen Studierenden unterschiedlichen Geschlechts eine
gewisse Abschottung gibt, was sich an den signifikanten Gleichgeschlecht-Para-
metern zeigt, ist es für gleichgeschlechtliche Studierende einfacher, interaktive Beziehungen aufzubauen. Darüber hinaus zeigt sich, dass Studierende dazu tendieren,
mit Personen derselben Klassenstufe zu interagieren, das heißt, ältere Studierende
interagieren eher mit älteren, jüngere mit jüngeren.

Die Ergebnisse zeigen deutlich, dass Studierende, die derselben Fakultät oder
Lerngruppe angehören, mit deutlich höherer Wahrscheinlichkeit Freunde werden als solche aus unterschiedlichen Fakultäten oder Gruppen. In unserer Untersuchung ist die Zugehörigkeit zur Kursgruppe ein wichtiger Indikator für räumliche Nähe. Studierende derselben Kursgruppe bilden ein Team ausschließlich durch Kommunikation und Zusammenarbeit und arbeiten anschließend
gemeinsam an Kursaufgaben. Im Vergleich zu anderen Gruppenmitgliedern sollten sie mehr persönliche oder über soziale Netzwerke vermittelte Kontakte haben,
was es ihnen erleichtert, Freundschaften zu schließen. Zwei Studierende derselben
Fakultät sind sich in vielen Dimensionen ähnlich: Sie könnten im selben Wohnheim untergebracht sein, im Fachschaftsrat mitarbeiten oder denselben Wahlpflichtkurs besucht haben. Diese Ähnlichkeiten und Überschneidungen treten
innerhalb derselben Fakultät auf.

Die senderspezifischen Einflussfaktoren Geschlecht, Klassenstufe, Online-
Zeit und Nutzungsdauer sozialer Netzwerke bedeuten signifikant, dass weibliche
oder höhersemestrige Studierende im Lerninteraktionsnetzwerk aktiver sind. Darüber hinaus sind Studierende, die soziale Netzwerke lange nutzen oder viel Zeit
online verbringen, aktiver als jene mit weniger Internetkontakt. Frühere Analysen
des Interaktionsmodus zeigen, dass die Hauptform der Interaktion zwischen Studierenden über Online-Soziale Netzwerke erfolgt. In diesem Zusammenhang sind
Personen, die soziale Netzwerke schon lange nutzen, eher geneigt, im Unterricht
über Online-Messenger mit anderen zu kommunizieren und so neue Kontakte in
der Gruppe zu knüpfen.

15.6 Dynamische Analyse sozialer Netzwerke: Fallstudie 2 – Evolution des Beziehungsnetzwerks in einer Online-Gesundheitscommunity

15.6.1 Hypothesen zum Beziehungsnetzwerk von Nutzern in Online-Gesundheitsgemeinschaften

Die Untersuchung des Beziehungsnetzwerks von Nutzern in Online-Medizin-
Communities basiert auf den folgenden Annahmen.

H1a: Das Geschlecht der Nutzer in Online-Medizin-Communities hat einen signifikanten Einfluss auf die Bildung von Freundschaftsverbindungen, und Nutzer gleichen Geschlechts werden mit höherer Wahrscheinlichkeit Freunde.

H1b: Das Alter der Nutzer in Online-Medizin-Communities hat einen signifikanten Einfluss auf die Bildung von Freundschaften, und Nutzer mit ähnlichem Alter werden mit höherer Wahrscheinlichkeit Freunde.

H2: Der Mitgliedstyp der Nutzer in Online-Medizin-Communities hat einen signifikanten Einfluss auf die Bildung von Freundschaftsverbindungen, und Nutzer mit demselben Mitgliedstyp (Kategorie der Infektionskrankheit) werden mit höherer Wahrscheinlichkeit Freunde.

H3: Die Anzahl der Themen, an denen Nutzer in Online-Medizin-Communities teilnehmen, hat einen signifikant positiven Einfluss auf die Bildung von Freundschaftsverbindungen, und Nutzer neigen dazu, mit Nutzern, die an mehr Themen teilnehmen, Freundschaften zu schließen.

H4: Die Anzahl der Freunde von Nutzern in Online-Medizin-Communities hat einen umgekehrt U-förmigen Einfluss auf die Bildung von Freundschaftsverbindungen: Eine hohe Freundesanzahl fördert zunächst die Bildung von Freundschaftsverbindungen, ab einer bestimmten Anzahl wirkt sich dies jedoch negativ aus.

H5: Die Online-Zeit der Nutzer hat einen signifikant positiven Einfluss auf die Bildung von Freundschaftsverbindungen, und Nutzer mit längerer Online-Zeit werden mit höherer Wahrscheinlichkeit Freunde mit anderen Nutzern.

H6: Triadische Schließungen haben einen signifikant positiven Einfluss auf die Bildung von Freundschaften, und Nutzer neigen dazu, Freundschaften mit Freunden von Freunden zu schließen.

15.6.2 Datenerhebung und -verarbeitung

Um die Einflussfaktoren der Entwicklung von Nutzerbeziehungsnetzwerken in Online-Gesundheitsgemeinschaften zu untersuchen, erfasst diese Studie die Netzwerkbeziehungsdaten von Sweet Home, einer Community für Diabetes im dritten Stadium. Die Nutzerattribute umfassen dabei hauptsächlich: Geschlecht, Alter, Mitgliedstyp, Anzahl der vom Nutzer behandelten Themen, Anzahl der Freunde sowie die Online-Dauer. Als Untersuchungsobjekt wurde das Untermodul „Diabetes kontrollieren" dieser Community ausgewählt. Nach dem Ausschluss von Nicht-Patienten umfasst die Studie 694 Nutzer; die Gesamtsituation der Nutzerattribute ist in Tab. 15.8 dargestellt.

Nach der deskriptiven statistischen Analyse der Attributdaten in Tab. 15.8 ergibt sich, dass der Anteil männlicher Nutzer in dieser Sub-Community 62,4 % und der Anteil weiblicher Nutzer 37,6 % beträgt. Das durchschnittliche Alter der Nutzer liegt bei 40 Jahren. Hinsichtlich der Diabetes-Typen entfallen 22,6 % auf Patienten mit Typ-1-Diabetes, 74,6 % auf Patienten mit Typ-2-Diabetes und 2,8 % auf

Tab. 15.8 Gesamtsituation der Nutzerattribute

Variablendeklaration		Mindest-wert	Maximal-wert	Mittel-wert	Standardab-weichung
Geschlecht	1 = männlich, 2 = weiblich	1	2	1,38	0,485
Alter	Alter des Patienten	12	78	40,33	13,196
Mitgliedstyp	1 = Patienten mit Typ-1-Diabetes, 2 = Patienten mit Typ-2-Diabetes, 3 = Patienten mit anderen Diabetesformen	1	3	1,80	0,464
Anzahl der vom Nutzer behandelten Themen	Anzahl der Themen, an deren Diskussion (Beiträge oder Antworten) sich der Nutzer beteiligt	0	2327	78,32	193,827
Anzahl der Freunde	Anzahl der Freunde, die der Nutzer in der gesamten Community hat	0	1443	21,44	73,404
Online-Dauer	Anzahl der Stunden, die der Nutzer online ist	0	26.970	804,04	2107,024

Patienten mit anderen Diabetesformen. Bezüglich der Community-Beteiligung bestehen große Unterschiede zwischen den einzelnen Nutzern. Die Anzahl der Themen, an denen sich Nutzer beteiligen, reicht von 0 bis 2327, und die Online-Dauer reicht von 0 h bis 26.970 h. Die Anzahl der Freunde variiert zwischen 0 und 1443, wobei der Durchschnitt bei 21 Freunden pro Person liegt. Da die Anzahl der Themen, die Anzahl der Freunde und die Online-Dauer der Nutzerbeteiligung sehr stark schwanken und die Standardabweichung jeweils deutlich über dem Mittelwert liegt, also eine starke Streuung der Daten vorliegt, werden die entsprechenden Werte dieser drei Merkmale für die Analyse ausgewählt.

Die in dieser Studie betrachteten Netzwerkdaten der drei Phasen sind in Tab. 15.9 dargestellt. Die Anzahl der Kanten im Netzwerk 1 beträgt 1108, im Netzwerk 2 sind es 1200 und im Netzwerk 3 1326. Die Freundschaftsbeziehungen der Nutzer nehmen stetig zu, und während der Entwicklung des Netzwerks wird keine Verbindung zwischen Nutzern aufgehoben, was auf eine relativ stabile Freundschaftsstruktur hinweist. Mithilfe der Social-Network-Analyse-Software Gephi wurde eine Visualisierung der Netzwerkdaten der drei Phasen erstellt. Das daraus resultierende dreiphasige Netzwerktopologiediagramm ist in Abb. 15.8 dargestellt. Daraus ist ersichtlich, dass sich das Freundschaftsnetzwerk kontinuierlich verändert und bewegt; die konkreten Daten sind in Tab. 15.9 aufgeführt.

Tab. 15.9 Netzwerkdaten der dritten Phase

Netzwerk	Anzahl der Knoten (Einheiten)	Anzahl der Kanten	Anzahl hinzu-gefügter Kanten	Anzahl gelöschter Kanten
Netzwerk 1	694	1108	–	–
Netzwerk 2	694	1200	92	0
Netzwerk 3	694	1326	126	0

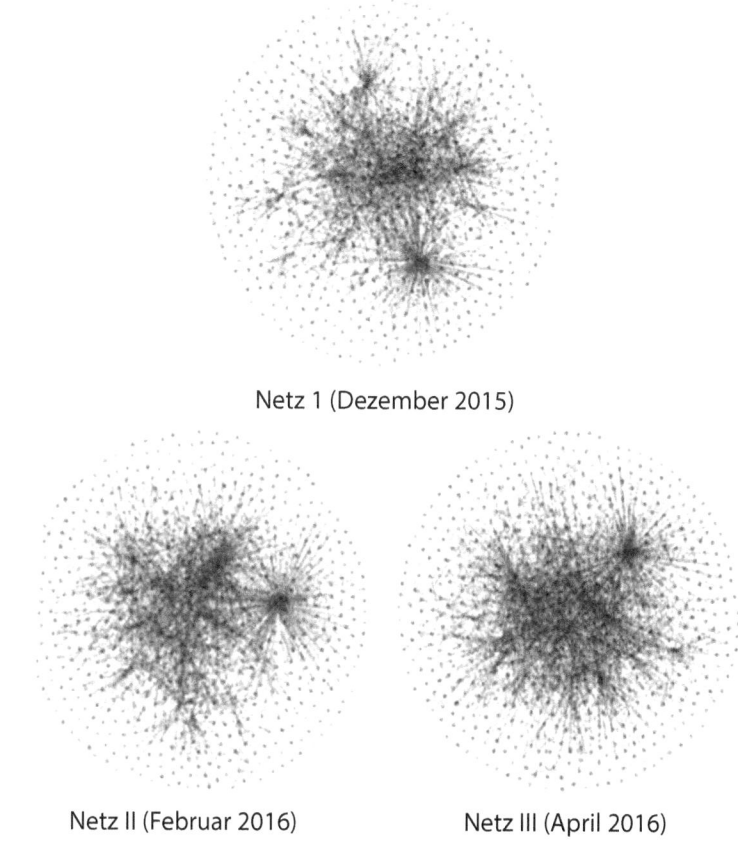

Netz 1 (Dezember 2015)

Netz II (Februar 2016)   Netz III (April 2016)

Abb. 15.8 Netzwerktopologiediagramm der dritten Phase

15.6.3   Forschungsmethode

15.6.3.1   Stochastisches akteurorientiertes Modell

Siena analysiert hauptsächlich die dynamischen Veränderungen des Netzwerks auf Basis des stochastischen akteurorientierten Modells. Das Modell geht davon aus, dass die Bildung und Entwicklung des Netzwerks durch die Handlungen der Knoten im Netzwerk bestimmt werden. Jeder Knoten entscheidet eigenständig, ob er Verbindungen zu anderen Knoten aufbaut oder beendet, indem er seinen eigenen Grad steuert. Im Verlauf der Netzwerkentwicklung versucht jeder Knoten, seine soziale Struktur zu optimieren, was zu Veränderungen im gesamten Netzwerk führt. Das Modell betrachtet die Veränderung des Netzwerks als abhängige Variable und nimmt die Attribute der Knoten, die Netzwerkstruktur sowie weitere Zufallsvariablen als Ursachen für die Veränderung des Out-Degree der Knoten an. In der praktischen Anwendung generiert Siena mithilfe von Computern zufällig Markow-Prozesse und kombiniert diese mit diachronen Längsschnittdaten sozialer Netzwerke, um die strukturelle Entwicklung sozialer Netzwerke zu simulieren. Bei dieser Methode wird die Monte-Carlo-Markow-Methode zur Parameterschätzung des Modells eingesetzt. Jeder zu schätzende Modellparameter β wird mit den aus tatsächlichen Beobachtungen oder Simulationen gewonnenen statistischen Daten verglichen, wobei die Parameter wiederholt getestet werden müssen. Je geringer die Abweichung, desto kleiner ist der Schätzfehler, und der konvergierte Parameter stellt den Schätzwert dieses Simulationsprozesses dar. Die Signifikanz der Parameter kann durch t-Statistiken beurteilt werden. Die Entwicklung des Beziehungsnetzwerks der Nutzer in einer Online-Gesundheitscommunity ist ein Markow-Prozess, der sich kontinuierlich mit der Zeit verändert. Die geschätzten Modellparameter können anhand der tatsächlich beobachteten Daten abgeleitet werden, um so die Einflussfaktoren auf die Netzwerkentwicklung zu überprüfen.

Das stochastische akteurorientierte Modell unterteilt die Handlungen der Knoten in die folgenden vier Bereiche:

1. Die Zielfunktion $f_i(\beta, x)$ beschreibt den strukturellen Gesamteffekt, den Knoten i unter allen möglichen Netzwerkstrukturen bevorzugt.
2. Die Ratenfunktion $\lambda_i(\beta, x)$ gibt an, wie häufig der Knoten die Möglichkeit hat, eine Entscheidung über die Veränderung einer ausgehenden Kante oder seiner eigenen Attribute zu treffen.
3. Die Belohnungsfunktion $e_i(\beta, x)$ gibt an, wie hoch die unmittelbare oder lokale Zufriedenheit ist, wenn Knoten i eine Verbindung verändert.
4. Der Zufallsterm $U_i(t, x, j)$ repräsentiert den vom Modell nicht erklärbaren Zufallsanteil. Die Knoten folgen dem Ziel der Nutzenmaximierung und verändern den Out-Degree, selbst wenn die Funktion $f + e + U$ maximiert ist.

15.6.3.2 Zielfunktion

Wenn der Akteur die Möglichkeit erhält, sich unter der Kontrolle der Ratenfunktionen zu verändern, kann die Zielfunktion die Wahrscheinlichkeit seiner Veränderungen steuern. Die Zielfunktion ist als lineare Kombination einer Reihe von Effektfunktionen definiert. Im Fall von Kollaborationen werden Netzwerkstrukturänderungen und Linienattributänderungen durch Zielfunktionen gesteuert, die sich von denen in Gl. (15.5) bzw. (15.6) unterscheiden:

$$\int_i^{\text{net}} (\beta, x) = \sum_k \beta_k^{\text{net}} s_k^{\text{net}}(x) \tag{15.5}$$

$$\int_i^{\text{beh}} (\beta, x) = \sum_k \beta_k^{\text{beh}} s_k^{\text{beh}}(x) \tag{15.6}$$

Dabei steht s^{net} für die Effektfunktion, die die Veränderung der Netzwerkstruktur beeinflusst (siehe Tab. 15.10). s^{beh} bezeichnet die Effektfunktion, die die Veränderung von Verhaltensattributen beeinflusst (siehe Tab. 15.10). β ist ein statistischer Parameter und muss anhand der tatsächlich beobachteten Daten geschätzt werden. Ist β gleich 0, hat die entsprechende Effektfunktion keinen Einfluss auf die Netzwerk- oder Verhaltensentwicklung. Ist β positiv, wirkt sich die Effektfunktion positiv auf die Netzwerk- oder Verhaltensentwicklung aus. Ist β negativ, entwickelt sich das Netzwerk oder das Verhalten entgegen der Richtung der Einflussfaktoren. Siena kann mit dem RSiena-Paket in der Programmiersprache R realisiert werden, das Daten einfach einlesen, Effekte setzen, Modellparameter schätzen und Analyseergebnisse ausgeben kann. Die in diesem Buch verwendeten Attributseffekte umfassen hauptsächlich den Gleichheitseffekt und den Ähnlichkeitseffekt, die die Rolle von Homogenität bei der Entstehung und Entwicklung interaktiver Netzwerke widerspiegeln. Ist der geschätzte Wert des Gleichheitseffekts eines Attributs positiv, bedeutet dies, dass zwei Knoten mit demselben Attributwert mit höherer Wahrscheinlichkeit eine Kante bilden, beispielsweise beim gleichen Geschlecht. Ist der geschätzte Wert des Ähnlichkeitseffekts positiv, deutet dies darauf hin, dass zwei Knoten mit ähnlichen Attributwerten mit höherer Wahrscheinlichkeit Freundschaftskanten eingehen. Siena eignet sich sehr gut zur Überprüfung unserer Hypothese und kann alle möglichen Einflussfaktoren gleichzeitig schätzen.

15.6.4 Ergebnisanalyse

Um die Entwicklung der Netzwerkstruktur von Online-Beziehungsnetzwerken medizinischer Nutzer besser zu erklären, werden im Analysemodell möglichst viele Parameter berücksichtigt. Die Modellparameter werden mit dem RSiena-Paket geschätzt und getestet. Die Ergebnisse sind in Tab. 15.11 dargestellt. Im Modell weisen die meisten geschätzten Werte der Effektparameter eine gute Konvergenz auf (t-Statistik gibt den Grad der Konvergenz der Parameter an; liegt der Absolutwert dieses Wertes unter 0,1, gelten die Parameter als konvergent, sodass die erhaltenen Schätzergebnisse der Parameter als valide angesehen werden können).

Die Ratenfunktion „rate" spiegelt die Geschwindigkeit der Netzwerkentwicklung in verschiedenen Phasen wider. Der Ratenparameter Periode 1 und der Ratenparameter Periode 2 entsprechen dem durchschnittlichen Änderungsgrad der Freunde jedes Knotens in den beiden Entwicklungsphasen, nämlich vom ersten zum zweiten Netzwerk und vom zweiten zum dritten Netzwerk. Einfluss des Geschlechts auf die Entwicklung des Beziehungsnetzwerks von Online-Medizin-Nutzern: Die Absolutwerte der t-Statistiken für Geschlecht und gleiches Geschlecht liegen jeweils unter 0,1, was zeigt, dass das Geschlecht der Nutzer einen signifikanten Einfluss auf die Freundschaftsbildung hat. Das bedeutet, dass Nutzer desselben Geschlechts mit höherer Wahrscheinlichkeit Freundschaften schlie-

Tab. 15.10 Effektfunktion und ihre Erläuterung

Netzwerkstruktureffekt	Berechnungsformel	Schematische Darstellung	Erläuterung
Transitive Triaden			Knoten und Freunde von Freunden werden zu Freunden. Wenn I und J Freunde sind und J und H Freunde sind, werden I und H ebenfalls Freunde.
Verhaltensattribut-Effekt	Berechnungsformel	Schematische Darstellung	Erläuterung
V-Ähnlichkeit	$\sum_j X_{ij}(sim_{ij} - \overline{sim})$, $\overline{sim} = \left(1 - \frac{|V_i - V_j|}{max_{ij}|V_i - V_j|}\right)$		Die Tendenz von Knoten mit ähnlichen Attributwerten, Kanten zu bilden
V-Gleichheit	$\sum_j X_{ij} I\{V_i = V_j\}$, falls $\sum_j X_{ij} I\{V_i = V_j\}$ $V_i = V_j$, dann $I\{V_i = V_j\} = 1$, sonst 0		Die Tendenz von Knoten mit gleichen Attributwerten, Kanten zu bilden
Formfunktion der Verhaltensvariablen	Erläuterung		
Quadratische Form	Beurteilt, ob die Verhaltensvariablen U-förmig oder umgekehrt U-förmig sind. Ist die quadratische Regularität positiv, ist sie U-förmig, ist sie negativ, ist sie umgekehrt U-förmig		

Tab. 15.11 Schätzergebnisse des stochastischen Akteursmodells

Variablenname	Parameterschätzung	Standardfehler	T-Statistik
Ratenparameter Periode 1	0.1867	0.0202	–
Ratenparameter Periode 2	0.2443	0.0217	–
Grad (Dichte)	0.0000	31.617	0.0000
Transitive Triaden	0.9756	0.3950	−0.0135
Geschlecht	1.2921	0.2939	−0.0513
Gleiches Geschlecht	0.7765	0.2344	0.0359
Alter	0.0421	0.0126	0.0112
Alterssimilarität	0.7313	0.8916	−0.0955
Gleicher Mitgliedstyp	0.4643	0.2147	−0.0035
Themenanzahl	0.0017	0.0002	0.0898
Freundesanzahl	0.0257	0.0023	−0.0594
Freundesanzahl zum Quadrat	0.0000	31.607	0.4503
Online-Stunden	0.0000	31.607	0.0735

ßen, was Hypothese H1 stützt. Dabei zeigt der positive geschätzte Parameter für die Geschlechtsvariable, dass weibliche Nutzer eher Freundschaften mit anderen Nutzern eingehen, was mit ihrem größeren sozialen Bedürfnis und ausgeprägten sozialen Fähigkeiten zusammenhängt. Die positiven Parameterschätzungen für gleiches Geschlecht deuten darauf hin, dass Nutzer desselben Geschlechts eher Freundschaften schließen, da sie sich in Denkweise, Perspektive und Mentalität ähneln, was das gegenseitige Verständnis und Vertrauen erleichtert und somit die Freundschaftsbildung begünstigt.

Einfluss des Alters auf die Entwicklung des Beziehungsnetzwerks von Online-Medizin-Nutzern: Die Absolutwerte der t-Statistiken für Alter und Alterssimilarität liegen beide unter 0,1, und die geschätzten Parameterwerte sind durchweg positiv. Dies zeigt, dass das Alter einen signifikanten Einfluss auf die Freundschaftsbildung hat, das heißt, Nutzer mit ähnlichem Alter schließen mit höherer Wahrscheinlichkeit Freundschaften, was Hypothese H1b stützt. Die positiven Parameterschätzungen für das Alter zeigen, dass es älteren Nutzern leichter fällt, Freundschaften zu schließen. Nach statistischer Auswertung der Daten zeigte sich, dass Nutzer unter 40 Jahren im Durchschnitt 353,8 h online sind und an durchschnittlich 67,5 Themen beteiligt sind. Nutzer über 40 Jahre sind im Durchschnitt 1204,7 h online und nehmen an durchschnittlich 91,7 Themen teil. Dies zeigt, dass ältere Nutzer mehr Freizeit haben und in der Community aktiver sind, wodurch es ihnen leichter fällt, Freundschaften zu schließen. Die positiven Parameterschätzungen für Alterssimilarität zeigen, dass Nutzer mit ähnlichem Alter vergleichbare Erfahrungen und Lebensumstände haben, sodass ihre Ansichten zu Lebensstil und Problemen eher übereinstimmen und sie daher leichter Freundschaften schließen. Einfluss der Ähnlichkeit bei Infektionskrankheiten auf die Entwicklung des Beziehungsnetzwerks von Online-Medizin-Nutzern: Der Absolutwert der t-Statistik für den gleichen Mitgliedstyp liegt unter 0,1, und der Parameterschätzwert ist positiv. Dies zeigt, dass der Mitgliedstyp einen signifikanten

Einfluss auf die Freundschaftsbildung hat, das heißt, Nutzer mit demselben Mitgliedstyp (Infektionskrankheitskategorie) werden mit höherer Wahrscheinlichkeit Freunde, sodass Hypothese H2 bestätigt wird. Dies liegt daran, dass im interaktiven Online-Medizin-Forum für Patienten der Hauptzweck der Teilnahme der Nutzer darin besteht, medizinische Informationen und Behandlungserfahrungen zu erhalten. Da Nutzer mit derselben Erkrankung das gleiche Ziel verfolgen, haben sie mehr Gelegenheiten, sich zu begegnen und gemeinsame Themen zu finden, was die Freundschaftsbildung erleichtert.

Der Einfluss der Aktivität auf die Entwicklung des Online-Beziehungsnetzwerks medizinischer Nutzer: Der Absolutwert der t-Statistik für themenum liegt unter 0,1 und der geschätzte Parameterwert ist positiv, was zeigt, dass die Anzahl der Themen, an denen Nutzer teilnehmen, einen signifikant positiven Einfluss auf die Bildung ihrer Freundschaftsverbindungen hat und somit Hypothese H3 unterstützt. In Online-Medizin-Communities gilt: Je aktiver die Nutzer sind, desto mehr tragen sie zur Community bei, und Nutzer, die generell bereit sind, Informationen und Wissen zu teilen, schließen auch eher neue Freundschaften. Darüber hinaus gilt: Je mehr Themen Nutzer verfolgen, desto leichter werden sie von anderen Nutzern entdeckt, was die Wahrscheinlichkeit ihrer „Sichtbarkeit" erhöht und die Bildung von Freundschaften mit anderen Nutzern fördert. Der Einfluss der Freundesanzahl auf die Entwicklung des Online-Beziehungsnetzwerks medizinischer Nutzer: Der Absolutwert der t-Statistik der friendnum-Variable liegt unter 0,1 und der geschätzte Parameterwert ist positiv, was darauf hinweist, dass Nutzer mit mehr Freunden eher neue Freundschaften schließen. Der Absolutwert der t-Statistik der quadrierten friendnum-Variable ist größer als 0,1, was bedeutet, dass die Anzahl der Freunde keinen umgekehrt U-förmigen Einfluss auf die Freundschaften des Nutzers hat, sodass Hypothese H4 nicht unterstützt wird. Dies könnte mit der Besonderheit des Submoduls „Diabetes kontrollieren" zusammenhängen. In diesem Modul beträgt die durchschnittliche Freundesanzahl der Nutzer 21, und die Nutzer befinden sich in einer Phase, in der sie gerne neue Freundschaften schließen und noch nicht die Probleme einer zu großen Freundesanzahl erfahren haben. Der Einfluss der Online-Zeit auf die Entwicklung des Online-Beziehungsnetzwerks medizinischer Nutzer: Der Absolutwert der t-Statistik für onlinehour's liegt unter 0,1 und der geschätzte Parameterwert ist positiv, was zeigt, dass die Online-Zeit der Nutzer einen signifikant positiven Einfluss auf die Bildung von Freundschaften hat und somit Hypothese H5 unterstützt. Je länger Nutzer online sind, desto mehr Zeit haben sie, Freundschaftsanfragen anderer Nutzer zu bearbeiten und auf Nachrichten zu antworten, wodurch die Wahrscheinlichkeit steigt, Freundschaften mit anderen Nutzern zu schließen.

Die Bildung sozialer Netzwerke wird ebenfalls durch die Netzwerkstruktur beeinflusst. In diesem Buch wird der Einfluss von triadischer Schließung in ungerichteten Netzwerken auf die Bildung von Freundschaftsverbindungen untersucht. Der Absolutwert der t-Statistik für transitive Triaden liegt unter 0,1 und der geschätzte Parameterwert ist positiv, was zeigt, dass triadische Schließung einen signifikant positiven Einfluss auf die Bildung von Nutzerbeziehungen hat, da Nutzer eher dazu neigen, Freundschaften mit Freunden ihrer Freunde zu schließen, was Hypothese H6 unterstützt. Nutzer bringen Freunden ihrer Freunde in der Regel ein hohes Maß an Vertrauen entgegen, und durch die vermittelnden Beziehungen gemeinsamer Freunde erhöhen sich die Kommunikationsmöglichkeiten erheblich, was die Entstehung von Freundschaften zwischen Nutzern und Freunden ihrer Freunde fördert.

Kapitelzusammenfassung

In diesem Kapitel wird das Simulationsmodellierungs-Framework Siena auf Basis des stochastischen, akteursorientierten Modells sowie dessen Anwendung in der dynamischen Analyse sozialer Netzwerke vorgestellt. Je nach abhängiger Variable kann Siena nicht nur die Evolutionsmechanismen des Netzwerks selbst analysieren, sondern auch die koordinierte Entwicklung von Verhaltensattributen und Netzwerkstruktur. Die Erforschung der grundlegenden Prozesse der Netzwerkentwicklung ist heute zu einem neuen Trend in der sozialwissenschaftlichen Netzwerkanalyse geworden, und Sienas Fähigkeit, die Netzwerkevolution dynamisch zu analysieren, indem längsschnittliche Zeitreihen von Netzwerken kontinuierlich beobachtet werden, ist ein entscheidender Vorteil gegenüber traditionellen, graphentheoretisch basierten Werkzeugen, die nur statische Netzwerkstrukturen und -beziehungen analysieren können. Aus systemischer Perspektive werden Methoden des maschinellen Lernens sowie Modellierungs- und Simulationsverfahren zur Erforschung der Muster und Gesetzmäßigkeiten der dynamischen Entwicklung sozialer Netzwerke von immer mehr Forschenden im Bereich sozialer Netzwerke bevorzugt.

Da soziale Netzwerkstrukturen allgegenwärtig in unserer Umgebung sind, ist die Untersuchung der grundlegenden Prozesse der Entstehung und Entwicklung interaktiver Netzwerke mit Siena von großer Bedeutung. Der Forschungsgegenstand kann sämtliche Netzwerke mit zwischenmenschlicher Interaktion umfassen, wie etwa Communities, Organisationen und Unternehmen. Darüber hinaus ist es mit der fortschreitenden Entwicklung interaktiver Netzwerke lohnenswert, die Veränderungen grundlegender Netzwerkeffekte wie Reziprozität, Transitivität und triadische Schließung sowie Homogenitätseffekte in verschiedenen Phasen der Netzwerkentwicklung von Communities und Organisationen zu untersuchen.

Fragen zum Kapitelabschluss

1. Welche Verbesserungen bietet Siena im Vergleich zum stochastischen, akteursorientierten Modell?
2. Wie lauten die einzelnen Arbeitsschritte zur Durchführung einer dynamischen Analyse für gerichtete und ungerichtete Netzwerke?
3. Wie ist das Verhältnis zwischen gerichteten und ungerichteten Netzwerken?
4. Bitte geben Sie ein Beispiel für die Koevolution von Netzwerk und Verhalten an.

Literatur

1. Snijders, T.A., van de Bunt, G.G., Steglich, C.E.: Introduction to stochastic actor-based models for network dynamics. Soc. Netw. **32**(1), 44–60 (2010)
2. Snijders, T.A.: Stochastic actor-oriented models for network change. J. Math. Sociol. **21**(1–2), 149–172 (1996)
3. Robins, G., Pattison, P., Kalish, Y., et al.: An introduction to exponential random graph (p*) models for social network. Soc. Netw. **29**(2), 173–191 (2007)
4. van de Bunt, G.G., Groenewegen, P.: An actor-oriented dynamic network approach the case of interorganizational network evolution. Organ. Res. Methods. **10**(3), 463–482 (2007)
5. Snijders, T.A.: The statistical evaluation of social networks dynamics. Sociol. Methodol. **31**(1), 361–395 (2001)
6. Steglich, C., Snijders, et al.: Applying Siena: an illustrative analysis of the coevolution of adolescents' friendship networks, taste in music, and alcohol consumption. Methodol. Eur. J. Res. Methods Behav. Soc. Sci. **2**(1), 48 (2006)
7. Lazarsfeld, P.F., Merton, R.K.: Friendship as a social process: a substantive and methodological analysis. Freedom Control Mod. Soc. **18**, 18–66 (1954)
8. Steglich, C., Snijders, et al.: Dynamic networks and behavior: separating selection from influence. Sociol. Methodol. **40**(1), 329–393 (2010)
9. Luo, J.: Lecture Notes on Social Network Analysis. Social Science Literature Press, Beijing (2005)
10. Schaefer, D.R., Light, J.M., et al.: Fundamental principles of network formation among preschool children. Soc. Netw. **32**(1), 61–71 (2010)
11. Marsden, P.V.: Recent developments in network measurement. In: Models and Methods in Social Networks Analysis, pp. 8–30 (2005)
12. Davis, J.A.: Clustering and hierarchy in interpersonal relations: testing two graph theoretical models on 742 sociomatrices. Am. Sociol. Rev. **35**, 843–851 (1970)
13. Freeman, L.C.: Centrality in social networks conceptual clarification. Soc. Netw. **1**(3), 215–239 (1979)

Kapitel 16
Randomisiertes Experiment in sozialen Netzwerken

Zusammenfassung Dieses Kapitel führt in die grundlegenden Prinzipien randomisierter Experimente in sozialen Netzwerken ein und hebt die Herausforderungen hervor, die im Forschungsprozess auftreten. Die Durchführung von Studien unter Nutzung bestehender Online-Sozialnetzwerke erfordert den Aufbau kooperativer Beziehungen zu den jeweiligen Webseiten, was insbesondere bei großen Plattformen wie Facebook eine besondere Herausforderung darstellt. Der Aufbau eines eigenen Systems ist hingegen zeit- und arbeitsintensiv, und die Übertragbarkeit der experimentellen Ergebnisse ist begrenzt. Mit der zunehmenden Offenheit und Kooperationsbereitschaft von Webseiten wird jedoch erwartet, dass die Forschung zu sozialen Netzwerken auf Basis randomisierter Experimente weiter voranschreitet.

Im vorherigen Kapitel erwähnten wir ein bekanntes Online-Randomisierungsexperiment zur Überprüfung des Mechanismus, dass Reiche in sozialen Netzwerken reicher werden. In den letzten Jahren ist in den Fachzeitschriften Nature und Science zahlreiche Literatur zur Erforschung sozialer Netzwerke erschienen, die allesamt die Forschungsmethode des Randomisierungsexperiments anwenden. Kurz gesagt, bei einem Randomisierungsexperiment werden die Versuchspersonen zufällig verschiedenen Behandlungsgruppen zugewiesen, um die unterschiedlichen Effekte der experimentellen Behandlung zu beobachten. Als Forschungsmethode wird das Randomisierungsexperiment in der Sozialnetzwerkforschung der letzten Jahre breit eingesetzt und hat sich zu einer wichtigen experimentellen Forschungsmethode in diesem Bereich entwickelt. Was ist ein Randomisierungsexperiment? Warum ist diese experimentelle Methode so beliebt? Welche Vorteile und Einschränkungen hat sie?

Dieses Kapitel stellt zunächst die Definition und Klassifikation von Randomisierungsexperimenten vor. Anschließend werden anhand der Literatur und aus der Perspektive des experimentellen Maßstabs die Anwendungen von Randomisierungsexperimenten in der aktuellen Sozialnetzwerkforschung erläutert.

J. Wu, *Soziales-Netzwerk-Computing*,
https://doi.org/10.1007/978-981-95-1129-7_16

Abschließend werden die Grenzen und Herausforderungen des Einsatzes von Randomisierungsexperimenten als Forschungsmethode für soziale Netzwerke aufgezeigt.

16.1   Was ist ein Randomisierungsexperiment

16.1.1   Definition des Randomisierungsexperiments

Unser Verständnis von Randomisierungsexperimenten beschränkt sich meist auf die mathematische Definition in Lehrbüchern. In der Mathematik ist das Randomisierungsexperiment ein Grundbegriff der Wahrscheinlichkeitstheorie. Allgemein gesprochen werden in der Wahrscheinlichkeitstheorie Experimente, die die folgenden drei Merkmale aufweisen, als Randomisierungsexperimente bezeichnet: (1) Jedes Experiment kann mehr als ein mögliches Ergebnis haben, und alle möglichen Ergebnisse können im Voraus eindeutig definiert werden. (2) Es ist vor jedem Experiment unmöglich vorherzusagen, welches Ergebnis eintreten wird. (3) Das Experiment kann unter denselben Bedingungen wiederholt werden [1]. Das einfachste Beispiel ist das Werfen einer Münze und das Zählen, wie oft Kopf oder Zahl erscheint. Durch solche Randomisierungsexperimente lassen sich grundlegende Naturgesetze erkennen. Beispielsweise wissen wir durch das Werfen einer Münze, dass die Wahrscheinlichkeit für Kopf immer ein Halb ist.

Die derzeit in der Sozialnetzwerkforschung eingesetzten Randomisierungsexperimente stammen aus den in Psychologie, Medizin und anderen Disziplinen gebräuchlichen Randomisierungsexperimenten und unterscheiden sich von denen in der Mathematik. Das Grundprinzip dieser experimentellen Methode besteht darin, die Versuchspersonen zufällig verschiedenen Behandlungsgruppen zuzuweisen, um die unterschiedlichen Effekte zu vergleichen [1]. Beispielsweise können bei einem Experiment zum Vergleich der Wirksamkeit neuer und alter Medikamente die Patienten zufällig der Versuchsgruppe mit dem neuen oder dem alten Medikament zugeordnet werden, um die Wirksamkeit zu vergleichen.

Der Schlüssel zu Randomisierungsexperimenten liegt in der Zufälligkeit der Zuteilung. Der größte Vorteil dieser Zufälligkeit besteht darin, die Verteilungsabweichung zu minimieren und bekannte sowie unbekannte prognostische Faktoren auszugleichen [2]. Diese Methode der Zufallszuteilung ist in der Praxis zwar komplex, lässt sich aber im Kern mit dem Prinzip des Münzwurfs vergleichen, bei dem durch Zufall die Gruppenzugehörigkeit entschieden wird.

16.1.2 Klassifikation von Randomisierungsexperimenten

Je nach Versuchsdesign gibt es viele Arten von Randomisierungsexperimenten, wobei die am häufigsten verwendete Form die randomisierte kontrollierte Studie (RCT) ist.

Die RCT [3] ist eine Methode zur Überprüfung der Wirkung einer bestimmten Therapie oder eines Medikaments im Bereich der Medizin und Gesundheitsdienste und wird häufig in Medizin, Biologie und Landwirtschaft eingesetzt.

Das Grundprinzip der RCTs besteht darin, die Probanden zufällig in Gruppen einzuteilen und für die verschiedenen Gruppen unterschiedliche Interventionen durchzuführen, um die jeweiligen Effekte zu vergleichen.

Bei randomisierten kontrollierten Studien sind die gebräuchlichsten Designmethoden das vollständige Randomisierungsdesign und das Blockrandomisierungsdesign [1]:

1. Das vollständige Randomisierungsdesign, auch Gruppendesign genannt, nutzt die Randomisierung zur Kontrolle von Fehlerstreuungen. Nach der Randomisierung werden die Unterschiede zwischen den Stichproben zufällig auf die einzelnen Behandlungsstufen verteilt, sodass Unterschiede in den Versuchsergebnissen auf die Wirkung der verschiedenen Behandlungen zurückgeführt werden können. Dieses Design geht davon aus, dass Unterschiede zwischen den Probanden durch Randomisierung ausgeglichen werden können, tatsächlich fließen jedoch individuelle Unterschiede oft in die Versuchsergebnisse ein. Wenn diese individuellen Unterschiede eliminiert werden können, werden die Versuchsergebnisse genauer.

2. Das Blockrandomisierungsdesign, auch Kompatibilitätsgruppendesign genannt, teilt die Probanden (Stichproben) in mehrere Gruppen (Blöcke) mit gleichen oder ähnlichen Eigenschaften (wie Alter, Geschlecht, Blutdruck, Gewicht und andere nicht-experimentelle Faktoren) ein. Innerhalb jedes Blocks werden die Probanden (Stichproben) dann zufällig den verschiedenen Behandlungsgruppen zugewiesen. Das Blockdesign trennt die Unterschiede, die durch irrelevante Variablen verursacht werden, und die Methode, die Versuchs- und Kontrollgruppe innerhalb eines Blocks auszugleichen, ist eine erweiterte Form des Paarvergleichs. Entscheidend ist, dass die Probanden innerhalb eines Blocks möglichst homogen sind, sodass Unterschiede in den Versuchsergebnissen besser auf die Wirkung der verschiedenen Behandlungen zurückgeführt werden können.

Neben den beiden oben beschriebenen Typen von Randomisierungsexperimenten gibt es je nach experimentellem Ziel und Designmethode zahlreiche weitere Varianten von Randomisierungsexperimenten.

16.2   Warum Randomisierungsexperimente wählen

Randomisierungsexperimente ermöglichen eine unbeeinflusste Bewertung des Versuchseffekts und stellen eine grundlegende Methode der experimentellen Forschung dar. Dies ist der Hauptgrund, warum Randomisierungsexperimente für die Forschung gewählt werden. Der Aufstieg der Randomisierungsexperimente in der Sozialnetzwerkforschung hängt jedoch mit der Anwendung und Verbreitung dieser Methode in der Soziologie sowie mit den Besonderheiten der Sozialnetzwerkforschung selbst zusammen.

Als experimentelle Forschungsmethode kamen Randomisierungsexperimente zunächst in der Psychologie und Pädagogik zum Einsatz und verbreiteten sich dann allmählich in der Landwirtschaft und Medizin. Bis zum späten zwanzigsten Jahrhundert galten RCTs in der Medizin als Standardmethode für die „rationale Therapie" [1]. Als Teilbereich der Sozialwissenschaften hat sich die Sozialnetzwerkforschung in den letzten Jahren durch den Einsatz von Randomisierungsexperimenten als Forschungsmethode etabliert.

Randomisierungsexperimente werden in der naturwissenschaftlichen Forschung breit eingesetzt, fanden jedoch in den Sozialwissenschaften lange wenig Beachtung. Sozialwissenschaftliche Forschung basiert vor allem auf empirischer Analyse durch Beobachtung, das heißt, es werden Beobachtungsdaten gesammelt und analysiert, um Hypothesen zu überprüfen und theoretische Forschung zu betreiben. Im Vergleich zur Beobachtungsmethode kann die experimentelle Forschungsmethode jedoch Kausalzusammenhänge zwischen Variablen effektiver messen und bietet eine bessere Kontrollierbarkeit und Reproduzierbarkeit. Aufgrund dieses Vorteils wurden experimentelle Forschungsmethoden im 20. Jahrhundert zunehmend in sozialwissenschaftlichen Disziplinen wie der Ökonomie eingesetzt [4]. Besonders da empirische Daten für die Sozialnetzwerkforschung schwer zu erheben sind, ist die experimentelle Forschungsmethode zu einer wichtigen Methode in diesem Bereich geworden.

Frühe experimentelle Forschungsmethoden setzten vor allem auf Laboruntersuchungen. Diese laborbasierte Forschungsmethode war umstritten, da sie von der realen sozialen Umgebung losgelöst ist und die Gültigkeit der Versuchsergebnisse sowie deren Übertragbarkeit auf reale soziale Kontexte begrenzt ist. Als neue experimentelle Methode hat das Feldexperiment [4], das in den 1980er Jahren aufkam, diese Einschränkung überwunden. Einerseits werden Feldexperimente in realen sozialen Situationen durchgeführt und sind damit näher an der Realität. Gleichzeitig bieten sie den Vorteil, Kausalität experimentell messen zu können, und werden in den letzten Jahren in vielen Bereichen breit eingesetzt. Die Entwicklung von Feldexperimenten entspricht den Anforderungen der Sozialnetzwerkforschung.

Andererseits besteht bei Feldexperimenten in realen sozialen Umgebungen die Herausforderung darin, Variablen in komplexen sozialen Kontexten zu kontrollieren. Zudem ist es schwierig, ein erfolgreiches groß angelegtes Feldexperiment durchzuführen, da solche Experimente mit erheblichem Zeit- und Personalaufwand verbunden sind. Aufgrund der Komplexität und Unkontrollierbarkeit sozialer Netzwerke beschränken sich Randomisierungsexperimente in diesem Bereich meist auf kleine Maßstäbe. Groß angelegte Randomisierungsexperimente oder randomisierte Feldexperimente sind in der Sozialnetzwerkforschung bislang nicht weit verbreitet.

Mit dem Aufkommen des Internetzeitalters können Forschende jedoch auf bestehende Online-Soziale Netzwerke wie Facebook zurückgreifen, um groß angelegte Sozialnetzwerkforschung zu betreiben. Gleichzeitig ermöglicht die Offenheit der Netzwerkplattformen eine Zusammenarbeit zwischen Forschenden und Plattformbetreibern. Unterschiedliche Behandlungsgruppen können bequem durch verschiedene Einstellungen im Websystem realisiert werden. Dadurch verringern sich der Aufwand, die Zeit und die Personalkosten für Feldexperimente, und Sozialnetzwerkforschung kann in großem Maßstab durchgeführt werden, was für die Forschung und Entwicklung sozialer Netzwerke von großer Bedeutung ist. Daher haben sich Randomisierungsexperimente, insbesondere randomisierte Feldexperimente, allmählich zu einer wichtigen und viel beachteten Forschungsmethode in der Sozialnetzwerkforschung entwickelt.

16.3 Anwendung von Randomisierungsexperimenten in der Sozialnetzwerkforschung

16.3.1 Forschungsinhalte von Randomisierungsexperimenten

Die Forschungsinhalte zu sozialen Netzwerken mittels Randomisierungsexperimenten umfassen Produktverbreitung und -nutzung, Social Commerce und Werbung, Informationsaustausch und -verbreitung, Konformitätsverhalten, gesundheitsbezogenes Verhalten, Kooperation und Koordination, Reziprozität und Altruismus usw. Im Mittelpunkt steht jedoch meist die Untersuchung des Kausalzusammenhangs sozialer Einflüsse und die Analyse der Beziehungen zwischen Variablen wie Knoteneigenschaften, Netzwerkstruktur, Produkteigenschaften und sozialem Einfluss. Aral und Walker [5] und andere haben die Forschung zu Randomisierungsexperimenten in sozialen Netzwerken der letzten Jahre aus vier Perspektiven zusammengefasst: Forschungsinhalt, Hintergrund, experimentelles Vorgehen und Maßstab, wie in Tab. 16.1 dargestellt.

Tab. 16.1 Randomisierte experimentelle Studien zu sozialen Netzwerken

Quelle	Forschungsinhalte	Hintergrund	Experimentelles Vorgehen	Maßstab
Produktverbreitung und -nutzung				
Aral und Walker [6]	Virenmerkmale und sozialer Einfluss auf die Produktübernahme	Facebook-Software-installation	Randomisierte Kommunikation beeinflusst Informationen auf individueller Ebene	1,3 Millionen Versuchspersonen und 12 Millionen Beobachtungspersonen
Aral und Walker [7]	Sozialer Einfluss und Anfälligkeit bei der Produktübernahme	Facebook-Software-installation und -nutzung	Virenmerkmale der randomisierten App	1,5 Millionen Nutzer
Aral und Walker [5]	Der Einfluss von Beziehungsstärke und Einbettung auf die Gesellschaft	Facebook-Software-installation	Zufällige Verbreitung beeinflusst Informationsweitergabe	1,3 Millionen Nutzer
Bapna und Umyarov	Sozialer Einfluss bei der Adoption kostenpflichtiger Produkte	Kauf einer Last.fm-Premium-Mitgliedschaft	Zufällige Vergabe von Premium-Mitgliedschaften	40.000 experimentelle Nutzer und 1,2 Millionen Beobachtungsnutzer
Taylor et al.	Die Download-Stream-Funktion beim Online-Sharing-Verhalten	Facebook-Angebotsdienst	Sharing-Mechanismus der randomisierten Plattform	1,2 Millionen Nutzer
Hinz et al.	Seed-Strategie zur Förderung der Kommunikation	Einlösbarer Token, URL-Adresse eines viralen Videos	Zufällige Auswahl des initialen Seed-Empfängers	120 Nutzer, 28 Experimente und 1380 Studierende
Sozialer Handel und Werbung				
Bakshy et al. [8]	Soziale Werbung	Facebook Social Advertising	Soziale Signale in randomisierten Werbeanzeigen	23 Millionen Nutzer, 148.000 Werbeanzeigen und 101 Millionen Nutzer-Werbeanzeigen
Tucker	Soziale Werbung	Anonyme Non-Profit-Organisation	Zufällige Variation von Werbeinhalten und -zielen	630 Werbeanzeigen, 13.000 Ausspielungen
Aral und Taylor [5]	Förderung von Peer-Empfehlungen im Marketing	Online-Blumenversand-Website	Zufällige Anreizstruktur: egoistisch, großzügig und fair	637 Nutzer
Informationsaustausch und -verbreitung				

(Fortsetzung)

Tab. 16.1 (Fortsetzung)

Quelle	Forschungsinhalte	Hintergrund	Experimentelles Vorgehen	Maßstab
Bakshy et al. [8]	Sozialer Einfluss auf Informationsdiffusion	Facebook-Nachrichtenübersicht	Zufällige persönliche Kommunikation beeinflusst Informationsweitergabe	253 Millionen Nutzer, 76 Millionen URLs und 12 Milliarden Nutzer-URL-Paare
Herdenverhalten				
Salganik et al. [9]	Konformitätsverhalten in der kulturellen Kommunikation	Eigene Musikplattform	Zufällige Popularitätsinformationen	14.000 Nutzer
Muchnik et al.	Abweichungen durch sozialen Einfluss in Online-Kommentaren	Bewertung einer anonymen News-Aggregationsseite	Erste Bewertung von randomisierten Kommentaren	116.000 Nutzer, 101.000 Kommentare und 10 Millionen Nutzer-Kommentar-Anzeigen
Tucker und Zhang	Populäre Informationen und Auswahlentscheidungen	Website eines Hochzeitsdienstleisters	Zufällige Verfügbarkeit von Popularitätsinformationen	3 Anbietergruppen, 90.000 Aufrufe
Gesundes Verhalten				
Centola [10]	Sozialer Einfluss bei der Verbreitung gesundheitsbezogenen Verhaltens	Eigene Gesundheitsplattform	Zufällige/Modifikation der Netzwerkstruktur	1.500 Nutzer
Centola [11]	Homogenität und Einfluss bei der Verbreitung gesundheitsbezogenen Verhaltens	Eigene Gesundheitsplattform	Zufällige/Modifikation der Netzwerkstruktur	700 Nutzer
Wahlen und politische Mobilisierung				
Bond et al.	Wahlbeteiligung	Facebook-Wählerregistrierungskampagne	Soziale Signale in randomisierten Wahlaufrufen	61 Millionen Nutzer
Kooperation und Koordination				
Kearns et al.	Färbungsproblem	Labor	Zufällige Netzwerktopologie	2 Experimente mit 55 Nutzern
Fowler und Christakis	Sozialer Einfluss auf Kooperation	Laborexperiment	Partnersituation im randomisierten Kooperationsspiel	240 Nutzer
Rand und Nowak [12]	Kooperationsspiel	Amazon Mechanical Turk Labor	Zufällige feste oder mobile Netzwerkstruktur	785 Nutzer, 40 Sitzungen

(Fortsetzung)

Tab. 16.1 (Fortsetzung)

Quelle	Forschungsinhalte	Hintergrund	Experimentelles Vorgehen	Maßstab
Suri und Watts [13]	Öffentliches-Gut-Spiel	Amazon Mechanical Turk Labor	Zufällige Netzwerktopologie	113 Experimente, 24 Nutzer/ Experiment
Mason und Watts [14]	Kooperations- und Erkundungsspiel	Amazon Turkish Robot Experiment	Zufällige Netzwerktopologie	256 Experimente, 16 Nutzer/ Experiment
Reziprozität und Altruismus				
Leider et al.	Altruismus, gerichteter Altruismus	Facebook Diktator- und Hilfespiel	Zufällige anonyme und wiederholte Interaktionen	802 Studierende und 2360 Studierende
Bapna et al. [15]	Reziprokes Spiel	Facebook-Spiel	Zufällige Anonymität	190 Nutzer, 77 exzellent
Innovative Wettbewerbsleistung				
Boudreau und Lakhani	Innovationswettbewerb	NASA TopCoder-Wettbewerb	Anreiz- und Ranking-Methoden im randomisierten Wettbewerbsmechanismus	
Bilaterale Märkte und Paarbildung				
Tucker und Zhang	Wachsender bilateraler Markt	B2B-Börsenmarkt	Zufällige Anzeige der Anzahl von Käufern oder Verkäufern	15 Kategorien, 3314 Einträge
Bapna et al.	Der Einfluss anonymer schwacher Signale auf das Matching beim Online-Dating	Dating-Website	Zufällig verteilte anonyme schwache Signalmerkmale	10.000 Versuchspersonen und 100.000 Beobachtungen

16.3.2   Experimentelles Design randomisierter Experimente

Das Wesen dieser experimentellen Designs besteht darin, die Probanden zufällig verschiedenen Behandlungsgruppen zuzuordnen und anschließend die Ergebnisse der unterschiedlichen Gruppen zu vergleichen, um Kausalzusammenhänge abzuleiten. Der konkrete Ablauf des Experiments variiert je nach Zielsetzung, umfasst jedoch im Wesentlichen drei Schritte: Rekrutierung der Versuchspersonen, Randomisierte Zuteilung sowie Datenerhebung und -analyse.

Unter Rekrutierung der Versuchspersonen versteht man die Gewinnung von Probanden durch das Schalten von Rekrutierungsanzeigen im Internet oder per E-Mail. Wie in Abb. 16.1 dargestellt, handelt es sich hierbei um eine typische Rekrutierungsanzeige [10]. Solche Anzeigen sind in der Regel so gestaltet, dass die Nutzer nicht erkennen, dass sie an einem Experiment teilnehmen, sondern lediglich die Nutzungserfahrung einer App oder Website machen. Studien zeigen, dass das Wissen um die Teilnahme an einem Experiment als psychologischer Hinweis das Verhalten der Probanden beeinflusst und somit zu Verzerrungen im Experiment führen kann.

Neben den oben genannten Rekrutierungsanzeigen nutzen einige Studien Amazons Mechanical Turk (AMT) [12–14] für die Rekrutierung von Versuchspersonen. AMT ist eine Webanwendungsschnittstelle und kann auch als Crowdsourcing-Marktplatz für Aufgaben betrachtet werden, die menschliche Intelligenz erfordern. AMT nutzt menschliche Netzwerke, um Aufgaben zu erledigen, die für Computer ungeeignet sind. Amazon bezeichnet Aufgaben, die für Computer schwierig, für Menschen jedoch leicht zu lösen sind, als Human Intelligence Tasks (HIT), wie etwa das Beantworten von Sprachsuchanfragen auf Mobilgeräten oder das Auswählen der besten Fotos zu einem bestimmten Thema. Je nach Erfüllungsgrad der Aufgabe erhalten die Nutzer eine kleine Vergütung. Wissenschaftler können auf AMT Rekrutierungsinformationen veröffentlichen und über die Schnittstelle mit eigenen Systemen verbinden, um so das experimentelle Design umzusetzen, wie in

Abb. 16.1 Rekrutierungsanzeige in einem randomisierten Experiment [10]

Verdienen Sie Geld
durch die Arbeit an HITs

HITs - *Human Intelligence Tasks* - sind individuelle
Aufgaben, an denen Sie arbeiten. Finden Sie jetzt HITs.

Als Mechanical Turk-Mitarbeiter können Sie:

- können Sie von zu Hause aus arbeiten
- Wählen Sie Ihre eigenen Arbeitszeiten
- Werden Sie für gute Arbeit bezahlt

Finden Sie eine interessante Aufgabe   Arbeiten Sie   Geld verdienen

AUFGABEN

Jetzt HITS finden

oder erfahren Sie mehr darüber, wie man ein Worker wird

Ergebnisse erhalten
von Mechanical Turk-Arbeitern

Bitten Sie Arbeiter, HITs - *Human Intelligence Tasks* - auszuführen
und erhalten Sie Ergebnisse mit Mechanical Turk. Starten Sie.

Als Mechanical Turk-Anfrager haben Sie:

- haben Sie Zugang zu einer globalen, bedarfsgerechten 24 x 7 Belegschaft
- erhalten Sie Tausende von HITs in wenigen Minuten erledigt
- Bezahlen Sie nur, wenn Sie mit den Ergebnissen zufrieden sind.

Ihr Konto aufladen   Laden Sie Ihre Aufgaben   Ergebniss e abrufen

Beginnen Sie

Abb. 16.2 AMT (Website: Mechanical Turk)

Abb. 16.2 (von der Mechanical Turk-Website) gezeigt. Neben AMT nutzen einige
chinesische Websites künstliche Intelligenz, wie zum Beispiel Zhubajie.

Randomisierte Zuteilung bezeichnet die zufällige Zuordnung der Probanden zu
verschiedenen Behandlungsgruppen. Je nach Zielsetzung des Experiments unterscheiden sich die experimentellen Interventionen. Entscheidend ist jedoch, die Variablen zu kontrollieren und die Bedingungen zwischen den Gruppen weitgehend
konstant zu halten, sodass sich die Gruppen nur in den zu untersuchenden Variablen unterscheiden. So können Unterschiede in den Ergebnissen auf die jeweilige
Variable zurückgeführt werden. Centola [11] beispielsweise teilte die Probanden
zufällig in zwei Netzwerke ein, um den Einfluss unterschiedlicher Netzwerkstrukturen auf die Verbreitung von Gesundheitsverhalten zu untersuchen, wie in
Abb. 16.3 [10] dargestellt. Eine Gruppe wurde als Cluster-Gitter-Netzwerk, die
andere als Zufallsnetzwerk organisiert, wobei die Anzahl und der Grad der Knoten
in beiden Netzwerken gleich gehalten wurden, wie in Abb. 16.4 [10] zu sehen ist.
Da die Probanden sowohl zufällig rekrutiert als auch zugeordnet wurden, waren

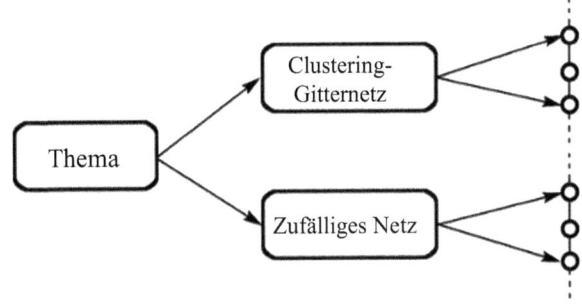

Abb. 16.3 Schematische Darstellung randomisierter Gruppen [10]

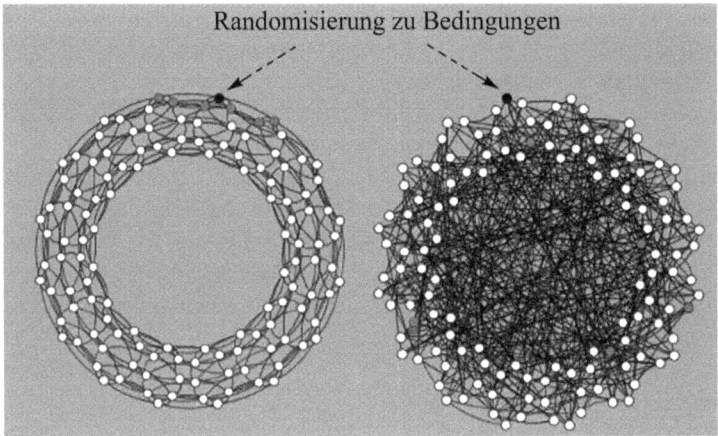

Abb. 16.4 Zwei Netzwerkstrukturen [10]

die beiden Gruppen hinsichtlich ihrer Ausgangsunterschiede vergleichbar, was die Untersuchung der Verbreitung gesunden Verhaltens in beiden Netzwerken über einen bestimmten Zeitraum ermöglichte.

Solche Experimente dauern in der Regel mehrere Wochen bis Monate. Die Datenerhebung erfolgt sowohl während als auch am Ende des Experiments. Die Datenanalyse richtet sich nach den jeweiligen Forschungszielen und Datentypen und verwendet häufig Modelle wie logistische Regression, Kovarianzanalyse oder Überlebenszeitanalyse.

16.3.3   Experimenteller Umfang randomisierter Experimente

Wie aus Tab. 16.1 ersichtlich ist, reicht der Umfang randomisierter Experimente von einer kleinen Größenordnung mit mehreren hundert Personen bis hin zu einer großen Größenordnung mit mehreren Millionen Personen. Dabei handelt es sich bei klein angelegten randomisierten Experimenten meist um Laborexperimente, bei denen in der Regel künstliche Netzwerke als soziale Netzwerke verwendet werden. Groß angelegte randomisierte Experimente werden in der Regel in Kooperation mit Webseiten durchgeführt, wobei die zahlreichen Nutzer dieser Webseiten als Versuchspersonen dienen und umfangreiche Datenanalysen auf realen Online-Sozialnetzwerken erfolgen. Mit dem Aufkommen des Big-Data-Zeitalters und dem wachsenden Interesse an Massendaten gibt es immer mehr Studien, die randomisierte Experimente als Forschungsmethode und groß angelegte Netzwerke als Untersuchungsobjekt wählen. Aral und Walker [5] sind der Ansicht, dass es sich im komplexen wirtschaftlichen und sozialen Umfeld für mikroökonomische

Analysen auf Bevölkerungsebene um eine innovative Methode handelt, die sich
von den traditionellen Analysemethoden der vergangenen Jahrzehnte abhebt und
eine der wichtigsten Innovationen der modernen Geschäftsanalyse darstellt, um
mikroökonomische Fragestellungen auf Bevölkerungsebene mittels randomisierter
Experimente zu untersuchen und zu analysieren.

Aufgrund des unterschiedlichen Umfangs der Experimente unterscheiden sich
auch das experimentelle Design und die Methoden. Im Folgenden stellen wir die
aktuelle sozialwissenschaftliche Netzwerkforschung auf Basis randomisierter
Experimente aus der Perspektive des experimentellen Umfangs vor, um den Lesern ein besseres Verständnis der Prinzipien und Anwendungsmethoden randomisierter Experimente zu ermöglichen.

16.4   Groß angelegte randomisierte Experimente
in sozialen Netzwerken

Groß angelegte randomisierte Experimente beziehen sich in der Regel auf randomisierte Experimente in sozialen Netzwerken, die mit Hilfe großer sozialer Plattformen wie Facebook durchgeführt werden. Solche randomisierten Experimente
werden meist in Kooperation mit den sozialen Netzwerken realisiert. Bakshy et al.
[8] untersuchten den Einfluss sozialer Signale auf Werbung, wobei 23 Millionen
Facebook-Nutzer als Versuchspersonen dienten. Gleichzeitig analysierten Bakshy
et al. [8] auch die Rolle des sozialen Einflusses bei der Informationsverbreitung
mit 250 Millionen Facebook-Nutzern als Untersuchungsobjekt. Die experimentellen Ergebnisse zeigen, dass sozialer Einfluss die Informationsverbreitung deutlich
fördert. Darüber hinaus fanden die Autoren heraus, dass zwar starke Beziehungen
aus individueller Sicht einen großen Einfluss haben, die Verbreitung neuer Informationen jedoch hauptsächlich auf einer Vielzahl schwacher Beziehungen beruht.
Aral und Walker [6] untersuchten anhand von 1,5 Millionen Facebook-Nutzern
den Einfluss verschiedener viraler Eigenschaften auf die Verbreitung und Adoption von Produkten. Bapna und Umyarov stellten 40.000 Nutzern der Musikplatt-
form Last.fm eine Mitgliedschaft zur Verfügung, beobachteten und analysierten
den Erwerb von Mitgliedschaften im Freundeskreis über einen bestimmten Zeitraum und untersuchten den Zusammenhang zwischen sozialem Einfluss und dem
Kauf kostenpflichtiger Produkte. Im Folgenden wird exemplarisch die Studie von
Aral und Walker [7] herangezogen, um zu erläutern, wie randomisierte Experimente in groß angelegten Netzwerken durchgeführt werden.

Durch das Design eines randomisierten Experiments untersuchten die Autoren
die Auswirkungen der Eigenschaften zweier Viren auf den Peer-Einfluss und die
soziale Ansteckung. Die beiden Viren zeichnen sich durch aktive, personalisierte
Empfehlungen und passive, breit gestreute Benachrichtigungen aus. Aktive, personalisierte Empfehlungen bedeuten, dass Nutzer nach der Verwendung der Software
aktiv Freunde aus ihrer Freundesliste einladen, die Software ebenfalls zu nutzen;

passive, breit gestreute Benachrichtigungen bedeuten, dass das System nach der Nutzung der Software zufällig einen Empfänger aus der Freundesliste des Nutzers auswählt und benachrichtigt.

Das Grundprinzip des Experiments besteht darin, die Probanden zufällig verschiedenen Behandlungsgruppen mit unterschiedlichen viralen Eigenschaften zuzuweisen und anschließend die Installations- und Adoptionsdaten der Nutzerfreunde zu analysieren, um den Einfluss dieser viralen Eigenschaft auf das Installations- und Adoptionsverhalten zu bewerten. Durch dieses Experiment lässt sich der Einfluss verschiedener viraler Eigenschaften auf das Adoptionsverhalten der Nutzerfreunde messen und das Verhaltensmuster der Adoptierten besser verstehen. Der Ablauf des randomisierten Experiments im sozialen Netzwerk ist in Abb. 16.5 dargestellt, die konkreten experimentellen Schritte sind wie folgt:

1. Kooperation mit Softwareunternehmen: Entwicklung einer Filmrezensionssoftware mit zwei viralen Eigenschaften.
2. Rekrutierung von Versuchspersonen: Schaltung von Softwareanzeigen auf Facebook, Nutzer klicken auf den Link und installieren die Software, um an der Studie teilzunehmen.
3. Randomisierte Zuweisung: Die Probanden werden zufällig auf die folgenden drei Gruppen verteilt.
   (a) Kontrollgruppe (5 %): Die Software enthält keine viralen Eigenschaften.
   (b) Passive-broadcast Behandlungsgruppe (47,5 %): Die Software verfügt über eine automatische Push-Benachrichtigungsfunktion.
   (c) Active-personalized Behandlungsgruppe (47,5 %): Die Software verfügt über eine automatische Push-Benachrichtigungsfunktion und eine personalisierte Einladungsfunktion.
4. Adoption durch Freunde: Nach Erhalt von Benachrichtigungen oder Einladungen klicken einige Freunde der Nutzer auf „Installieren" und übernehmen die Software.
5. Datenerfassung: Erfassung der Nutzeraktivitäten, Installationszeitpunkte, verwendeten viralen Eigenschaften, Reaktionen der Freunde, personalisierte Daten der Nutzer und Freunde, Beziehungen zwischen installierenden Nutzern sowie die gegenseitigen Kontakte der Nutzerfreunde.

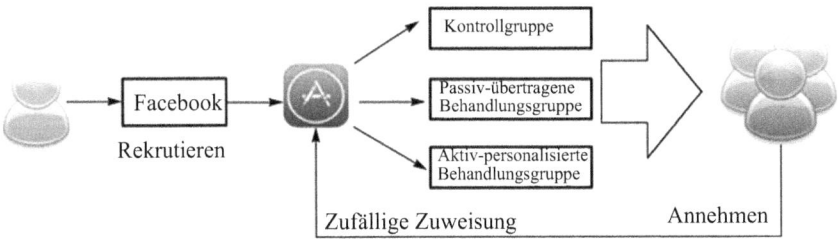

Abb. 16.5 Randomized experiment process of social networks

Das Experiment dauerte 44 Tage und umfasste insgesamt 9687 Erstinstallationsnutzer, von denen 405 der Kontrollgruppe, 4600 der passive-broadcast Behandlungsgruppe und 4682 der active-personalized Behandlungsgruppe zufällig zugewiesen wurden. Diese Nutzer hatten insgesamt 1,4 Millionen direkte
Freunde. Innerhalb von 44 Tagen versendeten die Erstinstallationsnutzer 70.140
virale Nachrichten, und letztlich installierten nur 992 Freunde die Software, davon
682 aufgrund viraler Nachrichten. Die Datenanalyse zeigt, dass im Vergleich zur
Kontrollgruppe (beide Behandlungsgruppen) die viralen Eigenschaften einen deutlichen Peer-Einfluss und soziale Ansteckung bewirken. Gleichzeitig haben die
viralen Eigenschaften der aktiven, personalisierten Empfehlung zwar einen größeren Einfluss pro Informationseinheit als die der passiven, breit gestreuten Benachrichtigung, jedoch ist das Diffusionsmuster der passiven Benachrichtigung
weiter verbreitet und erzeugt somit insgesamt mehr sozialen Einfluss im Netzwerk.

Bei der Durchführung von Experimenten in bestehenden sozialen Netzwerken
treten zwei unvermeidbare Probleme auf: Leakage (Durchsickern) und Ansteckung. Da die Stichprobe des Experiments zufällig aus einem bestehenden sozialen Netzwerk ausgewählt wird und der Experimentierprozess nicht geschlossen
ist, können Mitglieder der Behandlungs- und Kontrollgruppe miteinander in Kontakt stehen oder Mitglieder der Behandlungsgruppe untereinander befreundet sein,
wie in Abb. 16.6 [6] dargestellt. Beide Situationen können zu Verzerrungen der
Versuchsergebnisse führen. Wie oben beschrieben, kann es bei der Auswertung
der Installationsdaten von Nutzerfreunden in verschiedenen Behandlungsgruppen
dazu kommen, dass Nutzerfreunde von beiden Behandlungen beeinflusst werden,
was die Bewertung der Versuchsergebnisse verfälschen kann. Daher ist es zu Beginn des Experiments notwendig, benachbarte Knoten in derselben Behandlungsgruppe sowie andere relevante Prozesse zu entfernen.

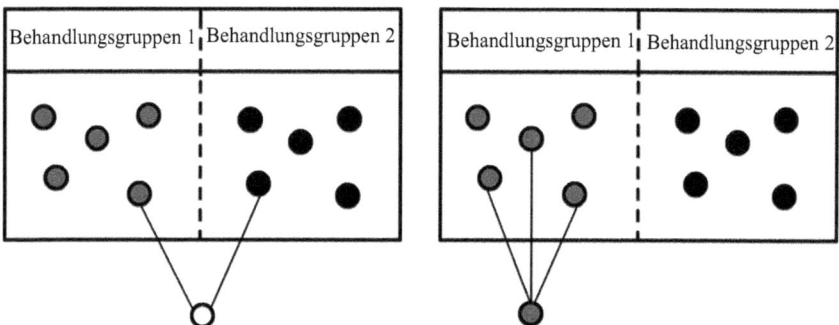

Objekte mit mehreren Freunden   Objekte mit mehreren Freunden aus
aus verschiedenen Behandlungsgruppen verschiedenen Behandlungsgruppen

Abb. 16.6 Leakage and infection in randomized experiments [6]

16.5   Randomisiertes Experiment in mittelgroßen sozialen Netzwerken

Randomisierte Experimente mittlerer Größenordnung werden in der Regel als Laborexperimente durchgeführt, wobei die untersuchten sozialen Netzwerke meist temporär für experimentelle Zwecke aufgebaut werden. Slaganik et al. [9] entwickelten eine Musikwebseite und teilten 14.000 Probanden zufällig in zwei Gruppen ein. Eine Gruppe konnte beim Herunterladen von Musik die bisherigen Downloadzahlen einsehen, die andere Gruppe erhielt diese Information nicht. Abschließend wurden die Unterschiede im Musikdownload zwischen beiden Fällen verglichen. Die Ergebnisse zeigen, dass sozialer Einfluss (Informationen über die Downloadzahlen der Vorgänger) zwar die Downloadzahlen von Songs erhöht, die Downloadzahlen jedoch auch von der Qualität der Songs selbst abhängen. Anders ausgedrückt: Gut hörbare Songs haben in der Regel keine sehr niedrigen Downloadzahlen, während weniger ansprechende Songs selten hohe Downloadzahlen erreichen. Die Autoren nutzten eine eigens entwickelte Webseite, was die Datenerhebung und die Gruppenzuordnung erleichtert. Allerdings bleibt der Umfang solcher Experimente begrenzt, da es vergleichbar ist mit dem Anwerben neuer Nutzer für eine neue Webseite. Centola [10] gründete eine Online-Gesundheitscommunity, um den Einfluss unterschiedlicher Netzwerktopologien auf die Verbreitung gesundheitsbezogener Verhaltensweisen zu untersuchen. Da die Community künstlich geschaffen wurde, konnte die Netzwerkstruktur zwischen den Probanden beliebig gestaltet werden. Experimente auf Plattformen wie Facebook sind hingegen schwierig, da sich dort die Netzwerkstruktur der Nutzer nicht nach externen Vorgaben verändern lässt. Centola [10] führte auf Basis dieser selbst aufgebauten Online-Gesundheitscommunity weiterführende Untersuchungen zum Einfluss von Homogenität auf die Verbreitung gesundheitsbezogener Verhaltensweisen durch. Im Folgenden stellen wir diese Forschung vor, um das Vorgehen bei klein- und mittelgroßen randomisierten Experimenten zu verdeutlichen.

Das Grundprinzip dieses Experiments besteht darin, die Unterschiede in der Verbreitung gesundheitsbezogener Verhaltensweisen in Netzwerken mit hoher Homogenität und Netzwerken mit zufälliger Homogenität zu beobachten. Die konkreten Schritte des Experiments sind wie folgt.

1. Rekrutierung der Versuchspersonen
   Im Rahmen des „Getfit"-Projekts registrieren sich die online rekrutierten Probanden auf der Getfit-Webseite und geben persönliche Informationen wie Geschlecht, Alter, BMI usw. an. Nach der Registrierung kann jeder Teilnehmer die eigenen Gesundheitsdaten mit denen seiner Freunde vergleichen und diese kontinuierlich verbessern.

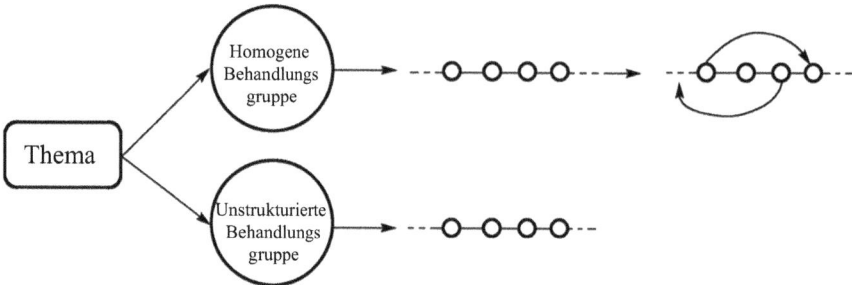

Abb. 16.7 Diagramm der randomisierten Gruppen [10]

2. Randomisierte Zuteilung

Die Probanden werden zufällig auf zwei Versuchsnetzwerke mit gleicher Knotenanzahl, gleichem Grad und identischer Topologie, aber unterschiedlicher Homogenität zwischen den Knoten verteilt. Das Schema der Zufallszuordnung ist in Abb. 16.7 dargestellt [10].

(a) Homogene Versuchsgruppe: Die verbundenen Knoten im Netzwerk weisen eine hohe Homogenität auf. Die Homogenität wird berechnet anhand von Geschlecht, Alter und BMI jedes Knotens sowie deren Abweichungen zu den benachbarten Knoten. Mithilfe eines Algorithmus wird die Position der Knoten so lange angepasst, bis das gesamte Netzwerk die größtmögliche Homogenität erreicht.

(b) Unstrukturierte Versuchsgruppe: Die Knoten im Netzwerk werden zufällig zugeordnet.

3. Verhaltensdiffusion

Zu Beginn wird ein Startknoten festgelegt, der als gesunder Knoten (mit bestimmten Anfangsinformationen) fungiert. Dieser Knoten sendet Signale an seine Freunde, dass er die Diet Diary-Anwendung genutzt hat (diese Information erscheint auf der Aktivitätsseite der Freunde). Nachdem die Freunde dies gesehen haben, können sie auf den Link klicken und die Anwendung übernehmen. Sobald sie die Anwendung nutzen, erscheint deren Nutzungsinformation ebenfalls auf der Aktivitätsseite ihrer Freunde. Auf diese Weise erfolgt die Diffusion des gesundheitsbezogenen Verhaltens.

Insgesamt wurden 710 Teilnehmer rekrutiert, die in fünf Gruppen aufgeteilt wurden, wobei jede Gruppe zwei Kontrollgruppen enthielt. Das Experiment erstreckte sich über 7 Wochen. Abbildung 16.8 zeigt die Entwicklung der Anzahl der Adopter in den fünf Versuchsgruppen innerhalb von 7 Wochen [10]. Aus der Abbildung ist ersichtlich, dass die Anzahl der Adopter im Netzwerk mit hoher Homogenität größer ist als in den unstrukturierten Netzwerken (Kontrollgruppen). Das bedeutet, dass sich gesundheitsbezogene Verhaltensweisen in Netzwerken mit hoher Homogenität schneller verbreiten.

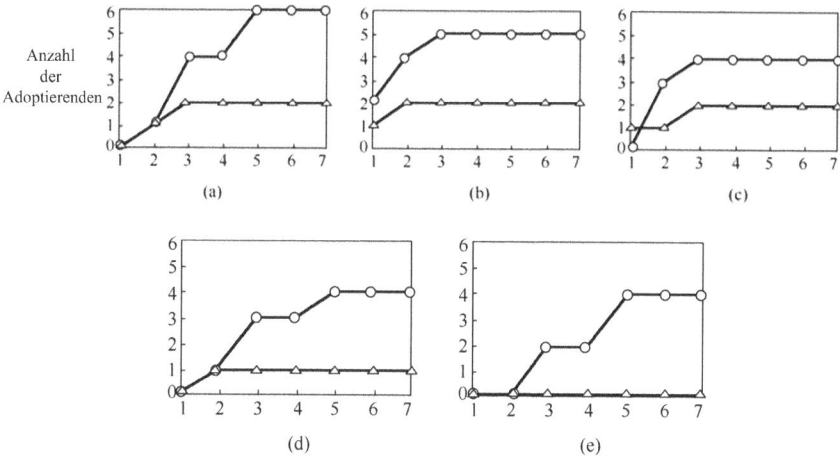

Abb. 16.8 Kurve der Anzahl der Personen, die gesundheitsbezogene Verhaltensweisen im Zeitverlauf übernehmen [10]. Hinweis: Die Abbildungen (**a**) bis (**e**) zeigen die Entwicklung der Anzahl der Personen, die gesundheitsbezogene Verhaltensweisen in fünf Versuchsgruppen im Zeitverlauf übernehmen. In der Abbildung stellt die gestrichelte Linie mit hohlen Kreisen den Fall eines Netzwerks mit hoher Homogenität dar, die gestrichelte Linie mit hohlen Dreiecken den Fall eines zufälligen Netzwerks.

16.6   Kleinmaßstäbliches randomisiertes Experiment in sozialen Netzwerken

Kleinmaßstäbliche randomisierte Experimente in sozialen Netzwerken werden häufig eingesetzt, um den Einfluss von Kooperationsbereitschaft, kooperativem Lernen, Altruismus, Reziprozität und anderen Verhaltensweisen ökonomischer Akteure zu untersuchen. Die Probanden werden dabei meist online oder offline, etwa per E-Mail oder über das Internet, rekrutiert und die Experimente über ein eigens entwickeltes Online-System durchgeführt. Mason und Watts [14] untersuchten die Rolle des kollaborativen Lernens bei der Lösung komplexer Probleme, indem sie den Einfluss der Kooperationsbeziehungen zwischen Nutzern und Teammitgliedern auf die Spielergebnisse beim Spielen analysierten. Die Autoren rekrutierten zunächst 240 Probanden über AMT und ließen sie in Gruppen zu je 16 Personen spielen. Im Spiel wurden acht Spielmodi mit unterschiedlichen Netzwerkstrukturen zwischen den Teilnehmern eingerichtet, was zu acht verschiedenen Versuchsgruppen führte. Wie in Abb. 16.9 zu sehen ist, sind Anzahl und Grad der Knoten in den acht Netzwerken mit unterschiedlichen Topologien identisch, jedoch unterscheiden sich die Betweenness-Zentralität und die Closeness-Zentralität der einzelnen Netzwerke [14]. Die Gruppen A, B, C und D verfügen über effizientere Verbindungen als die Gruppen E, F, G und H. In jedem Experiment wurden die Probanden zufällig auf acht Spiele mit unterschiedlichen Netzwerkstrukturen verteilt. Die Spielregeln und -inhalte waren in allen Versuchsgruppen gleich (das

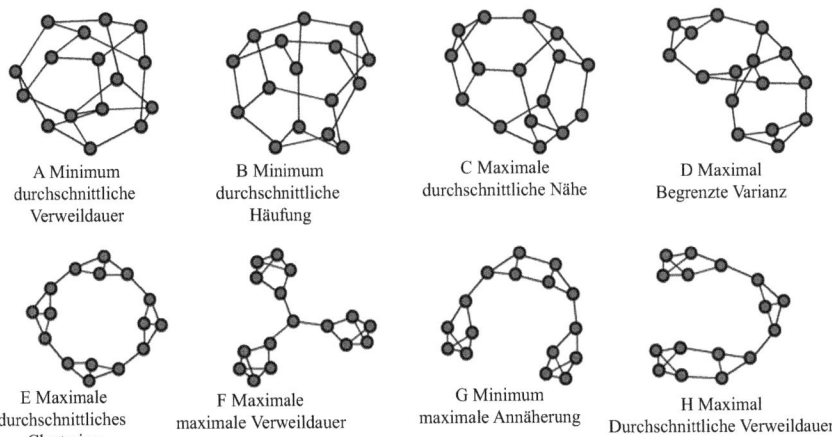

| A Minimum durchschnittliche Verweildauer | B Minimum durchschnittliche Häufung | C Maximale durchschnittliche Nähe | D Maximal Begrenzte Varianz |

| E Maximale durchschnittliches Clustering | F Maximale maximale Verweildauer | G Minimum maximale Annäherung | H Maximal Durchschnittliche Verweildauer |

Abb. 16.9 Acht Gruppen von Netzwerken mit unterschiedlichen Topologien [14]. Hinweise: Jedes Netzwerk im Experiment besteht aus 16 Knoten, wobei jeder Knoten einen Grad von 3 aufweist. Die Netzwerke sind nach der Effizienz der Informationsdiffusion sortiert. Die Netzwerke in der oberen Reihe sind alle dezentralisiert und daher effizient (kurze Pfadlänge). Die Netzwerke in der unteren Reihe sind stark zentralisiert und weisen zum Teil eine ausgeprägte lokale Clusterbildung auf, weshalb sie ineffizient sind. Das Netzwerk in der oberen rechten Ecke ist ein Beispiel für eine Zwischenform, die Dezentralisierung mit einem gewissen Maß an lokaler Clusterbildung kombiniert.

Spiel bestand darin, Ölfelder in der Wüste zu finden), der Unterschied lag jedoch in der Netzwerktopologie zwischen den 16 Teilnehmern. Jeder Spieler konnte nur die Punktzahlen und Positionen seiner direkten Nachbarn einsehen.

Die Entwicklung der Punktzahlen der verschiedenen Versuchsgruppen in Abhängigkeit von der Rundenzahl ist in Abb. 16.10 dargestellt [14]. Nach 14 Runden zeigte die Auswertung der durchschnittlichen Punktzahlen in den acht Spielgruppen, dass das Netzwerk mit hocheffizienter Verbindung (schwarze gestrichelte Linie in der Abbildung) höhere Durchschnittswerte erzielte als das Netzwerk mit niedriger Verbindungseffizienz (graue gestrichelte Linie in der Abbildung). Das bedeutet, dass ein effizient verbundenes Netzwerk die Lösung komplexer Probleme begünstigt.

16.7 Beschränkungen und Herausforderungen randomisierter Experimente in der Forschung zu sozialen Netzwerken

Obwohl randomisierte Experimente in einigen aktuellen Studien zu sozialen Netzwerken angewendet wurden und von vielen Wissenschaftlerinnen und Wissenschaftlern anerkannt sind, zeigt der Vergleich verschiedener Studien, dass bei der

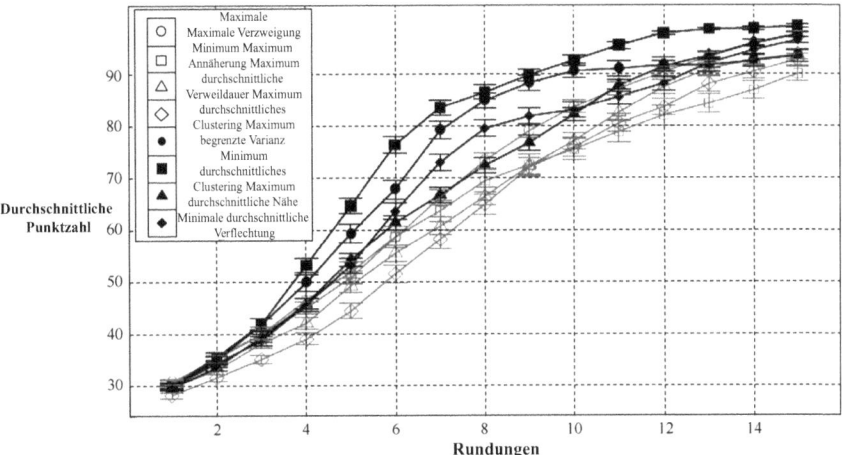

Abb. 16.10 Entwicklung der Punktzahlen der verschiedenen Versuchsgruppen in Abhängigkeit von der Rundenzahl [14]. Hinweise: Mit zunehmender Rundenzahl steigt der durchschnittliche Punktwert, den die Spieler am Ende des Spiels erreichen. Die graue gestrichelte Linie steht für ein Netzwerk mit hoher Clusterbildung und langen Pfaden. Die schwarze gestrichelte Linie steht für ein Netzwerk mit niedriger Clusterbildung und kurzen Pfaden.

Nutzung randomisierter Experimente als Forschungsmethode weiterhin einige Probleme beachtet werden müssen.

1. Stichprobenauswahl

   Die Auswahl eines geeigneten Stichprobenrahmens, das Stichprobendesign und die Rekrutierungsstrategie sind entscheidend, um Selektionsverzerrungen zu vermeiden. Wie bereits erwähnt, ist es während der Rekrutierung für das Experiment wichtig, zu verhindern, dass die Versuchspersonen wissen, dass sie Teil eines Experiments sind. Gleichzeitig sollte der Radius der Rekrutierungsanzeigen möglichst groß sein und die rekrutierten Stichproben sollten so repräsentativ wie möglich sein. Eine Möglichkeit, die Repräsentativität der Stichprobe zu überprüfen, besteht darin, die demografischen Daten der Stichprobe mit den demografischen Daten der experimentellen Umgebung zu vergleichen. Aral und Walker [7] verglichen die demografischen Daten der Stichprobe, die sie von Facebook erhielten, mit den von Facebook veröffentlichten Daten, als sie einflussreiche und vulnerable Gruppen in sozialen Netzwerken identifizierten. Dies zeigte, dass die experimentellen Stichproben repräsentativ waren und die Ergebnisse somit generalisierbar sind.

2. Experimentelle Kontrolle

   Randomisierte Experimente erstrecken sich in der Regel über einen längeren Zeitraum, insbesondere groß angelegte randomisierte Feldexperimente. Dabei können Probleme wie Beeinflussung, Informationsleckage oder Ansteckung im Versuchsverlauf auftreten, die zu Verzerrungen der Ergebnisse führen. Selbst

im randomisierten Experiment kann es sein, dass behandelte Knoten mit un-
behandelten Knoten in Beziehung stehen, was das Prinzip der Stabilen Ein-
heitsbehandlungswertannahme (SUTVA) verletzt und somit zu Verzerrungen
der Versuchsergebnisse führt. Wenn die Knoten der Behandlungsgruppe mit
denen der Kontrollgruppe verbunden sind, kann die Behandlung der Behandlungsgruppe auf die Kontrollgruppe übergreifen und so die Versuchsergebnisse beeinflussen.

Zur Lösung dieses Problems gibt es zwei Hauptstrategien [5]:

(a) Designstrategie: Die Möglichkeit von Interferenzen bereits im Versuchs-
    design minimieren. Beispielsweise werden die Versuchspersonen nur aus
    einer großen, dünn besetzten Graphstruktur ausgewählt oder es wird aus-
    schließlich der soziale Einfluss lokaler Netzwerke analysiert.

(b) Inferenzstrategie: Interferenzverzerrungen durch Schlussfolgerungen kor-
    rigieren. Beispielsweise werden, sobald ansteckende Knoten identifiziert
    werden, diese aus dem Netzwerk entfernt.

3. Versuchsdesign

   Das Versuchsdesign ist entscheidend für den Erfolg des gesamten Experiments.
   Um Kausalzusammenhänge effektiv ableiten zu können, müssen die Variablen im Versuchsverlauf sinnvoll festgelegt werden. Zudem ist das Umfeld in
   Experimenten der Sozialen Netzwerkanalyse komplexer und die Variablen sind
   schwieriger zu quantifizieren als in typischen naturwissenschaftlichen Experimenten. Daher sind Variablenkontrolle und -quantifizierung während des gesamten Experiments von zentraler Bedeutung.

Kapitelzusammenfassung

Dieses Kapitel führt in die grundlegenden Prinzipien randomisierter Experimente
in sozialen Netzwerken ein. Wir haben gesehen, dass Forschung sowohl unter Nut-
zung bestehender Online-Sozialnetzwerke als auch durch die Entwicklung eigener
Systeme durchgeführt werden kann. Einerseits erfordert die Nutzung bestehender
Online-Sozialnetzwerke, dass Forschende eine Zusammenarbeit mit den jeweili-
gen Plattformen aufbauen, was sich (insbesondere bei bekannten Plattformen wie
Facebook) als schwierig erweist und den Zugang zu Ressourcen erschwert. Die
Entwicklung eines eigenen Systems bringt ebenfalls einen erheblichen Zeit- und
Arbeitsaufwand mit sich. Darüber hinaus ist die Übertragbarkeit der experimen-
tellen Ergebnisse bei selbst entwickelten Systemen begrenzt. Andererseits be-
obachten wir jedoch, dass immer mehr Plattformen eine offene und kooperative
Haltung einnehmen, was die sozialwissenschaftliche Netzwerkforschung auf Basis
randomisierter Experimente maßgeblich fördern wird.

Fragen zum Kapitelabschluss

1. Was ist ein randomisiertes Experiment?
2. In welche Arten lassen sich randomisierte Experimente unterteilen?
3. Welche Vorteile bietet die Auswahl eines randomisierten Experiments?

4. Beschreiben Sie bitte kurz den Ablauf des Versuchsdesigns eines randomisierten Experiments.
5. Welche Gemeinsamkeiten und Unterschiede bestehen zwischen groß-, mittel- und kleinmaßstäblichen randomisierten Experimenten in sozialen Netzwerken?

Literatur

1. Wekipidia. Randomized Controlled Trial [EB/OL]. http://en.wikipedia.org/wiki/Randomized_controlled_trial. Zugegriffen 14 Dez 2014
2. Moher, D., Hopewell, S., Schulz, K.F., et al.: CONSORT 2010 explanation and elaboration: updated guidelines for reporting parallel group randomised trials. Int. J. Surg. **10**(1), 28–55 (2012)
3. Chalmers, T.C., Smith Jr., H., Blackburn, B., et al.: A method for assessing the quality of a randomized control trial. Control. Clin. Trials. **2**(1), 31–49 (1981)
4. Chen, P.: Research progress of experimental development economics. Econ. Trends. **3**, 136–147 (2013)
5. Aral, S., Walker, D.: Tie strength, embeddedness, and social influence: a large-scale networked experiment. Manag. Sci. **60**(6), 1352–1370 (2014)
6. Aral, S., Walker, D.: Creating social contagion through viral product design: a randomized trial of peer influence in networks. Manag. Sci. **57**(9), 1623–1639 (2011)
7. Aral, S., Walker, D.: Identifying influential and susceptible members of social networks. Science. **337**(6092), 337–341 (2012)
8. Bakshy, E., Eckles, D., Yan, R., et al.: Social influence in social advertising: evidence from field experiments. In: Proceedings of the 13th ACM Conference on Electronic Commerce, pp. 146–161 (2012)
9. Salganik, M.J., Dodds, P.S., Watts, D.J.: Experimental study of inequality and unpredictability in an artificial cultural market. Science. **311**(5762), 854–856 (2006)
10. Centola, D.: The spread of behavior in an online social network experiment. Science. **329**(5996), 1194–1197 (2010)
11. Centola, D.: An experimental study of homophily in the adoption of health behavior. Science. **334**(66060), 1269–1272 (2011)
12. Rand, D.G., Nowak, M.A.: The evolution of antisocial punishment in optional public goods games. Nat. Commun. **2**(1), 434 (2011)
13. Suri, S., Watts, D.J.: Cooperation and contagion in web-based, networked public goods experiments. ACM SIGecom Exchanges. **10**(2), 3–8 (2011)
14. Mason, W., Watts, D.J.: Collaborative learning in networks. Proc. Natl. Acad. Sci. U. S. A. **109**(3), 764–769 (2012)
15. Bapna, R., Umyarov, A.: Are paid subscriptions on music social network contagious? A randomized field experiment. In: 22nd Workshop on Information Systems Economics (2011)

Kapitel 17
Modellierung und Simulation von sozialen Netzwerken

Zusammenfassung Dieses Kapitel behandelt die Theorien zur Modellierung und Simulation sozialer Netzwerke. Der Aufbau künstlicher Netzwerke erfordert den Einsatz sozialer Simulationsmethoden. Die sozialwissenschaftliche Simulationsforschung, die ihren Ursprung in wissenschaftlichen Fragestellungen hat, umfasst typischerweise zwei Phasen: die Modellentwicklung und die Durchführung von Simulationsexperimenten. Das in diesem Kapitel zusammengefasste Forschungsparadigma der sozialen Simulation bietet einen umfassenden Überblick über den Forschungsprozess in der sozialen Simulation.

Abschn. 17.1 dieses Kapitels führt zur grundlegenden Definition der sozialen Simulation und behandelt anschließend den Forschungszweck sowie den Kernprozess. Abschn. 17.2 stellt das Forschungsparadigma der sozialen Simulation aus drei Perspektiven vor: Aufbau, Überprüfung und Validierung der Rechenmodelle. Abschn. 17.3 führt drei in der sozialen Simulation häufig verwendete Simulationsmethoden ein, darunter Multi-Agenten-basierte Simulation, zelluläre Automaten und komplexe Netzwerkmodelle. Abschn. 17.4 analysiert die spezifischen Anwendungsbereiche der sozialen Simulation aus fünf Blickwinkeln.

17.1   Grundlegende Definition der sozialen Simulation

Computersimulation ist die grundlegende Methode zum Aufbau künstlicher Gesellschaften und künstlicher Netzwerke. Da alle Arten von Simulationsexperimenten dazu dienen, Fragestellungen der Sozialwissenschaften zu untersuchen, wird diese Art der Simulation als soziale Simulation bezeichnet. Die Methode des Computerexperiments ist „eine Forschungsmethode, die unter Anleitung einer umfassenden Integrationsmethodik steht, Rechentechnologie, Komplexitätstheorie und Evolutionstheorie u. a. integriert, mit deren Hilfe die

© Der/die Autor(en), exklusiv lizenziert an Springer Nature Singapore Pte Ltd.   609
2025
J. Wu, *Soziales-Netzwerk-Computing*,
https://doi.org/10.1007/978-981-95-1129-7_17

Grundsituation von Managementaktivitäten, Verhaltensmerkmale und Wechsel-
beziehungen zwischen Mikro-Akteuren am Computer nachgebildet werden, um
auf dieser Basis soziale Komplexität und Evolutionsgesetze zu analysieren, aufzudecken und zu steuern" [1].

In der Untersuchung sozialer Systeme werden Simulationsmethoden eingesetzt,
weil traditionelle Forschungsmethoden oft unzureichend sind, um komplexe soziale Systeme zu analysieren, und es manchmal unmöglich ist, das Forschungsobjekt zu testen, da zu viele unkontrollierbare und subjektive Faktoren im Experiment vorhanden sind. Die Forschungsziele der sozialen Simulation umfassen
hauptsächlich: Erklärung, Prognose, Experiment und Lehre. In der Praxis werden
Simulationsmethoden häufig für mehrere dieser Zwecke kombiniert, wobei letztlich das zu lösende Problem im Vordergrund steht, da jede Forschung mit einer
Problemstellung beginnt.

Der Kernprozess der sozialen Simulation besteht darin, Modelle durch Abstraktion realweltlicher Ziele zu erstellen, mit diesen Modellen Simulationsdatensätze
zu generieren und diese anschließend mit in der realen Welt erhobenen Daten zu
vergleichen [2]. Ein detaillierteres Rahmenmodell der sozialen Simulation ist in
Abb. 17.1 dargestellt, das aus zwei Teilen besteht. Der untere Teil des Rahmens
beschreibt den Weg von der bestehenden Theorie und der realen Welt zum Modell,
während die obere Hälfte des gestrichelten Kastens eine typische Simulations-
studie repräsentiert.

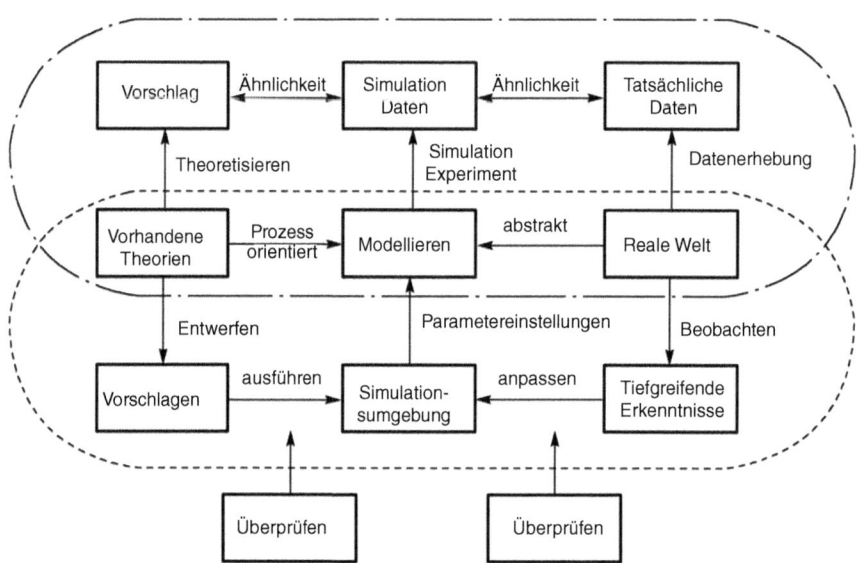

Abb. 17.1 Rahmenmodell der sozialen Simulation

17.2 Forschungsparadigma der sozialen Simulation

Das Forschungsparadigma der sozialen Simulation ist in Abb. 17.2 dargestellt und umfasst neun Phasen. Die drei Phasen Modellerstellung, Überprüfung und Validierung werden dabei zyklisch durchlaufen, bis das geeignete Rechenmodell bestätigt ist; die Validierung des Rechenmodells ist jedoch keine zwingende Phase.

Die neun Phasen des Forschungsparadigmas der sozialen Simulation werden im Folgenden vorgestellt.

1. Forschungsfragen identifizieren. Wissenschaftliche Forschung beginnt stets mit einer klaren wissenschaftlichen Fragestellung, und die Forschung zur sozialen Simulation bildet hier keine Ausnahme. In den Sozialwissenschaften entstehen wissenschaftliche Fragestellungen meist aus Problemen des gesellschaftlichen Lebens, die schwer verständlich sind und nach Literaturrecherche kaum durch bestehende Theorien oder Methoden erklärt werden können. Die Formulierung klarer, angemessen abgegrenzter wissenschaftlicher Fragestellungen und deren Analyse bilden die Grundlage für Simulationsforschung.

2. Forschungshypothese aufstellen. Aufbauend auf der Analyse der wissenschaftlichen Fragestellung sollten die Forschungsprobleme weiter konkretisiert und Ansatzpunkte identifiziert werden, die tatsächlich durch Simulationsmethoden gelöst werden müssen. In den Sozialwissenschaften ist es erforderlich, entsprechende Forschungshypothesen zu formulieren, also die zu untersuchenden Problemstellungen, und diese Hypothesen auf Basis bestehender Theorien oder gesellschaftlicher Erfahrung aufzustellen. Diese Hypothesen müssen durch Simulationsforschung überprüft werden. Ob die Forschungshypothese angemessen ist, ist für den weiteren Verlauf der Forschung von großer Bedeutung; insbesondere in der sozialwissenschaftlichen Forschung ist die Formulierung einer geeigneten Hypothese eine Grundvoraussetzung für den Erfolg des gesamten Projekts.

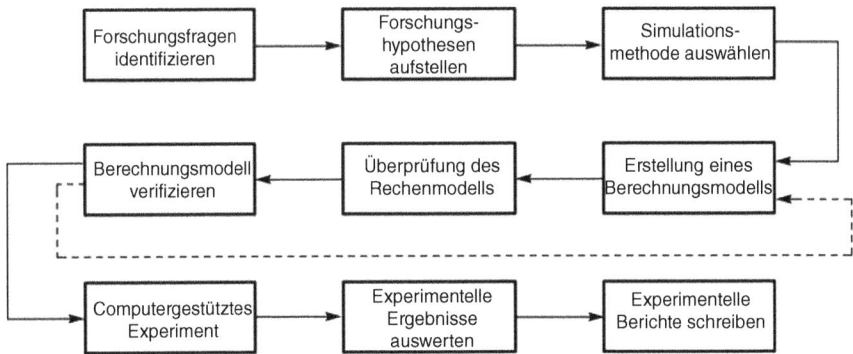

Abb. 17.2 Forschungsparadigma der sozialen Simulation

3. Simulationsmethode auswählen. Die Auswahl der Simulationsmethode dient der Problemlösung und kann entweder eine einzelne Methode oder die Kombination mehrerer Methoden umfassen. Beispielsweise eignet sich die Multi-Agenten-basierte Methode für Bottom-up-Modellierung und -Analyse, während die Systemdynamik für Top-down-Analysen und schrittweise Zerlegung geeignet ist; die Kombination beider Ansätze ermöglicht eine Analyse aus entgegengesetzten Richtungen. Die Wahl der Simulationsmethode sollte sich an den tatsächlich verfügbaren Werkzeugen orientieren. So können Multi-Agenten-Simulationen etwa mit Plattformen wie Repast oder Netlogo programmiert werden, wobei beide unterschiedliche Programmiersprachen verwenden. Wer Java beherrscht, kann Repast nutzen; wer weniger Programmiererfahrung hat, kann Netlogo wählen und so viel Programmieraufwand vermeiden. Da die Wahl der Simulationsmethode der sozialwissenschaftlichen Simulationsforschung dient, sollte eine leicht zu beherrschende Methode gewählt werden.

4. Rechenmodell erstellen. Das Prinzip bei der Modellerstellung lautet: Wenn das Problem mit einem einfachen Modell gelöst werden kann, ist ein komplexes Modell nicht erforderlich. Nach dem Keep It Simple Stupid (KISS)-Prinzip soll das Modell möglichst einfach und überschaubar gehalten werden. Das bedeutet, beim Programmieren möglichst wenige oder die einfachsten Variablen zu verwenden. So hat das in der Forschungsorganisation weit verbreitete NK-Modell nur zwei Parameter, N (Anzahl der Knoten) und K (Anzahl der Verbindungen zwischen den Knoten), und ist damit sehr einfach, wurde aber dennoch erfolgreich in der theoretischen Physik und Evolutionsbiologie eingesetzt [3]. Das Rechenmodell muss so gestaltet sein, dass es programmierbar ist und eine benutzerfreundliche Schnittstelle zur einfachen Anpassung der Parameter bietet.

5. Rechenmodell überprüfen. Nach der Erstellung des Rechenmodells sollte nicht sofort mit dem Experiment begonnen werden, sondern zunächst eine Überprüfung des Modells erfolgen. Mithilfe von Softwaretestmethoden wird das Modell sowohl Extremtests als auch Testfällen unterzogen. Extremtests prüfen, ob das Modell auch unter extremen Parametereinstellungen korrekt funktioniert. Testfälle orientieren sich an der zugrunde liegenden Theorie oder an Alltagswissen und prüfen, ob die Modellausgaben diesen entsprechen. Nach der Programmierung können noch Fehler im Programm bestehen, die in dieser Phase möglichst beseitigt werden sollten. Die Sorgfalt bei der Überprüfung beeinflusst maßgeblich den Erfolg der anschließenden Simulationsforschung. Die Überprüfung dient dazu, festzustellen, ob das Rechenmodell den Entwurfsvorgaben entspricht. Sie ist zwar zeitaufwendig, bildet aber die Grundlage für den fehlerfreien Betrieb des Programms.

6. Rechenmodell validieren. Die Validierung unterscheidet sich von der Überprüfung des Rechenmodells. Die Validierung bezieht sich darauf, ob das Rechenmodell in gewissem Maße mit der realen Welt übereinstimmt. Die Validierung erfolgt nicht vollständig, sondern es wird – unter Berücksichtigung von Zeit, Kosten, Forschungsziel und Genauigkeit – ein Kompromiss gefunden. Die

Validierung kann makroskopisch oder mikroskopisch erfolgen. Diese Phase ist in der sozialen Simulation nicht zwingend erforderlich, da die Komplexität des Problems bedeutet, dass das Simulationsergebnis nur eine von vielen Möglichkeiten darstellt. Eine Validierung anhand einzelner Ergebnisse ist daher nicht zielführend.

7. Rechenexperiment. Rechenexperimente werden auch als Simulationsforschung oder virtuelle Experimente bezeichnet. Dabei werden im durch das Modell definierten Parameterraum verschiedene Parameterkombinationen entsprechend den Fragestellungen und Hypothesen ausprobiert und die Experimente am Computer wiederholt. In einem Experiment werden meist nur ein oder zwei Parameter variiert, während die übrigen konstant gehalten werden, was die Durchführung erleichtert. Das Rechenexperiment ist der wichtigste Teil der gesamten sozialen Simulationsforschung; die Ergebnisse müssen auf vielfältige Weise visualisiert werden, um die Simulationsdaten mit den realen Daten zu vergleichen und so das Problem zu untersuchen oder die Hypothese zu überprüfen.

8. Experimentelle Ergebnisse auswerten. Die Auswertung der Versuchsergebnisse erfolgt anhand bestimmter Bewertungskriterien; die Ergebnisse dienen dazu, das Rechenmodell sowie das Design für die nächste Serie von Rechenexperimenten anzupassen. Als Bewertungskriterien können etwa die Laufzeit und die Genauigkeit herangezogen werden, die von etablierten klassischen Modellen erreicht werden.

9. Forschungsbericht verfassen. Das Verfassen des Forschungsberichts umfasst die Dokumentation des Ablaufs der sozialen Simulationsforschung sowie der Ergebnisse der Simulationsexperimente. Der Bericht kann bereits zu Beginn der ersten Phase der sozialen Simulation begonnen werden; es ist nicht erforderlich, die ersten acht Phasen abzuwarten. Besonders interessant sind dabei die Ergebnisse, die dem Alltagswissen widersprechen und sich nicht durch bestehende Theorien erklären lassen – diese Aspekte der sozialen Komplexität sollten besonders hervorgehoben und analysiert werden. Die Gliederung des Berichts sollte sich an den vorangegangenen acht Phasen orientieren. Bei einer geplanten Veröffentlichung in einer Fachzeitschrift ist auf den jeweiligen Schreibstil zu achten und die Ausarbeitung der einzelnen Abschnitte entsprechend anzupassen.

17.3   Hauptmethoden der sozialen Simulation

In diesem Abschnitt werden die wichtigsten Methoden der sozialen Simulation vorgestellt, die auf Multi-Agenten-Simulation, zellulären Automaten und komplexen Netzwerkmodellen basieren.

17.3.1 Multiagenten-Simulation

Wird der Agent in der Computermodellierung und -simulation eingesetzt, so bezeichnet er ein Stück Programmcode in einer Computerumgebung oder Objekte, die gemäß objektorientierter Programmiersprachen beschrieben sind. Ein Agent ist ein Objekt, das Attribute und Methoden enthält. Dabei werden die Attribute in statische und dynamische Attribute unterteilt. Statische Attribute kennzeichnen Eigenschaften, die sich während der Entwicklung des Agenten nicht verändern, wie etwa Name und ID. Das dynamische Attribut ist der charakteristische Index des Agenten, der sich im Verlauf der Entwicklung verändert, beispielsweise durch Änderungen im Speicher oder Anpassungen von Ressourcen. Methoden repräsentieren das Verhalten der Agenten bei der Interaktion mit anderen Agenten in der Umgebung; dieses Verhalten kann durch bestimmte Regeln beschrieben werden, die wiederum Veränderungen der dynamischen Attribute bewirken. Ein einzelner Agent kann nicht nur mit anderen Agenten interagieren, etwa durch Informationsaustausch oder durch Konkurrenz und Kooperation, sondern auch mit der umgebenden Umwelt. So beeinflussen beispielsweise im sozialen System das politische und wirtschaftliche Umfeld das Verhalten des Agenten.

Die Interaktionsregeln der Agenten werden in der Regel auf Basis bestehender Theorien formuliert. Bei der Interaktion verändern sich nicht nur die eigenen Attribute, sondern auch das Verhalten der Agenten beeinflusst sich gegenseitig. Zusammengefasst können interaktive Verhaltensweisen folgende Aspekte umfassen: Informationsaustausch, Attributaktualisierung, Nutzenoptimierung, Kooperation, Bewegung und Lernen.

Bei der Modellierung werden die Beziehungen zwischen den Agenten entsprechend verschiedener topologischer Strukturen organisiert. Diese Topologien können die Kommunikationskanäle für Informationen, die globalen Strukturen von Freundschaftsbeziehungen sowie die Interaktionsstrukturen zwischen Agenten beschreiben. In Agentenmodellen gibt es vier gängige topologische Strukturen, wie in Abb. 17.3 dargestellt. Die grundlegendste Topologie ist dabei die Gittertopologie, die auch von den in der nächsten Sektion vorgestellten zellulären Automaten verwendet wird. Agenten können sich nur auf dem Gitter bewegen und mit ihren Nachbarn interagieren. Darüber hinaus existiert die Netzwerktopologie, da im realen gesellschaftlichen Kontext Netzwerke die Hauptform sozialer Beziehungen darstellen. Daher wird sie am häufigsten zur Darstellung der Beziehungen zwischen Agenten verwendet: Die Knoten im Netzwerk repräsentieren die Agenten, die Kanten zwischen den Knoten die Beziehungen zwischen den Agenten. Die Gittertopologie kann zudem auf den zwei- oder dreidimensionalen euklidischen Raum erweitert werden. Ein Agent mit einer 2D- oder 3D-Euklidischen Raumtopologie kann als Punkt mit Koordinaten im Raum betrachtet werden; das Interaktionsobjekt des Agenten sind in der Regel alle anderen Agenten in einem kreisförmigen oder kugelförmigen Bereich um diesen Punkt sowie die Umgebung innerhalb dieses Bereichs. Die vierte topologische Struktur ist die georäumliche Topologie, die den Raum geografischer Informationen nutzt;

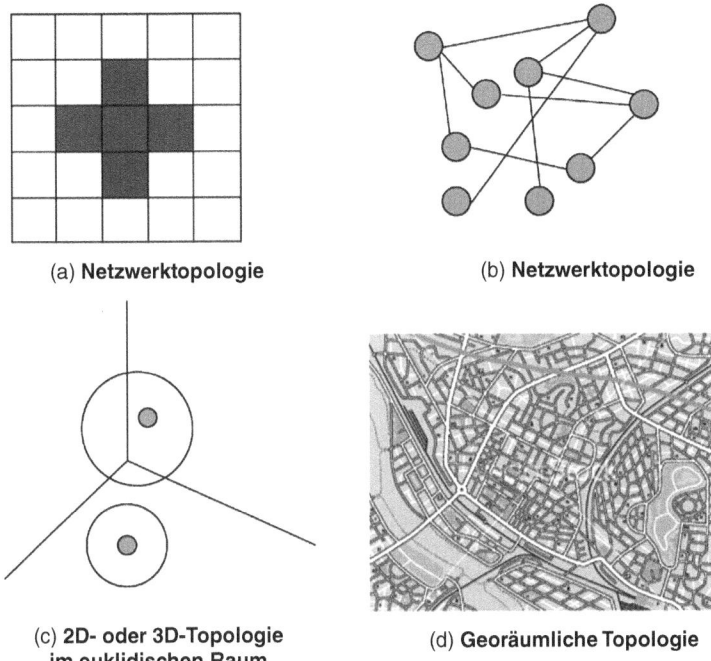

(a) **Netzwerktopologie**   (b) **Netzwerktopologie**

(c) **2D- oder 3D-Topologie**   (d) **Georäumliche Topologie**
    im euklidischen Raum

Abb. 17.3 Topologische Strukturen von Agentenmodellen. (**a**, **b**) Netzwerktopologie. (**c**) 2D-oder 3D-Euklidische Raumtopologie. (**d**) Georäumliche Topologie

die Interaktionsobjekte des Agenten sind dabei andere Agenten und deren Umgebung innerhalb eines bestimmten räumlichen Bereichs.

17.3.2   Zelluläre Automaten

Zelluläre Automaten (CA) sind ein raum-zeitlich diskretes, lokales dynamisches Modell. Sie stellen eine typische Methode zur Untersuchung komplexer Systeme dar und sind zudem ein modellbasierter Ansatz auf Basis von Multi-Agenten, der sich besonders für die raum-zeitliche dynamische Simulation komplexer Systeme im Raum eignet. Zelluläre Automaten werden nicht durch streng definierte physikalische Gleichungen oder Funktionen bestimmt, sondern durch eine Reihe von Regeln für den Modellaufbau. Jedes Modell, das diese Regeln erfüllt, kann als zellulärer Automat betrachtet werden. Daher sind zelluläre Automaten der Sammelbegriff für eine Klasse von Modellen oder ein methodisches Rahmenwerk.

Auch zelluläre Automaten benötigen lokale Regeln, um die Interaktion der Agenten (Zellen) zu steuern. Wie in Abb. 17.4 dargestellt, befinden sich die Zellen auf einem Gitter und können lokal mit benachbarten Zellen interagieren. Je

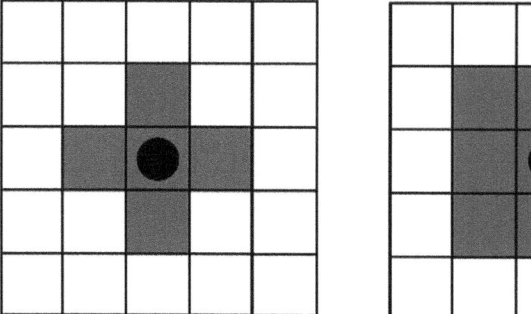

(a) Von-neumann-Nachbarschaftszelle   **(b) Moore-Nachbarschaftszelle**

Abb. 17.4 Schematische Darstellung der Nachbarschaftsbeziehungen bei zellulären Automaten.
(**a**) Von-Neumann-Nachbarschaft. (**b**) Moore-Nachbarschaft

nach Beziehung zwischen einer Zelle und ihren Nachbarn unterscheidet man zwei
Typen: Abb. 17.4a zeigt die Von-Neumann-Nachbarschaft, die aus vier Zellen um
die zentrale Zelle besteht, während in Abb. 17.4b die Moore-Nachbarschaft aus
acht Zellen um die zentrale Zelle gebildet wird. In beiden Fällen kann bei der
Berechnung der Zellverhaltensregeln auch die zentrale Zelle selbst einbezogen
werden, sodass in den beiden Fällen von Abb. 17.4a und Abb. 17.4b jeweils fünf
bzw. neun Gitterzellen an der Berechnung beteiligt sind. Dies dient meist dazu,
bestimmten Algorithmen gerecht zu werden, etwa wenn im Simulated-Annealing-
Algorithmus die Zelle selbst berücksichtigt werden muss. Darüber hinaus gibt es
eine weitere gängige Nachbarschaftsbeziehung, die als Margolus-Nachbarschaft
bezeichnet wird. Sie wird hauptsächlich zur Simulation und Berechnung des Verhaltens von Festkörperpartikeln, wie etwa im Sandhaufenmodell, verwendet und
findet in der sozialen Simulation eher selten Anwendung.

Nach der Definition der Nachbarzellen muss der Zellzustand festgelegt werden,
wobei der Zellzustand je nach Simulationsobjekt unterschiedlich beschrieben wird
[4]. In Verkehrssimulationen beispielsweise werden Fahrzeuge durch schwarze
Punkte dargestellt, und die Zellen repräsentieren die Position der Fahrzeuge. Befindet sich ein schwarzer Punkt in einer Zelle, bedeutet dies, dass sich an dieser
Position ein Fahrzeug befindet. In Simulationen von Gruppenverhalten stellt jede
Zelle ein Individuum der Gruppe dar, dessen Zustand durch verschiedene Farben
unterschieden werden kann. Der Zellzustand muss zudem bestimmten Trans-
formationsregeln unterliegen, die je nach Simulationsobjekt variieren. Zellen
werden nicht nur von ihren Nachbarzellen beeinflusst, sondern auch von globalen
Makrofaktoren. Die Nachbarzellen sind jedoch die Haupteinflussfaktoren, da die
von Zellen repräsentierten Agenten als kurzsichtig angenommen werden. So wird
beispielsweise die Bewegung von Fahrzeugen stark durch umliegende Fahrzeuge
und andere Störfaktoren auf der Autobahn beeinflusst. Das Verhalten von Individuen in einer Gruppe wird maßgeblich von den umgebenden Individuen sowie von
der Organisationskultur geprägt. Sind die Regeln für Nachbarschaft, Zellzustand

und Zustandsübergang festgelegt, kann der Zustand der Zellen für die nächste Zeiteinheit berechnet und die Entwicklung automatisch fortgesetzt werden.

Im Folgenden setzen wir das Experiment mit zellulären Automaten in Python um.

Wir wählen zwei Zellzustände, nämlich 0 und 1. Jede Zeile besteht aus 64 Zellen. Ist der Zellzustand 1, gibt die Konsole ein Sternchen (*) aus. Ist der Zellzustand 0, wird ein Bindestrich (−) ausgegeben. Das heißt, jede Zeile besteht aus einem Muster von 64 gemischten Sternchen und Bindestrichen. Der Code lautet wie folgt:

```python
import time
def print_seq(seq, speed=0.5):          #Geschwindigkeit ist
0,5
  for item in seq:
    if item:
      print('*', end='')                #Die Konsole gibt ein
Sternchen (*) aus.
    else:
      print('-', end='')                #Die Konsole gibt einen
Bindestrich (-) aus
    print('')
    time.sleep(speed)
class Cell:
  def __init__(self, deepth=31):
    self.ca = [0 if i != 31 else 1 for i in range(64)]
        #Setzt den Zustand der 31. Zelle auf 1 und den Zu-
stand der übrigen 63 Zellen auf 0.
    self.ca_new = []
    self.deepth = deepth
  def process(self):
    print_seq(self.ca)
    for i in range(self.deepth):
      self._rule()
      print_seq(self.ca_new)
      self.ca = self.ca_new
      self.ca_new = []
  def _rule(self):          #Regeldefinition
    for i in range(64):
```

```
      if 0 < i < 63:                 #Zelle im mittleren Bereich
          if self.ca[i - 1] == self.ca[i + 1]:
              self.ca_new.append(0)
          else:
              self.ca_new.append(1)
      elif i == 0:              #Erste Spalte
          if self.ca[1]:
              self.ca_new.append(1)
          else:
              self.ca_new.append(0)
      else:                #Letzte Spalte
          if self.ca[62]:
              self.ca_new.append(1)
          else:
              self.ca_new.append(0)
def main():
    cell = Cell()
    cell.process()
if __name__ == '__main__':
    main()
```

Zunächst muss die erste Zeile initialisiert werden. Wir setzen den Zustand der 31. Zelle auf 1 und den Zustand der übrigen 63 Zellen auf 0. Anschließend wird die Regel zur Zustandsaktualisierung definiert: Ist der Zustand der vorherigen Zelle der aktuellen Zelle 1 oder ist der Zustand der Zellen links und rechts der vorherigen Zelle genau einmal 1, so ist der Zustand der aktuellen Zelle 1. Andernfalls ist der Zustand der Zelle 0. Für die erste und die letzte Spalte muss jeweils nur die rechte bzw. linke Nachbarzelle betrachtet werden. Für die Zellen im mittleren Bereich gilt: Ist der Zustand der Nachbarzellen [0,1,0], [0,0,1], [1,0,0] oder [1,1,0], so ist der Zustand der aktuellen Zelle 1. Das Ergebnis ist in Abb. 17.5 dargestellt.

17.3.3 Komplexes Netzwerkmodell

17.3.3.1 SIR-Modell

Bei der Modellierung von Übertragungsnetzwerken wird der Prozess üblicherweise mit der Virusübertragung verglichen, und der klassische Übertragungsprozess wird durch das Susceptible-Infected-Recovered-(SIR)-Modell oder das

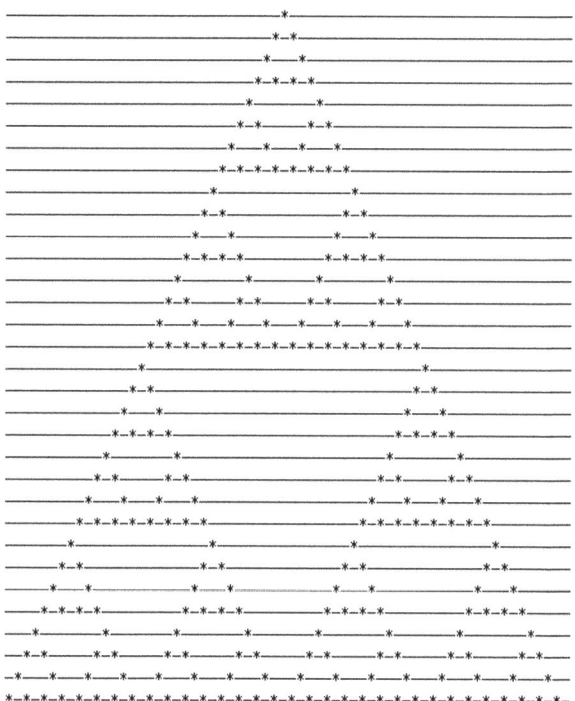

Abb. 17.5 Zelluläre Automaten mit gemischten Sternchen und Bindestrichen

Susceptible-Infected-Susceptible-(SIS)-Modell beschrieben. In den Anfängen wurde Kommunikation vor allem in Form der Innovationsdiffusion untersucht. Rogers stellte fest, dass die Veränderung der Diffusionsrate im Zeitverlauf während des Diffusionsprozesses in der Regel der S-Kurve folgt. Später beschrieb Bass dies mit einem mathematischen Modell [5]. Diese Modelle verwenden in der Regel unterschiedliche Gleichungen zur Beschreibung des Ausbreitungsprozesses und nehmen an, dass Individuen zufällig vollständig miteinander verbunden sind.

Informationsdiffusion kann als der Prozess der Kommunikation zwischen Mitgliedern eines sozialen Systems über bestimmte Kanäle definiert werden [6]. Daher wurde die Informationsdiffusion auch auf soziale Netzwerke ausgeweitet und dort erforscht. Zu den repräsentativen Beispielen zählen Granovetters Schwellenwertmodell für Gruppenverhalten [7] und Goldenbergs unabhängiges Kaskadenmodell [8]. In den letzten zehn Jahren wurden mit der Entwicklung der Forschung zu komplexen Netzwerken viele Studien auf Netzwerke mit Small-World- und skalenfreien Eigenschaften ausgeweitet. Ein großer Teil davon befasst sich mit der Verbreitung von Gerüchten. Die Ausbreitung von Gerüchten ähnelt der von Viren und wird üblicherweise durch das SIR-Modell beschrieben. So nutzten beispielsweise Zanette und Moreno die Mean-Field-Näherung und fanden heraus, dass der Anteil der Personen, die in Small-World- und skalenfreien

Netzwerken von Gerüchten beeinflusst werden können, geringer ist als in zufälligen Netzwerken. Auch Liu Zonghua et al. konnten nachweisen, dass zufällige Netzwerke am anfälligsten für die Verbreitung von Gerüchten sind [9]. Wang Xiaofan et al. stellten durch Simulationen fest, dass die Gerüchteverbreitung in Netzwerken mit hohem Clusterkoeffizienten unterdrückt werden kann [10]. Darüber hinaus nutzen einige Wissenschaftler ein sozial-physikalisches Modell, um die Informationsdiffusion im Internet zu modellieren [11].

Nach dem Verhältnis zwischen „empfänglicher Person" und „infizierter Person" klassifizieren Dodds und Watts diese Informationsdiffusionsmodelle in zwei Kategorien: (1) Unabhängiges Interaktionsmodell, bei dem die Verbreitung durch fortlaufenden Kontakt mit unabhängiger Wahrscheinlichkeit erfolgt, wie etwa beim Bass- und SIR-Modell, wobei keine Korrelation zwischen den Expositionen besteht. (2) Schwellenwertmodell: Überschreitet die Exposition einen bestimmten Schwellenwert, steigt die Wahrscheinlichkeit einer Infektion durch Übertragung sprunghaft an, und es besteht eine Korrelation zwischen den Expositionen [12]. Allerdings berücksichtigen all diese auf „Exposition" basierenden Informationsdiffusionsmodelle den gegenseitigen Kontakt zwischen Individuen und den sozialen Einfluss individuellen Verhaltens im Kommunikationsprozess, ignorieren jedoch, dass Individuen im Verlauf der dynamischen Informationsdiffusion auch Entscheidungen zur Informationsübernahme treffen. Das Social-Learning-Modell hingegen geht davon aus, dass Individuen („empfängliche Personen") Informationen nur dann übernehmen, wenn sie ausreichend Gründe haben, sich überzeugen zu lassen – dazu zählen frühe Übernehmer („infizierte Personen"), individuelle Präferenzen und die Kosten der Informationsübernahme. Da das Social-Learning-Modell auf der Nutzenmaximierung basiert, ist es aus rationaler Sicht plausibler [13].

17.3.3.2 Price-Modell

Das Price-Modell wurde von Price im Rahmen der Untersuchung von Zitationsnetzwerken vorgeschlagen [14]. Die Forschung zeigt, dass das Zitationsnetzwerk ein gerichtetes azyklisches Netzwerk ist und die Gradverteilung der Paper-Zitationen im Netzwerk den Potenzgesetzen folgt.

Das Price-Modell basiert auf Netzwerk-Wachstum und dem Mechanismus der bevorzugten Anbindung.

1. Netzwerkwachstum: Die Anzahl der Publikationen nimmt zu, indem neu veröffentlichte Arbeiten auf bereits publizierte verweisen, und neue Knoten (Paper) treten kontinuierlich dem Zitationsnetzwerk bei.
2. Mechanismus der bevorzugten Anbindung: Die Wahrscheinlichkeit, dass veröffentlichte Arbeiten von neu erschienenen Arbeiten zitiert werden, ist direkt proportional zur bisherigen Anzahl der Zitationen. Dieses Phänomen wird oft als „the rich get richer" beschrieben: Arbeiten mit hoher Zitationsrate in der Vergangenheit werden auch in Zukunft mit größerer Wahrscheinlichkeit zitiert.

Der Algorithmus des Price-Modells ist wie folgt:

1. Wachstum: Zu Beginn bei $t = 0$ startet man mit einem Netzwerk aus n_0 isolierten Knoten, fügt jeweils einen neuen Knoten hinzu und verbindet diesen dann über gerichtete Kanten mit n Paper-Knoten ($n_0 \geq n$).
2. Bevorzugte Anbindung: Die Wahrscheinlichkeit, dass ein neu hinzugefügter Knoten mit einem Paper-Knoten i verbunden wird, p_i, ist direkt proportional zum Eingangsgrad des Knotens i. Die Berechnungsformel für p_i lautet $p_i = \left(k_i^{in} + a\right) / \sum_{j=1}^{N-1} \left(k_j^{in} + a\right)$, wobei k_j^{in}, k_i^{in} den Eingangsgrad des alten Knotens j bzw. des Knotens i darstellen, N die Anzahl der Netzwerkknoten bezeichnet und a eine gegebene Konstante ist.

17.3.3.3 BA-Modell

Das BA-Modell wurde von Barabasi und Albert vorgeschlagen [15] und nach den Initialen der Autoren benannt. Das BA-Modell ist ein Netzwerk-Wachstumsmodell, das letztlich Potenzgesetze erzeugen und zu skalenfreien Netzwerken führen kann. Das BA-Modell kann als Spezialfall des Price-Modells betrachtet werden. Der Algorithmus dieses Modells ist wie folgt:

1. Wachstum: Zu Beginn bei $t = 0$ startet man mit einem verbundenen Netzwerk aus n_0 Knoten, fügt jeweils einen neuen Knoten hinzu und verbindet diesen mit n alten Knoten im Netzwerk ($n_0 \geq n$).
2. Bevorzugte Anbindung: Die Wahrscheinlichkeit p_i, dass ein neu hinzugefügter Knoten mit einem alten Knoten i verbunden wird, ist direkt proportional zum Grad des Knotens i: $p_i = k_i / \sum_{j=1}^{N-1} k_j$, wobei k_i den Grad des alten Knotens i und N die Anzahl der Netzwerkknoten bezeichnet.
3. Dieses Vorgehen wird fortgesetzt, bis das Netzwerk einen stabilen Zustand erreicht. Durch numerische Simulation lässt sich beobachten, dass das durch das Modell erzeugte Netzwerk bei ausreichend großem t einen stabilen Zustand erreicht und die Gradverteilung dann den Potenzgesetzen folgt.

17.3.3.4 Fitness-Modell

Das BA-Modell basiert auf zwei Mechanismen: Netzwerkwachstum und bevorzugte Anbindung. Wie das Price-Modell berücksichtigt es die Interaktion zwischen neuen und alten Knoten, ignoriert jedoch im Wesentlichen andere Interaktionsformen zwischen den Knoten. Daher können diese Modelle zwar Potenzgesetze mit statistischen Eigenschaften erzeugen, die denen realer Netzwerke ähneln, weisen aber dennoch eine gewisse Diskrepanz zur Realität auf. Aus diesem Grund versuchen Forschende, das BA-Modell zu erweitern, wobei das EBA-Modell eine dieser Erweiterungen darstellt [16]. In diesem Modell stellen die neu hinzugefügten Knoten nicht nur mit Wahrscheinlichkeit p n Kanten zu alten Knoten her, sondern verbinden mit Wahrscheinlichkeit p auch zufällig bestehende n Knoten im Netzwerk neu. Das EBA-Modell berücksichtigt jedoch weiterhin nur die Interaktion zwischen Knoten und betrachtet diese eher als Teilchen in der Physik, wobei die Eigenschaften der Knoten selbst vernachlässigt werden. In sozialen Netzwerken sind beispielsweise manche Menschen extrovertiert und verfügen über eine hohe Kontaktfreudigkeit. Offenwsichtlich werden diese Personen nach ihrem Beitritt zum Netzwerk mit größerer Wahrscheinlichkeit neue Verbindungen knüpfen als solche mit geringerer Kontaktfreudigkeit. Diese Eigenschaft eines Knotens kann durch die Fitness beschrieben werden, weshalb im Fitness-Modell [17] vorgeschlagen wird, dass der erste Schritt dem des BA-Modells entspricht. Die bevorzugte Anbindung im zweiten Schritt unterscheidet sich jedoch: Die Wahrscheinlichkeit p_i, dass ein neu hinzugefügter Knoten mit einem alten Knoten i verbunden wird, ist nicht nur proportional zum Grad des Knotens, sondern hängt auch von dessen Fitness ab: $p_i = \eta_i k_i / \sum_{j=1}^{N-1} \eta_j k_j$, wobei η_i die Fitness des Knotens i ist.

17.3.3.5 Vertex-Copying-Modell

Im oben beschriebenen Modell stellen neue Knoten nach ihrem Beitritt zum Netzwerk mit einer bestimmten Wahrscheinlichkeit p Verbindungen zu alten Knoten her, wobei alte Knoten mit einer großen Anzahl von Verbindungen eher die Aufmerksamkeit neuer Knoten auf sich ziehen oder erneut mit alten Knoten verbunden werden. Neben dem Mechanismus der bevorzugten Anbindung existiert ein weiterer Mechanismus, das sogenannte Vertex-Copying [18]: Neue Knoten neigen dazu, das Verhalten alter Knoten im Netzwerk zu kopieren, was zu einem noch ausgeprägteren „Rich-get-richer"-Effekt führt. Der erste Schritt des Modellalgorithmus entspricht dem Price-Modell, jedoch unterscheidet sich der zweite Schritt, in dem der Knotenreplikationsmechanismus angewendet wird. Das heißt, die gerichtete Kante des Knotens, die auf den alten Knoten zeigt, wird mit der Knotenreplikationswahrscheinlichkeit p hinzugefügt. Bei der Auswahl der alten Knoten gilt: Ist die zufällig generierte Wahrscheinlichkeit im Intervall [0,1] kleiner als p, wird ein Knoten zufällig ausgewählt und anschließend ein weiterer Nachbarknoten dieses Knotens zufällig zur Verbindung ausgewählt. Ist die Wahrscheinlichkeit nicht kleiner als p, wird ein Knoten vollständig zufällig ausgewählt. Ein Beispiel hierfür ist der Aufbau eines Zitationsnetzwerks: Beim Verfassen von wissenschaftlichen Arbeiten wählt der Autor die Referenzen einer anderen Arbeit als eigene Referenzen aus; beim Erstellen von Webseiten im Internet werden einige Links bestehender Webseiten als Links für neue Webseiten übernommen.

17.3.3.6 Local-World-Modell

In den oben beschriebenen Modellalgorithmen wählen die neu hinzugefügten Knoten stets aus allen alten Knoten im Netzwerk aus, um Verbindungen herzustellen. In der Praxis kann es jedoch vorkommen, dass neue Knoten nur alte Knoten in einem lokalen Bereich des Netzwerks auswählen, um Beziehungen

aufzubauen [19]. Beispielsweise existiert der Mechanismus der bevorzugten Anbindung im Bereich der Wirtschafts- und Handelskooperation hauptsächlich in
bestimmten regionalen Wirtschaftsräumen wie der Europäischen Union oder der
ASEAN. Ebenso verbinden sich Computer im World Wide Web in der Regel zunächst nur mit Rechnern im lokalen Netzwerk und stellen dann über Router die
Verbindung zum Weitverkehrsnetz her. Auf Basis dieser Analyse schlugen Xiang
Li et al. das Local-World-Modell vor. Der erste Schritt des Modellalgorithmus
ähnelt dem BA-Modell, der entscheidende Unterschied liegt jedoch im zweiten
Schritt. Hier wird der Mechanismus der lokalen Welt mit bevorzugter Anbindung
angewendet: Es werden zufällig M Knoten ($M \geq n$) aus den alten Knoten des
Netzwerks als lokale Welt (LW) des neuen Knotens ausgewählt, und der neue
Knoten stellt gemäß der Wahrscheinlichkeit p eine Verbindung zu einem alten
Knoten i in der lokalen Welt her: $p_{i \in \text{LW}} = \frac{M}{n_0 + t} \frac{k_i}{\sum_{\text{LW}} k_j}$. Im Spezialfall $M = t + n$ er-
weitert sich die lokale Welt jedes Knotens auf das gesamte Netzwerk, und das Lo-
cal-World-Modell entspricht dem BA-Modell.

17.3.3.7   Zufallsgraphen-Modell

Unter den Zufallsgraphen-Modellen ist das ER-Zufallsgraphen-Modell [20] das
bekannteste. Dieses Modell, das bereits vor dem Small-World- und dem BA-Modell entwickelt wurde, dient als grundlegendes Modell in der Erforschung von
Netzwerktopologien und wird auch heute noch in zahlreichen Studien herangezogen. Der Algorithmus dieses Modells existiert in zwei Varianten:

1. ER-Zufallsgraphen-Algorithmus mit fester Kantenanzahl.
   Der Algorithmus für einen ER-Zufallsgraphen mit fester Kantenanzahl ist wie folgt:
   (a) Initialisierung: Gegeben seien N Knoten und die hinzuzufügende Kanten-
       anzahl M.
   (b) Zufällige Kantenverbindung: Es wird zufällig ein Knotenpaar ohne be-
       stehende Verbindung ausgewählt, eine Kante zwischen den Knoten hinzu-
       gefügt und dieser Schritt so oft wiederholt, bis M Kanten hinzugefügt wurden.
2. ER-Zufallsgraphen-Algorithmus mit fester Kantenwahrscheinlichkeit.
   Der ER-Zufallsgraphen-Algorithmus mit fester Kantenwahrscheinlichkeit ist
   wie folgt:
   (a) Initialisierung: Gegeben seien N Knoten und die Kantenwahrscheinlich-
       keit p.
   (b) Zufällige Kantenverbindung: Es wird ein Knotenpaar ohne bestehende
       Verbindung ausgewählt, mit Wahrscheinlichkeit p eine Verbindung zwi-
       schen den Knoten hergestellt und dieser Schritt so oft wiederholt, bis alle
       N Knoten einmal ausgewählt wurden.

Das durch das ER-Zufallsgraphen-Modell erzeugte Zufallsnetzwerk weist eine geringe Dichte und sehr große zusammenhängende Komponenten auf, ähnlich wie
reale Netzwerke. Allerdings fehlt diesen Netzwerken die hohe Clusterbildung, wie

sie in realen Netzwerken zu beobachten ist. Der Knotengrad im Zufallsnetzwerk folgt einer Poisson-Verteilung, wobei die Knotengrade im Wesentlichen um den mittleren Grad k konzentriert sind. Dies unterscheidet sich deutlich von der ungleichmäßigen Verteilung, die in realen Netzwerken durch wenige Knoten mit sehr hohem Grad verursacht wird.

17.3.3.8 Small-World-Modell

Zufallsgraphen-Modelle können die ausgeprägten Cluster- und Small-World-Eigenschaften realer Netzwerke nicht abbilden. Die Untersuchungen von Watts und Strogatz zeigten, dass ein Small-World-Netzwerk entsteht, wenn man einem regulären Netzwerk eine gewisse Zufälligkeit hinzufügt [21]. Der Algorithmus dieses Small-World-Modells ist wie folgt:

1. Ausgangspunkt ist ein reguläres Netzwerk: Gegeben ist ein ringförmig gekoppeltes Netzwerk mit N Knoten, wobei jeder Knoten mit seinen $K/2$ nächsten Nachbarn verbunden ist (K ist gerade).
2. Zufällige Neuverknüpfung: Wie in Abb. 17.6 dargestellt, wird jede ursprüngliche Kante des Netzwerks mit Wahrscheinlichkeit p zufällig neu verbunden, das heißt, ein Endpunkt jeder Kante bleibt unverändert, während der andere Endpunkt auf einen zufällig ausgewählten Knoten im Netzwerk umgelegt wird. Mehrfachkanten und Schleifen sind dabei nicht erlaubt [21].

Das durch das Small-World-Modell erzeugte Netzwerk weist Small-World-Eigenschaften auf, die üblicherweise durch die Berechnung des durchschnittlichen Clusterkoeffizienten und der mittleren kürzesten Pfadlänge beschrieben werden. Da das Small-World-Netzwerk einen hohen Wert für CC_actual und einen niedrigen Wert für PL_actual besitzt, werden nach der Berechnung dieser beiden

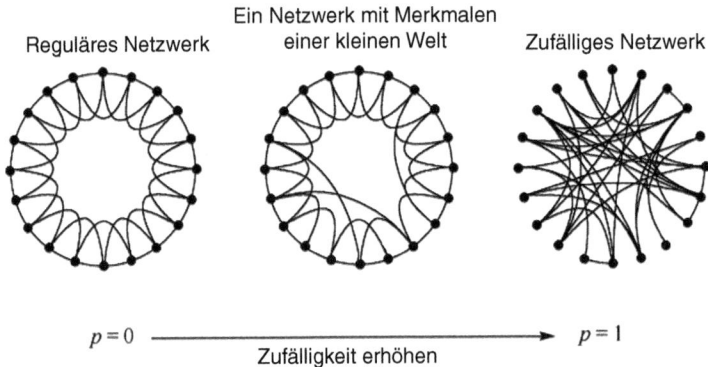

Abb. 17.6 Ein reguläres Netzwerk wird nach zufälliger Neuverknüpfung zu einem Small-World-Netzwerk [21]

Kennzahlen und der Erzeugung eines Zufallsnetzwerks mit gleicher Knotenzahl die Werte CC_random und PL_random des Zufallsnetzwerks berechnet. Anschließend werden die beiden Verhältnisse CCr = CC_actual/CC_random und PLr = PL_actual/PL_random bestimmt. Gilt CCr/PLr > 1, so weist das Netzwerk Small-World-Eigenschaften auf [21].

17.4   Spezifische Anwendung der sozialen Simulation

In diesem Abschnitt wird die spezifische Anwendung der sozialen Simulation aus fünf Perspektiven analysiert: Informationsverbreitung und öffentliche Meinung im Netzwerk, Wissensmanagement, wissenschaftliche Bewertung, Competitive Intelligence und Informationsökologie.

17.4.1   Informationsdiffusion und öffentliche Meinung im Netzwerk

Informationen, Meinungen, Emotionen und andere Inhalte können durch Gruppenverhalten leicht zur Bildung öffentlicher Meinung im Netzwerk führen, wobei plötzliche Ereignisse und Gerüchte als Auslöser für emotionale Ausbrüche fungieren können [22]. Derzeit konzentriert sich die Forschung zum Einsatz von Simulationsmethoden bei der Informationsdiffusion und der Netzwerk-Meinungsbildung vor allem auf Diffusionsmechanismen, öffentliche Meinung zu plötzlichen Ereignissen und die Verbreitung von Online-Gerüchten.

Die Informationsdiffusion folgt bestimmten Verbreitungsmechanismen. Sun Qingchuan et al. entwickelten ein neues Modell zur Informationsdiffusion, das die Regeln der Diffusion und die Struktur des jeweiligen Netzwerks in den Mittelpunkt stellt. Es zeigte sich, dass die Attraktivität der Information eng mit dem Ausmaß und dem Zeitaufwand der Diffusion innerhalb der Netzwerkstruktur zusammenhängt [23]. Chen Tao und Lin Jie untersuchten mit zellulären Automaten das Evolutionsverhalten der Netzwerk-Meinung und stellten anhand der Simulationsergebnisse fest, dass sich die öffentliche Meinung im Netzwerk zentralisiert und polarisiert [24]. Wu Jiang et al. kombinierten Multi-Agenten-Simulation und Methoden komplexer Netzwerke, um das Problem der Human-Flesh-Suche zu analysieren, und ermittelten den Einfluss der Netzwerkstruktur der Netznutzer auf die Effizienz der Human-Flesh-Suche [25]. Darüber hinaus haben zahlreiche Wissenschaftler festgestellt, dass Meinungsführer in sozialen Medien eine Schlüsselrolle bei der Netzwerk-Meinungsbildung spielen. Wang Shixiong et al. entwickelten ein Multi-Agenten-System zur Gruppenpolarisierung im Netzwerk und überprüften den Einfluss der Anzahl und der Meinungen von Gruppen-Meinungsführern auf die Polarisierung im Verlauf der Netzwerk-Meinungsevolution [26]. Ross et al.

erstellten ein Multi-Agenten-Modell, das auf individuellen Verhaltenserfahrungen basiert, um Meinungsmanipulation in sozialen Medien zu untersuchen, und fanden heraus, dass 2–4 % der Kernknoten in den meisten Netzwerken die Richtung der öffentlichen Meinung bestimmen können [27].

Die Steuerung der öffentlichen Meinung bei plötzlichen Ereignissen ist ein zentrales Thema der Netzwerk-Meinungsforschung. Zong Liyong et al. simulierten mittels Multi-Agenten-Simulation den Veränderungsprozess von relevanten Themen und Aufmerksamkeitsressourcen nach dem Ausbruch plötzlicher Ereignisse und diskutierten den Einfluss des Ressourcenallokationsmechanismus der Publikumsaufmerksamkeit auf die Entwicklung der öffentlichen Meinung zu plötzlichen Netzwerkereignissen [28]. Yuan Guoping und Xu Xiaobing analysierten systematisch die Popularität der Netzwerk-Meinung bei plötzlichen Ereignissen mithilfe der Systemdynamik und stellten fest, dass die Öffentlichkeitswirksamkeit, die Sensibilität des Ereignisses, die Skepsis der Netznutzer und die Glaubwürdigkeit der Regierung die Popularität der Netzwerk-Meinung beeinflussen [29]. Li et al. nutzten das SIR-Modell zur Analyse der öffentlichen Meinung zu 101 plötzlichen Ereignissen auf Sina Weibo und stellten fest, dass die Regierung die wichtigste Rolle bei der Steuerung der öffentlichen Meinung zu plötzlichen Ereignissen spielt. In der Anfangsphase der Meinungsbildung kann die Regierung die öffentliche Meinung effizient und kostengünstig steuern und zudem in Zusammenarbeit mit den Medien das Krisenmanagement durchführen [30].

Gerüchte treten häufig gemeinsam mit plötzlichen Ereignissen auf, jedoch unterscheidet sich der Verbreitungsmechanismus von Gerüchten teilweise von dem der Netzwerk-Meinung zu plötzlichen Ereignissen. Faktoren wie die Akzeptanzwahrscheinlichkeit von Gerüchten durch die Gruppe, die Anzahl der Nachbarknoten im Netzwerk und der Zeitpunkt, zu dem echte Informationen ins Netzwerk gelangen, beeinflussen die Verbreitung von Gerüchten [31]. Shen Chao et al. entwickelten ein Systemmodell zur Verbreitung von Netzwerkgerüchten. Die Simulation mit diesem Modell zeigte, dass die Anzahl der genutzten Medien und die Zahl der Netznutzer positiv mit der Geschwindigkeit der Gerüchteverbreitung korrelieren. Das heißt, je höher die Dichte der Netznutzer, desto schneller verbreiten sich Gerüchte im Netzwerk und desto schneller verschwinden Gerüchtethemen wieder [32]. Zhang Jinxin et al. stellten ein SInQR-Modell vor, das aus den Zuständen Unbekannt S, Verbreiter I, Kontrolliert Q und Immun R besteht. Die Simulationsergebnisse zeigen, dass das Modell das Gesetz der Gerüchteverbreitung im realen Netzwerk gut abbilden kann [33].

Da die Diffusion der Netzwerk-Meinung ein gruppendynamischer Prozess mit großer Reichweite ist, ist es schwierig, den gesamten Pfad der Informationsverbreitung und -entwicklung exakt nachzuvollziehen. Simulationsmethoden ermöglichen es, ein paralleles System für den Evolutionsprozess der Netzwerk-Meinung zu konstruieren, der durch soziale Experimente nicht reproduzierbar ist, und bieten damit einen wichtigen Ansatz zur Erforschung der Gesetzmäßigkeiten der Informationsdiffusion und der Einflussfaktoren im Prozess der Netzwerk-Meinungsbildung.

17.4.2 Wissensmanagement

Wissensmanagement ist ein Prozess, in dem Organisationen ihre Wissensressourcen verwalten, einschließlich Identifikation, Erwerb, Speicherung, Weiter-
gabe und Innovation von Wissen [34]. Der Einsatz von Simulationsmethoden im
Wissensmanagement ermöglicht es, den Fluss und die Integration von Wissen in
komplexen Systemen unter Produktions-, Lern- und Forschungsbedingungen effektiv zu simulieren, zu analysieren und zu bewerten.

Der Wissensfluss in industriellen Clustern, der Wissenstransfer und die Diffusion zwischen Unternehmen, die Verbreitung und das Teilen von implizitem
Wissen, die Leistung des Wissenstransfers sowie Wissensinnovationen sind aktuelle Forschungsschwerpunkte. Chen et al. simulierten mit der Systemdynamik-
Methode die Schlüsselfaktoren der Wissensmanagementstrategie von Unternehmen, untersuchten 143 Bauunternehmen und prognostizierten die Entwicklung
der Strategie-Konfiguration und die Wirkung des Wissensmanagements im Zeitverlauf [35]. Wu Kai et al. entwickelten ein dreistufiges Modell der dynamischen
Diffusion von implizitem Wissen auf Basis des Small-World-Netzwerkmodells,
das die Komplexität sozialer Netzwerke mit der Dynamik der Wissensdiffusion
verbindet, und analysierten vergleichend den Einfluss des Übergangs von regulären zu zufälligen Netzwerken auf die Diffusion von implizitem Wissen in industriellen Clustern [36].

Die Mechanismen des Wissensaustauschs und der Zusammenarbeit in Online-Communities sind ebenfalls ein zentrales Thema des Wissensmanagements.
Wissenschaftler wie Du Zhitao haben durch die Konstruktion eines Simulationsmodells zur Wissensverbreitung und -diffusion den Einfluss verschiedener Netzwerkstrukturen, der Fähigkeit zum Wissenstransfer, der Bereitschaft zum Wissensaustausch und des Interaktionsgrads der Wissensakteure auf die Wissensverbreitung in virtuellen Communities zusammengefasst [37]. Wang et al. nutzten
die Systemdynamik, um die Wechselwirkungen zwischen intrinsischer, extrinsi-
scher und sozialer Motivation der Nutzer bei der Wissenskooperation in virtuellen Praxisgemeinschaften zu analysieren und untersuchten den Einfluss von Richt-
linien und Regularien auf die Wissenskooperation der Mitglieder [38].

Auch die Wissenskooperation und die Diffusion von Wissensinnovationen im
wissenschaftlichen Bereich wurden untersucht. Li Gang et al. nutzten die Wissens-
transfertheorie und die Systemdynamik, um ein dynamisches Modell zur Entwicklung der Wissenspersistenz auf Basis des Wissenstransfers zu erstellen, analysierten den Entwicklungspfad der Persistenz von implizitem Wissen in wissenschaftlichen Teams und untersuchten die Einflussmechanismen verschiedener
Faktoren auf die Wissenspersistenz [39]. Guan Peng et al. verwendeten die
Multi-Agenten-System-Modellierung, um ein Simulationsmodell zur Evolution
der Wissensdiffusion in einem wissenschaftlichen Kooperationsnetzwerk zu entwickeln, und kamen zu dem Ergebnis, dass die topologische Struktur des Netzwerks, der Wissensspillover-Effekt und die individuelle Innovationsfähigkeit die
Wissensdiffusion beeinflussen [40].

Wissensmanagement ist ein komplexer, dynamischer Prozess, an dem mehrere Akteure und Faktoren beteiligt sind und der auf einem organisationsspezifischen Wissensnetzwerk basiert. Die Simulationsmethode ermöglicht es, das Wissensmanagementsystem von Unternehmen, Organisationen und Individuen sowie die Entscheidungsprozesse der jeweiligen Akteure im System kostengünstig zu simulieren und nachzubilden und so die praktischen Probleme der Wissensmanagementanwendung effektiv zu lösen.

17.4.3 Wissenschaftliche Evaluation

Wissenschaftliche Evaluation bezeichnet die qualitative oder quantitative Bewertung von Wissenschaftlerinnen und Wissenschaftlern, wissenschaftlichen Aktivitäten und Forschungsergebnissen [41]. Derzeit konzentriert sich die Forschung zum Einsatz von Simulationsmethoden in der wissenschaftlichen Evaluation vor allem auf die Evolution wissenschaftlicher Kooperation und die Bewertung wissenschaftlicher Leistungen.

Im Bereich der Forschung zur Entwicklung wissenschaftlicher Kooperation stehen vor allem Wissenschaftlerinnen und Wissenschaftler, die Leistungserbringung sowie der Innovationsprozess im Kooperationsnetzwerk im Fokus. Zamzami et al. erstellten zunächst ein Autoren-Kooperationsnetzwerk auf Basis der Daten aller kanadischen Zeitschriften zur Nanotechnologie, um die Kooperationshistorie und -leistung dieser Wissenschaftler zu analysieren, und entwickelten anschließend ein Multi-Agenten-Modell der Autorenkooperation. Die Simulation zeigte, dass sogenannte Star-Wissenschaftler einen positiven Effekt auf die wissenschaftlich-technische Produktion im Autoren-Kooperationsnetzwerk haben [42]. Um die Evolutions- und Dynamikmechanismen von Kooperationsnetzwerken im Bereich wissenschaftlicher Forschung zu untersuchen, entwickelten Ba Zhichao et al. ein dynamisches Evolutionsmodell eines Wissens-Hypernetzwerks und stellten fest, dass die Häufigkeitsverteilung wissenschaftlicher Kooperationen auf unterschiedlichen Ebenen verschiedenen Funktionsverteilungen folgt [39]. Wang Yuefen und Ding Yufei kombinierten die Theorie der Wissensevolution, um das Phänomen der Wissensentwicklung bei der Diffusion wissenschaftlicher Dokumente zu analysieren, und entwickelten ein Evolutionsmodell des Diffusionsnetzwerks wissenschaftlicher Dokumente auf Basis der Wissensevolution [43].

Bei der Bewertung wissenschaftlicher Leistungen ist das Peer-Review-Verfahren das zentrale Thema der Simulationsanwendung. Squazzoni et al. betrachten Peer Review als einen Prozess, der auf Wissensasymmetrie basiert und von Bewertungs-Bias beeinflusst wird, und untersuchen den Einfluss der Zuverlässigkeit der Gutachter auf die Qualität und Effizienz des Peer-Review-Prozesses [44]. Kovanis et al. entwickelten ein Multi-Agenten-Modell zur Simulation des wissenschaftlichen Publikations- und Peer-Review-Prozesses, das Wissenschaftlerinnen und Wissenschaftlern hilft, die entscheidenden Faktoren im Publikations- und Begutachtungsprozess besser zu verstehen [45]. Mrowinski et al. unterteilten den Peer-Review-Prozess in verschiedene Phasen. Die Analyse eines Datensatzes mit spezifischen Paper-

Informationen mittels komplexer Netzwerkanalyse zeigte, dass die Zeitverteilung des Peer Reviews für alle Gutachterkategorien ähnlich ist. Wenn sich Herausgeber und Gutachter kennen, ist die Abschlussrate des Peer Reviews sehr hoch [46].

Die Hauptakteure der wissenschaftlichen Evaluation sind die Forschenden selbst, die durch Autonomie und Eigeninitiative gekennzeichnet sind. Forschende nutzen Multi-Agenten-Simulationen und Methoden komplexer Netzwerke, um die Interaktionsprozesse zwischen Personen, Objekten und weiteren Faktoren bei der wissenschaftlichen Leistungserbringung zu simulieren, den Kooperationsprozess nachzubilden und die Entstehungsmechanismen wissenschaftlich-technologischer Innovation zu erforschen.

17.4.4 Wettbewerbsintelligenz

Wettbewerbsintelligenz ist sowohl ein operativer Prozess als auch ein Produkt. Ein Wettbewerbsintelligenzsystem ist ein Unternehmensmanagement-Subsystem, das formale und informelle Betriebsprozesse in kontinuierlicher Entwicklung vereint [47]. Forschende bewerten den Aufbau und die Anwendung von Wettbewerbsintelligenzsystemen in Unternehmen und Branchen vor allem mithilfe der Systemdynamik. Gong Huaping et al. unterteilten das Wettbewerbsintelligenzsystem eines Unternehmens in mehrere Subsysteme wie Sammlung, Analyse, Service und Gegenintelligenz. Sie waren die ersten, die den systematischen Einsatz der Systemdynamik zur Analyse aller Elemente eines unternehmensweiten Wettbewerbsintelligenzsystems sowie der Wechselwirkungen und Auswirkungen zwischen den Subsystemen vorschlugen [48]. Anschließend beschrieben Xing Xianguang und Liu Minrong das Flussdiagramm des Angebots- und Nachfragesystems industrieller Wettbewerbsintelligenz, nutzten die Informationsservicedaten aus Fuzhou als Beispiel für eine Simulationsanalyse und stellten fest, dass eine Erhöhung der Kapital-Wissens-Konversionsrate und die Steigerung der Einflussfaktoren des Informationsservice eine effektive Versorgung mit industrieller Wettbewerbsintelligenz ermöglichen [49]. Li Chuan et al. entwickelten ein SD-Modell für ein kooperatives Wettbewerbsintelligenzspiel in der virtuellen Produktindustrie und führten eine entsprechende Strategiesimulation durch. Gleichzeitig wurde Tencent als Beispiel für eine empirische Analyse herangezogen [50]. Wang Keping integrierte frühzeitig das „Internet+"-Denken in das Systemdynamikmodell des Frühwarnsystems für Wettbewerbsintelligenz in Unternehmen, aktualisierte die relevanten Faktoren unter diesem Ansatz und betonte die Rolle von Big Data [51].

Mit dem industriellen Wandel und der Entwicklung der Zeit werden veraltete Denkweisen und Systeme der Wettbewerbsintelligenz kontinuierlich abgelöst. Die Frage, wie ein neues Wettbewerbsintelligenzsystem auf Ebene von Unternehmen, Branchen, Regionen und Staaten aufgebaut und die Faktoren der Zeit integriert werden können, um den aktuellen Entwicklungsanforderungen zu entsprechen, ist eine kostenintensive Herausforderung. Die Nutzung von Simulationsmodellen für eine erste Systembewertung kann Unternehmen, Regierungen und anderen Akteuren eine effektive Systemreferenz bieten.

17.4.5 Informationsökologie

Informationsökologie bezeichnet die Anwendung ökologischer Theorien im Bereich des Informationsmanagements. Sie untersucht das wechselseitige Zusammenspiel und die Interaktion zwischen Information, Mensch und Umwelt und leitet daraus die Entstehung, Evolution und Entwicklungsgesetze des gesamten Informationsökosystems ab [52]. Forschende wenden vor allem Simulationsmethoden auf die Allokation von Informationsressourcen, Informationsökosysteme, Netzwerkinformations-ökologische Ketten und ähnliche Bereiche an. Chen Minghong entwickelte ein komplexes Netzwerkmodell zur Verteilung digitaler Informationsressourcen, simulierte die Kosten und Effizienz der Netzwerkallokation und stellte fest, dass die Netzwerktopologie die Effizienz der Allokation digitaler Informationsressourcen verbessern kann [53]. Dong Weiwei et al. nutzen Systemdynamik, um ein Informationsökosystemmodell für Unternehmenswebsites zu erstellen und analysieren die internen Antriebsfaktoren sowie externe Schlüsselfaktoren, die die Entwicklung des Informationsökosystems von Unternehmenswebsites beeinflussen [54]. Tian Shihai et al. kombinierten die Theorie der Informationsökologie mit der Netzöffentlichkeit, untersuchten und analysierten die Bedeutung, Elemente und abgeleiteten Beziehungen der informationsökologischen Gemeinschaft in der Netzöffentlichkeit und beschrieben deren Ableitungsprozess auf Basis des verbesserten SIR-Modells [55].

Der zentrale Fokus bei der Anwendung von Simulationsmethoden in der Informationsökologieforschung liegt darin, die Begrenzungen bestehender konzeptioneller Modelle zu überwinden, um die verschiedenen Elemente und deren Wechselwirkungen im Informationsökosystem systematisch und ganzheitlich zu analysieren. Dadurch werden die Funktionsmechanismen weiter offengelegt und es entsteht eine theoretische Grundlage für das Informationsmanagement von Unternehmen, Regierungen und anderen Akteuren.

Kapitelzusammenfassung

In diesem Kapitel werden die relevanten Theorien zur Modellierung und Simulation sozialer Netzwerke behandelt. Der Aufbau künstlicher Netzwerke erfordert den Einsatz sozialer Simulationsmethoden. Die Forschung zur sozialen Simulation durchläuft im Wesentlichen zwei Phasen: Modellierung und Simulationsexperimente. Das in diesem Kapitel vorgestellte Forschungsparadigma der sozialen Simulation fasst den Forschungsprozess der sozialen Simulation umfassend zusammen. Die größte Herausforderung bei der sozialen Simulation besteht in der Validierung des Simulationsmodells. Da die durch Simulation geschaffenen Systeme im Wesentlichen komplexe soziale und technische Systeme sind, ist eine umfassende Validierung äußerst schwierig. Die Forschung zur Modellvalidierung befasst sich vor allem mit dem Verhältnis zwischen Simulation und empirischer Forschung. Das virtuelle künstliche System im Simulationsinstitut und das reale soziale System im empirischen Forschungsinstitut müssen parallel berechnet werden. Darüber hinaus muss der Aufbau des Simulationssystems ebenfalls auf realen Daten basieren. Dies sind einige der wichtigsten zukünftigen Forschungsrichtungen der sozialen Simulation.

Fragen zum Kapitelabschluss

1. Welche Phasen umfasst das Forschungsparadigma der sozialen Simulation? Und welche drei Schritte sollten für den Kreislauf beachtet werden?
2. Zelluläre Automaten nutzen lokale Regeln, um die Interaktion von Agenten (Zellen) zu steuern. In wie viele Typen lassen sich die lokalen Interaktionen von Zellen mit ihren Nachbarn unterteilen, je nach Beziehung zwischen den Nachbarn?
3. Welche Vor- und Nachteile hat die Anwendung des SIR-Modells auf die Erforschung der Informationsverbreitung?
4. Beschreiben Sie kurz die konkrete Anwendung der sozialen Simulationsmethode bei der Informatisierung sozialer Systeme.

Literatur

1. Sheng, Z., Zhang, W.: Computational experimental methods in management science research. J. Manag. Sci. China. **14**(5), 1–10 (2011)
2. Gilbert, N., Troitzsch, K.: Simulation for the Social Scientist. Mcgraw-Hill Education, London (2005)
3. Kauffman, S.A.: The Origins of Order: Self Organization and Selection in Evolution. Oxford University Press, Oxford (1993)
4. Wolfram, S.: A New Kind of Science. Wolfram Media, Champaign, IL (2002)
5. Bass, F.: A new product growth model for consumer durables. Manag. Sci. **15**(5), 215–227 (1969)
6. Rogers, E.M.: Diffusion of Innovations. Free Press, New York (2003)
7. Granovetter, M.: Threshold models of collective behavior. Am. J. Sociol. **83**(6), 1420–1433 (1978)
8. Goldenberg, J., Libai, B., Muller, E.: Talk of the network: a complex systems look at the underlying process of word-of-mouth. Mark. Lett. **12**, 211–223 (2001)
9. Zhou, J., Liu, Z., Li, B.: Influence of network structure on rumor propagation. Phys. Lett. A. **368**(6), 458–463 (2007)
10. Pan, Z., Wang, X., Li, X.: Simulation of rumor propagation on scale-free networks with variable clustering coefficients. J. Syst. Simul. **18**(8), 2346–2348 (2006)
11. He, X., Hu, X., Si, G.: Simulation research on network information dissemination behavior based on social physics. J. Syst. Simul. **22**(12), 2957–2962 (2010)
12. Dodds, P.S., Watts, D.J.: Universal behavior in a generalized model of contagion. Phys. Rev. Lett. **92**(21), 218701 (2004)
13. Young, H.P.: Innovation diffusion in heterogeneous populations: contagion, social influence, and social learning. Am. Econ. Rev. **99**(5), 1899–1924 (2009)
14. Price, D.J.D.S.: Networks of scientific papers: the pattern of bibliographic references indicates the nature of the scientific research front. Science. **149**(3683), 510–515 (1965)
15. Barabási, A.-L., Albert, R.: Emergence of scaling in random networks. Science. **286**(5439), 509–512 (1999)
16. Albert, R., Barabási, A.-L.: Topology of evolving networks: local events and universality. Phys. Rev. Lett. **85**(24), 5234 (2000)
17. Bianconi, G., Barabási, A.-L.: Bose-einstein condensation in complex networks. Phys. Rev. Lett. **86**(24), 5632–5635 (2001)
18. Kumar, R., Raghavan, P., Rajagopalan, S., et al.: Stochastic models for the web graph. In: Proceedings 41st Annual Symposium on Foundations of Computer Science, S. 57–65. IEEE (2000)

19. Li, X., Chen, G.: A local-world evolving network model. Physica A. **328**(1–2), 274–286 (2003)
20. Bollobás, B.: Random Graphs. Springer, New York (1998)
21. Watts, D.J., Strogatz, S.H.: Collective dynamics of 'small-world' networks. Nature. **393**(6684), 440–442 (1998)
22. Zhu, H., Hu, B.: QSIM-ABS Simulation of the evolution of public opinion driven by information and emotion. J. China Soc. Sci. Tech. Inf. **35**(3), 310–316 (2016)
23. Sun, Q., Shan, S., Lan, T.: A new information dissemination model and its simulation. Libr. Inf. Work. **54**(6), 52–56, 79 (2010)
24. Chen, T., Lin, J.: Network public opinion evolution model based on fuzzy cellular automata. J. China Soc. Sci. Tech. Inf. **32**(9), 920–928 (2013)
25. Wu, J., He, C., Zhu, H.: Research on the efficiency of human flesh search integrating complex network and multi-agent simulation. J. China Soc. Sci. Tech. Inf. **37**(1), 68–75 (2018)
26. Wang, S., Zhu, X., Pan, X., et al.: Study on the formation mechanism of group polarization in the evolution of online public opinion. J. China Soc. Sci. Tech. Inf. **33**(6), 614–622 (2014)
27. Ross, B., Pilz, L., Cabrera, B., et al.: Are social bots a real threat? an agent-based model of the spiral of silence to analyse the impact of manipulative actors in social networks. Eur. J. Inf. Syst. **28**(4), 394–412 (2019)
28. Zong, L., Gu, B., Sun, S.: Research on the evolution of internet crisis public opinion based on attention resource allocation mechanism. Inf. Theory Pract. **33**(10), 29–33 (2010)
29. Yuan, G., Xu, X.: Research on the Internet public opinion after emergencies based on system dynamics. Inf. Sci. **33**(10), 52–56 (2015)
30. Li, S., Liu, Z., Li, Y.: Temporal and spatial evolution of online public sentiment on emergencies. Inf. Process. Manag. **57**(2), 102177 (2020)
31. Sha, Y., Shi, Z.: Simulation study on influencing factors of public crisis false information dissemination. Libr. Inf. Work. **56**(5), 36–41, 111 (2012)
32. Shen, C., Zhu, Q., Zhu, H.: Study on the co-evolution of internet rumor topic communication and netizen behavior. Inf. Sci. **34**(5), 118–124 (2016)
33. Zhang, J., Wang, L., Zhang, J.: Research on the model of spreading and controlling network rumors with multiple sources. Inf. Sci. **38**(11), 115–120 (2020)
34. Wang, Y., Bi, L.: Review and prospect of knowledge management and knowledge innovation. Libr. Inf. Work. **S2**, 343–347 (2011)
35. Chen, L., Fong, P.S.W.: Evaluation of knowledge management performance: an organic approach. Inf. Manag. **52**(4), 431–453 (2015)
36. Wu, K., Zhang, H., Zhang, L.: Simulation research on tacit knowledge dissemination in industrial clusters. J. China Soc. Sci. Tech. Inf. **34**(4), 371–379 (2015)
37. Du, Z., Fu, H., Li, H.: Research on the simulation model of knowledge diffusion in network knowledge community. Inf. Theory Pract. **42**(3), 127–133 (2019)
38. Wang, J., Zhang, R., Hao, J., et al.: Motivation factors of knowledge collaboration in virtual communities of practice: a perspective from system dynamics. J. Knowl. Manag. **23**(3), 466–488 (2019)
39. Ba, Z., Li, G., Zhu, S.: Empirical research and modeling of scientific research collaboration behavior based on knowledge supernetwork. J. China Soc. Sci. Tech. Inf. **35**(6), 630–639 (2016)
40. Guan, P., Wang, Y., Fu, Z.: Modeling and simulation of knowledge diffusion in scientific research collaboration network based on multi-agent system. J. China Soc. Sci. Tech. Inf. **38**(5), 512–524 (2019)
41. Gao, J.: Discussion on the application of bibliometrics in scientific evaluation. Libr. Inf. Knowl. **2**, 14–17 (2005)
42. Zamzami, N., Schiffauerova, A.: The impact of individual collaborative activities on knowledge creation and transmission. Scientometrics. **111**(3), 1–29 (2017)

43. Wang, Y., Ding, Y.: Construction and simulation of the evolution model of scientific literature dissemination network based on the perspective of knowledge evolution. J. China Soc. Sci. Tech. Inf. **38**(9), 966–973 (2019)

44. Squazzoni, F., Gandelli, C.: Saint matthew strikes again: an agent-based model of peer review and the scientific community structure. J. Informetr. **6**(2), 265–275 (2012)

45. Kovanis, M., Porcher, R., Ravaud, P., et al.: Complex systems approach to scientific publication and peer-review system: development of an agent-based model calibrated with empirical journal data. Scientometrics. **106**(2), 695–715 (2016)

46. Mrowinski, M.J., Fronczak, A., Fronczak, P., et al.: Review time in peer review: quantitative analysis and modelling of editorial workflows. Scientometrics. **107**(1), 271–286 (2016)

47. Qiu, J., Duan, Y.: On knowledge management and competitive intelligence. Libr. Inf. Work. **44**(4), 11 (2000)

48. Gong, H., Wen, L., Yan, S.: Research on the construction of enterprise competitive intelligence system in Jiangxi. Libr. Inf. Knowl. **136**(4), 77–82,101 (2010)

49. Xing, X., Liu, M.: Research on supply and demand model of industrial competitive intelligence based on system dynamics. Libr. Inf. Work. **56**(16), 91 (2012)

50. Li, C., Yuan, H., Fang, Z., et al.: Research on game system dynamics model of multimedia competitive intelligence-virtual product agency problem. J. China Soc. Sci. Tech. Inf. **35**(3), 284–292 (2016)

51. Wang, K., Shen, Y., Guo, X., et al.: Study on the dynamic model of competitive intelligence early warning system of new enterprises based on "internet plus" thinking. Inf. Theory Pract. **43**(7), 88–94 (2020)

52. Chen, S.: Research on information ecology. Books Inf. **2**, 12–19 (1996)

53. Chen, M.: Research on the allocation of digital information resources based on complex network-taking digital library as an example. Libr. Inf. Work. **54**(10), 49–53 (2010)

54. Dong, W., Li, B., Xiao, J., et al.: Systematic analysis of business website information ecosystem. Inf. Theory Pract. **35**(8), 7–11 (2012)

55. Tian, S., Zhang, J., Sun, M.: Study on the derivation of internet public opinion information ecological community based on improved SIR. Inf. Sci. **38**(1), 3–9,16 (2020)

Kapitel 18
Repräsentationslernen von sozialen Netzwerken

Zusammenfassung Dieses Kapitel beginnt mit einer Analyse des aktuellen Stands sozialer Netzwerke und führt die grundlegenden Konzepte des Netzwerkrepräsentationslernens ein. Es stellt zudem traditionelle und fortgeschrittene Methoden des Netzwerkrepräsentationslernens vor und erläutert zwei klassische Verfahren, DeepWalk und Node2Vec, im Detail. Abschließend wird die Anwendung des Netzwerkrepräsentationslernens in praxisnahen Szenarien diskutiert und ein umfassendes Rahmenwerk sowie ein Anwendungsmodell für das Netzwerkrepräsentationslernen entwickelt.

Die Welt besteht nicht nur aus Entitäten, sondern auch aus den Beziehungen zwischen ihnen. Soziale Netzwerke setzen sich aus den Verbindungen zwischen Dingen zusammen, die in der realen Welt allgegenwärtig sind, wie etwa soziale Netzwerke auf sozialen Plattformen, Logistiknetzwerke zwischen Städten und Informationsnetzwerke, die Webseiten miteinander verknüpfen. Mit der Entwicklung der Informationstechnologie sind soziale Netzwerke immer komplexer geworden. Zum einen hat die Anzahl der Netzwerkknoten stark zugenommen, zum anderen enthalten die Netzwerkknoten umfangreiche externe Informationen. Die zunehmende Komplexität der Netzwerke stellt höhere Anforderungen an die Forschung im Bereich sozialer Netzwerke. In den letzten Jahren haben netzwerkbasierte Repräsentationslernalgorithmen, die auf Methoden der natürlichen Sprachverarbeitung, Deep Learning und temporalen Netzwerken basieren, neue Forschungsansätze und -methoden für die Analyse sozialer Netzwerke eröffnet.

Das Netzwerk-Repräsentationslernen verwendet Korrelationsalgorithmen, um Knoten im Netzwerk in einem niedrigdimensionalen, dichten Vektorraum darzustellen. Im Vergleich zur traditionellen Darstellung durch spärliche Matrizen kann dadurch die Recheneffizienz erheblich gesteigert und die Anwendbarkeit deutlich erweitert werden. Dies ist insbesondere bei Aufgaben wie Knotenklassifikation, Link-Vorhersage, Community-Erkennung und Empfehlungssystemen von großem Wert.

© Der/die Autor(en), exklusiv lizenziert an Springer Nature Singapore Pte Ltd.
2025
J. Wu, *Soziales-Netzwerk-Computing*,
https://doi.org/10.1007/978-981-95-1129-7_18

18.1   Grundlagen und Entwicklung des Netzwerk-Repräsentationslernens

18.1.1   Grundbegriffe und Definitionen

Netzwerk-Repräsentationslernen, auch als Netzwerk-Embedding bezeichnet, beschreibt Methoden, bei denen Knoten im Netzwerk durch niedrigdimensionale Eigenvektoren repräsentiert werden, wobei die Netzwerkstruktur erhalten bleibt. Bereits 1986 stellte Hinton das Konzept der verteilten Repräsentation vor, bei dem Vektoren trainiert werden, um Wörter basierend auf semantischen Beziehungen im Kontext darzustellen. Konkret werden Wortvektoren in einen K-dimensionalen Vektorraum abgebildet, wobei jedes Wort durch einen K-dimensionalen Vektor repräsentiert wird. Ein Beispiel hierfür ist das 2013 vorgestellte Word2Vec-Modell für vortrainierte Wortvektoren, das eine verteilte Repräsentation von Wörtern ermöglicht. Überträgt man dieses Konzept auf Netzwerkdaten, entspricht jeder Knoten im Netzwerk einem Wort im Text. Der Prozess besteht darin, jeden Knoten in einen K-dimensionalen Vektorraum abzubilden (wobei K in der Regel deutlich kleiner als die Anzahl der Knoten im Netzwerk ist) und anschließend durch Training auf Basis der Beziehungen oder Attributinformationen der benachbarten Knoten die Vektorrepräsentation des aktuellen Knotens zu ermitteln – dies bezeichnet man als „Netzwerk-Embedding".

Tatsächlich kann man diesen Vorgang als Dimensionsreduktion der Vektorrepräsentation von Netzwerkknoten verstehen. Für ein Netzwerk mit N Knoten erfordert die Darstellung mittels Adjazenzmatrix einen N-dimensionalen Vektor pro Knoten. Durch die Dimensionsreduktion genügt jedoch ein K-dimensionaler Vektor, der zudem bestimmte „semantische" Informationen enthalten kann. Beispielsweise liegen die Vektoren eng verbundener Knoten auch im Vektorraum nahe beieinander, sodass ein hochdimensionaler Vektor als niedrigdimensionaler, dichter Vektor mit reellen Werten dargestellt werden kann. Die Ergebnisse des Netzwerk-Repräsentationslernens sollten in der Lage sein, die Beziehungen der ursprünglichen Netzwerkknoten im Vektorraum abzubilden und die nachfolgenden Aufgaben des Netzwerk-Reasonings effektiv zu unterstützen.

18.1.2   Engpässe der traditionellen Netzwerkdarstellung

Die traditionelle Netzwerkdarstellung beschreibt ein Netzwerk als $G = (V, E)$, wobei V die Menge der Knoten und E die Menge der Kanten ist. Das Netzwerk wird dann durch eine Adjazenzmatrix dargestellt, wobei jede Zeile die Verbindungen eines Knotens zu allen anderen Knoten beschreibt. Diese Darstellung stößt jedoch bei der Analyse zunehmend komplexer Netzwerke auf folgende Probleme:

1. Hohe Rechenkomplexität: Traditionelle Netzwerkdarstellungen führen zu hoher Datensparsamkeit, was den Speicherbedarf erhöht und somit zu einer hohen Rechenkomplexität führt.
2. Geringe Kompatibilität: Die meisten Machine-Learning-Algorithmen stellen Datensätze als Vektoren dar und bewahren dabei die relevanten Informationen. Die traditionelle Netzwerkdarstellung ist jedoch mit den Anforderungen des maschinellen Lernens nur schwer vereinbar.

18.1.3 Vorteile des Netzwerk-Repräsentationslernens

Das Netzwerk-Repräsentationslernen stellt Netzwerkknoten durch niedrigdimensionale Vektoren dar, wodurch nicht nur die Netzwerkstruktur erhalten bleibt, sondern auch Speicherplatz gespart und die Recheneffizienz gesteigert wird. Die vektorisierten Daten können anschließend für verschiedene Aufgaben wie Knotenklassifikation, Link-Vorhersage, Community-Erkennung und Empfehlungssysteme genutzt werden. Im Einzelnen bietet das Netzwerk-Repräsentationslernen folgende Vorteile:

1. Effiziente Bewahrung von Netzwerkinformationen und Informationsfusion zwischen heterogenen Knoten. Bei heterogenen Netzwerken wie bipartiten Graphen, die viele verschiedene Knoten- und Beziehungstypen enthalten, ermöglicht das Netzwerk-Repräsentationslernen die Schaffung eines einheitlichen Merkmalsraums, die effektive Integration heterogener Informationen in derselben Dimension und eine verbesserte Nutzung der Netzwerkinformationen.
2. Effektive Reduzierung des Problems der Datensparsamkeit bei traditionellen Speicherverfahren komplexer Netzwerke. Ein Netzwerk besteht aus Knoten und Kanten, und die herkömmliche Speicherung mittels Adjazenzmatrix beansprucht enormen Speicherplatz. Da die auf Vektorrepräsentation basierenden Knoten dicht sind, kann die semantische Korrelation zwischen beliebigen Knoten gemessen werden. Zudem werden durch die Abbildung der Knoten in denselben Merkmalsraum – wie etwa beim Karate-Netzwerk durch den klassischen DeepWalk-Algorithmus, siehe Abb. 18.1 – die semantischen Repräsentationen von Knoten mit geringer Ein- und Ausgradzahl verbessert.
3. Deutliche Steigerung der Recheneffizienz netzwerkbasierter Anwendungen. Dimensionsreduktionsalgorithmen auf Basis empirischer Analysen weisen eine hohe Komplexität und geringe Skalierbarkeit auf. Im durch das Netzwerk repräsentierten Vektorraum wird die Beziehung zwischen Knoten durch die Ähnlichkeit der Vektoren bestimmt. Mit Hilfe des Netzwerk-Repräsentationslernens können semantische und strukturelle Ähnlichkeiten von Knoten durch einfache Abfragen und Vektorähnlichkeitsberechnungen ermittelt werden, was die Berechnungseffizienz erheblich verbessert.

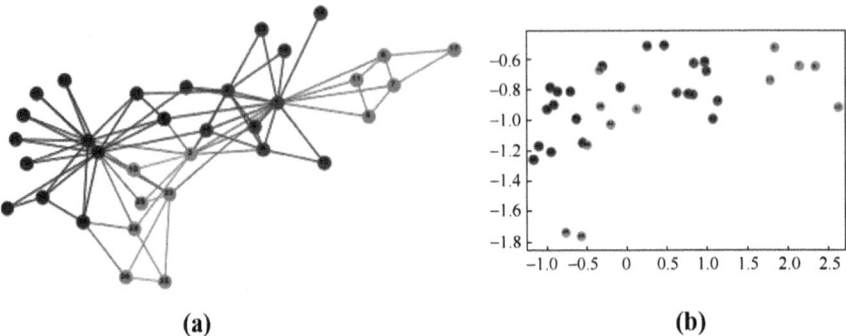

(a)   (b)

Abb. 18.1 Das Repräsentationsergebnis des Karate-Netzwerks durch den klassischen DeepWalk-Algorithmus. (**a**) Eingabe: Karate-Netzwerk. (**b**) Ausgabe: Vektorrepräsentation

18.1.4   Fünf Merkmale des Netzwerk-Repräsentationslernens

Ein gutes Netzwerk-Repräsentationslernen sollte die folgenden fünf grundlegenden Eigenschaften aufweisen:

1. Selbstanpassungsfähigkeit: Reale Netzwerke verändern und entwickeln sich dynamisch. Neue Anwendungsalgorithmen sollten daher keine wiederholten Lernprozesse erfordern, sondern über eine flexible Selbstanpassungsfähigkeit verfügen.

2. Skalierbarkeit: Da reale Netzwerke in der Regel sehr groß sind, sollte der Netzwerk-Embedding-Algorithmus in der Lage sein, große Netzwerke in kurzer Zeit zu verarbeiten, also eine gewisse Effizienz und Generalisierungsfähigkeit besitzen.

3. Community Awareness: Der Abstand zwischen potenziellen Merkmalsdimensionen sollte ein Maß für die Ähnlichkeit zwischen den Mitgliedern der entsprechenden Knoten im Netzwerk sein, was erfordert, dass homogene Netzwerke über eine gewisse Generalisierungs- und Wahrnehmungsfähigkeit verfügen.

4. Niedrige Dimensionalität: Wenn nur wenige gelabelte Daten vorhanden sind, können niedrigdimensionale Modelle die Konvergenz und das Reasoning besser fördern und beschleunigen.

5. Stetigkeit: Potenzielles Repräsentationslernen ist erforderlich, um einige Community-Mitglieder in einem kontinuierlichen Raum zu modellieren. Kontinuierliches Repräsentationslernen sorgt für eine glatte Entscheidungsgrenze zwischen Communities, was die auf Netzwerk-Repräsentationslernen basierenden Klassifikationsaufgaben robuster macht.

18.1.5 Interpretierbarkeit des Network Representation Learning

Mit der weiten Verbreitung von Methoden des Network Representation Learning wächst das Interesse an der Interpretierbarkeit dieser Modelle. Die Einteilung der Interpretierbarkeit von Machine-Learning-Modellen wurde bereits von Wissenschaftlern zusammengefasst [1]. In Bezug auf die Interpretierbarkeit definieren einige Forscher diese als das Maß, in dem die Entscheidungsgründe nachvollzogen werden können, oder als das Ausmaß, in dem Menschen die Ergebnisse des Modells konsistent vorhersagen können [2, 3]. Aus technischer Sicht kann die Interpretierbarkeit im maschinellen Lernen als Entwicklung interpretierbarer Methoden, Techniken und Werkzeuge verstanden werden, um die Entscheidungslogik eines Modells offenzulegen. Aus Anwendersicht spiegelt sich die Interpretierbarkeit darin wider, inwieweit Menschen den Entscheidungsprozess eines Machine-Learning-Modells nachvollziehen können [4].

Ein verwandtes Konzept zum erklärbaren maschinellen Lernen ist Explainable Artificial Intelligence (XAI), das erstmals 2004 vorgeschlagen wurde [5]. Ziel von Explainable Artificial Intelligence ist es, verständliche KI-Systeme zu entwickeln, die eine hohe Vorhersagegenauigkeit aufweisen und gleichzeitig interpretierbar sind, sodass Nutzer die Modelle verstehen und ihnen vertrauen können [6]. Im Bereich des Informationsressourcenmanagements werden Methoden des maschinellen Lernens häufig für Regressions-, Klassifikations- und andere Aufgaben eingesetzt und erzielen dabei gute Ergebnisse [7]. Die Einteilung der Interpretierbarkeit von Machine-Learning-Modellen wurde bereits von Wissenschaftlern zusammengefasst [1]. Einige Forscher unterteilen die Realisierungsmöglichkeiten der Interpretierbarkeit in zwei Hauptkategorien: Modelltransparenz (auch intrinsische Interpretierbarkeit genannt) und nachträgliche (post hoc) Interpretierbarkeit von Modellen [8, 9]. Dieses Forschungsfeld wird weiter untergliedert in globale Interpretierbarkeit, die darauf abzielt, den Funktionsmechanismus des gesamten Modells zu erklären und so die Transparenz des Modells insgesamt zu erhöhen, sowie lokale Interpretierbarkeit, die sich darauf konzentriert, die Kausalbeziehung zwischen einer Eingabefunktion und der Modellausgabe zu erklären oder die Beziehung zwischen Repräsentationen und Ausgaben eines Moduls in einer komplexen Netzwerkstruktur zu untersuchen [10].

Interpretierbarkeit im Network Representation Learning bezeichnet die Fähigkeit, die Bedeutung eines im Einbettungsraum gelernten Vektors in Bezug auf die Originaldaten zu verstehen. Anders ausgedrückt bedeutet Interpretierbarkeit hier, dass beim Transformieren abstrakter und hochdimensionaler Daten in niedrigdimensionale, leicht verständliche und nutzbare Merkmalsvektoren diese Vektoren eine gewisse Interpretierbarkeit aufweisen sollten. Beispielsweise kann man bei einer Bildklassifizierungsaufgabe die Merkmalsvektoren analysieren, um nachzuvollziehen, wie das Modell Bilder verschiedenen Kategorien zuordnet. Für viele reale Anwendungen, wie etwa medizinische Diagnosen oder die Bewertung finanzieller Risiken, ist die Interpretierbarkeit des Network Representation Learning von entscheidender Bedeutung. Sie hilft, die Entscheidungsgründe des Modells besser zu verstehen und Vertrauen sowie Zuverlässigkeit zu stärken. Zu den repräsentativen Arbeiten im Bereich des Network Representation Learning zählen PCA [11], lokale lineare Tabellen [2, 3], Laplace-Feature-Tabellen [4, 5] und gerichtete Graphrepräsentationen [6].

Interpretierbarkeit ist im Network Representation Learning besonders wichtig, da hierbei hochdimensionale Daten in niedrigdimensionale Einbettungsvektoren transformiert werden, die oft nicht direkt interpretierbar sind. Wenn die Bedeutung dieser Einbettungsvektoren nicht nachvollzogen werden kann, ist es schwierig, die Modellergebnisse zu interpretieren und zu verstehen. Interpretierbarkeit ermöglicht es, die vom Modell gelernten Merkmale und Muster besser zu verstehen und das Modell gezielter zu bewerten und anzupassen. So kann man beispielsweise bei einer Bildklassifizierungsaufgabe durch die Analyse der Merkmalsvektoren erkennen, wie das Modell verschiedene Bilder in Kategorien einordnet und welche Bildbereiche den größten Einfluss auf das Klassifikationsergebnis haben. Darüber hinaus ist Interpretierbarkeit in Anwendungsbereichen wie medizinischer Diagnostik oder finanzieller Risikobewertung von großer Bedeutung, da hier besonders zuverlässige und transparente Entscheidungsprozesse erforderlich sind, um Korrektheit und Fairness zu gewährleisten. Vertrauen und Zuverlässigkeit können nur entstehen, wenn die Entscheidungsgründe des Modells nachvollziehbar sind. Daher ist die Verbesserung der Interpretierbarkeit von Einbettungsvektoren im Network Representation Learning entscheidend für die Steigerung der Modelleffektivität sowie für das Vertrauen und die Zuverlässigkeit in Anwendungsszenarien.

Intrinsische Interpretierbarkeit bedeutet, dass das Modell bereits während des Trainings eine gewisse Interpretierbarkeit aufweist. Das heißt, beim Aufbau eines Modells wird nicht nur auf die Vorhersagegenauigkeit geachtet, sondern auch darauf, wie das Modell leichter verständlich und interpretierbar gestaltet werden kann. Beim Entscheidbaum-Algorithmus beispielsweise kann jeder Knoten als ein bestimmtes Merkmal betrachtet werden, und die Verzweigungsstruktur zwischen den Knoten beschreibt den Klassifikationsprozess des Modells für die Daten auf anschauliche Weise. Dadurch lässt sich nachvollziehen, wie das Modell zu seinen Vorhersagen gelangt.

Post-hoc-Interpretierbarkeit hingegen bezeichnet technische Ansätze, mit denen nach Abschluss des Trainings nachvollzogen, erklärt oder belegt werden kann, warum ein bestimmtes Machine-Learning-Modell ein bestimmtes Ergebnis liefert. Dies geschieht in der Regel durch den Einsatz spezieller Werkzeuge oder Methoden zur Analyse, Visualisierung und Validierung des Modells. Bei einer Bildklassifizierungsaufgabe kann beispielsweise eine Gradienten-basierte Salienz-Heatmap (Grad-CAM) verwendet werden, um hervorzuheben, welche Bereiche des neuronalen Netzes maßgeblich zum Klassifikationsergebnis beitragen.

Bezüglich der Interpretierbarkeit verschiedener Methoden des Network Representation Learning, einschließlich intrinsischer und post-hoc-Interpretierbarkeit, liegen bislang noch keine vertieften wissenschaftlichen Untersuchungen vor. Es wird empfohlen, die intrinsische Interpretierbarkeit unterschiedlicher Methoden

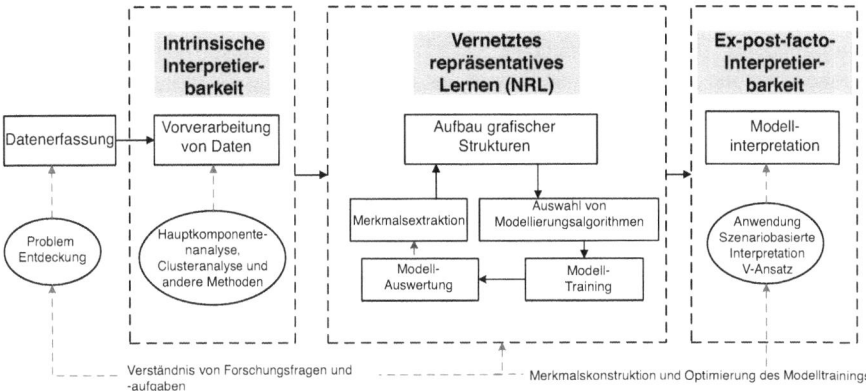

Abb. 18.2 Anwendungsrahmen für interpretierbares Network Representation Learning

aus Perspektiven wie Modellstruktur und Verlustfunktion zu analysieren sowie verschiedene Interpretierbarkeitsmethoden vorzustellen und deren Anwendung zur nachträglichen Interpretation zu erläutern. Durch eine vertiefte Untersuchung der Interpretierbarkeit verschiedener Methoden des Network Representation Learning kann das Funktionsprinzip der Modelle besser verstanden und gezielte Hinweise zur Verbesserung und Optimierung gegeben werden. Die Auswahl geeigneter Interpretierbarkeitsmethoden zur Bewertung von Network Representation Learning-Modellen stellt ebenfalls ein lohnenswertes Forschungsthema dar. Bei der Auswahl einer Evaluierungsmethode sind verschiedene Faktoren zu berücksichtigen, darunter Datenmenge, Datentyp und Evaluierungsziele. Die genannten Forschungsarbeiten tragen dazu bei, das Verständnis und die Anwendung von Network Representation Learning-Modellen zu verbessern (Abb. 18.2).

18.2 Traditionelle Methoden des Netzwerk-Repräsentationslernens

18.2.1 Spektralbasierte Netzwerk-Repräsentationslernen

Im weiteren Sinne bezeichnet die spektralbasierte Methode eine Klasse von Algorithmen, die das Spektrum einer Eingabedatenmatrix (wie Eigenwerte und Eigenvektoren, Singulärwerte und Singulärvektoren) nutzen. Das spektralbasierte Netzwerk-Repräsentationslernen ist eine Methode zur Merkmalsextraktion und Repräsentationslernen von Netzwerken, die direkt vom Standpunkt der Eigenwerte der Beziehungs-Matrix ausgeht, wobei es sich bei der Beziehungs-Matrix in der Regel um die Adjazenzmatrix oder die Laplace-Matrix des Netzwerks handelt. Diese Methoden definieren in der Regel eine lineare oder quadratische Verlustfunktion bezüglich der Knotenrepräsentation und transformieren das Optimierungsproblem anschließend in die Berechnung der Eigenvektoren einer Beziehungs-Matrix. Daher sind diese Methoden stark von der Konstruktion der Beziehungs-Matrix abhängig, und unterschiedliche Bewertungsergebnisse können je nach verwendeter Beziehungs-Matrix erheblich variieren.

Allgemein gesprochen weisen spektralbasierte Netzwerk-Repräsentationslernmethoden eine hohe Zeitkomplexität auf, da die Berechnungszeit für empirische Analysen und Singulärvektoren nichtlinear ist und die Spektralmethode die Speicherung der Beziehungs-Matrix vollständig im Speicher erfordert, sodass auch die Raumkomplexität nicht vernachlässigt werden kann. Typische Algorithmen für das spektralbasierte Netzwerk-Repräsentationslernen sind Locally Linear Embedding und Laplacian Eigenmaps.

Der Locally Linear Embedding-Algorithmus nimmt an, dass die Repräsentationen der Knoten von derselben Mannigfaltigkeitsstruktur stammen und die eingebettete Repräsentation jedes Knotens durch die lineare Kombination der Repräsentationen seiner Nachbarn angenähert werden kann. Der Algorithmus verwendet den Abstand zwischen der gewichteten Summe der Nachbarknoten und dem Zentralknoten als Verlustfunktion. Daher kann das Optimierungsproblem zur Minimierung der Verlustfunktion im praktischen Training letztlich auf die Berechnung des Eigenvektors einer Beziehungs-Matrix zurückgeführt werden. Laplacian Eigenmaps gehen einfach davon aus, dass die Repräsentationen zweier räumlich benachbarter Knoten ähnlich sind (wobei die Repräsentationsähnlichkeit hier durch das Quadrat des euklidischen Abstands der Vektoren definiert ist). Der Algorithmus kann die inhärente Mannigfaltigkeitsstruktur der Daten abbilden und lokale Struktureigenschaften wie die Datenmannigfaltigkeit rekonstruieren, indem eine Adjazenzmatrix als Eingabe konstruiert wird.

Spektralmethoden werden häufig verwendet, um eine niedrigdimensionale Darstellung von Daten zu erhalten. Beispielsweise reduziert der klassische Principal Components Analysis (PCA)-Algorithmus die Dimension, indem er empirische Analysen aus der Kovarianzmatrix der Stichproben auswählt. Obwohl das Netzwerk als Adjazenzmatrix dargestellt und anschließend als Eingabe für den PCA-Algorithmus oder die Singulärwertzerlegung (SVD) zur Gewinnung einer niedrigdimensionalen Knotenrepräsentation verwendet werden kann, ist die Qualität dieser Darstellung in der Regel gering, da interne Informationen über die Knoten fehlen.

18.2.2 Optimierungsbasierte Netzwerk-Repräsentationslernen

Optimierungsbasiertes Netzwerk-Repräsentationslernen bedeutet, dass im Voraus eine Optimierungszielfunktion festgelegt wird, wobei die Parameter als Vektorenform der Knoten im niedrigdimensionalen Raum definiert sind. Anschließend wird die Zielfunktion maximiert oder minimiert, um schließlich die Vektor-repräsentation der Knoten im Netzwerk im niedrigdimensionalen Raum zu erhalten. Beispielsweise nutzt der Directed Graph Embedding (DGE)-Algorithmus hauptsächlich das Konzept der Übergangswahrscheinlichkeit und des Markov-Zufallsgangs. Der Algorithmus erweitert den Laplacian Eigenmaps-Algorithmus, indem er den Verlustfunktionen verschiedener Knoten unterschiedliche Gewichte zuweist, wobei die Gewichte der Knoten durch ein auf Zufallsgängen basierendes Sortierverfahren bestimmt werden. Der Directed Graph Embedding-Algorithmus ist wie folgt definiert:

$$\sum_i T_V(i) \sum_{j,i \to j} T_E(i,j)\left(y_i - y_j\right)^2 \tag{18.1}$$

wobei y_i die Koordinate des Knotens i im eindimensionalen Raum darstellt, $T_E(i,j)$ die Bedeutung der gerichteten Kante zwischen den beiden Knoten i und j angibt. $T_V(i)$ dient zur Messung der Bedeutung von Knoten im Graphen. Der Einbettungs-prozess berücksichtigt sowohl die lokale Beziehung von Knotenpaaren als auch die globale relative Bedeutung der Knoten. Wird der Kantenalgorithmus auf ungerichtete Netzwerke angewendet, entspricht dies dem Laplacian Eigenmaps-Algorithmus.

Darüber hinaus ordnet der Multi-dimensional Scaling (MDS)-Algorithmus die Knoten des Netzwerks einem niedrigdimensionalen euklidischen Raum zu, sodass die Ähnlichkeit der Netzwerkknoten im neuen Raum erhalten bleibt, wobei diese Ähnlichkeit auf der Netzwerk-Konnektivität basieren kann. Im Prozess des Netzwerk-Repräsentationslernens ist die Eingabedaten des MDS-Algorithmus eine Distanzmatrix $P \in n \times n$, wobei das Element p_{ij} den Abstand zwischen den Knoten i und j im Netzwerk darstellt. $S \in n \times l$ repräsentiert die Koordinaten der Knoten im l-dimensionalen Raum, wobei die Spalten von S orthogonal sind.

$$SS^T \approx -\frac{1}{2}\left(I - \frac{1}{n}11^T\right)(P \circ P)\left(I - \frac{1}{n}11^T\right) = \tilde{P} \tag{18.2}$$

Im Wesentlichen drückt diese Methode das Netzwerk-Repräsentationslernen aus der Perspektive der Community-Erkennung aus. Speziell im Kontext sozialer Netzwerke ist ein typisches Beispiel das Beziehungslernmodell latenter sozialer Dimensionen. Dieses Modell extrahiert zunächst latente soziale Dimensionen auf Basis von Netzwerk-Informationen und nutzt diese anschließend als Merkmale für das diskriminative Lernen. Diese sozialen Dimensionen beschreiben die unterschiedlichen Zugehörigkeitsverhältnisse sozialer Akteure, die im Netzwerk verborgen sind, und das anschließende diskriminative Lernen kann automatisch bestimmen, welche Assoziationen besser mit den Kategorienlabels korrespondieren. Wenn mehrere verschiedene Beziehungen mit demselben Netzwerk assoziiert sind, ist dies ein bevorzugter Ansatz. Die Gewichte der verschiedenen Communities werden durch unterschiedliche Dimensionen der gelernten Netzwerk-Empirie charakterisiert. Die Zielfunktion im Modell zielt darauf ab, die Modularität zu maximieren, wobei die t größten Eigenvektoren der Modularitätsmatrix als Netzwerk-Merkmalsrepräsentation ausgewählt werden.

18.3 Fortgeschrittene Methoden des Netzwerk-Repräsentationslernens

Wir transformieren Netzwerke in Matrizen, um sie darzustellen, und reduzieren dann die Dimension, indem wir den Eigenvektor der Matrix berechnen, um die niedrigdimensionale Darstellung des Netzwerks zu erhalten. Dies wird zusammenfassend als traditionelle Methode des Netzwerk-Repräsentationslernens bezeichnet. Sie lässt sich in zwei Kategorien unterteilen: spektralbasierte Netzwerk-Repräsentationslernen und optimierungsbasierte Netzwerk-Repräsentationslernen. Die oben genannten traditionellen Methoden des Netzwerk-Repräsentationslernens sind häufig Lernverfahren zur Dimensionsreduktion anhand der Adjazenzmatrix oder Inzidenzmatrix des Netzwerks. Diese Methoden sind in der Regel nur für kleine, statische Netzwerke geeignet. Fehlen interne Informationen zu den Netzwerkknoten und gibt es eine große Anzahl von Knoten, ist die Wirkung der traditionellen Methoden des Netzwerk-Repräsentationslernens nicht zufriedenstellend.

Um den neuen Eigenschaften wie Größe, Dynamik und Multimedialität, die durch aktuelle großskalige, komplexe Informationsnetzwerke entstehen, gerecht zu werden, und inspiriert durch die Entwicklungen im Deep Learning der letzten Jahre, ist eine Reihe fortgeschrittener Methoden entstanden, die auf Netzwerkstruktur, Inhaltsattributen der Netzwerkknoten oder deren Integration basieren.

In den letzten Jahren haben sich Methoden des Netzwerk-Repräsentationslernens rasant entwickelt. Für verschiedene komplexe Netzwerke und Anwendungsanforderungen wurden durch die Arbeit vieler Wissenschaftler zahlreiche Methoden des Netzwerk-Repräsentationslernens entworfen. Je nach den vom Verfahren berücksichtigten Netzwerkinformationen lassen sich diese Methoden in drei Kategorien einteilen: Methoden, die auf Netzwerkstrukturinformationen basieren, Methoden, die externe Informationen des Netzwerks einbeziehen, und Methoden, die fortgeschrittene Informationen des Netzwerks bewahren.

18.3.1 Methode basierend auf Netzwerkstrukturinformationen

Das initiale Network Representation Learning basiert darauf, Knoten im niedrigdimensionalen Raum unter Verwendung der Netzwerkstruktur darzustellen, wozu Informationen wie die Nachbarschaftsstruktur und die Gemeinschaftsstruktur gehören. Je nach berücksichtigter Strukturinformation können unterschiedliche Methoden entwickelt werden.

1. DeepWalk

   DeepWalk ist eine Methode zur Datenanalyse von Graphstrukturen, die Random Walks mit Word2Vec kombiniert [12]. Mit dieser Methode kann verborgene Information im Netzwerk erlernt und die Knoten im Graphen als Vektoren mit latenten Informationen dargestellt werden. Die Methode gliedert sich hauptsächlich in zwei Teile: zufällige Wanderungen und die Erzeugung von Repräsentationsvektoren. Die kurzen Random-Walk-Sequenzen werden durch die Kookkurrenzbeziehungen zwischen Knoten im Graphen erzeugt, und anschließend wird die Vektorrepräsentation des Netzwerks mithilfe des neuronalen Sprachmodells Skip-Gram gewonnen.

2. Node2Vec

   Kurz gesagt ist Node2Vec eine Erweiterung von DeepWalk [13]. Obwohl Node2Vec weiterhin Random Walks verwendet, um die Nachbarsequenzen der Knoten zu erhalten, nutzt es einen verzerrten Random Walk und führt eine gezielte Steuerung ein, um zu bestimmen, ob ein Random Walk als Depth-First Sampling (DFS) oder Breadth-First Sampling (BFS) ausgeführt wird. Diese beiden Arten von Wanderungen fokussieren jeweils auf die Gemeinschaftsstruktur bzw. auf die Bedeutung einzelner Knoten.

3. HARP

   HARP [14] betrachtet die Netzwerkstruktur als makroskopische topologische Struktur des gesamten Netzwerks. Durch rekursives Zusammenführen von Knoten und Kanten im Netzwerk werden Netzwerke mit abnehmender Größe erzeugt. Das Embedding des kleinsten Netzwerks dient als Initialisierungsvektor für das jeweils größere Netzwerk, und dieser Vorgang wird mehrfach wiederholt, bis das Embedding des ursprünglichen Netzwerks berechnet ist.

4. Metapath2Vec

   Metapath2Vec [15] konstruiert die heterogene Nachbarschaft jedes Knotens auf Basis von Random Walks entlang Meta-Pfaden und bettet die Knoten anschließend mit dem Skip-Gram-Modell ein, wodurch strukturelle und semantische Verbindungen in heterogenen Netzwerken abgebildet werden. Meta-Pfade stellen sicher, dass semantische Beziehungen zwischen verschiedenen Knotentypen durch die gezielte Definition zulässiger Pfadformen korrekt in das Skip-Gram-Modell integriert werden können.

5. LINE

   Die Ähnlichkeit erster Ordnung beschreibt die lokale Ähnlichkeit zwischen Knotenpaaren in Abb. 18.3. Beispielsweise besteht zwischen Knoten 6 und Knoten 7 eine direkte Kante mit hohem Gewicht, weshalb eine hohe Ähnlichkeit erster Ordnung angenommen wird. Zwischen Knoten 5 und 6 existiert hingegen keine direkte Kante, sodass deren Ähnlichkeit erster Ordnung 0 ist. Da Knoten 5 und 6 jedoch viele identische Nachbarn haben, kann auch eine Ähnlichkeit festgestellt werden, die durch die Ähnlichkeit zweiter Ordnung beschrieben wird.

   LINE (Large-scale Information Network Embeddings) [16] berücksichtigt die Nachbarschaftsstruktur der Knoten, modelliert zunächst die Wahrscheinlichkeiten aller Knotenpaare mit Ähnlichkeit erster und zweiter Ordnung, minimiert

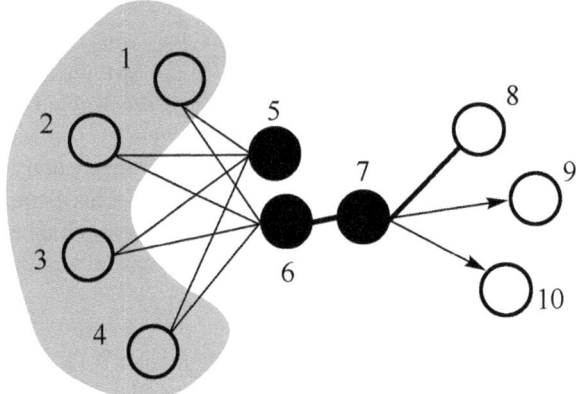

Abb. 18.3 Beispiele für Ähnlichkeit erster und zweiter Ordnung

dann den Abstand zwischen der empirischen Wahrscheinlichkeit $p(i,j)$ für die Verbindung von Knoten i und j und der Ähnlichkeit $p(v_i, v_j)$ der vektorisierten Knotenpaare und stellt das Netzwerk schließlich mittels stochastischem Gradientenabstieg dar.

6. CNRL

   Während DeepWalk nur die Beziehungen zwischen Knoten betrachtet und globale Zusammenhänge im Graphen vernachlässigt, berücksichtigt CNRL [17] die Gemeinschaftsstruktur des Netzwerks, indem die verborgene Gemeinschaftsinformation in die Knotenrepräsentation eingebettet wird. CNRL nimmt an, dass jeder Knoten mehreren Gemeinschaften angehört, d. h. jeder Knoten besitzt eine Wahrscheinlichkeitsverteilung über alle Gemeinschaften. Inspiriert von DeepWalk behandelt CNRL Gemeinschaften im Netzwerk analog zu Themen in Texten. Jede Knotensequenz wird als Dokument betrachtet, und die Gemeinschaftsverteilung jedes Knotens wird mithilfe des LDA-Topic-Modells auf Basis von Gibbs-Sampling gelernt. Die zugehörigen Gemeinschaftslabels werden den Knoten in der Sequenz per Zufallsstichprobe zugewiesen. Anschließend werden auf Basis des Skip-Gram-Modells die Nachbarknoten in der Random-Walk-Sequenz gleichzeitig mit der Knotenrepräsentation des Zentralknotens und der entsprechenden Gemeinschaftsrepräsentation vorhergesagt, sodass die Gemeinschaftsstrukturinformation in der Knotenrepräsentation erhalten bleibt.

7. SDNE-Modell

   Das SDNE (Structural Deep Network Embedding)-Modell verwendet ein semi-supervised Deep Model und nutzt mehrschichtige nichtlineare Funktionen, um hochgradig nichtlineare Netzwerkstrukturen zu erfassen. Es berücksichtigt sowohl Nachbarschaftsbeziehungen erster als auch zweiter Ordnung, um die Netzwerkstruktur zu erhalten. Da die Nachbarschaftsbeziehung zweiter Ordnung mittels unüberwachtem Lernen die globale Netzwerkstruktur erfasst, während die Nachbarschaftsbeziehung erster Ordnung mittels überwachtem Lernen die lokale Netzwerkstruktur bewahrt, kann das SDNE-Modell beide Aspekte im semi-supervised Deep Model gemeinsam optimieren und so sowohl die lokale als auch die globale Netzwerkstruktur erhalten. Diese Methode erzielt insbesondere in dünn besetzten Netzwerken gute Ergebnisse.

8. DNGR-Modell
   Das DNGR-Modell [18] verwendet das Random Surfing-Modell zur Verarbeitung gewichteter Graphen und ermöglicht so die direkte Berechnung einer Kookkurrenzwahrscheinlichkeits-PPMI-Matrix ohne Random Sampling. Anschließend werden die komplexen und nichtlinearen Beziehungen zwischen Knoten über die Kookkurrenzmatrix erfasst, was gegenüber der herkömmlichen, auf SVD basierenden Matrixzerlegung, effizienter ist.

18.3.2 Methode unter Einbeziehung externer Netzwerkinformationen

Neben den Netzwerkstrukturinformationen enthält das Netzwerk häufig umfangreiche externe Informationen, darunter Textinformationen und Attributlabels der Knoten. Die mit externen Netzwerkinformationen kombinierte Methode des Network Representation Learning kann die Qualität der Repräsentationslernen verbessern.

1. TADW
   DeepWalk entspricht der in Abb. 18.4a dargestellten Matrixzerlegung, wobei W und H zwei niedrigdimensionale Matrizen sind, die nach der Zerlegung der Matrix M entstehen. DeepWalk betrachtet die W-Matrix als das Einbettungsergebnis der Knoten. TADW [19] bezieht im Zerlegungsprozess zusätzlich die Textmerkmalsinformationen ein, wobei T die Textmerkmalsmatrix darstellt, wie in Abb. 18.4b gezeigt.
2. CANE
   CANE [17] verwendet ein Convolutional Neural Network, um die Textinformationen zweier Knoten auf einer Kante zu kodieren. Bei der Generierung der Textrepräsentation werden mithilfe eines Mutual-Attention-Mechanismus die relevantesten Faltungsresultate dieser beiden Knoten ausgewählt, um den finalen Textrepräsentationsvektor zu bilden.
3. DANE-Modell
   Das DANE-Modell [20] kann genutzt werden, um potenziell hochgradig nichtlineare Eigenschaften in Netzwerktopologie und Attributen zu erfassen. Gleichzeitig kann das Modell die erlernte Knotenrepräsentation stärken, um die Nachbarschaftsbeziehungen erster und höherer Ordnung im ursprünglichen Netzwerk zu bewahren.

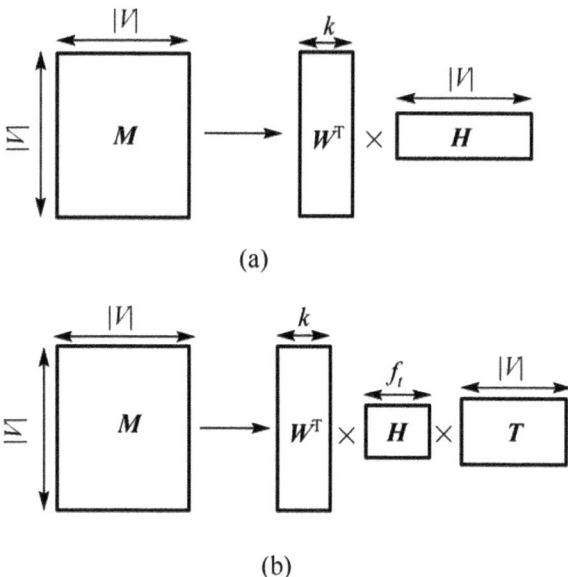

(a)

(b)

Abb. 18.4 Schematische Darstellung der Matrixzerlegung. (**a**) DeepWalk. (**b**) TADW

4. CAN-Modell

Das Ziel des CAN-Modells [21] ist es, die niedrigdimensionale Vektor-repräsentation von Attributen und Knoten im selben semantischen Raum zu er-lernen, um deren Korrelation effektiv zu erfassen und zu messen. Um das Ein-betten von Knoten und Attributen im Netzwerk effektiv zu erschließen, kann ein variationaler Autoencoder verwendet werden, bei dem die Einbettungen von Knoten und Attributen durch eine Gaußsche Verteilung dargestellt werden und die zugehörige Varianz die Unsicherheit der erschlossenen Einbettung angibt.

5. MMDW

Das Ziel von MMDW [17] ist es, eine Matrixzerlegungsform der DeepWalk-Verlustfunktion zu erlernen und einen auf Support Vector Machine basierenden Maximum-Margin-Klassifikator zu trainieren, um deren Verlustfunktionen zu kombinieren. Es wird eine Methode der Variablenkontrolle angewendet, um beide Komponenten separat zu optimieren, sodass letztlich eine charakteristi-sche Netzwerkrepräsentation erlernt wird.

18.3.3 Methode zur Erhaltung fortgeschrittener Netzwerkinformationen

Mit der Vertiefung der Forschung im Bereich des Network Representation Lear-ning beginnen Wissenschaftler, die dynamische Entwicklung von Netzwerken

sowie die Gemeinschaftserkennung zu berücksichtigen. Neben der Netzwerkstruktur und externen Informationen werden bei der Repräsentation des Netzwerks
auch die Interaktionen zwischen Gemeinschaften und Zeitstempeln einbezogen.

DTCD (Dynamic Topical Community Detection) [22] integriert Netzwerk-
struktur, Text- und Zeitstempelinformationen und modelliert Gemeinschaften,
Themen, die Beziehung zwischen Gemeinschaft und Thema sowie die zeitliche
Veränderung zwischen Gemeinschaft und Thema und betrachtet diese als latente
Variablen. Neben der Netzwerkstruktur und den Knotenattributen berücksichtigt
DTCD auch höherstufige Informationen des Netzwerks, also die dynamischen Informationen des Netzwerks sowie die Beziehung zwischen Gemeinschaftsstruktur
und Themen. Dies erhöht zwar die Komplexität der Methode, erweitert jedoch
auch den Forschungshorizont des Network Representation Learning.

18.4 Klassische Fallstudien zum Network Representation Learning

Die Klassifizierung von Methoden des temporalen Network Representation
Learning ist vielfältig. Basierend auf der groben und feinen Granularität der
Repräsentationsmethoden lassen sich temporale Netzwerke in Zeit-Snapshot- und
kontinuierliche Zeit-Typen unterteilen [23]. Holme et al. betrachteten bei der Diskussion temporaler Methoden des Network Representation Learning auch ein Szenario, in dem dynamische Netzwerke in statische Netzwerke mit Zeitattributen
an den Kanten umgewandelt werden [24]. Darüber hinaus haben einige Wissenschaftler beim Modellieren der topologischen Struktur temporaler Netzwerke
Knoten über mehrere Snapshots hinweg miteinander verknüpft und so dynamische Netzwerke zur Analyse in statische Netzwerke transformiert [25]. Aufgrund
des Fehlens einer klaren Klassifizierung temporaler Methoden des Network Representation Learning in der bisherigen Forschung unterteilt dieser Abschnitt die
aktuellen Methoden des temporalen Network Representation Learning anhand
dynamischer topologischer Strukturen und äquivalenter statischer topologischer
Strukturen grob in vier Typen: diskrete temporale Netzwerke, kontinuierliche temporale Netzwerke, kantenorientierte äquivalente statische Netzwerke und knotenorientierte äquivalente statische Netzwerke.

18.4.1 Diskrete temporale Netzwerke

Diskrete temporale Netzwerke (DTNs) können als zeitliche Sequenzdarstellung
mehrerer statischer Graphen betrachtet werden, die durch das Erstellen von Snapshots des temporalen Netzwerks in festen Zeitintervallen gewonnen werden können
[26]. Dieser Ansatz ermöglicht eine anschauliche Beobachtung der Veränderungen

der Knoten des Netzwerks und der Kanten zwischen den Knoten im Zeitverlauf, wie in Abb. 18.5 dargestellt. Die Formel für DTNs ist in Gl. (18.3) angegeben:

$$\text{DTNs} = (G_1, G_2, \ldots, G_T) \tag{18.3}$$

wobei T die Gesamtdauer bezeichnet.

18.4.2   Kontinuierliche temporale Netzwerke

Kontinuierliche temporale Netzwerke (CTNs) bewahren die Zeitinformation jeder strukturellen Änderung, die im dynamischen Graphen auftritt. Die Snapshots in der Zeitdimension müssen dabei nicht in festen Intervallen erfolgen, wodurch die Veränderungen im temporalen Netzwerk präzise abgebildet werden. Allerdings fehlt den zeitlichen Veränderungen kontinuierlicher temporaler Netzwerke eine Regelmäßigkeit, was eine weitergehende Analyse aus zeitlicher Perspektive erschwert. Angenommen, u_i und v_i sind zwei Knoten im temporalen Netzwerk, so existieren derzeit drei Darstellungsformen für CTNs, wie in Abb. 18.6 gezeigt [27]:

1. Kontinuierliche temporale Netzwerke auf Basis von Momentanänderungen (CTNs-IC): Die Darstellung kontinuierlicher temporaler Netzwerke auf Basis von Momentanänderungen (CTNs-IC) veranschaulicht die momentane Änderung zwischen den Knoten u_i und v_i zum Zeitpunkt t_i [28]. Die Formel lässt sich wie folgt ausdrücken:

$$\text{CTNs-IC} = \{(u_i, v_i, t_i)\} \tag{18.4}$$

Abb. 18.5a zeigt das Szenario von Momentanänderungen im Representation Learning kontinuierlicher temporaler Netzwerke und verdeutlicht, dass zum Zeitpunkt t_i eine Kante zwischen den Knoten u_i und v_i hergestellt wurde.

2. Kontinuierliche temporale Netzwerke auf Basis von Ereignissen (CTNs-E): Im Vergleich zu CTNs-IC beinhalten CTNs-E Informationen über die Dauer des

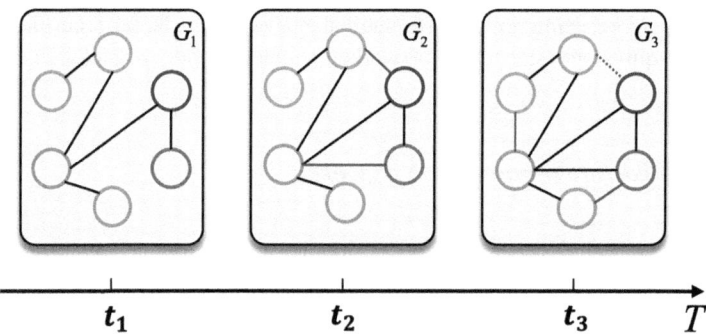

Abb. 18.5 Kantenorientierte äquivalente statische Netzwerkdarstellungsmethode

Zustands auf den Kanten zwischen den Knoten [29]. Dies bedeutet, dass die zwischen den Knoten u_i und v_i zum Zeitpunkt erzeugte Kante für eine Dauer von Δ_{uv_i} bestand, wie in Abb. 18.6b dargestellt. Die Formel kann wie folgt angegeben werden:

$$\text{CTNs-E} = \left\{ \left(u_i, v_i, t_i, \Delta_{uv_i} \right) \right\} \tag{18.5}$$

3. Kontinuierliche temporale Netzwerke auf Basis von Graphströmen (CTNs-GS): Die Analyse kontinuierlicher temporaler Netzwerke auf Basis von Graphströmen (CTNs-GS) konzentriert sich hauptsächlich auf die Veränderungen der Kantenbeziehungen in großskaligen Graphen, die sich typischerweise als Hinzufügen oder Entfernen von Kanten manifestieren, wie in Abb. 18.6c

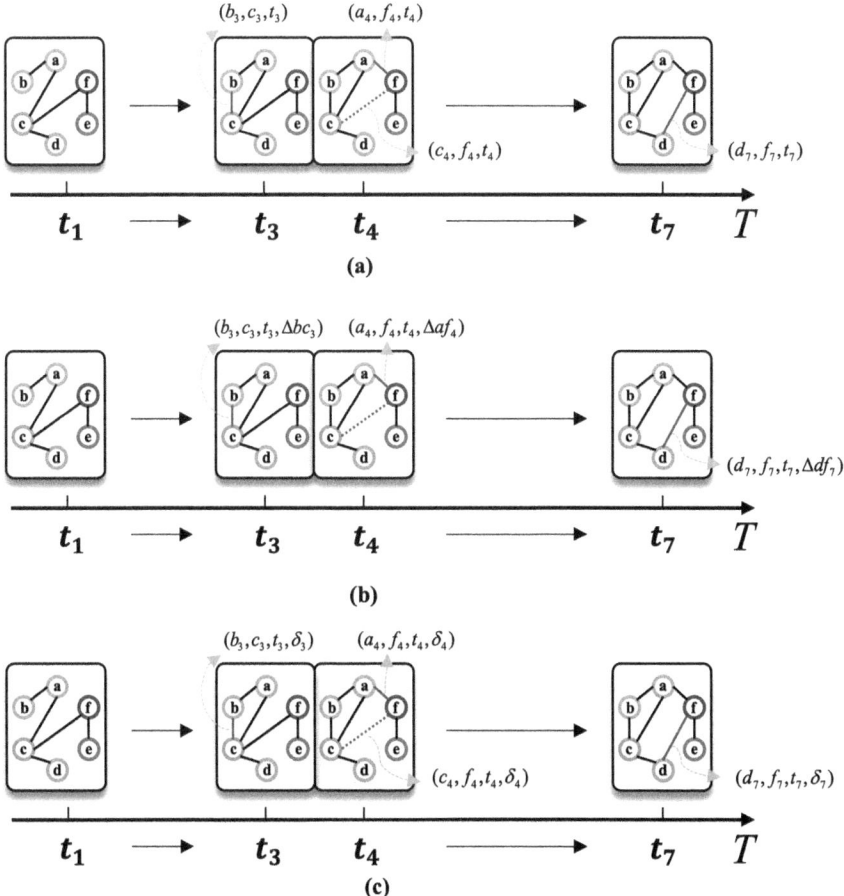

Abb. 18.6 Knotenorientierte äquivalente statische Netzwerkdarstellungsmethode. (**a**) Kontinuierliche temporale Netzwerke auf Basis von Momentanänderungen. (**b**) Kontinuierliche temporale Netzwerke auf Basis von Ereignissen. (**c**) Kontinuierliche temporale Netzwerke auf Basis von Graphströmen

dargestellt. Die Dynamik kontinuierlicher temporaler Netzwerke lässt sich dabei durch die folgende Formel beschreiben (Gl. 18.6):

$$\text{CTNs-GS} = \{(u_i, v_i, t_i, \delta_i)\} \tag{18.6}$$

wobei $\delta_i = 1$ (Hinzufügen einer Kante) oder $\delta_i = -1$ (Entfernen einer Kante) bedeutet.

### 18.4.3	Knotenorientierte äquivalente statische Netzwerke

Knotenorientierte äquivalente statische Netzwerke (NESN) nutzen die Attribute der Knoten, um temporale Informationen zu kodieren [30] und bewahren so effektiv den Zustand der Knoten, wie in Abb. 18.7 dargestellt. Im Gegensatz zu kantenorientierten äquivalenten statischen Netzwerken werden bei knotenorientierten äquivalenten statischen Netzwerken von jedem Knoten zu verschiedenen Zeitpunkten im temporalen Netzwerk Kopien erstellt und Regeln definiert, um Knoten aus unterschiedlichen Zeitpunkten miteinander zu verbinden. Dadurch entsteht ein äquivalenter statischer Graph, der den Evolutionsprozess des temporalen Netzwerks präzise simuliert.

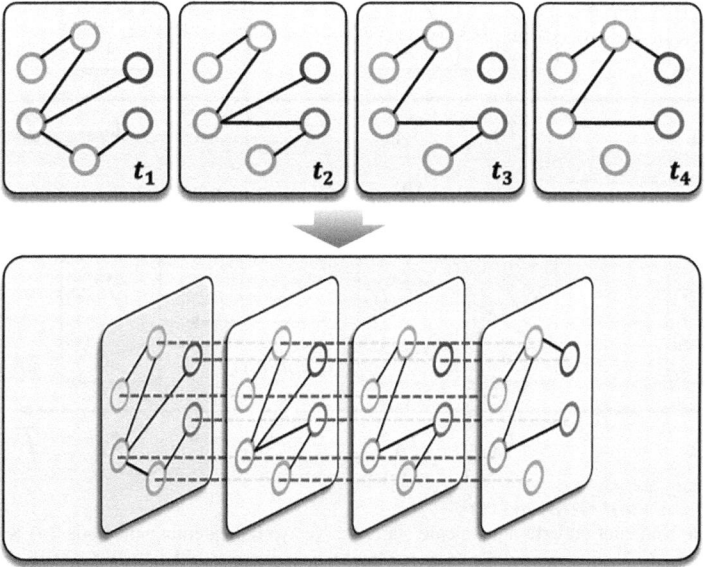

Abb. 18.7 Methode zur kontinuierlichen Darstellung temporaler Netzwerke

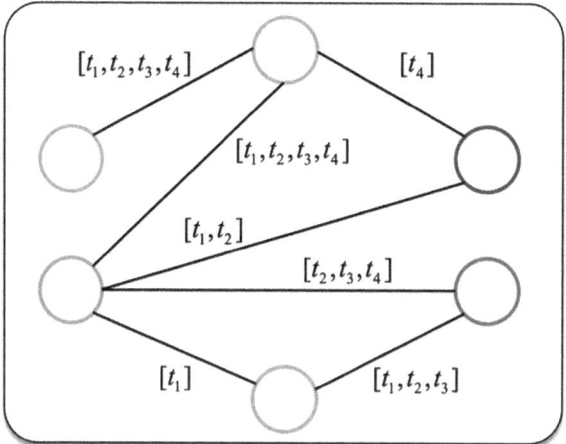

Abb. 18.8 Methode zur diskreten Darstellung temporaler Netzwerke

18.4.4   Kantenorientierte äquivalente statische Netzwerke

Kantenorientierte äquivalente statische Netzwerke (EESN) sind ein Verfahren zur Verarbeitung von Graphsequenzen, das Daten von sich über die Zeit verändernden Graphen effektiv handhabt, indem die dynamische Graphstruktur in eine statische Graphrepräsentation überführt wird. In solchen Netzwerken wird die Kodierung temporaler Informationen nicht auf den Knoten gespeichert, sondern geschickt in den Attributen der Kanten eingebettet [31]. Wie in Abb. 18.8 zu sehen ist, trägt jede Kante in einem kantenorientierten äquivalenten statischen Netzwerk eine Attributsequenz, die die Zeitpunkte des Bestehens der Kante im Graphen festhält. Diese Methode des Repräsentationslernens ermöglicht es dem Netzwerk, die dynamische Natur der Beziehungen zwischen Knoten im Zeitverlauf zu erfassen und gleichzeitig die statischen Eigenschaften der Graphstruktur zu verschiedenen Zeitpunkten zu bewahren. Auf diese Weise können kantenorientierte äquivalente statische Netzwerke die leistungsfähigen Ausdrucksmöglichkeiten von Graph-Neuronalen Netzwerken für Lernen und Inferenz nutzen, ohne Zeitreiheninformationen zu verlieren.

18.5   Klassisches Beispiel für Network Representation Learning

18.5.1   DeepWalk-Methode (2014)

Im Bereich der NLP-Aufgaben ist Word2Vec eine häufig verwendete Methode zur Wort-Einbettung, die die Ko-Okkurrenzbeziehungen zwischen Wörtern anhand von Satzfolgen im Korpus beschreibt und daraus die Vektorrepräsentation der Wörter lernt. Die Idee von DeepWalk ist ähnlich wie bei Word2Vec, nämlich die Ko-Okkurrenzbeziehungen zwischen Knoten im Graphen zu nutzen, um die Vektorrepräsentation der Knoten zu erlernen. Die zentrale Fragestellung ist dabei, wie die Ko-Okkurrenzbeziehung zwischen Knoten beschrieben werden kann. DeepWalk schlägt hierfür vor, Knoten im Graphen mittels Random Walk zu sampeln.

Random Walk ist ein Tiefensuch-Algorithmus, bei dem bereits besuchte Knoten mehrfach besucht werden können. Zunächst wird der aktuelle Startknoten festgelegt, anschließend wird der nächste Knoten zufällig aus den Nachbarknoten ausgewählt. Dieser Vorgang wird wiederholt, bis die Länge der Besuchssequenz die vorgegebenen Bedingungen erfüllt. Nach Erhalt der Knotensequenz mit der gewünschten Länge wird das Skip-Gram-Modell für das Vektorlernen eingesetzt.

DeepWalk umfasst im Wesentlichen zwei Schritte. Im ersten Schritt wird mittels Random Walk eine Knotensequenz gesampelt, im zweiten Schritt wird mit dem Skip-Gram-Modell Word2Vec der Repräsentationsvektor gelernt. Die konkreten Schritte sind: (1) Aufbau eines isomorphen Netzwerks und Durchführung von Random Walk-Sampling auf jedem Knoten, um lokal zusammenhängende Trainingsdaten zu erhalten. (2) Skip-Gram-Training auf den gesampelten Daten, wobei die diskreten Netzwerkknoten als Vektoren dargestellt werden, um die Ko-Okkurrenz der Knoten zu maximieren. Für die Klassifikation im sehr großen Maßstab wird Hierarchical Softmax als Klassifikator verwendet.

Am Beispiel der gängigen Produktempfehlung im E-Commerce-Bereich zeigt Abb. 18.9a die ursprüngliche Nutzerverhaltenssequenz. Abb. 18.9b ist ein Artikel-Korrelationsdiagramm, das auf diesen Nutzerverhaltenssequenzen basiert. Die Kante zwischen Artikel A und Artikel B entsteht, weil Nutzer U_1 nacheinander Artikel A und B gekauft hat. Werden anschließend mehrere identische gerichtete Kanten erzeugt, erhöht sich das Gewicht der gerichteten Kanten entsprechend. Nachdem alle Nutzerverhaltenssequenzen in Kanten des Artikel-Korrelationsgraphen umgewandelt wurden, entsteht ein globales Artikel-Korrelationsnetzwerk. Abb. 18.9c zeigt, wie durch Random Walk der Startknoten zufällig ausgewählt und anschließend die Artikelsequenz neu generiert wird. Schließlich werden diese Artikelsequenzen in das Word2Vec-Modell eingespeist, um den finalen Artikel-Embedding-Vektor zu erzeugen, wie in Abb. 18.9d dargestellt. Der Kern dieses Verfahrens ist die Regeneration der Artikelsequenz, wobei die einzige formale Definition die Sprungwahrscheinlichkeit des Random Walks ist, also die Wahrscheinlichkeit, nach Erreichen des Knotens v_i den Nachbarknoten v_j zu durchlaufen. Handelt es sich beim zugehörigen Graphen eines Artikels um einen gerichteten, gewichteten Graphen, so ist die Wahrscheinlichkeit für den Sprung von Knoten v_i zu Knoten v_j wie folgt definiert:

$$P\left(v_j|v_i\right) = \begin{cases} \frac{M_{ij}}{\sum_{j\in N_+(v_i)} M_{ij}}, & v_j \in N_+v_i, \\ 0, & e_{ij} \notin \varepsilon, \end{cases} \tag{18.7}$$

Dabei ist $N + (v_i)$ die Menge aller ausgehenden Kanten des Knotens v_i; M_{ij} ist das Gewicht der Kante von Knoten v_i zu Knoten v_j.

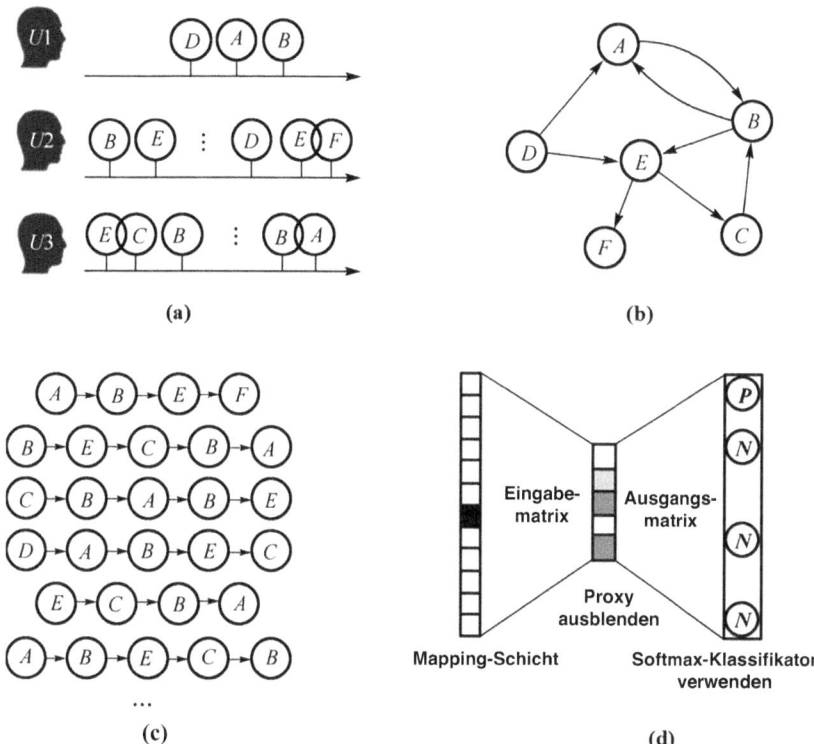

Abb. 18.9 Ablauf des DeepWalk-Algorithmus. (**a**) Nutzerverhaltenssequenz. (**b**) Aufbau eines Artikelbeziehungsdiagramms auf Basis des Nutzerverhaltens. (**c**) Random Walk erzeugt Artikelsequenz. (**d**) Generierung des Embedding-Vektors mit dem Skip-Gram-Modell

18.5.2   Node2Vec (2016)

Node2Vec und DeepWalk basieren auf ähnlichen Prinzipien: Beide gewinnen Kombinationen von Knoten und Kontexten durch Random Walks und modellieren diese Kombinationen anschließend mit einem neuronalen Sprachmodell, um die Vektorrepräsentation des Netzwerks zu erhalten. Der Unterschied besteht darin, dass Node2Vec einen verzerrten Random-Walk-Prozess entwirft, der verschiedene Nachbarschaften effektiv erkunden kann.

Viele Knoten weisen im Netzwerk ähnliche strukturelle Merkmale auf. So lässt sich beispielsweise in Abb. 18.10 erkennen, dass Knoten u und Knoten S_1 derselben eng verbundenen Knoten-Community angehören, während Knoten u und Knoten S_6 aus zwei verschiedenen Communities ebenfalls ähnliche strukturelle Eigenschaften aufweisen. Node2Vec kann diese Situation gut abbilden, indem es einerseits von Knoten innerhalb derselben Community lernt und andererseits von Knoten in unterschiedlichen Communities mit ähnlichen Rollen.

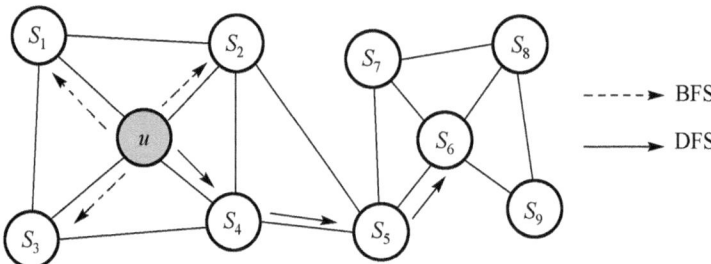

Abb. 18.10 BFS- und DFS-Suchstrategie

Im Allgemeinen gibt es zwei Sampling-Strategien zur Generierung von Nachbarschaftsmengen, nämlich DFS und BFS. BFS tendiert dazu, sich um den Startknoten zu bewegen und spiegelt so die mikroskopischen Eigenschaften der Nachbarschaft eines Knotens wider. DFS hingegen sampelt vom Startknoten aus in der Reihenfolge zunehmender Beispiele und kann so die makroskopischen Eigenschaften der Nachbarschaft eines Knotens abbilden. Node2Vec verbessert das Random-Walk-Verfahren von DeepWalk, indem es die Eigenschaften von DFS und BFS integriert.

Wie in Abb. 18.11 dargestellt, gilt für einen Random Walk: Wenn (t, v) bereits gesampelt wurde, was bedeutet, dass sich das Sampling aktuell bei Knoten V befindet, wird der nächste zu samplende Knoten gemäß der folgenden Wahrscheinlichkeitsverteilung bestimmt:

$$\alpha_{pq}(t, x) = \begin{cases} \frac{1}{p} & \text{if } d_{tx} = 0 \\ 1 & \text{if } d_{tx} = 1 \\ \frac{1}{q} & \text{if } d_{tx} = 2 \end{cases} \tag{18.8}$$

Rückkehrwahrscheinlichkeit p:

Abb. 18.11 Diagramm des Random-Walk-Prozesses in Node2vec

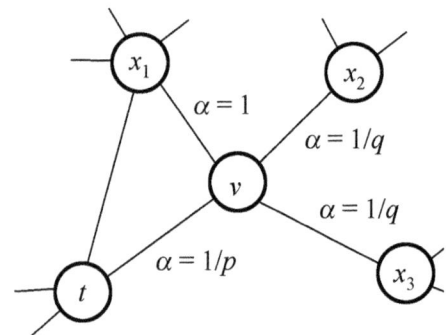

Wenn $p > $ max $(q, 1)$, wird das Sampling möglichst vermeiden, zum zuvor besuchten Knoten zurückzukehren.

Wenn $p < $ min $(q, 1)$, ist das Sampling eher geneigt, zum vorherigen Knoten zurückzukehren, wodurch die Bewegung stets um den Startknoten erfolgt.

Zugriffsparameter q:

Wenn $q > 1$, tendiert das Wandern dazu, sich um die Knoten in der Nähe des Startknotens zu bewegen, was die BFS-Eigenschaften eines Knotens widerspiegelt.

Wenn $q < 1$, tendiert das Wandern zu weiter entfernten Knoten, was die DFS-Eigenschaften der Knoten widerspiegelt.

Es ist ersichtlich, dass bei $p = 1$ und $q = 1$ der Walk-Modus von Node2Vec dem Random Walk in DeepWalk entspricht.

Abb. 18.12a zeigt den Pseudocode von Node2Vec, während Abb. 18.12b den entsprechenden ausführbaren Code darstellt. Bei jedem Random Walk existiert eine unsichtbare Verzerrung, da der Startknoten u gewählt wird. Diese Verzerrung kann ausgeglichen werden, indem ein Random Walk fester Länge l von beliebigen Knoten aus simuliert wird, wobei jeder Schritt des Walks auf Basis der Übergangswahrscheinlichkeit π_{vx} gesampelt wird. Die drei Phasen von Node2Vec – Vorverarbeitung zur Berechnung der Übergangswahrscheinlichkeiten, Simulation des Random Walks und Optimierung mittels SGD – werden nacheinander ausgeführt. Jede Phase kann parallel und asynchron ablaufen, was zur Skalierbarkeit von Node2Vec beiträgt.

Node2Vec, das sowohl Homogenität als auch Struktur flexibel abbilden kann, wurde auch experimentell bestätigt. Der obere Teil von Abb. 18.13 zeigt, dass Node2Vec stärker auf Homogenität achtet, wobei Knoten mit geringerer Distanz ähnliche Farben aufweisen, während der untere Teil Knoten mit ähnlichen strukturellen Eigenschaften hervorhebt und damit die strukturellen Aspekte demonstriert.

Die von Node2Vec abgebildete Homogenität und Struktur des Netzwerks lässt sich anschaulich am Beispiel eines E-Commerce-Empfehlungssystems erklären. Artikel mit derselben Homogenität sind wahrscheinlich Produkte derselben Kategorie, mit gleichen Attributen und werden häufig gemeinsam gekauft, während Artikel mit gleicher Struktur solche mit ähnlichen Trends oder strukturellen Eigenschaften sind, wie etwa Bestseller verschiedener Kategorien oder Spitzenprodukte einzelner Kategorien. Offensichtlich sind beide Merkmalsausprägungen für Empfehlungssysteme von entscheidender Bedeutung. Da Node2Vec diese Flexibilität und die Fähigkeit zur Erkundung unterschiedlicher Merkmale besitzt, ist es möglich, die durch verschiedene Node2Vec-Modelle erzeugten Embedding-Vektoren zu fusionieren und in das nachfolgende Deep-Learning-Netzwerk einzuspeisen, um die vielfältigen Merkmalsinformationen der Artikel zu bewahren.

Algorithmus 1 Der node2vec-Algorithmus.

LearnFeatures (Graph *G*= (V, *E*, *W*), Dimensionen *d*, Spaziergänge pro Knoten *r*. Walk-Länge *l*, Kontextgröße *k*, Return *p*, In-out *q*)
= πPreprocessModifiedWeights(*G*, *p*, *q*)
G'= *(V,E, π)*
Initialisierung der *Spaziergänge* auf Empty
for *iter*= 1 **to** *r* **do**
   for all nodes *u* ∈ *V* **do**
      walk= node2vecWalk(G', *u*, *l*)
      Walk an *walks* anhängen
    f= StochasticGradientDescent(*k*, *d*, *walks*)
   Rückgabe *f*

---

node2vecWalk (Graph G'= *(V,E,π)*, Startknoten *u*, Länge *l*)
   Initialisiere *Spaziergang* nach [u]
   for *walk_iter*= 1 **to** *l* **do**
      curr= *walk*[- 1]
      V_{Curr}= GetNeighbors(*curr*, *G'*)
      s= AliasSample($V_{(Curr,π)}$)
      Anhängen *von s* an *walk*
   return *walk*

(a)

```
1   def node2vec_walk(self, walk_length, start_node):
2       G = self.G
3       alias_nodes = self.alias_nodes
4       alias_edges = self.alias_edges
5       walk = [start_node]
6       while len(walk) < walk_length:
7           cur = walk[-1]
8           cur_nbrs = list(G.neighbors(cur))
9           if len(cur_nbrs) > 0:
10              if len(walk) == 1:
11                  walk.append(cur_nbrs[alias_sample(alias_nodes[cur][0], alias_nodes[cur][1])])
12              else:
13                  prev = walk[-2]
14                  edge = (prev, cur)
15                  next_node = cur_nbrs[alias_sample(alias_edges[edge][0],alias_edges[edge][1])]
16                  walk.append(next_node)
17          else:
18              break
19      return walk
```

(b)

Abb. 18.12 Node2Vec-Kerncode. (**a**) Node2Vec-Pseudocode. (**b**) Entsprechender ausführbarer Code

18.6 Anwendungsbeispiele des Network Representation Learning

Typische Anwendungsgebiete des Network Representation Learning umfassen hauptsächlich Knotenklassifikation, Link-Vorhersage, Community Detection, Empfehlungssysteme und Visualisierung.

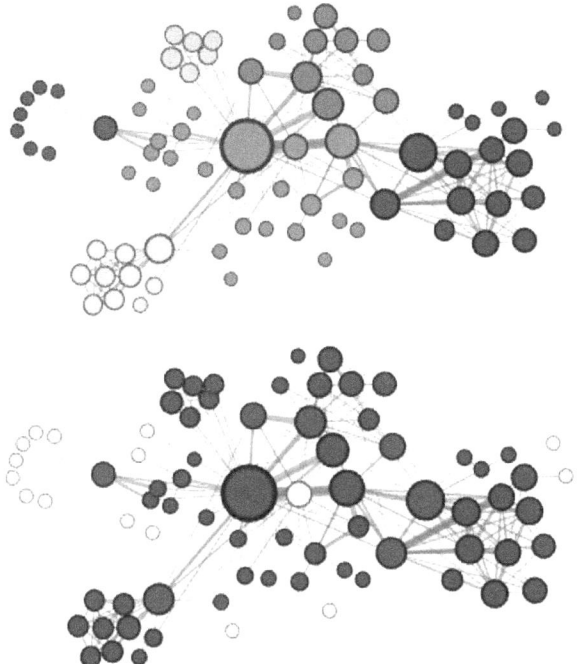

Abb. 18.13 Experimentelle Ergebnisse von Node2Vec

18.6.1   Knotenklassifikation

Bei der Verarbeitung von Netzwerkdaten ist es häufig erforderlich, die Knoten im Netzwerk sinnvoll zu klassifizieren. In sozialen Netzwerken können beispielsweise Nutzer nach ihren Interessen klassifiziert werden, um gezielte Empfehlungen auszusprechen. Die Interessen und Vorlieben der Nutzer stellen dabei die Kategorisierungsinformationen dar, die zur Klassifizierung herangezogen werden und bilden zugleich die Grundlage für die Einteilung. Da in realen Daten die Kategorisierungsinformationen jedoch oft spärlich vorhanden sind, kann die Methode des Network Representation Learning genutzt werden, um die Knoten zu kodieren, sodass auch bei wenig vorhandenen Label-Informationen gute Klassifikationsergebnisse erzielt werden können.

18.6.2   Link-Vorhersage

Link-Vorhersage bezeichnet die Prognose fehlender oder potenzieller Kanten im Netzwerk. Dies unterstützt die Analyse von Netzwerken mit unvollständigen

Daten sowie deren Entwicklung und findet breite Anwendung in der Praxis. So kann beispielsweise mit Link-Vorhersageverfahren auf Basis der aktuellen Netzwerkstruktur vorhergesagt werden, welche Nutzer künftig Freunde werden könnten, um entsprechende Freundschaftsempfehlungen auszusprechen. Ein gängiges Evaluationsmaß für die Link-Vorhersage ist der AUC-Wert. Wird jeweils ein positives und ein negatives Beispiel zufällig aus der Stichprobe ausgewählt, so gibt der AUC-Wert die Wahrscheinlichkeit an, dass der vom Klassifikationsalgorithmus berechnete Score des positiven Beispiels höher ist als der des negativen Beispiels.

18.6.3 Community Detection

Community Detection bezeichnet das unüberwachte Clustern von Knoten im Netzwerk, sodass ähnliche Knoten derselben Community zugeordnet werden. Im Unterschied zur Knotenklassifikation ist Community Detection eine unüberwachte Aufgabe, das heißt, es liegen keine gelabelten Daten vor. Als Aufgabe mit einem hohen Grad an Freiheit hat Community Detection viele Forschende dazu motiviert, ihre Untersuchungen in diesem Bereich zu vertiefen. Auf Anwendungsebene kann der Community Detection-Algorithmus beispielsweise dazu genutzt werden, Freunde in sozialen Netzwerken automatisch in Gruppen einzuteilen oder verschiedene Proteine in Protein-Netzwerken anhand ihrer Beziehungen automatisch zu klassifizieren.

18.6.4 Empfehlungssystem

Ein Empfehlungssystem ist ein Softwarewerkzeug bzw. eine Technologie, die bestimmten Nutzern Vorschläge zu denjenigen Objekten unterbreitet, für die sie sich mit hoher Wahrscheinlichkeit interessieren, und Produkte oder Informationen mittels verschiedener Empfehlungsalgorithmen empfiehlt. Ein präziser Empfehlungsalgorithmus kann Ergebnisse liefern, die den Präferenzen oder Bedürfnissen der Nutzer sehr nahekommen, und so die Zeit für die Suche nach relevanten Informationen erheblich verkürzen, was die Nutzererfahrung verbessert und die Nutzerbindung stärkt. Durch den Einsatz von Network Representation Learning zur Modellierung des aus dem Empfehlungsszenario abgeleiteten Informationsnetzwerks können weitere Entitätseigenschaften und Beziehungen zwischen Entitäten erschlossen und die dem Empfehlungssystem zur Verfügung stehenden Informationen erweitert werden, was die Systemleistung verbessert.

18.6.5   Visualisierung

Visualisierung bezeichnet den Einsatz bestimmter Computertechnologien, um Daten in Grafiken oder Bilder umzuwandeln und diese anschaulich darzustellen, sodass Informationen klar und effektiv vermittelt werden. Durch Network Representation Learning können Repräsentationsvektoren der Netzwerkknoten im niedrigdimensionalen Vektorraum gewonnen werden, die direkt für die Netzwerkvisualisierung genutzt werden können, wodurch diese effizient und komfortabel wird.

Kapitelzusammenfassung

Dieses Kapitel beginnt mit einer Analyse des aktuellen Stands sozialer Netzwerke und stellt die grundlegenden Konzepte sowie die Interpretierbarkeit des Network Representation Learning vor. Anschließend werden, um die Vorteile des Network Representation Learning bei der Verarbeitung komplexer Netzwerkstrukturen besser zu verstehen, sowohl traditionelle als auch fortgeschrittene Methoden des Network Representation Learning sowie Methoden für temporale Netzwerke vorgestellt. Die Funktionsweise und Anwendungsszenarien der beiden klassischen Verfahren DeepWalk und Node2Vec werden ausführlich erläutert. Abschließend wird zur Vertiefung des Verständnisses die Anwendung des Network Representation Learning in praktischen Szenarien sowie ein vollständiges Rahmenwerk und Anwendungsmuster für Network Representation Learning aufgezeigt.

Aus der bisherigen Forschung zum Network Representation Learning wird deutlich, dass dieses Feld noch ein junges und vielversprechendes Forschungsgebiet mit zahlreichen Herausforderungen ist. Beispielsweise besteht aufgrund mangelnder Forschung zu dynamischen Netzwerken weiterhin die Herausforderung, die Rekonstruktion von Netzwerken aus zeitlicher Perspektive in das Network Representation Learning zu integrieren.

Fragen zum Kapitelabschluss

1. Beschreiben Sie bitte kurz das Konzept und die Vorteile des Network Representation Learning.
2. Welche traditionellen Methoden des Network Representation Learning gibt es?
3. Wie lassen sich Methoden des temporalen Network Representation Learning klassifizieren?
4. Beschreiben Sie bitte kurz die Prinzipien von DeepWalk und Node2Vec.
5. Welche Anwendungen gibt es für das netzwerkbasierte Representation Learning?

Literatur

1. Zhou, D., Hao, J., Huang, D.: A review of machine learning model interpretability research and its current status of application in PHM. Syst. Eng. **40**(6), 1–10 (2022)
2. Miller, T.: Explanation in artificial intelligence: insights from the social sciences. Artif. Intell. **267**, 1–38 (2019)

3. Mullarkey, M.T., Hevner, A.R.: An elaborated action design research process model. Eur. J. Inf. Syst. **28**(1), 6–20 (2019)
4. Liu, T., Gu, X.: Opening the "black box": exploring the interpretability of artificial intelligence in education. China Educ. Technol. **05**, 82–90 (2022)
5. Van Lent, M., Fisher, W., Mancuso, M.: An explainable artificial intelligence system for small-unit tactical behavior. In: Proceedings of the National Conference on Artificial Intelligence, S. 900–907. AAAI Press/MIT Press, Menlo Park, CA/Cambridge, MA/London (1999/2004)
6. Adadi, A., Berrada, M.: Peeking inside the black-box: a survey on explainable artificial intelligence (XAI). IEEE Access. **6**, 52138–52160 (2018)
7. Fan, H., Li, S., Zhezia, A.: The application and impact of machine learning algorithms in China's intelligence research – a perspective based on CSSCI journal papers. Libr. Intell. Knowl. **39**(05), 96–108 (2022)
8. Lipton, Z.C.: The mythos of model interpretability: in machine learning, the concept of interpretability is both important and slippery. Queue. **16**(3), 31–57 (2018)
9. Molnar, C.: Interpretable Machine Learning. Lulu. com (2020)
10. Du, M., Liu, N., Hu, X.: Techniques for interpretable machine learning. Commun. ACM. **63**(1), 68–77 (2019)
11. Wold, S., Esbensen, K., Geladi, P.: Principal component analysis. Chemom. Intell. Lab. Syst. **2**(1–3), 37–52 (1987)
12. Perozzi, B., Al-Rfou, R., Skiena, S.: Deepwalk: online learning of social representations. In: Proceedings of the 20th ACM SIGKDD International Conference on Knowledge Discovery and Data Mining (KDD '14), S. 701–710 (2014)
13. Grover, A., Leskovec, J.: Node2vec: scalable feature learning for networks. In: Proceedings of the 22nd ACM SIGKDD International Conference on Knowledge Discovery and Data Mining, S. 855–864. ACM (2016)
14. Yang, C., Liu, Z., Zhao, D., et al.: Network representation learning with rich text information. In: Proceedings of the 24th International Conference on Artificial Intelligence (IJCAI'15), S. 2111–2117. AAAI Press (2015)
15. Dong, Y., Chawla, N.V., Swami, A.: Metapath2vec: scalable representation learning for heterogeneous networks. In: Proceedings of the 23rd ACM SIGKDD International Conference on Knowledge Discovery and Data Mining (KDD '17), S. 135–144 (2017)
16. Tang, J., Qu, M., Wang, M., et al.: Line: large-scale information network embedding. In: Proceedings of the 24th International Conference on World Wide Web, S. 1067–1077 (2015)
17. Tu, C., Liu, H., Liu, Z., et al.: Cane: context-aware network embedding for relation modeling. In: Proceedings of the 55th Annual Meeting of the Association for Computational Linguistics (Volume 1: Long Papers), S. 1722–1731 (2017)
18. Cao, S., Lu, W., Xu, Q.: GraRep: learning graph representations with global structural information. In: Proceedings of the 24th ACM International on Conference on Information and Knowledge Management (CIKM '15), S. 891–900 (2015)
19. Yang, C., Liu, Z., Zhao, D., et al.: Network representation learning with rich text information. In: Twenty-Fourth International Joint Conference on Artificial Intelligence (2015)
20. Gao, H., Huang, H.: Deep attributed network embedding. In: Proceedings of the 27th International Joint Conference on Artificial Intelligence (IJCAI'18), S. 3364–3370. AAAI Press (2018)
21. Meng, Z., Liang, S., Bao, H., et al.: Co-embedding attributed networks. In: Proceedings of the Twelfth ACM International Conference on Web Search and Data Mining, S. 393–401 (2019)
22. Zhang, Y., Wu, B., Ning, N., et al.: Dynamic topical community detection in social networks: a generative model approach. IEEE Access. **7**, 74528–74541 (2019)
23. Zhang, J.: Research on Dynamic Graph Representation Learning Based on Graph Neural Networks. Nanjing University of Posts and Telecommunications, Nanjing (2022)
24. Holme, P.: Modern temporal network theory: a colloquium. Eur. Phys. J. B. **88**, 1–30 (2015)

25. Li, J., Wang, P., Li, H., et al.: Enhanced time-expanded graph for space information network modeling. Sci. China Inf. Sci. **65**(9), 192301 (2022)
26. Zakii, A., Attia, M., Hegazy, D., et al.: Comprehensive survey on dynamic graph models. Int. J. Adv. Comput. Sci. Appl. **7**(2), 573–582 (2016)
27. Skarding, J., Gabrys, B., Musial, K.: Foundations and modeling of dynamic networks using dynamic graph neural networks: a survey. IEEE Access. **9**, 79143–79168 (2021)
28. Holme, P., Saramaki, J.: Temporal networks. Phys. Rep. **519**(3), 97–125 (2012)
29. Han, Z., Wang, Y., Chen, F., et al.: Dynamic network link prediction based on learning continuous-time event sequences. Sci. Sin. Inf. **53**(2), 234–249 (2023)
30. Michail, O.: An introduction to temporal graphs: an algorithmic perspective. Internet Math. **12**(4), 239–280 (2016)
31. Zheng, S., Zhu, Z., Liu, Z., et al.: Node-oriented spectral filtering for graph neural networks. IEEE Trans. Pattern Anal. Mach. Intell. **46**(1), 388–402 (2024)

Anhang: Grundlegende Funktionsweise von Software zur sozialen NetzwerkanalyseAnhang: Grundlegende Funktionsweise von Software zur sozialen Netzwerkanalyse

Zusammenfassung Dieser Anhang stellt die grundlegenden Funktionen mehrerer häufig verwendeter Softwaretools zur Berechnung sozialer Netzwerke vor, darunter das weit verbreitete Ucinet, Pajek für große und komplexe Netzwerke, das leistungsstarke Visualisierungstool Gephi, das igraph-Paket in R zur Graphendarstellung, das RSiena-Paket für die Analyse dynamischer Netzwerke sowie das NetworkX-Paket in Python.

Vergleichende Einführung in Software zur Berechnung sozialer Netzwerke

Heutzutage gewinnt die Soziale Netzwerkanalyse (SNA) zunehmend an Bedeutung, und für die Analyse sozialer Netzwerke sind umfangreiche Berechnungen erforderlich, die in der Regel mit Unterstützung computergestützter Software durchgeführt werden. Im Folgenden werden einige Softwarelösungen zur Berechnung sozialer Netzwerke kurz vorgestellt und vergleichend analysiert.

Ucinet

Ucinet [1] ist eine umfassende Software zur Berechnung sozialer Netzwerke, die unter anderem die Net-Draw-Software für die visuelle Analyse eindimensionaler und zweidimensionaler Daten sowie die Mage-Software für die visuelle Analyse dreidimensionaler Daten umfasst, welche sich in Entwicklung und Anwendung befindet. Ucinet integriert zudem freie Anwendungsprogramme für die Analyse großskaliger Netzwerke, wie beispielsweise Pajek. Die von Ucinet verarbeitbaren Rohdaten liegen im Matrixformat vor, darüber hinaus bietet die Software zahlreiche Werkzeuge zur Datenverwaltung und -transformation. Das Programm selbst enthält keine eigenen Grafikmodule zur Netzwerkvisualisierung, kann jedoch Daten und Analyseergebnisse an NetDraw, Pajek, Mage und KrackPlot zur grafischen Darstellung ausgeben.

Ucinet enthält eine Vielzahl von Programmen zur Netzwerkanalyse, darunter die Erkennung verdichteter Subgruppen (Cliquen, Clans, Plexes) und Regionen (Komponenten, Kerne), Zentralitätsanalysen, Analysen persönlicher Netzwerke sowie Analysen struktureller Löcher. Darüber hinaus bietet Ucinet zahlreiche prozessorientierte Analyseprogramme, wie Clusteranalysen, multidimensionale Skalierung, Zwei-Moden-Skalierung (Singulärwertzerlegung, Faktorenanalyse und Korrespondenzanalyse), Rollen- und Statusanalysen (strukturelle, Rollen- und reguläre Äquivalenz) sowie die Anpassung von Zentrum-Peripherie-Modellen.

Pajek

Pajek [2] ist nicht nur ein Analysewerkzeug für großskalige komplexe Netzwerke, sondern auch ein leistungsfähiges Instrument zur Untersuchung verschiedenster komplexer nichtlinearer Netzwerke. Pajek läuft unter Windows und dient der Analyse und Visualisierung großskaliger Netzwerke mit Tausenden oder sogar Millionen von Knoten. Pajek stellt Analyse- und Visualisierungswerkzeuge für folgende Netzwerke bereit: Koautoren-Netzwerke, chemische organische Molekülnetzwerke, Protein-Rezeptor-Interaktionsnetzwerke, Stammbäume, Internet, Zitationsnetzwerke, Diffusionsnetzwerke (AIDS, Nachrichten, Innovationen), Data Mining (Zwei-Moden-Netzwerke) und weitere.

Das Hauptziel bei der Entwicklung von Pajek ist es, ein großes Netzwerk in mehrere kleinere Netzwerke zu zerlegen, um diese mit effektiveren Methoden weiterzuverarbeiten, den Nutzern leistungsfähige visuelle Werkzeuge zur Verfügung zu stellen und effiziente Algorithmen zur Analyse großer Netzwerke (subquadratisch) auszuführen.

Mit Pajek können unter anderem folgende Aufgaben durchgeführt werden: das Auffinden von Klassen (Nachbarn, Kerne usw., die wichtige Knoten bilden) in einem Netzwerk, das Identifizieren und separate Anzeigen von Knoten derselben Klasse oder das Visualisieren der Verbindungsbeziehungen von Knoten (spezifischere lokale Perspektive), das Zusammenfassen von Knoten innerhalb einer Klasse und das Darstellen der Beziehungen zwischen den Klassen (globale Perspektive).

Gephi

Gephi [3] ist eines von vielen Werkzeugen zur Datenvisualisierung (DV), und die Entwickler haben ihm die Aufgabe zugeschrieben, das „Photoshop im Bereich der Datenvisualisierung" zu sein.

Gephi ist eine quelloffene und kostenlose, plattformübergreifende Software zur Analyse komplexer Netzwerke auf Basis der JVM. Sie wird hauptsächlich für die interaktive Visualisierung und Erkennung dynamischer und hierarchischer Strukturen verschiedenster Netzwerke und komplexer Systeme eingesetzt und kann auch für explorative Datenanalyse, Link-Analyse, soziale Netzwerkanalyse und Zwei-Moden-Netzwerkanalyse verwendet werden.

Social Network Analysis Package in R Language

Die Programmiersprache R kann als offene statistische Plattform verstanden werden, die zahlreiche Werkzeuge zur Analyse sozialer Netzwerke bietet, die den traditionellen Softwarelösungen zur Berechnung sozialer Netzwerke überlegen sind. Mit etwas Programmierkenntnissen und Geduld lassen sich auf dieser Plattform beliebige Fragestellungen sozialer Netzwerke besser analysieren und visualisieren. Es gibt viele Pakete zur sozialen Netzwerkanalyse in R, wie das igraph-Paket, das sna-Paket, das RSiena-Paket, das network-Paket und das statnet-Paket [4].

Das igraph-Paket ermöglicht einfache Graph- und Netzwerkanalysen. Es kann großskalige Netzwerke gut verarbeiten und stellt eine Reihe von Funktionen bereit, wie das Erzeugen zufälliger oder konventioneller Graphen, die Visualisierung von Graphen sowie die Berechnung grundlegender Netzwerkkennzahlen. Neben klassischen Algorithmen der Graphentheorie, wie dem kürzesten Weg, können auch komplexe Netzwerkalgorithmen wie Community Detection realisiert werden, jedoch können gemischte Netzwerke nicht verarbeitet werden.

Das sna-Paket wird hauptsächlich für die Analyse sozialer Netzwerke verwendet. Es bietet eine Reihe von Werkzeugen für die soziale Netzwerkanalyse, darunter Knoten- und Graphen-Kennzahlen, strukturelle Distanz- und Kovarianzmethoden, Erkennung struktureller Äquivalenz, Netzwerkinferenz, Generierung zufälliger Graphen, 2D/3D-Netzwerkvisualisierung und mehr.

Das RSiena-Paket dient vor allem der simulationsbasierten empirischen Netzwerkanalyse. Basierend auf dem akteursorientierten Modell analysiert es die dynamische Entwicklung sozialer Netzwerke, wie Netzwerkevolutionssimulation, Verhaltensevolutionssimulation, Parameterschätzung und Ähnliches.

Das network-Paket besteht hauptsächlich aus einer Klassenbibliothek für Beziehungsdaten. Es stellt Werkzeuge zur Erzeugung und Modifikation von Netzwerkobjekten bereit. Die Netzwerkklasse kann verschiedene Typen relationaler Daten abbilden und unterstützt die Eigenschaften beliebiger Knoten, Kanten und Graphen.

Das statnet-Paket integriert eine Reihe von Werkzeugen zur Analyse sozialer Netzwerke, darunter das sna- und das network-Paket. Es bietet zahlreiche Funktionen zur Darstellung, Visualisierung, Analyse und Simulation von Netzwerkdaten. Im Vergleich zu Ucinet und Pajek legt das statnet-Paket den Schwerpunkt auf die statistische Modellierung von Netzwerkdaten.

Python-Sprache

Die Programmiersprache Python unterstützt sowohl prozedurale als auch objektorientierte Programmierung. In einer „prozeduralen" Sprache werden Programme
durch Prozeduren oder Funktionen aus wiederverwendbarem Code aufgebaut. In
einer „objektorientierten" Sprache werden Programme durch Objekte gebildet, die
aus Daten und Funktionen bestehen. Im Vergleich zu anderen gängigen Sprachen
wie C++ und Java realisiert Python objektorientierte Programmierung auf sehr
leistungsfähige und zugleich einfache Weise. NetworkX ist ein Python-Paket, das
zur Erstellung, Bearbeitung und Untersuchung der Struktur, Dynamik und Funktion komplexer Netzwerke dient.

Aufgrund der zahlreichen Vorteile von Python werden viele große Websites
in Python entwickelt, wie etwa YouTube, Instagram und Douban in China. Auch
viele große Unternehmen, darunter Google, Yahoo und sogar die NASA, setzen
Python umfassend ein.

Vergleichende Analyse von SNA-Software

Nach einer kurzen Vorstellung dieser fünf Softwarelösungen folgt nun eine vergleichende Analyse.

Ucinet ist speziell für die soziale Netzwerkanalyse konzipiert. Aufgrund seiner guten statistischen Auswertungen bei kleinen Netzwerken, seiner hohen
Funktionalität und umfassenden Ausstattung wird es von vielen Anwendern der
sozialen Netzwerkanalyse genutzt. Bei der Analyse sozialer Netzwerkdaten ist
Ucinet jedoch hinsichtlich Geschwindigkeit und Flexibilität nicht zufriedenstellend, insbesondere wenn die Anzahl der Netzwerkknoten mehrere Hundert
oder Tausend erreicht, kann Ucinet die Anforderungen nur schwer erfüllen. Die
Visualisierung ist nicht so leistungsfähig wie bei Gephi, weshalb für die grafische
Darstellung auf Zusatzsoftware zurückgegriffen werden muss. Zudem handelt es
sich bei Ucinet um kommerzielle Software, die nicht kostenlos ist und lediglich
eine einmonatige Testphase bietet.

Pajek ist ein Analyse- und Visualisierungsprogramm für Netzwerke, das speziell für die Verarbeitung großer Datensätze entwickelt wurde. Der Hauptvorteil
liegt in der schnellen Analyse großer Netzwerke (etwa mit Millionen von Knoten).
Pajek kann mehrere Netzwerke gleichzeitig sowie Zwei-Moden-Netzwerke und
Ereignisnetzwerke (diese umfassen die Entwicklung oder Evolution eines Netzwerks im Zeitverlauf) verarbeiten. Die Grafikfunktionen von Pajek sind besonders
stark ausgeprägt. Grafiken können einfach angepasst und mit Bedeutungen versehen werden. Da große Netzwerke schwer in einer Ansicht darstellbar sind,
unterscheidet Pajek verschiedene Netzwerk-Substrukturen und visualisiert diese
separat. Im Vergleich zur R-Sprache enthält Pajek jedoch nur wenige grundlegende Statistikprogramme.

Gephi verfügt über eine bessere Zeitreihenverarbeitung und dynamische Visualisierungsfähigkeiten als andere Software. Auch die Visualisierungsmöglichkeiten sind sehr ausgeprägt: Beziehungen zwischen Objekten werden durch Knoten und Kanten dargestellt, und es können sehr ansprechende Grafiken erzeugt werden.

Obwohl die R-Software über Pakete zur sozialen Netzwerkanalyse verfügt, ist sie nicht ausschließlich für diesen Zweck konzipiert. Die statistischen Funktionen der R-Software sind sehr leistungsfähig, da sie zahlreiche mathematische und statistische Berechnungsfunktionen bietet. Da R einfach und leistungsstark programmierbar ist und zur grafischen Darstellung von Netzwerken genutzt werden kann, ist die R-Software in der Datenanalyse flexibel, was einen großen Vorteil bei der Netzwerkanalyse darstellt. Pajek, eine Software zur Visualisierung großskaliger Netzwerke, verfügt ebenfalls über eine Schnittstelle zur R-Software. Der Vorteil von Pajek liegt in der schnelleren Grundverarbeitung großer Netzwerke im Vergleich zu Ucinet, allerdings auf Kosten der statistischen Funktionalität; die Ausgaberesultate können durch die R-Software unterstützt werden. Die kombinierte Nutzung von R-Software und anderer Software macht die soziale Netzwerkanalyse noch leistungsfähiger und stellt eine gute Lösung für die Analyse sozialer Netzwerke dar.

Siena ist ein Werkzeugset zur dynamischen Analyse sozialer Netzwerke, wobei sich der Begriff soziales Netzwerk hier hauptsächlich auf das Gesamtnetzwerk bezieht (das Untersuchungsobjekt ist eine geschlossene Gruppe, alle Knoten sind bekannt). Die derzeit am weitesten verbreitete Version ist Siena4, auch bekannt als RSiena. Diese Version ist plattformübergreifend und vollständig in die R-Sprache integriert, sodass RSiena auf allen Plattformen läuft, die R unterstützen, einschließlich Windows, Mac und Unix/Linux-Systemen. Vor Siena4 gab es Siena3, das nur unter Windows lauffähig ist. Neben der Kompatibilität unterscheiden sich Siena4 und Siena3 auch leicht in den Funktionsmodulen. Siena3 enthält das Exponential Random Graph Model, das weiterhin genutzt werden kann, aber nicht mehr aktualisiert wird, während Siena4 dieses Modul als eigenständiges R-Paket bereitstellt.

Ähnlich wie die R-Sprache ist Python kein spezielles Werkzeug für die soziale Netzwerkanalyse, bietet jedoch mit NetworkX ein spezielles Paket für diesen Zweck. NetworkX wurde 2002 entwickelt und ist ein in Python geschriebenes Werkzeug zur Modellierung von Graphen und komplexen Netzwerken. Es enthält gängige Methoden zur Analyse von Graphen und komplexen Netzwerken und ermöglicht eine einfache Analyse und Simulation komplexer Netzwerkdaten. Es unterstützt die Erstellung ungerichteter, gerichteter und Multigraphen, enthält viele Standardalgorithmen der Graphentheorie und erlaubt es, Knoten mit Daten zu versehen. Es unterstützt beliebige Dimensionsgrenzen. Mit NetworkX können Netzwerke in standardisierten oder nicht standardisierten Datenformaten gespeichert, verschiedene Zufalls- und klassische Netzwerke generiert, Netzwerkstrukturen analysiert und Netzwerkmodelle erstellt werden. Somit kann Python zur Visualisierung und zum Verständnis sozialer Netzwerke eingesetzt werden.

Installation und grundlegende Nutzung von Ucinet

Installation von Ucinet

Der Name des Installationspakets für die Windows-Version von Ucinet 6 lautet UcinetSetup.exe. Klicken Sie auf das Installationspaket, wählen Sie im erscheinenden Dialogfeld die Schaltfläche „Ausführen zulassen" und anschließend die Schaltfläche „Weiter" wie in Abb. A.1.

Grundlegende Nutzung von Ucinet

Starten der Software
Suchen Sie den Installationsort der Software im Startmenü des Computers (das Benutzerhandbuch wird bei der Installation ebenfalls mit installiert) und klicken Sie dann auf „UCINET 6", um das Hauptprogramm zu starten, wie in Abb. A.2 gezeigt.

Nach dem Start von Ucinet 6 erscheint die Hauptoberfläche des Programms, wie in Abb. A.3 dargestellt.

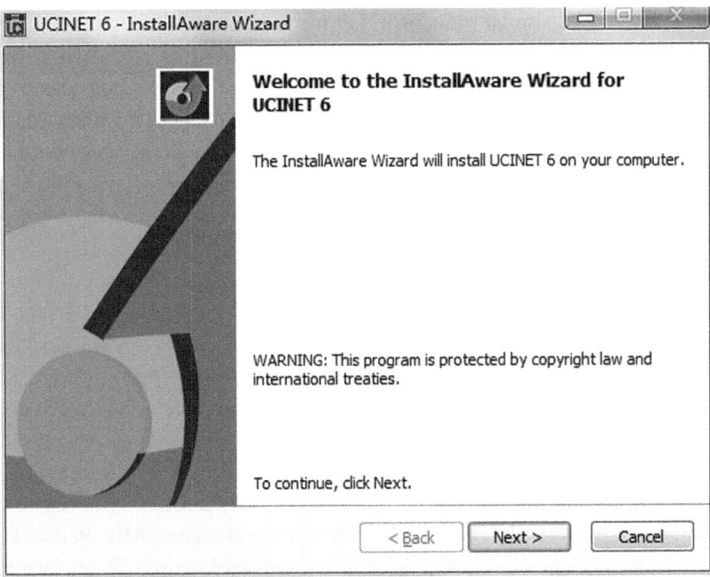

Abb. A.1 Startoberfläche der Ucinet-Installation

Abb. A.2 Ucinet-Startsymbol

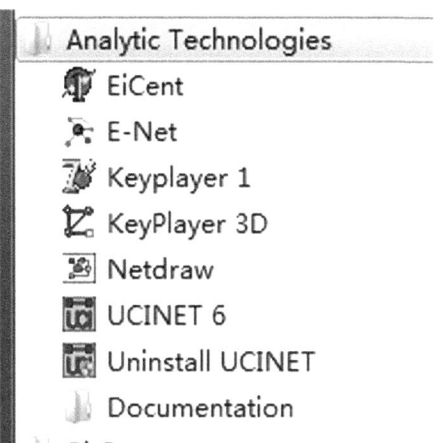

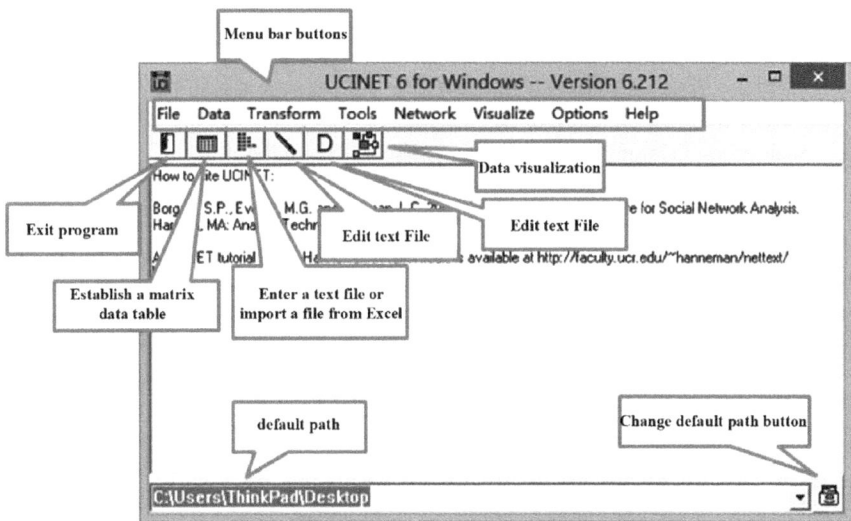

Abb. A.3 Funktionsübersicht der Hauptoberfläche von Ucinet 6

Einführung in das Software-Menü

Ucinet ist ähnlich aufgebaut wie die meisten anderen Softwareprogramme und das Menü umfasst hauptsächlich File, Data, Transform, Tools, Network, Visualize, Options und Help.

1. Datei-Menü

Die Funktionen des Datei-Menüs umfassen hauptsächlich das Festlegen des Standard-Speicherordners, das Erstellen eines neuen Ordners, Kopieren, Umbenennen, Löschen von Ucinet-Daten, Drucken, Textbearbeitung, Vorschau, Laden von Mage, Laden von Pajek-Daten und weitere Funktionen.

2. Daten-Menü

Das Daten-Menü bietet zahlreiche Funktionen, darunter das Anzeigen, Importieren, Exportieren und Bearbeiten von Daten, das Verarbeiten, Dekomprimieren und Verpacken von Daten in verschiedenen Formaten, die Umwandlung von Matrixdaten in Vektorformate sowie die Umwandlung segmentierter Daten in Datensätze. Dataeditors ist eine häufig genutzte Funktion in Ucinet zur Bearbeitung von Datensätzen.

3. Transformations-Menü

Das Transformations-Menü ist das Hauptmenü für die Umwandlung von Datensätzen in Ucinet: Block dient der Blockverarbeitung von Daten, einschließlich Summen- und Mittelwertbildung; Collapse fasst Daten zusammen. Wenn beispielsweise die erste und dritte Datenzeile zu einer Zeile zusammengeführt werden sollen, können Funktionen wie Summe, Mittelwert, Maximum und Minimum verwendet werden. Das Menü enthält außerdem spezielle Methoden zur Datenumwandlung wie Dichotomisierung, Symmetrieanalyse, Matrixtransposition usw. Da es sich hierbei um professionelle Datenverarbeitungsmethoden handelt, werden sie an dieser Stelle nicht näher erläutert.

4. Werkzeuge-Menü

Das Werkzeuge-Menü umfasst von Ucinet bereitgestellte Datenanalysetools, darunter Profitabilitätsanalyse, Konsistenzanalyse, Clusteranalyse, Skalierung, Datenzerlegung, automatische Datenüberprüfung, Ähnlichkeitsanalyse, Differenzanalyse, univariate Statistik, Häufigkeitsanalyse, quantitative statistische Kombinationen, Hypothesentests, Matrizenalgebra, Streudiagramme, Dendrogramme und Baumdiagramme.

5. Netzwerk-Menü

Das Netzwerk-Menü ist für die Analyse von Datennetzwerken vorgesehen und wird hauptsächlich für die Netzwerkanalyse von bereits umgewandelten und verarbeiteten Daten verwendet. Dieses Menü umfasst folgende Funktionen:

Kohäsion: Analyse der Datenkohäsion.

Regionen: Regionale Datenanalyse.

Subgruppen: Subgruppenanalyse.

Pfade: Pfadanalyse.

Ego-Netzwerke: Analyse von Ego-Netzwerken.

Zentralität und Macht: Analyse der Netzwerkzentralität.

Gruppenzentralität: Analyse der Gruppenzentralität.

Kern/Peripherie: Analyse von Kern- und Randbereichen.

Rollen & Positionen: Analyse von Rollen und Positionen.

Triadenzensus: Analyse von Triaden.

6. Visualisierungs-Menü

Das Menü ermöglicht die Datenvisualisierung mit den Tools NetDraw, Mage und Pajek.

7. Optionen-Menü

Das Optionen-Menü ist für die Konfiguration der Parameter der Ucinet-Software zuständig.

Installation und grundlegende Nutzung von Gephi

Installation von Gephi

Laden Sie das Gephi-Installationspaket von der offiziellen Website herunter und installieren Sie es anschließend. Wenn sich Gephi problemlos öffnen lässt, können die folgenden Hinweise übersprungen werden.

Hinweis: Falls nach der Installation die Fehlermeldung „CannotFind Java 1.6 or higher" erscheint, beachten Sie bitte die folgenden Lösungen. Laden Sie dann das JDK oder JRE herunter und installieren Sie es. Die Installationspfade lauten wie folgt:

Installationspfad des JDK: D:\Program Files\Java\jdk1.6.0_43.
Installationspfad des JRE: D:\Program Files\Java\jre6.

Konfigurieren Sie nach der Installation die Umgebungsvariablen (für Win7).

1. Klicken Sie: Computer → Eigenschaften → Erweiterte Systemeinstellungen → Umgebungsvariablen, um die Oberfläche zur Einstellung der Umgebungs-variablen zu öffnen;
2. Legen Sie in den Systemvariablen eine neue Variable JAVA_HOME an und setzen Sie den Pfad dieser Variablen wie folgt:
    D:\Program Files\Java\jdk1.6.0_43;
3. Fügen Sie am Anfang des Systemvariablen-Pfads Path Folgendes hinzu:
    D:\Program Files\Java\jdk1.6.0_43\bin; D:\Program Files\Java\jre6\bin;
4. Legen Sie in den Systemvariablen eine neue Variable CLASSPATH an und setzen Sie den Variablenwert wie folgt:
    .;%JAVA_HOME%\lib;%JAVA_HOME%\lib\dt.jar;%JAVA_HOME%\lib\ tools.jar;
    Nach Abschluss der oben genannten Schritte lässt sich Gephi problemlos starten.

Grundlegende Nutzung von Gephi

Gephi verfügt über die folgenden acht grundlegenden Funktionsmodule.
1. Dateiimport
    Klicken Sie in der Menüleiste auf „Datei" → „Öffnen", um die ge-wünschte Datei auszuwählen. Gephi unterstützt viele Dateitypen, die unter Dateityp ausgewählt werden können. Nach dem Import der Datei wird ein Importbericht erstellt, der Informationen zu Knoten und Kanten enthält. Nach dem Klick auf die Schaltfläche „OK" im Importbericht kann eine Anfangs-grafik generiert werden.
    Um Dateien aus einer Datenbank zu importieren, wählen Sie „Datei" → „Daten eingeben" → „Kantenliste", um den Import durchzu-führen.
    Wenn Sie ein zufälliges Netzwerk generieren möchten, wählen Sie die Optionen „Datei" → „Generieren" → „Zufälliges Netzwerk" und geben

anschließend die gewünschte Knotenzahl sowie die Verbindungswahrscheinlichkeit ein, um das Zufallsnetzwerk zu erzeugen.
2. Visuelle Bedienung

   Die visuelle Bedienung ermöglicht es, das Bild mit dem Mausrad zu vergrößern oder zu verkleinern oder das Netzwerk mit der rechten Maustaste zu
   verschieben.
3. Layout/Prozess

   Das Layout/Prozess-Modul kann über die Auswahl von zwölf Layout-
   Algorithmen im Dropdown-Menü genutzt werden, wobei die ersten sechs
   Haupt- und die letzten sechs Hilfs-Layout-Algorithmen sind.

   Wählen Sie einen Layout-Algorithmus in Abb. A.4 aus und klicken Sie
   anschließend auf „Ausführen", um das Layout-Ergebnis zu sehen. Die am
   häufigsten verwendeten Layout-Algorithmen sind die kraftbasierten Algorithmen (Force Atlas und ForceAtlas 2), das Kreis-Layout (Fruchterman Reingold) und das Hu-Yifan-Layout.
4. Statistik

   Die Eigenschaften des Netzwerks können im Statistikmodul berechnet
   werden, wie in Abb. A.5 dargestellt. Klicken Sie auf die Schaltfläche „Ausführen", um den jeweiligen Kennwert des Netzwerks zu berechnen. Für
   weitere Details klicken Sie auf das „Fragezeichen"-Symbol, um den entsprechenden Bericht zu generieren.

Abb. A.4 Mehrere gängige
Layout-Algorithmen in Gephi

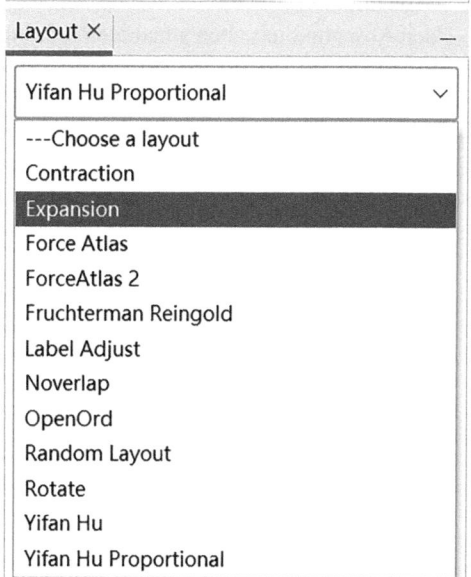

Abb. A.5 Statistikmodul

⊟ **Network Overview**

Average Degree	Run	ⓘ
Avg. Weighted Degree	Run	ⓘ
Network Diameter	Run	ⓘ
Graph Density	Run	ⓘ
HITS	Run	ⓘ
PageRank	Run	ⓘ
Connected Components	Run	ⓘ
Leiden algorithm	Run	ⓘ

⊟ **Community Detection**

Modularity	Run	ⓘ
Statistical Inference	Run	ⓘ

⊟ **Node Overview**

Avg. Clustering Coefficient	Run	ⓘ
Eigenvector Centrality	Run	ⓘ

⊟ **Edge Overview**

Avg. Path Length	Run	ⓘ

5. Sortierung

   Das Sortiermodul ist in Abb. A.6 dargestellt; die Grundfunktionen sind in der Abbildung markiert.

   Mit dem Grad als Parameter werden die Knotengrößen sortiert; die Bedienoberfläche ist in Abb. A.7 zu sehen.

6. Segmentierung

   Segmentierung ist ebenfalls eine Form der Klassifizierung. Knoten oder Kanten mit gleichem Wert werden mit unterschiedlichen Farben markiert, und Knoten mit gleichem Wert können zu einem Knoten zusammengefasst werden.

Abb. A.6 Abbildung des Sortiermoduls

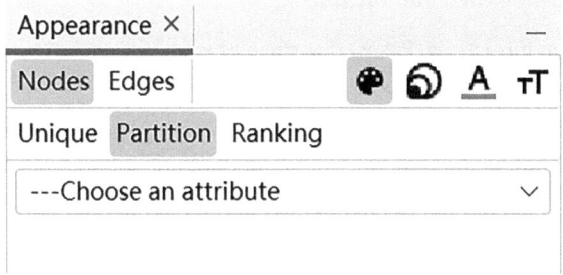

Abb. A.7 Sortierung der
Knotengrößen nach Grad als
Parameter

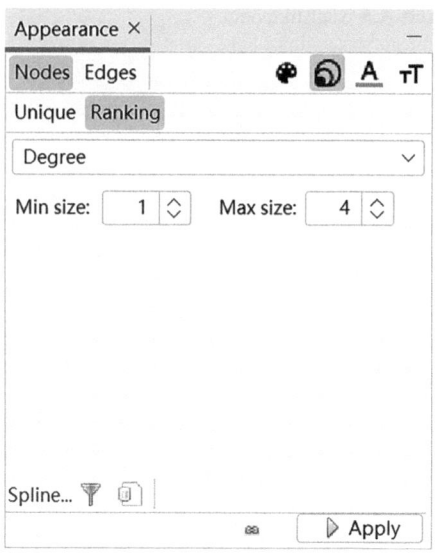

7. Filterung

Beim Erstellen von Netzwerken ist es oft notwendig, bestimmte Knoten oder Kanten mit gleichem Wert auszuwählen. Hierfür werden Filterwerkzeuge benötigt, mit denen qualifizierte Knoten und Kanten über Filterfunktionen ausgewählt oder ausgeblendet werden können.

8. Vorschau

Die Vorschau ist die Schnittstelle zur Ausgabesteuerung. In der Vorschau können die bearbeiteten Grafiken final gestaltet werden, einschließlich der Anpassung des Erscheinungsbilds und der Anzeigeoptionen, bevor die Grafiken exportiert werden.

Installation und grundlegende Nutzung von Igraph

Installation von Igraph

Igraph ist ein Paket, das für einfache Visualisierungen und Netzwerkanalysen in der R-Programmiersprache verwendet werden kann. Dieses Paket kann lokal heruntergeladen werden, indem die Softwarebibliothek über eine Spiegelserver-Website verbunden wird. Öffnen Sie die R-Software, wählen Sie im Menü „Packages" die Option „Set CRAN Mirror" (siehe Abb. A.8) und wählen Sie aus der Liste der Spiegelserver einen geografisch nahegelegenen Server aus (siehe Abb. A.9a), um das benötigte Paket schnell von dieser Website herunterzuladen. In Abb. A.9a wird „China (Hefei)" ausgewählt.

Anschließend wählen Sie „Softwarebibliothek" aus, um festzulegen, aus welcher Bibliothek das Paket heruntergeladen werden soll oder wie das R-Paket geladen wird. Wie in Abb. A.9b gezeigt, kann für allgemeine statistische Anwendungen die Standardbibliothek „CRAN" ausgewählt werden.

Abb. A.8 CRAN-
Spiegelserver einstellen

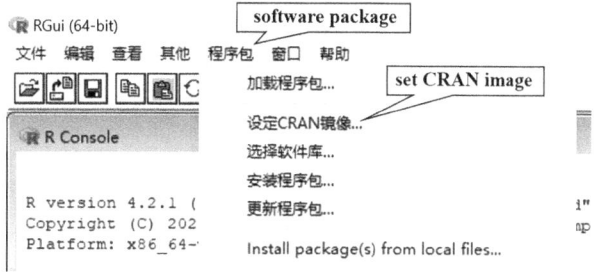

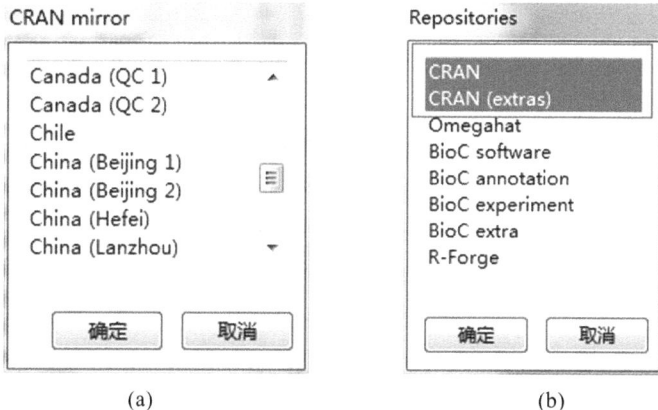

(a)											(b)

Abb. A.9 Auswahl des Spiegelservers und Laden der Softwarebibliothek „CRAN". (**a**) Spiegelserver auswählen; (**b**) Softwarebibliothek „CRAN" laden

Es gibt zwei Möglichkeiten, das igraph-Paket in der R-Umgebung zu installieren: Sie können entweder die grafische Benutzeroberfläche verwenden oder die
Funktion install.packages in der R-Konsole nutzen.

1. Installation über die grafische Benutzeroberfläche
   Wählen Sie in der Menüleiste der R-Software „Packages" → „Install pa-
   ckage", klicken Sie darauf und das in Abb. A.10a gezeigte Fenster erscheint.
   Wählen Sie „igraph" aus der Dropdown-Liste und klicken Sie auf „OK".
   Ebenso wählen Sie in der Menüleiste der R-Software „Packages" → „Load
   package", klicken Sie darauf und das in Abb. A.10b gezeigte Fenster er-
   scheint. Wählen Sie „igraph" aus der Dropdown-Liste und klicken Sie auf
   „OK".

2. Installation mit der Funktion install.packages in der R-Konsole
   Installieren Sie igraph in der R-Konsole in folgenden drei Schritten:

   • Installation: install.packages('igraph').
   • Laden: library(igraph).
   • Überprüfung: Der Ladevorgang wird mit dem Befehl print(requi-
     re(igraph)) überprüft. Wenn das Ergebnis TRUE zurückgibt, war das
     Laden erfolgreich.

                    (a)   (b)

Abb. A.10 Installation und Laden des igraph-Pakets. (**a**) Installation des igraph-Pakets; (**b**) Laden des igraph-Pakets

Erstellung einfacher Graphen mit Igraph

Mit der Funktion graph aus dem igraph-Paket kann ein einfacher Graph erstellt werden. Die Verwendung ist wie folgt:

```
graph(edges, n=max(edges), directed=TRUE)
```

Dabei ist edges ein numerischer Vektor, der die Kanten im Graphen definiert. Die Elemente des Vektors sind die IDs der Knoten, wobei das erste und zweite Element den Start- und Endknoten der ersten Kante angeben, das dritte und vierte Element den Start- und Endknoten der zweiten Kante usw. (die Anzahl der Elemente im Vektor ist also gerade).

n steht für die Anzahl der Knoten im Graphen. Ist die Anzahl der Knoten in edges größer als n, wird der Wert von n ignoriert. Ist n größer als die Anzahl der Knoten in edges, wird die Knotenzahl durch n bestimmt. Wird kein Wert für n angegeben, richtet sie sich nach der höchsten Knotennummer im edges-Vektor.

Directed gibt an, ob der Graph gerichtet oder ungerichtet ist. Der Wert T steht für einen gerichteten Graphen, F für einen ungerichteten. Der Standardwert ist T.

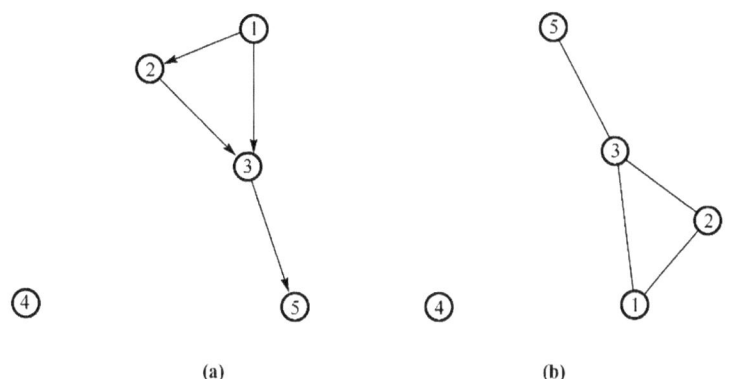

(a) (b)

Abb. A.11 Konstruktion eines gerichteten Graphen (**a**) und eines ungerichteten Graphen (**b**)

Die konkrete Codeausführung ist wie folgt (Abb. A.11):

```
# Erstellen eines gerichteten Graphen
> library("igraph") # igraph-Paket laden.
> g <- graph( c(1,2, 1,3, 2,3, 3,5), n=5,directed=T )
# 1,2,3,5 sind Knoten-IDs und es wird ein gerichteter Graph
mit fünf Knoten und vier Kanten erstellt. Die Kanten sind:
1-2, 1-3, 2-3, 3-5.
> plot(g)# kann im Plot-Fenster visualisiert werden, das
Ergebnis ist in Abb. A.11 dargestellt.
# In der neuen Version (ab 0.6-2) beginnt die Nummerierung
der Knoten-IDs bei 1 statt bei 0.
# Erstellen eines ungerichteten Graphen
> g <- graph( c(1,2, 1,3, 2,3, 3,5), n=5,directed=F )
> plot(g)# kann im Plot-Fenster visualisiert werden, das
Ergebnis ist in Abb. A.11 dargestellt.
```

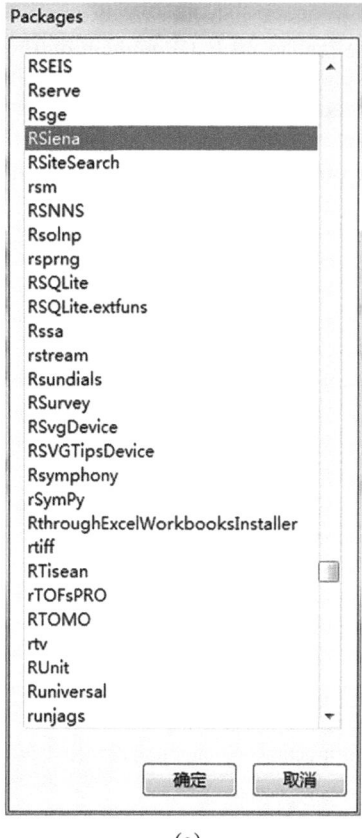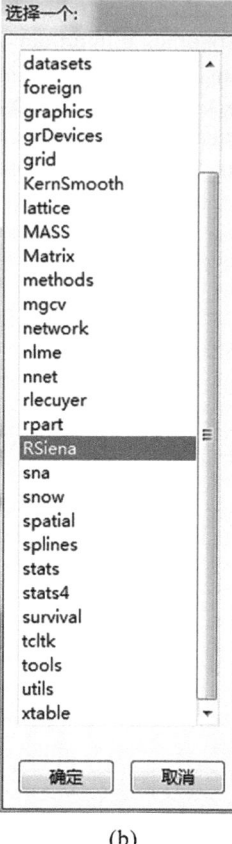

(a)   (h)

Abb. A.12 Installation und Laden von RSiena. (**a**) Installation von RSiena. (**b**) Laden von RSiena

Installation und grundlegende Nutzung von RSiena

Installation und Laden von RSiena

RSiena ist ein Paket für die R-Programmiersprache, das die dynamische Entwicklung sozialer Netzwerke analysieren kann. Die Nutzung erfolgt durch Herunterladen und Installieren des RSiena-Pakets oder durch lokalen Download über die Anbindung an eine Spiegelserver-Bibliothek. Hinweise zum Laden des Spiegelservers und zur Auswahl der Paketquelle finden sich im Installationsabschnitt von „Installation und grundlegende Nutzung von Igraph".

Für die Installation des RSiena-Pakets in der R-Umgebung gibt es zwei Möglichkeiten: über die grafische Benutzeroberfläche oder über die Funktion install.packages in der R-Konsole.

1. Installation über die grafische Oberfläche

   Wählen Sie in der Menüleiste der R-Software „Packages" → „Install Package". Nach dem Anklicken erscheint das in Abb. A.12a gezeigte Fenster. Wählen Sie „RSiena" aus der Dropdown-Liste und klicken Sie auf „OK". Wählen Sie in der Menüleiste der R-Software „Packages" → „Load Package". Nach dem Anklicken erscheint das in Abb. A.12b gezeigte Fenster. Wählen Sie „RSiena" aus der Dropdown-Liste und klicken Sie auf „OK".

2. Installation über die R-Konsole

   Die Installation von RSiena in der R-Konsole erfolgt in drei Schritten:

   - Installation: install.packages('RSiena').
   - Laden: library (RSiena). Es ist zu beachten, dass das Paket vor jeder Nutzung geladen werden muss, wie in Abb. A.12b dargestellt.
   - Überprüfung: print (require (RSiena)). Wenn das Ergebnis TRUE zurückgibt, war das Laden erfolgreich.

RSiena-bezogene Pakete

In der R-Umgebung können die folgenden Pakete, die für die Durchführung der dynamischen Netzwerkanalyse benötigt werden, online installiert werden:

- Network: dient zur Verarbeitung von Netzwerkdaten.
- SNA: wird für die klassische Analyse sozialer Netzwerke verwendet.
- Xtable: dient zur Erstellung von LaTeX-Tabellen.
- RLecuyer: wird zur Erzeugung von Zufallszahlen verwendet.
- Ergm: dient für exponentielle Zufallsnetzwerkmodelle.
- Coda: wird im Zusammenhang mit Markov-Chain-Monte-Carlo (MCMC) eingesetzt.

Arbeitsbereichsoperationen der R-Software

Die Arbeitsbereichsoperationen der R-Software umfassen folgende Typen:

1. Arbeitsbereich anzeigen: Nach Verwendung der Funktion getwd() wird der Pfad des Arbeitsbereichs in der Konsole der R-Software ausgegeben.
2. Arbeitsbereich festlegen: Mit der Funktion setwd() kann der Arbeitsbereich festgelegt werden; der neue Arbeitsbereichspfad wird in Klammern angegeben.
3. Dateien im Arbeitsverzeichnis anzeigen: Mit list.files() wird die Liste der Dateien im Arbeitsbereich in der Konsole der R-Software ausgegeben. So kann überprüft werden, ob die Dateien korrekt in das Arbeitsverzeichnis eingefügt wurden.

RSiena-Dateneinlesung

Die Schritte zum Einlesen von Daten mit RSiena sind wie folgt: Zuerst speichern
Sie die folgenden Daten in einer TXT-Datei (Zahlen werden durch Tabulatoren getrennt), dann konvertieren Sie die TXT-Datei in data.dat und data.csv, und schließlich legen Sie diese drei Datendateien in das aktuelle Arbeitsverzeichnis der R-
Software.

```
data:    1    2    3    4    5    6
         7    8    9   10   11   12
        13   14   15   16   17   18
        19    0   21   22   23   24
        25    6   27   28   29   30
        31    2   33   34   35   36
```

Das folgende Beispiel zeigt, wie Daten mit RSiena eingelesen werden:

```
# TXT-Daten einlesen:
data <- read.table("data.txt",header=F,sep="\t")
# DAT-Daten einlesen:
data1 <- read.table("data.dat",header=F,sep="\t")
# CSV-Daten einlesen:
data2<- read.table("data.csv", header=F,sep="\t")
```

RSiena Datenabfrage

Zur Darstellung von Verhaltens- oder Attributdaten aller Akteure werden häufig
Tabellen verwendet. Jede Spalte enthält die spezifischen Verhaltens- oder Attributdaten aller Akteure, während jede Zeile sämtliche Verhaltens- oder Attributdaten
eines Akteurs repräsentiert. Im Analyseprozess ist es oft erforderlich, Daten abzufragen. In der R-Software lassen sich gezielt bestimmte Werte, Zeilen und Spalten
schnell abfragen. Ein Beispiel für einen solchen Abfragecode ist in Abb. A.13 dargestellt:

```
# Bestimmte Daten abfragen:
Data[ 2, 3 ]# Fragt den Wert in Zeile 2 und Spalte 3 der
Tabelle ab.
# Zeilendaten abfragen:
Data[ 1, ]# Fragt nur die erste Zeile der Tabelle ab.
Data[ 1:3, ]# Fragt die erste bis dritte Zeile der Tabelle
ab, wobei 1:3 eine Sequenz von 1 bis 3 erzeugt.
```

```
Data[ c( 2, 5, 6), ]# Fragt die zweite, fünfte und sechste
Zeile der Tabelle ab, wobei c( 2, 5, 6) die Werte 2, 5, 6 zu
einem Vektor verbindet.
# Spaltendaten abfragen:
Data[,1 ]# Fragt die erste Spalte ab
Data[,1:3]# Fragt die Spalten 1 bis 3 ab.
Data[,c( 2, 5, 6) ]# Fragt die 2., 5. und 6. Spalte ab.
# Das Abfrageergebnis ist in Abb. A.13 dargestellt.
```

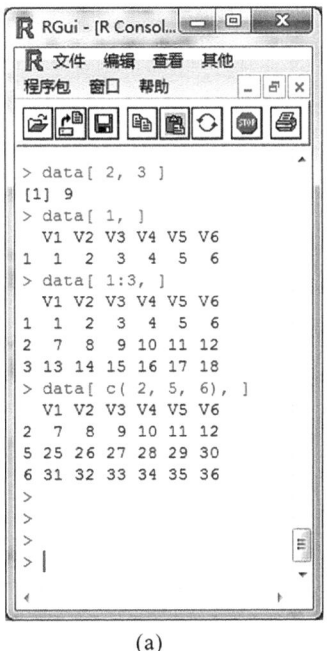
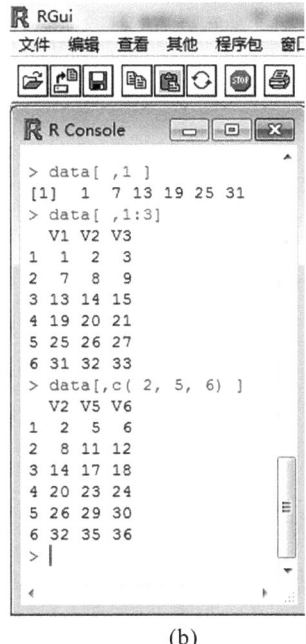

(a)   (b)

Abb. A.13 Datenabfrage. (**a**) Zeilenabfrage. (**b**) Spaltenabfrage

Da Tabellen lediglich zur Speicherung und Abfrage von Daten dienen, aber keine Operationen darauf möglich sind, ist es notwendig, mit der Methode as.matrix() Tabellendaten in eine Matrix umzuwandeln, um anschließend Operationen durchführen zu können (Abb. A.14).

```
# Daten in eine Matrix umwandeln und eine Zeile oder Spalte
der Matrix abfragen.
data<- as.matrix( data )   #as.matrix wandelt eine Nicht-
Matrix-Variable in eine Matrix um; die Klammern enthalten
```

```
den Namen der zu konvertierenden Variablen, dies können
Vektoren, Data Frames usw. sein.
# Die erste Zeile der Matrix abfragen
data[1, ]
# Die erste Spalte der Matrix abfragen
data[,1]
# Transformation und Abfrageergebnisse siehe Abb. A.14.
```

Abb. A.14 Transformation
und Abfrageergebnisse

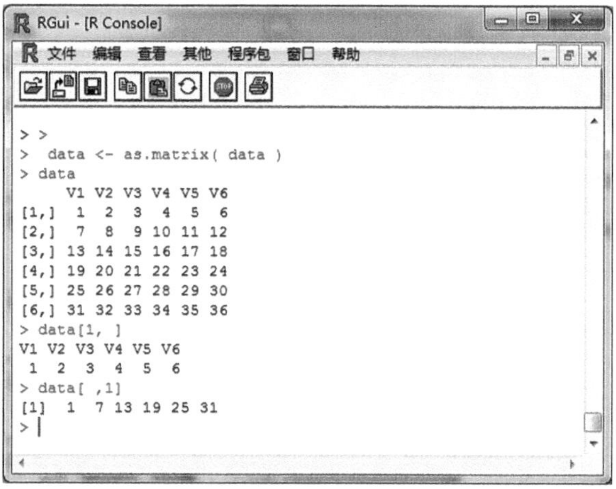

Installation und grundlegende Nutzung von Netlogo

Grundlagen von Netlogo

Netlogo ist eine programmierbare Modellierungsumgebung zur Simulation natürlicher und sozialer Phänomene. Sie wurde 1999 von Uri Wilensky initiiert und wird kontinuierlich vom Center for Connected Learning and Computer Modeling (CCL) weiterentwickelt. Netlogo ist eine Entwicklungsplattform, die auf der Programmiersprache Logo basiert. Da Netlogo im Gegensatz zur ursprünglichen Logo-Sprache die Steuerung von Tausenden von Individuen im Modell ermöglicht, eignet es sich hervorragend zur Simulation des Verhaltens von Mikro-Individuen, dem Entstehen makroskopischer Muster und deren Zusammenhängen. Netlogo ist sowohl eine Programmiersprache als auch eine Modellierungsplattform zur Simulation natürlicher und sozialer Phänomene und eignet sich besonders für die Modellierung komplexer Systeme, die sich im Zeitverlauf entwickeln. Modellierer können hunderten unabhängiger „Agenten" Anweisungen geben, was es ermöglicht, auf Mikroebene die Beziehung zwischen individuellem Verhalten und makroskopischen Mustern zu untersuchen, da diese Muster aus der Interaktion vieler Einzelindividuen entstehen.

Installation und grundlegende Nutzung von Netlogo

Laden Sie das Netlogo-Installationspaket von der offiziellen Website herunter. Klicken Sie auf den Download-Link, um die gewünschte Version auszuwählen. Die neueste Version ist Netlogo 6.3.0, welche eine chinesische Version ist. Nach dem Ausfüllen der erforderlichen Informationen kann der Download gestartet werden. Die Benutzeroberfläche ist in Abb. A.15 dargestellt.

  Die Bedienoberfläche ist in zwei Hauptbereiche unterteilt: das Menü und das Hauptfenster. Das Hauptfenster umfasst drei Tabellen.
1. Menü
      Das Menü bietet sechs Funktionsoptionen: Datei, Bearbeiten, Werkzeuge, Zoom, Tab und Hilfe.
2. Tab-Seite
      Am oberen Rand des Hauptfensters von Netlogo befinden sich drei Tabs: Oberfläche, Information und Prozeduren. Obwohl jeweils nur einer davon

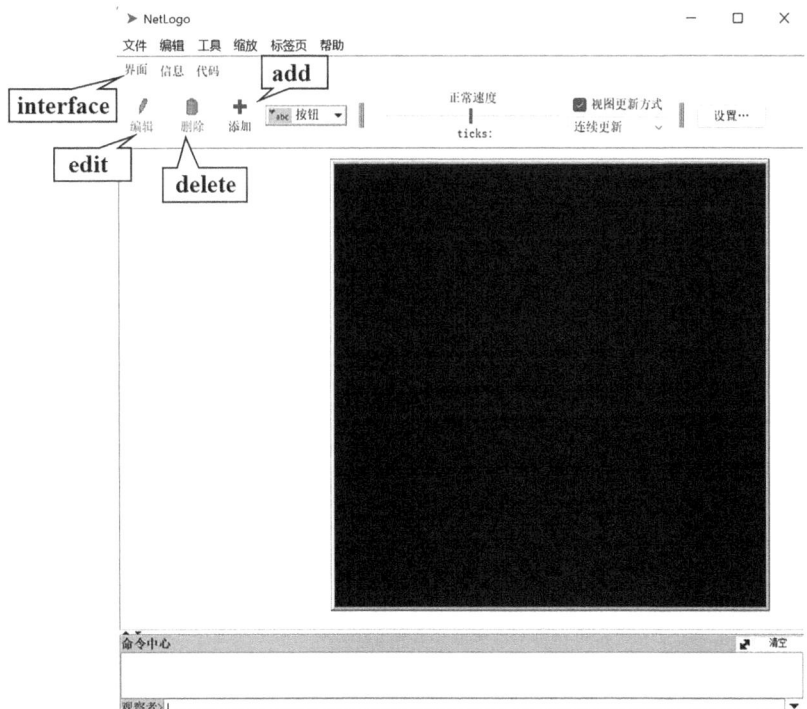

Abb. A.15 Netlogo-Benutzeroberfläche

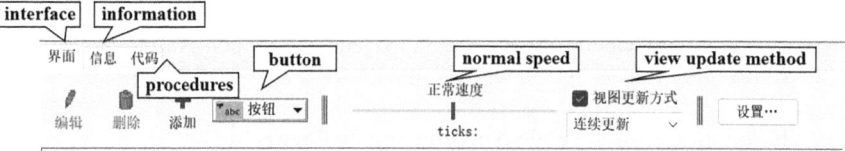

Abb. A.16 Netlogo-Tab und Symbolleiste

sichtbar ist, kann durch Klicken auf den Tab am oberen Fensterrand zwischen ihnen gewechselt werden, wie in Abb. A.16 dargestellt.

Wie in Abb. A.16 zu sehen ist, befindet sich unter diesen Tabs eine Symbolleiste mit einer Reihe von Schaltflächen, wobei beim Wechseln der Tabellen unterschiedliche Schaltflächen angezeigt werden.

3. Oberflächen-Seite

Auf der Oberflächen-Seite kann die Ausführung des Modells überprüft werden; dort stehen Werkzeuge zur Verfügung, um den internen Ablauf des Modells zu überwachen und zu verändern.

Beim erstmaligen Öffnen von Netlogo enthält die Oberflächen-Seite nur eine Hauptansicht und ein Befehlszentrum. Die Hauptansicht dient zur Darstellung von Turtles und Feldern, das Befehlszentrum zur Eingabe von Netlogo-Befehlen.

4. Verwendung von Oberflächenelementen Die Symbolleiste der Oberflächen-Seite enthält Schaltflächen zum Bearbeiten, Löschen und Hinzufügen von Oberflächenelementen sowie ein Dropdown-Menü (z. B. für Schaltflächen und Schieberegler) zur Auswahl verschiedener Oberflächenelemente, wie in Abb. A.17 gezeigt.

Die Anweisungen zur Verwendung der Schaltflächen in der Symbolleiste sind wie folgt.

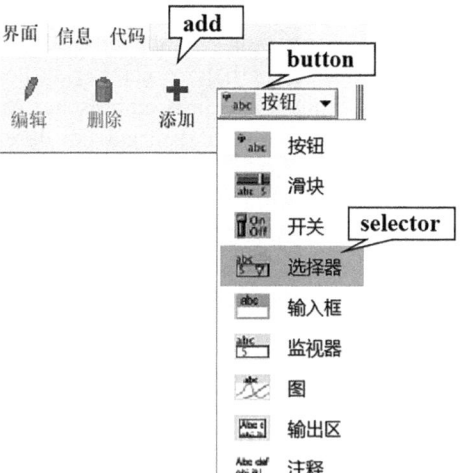

Abb. A.17 Schaltflächenfunktionen in Netlogo

(a) Hinzufügen: Um ein Oberflächenelement hinzuzufügen, wählen Sie zunächst das gewünschte Element im Dropdown-Menü aus und klicken Sie dann nach Drücken der Schaltfläche „Hinzufügen" in den freien Bereich unterhalb der Symbolleiste (wenn der Menüpunkt bereits den gewünschten Typ anzeigt, genügt ein Klick auf „Hinzufügen" ohne Menüauswahl).

(b) Auswahl: Wählen Sie zunächst ein Oberflächenelement aus und ziehen Sie dann mit der Maus ein Rechteck darum. Erscheint das Element mit einem grauen Rahmen, ist es ausgewählt.

(c) Mehrfachauswahl: Um mehrere Elemente auszuwählen, umschließen Sie mehrere Oberflächenelemente mit dem gezogenen Rechteck. Wenn mehrere Elemente ausgewählt sind und eines davon das „Schlüsselelement" ist, bedeutet eine Aktion mit den Schaltflächen „Bearbeiten" oder „Löschen" in der Symbolleiste, dass nur das „Schlüsselelement" betroffen ist. In diesem Fall wird das „Schlüsselelement" durch einen dunkelgrauen Rahmen hervorgehoben.

(d) Abwählen: Um alle ausgewählten Oberflächenelemente abzuwählen, klicken Sie auf den freien Bereich der Oberflächen-Seite. Um ein einzelnes Element abzuwählen, halten Sie die Strg-Taste gedrückt und klicken Sie (Macintosh) oder klicken Sie mit der rechten Maustaste (andere Systeme) auf das Element und wählen Sie im Kontextmenü die Option „Abwählen".

(e) Bearbeiten: Um die Eigenschaften eines Oberflächenelements zu ändern, wählen Sie das Element aus und klicken Sie dann auf die Schaltfläche „Bearbeiten" in der Symbolleiste der Oberflächen-Seite. Alternativ können Sie das Element auch doppelt anklicken.

(f) Verschieben: Wählen Sie das Oberflächenelement aus und ziehen Sie es mit der Maus an eine neue Position. Wenn Sie dabei die Umschalttaste gedrückt halten, kann das Element nur horizontal oder vertikal verschoben werden.

(g) Größe ändern: Wählen Sie das Oberflächenelement aus und ziehen Sie mit der Maus den schwarzen „Anfasser" am Rand, um die Größe des Elements zu verändern.

(h) Löschen: Wählen Sie ein oder mehrere zu löschende Oberflächenelemente aus und klicken Sie dann auf „Löschen" in der Symbolleiste. Alternativ können Sie mit Strg+Klick (Macintosh) oder Rechtsklick (andere Systeme) ein oder mehrere Elemente auswählen und dann im Kontextmenü auf „Löschen" klicken. Bei dieser Methode ist keine vorherige Auswahl des Elements erforderlich.

Um mehr über verschiedene Interface-Elemente zu erfahren, siehe Tab. A.1.

Tab. A.1 Interface-Elemente

Name	Beschreibung
Button	Buttons können einmalig oder dauerhaft sein. Ein einmaliger Button führt den Befehl nach dem Anklicken einmal aus. Ein dauerhafter Button wiederholt den Befehl, bis der Button erneut angeklickt wird. Ist einem Button eine Tastenkombination zugewiesen, entspricht das Drücken der entsprechenden Taste bei aktivem Fokus dem Anklicken des Buttons. Verfügt der Button über eine Tastenkombination, wird das entsprechende Zeichen oben rechts angezeigt. Befindet sich der Eingabecursor auf einem anderen Interface-Element, wie etwa dem Befehlszentrum, löst das Drücken der Tastenkombination den Button nicht aus; in diesem Fall wird das Zeichen oben rechts am Button ausgegraut dargestellt. Um die Tastenkombination zu aktivieren, klicken Sie auf den leeren Hintergrund der Interface-Seite
Schieberegler	Der Schieberegler ist eine globale Variable und kann von allen Agenten genutzt werden. Er dient im Modell dazu, Variablen schnell zu verändern, ohne das Programm neu schreiben zu müssen. Stattdessen kann der Nutzer den Schieberegler auf einen Wert setzen und das Verhalten des Modells beobachten
Schalter	Schalter sind visuelle Darstellungen von Wahr/Falsch-Variablen. Durch das Umschalten des Schalters setzt der Nutzer die Variable auf an (true) oder aus (false)
Auswahlfeld	Der Nutzer wählt mit dem Auswahlfeld einen Wert für eine globale Variable aus einer Auswahlliste, die als Dropdown-Menü angezeigt wird
Eingabefeld	Ein Eingabefeld ist eine globale Variable, die eine Zeichenkette oder einen numerischen Wert enthält. Programmierer können den Variablentyp festlegen, den Nutzer eingeben dürfen, und können Eingabefelder so konfigurieren, dass sie die Syntax von Befehlen oder Zeichenketten in Berichten überprüfen. Das numerische Eingabefeld akzeptiert beliebige konstante Ausdrücke und ist damit deutlich flexibler als der Schieberegler. Das Farbeingabefeld bietet Nutzern einen NetLogo-Farbwähler
Datenmonitor	Der Datenmonitor zeigt den Wert eines beliebigen Ausdrucks an. Ein Ausdruck kann eine Variable, ein komplexer Ausdruck oder ein Aufruf eines Reporters sein. Wie oft der Datenmonitor pro Sekunde automatisch aktualisiert wird, ist einstellbar
Diagramm	Echtzeit-Anzeige von Modelldaten in grafischer Form
Ausgabebereich	Der Ausgabebereich ist ein scrollbares Textfeld, das zur Protokollierung von Modellaktivitäten dient. Ein Modell kann nur einen Ausgabebereich besitzen
Notizen	Notizen dienen dazu, erklärende Textbeschriftungen auf der Interface-Seite hinzuzufügen. Der Inhalt der Notizen bleibt während der Ausführung des Modells unverändert

Python-Installation und grundlegende Nutzung des NetworkX-Pakets

Python-Installation

Nachdem Sie die offizielle Website von Python aufgerufen haben, klicken Sie auf die Schaltfläche „Download Python 3.10.0" und installieren Python gemäß den Anweisungen, wie in Abb. A.18 dargestellt.

Abb. A.18 Python-Downloadseite

Nach dem Herunterladen installieren Sie Python mit den Standardeinstellungen.

Um die erfolgreiche Installation von Python zu überprüfen, können Sie im Befehlsfenster „python" eingeben. Wird die in Abb. A.19 gezeigte Information angezeigt, war die Installation erfolgreich.

Anschließend können Sie Entwicklungsumgebungen wie PyCharm, Spyder oder Jupyter herunterladen.

Installation und grundlegende Nutzung des NetworkX-Pakets

NetworkX ist ein Python-Paket, das zur Erstellung, Bearbeitung und Analyse der Struktur, Dynamik und Funktion komplexer Netzwerke verwendet wird. Die Installation erfolgt mit folgendem Befehl:

Abb. A.19 Überprüfung, ob Python erfolgreich installiert wurde

Abb. A.20 Beispiel für eine
NetworkX-Visualisierung

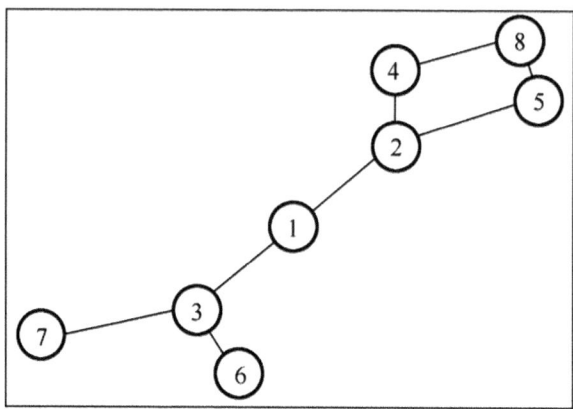

```
pip install networkx
```

Abb. A.20 besteht aus Knoten, Kanten und optionalen Attributen. Knoten repräsentieren Daten, und Kanten werden eindeutig durch zwei Knoten bestimmt und stellen die Beziehung zwischen diesen beiden Knoten dar. Knoten und Kanten können zudem weitere Attribute besitzen, um zusätzliche Informationen zu speichern.

Der mit NetworkX erstellte ungerichtete Graph erlaubt, dass beide Knoten einer Kante identisch sind, wodurch Selbstschleifen möglich sind. Mehrere Kanten zwischen denselben Knoten, sogenannte parallele Kanten, sind jedoch nicht erlaubt. Sowohl Kanten als auch Knoten können benutzerdefinierte Attribute besitzen, die als Daten der Kanten und Knoten bezeichnet werden. Jedes Attribut ist ein Schlüssel-Wert-Paar. NetworkX erstellt gerichtete und ungerichtete Graphen mit folgendem Code:

```
import networkx as nx
G=nx.Graph()# Erstellt einen leeren ungerichteten Graphen.
G=nx.DiGraph()# Erstellt einen leeren gerichteten Graphen.
```

Die gängigen Operationen für Graphattribute, Knoten und Kanten sind wie folgt:

1. Graphattribute

```
Degree(G[, nbunch, weight]): #Gibt die Grad-Ansicht eines
einzelnen Knotens oder mehrerer Knoten zurück.
```

```
Degree_histogram(G): #Gibt die Häufigkeitsliste der
einzelnen Gradwerte zurück.
Density(G): #Gibt die Dichte des Graphen zurück.
Info(G[, n]): #Gibt eine kurze Zusammenfassung der
Informationen des Graphen G oder Knotens n aus.
Create _ empty _ copy (g [,with _ data]): #Gibt eine Kopie
des Graphen G mit allen gelöschten Kanten zurück.
Is_directed(G): #Gibt True zurück, wenn der Graph gerichtet
ist.
Add _ star (G_to_add_to, nodes _ for _ star, * * attr):
#Fügt dem Graphen G_to_add_to einen Stern hinzu.
Add _ path (G_to_add_to, nodes _ for _ path, * * attr):
#Fügt dem Graphen G_to_add_to einen Pfad hinzu.
Add _ cycle (G_to_add_to, nodes _ for _ cycle, * * attr):
#Fügt dem Graphen G_to_add_to einen Zyklus hinzu.
```

2. Knoten

Jeder Knoten im Graphen besitzt ein Schlüsselattribut Id, das zur eindeutigen Identifikation eines Knotens dient. Das Id-Attribut kann ein Integer oder ein Zeichen sein. Neben dem Id-Attribut können Knoten auch weitere benutzerdefinierte Attribute besitzen.

```
Nodes(G): #Gibt einen Iterator über die Knoten des Graphen
zurück.
Number_of_nodes(G): #Gibt die Anzahl der Knoten im Graphen
zurück.
All_neighbors(graph, node): #Gibt alle Nachbarn eines
Knotens im Graphen zurück.
Non_neighbors(graph, node): #Gibt die Knoten zurück, die
keine Nachbarn im Graphen sind.
Common_neighbors(G, u, v): #Gibt die gemeinsamen Nachbarn
zweier Knoten im Graphen zurück.
```

3. Kanten

Da eine Kante im Graphen die Beziehung zwischen zwei Knoten darstellt, wird sie eindeutig durch diese beiden Knoten bestimmt. Um komplexe Beziehungen abzubilden, wird einer Kante häufig ein Gewichtsattribut hinzugefügt. Zur Kennzeichnung des Beziehungstyps kann zudem ein Beziehungsattribut gesetzt werden.

```
Edges(G[, nbunch]): #Gibt eine Ansicht der Kanten zurück,
die mit den Knoten in nbunch verbunden sind.
Number_of_edges(G): #Gibt die Anzahl der Kanten im Graphen
zurück.
Non_edges(graph): #Gibt die Kanten zurück, die im Graphen
nicht existieren.
```

Der folgende Code zeigt ein einfaches Visualisierungsbeispiel.

```
import matplotlib.pyplot as plt
import networkx as nx
G = nx.Graph()
# Kantenbeziehungen hinzufügen
G.add_edges_from([(1,2),(1,3),(2,4),(2,5),(3,6),(3,7),(4,8),
(5,8)])
nx.draw_networkx(G,with_labels=True,edge_color='b',
node_color='g',node_size=1000)
plt.show()
```

Literatur

1. Borgatti, S.P., Everett, M.G., Freeman, L.C.: Ucinet for Windows: Software for Social Network Analysis, vol. 6, S. 12–15. Analytic Technologies, Harvard, MA (2002)
2. Batagelj, V., Mrvar, A.: Pajek – analysis and visualization of large networks. In: Graph Drawing: 9th International Symposium, GD 2001 Vienna, Austria, September 23–26, 2001 Revised Papers 9, S. 477–478. Springer, Berlin (2002)
3. Bastian, M., Heymann, S., Jacomy, M.: Gephi: an open source software for exploring and manipulating networks. In: Proceedings of the International AAAI Conference on Web and Social Media 3(1): 361–362 (2009)
4. Paradis, E.: R for Beginners. Institut des Sciences de l'Evolution. Université Montpellier II, Montpellier (2005)